westermann

Sebastian Kroll, Volker Lankes, Stephan Plichta, Ulrich Simon, Christoph Walter

Mathematatik Elektrotechnik Gesamtband

Grund- und Fachstufe

3. Auflage

Bestellnummer 221217

Diesem Buch wurden die bei Manuskriptabschluss vorliegenden neuesten Ausgaben der DIN-Normen, VDI-Richtlinien und sonstigen Bestimmungen zu Grunde gelegt. Verbindlich sind jedoch nur die neuesten Ausgaben der DIN-Normen und VDI-Richtlinien und sonstigen Bestimmungen selbst.

Die DIN-Normen wurden wiedergegeben mit Erlaubnis des DIN Deutsches Institut für Normung e.V. Maßgebend für das Anwenden der Norm ist deren Fassung mit dem neuesten Ausgabedatum, die bei der DIN Media GmbH, Am DIN-Platz Burggrafenstraße 6, 10787 Berlin, erhältlich ist.

Zusatzmaterialien zu Mathematik Elektrotechnik Gesamtband

Für Lehrerinnen und Lehrer

Lösungen zum Schulbuch: 978-3-14-221218-0
Lösungen zum Schulbuch Download: 978-3-14-104875-9

BiBox Einzellizenz für Lehrer/-innen (Dauerlizenz)
BiBox Klassenlizenz Premium für Lehrer/-innen und bis zu 35 Schüler/-innen (1 Schuljahr)
BiBox Kollegiumslizenz für Lehrer/-innen (Dauerlizenz)
BiBox Kollegiumslizenz für Lehrer/-innen (1 Schuljahr)

Für Schülerinnen und Schüler

BiBox Einzellizenz für Schüler/-innen (1 Schuljahr)
BiBox Einzellizenz für Schüler/-innen (4 Schuljahre)
BiBox Klassensatz PrintPlus (1 Schuljahr)

Druck und Bindung: Westermann Druck GmbH, Georg-Westermann-Allee 66, 38104 Braunschweig

ISBN 978-3-14-221217-3

Vorwort

In der dritten Auflage des Werkes wurden vorhandene Inhalte aktualisiert. Neue Kapitel für den Bereich Druck und Pneumatik sowie Netzwerktechnik wurden eingefügt. Um der Aktualität Rechnung zu tragen, wurden die Angaben im Feld Beleuchtungstechnik überwiegend auf LED-Leuchtmittel umgestellt. Der zugehörige Lösungsband wurde entsprechend angepasst.

Zudem hat die Autorenschaft verstärkt auf geschlechtergerechte Sprache geachtet. Vereinzelt kann es vorkommen, dass diese Umsetzung nicht durchgängig erfolgt ist. Es sei an dieser Stelle betont, dass immer alle Geschlechter gemeint sind.

Für Vorschläge zur Weiterentwicklung und Verbesserung des Bandes sind die Autoren und der Verlag stets dankbar.

Autoren und Verlag

Braunschweig 2025

1 Grundlagen

1.1 Grundrechenarten

Addition (Plusrechnen)

Als Addition bezeichnet man das Zusammenzählen zweier oder mehrerer Zahlen (Summanden). Das Ergebnis einer Addition wird Summe genannt. Dabei gelten folgende Rechengesetze:

Kommutativgesetz (Vertauschungsgesetz):

$x + y = y + x$

Assoziativgesetz (Verbindungsgesetz):

$x + (y + z) = (x + y) + z$

Neutrales Element der Addition ist die Null.

$x + 0 = x$

1. Summand + 2. Summand = Summe

Beispiel:

$3 + 5 = 8$

Subtraktion (Minusrechnen)

Bei einer Subtraktion werden eine oder mehrere Zahlen (Subtrahenden) von einer anderen Zahl (Minuend) abgezogen. Das Ergebnis ist die Differenz.

Subtrahend und Minuend dürfen **nicht vertauscht** werden:

$x - y \neq y - x$

Ein Minuszeichen vor einer Klammer kehrt die Vorzeichen in der Klammer beim Auflösen um:

$x - (y + z) = x - y - z$ $x - (y - z) = x - y + z$

Minuend – Subtrahend = Differenz

Beispiel:

$7 - 3 = 4$

Multiplikation (Malnehmen)

Addiert man einen Summanden mehrmals zu sich selbst, lässt sich das als Multiplikation darstellen. Das Ergebnis heißt Produkt. In gemischten Aufgaben hat die Multiplikation **Vorrang vor Addition und Subtraktion** (**„Punkt vor Strich"-Regel**).

Assoziativgesetz:

$x \cdot (y \cdot z) = (x \cdot y) \cdot z$

Kommutativgesetz:

$x \cdot y = y \cdot x$

Distributivgesetz:

$x \cdot (y + z) = x \cdot y + x \cdot z$

Vorzeichenregeln:

$(+x) \cdot (+y) = +x \cdot y$
$(+x) \cdot (-y) = -x \cdot y$
$(-x) \cdot (-y) = +x \cdot y$

Neutrales Element der Multiplikation ist die Eins:

$x \cdot 1 = x$

1. Faktor · 2. Faktor = Produkt

Beispiel:

$3 \cdot 2 = 6$

Division (Teilen)

Die Division ist die Umkehrung der Multiplikation. Eine Zahl (Dividend) wird in eine bestimmte Anzahl (Divisor) gleich großer Elemente (Quotient) geteilt. Es gilt die **„Punkt vor Strich"**-Regel.

In der technischen Mathematik verwendet man häufig die **Bruchschreibweise**:

$x : y = \frac{x}{y}$ $x : y = x \cdot \frac{1}{y}$

Eine **Division durch Null** ist nicht erlaubt.

$x : 0 =$ **nicht definiert**

Neutrales Element der Division ist die Eins:

$x : 1 = x$

Dividend : Divisor = Quotient

Beispiel:

$8 : 4 = 2$

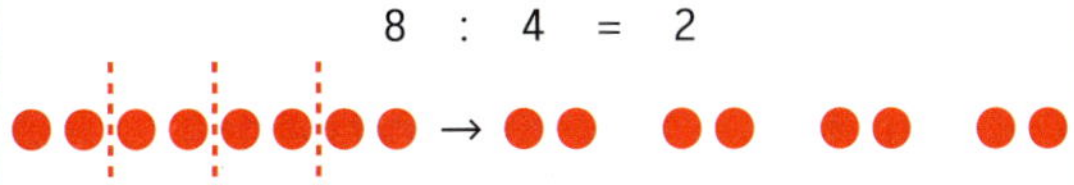

Zahlen

Hauptgrundlage für naturwissenschaftliches Rechnen ist die Menge der **reellen Zahlen**. Sie werden, wie im Bild dargestellt, eingeteilt.

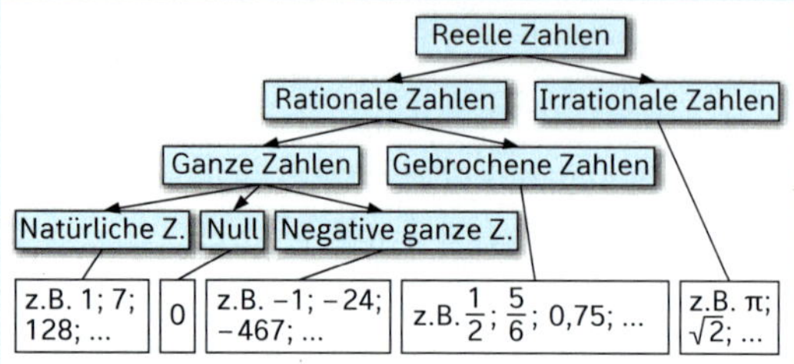

Rechnen mit Klammern

Klammern gruppieren die Bestandteile einer Rechnung. Sie werden vorrangig bearbeitet.

Auflösen: Klammern in Additionen und Subtraktionen können unter Beachtung des Vorzeichens weggelassen werden:

$x + (y + z) = x + y + z$ $\quad$ $x - (y + z) = x - y - z$

Ausmultiplizieren: Steht ein Faktor vor einer Klammer, wird jedes Element in der Klammer mit ihm multipliziert (Multiplikationszeichen entfällt meist):

$x(y + z) = xy + xz$ $\quad$ $-x(y + z) = -xy - xz$

Zwei Klammern werden miteinander multipliziert, indem jedes Element der ersten Klammer mit jedem Element der zweiten Klammer multipliziert wird:

$$(w + x)\,(y + z) = wy + wz + xy + xz$$

Ausklammern: Faktoren, die in allen Elementen einer Summe oder Differenz enthalten sind, können ausgeklammert werden:

$$2x + 4y - 8z = 2(x + 2y - 4z)$$

Beispiel

Berechnen Sie die folgenden Terme:

a) $64 - (8 - 14 + 2) - 3 \cdot 2 =$ (Punkt vor Strich)
$64 - (8 - 14 + 2) - 6 =$ (Klammer berechnen)
$64 - (-4) - 6 =$ (Klammer auflösen)
$64 + 4 - 6 = \underline{\underline{62}}$

b) $3(12 - a) - 2(2 + 9) =$ (Klammer berechnen)
$3(12 - a) - 2(11) =$ (Ausmultiplizieren)
$36 - 3a - 22 = \underline{\underline{14 - 3a}}$

c) $214 - [7 + 3(45 - 38)] =$ (Klammer berechnen)
$214 - [7 + 3(7)] =$ (Ausmultiplizieren)
$214 - [7 + 21] =$ (Klammer auflösen)
$214 - [28] = \underline{\underline{186}}$

Aufgaben

1. Berechnen Sie die Summen und Differenzen:

a) $11 + 8 + 4 + 16 - 19 + 56 - 18$
b) $(3 + 13) - (12 + 0 + 8) + (67 - 56)$
c) $33 - 0 - (22 + 7 + 12) + (45 - 4)$
d) $-17 - (5 - 21) - 37 - (128 - 140)$
e) $31{,}2 - \{65 - [25{,}5 - (220 - 9{,}2) - (12 + 15)] + 32{,}7\}$

2. Calculate the products and quotients:

a) $31 \cdot 43 \cdot 2 \cdot 3$ $\quad$ b) $2794 \cdot 32{,}56 \cdot 0{,}01$
c) $[(3 - 8) \cdot (-4)] \cdot [3(-8)] \cdot [-(0{,}6 \cdot 0{,}4)]$
d) $[76 \cdot (-2) \cdot 1{,}5] : [(222 : 111) \cdot (8 \cdot 2)]$
e) $64000 : \{[(32000 : 64) : (875 : 7)] : 2\}$

3. Vereinfachen Sie so weit wie möglich:

a) $16(a + b) + 5(a - b) + 2a - 9b$
b) $6 - (3m - 6n) + (9 - 3n)$
c) $50xy - 25yz + 120vz - 60vyz$
d) $24(1{,}5k + l) + 4(0{,}5k + 1{,}5l)$
e) $5x(4y - 3z + 5v) - 2[u(y + 2z + v)]$

4. Berechnen Sie die folgenden Aufgaben:

a) $15x \cdot 7y + 4x \cdot 21y$ $\quad$ b) $(37a - 12b)\,(22 - 8c)$
c) $4710 + 387{,}5 + (123 + 664) \cdot 2{,}7$
d) $4710 + (387{,}5 + 123 + 664) \cdot 2{,}7$
e) $809{,}6 : 8{,}8 - 919 + 564{,}7$
f) $[(23x - 21)\,(88x - 34 - 5) - 291x - 193] : 1012$

5. Zur Herstellung eines Lastschützes am Fließband sind 34 Arbeitsschritte nötig. Die Taktung des Fließbandes beträgt 17,1 s. Stellen Sie die Terme zur Lösung folgender Aufgaben auf und berechnen Sie:

a) Wie lange dauert die Produktion eines Schützes?
b) Wie viele Schütze werden pro 8-Stunden-Schicht gefertigt? Wie viele im Dreischicht-Betrieb pro Woche?
c) Wie viele Produktionslinien sind mindestens nötig, um eine Jahresproduktion von zehn Millionen Schützen zu erreichen?

6. Die Gesamtlänge einer 12-flammigen Weihnachtsbaumbeleuchtung beträgt 4,80 m. Berechnen Sie den gleichmäßigen Abstand zwischen den Lämpchen, wenn die Zu- und Rückleitung je 91 cm lang sind und jedes Lämpchen 1 cm breit ist.

7. Ein Auszubildender verdient monatlich 735,00 €. Ein Fünftel davon spart er, um sich ein neues Smartphone (559,90 €), eine Freisprecheinrichtung (42,90 €) und zwei Wechselcover (je 22,69 €) zu kaufen. Sein derzeitiger Kontostand beträgt 105,27 €. Stellen Sie die Rechnung auf und ermitteln Sie, wie viele Monate lang er sparen muss, wenn er sein Konto nicht überziehen will.

1.2 Rechnen mit Brüchen

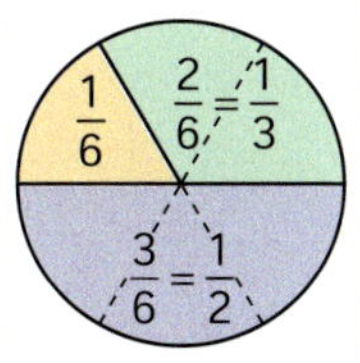

Wird ein Ganzes in sechs gleiche Stücke geteilt, so nennt man jedes Bruchstück „ein Sechstel".

$1:6=\frac{1}{6}$ $\quad$ $\text{Bruch}=\frac{\text{Zähler}}{\text{Nenner}}$

Zwei Sechstel ergeben zusammen ein Teilstück, das einem Drittel des Ganzen entspricht. Der Zähler bestimmt also die Anzahl der Teilstücke, der Nenner gibt an, wie viele Teilstücke ein Ganzes ergeben.

Beim Rechnen mit Brüchen gelten folgende Regeln:

Erweitern und Kürzen: Zähler und Nenner werden mit dem gleichen Faktor multipliziert oder durch den gleichen Divisor geteilt. Dabei ändert sich der Wert des Bruches nicht.

$\frac{3}{4}=\frac{5\cdot 3}{5\cdot 4}=\frac{15}{20}$ $\quad$ $\frac{9}{15}=\frac{9:3}{15:3}=\frac{3}{5}$

Multiplizieren: Zwei Brüche werden multipliziert, indem man jeweils die Zähler und die Nenner miteinander multipliziert.

$\frac{2}{3}\cdot\frac{3}{5}=\frac{2\cdot 3}{3\cdot 5}=\frac{6}{15}$ $\quad$ $\frac{5}{7}\cdot\frac{3}{20}=\frac{5\cdot 3}{7\cdot 20}=\frac{15}{140}$

Dividieren: Man dividiert durch einen Bruch, indem man mit dem Kehrbruch multipliziert.

$\frac{3}{4}:\frac{1}{2}=\frac{3}{4}\cdot\frac{2}{1}=\frac{6}{4}$ $\quad$ $\frac{5}{6}:\frac{2}{3}=\frac{5}{6}\cdot\frac{3}{2}=\frac{15}{12}$

Unterscheidung von:

Echte Brüche (Zähler kleiner als Nenner):

$\frac{1}{6}; \frac{1}{12}; \frac{5}{7}; \frac{3}{4}; \frac{23}{30}$

Unechte Brüche (Zähler größer als Nenner):

$\frac{3}{2}; \frac{8}{4}; \frac{8}{7}; \frac{9}{4}; \frac{20}{19}$

Gemischte Zahlen (ganze Zahl mit Bruch):

$2\frac{3}{4}=2+\frac{3}{4}$

Dezimalzahl (berechneter Bruch):

$\frac{1}{8}=0{,}125$

Hauptnenner: Um Brüche gleichnamig zu machen, erweitert man sie auf einen gemeinsamen Nenner, den Hauptnenner (HN).

$\frac{2}{3}; \frac{3}{4} \rightarrow \text{HN: } 3\cdot 4=12$

$\frac{2}{3}\cdot\frac{4}{4}=\frac{8}{12}; \quad \frac{3}{4}\cdot\frac{3}{3}=\frac{9}{12}$

Addieren und Subtrahieren: Brüche werden addiert und subtrahiert, indem man sie gleichnamig macht und dann die Zähler addiert oder subtrahiert.

$\frac{1}{3}+\frac{3}{8} \rightarrow \text{HN: } 3\cdot 8=24$

$\frac{1}{3}+\frac{3}{8}=\frac{1\cdot 8}{3\cdot 8}+\frac{3\cdot 3}{8\cdot 3}=\frac{8}{24}+\frac{9}{24}=\frac{8+9}{24}=\frac{17}{24}$

Aufgaben

1. Wandeln Sie um:

Bruch	$\frac{5}{3}$				$\frac{145}{27}$	$\frac{44}{6}$	$\frac{67}{24}$	
Gemischte Zahl		$2\frac{2}{35}$	$11\frac{1}{3}$	$3\frac{5}{22}$				$7\frac{15}{73}$

2. Wandeln Sie um:

Bruch		$\frac{4}{3}$	$\frac{3}{4}$		$\frac{13}{5}$	$4\frac{4}{6}$	
Dezimalzahl	0,5			3,5			0,95

3. Kürzen Sie und bilden Sie gemischte Zahlen:

a) $\frac{8}{3}; \frac{3}{2}; \frac{44}{8}; \frac{21}{3}; \frac{130}{15}$ $\quad$ b) $\frac{13}{4}; \frac{63}{14}; \frac{240}{6}; \frac{13}{7}; \frac{27}{3}$

4. Berechnen und kürzen Sie:

a) $\frac{8}{3}\cdot\frac{2}{6}$ $\quad$ b) $\frac{5}{128}\cdot\frac{128}{5}$ $\quad$ c) $\frac{81}{4x}\cdot\frac{16x^2}{18}\cdot\frac{35}{5x}$

5. Vervollständigen Sie die Gleichungen:

a) $\frac{1}{4}=\frac{\square}{8}$ $\quad$ b) $\frac{5}{6}=\frac{\square}{36}$ $\quad$ c) $\frac{72}{4}=\frac{\square}{2}$ $\quad$ d) $\frac{9}{27}=\frac{3}{\square}$

6. Ermitteln Sie den Hauptnenner aus folgenden Brüchen:

a) $\frac{3}{4}; \frac{1}{5}; \frac{3}{8}$ $\quad$ b) $\frac{1}{6}; \frac{7}{12}; \frac{5}{36}$ $\quad$ c) $\frac{1}{2}; \frac{1}{3}; \frac{1}{4}; \frac{1}{5}$ $\quad$ d) $\frac{3}{5}; \frac{2}{7}; \frac{8}{11}$

7. Machen Sie die Brüche gleichnamig. Berechnen und kürzen Sie:

a) $\frac{4}{3}+\frac{2}{5}$ $\quad$ b) $\frac{7}{12}+\frac{8}{3}-\frac{1}{6}-\frac{1}{4}$ $\quad$ c) $3\frac{1}{4}-1\frac{6}{7}-1\frac{5}{48}$

d) $\frac{3}{x}-\frac{2}{y}$ $\quad$ e) $\frac{1}{2}-\frac{1}{4}-\frac{1}{8}-\frac{1}{16}$ $\quad$ f) $\frac{3(3-1)}{2(4+5)}+\frac{6-5}{2+7}$

8. Im Lager finden sich mehrere angebrochene 50-m-Bunde mit NYM-Installationsleitung. Zwei Bunde sind zu zwei Dritteln verbraucht, einer zur Hälfte, bei drei weiteren fehlt ein Viertel und ein Bund besteht noch aus 32 der ursprünglich 50 Windungen. Berechnen Sie mithilfe der Regeln des Bruchrechnens die Gesamtlänge aller Reste.

1.3 Rechnen mit Gleichungen

Eine Gleichung besteht aus zwei Termen, die mit einem Gleichheitszeichen verbunden sind.

$$\underbrace{2x+2}_{\text{1. Term}}=\underbrace{4}_{\text{2. Term}}$$

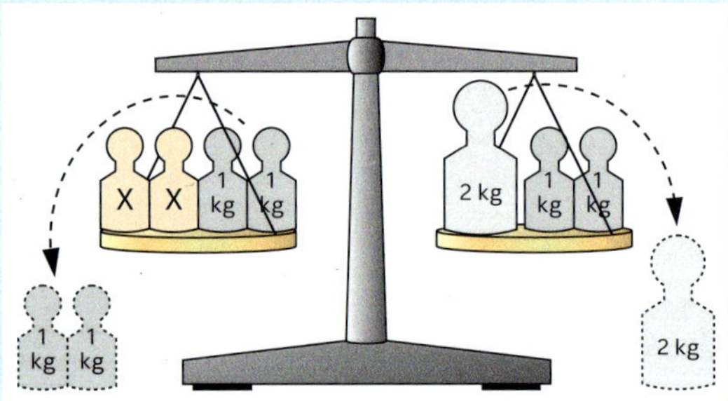

Umformungsmöglichkeiten

Addition:

$x - 2 = 5 \mid (+2)$

$x = 7$

Subtraktion:

$x + 8 = 16 \mid (-8)$

$x = 8$

Multiplikation:

$\frac{1}{2}x = 6 \mid (\cdot 2)$

$x = 12$

Division:

$8x = 32 \mid (:8)$

$x = 4$

Potenzieren:

$\sqrt{x} = 4 \mid (^2)$

$x = 16$

Radizieren:

$x^2 = 4 \mid (\sqrt{\ })$

$x = 2$

Beispiel

Lösen Sie die folgenden Gleichungen nach x auf.

Geg.: a) $2x - 5 = 25$; b) $\frac{3}{4}x - 8 = 16$

Ges.: x

a) $2x - 5 = 25 \mid (+5)$

$2x = 30 \mid (:2)$

$\underline{\underline{x = 15}}$

b) $\frac{3}{4}x - 8 = 16 \mid (+8)$

$\frac{3}{4}x = 24 \mid (\cdot 4)$

$3x = 96 \mid (:3)$

$\underline{\underline{x = 32}}$

Aufgaben

1. Finden Sie für die folgenden Gleichungen eine Lösung durch Addition oder Subtraktion.

a) $x + 16 = 35$ b) $x + 53 = 61$ c) $x + 183 = 241$

d) $x - 3 = 9$ e) $x - 17 = -16$ f) $x - 164 = 101$

g) $x - 2\frac{1}{2} = 2\frac{1}{2}$ h) $x - \frac{8}{3} = 4$ i) $x + \frac{5}{6} = \frac{13}{12}$

2. Bestimmen Sie den Wert von x.

a) $8x = 16$ b) $\frac{1}{6}x = 25$ c) $\frac{2}{3}x = 16$

d) $5x + 17 = 67$ e) $\frac{7}{8}x - 32 = 52$ f) $\frac{5}{6}x - \frac{1}{4} = \frac{5}{4}$

3. Find a solution for the following equations.

a) $\frac{2x+4}{5x-17} = 4$ b) $\frac{1}{x} - \frac{1}{7} = 7$ c) $\frac{25}{4c-15} = 25$

4. Lösen Sie die folgenden Terme nach x auf.

a) $x^2 + 47 = 72$ b) $\frac{4x^2+32}{4} = 24$

c) $\frac{(3x+19)^2}{4} = 3x + 19$ d) $\frac{135}{7x^2 - 263} = 3$

e) $\sqrt{x - 64} = 5$ f) $\sqrt{12x + 21} = 9$

g) $\sqrt{\frac{1}{2}x - 4} = 8$ h) $\sqrt{\frac{5x^2 - 29}{4}} = 12$

5. Gegeben sind die folgenden Berechnungsformeln geometrischer Figuren. Stellen Sie die folgenden Formeln auf die **fett** gedruckten Größen um.

a) $A = a \cdot \boldsymbol{b}$ b) $d = \sqrt{a^2 + \boldsymbol{b}^2}$

c) $A = \frac{\pi \cdot \boldsymbol{d}^2}{4}$ d) $U = \pi \cdot 2\boldsymbol{r}$

e) $U = 2(\boldsymbol{a} + b)$ f) $U = 2\,(a + \sqrt{\boldsymbol{l}^2 + h^2})$

g) $A_M = \pi \cdot d \cdot \boldsymbol{h}$ h) $V = \frac{\pi \cdot \boldsymbol{d}^2}{4} \cdot h$

6. Gegeben sind die folgenden Formeln zur Berechnung gleichförmiger Bewegungen. Formen Sie die Gleichungen auf die hervorgehobenen Größen um.

a) $s = v \cdot \boldsymbol{t}$ b) $s = \frac{\boldsymbol{a} \cdot t^2}{2}$

c) $v = a \cdot \boldsymbol{t} + v_0$ d) $s = v_a \cdot t - \left(\frac{\boldsymbol{a} \cdot t^2}{2}\right)$

7. Stellen Sie die Formeln nach den gekennzeichneten Größen um.

a) $n_f = \frac{f}{\boldsymbol{p}}$ b) $n_s = n_f - \boldsymbol{n}$

c) $P = \sqrt{3} \cdot U \cdot I \cdot \boldsymbol{\cos\varphi}$ d) $s_{\%} = \frac{n_f - \boldsymbol{n}}{n_f} \cdot 100\,\%$

8. Lösen Sie die Formeln nach den markierten Größen auf.

a) $U = R \cdot \boldsymbol{I}$ b) $P = U \cdot \boldsymbol{I}$

c) $P = \boldsymbol{I}^2 \cdot R$ d) $P = \frac{\boldsymbol{U}^2}{R}$

e) $\frac{U_2}{U} = \frac{R_2}{\boldsymbol{R_1} + R_2}$ f) $\frac{U_2}{U} = \frac{R_2 \cdot R_L}{\boldsymbol{R_1}(R_2 + R_L) + R_2 \cdot R_L}$

g) $I = \frac{U_0}{R_i + \boldsymbol{R_L}}$ h) $P_L = \frac{\boldsymbol{U_0}^2}{4\,R_L}$

1.4 Dreisatz

Der Dreisatz stellt das Verhältnis von linear abhängigen Größen dar.

Fünf Steckdosen kosten insgesamt 23,55 €. Wie viel kosten zwei Steckdosen?

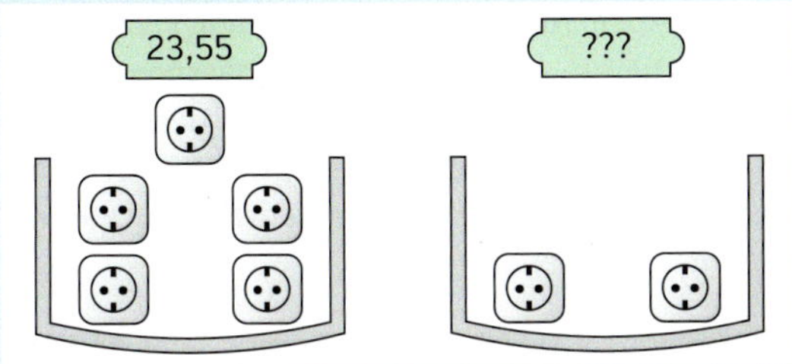

Der Dreisatz lässt sich mit den folgenden Schritten lösen:

1. Aufstellen der Zuordnung mit den bekannten Größen. — 23,55 € = 5
2. Aufstellen der Zuordnung mit der unbekannten Größe. — $x = 2$
3. Kreuzweises multiplizieren. — $x \cdot 5 = 2 \cdot 23{,}55$ €
4. Nach der unbekannten Größe auflösen. — $x = \frac{2 \cdot 23{,}55\text{ €}}{5}$

Beispiel

Ein 100-m-Bund der Mantelleitung NYM-J 3 x 1,5 mm² kostet 72,89 €. Bei einem Kundenauftrag wurden insgesamt 85 m Leitung installiert. Wie hoch ist der Preis für die verarbeitete Leitung?

Geg.: $l_1 = 100$ m; $l_2 = 85$ m; $k_1 = 72{,}89$ €

Ges.: k_2

$k_1 \triangleq l_1 \qquad k_2 \triangleq l_2$

$k_2 \cdot l_1 = k_1 \cdot l_2$

$k_2 = \frac{k_1 \cdot l_2}{l_1} \qquad k_2 = \frac{72{,}89\text{ €} \cdot 85\text{ m}}{100\text{ m}} \qquad \underline{\underline{k_2 = 61{,}96\text{ €}}}$

Aufgaben

1. Für ein Erdkabel vom Typ NYY-J 5 x 4 mm² soll die Kupfermasse bestimmt werden. 1000 m enthalten laut Cu-Tabelle 192 kg Kupfer. Bei einem Auftrag sollen 365 m verlegt werden. Ermitteln Sie die Kupfermasse des verwendeten Kabels.

2. Die Verkaufseinheit von Niederspannungssteckklemmen (Abb. 1) beinhaltet 40 Stück zu einem Preis von 17,98 €. Für die Installation eines Einfamilienhauses mit elektrischen Rollläden wurden 74 Klemmen verwendet. Welcher Preis ergibt sich für die benötigte Stückzahl?

Abb. 1: Niederspannungssteckklemmen

3. Einem 25-kg-Gipssack müssen laut Herstellerangabe 19,2 l Wasser zugefügt werden. Wie viel Wasser wird für 200 g Gips benötigt?

4. Ein Handwerksbetrieb berechnet seinen Kunden für eine Gesellenstunde 45,83 €. Der Geselle hat für einen Auftrag 40 Minuten benötigt. Welcher Betrag wird dem Kunden in Rechnung gestellt?

5. Die Verpackungseinheit für UP-Geräteanschlussdosen beinhaltet 500 Stück. Der Einkaufspreis beträgt 58,90 €. Berechnen Sie den Preis für 235 Gerätedosen.

6. An apprentice gets a fixed salary of 842 € a month (30 days). He is planning a last-minute holiday for 5 days. How much money can he spend during his holidays?

7. Eine Gießharzmuffe soll mit Zweikomponentenkunstharz vergossen werden. Auf 1000 g Harz kommen 20 g Härter. Wie viel Härter wird für 350 g benötigt?

8. Der Tank eines Kundendienstfahrzeugs fasst 55 Liter. Die Reichweite liegt bei 750 Kilometern. Wie viel Kraftstoff verbraucht das Fahrzeug auf 100 Kilometer?

9. Die Investitionskosten einer 5-kW-Photovoltaikanlage liegen bei 24.300,00 €. Die Nutzungsdauer der Anlage beträgt 20 Jahre. Wie hoch ist der monatliche Investitionsbetrag, bezogen auf die gesamte Nutzungsdauer?

10. Ein Firmenfahrzeug wurde mit 62 Litern betankt. Der Bordcomputer zeigt an, dass der Durchschnittsverbrauch seit dem letzten Tankstopp bei 8,2 l/100 km lag. Welche Wegstrecke kann mit der Tankfüllung zurückgelegt werden?

11. Ein Flüssigkeitsbehälter mit einem Fassungsvermögen von 1000 Litern wird von einem analogen Füllstandssensor überwacht. Der Analogwert liegt zwischen 0 mA (leer) und 20 mA (voll). Wie groß ist die Stromstärke, wenn der Behälter mit 300 Litern gefüllt ist?

1.5 Prozentrechnen

Die Prozentrechnung macht Größenverhältnisse anschaulicher und vergleichbar, indem sie eine Größe ins Verhältnis zu einem Grundwert (100) setzt.

$$P = \frac{G \cdot p}{100\,\%}$$

P: Prozentwert
G: Grundwert
p: Prozentsatz

Prozent (%) bedeutet: $1\,\% = \frac{1}{100}$

Promille (‰) bedeutet: $1\,‰ = \frac{1}{1000}$

Beispiel

Der Toleranzbereich eines 4,7-kΩ-Widerstandes wird mit ±10 % angegeben. Bestimmen Sie den minimalen und den maximalen Widerstandswert.

Geg.: $R = 4{,}7\ \text{k}\Omega$; $p = 10\,\%$

Ges.: R_{Min}; R_{Max}

$$\Delta R = \pm \frac{G \cdot p}{100\,\%}$$

$$\Delta R = \pm \frac{4{,}7\ \text{k}\Omega \cdot 10\,\%}{100\,\%}$$

$$\Delta R = 0{,}47\ \text{k}\Omega$$

$R_{Min} = 4{,}7\ \text{k}\Omega - 0{,}47\ \text{k}\Omega$ $R_{Max} = 4{,}7\ \text{k}\Omega + 0{,}47\ \text{k}\Omega$

$\underline{\underline{R_{Min} = 4{,}23\ \text{k}\Omega}}$ $\underline{\underline{R_{Max} = 5{,}17\ \text{k}\Omega}}$

Aufgaben

1. Bei den letzten Tarifverhandlungen wurde beschlossen, die tarifliche Ausbildungsvergütung für Auszubildende aus der Elektroindustrie um 3,7 % zu erhöhen. Die derzeitige Gehaltszahlung liegt bei 824,00 €. Ermitteln Sie den zukünftigen Vergütungssatz.

2. Ein 180-Ω-Widerstand aus der E24-Reihe hat eine Toleranz von ±5 %, bezogen auf den Grundwert. Berechnen Sie
a) den Toleranzbereich in Ω,
b) den minimalen Widerstandswert und
c) den maximalen Widerstandswert.

3. Bei einem drehzahlvariablen Elektromotor wird die Umdrehungsfrequenz von 3000 min^{-1} auf 800 min^{-1} reduziert. Bestimmen Sie den Prozentsatz *p*, auf den die Umdrehungsfrequenz reduziert wird.

4. Ein Elektrounternehmen gewährt seinen Kunden bei einem Zahlungseingang innerhalb einer Woche 2 % Skonto. Welche Summe kann ein Kunde sparen, wenn die Rechnungssumme 1613,57 € beträgt?

5. The distribution network operator charges 21.14 Cent/for a kilowatt-hour. They are planning a price increase of 5.7 %. Calculate the new price.

6. In einem kunststoffverarbeitenden Betrieb werden berührungslose Näherungsschalter zum Erkennen von PVC-Werkstücken eingesetzt. Der Bemessungsschaltabstand des Sensors beträgt 12 mm. Aus dem Datenblatt geht hervor, dass der Schaltbereich durch PVC auf 60 % reduziert wird. Welche maximale Distanz kann der Sensor sicher überwachen?

7. Ein Handwerksbetrieb kalkuliert den Stundensatz eines Gesellen anhand nachfolgender Tabelle.

Kostenart	Kosten
Durchschnittslohn für die Lohngruppe	12,70 €
Lohnnebenkosten	15,80 €
Gewinn	
Lohnverrechnungssatz (netto)	37,50 €
Lohnverrechnungssatz inkl. 19 %	

a) Wie groß ist der prozentuale Gewinn des Unternehmens, bezogen auf den Grundwert aus Durchschnittslohn und Lohnnebenkosten?
b) Welcher Betrag wird einem Kunden bei einer Umsatzsteuer in Höhe von 19 % berechnet?
c) Welche Summe muss der Kunde überweisen, wenn bei sofortiger Zahlung 2 % Skonto eingeräumt werden?

8. Abb. 1 zeigt den Energieverbrauch und die Kosten einer elektrischen Anlage mit Schwachlastregelung für ein Kalenderjahr.
a) Welchen Anteil hat der Niedertarifverbrauch, bezogen auf den Gesamtverbrauch, in Prozent?
b) Welchen Prozentsatz hat die Grundgebühr, bezogen auf die Gesamtkosten?

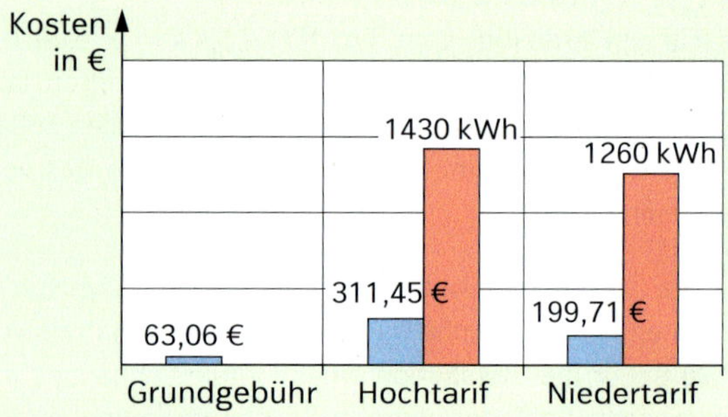

Abb. 1: Jahresverbrauch

1.6 Grafische Darstellung von Funktionen

Eine Funktion beschreibt den mathematischen Zusammenhang zwischen zwei Größen.

$y = f(x)$	y ist eine Funktion von x

Die grafische Darstellung einer Funktion (engl. Graph) wird in einem Koordinatensystem abgebildet. Jedem x-Wert ist über die Funktion genau ein y-Wert zugeordnet. Einzelne Punkte sind über ihre x- und y-Koordinaten definiert.

$P\,(x\|y)$	Punkt P mit x- und y-Koordinate

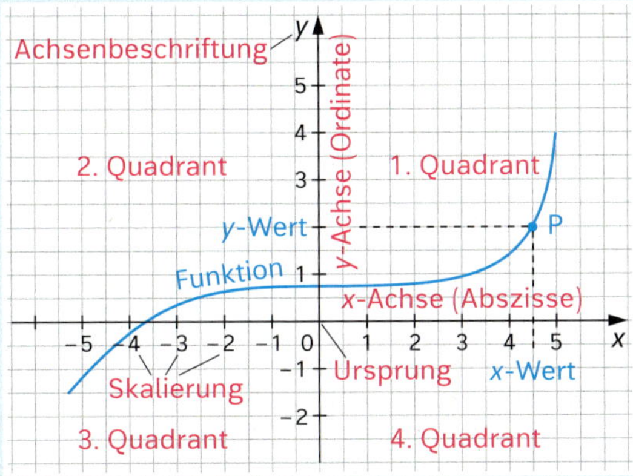

Ausgewählte Funktionen:

Lineare Funktion

$y = m \cdot x + c$

Beispiele:

- $y = 2 \cdot x$
- $y = 2 \cdot x + 2$
- $y = \frac{1}{2} \cdot x$

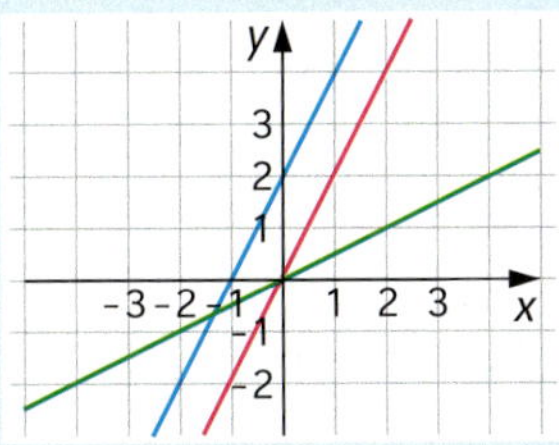

Quadratfunktion (Parabel)

$y = ax^2 + bx + c$

Beispiele:

- $y = x^2$
- $y = \frac{1}{2} \cdot x^2$
- $y = x^2 + 1$

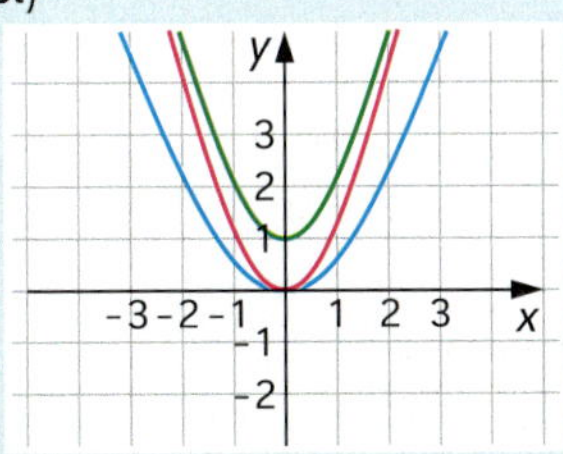

Kehrwertfunktion (Hyperbel)

$y = m \cdot \frac{1}{x} + c$

Beispiele:

- $y = \frac{1}{x}$
- $y = \frac{1}{4 \cdot x}$
- $y = -\frac{1}{x}$

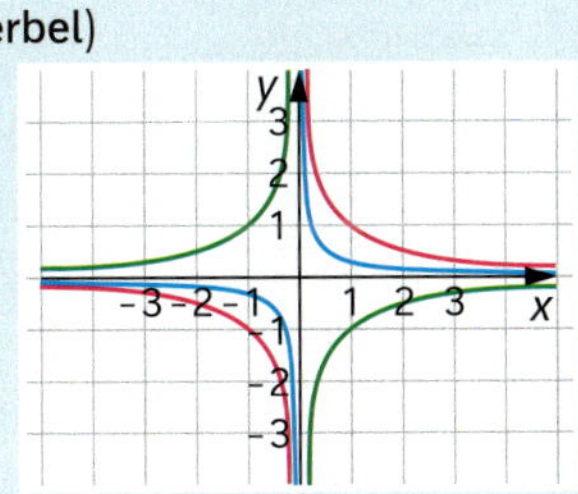

Beispiel

Erstellen Sie eine Wertetabelle (Bereich: −4…4) und zeichnen Sie die Graphen zu folgenden Funktionen:

a) $f(x) = \frac{1}{4}x + 1$; b) $f(x) = \frac{1}{8}x^2 - 2$; c) $f(x) = \frac{4}{x} + 1{,}5$

Exemplarische Berechnung für den Wert $x = 2$:

a)	b)	c)
$y_a = \frac{1}{4}x + 1$	$y_b = \frac{1}{8}x^2 - 2$	$y_c = \frac{4}{x} + 1{,}5$
$y_a = \frac{1}{4}(2) + 1$	$y_b = \frac{1}{8} \cdot 2^2 - 2$	$y_c = \frac{4}{2} + 1{,}5$
$y_a = \frac{1}{2} + 1$	$y_b = \frac{1}{8} \cdot 4 - 2$	$y_c = 2 + 1{,}5$
$\underline{\underline{y_a = 1{,}5}}$	$y_b = \frac{1}{2} - 2$	$\underline{\underline{y_c = 3{,}5}}$
	$\underline{\underline{y_b = -1{,}5}}$	

Wertetabelle:

x	−4	−3	−2	−1	0	1	2	3	4
a)	0	0,25	0,5	0,75	1	1,25	1,5	1,75	2
b)	0	−0,875	−1,5	−1,875	−2	−1,875	−1,5	−0,875	0
c)	0,5	0,167	−0,5	−2,5	1,5	5,5	3,5	2,833	2,5

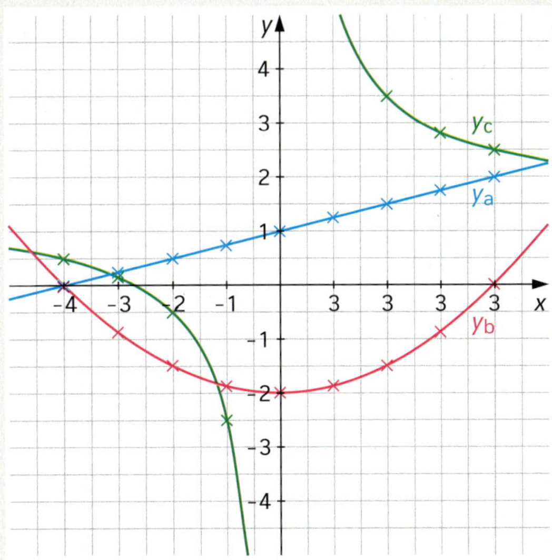

Aufgaben

1. Erstellen Sie ein Koordinatensystem und tragen Sie folgende Punkte ein:

P (1|1); Q (2|3); R (−2|2); S (0|0); T (3|−1); U (−4|2)

2. Zeichnen Sie in einem Koordinatensystem eine Gerade durch die Punkte A (−3|−1) und B (1|1). An welchen Punkten schneidet der Graph die beiden Koordinatenachsen?

3. Erstellen Sie eine Wertetabelle für den Bereich $x = -5$ bis $x = 5$ und zeichnen Sie die Graphen zu folgenden linearen Funktionen:

a) $f(x) = 1{,}5x + 2$; b) $f(x) = \frac{1}{8}x - 2$; c) $f(x) = -x + 1$

4. Erstellen Sie für die Funktion $I = \frac{U}{R}$ den Graphen im Wertebereich $U = 0$ V bis 24 V für folgende Werte:

a) $R_a = 3{,}3\ \Omega$ b) $R_b = 4{,}7\ \Omega$ c) $R_c = 6{,}8\ \Omega$

5. Calculate a table of values from $x = -5$ to $x = 5$ and draw the graphs of the following functions:

a) $f(x) = \frac{2}{x}$; b) $f(x) = \frac{1}{2x} - 1$; c) $f(x) = -\frac{1}{x} + 1{,}5$

6. Die Fläche A eines Kreises hängt über die Funktion $A = \pi \cdot r^2$ vom Kreisradius r ab. Ermitteln Sie aus dem zugehörigen Graphen (Abb. 1):

a) Die Flächeninhalte von Kreisen mit den Radien 1 ½ cm, 2 ½ cm und 3 cm.

b) Die Radien von Kreisen mit den Flächeninhalten 10 cm², 15 cm² und 44 cm².

c) Überprüfen Sie die abgelesenen Werte durch Berechnung.

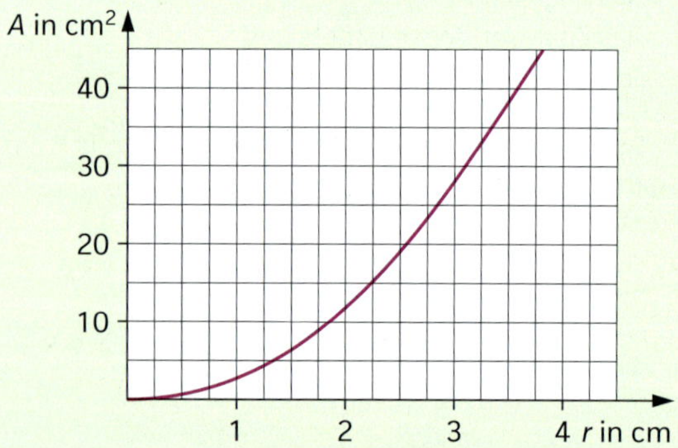

Abb. 1: Zusammenhang zwischen Radius und Kreisfläche

7. Die elektrische Leistung P kann als hyperbelförmiger Graph in einem I-U-Diagramm dargestellt werden. Ermitteln Sie die fehlenden Werte in der folgenden Tabelle mithilfe der Graphen in Abb. 2.

	U in V	I in A bei		
		P = 1 W	P = 2 W	P = 5 W
a)	1			
b)				1
c)	2			
d)			0,8	
e)		0,25		

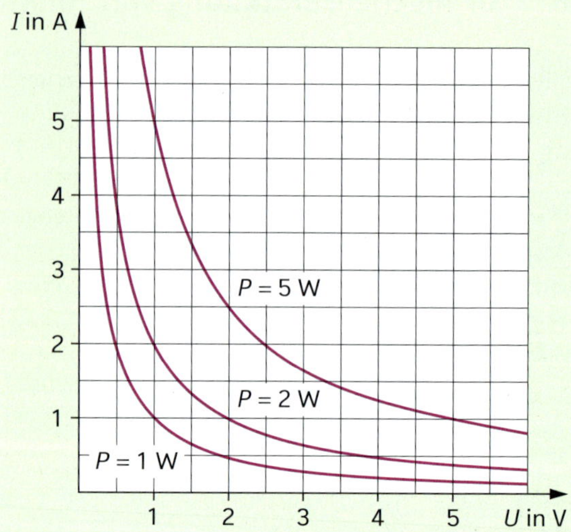

Abb. 2: Leistungshyperbeln

8. Die Stromdichte J in einem Leiter ist abhängig von der Stromstärke I und dem Leiterquerschnitt q. Stellen Sie die Funktion $J = \frac{I}{q}$ bei einer konstanten Stromstärke von 16 A für den Bereich $q = 0$ mm² ... 16 mm² grafisch dar. Erstellen Sie als Lösung eine Wertetabelle mit einer Schrittweite von 2 mm².

9. Auf dem Bildschirm eines Oszilloskops (Abb. 3) wird eine sinusförmige Wechselspannung dargestellt. Folgende Einstellungen wurden vorgenommen: Spannung U (vertikal): 5 V pro Teilungsschritt, Zeit t (horizontal): 2 ms pro Teilung.

a) Wie hoch ist die Spannung an den Scheitelpunkten?

b) Welche Zeit liegt zwischen zwei Nulldurchgängen?

c) Welchen Momentanwert besitzt die Spannung zum Zeitpunkt $t = 4{,}8$ ms, vom Ursprung aus betrachtet?

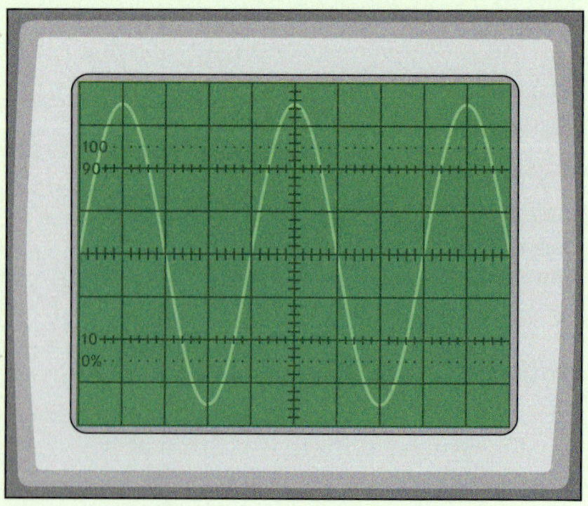

Abb. 3: Oszillogramm einer sinusförmigen Spannung

1.7 Winkelfunktionen

Mithilfe der Winkelfunktionen werden die Zusammenhänge zwischen den Winkeln und den Seiten eines rechtwinkligen Dreiecks dargestellt. Die Winkelfunktionen werden auch als trigonometrische Funktionen bezeichnet.

a: Gegenkathete zum Winkel α

b: Ankathete zum Winkel α

c: Hypotenuse

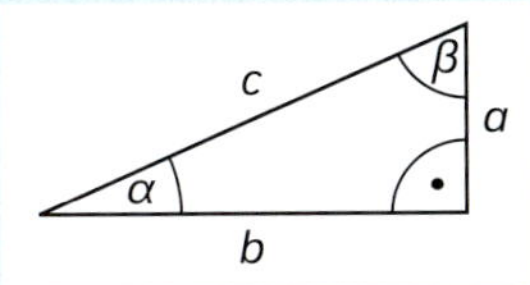

Die **Hypotenuse** ist die längste Seite im rechtwinkligen Dreieck und liegt gegenüber dem rechten Winkel.

Die **Gegenkathete** ist die Seite, die gegenüber dem verwendeten Winkel liegt.

Die **Ankathete** ist die Seite, die am verwendeten Winkel anliegt.

$$\sin\alpha = \frac{\text{Gegenkathete}}{\text{Hypotenuse}} \qquad \sin\alpha = \frac{a}{c}$$

$$\cos\alpha = \frac{\text{Ankathete}}{\text{Hypotenuse}} \qquad \cos\alpha = \frac{b}{c}$$

$$\tan\alpha = \frac{\text{Gegenkathete}}{\text{Ankathete}} \qquad \tan\alpha = \frac{a}{b}$$

Um aus den Seitenverhältnissen die Winkel zu berechnen, werden die Umkehrfunktionen benötigt. Sie werden als Arkusfunktionen bezeichnet.

$$\alpha = \arcsin\frac{\text{Gegenkathete}}{\text{Hypotenuse}} \qquad \alpha = \arcsin\frac{a}{c}$$

$$\alpha = \arccos\frac{\text{Ankathete}}{\text{Hypotenuse}} \qquad \alpha = \arccos\frac{b}{c}$$

$$\alpha = \arctan\frac{\text{Gegenkathete}}{\text{Ankathete}} \qquad \alpha = \arctan\frac{a}{b}$$

Die Arkusfunktionen können auch als asin, acos und atan geschrieben werden. Diese Bezeichnungen finden sich häufig auf dem Taschenrechner. Eine weitere Tastenbezeichnung ist $\sin^{-1}$, $\cos^{-1}$ und $\tan^{-1}$.

Die Summe aller Winkel in einem Dreieck beträgt 180°. Daraus ergibt sich für das rechtwinklige Dreieck die folgende Gleichung.

$$\alpha + \beta + 90° = 180° \qquad \alpha + \beta = 90°$$

Beispiel

Berechnen Sie die fehlenden Seitenlängen und Winkel des nebenstehenden Dreiecks.

Geg.: $b = 2$ m; $c = 7$ m

Ges.: a) α; b) a; c) β

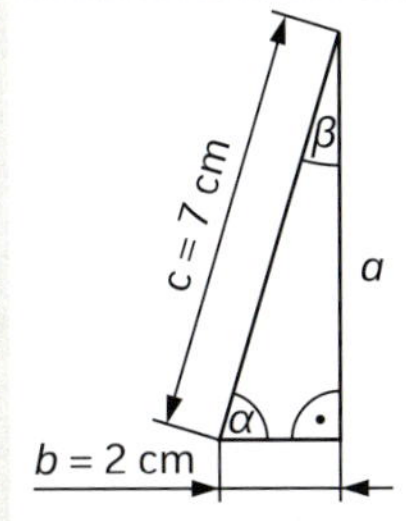

a)

$\cos\alpha = \frac{b}{c}$

$\alpha = \text{acos}\frac{b}{c}$

$\alpha = \text{acos}\frac{2\text{ m}}{7\text{ m}}$

$\underline{\underline{\alpha = 73{,}4°}}$

b)

$\sin\alpha = \frac{a}{c}$

$a = c \cdot \sin\alpha$

$a = 7\text{ m} \cdot \sin 73{,}4°$

$a = 7\text{ m} \cdot 0{,}958$

$\underline{\underline{a = 6{,}7\text{ m}}}$

c)

$\alpha + \beta = 90°$

$\beta = 90° - \alpha$

$\beta = 90° - 73{,}4°$

$\underline{\underline{\beta = 16{,}6°}}$

Aufgaben

1. Die Hypotenuse in einem rechtwinkligen Dreieck beträgt 25 cm. Der Winkel α ist 22°. Berechnen Sie

a) die Länge der Ankathete,

b) die Länge der Gegenkathete und

c) den Winkel β.

2. The hypotenuse of a right-angled triangle is 5 cm in length. The adjacent leg has a length of 3.5 cm.

a) Calculate the length of the opposite leg.

b) Calculate the angle α.

3. Berechnen Sie die fehlenden Seiten und Winkel der Dreiecke aus Abb. 4.

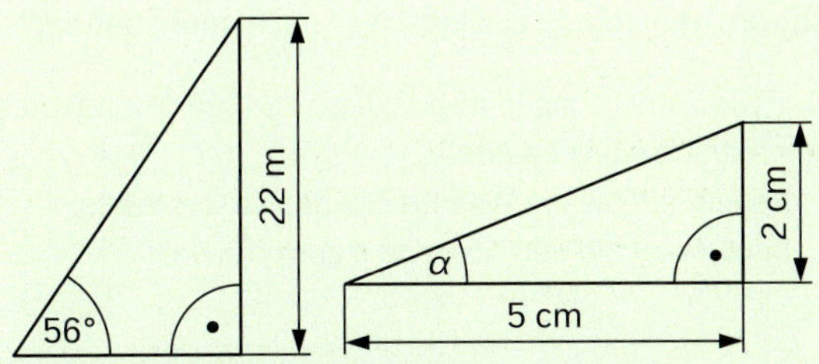

Abb. 4: Rechtwinklige Dreiecke

4. Berechnen Sie die fehlenden Werte in der Tabelle.

	a)	b)	c)	d)	e)
Hypotenuse	10 m				10 m
Gegenkathete		2,5 cm	1 dm		15 dm
Ankathete			50 cm	2,2 m	
Winkel α	75°	25°		45°	

5. Ein 250 m langer trapezförmiger Damm wird angelegt. Der Damm hat am Fuß eine Breite von 15 m und an der Dammkrone eine Breite von 6 m. Der Hangwinkel beträgt 41°. Berechnen Sie
a) die Höhe des Dammes und
b) das Volumen des Dammes.

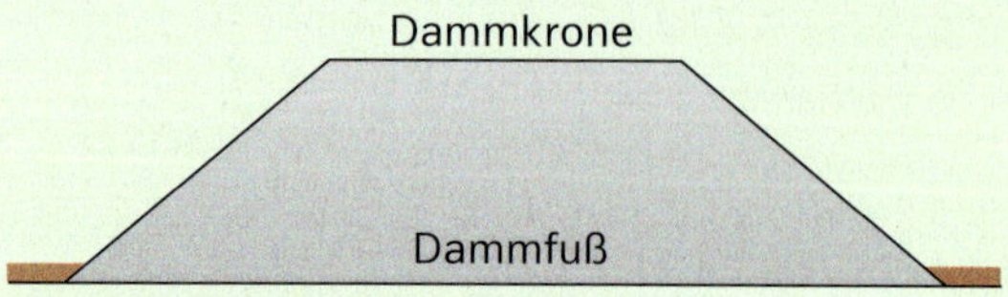

Abb. 1: Dammquerschnitt

6. Ein Fahnenmast ist 5 m hoch. Sein Schatten hat eine Länge von 2,55 m. Unter welchem Winkel treffen die Sonnenstrahlen auf den Erdboden?

7. Ein Flugzeug fliegt in 9 km Höhe genau über einen Beobachter hinweg. Innerhalb einer Minute legt es eine Strecke von 14 km zurück.
a) Berechnen Sie die Entfernung zwischen Beobachter und Flugzeug nach dieser Minute.
b) In welchem Winkel muss der Beobachter das Flugzeug nun anpeilen?

8. Ein Beobachter steht 80 m von einem Freileitungsmast entfernt (auf gleicher Höhe). Er blickt in einem Winkel von 40,5° auf die Mastspitze. Seine Augen befinden sich 1,70 m über dem Erdboden. Berechnen Sie die Höhe des Freileitungsmastes.

9. Ein Besucher beobachtet mit einem Fernrohr ein vorbeifahrendes Boot. Der Besucher befindet sich in 26 m Höhe auf einer Leuchtturmplattform. Das Fernrohr befindet sich 1,6 m über der Plattform. Wie weit ist das Boot entfernt, wenn der Blickwinkel 6,5° nach unten beträgt?

10. Die Vorrichtung in Abb. 2 dient zur Entfernungsmessung mithilfe eines Lasers.
a) Berechnen Sie die Wegstrecke des Laserstrahls.
b) Berechnen Sie den Abstand a zum Objekt.

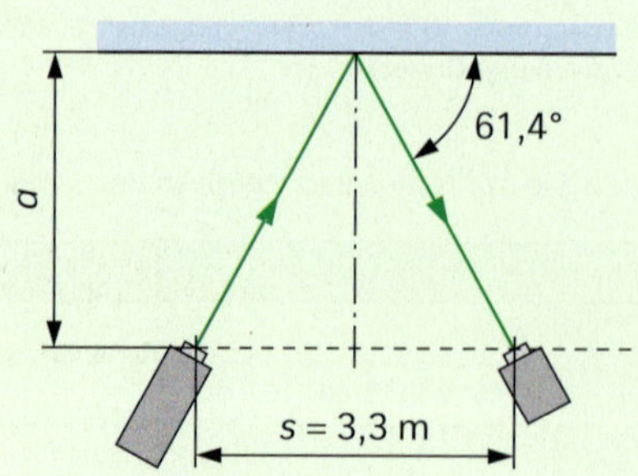

Abb. 2: Laser-Abstandsmessung

11. Steigungen von Straßen werden in Prozent angegeben. Eine Straße mit der in dem nebenstehenden Bild dargestellten Steigung überwindet auf 100 m horizontaler Länge eine Höhe von 12 m. Berechnen Sie für eine 1550 m lange Straße dieser Steigung

a) den Winkel α der Steigung und
b) die überwundene Höhe.

12. Eine Straße hat einen Steigungswinkel $\alpha = 10°$. Berechnen Sie die Steigung der Straße in Prozent.

13. Eine 2 m tiefe Baugrube soll am Boden die Maße 10 m x 15 m haben. Um ein Abrutschen der Seiten zu verhindern, ist ein Böschungswinkel einzuhalten. Hierdurch vergrößert sich die Grube nach oben. Ermitteln Sie für die folgenden Böden die obere Baugrubenabmessung.
a) Böschungswinkel: 80° (felsiger Boden)
b) Böschungswinkel: 60° (halbfester Boden)
c) Böschungswinkel: 45° (sandiger Boden)

14. Über den nebenstehenden Messaufbau soll die Breite eines Flusses bestimmt werden. Hierzu werden die beiden Messpunkte M1 und M2 festgelegt. Vom Messpunkt M2 erfolgt nun eine Winkelmessung zu den Punkten A und B. Es wurden die Winkel $\alpha_1 = 32°$ und $\alpha_2 = 57{,}4°$ gemessen.
Berechnen Sie die Breite des Flusses.

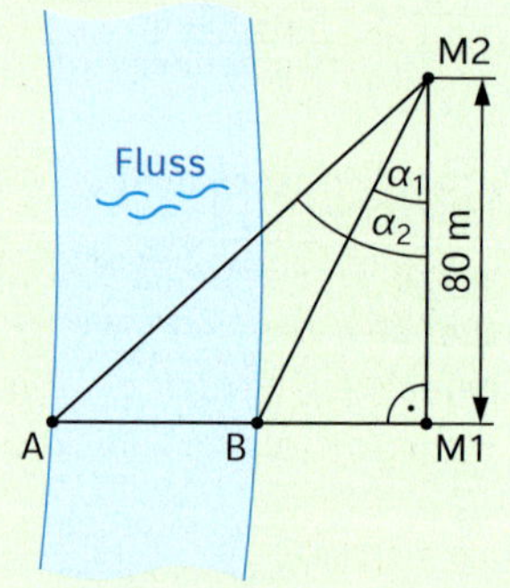

Abb. 3: Vermessung

15. Die in Abb. 4 dargestellte Brücke überspannt ein Tal. Berechnen Sie mithilfe der in der Zeichnung angegebenen Daten die Tiefe des Tals am Punkt A.

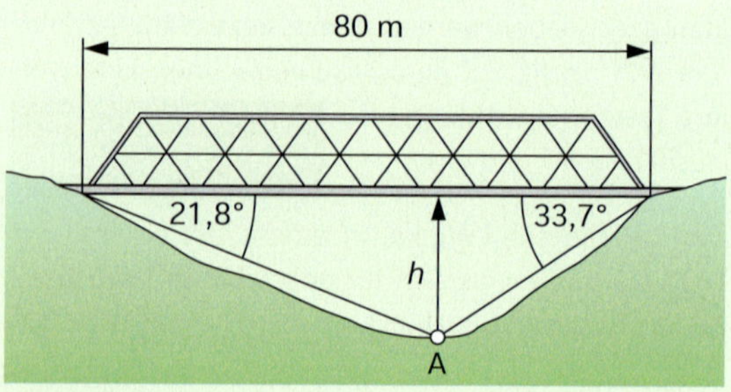

Abb. 4: Brücke

1.8 Winkelmaße

Die gebräuchlichsten Winkelmaße zur Angabe einer Winkelweite sind Gradmaß und Bogenmaß.

Gradmaß („Degree")

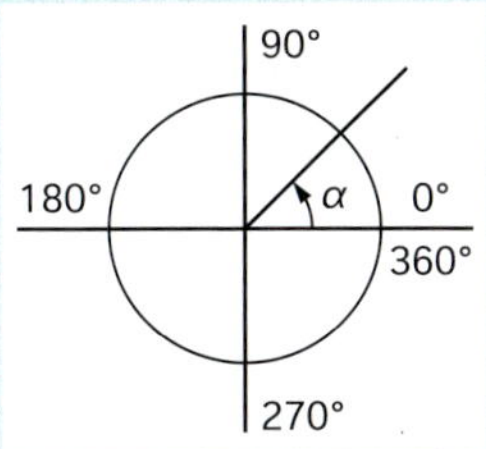

Im Gradmaß wird ein Vollwinkel in 360 Grad (360°) unterteilt.

1° = 60' (Minuten)
1' = 60'' (Sekunden)

Umrechnung zwischen Grad- und Bogenmaß:

$$\alpha_{deg} = \frac{\alpha_{rad}}{2\,\pi} \cdot 360°$$

Bogenmaß („Radiant")

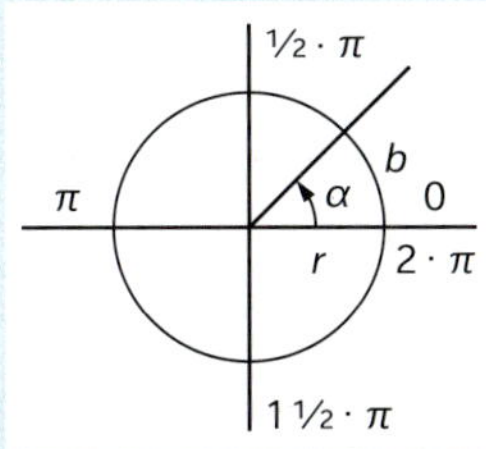

Die Maßzahl eines Vollwinkels im Bogenmaß beträgt 2 π. Diese Einteilung besitzt kein Einheitenzeichen. Der Winkel stellt das Verhältnis zwischen der Länge *b* des Kreisbogens zum Radius *r* dar.

$$\alpha_{rad} = \frac{b}{r}$$

Beispiel

Wandeln Sie den Winkel α_{deg} vom Gradmaß ins Bogenmaß um.

Geg.: $\alpha_{deg} = 25°$ Ges.: α_{rad}

$\alpha_{rad} = \frac{\alpha_{deg}}{360°} \cdot 2\pi$; $\alpha_{rad} = \frac{72°}{360°} \cdot 2\pi$

$\alpha_{rad} = 0{,}2 \cdot 2\pi$

$\alpha_{rad} = 0{,}4\pi$

Wandeln Sie den Winkel $\alpha_{rad} = 1{,}7\pi$ vom Bogenmaß ins Gradmaß um.

Geg.: $\alpha_{rad} = 1{,}7\pi$ Ges.: α_{deg}

$\alpha_{deg} = \frac{\alpha_{rad}}{2\pi} \cdot 360°$; $\alpha_{deg} = \frac{1{,}7\pi}{2\pi} \cdot 360°$

$\alpha_{deg} = 0{,}85 \cdot 360°$

$\alpha_{deg} = 306°$

Aufgaben

1. Ermitteln Sie den Winkel α zwischen den drei Statorwicklungen eines Drehstrommotors (Abb. 5)

a) im Gradmaß und
b) im Bogenmaß.

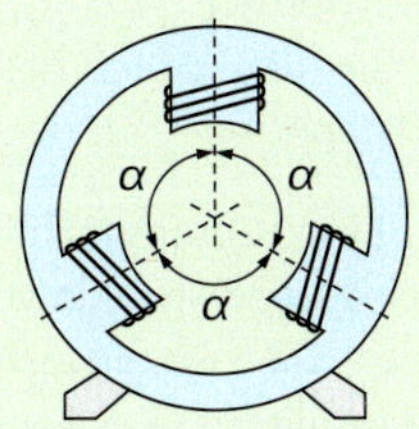

Abb. 5: Statorwicklungen

2. Berechnen Sie die fehlenden Werte in der Tabelle. Der Winkel ist im Bogenmaß anzugeben.

	a)	b)	c)	d)	e)
Winkel	2 π		½ π		π
Radius	1	7		15	320
Bogenlänge		11	220	35,34	

3. Calculate the missing values of the table. Use the degree and the radiant system for every angle.

	a)	b)	c)	d)	e)
Gradmaß	1°				720°
Bogenmaß		π	0,7854	1,6 π	
	f)	g)	h)	i)	k)
Gradmaß	33°	125°			3°40'
Bogenmaß			22	16 π	

4. Berechnen Sie die Winkel im Gradmaß, die der Stunden-, der Minuten- und der Sekundenzeiger einer Analoguhr während des Verlaufs einer Viertelstunde zurücklegen.

5. In einem Flachbettscanner wird ein Schrittmotor mit einem Schrittwinkel $\varphi = 1{,}8°$ als Antrieb der Abtasteinheit (Abb. 6) verwendet. Er bewegt die Einheit mit jeder ganzen Umdrehung 3 mm weit.

a) Bestimmen Sie die Schrittzahl pro Umdrehung.
b) Welchen Weg legt die Einheit pro Schritt zurück?

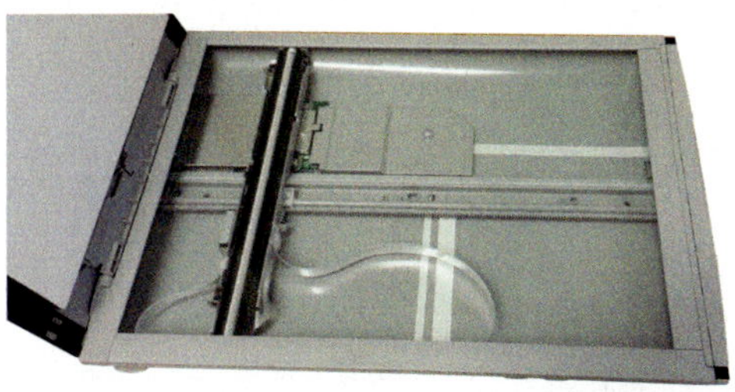

Abb. 6: Abtasteinheit in einem Flachbettscanner

6. Ein Lautstärkeregler (Abb. 7) kann um 315° zwischen den Stufen 0 und 8 verstellt werden. Ermitteln Sie den Winkel im Gradmaß, der zwischen Stellung 2 und Stellung 5 liegt.

Abb. 7: Lautstärkeregler

7. Die Welle eines Elektromotors besitzt eine Drehzahl von $n = 375\ \text{min}^{-1}$. Geben Sie den Winkel im Gradmaß an, um den sich die Welle pro Millisekunde bewegt.

1.9 Satz des Pythagoras

1.9.1 Berechnung rechtwinkliger Dreiecke

Der Satz des Pythagoras besagt, dass das Quadrat der Hypotenuse gleich der Summe der Quadrate der beiden Katheten ist.

$c^2 = a^2 + b^2$

$c = \sqrt{a^2 + b^2}$

c: Hypotenuse
a, b: Kathete

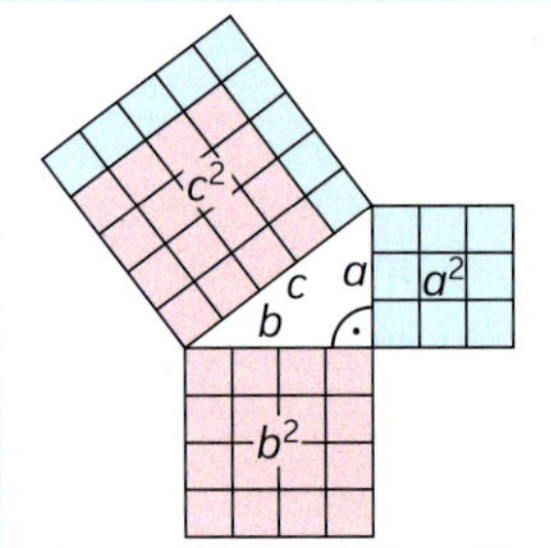

Beispiel

Ein Computerbildschirm hat eine 56 cm lange Bilddiagonale. Die Bildschirmhöhe beträgt 27,5 cm. Berechnen Sie die Breite des Bildschirms.

Geg.: $c = 56$ cm; $a = 27{,}5$ cm
Ges.: b

$c^2 = (56\text{ cm})^2$ $\qquad a^2 = (27{,}5\text{ cm})^2$

$c^2 = 3136\text{ cm}^2$ $\qquad a^2 = 756{,}25\text{ cm}^2$

$c^2 = a^2 + b^2 \quad | -a^2$

$b^2 = c^2 - a^2 \quad | \sqrt{}$

$b = \sqrt{c^2 - a^2}$

$b = \sqrt{3136\text{ cm}^2 - 756{,}25\text{ cm}^2}$

$b = \sqrt{2379{,}75\text{ cm}^2}$

$b = 48{,}78\text{ cm}$

Aufgaben

1. Berechnen Sie die Länge der Hypotenuse des nebenstehenden Dreiecks (Maße in mm).

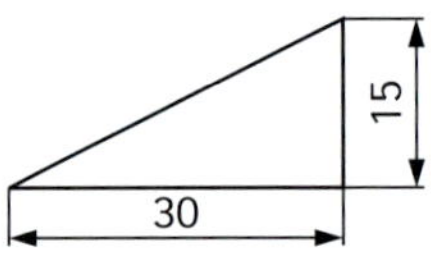

2. Berechnen Sie die fehlende Seitenlänge des nebenstehenden Dreiecks (Maße in mm).

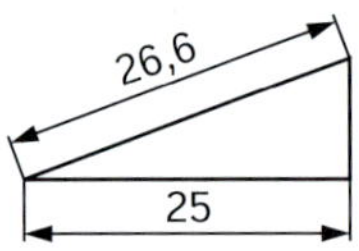

3. A basketball court is 28 meters in length and 15 meters in width. Determine the length of the diagonal line.

4. Eine quadratische Bodenfliese hat eine Seitenlänge von 40 cm. Berechnen Sie die Länge der Diagonalen.

5. Die kurze Seite eines Handballfeldes ist 20 m lang. Die Felddiagonale hat eine Länge von 44,72 m. Berechnen Sie die Länge der Längsseite.

6. Ermitteln Sie die fehlenden Werte.

	a)	b)	c)	d)
Kathete a	10 m		2,5 km	5 dm
Kathete b	12 m	3 mm		12 dm
Hypotenuse c		5 mm	5 km	

7. Berechnen Sie die fehlenden Größen aus den Dreiecken in Abb. 1.

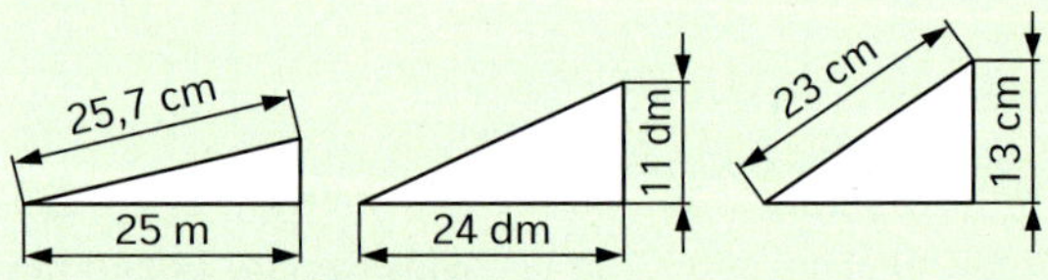

Abb. 1: Rechtwinklige Dreiecke

8. Ein Telegrafenmast soll durch ein Stahlseil am Boden verankert werden. Das Seil wird in 7 m Höhe befestigt. Der Befestigungspunkt am Boden ist 4 m vom Mastfuß entfernt. Berechnen Sie die Länge des Seils zwischen den beiden Befestigungspunkten.

9. Eine Halle ist 105 m lang und 68 m breit. Eine Verlängerungsleitung soll von einer Ecke zur diagonal gegenüberliegenden Ecke gelegt werden.

a) Berechnen Sie die Wegdifferenz in Metern zwischen der direkten Verlegung über die Raumdiagonale und der Verlegung entlang der Seitenwände.

b) Um wie viel Prozent ist der Weg über die Raumdiagonale kürzer?

10. Ein quadratischer Raum hat eine Bodenfläche von $56{,}25\text{ m}^2$. Berechnen Sie die Länge der Raumdiagonalen.

11. Ein Würfel (Abb. 2) hat eine Kantenlänge von 5 cm.

a) Berechnen Sie die Länge der Seitendiagonalen (blaue Linie).

b) Berechnen Sie die Länge der Raumdiagonalen (rote Linie).

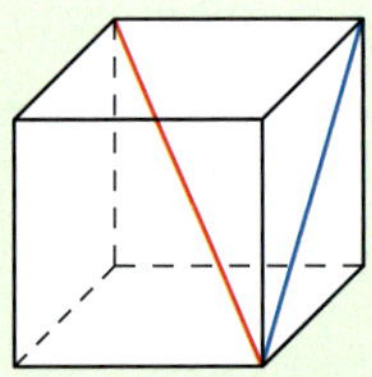

Abb. 2: Würfel

12. Das Ende eines Rundstahls soll zu einem quadratischen Vierkant mit 8 mm Kantenlänge gefeilt werden (Abb. 3). Berechnen Sie den Durchmesser des Rundstahls.

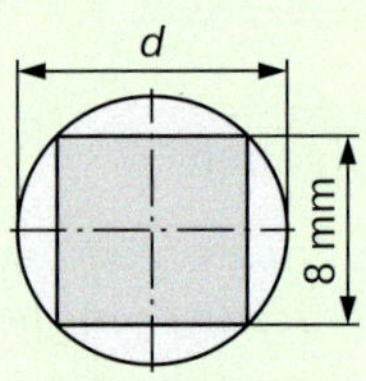

Abb. 3: Rundstahl

13. Ein Computerbildschirm hat eine Bilddiagonale von 56 cm Länge. Die Seitenverhältnisse werden mit 16 : 9 angegeben. Berechnen Sie die Breite und Höhe des Bildschirms.

1.9.2 Berechnung beliebiger Dreiecke

Ein beliebiges Dreieck kann in zwei rechtwinklige Dreiecke aufgeteilt werden. Die Summe aller Innenwinkel in einem Dreieck beträgt 180°.

$$\alpha + \beta + \gamma = 180°$$

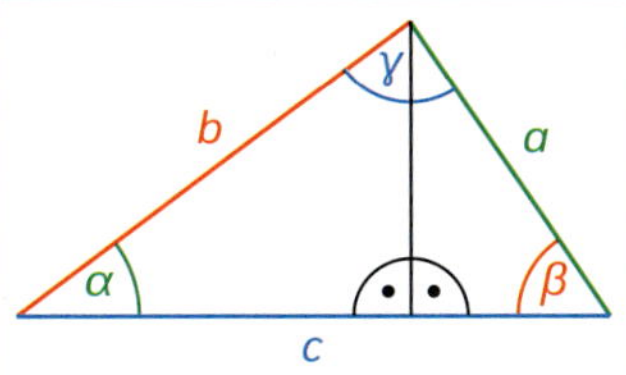

Beispiel

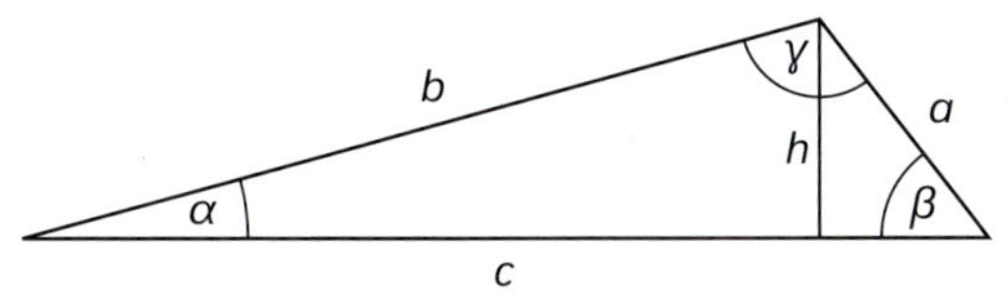

Von dem oben abgebildeten Dreieck sind die Seiten $a = 10$ cm und $b = 30$ cm bekannt. Weiter sind die beiden Winkel $\alpha = 15{,}4°$ und $\gamma = 112°$ bekannt.

a) Berechnen Sie die Höhe h des Dreiecks.
b) Berechnen Sie den Winkel β.
c) Berechnen Sie die Seite c.

Geg.: $a = 10$ cm; $b = 30$ cm; $\alpha = 15{,}4°$; $\gamma = 112°$
Ges.: a) h; b) β; c) c

b) $\alpha + \beta + \gamma = 180°$

$h = b \cdot \sin \alpha$ $\qquad$ $\beta = 180° - \alpha - \gamma$

$h = 30 \text{ cm} \cdot \sin 15{,}4°$ $\qquad$ $\beta = 180° - 15{,}4° - 112°$

$\underline{\underline{h = 7{,}97 \text{ cm}}}$ $\qquad$ $\underline{\underline{\beta = 52{,}6°}}$

c) $c_1 = b \cdot \cos \alpha$ $\qquad$ $c_2 = a \cdot \cos \beta$

$c_1 = 30 \text{ cm} \cdot \cos 15{,}4°$ $\qquad$ $c_2 = 10 \text{ cm} \cdot \cos 52{,}6°$

$\underline{c_1 = 28{,}9 \text{ cm}}$ $\qquad$ $\underline{c_2 = 6{,}1 \text{ cm}}$

$c = c_1 + c_2$

$c = 28{,}9 \text{ cm} + 6{,}1 \text{ cm}$

$\underline{\underline{c = 35 \text{ cm}}}$

Aufgaben

1. Die Seiten eines Dreiecks sind jeweils 4 m lang.
a) Berechnen Sie die Höhe.
b) Berechnen Sie die drei Innenwinkel.

2. Die Grundseite c eines Dreiecks ist 10 cm lang. Die Seiten a und b sind jeweils 7,4 cm lang. Berechnen Sie alle Innenwinkel des Dreiecks.

3. Berechnen Sie alle fehlenden Größen des Dreiecks aus Abb. 4.

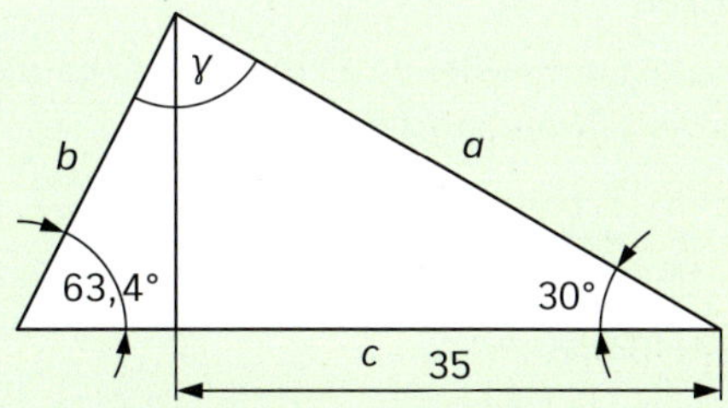

Abb. 4: Beliebiges Dreieck

4. Berechnen Sie die fehlenden Werte.

	a)	b)	c)	d)	e)
a		80 m	30 mm	30 km	40 mm
b				60 km	
c	10 m	100 m			4 cm
α	30°	52°	48,2°		
β			48,2°	20°	
γ	100°	80,1°			
h	3,9 m				15 mm

5. In einer 2,50 m hohen Zimmerdecke befindet sich deckenbündig eine Halogenlampe mit einem Abstrahlwinkel von 30°. Die Lampe strahlt senkrecht nach unten.
a) Zeichnen Sie den Lichtkegel und tragen Sie alle Maßangaben ein.
b) Berechnen Sie den Durchmesser des Lichtkegels auf dem Fußboden.

6. Die Beleuchtung in einem 3 m hohen Raum soll mit Einbaustrahlern realisiert werden. Der Abstrahlwinkel eines Strahlers beträgt 50°. In welchem Abstand müssen die Strahler eingebaut werden, wenn sich die Lichtkegel auf dem Fußboden um jeweils 70 cm überlappen sollen?

7. Zur Konstruktion eines Sechs- und Achtecks sollen Dreiecke hergestellt werden. Die Außenkanten des Sechsecks sollen 6 cm und die des Achtecks 4 cm lang sein. Berechnen Sie alle Winkelmaße und Seitenlängen der Dreiecke für
a) das Sechseck und
b) das Achteck.

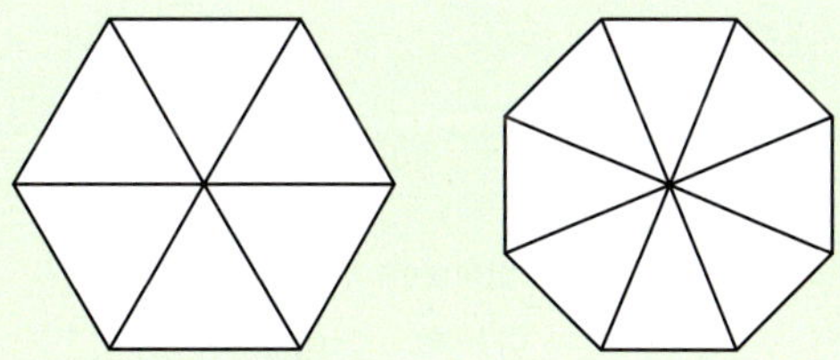

Abb. 5: Sechs- und Achteck

1.10 Rechnen mit Potenzen und Wurzeln

Potenzen

Ein Produkt aus mehreren gleichen Faktoren a kann verkürzt als Potenz geschrieben werden.

$c = \underbrace{a \cdot a \cdot \ldots \cdot a}_{n \text{ Faktoren}}$ $\qquad c = a^n \qquad 2 \cdot 2 \cdot 2 \cdot 2 = 2^4$

a: Basis (Grundzahl)

n: Exponent (Hochzahl)

c: Potenzwert

Regeln

$a^m \cdot a^n = a^{m+n}$

$\frac{a^m}{a^n} = a^{m-n}$

$(a^m)^n = a^{m \cdot n}$

$a^0 = 1$

$a^1 = a$

$a^m \cdot b^m = (a \cdot b)^m$

$\frac{a^m}{b^m} = \left(\frac{a}{b}\right)^m$

Wurzeln

Die Umkehrfunktion des Potenzierens ist das Radizieren (Wurzelziehen).

$b = \sqrt[n]{a}$ $\qquad \sqrt{16} = 4$

$\sqrt[4]{16} = 2$

a: Radikand

n: Wurzelexponent

b: Wurzelwert

Regeln

$a^{\frac{1}{n}} = \sqrt[n]{a}$ $\qquad \sqrt[n]{a^m} = a^{\frac{m}{n}}$

Beispiel

Berechnen Sie:

a) $x = 2^2 \cdot 2^3$; b) $x = 10^3 : 10^2$; c) $x = \sqrt[3]{1000}$

a)
$x = 2^2 \cdot 2^3$
$x = 3^{(2+3)}$
$x = 2^5$
$\underline{\underline{x = 32}}$

b)
$x = 10^3 : 10^2$
$x = 10^{(3-2)}$
$x = 10^1$
$\underline{\underline{x = 10}}$

c)
$x = \sqrt[3]{1000}$
$\underline{\underline{x = 10}}$

Aufgaben

1. Berechnen Sie die Potenzen.

a) 6^2 b) 2^6 c) $(-4)^2$ d) $(-5)^3$ e) 10^0

f) 10^3 g) 10^{-3} h) $(-5)^{-2}$ i) $100^{\frac{1}{2}}$ j) $100^{-\frac{1}{2}}$

2. Berechnen Sie die Potenzwerte der Brüche.

a) $\left(\frac{1}{10}\right)^3$ b) $\left(\frac{2}{10}\right)^3$ c) $\left(\frac{-2}{10}\right)^2$ d) $\left(\frac{3}{4}\right)^{-2}$

e) $\left(\frac{-5}{10}\right)^3$ f) $\left(\frac{1}{10}\right)^{-3}$ g) $\left(\frac{1}{1000}\right)^{\frac{1}{3}}$ h) $\left(\frac{1}{8}\right)^{-\frac{1}{3}}$

3. Berechnen Sie:

a) $\sqrt[3]{1000}$ b) $\sqrt[2]{16}$ c) $\sqrt[3]{512}$ d) $\sqrt{529}$

e) $\sqrt[4]{0{,}0081}$ f) $\sqrt[5]{400}$ g) $\sqrt[-3]{1000}$ h) $\sqrt[3]{0{,}25}$

4. Calculate the multiplications of the powers.

a) $10^3 \cdot 10^3$ b) $x^2 \cdot x^4$ c) $10^6 \cdot 10^{-3}$

d) $a^{-2} \cdot a^4$ e) $10^{3x} \cdot 10^x$ f) $5 \cdot 10^3 \cdot 10^3$

g) $2 \cdot 10^3 \cdot 3 \cdot 10^3$ h) $5 \cdot 10^6 \cdot 4 \cdot 10^{-3}$ i) $25 \cdot x^3 \cdot 2 \cdot x^{-3}$

5. Berechnen Sie:

a) $(10^2)^4$ b) $(10^{-3})^2$ c) $(10^{-3})^3$ d) $(x^5)^3$

e) $(10^3)^{3+a}$ f) $(-10^3)^2$ g) $(-10^{-3})^{-3}$ h) $(u^{a+b})^c$

6. Berechnen Sie:

a) $\frac{a^6}{a^3}$ b) $\frac{10^9}{10^6}$ c) $\frac{4 \cdot 10^6}{5 \cdot 10^3}$

d) $\frac{25 \cdot 10^{-3}}{20 \cdot 10^{-3}}$ e) $\frac{5x^2}{2x^4 \cdot x^{-2}}$ f) $\frac{a \cdot 10^9}{(b \cdot 10^3)^2}$

7. Berechnen Sie die Wurzelwerte ohne Taschenrechner.

a) $\sqrt[3]{4^6}$ b) $\sqrt{25^2}$ c) $\sqrt[3]{10^{-9}}$ d) $\sqrt{(10^{-3})^2}$

8. Vereinfachen Sie folgende Wurzelausdrücke.

a) $\sqrt{\frac{16x^2}{9y^4}}$ b) $\sqrt{\frac{25a^2 \cdot 4b^2}{121c^6}}$ c) $\sqrt{\frac{64 \cdot 10^6}{400}}$

d) $\sqrt{\frac{2a^3 \cdot 8a^3}{9+16}}$ e) $\sqrt{\frac{6{,}4x^3 \cdot 10x^4}{x}}$ f) $\sqrt[3]{\frac{10t^2 \cdot 12{,}5t}{64 \cdot 10^3}}$

9. Wandeln Sie die Zahlen in Potenzen mit der Basis $a = 10$ (Zehnerpotenzen) um.

a) 100 b) 10000 c) 1000 d) 0,1

e) 0,001 f) 10 g) 0,000001 h) 1

10. Berechnen Sie die folgenden Summen.

a) $2{,}5 \cdot 10^3 + 2 \cdot 10^3$ b) $5 \cdot 10^3 + 2000 + 0{,}01 \cdot 10^6$

c) $500 \cdot 10^{-3}\,\text{V} + 3\,\text{V}$ d) $3{,}3 \cdot 10^3\,\Omega + 270\,\Omega$

11. Wandeln Sie die Zahlen in Zehnerpotenzen um, deren Exponenten durch 3 teilbar sind (zum Beispiel $1000 = 1 \cdot 10^3$).

a) 25000 b) 2000000 c) 0,005 d) 0,02

e) 220000 f) 0,000047 g) 0,0001 h) 1500

1.11 Rechnen mit Logarithmen

Mithilfe des Logarithmierens kann der Exponent einer Potenz errechnet werden, z. B. $2^x = 4{,}8$.

$a^n = c \Leftrightarrow \log_a c = n$ $\qquad \log_{10} 10^3 = x \Leftrightarrow x = 3$

a: Basis
c: Numerus
n: Logarithmus

Gebräuchliche Basen

Basis	Logarithmusbezeichnung	Schreibweise
10	Zehnerlogarithmus	$\log_{10} c = \lg c$
e = 2,71828...	natürlicher Logarithmus (Logarithmus Naturalis)	$\log_e c = \ln c$
2	Zweierlogarithmus (binärer Logarithmus)	$\log_2 c = \text{lb}\, c$

e = Eulersche Zahl

Regeln

$$\log_a (c \cdot d) = \log_a c + \log_a d$$

$$\log_a (c : d) = \log_a c - \log_a d$$

$$\log_a c^d = d \cdot \log_a c \qquad \log_a \sqrt[d]{c} = \frac{1}{d} \cdot \log_a c$$

Umrechnung

$$\log_a c = \frac{\log_x c}{\log_x a} \qquad \log_2 32 = \frac{\log_{10} 32}{\log_{10} 2}$$

Logarithmische Teilung (dekadischer Logarithmus)

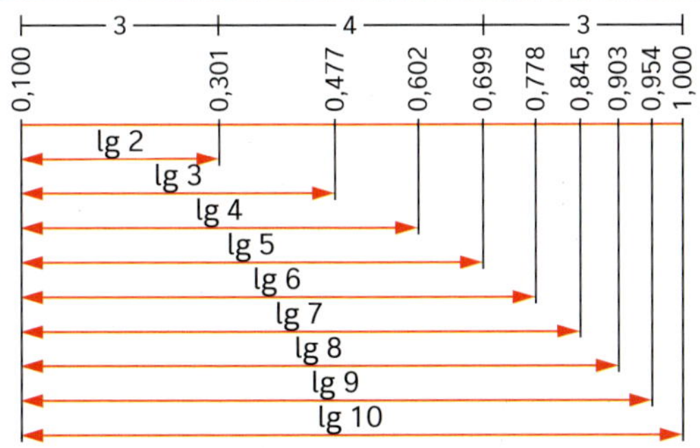

Beispiel

Berechnen Sie a) den Zehnerlogarithmus und b) den natürlichen Logarithmus von 500.

a) $\log_{10} 500 = \lg 500$
$\underline{\underline{\lg 500 = 2{,}67}}$

b) $\log_e 500 = \ln 500$
$\underline{\underline{\ln 500 = 6{,}21}}$

Aufgaben

1. Berechnen Sie die Zehnerlogarithmen.

a) lg 100 b) lg 10000 c) lg 1 d) lg 0,001
e) lg 50 f) lg 500 g) lg 5000 h) lg 0,005

2. Berechnen Sie die natürlichen Logarithmen.

a) ln 100 b) ln 10 c) ln 12 d) ln 5
e) ln 0,5 f) ln 0,05 g) ln e h) ln π

3. Determine the binary logarithm.

a) lb 8 b) lb 512 c) lb 2 d) lb 1024
e) lb 15 f) lb 0.5 g) lb 0.125 h) lb 1000

4. Berechnen Sie

a) $\lg (4 \cdot 10^3)$ b) $\lg (2 \cdot 10^3 \cdot 5 \cdot 10^3)$ c) $\lg (25^3)$
d) $\lg 125 + \lg 8$ e) $\lg 555 - \lg 55{,}5$ f) $\lg \sqrt[3]{100}$

5. Die 12 cm lange Achse eines Koordinatensystems soll von 0,1 bis 1000 logarithmisch geteilt werden.

a) Zeichnen Sie die Achse und tragen Sie die Werte 0,1; 10; 100 und 1000 auf.
b) Tragen Sie die Vielfachen von 2 auf (0,2; 2; 20; 200).
c) Tragen Sie die Vielfachen von 5 auf (0,5; 5; 50; 500).

6. Der Bereich 1000 m bis 10000 m einer logarithmisch geteilten Achse ist 5 cm lang. Berechnen Sie die Werte bei einem Abstand von a) 1,5 cm, b) 3 cm und c) 4,5 cm.

7. Abb. 1 zeigt die Widerstandsverläufe mehrerer elektrischer Bauelemente.

a) Ermitteln Sie die Widerstandswerte des VTL5C3 bei den Eingangsstromstärken 1 mA, 3 mA, 7 mA und 10 mA.
b) Wie groß sind die Eingangsstromstärken des VTL5C8 bei den Widerstandswerten 40 kΩ und 2 kΩ?

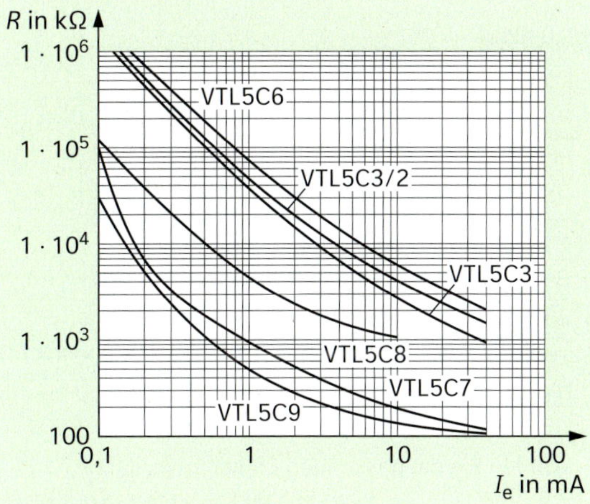

Abb. 1: Widerstandsverläufe

1.12 Einheitenvorsätze

Der Einheitenvorsatz gibt die Zehnerpotenz an, mit welcher der Zahlenwert zu multiplizieren ist. Die Exponenten der Zehnerpotenzen sind hierbei meist ein Vielfaches von 3, z. B.
$21000\ \text{W} = 21 \cdot 10^3\ \text{W} = 21\ \text{kW}$.

Vorsatzzeichen	Vorsatz	Faktor
P	Peta	10^{15}
T	Tera	10^{12}
G	Giga	10^{9}
M	Mega	10^{6}
k	Kilo	10^{3}
d	Dezi	10^{-1}
c	Zenti	10^{-2}
m	Milli	10^{-3}
µ	Mikro	10^{-6}
n	Nano	10^{-9}
p	Piko	10^{-12}
f	Femto	10^{-15}

Beispiel

Lösen Sie die folgenden Aufgaben.

a) Schreiben Sie 2,2 kΩ ohne Einheitenvorsatz.
b) Schreiben Sie 6000 Ω mit einem geeigneten Vorsatz.
c) Schreiben Sie 0,025 A ohne Komma.

a) $2{,}2\ \text{k}\Omega = 2{,}2 \cdot 10^3\ \Omega = 2{,}2 \cdot 1000\ \Omega = \underline{\underline{2200\ \Omega}}$

b) $6000\ \Omega = 6 \cdot 1000\ \Omega = 6 \cdot 10^3\ \Omega = \underline{\underline{6\ \text{k}\Omega}}$

c) $0{,}025\ \text{A} = 25 \cdot \frac{1}{1000}\ \text{A} = 25 \cdot 10^{-3}\ \text{A} = \underline{\underline{25\ \text{mA}}}$

Aufgaben

1. Geben Sie die Größen mit sinnvollen Vorsätzen an.

a) 2000 m b) 0,005 g c) 4500 g
d) 10000 V e) 0,025 A f) 22000000 Ω
g) 0,000047 F h) 0,00000022 F i) 0,001 V

2. Wählen Sie die passenden Einheitenvorsätze.

a) $1{,}5 \cdot 10^3\ \Omega$ b) $91{,}6 \cdot 10^6\ \text{Hz}$ c) $12 \cdot 10^{-3}\ \text{A}$
d) $5 \cdot 10^9\ \text{Hz}$ e) $22 \cdot 10^{-12}\ \text{F}$ f) $56 \cdot 10^{-6}\ \text{F}$

3. Schreiben Sie den Faktor anstelle der Vorsätze.

a) 18 pF b) 2,2 kΩ c) 1,5 MΩ
d) 750 mA e) 50 µA f) 2 dm
g) 330 nF h) 20 GW i) 2 TJ

4. According to the data sheet, the input current of an operational amplifier is $2 \cdot 10^{-8}$ A. Give the current with a suitable unit prefix.

5. Wandeln Sie wie angegeben um.

0,0005 A in mA	2800 mm in m
450 µA in mA	0,012 MA in kA
0,05 Ω in mΩ	30000 cm in km
0,0001 mF in nF	0,0002 kV in mV

6. Lösen Sie die folgenden Berechnungen und geben Sie das Ergebnis mit sinnvollen Einheitenvorsätzen an.

a) 500 V + 10 kV b) 25 mA + 1,5 A
c) 20 dm + 0,5 km d) 32 cm + 2200 mm
e) 22 µF – 330 nF f) 3,2 GW – 50 MW
g) $1\ \text{m} - 10\ \text{cm} - 10\ \text{mm} - 2 \cdot 10^{-4}\ \text{km} - 5 \cdot 10^{-2}\ \text{dm}$

7. Wandeln Sie die Angaben in sinnvolle Werte mit den entsprechenden Einheitenvorsätzen um.

a) $54 \cdot 10^{-3}\ \text{mA}$ b) $2 \cdot 10^3\ \text{kW}$ c) $40 \cdot 10^{-7}\ \text{V}$
d) $100 \cdot 10^2\ \text{kW}$ e) $0{,}22 \cdot 10^{-5}\ \text{mF}$ f) $1 \cdot 10^4\ \text{pF}$
g) $220 \cdot 10^3\ \text{cm}$ h) $5 \cdot 10^4\ \mu\text{m}$ i) $52 \cdot 10^{-5}\ \text{A}$

8. Zwischen zwei Metallplatten befindet sich ein Blatt Papier mit einem Widerstand von 950 Millionen Ohm (Einheitenzeichen: Ω). Geben Sie den Widerstandswert mit einem geeigneten Einheitenvorsatz an.

9. Ein Elektrolytkondensator mit 220 µF Kapazität hat eine Leckstromstärke von 0,0001416 A. Geben Sie den Leckstrom mit einem geeigneten Einheitenvorsatz an.

10. Berechnen Sie das Ergebnis und geben Sie einen passenden Einheitenvorsatz an.

a) $5\ \text{V} \cdot 2\ \text{mA} = ?\ \text{W}$ b) $\frac{5\ \text{V}}{2\ \text{mA}} = ?\ \Omega$
c) $\sqrt{3} \cdot 400\ \text{V} \cdot 21\ \text{A} = ?\ \text{VA}$ d) $\frac{10\ \text{mV}}{0{,}05\ \mu\text{A}} = ?\ \Omega$
e) $\frac{230\ \text{V}}{22\ \text{M}\Omega} = ?\ \text{A}$ f) $10\ \text{k}\Omega \cdot 0{,}2\ \text{kA} = ?\ \text{V}$
g) $\frac{(5\ \text{mV})^2}{2{,}2 \cdot 10^3\ \Omega} = ?\ \text{W}$ h) $\sqrt{\frac{3{,}75\ \text{mW}}{150\ \Omega}} = ?\ \text{A}$
i) $0{,}02 \cdot 10^{-2}\ \text{V} \cdot 5 \cdot 10^{-2}\ \text{mA} = ?\ \text{W}$
j) $\sqrt{(820\ \text{k}\Omega)^2 + (3{,}9\ \text{M}\Omega)^2} = ?\ \Omega$

1.13 Runden auf praktikable Werte

Beim Runden wird eine Zahl durch eine andere Zahlenangabe mit weniger Stellen ersetzt. Die gerundete Zahl ist hierdurch weniger genau (Rundungsfehler). Gründe für das Runden:

- Kürzere Zahl
- Zahl einfach merkbar
- Ergebnis der messbaren/darstellbaren Einheit anpassen (z. B. Euro, Cent, Gramm, Millimeter)
- Ungerundetes Ergebnis täuscht falsche Genauigkeit vor.

Kaufmännisches Runden

Beim kaufmännischen Runden wird abgerundet, wenn auf die letzte beizubehaltende Ziffer eine 0, 1, 2, 3 oder 4 folgt. Folgt hingegen eine 5, 6, 7, 8 oder 9, so wird aufgerundet.

3,3452 ≈ 3,35 (Rundung auf 2. Nachkommastelle)
3,3452 ≈ 3,3 (Rundung auf 1. Nachkommastelle)

Beispiel

Ein Computer liefert als Ergebnis einer Berechnung die Zahl 5845,9646. Runden Sie das Ergebnis auf.
a) 1000er; b) 100er; c) 10er; d) Einer; e) Zehntel; f) Hundertstel

a) 5845,9646 ≈ 6000 b) 5845,9646 ≈ 5800
c) 5845,9646 ≈ 5850 d) 5845,9646 ≈ 5846
e) 5845,9646 ≈ 5846,0 f) 5845,9646 ≈ 5845,96

Aufgaben

1. Runden Sie die Zahlen auf volle Hunderter.
a) 5333 b) 20462 c) 852 d) 90
e) 949 f) 1952 g) 9960 h) 45

2. Runden Sie die Zahlen auf volle Einer.
a) 12,82 b) 5,48 c) 29,51 d) 99,49
e) 1,39 f) 4,4999 g) 0,801 h) 0,3921

3. Runden Sie die Zahlen auf zwei Nachkommastellen.
a) 5,249 b) 22,384 c) 9,3949 d) 0,9958
e) 2,9909 f) 0,0444 g) 0,005 h) 0,0046

4. Runden Sie die Zahlen auf die 3. Nachkommastelle.
a) 2,33333 b) 2,66666 c) 0,090909
d) 1,553553 e) 0,454545 f) 0,003333

5. Verkürzen Sie die Zahlen durch Runden so weit wie möglich. Der Rundungsfehler soll 1 % nicht übersteigen.
a) 0,1333 b) 0,66666 c) 12,333 d) 3,666
e) 9,99 f) 0,04545 g) 0,5454 h) 5,345

6. A car driver fills up his car with 35 litres at a petrol station. One litre costs 1.609 Euros. Calculate the price of the fuel.

7. In einem Zeitungsbericht über einen Elektronikbetrieb wird der Umsatz mit 1,5 Millionen Euro pro Jahr angegeben. Bei dieser Angabe hat der Reporter den tatsächlichen Umsatz auf hunderttausend Euro gerundet. Wie viel Euro Umsatz hat der Betrieb a) maximal und b) minimal?

8. Bei einem Stromversorger kostet die Kilowattstunde 25,80 Cent netto. Ein Haushalt bezieht innerhalb eines Jahres 4525 kWh. Berechnen Sie bei einer Mehrwertsteuer von 19 % den Rechnungsbetrag.

9. Die Anzahl der verkauften Elektrofahrzeuge aus vier Filialen soll mithilfe eines Balkendiagramms dargestellt werden. Die Verkaufszahlen lauten wie folgt: Filiale 1: 9555, Filiale 2: 7480, Filiale 3: 5328 und Filiale 4: 8035. Für die Darstellung des Diagramms stehen maximal 11 cm zur Verfügung. Runden Sie die Zahlen so, dass sie gezeichnet werden können.

10. Die Abb. 1 stellt die Menge des verarbeiteten Kupfers und Aluminiums der Produktionsstandorte dar. Die Werte sind jeweils auf volle 10 Tonnen gerundet.

a) Welche Aluminiummenge wurde möglicherweise am Standort 3 verarbeitet?
b) Wie viel Tonnen Metall können tatsächlich am Standort 2 verarbeitet worden sein?
c) Welche Kupfermenge ist möglicherweise tatsächlich verarbeitet worden?
d) Berechnen Sie den prozentualen Anteil der Aluminiummenge an der Gesamtmaterialmenge für alle drei Standorte zusammen. Ermitteln Sie auch den möglichen maximalen und minimalen Anteil.

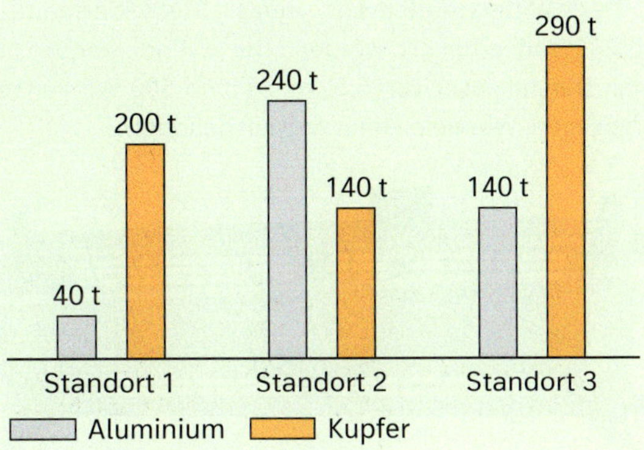

Abb. 1: Verarbeitete Leitermetalle

1.14 Kreisumfang

Der Kreisumfang U ist das Produkt aus Kreiszahl π und Kreisdurchmesser d. Statt des Durchmessers kann auch der doppelte Radius r eingesetzt werden.

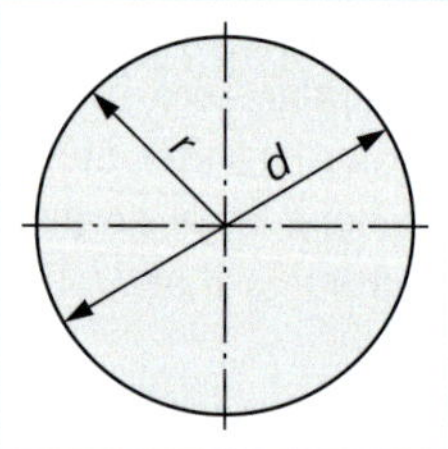

$U = \pi \cdot d$

$U = 2 \cdot \pi \cdot r$

U: Umfang $[U] = \text{m}$
d: Durchmesser $[d] = \text{m}$
r: Radius, Halbmesser $[r] = \text{m}$
π: Kreiszahl (Pi) $\pi = 3{,}14159...$

Bei Rohren wird der Durchmesser oft in Zoll angegeben: 1" = 2,54 cm

Beispiel

Der Durchmesser eines Kreises beträgt 14,2 cm. Berechnen Sie den Kreisumfang.

Geg.: $d = 14{,}2$ cm Ges.: U
$\pi = 3{,}14159...$

$U = \pi \cdot d$ $U = \pi \cdot 14{,}2$ cm

$\underline{\underline{U = 44{,}6 \text{ cm}}}$

Aufgaben

1. Berechnen Sie den Kreisumfang einer Scheibe, wenn der Radius 26,3 cm beträgt.

2. Welchen Durchmesser in cm und welchen Umfang hat ein 3/8-Zoll-Rohr?

3. Der Widerstandsdraht eines Stellwiderstandes (Abb. 1) soll erneuert werden. Der Zylinderkörper hat einen Durchmesser von 5,5 cm. Es sind 500 Windungen vorgesehen. Wie viele Meter werden benötigt?

Abb. 1: Stellwiderstand

4. Überprüfen Sie, ob die Information „30 m" auf einem Leitungs-Restbund stimmt. Der mittlere Bunddurchmesser in Abb. 2 beträgt 28 cm. Es sind 25 Lagen vorhanden.

Abb. 2: Leitungsbund

5. Calculate the remaining real length of a cable with 27 windings and an average diameter of 42 cm.

6. Eine Wand soll für ein Abluftrohr durchbrochen werden. Welchen Durchmesser muss die Öffnung mindestens haben, wenn der Rohrumfang 49 cm beträgt und ringsum 2 cm Abstand für Dämmmaterial vorzusehen ist?

7. Eine 10-lagige Spule ist auf einem zylindrischen Grundkörper mit 3,5 cm Durchmesser gewickelt. Pro Lage sind 45 Windungen aufgebracht. Mit jeder Lage erhöht sich der Durchmesser um 2,2 mm.

a) Berechnen Sie die Drahtlänge l_u der untersten Lage.
b) Berechnen Sie die Drahtlänge l_o der obersten Lage.
c) Berechnen Sie die Gesamtlänge des Spulendrahtes in Metern.

8. Eine Ringspule soll einlagig mit 8,5 m Widerstandsdraht umwickelt werden. Der Spulenträger hat einen mittleren Umfang von $l = 14{,}3$ cm. Der Materialdurchmesser des Trägers beträgt $d_M = 1{,}25$ cm.

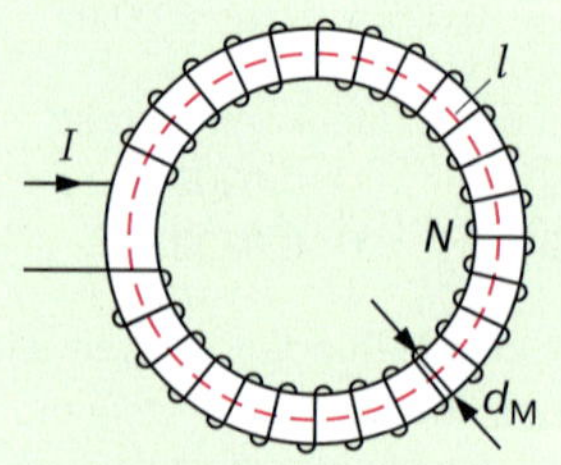

Abb. 3: Ringspule

a) Berechnen Sie, wie viele Windungen aufzubringen sind.
b) Der Drahtdurchmesser beträgt $d_D = 0{,}6$ mm. Berechnen Sie, welche Ringlänge die Spule benötigt.
c) Welche Trägerlänge bleibt wicklungsfrei?

1.15 Flächenberechnung

Rechteckfläche	Dreieckfläche	Kreisfläche

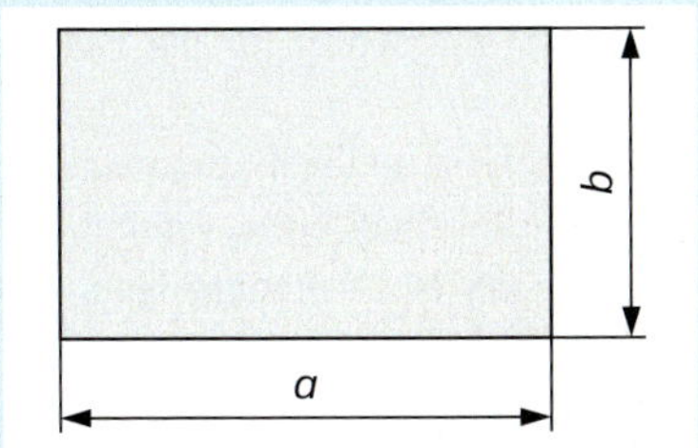

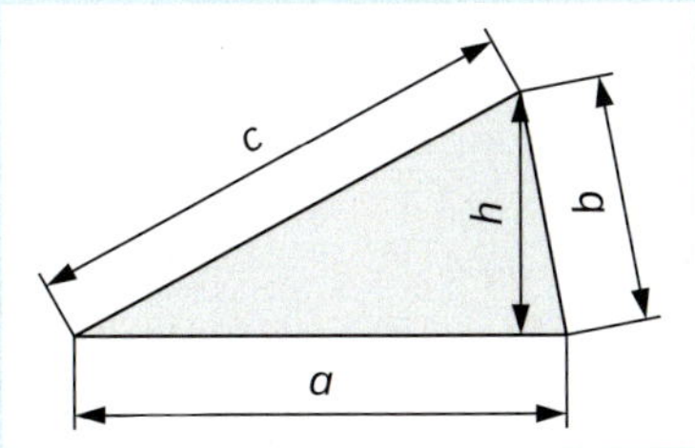

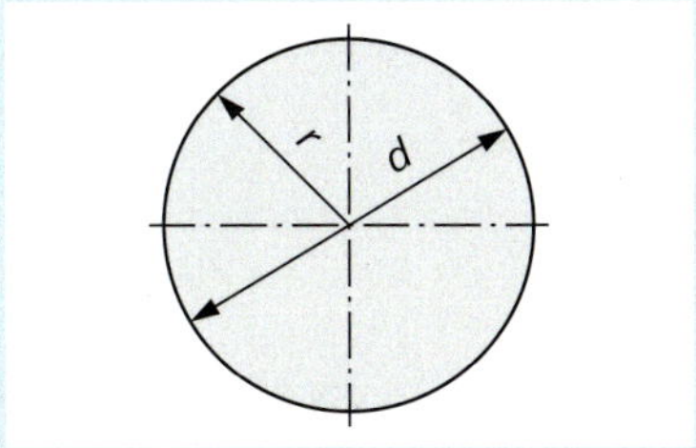

$A = a \cdot b$

$A = \frac{a \cdot h}{2}$

$A = \pi \cdot r^2$

$A = \frac{\pi \cdot d^2}{4}$

A:	Fläche	$[A] = m^2$
a, b, c:	Seiten	$[a], [b], [c] = m$
h:	Höhe	$[h] = m$
d:	Durchmesser	$[d] = m$
r:	Radius, Halbmesser	$[r] = m$
π:	Kreiszahl (Pi)	$\pi = 3{,}14159...$

Umrechnungstabelle:

	m^2	dm^2	cm^2	mm^2
1 m^2	1	10^2	10^4	10^6
1 dm^2	10^{-2}	1	10^2	10^4
1 cm^2	10^{-4}	10^{-2}	1	10^2
1 mm^2	10^{-6}	10^{-4}	10^{-2}	1

Beispiel

Für eine Beleuchtungsplanung ist die Fußbodenfläche eines Hotelbereiches für die einzelnen Raumteile (RT 1 ... 4) in m^2 zu berechnen.

Geg.: Grundrissskizze

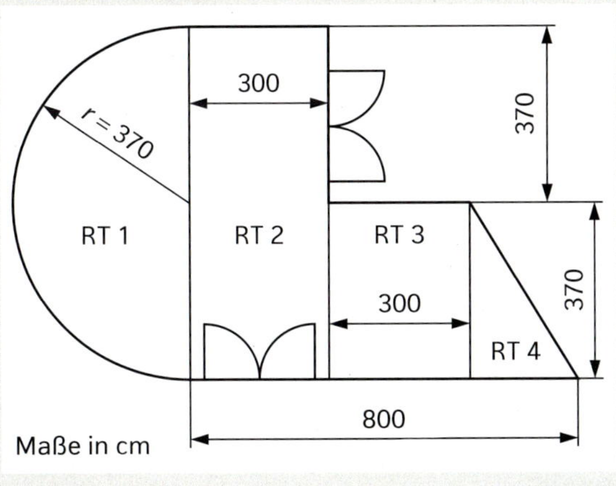

Ges.:

Fläche RT 1:

$A_1 = \frac{\pi \cdot r^2}{2}$ $\quad A_1 = \frac{\pi \cdot 3{,}7^2\ m^2}{2}$ $\quad \underline{\underline{A_1 = 21{,}5\ m^2}}$

Fläche RT 2:

$A_2 = a \cdot b$ $\quad A_2 = 7{,}4\ m \cdot 3\ m$ $\quad \underline{\underline{A_2 = 22{,}8\ m^2}}$

Fläche RT 3:

$A_3 = \frac{A_2}{2}$ $\quad A_3 = \frac{22{,}8\ m^2}{2}$ $\quad \underline{\underline{A_3 = 11{,}4\ m^2}}$

Fläche RT 4:

$A_4 = \frac{a \cdot h}{2}$ $\quad A_4 = \frac{2\ m \cdot 3{,}7\ m}{2}$ $\quad \underline{\underline{A_4 = 3{,}7\ m^2}}$

Aufgaben

1. Eine dreieckige Abdeckung mit der Basis $a = 27{,}2$ cm und einer Höhe $h = 12{,}8$ cm soll gefertigt werden. Berechnen Sie den Materialbedarf.

2. Telekommunikationsleitungen werden mit einem Drahtdurchmesser von 0,6 mm gefertigt. Berechnen Sie den Drahtquerschnitt q.

3. Die Busleitung YCYM 2 x 2 x 0,8 hat 4 Leiter mit jeweils einem Drahtdurchmesser von 0,8 mm. Berechnen Sie den Querschnitt eines Leiters.

4. Gegeben ist ein rechtwinklig-gleichschenkliges Dreieck mit der Basis $a = 15$ cm.
Berechnen Sie a) die Höhe und b) die Dreieckfläche.

5. Determine the highlighted front facing surface of a square-shaped insulator (Fig. 1).

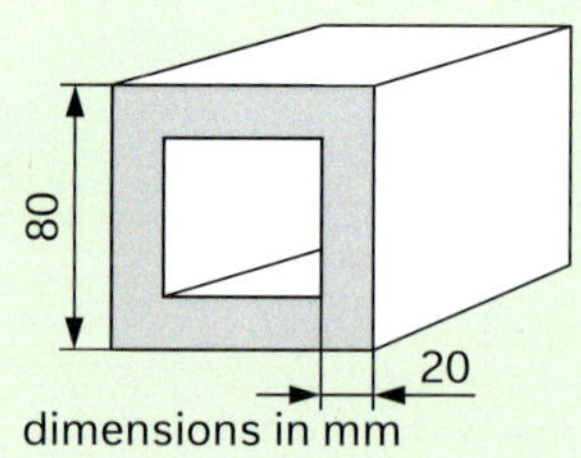

Fig. 1: Square-shaped insulator

6. Berechnen Sie die Querschnittsfläche des U-Profils der Abb. 2 in cm².

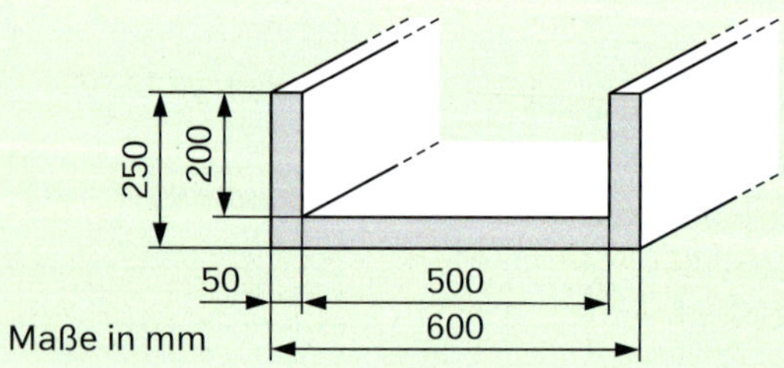

Abb. 2: U-Profil

7. Die Querschnittsfläche eins Rohrprofils mit dem Außendurchmesser $d_A = 55$ mm soll in cm² berechnet werden. Der Innendurchmesser beträgt $d_I = 3{,}7$ cm.

8. Berechnen Sie die Querschnittsfläche einer Sammelschiene mit einem Rechteckprofil in einem Seitenverhältnis 1 : 4. Die längere Seite ist 6 cm breit.

9. Die Abdeckung einer Schalttafel 760 x 530 mm ist zu fertigen. Für die Aufnahme von Messinstrumenten sind dabei sechs quadratische Öffnungen mit jeweils einer Kantenlänge von 140 mm herauszuschneiden.

a) Wie groß ist der Flächeninhalt in cm² ohne Ausschnitte?

b) Wie groß ist der Flächeninhalt in cm² mit Ausschnitten?

10. Ein Freileitungsseil (Abb. 3) besitzt einen Stahlseilkern und drei Lagen mit 12, 18, und 24 Aluminiumdrähten. Jeder Draht hat einen Durchmesser von $d = 4$ mm.

a) Berechnen Sie den Querschnitt eines Aluminiumdrahtes.

b) Berechnen Sie den Gesamtquerschnitt der Aluminiumleiter.

Abb. 3: Freileitungsseil

11. Zwei dreieckige, gleichschenklige Abdeckungen mit der Basis von $a = 22$ cm und einer Höhe $h = 10{,}8$ cm sollen aus einer rechteckigen Platte mit 25 cm x 14 cm geschnitten werden.

a) Berechnen Sie den Materialbedarf für die zwei Abdeckungen.

b) Legen Sie beide Dreiecke in einer maßstabsgerechten Skizze so aneinander, dass ohne Verschnitt die beiden Abdeckungen aus einer rechteckigen Platte gewonnen werden.

d) Vergleichen Sie die Rechteckplatte der Aufgabe mit der Schnittvorlage der Aufgabe b) und bewerten Sie anhand des Ergebnisses, ob die Platte ausreicht.

e) Welche Maße muss die Rechteckplatte mindestens besitzen, damit daraus zwei Abdeckungen gefertigt werden können?

12. Mehrere Stützen mit zwei Leitungsdurchführungen (Abb. 4) sollen gefertigt werden.

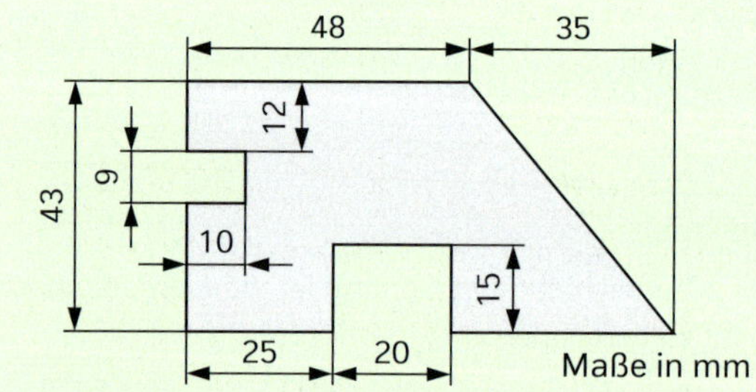

Abb. 4: Stütze

a) Berechnen Sie die Fläche der fertigen Stütze.

b) Es wird ein Verschnitt von 25 %, bezogen auf die fertige Platte, geplant. Wie groß ist der Werkstoffbedarf für eine Stütze?

c) Die Rohplatte besitzt eine Höhe von 87 cm. Es sollen sechs Stützen gefertigt werden. Berechnen Sie die minimale Länge der Platte. Die Schnittbreite beträgt jeweils 2 mm.

13. Auf einem Schrägdach steht für eine Photovoltaik-Anlage eine Dachfläche von 7,20 m x 3,70 m zur Verfügung. Die Solarpaneele sind aus Solarzellen zusammengesetzt.

a) Berechnen Sie aus der Angebotstabelle die Zellenanordnung für ein Paneel. Die Maße sind in mm bzw. Zoll angegeben.

b) Wie viele Paneele können maximal auf der Dachfläche montiert werden?

Hersteller	SolarA	SonneB	HeloteC
Zellengröße	125 x 125	156 x 156	5" x 5"
Paneelgröße	1580 x 808	1642 x 994	1586 x 1056

1.16 Volumenberechnung

Dreieckprisma

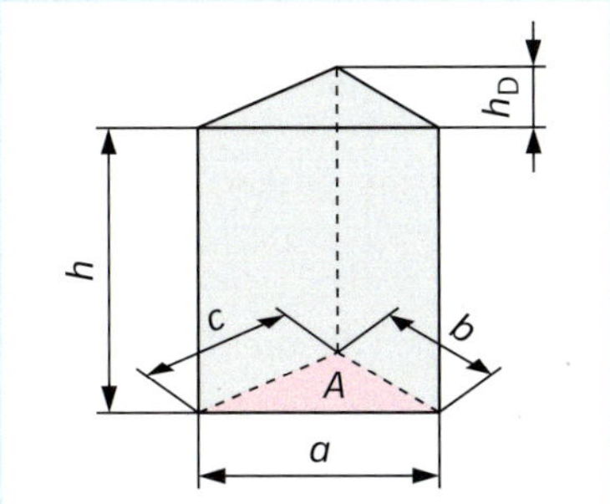

Quader

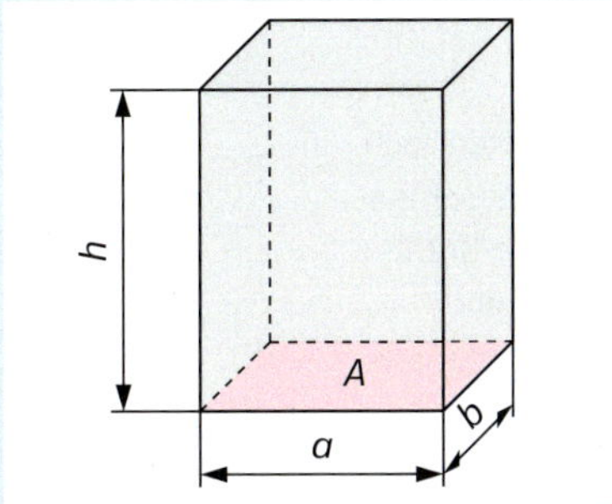

Zylinder

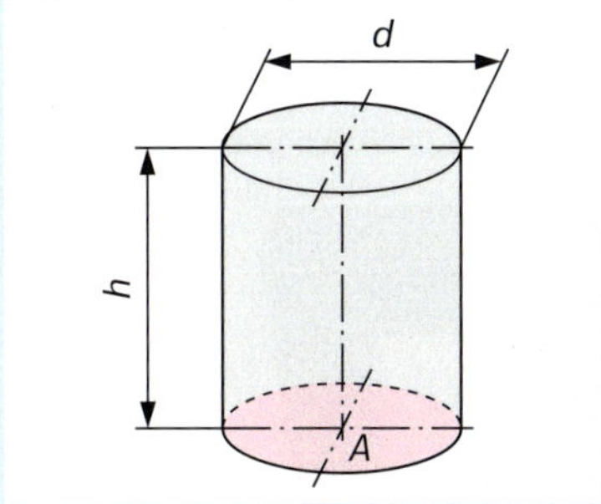

$V = \frac{a \cdot h_D}{2} \cdot h$ $A = \frac{a \cdot h_D}{2}$

$V = a \cdot b \cdot h$ $A = a \cdot b$

$V = \frac{\pi \cdot d^2}{4} \cdot h$ $A = \frac{\pi \cdot d^2}{4}$

V:	Volumen	$[V]$	$= m^3$
A:	Fläche	$[A]$	$= m^2$
a, b, c:	Seitenlänge	$[a], [b], [c]$	$= m$
h:	Höhe	$[h]$	$= m$
d:	Durchmesser	$[d]$	$= m$
π:	Kreiszahl	π	$= 3{,}14159...$

Umrechnungstabelle:

	m^3	dm^3	cm^3	mm^3	l
1 m^3	1	10^3	100^3	1000^3	1000
1 dm^3	10^{-3}	1	10^3	100^3	1
1 cm^3	10^{-6}	10^{-3}	1	10	0,001
1 mm^3	10^{-9}	10^{-6}	10^{-3}	1	0,000001

Volumen in Litern: 1 dm^3 = 1000 cm^3 = 1 l (Liter) 1 l = 10 dl = 100 cl = 1000 ml 100 l = 1 hl (Hektoliter)

Beispiel

Die Brandlast eines Vereinshauses soll ermittelt werden. Dazu ist der Rauminhalt des Gebäudes in m^3 nach den Außenmaßen abschnittsweise zu berechnen.

Geg.: Ansichtsskizze des Vereinshauses

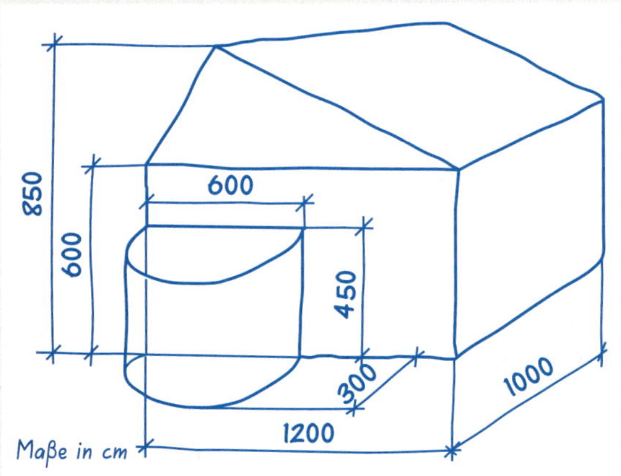

a) Ges.: V_G (Volumen des Haus-Grundkörpers; Quader)

$V_G = a \cdot b \cdot c$ $V_G = 12\,m \cdot 10\,m \cdot 6\,m$ $\underline{V_G = 720\,m^3}$

b) Ges.: V_D (Volumen des Dachbereichs; Dreieckprisma)

$V_D = \frac{l \cdot h \cdot b}{2}$ $V_D = \frac{12\,m \cdot 2{,}5\,m \cdot 10\,m}{2}$ $\underline{V_D = 150\,m^3}$

c) Ges.: V_W (Volumen des halbkreisförmigen Wintergartens)

$V_W = \frac{\pi \cdot r^2 \cdot h}{2}$ $V_W = \frac{\pi \cdot 3^2\,m^2 \cdot 4{,}5\,m}{2}$ $\underline{V_W = 63{,}6\,m^3}$

d) Ges.: V (Gesamtvolumen)

$V = V_G + V_D + V_W$

$V = 720\,m^3 + 150\,m^3 + 63{,}6\,m^3$ $\underline{\underline{V = 933{,}6\,m^3}}$

Aufgaben

1. Berechnen Sie das Volumen einer Potenzialausgleichsleitung $q = 16\,mm^2$ Cu mit einer Länge von 17 m. Das Ergebnis ist für eine Kalkulation in cm^3 anzugeben.

2. Eine Mikrowelle hat die Innenmaße 297 mm x 304 mm x 196 mm. Berechnen Sie das Volumen in Litern.

3. A rectangular busbar has a width of 80 mm, a height of 12 mm and a length of 2.70 m. How many dm^3 does the bar have?

4. Der Eisenkern eines Transformators (Abb. 1) hat eine gleichmäßige, quadratische Schenkelbreite von 30 mm. Er besteht aus einem U-Kern und dem aufgesetzten Joch. Die Außenmaße bei geschlossenem Kern betragen: Breite = 100 mm, Höhe = 135 mm.

Abb. 1: Transformatorkern

a) Berechnen Sie das Volumen des I-Kerns (Joch) in cm^3.
b) Berechnen Sie das Volumen des U-Kerns in cm^3.
c) Berechnen Sie das Gesamtvolumen.

5. Der zylinderförmige Tiegel eines Elektro-Schmelzofens soll ein Fassungsvermögen von 42,5 l besitzen. Die Tiefe ist mit 1250 mm vorgegeben. Wie groß ist der Durchmesser?

6. Das Volumen einer aufgepressten Aluminium-Aderhülse (Abb. 2) ist zu berechnen. Die Hülse hat ohne Verformungen einen Außendurchmesser $d_A = 33$ mm, einen Innendurchmesser $d_I = 26$ mm und ist 65 mm lang.

Abb. 2: Aufgepresste Aderhülse

7. Für einen Hausanschluss soll ein Kabelgraben 90 cm tief bei einer Breite von 60 cm und einer Länge von 17 m ausgehoben werden.
a) Berechnen Sie den Aushub in m^3.
b) Wie viele Kubikmeter Sand sind nötig, wenn das Kabel in einem 20 cm tiefen Sandbett liegen soll? Das Kabelvolumen bleibt dabei unberücksichtigt.

8. Eine Kühl-Gefrier-Kombination hat folgende Außenmaße B x H x T: 60 x 145 x 60 cm. Die Innenmaße des Kühlteiles betragen: 53 x 76 x 42 cm. Das Gefrierteil weist die Innenmaße 48 x 41 x 42 cm auf. Berechnen Sie die Nutzvolumen in Litern:
a) Für das Kühlteil und
b) für das Gefrierteil.
c) Welches Volumenverhältnis besteht zwischen Gesamt- und Nutzvolumen?

9. Ein zylindrischer Erdtank soll 4 m^3 Wasser speichern. Zur Auswahl stehen drei Speicher mit den in der Tabelle angegebenen Außenmaßen. Für die Berechnungen werden die Wandstärken des Tanks vernachlässigt.

Tank	Länge in m	Durchmesser in m
1	4,0	1,1
2	2,4	1,5
3	3,2	1,3

a) Berechnen Sie das Volumen der drei Tanks in Litern.
b) Welche Tanks wären geeignet, das Wasser vollständig zu speichern?
c) Der Tank mit der größten Speicherkapazität wird liegend auf einem 20 cm starken Sandbett in den Erdboden eingegraben. Die Abdeckung über dem Tank soll 60 cm betragen. Wie tief muss die Grube mindestens ausgehoben werden?
d) Ein Mindestabstand von 20 cm zwischen Erdreich und Tank ist einzuhalten. Wie groß ist das Volumen der rechteckigen Baugrube?
e) Der Tank wird allseitig in Sand eingebettet. Die abschließende Abdeckung besteht aus einer 40 cm starken Erdschicht. Skizzieren Sie die Querschnitte der Grube (Stirn- und Längsseite) mit dem liegenden Tank. Tragen Sie die Maße für das Sandbett ein und berechnen Sie die einzubringende Sandmenge.
f) Wie viele Kubikmeter des ausgehobenen Erdreiches müssen abgefahren werden, damit die ursprüngliche Oberfläche wieder hergestellt ist?

10. Die Luft eines Lagerbereiches im Dachgeschoss eines Gebäudes (Abb. 3) soll über ein Abluftgebläse ausgetauscht werden.
a) Für die Berechnung sollen die Außenmaße gelten. Wie groß ist das Volumen des Lagerbereiches?
b) Das Gebläse besitzt ein Fördervolumen von 0,7 m^3/min. Wie lange dauert es, bis die Luft im Lager ausgetauscht ist?

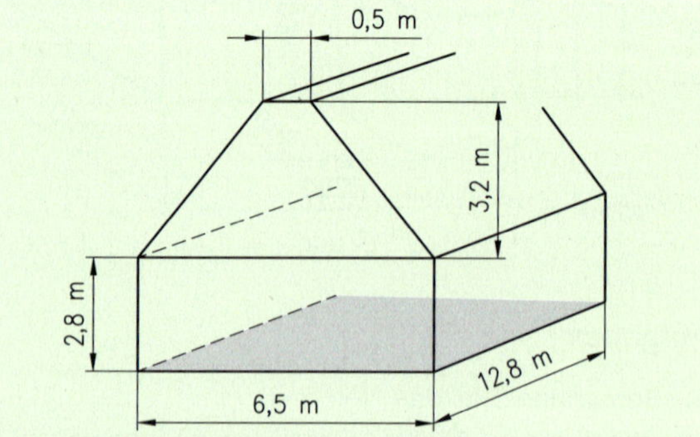

Abb. 3: Gebäudeansicht des Lagerbereiches

1.17 Masse und Dichte

Die Masse m ist eine Körpereigenschaft. Sie ist Ursache der Gewichtskraft.
Die Dichte ϱ (Rho) beschreibt die Masse eines Körpers pro Volumeneinheit V.

$$\varrho = \frac{m}{V}$$

m: Masse $[m] = \text{kg; g}$
V: Volumen $[V] = \text{m}^3$
ϱ: Dichte (Rho) $[\varrho] = \frac{\text{kg}}{\text{m}^3}$; $1\frac{\text{kg}}{\text{dm}^3} = 1\frac{\text{g}}{\text{cm}^3}$

Richtwerte für ausgewählte Stoffdichten:

Material	ϱ in $\frac{\text{kg}}{\text{dm}^3}$	Material	ϱ in $\frac{\text{kg}}{\text{dm}^3}$
Wasser bei 4°C	1,0	Stahl	7,9
PVC	1,38	Nickel	8,9
Aluminium	2,7	Kupfer	8,93
Zink	7,13	Blei	11,34
Trafoperm	7,7	Gold	19,3

Beispiel

Berechnen Sie a) das Volumen und b) die Masse eines Kupferleiters mit einer Querschnittsfläche von $q = 16\ \text{mm}^2$ und einer Länge von $l = 32\ \text{m}$.

Geg.: $q = 16\ \text{mm}^2$; $l = 32\ \text{m}$; $\varrho = 8{,}93\ \frac{\text{g}}{\text{cm}^3}$

Ges.: a) V; b) m

a) $V = q \cdot l$
$V = 16\ \text{mm}^2 \cdot 32\ \text{m}$
$V = 16 \cdot 10^{-4}\ \text{dm}^2 \cdot 320\ \text{dm}$
$\underline{\underline{V = 0{,}512\ \text{dm}^3}}$

b) $m = \varrho \cdot V$
$m = 8{,}93\ \frac{\text{kg}}{\text{dm}^3} \cdot 0{,}512\ \text{dm}^3$
$\underline{\underline{m = 4{,}57\ \text{kg}}}$

Aufgaben

1. Berechnen Sie die Masse eines Aluminiumquaders mit den Maßen 2 cm x 4 cm x 80 cm.

2. Ein Kupferrohr soll durch ein Aluminiumrohr mit den gleichen Abmessungen ersetzt werden. Die Querschnittsfläche beträgt $q = 5{,}3\ \text{cm}^2$ und die Länge $l = 2{,}8\ \text{m}$. Berechnen Sie
a) das Volumen und
b) die Massen für das Kupfer- und das Aluminiumrohr.

3. What is the volume of a copper object with a mass of 2.3 kg?

4. Fünf Würfel mit den Kantenlängen von jeweils 25 mm sollen verglichen werden. Berechnen Sie die Massen für die Materialien:
a) Aluminium, b) Zink, c) Kupfer, d) PVC und e) Blei.

5. Gegeben ist ein Quader aus Aluminium mit einer Höhe von 22 cm und einer Masse von 8,3 kg. Berechnen Sie die Kantenlänge der quadratischen Grundfläche.

6. Transformatorkerne aus Trafoperm sind entsprechend der Abb. 4 aufgebaut. Berechnen Sie die Massen für die verschiedenen Abmessungen:

	a)	b)	c)	d)	e)
Fläche A in mm^2	64	100	144	225	400
Länge l in mm	60	130	180	450	750

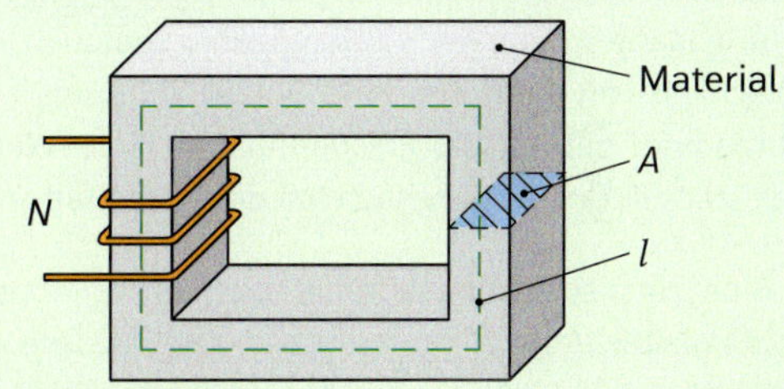

Abb. 4: Transformatorkern

7. Berechnen Sie die Massen folgender rechteckiger Sammelschienen:

		a)	b)	c)	d)
Querschnitt	a in mm	20	20	40	40
	b in mm	35	35	70	70
Länge l in m		2,5	2,5	3,8	3,8
Material		Cu	Al	Cu	Al

8. Wie groß ist die Kupfermasse eines 50 m langen Kabels NYY 4 x 70 mm^2?

9. Eine unbearbeitete Leiterplatte 160 mm x 100 mm (Abb. 5) hat einseitig eine Kupferauflage von 40 µm Dicke. Welche Gesamtmasse haben die Kupferzonen, wenn sie 25 % der Gesamtfläche einnehmen?

Abb. 5: Lochraster-Platine

10. Ein 8 m langes Aluminiumrohr mit einem Außendurchmesser von 100 mm und 2 mm Wandstärke soll durch ein PVC-Rohr ersetzt werden. Wie groß ist der Masseunterschied?

11. Berechnen Sie die fehlenden Angaben für die in der Tabelle aufgeführten Leitungen:

	a)	b)	c)	d)
Aderzahl		3	5	4
Querschnitt *q* in mm²	1,5	4	2,5	
Länge *l* in m	20		17,8	4,2
Material	Cu	Cu	Al	Cu
Masse *m* in kg	1,34	1,5		1,5

12. Eine vierlagige Leiterplatte 90 mm x 50 mm hat je Seite eine Kupferauflage von 20 µm. Durch die Verarbeitung haben die zwei Außenlagen zusätzlich eine Nickelschicht von 4 µm und eine Goldschicht von 1 µm. Layoutbedingt beträgt die Flächenfüllung 57 %. Welche Kupfer-, Nickel- und Goldmassen hat die Leiterplatte?

13. Eine Hochspannungsleitung mit vier Leiterseilen pro Außenleiter (Abb. 1) hat zwischen zwei Masten eine Leiterlänge von 357 m. Ein einzelnes Verbundseil des Viererbündels besitzt einen Stahlseilkern aus 19 Einzeldrähten mit jeweils 2,4 mm Durchmesser. Eine mehrlagige Umwicklung hat 54 Aluminiumdrähte. Jeder Draht besitzt einen Durchmesser von 4 mm.
Berechnen Sie für die Leitungslänge
a) die Masse des Stahlkerns,
b) die Masse der Aluminiumleiter und
c) die Gesamtmasse eines Viererbündels.

Abb. 1: Leiterseile als Viererbündel

14. Ein Ringerder aus Stahldraht wird auf einer Kabeltrommel angeliefert. Es sind 42 Windungen mit einem mittleren Durchmesser von 1450 mm aufgewickelt. Der Drahtdurchmesser beträgt 10 mm. Berechnen Sie
a) die Lieferlänge,
b) das Volumen und
c) die Masse des Ringerders.

15. Für die Erweiterung der Elektroanlage in einer Kleingartenanlage soll ein Kabelgraben ausgehoben werden. Für die Planung sind der Arbeitsaufwand und die erforderlichen Transportkapazitäten zu berechnen.

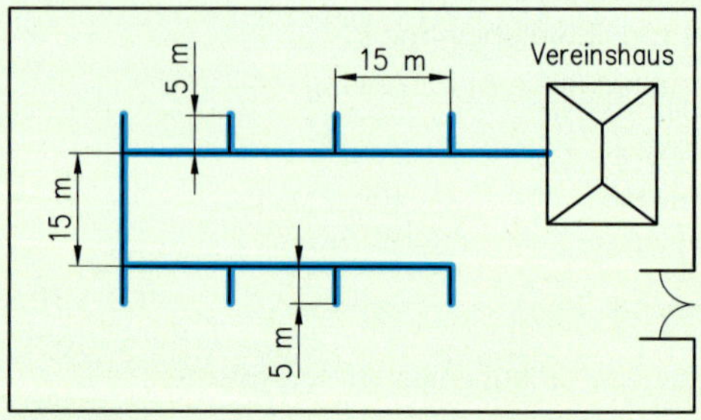

Abb. 2: Trassenverlauf, hervorgehoben

a) Ermitteln Sie mithilfe der Skizze (Abb. 2) die Gesamtlänge des Kabelgrabens.
b) Die Grabensohle soll bei einer Tiefe von 0,8 m eine mittlere Breite von 25 cm haben. Durch den festen Boden müssen die Grabenwände nur eine geringe Neigung aufweisen. Die Grabenbreite an der Erdoberfläche beträgt 0,60 m. Zeichnen Sie das Grabenprofil und teilen Sie es in einfache geometrische Flächen ein und berechnen Sie die Fläche des Grabenprofils.
c) Wie viele Kubikmeter Erdreich beträgt das Volumen bei einem vollständigen Aushub?
d) Der Erdboden besteht aus einem Gemenge von Lehm (45 %) und grobem Kies mit Steinen (15 %). Der Rest besteht aus verdichtetem Mutterboden. Bestimmen Sie die Gesamtmasse des Aushubes.

Bodenart	Dichte in $\frac{kg}{dm^3}$
Lehm, feucht	2,1
Mutterboden, feucht	1,3
Stein, Kies	1,5
Sand, feucht	1,6

e) Das Kabel soll in ein Sandbett von 30 cm Höhe verlegt werden. Es wird dabei von einer mittleren Grabenbreite von 30 cm ausgegangen. Wieviel Kubikmeter Sand werden benötigt?
f) Wegen der eingeschränkten Befahrbarkeit des Geländes kann nur ein Lkw mit 3 t Nutzlast eingesetzt werden. Wie viele Lkw-Ladungen sind für den Sandtransport notwendig?
g) Die Gräben werden abschnittsweise mit dem ausgehobenen Lehm verfüllt und anschließend mit dem gereinigten Mutterboden abgedeckt. Die ausgesiebten Steine werden abtransportiert. Wie viele Lkw-Ladungen werden hierzu benötigt?

1.18 Gleichförmige geradlinige Bewegung

Die Geschwindigkeit v gibt an, welche Strecke s ein Körper in einer bestimmten Zeit t zurücklegt. Ist sowohl die Geschwindigkeit v als auch die Richtung konstant, befindet sich der Körper in einer gleichförmigen geradlinigen Bewegung.

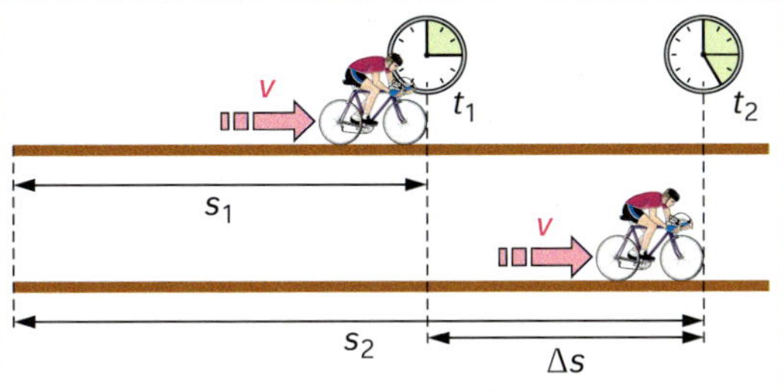

Weg-Zeit-Diagramm:

$v = \frac{s}{t}$ $\quad v = \frac{\Delta s}{\Delta t}$

$\Delta s = s_2 - s_1$

$\Delta t = t_2 - t_1$

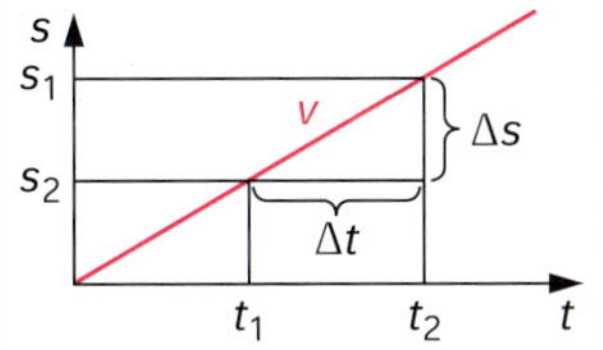

v:	Geschwindigkeit	$[v]$	$= 1\,\frac{\text{m}}{\text{s}} = 3{,}6\,\frac{\text{km}}{\text{h}}$
s_1, s_2:	Wegstrecke	$[s]$	$= \text{m}$
t_1, t_2:	Zeitdauer	$[t]$	$= \text{s}$
Δs:	Streckendifferenz	$[\Delta s]$	$= \text{m}$
Δt:	Zeitdifferenz	$[\Delta t]$	$= \text{s}$

Beispiel

Ein Radfahrer bewegt sich mit konstanter Geschwindigkeit über einen Zeitraum $t_1 = 30$ s. Er legt dabei eine Strecke $s_1 = 216{,}6$ m zurück.

a) Wie schnell ist der Radfahrer unterwegs?

b) Welche Strecke s_2 hat er zurückgelegt, wenn er die Geschwindigkeit weitere 20 s lang hält?

c) Wie lange muss er danach noch mit gleicher Geschwindigkeit weiterfahren, bis er eine Gesamtstrecke von 1000 m zurückgelegt hat?

Geg.: $t_1 = 30\,\text{s}$; $s_1 = 216{,}6\,\text{m}$; $\Delta s = 20\,\text{s}$; $s_3 = 1000\,\text{m}$

Ges.: a) v; b) s_2; c) Δt

a) $v = \frac{s}{t}$; $\quad v = \frac{216{,}6\,\text{m}}{30\,\text{s}}$; $\quad \underline{\underline{v = 7{,}22\,\frac{\text{m}}{\text{s}} = 26\,\frac{\text{km}}{\text{h}}}}$

b) $t_2 = t_1 + \Delta t$; $\quad t_2 = 30\,\text{s} + 20\,\text{s}$; $\quad \underline{t_2 = 50\,\text{s}}$

$s_2 = v \cdot t_2$; $\quad s_2 = 7{,}22\,\frac{\text{m}}{\text{s}} \cdot 50\,\text{s}$; $\quad \underline{\underline{s_2 = 361\,\text{m}}}$

c) $\Delta s = s_3 - s_2$; $\quad \Delta s = 1000\,\text{m} - 361\,\text{m}$; $\quad \underline{\Delta s = 639\,\text{m}}$

$v = \frac{\Delta s}{\Delta t}$; $\quad \Delta t = \frac{\Delta s}{v}$; $\quad \Delta t = \frac{639\,\text{m}}{7{,}22\,\frac{\text{m}}{\text{s}}}$; $\quad \underline{\underline{\Delta t = 88{,}5\,\text{s}}}$

Aufgaben

1. Ein Körper bewegt sich 22 s lang mit einer konstanten Geschwindigkeit von $1{,}8\,\frac{\text{m}}{\text{s}}$. Welche Strecke legt er dabei zurück?

2. The velocity of a lift in a high-rise building is $6.5\,\frac{\text{m}}{\text{s}}$. How long does it take to ascend 156 m?

3. Die Entfernung des Sternensystems Alpha Centauri von der Erde beträgt $40{,}68 \cdot 10^{12}$ km. Das Licht benötigt für diese Strecke 4,303 Jahre. Berechnen Sie mithilfe dieser Angaben die Lichtgeschwindigkeit c.

4. Das Weg-Zeit-Diagramm in Abb. 3 zeigt die konstanten Geschwindigkeiten v_1, v_2 und v_3 von drei Körpern.

a) Ermitteln Sie die Strecken s_1, s_2 und s_3, welche die Körper in $t = 3$ h zurücklegen.

b) Lesen Sie die Zeiten t_1, t_2 und t_3 ab, in denen eine Entfernung von 20 km zurückgelegt wird.

c) Berechnen Sie die Geschwindigkeiten v_1, v_2 und v_3.

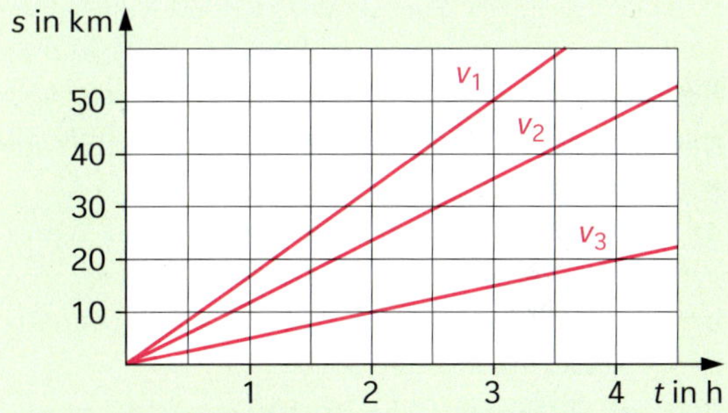

Abb. 3: Weg-Zeit-Diagramm

5. In Shanghai verbindet eine Magnetschwebebahn den Flughafen mit dem Messezentrum. Sie erreicht nach einer 12,5 km langen Beschleunigungsstrecke ihre Höchstgeschwindigkeit von $450\,\frac{\text{km}}{\text{h}}$. Diese behält sie für 50 s bei, bis sie wiederum nach einer 12,5 km langen Verzögerungsstrecke ihr Ziel erreicht.

a) Wie lang ist die Gesamtstrecke?

b) Wie hoch ist die Durchschnittsgeschwindigkeit, wenn die Gesamtdauer der Fahrt 7,5 Minuten beträgt?

6. Ein Beobachter sieht einen Gewitterblitz und hört nach 24 s den zugehörigen Donner. Drei Minuten später erfolgt ein weiterer Blitz, mit einem um 17 s verzögerten Donner. Die Schallgeschwindigkeit v_s beträgt $344\,\frac{\text{m}}{\text{s}}$. Wie lange wird es noch dauern, bis das Gewitter den Beobachter erreicht, wenn es sich mit gleichbleibender Geschwindigkeit auf ihn zu bewegt?

1.19 Kreisförmige Bewegung

Geschwindigkeit *v*

Die Geschwindigkeit eines Punktes auf einer Kreisbahn ist abhängig vom Radius des Kreises und der Umdrehungsfrequenz.

$v = \frac{s}{t}$ $v = \frac{2 \cdot \pi \cdot r}{T}$

$f = \frac{1}{T}$

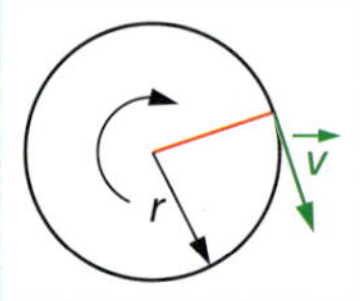

v:	Geschwindigkeit	$[v] = \frac{m}{s}$
T:	Zeit für eine Umdrehung	$[T] = s$
f:	Umdrehungsfrequenz	$[f] = s^{-1} = \frac{1}{s}$

Winkelgeschwindigkeit *ω*

$\alpha_B = \frac{s}{r}$ $\omega = \frac{2 \cdot \pi}{T}$

$\frac{\alpha_G}{\alpha_B} = \frac{360°}{2\pi}$ $\omega = 2 \cdot \pi \cdot f$

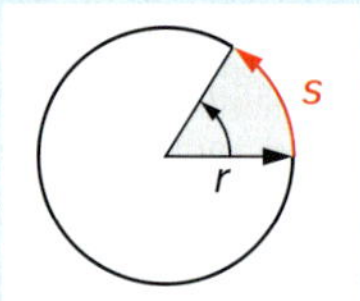

α_B:	Winkel im Bogenmaß	$[\alpha_B] = 1\ \text{rad} = 1$
α_G:	Winkel im Gradmaß	$[\alpha_G] = °$
ω:	Winkelgeschwindigkeit	$[\omega] = \frac{1}{s}$

Beispiel

Das Schnittwerkzeug einer Fräsmaschine hat im Betrieb eine Drehzahl von 30000 min^{-1}.

a) Wie groß ist die Geschwindigkeit v des Werkzeugs bei einem Durchmesser d von 50 mm?

b) Mit welcher Winkelgeschwindigkeit ω werden Werkstücke bearbeitet?

Geg.: $n = 30000\ min^{-1}$; $r = 25 \cdot 10^{-3}\ m$

Ges.: v; ω

a) $T = \frac{1}{n}$

$T = \frac{60}{30000}\ s$

$T = 0{,}002\ s$

$v = \frac{2 \cdot \pi \cdot r}{T}$

$v = \frac{2 \cdot \pi \cdot 25 \cdot 10^{-3}\ m}{0{,}002\ s}$

$v = 78{,}5\ \frac{m}{s}$

b) $\omega = \frac{2 \cdot \pi}{T}$

$\omega = \frac{2 \cdot \pi}{0{,}002\ s}$

$\omega = 3142\ \frac{1}{s}$

Aufgaben

1. Eine Drehbank wird mit der Drehzahl $n = 700\ min^{-1}$ betrieben. Der Werkstückdurchmesser beträgt 140 mm. Bestimmen Sie die Rotationsgeschwindigkeit v und die Winkelgeschwindigkeit ω eines Punktes auf der Werkstückoberfläche.

2. A drilling machine works with 1200 revolutions per minute. The speed of the borer is 0.75 m/s.

a) Calculate the borer's radius r.

b) Determine the angular frequency ω.

3. Ein Synchrongenerator erzeugt eine 50-Hz-Wechselspannung. Der Wellendurchmesser beträgt 0,30 m. Berechnen Sie

a) die Winkelgeschwindigkeit ω,

b) die Periodendauer T,

c) den Winkel im Bogenmaß nach einer viertel Umdrehung und

d) die zurückgelegte Strecke.

4. In einer industriellen Fertigung für Mikroelektronik werden Bauteile mithilfe eines Rotationsbeschichtungsverfahrens bearbeitet. Der Bauteildurchmesser beträgt 200 mm und die Rotationsgeschwindigkeit liegt bei 8000 min^{-1}.

a) Mit welcher Geschwindigkeit dreht sich das Bauteil?

b) Mit welcher Winkelgeschwindigkeit wird die Anlage betrieben?

5. Ein Winkelschleifer mit einem Scheibendurchmesser von 115 mm hat eine Leerlaufdrehzahl von 11000 min^{-1}.

a) Geben Sie die Wegstrecke eines Randpunktes auf der Trennscheibe nach 20 s Betriebsdauer an.

b) Wie groß ist die Winkelgeschwindigkeit bei Leerlaufdrehzahl?

6. Der Läufer eines kleinen Elektromotors (Abb. 1) bewegt sich mit 1200 Umdrehungen pro Minute. Der Wellendurchmesser beträgt 6 mm. Berechnen Sie

a) die Geschwindigkeit eines Randpunktes auf der Welle,

b) die Wegstrecke des Punktes nach einer Minute und

c) den Winkel im Bogenmaß nach einer dreiviertel Umdrehung.

Abb. 1: Labormodell eines Elektromotors

1.20 Rechnen mit Kräften

Kraft als Vektor

Die Kraft ist eine physikalische Größe, die durch den Betrag und die Richtung der Kraftwirkung definiert wird. Sie wird deswegen auch als vektorielle Größe bezeichnet.

Ein Vektor wird mit einem Pfeil über dem Formelbuchstaben gekennzeichnet, z. B. $\vec{F_1}$.

Wird nur der Betrag der Kraft betrachtet, so wird der Formelbuchstabe ohne Pfeil dargestellt, z. B. F_1.

Kräfte wirken in dieselbe Richtung

$$F_R = F_1 + F_2$$

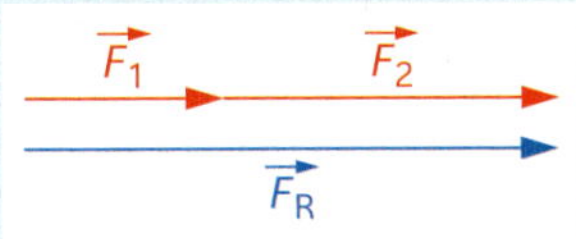

Kräfte wirken im 90°-Winkel

$$F_R = \sqrt{F_1^2 + F_2^2}$$

$$\tan \beta = \frac{F_1}{F_2}$$

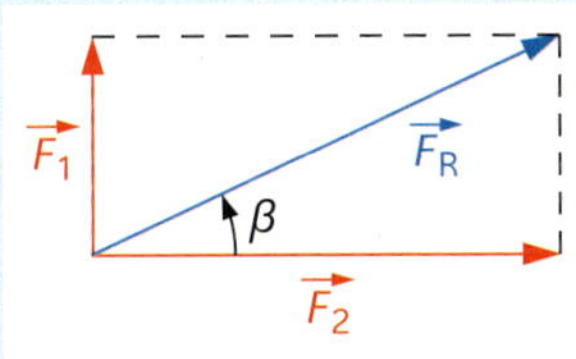

Kraft und Beschleunigung

Wirkt eine Kraft auf die Masse eines Körpers, so wird diese beschleunigt.

$$F = m \cdot a$$

F: Kraft $[F] = \text{N}$

a: Beschleunigung $[a] = \frac{\text{m}}{\text{s}^2}$

Beispiel

Eine an der Decke montierte Kabelrinne belastet jeden Dübel mit einer Zugkraft $F_1 = 34{,}4$ N. Die verlegten Niederspannungsleitungen erhöhen die Belastung um $F_2 = 340{,}7$ N pro Befestigungspunkt.

a) Welcher Zugkraft müssen die Schwerlastdübel mindestens widerstehen?

b) Welche Zugkraft wirkt auf einen Deckenanker, wenn die Anzahl der Befestigungspunkte um 50 % erhöht wird?

Geg.: a) $F_1 = 34{,}4$ N; b) $F_2 = 340{,}6$ N

Ges.: F_R

a) $F_R = F_1 + F_2$

$F_R = 34{,}4\text{ N} + 340{,}6\text{ N}$

$\underline{\underline{F_R = 375\text{ N}}}$

b) $F_{R2} = \frac{1}{1{,}5} \cdot F_R$

$F_{R2} = \frac{1}{1{,}5} \cdot 375\text{ N}$

$\underline{\underline{F_{R2} = 250\text{ N}}}$

Aufgaben

1. Ein Pkw-Anhänger ist für 7,50 kN zugelassen und soll mit Elektromaterial beladen werden. Überprüfen Sie, ob das zulässige Gesamtgewicht überschritten wird, wenn fünf Trommeln NYM-J 3x1,5 mm² ($F_1 = 700$ N) und zwei Trommeln NYM-J 5x1,5 mm² ($F_2 = 950$ N) geladen werden.

2. Bei der Isolationswiderstandsmessung eines Fußbodens muss die Messplatte mit 750 N belastet werden. Die in Abb. 2 gezeigten Gegenstände stehen zur Verfügung. Welche Gegenstände werden benötigt, um die Forderung zu erfüllen?

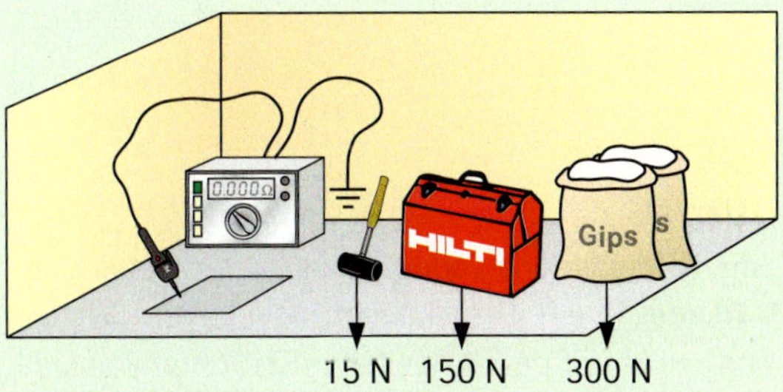

Abb. 2: Anpresskräfte

3. Ein mit Gaspatronen betriebenes Bolzenschubgerät treibt Stahlnägel mit einer Masse $m = 20$ g in Beton. Die Nägel werden hierbei mit $a = 200$ m/s² beschleunigt. Ermitteln Sie die Kraft, die auf die Stahlstifte wirkt.

4. An electrician has to pull a cable into a conduit. His maximum strength is 170 N. The friction of the cable is 70 N and there are two bends which cause a force of 30 N and 60 N. Can the electrician move the cable?

5. Die Abbildung zeigt die zulässige Belastung eines Ankerbolzens in beide Belastungsrichtungen. Berechnen Sie die resultierende Kraft F_R und den Winkel β, in dem die Kraft wirkt.

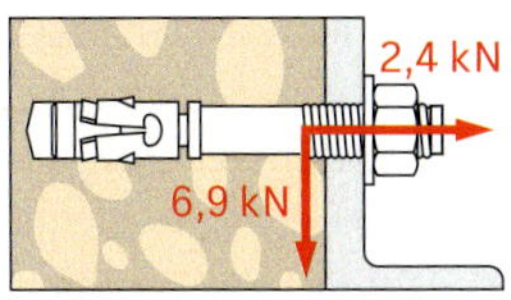

6. Die mechanische Belastung auf die Seilaufhängung einer Leuchte soll ermittelt werden. Die Gewichtskraft der Leuchte beträgt 112 N. Berechnen Sie a) die Kraft F_2, die auf einen Leuchtmasten wirkt und b) die Kraft F_R an einer Seilaufhängung.

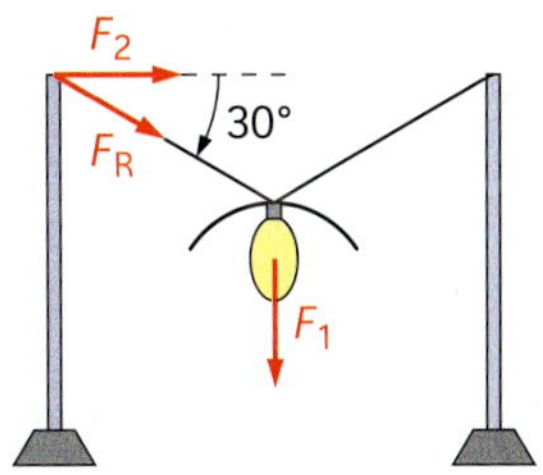

1.21 Rechnen mit Drehmomenten

Drehmoment

Wirkt auf einen Hebelarm mit dem Radius r eine Kraft F, so entsteht ein Drehmoment M.

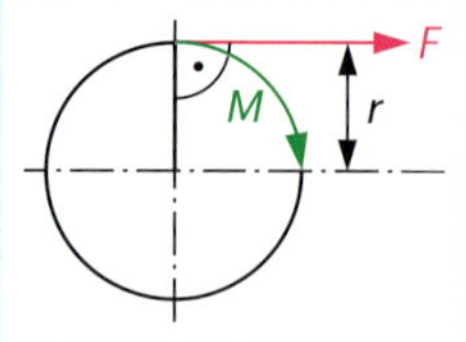

$$M = F \cdot r$$

M: Drehmoment $[M]$ = Nm

Drehmoment und Hebel

Wirkt das Drehmoment auf einen geteilten Hebelarm, so können die Kräfteverhältnisse berechnet werden.

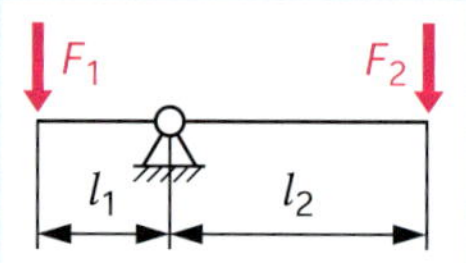

$$F_1 \cdot l_1 = F_2 \cdot l_2$$

Beispiel

Eine Bohrmaschine verfügt gemäß ihrer technischen Daten über ein Drehmoment $M = 29$ Nm. Welche Kraft wirkt auf der Außenseite der Bohrerschneide, wenn ein Loch mit 10 mm Durchmesser gebohrt werden soll?

Geg.: $M = 29$ Nm; $d = 10$ mm

Ges.: F

$r = \frac{d}{2}$ $\qquad M = F \cdot r$

$r = \frac{10\text{ mm}}{2}$ $\qquad F = \frac{M}{r}$

$\underline{\underline{r = 5\text{ mm}}}$ $\qquad F = \frac{29\text{ Nm}}{0{,}005\text{ m}}$ $\qquad \underline{\underline{F = 5{,}8\text{ kN}}}$

Aufgaben

1. Die Kontaktklemmen eines Leitungsschutz-Schalters müssen mit 2,8 Nm angezogen werden, um eine ausreichende Kontaktierung sicherzustellen. Hierfür wird ein Drehmomentschraubendreher eingesetzt. Der Griffdurchmesser des Werkzeuges liegt bei 4 cm. Ermitteln Sie den notwendigen Kraftaufwand.

2. Beim Krafttraining wird der Gewichtsblock auf 80 kg (≈ 800 N) eingestellt. Der Abstand vom Fußpolster zum Drehpunkt A beträgt 20 cm. Welches Drehmoment wird benötigt, um den Gewichtsblock zu bewegen? Der Einfluss der Umlenkrollen wird vernachlässigt.

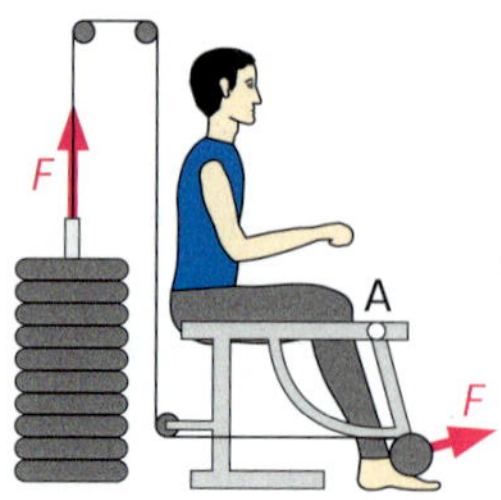

3. Ein Elektromotor verfügt über ein Bemessungsdrehmoment $M = 150$ Nm. Der Wellendurchmesser beträgt 20 mm. Bestimmen Sie die Kraft F an der Außenseite der Motorwelle.

4. The screws of a ground bus bar must be tightened with a torque of 2.4 Nm. The diameter of the screwdriver is 3 cm. Which force is needed to tighten the screws properly?

5. Eine Satellitenantenne ist mithilfe eines Auslegers an der Wand montiert. Der Hersteller gibt für den Parabolspiegel eine Windlast $F = 450$ N an. Der Abstand der Antennenmitte zur ersten Wandbefestigung beträgt $r = 1{,}20$ m. Bestimmen Sie rechnerisch, ob das Maximalmoment von 1650 Nm zum ersten Befestigungspunkt überschritten wird.

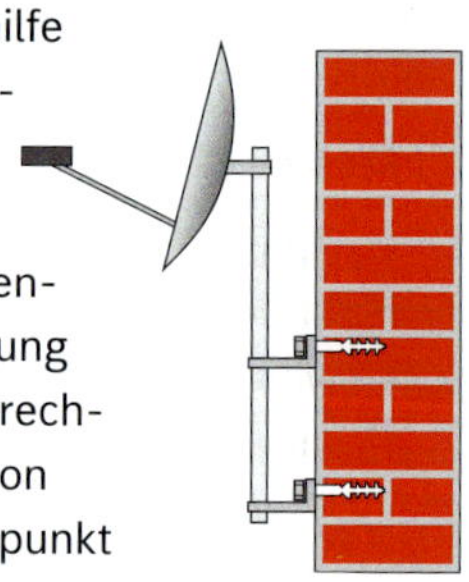

6. In einer Linienfertigung muss eine Verschraubung mit 15 Nm angezogen werden. Das Bundesinstitut für Arbeitsschutz und Arbeitsmedizin empfiehlt, bei Dauerbelastung eine Handkraft von 25 N nicht zu überschreiten. Ermitteln Sie die Länge l des benötigten Drehmomentschlüssels.

7. Mit einem Seitenschneider (Abb. 1) soll ein Kupferdraht durchtrennt werden. Um das Material zu trennen, ist ein Pressdruck von 30 N erforderlich. Die Grifflänge beträgt 180 mm und die Schneidenlänge 18 mm. Für die nachfolgenden Betrachtungen wird die Nutzung der gesamten Grifflänge angenommen.

a) Welche Handkraft ist nötig, wenn der Draht zehn Millimeter vom Drehpunkt entfernt durchtrennt wird?

b) Um welchen Prozentsatz erhöht sich die Handkraft, wenn der Draht mit der Spitze der Schneide abgeschnitten wird?

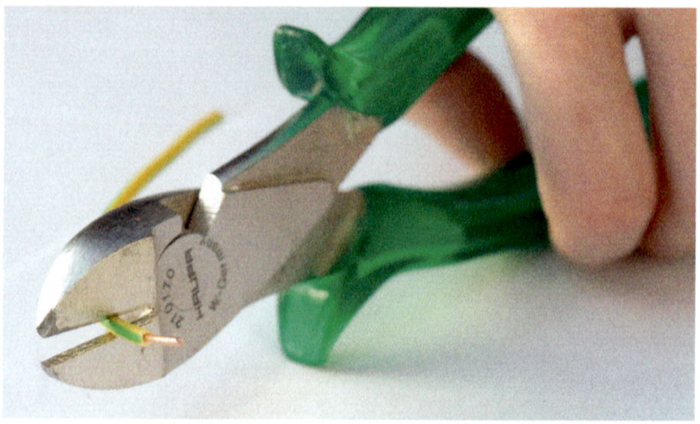

Abb. 1: Seitenschneider

1.22 Mechanische Arbeit und Leistung

Wirkt auf einen Körper eine Kraft längs des Weges, so wird Arbeit verrichtet.

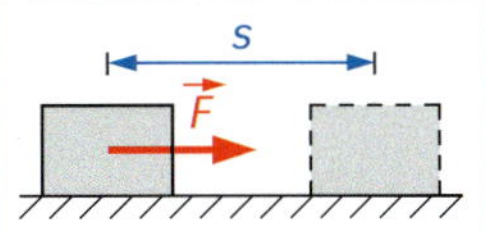

$W = F \cdot s$

Wird ein Körper in vertikaler Richtung bewegt, so wird Hubarbeit verrichtet oder potenzielle Energie umgesetzt.

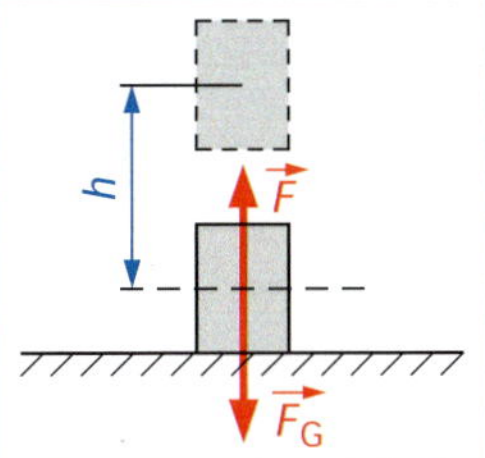

$W = m \cdot g \cdot h$

Der Quotient aus der verrichteten Arbeit und der Zeit wird als Leistung bezeichnet. $P = \frac{W}{t}$

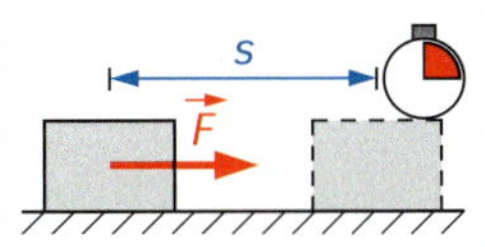

W: Arbeit $[W] = 1\ \text{J} = 1\ \text{Nm} = 1\ \text{Ws}$

P: Leistung $[P] = \text{W}$

g: Fallbeschleunigung $g = 9{,}81\ \frac{\text{m}}{\text{s}^2} = 9{,}81\ \frac{\text{N}}{\text{kg}}$

Beispiel

Ein Förderband transportiert Werkstücke über eine Strecke $s = 4{,}5$ m zu einem Produktionsschritt. Für den Transport eines Werkstückes wird die Kraft $F = 8{,}4$ N für einen Zeitraum $t = 16$ s benötigt.

a) Berechnen Sie die verrichtete Arbeit pro Werkstück.

b) Welche Leistung wird für einen Produktionsschritt benötigt?

c) Wie groß ist die Leistung bezogen auf eine Stunde?

Geg.: $s = 4{,}5$ m; $F = 8{,}4$ N; $t_1 = 16$ s; $t_2 = 1{,}0$ h

Ges.: a) W; b) P_1; c) P_2

a) $W = F \cdot s$

$W = 8{,}4\ \text{N} \cdot 4{,}5\ \text{m}$

$\underline{\underline{W = 38\ \text{Nm}}}$

b) $P_1 = \frac{W}{t_1}$

$P_1 = \frac{38\ \text{Ws}}{16\ \text{s}}$

$\underline{\underline{P_1 = 2{,}4\ \text{W}}}$

c) $P_2 = n \cdot P_1$

$P_2 = \frac{3600\ \text{s}}{16\ \text{s}} \cdot 2{,}4\ \text{W}$

$\underline{\underline{P_2 = 0{,}54\ \text{kW}}}$

Aufgaben

1. Um eine Leitung in ein Leerrohr einzuziehen, ist eine Kraft von 120 N erforderlich. Das Leerrohr hat eine Länge von 15 m. Welche Arbeit wird beim Verlegen verrichtet?

2. Der Elektromotor einer Seilwinde hat eine Leistungsabgabe $P = 2{,}40$ kW.

a) Welche Arbeit wird verrichtet, wenn der Elektromotor vier Minuten betrieben wird?

b) Welche Kraft wirkt hierbei auf eine Last, die 450 m weit transportiert wird?

3. In einer Lagerhalle werden Europaletten von einem Elektrogabelstapler in ein Regalfach mit einer Höhe $h = 3{,}5$ m abgelegt. Die Masse m einer Palette beträgt 250 kg.

a) Ermitteln Sie die Arbeit, die der Stapler verrichtet.

b) Berechnen Sie die Leistung, wenn ein Hubvorgang 20 s dauert.

4. Ein Bohrhammer hat eine mechanische Leistungsabgabe von 950 W. Welche Arbeit wird verrichtet, wenn zehn Minuten lang gebohrt wird?

5. A goods lift of a factory can transport 1300 kg. The maximum distance from the basement to the fourth floor is 15 meters, for which the lift needs 60 seconds.

a) Determine the work for one run.

b) What is the power?

6. In einem mehrstöckigen Verwaltungstrakt eines Betriebes wird eine Hauptleitung der Niederspannungsversorgung erneuert. Hierfür wird ein NYM-O 4x16 mm² vom Keller in das Erdgeschoss verlegt. Die Geschosshöhe beträgt 3,2 m. Ein Meter der Leitung hat eine Masse von 0,97 kg. Welche potenzielle Arbeit wird unter der Annahme umgesetzt, dass das gesamte Gewicht auf einmal transportiert wird?

7. Ein Kran hebt eine Last um 30 m an. Hierfür wird eine Leistung $P = 1{,}8$ kW über eine Zeitdauer $t = 15$ s benötigt.

a) Wie groß ist die verrichtete Arbeit?

b) Welche Masse hat der Kran angehoben?

8. Der Hersteller eines Meißelhammers gibt als Einschlagenergie 11 J an. Hierbei bewegt sich der Schlagbolzen mit 150 Schlägen pro Minute um zwei Zentimeter.

a) Welche Kraft wirkt auf den Meißel?

b) Welche Leistung wurde nach zwei Minuten Dauerbetrieb abgegeben?

9. Ein Pumpspeicherkraftwerk nutzt zur Energiegewinnung einen Höhenunterschied zwischen Ober- und Unterbecken von 143 Metern. Das Oberbecken fasst 1981 Millionen Kubikmeter Wasser. Welche potenzielle Energie ist unter der Annahme, dass das Becken auf 50 % entleert werden kann, verfügbar?

1.23 Druck

Als Druck p bezeichnet man die Kraft F, die auf eine bestimmte Fläche A wirkt. In der Pneumatik wird diese Kraft durch komprimierte Luft übertragen.

$$p = \frac{F}{A}$$

p: Druck $[p] = \frac{\text{N}}{\text{m}^2}$; techn.: bar, Pa, psi

F: Kraft $[F] = \text{N}$

A: Fläche $[A] = \text{m}^2$

Umrechnung technischer Druckeinheiten:

$1 \frac{\text{N}}{\text{m}^2} = 1$ Pa (Pascal)

1 bar = 100 000 Pa = 1000 hPa = $100\,000 \frac{\text{N}}{\text{m}^2}$

1 bar = 14,5 psi (pounds per square inch; US-Einheit)

Auf der Erdoberfläche herrscht ein normaler Atmosphärendruck p_{Atm} von 1013 hPa, also von etwa 1 bar. Ein technischer Druck, meist ein Überdruck p_e wird in Relation zum Atmosphärendruck angegeben. Bezieht man sich bei einer Druckangabe auf den luftleeren Raum, das Vakuum, nennt man dies den Absolutdruck p_{Abs}.

$$p_e = p_{Abs} - p_{Atm}$$

p_e: Überdruck

p_{Abs}: Absoluter Druck

p_{Atm}: Atmosphärendruck

Manometer mit Atmosphärendruck als Nullpunkt

Beispiel

Berechnen Sie den Druck in bar, den ein Verdichterkolben mit der Fläche $A = 120$ cm² erzeugt, wenn auf diesen eine Kraft $F = 1720$ N wirkt.

Geg.: $A = 120{,}0 \text{ cm}^2 = 0{,}012 \text{ m}^2$; $F = 1720$ N

Ges.: p

$p = \frac{F}{A}$; $p = \frac{1720 \text{ N}}{0{,}012 \text{ m}^2}$

$p = 143333 \frac{\text{N}}{\text{m}^2} = 1433 \text{ hPa} = \underline{\underline{1{,}433 \text{ bar}}}$

Aufgaben

1. Welcher Druck entsteht, wenn auf eine Fläche von 0,25 m² eine Kraft von 35 N wirkt?

2. Rechnen Sie um:

	hPa	bar	psi
a)		38	
b)			92
c)	$43 \cdot 10^5$		

3. Der Reifendruck einer Sackkarre (Abb. 1) muss kontrolliert werden. Leider besitzt das Manometer des zur Verfügung stehenden Kompressors nur eine bar-Skala. Lesen Sie den empfohlenen Betriebsdruck vom Reifen ab und rechnen Sie die psi-Angaben um.

Abb. 1: Reifenbeschriftung einer Sackkarre

4. A force $F = 225$ N works on a surface $A = 16$ cm². Calculate the resulting pressure p_e. Convert the result into the US-unit psi.

5. Welchem Absolutdruck entsprechen

a) ein Überdruck von 1,8 bar

b) ein Unterdruck von 0,3 bar?

6. Ein Kompressor erzeugt einen Überdruck von 7 bar. Damit wird ein Druckluftnagler betrieben, dessen Treibkolben eine Kreisfläche von 620 mm² besitzt. Welche Schubkraft kann damit erzeugt werden? Vernachlässigen Sie bei der Berechnung Verluste.

6. Um Wasserstoff als Energieträger zu nutzen, wird dieser häufig unter sehr hohem Druck gespeichert. Welche Flächenbelastung pro cm² wirkt auf den Stahlmantel eines H_2-Röhrenspeichers, wenn in seinem Inneren ein Überdruck von 750 bar herrscht?

8. An einem Druckluftkompressor befindet sich ein Sicherheitsventil, das im Falle einer Störung öffnet und so einen gefährlichen Überdruck abbläst. Der Durchmesser des kreisförmigen Ventiltellers beträgt 8 mm. Welche Kraft muss die Feder, die den Teller auf die Abblasöffnung drückt, besitzen, damit das Ventil bei einem Systemdruck von 20 bar öffnet?

9. In der Fertigungsstraße eines Herstellers von Photovoltaikmodulen arbeitet ein Roboter, der mit Hilfe zweier Vakuum-Saugheber die fertigen Module in die Versandverpackung hebt. Der Durchmesser eines Saugnapfs beträgt 24 cm. Welcher Unterdruck muss mindestens vorhanden sein, damit das Modulgewicht von 18 kg sicher angehoben werden kann?

1.24 Pneumatische Kolbenkraft

In einem Pneumatikzylinder wirkt der Überdruck p_e der einströmenden Luft auf die Kolbenfläche A. Die hierdurch entstehende Kraft F erzeugt eine lineare Bewegung des Kolbens und der Kolbenstange. Durch Reibung wird diese Kraft reduziert. Es ist ein Wirkungsgrad η zu berücksichtigen.

$$F = p_e \cdot A \cdot \eta$$

p_e: Überdruck $[p_e] = \frac{N}{m^2}$; techn.: bar, Pa, psi
F: Kraft $[F] = N$
A: Fläche $[A] = m^2$
η: Wirkungsgrad

Einfachwirkende Zylinder besitzen nur eine pneumatische Wirkrichtung. Häufig ist eine Rückholfeder verbaut, deren Federkraft F_F der Kolbenkraft entgegenwirkt:

$$F = (p_e \cdot A \cdot \eta) - F_F$$

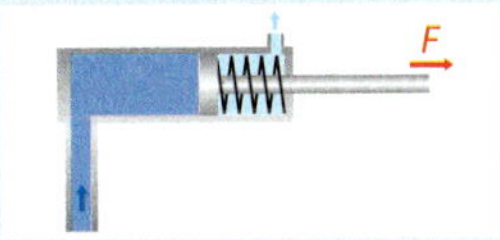

Doppeltwirkende Zylinder können pneumatisch in beide Richtungen bewegt werden. Sie besitzen zwei Druckluftanschlüsse. Es ist zu beachten, dass die Kolbenstange die wirksame Kolbenfläche zu einer Kreisringfläche reduziert:

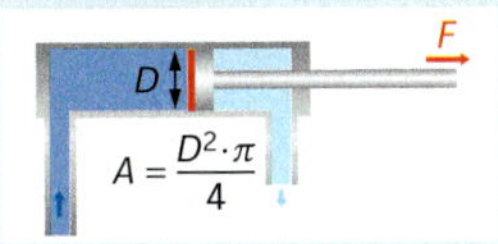

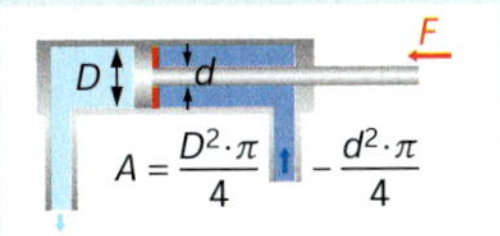

Beispiel

Ein einfachwirkender Zylinder mit einem Kolbendurchmesser von $D = 32$ mm wird mit einem Überdruck $p_e = 4{,}0$ bar betrieben. Die Kraft der Rückstellfeder beträgt $F_F = 36$ N. Berechnen Sie:

a) die wirksame Kolbenfläche A sowie
b) die Kraft F an der Kolbenstange bei einem Wirkungsgrad $\eta = 0{,}9$

Geg.: $D = 32\text{ mm} = 0{,}032\text{ m}$; $p_e = 4{,}0 \cdot 10^5 \frac{N}{m^2}$
$F_F = 36\text{ N}$; $\eta = 0{,}9$

Ges.: a) A; b) F

a) $A = \frac{D^2 \cdot \pi}{4}$

$A = \frac{(0{,}032\text{ m})^2 \cdot \pi}{4}$; $\underline{\underline{A = 8{,}04 \cdot 10^{-4}\text{ m}^2}}$

b) $F = (p_e \cdot A \cdot \eta) - F_F$

$F = (4{,}0 \cdot 10^5 \frac{N}{m^2} \cdot 8{,}04 \cdot 10^{-4}\text{ m}^2 \cdot 0{,}9) - 36\text{ N}$

$F = 289\text{ N} - 36\text{ N}$; $\underline{\underline{F = 253\text{ N}}}$

Aufgaben

1. An einem Pneumatiksystem mit $p_e = 6{,}0$ bar arbeitet ein einfachwirkender Zylinder mit einem Kolbendurchmesser von $D = 16$ mm. Sein Wirkungsgrad beträgt $\eta = 0{,}85$ und die Kraft der Rückstellfeder beträgt $F_F = 24$ N. Berechnen Sie die wirksame Kolbenkraft F.

2. Ein kleiner doppeltwirkender Zylinder mit $D = 12$ mm und einem Kolbenstangendurchmesser $d = 6{,}0$ mm wird mit einem Überdruck $p_e = 4{,}5$ bar betrieben. Der Wirkungsgrad liegt bei $\eta = 0{,}85$. Berechnen Sie die nutzbaren Kräfte

a) F_1 im Vorlauf sowie
b) F_2 im Rücklauf.

3. Berechnen Sie den Wirkungsgrad eines federlosen einfachwirkenden Zylinders, an dessen Kolben bei einem Überdruck von 6,8 bar eine Kraft von 199 N gemessen wird. Sein Kolbendurchmesser beträgt 20 mm.

4. Berechnen Sie für die Zylinder in Tab. 1 die maximalen Kolbenkräfte a) im Vorlauf und b) im Rücklauf.

Bezeichnung	Kolben-Ø in mm	Kolbenstangen-Ø in mm	Wirkungsgrad	Max. Betriebsdruck in bar
DWZ08	8,0	5,0	0,8	7,0
DWZ12	12	6,0	0,85	7,0
DWZ16	16	8,0	0,9	8,0
DWZ20	20	8,0	0,9	10
DWZ32	32	8,0	0,9	10

Tab. 1: Auswahl Doppeltwirkender Zylinder

5. Zum Verpressen von Kronkorken soll in einer Kleinbrauerei ein doppeltwirkender Zylinder im Vorlauf eingesetzt werden. Die aufzubringende Kraft beträgt 2,1 kN. Die Druckluftanlage erzeugt einen Überdruck von bis zu 7,0 bar. Welcher Kolbendurchmesser ist bei einem Wirkungsgrad von 0,9 für diese Anwendung mind. nötig?

6. Ein rechteckiger Hubtisch soll in der Brauerei mit Hilfe von vier Pneumatikzylindern fertig abgefüllte Bierkästen mit einer Masse von 18 kg anheben. Der zur Verfügung stehende Betriebsdruck beträgt an diesem Teil der Anlage 6,5 bar. Wählen Sie aus der Tabelle 1 die für diese Anwendung geeigneten Zylinder aus.

7. Ein doppeltwirkender Zylinder erzeugt in Vorlauf an einem Betriebsdruck $p_e = 87$ psi eine Kraft von 170 N. Der Wirkungsgrad ist nicht bekannt. Ermitteln Sie, um welchen Typ aus Tab. 1 es sich bei diesem Zylinder handelt.

1.25 Temperaturmaßstäbe

Weltweit haben sich im Laufe der Zeit verschiedene Temperaturmaßstäbe durchgesetzt.

Folgende Maßstäbe werden in der Technik vorzugsweise eingesetzt:

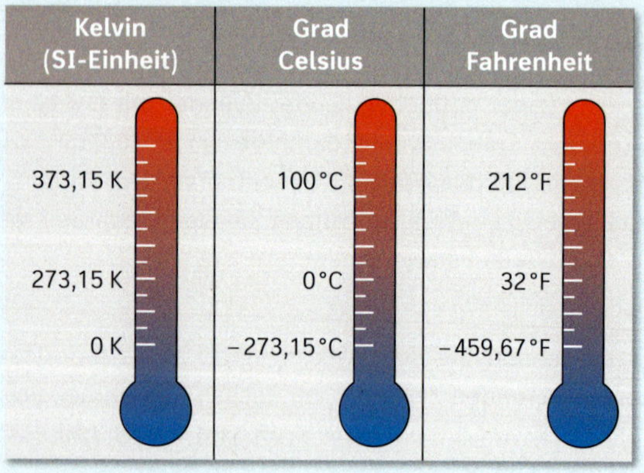

Umrechnungsfaktoren

Celsius nach Kelvin:	$T = \vartheta_C + 273{,}15\ \text{K}$
Celsius nach Fahrenheit:	$\vartheta_F = \vartheta_C \cdot 1{,}8 + 32°$
Fahrenheit nach Kelvin:	$T = (\vartheta_F + 459{,}67) \cdot \frac{5}{9}$
T: Temperatur	$[T] = \text{K}$
ϑ_C: Celsius-Temperatur	$[\vartheta_C] = °\text{C}$
ϑ_F: Fahrenheit-Temperatur	$[\vartheta_F] = °\text{F}$

Beispiel

Der Hersteller eines SPS-Netzteiles gibt als maximale Arbeitstemperatur $\vartheta_C = 60\ °\text{C}$ an. Berechnen Sie

a) die Temperatur in Kelvin und

b) die Temperatur in Fahrenheit.

Geg.: $\vartheta_C = 60\ °\text{C}$

Ges.: a) T; b) ϑ_F

a) $T = \vartheta_C + 273{,}15\ \text{K}$

$T = 60\ °\text{C} + 273{,}15\ \text{K}$

$\underline{\underline{T = 333{,}15\ \text{K}}}$

b) $\vartheta_F = \vartheta_C \cdot 1{,}8 + 32°$

$\vartheta_F = 60\ °\text{C} \cdot 1{,}8 + 32°$

$\underline{\underline{\vartheta_F = 140\ °\text{F}}}$

Aufgaben

1. Die Heizwiderstände einer Infrarotheizung erreichen im Betrieb eine Oberflächentemperatur von 85 °C. Berechnen Sie

a) die Temperatur der Wärmequelle in Kelvin und

b) die Temperatur in Fahrenheit.

2. Die Verarbeitungstemperatur einer Spritzgussmaschine liegt bei 533 Kelvin. Da die Anlage eine hohe Ausschussquote aufweist, wird die Temperatur um acht Kelvin erhöht.

a) Auf welche Celsius-Temperatur muss die Anlage eingestellt werden?

b) Wie vielen Grad Fahrenheit entspricht dieser Wert?

3. The datasheet of a semiconductor states that the maximum temperature for soldering purposes is 446 °F.

a) What is the temperature in Kelvin and

b) in Celsius?

4. In einem Aluminiumgusswerk wird die Prozesstemperatur des Aluminiumofens aufgezeichnet. Abb. 1 zeigt den Verlauf der Ofentemperatur über einen Arbeitstag. Ermitteln Sie

a) die Minimaltemperatur in Kelvin,

b) die maximale Temperaturdifferenz ΔT in Kelvin und

c) die Maximaltemperatur in Kelvin.

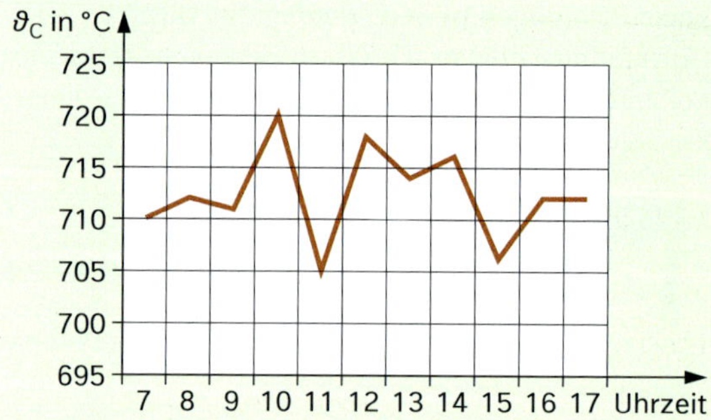

Abb. 1: Prozesstemperatur Aluminiumguss

5. Der Sollwert eines temperaturgeregelten Prozesses kann über ein Bedienpanel eingestellt werden. Die Anzeige des Istwertes erfolgt in Fahrenheit (Abb. 2). Nach einem Teilewechsel muss die Temperatur auf 146 °C eingestellt werden. Bestimmen Sie

a) die einzustellende Temperatur in Kelvin,

b) die Temperaturdifferenz in Celsius zur Anzeige und

c) die Temperaturdifferenz in Fahrenheit.

Abb. 2: Bedienpanel

2 Elektrotechnische Grundlagen

2.1 Ladung, Spannung, Stromstärke

2.1.1 Ladung

Elektronen und Protonen sind Elementarladungsträger mit einer festen Ladung e. Die Ladung Q an einem Ort ergibt sich aus der Anzahl n der Elementarladungsträger an diesem Punkt.

$$Q = n \cdot e$$

Q: Ladung $[Q] = 1\ \text{As} = 1\ \text{C}$

n: Anzahl der Ladungsträger

e: Elementarladung $e = 1{,}602 \cdot 10^{-19}\ \text{As}$

Beispiel

Durch Reibung lagern sich auf einem Kunststoffstab $26{,}8 \cdot 10^{16}$ Elektronen an. Wie groß ist die Ladung des Stabes?

Geg.: $n = 26{,}8 \cdot 10^{16}$; $e = 1{,}602 \cdot 10^{-19}\ \text{C}$

Ges.: Q

$Q = n \cdot e$

$Q = 26{,}8 \cdot 10^{16} \cdot 1{,}602 \cdot 10^{-19}\ \text{C}$

$\underline{\underline{Q = 42{,}9\ \text{mC}}}$

Aufgaben

1. Welche Gesamtladung ergibt sich aus $n = 6{,}242 \cdot 10^{18}$ Elektronen?

2. Ein Kondensator besitzt eine Ladung von 2,7 mC. Berechnen Sie die Anzahl von Elementarladungen, der diese Ladungsmenge entspricht.

3. Welche Ladung besitzt ein Körper, auf dem sich $161{,}26 \cdot 10^{14}$ freie Elementarladungen befinden?

4. Geben Sie die Ladung Q an, die einer Anzahl $n = 2{,}78 \cdot 10^{14}$ Elementarladungen entspricht.

5. Durch den Effekt der statischen Aufladung hat ein Luftballon beim Reiben an einem Pullover eine große Anzahl an Elektronen aufgenommen. Eine Messung mithilfe eines Elektroskops (Abb. 3) ergibt eine Ladung von 18 nC. Wie viele Elektronen hat der Luftballon aufgenommen?

6. The electrostatic discharge Q of a flash of lightning is 550 C. How many electrons does it contain?

7. Ein Lackpulverteilchen wird zur elektrostatischen Pulverbeschichtung mit $9{,}3 \cdot 10^{3}$ Elementarladungen versehen. Berechnen Sie seine Ladung.

8. Bestimmen Sie die Anzahl der Ladungsträger, die notwendig ist, um an einem Elektroskop (Abb. 3) eine Anzeige von $Q = 40$ nC hervorzurufen.

9. Durch einen elektrischen Leiter fließen pro Sekunde $8{,}8 \cdot 10^{20}$ Elektronen. Welche Ladung wird in einer Minute durch den Leiter transportiert?

Abb. 3: Elektroskop

10. Beim Entladen von Kondensatoren nimmt die gespeicherte Ladung entsprechend der Kurve in Abb. 4 ab. Einem mit $Q = 120$ mC vollständig geladenen Kondensator wird über den Zeitraum 2τ kontinuierlich Ladung entnommen. Bestimmen Sie

a) die Anzahl der Elementarladungen zu Beginn der Messung,

b) die im Kondensator verbleibende Ladung zum Zeitpunkt τ und

c) die Anzahl der Elementarteilchen, die zum Zeitpunkt 2τ den Kondensator verlassen haben.

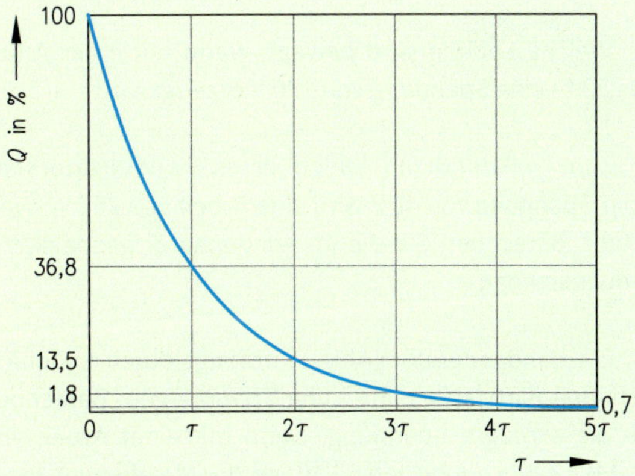

Abb. 4: Entladung eines Kondensators

2.1.2 Spannung

Elektrische Spannung ist der Ladungsunterschied zwischen zwei Punkten („Potenzialdifferenz"). Sie entsteht durch Ladungstrennung. Je mehr Arbeit W notwendig ist, um eine bestimmte Ladung Q zu verschieben, desto größer ist die Spannung U.

$$U = \frac{W}{Q} \qquad U = \frac{F \cdot s}{Q}$$

U: Spannung	$[U] = 1\ \text{V} = 1\ \text{Nm/As}$
W: elektrische Arbeit	$[W] = 1\ \text{VAs} = 1\ \text{Ws} = 1\ \text{J}$
Q: Ladung	$[Q] = 1\ \text{As} = 1\ \text{C}$
F: Kraft	$[F] = \text{N}$
s: Strecke	$[s] = \text{m}$

Beispiel

Ein NiCd-Akkumulator wird mit der Ladungsmenge $Q = 1200$ mAh geladen. Dabei wird eine Arbeit von $W = 5184$ Ws geleistet (Verluste werden vernachlässigt). Welche elektrische Spannung entsteht dabei?

Geg.: $Q = 1200$ mAh; $W = 5184$ Ws

Ges.: U

$Q = 1200\ \text{mAh} \cdot \frac{3600\ \text{s}}{\text{h}}$; $\underline{Q = 4320\ \text{As}}$

$U = \frac{W}{Q}$; $U = \frac{5184\ \text{Ws}}{4320\ \text{As}}$; $\underline{\underline{U = 1{,}2\ \text{V}}}$

Aufgaben

1. Bei einer Verschiebung der Ladung $Q = 1343$ As wird eine Arbeit $W = 12087$ Ws aufgewendet. Welche Spannung U wird dabei verwendet?

2. Which voltage is needed to perform the work $W = 1.0$ kJ with the electric charge $Q = 5.5$ C?

3. Welche Ladung wird bewegt, wenn mit einer Arbeit von 33 kJ eine Spannung von 120 V erzeugt wird?

4. Zum vollständigen Laden eines Kondensators an einer Spannung von 48 V wird eine Arbeit von 258 Ws verrichtet. Berechnen Sie die im Kondensator gespeicherte Ladungsmenge.

5. Ein Bandgenerator (Abb. 1) erzeugt durch Ladungstrennung mittels Reibung hohe Spannungen. Berechnen Sie die erzeugte Spannung, wenn mit einer Arbeit von 1,04 Ws eine Ladung von 5,2 µC an der Metallkugel angereichert wurde.

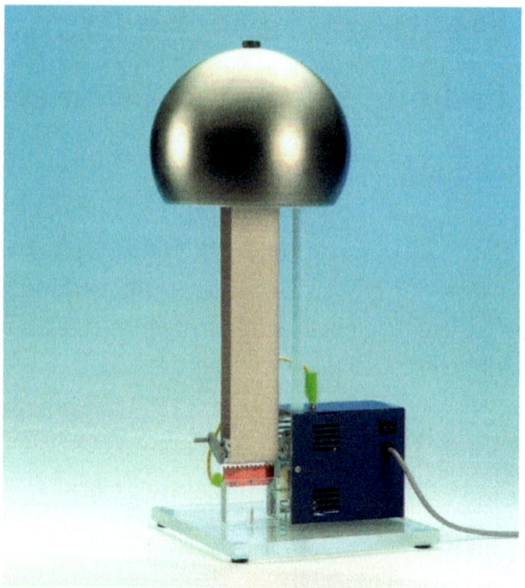

Abb. 1: Bandgenerator

6. Ein Kondensator wurde mit einer Spannung von 12 V aufgeladen. Seine Ladung beträgt 1,7 mC. Welche Arbeit wurde während des Aufladens verrichtet?

7. Welche elektrische Energie besitzt der geladene Akkumulator in Abb. 3?

8. In einem elektrischen Feld wird ein mit $Q = 4{,}5$ nC geladener Körper über eine Strecke $s = 2{,}0$ cm entlang der Feldlinien bewegt. Der Potenzialunterschied zwischen Start- und Endpunkt beträgt $U = 410$ V. Welche Kraft F ist für die Bewegung der Ladung nötig (Abb. 2)?

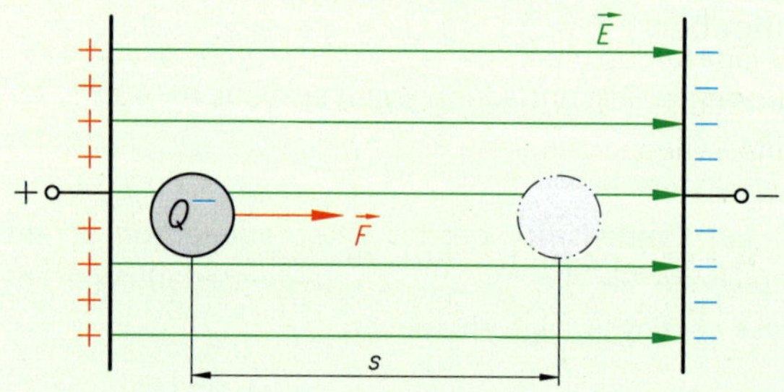

Abb. 2: Ladung im elektrischen Feld

9. Ein Elektron (Elementarladung $e = 1{,}602 \cdot 10^{-19}$ C) wird in einem elektrischen Feld mit der Kraft $F = 1{,}1$ µN um 2,8 nm bewegt. Wie groß ist der überwundene Spannungsunterschied?

10. Ein Kondensator mit dem Plattenabstand 2,8 mm liegt an einer Spannung von 12 V. Berechnen Sie die Kraft, die aufgewendet werden muss, um ein Elektron entlang der Feldlinien von der positiv geladenen zur negativ geladenen Platte zu befördern.

2.1.3 Stromstärke

Die gerichtete Bewegung elektrischer Ladungsträger durch einen Leiter wird als elektrischer Strom bezeichnet. Je mehr Ladungsträger in einer bestimmten Zeit fließen, desto höher ist die Stromstärke I.

$$I = \frac{Q}{t}$$

I: Stromstärke	$[I]$ = A
Q: Ladung	$[Q]$ = 1 As = 1 C
t: Zeitdauer	$[t]$ = s

Beispiel

Durch einen elektrischen Leiter fließt in 60 s eine Ladungsmenge von 108 C. Berechnen Sie die Stromstärke.

Geg.: $t = 60$ s; $Q = 108$ C

Ges.: I

$$I = \frac{Q}{t}$$

$$I = \frac{108\ \text{C}}{60\ \text{s}}; \qquad \underline{\underline{I = 1{,}8\ \text{A}}}$$

Aufgaben

1. Ein elektrischer Leiter wird 16 s lang von einem Strom der Stärke 108 mA durchflossen. Berechnen Sie die transportierte Ladung.

2. Wie groß ist die Stromstärke in einem Leiter, wenn in einer Stunde die Ladung 84 kC transportiert wird?

3. The electric charge $Q = 250$ C flows through a DC motor per minute. Calculate the current intensity.

4. Wie lange dauert es, den Akkumulator in Abb. 3 vollständig zu laden, wenn das Ladegerät eine konstante Stromstärke von 200 mA liefert?

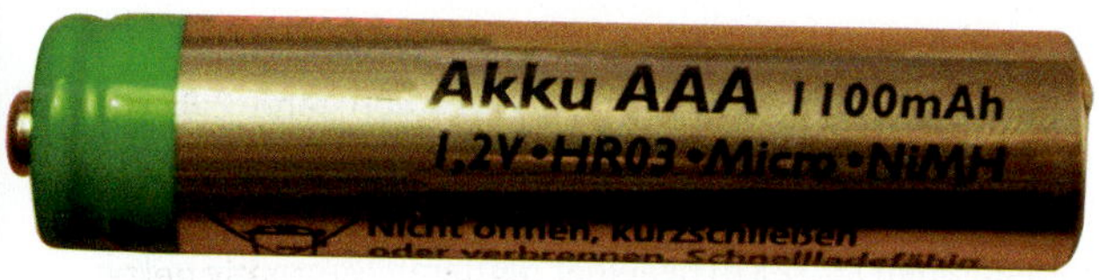

Abb. 3: Akkumulator der Baugröße AAA (Micro)

5. Durch eine 80-W-Glühlampe wird in einer Stunde die Ladung $Q = 1252$ C transportiert. Berechnen Sie

a) die Stromstärke I_1 und

b) die Zeit t, in der eine gleich helle 11-W-Energiesparlampe mit der Stromstärke $I_2 = 47{,}8$ mA und derselben Ladungsmenge betrieben werden kann.

6. Die Ladestromstärke einer Autobatterie (in A) sollte nach Herstellerangaben ein Zehntel des Zahlenwertes ihrer Kapazität (in Ah) betragen. Bestimmen Sie die daraus resultierende Ladezeit.

7. Die Platten eines Kondensators tragen die Ladung $Q = 11{,}3$ mC.

a) Wie lange wurden sie dafür mit einer konstanten Stromstärke $I = 360$ mA geladen?

b) Welche durchschnittliche Stromstärke fließt, wenn der Kondensator innerhalb von 125 ms wieder entladen wird?

8. Wie viele Elektronen fließen pro Sekunde durch ein Amperemeter, das eine Stromstärke von 5,7 mA anzeigt? Welche Stromstärke würde es anzeigen, wenn 10^{12} Elektronen hindurch bewegt werden?

9. Eine Solarzelle aus Silizium wird im Labor mit unterschiedlich starkem Licht (Abb. 4) bestrahlt. In jedem Fall beträgt die erzeugte Ausgangsspannung $U = 0{,}45$ V. Wie lange muss die Bestrahlung jeweils andauern, wenn dabei eine elektrische Energie von $W = 42$ Ws erzeugt werden soll?

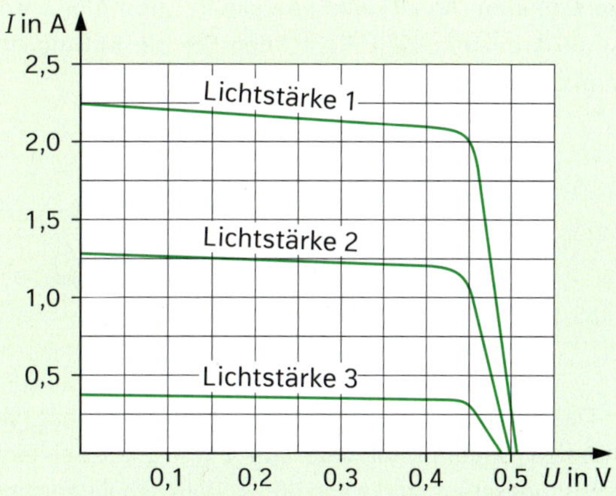

Abb. 4: Spannungs-Strom-Kennlinien einer Si-Solarzelle

10. Die Sitzheizung in einem Pkw verrichtet bei einer 20-minütigen Heizphase eine Arbeit von 60 Wh. Die Bordspannung beträgt $U = 12$ V. Berechnen Sie die Stromstärke.

2.2 Stromdichte

Die Stromdichte J ist die auf die Leiterfläche q bezogene Stromstärke I. Je größer die Stromdichte ist, desto stärker ist die Erwärmung des Leiters.

$$J = \frac{I}{q}$$

J: Stromdichte $[J] = \frac{\text{A}}{\text{mm}^2}$

I: Stromstärke $[I] = \text{A}$

q: Leiterquerschnitt $[q] = \text{mm}^2$

Beispiel

Berechnen Sie die Stromdichte in einem Leiter mit einem Querschnitt von 2,5 mm², durch den ein Strom der Stärke 12 A fließt.

Geg.: $q = 2{,}5\ \text{mm}^2$; $I = 12\ \text{A}$

Ges.: J

$J = \frac{I}{q}$; $J = \frac{12\ \text{A}}{2{,}5\ \text{mm}^2}$

$J = 4{,}8\ \frac{\text{A}}{\text{mm}^2}$

Aufgaben

1. Ein 16-mm²-Masseband wird von einer Stromstärke $I = 85$ A durchflossen. Berechnen Sie die Stromdichte.

2. Ein elektrischer Leiter mit zwei unterschiedlichen Querschnitten (Abb. 1) wird von einem Strom der Stärke $I = 1{,}65$ A durchflossen. Berechnen Sie die Stromdichte für: a) $q_1 = 0{,}75\ \text{mm}^2$ und b) $q_2 = 0{,}30\ \text{mm}^2$.

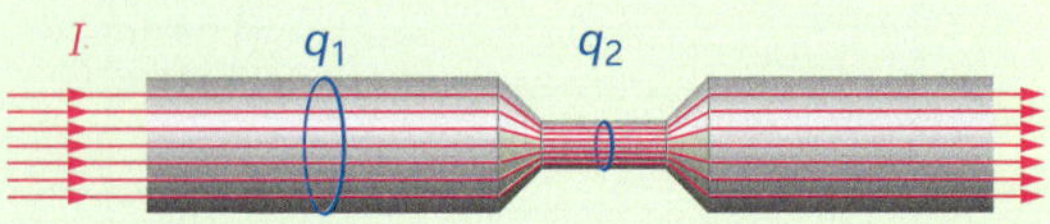

Abb. 1: Stromdurchflossener Leiter mit Engstelle

3. Das Leiterseil einer Hochspannungsleitung hat eine zulässige Dauerstromdichte von 2,0 A/mm² bei einer Bemessungsstromstärke von 560 A. Welchen Querschnitt hat das Leiterseil?

4. Eine Sammelschiene mit der Typbezeichnung Cu/Sn 10 mm x 3 mm besitzt laut Hersteller eine Bemessungsstromstärke von 140 A. Wie groß ist die Stromdichte in der Schiene im Bemessungsfall?

5. Eine Kupferschaltlitze hat einen Leiterdurchmesser $d = 1{,}38$ mm. Die Stromstärke beträgt $I = 3{,}4$ A. Berechnen Sie

a) die Querschnittsfläche q und

b) die Stromdichte J.

6. How much current flows through a wire with a gauge $q = 0.707\ \text{mm}^2$ and a current density $J = 2.7\ \text{A/mm}^2$?

7. Die Wicklungen einer Drosselspule bestehen aus Kupferdraht.

a) Welche Querschnittsfläche q besitzt der Draht, wenn bei einer momentanen Stromstärke von 435 mA die Stromdichte 1,84 A/mm² beträgt?

b) Um eine unzulässig hohe Erwärmung zu verhindern, ist die maximal zulässige Stromstärke durch die Spule auf 1,0 A begrenzt. Wie groß ist in diesem Fall die maximale Stromdichte?

8. Ein Heizdraht aus Konstantan mit dem Durchmesser $d = 0{,}05$ mm darf laut Hersteller mit einer Stromdichte bis zu 306 A/mm² belastet werden. Wie groß darf die Stromstärke höchstens sein?

9. Der Glühdraht einer Halogenlampe hat einen Durchmesser $d = 66$ µm. Im Betriebsfall beträgt die Stromstärke $I = 2{,}0$ A. Berechnen Sie die Stromdichte J.

10. Die zulässige Strombelastbarkeit von Installationsleitungen ist in der Norm DIN VDE 0298 festgelegt. Für die Verlegeart C (Verlegung unter Putz) sind für Mantelleitungen mit zwei belasteten Adern folgende Grenzwerte vorgesehen (Abb. 2). Ermitteln Sie für die angegebenen Querschnitte die Stromdichte.

Zulässige Belastbarkeit von zweiadrigen Mantelleitungen (z. B. NYM), Verlegeart C bei 25 °C ohne weitere Störfaktoren (nach DIN VDE 0298)

Leiterquerschnitt in mm²	1,5	2,5	4	6	10	16	25
Strombelastbarkeit in A	21	29	38	49	67	90	119

Abb. 2: Tabelle zur Strombelastbarkeit

11. Beim Galvanisieren wird die gesamte Oberfläche eines zu veredelnden Gegenstandes von Strom durchflossen. Berechnen Sie die Stromstärke, die in einem Zinkbad fließen muss, wenn ein Metallwürfel mit der Kantenlänge $l = 12$ cm bei einer mittleren Stromdichte von $J = 1{,}8\ \text{A/dm}^2$ verzinkt werden soll.

2.3 Elektrischer Widerstand

2.3.1 Widerstand und Leitwert

Der elektrische Widerstand R ist das Maß für die Hemmung einer freien Elektronenbewegung in einem Leiter. Er begrenzt den Stromfluss in einem Stromkreis. Der Kehrwert des Widerstands wird als Leitwert G bezeichnet.

$$R = \frac{1}{G}$$

R: Widerstand $[R] = \Omega$ (Ohm)

G: Leitwert $[G] = \text{S}$ (Siemens)

Beispiel

Ermitteln Sie die Leitwerte G_1 und G_2 folgender Widerstände:

a) $R_1 = 1{,}2\ \text{k}\Omega$

b) $R_2 = 0{,}34\ \Omega$

Geg.: $R_1 = 1{,}2\ \text{k}\Omega$; $R_2 = 0{,}34\ \Omega$

Ges.: a) G_1; b) G_2

a) $G_1 = \frac{1}{R_1}$

$G_1 = \frac{1}{1{,}2\ \text{k}\Omega}$

$\underline{\underline{G_1 = 833\ \mu\text{S}}}$

b) $G_2 = \frac{1}{R_2}$

$G_2 = \frac{1}{0{,}34\ \Omega}$

$\underline{\underline{G_2 = 2{,}94\ \text{S}}}$

Aufgaben

1. Berechnen Sie zu folgenden Widerstandswerten die dazu gehörigen Leitwerte:

a) 20 Ω b) 107 Ω c) 2,2 kΩ d) 47 kΩ

e) 0,7 mΩ f) 33 MΩ g) 1480 Ω h) 0,0004 Ω

2. Calculate the resistance value to each of the given conductance values:

a) 18 mS b) 1.64 kS c) 216 S d) 5390 nS

e) 10.4 S f) 1.43 mS g) 670 µS h) 8.722 µS

3. Ein Kupferdraht mit $q = 1{,}0\ \text{mm}^2$ und $l = 1{,}0\ \text{m}$ hat einen Leitwert von 58 S. Berechnen Sie den Widerstand des Drahtes.

4. Mit einem Leitwertmessgerät kann die Qualität von Wasser, beispielsweise in Aquarien, bestimmt werden. Berechnen Sie den Leitwert (in µS/cm) einer Wasserprobe, wenn der Widerstand zwischen den Messkontakten 23,8 kΩ beträgt (Abstand $d = 1{,}5$ cm).

2.3.2 Kennzeichnung von Widerständen

Ein Widerstand als Bauteil kann auf verschiedene Weise gekennzeichnet werden:

Farbcode:

Kennfarbe	Widerstandswert in Ω		Zulässige relative Abweichung des Widerstandswertes
	zählende Ziffern	Multiplikator	
silber	–	10^{-2}	±10 %
gold	–	10^{-1}	± 5 %
schwarz	0	10^{0}	–
braun	1	10^{1}	± 1 %
rot	2	10^{2}	± 2 %
orange	3	10^{3}	–
gelb	4	10^{4}	–
grün	5	10^{5}	±0,5 %
blau	6	10^{6}	±0,25 %
violett	7	10^{7}	±0,1 %
grau	8	10^{8}	–
weiß	9	10^{9}	–
keine	–	–	±20 %

Beispiel: 27 kΩ ±5 %

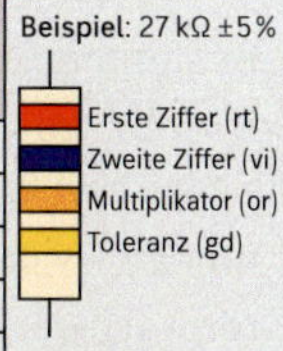

Beispiel: 24,9 kΩ ±1 %

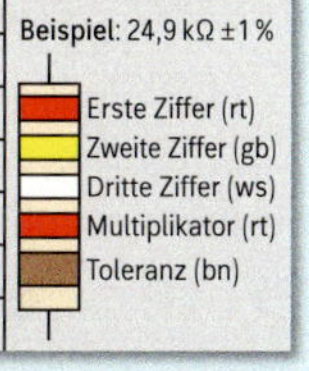

Codierung durch Ziffern und Buchstaben:

Kennbuchstabe	Multiplikator		Beispiele
m	Milli	10^{-3}	R 33 = 0,33 Ω
R		10^{0}	3R3 = 3,3 Ω
K	Kilo	10^{3}	33 K = 33 kΩ
M	Mega	10^{6}	330 K = 330 kΩ
G	Giga	10^{9}	M33 = 0,33 MΩ

Die Bemessungswerte produzierter Widerstände einer Dekade (z. B. zwischen 100 Ω und 1000 Ω) richten sich nach den in DIN IEC 63 festgelegten Vorzugsreihen.

Beispiel: E12-Reihe mit 10 % Toleranz

E12 (±10 %)	1,0	1,2	1,5	1,8	2,2	2,7
	3,3	3,9	4,7	5,6	6,8	8,2
Beispiele: 3,3 Ω; 33 Ω; 560 Ω; 68 kΩ; 3,9 MΩ; ...						

Beispiel

Berechnen Sie den zulässigen Maximal- und Minimalwert eines 1,5-kΩ-Widerstands aus der E6-Reihe (Toleranz: 20 %).

Geg.: $R = 1{,}5\ \text{k}\Omega$ Ges.: R_{min}, R_{max}

$p = 20\ \%$

$\Delta R = R_{min} \cdot p$; $\Delta R = 1{,}5\ \text{k}\Omega \cdot \frac{20}{100}$; $\underline{\Delta R = 300\ \Omega}$

$R_{min} = R - \Delta R$; $R_{min} = 1{,}5\ \text{k}\Omega - 300\ \Omega$

$\underline{\underline{R_{min} = 1{,}2\ \text{k}\Omega}}$

$R_{max} = R + \Delta R$; $R_{max} = 1{,}5\ \text{k}\Omega + 300\ \Omega$

$\underline{\underline{R_{max} = 1{,}8\ \text{k}\Omega}}$

Aufgaben

1. Bestimmen Sie die Bemessungswerte der Widerstände mit den folgenden Farbcodes (Ring 1 bis Ring 4):

a) braun – grün – gelb – silber
b) gelb – violett – schwarz – gold
c) weiß – braun – grün – gold
d) blau – grau – rot – rot

2. Bestimmen Sie die Bemessungswerte der Widerstände mit den folgenden Farbcodes (Ring 1 bis 5 von links nach rechts):

a) orange – violett – gelb – rot – braun
b) rot – schwarz – grau – schwarz – grün
c) grau – gelb – grün – blau – braun
d) orange – grau – orange – braun – rot

3. Determine the nominal value as well as the minimal and the maximal value of a resistor with the colour code grey – red – orange – gold.

4. Welchen Bemessungswert hat der Drahtwiderstand von Abb. 1? Bestimmen Sie den möglichen Maximal- und Minimalwert des Widerstands.

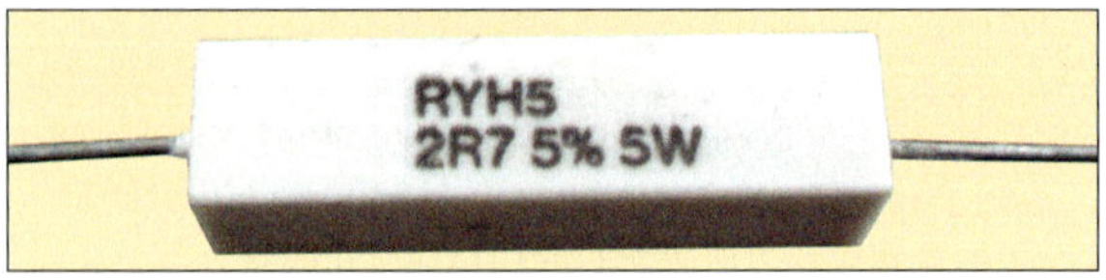

Abb. 1: Drahtwiderstand

5. Ermitteln Sie die Farbring-Kennzeichnungen und die Ziffern-Buchstaben-Codes der Widerstände mit den Werten:

a) 560 Ω ± 10 % b) 43 MΩ ± 5 %
c) 100 kΩ ± 20 % d) 3,3 Ω ± 10 %

6. Welche Farbring-Kennzeichnungen und Werte besitzen die Widerstände mit den Ziffern-Buchstaben-Codes:

a) 6K8 10 % b) 1R 5 %
c) M47 5 % d) 1M8 10 %

7. Ermitteln Sie die Ziffern-Buchstaben-Codes und die Werte der Widerstände mit den Farbring-Kennzeichnungen:

a) rot – rot – rot – silber
b) blau – grau – gelb – gold
c) violett – blau – grau – grün – rot
d) weiß – orange – braun – braun – rot

8. Der Draht eines Präzisionswiderstandes besitzt einen Leitwert von 3,7 S. Bestimmen Sie den aufgedruckten Ziffern-Buchstaben-Code.

9. Welche Bemessungswerte und Wertebereiche haben die drei Widerstände in Abb. 2?

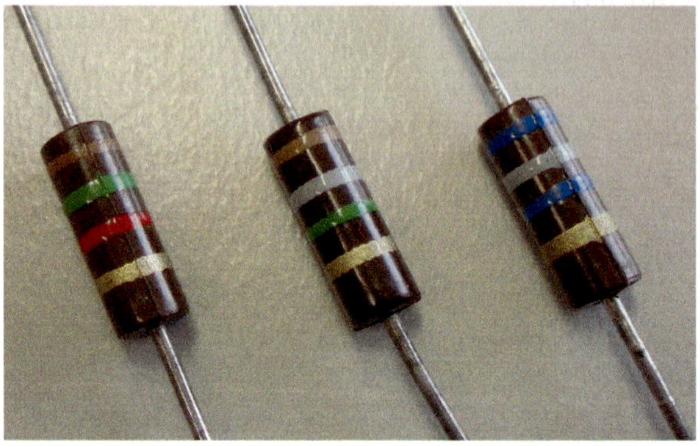

Abb. 2: Schichtwiderstände

10. Eine Lieferung Schichtwiderstände (Abb. 2 links) wird stichprobenartig überprüft. Berechnen Sie die prozentuale Abweichung der Messwerte vom Sollwert und entscheiden Sie, ob die Proben der Farbkennzeichnung entsprechen:

a) $R_1 = 1571\ \Omega$ b) $R_2 = 1445\ \Omega$ c) $R_3 = 1505\ \Omega$
d) $R_4 = 1588\ \Omega$ e) $R_5 = 1418\ \Omega$ f) $R_6 = 1537\ \Omega$

11. Berechnen Sie den Maximal- und den Minimalwert eines 39-kΩ-Widerstandes aus der E12-Reihe. In welchem Toleranzbereich bewegt sich der Leitwert?

12. Ein NF-Verstärker (Abb. 3) soll aufgebaut werden. Wählen Sie aus der E12-Reihe die nächsten Widerstandswerte für R_1 bis R_5 aus und geben Sie den Farbcode an.

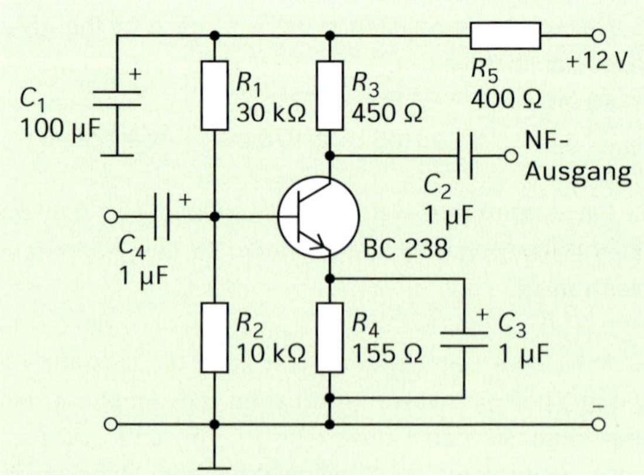

Abb. 3: NF-Verstärkerschaltung

2.4 Ohmsches Gesetz

Der elektrische Strom I ist proportional zur Spannung U und umgekehrt (d.h. „indirekt") proportional zum Widerstand R. Der deutsche Physiker Georg Simon Ohm entwickelte aus diesen Zusammenhängen im Jahr 1826 das nach ihm benannte „ohmsche Gesetz".

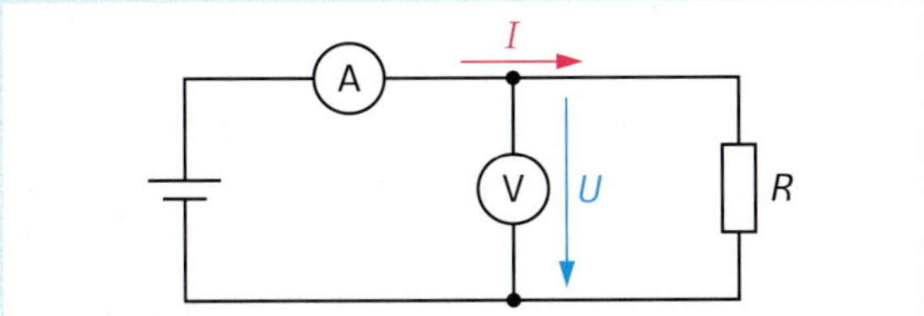

$I \sim U$, $I \sim 1/R$ } $I = \frac{U}{R}$ $\quad R = \frac{U}{I}$ $\quad U = R \cdot I$

I: Stromstärke $\quad [I] = \text{A}$

U: Spannung $\quad [U] = \text{V}$

R: Widerstand $\quad [R] = \Omega$

I-U-Kennlinien ohmscher Widerstände sind Geraden durch den Ursprung. Je kleiner der Widerstand, desto steiler ist die Gerade. Bei sich ändernder Spannung (ΔU) verändert sich die Stromstärke (ΔI) linear, also proportional.

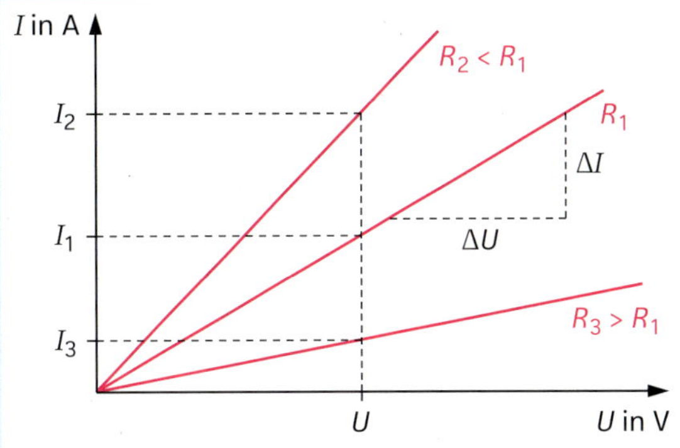

Beispiel

Ein Widerstand $R = 4{,}7\ \text{k}\Omega$ wird an eine Spannung $U_1 = 230\ \text{V}$ angeschlossen.

a) Berechnen Sie die Stromstärke I_1.

b) Zeichnen Sie die Widerstandskennlinie in ein Koordinatensystem.

c) Die Spannung sinkt auf $U_2 = 150\ \text{V}$. Ermitteln Sie die Stromstärke I_2 zeichnerisch und rechnerisch.

Geg.: $U_1 = 230\ \text{V}$, $U_2 = 150\ \text{V}$, $R = 4{,}7\ \text{k}\Omega$ $\quad$ Ges.: a) I_1 b) I_2

a) $I_1 = \frac{U_1}{R}$; $\quad I_1 = \frac{230\ \text{V}}{4{,}7\ \text{k}\Omega}$; $\quad \underline{\underline{I_1 = 48{,}9\ \text{mA}}}$

b)

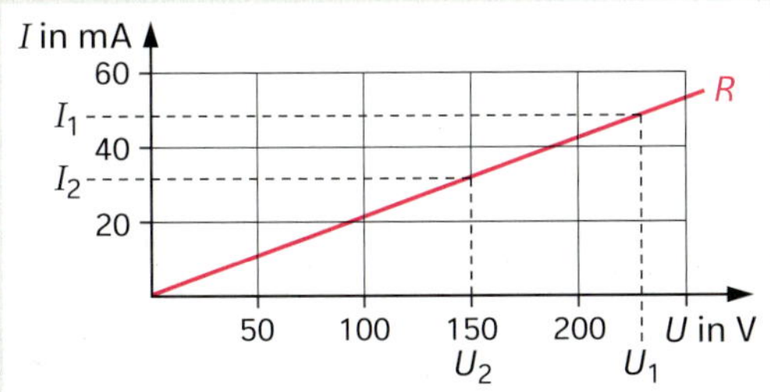

c) aus Diagramm: $I_2 = 32\ \text{mA}$

$I_2 = \frac{U_2}{R}$; $\quad I_2 = \frac{150\ \text{V}}{4{,}7\ \text{k}\Omega}$; $\quad \underline{\underline{I_2 = 31{,}9\ \text{mA}}}$

Aufgaben

1. Ein ohmscher Widerstand $R = 25\ \Omega$ liegt an einer Spannung $U = 230\ \text{V}$. Berechnen Sie die Stromstärke I.

2. How much current flows through a 1.5 kΩ resistor, if the applied voltage is 400 V?

3. Welchen Betriebswiderstand hat eine Fahrradlampe mit dem Aufdruck 6 V/0,33 A?

4. Durch Korrosion hat sich an einer Schraubklemme ein Übergangswiderstand von 1,2 Ω gebildet. Die Stromstärke beträgt 6,5 A. Berechnen Sie den Spannungsfall an der Klemmstelle.

5. Durch einen Stromkreis fließen 120 mA. Wie verändert sich die Stromstärke, wenn

a) die Spannung halbiert wird?

b) der Gesamtwiderstand halbiert wird?

6. Die Bemessungsstromstärke eines Verbrauchers mit $R = 56\ \Omega$ beträgt 214 mA. Wie groß ist die Spannung am Verbraucher?

7. Erstellen Sie die Widerstandskennlinien für $R_1 = 220\ \Omega$, $R_2 = 330\ \Omega$ und $R_3 = 470\ \Omega$ in einem passend beschrifteten I-U-Diagramm.

8. Ein Verbraucher an einer Spannung von 230 V ist mit einem 16-A-Leitungsschutz-Schalter des Typs B abgesichert, dessen Kurzschlussschutz beim 5-fachen der Bemessungsstromstärke auslöst. Wie groß muss der ohmsche Widerstand des Verbrauchers mindestens sein, um ein Auslösen des Schutzschalters beim Einschalten zu vermeiden?

9. Bestimmen Sie die Stromstärke durch einen Widerstand $R = 82\ \Omega$ für die angelegten Spannungen $U_1 = 8$ V, $U_2 = 12$ V und $U_3 = 24$ V
a) rechnerisch und
b) zeichnerisch.

10. Die Bemessungsstromstärke einer Kochplatte 230 V/800 W beträgt $I = 3{,}48$ A.
a) Berechnen Sie den ohmschen Widerstand.
b) Berechnen Sie die Stromstärke I_{min}, wenn die Netzspannung auf 92 % ihres Sollwertes absinkt.

11. Ermitteln Sie aus dem Diagramm in Abb. 1 folgende Werte:
a) Die Ströme durch die Widerstände R_1, R_2, R_3 und R_4, bei einer angelegten Spannung $U = 6$ V.
b) Die Werte der Widerstände R_1, R_2, R_3 und R_4.

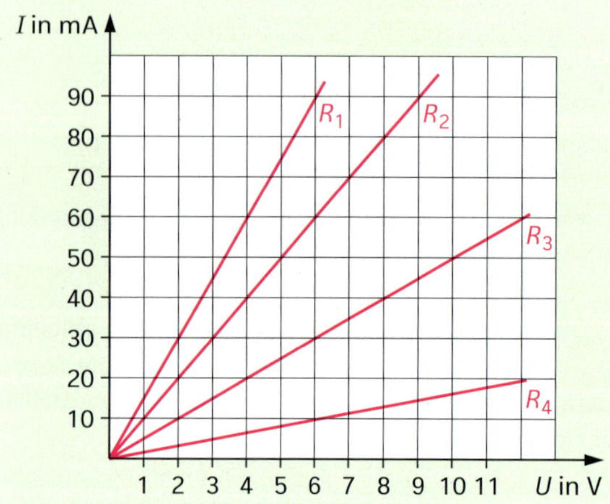

Abb. 1: Widerstandskennlinien im *I*-*U*-Diagramm

12. Ein Netzteil ist mit dem Aufdruck 19 V/2,1 A versehen. Wie groß muss der Widerstand eines Elektrogerätes mindestens sein, damit es damit betrieben werden darf?

13. Berechnen Sie die fehlenden Werte in der nachfolgenden Tabelle:

U	1,5 V	12 V		2,2 kV		230 V	48 V
I	16 mA		6,3 A	366 A	67 µA	2,3 A	
R		220 Ω	27 Ω		47 kΩ		820 Ω

14. Nach DIN VDE 0100-410 gelten 50 V (AC) und 120 V (DC) als Obergrenze für Kleinspannungen der Schutzklasse III. Bestimmen Sie für diese Berührungsspannungen den Körperstrom I_K, wenn als Körperwiderstand des menschlichen Körpers a) 1 kΩ oder b) 3 kΩ angenommen wird.

15. Bei einer Geräteprüfung nach DIN VDE 0701-0702 wird eine Isolationsprüfung mit einer Prüfspannung von 500 V vorgenommen. Dabei wird ein Strom der Stärke 397 µA gemessen. Wie hoch ist der Isolationswiderstand?

16. Ein Voltmeter hat die Messbereiche 1 V, 30 V und 1000 V. Sein Innenwiderstand beträgt 20 kΩ/V, bezogen auf den eingestellten Messbereichsendwert. Berechnen Sie die Stromstärke im Messwerk, wenn bei optimaler Messbereichsauswahl folgende Spannungen gemessen werden:
a) $U_1 = 745$ mV
b) $U_2 = 24{,}5$ V
c) $U_3 = 1$ kV

17. Ein Trimmer (Abb. 2) kann zwischen den Werten $R_{min} = 150\ \Omega$ und $R_{max} = 2{,}2$ kΩ stufenlos eingestellt werden. Er liegt an $U = 48$ V. Berechnen Sie
a) die minimale und die maximale Stromstärke und
b) den eingestellten Widerstandswert, wenn die Stromstärke 49 mA beträgt.

Abb. 2: Trimmer

18. Ein kurzes Stück Widerstandsdraht hat den Leitwert $G = 68$ mS. Die anliegende Spannung beträgt 12 V. Wie hoch ist die Stromstärke?

19. Zwei Widerstände der E12-Reihe mit $R = 82\ \Omega$ liegen an einer Spannung von 1,5 V. Es wurden folgende Stromstärken gemessen: a) 16,9 mA bzw. b) 21,1 mA Prüfen Sie, ob die Widerstände den Toleranzangaben entsprechen.

20. The voltage across an unknown resistor is increased from 12 V to 15 V. The current intensity is 63.8 mA higher than before. How large is the resistance?

21. Die Stromstärke in einem Kohleschichtwiderstand mit der Farbkennzeichnung grün – blau – rot – gold beträgt 43,6 mA. In welchem Wertebereich liegt die angelegte Spannung?

22. Zeichnen Sie für einen Drahtwiderstand mit dem Aufdruck „3R3 20 % 25 W" die Kennlinien für den Maximal- und den Minimalwert in ein *I*-*U*-Diagramm. Entscheiden Sie, ob folgende Wertepaare an einem Widerstand dieser Baureihe möglich sind:

	a)	b)	c)	d)	e)	f)
U in V	7,0	5,0	4,0	3,0	6,0	5,5
I in A	2,0	1,0	1,25	1,0	2,5	1,5

2.5 Leiterwiderstand

Jeder elektrische Leiter besitzt einen ohmschen Widerstand. Dieser ist umso größer, je größer die Leitungslänge l, je kleiner der Leiterquerschnitt q und je größer der vom Leitermaterial abhängige spezifische Widerstand ϱ ist. Der Kehrwert des spezifischen Widerstands wird als elektrische Leitfähigkeit $\varkappa$ bezeichnet.

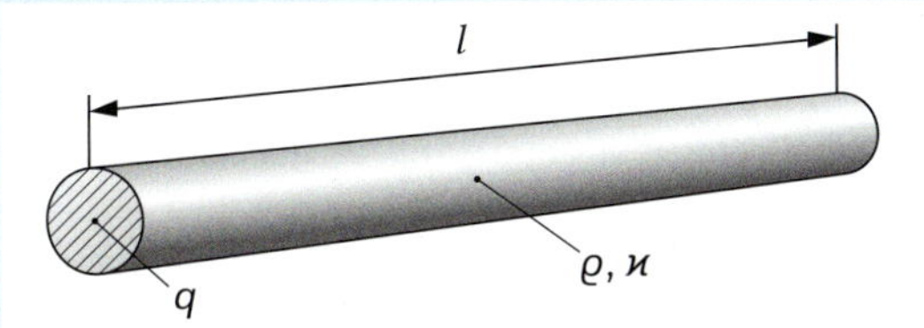

$$R = \frac{\varrho \cdot l}{q} \qquad \varkappa = \frac{1}{\varrho} \qquad R = \frac{l}{\varkappa \cdot q}$$

ϱ: spezifischer Widerstand (Rho) $[\varrho] = \frac{\Omega \cdot mm^2}{m}$

l: Leiterlänge $[l] = m$

q: Leiterquerschnitt $[q] = mm^2$

$\varkappa$: elektrische Leitfähigkeit (Kappa) $[\varkappa] = \frac{S \cdot m}{mm^2}$

Elektrische Leitfähigkeit und spezifischer Widerstand ausgewählter Stoffe bei 20 °C

Leitermaterial	$\varkappa$ in $\frac{S \cdot m}{mm^2}$	ϱ in $\frac{\Omega \cdot mm^2}{m}$
Aluminium	34	0,0278
Kupfer	56	0,0179
Edelstahl	1,4	0,714
Widerstandsdraht CuNi44 (Konstantan)	0,49	2,0
Wolfram	18,2	0,0549

Beispiel

Ein 50 m langer Kupferleiter besitzt einen runden Leiterquerschnitt mit einem Durchmesser $d = 1{,}38$ mm. Berechnen Sie den Widerstand des Leiters.

Geg.: $I = 50$ m Ges.: R

$\varrho_{Cu} = 0{,}0179 \frac{\Omega \cdot mm^2}{m}$

$d = 1{,}38$ mm

$$q = \frac{d^2 \cdot \pi}{4}; \quad q = \frac{(1{,}38\ mm)^2 \cdot \pi}{4}; \qquad \underline{q = 1{,}50\ mm^2}$$

$$R = \frac{\varrho \cdot l}{q}; \quad R = \frac{0{,}0179 \frac{\Omega \cdot mm^2}{m} 50\ m}{1{,}50\ mm^2}; \qquad \underline{\underline{R = 0{,}60\ \Omega}}$$

Aufgaben

1. Welchen Widerstand besitzt eine 120 m lange Kupferleitung mit der Querschnittsfläche $q = 0{,}5$ mm²?

2. Berechnen Sie den ohmschen Widerstand eines Leiterseils aus Edelstahl. Sein Querschnitt beträgt 2,6 mm² und seine Länge 8,35 m.

3. Ein Drahtwiderstand mit $R = 4{,}7\ \Omega$ besteht aus Widerstandsdraht CuNi44 mit der Querschnittsfläche $q = 0{,}138$ mm². Berechnen Sie die Länge des verwendeten Drahtes.

4. Eine angebrochene Rolle Kupferlitze (Abb. 3) mit 0,2 mm² Querschnittsfläche hat einen Widerstand von 1,11 Ω. Wie lang ist die auf der Rolle verbliebene Litze?

Abb. 3: Kupferlitze

5. Which cross-sectional area does an aluminium conductor have, if its length is 252 m and its resistance is 1.4 Ω?

6. Ein Masseband aus Kupfergeflecht soll bei einer Länge von 57 cm einen Widerstand von 1 mΩ nicht überschreiten. Berechnen Sie den Mindestquerschnitt des Massebandes.

7. Aus welchem Material besteht ein 45 m langer Draht mit der Querschnittsfläche 0,75 mm², der einen Widerstand von 42,8 Ω besitzt?

8. Ein feiner Golddraht mit dem Durchmesser $d = 50$ µm hat laut Hersteller einen Widerstand von 11,19 Ω/m. Bestimmen Sie ϱ_{Au} sowie $\varkappa_{Au}$.

9. Eine 4,50 m lange Neutralleiter-Sammelschiene aus Kupfer besitzt einen rechteckigen Querschnitt mit den Kantenlängen $a = 10$ mm und $b = 3$ mm. Berechnen Sie den ohmschen Widerstand über die gesamte Schienenlänge.

10. Ein Leiter aus Silber ($\varkappa_{Ag} = 67{,}1\ \text{S} \cdot \text{m/mm}^2$) mit der Querschnittsfläche $q = 0{,}35\ \text{mm}^2$ hat eine Länge von $l = 23$ cm. Berechnen Sie den Leitwert des Drahtstücks.

11. Das Edelstahl-Leiterseil eines Halogen-Seilsystems wird von einem Strom der Stärke 1,7 A durchflossen. Der Durchmesser beträgt 1,6 mm, die Länge 3,50 m. Welche Spannung fällt an diesem Leiterseil ab?

12. Um den Spannungsfall auf einer Verlängerungsleitung gering zu halten, soll der Leiterwiderstand so klein wie möglich sein. Berechnen Sie den Widerstand einer 50 m langen Verlängerungsleitung aus Kupfer für die Normquerschnitte a) 0,75 mm^2; b) 1 mm^2; c) 1,5 mm^2; d) 2,5 mm^2 und e) 4 mm^2. f) Welcher Leiterquerschnitt muss mindestens gewählt werden, wenn der Spannungsfall bei einer Stromstärke von 6 A nicht höher als 5 V sein darf?

13. Der Glühdraht einer 12-V-Kfz-Halogenlampe besteht aus gewendeltem Wolframdraht mit einem Durchmesser von 45 µm. Berechnen Sie die Länge eines solchen Drahtes, wenn die Stromstärke durch die Lampe im Einschaltmoment 4,17 A beträgt.

14. In einem Erdkabel NYY-J 4x35 SM mit der Gesamtlänge 3,3 km entsteht an einer unbekannten Stelle ein Kurzschluss zwischen zwei Leitern (Abb. 1). Eine Messung ergibt: $R_1 = 2{,}52\ \Omega$

a) Wie weit ist die Kurzschlussstelle vom linken Ende entfernt?

b) Berechnen Sie den Widerstand R_2 zwischen L3 und PEN über die gesamte Leiterlänge.

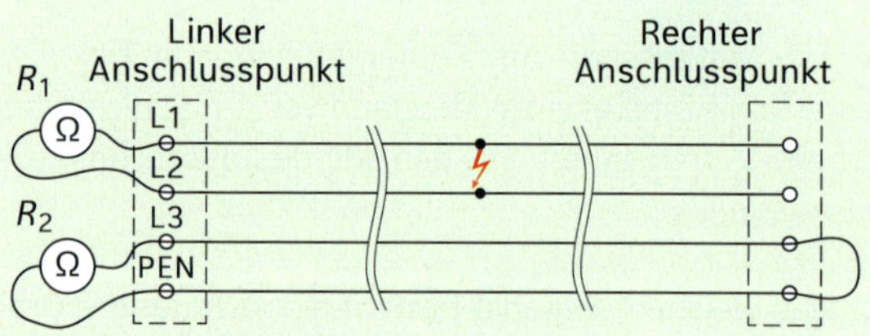

Abb. 1: Erdkabel mit Kurzschlussstelle

15. Die Stromnetze von Schweden und Polen sind über ein 254 km langes, doppeltes HGÜ-Seekabel (Hochspannungs-Gleichstrom-Übertragung) miteinander verbunden. Bei hoher Auslastung beträgt die Stromstärke durch die beiden Kupferleiter 1300 A. Deren Durchmesser beträgt jeweils 28,32 mm. Berechnen Sie

a) den ohmschen Widerstand R des gesamten HGÜ-Seekabels und

b) den Spannungsfall auf dem Kabel.

16. Ein Aluminiumleiter mit einer Länge $l = 3{,}80$ m und einem Leiterquerschnitt $q = 0{,}75\ \text{mm}^2$ soll durch einen Kupferleiter mit demselben Querschnitt ersetzt werden. Berechnen Sie den Unterschied der Leitungswiderstände.

17. Die Stromstärke in einem Drahtwiderstand beträgt $I = 320$ mA bei einer angelegten Spannung $U = 24$ V. Wie lang muss der verwendete Draht aus Konstantan bei einem Durchmesser von a) 20 µm; b) 90 µm und c) 260 µm sein?

18. Ein Drahtwiderstand (Abb. 2) aus Konstantan ist einlagig gewickelt. Der Durchmesser des Keramikkörpers beträgt $d_k = 28$ mm, die Anzahl der Wicklungen $N = 240$. Berechnen Sie den Durchmesser des verwendeten Drahtes.

Abb. 2: Drahtwiderstand

19. Der Fundamenterder eines Einfamilienhauses (Abb. 3) wurde als Ringerder ausgeführt. Er besteht aus einem Edelstahlband mit 30 mm x 3,5 mm. Berechnen Sie den größtmöglichen Leiterwiderstand, den ein beliebiger Punkt auf dem Erder bis zur Abzweigung zum Hausanschlussraum besitzen kann.

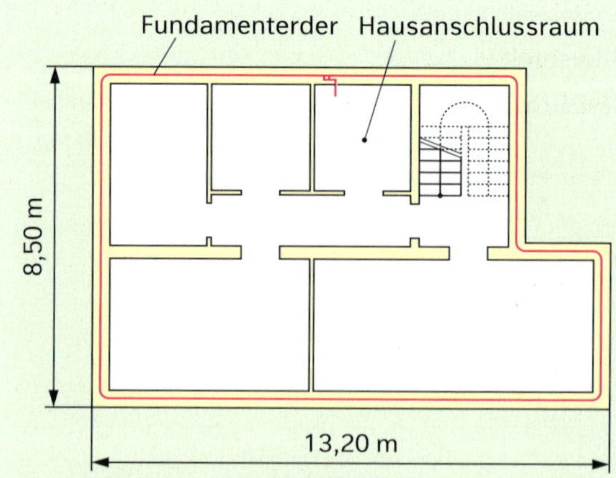

Abb. 3: Grundriss mit Fundamenterder

2.6 Temperaturabhängigkeit von Widerständen

Die Angabe des Leiterwiderstandes gilt für die Verwendung bei Raumtemperatur (20 °C). Bei steigender Temperatur steigt der ohmsche Widerstand vieler Leiter. Der Temperaturkoeffizient α gibt die Temperaturabhängigkeit des verwendeten Leitermaterials an.

$\Delta\vartheta = \vartheta_2 - \vartheta_1$

$\Delta R = R_{20} \cdot \alpha \cdot \Delta\vartheta$

$R_\vartheta = R_{20} \pm \Delta R$

$R_\vartheta = R_{20}\,(1 \pm \alpha \cdot \Delta\vartheta)$

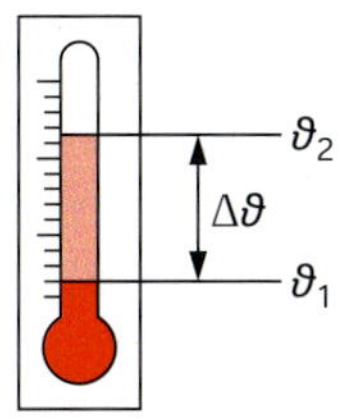

$\Delta\vartheta$:	Temperaturunterschied (Delta Theta)	$[\Delta\vartheta] = 1\ \text{K}$
ϑ_1, ϑ_2:	Anfangs-, Endtemperatur	$[\vartheta] = 1\ °\text{C}$
ΔR:	Widerstandsänderung	$[\Delta R] = 1\ \Omega$
R_{20}:	Widerstand bei 20 °C	$[R_{20}] = 1\ \Omega$
α:	Temperaturkoeffizient (Alpha)	$[\alpha] = \frac{1}{\text{K}}$
R_ϑ:	Widerstand bei veränderter Temperatur	$[R_\vartheta] = 1\ \Omega$

Temperaturkoeffizienten ausgewählter Stoffe

Leitermaterial	α in $10^{-3} \cdot \frac{1}{\text{K}}$	Leitermaterial	α in $10^{-3} \cdot \frac{1}{\text{K}}$
Aluminium	3,6	Konstantan CuNi44	0,01
Kupfer	3,9	Wolfram	4,8
Stahl	5,7	Kohlenstoff	-0,5

Beispiel

Der Widerstand R_{20} eines Kupferdrahtes beträgt bei Raumtemperatur 3660 Ω. Er wird auf eine Temperatur $\vartheta_2 = 75\ °\text{C}$ erwärmt.

a) Um welchen Wert steigt sein Widerstand an?

b) Wie groß ist der Widerstand bei 75 °C?

Geg.: $R_{20} = 3660\ \Omega$; $\alpha_{Cu} = 3{,}9 \cdot 10^{-3}\,\frac{1}{\text{K}}$; $\vartheta_1 = 20\ °\text{C}$; $\vartheta_2 = 75\ °\text{C}$

Ges.: a) $\Delta\vartheta$ b) R_ϑ

a) $\Delta\vartheta = \vartheta_2 - \vartheta_1$; $\Delta\vartheta = 75\ °\text{C} - 20\ °\text{C}$

$\underline{\Delta\vartheta = 55\ \text{K}}$

$\Delta R = R_{20} \cdot \alpha \cdot \Delta\vartheta$

$\Delta R = 3660\ \Omega \cdot 3{,}9 \cdot 10^{-3} \cdot \frac{1}{\text{K}} \cdot 55\ \text{K}$

$\underline{\underline{\Delta R = 785{,}1\ \Omega}}$

b) $R_\vartheta = R_{20} + \Delta R$; $R_\vartheta = 3660\ \Omega + 785\ \Omega$

$\underline{\underline{R_\vartheta = 4445\ \Omega}}$

Aufgaben

1. Berechnen Sie die fehlenden Werte in der nachfolgenden Tabelle:

	a)	b)	c)	d)	e)	f)
ϑ_1 in °C	57	75	119	37		−24
ϑ_2 in °C	100		20		−52	−5
$\Delta\vartheta$ in K		17		−12	77	

2. The resistance of a steel wire is 204 Ω at room temperature (20 °C). It is heated to 107 °C.

a) How large is the rise of the resistance?

b) How large is R_ϑ?

3. Ein Leiter aus Aluminium wird von 20 °C auf 17 °C abgekühlt. Berechnen Sie

a) den neuen Widerstandswert R_ϑ, wenn der Anfangswiderstand $R_{20} = 46{,}5\ \Omega$ beträgt, sowie

b) die Widerstandsänderung ΔR.

4. Die Temperatur eines 1,1-kΩ-Kohleschichtwiderstands steigt beim Einschalten von 20 °C um 48 °C an. Wie groß ist der Widerstandswert?

5. In einer Motorwicklung aus Kupferdraht steigt die Temperatur während des Betriebs auf 74 °C. Bei dieser Temperatur besitzt sie einen ohmschen Widerstand $R_\vartheta = 338\ \Omega$. Berechnen Sie ihren Widerstand im Ruhezustand bei einer Temperatur von 20 °C.

6. Der ohmsche Widerstand einer Kupferspule verändert sich durch Erwärmung von $R_{20} = 169\ \Omega$ auf $R_\vartheta = 181\ \Omega$. Berechnen Sie a) die Temperaturänderung $\Delta\vartheta$ sowie b) die Endtemperatur ϑ_2.

7. Auf welche Temperatur muss ein Wolframdraht erwärmt werden, damit sein Widerstand von $R_{20} = 420\ \Omega$ auf einen Wert $R_\vartheta = 600\ \Omega$ ansteigt?

8. Mehrere Leiter werden im Labor untersucht. Bestimmen Sie die Leiterwerkstoffe anhand der nachfolgenden Messergebnisse.

	a)	b)	c)	d)
R_{20} in °C	4300	7400	830	13
ΔR in Ω	1130	592	−213	5,27
$\Delta\vartheta$ in K	73	800	−45	104

9. Ein Stahlleiter besitzt bei 68 °C einen Widerstand von 60 Ω. Wie groß ist der Widerstand bei einer Temperatur von 32 °C?

10. In ausgeschaltetem Zustand besitzt die Konstantanwicklung eines Heizlüfters den Widerstand R_{20} = 34,8 Ω. Berechnen Sie den Widerstand bei einer Betriebstemperatur von 450 °C.

11. Eine Verlängerungsleitung aus Kupfer besitzt bei Raumtemperatur einen Widerstand von 3,8 Ω. Sie wird von einem Strom der Stärke 6,2 A durchflossen.

a) Wie hoch ist der Spannungsfall auf der Leitung?

b) Wie verändert sich der Spannungsfall, wenn sich die Leitung auf 55 °C erwärmt?

12. Ein Diagramm (Abb. 1) zeigt fünf Kennlinien zur Temperaturabhängigkeit verschiedener Leiter mit R_{20} = 100 Ω. Bestimmen Sie anhand der Kennlinien die Werkstoffe, aus denen die Leiter a) bis e) bestehen.

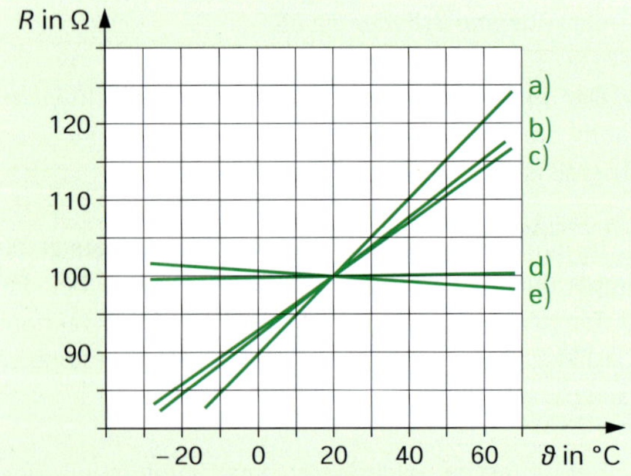

Abb. 1: Kennlinien zur Temperaturabhängigkeit

13. Bestimmen Sie die Widerstandsänderungen der Leiter a) bis e) aus dem Kennliniendiagramm (Abb. 1) für eine Temperaturänderung von 40 K.

14. Ein Aluminiumleiter mit 280 m Länge und einem Leiterquerschnitt von 10 mm² wird in einem Temperaturbereich von –20 °C bis 55 °C eingesetzt. Berechnen Sie den Maximal- und den Minimalwert des Leiterwiderstands.

15. Die Stromstärke in einer 60-W-Glühlampe während des Betriebs an einer Spannung von 230 V beträgt 261 mA. Die Glühwendel aus Wolfram hat dann eine Temperatur von 1800 °C. Berechnen Sie

a) den Widerstand bei Raumtemperatur und

b) die Stromstärke im Einschaltmoment.

2.7 Nichtlineare Widerstände

Bei nichtlinearen Widerständen ist der Widerstandswert nicht konstant. Er hängt von physikalischen Größen, z. B. der Temperatur oder der Lichtstärke, ab. Ihre Kennlinien sind daher nicht geradlinig (linear) und werden meist einem Datenblatt entnommen.

Auswahl nichtlinearer Widerstände:

Bezeichnung/ Kurzname	Physikalische Einflussgröße	Schaltzeichen
Heißleiter/ NTC	Temperatur	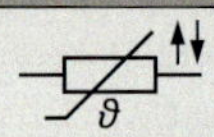
Kaltleiter/ PTC	Temperatur	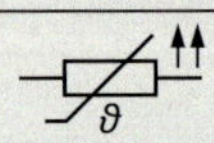
Varistor/ VDR	Spannung	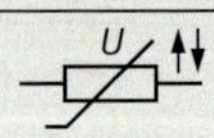
Fotowiderstand/ LDR	Lichtstärke	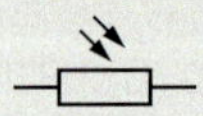

Beispiel

An zwei Heißleiterwiderständen mit R_{20} = 1000 Ω und R_{20} = 10 kΩ wird die Temperatur von 20 °C auf 80 °C erhöht.

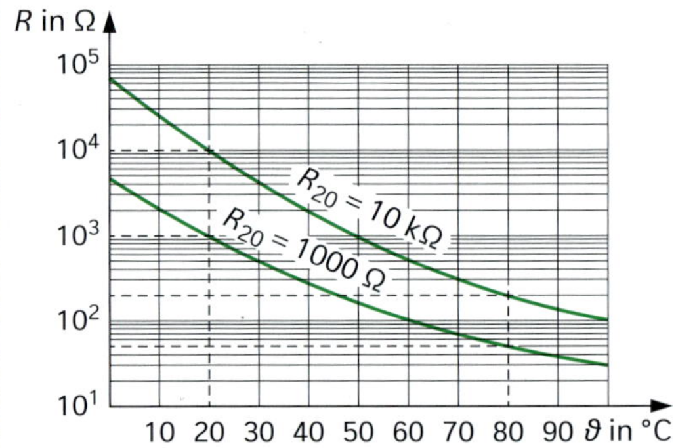

a) Welche Werte besitzen die Widerstände bei ϑ = 80 °C?

b) Berechnen Sie die Widerstandsdifferenz ΔR für beide Heißleiter.

Geg.: $R_{20,1}$ = 1000 Ω; $R_{20,2}$ = 10 kΩ

Ges.: a) $R_{\vartheta,1}$; $R_{\vartheta,2}$ b) ΔR_1; ΔR_2

a) Aus Diagramm:
$R_{\vartheta,1}$ = 50 Ω; $R_{\vartheta,2}$ = 200 Ω

b) $\Delta R_1 = R_{\vartheta,1} - R_{20,1}$; ΔR_1 = 50 Ω – 1000 Ω
ΔR_1 = – 950 Ω

$\Delta R_2 = R_{\vartheta,2} - R_{20,2}$; ΔR_2 = 200 Ω – 10 kΩ
ΔR_2 = – 9,8 kΩ

Aufgaben

1. Der Widerstand eines Heißleiters ist bei 25 °C mit 4,7 Ω angegeben (Abb. 2).

a) Welchen Widerstandswert besitzt der Heißleiter bei einer Temperatur von 0 °C?

b) Bei welcher Temperatur besitzt der 33-Ω-NTC-Widerstand (Abb. 2) diesen Wert?

c) Welche Änderung tritt an den Heißleitern auf, wenn die Temperatur von 100 °C auf 70 °C absinkt?

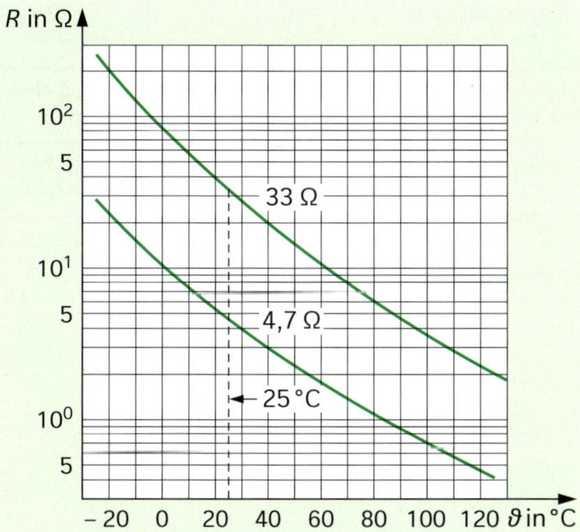

Abb. 2: Kennlinien von NTC-Widerständen

2. Ein Heißleiter kann verwendet werden, um das Anziehen eines Relais zu verzögern (Abb. 3a). Durch die Eigenerwärmung steigt die Temperatur des Heißleiters (33 Ω, Abb. 2) an, bis bei $\vartheta = 40$ °C die Anzugsstromstärke $I = 44$ mA durch die Schaltung fließt. Welche Spannung liegt dann am NTC-Widerstand an?

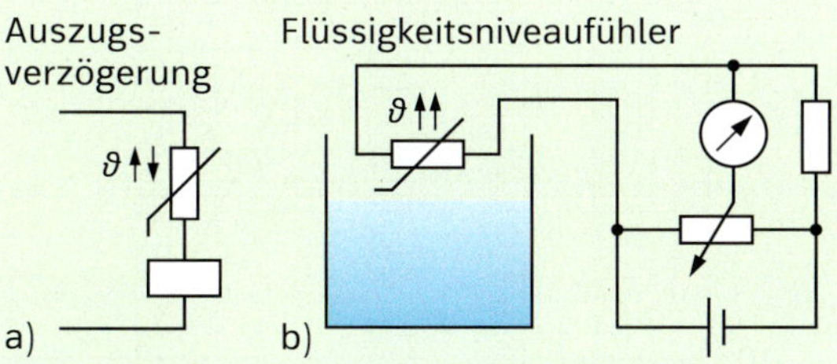

Abb. 3: Anwendungen für temperaturabhängige Widerstände

3. Ein PTC-Widerstand $R = 910$ Ω (Abb. 4) dient als Flüssigkeitsniveaufühler beim Befüllen eines Tanks (Abb. 3b). Die Spannung am Heißleiter beträgt 12 V. Bei leerem Tank fließt ein Strom der Stärke 13,2 mA. Erreicht die Flüssigkeit den Fühler, steigt die Stromstärke auf 24 mA. Ermitteln Sie die Temperatur des Kaltleiters für beide Fälle.

4. Bestimmen Sie mithilfe der Kennlinie eines 82-Ω-Kaltleiterwiderstands (Abb. 4)

a) den Widerstandswert bei einer Temperatur von 0 °C,

b) den Minimalwert, den der Widerstand annehmen kann und die Temperatur, bei der dieser Wert eintritt,

c) die Widerstandsänderung bei einem Temperaturanstieg von 120 °C auf 170 °C,

d) den Temperaturunterschied, bei dem der Widerstand des Kaltleiters von 550 Ω auf 150 Ω absinkt und

e) die möglichen Temperaturen, bei einem Widerstandswert von 68 Ω.

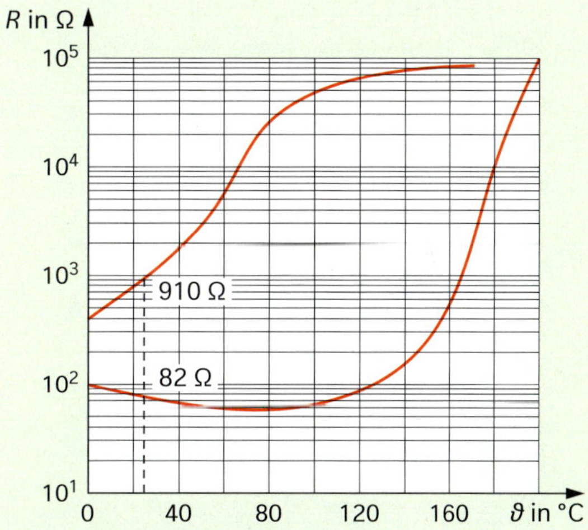

Abb. 4: Kennlinie eines Kaltleiters

5. A PTC-thermistor $R = 82$ Ω (Abb. 4) is connected to a supply voltage $U = 48$ V. How large is the current at a) 80 °C; b) 120 °C; c) 160 °C and d) 170 °C?

6. Mit zunehmender Spannung steigt der Widerstand einer Glühlampe durch Eigenerwärmung an. Bestimmen Sie mithilfe einer experimentell ermittelten Kennlinie (Abb. 5) die Stromstärke und den Widerstand bei

a) 50 V, b) 100 V, c) 150 V, d) 200 V, e) 230 V

f) Zeichnen Sie aus den berechneten Widerstandswerten die R-U-Kennlinie der Lampe.

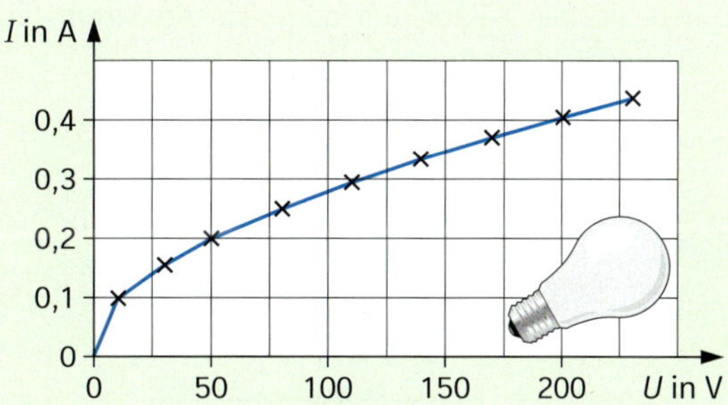

Abb. 5: I-U-Kennlinie einer Glühlampe

7. An einem Varistor mit der Kennlinie aus Abb. 1 liegt eine Spannung von 50 V.

a) Berechnen Sie die Stromstärke durch den VDR-Widerstand.

b) Um welchen Faktor verändert sich die Stromstärke, wenn sich die Spannung auf 100 V erhöht?

c) Ermitteln sie mithilfe der Kennlinie die Stromstärke, die sich bei einer Spannung von 150 V einstellt.

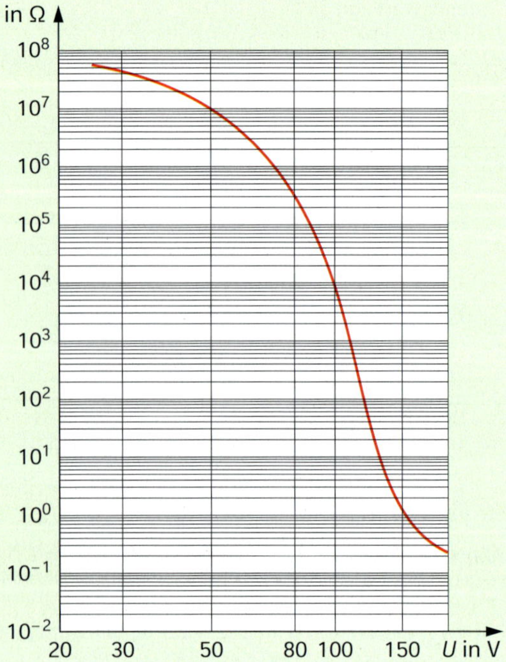

Abb. 1: Kennlinie eines Varistors

8. Der Varistor aus Abb. 1 wird als Überspannungsableiter verwendet (Abb. 2). Die angelegte Betriebsspannung beträgt 70 V.

a) Ermitteln Sie den Widerstand des VDR sowie die Stromstärke für diesen Fall.

b) Beim Betätigen des Schalters entstehen an der Spule Spannungsspitzen von bis zu 120 V. Berechnen Sie den Faktor, um den sich die Stromstärke durch den VDR erhöht.

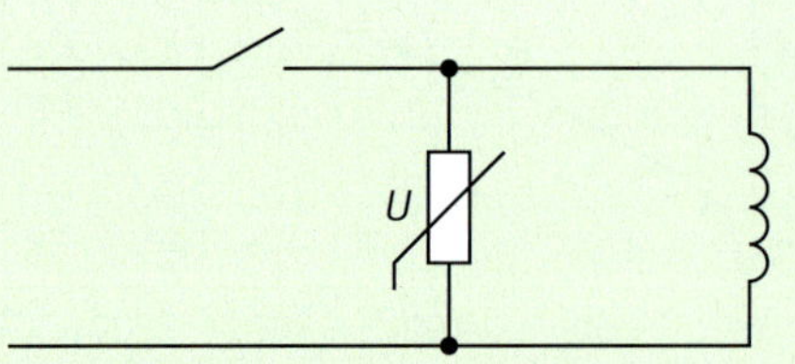

Abb. 2: Varistor als Überspannungsableiter

9. Berechnen Sie die Stromstärken durch den VDR-Widerstand aus Abb. 1 bei den Spannungen: 0 V, 30 V, 50 V, 80 V, 100 V, 150 V. Erstellen Sie aus den Rechenergebnissen eine I-U-Kennlinie.

10. Der Widerstand eines LDR wird unter verschiedenen Lichtbedingungen gemessen. Ermitteln Sie die fehlenden Werte mithilfe der Kennlinie aus Abb. 3:

Lichtbedingung	Widerstand	Beleuchtungsstärke
Fußballstadion		1400 lx
Vollmond		0,25 lx
Wintertag, bedeckt	300 Ω	
Sommertag, im Schatten		10 000 lx
Schreibtischbeleuchtung	2 kΩ	
Kerze, 1 m Entfernung	100 kΩ	

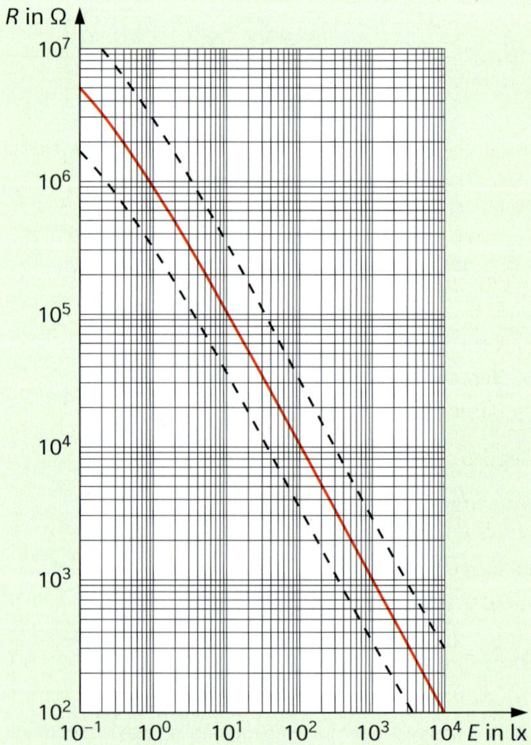

Abb. 3: Kennlinie eines Fotowiderstandes

11. Die gestrichelten Linien in Abb. 3 geben die Toleranzgrenzen des Fotowiderstands an. Bei einer angelegten Spannung $U = 12$ V fließt eine Stromstärke $I = 4$ mA. Welcher Beleuchtungsstärke ist der LDR mindestens ausgesetzt?

2.8 Reihenschaltung von Widerständen

2.8.1 Rechnerische Lösung

Bei einer Reihenschaltung fließt durch alle Widerstände der gleiche Strom.

$$I = I_1 = I_2 = \ldots = I_n$$

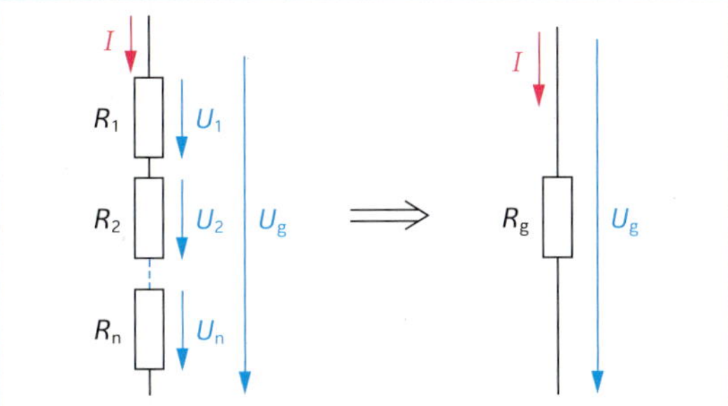

Die Summe der Teilspannungen ergibt die Gesamtspannung U_g (2. Kirchhoffsches Gesetz).

$$U_g = U_1 + U_2 + \ldots + U_n$$

Die Teilwiderstände werden zum Gesamtwiderstand R_g addiert.

$$R_g = R_1 + R_2 + \ldots + R_n$$

Beispiel

Zwei Widerstände R_1 und R_2 sind in Reihe an 24 V angeschlossen. Die Stromstärke beträgt $I = 12$ mA. Über R_2 tritt ein Spannungsfall von 18 V auf.

a) Berechnen Sie die Spannung U_1.
b) Berechnen Sie die Teilwiderstände R_1 und R_2.
c) Berechnen Sie den Gesamtwiderstand R_g.

Geg.: $U_g = 24$ V, $U_2 = 18$ V, $I = 12$ mA
Ges.: a) U_1 b) R_1, R_2 c) R_g

a) $U_g = U_1 + U_2$
$U_1 = U_g - U_2$ $\quad U_1 = 24\text{ V} - 18\text{ V}$ $\quad \underline{\underline{U_1 = 6\text{ V}}}$

b) $R_1 = \frac{U_1}{I}$ $\quad R_1 = \frac{6\text{ V}}{12\text{ mA}}$ $\quad \underline{\underline{R_1 = 500\ \Omega}}$

$R_2 = \frac{U_2}{I}$ $\quad R_2 = \frac{18\text{ V}}{12\text{ mA}}$ $\quad \underline{\underline{R_2 = 1500\ \Omega}}$

c) $R_g = R_1 + R_2$
$R_g = 500\ \Omega + 1500\ \Omega$ $\quad \underline{\underline{R_g = 2000\ \Omega}}$

Aufgaben

1. Zwei 470-Ω-Widerstände sind in Reihe geschaltet. Berechnen Sie den Gesamtwiderstand.

2. Six resistors of 2.2 kΩ are connected in series in a test circuit. How much current flows if the total voltage is 8 V?

3. Ein Widerstand von 1 kΩ wird benötigt. Es sollen aus dem Sortiment der IEC-Reihe E6 nur drei Widerstände verwendet werden: $R_1 = 100\ \Omega$, $R_2 = 150\ \Omega$, $R_3 = 220\ \Omega$, $R_4 = 330\ \Omega$, $R_5 = 470\ \Omega$ und $R_6 = 680\ \Omega$. Ermitteln Sie, welche Möglichkeiten bestehen.

4. In einer Schaltung muss ein Widerstand $R_V = 56\ \Omega$ durch einen Zusatzwiderstand auf 80 Ω erhöht werden. Berechnen Sie den zusätzlichen Widerstand.

5. Zur Strombegrenzung ist es nötig, einen Widerstandswert von 270 Ω auf mindestens 290 Ω zu erhöhen. Der ursprüngliche Widerstand soll in der Schaltung bleiben.
a) Wie groß ist der in Reihe liegende Zusatzwiderstand?
b) Wählen Sie einen geeigneten Widerstand aus der IEC-Reihe E12.

6. Die Widerstände der Kombinationsschaltung in der Abb. 4 haben folgende Werte: $R_{11} = 100\ \Omega$, $R_{12} = 80\ \Omega$, $R_{21} = 560\ \Omega$, $R_{22} = 270\ \Omega$ und $R_M = 160\ \Omega$. Berechnen Sie die Ersatzwiderstände für die Kombinationen der Schalterstellungen in der Tabelle.

Schalterstellung	S_{10}	S_{11}	S_{12}
S_{20}			
S_{21}			
S_{22}			

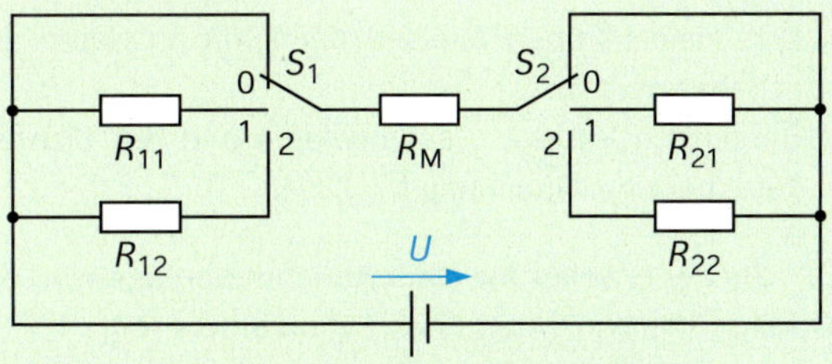

Abb. 4: Schaltung für Widerstandskombinationen

7. Drei Widerstände sind in Reihe an eine Spannungsquelle $U = 12$ V angeschlossen. Der Gesamtwiderstand beträgt $R_g = 1{,}48$ kΩ. Zwei Widerstände haben die Werte $R_2 = 470\ \Omega$ und $R_3 = 330\ \Omega$. Der Widerstand R_3 kann durch einen Schalter S überbrückt werden.
a) Zeichnen Sie die Schaltung.
b) Berechnen Sie den Widerstand R_1.
c) Wie groß sind die Stromstärke und die Teilspannungen?
d) Wie groß sind die Stromstärke und die Teilspannungen, wenn der Schalter S geschlossen wird?

8. Eine LED leuchtet bei einer Spannung $U_F = 1{,}8$ V und einer Stromstärke $I_F = 20$ mA. Diese Diode soll, mit einem Widerstand in Reihe geschaltet, an eine Spannungsquelle von 12 V angeschlossen werden.

a) Skizzieren Sie die Schaltung und tragen Sie die elektrischen Werte ein.

b) Welche Spannung muss der Widerstand aufnehmen?

c) Berechnen Sie den Wert des Widerstandes und wählen Sie einen geeigneten Typ aus der IEC-Reihe E12 aus.

9. Für eine Dekorationsbeleuchtung werden sieben gleiche Glühlampen in Reihe an 230 V geschaltet. Die Stromstärke beträgt 0,3 A.

a) Berechnen Sie den Gesamtwiderstand.

b) Ermitteln Sie den Widerstand einer Lampe.

10. Eine Glühlampe einer 230-V-Lichterkette mit den Angaben 14 V/0,3 A konnte nicht zugeordnet werden. Berechnen Sie für die in der Tabelle getroffene Auswahl die Lampenspannungen und die Einzelwiderstände. Zu welcher Lichterkette gehört die Lampe?

Lichterkette	Lampenzahl	Stromstärke in mA
1	7	250
2	12	260
3	14	300
4	16	300
5	18	300

11. Für eine Außenbeleuchtung wird eine Lichterkette mit Glühlampen bestückt. Jede Lampe hat bei einer Stromstärke von 300 mA einen Spannungsfall von 13 V.

a) Wie groß ist der Widerstand einer Lampe?

b) Wie viele Lampen müssen bei 230 V in Reihe geschaltet werden?

c) Berechnen Sie den Gesamtwiderstand der Lichterkette bei einer Spannung $U = 230$ V.

12. Bei der Erweiterung einer Abnehmeranlage wird der ursprüngliche Widerstand des Schutzleiters $R_{PE} = 1{,}73\ \Omega$ durch weitere Leiterwiderstände $R_L = 40$ mΩ und Übergangswiderstände $R_Ü = 300$ mΩ erhöht (Abb. 1).

a) Wie hoch ist der neue Schutzleiterwiderstand R_{PEneu}?

b) Welche Fehlerstromstärke I_F fließt, wenn durch einen Körperschluss 230 V am Schutzleiter anliegen?

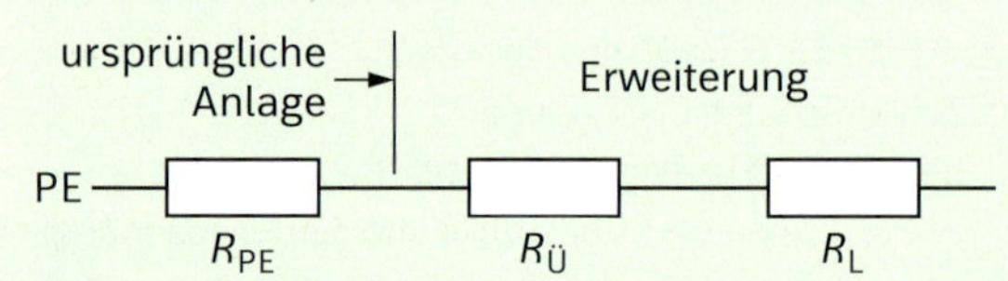

Abb. 1: Ersatzschaltbild

13. Bei der Rekonstruktion eines Elektrounfalls wird festgestellt, dass die verunglückte Person bei den berührten 230 V einen Körperwiderstand R_K zwischen Hand und Füßen von 800 Ω aufwies (Abb. 2). Die Fehlerstromstärke liegt zwischen 150 ... 230 mA.

a) Wie groß ist der Spannungsfall über dem Körperwiderstand R_K bei 175 mA?

b) Berechnen Sie den Übergangswiderstand des Standortes $R_Ü$ bei $I_F = 150$ mA.

c) Welcher Spannungsfall tritt über dem Körper auf, wenn die Stromstärke $I_F = 250$ mA beträgt?

d) Berechnen Sie den Übergangswiderstand für die Fehlerstromstärke $I_F = 250$ mA.

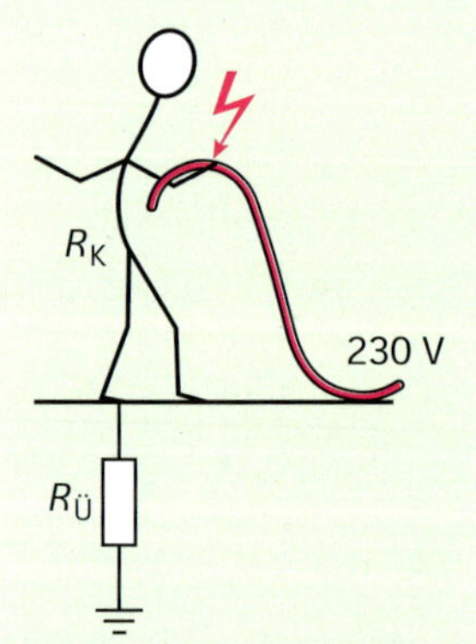

Abb. 2: Fehlerstromkreis

14. In einer Abnehmeranlage setzt sich die zu überprüfende Widerstandsschleife R_{PE} aus folgenden Teilwiderständen zusammen: Leiterwiderstand des öffentlichen Netzes $R_{Netz} = 0{,}578\ \Omega$, Gesamtheit der Übergangswiderstände $R_Ü = 275$ mΩ, Drahtwiderstand von Außenleiter und Schutzleiter in der Anlage mit $R_L = 955$ mΩ.

a) Wie groß ist R_{Sch}?

b) Wie groß ist die Fehlerstromstärke I_F in diesem Leiter, wenn am defekten Gehäuse des Gerätes durch einen Körperschluss 230 V anliegen?

15. Der Übergangswiderstand $R_Ü = 4{,}2\ \Omega$ der Kontakte in der Schutzkontaktverbindung (Abb. 3) ist durch lockere Kontakte und Korrosion stark erhöht und führte zum Brand. Das angeschlossene Betriebsmittel hat einen Widerstand von $R = 24\ \Omega$. Berechnen Sie die Stromstärke und den Spannungsfall an den Kontakten bei $U_g = 230$ V.

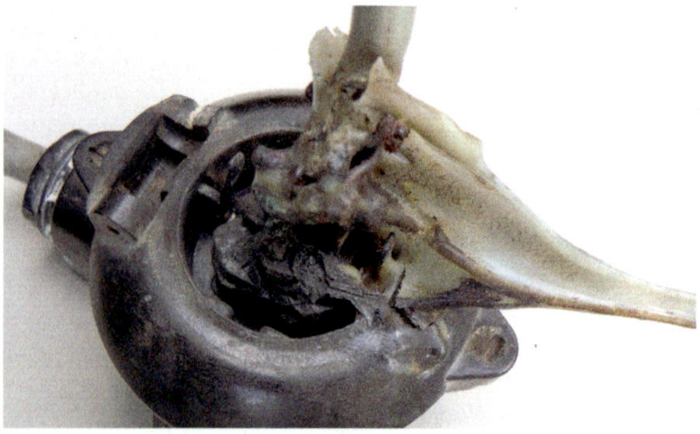
Abb. 3: Defekte Schutzkontakt-Steckverbindung

2.8.2 Grafische Lösung

Die Strom-Spannungs-Kennlinien von zwei Widerständen werden in ein Diagramm $I = f(U)$ gezeichnet.

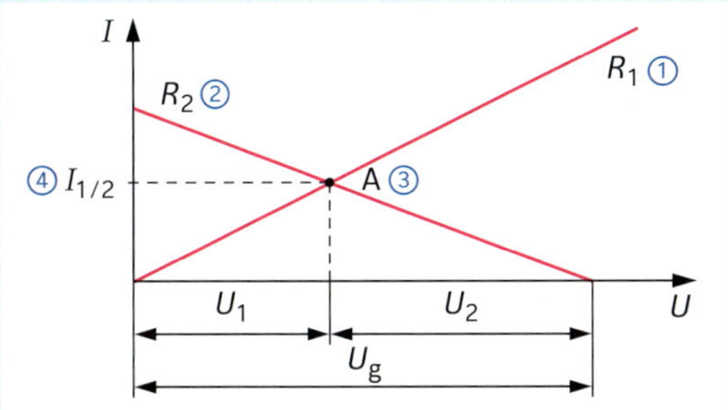

1. Die Kennlinie für R_1 wird vom Ursprung (0 V) nach rechts, positiv ansteigend, eingetragen.
2. Die Kennlinie für R_2 setzt an der Gesamtspannung U_g auf der Spannungsachse an und ist nach links oben mit negativem Anstieg zu zeichnen.
3. Die beiden Kennlinien schneiden sich im Arbeitspunkt A und teilen die Gesamtspannung entsprechend des Widerstandsverhältnisses in Teilspannungen auf.
4. Der Strom $I_{1/2}$ wird aus der Lage des Arbeitspunktes auf der Stromachse abgelesen.

Beispiel

Die Widerstände $R_1 = 150\ \Omega$ und $R_2 = 330\ \Omega$ liegen in Reihe an 36 V.

a) Zeichnen Sie die beiden Widerstandsgeraden in ein Diagramm $I = f(U)$ ①.
Hinweis: R_1 positiver Anstieg, R_2 negativer Anstieg
b) Markieren Sie den Arbeitspunkt ②.
c) Ermitteln Sie grafisch die Teilspannungen und die Stromstärke ③.

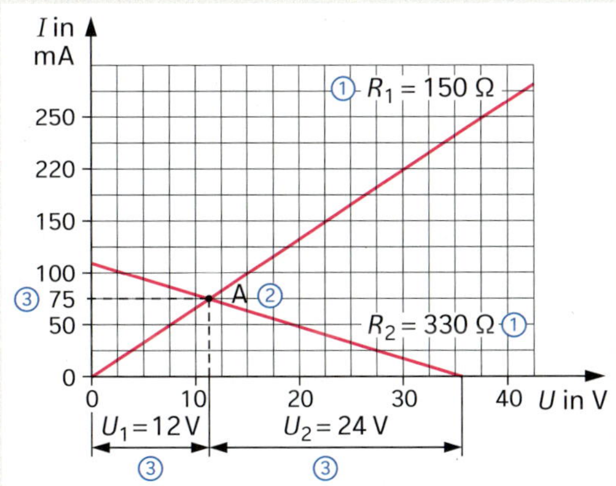

Aufgaben

1. Die Gesamtspannung von $U_g = 15$ V an einem Widerstand $R_L = 22\ \Omega$ soll durch einen Vorwiderstand R_V auf $U_R = 12$ V reduziert werden.

a) Berechnen Sie die Stromstärke für R_L bei $U_g = 15$ V.
b) Wie groß ist die Stromstärke bei der Verwendung des Vorwiderstandes?
c) Zeichnen Sie ein I-U-Diagramm mit den elektrischen Werten und tragen Sie die Kennlinien für die Widerstände R_L und R_V ein.
d) Ermitteln Sie grafisch die Teilspannungen.

2. Eine Spannung von 18 V wird durch zwei Widerstände im Verhältnis 1:5 geteilt. Die Stromstärke beträgt dabei 250 mA.

a) Wie groß sind die Teilspannungen?
b) Berechnen Sie die Einzelwiderstände.
c) Überprüfen Sie die Ergebnisse grafisch.

3. Durch eine Reihenschaltung von einem Vorwiderstand $R_V = 8$ kΩ und einer Diode wird die angelegte Spannung $U_g = 2$ V geteilt.

a) Skizzieren Sie die Reihenschaltung.
b) Übertragen Sie das Diagramm (Abb. 4) und tragen Sie die Widerstandsgerade von R_V mit negativem Anstieg in das Diagramm ein. Bestimmen Sie den Arbeitspunkt.
c) Ermitteln Sie die Stromstärke und die beiden Teilspannungen.

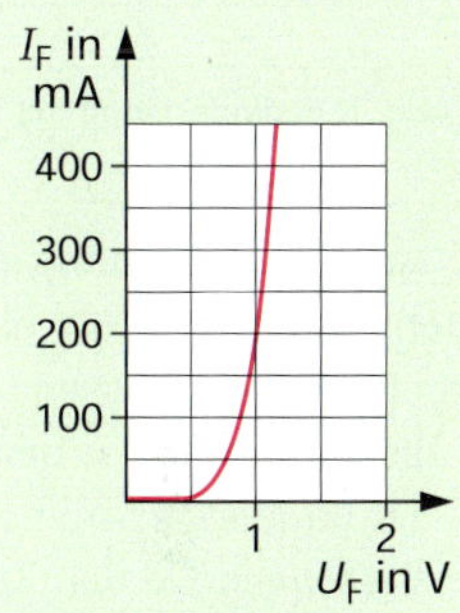

Abb. 4: *I*-*U*-Kennlinie einer Diode

4. The circuit's applied voltage of exercise 3 is doubled.

a) Draw the load line and determine the operating point.
b) Calculate the current and the voltage drops.

5. Bei einer angelegten Spannung $U = 18$ V fließt durch einen Widerstand R eine Stromstärke von $I = 1{,}25$ A. Es steht aber nur eine Spannungsquelle mit 32 V zur Verfügung. Diese ist durch einen Vorwiderstand R_V anzupassen.

a) Zeichnen Sie maßstabsgerecht ein I-U-Diagramm.
b) Legen Sie in dem I-U-Diagramm den Arbeitspunkt und die Fußpunkte der Widerstandsgeraden fest.
c) Tragen Sie die Widerstandsgeraden ein und ermitteln Sie die beiden Teilspannungen.
d) Berechnen Sie die beiden Widerstandswerte.

6. In der Schaltung (Abb. 1) wird ein Heißleiter mit einem Vorwiderstand in Reihe an $U = 5$ V angeschlossen. Mit der Erwärmung des Heißleiters ändern sich der Widerstandswert und damit die Stromstärke.

a) Legen Sie den Arbeitspunkt A1 ($I_1 = 5$ mA) fest.
b) Ermitteln Sie grafisch die Teilspannungen U_V und U_ϑ.
c) Berechnen Sie den Wert des Vorwiderstandes.
d) Durch Erwärmung verändert sich der Arbeitspunkt auf A2 ($I_2 = 14$ mA). Legen Sie diesen Punkt fest und ermitteln Sie die Teilspannungen.

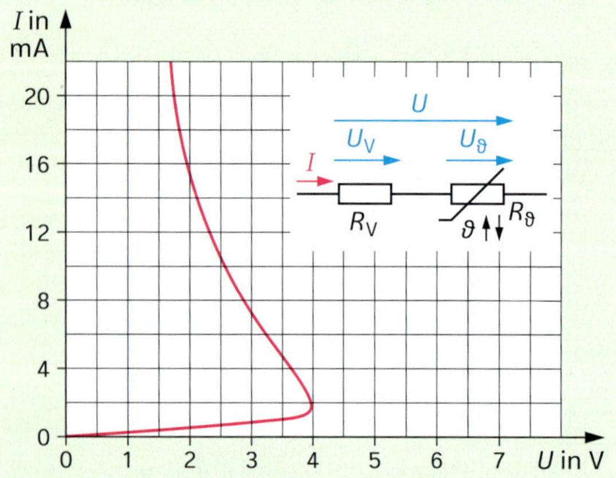

Abb. 1: Vorwiderstand mit NTC

7. An eine Spannungsquelle $U_E = 50$ V wird zur Stabilisierung auf $U_A = 40$ V ein Varistor mit einem Vorwiderstand R_V angeschlossen (Abb. 2).

a) Legen Sie den Arbeitspunkt A fest und bestimmen Sie daraus die Stromstärke I.
b) Berechnen Sie den Spannungsfall U_{RV} über dem Vorwiderstand R_V.
c) Welchen Widerstandswert hat der Vorwiderstand?
d) Die Stromstärke wird durch eine Veränderung von U_E auf $I = 80$ mA erhöht. Legen Sie den neuen Arbeitspunkt fest, wenn der gleiche Vorwiderstand verwendet werden soll.
e) Ermitteln Sie alle Spannungen für die veränderte Stromstärke.

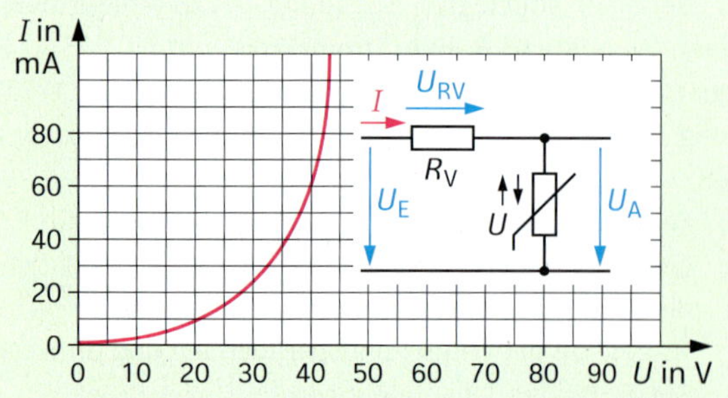

Abb. 2: Vorwiderstand mit Varistor

8. An einem Widerstand R_1 werden nacheinander drei einzelne Widerstände in Serie zugeschaltet. Die Messergebnisse sind im Diagramm in Abb. 3 verarbeitet.

a) Wie groß ist der Widerstandswert von R_1?
b) Zeichnen Sie die Schaltung mit den Umschaltmöglichkeiten und ordnen Sie die vier Widerstände zu.
c) Berechnen Sie die Widerstandswerte für R_2 ... R_4 mithilfe des Diagramms.
d) Ermitteln Sie aus dem Diagramm die Teilspannungen für die Schaltungsvarianten.

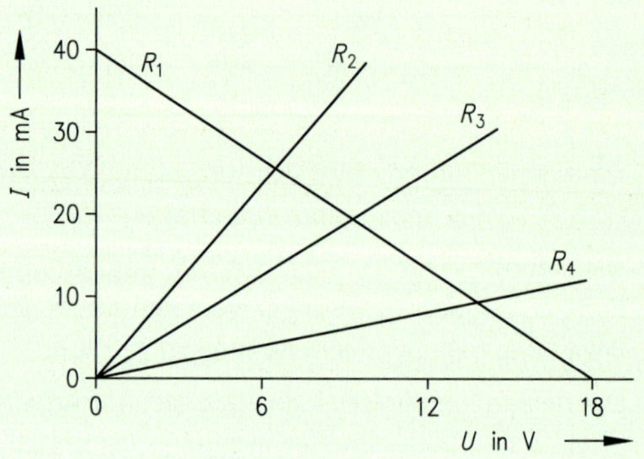

Abb. 3: I – U – Kennlinien der Widerstände

9. Eine Spannung soll durch eine Reihenschaltung von Widerständen im Verhältnis 8 : 4 : 2 : 1 geteilt werden. Der größte Widerstand besitzt den Wert $R = 2{,}2$ kΩ.

a) Wie groß sind die anderen Teilwiderstände?
b) Berechnen Sie den Gesamtwiderstand.
c) Die Schaltung wird an eine Spannung $U = 24\ V_{DC}$ angeschlossen. Wie hoch ist die Stromstärke?
d) Welcher Spannungsfall tritt über dem drittgrößten Widerstand auf?

10. Für eine Regelung soll eine einstellbare Bezugsspannung U_A durch die Schaltung in Abb. 4 zur Verfügung stehen.

a) Wie groß ist die Spannung über dem Stellwiderstand?
b) Wie groß ist die abgegriffene Spannung U_A, wenn sich der Schleifer an den Punkten A bzw. B befindet?
c) Die Widerstände R_1 und R_3 werden mit halben Widerstandswerten eingebaut. Wie groß ist der Stellbereich der Bezugsspannung?

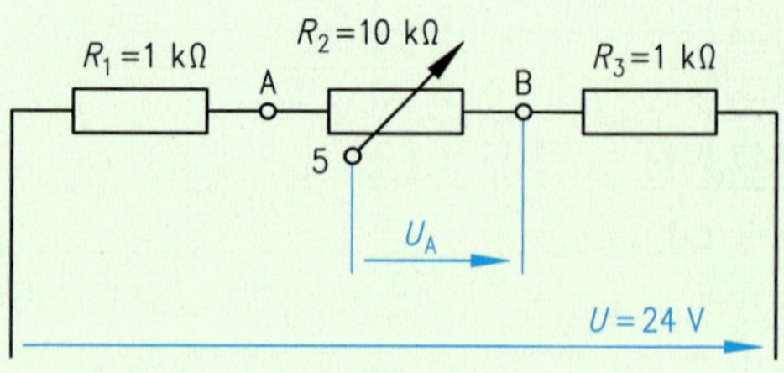

Abb. 4: Einstellbare Bezugsspannungsquelle

2.9 Parallelschaltung von Widerständen

2.9.1 Rechnerische Lösung

Bei einer Parallelschaltung tritt über allen Widerständen dieselbe Spannung auf.

Der Gesamtstrom I_g ist die Summe der Teilströme durch die Einzelwiderstände (1. Kirchhoffsches Gesetz).

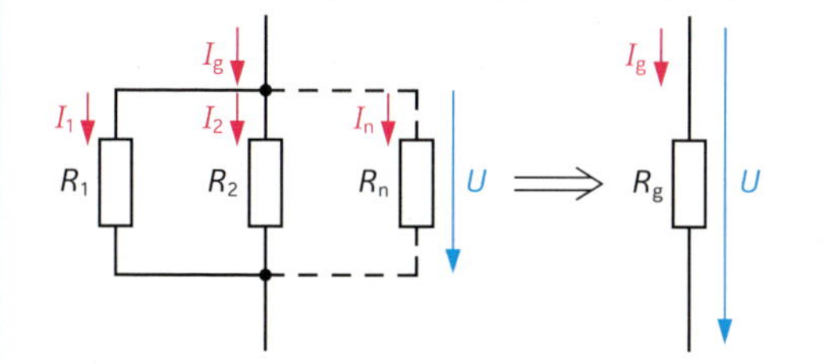

$$U_g = U_1 = U_2 = \ldots = U_n \qquad I_g = I_1 + I_2 + \ldots + I_n$$

Der Gesamtleitwert G_g ist die Summe der Einzelleitwerte.

$$G_g = G_1 + G_2 + \ldots + G_n$$

Die Kehrwerte der Teilwiderstände werden zum Kehrwert des Gesamtwiderstandes addiert.

$$\frac{1}{R_g} = \frac{1}{R_1} + \frac{1}{R_2} + \ldots + \frac{1}{R_n}$$

Sonderfälle:

Parallelschaltung zweier Widerstände:

$$R_g = \frac{R_1 \cdot R_2}{R_1 + R_2}$$

Parallelschaltung n gleich großer Widerstände R_n:

$$R_g = \frac{R_n}{n}$$

Beispiel

Für drei Widerstände (56 Ω, 68 Ω und 82 Ω) soll der Ersatzwiderstand R_g gebildet werden. Berechnen Sie R_g über die Leitwerte.

Geg.: $R_1 = 56\ \Omega$; $R_2 = 68\ \Omega$; $R_3 = 82\ \Omega$

Ges.: R_g

$$G_1 = \frac{1}{R_1} \qquad G_2 = \frac{1}{R_2} \qquad G_3 = \frac{1}{R_3}$$

$$G_1 = \frac{1}{56\ \Omega} \qquad G_2 = \frac{1}{68\ \Omega} \qquad G_3 = \frac{1}{82\ \Omega}$$

$$\underline{G_1 = 17{,}9\ \text{mS}} \qquad \underline{G_2 = 14{,}7\ \text{mS}} \qquad \underline{G_3 = 12{,}2\ \text{mS}}$$

$$G_g = G_1 + G_2 + G_3$$

$$G_g = 17{,}9\ \text{mS} + 14{,}7\ \text{mS} + 12{,}2\ \text{mS}; \qquad \underline{G_g = 44{,}8\ \text{mS}}$$

$$R_g = \frac{1}{G_g}; \qquad R_g = \frac{1}{44{,}8\ \text{mS}}; \qquad \underline{\underline{R_g = 22{,}3\ \Omega}}$$

Aufgaben

1. Berechnen Sie den Ersatzwiderstand aus zwei parallel geschalteten Widerständen $R_1 = 270\ \Omega$ und $R_2 = 560\ \Omega$.

2. Three resistors (33 Ω, 82 Ω and 270 Ω) are connected in parallel to a voltage of 12 V.

a) Calculate the total resistance.
b) What is the total current?
c) Determine the current through each resistance.

3. In einer Parallelschaltung von zwei Widerständen wird der Widerstand $R_1 = 690\ \Omega$ von $I_1 = 70{,}6$ mA durchflossen. Die Gesamtstromstärke der Schaltung beträgt $I = 200$ mA.

a) Berechnen Sie den Teilstrom durch R_2.
b) Wie groß ist die Spannung?
c) Berechnen Sie den Widerstand R_2 und den Gesamtwiderstand R_g.

4. Zu den Parallelwiderständen $R_1 = 17\ \Omega$ und $R_2 = 33\ \Omega$ wird ein dritter Widerstand parallel angeschlossen, damit ein Gesamtwiderstand von 6 Ω entsteht. Wie groß ist R_3?

5. In einem elektrischen Heizofen können fünf gleich große Widerstände von jeweils 75 Ω durch einen Stufenschalter nacheinander parallel an 230 V geschaltet werden.

a) Wie groß ist die Stromaufnahme in jeder Schaltstufe?
b) Berechnen Sie R_g für jede Heizstufe.

6. Zwei Widerstände liegen parallel an 110 V (Abb. 5). Berechnen Sie: a) I_1, b) I_2, c) R_2 und d) R_g.

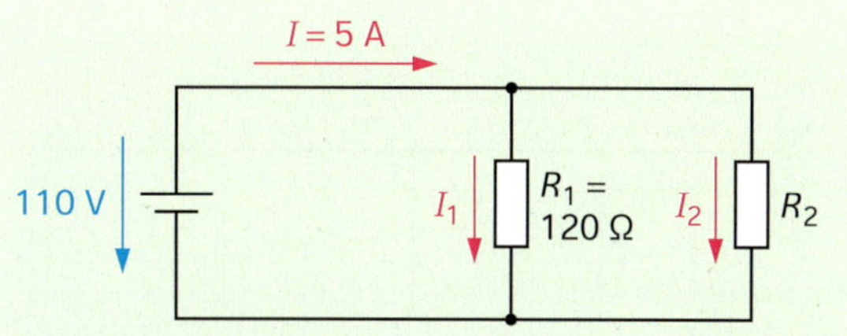

Abb. 5: Parallelschaltung

7. Der Leitwert eines Staberders (Abb. 6) beträgt 0,02 S. Durch eine Parallelschaltung eines weiteren Erdungspunktes soll der Erdungswiderstand auf 7 Ω verringert werden.
Welchen Widerstandswert muss der andere Erder mindestens aufweisen, um diese Forderung zu erfüllen?

Abb. 6: Anschluss Staberder

8. Drei gleich große Widerstände $R_n = 680\ \Omega$ werden parallel an 24 V angeschlossen.
Berechnen Sie a) den Gesamtwiderstand R_g, b) eine Teilstromstärke I_n und c) die Gesamtstromstärke I_g.

9. Vier Widerstände sind parallel geschaltet. Drei Widerstände sind bekannt: $R_2 = 47\ \Omega$, $R_3 = 56\ \Omega$ und $R_4 = 68\ \Omega$. Der Gesamtwiderstand beträgt 8,3 Ω. Die gesamte Widerstandsgruppe wird von einer Stromstärke $I_g = 723$ mA durchflossen.
Berechnen Sie: a) R_1, b) U und c) $I_1 \dots I_4$.

10. Die Beleuchtung eines Konferenzraumes besteht aus 36 Halogenlampen mit einem Widerstand von 1322 Ω pro Lampe. Diese werden in drei gleich großen Gruppen an 230 V geschaltet oder betrieben.

a) Berechnen Sie den Ersatzwiderstand einer Lampengruppe und den Widerstand der Gesamtanlage.
b) Wie groß sind die Stromaufnahmen einer Einzellampe, einer Lampengruppe und der gesamten Beleuchtungsanlage?

11. Für eine Parallelschaltung werden die Widerstände $R_1 = 220\ \Omega$ und $R_2 = 680\ \Omega$ der E-12-Reihe mit ±10 % Toleranz eingesetzt. Welchen minimalen und welchen maximalen Widerstand kann die Schaltung besitzen?

12. Die Gesamtstromstärke in der Schaltung (Abb. 1) beträgt $I_g = 27{,}4$ mA. Mit dem Anschluss eines weiteren Widerstandes R_4 wird der bisherige Gesamtwiderstand um 50 Ω verringert.
Berechnen Sie ohne R_4: a) I_1, b) U, c) R_2, d) R_3 und e) R_g
Berechnen Sie mit R_4: f) R_g, g) R_4, h) I_4 und i) I_g

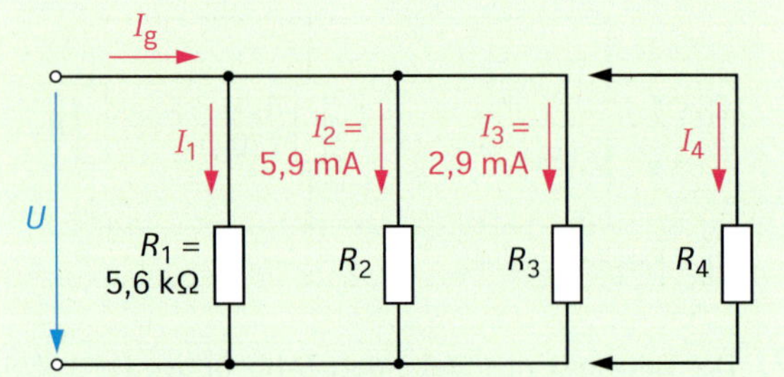

Abb. 1: Erweiterte Parallelschaltung

13. Fünf gleiche Widerstände sind parallel an eine Spannung $U = 24$ V angeschlossen. Durch Entfernen eines Widerstandes verringert sich die Gesamtstromstärke um 44,6 mA.

a) Berechnen Sie den Wert des entfernten Widerstandes.
b) Wie groß war der ursprüngliche Gesamtwiderstand?
c) Welche Gesamtstromstärke tritt in der veränderten Schaltung auf?

14. Für Messungen an einer elektrischen Maschine soll eine Stromstärke von 17,2 A eingestellt werden. Die berechnete Stromstärke $I_1 = 6{,}8$ A durch den fest verbauten Vorwiderstand R_1 erweist sich als zu klein. Die Differenz soll durch einen parallelen Widerstand R_2 ausgeglichen werden.

a) Wie groß ist der Spannungsfall über dem Vorwiderstand mit $R_1 = 7{,}2\ \Omega$?
b) Die Speisespannung bleibt unverändert. Wie groß ist der Gesamtwiderstand der Parallelschaltung, wenn die geforderte Gesamtstromstärke erreicht werden soll?
c) Berechnen Sie den Widerstandswert von R_2.
d) Berechnen Sie die Stromstärke durch R_2 mithilfe des 1. Kirchhoffschen Gesetzes.

15. Der Leitwert eines Anlagenteiles beträgt $G = 6{,}25$ mS.

a) Welche Stromstärke tritt bei einer Spannung $U = 1{,}7$ V in dem Anlagenteil auf?
b) Die Stromstärke wird durch eine Parallelschaltung um das Vierfache erhöht. Berechnen Sie den Gesamtleitwert G_g.
c) Berechnen Sie den ursprünglichen Widerstandswert, und den Gesamtwiderstand nach der Schaltungsveränderung.
d) Überprüfen Sie die Berechnung mithilfe der Stromteilerregel.

16. In einem älteren Siedlungshaus hat der Bewohner mehrere, in der Tabelle aufgeführte Küchengeräte an einen Wechselstromverteiler angeschlossen. Der Steckdosenstrang für diesen Verteiler ist mit 16 A abgesichert. Es löst wiederholt die Überstrom-Schutzeinrichtung aus.

automatischer Betrieb	manuelle Zuschaltung	Elektrischer Widerstand
Kühlschrank		110 Ω
Gefriertruhe		128 Ω
	Geschirrspüler	32,4 Ω
	Wasserkocher	15,2 Ω

a) Berechnen Sie den Gesamtwiderstand und die Gesamtstromstärke, wenn alle Geräte in Betrieb sind.
b) Zur Verringerung der Strombelastung soll der Geschirrspüler eine separate Leitung erhalten. Berechnen Sie die Stromstärken, und entscheiden Sie, ob die verbleibenden Geräte weiter über einen gemeinsamen Steckdosenstrang betrieben werden könnten.
c) Entscheiden Sie mithilfe der Stromstärken, welche weiteren Geräte separate Stromkreise erhalten sollten.
d) Bei einer Belastungsbeurteilung wird häufig von der Anschlussleistung ausgegangen. Welche Leistung kann über die Steckdose bei der Absicherung von 16 A bezogen werden?

2.9.2 Grafische Lösung

Schrittfolge:

1. Eintragen der Widerstandsgeraden von (zwei) Parallelwiderständen in ein I-U-Diagramm ①.
2. Ablesen und Addition der Stromstärken bei beliebig festgelegter Spannung U_X ②.
3. Zeichnen der Kennlinie ③ für den resultierenden Widerstand R_g nach Eintrag der Gesamtstromstärke I_g für die festgelegte Spannung U_X.
4. Berechnen von R_g durch beliebige Punkte der Kennlinie für R_g.

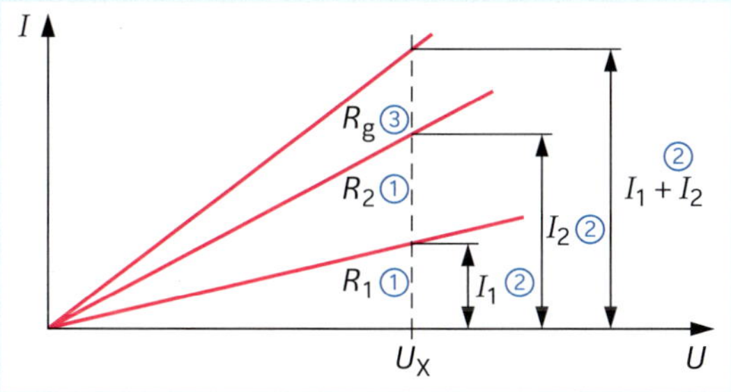

Beispiel

Zwei Widerstände $R_1 = 270\ \Omega$ und $R_2 = 330\ \Omega$ sind parallel an 18 V angeschlossen. Berechnen Sie a) I_1 und I_2. b) Zeichnen Sie die Widerstandsgeraden in ein I-U-Diagramm ein und ermitteln Sie c) die Gesamtstromstärke I_g. d) Tragen Sie die Widerstandsgerade des Lastwiderstandes ein und berechnen Sie R_g.

Geg.: $U = 18$ V; $R_1 = 270\ \Omega$; $R_2 = 330\ \Omega$

Ges.: a) I_1 und I_2

b) I-U-Kennlinien von R_1 und R_2

c) I_g

d) I-U-Kennlinie und Betrag von R_g

a) $I_1 = \frac{U}{R_1}$; $I_1 = \frac{18\ \text{V}}{270\ \Omega}$; $\underline{\underline{I_1 = 66{,}7\ \text{mA}}}$

$I_2 = \frac{U}{R_2}$; $I_2 = \frac{18\ \text{V}}{330\ \Omega}$; $\underline{\underline{I_2 = 54{,}5\ \text{mA}}}$

b) und d)

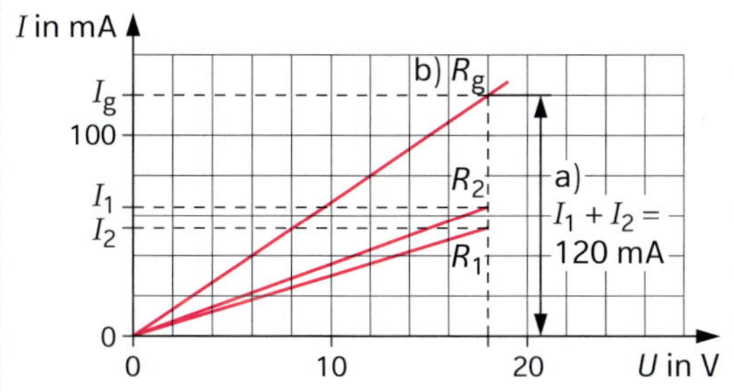

c) abgelesen: $I_g = 120$ mA

d) $R_g = \frac{U}{I_g}$; $R_g = \frac{18\ \text{V}}{120\ \text{mA}}$; $\underline{\underline{R_g = 150\ \Omega}}$

Aufgaben

1. Ermitteln Sie grafisch den Gesamtwiderstand einer Parallelschaltung zweier Widerstände: $R_1 = R_2 = 160\ \Omega$.

2. Gegeben ist die Parallelschaltung zweier Widerstände, von denen der 100-Ω-Widerstand mit einer Stromstärke $I_1 = 1$ A durchflossen wird. Die Gesamtstromstärke der Schaltung beträgt 1,6 A.

a) Bestimmen Sie grafisch den Gesamtwiderstand der Schaltung.

b) Überprüfen Sie das Ergebnis durch eine Berechnung.

3. Two resistors $R_1 = 40\ \Omega$ and $R_2 = 60\ \Omega$ are connected in parallel to $U = 24$ V. Which resistor R_3 has to be connected in parallel to cause a current rise of 50 %? Use a graphical method to solve this problem.

4. Zu einem temperaturabhängigen Widerstand R_ϑ wird ein Widerstand $R_p = 2{,}2$ kΩ parallel geschaltet (Abb. 2). Ermitteln Sie grafisch:

a) Die Widerstandswerte des Thermistors bei 40 °C ($R_{\vartheta 1}$) und bei 100 °C ($R_{\vartheta 2}$).

b) Zeichnen Sie ein I-U-Diagramm und tragen Sie die Widerstandsgeraden für R_p, $R_{\vartheta 1}$ und $R_{\vartheta 2}$ ein.

c) Ermitteln Sie aus dem Diagramm die Stromstärken für die Widerstände bei einer Spannung $U = 18$ V.

d) Bestimmen Sie, welche Gesamtstromstärken in der Schaltung bei 40 °C und 100 °C auftreten.

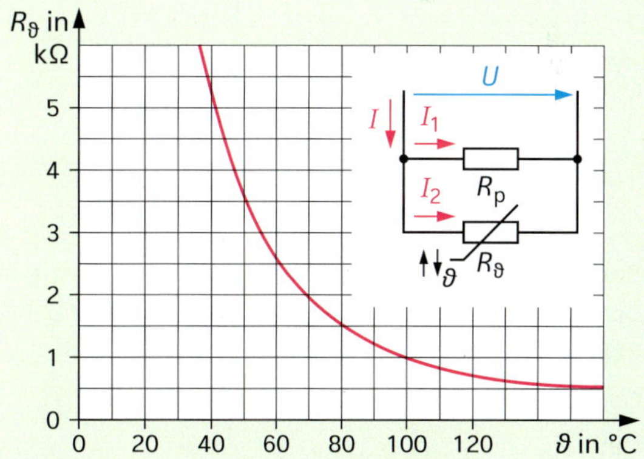

Abb. 2: Temperaturabhängiger Widerstand

5. Ermitteln Sie grafisch, bei welcher Temperatur der Gesamtwiderstand der Schaltung (Abb. 2) $R_g = 1{,}6$ kΩ beträgt.

6. Der Parallelwiderstand in der Schaltung (Abb. 2) wird auf $R_p = 10$ kΩ verändert. Ermitteln Sie den Gesamtwiderstand bei a) $\vartheta_1 = 50$ °C und b) $\vartheta_2 = 120$ °C. c) Wie groß ist die Veränderung des Gesamtstroms zwischen diesen beiden Temperaturen, wenn die Spannung 10 V beträgt?

2.10 Gemischte Schaltungen

Gemischte Schaltungen (Gruppenschaltungen) sind Widerstandskombinationen. Zur Berechnung des Gesamtwiderstandes werden Widerstandsgruppen aus Reihen- und Parallelschaltungen zu Ersatzwiderständen schrittweise zusammengefasst und miteinander verknüpft.

Gemischte Schaltungen können mithilfe einer Kurzschreibweise dargestellt werden. Klammern ordnen die Schaltungsteile eindeutig zu.

Reihenschaltung: $R_{1/2} = R_1 + R_2$

Parallelschaltung: $R_{1/2} = R_1 \parallel R_2$

1. Schritt

$R_{1\text{-}2} = R_1 \parallel R_2$

$R_g = R_4 \parallel (R_3 + (R_1 \parallel R_2))$

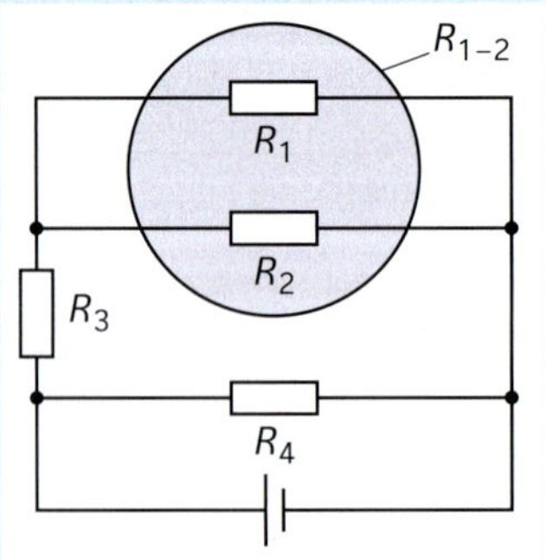

2. Schritt

$R_{1\text{-}3} = R_{1\text{-}2} + R_3$

$R_g = R_4 \parallel (R_{1\text{-}2} + R_3)$

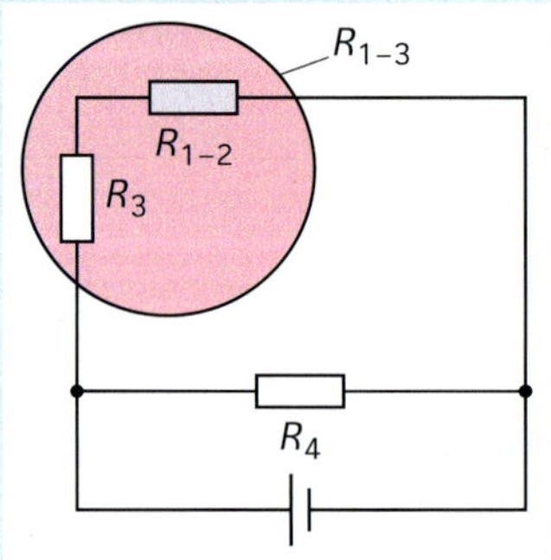

3. Schritt

$R_g = R_{1\text{-}3} \parallel R_4$

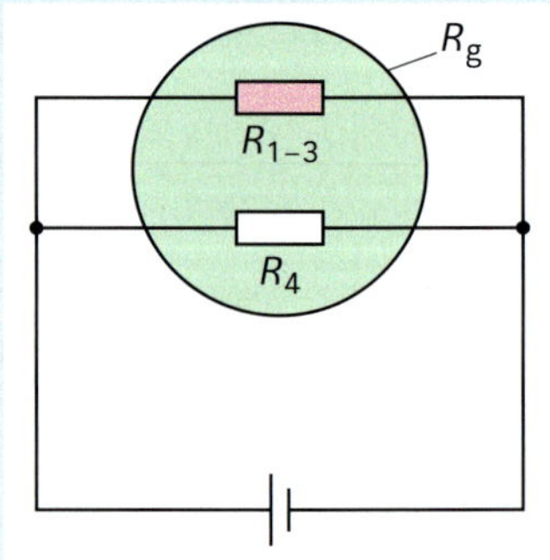

Beispiel

Gegeben ist folgende Schaltung:

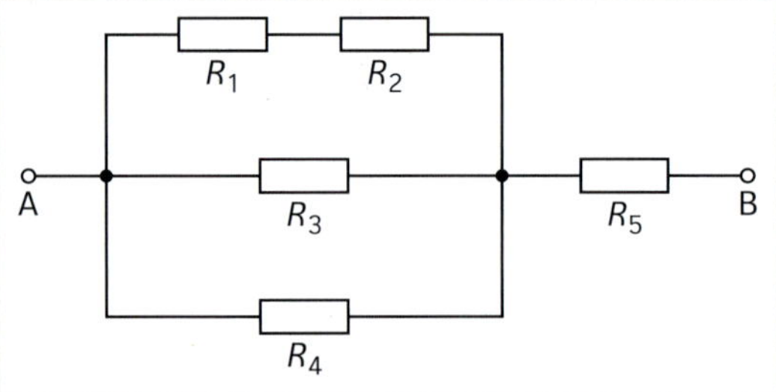

Berechnen Sie den Gesamtwiderstand R_g zwischen den Anschlusspunkten A und B, wenn alle Widerstände $R = 100\ \Omega$ betragen.

Geg.: $R_1 \ldots R_5 = 100\ \Omega$

Ges.: R_g

$R_{1\text{-}2} = R_1 + R_2$

$R_{1\text{-}2} = 100\ \Omega + 100\ \Omega$

$\underline{R_{1\text{-}2} = 200\ \Omega}$

$R_{1\text{-}4} = \dfrac{R_{1\text{-}2} \cdot R_{3\text{-}4}}{R_{1\text{-}2} + R_{3\text{-}4}}$

$R_{1\text{-}4} = \dfrac{200\ \Omega \cdot 50\ \Omega}{200\ \Omega + 50\ \Omega}$

$\underline{R_{1\text{-}4} = 40\ \Omega}$

$R_{3\text{-}4} = \dfrac{R_3}{2}$

$R_{3\text{-}4} = \dfrac{100\ \Omega}{2}$

$\underline{R_{3\text{-}4} = 50\ \Omega}$

$R_g = R_{1\text{-}4} + R_5$

$R_g = 40\ \Omega + 100\ \Omega$

$\underline{\underline{R_g = 140\ \Omega}}$

Aufgaben

1. Die Widerstände der Schaltung in Abb. 1 haben die Werte: $R_1 = 22\ \Omega$, $R_2 = 56\ \Omega$ und $R_3 = 100\ \Omega$.

a) Stellen Sie die Kurzschreibweise zur Zusammenfassung der Widerstände auf.

b) Berechnen Sie den Gesamtwiderstand.

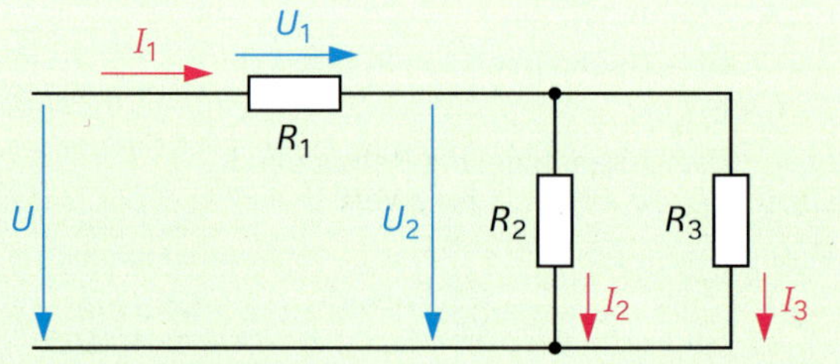

Abb. 1: Grundschaltung 1

2. Die Schaltung in Abb. 1 wird an eine Spannungsquelle $U = 24$ V angeschlossen. Alle Widerstände besitzen den gleichen Widerstandswert $R = 80\ \Omega$.

Berechnen Sie

a) den Gesamtwiderstand,

b) alle Stromstärken und

c) alle Teilspannungen.

3. In der Schaltung (Abb. 1) soll der Gesamtwiderstand $100\ \Omega$ betragen. Die Widerstände R_1 und R_2 besitzen den Wert: $R_1 = R_2 = 68\ \Omega$. Wie groß ist R_3?

4. Die Widerstände der Schaltung in Abb. 2 haben die Werte: $R_1 = 18\ \Omega$, $R_2 = 560\ \Omega$ und $R_3 = 470\ \Omega$.

a) Berechnen Sie den Gesamtwiderstand.

b) Stellen Sie die Kurzschreibweise der Schaltung auf.

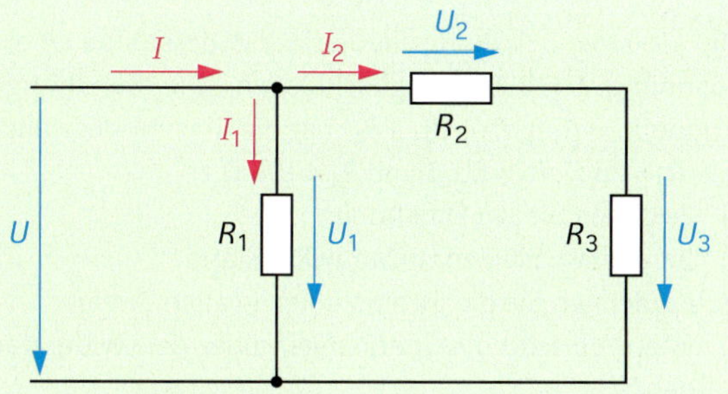

Abb. 2: Grundschaltung 2

5. Die Schaltung aus Abb. 2 wird an eine Spannungsquelle $U = 12$ V angeschlossen. Alle Widerstände besitzen den gleichen Widerstandswert $R = 80\ \Omega$. Berechnen Sie a) den Gesamtwiderstand, b) alle Stromstärken und c) alle Teilspannungen.

6. Eine Gruppenschaltung ist in Kurzschreibweise dargestellt: $R_g = R_1 \,||\, (R_2 + (R_3 \,||\, R_4))$. Die Widerstandswerte betragen: $R_1 = 30\ \Omega$, $R_2 = 22\ \Omega$, $R_3 = 100\ \Omega$ und $R_4 = 68\ \Omega$.

a) Skizzieren Sie die Schaltung und tragen Sie alle Ströme und Spannungen ein.

b) Wie groß ist der Gesamtwiderstand?

c) Berechnen Sie alle Stromstärken in der Schaltung, wenn die Gesamtspannung $U = 6$ V beträgt.

d) Wie groß sind die Spannungen über den Einzelwiderständen?

7. Alle Widerstände der Schaltung in Abb. 3 besitzen den gleichen Widerstandswert $R = 47\ \Omega$. Die Gesamtspannung beträgt $U = 27$ V.

a) Wie groß ist der Gesamtwiderstand bei geöffnetem Schalter S?

b) Der Schalter S wird geschlossen. Wie groß ist R_g?

c) Wie groß sind die Teilspannungen?

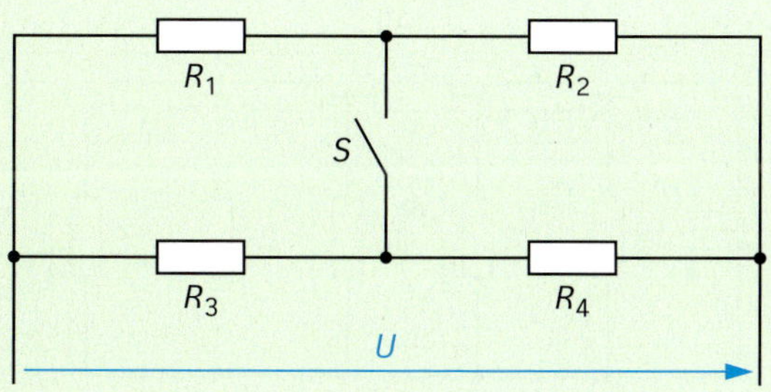

Abb. 3: Gruppenschaltung mit Verbindungsschalter

8. Zu den zwei Widerständen ($R_1 = 33\ \Omega$, $R_2 = 47\ \Omega$) einer Parallelschaltung ist ein Widerstand $R_3 = 270\ \Omega$ in Reihe geschaltet. Die Schaltung wird an eine Spannung $U = 6$ V angeschlossen.

a) Zeichnen Sie die Schaltung und tragen Sie alle Ströme und Spannungen ein.

b) Wie groß ist der Gesamtwiderstand?

c) Berechnen Sie die Stromstärken in allen Zweigen.

d) Wie groß sind die Spannungen über den Einzelwiderständen?

9. Die Widerstände der Schaltung in Abb. 4 haben folgende Werte: $R_1 = R_3 = 1\ \text{k}\Omega$, $R_2 = 300\ \Omega$. Berechnen Sie den Gesamtwiderstand für folgende Werte von R_4:
$0\ \Omega$; $22\ \Omega$; $300\ \Omega$; $1\ \text{k}\Omega$ und ∞.

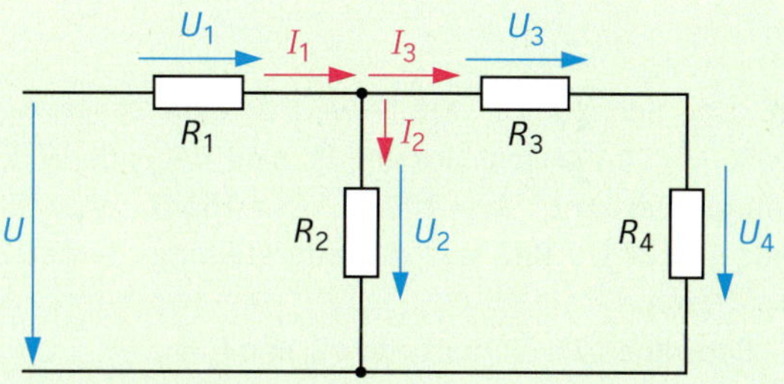

Abb. 4: Widerstandsnetzwerk

10. Die Schaltung in Abb. 4 wird an eine Spannungsquelle $U = 42$ V angeschlossen. Alle Widerstände haben den gleichen Wert $R = 56\ \Omega$.

a) Wie groß sind der Gesamtwiderstand und die Gesamtstromstärke?

b) Wie groß ist I_1 bei überbrücktem Widerstand R_3?

c) Wie groß ist die Gesamtstromstärke, wenn der Widerstand R_2 kurzgeschlossen wird?

11. Die Schaltung in Abb. 5 kann an jeweils zwei der vier Anschlusspunkte angeschlossen werden. Alle Widerstände besitzen den Wert: $R = 240\ \Omega$.
Zeichnen Sie für die Teilaufgaben die Schaltung neu und berechnen Sie den Gesamtwiderstand für die Anschlusskombinationen a) A-B, b) A-C, c) B-C und d) A-D.

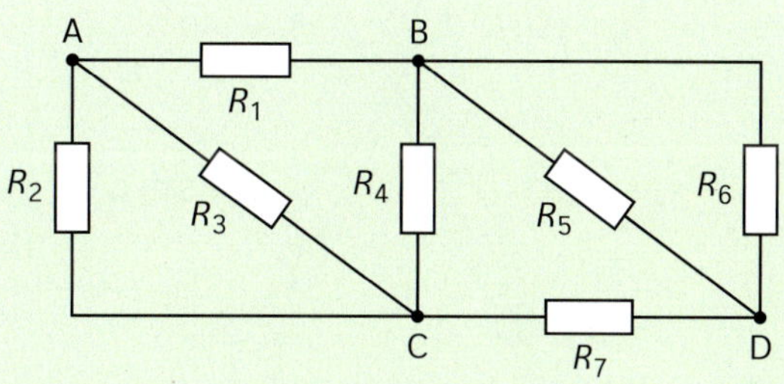

Abb. 5: Gruppenschaltung mit vier Anschlüssen

12. Die Belastung in der Schaltung (Abb. 1) kann durch die Schalterstellung verändert werden. Die Einzelwiderstände haben folgende Werte: $R_1 = 120\ \Omega$, $R_2 = 330\ \Omega$, $R_3 = 50\ \Omega$, $R_4 = 22\ \Omega$ und $R_5 = 560\ \Omega$. Berechnen Sie den Gesamtwiderstand R_g für alle Schalterstellungen.

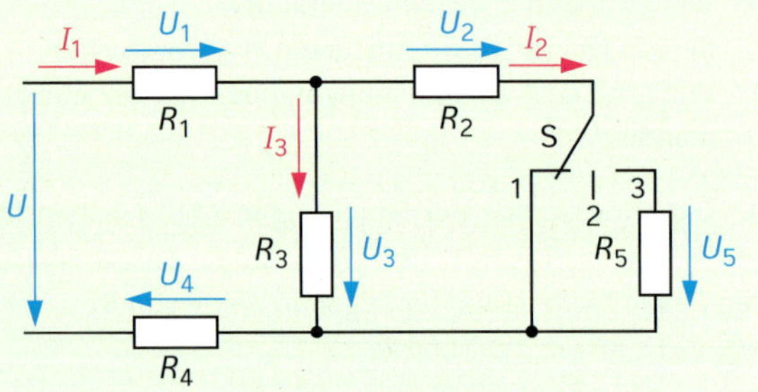

Abb. 1: Schaltung mit umschaltbarer Belastung

13. Die Schaltung in Abb. 1 wird an eine Spannungsquelle $U = 24$ V angeschlossen. Es sind folgende Widerstände bekannt: $R_1 = 100\ \Omega$, $R_2 = 150\ \Omega$, $R_4 = 50\ \Omega$ und $R_5 = 22\ \Omega$. Bei der Schalterstellung 1 beträgt $I_1 = 120$ mA.

a) Berechnen Sie die Teilströme I_2 und I_3.
b) Wie groß ist der Widerstand R_3?
c) Wie groß ist der Gesamtwiderstand R_g?
d) Berechnen Sie alle Teilspannungen und Ströme für die Schalterstellungen 2 und 3.

14. Die elektrischen Widerstände eines menschlichen Körpers sind in der Ersatzsschaltung (Abb. 2) als gemischte Schaltung dargestellt. Werden im Fehlerfall ein Spannung führender Leiter und das Gegenpotenzial berührt, fließt ein Fehlerstrom. Die Berührungsspannung beträgt 230 V. Berechnen Sie die Fehlerstromstärken zwischen den Punkten a) A-B, b) A-C und c) B-CD.

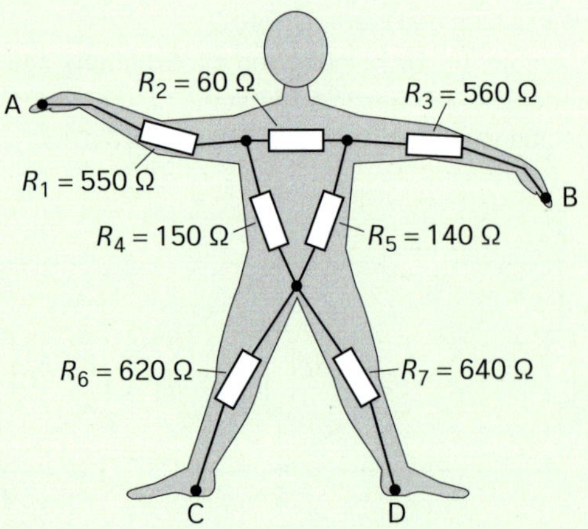

Abb. 2: Widerstände im menschlichen Körper

15. The resistors of a circuit

$$R_g = (R_1 \parallel (R_2 + (R_3 \parallel R_4))) + R_5$$

have the same values: $R = 56\ \Omega$.

a) Draw the circuit diagram.
b) Calculate the total resistance.

16. In einer Schaltung werden vier Widerstände an eine Spannung $U = 230$ V angeschlossen. Die Schaltungsgruppe $R_g = R_1 \parallel (R_2 + (R_3 \parallel R_4))$ hat die Einzelwiderstände: $R_1 = R_3 = 75\ \Omega$, $R_2 = 50\ \Omega$ und $R_4 = 100\ \Omega$.

a) Zeichnen Sie die Schaltung.
b) Berechnen Sie den Gesamtwiderstand.
c) Berechnen Sie die Stromstärken in allen Zweigen.
d) Wie groß sind die Spannungen über den Widerständen?

17. Für die Verarbeitung digitaler Signale wird die Summierschaltung (Abb. 3) verwendet. Berechnen Sie die Gesamtstromstärken I und die Ausgangsspannungen U_A, wenn die folgenden Schalter geschlossen sind:
a) S0 und S1, b) S0 bis S3, c) S0 und S2.

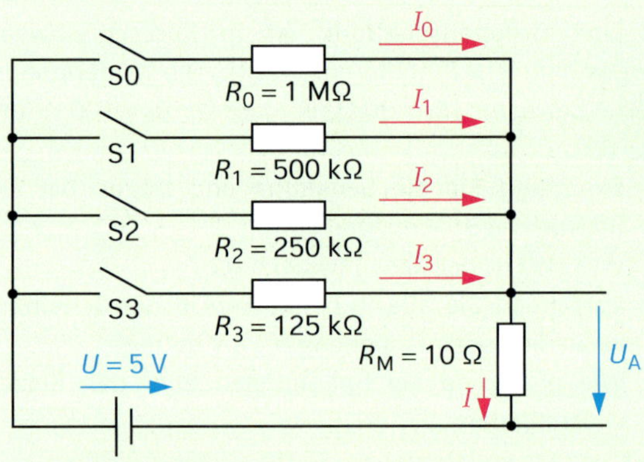

Abb. 3: Summierschaltung

18. In dem R-$2R$-Netzwerk (Abb. 4) besitzen alle Widerstände den gleichen Widerstandswert $R = 10$ kΩ. Die Gesamtspannung beträgt $U = 8$ V. Berechnen Sie

a) den Gesamtwiderstand,
b) die Teilspannungen U_1 bis U_5 und
c) alle Teilströme I_1 bis I_5.

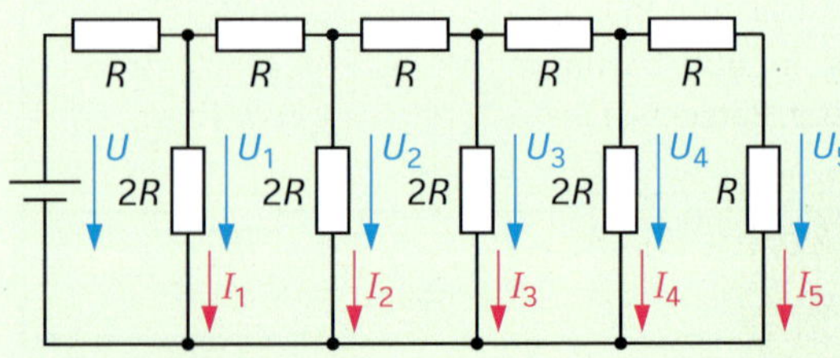

Abb. 4: R-$2R$-Netzwerk

19. Die Schaltung in Abb. 5 stellt einen temperaturabhängigen Spannungsteiler dar. Durch die Erwärmung des 6-kΩ-Thermistors wird das Spannungsverhältnis verändert. Berechnen Sie die Spannung U_2 bei den Temperaturen a) 20 °C, b) 40 °C, c) 60 °C und d) 100 °C.

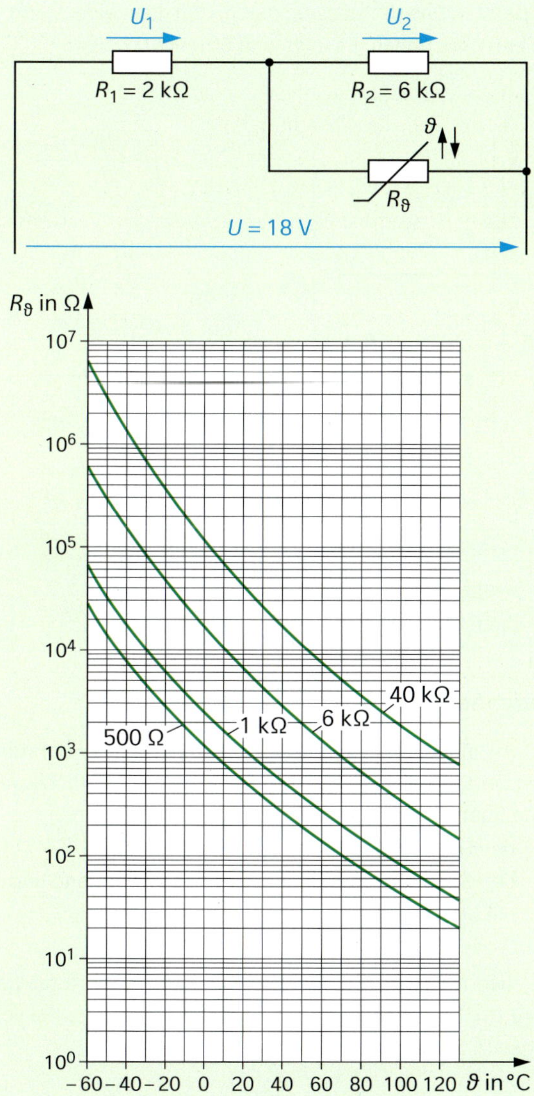

Abb. 5: Temperaturabhängiger Spannungsteiler

20. Der temperaturabhängige Widerstand der Schaltung in Abb. 5 wird durch einen Thermistor Pt1000 ersetzt. Berechnen Sie die Spannungswerte U_2.

ϑ in °C	−20	0	40	100
R in Ω	921,57	1000,00	1155,41	1385,0
U_2				

21. Um das Schaltverhalten eines Relais K1 zu verändern, werden schaltbare Zusatzwiderstände zum Spulenwiderstand R_S in Reihe geschaltet (Abb. 6). Das Relais schaltet bei 18 V bzw. 12 mA zu. Die Gesamtspannung beträgt 24 V.

a) Berechnen Sie den ohmschen Widerstand des Relais.

b) Mit dem Thermistor sollen bei 40 °C die Werte für das Zuschalten erreicht werden. Wählen Sie den passenden Thermistor entsprechend der Kennlinie in Abb. 5 aus.

c) Um ein schnelles Abschalten zu erreichen, wird mit R_V der Relaisstrom auf 8 mA begrenzt. Wie groß ist R_V?

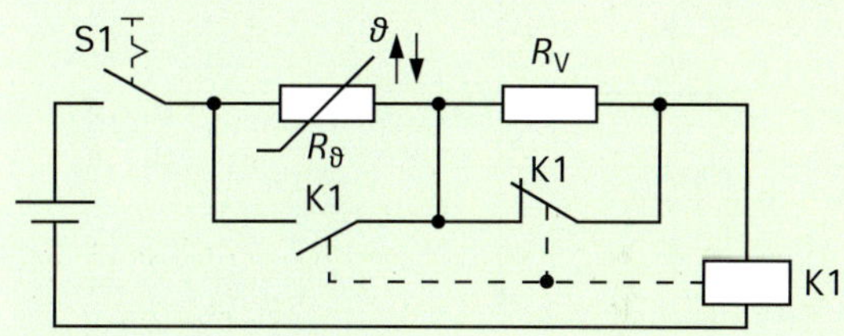

Abb. 6: Relaisschaltung

22. Die in Abb. 7 dargestellte Widerstandsschaltung wird durch den wahlweisen Anschluss einer Spannung an zwei der vier Anschlusspunkte unterschiedlich belastet.

a) Bestimmen Sie die Werte der Einzelwiderstände.

b) Die Schaltung wird an den Punkten A und B angeschlossen. Zeichnen Sie die Schaltung zur Lösungsvorlage um und berechnen Sie den Gesamtwiderstand.

c) Berechnen Sie den Gesamtwiderstand zwischen den Anschlüssen A und C.

d) Die Schaltung wird mit den Punkten B und D angeschlossen. Wie groß ist der Gesamtwiderstand?

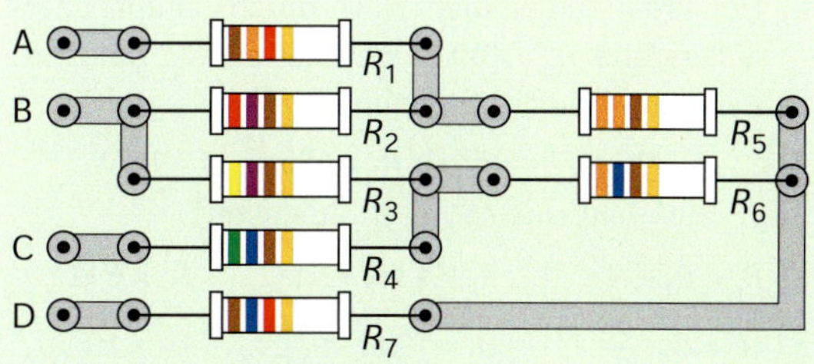

Abb. 7: Widerstandsschaltung

23. Zwischen den Anschlusspunkten A und B der Schaltung in Abb. 7 wird eine Spannung $U = 24$ V angelegt. An den zwei offenen Anschlusspunkten C und D entstehen dadurch verschiedene Spannungswerte. Berechnen Sie

a) die Gesamtstromstärke,

b) die Spannungen über den Widerständen R_1 und R_2,

c) die Spannung zwischen den Anschlusspunkten C-B,

d) die Spannung zwischen den Punkten C und D.

2.11 Spannungsteiler

Mithilfe von Spannungsteilern können auf einfache Weise Spannungen für Baugruppen oder Bauelemente angepasst werden.

Unbelasteter Spannungsteiler

Durch zwei in Reihe geschaltete Widerstände teilt sich die Gesamtspannung im gleichen Verhältnis wie die Widerstände auf.

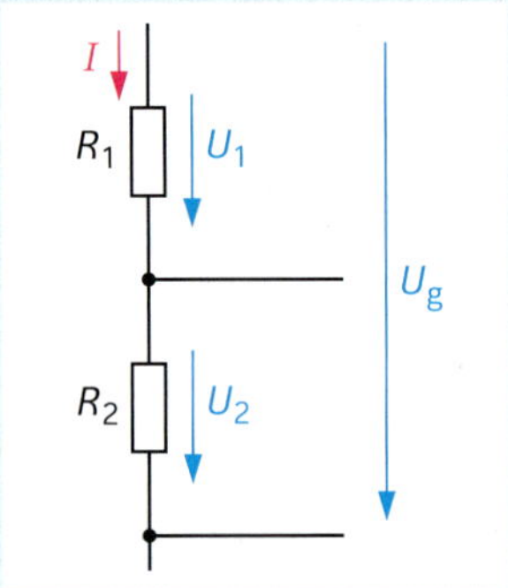

$$\frac{U_g}{R_g} = \frac{U_1}{R_1} = \frac{U_2}{R_2}$$

$$\frac{U_1}{U_2} = \frac{R_1}{R_2}$$

$$R_g = R_1 + R_2$$

R_1, R_2: Teilwiderstände $[R_1], [R_2] = \Omega$

R_L: Lastwiderstand $[R_L] = \Omega$

Belasteter Spannungsteiler

Beim belasteten Spannungsteiler wird ein Lastwiderstand zu einem Teilwiderstand des Spannungsteilers parallel geschaltet. Hierbei ist die Veränderung des Widerstandsverhältnisses durch den Lastwiderstand zu berücksichtigen. Es folgt eine Stromverzweigung.

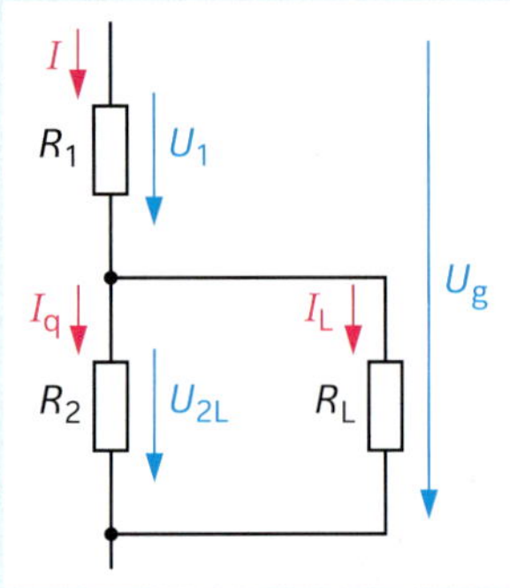

$$\frac{U_g}{R_g} = \frac{U_1}{R_1} = \frac{U_{2L}}{R_{2L}}$$

$$\frac{U_1}{U_{2L}} = \frac{R_1}{R_{2L}}$$

$$R_{2L} = \frac{R_2 \cdot R_L}{R_2 + R_L}$$

$$I = I_q + I_L$$

$$m = \frac{I_q}{I_L}$$

I_L: Laststrom $[I_L] = A$

I_q: Strom durch R_2 (Querstrom) $[I_q] = A$

m: Querstromfaktor

Beispiel

An einer Reihenschaltung von zwei Widerständen ($R_1 = 1\ k\Omega$, $R_2 = 5\ k\Omega$) liegt eine Gesamtspannung $U = 12\ V$ an.

a) Wie groß ist die Teilspannung U_2?

b) Der Spannungsteiler wird durch einen Lastwiderstand $R_L = 450\ \Omega$, parallel zu R_2, belastet. Berechnen Sie die Spannung U_{2L}.

Geg.: $R_1 = 1\ k\Omega$; $R_2 = 5\ k\Omega$; $R_L = 450\ \Omega$; $U = 12\ V$

Ges.: a) U_2 (unbelastet); b) U_{2L} (belastet)

a) $R_g = R_1 + R_2$; $R_g = 1\ k\Omega + 5\ k\Omega$; $\underline{R_g = 6\ k\Omega}$

$U_2 = U_g \cdot \frac{R_2}{R_g}$; $U_1 = 12\ V \cdot \frac{5\ k\Omega}{6\ k\Omega}$; $\underline{\underline{U_2 = 10\ V}}$

b) $R_{2L} = \frac{R_2 \cdot R_L}{R_2 + R_L}$; $R_{2L} = \frac{5\ k\Omega \cdot 0{,}45\ k\Omega}{5\ k\Omega + 0{,}45\ k\Omega}$;

$\underline{R_{2L} = 0{,}41\ k\Omega}$

$R_{gL} = R_1 + R_{2L}$; $R_{gL} = 1\ k\Omega + 0{,}41\ k\Omega$;

$\underline{R_{gL} = 1{,}41\ k\Omega}$

$U_{2L} = U_g \cdot \frac{R_{2L}}{R_{gL}}$; $U_{2L} = 12\ V \cdot \frac{0{,}41\ k\Omega}{1{,}41\ k\Omega}$;

$\underline{\underline{U_{2L} = 3{,}49\ V}}$

Aufgaben

1. An eine Serienschaltung mit folgenden Widerständen der E6-Reihe (10 Ω, 15 Ω, 22 Ω, 33 Ω, 47 Ω, 68 Ω) wird eine Spannung von $U = 12\ V$ angelegt. Berechnen Sie

a) den Gesamtwiderstand R_g,

b) den Spannungsfall über dem 33-Ω-Widerstand und

c) die Stromstärke I.

2. Two resistors are connected in series. The total voltage $U = 18\ V$ is divided by the ratio 2:7. Calculate the voltages U_1 and U_2.

3. Ein Spannungsteiler mit zwei Widerständen $R_1 = 22\ \Omega$ und $R_2 = 56\ \Omega$ wird mit einer Spannungsquelle $U = 6\ V$ verbunden.

a) Berechnen Sie die Stromstärke und die Spannungen über den beiden Widerständen.

b) Ein Lastwiderstand $R_L = 56\ \Omega$ ist parallel zum Widerstand R_1 angeschlossen. Berechnen Sie den Gesamtwiderstand für den angegebenen Belastungsfall.

c) Welche Spannung liegt am Lastwiderstand an?

d) Wie groß ist der Querstrom im Belastungsfall?

4. Der Stellbereich eines veränderbaren Widerstandes (Abb. 1) beträgt $l = 42$ cm. Durch den Schleifer wird der Gesamtwiderstand ($R_g = 2{,}7$ kΩ) in zwei Teilwiderstände R_1 und R_2 geteilt. Die Spannung U_2 wird zwischen dem rechten Anschluss und dem Schleiferkontakt abgegriffen. Berechnen Sie die Ausgangsspannungen U_2.

	a)	b)	c)	d)	e)	f)
l_1	0 cm	3 cm	15 cm	21 cm	35 cm	42 cm
U_2	10 V					

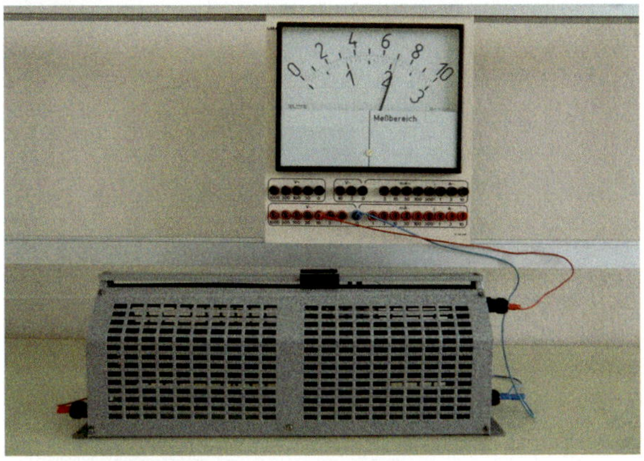

Abb. 1: Stellwiderstand

5. Berechnen Sie in der Schaltung in Abb. 2 bei geöffnetem Schalter S
a) die Teilspannungen über den Widerständen R_1 bis R_3,
b) den Widerstand R_2 und
c) das Spannungsverhältnis über R_1 und R_2.

Berechnen Sie bei geschlossenem Schalter S
d) die veränderte Stromstärke I,
e) die Spannungen U_1 und U_2 und
f) das Spannungsverhältnis über R_1 und R_2.

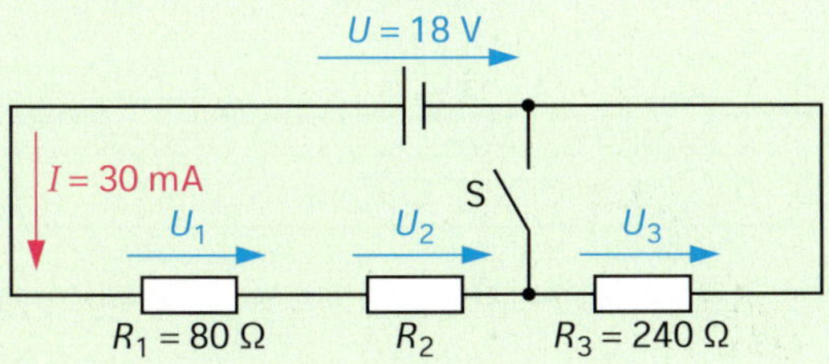

Abb. 2: Erweiterbarer Spannungsteiler

6. Ein Spannungsteiler besteht aus einem ohmschen Widerstand $R_1 = 5{,}1$ kΩ und einem Heißleiter R_2 mit dem Kaltwiderstand von $R_{2K} = 2{,}7$ kΩ. Durch den Anschluss an eine Spannungsquelle $U = 45$ V und die damit verbundene Eigenerwärmung sinkt dessen Widerstandswert auf $R_{2W} = 0{,}7$ kΩ. Berechnen Sie die Spannungen U_{2K} (kalt) und U_{2W} (warm).

7. Der Stellwiderstand in Abb. 3 hat einen Widerstandswert $R_g = 220$ Ω. Dieser Widerstand besitzt neben dem Anschluss S am einstellbaren Schleifer einen festen Mittelanschluss M. Zwischen diesen Kontakten S und M wird die Ausgangsspannung U_2 abgegriffen. Der Kontakt M wird als Bezugspotenzial festgelegt.
a) Berechnen Sie die Ausgangsspannungen U_2 für die eingestellten Widerstandswerte von R_2:
0 Ω; 55 Ω; 110 Ω; 130 Ω; 175 Ω; 220 Ω
b) Zeichnen Sie das Diagramm $U_2 = f(R_2)$.

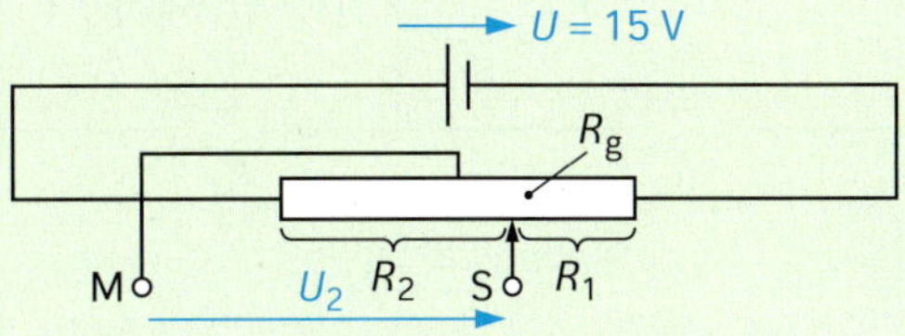

Abb. 3: Spannungsteiler mit Mittelanschluss

8. Berechnen Sie in der Schaltung in Abb. 4
a) die Spannungen zwischen den Anschlussklemmen A-B und B-C,
b) die Spannungsverhältnisse $U_g : U_1 : U_2 : U_3$ bei offenem Schalter und
c) die Spannung zwischen den Klemmen A-C bei geschlossenem Schalter S.

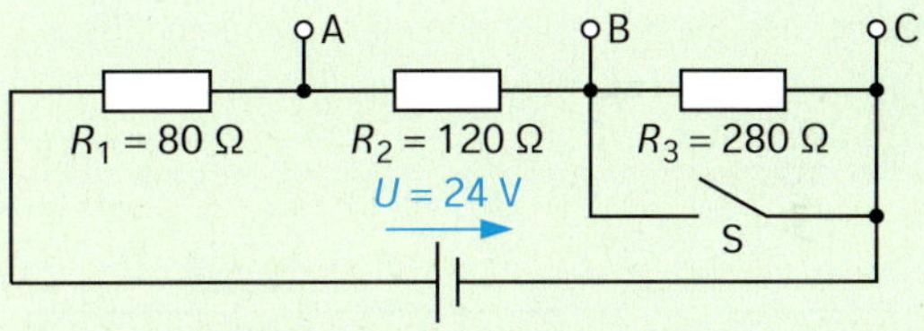

Abb. 4: Spannungsteiler mit Umschalter

9. In einer Spannungsteilerschaltung soll der Querstromfaktor $m \leq 5$ betragen. Die beiden Festwiderstände $R_1 = 140$ Ω und $R_2 = 80$ Ω werden an eine Spannungsquelle $U = 48$ V angeschlossen. Ein veränderbarer Lastwiderstand wird parallel zu R_2 geschaltet. Berechnen Sie die Grenzwerte für den Lastwiderstand R_L.

10. Berechnen Sie in der Schaltung in Abb. 5 die Ausgangsspannungen U_2 für die Schalterstellungen 1, 2 und 3.

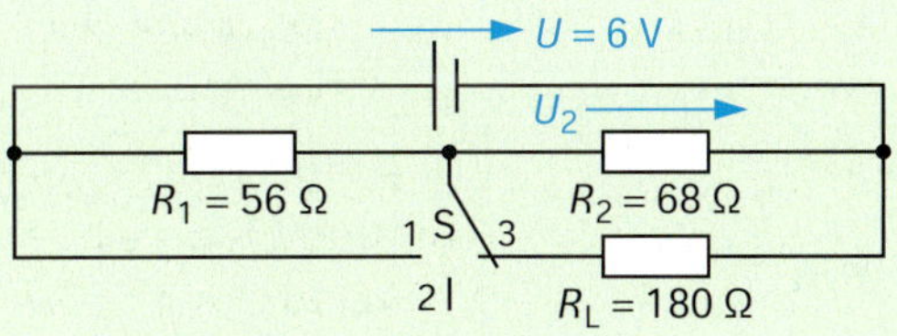

Abb. 5: Spannungsteiler mit Belastungen

2.12 Brückenschaltungen

Eine Brückenschaltung besteht aus zwei parallel geschalteten Spannungsteilern an einer gemeinsamen Spannungsquelle. Zwischen den Klemmen A und B befindet sich der Brückenzweig.

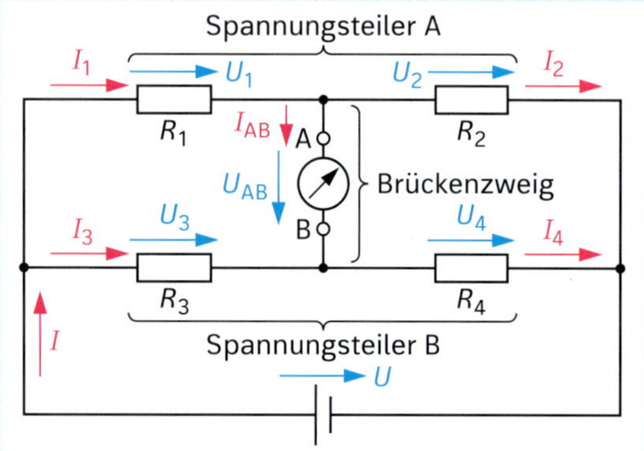

Fließt im Brückenzweig kein Strom, ist die **Brückenschaltung abgeglichen**.

$I_{AB} = 0\text{ A}$

$$\frac{R_1}{R_2} = \frac{R_3}{R_4} \qquad \frac{U_1}{U_2} = \frac{U_3}{U_4} \qquad U_{AB} = 0\text{ V}$$

Beispiel

Berechnen Sie die fehlenden elektrischen Größen U_2, I_3, R_2 und U_{AB} in der abgebildeten Schaltung.

Geg.:

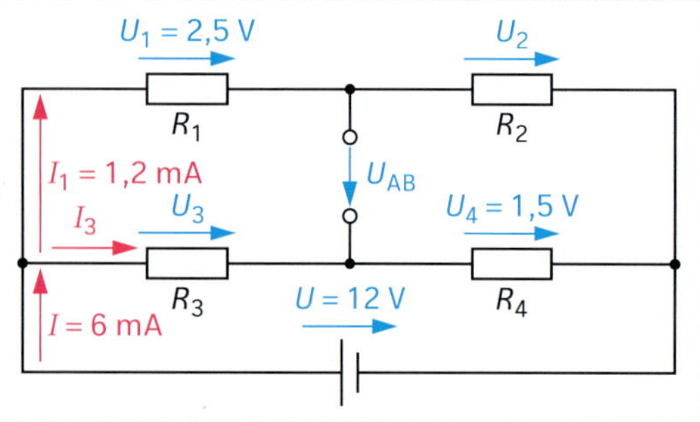

Ges.: a) U_2; b) I_3; c) R_2; d) U_{AB}

a) $U = U_1 + U_2$
$U_2 = U - U_1$
$U_2 = 12\text{ V} - 2{,}5\text{ V}$
$\underline{\underline{U_2 = 9{,}5\text{ V}}}$

b) $I = I_1 + I_3$
$I_3 = I - I_1$
$I_3 = 6\text{ mA} - 1{,}2\text{ mA}$
$\underline{\underline{I_3 = 4{,}8\text{ mA}}}$

c) $R_2 = \frac{U_2}{I_2}$
$R_2 = \frac{9{,}5\text{ V}}{1{,}2\text{ mA}}$
$\underline{\underline{R_2 = 7{,}9\text{ k}\Omega}}$

d) $U = U_1 + U_{AB} + U_4$
$U_{AB} = U - U_1 - U_4$
$U_{AB} = 12\text{ V} - 2{,}5 - 1{,}5\text{ V}$
$\underline{\underline{U_{AB} = 8\text{ V}}}$

Aufgaben

1. Die Widerstände $R_1 = 270\ \Omega$ und $R_2 = 56\ \Omega$ bilden den Spannungsteiler A. Für den Spannungsteiler B aus den Widerständen R_3 und R_4 ist nur $R_3 = 140\ \Omega$ bekannt. Die Brückenschaltung soll abgeglichen werden.
a) Skizzieren Sie die Schaltung.
b) Wie groß ist der zu verwendende Widerstand R_4?
c) Welchen Widerstandswert muss R_4 besitzen, wenn in der Schaltung R_1 gegen R_2 getauscht wird?

2. Berechnen Sie in der Brückenschaltung aus Abb. 1
a) die Spannungen über den Widerständen R_1 bis R_4,
b) die Brückenzweig-Spannung U_{AB},
c) die Stromstärken I, I_A, I_B und
d) den Gesamtwiderstand R_g.

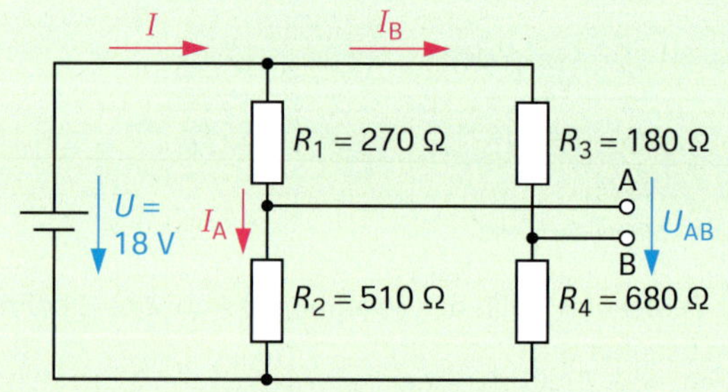

Abb. 1: Brückenschaltung als Parallelstruktur

3. Berechnen Sie für eine Brückenschaltung (Abb. 2) die kleinste und größte Brückenzweig-Spannung.

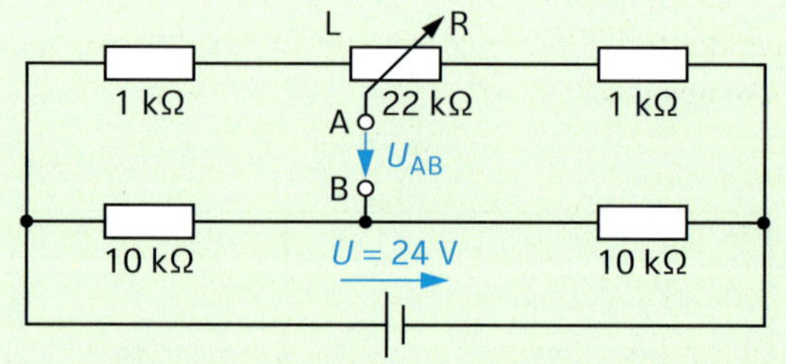

Abb. 2: Schaltung mit einstellbarer Brückenzweig-Spannung

4. In einer Brückenschaltung sind folgende Widerstände angeschlossen:
Spannungsteiler A: $R_1 = 270\ \Omega$ und $R_2 = 56\ \Omega$,
Spannungsteiler B: $R_3 = 140\ \Omega$ und $R_4 = 270\ \Omega$.
Die Gesamtspannung beträgt $U = 24$ V. Berechnen Sie
a) die Spannungen über den Widerständen R_1 und R_2,
b) die Spannungen über den Widerständen R_3 und R_4 sowie
c) die Brückenzweig-Spannung U_{AB}.

5. Calculate the voltage U_{AB} of the circuit in Fig. 3.

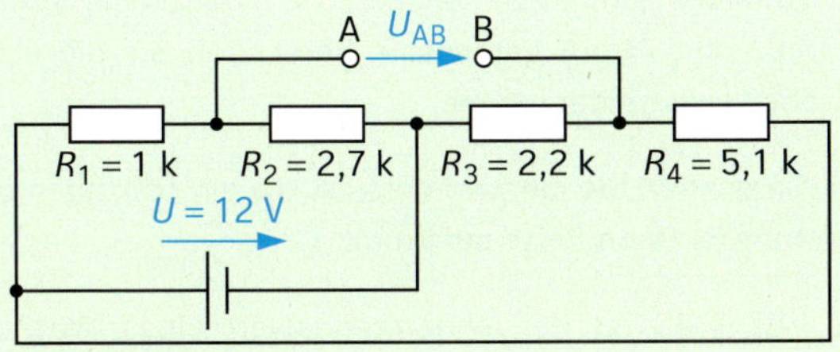

Fig. 3: Bridge circuit

6. Welchen Wert muss der Widerstand R_2 in der Schaltung in Abb. 4 besitzen, damit die Brückenschaltung abgeglichen ist?

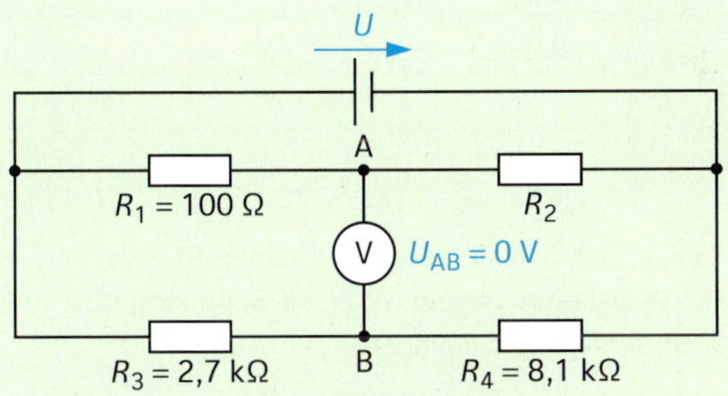

Abb. 4: Abgeglichene Brückenschaltung

7. In einer Brückenschaltung besitzen alle Widerstände mit $R = 270\ \Omega$ den gleichen Wert. Wie groß ist der Gesamtwiderstand?

8. Die Schaltung in Abb. 5 stellt eine vereinfachte Schleifdraht-Messbrücke nach Wheatstone dar. Auf welches Längenverhältnis $l_1 : l_2$ des Widerstandsdrahtes muss der Schleifer eingestellt werden, damit die Messbrücke abgeglichen ist?

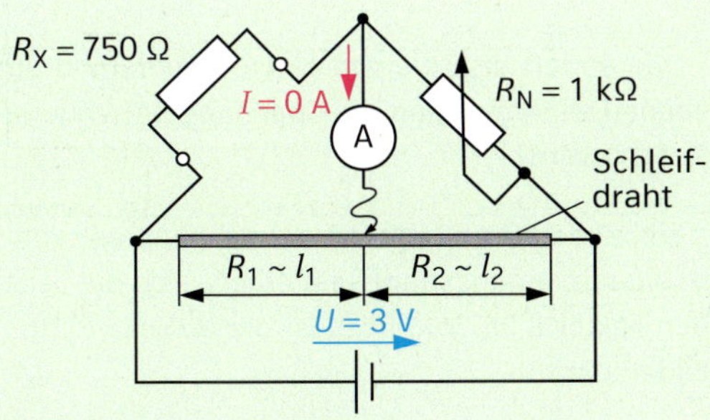

Abb. 5: Schleifdraht-Messbrücke

9. Eine Widerstands-Messbrücke (Abb. 5) hat bei Abgleich den eingestellten Wert $R_N = 100\ \Omega$ und am Schleifer das Widerstandsverhältnis $R_1/R_2 = 0{,}44$. Wie groß ist der auszumessende Widerstand R_X?

10. Die Widerstände $R_1 = 80\ \Omega$ und $R_2 = 200\ \Omega$ bilden in einer Brückenschaltung einen Spannungsteiler A. Der Spannungsteiler B wird durch eine Reihenschaltung der Widerstände $R_3 = 2$ kΩ und $R_4 = 5$ kΩ gebildet. Um welchen gleichen Widerstandswert müssen die Widerstände R_3 und R_4 erhöht werden, damit die Brückenschaltung abgeglichen ist?

11. Die Brückenschaltung in Abb. 6 wird an $U = 24$ V angeschlossen. Es sind gegeben: $U_1 = 5$ V, $U_4 = 3$ V, $I_1 = 2{,}4$ mA und $I_2 = 1{,}6$ mA. Berechnen Sie R_{AB} und R_3.

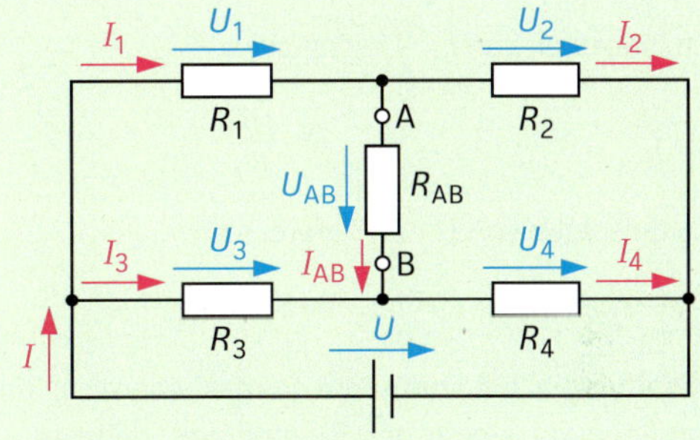

Abb. 6: Belastete Brückenschaltung

12. Für eine Temperaturmessung wird die Messbrücke mit einem Thermistor R_1 verwendet (Abb. 7). Die Schaltung liegt an $U = 24$ V. Bei 20 °C betragen die Widerstände: $R_{1K} = 5{,}7$ kΩ, $R_2 = 3{,}2$ kΩ, $R_3 = 2{,}2$ kΩ und $R_4 = 6{,}2$ kΩ.

a) Berechnen Sie die Spannung U_{AB} bei $\vartheta = 20$ °C.

b) Durch eine Erwärmung auf $\vartheta = 78$ °C verändert sich der Widerstand des Thermistors auf $R_{1W} = 0{,}95$ kΩ. Berechnen Sie die Brückenzweig-Spannung U_{AB}.

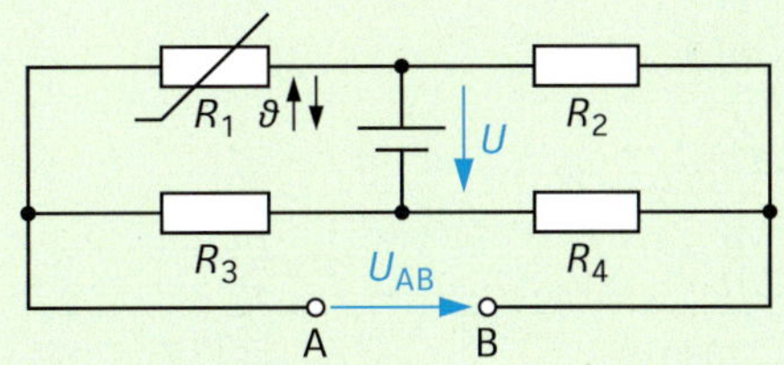

Abb. 7: Temperatur-Messbrücke

13. Um größere Veränderungen der Brückenzweig-Spannung zu erreichen, wird die Schaltung der Messbrücke (Abb. 7) verändert. Der ohmsche Widerstand R_4 wird durch einen mit R_1 typgleichen Thermistor ersetzt. Die Festwiderstände betragen $R_2 = R_3 = 2{,}2$ kΩ. Die Versorgungsspannung beträgt $U = 24$ V.

a) Berechnen Sie die Brückenzweig-Spannung U_{AB} bei 20 °C mit $R_1 = R_4 = 5{,}7$ kΩ.

b) Berechnen Sie die Brückenzweig-Spannung U_{AB} bei 78 °C mit $R_1 = R_4 = 0{,}95$ kΩ.

2.13 Elektrische Leistung

Die an einem Verbraucher umgesetzte elektrische Leistung P ist das Produkt aus der Spannung U über dem Verbraucher und der Stromstärke I, die durch den Verbraucher fließt.

$$P = U \cdot I$$

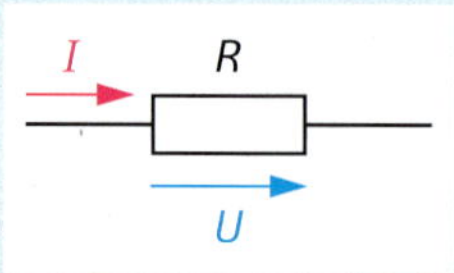

P: elektrische Leistung $[P] = \mathrm{V} \cdot \mathrm{A} = \mathrm{W}$ (Watt)

Durch Einsetzen von $I = \frac{U}{R}$ ergibt sich:

$$P = U \cdot \frac{U}{R} \qquad P = \frac{U^2}{R}$$

Durch Einsetzen von $U = I \cdot R$ ergibt sich

$$P = I \cdot R \cdot I \qquad P = I^2 \cdot R$$

In Schaltungen mit mehreren Verbrauchern ist die Gesamtleistung gleich der Summe der Teilleistungen!

$$P_{ges} = P_1 + P_2 + \ldots + P_n$$

Beispiel

Ein Heizwiderstand mit den Bemessungsgrößen 2000 W/230 V dient zur Erwärmung des Wassers in einer Waschmaschine. Berechnen Sie a) die Stromstärke und b) den Widerstandswert!

Geg.: $P = 2000\ \mathrm{W}$; $U = 230\ \mathrm{V}$

Ges.: a) I

b) R

a) $P = U \cdot I$

$$I = \frac{P}{U}$$

$$I = \frac{2000\ \mathrm{W}}{230\ \mathrm{V}}$$

$$\underline{\underline{I = 8{,}7\ \mathrm{A}}}$$

b) $P = \frac{U^2}{R}$

$$R = \frac{U^2}{P}$$

$$R = \frac{(230\ \mathrm{V})^2}{2000\ \mathrm{W}}$$

$$\underline{\underline{R = 26{,}45\ \Omega}}$$

Aufgaben

1. Bei einer Spannung von 24 V wird an einem Widerstand eine Stromstärke von 1,5 A gemessen. Wie groß ist die elektrische Leistung des Widerstandes?

2. Ein 2200-W-Heizwiderstand liegt an einer Spannung von 230 V. Wie groß ist die Stromstärke?

3. An einer Glühlampe liegen 230 V. Es wird eine Stromstärke von 174 mA gemessen. Berechnen Sie die elektrische Leistung der Lampe.

4. Berechnen Sie die Stromstärke, die ein Lötkolben der Leistung 30 W an 230 V aufnimmt.

5. Wie groß ist der Widerstandswert eines Wasserkochers der Leistung 2400 W, wenn er an 230 V betrieben wird?

6. Berechnen Sie die fehlenden Werte:

	a)	b)	c)
U	12 V		24 V
I	0,833 A	100 mA	
P		0,5 W	0,48 W
R			

7. Ein 2,2-kΩ-Widerstand auf einer Platine darf mit 0,125 W belastet werden. Welche Spannung darf maximal am Widerstand anliegen?

8. Eine Leitung mit 0,75 Ω Leitungswiderstand wird mit einer Stromstärke von 14,5 A belastet. Welche Leistung wird in der Leitung umgesetzt?

9. Ein Heizwiderstand nimmt beim Anschluss an 400 V eine Leistung von 4500 W auf.

a) Wie hoch ist sein Widerstandswert?

b) Welche Leistung nimmt er an 230 V auf?

10. Der elektrische Anschluss eines Warmwasserspeichers mit den Bemessungswerten 230 V/2 kW liegt an einer um 5 % verringerten Spannung. Berechnen Sie die tatsächliche Leistung des Warmwasserspeichers.

11. Wie ändert sich die von einem Widerstand aufgenommene Leistung, wenn die Spannung am Widerstand vervierfacht wird?

12. Ein Widerstand liegt an einer Spannung von 3 V. Durch eine Spannungsänderung erhöht sich die Leistung um den Faktor 6,25. Wie hoch ist die aktuelle Spannung am Widerstand?

13. Ein Widerstand mit den Bemessungsdaten 220 Ω/0,250 W soll als Vorwiderstand für eine Lampe verwendet werden.

a) Zeichnen Sie die Schaltung.

b) Berechnen Sie die maximal zulässige Spannung am Widerstand.

14. Zwei Widerstände ($R_1 = 220\ \Omega$, $R_2 = 430\ \Omega$) sind in Reihe an eine 12-V-Spannungsquelle angeschlossen.

a) Zeichnen Sie die Schaltung.

b) Berechnen Sie die Leistungsaufnahmen der Widerstände sowie die Gesamtleistung.

15. Zwei Widerstände (220 Ω, 430 Ω) sollen parallel an eine 12-V-Spannungsquelle angeschlossen werden. Es stehen Widerstände mit einer zulässigen Bemessungsleistung von 1/8 W, 1/4 W, 1/2 W und 1 W zur Verfügung. Welche Leistung ist jeweils mindestens zu wählen?

16. Zwei Widerstände ($R_1 = 470\ \Omega$, $R_2 = 330\ \Omega$) können mithilfe eines Umschalters in Reihe und parallel betrieben werden. Die Versorgungsspannung beträgt 12 V.

a) Zeichnen Sie die Schaltung für beide Schalterstellungen.

b) Berechnen Sie für beide Schalterstellungen die Stromstärken durch die Widerstände.

c) Welche Teilleistungen und welche Gesamtleistung werden in den beiden Schalterstellungen umgesetzt?

17. Eine Leuchtdiode soll an einer 24-V-Spannungsquelle betrieben werden (Abb. 1).

a) Berechnen Sie den erforderlichen Vorwiderstand.

b) Für welche Leistung muss der Widerstand mindestens ausgelegt sein?

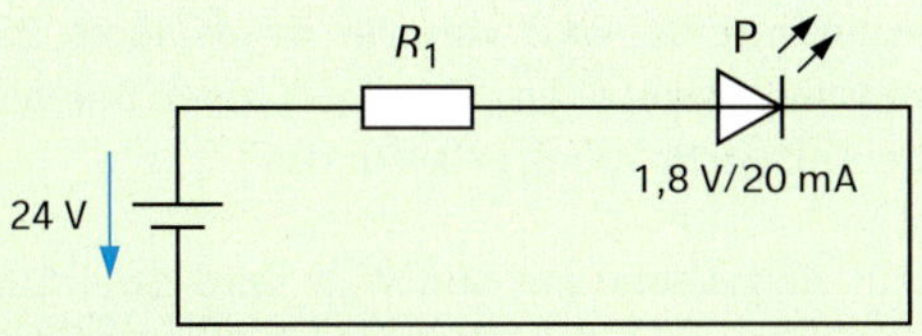

Abb. 1: LED mit Vorwiderstand

18. Eine Glühlampe 12 V/10 W soll an 24 V betrieben werden.

a) Zeichnen Sie die notwendige Schaltung.

b) Welchen Wert muss der Vorwiderstand haben?

c) Für welche Leistung muss der Vorwiderstand mindestens ausgelegt sein?

19. Ein Verbraucher nimmt bei einer Spannung von 230 V eine Leistung von 3 kW auf. In der Zuleitung zum Verbraucher befindet sich eine Verbindungsklemme, deren Widerstandswert sich durch äußere Einflüsse auf 2 Ω erhöht hat.

a) Berechnen Sie die Verlustleistung an der Schraubklemme.

b) Welche Leistung wird am Verbraucher und an der Verbindungsklemme zusammen umgesetzt?

20. Zwei Skalenlampen 6 V/0,48 W werden über einen Vorwiderstand an einer Spannung von 12 V betrieben (Abb. 2).

a) Berechnen Sie den erforderlichen Wert des Vorwiderstandes.

b) Für welche Leistung muss der Vorwiderstand mindestens ausgelegt sein?

c) Welchen Widerstandswert haben die Skalenlampen bei den angegebenen Betriebsdaten?

d) Beurteilen Sie die Schaltung für den Fall, dass eine der Skalenlampen durchbrennt. Ermitteln Sie hierzu die neuen Spannungs-, Stromstärke- und Leistungswerte der verbleibenden Lampe.

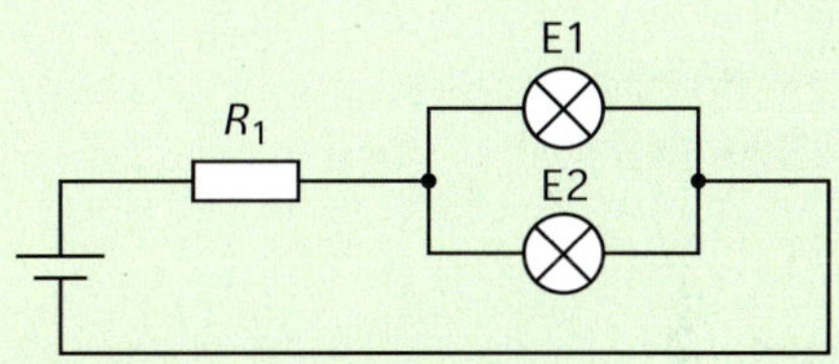

Abb. 2: Skalenlampen mit Vorwiderstand

21. Abb. 3 zeigt drei der sechs Schaltstufen einer Kochplatte (Siebentaktschaltung). Zwischen L1 und N liegen 230 V. Die Widerstandswerte betragen $R_1 = 176\ \Omega$, $R_2 = 151\ \Omega$ und $R_3 = 62\ \Omega$.

a) Zeichnen Sie die Schaltstufe 3 in aufgelöster Darstellung.

b) Berechnen Sie für Stufe 3 die Gesamtleistung.

c) Skizzieren Sie für Stufe 1 die vereinfachte Schaltung und berechnen Sie die Gesamtleistung.

d) Skizzieren Sie für Stufe 5 die vereinfachte Schaltung und berechnen Sie die Gesamtleistung.

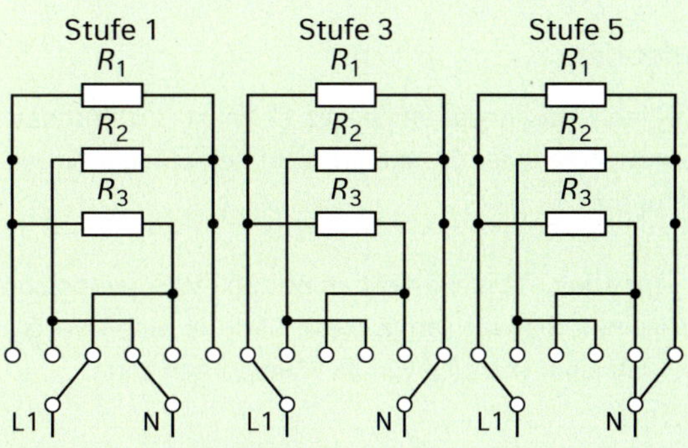

Abb. 3: Siebentaktschaltung

22. Ein Halogenbaustrahler (230 V/500 W) wird über eine 50 m lange Verlängerungsleitung (1,5 mm²; Cu) angeschlossen. Berechnen Sie die auf der Verlängerungsleitung anfallende Verlustleistung.

2.14 Elektrische Arbeit und Energie

Wird eine elektrische Leistung P über eine bestimmte Zeit t erbracht, so wird elektrische Arbeit W verrichtet bzw. elektrische Energie E umgesetzt ($W = E$).

$W = P \cdot t$ $\quad$ $W = U \cdot I \cdot t$ $\quad$ $W = \frac{n}{c_Z}$

$K = W \cdot k$

W: elektrische Arbeit $\quad [W] = \text{V} \cdot \text{A} \cdot \text{s}$

$[W] = 1\ \text{Ws} = 1\ \text{J}$ (Joule)

K: Gesamtenergiekosten

k: Tarif $\quad [k] = \frac{€}{\text{kWh}}$

n: Umdrehungen

c_Z: Zählerkonstante $\quad [c_Z] = \frac{1}{\text{kWh}}$

Beispiel

Ein Halogenstrahler mit einer Leistung von 500 W wird eine Nacht lang betrieben (14 Stunden).

a) Berechnen Sie die erbrachte elektrische Arbeit.

b) Wie hoch sind die Energiekosten, wenn der Tarif 22 ct pro kWh beträgt?

Geg.: $P = 500\ \text{W}$; $t = 14\ \text{h}$; $k = 22\ \text{ct/kWh}$

Ges.: a) W

b) K

a) $W = P \cdot t$

$W = 500\ \text{W} \cdot 14\ \text{h}$

$W = 7000\ \text{Wh}$

$\underline{\underline{W = 7\ \text{kWh}}}$

b) $K = W \cdot k$

$K = 7\ \text{kWh} \cdot 22\ \frac{\text{ct}}{\text{kWh}}$

$K = 154\ \text{ct}$

$\underline{\underline{K = 1{,}54\ €}}$

Aufgaben

1. Eine Energiesparlampe mit 11 W ist 3,5 Stunden in Betrieb. Berechnen Sie die erbrachte elektrische Arbeit in Wh und J.

2. In einer 12-V-Batterie sind 900 Wh gespeichert. Berechnen Sie, wie lange diese Batterie einen Verbraucher mit einer Leistung von 25 W versorgen kann.

3. Berechnen Sie die fehlenden Größen!

	a)	b)	c)	d)
P	300 W		2,5 kW	
t	20 s	1 min		1200 s
W		300 Ws	13,75 kWh	2,5 kWh

4. Ein Warmluftgebläse verrichtet in 20 Minuten eine elektrische Arbeit von 400 Wh. Berechnen Sie die Leistung des Warmluftgebläses.

5. Durch eine Glühlampe fließt ein Strom der Stärke 0,26 A, wenn sie an eine Spannung von 230 V angeschlossen wird. Die Glühlampe ist 5,75 Stunden in Betrieb. Berechnen Sie die erbrachte elektrische Arbeit.

6. A current of 750 mA flows through a resistor. The applied voltage is 12 V. Which electric power is dissipated within five hours?

7. Für die elektrische Beheizung einer Weiche sind zehn Heizstäbe zu je 1500 W notwendig. Berechnen Sie die Heizkosten der Weiche, wenn die Heizung im Winter 31 volle Tage in Betrieb ist. Die Kilowattstunde kostet 14 ct.

8. Ein mobiler Datenlogger zur Umweltdatenerfassung wird über eine Powerbank mit Energie versorgt. Die Powerbank hat eine Speicherkapazität von 5000 mAh. Dies reicht für eine Laufzeit von 14 Tagen und 4 Stunden. Durch ein Softwareupdate reduziert sich die durchschnittliche Stromaufnahme der Schaltung um 5 mA. Wie lange ist nun die Laufzeit des Datenloggers?

9. Eine Glühlampe, die an einer 12-V-Spannungsquelle angeschlossen ist, wird von der Stromstärke 250 mA durchflossen. Berechnen Sie die in zwei Stunden erbrachte elektrische Arbeit in Wh und in J.

10. Ein Heizwiderstand von 70 Ω wird zwei Stunden lang an 230 V betrieben. Berechnen Sie die erbrachte elektrische Arbeit.

11. Ein Widerstand $R = 3\ \text{k}\Omega$ setzt innerhalb einer Stunde eine elektrische Energie von 690 J um. Berechnen Sie die Spannung am Widerstand.

12. Ein 1,2-V-Akku besitzt eine Ladung von 2200 mAh. Berechnen Sie die gespeicherte Energie des Akkus in Joule.

13. Eine LED wird mit einem 200 Ω-Widerstand in Reihe an einem 4,8 V-Akku betrieben. Hierbei liegt an der Diode eine Spannung von 1,8 V an. Der Akku hat eine Kapazität von 2000 mAh.

a) Zeichnen Sie die Schaltung mit allen Bauteilen.

b) Berechnen Sie die Stromstärke in der Schaltung.

c) Welche Leistung wird in dem Widerstand umgesetzt?

d) Wie lange kann die LED an dem Akku rechnerisch betrieben werden?

14. Die Beleuchtung eines Raumes besteht aus 12 Glühlampen zu je 60 W. Die benötigte elektrische Energie wird mithilfe eines Wechselstromzählers erfasst. Der Zähler hat eine Zählerkonstante c_Z von 375 $\frac{1}{\text{kWh}}$.

a) Berechnen Sie die benötigte elektrische Energie für eine Beleuchtungsdauer von sechs Stunden.

b) Wie viele Umdrehungen macht die Zählerscheibe in diesem Zeitraum?

c) Die Glühlampen sollen durch 11-W-Energiesparlampen ersetzt werden. Berechnen Sie die eingesparten Energiekosten eines Jahres. Gehen Sie hierbei von einer durchschnittlichen täglichen Betriebsdauer von 4 Stunden aus. Die Kosten für eine Kilowattstunde betragen 24 ct.

15. In einem Raum werden 16 vorhandene 50-W-Halogen-Deckenstrahler durch 5,5 W-LED-Strahler ausgetauscht.

a) Um welchen Betrag reduziert sich die Stromstärke?

b) Wie viel Energie lässt sich sparen, wenn das Licht im Jahr 300 Stunden eingeschaltet ist?

c) Wie hoch ist die Energiekosteneinsparung nach 5 Jahren Betriebsdauer, bei einem Tarif von 31 ct/kWh?

16. Berechnen Sie die fehlenden Größen.

	a)	b)	c)	d)
U	12 V	230 V	24 V	
I	200 mA			
R			1,2 kΩ	125 Ω
P		75 W		
t	24 h			600 min
W		657 kWh	528 J	12,8 kWh

17. Eine 230 V-Wallbox stellt eine Leistung von 3,7 kW bereit. Ein E-Auto mit 52 kWh Akkukapazität wird geladen.

a) Wie hoch ist die Stromstärke in der Zuleitung bei der angegebenen Leistung?

b) Wie lange dauert der Ladevorgang, um den Ladezustand von 20 % auf 80 % zu erhöhen? Berechnen Sie die Zeit in Stunden und Minuten.

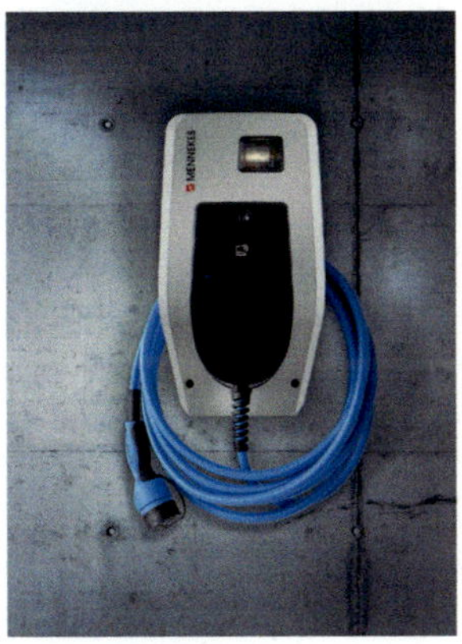

Abb. 1: Wallbox

18. Eine alte Umwälzpumpe einer Heizung wird gegen eine moderne Pumpe getauscht. Die Austauschkosten betragen 350 Euro. Die alte Pumpe hatte eine Leistungsaufnahme von 84 W. Die neue Pumpe benötigt nur noch 13 W. Nach welcher Zeit haben sich die Umrüstungskosten bei einer Jahreslaufzeit von 5000 Stunden amortisiert wenn der Tarif 31 ct/kWh beträgt?

19. Ein Verbraucher mit einem Betriebswiderstand von 150 Ω wird ganzjährig rund um die Uhr an einer Steckdose betrieben. Die Betriebsspannung an der Steckdose kann im Bereich von ± 10 % abweichen. In welchem Bereich können die Energiekosten, bei einem Tarif von 30 ct/kWh, liegen?

20. Ein PTC-Widerstand wird mit einem Festwiderstand von R = 75 Ω in Reihe betrieben. Welche elektrische Leistung entnimmt die Schaltung einer 12 V-Spannungsquelle bei

a) einer Temperatur des PTC von 50 °C und

b) einer Temperatur des PTC von 150 °C.

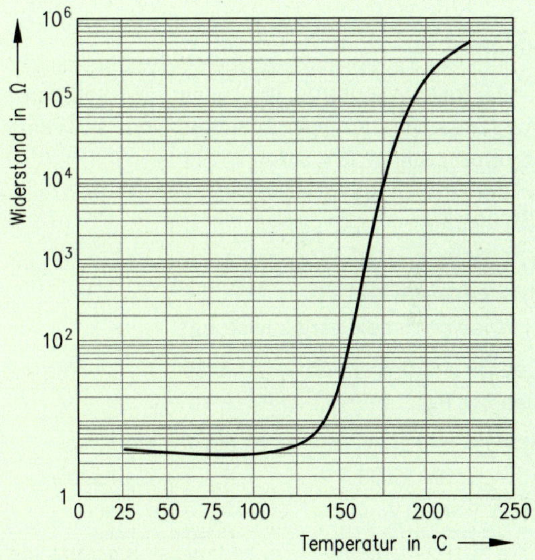

Abb. 2: Kennlinie PTC

21. Der Akku eines E-Bikes besitzt einen Energiegehalt von 800 Wh. Die Spannung des Akkus beträgt 36 V.

a) Berechnen Sie die Kapazität des Akkus in Ah.

b) Der Akku kann mit einem Compact-Charger innerhalb von 2,6 Stunden auf 50 % aufgeladen werden. Wie hoch ist der durchschnittliche Ladestrom?

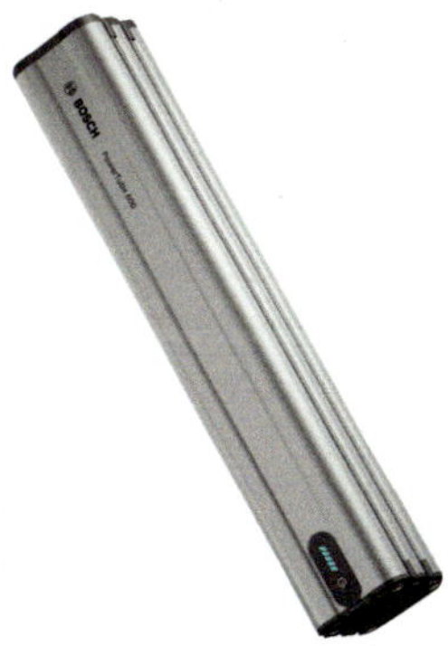

Abb. 3: Fahrrad-Akku

2.15 Wirkungsgrad

Als Wirkungsgrad η bezeichnet man das Verhältnis zwischen der abgeführten Leistung P_{ab} und der zugeführten Leistung P_{zu}.
Hierbei ist P_{ab} immer um die Verlustleistung P_v kleiner als P_{zu}.

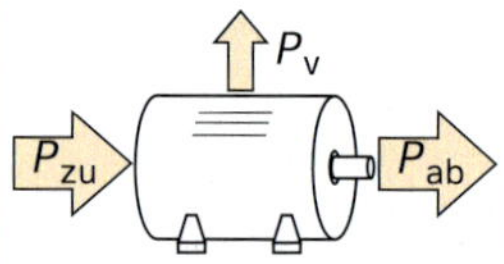

$$\eta = \frac{P_{ab}}{P_{zu}}$$

$$P_{zu} = P_{ab} + P_v$$

η: Wirkungsgrad (eta)

Der Wert des Wirkungsgrades η liegt zwischen 0 und 1 bzw. zwischen 0 % und 100 %.
Der Gesamtwirkungsgrad eines Systems ergibt sich aus der Multiplikation der Einzelwirkungsgrade.

$$\eta_g = \eta_1 \cdot \eta_2 \cdot ... \cdot \eta_n$$

Beispiel

Ein Gleichstrommotor mit einem Wirkungsgrad von 0,85 nimmt an einer Spannung von 120 V einen Strom der Stärke 36 A auf.

a) Berechnen Sie die aufgenommene elektrische Leistung.
b) Wie groß ist die abgegebene mechanische Leistung an der Welle?
c) Wie hoch ist die Verlustleistung?

Geg.: $U = 120\ \text{V}$; $I = 36\ \text{A}$; $\eta = 0{,}85$
Ges.: a) P_{zu}; b) P_{ab}; c) P_v

a) $P_{zu} = U \cdot I$
$P_{zu} = 120\ \text{V} \cdot 36\ \text{A}$
$\underline{\underline{P_{zu} = 4320\ \text{W}}}$

b) $P_{ab} = \eta \cdot P_{zu}$
$P_{ab} = 0{,}85 \cdot 4320\ \text{W}$
$\underline{\underline{P_{ab} = 3672\ \text{W}}}$

c) $P_v = P_{zu} - P_{ab}$
$P_v = 4320\ \text{W} - 3672\ \text{W}$
$\underline{\underline{P_v = 648\ \text{W}}}$

Aufgaben

1. Ein Elektromotor gibt eine mechanische Leistung von 2100 W ab. Er nimmt hierbei eine elektrische Leistung von 2400 W auf. Berechnen Sie den Wirkungsgrad des Motors.

2. Ein Transformator hat einen Wirkungsgrad von 0,95. Wie hoch ist die abgegebene Leistung bei einer zugeführten Leistung von 2 kW?

3. Ein Ringkerntransformator gibt eine Leistung von 200 W ab. Berechnen Sie die zugeführte Leistung bei einem Wirkungsgrad von 92 %.

4. Berechnen Sie den Gesamtwirkungsgrad eines Dieselaggregats. Der Motor hat einen Wirkungsgrad von 37 % und der des Generators beträgt 85 %.

5. The efficiency of a transformer is 0.74. Calculate the power loss if the output power is 15 W.

6. Eine LED-Leuchte setzt sich zusammen aus dem Vorschaltgerät, der LED und der Optik. Das Vorschaltgerät hat einen Wirkungsgrad von 90 %, die LED von 40 % und die Optik von 95 %. Berechnen Sie den Gesamtwirkungsgrad der LED-Leuchte.

7. Ein Gleichstrommotor wird über einen vorgeschalteten Gleichrichter betrieben. Der Wirkungsgrad des Gleichrichters ist mit 0,98 angegeben. Der Motor gibt im Betrieb eine mechanische Leistung von 1,5 kW ab. Wie hoch ist der Wirkungsgrad des Motors, wenn der Gleichrichter an einer 230-V-Spannungsversorgung einen Strom von $I = 8{,}12$ A aufnimmt?

8. Um einen Liter Wasser von 15 °C auf 95 °C zu erwärmen, benötigt man eine Energie von 93 Wh. Ein Induktionsherd erwärmt dieses Wasser mit einem Wirkungsgrad von 70 %. Berechnen Sie die benötigte elektrische Energie.

9. In einem Technikraum befindet sich ein Transformator mit einem Wirkungsgrad von 97 %. Der Transformator gibt ausgangsseitig eine Leistung von 150 kW ab. Wie hoch ist die stündliche Verlustenergie, in Form von Abwärme an den Technikraum?

10. Im Sekundärkreis eines Transformators mit einer Ausgangsspannung von 5 V fließen bei angeschlossenem Verbraucher 150 mA. Eingangsseitig wird eine Spannung von 230 V und eine Stromstärke von 10,9 mA gemessen. Berechnen Sie den Wirkungsgrad des Transformators.

11. Ein 1,5 kW-Gleichstrommotor nimmt an einer Spannungsversorgung von 230 V einen Strom der Stärke 9 A auf. Berechnen Sie den Wirkungsgrad des Motors.

12. Die Nennstromstärke eines 12-V-Schaltnetzteils beträgt 3,5 A. Berechnen Sie die Stromstärke auf der Netzseite, wenn das Schaltnetzteil einen Wirkungsgrad von 0,85 hat.

13. Abb. 1 zeigt das Blockschaltbild einer unterbrechungsfreien Stromversorgung (USV). Der Wirkungsgrad des Gleichrichters beträgt 0,98 und der des Wechselrichters 0,95. Berechnen Sie die auftretende Verlustleistung der USV, wenn diese im Betrieb 12 kW an die angeschlossenen Verbraucher abgibt.

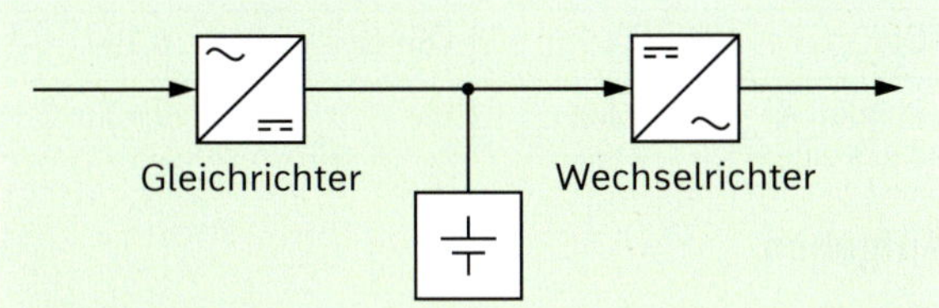

Abb. 1: USV

14. Ein 700-W-PC-Netzteil wird in einem Zertifizierungsprozess auf seinen Wirkungsgrad getestet. Die folgenden Messreihen für unterschiedliche Belastungen wurden durchgeführt. Berechnen Sie jeweils die Eingangs- und Ausgangsleistung sowie den Wirkungsgrad des Netzteils.

Belastung	Eingang	Ausgang (DC)				
10 %	230 V 0,35 A	12,17 V 4,83 A	11,52 V 0,02 A	3,4 V 1,3 A	5,08 V 1,3 A	5,12 V 0,21 A
20 %	230 V 0,68 A	12,16V 9,67 A	11,49 V 0,05 A	3,4 V 2,6 A	5,08 V 2,58 A	5,11 V 0,42 A
50 %	230 V 1,70A	12,14 V 24,24 A	11,5 V 0,12 A	3,4 V 6,52 A	5,07 V 6,44 A	5,09 V 1,03 A
100 %	230 V 3,58 A	12,1 V 48,42 A	11,69 V 0,25 A	3,39 V 13,04 A	5,06 V 12,89 A	5,05 V 2,08 A

15. Ein Kran hebt eine Last von 1,5 t innerhalb von 10 s um 5 m an. Der Wirkungsgrad der mechanischen Elemente liegt bei 95 % und der des Elektromotors bei 97 %. Berechnen Sie die elektrische Leistungsaufnahme.

16. Eine Pumpanlage besteht aus einer Drehkolbenpumpe und einem Elektromotor. Sie fördert 150 m^3 Schmutzwasser pro Stunde über eine Höhendifferenz von 15 m. Die Pumpe hat hierbei einen Wirkungsgrad von 0,73 und der Elektromotor einen Wirkungsgrad von 0,85.

a) Berechnen Sie die dabei von der Pumpe abgegebene Leistung.
b) Wie hoch ist die abgegebene Leistung des Elektromotors?
c) Welche Leistung nimmt der Motor auf?
d) Wie hoch ist der Gesamtwirkungsgrad von Pumpe und Elektromotor?
e) Berechnen Sie die Gesamtverlustleistung.

17. Für ein Rechenzentrum wird eine neue unterbrechungsfreie Stromversorgung (USV) angeschafft. Dadurch wird der Gesamtwirkungsgrad von 93 % auf 96,5 % verbessert. Das Rechenzentrum wird von der USV im Jahresdurchschnitt mit durchschnittlich 550 kW versorgt. Berechnen Sie die jährliche Energiekosteneinsparung bei einem Tarif von 17 ct/kWh.

Abb. 2: USV Rechenzentrum

18. In einem Gerätetest erwärmt ein Wasserkocher 1,5 l Wasser von 20 °C auf 95 °C. Für die Erwärmung sind 93 Wh notwendig. Der Kocher (230 V/9,13 A) erwärmt das Wasser innerhalb von 4 Minuten und 27 Sekunden. Berechnen Sie den Wirkungsgrad des Wasserkochers.

19. Ein Pumpspeicherkraftwerk arbeitet mit einer Francis-Turbine. Diese hat einen Wirkungsgrad von 92 %. Der Wirkungsgrad des angekoppelten Generators beträgt 98 % und die des Transformators 99 %. Die Fallrohrverluste sind mit 5 % angesetzt. Berechnen Sie die gewonnene elektrische Energie für 3 Stunden, wenn die Fallhöhe 210 m und die Durchflussmenge 10 m^3/s beträgt.

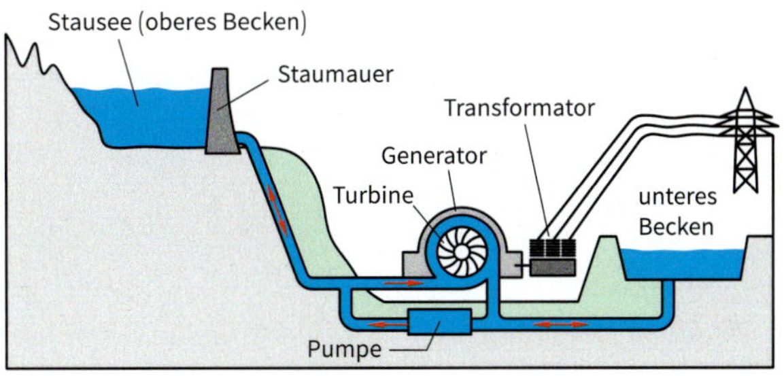

Abb. 3: Pumpspeicherkraftwerk

20. Ein Dieselaggregat hat eine Motorleistung von 650 kW. Bei einer Auslastung von 75 % ist der Dieselverbrauch mit 109 Liter pro Stunde angegeben. Dieselkraftstoff hat einen Brennwert von 10,4 kWh pro Liter. Berechnen Sie den Wirkungsgrad des Dieselaggregats.

2.16 Wärmemenge

Um einen Körper zu erwärmen, muss ihm eine Wärmemenge Q zugeführt werden. Diese ist abhängig von der Masse m, der spezifischen Wärmekapazität c des Materials und der Temperaturdifferenz $\Delta\vartheta$ des Körpers.

$$Q = m \cdot c \cdot \Delta\vartheta \qquad \Delta\vartheta = \vartheta_2 - \vartheta_1$$

Q: Wärmemenge $[Q] = 1\ \text{Ws} = 1\ \text{J}$ (Joule)
m: Masse $[m] = \text{kg}$
c: spezifische Wärmekapazität $[c] = \frac{\text{kJ}}{\text{kg} \cdot \text{K}}$
$\Delta\vartheta$: Temperaturdifferenz (Delta Theta) $[\Delta\vartheta] = \text{K}$
ϑ_1: Anfangstemperatur $[\vartheta_1] = {}^\circ\text{C}$ bzw. K
ϑ_2: Endtemperatur $[\vartheta_2] = {}^\circ\text{C}$ bzw. K

Mischvorgänge

Durch Mischung zweier Stoffmengen/Flüssigkeiten mit $c_1 = c_2$ ergibt sich ein Gemisch mit einer Temperatur ϑ_m. Für den Mischvorgang gelten die folgenden Beziehungen:

$$m_m = m_1 + m_2$$

$$m_m \cdot \vartheta_m = m_1 \cdot \vartheta_1 + m_2 \cdot \vartheta_2$$

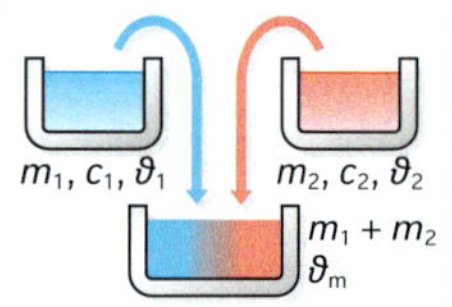

Beispiel

In einem Boiler befinden sich 10 l Wasser mit einer Temperatur von 15 °C. Das Wasser wird auf 50 °C erhitzt.

a) Welche Wärmemenge wird dem Wasser zugeführt (ohne Wärmeverluste)?

b) Welche Temperatur stellt sich ein, wenn das Wasser aus dem Boiler mit 2 l Leitungswasser (15 °C) gemischt wird?

Geg.: $m_1 = 10\ \text{kg}$; $\vartheta_1 = 15\ {}^\circ\text{C}$; $\vartheta_2 = 50\ {}^\circ\text{C}$; $m_2 = 2\ \text{kg}$

Ges.: a) Q; b) ϑ_m

a) $\Delta\vartheta = \vartheta_2 - \vartheta_1$ $\quad Q = m_1 \cdot c \cdot \Delta\vartheta$

$\Delta\vartheta = 50\ {}^\circ\text{C} - 15\ {}^\circ\text{C}$ $\quad Q = 10\ \text{kg} \cdot 4{,}19 \frac{\text{kJ}}{\text{kg} \cdot \text{K}} \cdot 35\ \text{K}$

$\underline{\Delta\vartheta = 35\ \text{K}}$ $\quad \underline{\underline{Q = 1465{,}45\ \text{kJ}}}$

b) $m_m = m_1 + m_2$ $\quad \vartheta_m = \frac{m_1 \cdot \vartheta_1 + m_2 \cdot \vartheta_2}{m_m}$

$m_m = 10\ \text{kg} + 2\ \text{kg}$ $\quad \vartheta_m = \frac{10\ \text{kg} \cdot 50\ {}^\circ\text{C} + 2\ \text{kg} \cdot 15\ {}^\circ\text{C}}{12\ \text{kg}}$

$\underline{m_m = 12\ \text{kg}}$ $\quad \underline{\underline{\vartheta_m = 44\ {}^\circ\text{C}}}$

Spezifische Wärmekapazitäten ausgesuchter Materialien			
Material	c $\left(\frac{\text{kJ}}{\text{kg} \cdot \text{K}}\right)$	Material	c $\left(\frac{\text{kJ}}{\text{kg} \cdot \text{K}}\right)$
Wasser	4,190	Eisen	0,466
Öl	2,090	Kupfer	0,390
Aluminium	0,899	Blei	0,130

Aufgaben

1. Das Wasser in einem 600 l umfassenden Speicher wird von 20 °C auf 80 °C erwärmt. Berechnen Sie die zugeführte Wärmemenge.

2. Fünf Liter Wasser werden mit der Wärmemenge 1508 kJ erhitzt. Berechnen Sie die Endtemperatur, wenn das Wasser zu Beginn eine Temperatur von 18 °C hatte.

3. Eine Flüssigkeit mit einer Masse von 2,5 kg wird von 24 °C auf 40 °C erwärmt. Hierfür sind 83,6 kJ notwendig. Um welche Flüssigkeit handelt es sich?

4. The heat's quantity of 486 kJ is absorbed by a block of copper with a mass of 20 kg. Determine the starting temperature if the copper is heated to 85 °C.

5. In einem Transformator befinden sich 0,135 t Öl. Berechnen Sie die aufgenommene Wärmemenge, wenn sich das Öl von 25 °C auf 90 °C erwärmt.

6. 10 l Wasser mit einer Temperatur von 80 °C werden mit 1,5 l Wasser (12 °C) gemischt. Berechnen Sie die Mischtemperatur.

7. In einer Badewanne befinden sich 80 l Wasser mit einer Temperatur von 55 °C. Wie viel kaltes Wasser (15 °C) muss hinzugefügt werden, damit sich eine Temperatur von 48 °C einstellt?

8. Ein Durchlauferhitzer wird innerhalb von 7 Minuten von 50 l Leitungswasser durchströmt. Hierbei wird das Wasser von 10 °C auf 45 °C erhitzt.

a) Berechnen Sie die zugeführte Wärmemenge.

b) Welcher elektrischen Arbeit entspricht dies ($\eta = 1$)?

c) Berechnen Sie die notwendige elektrische Leistung.

9. Ein 2-kW-Warmwasserspeicher soll 11 °C kaltes Leitungswasser auf 50 °C erwärmen. Berechnen Sie, wie lange es dauert, um fünf Liter zu erwärmen. Wärmeverluste sind nicht zu berücksichtigen.

3 Spannungs- und Stromquellen

3.1 Innenwiderstand und Kennlinien

3.1.1 Innenwiderstand

Bei realen Spannungsquellen ist die Klemmenspannung von deren Belastung abhängig.

Ersatzschaltbild

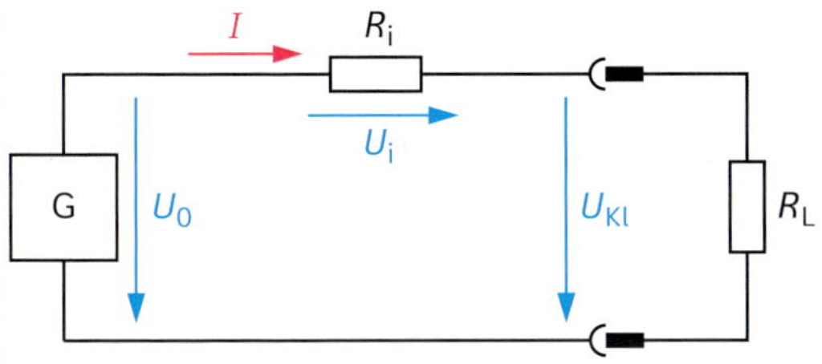

$U_0 = U_i + U_{Kl}$

$U_{Kl} = U_0 - R_i \cdot I$

$I = \frac{U_0}{R_i + R_L}$

$R_i = \frac{U_i}{I}$

$I_K = \frac{U_0}{R_i}$

U_0:	Leerlaufspannung	$[U_0] = V$
U_{Kl}:	Klemmenspannung	$[U_{Kl}] = V$
R_i:	Innenwiderstand	$[R_i] = \Omega$
R_L:	Lastwiderstand	$[R_L] = \Omega$
I_K:	Kurzschlussstrom	$[I_K] = A$
U_i:	Spannung am Innenwiderstand	$[U_i] = V$

Beispiel

Die Spannungsversorgung eines Durchgangsprüfers besteht aus einer 4,5-V-Flachbatterie (3LR12). Die Leerlaufspannung der Zelle beträgt 4,8 V und der Innenwiderstand beträgt 810 mΩ. Bestimmen Sie

a) die Klemmenspannung bei einer Laststromstärke von 10 mA und

b) die rechnerisch mögliche Kurzschlussstromstärke.

Geg.: $U_0 = 4{,}8$ V; $R_i = 810$ mΩ; $I = 10$ mA

Ges.: a) U_{Kl}; b) I_K

a) $U_{Kl} = U_0 - R_i \cdot I$

$U_{Kl} = 4{,}8\ \text{V} - 0{,}81\ \Omega \cdot 0{,}01\ \text{A}$

$\underline{\underline{U_{Kl} = 4{,}79\ \text{V}}}$

b) $I_K = \frac{U_0}{R_i}$

$I_K = \frac{4{,}8\ \text{V}}{0{,}81\ \Omega}$

$\underline{\underline{I_K = 5{,}9\ \text{A}}}$

Aufgaben

1. In einer Telekommunikationsanlage wird ein 12-V-Blei-Akkumulator mit einer Leerlaufspannung $U_0 = 13{,}2$ V eingesetzt. Die Laststromstärke bei einem Netzausfall beträgt 1,4 A. Der Hersteller gibt in seinem Datenblatt eine Kurzschlussstromstärke von 305 A an.
Bestimmen Sie

a) den Innenwiderstand und

b) die Klemmenspannung der Spannungsquelle.

2. Die Herstellerdaten für eine 9-V-Primärzelle mit der IEC-Kennung 6LR61 lauten:
Nennspannung $U_N = 9$ V; Leerlaufspannung $U_0 = 9{,}6$ V; Innenwiderstand $R_i = 1700$ mΩ

a) Wie groß ist die Klemmenspannung U_{Kl} bei einer Belastung mit 100 Ω und

b) die Kurzschlussstromstärke der Batterie?

3. A Lithium Polymer Battery with a nominal voltage of 3.7 V is used in an emergency power supply. The closed-circuit voltage (CCV) of the cell is 4.1 V. The discharge current is 1.2 A and the voltage drop is 0.15 V. Determine

a) the open-circuit voltage (OCV),

b) the internal resistance,

c) the short-circuit current and

d) the power.

4. Wird eine LR14-Zelle ($U_N = 1{,}5$ V) mit einem 3,0-Ω-Widerstand belastet, so sinkt die Klemmenspannung um 0,1 V auf den Nennwert. Der Innenwiderstand beträgt laut Herstellerangabe 200 mΩ. Welche Stromstärke muss die Energiequelle liefern und wie groß ist die Klemmen- und die Leerlaufspannung?

5. Liefert eine 1,4-V-Knopfzelle eine Laststromstärke von 40 mA, so sinkt die Zellenspannung von 1,5 V auf 1,2 V.

a) Ermitteln Sie den Innen- und den Lastwiderstand.

b) Wie groß ist die rechnerische Kurzschlussstromstärke?

6. Eine LED-Notbeleuchtung soll mit einer 6-V-Sekundärzelle als Ersatzspannungsquelle ausgerüstet werden. Die Leerlaufspannung liegt bei 6,5 V. Um den Notbetrieb nicht zu gefährden, darf die Klemmenspannung im Betrieb nur um 6 % sinken. Die Leuchtenelektronik hat in diesem Fall eine Leistungsaufnahme von 20 W. Berechnen Sie

a) den maximal zulässigen Innenwiderstand der Sekundärzelle und

b) die Leistungsaufnahme, falls der Innenwiderstand durch Alterungsprozesse auf $R_i = 250$ mΩ steigt.

7. Ein Klingeltransformator (Abb. 1) mit den Nenngrößen $U_2 = 8{,}0$ V, $I_2 = 1{,}0$ A und der Verlustleistung $P_V = 2{,}2$ W wird in einem Stromkreisverteiler verbaut. Die Schaltung ist als reiner Wirkleistungsverbraucher zu betrachten. Ermitteln Sie

a) den Innenwiderstand R_i,
b) die Leerlaufspannung U_0 und
c) die Kurzschlussstromstärke I_K.

Abb. 1: Klingeltransformator

8. Ein KNX-Netzteil (Abb. 2) liefert die Leerlaufspannung 30 V DC. Bei Nennbelastung von 640 mA sinkt die Spannung auf 29 V. Berechnen Sie

a) die Spannung am Innenwiderstand,
b) den Innenwiderstand,
c) den Lastwiderstand bei Bemessungsbetrieb und
d) den Kurzschlussstrom.

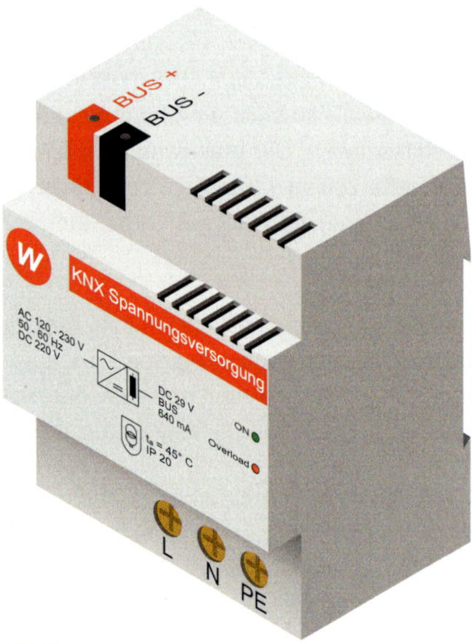

Abb. 2: KNX-Spannungsversorgung

9. Eine USV liefert im Gleichspannungsteil eine Leerlaufspannung $U = 325$ V. Das Gerät kann eine Leistung von maximal 2000 W liefern. Der Spannungsfall liegt im Notbetrieb nicht über 5 %.

a) Wie groß ist die Klemmenspannung bei Maximallast?
b) Welchen Innenwiderstand darf die Spannungsquelle nicht überschreiten?
c) Mit welchem Kurzschlussstrom ist im Fehlerfall zu rechnen?
d) Welche Klemmenspannung liegt an, wenn die Belastung bei nur 2,3 A liegt?

10. Ein OP-Saal wird über ein eigenes IT-Netzsystem betrieben. Hierfür wird ein eigener einphasiger Trenntransformator mit einer Leerlaufspannung von 235 V eingesetzt. Bei Belastung mit 3,2 kW sinkt die Spannung um 3 %. Vereinfacht wird die Anlage als rein ohmscher Verbraucher betrachtet. Ermitteln Sie

a) die Klemmenspannung,
b) den Lastwiderstand,
c) den Innenwiderstand und
d) den Kurzschlussstrom.

11. A burglar alarm is connected to a nominal voltage of 12.3 V (closed circuit voltage). The internal resistance of the surveillance system is 245 mΩ. The device's power is 22.4 W. Calculate

a) the current,
b) the resistance of the load,
c) the open circuit voltage,
d) the short-circuit current and
e) the voltage drop across the internal resistance.

12. In einem PV-Energiespeicher werden Lithium-Eisenphosphat-Zellen (Abb. 3) verbaut. Die Leerlaufspannung eines Akkupacks beträgt 14,8 V. Unter Belastung mit 150 A sinkt die Spannung auf 12,3 V. Berechnen Sie

a) den Innenwiderstand,
b) die Spannung am Innenwiderstand und
c) die Kurzschlussstromstärke.

Abb. 3: Eisenphosphat-Akku

3.1.2 Kennlinien

Bei elektrochemischen Spannungsquellen sind die elektrischen Kenngrößen nicht konstant und von vielen Faktoren abhängig. Die wichtigsten elektrischen Parameter können mithilfe von Herstellerkennlinien ermittelt werden.

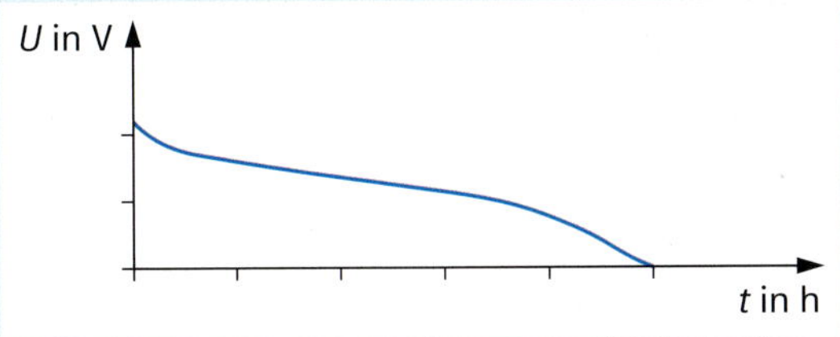

Beispiel

Die Entladekennlinie einer 1,5-V-Monozelle zeigt vier verschiedene Lastwiderstände.

a) Nach welcher Zeitdauer sinkt die Klemmenspannung bei allen vier Lastwiderständen auf 1,1 V?

b) Welche Leistung setzt ein 2,2-Ω-Widerstand am Anfang und am Ende der Zellenlebensdauer ($U_L = 0{,}8$ V) um?

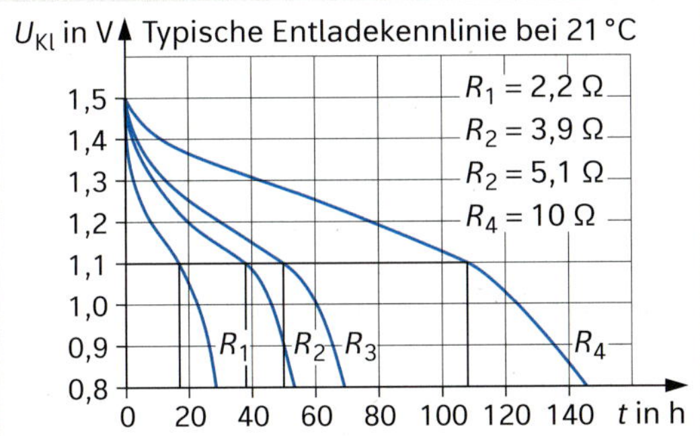

a) $t_{2,2\,\Omega} \approx 17$ h $t_{3,9\,\Omega} \approx 38$ h

$t_{5,1\,\Omega} \approx 50$ h $t_{10\,\Omega} \approx 108$ h

b) $P_{1,5\,V} = \frac{U_{Kl}^2}{R_L}$ $P_{0,8\,V} = \frac{U_{Kl}^2}{R_L}$

$P_{1,5\,V} = \frac{(1{,}5\ V)^2}{2{,}2\ \Omega}$ $P_{0,8\,V} = \frac{(0{,}8\ V)^2}{2{,}2\ \Omega}$

$P_{1,5\,V} = 1{,}0$ W $P_{0,8\,V} = 0{,}29$ W

Aufgaben

1. Eine 0,6-W-Lampe soll mit der LR20-Monozelle (Abb. oben) betrieben werden. Ermitteln Sie den Lampenwiderstand und bestimmen Sie die in diesem Widerstand umgesetzte Leistung zu Beginn und am Ende eines Batterielebenszyklus. Geben sie außerdem die voraussichtliche Lebensdauer der Spannungsquelle an.

2. The secondary cell of a burglar alarm system (Fig. 4) provides a power of four watts if the battery's terminal voltage on load is 4.1 V. Determine the current and the load resistance at room temperature. Which voltage does the cell provide if the temperature drops to 0 °C and which current does flow?

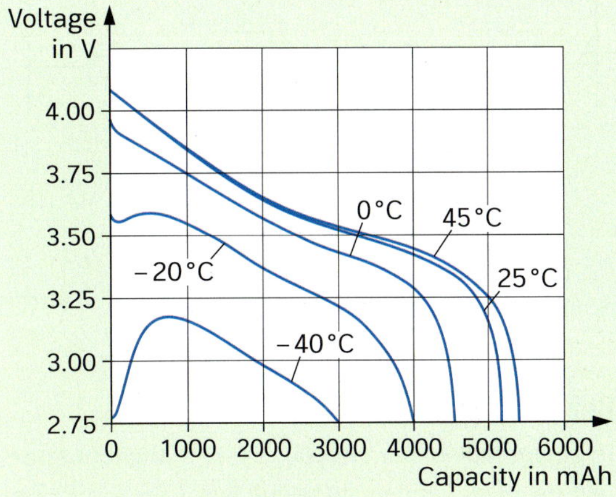

Fig. 4: Temperature discharge curve

3. Ein Lithium-Ionen-Akkumulator (Abb. 1) soll als Energiespeicher für eine Photovoltaikanlage dienen.

a) Auf welchen Wert sinkt die Kapazität des Akkumulators bei − 20 °C?

b) Welchem Prozentsatz entspricht der Wert, bezogen auf die Maximalkapazität?

4. Für einen netzunabhängigen Messaufbau wird eine konstante Leistungsabgabe einer Lithium-Eisensulfid-Zelle (Abb. 5) mit einer Nennspannung von 1,5 V gefordert. Die abzugebende Leistung beträgt 90 mW.

a) Wie lange kann die Primärzelle betrieben werden?

b) Wie viele Stunden kann eine Leistung von 29 mW entnommen werden?

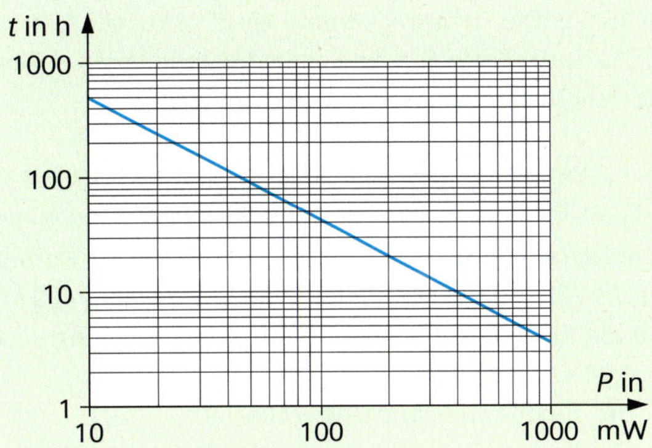

Abb. 5: Konstante Leistungsabgabe

3.2 Reihen- und Parallelschaltung

3.2.1 Reihenschaltung

Bei der Reihenschaltung von Spannungsquellen addieren sich die Spannungen und Innenwiderstände.

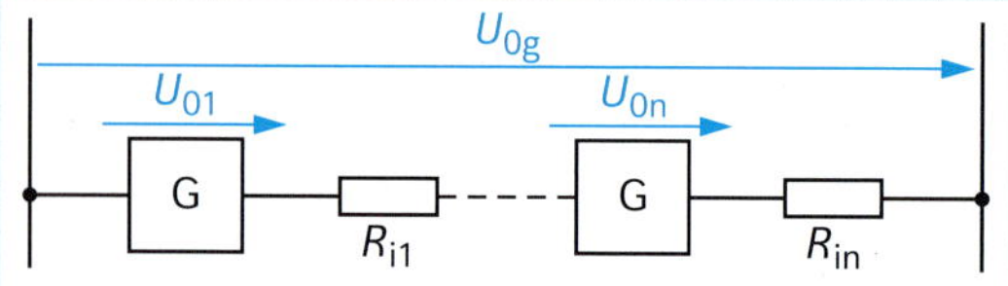

$$U_{0g} = U_{01} + U_{02} + \dots + U_{0n}$$

$$R_{ig} = R_{i1} + R_{i2} + \dots + R_{in}$$

U_0: Leerlaufspannung $[U_0] = \text{V}$
R_i: Innenwiderstand $[R_i] = \Omega$

Beispiel

In einem Multimeter werden vier LR6 Mignonbatterien mit einer Leerlaufspannung von 1,65 V in Reihe betrieben. Der Innenwiderstand einer Zelle beträgt 0,16 Ω. Berechnen Sie

a) die Gesamtleerlaufspannung und
b) den Innenwiderstand der Reihenschaltung.

Geg.: $n = 4$; $U_0 = 1{,}65\ \text{V}$; $R_i = 0{,}16\ \Omega$
Ges.: a) U_{0g}
b) R_{ig}

a) $U_{0g} = n \cdot U_{01}$
$U_{0g} = 4 \cdot 1{,}65\ \text{V}$
$\underline{\underline{U_{0g} = 6{,}6\ \text{V}}}$

b) $R_{ig} = n \cdot R_i$
$R_{ig} = 4 \cdot 0{,}16\ \Omega$
$\underline{\underline{R_{ig} = 0{,}64\ \Omega}}$

Aufgaben

1. In einem Akku-Bohrschrauber befindet sich ein Li-Ionen-Akkumulator mit 15 Zellen und einer Gesamtnennspannung von 14,4 V. Die Leerlaufspannung der Spannungsquelle beträgt nach einem vollständigen Ladezyklus 16,5 V. Der Innenwiderstand einer Akkuzelle beträgt 0,15 Ω. Bestimmen Sie die Leerlaufspannung einer Zeile und den Gesamtinnenwiderstand.

2. In einer Einbruchmeldeanlage (EMA) ist ein 12-V-Blei-Gel-Akku mit insgesamt sechs Zellen verbaut. Messtechnisch wurde eine Leerlaufspannung von 12,4 V ermittelt. Im Notstrombetrieb beträgt die Stromstärke 420 mA und die Klemmenspannung der Energieversorgung sinkt um 0,13 V. Bestimmen Sie

a) den Innenwiderstand einer Zelle und
b) die Klemmenspannung, wenn das Modul in ein Gerät mit 600 mA Betriebsstromstärke eingebaut wird.

3. Die 12-V-Spannungsversorgung einer USV besteht aus 10 gleichen Zellen ($U_{01} = 1{,}28\ \text{V}$, $R_{i1} = 9\ \text{m}\Omega$).

a) Ermitteln Sie die Klemmenspannung bei einer Stromstärke von 12 A.
b) Bestimmen Sie die Zeitdauer (Abb. 1), die bei einem Stromausfall überbrückt werden kann.
c) Geben Sie die Klemmenspannung der entladenen Energiequelle an.

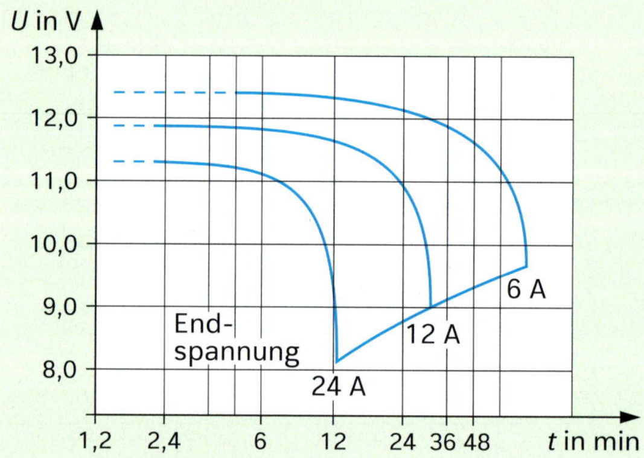

Abb. 1: Entladekennlinie

4. A voltage tester is powered by four IEC-LR14 batteries with an open circuit voltage (OCV) of 1.5 V.

a) Calculate the internal resistance and the total voltage if the voltage drop of one new battery is 0.09 V and the load current is 680 mA.
b) Determine the load current after 20 hours (Fig. 2).

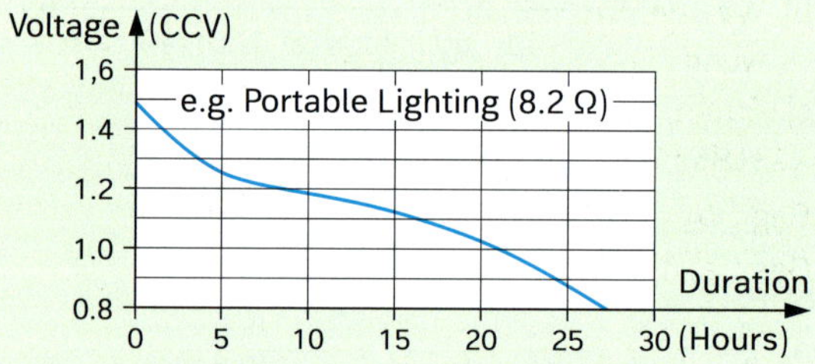

Fig. 2: Discharge characteristic with 8.2 Ω load

5. In einer Versuchsschaltung mit einem Lastwiderstand von 16 Ω soll eine Leistung von 9 W umgesetzt werden.

a) Wie viele Akkumulatoren mit einer Nennspannung von 1,2 V werden benötigt?
b) Bestimmen Sie die Klemmenspannung bei einem Innenwiderstand von 25 mΩ pro Zelle unter der Annahme, dass die Leerlaufspannung 1,4 V entspricht.
c) Ermitteln Sie die tatsächlich abgegebene Leistung.

3.2.2 Parallelschaltung

Werden Spannungsquellen in Parallelschaltung betrieben, erhöht sich die abzugebende Stromstärke und somit die Kapazität. Die Klemmenspannung bleibt bei der Parallelschaltung konstant.

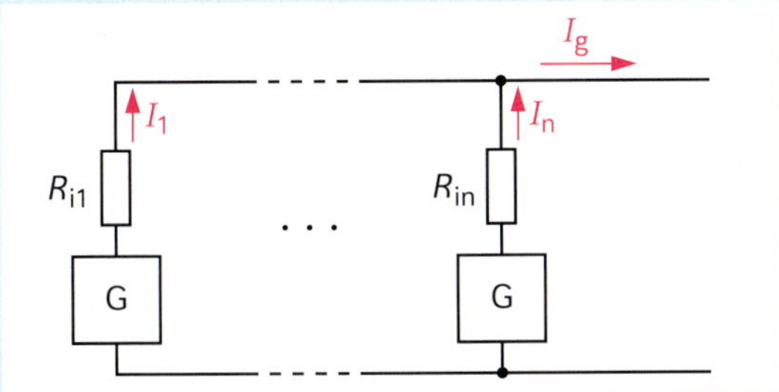

$$I_g = I_1 + I_2 + \ldots + I_n$$

$$\frac{1}{R_{ig}} = \frac{1}{R_{i1}} + \frac{1}{R_{i2}} + \ldots + \frac{1}{R_{in}}$$

$$C_g = C_1 + C_2 + \ldots + C_n$$

I: Stromstärke $[I] = \text{A}$
R_i: Innenwiderstand $[R_i] = \Omega$
C: Kapazität $[C] = \text{Ah}$

Beispiel

In einem Elektrogerät befinden sich sechs LR14 Alkalinezellen mit einer Nennspannung von 1,5 V. Die Spannung einer Zelle im unbelasteten Zustand beträgt 1,58 V und der Innenwiderstand wird mit 150 mΩ angegeben.

a) Welchen Innenwiderstand hat die Schaltung?
b) Welche Stromstärke muss jede Zelle liefern, wenn die Laststromstärke 600 mA beträgt?
c) Ermitteln Sie die Gesamtkapazität, wenn der Hersteller für eine Zelle 7800 mAh angibt.

Geg.: $U_0 = 1{,}58\ \text{V}$; $R_i = 150\ \text{m}\Omega$; $I_L = 600\ \text{mA}$
Ges.: a) R_{ig}; b) I_1; c) R_L

a) $\frac{1}{R_{ig}} = \frac{1}{R_{i1}} + \ldots + \frac{1}{R_{i6}}$

$R_{ig} = \frac{R_i}{6}$

$R_{ig} = \frac{150\ \text{m}\Omega}{6}$

$\underline{\underline{R_{ig} = 25\ \text{m}\Omega}}$

b) $I_1 = \frac{I_g}{n}$

$I_1 = \frac{600\ \text{mA}}{6}$

$\underline{\underline{I_1 = 100\ \text{mA}}}$

c) $C_g = C_1 + \ldots + C_6$

$C_g = n \cdot C_1$

$C_g = 6 \cdot 7800\ \text{mAh}$

$\underline{\underline{C_g = 46800\ \text{mAh}}}$

Aufgaben

1. Eine Brandmeldeanlage (BMA) ist mit vier 6-V-Akkuzellen ausgestattet. Der Innenwiderstand und die Kapazität einer Zelle betragen 25 mΩ und 4,5 Ah.
Bestimmen Sie
a) den Gesamtinnenwiderstand und
b) die Kapazität der Parallelschaltung.

2. Sechs Metall-Hydrid-Akkumulatoren werden in Parallelschaltung betrieben, um einen 3-Ω-Widerstand mit Energie zu versorgen. Die Leerlaufspannung einer Zelle beträgt 1,3 V. In einem Versuchsaufbau wurde eine Kurzschlusstromstärke von 65 A für eine Zelle gemessen.
Berechnen Sie
a) den Innenwiderstand der Schaltung,
b) die Laststromstärke,
c) die Teilströme und
d) die Klemmenspannung.

3. An emergency lighting system needs new lithium ion batteries. The nominal voltage of one cell is 3.7 V, the nominal capacity is 2600 mAh and the maximum continuous discharge current is 5200 mA.
a) How many cells are needed if the energy has to last two hours and the load current is 7.8 A?
b) How long does the emergency lighting work if each cell has to provide 5.2 A?

4. Eine Berghütte soll für die Nutzung regenerativer Energien mit einem Zwischenspeicher aus Sekundärzellen ausgerüstet werden. Die erforderliche Nennspannung in Höhe von 300 V und eine Kapazität in Höhe von 40 Ah sind durch Reihen- und Parallelschaltung zu realisieren. Die elektrischen Daten für eine Zelle lauten $U_N = 3{,}7\ \text{V}$, $C = 1130\ \text{mAh}$.
a) Bestimmen Sie die erforderliche Zellenanzahl für die Reihenschaltung.
b) Geben Sie die Anzahl der benötigten parallel geschalteten Stränge an.

5. Die Spannungsversorgung einer Notbeleuchtung besteht aus zwölf parallel geschalteten Lithium-Polymer-Akkumulatoren mit einer Nennspannung von 1,2 V. Die Herstellerangaben für den Innenwiderstand und die Kapazität einer Zelle liegen bei $R = 40\ \text{m}\Omega$ und $C = 1900\ \text{mAh}$. Bei einer Belastung von $P = 9{,}7\ \text{W}$ sinkt die Klemmenspannung U_{Kl} auf 1,3 V. Berechnen Sie
a) die Teilströme I_1 bis I_{12},
b) den Gesamtinnenwiderstand R_{ig},
c) die Leerlaufspannung U_0,
d) den Lastwiderstand R_L,
e) die gesamte Kurzschlusstromstärke I_{Kg} und
f) die Kurzschlussstromstärke I_K einer Zelle.

3.3 Anpassung

Spannungsquelle und Lastwiderstand können auf drei Arten aneinander angepasst werden, sodass die maximale Spannung, Stromstärke oder Leistung entnommen werden kann.

Anpassungsart			
a) Strom $R_L \ll R_i$	b) Leistung $R_L = R_i$		c) Spannung $R_L \gg R_i$
$I \approx \frac{U_0}{R_i}$	$I = \frac{U_0}{2\,R_L}$	$I = \frac{U_0}{2\,R_i}$	$I \approx \frac{U_0}{R_L}$
$U_{Kl} \approx \frac{U_0 \cdot R_L}{R_i}$	$U_{Kl} = \frac{U_0}{2}$		$U_{Kl} \approx U_0$
	$P_L = \frac{U_0^2}{4\,R_L}$	$P_i = \frac{U_0^2}{4\,R_i}$	

R_L: Lastwiderstand $[R_L] = \Omega$ P_L: Ausgangsleistung $[P_L] = W$

R_i: Innenwiderstand $[R_i] = \Omega$ P_i: Verlustleistung $[P_i] = W$

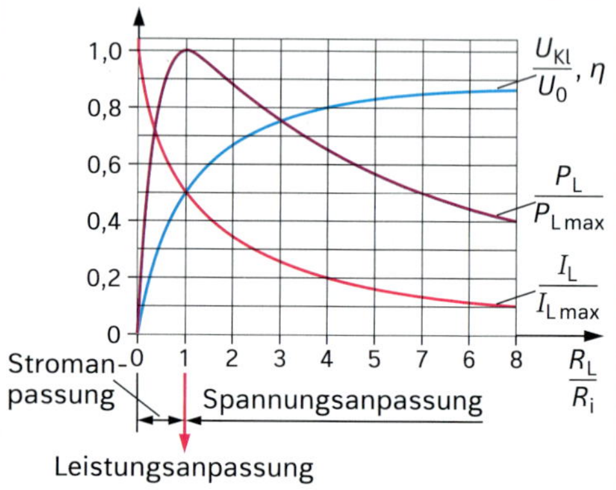

Beispiel

An einer 1,2-V-Spannungsquelle mit einem Innenwiderstand $R_i = 300\ \text{m}\Omega$ liegt im unbelasteten Zustand eine Spannung von 1,4 V an. Der Lastwiderstand ist so auf die Energiequelle anzupassen, dass die maximale Leistung abgegeben wird. Berechnen Sie a) die Stromstärke und b) die abgegebene Leistung.

Geg.: $U_0 = 1{,}4\ \text{V}$; $R_i = 300\ \text{m}\Omega$

Ges.: a) I

b) P_L

a) $I = \frac{U_0}{2\,R_i}$

$I = \frac{1{,}4\ \text{V}}{2 \cdot 0{,}3\ \Omega}$

$\underline{\underline{I = 2{,}3\ \text{A}}}$

b) $P_L = \frac{U_0^2}{4\,R_i}$

$P_L = \frac{(1{,}4\ \text{V})^2}{4 \cdot 0{,}3\ \Omega}$

$\underline{\underline{P_L = 1{,}6\ \text{W}}}$

Aufgaben

1. Für die Gleichspannungsquelle eines Schweißgerätes ist eine Leistungsanpassung durchzuführen. Die Leerlaufspannung des Elektrowerkzeugs beträgt 80 V und die Schweißstromstärke liegt bei 120 A. Bestimmen Sie

a) die Klemmenspannung im Schweißbetrieb,

b) den Innenwiderstand,

c) den Belastungswiderstand und

d) die Ausgangsleistung.

2. Während der Heizphase eines Wechselstromdurchlauferhitzers mit einer Bemessungsleistung von 3,5 kW sinkt die Spannung von 235 V auf 230 V. Bestimmen Sie die Stromaufnahme und den Innenwiderstand des Versorgungsnetzes. Welche Anpassungsart liegt vor?

3. Ein analoger Füllstandssensor (4-20 mA) soll an eine Kleinsteuerung angeschlossen werden. Damit das System zuverlässig arbeitet, muss eine Stromanpassung auf 4 mA vorgenommen werden. Der Eingangswiderstand der Steuerung beträgt 15 Ω und die Leerlaufspannung des Sensors 30 V.

a) Welchen Wert besitzt der Innenwiderstand des Sensors?

b) Wie groß ist die Klemmenspannung?

4. A battery charger has to provide a constant current of 300 mA. The open-circuit voltage is 1.4 V. Calculate the charger's resistance and the closed-circuit voltages for two secondary cells with an internal resistance $R_1 = 100\ \text{m}\Omega$ and $R_2 = 300\ \text{m}\Omega$.

5. Ein 6-V-Akkumulator mit einer Kapazität von 7,2 Ah und einem Innenwiderstand von 80 mΩ soll geladen werden. Die konstante Stromstärke des Ladegerätes liegt bei 2,5 A und die Leerlaufspannung beträgt 6,8 V.

a) Wie groß ist der Innenwiderstand des Ladegerätes?

b) Auf welchen Wert fällt die Klemmenspannung während des Ladevorgangs?

c) Wie lange dauert der Ladevorgang voraussichtlich?

d) Um welchen Anpassungsfall handelt es sich?

6. Der Hersteller einer leistungsangepassten Lötpistole mit Transformator gibt eine Bemessungsleistung von 125 W an. Sie entspricht der abgegebenen Wärmeleistung in der Lötspitze. Die Stromstärke wird mit 1,09 A angegeben. Ermitteln Sie

a) den Innenwiderstand R_i der Lötpistole,

b) die Leerlaufspannung U_0,

c) die Verlustleistung P_i der Spannungsquelle und

d) die Klemmenspannung U_{Kl}.

3.4 Photovoltaik

3.4.1 Solarzelle und Solarmodul

Solarzellen werden nach Möglichkeit im Punkt der maximalen Leistung MPP (Maximum Power Point) betrieben. P_{MPP} besitzt die Einheit W_P (Watt peak).

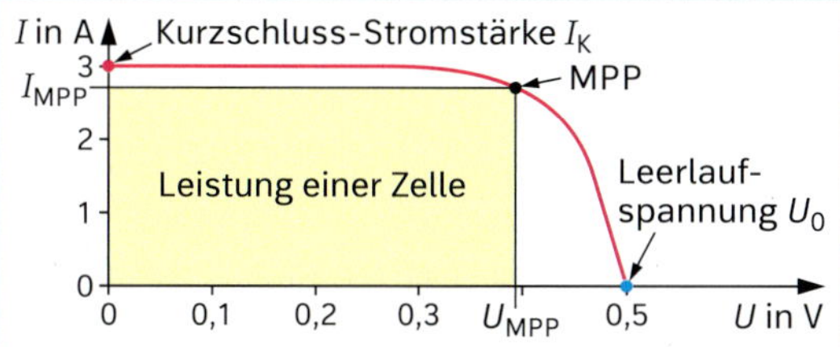

Verschaltung von Solarzellen in Solarmodulen:

$$P_{MPP} = U_{MPP} \cdot I_{MPP}$$

$$\eta = \frac{P_{MPP}}{A \cdot E}$$

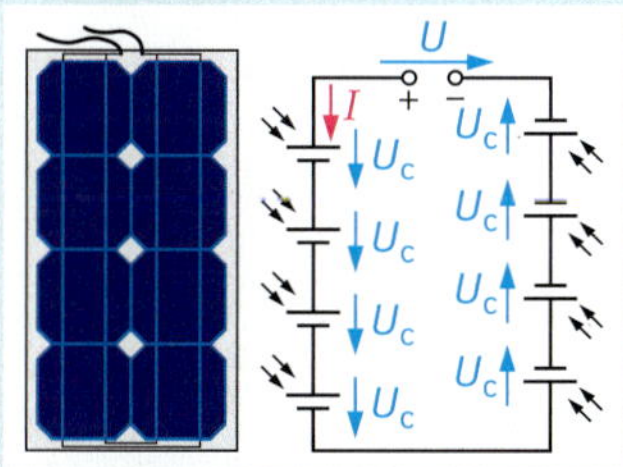

η:	Wirkungsgrad von Solarzelle oder -modul	
P_{MPP}:	Nennleistung	$[P_{MPP}] = W_P$
A:	Fläche der Zelle oder des Moduls	$[A] = m^2$
E:	Strahlungsintensität	$[E] = \frac{W}{m^2}$
U_{MPP}:	MPP-Spannung	$[U_{MPP}] = V$
I_{MPP}:	MPP-Strom	$[I_{MPP}] = A$
U_c:	Spannung pro Solarzelle	$[U_c] = V$

Beispiel

Ermitteln Sie mithilfe der gegebenen Kennlinie des oben abgebildeten Solarmoduls im MPP

a) die Gesamtspannung,

b) die Nennleistung des Moduls sowie

c) den Wirkungsgrad, wenn die Strahlungsintensität $E = 660\ W/m^2$ und die wirksame Fläche des Moduls $A = 0{,}12\ m^2$ betragen.

Geg.: $U_{MPP} = 0{,}39\ V$; $I_{MPP} = 2{,}7\ A$; $E = 660\ \frac{W}{m^2}$; $A = 0{,}12\ m^2$; $n = 8$

Ges.: a) U; b) P; c) η

a) $U = n \cdot U_c$
$U = 8 \cdot 0{,}39\ V$
$\underline{\underline{U = 3{,}12\ V}}$

b) $P = U \cdot I_{MPP}$
$P = 3{,}12\ V \cdot 2{,}7\ A$
$\underline{\underline{P = 8{,}42\ W_P}}$

c) $\eta = \frac{P_{MPP}}{A \cdot E}$

$$\eta = \frac{8{,}42\ W}{0{,}12\ m^2 \cdot 660\ \frac{W}{m^2}}$$

$\underline{\underline{\eta = 10{,}6\ \%}}$

Aufgaben

1. An einer polykristallinen Solarzelle werden eine Spannung $U_{MPP} = 0{,}332\ V$ und eine Stromstärke $I_{MPP} = 4{,}22\ A$ gemessen. Welche maximale Leistung P_{MPP} erbringt die Zelle?

2. Eine Solarzelle aus amorphem Silizium liefert eine Leistung von 3,8 W. Die Stromstärke beträgt 4,7 A. Berechnen Sie die Spannung an der Zelle.

3. Ein Solarmodul besteht aus 72 gleichen, in Reihe geschalteten Zellen. Berechnen Sie die Leistung des Moduls, wenn bei einer Stromstärke von 5,33 A die Spannung an einer Zelle 0,497 V beträgt.

4. Ein kleines Photovoltaikmodul aus 36 Zellen wird zum Betreiben einer Gartenteichpumpe verwendet. Es liefert eine Peakleistung von 20,0 Wp. Die Stromstärke beträgt 1180 mA. Berechnen Sie

a) die Spannung am Modulausgang und

b) die Spannung einer einzelnen Zelle.

5. Die wirksame Fläche eines Solarmoduls beträgt $1{,}46\ m^2$. Wie hoch ist der Wirkungsgrad, wenn bei einer Strahlungsintensität $E = 1000\ W/m^2$ eine Leistung $P_{MPP} = 245\ W_P$ abgegeben wird?

6. Eine quadratische Solarzelle mit einer Seitenlänge von 156 mm wird mit $E = 1200\ W/m^2$ bestrahlt. Ihr Wirkungsgrad beträgt 18,2 %. Berechnen Sie die Spannung bei einer Stromstärke von 9,1 A.

7. Die Fläche eines monokristallinen PV-Moduls beträgt 1640 mm x 992 mm. Das Modul besitzt unter Standardtestbedingungen ($E = 1000\ W/m^2$; 25 °C) eine Spitzenleistung von 305 W_P und eine Spannung von 30,4 V. Berechnen Sie

a) die Stromstärke und

b) den Wirkungsgrad dieses Moduls.

8. Mehrere baugleiche Solarzellen sind nach Abb. 1 verschaltet. Ermitteln Sie

a) die Gesamtspannung U der Schaltung und

b) die Gesamtleistung.

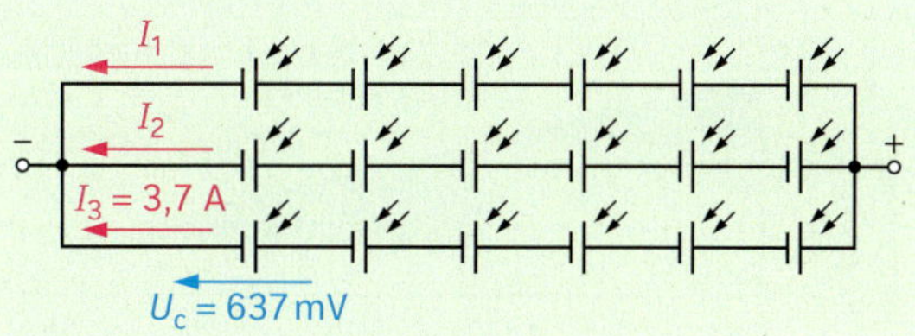

Abb. 1: Kombination von Solarzellen

9. 60 identische, in einem Modul in Reihe geschaltete Solarzellen mit einer Kennlinie nach Abb. 1 werden mit $E = 800\ \mathrm{W/m^2}$ bestrahlt. Der Modulwirkungsgrad beträgt $\eta = 13{,}6\ \%$. Ermitteln Sie

a) I_K; b) U_0; c) I_{MPP}; d) U_{MPP}; e) P_{MPP}; f) die Modulfläche A und

g) den Leistungsanstieg, wenn die Strahlung auf $1000\ \mathrm{W/m^2}$ ansteigt.

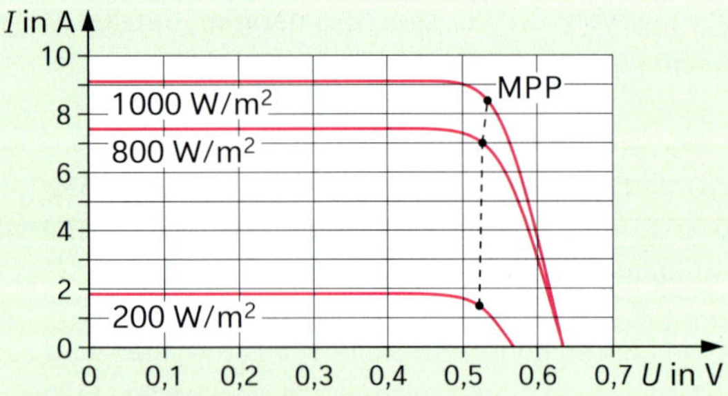

Abb. 1: Kennlinie einer Solarzelle

10. Durch eine Kombination von Reihen- und Parallelschaltung möglichst weniger Solarzellen (Abb. 1) soll im Betrieb am MPP bei $E = 1000\ \mathrm{W/m^2}$ eine Spannung von mindestens 6 V und eine Gesamtleistung von mindestens 100 $\mathrm{W_P}$ erzeugt werden.

a) Entwerfen Sie eine Schaltung, die den Anforderungen genügt. Berechnen Sie für Ihren Entwurf

b) die Spannung,

c) die Stromstärke und

d) die Gesamtleistung.

11. Durch Degradation verlieren PV-Module im Laufe der Jahre an Effizienz. Ein Hersteller garantiert einen linearen Verlauf des Leistungsrückgangs (Abb. 2). Die Nennleistung seiner Module mit den Abmessungen 1660 mm x 990 mm wird mit 315 $\mathrm{W_p}$ bei einer Strahlungsintensität von $1000\ \mathrm{W/m^2}$ angegeben.

a) Welche Leistung garantiert der Hersteller für fabrikneue Module?

b) Ermitteln Sie die Mindestleistung eines Moduls nach 10-jährigem Betrieb.

c) Welchen Modulwirkungsgrad kann ein Kunde nach 25 Jahren mindestens erwarten?

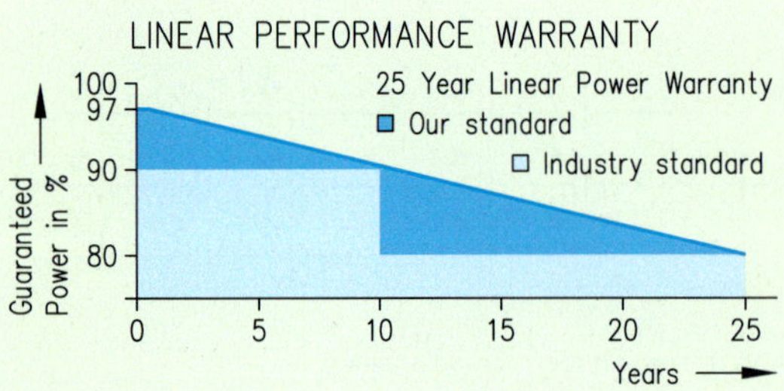

Abb. 2: Leistungsgarantie eines Modulherstellers

12. Der Industriestandard für garantierte Restleistung bei PV-Modulen besteht aus zwei Degradationsstufen (Abb. 2). Bestimmen Sie für fünf Jahre alte Module mit einer Nennleistung von 320 $\mathrm{W_p}$

a) die garantierte Modulleistung nach Industriestandard und

b) nach Herstellergarantie.

c) Welche Leistungsdifferenz besteht zwischen beiden Garantien bei 15 Jahre alten Modulen?

13. Ein Hersteller bewirbt seine Photovoltaikmodule mit den Leistungs-Spannungskennlinien aus Abb. 3. Ermitteln Sie mithilfe der Kennlinien für Strahlungsintensitäten von $600\ \mathrm{W/m^2}$, $800\ \mathrm{W/m^2}$ und $1000\ \mathrm{W/m^2}$

a) die maximale Leistung des Moduls,

b) die Spannungen und

c) die Stromstärken an den MPPs.

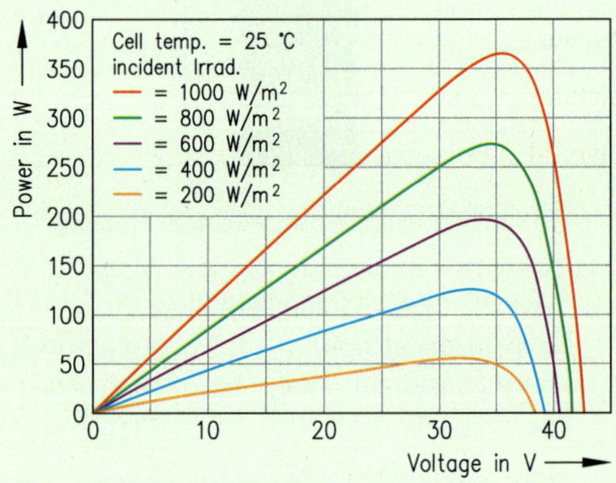

Abb. 3: Leistungs-Spannungskennlinien

14. Der Wirkungsgrad von Photovoltaikmodulen verändert sich mit der Strahlungsintensität. Die Module mit den Kennlinien aus Abb. 3. bestehen aus monokristallinen Zellen, deren Wirkungsgrad bei Standardtestbedingungen typischerweise zwischen 0,18 und 0,24 liegt. Ihre Fläche beträgt 1755 mm x 997 mm. Bestimmen Sie die Wirkungsgrade für Strahlungsintensitäten von

a) $200\ \mathrm{W/m^2}$, b) $600\ \mathrm{W/m^2}$ und c) $1000\ \mathrm{W/m^2}$.

d) Beurteilen Sie die Qualität der Module.

15. Ein PV-Modul mit den Kennlinien aus Abb. 3 wird im realen Einsatz über einen Zeitraum von 1000 Betriebsstunden beobachtet. Die Einstrahlungsüberwachung zeigt die in der Tabelle aufgeführte zeitliche Verteilung der Einstrahlung. Welche durchschnittliche Leistung erbringt das Modul über den gesamten Zeitraum?

Strahlungsintensität in W/m²	1000	800	600	400	200
Häufigkeit in %	20	22	32	19	7

3.4.2 Photovoltaikanlagen

Einflussfaktoren auf die Energieausbeute von Photovoltaikanlagen:

- Stärke der Sonnenstrahlung am Aufstellort
- Leistungsdaten und Anzahl der verbauten Module
- Ausrichtung der Anlage zur Sonne

Ausrichtung											
f_N in %		Süd	SüdOst SüdWest								Ost West
		0°	10°	20°	30°	40°	50°	60°	70°	80°	90°
Dachneigung	0°	87	87	87	87	87	87	87	87	87	87
	10°	93	93	93	92	92	91	90	89	88	86
	20°	97	97	97	96	95	93	91	89	87	85
	30°	100	99	99	97	96	94	91	88	85	82
	40°	100	99	99	97	95	93	90	86	83	79
	50°	98	97	96	93	93	90	87	83	79	75
	60°	94	93	92	91	88	85	82	78	74	70
	70°	88	87	86	85	82	79	76	72	68	70
	80°	80	79	78	77	75	72	68	65	61	56
	90°	69	69	69	67	65	63	60	56	53	48

Strahlungsintensität am Aufstellort $E = E_0 \cdot f_N$

Leistung der Gesamtanlage $P_{PV} = \eta \cdot E_0 \cdot f_N \cdot A_{PV}$

Finanzieller Ertrag (überschlägig) $Y = P_{PV} \cdot t \cdot T_{kWh}$

E: Strahlungsintensität $[E] = \frac{W}{m^2}$

E_0: Solarkonstante (in Deutschland: $E_0 \approx 1 \frac{kW}{m^2}$)

f_N: Ausrichtungs- und Neigungsfaktor

P_{PV}: Leistung der Anlage $[P_{PV}] = kW$

A_{PV}: Gesamtfläche der Anlage $[A_{PV}] = m^2$

Y: finanzieller Ertrag $[Y] = €$

t: Bestrahlungsdauer $[t] = h$

T_{kWh}: Vergütungssatz $[T_{kWh}] = \frac{ct}{kWh}$

Beispiel

Eine PV-Anlage mit der Gesamtfläche $A = 51{,}2\ m^2$ besitzt einen Ausrichtungs- und Neigungsfaktor von 96 %. Der Wirkungsgrad der Module beträgt 0,17.

a) Berechnen Sie die Strahlungsintensität E,

b) die Anlagenleistung P_{PV} und

c) den finanziellen Ertrag bei einer Vergütung von 0,095 €/kWh nach 1000 h Volllastbetrieb.

Geg.: $A = 51{,}2\ m^2$; $f_N = 0{,}96$; $\eta = 0{,}17$;
$E_0 = 1 \frac{kW}{m^2}$; $T_{kWh} = 9{,}5$ ct/kWh; $t = 1000$ h

Ges.: a) E; b) P_{PV}; c) Y

a) $E = E_0 \cdot f_N$; $E = 1 \frac{kW}{m^2} \cdot 0{,}96$; $\underline{\underline{E = 960 \frac{W}{m^2}}}$

b) $P_{PV} = \eta \cdot E_0 \cdot f_N \cdot A_{PV}$
$P_{PV} = 0{,}17 \cdot 1 \frac{kW}{m^2} \cdot 0{,}96 \cdot 51{,}2\ m^2$; $\underline{\underline{P_{PV} = 8{,}4\ kW}}$

c) $Y = P_{PV} \cdot t \cdot T_{kWh}$
$Y = 8{,}4\ kW \cdot 1000\ h \cdot 0{,}095 \frac{€}{kWh}$; $\underline{\underline{Y = 798\ €}}$

Aufgaben

1. Die wirksame Fläche einer Photovoltaikanlage beträgt 210 m². Die Ausrichtung der Module mit dem Wirkungsgrad $\eta = 18{,}3\ \%$ ergibt einen Faktor $f_N = 87\ \%$. Wie groß ist die Leistung P_{PV} der Anlage?

2. Die Wechselrichter einer Freiflächenanlage liefern pro Jahr durchschnittlich 1260 h lang eine Leistung von 3 MW ans Netz. Welcher Ertrag ist überschlägig zu erwarten, wenn als Lebensdauer 25 Jahre angenommen wird und die Einspeisevergütung 14,475 ct/kWh beträgt?

3. Auf einer Dachfläche mit einer Neigung von 30° und einer Ausrichtung nach 50° Südost wird eine Anlage mit der Gesamtfläche von 64 m² und einem Modulwirkungsgrad von 20,6 % errichtet.

a) Wie groß ist die Leistung der Anlage?

b) Welcher Ertrag ist pro Sonnenstunde zu erwarten?

4. Berechnen Sie den Wirkungsgrad eines Solarmoduls mit folgendem Typenschild:

Maximalleistung P_{Max}	183,5 W_P	Zeilen pro Modul	60
Leerlaufspannung U_{OC}	34,6 V	Zelltyp	Monokristallin
Spannung bei Maximalleistung U_{MPP}	28,5 V	Zellabmessungen	156 mm x 156 mm
Kurzschlussstrom I_K	6,68 A	Vorderseite	4 mm gehärtetes Glas (EN 12150)
Strom bei Maximalleistung I_{MPP}	6,44 A		

5. An einen Wechselrichter ($\eta = 0{,}94$) mit zwei String-Eingängen beträgt die maximal zulässige Eingangsspannung 500 V und die maximal zulässige Stromstärke pro String 16 A.

a) Wie viele Solarmodule mit den oben genannten Kenndaten dürfen angeschlossen werden ($f_N = 0{,}92$)?

b) Wie hoch ist die Anlagenleistung?

6. Auf ein Dach mit den Maßen 9 m x 12 m, reine Ostausrichtung, Neigung 30°, soll eine Photovoltaikanlage mit möglichst großem Ertrag installiert werden. Die zu verwendenden Module (1650 mm x 990 mm) haben eine Leistung von 325 W_P. Die Einspeisevergütung wird mit 8,545 ct/kWh angesetzt.

a) Skizzieren Sie die Dachfläche und ermitteln Sie die maximal mögliche Anzahl an Modulen.

b) Berechnen Sie die maximale Einspeiseleistung, wenn ein Wechselrichter mit $\eta = 0{,}96$ verwendet wird.

c) Nach wie vielen Jahren mit durchschnittlich 1000 Betriebsstunden hat sich die Anlage abbezahlt, wenn die Investitionskosten 1200 €/kWp betragen?

4 Elektrisches und magnetisches Feld

4.1 Elektrische Feldstärke

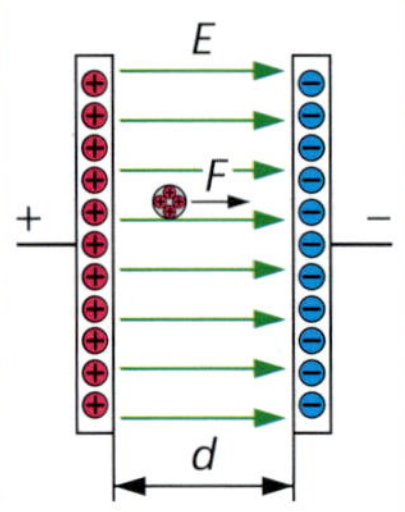

Zwischen zwei elektrisch unterschiedlich geladenen parallelen Platten bildet sich ein homogenes elektrisches Feld aus. Darin ist die elektrische Feldstärke überall gleich groß, die Feldlinien verlaufen parallel. Die Feldstärke *E* ist der Quotient aus der Spannung *U* und dem Abstand *d* der beiden Platten.

$$E = \frac{U}{d}$$

Auf eine Ladung *Q* in einem elektrischen Feld wirkt eine Kraft *F*. Die Größe der Kraft ist das Produkt aus der elektrischen Feldstärke und der Ladung.

$$F = E \cdot Q$$

E: elektr. Feldstärke	$[E] = \frac{\text{V}}{\text{m}}$
U: Spannung	$[U] = \text{V}$
d: Abstand	$[d] = \text{m}$
F: Kraft	$[F] = 1\,\frac{\text{V}}{\text{m}} \cdot \text{C} = 1\,\frac{\text{Ws}}{\text{m}} = 1\,\text{N}$
Q: elektrische Ladung	$[Q] = 1\,\text{As} = 1\,\text{C}$ (Coulomb)

Beispiel

Die beiden Platten eines Demonstrationsplattenkondensators haben einen Abstand von 25 mm. An diese beiden Platten wird eine Spannung von 6 kV angelegt.

a) Berechnen Sie die Feldstärke zwischen den beiden Platten.

b) Welche Kraft wirkt auf eine Ladung mit 0,2 nC, die sich zwischen den beiden Platten befindet?

Geg.: $U = 6\,\text{kV}$; $d = 25\,\text{mm}$; $Q = 0{,}2\,\text{nC}$

Ges.: a) *E*
b) *F*

a)
$$E = \frac{U}{d}$$
$$E = \frac{6\,\text{kV}}{25\,\text{mm}}$$
$$E = \frac{6 \cdot 10^3\,\text{V}}{25 \cdot 10^{-3}\,\text{m}}$$
$$E = 240 \cdot 10^3\,\frac{\text{V}}{\text{m}}$$
$$\underline{\underline{E = 240\,\frac{\text{kV}}{\text{m}}}}$$

b)
$$F = E \cdot Q$$
$$F = 240\,\frac{\text{kV}}{\text{m}} \cdot 0{,}2\,\text{nC}$$
$$F = 240 \cdot 10^3\,\frac{\text{V}}{\text{m}} \cdot 0{,}2 \cdot 10^{-9}\,\text{As}$$
$$F = 48 \cdot 10^{-6}\,\frac{\text{V}}{\text{m}} \cdot \text{As}$$
$$\underline{\underline{F = 48\,\mu\text{N}}}$$

Aufgaben

1. An zwei Metallplatten wird eine Spannung von 230 V angelegt. Berechnen Sie die Feldstärke für einen Plattenabstand von a) 3 cm, b) 5 mm und c) 2,5 mm.

2. Wie groß muss der Abstand zweier Metallplatten sein, damit bei einer Spannung von 12 V eine Feldstärke von 4000 V/m auftritt?

3. Eine 7 µm dicke Folie ist beidseitig mit einer Metallschicht überzogen. Berechnen Sie die angelegte Spannung bei einer Feldstärke von 2 MV/m an der Folie.

4. Eine Ladung von 300 nC befindet sich in einem elektrischen Feld der Stärke 20 kV/m. Berechnen Sie die Kraft auf die Ladung.

5. Auf eine Ladung von 0,36 nC wirkt in einem elektrischen Feld eine Kraft von 144 µN. Berechnen Sie die Feldstärke.

6. In einem elektrischen Feld der Stärke 50 kV/m wirkt auf einen Körper die Kraft von 0,75 mN. Berechnen Sie die Ladung des Körpers.

7. An electric charge of 0.33 nC is between two metal plates which have a distance of 7 mm. Because of the electric field strength, a force of 236 µN influences the charge. What is the applied voltage?

8. Die Folie eines Folienkondensators ist 15 µm dick. Welche maximale Spannung darf an den Kondensator angelegt werden, wenn die Feldstärke maximal 2,4 kV pro Millimeter betragen darf?

9. Die Durchschlagsfestigkeit der Isolationsschicht eines Kondensators wird mit 625 V/µm angegeben. Ermitteln Sie die Mindestdicke der Isolationsschicht, wenn der Kondensator für maximale Spannungen von 60 V ausgelegt sein soll.

10. Auf ein Elektron in der Isolierschicht eines Kondensators wirkt eine Kraft von 32 pN. Die Isolierschicht ist 15 µm dick. Berechnen Sie die anliegende Spannung.

11. In dem 5 cm breiten Luftspalt zwischen zwei Metallplatten befindet sich ein Styroporkügelchen mit einer Masse von 9 mg. Bei einer Spannung von 40 kV schwebt das Kügelchen.

a) Zeichnen Sie den Versuchsaufbau.

b) Welche Ladung hat das Kügelchen? ($g = 9{,}81\,\text{m/s}^2$)

4.2 Ladung und Kapazität von Kondensatoren

Kondensatoren sind in der Lage, elektrische Ladungen zu speichern. Der Betrag der gespeicherten Ladung Q hängt von der Kapazität C des Kondensators und der anliegenden Spannung U ab.

Die Kapazität eines Kondensators ist abhängig von der Fläche A, dem Abstand d der Kondensatorplatten sowie der Permittivität ε (Epsilon) des Isolierschichtmaterials (Dielektrikum) zwischen den beiden Kondensatorplatten.

$$Q = C \cdot U$$

$$E = \frac{1}{2} \cdot C \cdot U^2$$

$$C = \frac{\varepsilon \cdot A}{d} \qquad \varepsilon = \varepsilon_0 \cdot \varepsilon_r$$

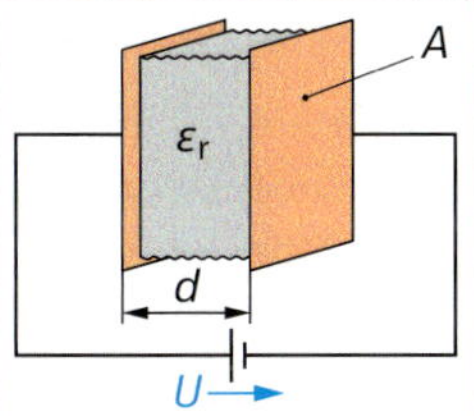

Q: gespeicherte Ladung	$[Q] = \text{C}$
C: Kapazität	$[C] = 1\,\frac{\text{As}}{\text{V}} = 1\,\text{F}$ (Farad)
U: Spannung	$[U] = \text{V}$
E: gespeicherte Energie	$[E] = 1\,\text{Ws} = 1\,\text{J}$
A: Plattenfläche	$[A] = \text{m}^2$
d: Plattenabstand	$[d] = \text{m}$
ε: Permittivität	$[\varepsilon] = \frac{\text{As}}{\text{Vm}}$
ε_r: Permittivitätszahl	
ε_0: elektr. Feldkonstante	$\varepsilon_0 = 8{,}85 \cdot 10^{-12}\,\frac{\text{As}}{\text{Vm}}$

Beispiel

Ein Plattenkondensator liegt an einer Spannung von 24 V. Zwischen den Platten befindet sich eine 0,2 mm dicke Papierschicht ($\varepsilon_r = 4$). Die Platten haben eine Fläche von 32 cm². Ermitteln Sie a) die Kapazität des Kondensators, b) die gespeicherte Ladung und c) die gespeicherte Energie.

Geg.: $U = 24\,\text{V}$; $A = 32\,\text{cm}^2$; $\varepsilon_r = 4$; $d = 0{,}2\,\text{mm}$

Ges.: a) C; b) Q; c) W

a) $C = \frac{\varepsilon_0 \cdot \varepsilon_r \cdot A}{d}$

$$C = \frac{8{,}85 \cdot 10^{-12}\,\frac{\text{As}}{\text{Vm}} \cdot 4 \cdot 32 \cdot 10^{-4}\,\text{m}^2}{0{,}2 \cdot 10^{-3}\,\text{m}}$$

$$C = 566 \cdot 10^{-12}\,\frac{\text{As}}{\text{V}} \qquad \underline{\underline{C = 566\,\text{pF}}}$$

b) $Q = C \cdot U$

$Q = 566\,\text{pF} \cdot 24\,\text{V}$

$\underline{\underline{Q = 13{,}6\,\text{nC}}}$

c) $W = \frac{1}{2} \cdot C \cdot U^2$

$W = \frac{1}{2} \cdot 566\,\text{pF} \cdot (24\,\text{V})^2$

$\underline{\underline{W = 163\,\text{nJ}}}$

Material	ε_r	Material	ε_r
Luft	1	Tantaloxid	26
Papier	4	Aluminiumoxid	9,6
Öl	2,2	Polypropylen	2,1
Keramik	2700	Polyester	3,3

Aufgaben

1. Welche Ladung speichert ein Kondensator mit einer Kapazität von 2200 µF an einer Spannung von 12 V?

2. Ein Hochleistungskondensator speichert bei einer Spannung von 5 V eine Ladung von 2,35 C. Berechnen Sie die Kapazität des Kondensators.

3. A capacitor with a capacitance of 2200 µF stores a charge of 52.8 mC. Calculate a) the voltage applied to the capacitor and b) the stored energy.

4. Die zwei Metallplatten eines Experimentalkondensators haben eine Fläche von 400 cm² und sind 1 cm voneinander entfernt. Berechnen Sie die Kapazität ($\varepsilon_r = 1$).

5. Ein Kondensator mit Luft als Dielektrikum hat bei einer Plattenfläche von 6,5 dm² eine Kapazität von 90 pF. Berechnen Sie den Plattenabstand.

6. Ein Folienkondensator hat eine Kapazität von 33 nF. Die als Dielektrikum eingesetzte Folie besteht aus Polypropylen und ist 12 µm dick. Berechnen Sie die Fläche der Folie.

7. Ein Plattenkondensator mit einer Plattenfläche von 4 dm² hat eine Kapazität von 2,83 nF. Ermitteln Sie das Material des Dielektrikums, wenn die Platten einen Abstand von 0,5 mm haben.

8. Ein Kondensator der Kapazität 33 µF ist an 24 V angeschlossen. Um wie viel Prozent erhöht sich die gespeicherte Energie, wenn die Spannung verdoppelt wird?

9. Die Spannung an einem Kondensator wird um 40 % erhöht. Um wie viel Prozent steigt die gespeicherte Energie?

10. Ein Kondensator mit einer wirksamen Plattenfläche von 4 m² ist an eine Spannung von 18 V angeschlossen. Das Dielektrikum besteht aus Polyester und ist 10 µm dick. Berechnen Sie

a) die gespeicherte Ladung und

b) die gespeicherte Energie.

11. In einem Öltank befinden sich zwei quadratische Metallplatten mit einer Kantenlänge von 5 cm. Der Plattenabstand beträgt 0,5 cm. Berechnen Sie die Kapazität des Kondensators, wenn
a) der Ölpegel unterhalb des Kondensators liegt und
b) der Ölpegel oberhalb des Kondensators liegt.

12. Ein Keramikkondensator der Kapazität $C = 220$ nF hat eine wirksame Fläche von 36,8 mm². Welche Fläche muss ein Folienkondensator der gleichen Kapazität haben, wenn als Isolierschicht eine 10 µm dicke Polypropylenfolie verwendet wird?

13. Ein Keramikkondensator mit der Kapazität 100 nF hat eine wirksame Fläche von 8,37 mm². Die maximal zulässige Spannung ist laut Hersteller mit 63 V angegeben. Berechnen Sie für diese Spannung
a) die gespeicherte Energie und
b) die elektrische Feldstärke.

14. Ein scheibenförmiger Keramikkondensator hat eine Kapazität von 2,2 nF.
a) Welchen Durchmesser hat der Kondensator, wenn die Scheibe eine Dicke von 1,5 mm hat?
b) Welche wirksame Fläche müsste ein Polyester-Folienkondensator gleicher Kapazität mit einer 20 µm dicken Folie haben?

15. Ein Plattenkondensator hat einen Plattenabstand von 1 mm. Als Dielektrikum wird Papier verwendet und die Plattenfläche ist 25 cm² groß. Der Kondensator wird mit 12 V aufgeladen.
a) Welche Kapazität hat der Kondensator?
b) Welche Ladungsmenge wird gespeichert?
c) Welchen Wert hat die Feldstärke?
d) Welche Spannung liegt an den Platten an, wenn der Kondensator von der Spannungsquelle getrennt und das Papier entfernt wird?
e) Welchen Wert hat nun die Feldstärke?

16. Ein Luftkondensator soll an einer Gleichspannung von 400 V betrieben werden. Die beiden kreisförmigen Platten haben einen Durchmesser von 10 cm. Welche maximale Kapazität lässt sich erzielen, wenn die Feldstärke einen Wert von 3 kV pro Millimeter nicht übersteigen darf?

17. Ein Kondensator der Kapazität $C = 4700$ µF wird 5,6 Sekunden lang gleichmäßig mit 20 mA geladen.
a) Berechnen Sie die Ladung des Kondensators.
b) Welchen Spannungswert besitzt der geladene Kondensator?

18. Ein Kondensator mit 330 µF wird 1,5 Sekunden lang mit 9 mA entladen. Berechnen Sie die Spannungsabnahme.

19. Zwischen zwei Metallplatten befindet sich eine 1 mm dicke Polypropylenfolie. Die Metallplatten werden mit 60 V aufgeladen. Hierbei speichert der Kondensator eine elektrische Ladung von 140 nC. Welche Ladung kann der Kondensator speichern, wenn die Polypropylenfolie durch eine Polyesterfolie der gleichen Dicke ersetzt wird?

20. Die kreisförmigen Platten $r = 12$ cm eines Experimentalkondensators haben einen Abstand von 2 mm. Der Kondensator wird mit 100 V aufgeladen. Nach dem Ladevorgang wird die Spannungsquelle vom Kondensator getrennt. Welche Spannung liegt an den Platten an, wenn der Plattenabstand verdoppelt wird?

21. Die einzelnen Platten des Kondensators aus Abb. 1 haben jeweils eine Fläche von 12 cm². Der Plattenabstand beträgt 1 mm. Zwischen den Platten befindet sich Luft. Berechnen Sie
a) die wirksame Plattenfläche und
b) die Kapazität des Kondensators.

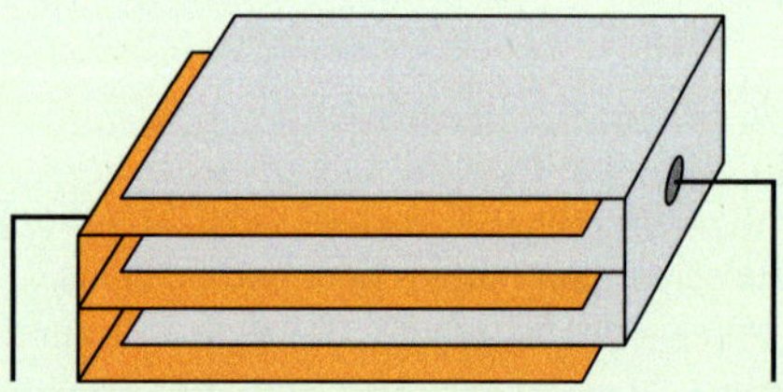

Abb. 1: Kondensator mit mehreren Platten

22. Ein Kondensator besteht aus insgesamt 18 parallelen Platten. Die einzelnen Platten haben jeweils eine Fläche von 141 mm². Sie werden durch eine 7 µm dicke Polyesterfolie voneinander getrennt. Berechnen Sie
a) die wirksame Plattenfläche und
b) die Kapazität des Kondensators.

23. Ein Drehkondensator besteht aus 20 festen und 19 drehbaren halbkreisförmigen Platten mit einem Radius von 3 cm. Die Platten haben einen Abstand von 1,5 mm. Berechnen Sie die maximale Kapazität des Kondensators.

4.3 Schaltung von Kondensatoren

Parallelschaltung

An parallel geschalteten Kondensatoren liegt die gleiche Spannung an. Die Einzelkapazitäten addieren sich zur Gesamtkapazität. Die Einzelladungen addieren sich ebenso zur Gesamtladung.

$U_g = U_1 = U_2 = ... = U_n$

$C_g = C_1 + C_2 + ... + C_n$

$Q_g = Q_1 + Q_2 + ... + Q_n$

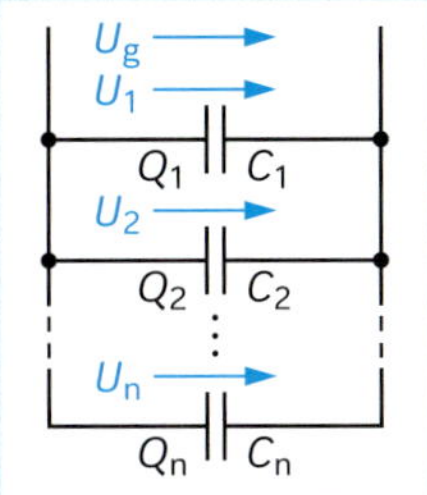

Reihenschaltung

Die Einzelspannungen in Reihe geschalteter Kondensatoren addieren sich zur Gesamtspannung. Die Ladung ist an allen Kondensatoren gleich.

$U_g = U_1 + U_2 + ... + U_n$

$\frac{1}{C_g} = \frac{1}{C_1} + \frac{1}{C_2} + ... + \frac{1}{C_n}$

$Q_g = Q_1 = Q_2 = ... = Q_n$

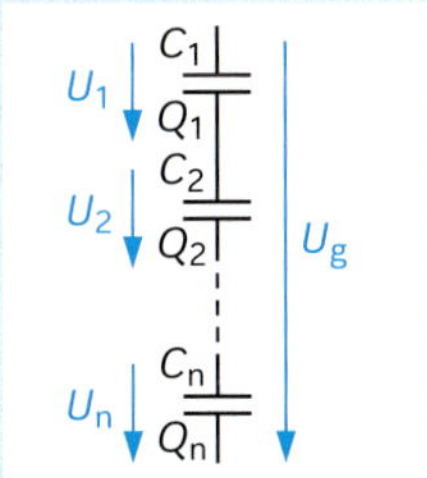

U: Spannung $[U] = \text{V}$

C: Kapazität $[C] = 1\,\frac{\text{As}}{\text{V}} = 1\ \text{F}$ (Farad)

Q: elektrische Ladung $[Q] = 1\ \text{As} = 1\ \text{C}$ (Coulomb)

Beispiel

Zwei Kondensatoren mit den Kapazitäten 22 µF und 47 µF werden a) in Reihe und b) parallel an einer 12-V-Spannungsquelle betrieben. Berechnen Sie jeweils die Gesamtkapazität.

Geg.: $C_1 = 22\ \mu\text{F}$; $C_2 = 47\ \mu\text{F}$; $U_g = 12\ \text{V}$

Ges.: a) C_g (in Reihe); b) C_g (parallel)

a) $\frac{1}{C_g} = \frac{1}{C_1} + \frac{1}{C_2}$

$\frac{1}{C_g} = \frac{1}{22\ \mu\text{F}} + \frac{1}{47\ \mu\text{F}}$

$\frac{1}{C_g} = 66{,}73 \cdot 10^3\ \frac{1}{\text{F}}$

$\underline{\underline{C_g = 15\ \mu\text{F}}}$

b) $C_g = C_1 + C_2$

$C_g = 22\ \mu\text{F} + 47\ \mu\text{F}$

$\underline{\underline{C_g = 69\ \mu\text{F}}}$

Aufgaben

1. Ein Kondensator mit 33 pF wird mit einem 47-pF-Kondensator parallel geschaltet. Berechnen Sie die Gesamtkapazität.

2. Es soll eine Gesamtkapazität von 1,15 nF realisiert werden. Welche zweite Kapazität muss zu einem 680-pF-Kondensator parallel geschaltet werden, um dies zu erreichen?

3. Zwei Kondensatoren mit einer Kapazität von jeweils 2200 µF werden in Reihe geschaltet. Berechnen Sie die Gesamtkapazität.

4. Berechnen Sie für die Parallelschaltung zweier Kondensatoren die fehlenden Größen.

	a)	b)	c)	d)	e)	f)
C_1	100 µF	2,2 nF	220 µF		100 pF	560 pF
C_2	33 µF	220 pF		27 pF		
C_g			690 µF	109 pF	2,3 nF	1,38 nF

5. Die beiden Kondensatoren C_1 und C_2 sind in Reihe geschaltet. Berechnen Sie die fehlenden Größen.

	a)	b)	c)	d)	e)	f)
C_1	10 µF	6,8 nF	100 µF		1 µF	
C_2	22 µF	330 pF		27 nF		4,7 nF
C_g			68,8 µF	17,1 nF	9,9 nF	97,9 pF

6. Three capacitors of values $C_1 = 220$ pF, $C_2 = 680$ pF and $C_3 = 1$ nF are connected in parallel.

a) Calculate the total capacitance.

b) Which charge do the capacitors store if the voltage drop is 5 V?

7. Drei Kondensatoren mit den Werten 220 nF, 2,2 µF und 470 nF werden parallel an eine 12-V-Spannungsquelle geschaltet. Berechnen Sie

a) die Gesamtkapazität der Schaltung und

b) die gespeicherte Gesamtladung.

8. Die dargestellte Reihenschaltung der beiden Kondensatoren liegt an einer Versorgungsspannung von 4,6 V. Berechnen Sie

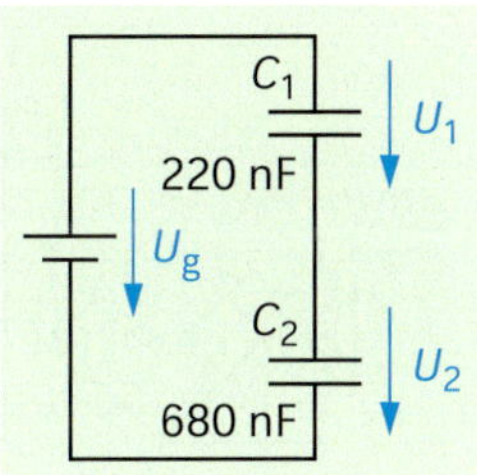

a) die Gesamtkapazität C_g,

b) die Ladungen Q_1 und Q_2 der beiden Kondensatoren und

c) die beiden Teilspannungen U_1 und U_2.

9. Berechnen Sie die Gesamtkapazität der beiden Kondensatoren $C_1 = 4{,}3\ \mu F$ und $C_2 = 10\ \mu F$ wenn diese a) in Reihe und b) parallel geschaltet werden.

10. Die Parallelschaltung aus Abb. 1 ist an eine Gleichspannungsquelle mit $U_g = 5\ V$ angeschlossen. Berechnen Sie

a) die Gesamtkapazität C_g und

b) die Ladungen Q_1 bis Q_3 der drei Kondensatoren.

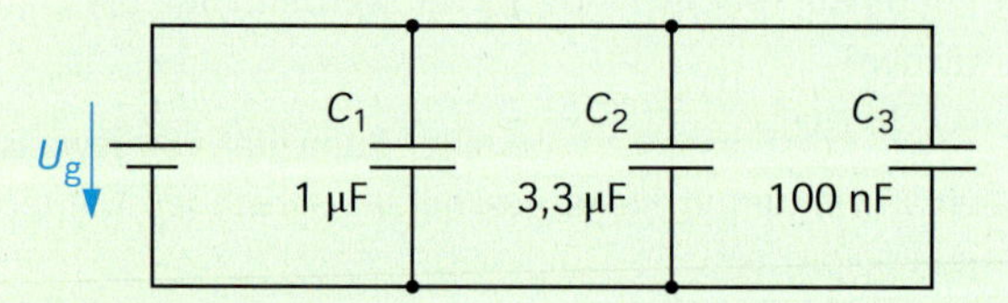

Abb. 1: Parallelschaltung dreier Kondensatoren

11. Welche Kapazität ist zu einem Kondensator mit 6,8 µF in Reihe zu schalten, damit eine Gesamtkapazität von 2 µF entsteht.

12. Zwei gleiche Kondensatoren haben parallel geschaltet eine Gesamtkapazität von 30 µF. Berechnen Sie die Gesamtkapazität für die Reihenschaltung der beiden Kondensatoren.

13. Die Reihenschaltung dreier gleicher Kondensatoren hat eine Gesamtkapazität von 60 nF. Berechnen Sie die Gesamtkapazität für die Parallelschaltung der Kondensatoren.

14. Die drei Kondensatoren $C_1 = 2{,}3\ \mu F$, $C_2 = 1{,}5\ \mu F$ und $C_3 = 820\ nF$ sind in Reihe an einer 24 V Gleichspannung angeschlossen. Berechnen Sie

a) die Gesamtkapazität und

b) die Teilspannungen an den Kondensatoren.

15. Der Schaltplan aus Abb. 2 zeigt das Netzteil eines Steuergerätes. Berechnen Sie

a) die Gesamtkapazität von C_{303} und C_{304},

b) die Gesamtkapazität von C_{305} und C_{306} und

c) die gespeicherte Ladung der beiden Kondensatoren C_{305} und C_{306}.

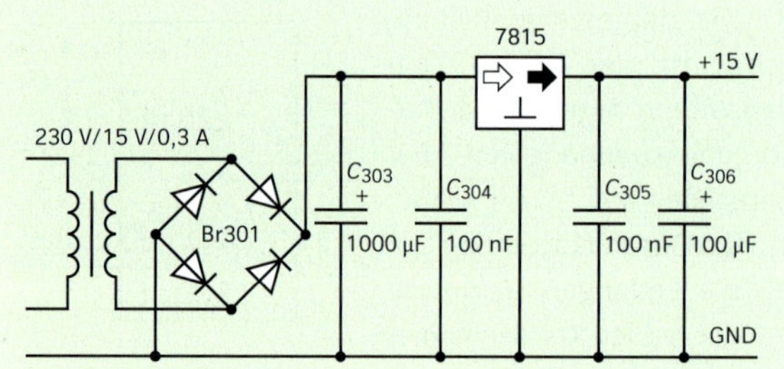

Abb. 2: Netzteil

16. Ein Kondensator mit 4,7 µF liegt an 12 V. Welche Kapazität muss ein zweiter Kondensator haben, der parallel geschaltet wird, damit eine Gesamtladung von 123,6 µC gespeichert werden kann?

17. Die drei Kondensatoren $C_1 = C_2 = C_3 = 120\ nF$ liegen in Reihe an einer Spannung von 120 V. Berechnen Sie

a) die Gesamtkapazität,

b) die gespeicherte Ladung eines einzelnen Kondensators und

c) die Spannungen U_1, U_2 und U_3

18. Der Kondensator C_1 in der Schaltung von Abb. 3 wird mit einer Gleichspannung von $U_g = 15\ V$ vollständig aufgeladen. Anschließend wird der Schalter S1 umgelegt. Berechnen Sie

a) die gespeicherte Ladung Q_1 vor dem Umschalten,

b) die Ladungen Q_1 und Q_2 nach dem Umschalten und die Spannungen U_1 und U_2 nach dem Umschalten.

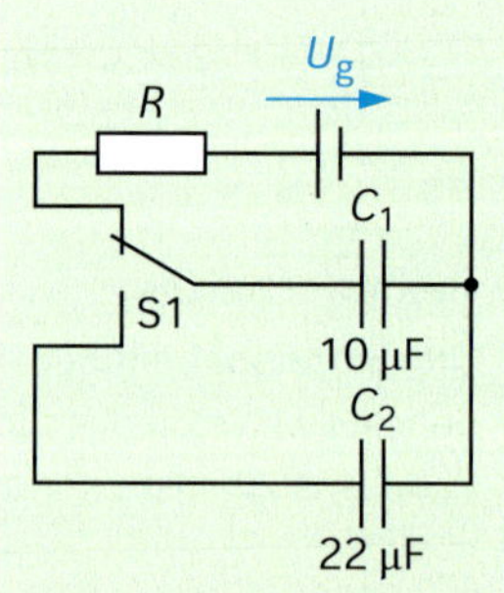

Abb. 3: Versuchsschaltung

19. Zwei Kondensatoren mit jeweils 2,2 µF und 6,8 µF werden in Reihe an eine 60-V-Spannungsquelle angeschlossen. Für welche Bemessungsspannung müssen die Kondensatoren jeweils ausgelegt sein?

20. Drei Kondensatoren gleicher Kapazität sind in Reihe an eine 12-V-Batterie geschaltet. Die Kondensatoren speichern hierbei eine elektrische Ladung von 132 nC. Berechnen Sie die Kapazität eines Kondensators.

21. Berechnen Sie die Spannung U_g in der Schaltung aus Abbildung 4.

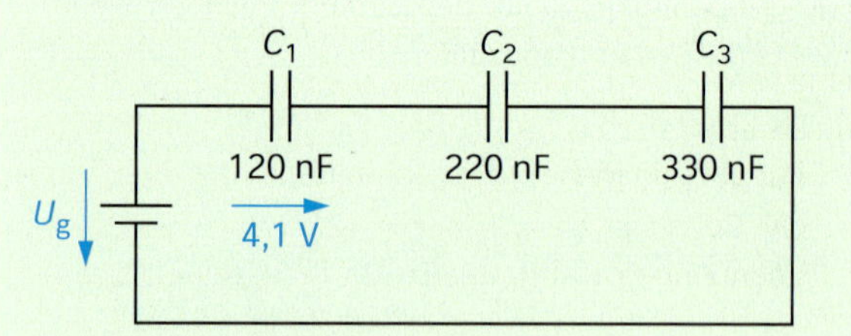

Abb. 4: Reihenschaltung Kondensatoren

22. Um welchen Faktor erhöht sich die Gesamtkapazität, wenn zwei gleiche Kondensatoren nicht in Reihe, sondern parallelschaltet werden?

23. Berechnen Sie für die nebenstehende Schaltung
a) die gespeicherte Ladung Q_g,
b) die Kapazität von C_1 und
c) die Gesamtkapazität C_g.

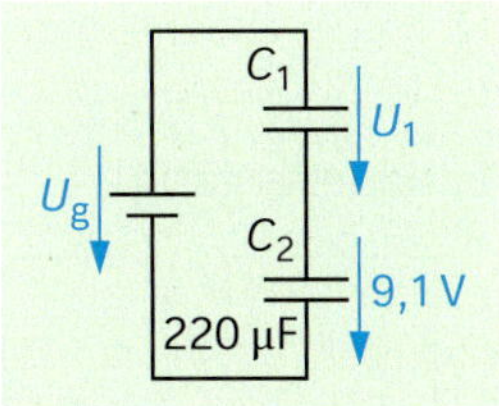

24. Die Kondensatoren C_1, C_2 und C_3 (Abb. 5) haben jeweils eine Kapazität von 100 nF. An C_2 wird eine Spannung von 4,5 V gemessen.
a) Berechnen Sie die Gesamtkapazität der Schaltung.
b) Wie groß ist die Spannung U_g?
c) Wie groß ist die in C_1 gespeicherte Ladung?

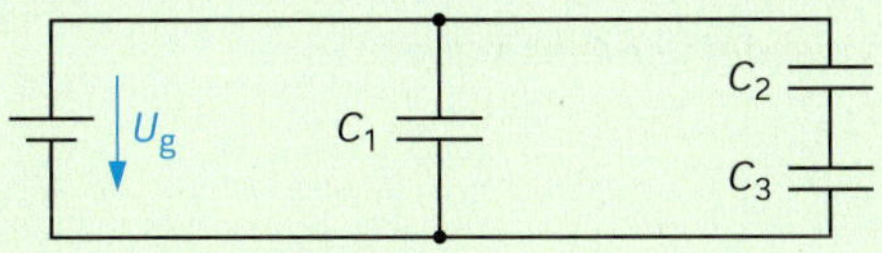

Abb. 5: Kondensatorschaltung

25. Die Schaltung aus Abb. 6 wird über eine Gleichspannungsquelle mit $U_g = 24$ V versorgt. Berechnen Sie
a) die Gesamtkapazität C_g,
b) die gesamte gespeicherte Ladung Q_g,
c) die Ladung Q_1 des Kondensators C_1,
d) die Spannung U_1 über den Kondensator C_1,
e) die Spannungen U_2 und U_3 über den Kondensatoren C_2 und C_3 sowie
f) die Ladungen Q_2 und Q_3.

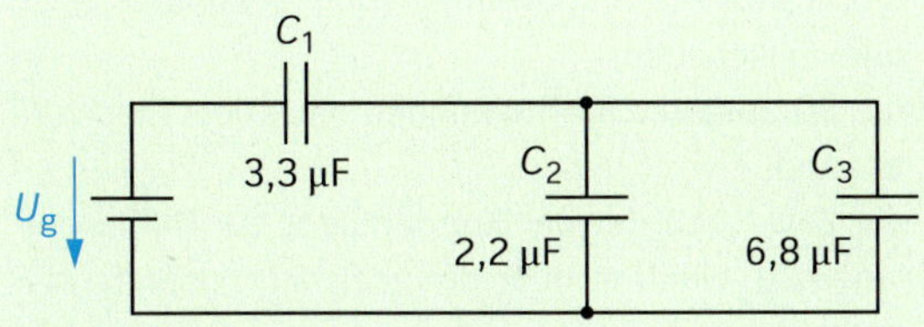

Abb. 6: Kondensatorschaltung 2

26. Drei Kondensatoren $C_1 = 100$ nF, $C_2 = 10$ nF und $C_3 = 33$ nF sind in Reihe geschaltet. An C_1 wird eine Spannung von 1,5 V gemessen.
a) Berechnen Sie die Gesamtspannung.
b) Auf welchen Wert muss C_3 geändert werden, wenn die Gesamtspannung auf 24 V erhöht wird und die Spannungen U_1 und U_2 sich nicht verändern sollen?

27. Die beiden parallel geschalteten Kondensatoren $C_1 = 4700$ µF und $C_2 = 6800$ µF speichern an einer Gleichspannungsquelle eine elektrische Ladung von 345 mC. Durch einen zusätzlich parallel geschalteten Kondensator C_3 erhöht sich die gespeicherte elektrische Ladung auf 411 mC. Berechnen Sie die Kapazität des Kondensators C_3.

28. Die Zusammenschaltung der Kondensatoren in Abbildung 7 hat eine Gesamtkapazität von $C_g = 530$ nF. Berechnen Sie
a) die Ladung Q_3 des Kondensators C_3,
b) die Ladung Q_2 des Kondensators C_2,
c) die Spannung U_2 am Kondensator C_2,
d) die Spannung U_g der Spannungsquelle,
e) die Kapazität von C_1,
f) die Teilladungen Q_4 und Q_5,
g) die Spannungen U_4 und U_5.

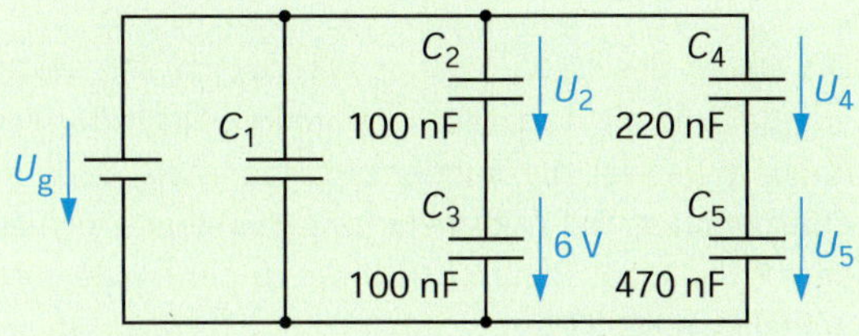

Abb. 7: Zusammenschaltung von Kondensatoren

29. Die LED P1 in der Versuchsschaltung aus Abb. 8 leuchtet beim Abschalten nach. Berechnen Sie
a) die Gesamtkapazität der beiden Kondensatoren,
b) die gespeicherte elektrische Ladung,
c) die Stromstärke durch die Leuchtdiode und
d) die theoretische Nachleuchtzeit der LED, wenn der Schalter S1 geöffnet wird.

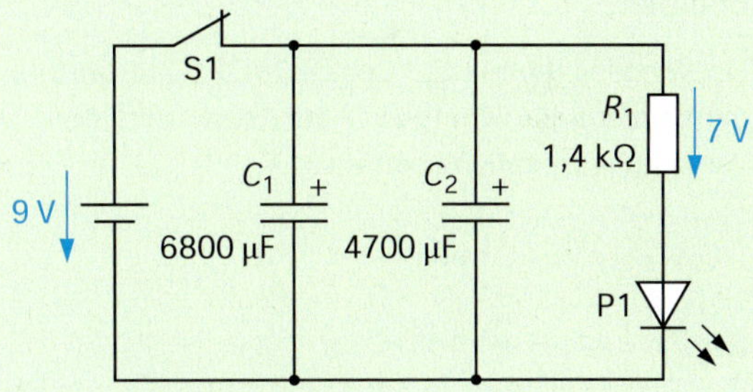

Abb. 8: Versuchsschaltung

30. In einer Schaltung werden vier parallel geschaltete Kondensatoren gleicher Kapazität an einer 12-V-Batterie aufgeladen. Nachdem die Kondensatoren vollständig geladen sind, werden diese von der Spannungsquelle getrennt und in Reihe geschaltet. Berechnen Sie die Gesamtspannung über den Kondensatoren.

31. Drei gleiche Kondensatoren werden von einer Reihenschaltung in eine Parallelschaltung umgeschaltet. Hierbei erhöht sich die Gesamtkapazität um 72 pF. Berechnen Sie
a) die Kapazität eines Kondensators,
b) die Gesamtkapazität der Parallelschaltung und
c) die Gesamtkapazität der Reihenschaltung.

4.4 Schaltvorgänge bei Kondensatoren

Aufladevorgang

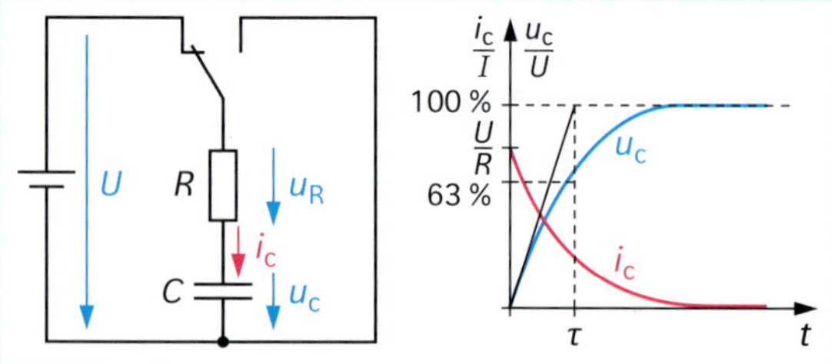

Die Dauer des Ladevorgangs wird durch den Widerstand R und die Kapazität C bestimmt. Nach der Zeitdauer τ beträgt die Kondensatorspannung 63 % der Endspannung. Die Zeitkonstante τ (Tau) ergibt sich aus dem Produkt aus R und C. Nach 5 τ ist der Kondensator aufgeladen (99,33 %).

Entladevorgang

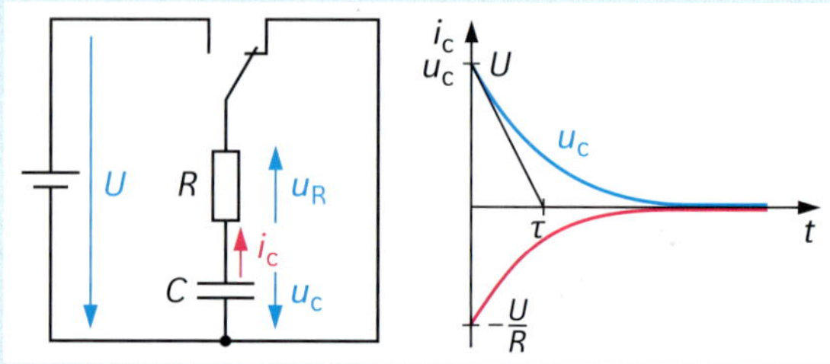

Die Dauer des Entladevorgangs wird ebenfalls durch den Widerstand R und die Kapazität C bestimmt. In der Zeitdauer τ entlädt sich der Kondensator um 63 %. Nach 5 τ ist der Kondensator entladen.

$u_c = U \cdot (1 - e^{-\frac{t}{\tau}})$

$i_c = I \cdot e^{-\frac{t}{\tau}}$

$\tau = R \cdot C$

$u_c = U \cdot e^{-\frac{t}{\tau}}$

$-i_c = I \cdot e^{-\frac{t}{\tau}}$

τ: Zeitkonstante (Tau)	$[\tau]$ = s
t: Zeit	$[t]$ = s
e: Eulersche Zahl	e = 2,718...

u_c: Kondensatorspannung
U: Versorgungsspannung bzw. Spannung zum Beginn des Entladevorgangs
i_c: Lade- bzw. Entladestrom des Kondensators
I: Lade- bzw. Entladestrom zum Zeitpunkt $t = 0$ s

Beispiel

Ein Kondensator mit der Kapazität $C = 22\ \mu F$ wird über den Widerstand $R = 100\ k\Omega$ auf- bzw. entladen. Die Versorgungsspannung beträgt 24 V.

Berechnen Sie
a) die Kondensatorspannung fünf Sekunden nach dem Einschalten,
b) die Stromstärke fünf Sekunden nach dem Einschalten und
c) die Zeit, nach der der Kondensator zur Hälfte entladen ist, wenn er über den gleichen Widerstand R entladen wird.

Geg.: $C = 22\ \mu F$; $R = 100\ k\Omega$; $U = 24\ V$; $t = 5\ s$

Ges.: a) u_c nach 5 s
b) i_c nach 5 s
c) t bei $u_c = 12\ V$

a)
$\tau = R \cdot C$
$\tau = 100\ k\Omega \cdot 22\ \mu F$
$\underline{\tau = 2{,}2\ s}$
$u_c = U\,(1 - e^{-\frac{t}{\tau}})$
$u_c = 24\ V\,(1 - e^{-\frac{5\ s}{2{,}2\ s}})$
$u_c = 24\ V\,(1 - 0{,}103)$
$\underline{\underline{u_c = 21{,}5\ V}}$

b)
$I = \frac{U}{R}$
$I = \frac{24\ V}{100\ k\Omega}$
$\underline{I = 240\ \mu A}$
$i_c = I \cdot e^{-\frac{t}{\tau}}$
$i_c = 240\ \mu A \cdot e^{-\frac{5\ s}{2{,}2\ s}}$
$i_c = 240\ \mu A \cdot 0{,}103$
$\underline{\underline{i_c = 25\ \mu A}}$

c)
$\tau = R \cdot C$
$\tau = 100\ k\Omega \cdot 22\ \mu F$
$\underline{\tau = 2{,}2\ s}$
$u_c = U \cdot e^{-\frac{t}{\tau}}$
$\frac{u_c}{U} = e^{-\frac{t}{\tau}}$
$l_n\left(\frac{u_c}{U}\right) = -\frac{t}{\tau}$
$t = -\tau \cdot l_n\left(\frac{u_c}{U}\right)$
$t = -2{,}2\ s \cdot l_n\left(\frac{12\ V}{24\ V}\right)$
$\underline{\underline{t = 1{,}52\ s}}$

Aufgaben

1. Ein Widerstand mit 2,2 kΩ und ein Kondensator mit 1 µF sind in Reihe geschaltet. Berechnen Sie die Zeitkonstante.

2. Nach welcher Zeit ist ein Kondensator mit 2200 µF über einen 680-Ω-Widerstand vollständig aufgeladen?

3. Welcher Widerstandswert ist notwendig, um einen Kondensator mit 330 nF innerhalb von 0,5 Sekunden auf 63 % der Versorgungsspannung zu laden?

4. Ein Kapazitätsmessgerät lädt über einen Widerstand von 10 MΩ einen Kondensator auf. Nach 1,8 ms hat die Kondensatorspannung 63 % des Endwertes erreicht. Wie groß ist die Kapazität des Kondensators?

5. Der Kondensator aus Abb. 1 wird über einen 820 Ω großen Widerstand an eine 5-V-Spannungsquelle angeschlossen. Berechnen Sie die Spannungswerte und die Stromstärken am Kondensator nach a) 0,5 τ und b) 2 τ.

Abb. 1: Elektrolytkondensator

6. After switching-off the supply voltage of 5 V the capacitor is discharged through a resistor with a value of 1.5 kΩ. What is the discharge current after 3 τ?

7. Wie groß darf der zu einem Kondensator $C = 680$ nF in Reihe geschaltete Widerstand maximal sein, damit der Kondensator innerhalb von 50 ms vollständig entladen wird?

8. Über einen Widerstand 4,7 kΩ wird ein Kondensator mit 150 nF an die Spannung 12 V angeschlossen. Berechnen Sie die Spannungs- und Stromwerte 1,4 ms nach dem Einschalten.

9. Ein Kondensator mit 470 µF wird an einer Spannung von 12 V vollständig aufgeladen und anschließend über einen 3,9 kΩ großen Widerstand entladen.

a) Nach welcher Zeit ist der Kondensator vollständig entladen?
b) Wie groß sind die Kondensatorspannung und die Kondensatorstromstärke nach 5,5 Sekunden?
c) Wie lange dauert es, den Kondensator auf 25 % der Ausgangsspannung zu entladen?

10. Die Entladestromstärke eines 330 µF großen Kondensators soll 30 mA nicht übersteigen. Die Ladespannung beträgt 12 V.

a) Wie groß muss der Entladewiderstand mindestens sein?
b) Wie lange dauert ein Entladevorgang mindestens?
c) Wie groß ist die Entladestromstärke nach 100 ms?
d) Nach welcher Zeit ist die Stromstärke auf ein Zehntel des Anfangsstromes abgesunken?

11. Die in Abb. 2 dargestellte Batterie liefert eine Spannung von 9 V.

a) Berechnen Sie, wie lange ein vollständiger Lade- bzw. Entladevorgang dauert.
b) Wie hoch ist die Kondensatorspannung 80 ms nach Ladebeginn?
c) Wie hoch ist 80 ms nach Beginn des Entladevorgangs die Stromstärke durch R_2?

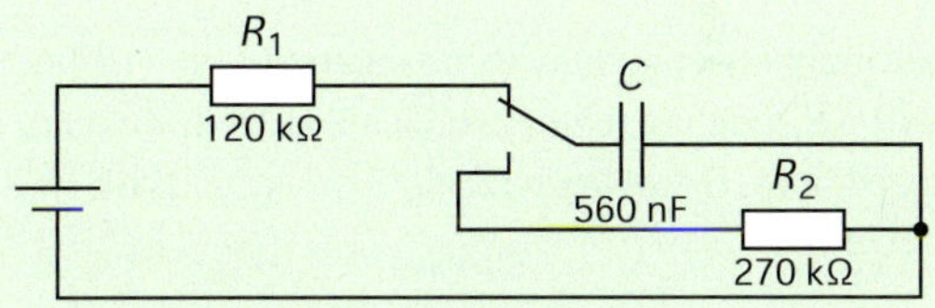

Abb. 2: Lade- und Entladeschaltung

12. Die Batterie der Schaltung in Abb. 3 liefert eine Spannung von 12 V.

a) Berechnen Sie die Lade- und Entladezeit des Kondensators.
b) Welche Spannung liegt 15 ms nach dem Beginn der Aufladung an R_1 an?
c) Der vollständig geladene Kondensator wird entladen. Berechnen Sie die Spannung an R_2 zum Zeitpunkt $t = 30$ ms nach dem Beginn der Entladung.
d) Nach welcher Zeit ist die Spannung an R_1 auf 4 V abgesunken?

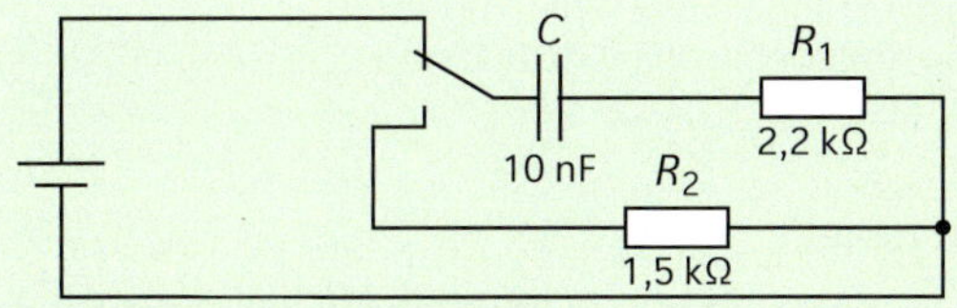

Abb. 3: Lade- und Entladeschaltung

13. Ein Kondensator mit einer Kapazität von 5,6 µF wurde über einen 82-kΩ-Widerstand an einer Spannungsquelle mit 7,2 V vollständig aufgeladen. Der Kondensator wird für zwei Sekunden über einen Widerstand von 520 kΩ entladen. Wie lange dauert es, um den teilentladenen Kondensator wieder vollständig aufzuladen?

4.5 Magnetische Feldgrößen

Wird ein elektrischer Leiter von einem Strom I durchflossen, entsteht durch die Durchflutung θ ein magnetischer Fluss Φ.

Durchflutungsgesetz $\theta = I \cdot N$

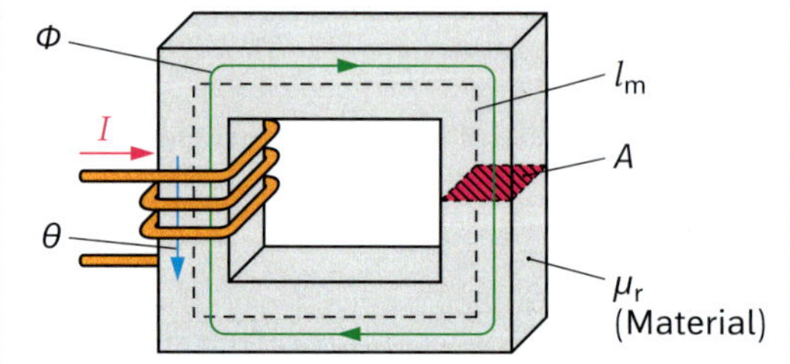

Der magnetische Fluss Φ wird durch den magnetischen Widerstand R_m beeinflusst.

$$\theta = R_m \cdot \Phi \qquad R_m = \frac{1}{\mu} \cdot \frac{l_m}{A} \qquad \mu = \mu_0 \cdot \mu_r$$

Der magnetische Fluss Φ, bezogen auf die Fläche A, wird als magnetische Flussdichte oder Induktion B bezeichnet. Diese beeinflusst die magnetische Feldstärke H.

$$B = \frac{\Phi}{A} \qquad B = \mu \cdot H \qquad H = \frac{\theta}{l_m}$$

I:	Stromstärke	$[I]$	$= \text{A}$
N:	Windungszahl		
θ:	magnetische Durchflutung (Theta)	$[\theta]$	$= \text{A}$
l_m:	mittlere Feldlinienlänge	$[l_m]$	$= \text{m}$
A:	Fläche	$[A]$	$= \text{m}^2$
Φ:	magnetischer Fluss (Phi)	$[\Phi]$	$= 1\,\text{Vs} = 1\,\text{Wb}$
R_m:	magnetischer Widerstand	$[R_m]$	$= \frac{\text{A}}{\text{Vs}}$
B:	magnetische Flussdichte	$[B]$	$= 1\,\frac{\text{Vs}}{\text{m}^2} = 1\,\text{T}$
H:	magnetische Feldstärke	$[H]$	$= \frac{\text{A}}{\text{m}}$
μ:	Permeabilität	$[\mu]$	$= \frac{\text{Vs}}{\text{Am}}$
μ_r:	Permeabilitätszahl, relative P.		
μ_0:	magnetische Feldkonstante $\mu_0 = 1{,}257 \cdot 10^{-6}\,\frac{\text{Vs}}{\text{Am}}$		

Beispiel

Eine Spule mit 500 Windungen ohne Eisenkern wird von 1,5 A durchflossen. Die mittlere Feldlinienlänge beträgt 60 mm. Welche magnetische Feldstärke entsteht?

Geg.: $l_m = 60$ mm; $N = 500$; $I = 1{,}5$ A

Ges.: H

$$H = \frac{I \cdot N}{l_m}; \qquad H = \frac{1{,}5\,\text{A} \cdot 500}{0{,}06\,\text{m}}; \qquad \underline{\underline{H = 12500\,\frac{\text{A}}{\text{m}}}}$$

Aufgaben

1. Eine Relaisspule mit einem Widerstand von 65 Ω wird mit 6 V betrieben. Wie groß ist die magnetische Durchflutung, wenn die Spule 850 Windungen besitzt?

2. Durch die Erregerwicklung einer Gleichstrommaschine ($N = 2000$) fließt ein Strom der Stärke $I = 0{,}75$ A. Berechnen Sie die Durchflutung.

3. Die Auslösewicklung eines Motorschutzschalters besteht aus sieben Windungen, die im Kurzschlussfall von 265 A durchflossen werden. Welche Durchflutung tritt in diesem Fall auf?

4. A coil core ($A = 14$ cm²) has a flux density of $B = 1.25$ T. Calculate the magnetic flux.

5. Berechnen Sie für drei Laborspulen L_1, L_2, und L_3 die fehlenden magnetischen und elektrischen Größen.

	I in A	N	l_m in cm	A in cm²	B in T	Φ in Wb
L_1	0,25	400	30	4		
L_2		1000	60	6		$3 \cdot 10^{-4}$
L_3	0,8	6000		4	0,1	

6. Auf den ringförmigen Eisenkern ($\mu_r = 3500$) (Abb. 1) mit einer kreisförmigen Querschnittsfläche wird eine Spule aufgesetzt. Durch die 1000 Windungen fließt ein Strom der Stärke $I = 250$ mA. Berechnen Sie

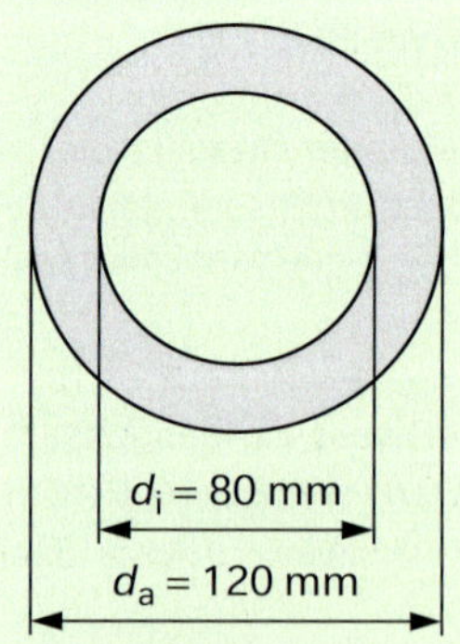

Abb. 1: Ringkern

a) die Querschnittsfläche A des Eisenkerns,
b) die mittlere Feldlinienlänge l_m,
c) die Durchflutung θ,
d) den magnetischen Widerstand R_m,
e) den magnetischen Fluss Φ,
f) die magnetische Flussdichte B,
g) die magnetische Feldstärke H.

7. Wie groß ist die mittlere Feldlinienlänge einer Schützspule, wenn bei einer Durchflutung $\theta = 230$ A eine Feldstärke von 1000 A/m auftritt?

8. Ein Elektromagnet hat bei einer Querschnittsfläche des Kerns von $A = 16$ cm² einen magnetischen Fluss von $1{,}8 \cdot 10^{-4}$ Wb. Wie groß ist die magnetische Flussdichte?

9. Ein Ringkern aus einer Eisenlegierung mit einem Kernquerschnitt $A = 6\ \text{cm}^2$ und dem mittleren Ringdurchmesser $d_m = 6$ cm trägt eine Spule mit $N = 750$. Die relative Permeabilitätszahl beträgt $\mu_r = 3000$ bei $B = 0{,}8$ T.

a) Berechnen Sie die mittlere Feldlinienlänge l_m.

b) Berechnen Sie den magnetischen Widerstand R_m.

c) Wie groß ist die magnetische Feldstärke H im Kern?

d) Welche Stromstärke muss in der Spule auftreten, damit die magnetischen Werte erreicht werden?

10. Im Diagramm (Abb. 1) sind die magnetischen Kennlinien verschiedener Materialien dargestellt. Bestimmen Sie für die ausgewählten Werkstoffe die fehlenden Werte.

Dynamoblech	a)	b)	c)	d)	e)
B in T	1,2		0,6		
H in A/m		500		1100	700
Grauguss	**f)**	**g)**	**h)**	**i)**	**k)**
B in T	0,2		0,3		0,5
H in A/m		500		1500	

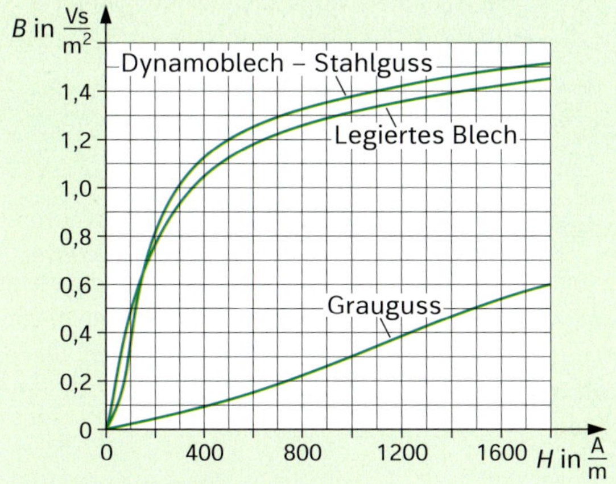

Abb. 2: Magnetisierungskennlinien

11. In einem Eisenkern aus Dynamoblech (Abb. 3) herrscht eine magnetische Durchflutung $\Theta = 380$ A. Die mittlere Feldlinienlänge beträgt $l_m = 27$ cm. Der Kern besitzt eine Querschnittsfläche von $A = 4\ \text{cm}^2$. Welchen Wert hat der magnetische Fluss?

12. Die 450 Windungen einer Luftspule werden von einem Strom mit der Stärke $I = 1{,}4$ A durchflossen. Eine einzelne Windung umfasst eine Fläche von $A = 4\ \text{cm}^2$. Der magnetische Widerstand beträgt $R_m = 3{,}7 \cdot 10^8$ A/Vs.

a) Berechnen Sie die magnetische Durchflutung.

b) Wie groß ist der magnetische Fluss?

c) Welche magnetische Flussdichte herrscht im Spuleninneren?

d) Berechnen Sie die mittlere Feldlinienlänge.

13. Ein Eisenkern (Abb. 3) besteht aus Dynamoblech mit einer relativen Permeabilität von $\mu_r = 5000$. Für Testzwecke wird eine Spule $N = 250$ auf den Mittelschenkel aufgesetzt und von 0,25 A durchflossen. Der hier erzeugte magnetische Fluss teilt sich und tritt in jedem Außenschenkel mit halber Gesamtstärke auf.

Die Querschnitte betragen: $A_1 = A_2 = 5\ \text{cm}^2$, $A_3 = 7{,}5\ \text{cm}^2$, die mittleren Feldlinienlängen $l_{m1} = l_{m2} = 35$ cm und $l_{m3} = 11$ cm.

Berechnen Sie:

a) Θ; b) Φ_1, Φ_2, Φ_3; c) B_1, B_2, B_3.

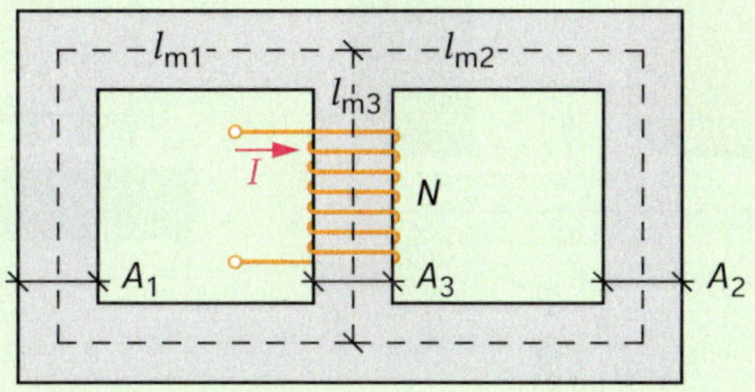

Abb. 3: Dreischenkliger Eisenkern

14. Ein Spulenkern aus legiertem Blech mit $\mu_r = 3800$ besitzt einen Luftspalt von 1 mm. Die mittlere Länge des Eisenkreises beträgt $l_m = 74{,}9$ cm. Die Querschnitte des Eisenkreises und des Luftspalts sind mit $A = 10\ \text{cm}^2$ gleich groß. Welche Stromstärke muss in der aufgesetzten Spule mit 2500 Windungen auftreten, wenn im Luftspalt eine Induktion von $B = 1$ T herrschen soll?

15. Der Eisenkern aus Dynamoblech in der Abb. 4 besitzt eine Kerntiefe von 18 mm. Die relative Permeabilität beträgt $\mu_r = 4200$. Die 1000 Windungen der Spule werden von einer Stromstärke $I = 0{,}5$ A durchflossen.

Berechnen Sie:

a) l_m; b) A; c) $R_{m\,Fe}$; d) $R_{m\,L}$; e) $R_{m\,ges}$; f) Θ; g) B; h) H_L.

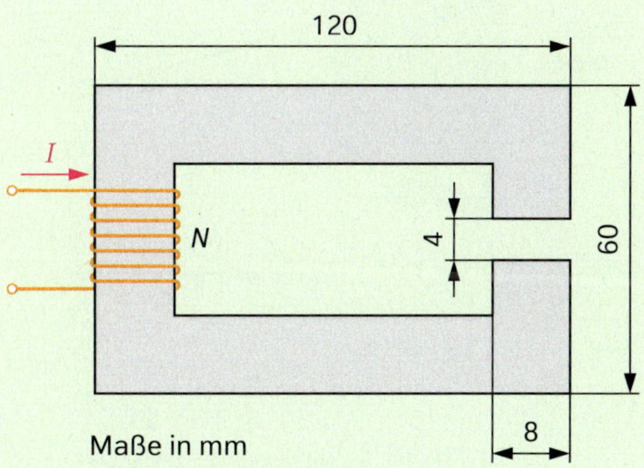

Abb. 4: Eisenkern mit Luftspalt

4.6 Kraftwirkung im Magnetfeld

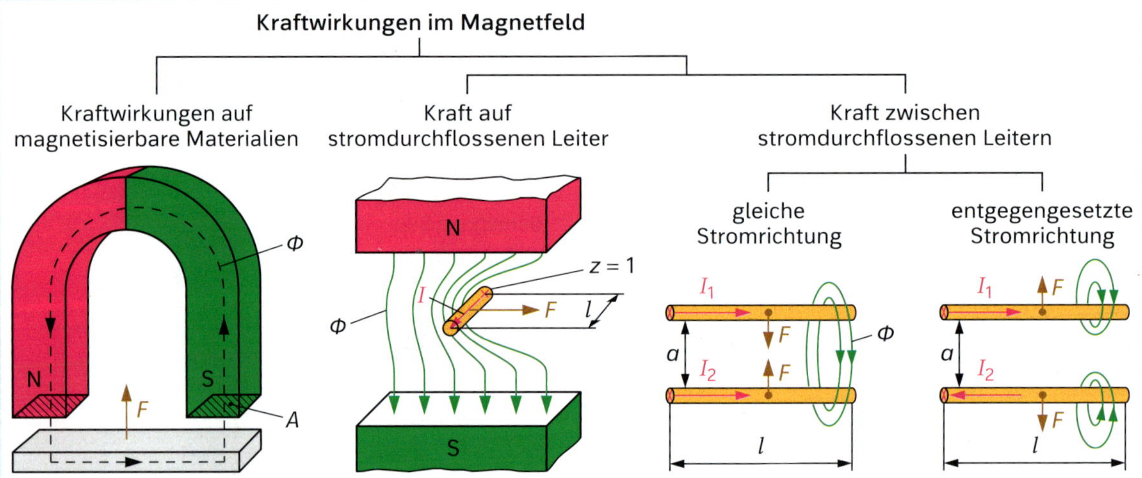

$F = \frac{B^2 \cdot A}{2 \cdot \mu_0}$ $F = \frac{B \cdot H \cdot A}{2}$ $F = B \cdot I \cdot l \cdot z$ $F = \frac{\mu_0 \cdot I_1 \cdot I_2 \cdot l}{2 \cdot \pi \cdot a}$

F: Kraft	$[F]$ = N (Newton)	z: Anzahl der bewegten, wirksamen Windungen	
B: magnetische Flussdichte	$[B]$ = T (Tesla)	a: Leiterabstand	$[a]$ = m
H: magnetische Feldstärke	$[H] = \frac{\text{A}}{\text{m}}$	l: wirksame Leiterlänge	$[l]$ = m
μ_0: magnetische Feldkonstante	$\mu_0 = 1{,}257 \cdot 10^6 \frac{\text{Vs}}{\text{Am}}$	A: Polfläche	$[A] = \text{m}^2$

Beispiel

Auf die Spule des abgebildeten Drehspulmesswerks mit 500 Windungen wird eine Kraft von 5 mN ausgeübt. Die 2 cm lange Drehspule bewegt sich in einem Magnetfeld mit der Flussdichte $B = 1{,}3$ T. Welche Stromstärke fließt durch das Messwerk? Hinweis: Es wirken beide Spulenhälften gemeinsam.

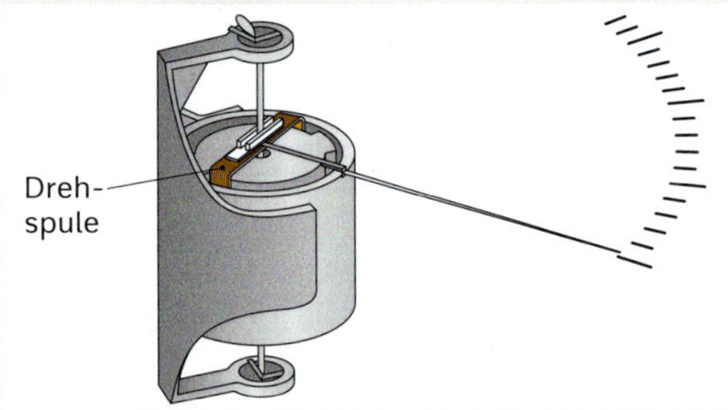

Geg.: $F = 5$ mN; $l = 2 \times 2$ cm (doppelte Wirkung)
$B = 1{,}3$ T; $z = 50$

Ges.: I

$I = \frac{F}{B \cdot l \cdot z}$; $I = \frac{5\ \text{mN}}{1{,}3\ \text{T} \cdot 2 \cdot 2\ \text{cm} \cdot 50}$

$I = \frac{5 \cdot 10^{-3}\ \text{N} \cdot \text{m}^2}{1{,}3\ \text{Vs} \cdot 2 \cdot 2 \cdot 10^{-2}\ \text{m} \cdot 50}$; $\underline{\underline{I = 0{,}19\ \text{mA}}}$

Aufgaben

1. Eine Lautsprecherspule besitzt 24 Windungen mit jeweils 6 cm Länge. Der Dauermagnet weist eine magnetische Flussdichte von 1,25 T auf. Berechnen Sie die Kraft auf die Membrane, wenn 120 mA durch die Spule fließen.

2. Die Spule eines Drehspulmesswerks mit 35 Windungen wird von 500 mA durchflossen. Der Dauermagnet weist eine Flussdichte von $B = 0{,}22$ T auf. Berechnen Sie die Auslenkkraft auf eine Wicklungshälfte, wenn der Spulenkörper 18 mm lang ist.

3. Auf eine stromdurchflossene Relaisspule mit runder Polfläche ($d = 1{,}7$ cm) wirkt auf den Klappanker eine Kraft von $F = 17$ N. Berechnen Sie a) die magnetische Flussdichte B und b) den magnetischen Fluss Φ.

4. The moveable armature of a contactor is pulled by two pole faces with an area $A = 8\ \text{cm}^2$ each. Which force influences the armature if the flux density is $B = 0.15$ T?

5. Die Rückstellfeder eines Magnetventils muss eine Kraft von $F = 12$ N aufbringen. Der Zylinderdurchmesser beträgt $d = 1{,}2$ cm. Berechnen Sie a) B und b) Φ.

6. Berechnen Sie die Kraft, mit welcher der Kolben eines Magnetventils verschoben wird, wenn $B = 0{,}3$ T und der Kolbendurchmesser $d = 0{,}8$ cm betragen.

7. Um die Flussdichte an den Polflächen eines Dauermagneten mit insgesamt 24 cm^2 zu bestimmen, wird das aufgesetzte Joch mit einer Kraft $F = 87$ N abgezogen. Berechnen Sie die erforderliche Flussdichte.

8. Ein Permanentmagnet in Hufeisenform erzeugt an den beiden Polflächen mit jeweils 4 cm^2 eine Flussdichte von $B = 0{,}85$ T. Mit welcher Kraft wird ein Eisenteil von den beiden Polen festgehalten?

9. Die beiden Pole eines Elektromagneten mit den Einzelmaßen 2 mm x 3 mm halten ein Eisenstück fest. Der magnetische Fluss beträgt $\Phi = 67 \cdot 10^{-5}$ Wb. Welche Kraft wirkt auf das Eisenstück?

10. Das Magnetfeld eines Gleichstrommotors (Abb. 1) besitzt an den Polflächen (Breite: 45 mm; Länge: 180 mm) die magnetische Flussdichte $B = 1{,}4$ T. Die 40 Windungen der Drehspule werden dabei von einer Stromstärke $I = 1{,}7$ A durchflossen. Berechnen Sie

a) die Kraft auf beide Spulenhälften,
b) den magnetischen Fluss und
c) die Feldstärke im Luftspalt.

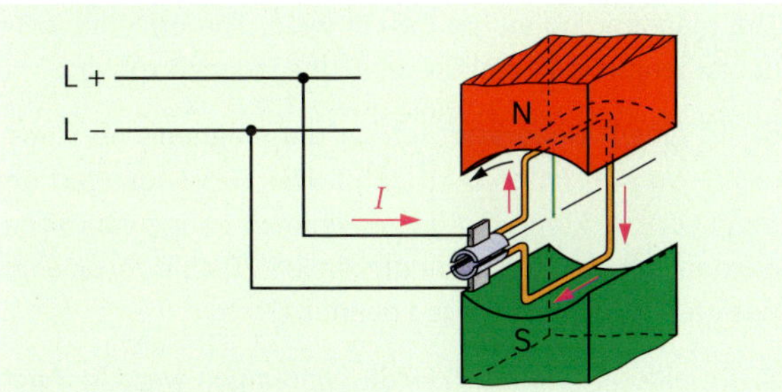

Abb. 1: Prinzip eines Gleichstrommotors

11. Die Rotorwicklung eines Gleichstrommotors (Abb. 1) wird von $I = 24$ A durchflossen. Auf einen Einzelleiter des Rotors mit der wirksamen Länge $l = 22$ cm soll eine Kraft $F = 8$ N wirken. Welche magnetische Flussdichte ist im Luftspalt nötig?

12. Berechnen Sie die Kraft, mit der eine bewegliche Spule ($z = 580$) aus einem 5 cm breiten Magnetfeld mit der magnetische Flussdichte $B = 0{,}65$ T ausgelenkt wird. Die Spulenstromstärke beträgt $I = 3{,}7$ A.

13. Ein elektrischer Hubmagnet soll mit seiner Hebeplatte ($d = 80$ cm) Eisenteile mit einer Kraft von $F = 1200$ N halten. Berechnen Sie die erforderliche magnetische Flussdichte.

14. Die magnetische Flussdichte im Luftspalt zwischen dem Stator und dem Rotor eines Motors (Abb. 2) beträgt $B = 0{,}72$ T.

a) Bestimmen Sie die Kraft auf einen 18 cm langen Leiter, wenn dieser von 5 A durchflossen wird.
b) Bestimmen Sie die Kraft für vier Pole mit jeweils 47 wirksamen Windungen.

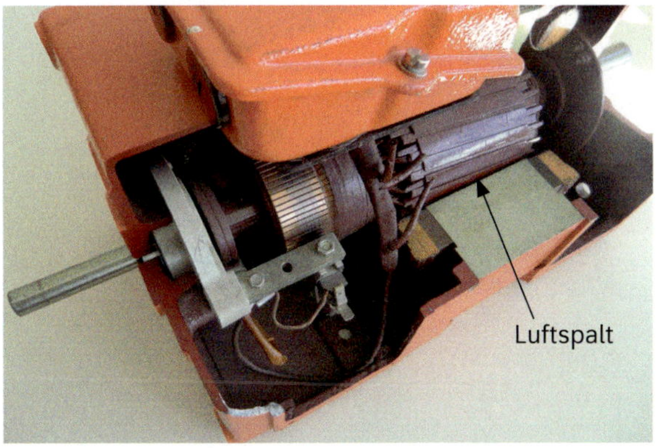

Abb. 2: Gleichstrommotor

15. An der Außenseite eines Rotors (Abb. 2) soll eine Kraft von 80 N wirken. Die 37 Windungen mit einer wirksamen Länge von je 58 cm werden mit einer Stromstärke $I = 6$ A durchflossen. Welche magnetische Flussdichte ist in dem Luftspalt zwischen Rotor und Stator notwendig?

16. Zwei Leiter liegen auf einer Länge $l = 22$ m im Abstand von $a = 15$ cm parallel nebeneinander. Die Stromstärke in jedem Leiter beträgt $I = 62$ A. Welche Kraft wirkt zwischen den beiden Leitern?

17. Drei Sammelschienen sind durch jeweils sechs Keramikisolatoren im Abstand von 1200 mm an einer Wand befestigt. Der Abstand zwischen zwei Schienen beträgt 150 mm. Jeder Isolator weist eine Festigkeit von 40 kN auf. Berechnen Sie die Kraft, die im Kurzschlussfall zwischen zwei benachbarten Schienen bei $I = 1200$ A auftritt. Halten die Isolatoren diese Kraft aus?

18. Ein Sammelschienensystem ist für eine Bemessungsstromstärke $I = 630$ A ausgelegt. Im Kurzschlussfall kann sich die Stromstärke kurzzeitig auf das 12-fache erhöhen (Stoßkurzschlussstrom), um etwas später auf das Siebenfache abzusinken (Dauerkurzschlussstrom). Zwei vom Kurzschluss betroffene Schienen liegen auf einer Länge von $l = 3{,}3$ m in einem Abstand von 25 cm parallel auseinander. Berechnen Sie die Kraft

a) für die Bemessungsstromstärke,
b) für den Stoßkurzschlussstrom und
c) für den Dauerkurzschlussstrom.

4.7 Magnetische Induktion

Allgemeines Induktionsgesetz

$$u_i \sim \frac{\Delta\Phi}{\Delta t}$$

Induktion der Ruhe | Induktion der Bewegung

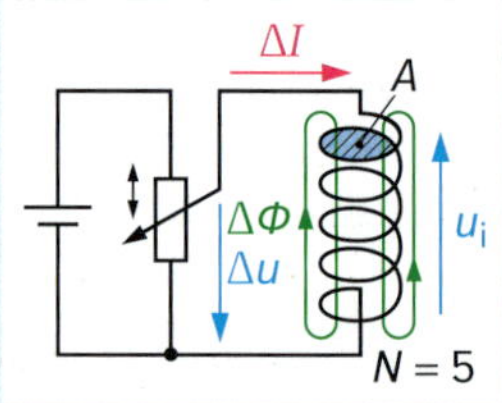

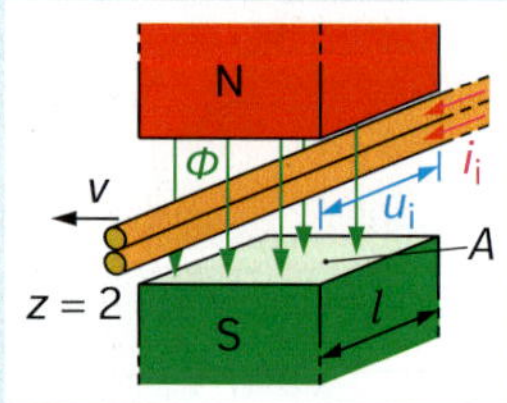

$$u_i = -N \cdot \frac{\Delta\Phi}{\Delta t} \qquad u_i = -L \cdot \frac{\Delta I}{\Delta t} \qquad u_i = B \cdot l \cdot v \cdot z$$

u_i: Induktionsspannung	$[u_i]$ = V
Φ: magnetischer Fluss	$[\Phi]$ = Wb
B: magnetische Flussdichte	$[B]$ = T
L: Induktivität	$[L]$ = H
v: Bewegungsgeschwindigkeit	$[v] = \frac{\text{m}}{\text{s}}$
l: wirksame Leiterlänge	$[l]$ = m
A: wirksame Fläche	$[A]$ = m^2
z: Anzahl der wirksamen Leiter	
N: Anzahl der Windungen	

Beispiel

In einer Spule mit 1500 Windungen wird in 0,3 s der magnetische Fluss von 142 mWb auf 17 mWb verringert. Wie groß ist die induzierte Spannung?

Geg.: $N = 1500$; $\Phi_1 = 142$ mWb; $\Phi_2 = 17$ mWb

Ges.: u_i

$\Delta\Phi = \Phi_2 - \Phi_1$

$\Delta\Phi = 17 \text{ mWb} - 142 \text{ mWb}$

$\Delta\Phi = -125 \text{ mWb}$

$u_i = -N \cdot \frac{\Delta\Phi}{\Delta t}$

$u_i = -1500 \cdot \frac{-125 \text{ mWh}}{0{,}3 \text{ s}}$

$u_i = 625 \text{ V}$

Aufgaben

1. Für ein Experiment wird eine Spannung $u_i = 5000$ V benötigt. Die Spule erzeugt einen gleichmäßig ansteigenden magnetischen Fluss bis $\Phi = 42$ Wb. Nach einer Sekunde wird dieser Vorgang wiederholt. Wie viele Windungen muss die Spule besitzen?

2. Im Eisenkern ($A = 4 \text{ cm}^2$) einer Spule ($N = 750$) ändert sich die magnetische Flussdichte innerhalb einer Viertelsekunde um 0,57 T. Berechnen Sie

a) die Änderung des magnetischen Flusses und

b) die Höhe der induzierten Spannung.

3. In einer Induktionsspule mit $N = 1250$ wird der ursprüngliche magnetische Fluss von $\Phi = 45$ mWb innerhalb von $t = 0{,}5$ s erhöht. Dabei wird eine gleichbleibende Spannung von -500 V erzeugt. Auf welche Stärke steigt der magnetische Fluss an?

4. Das Diagramm in Abb. 1 zeigt den zeitlichen Verlauf des magnetischen Flusses Φ in einer Spule mit 750 Windungen.

a) Berechnen Sie die Induktionsspannungen für die Zeitabschnitte ① bis ⑧.

b) Zeichnen Sie für die Zeitabschnitte ① bis ⑧ das Diagramm $u_i = f(t)$.

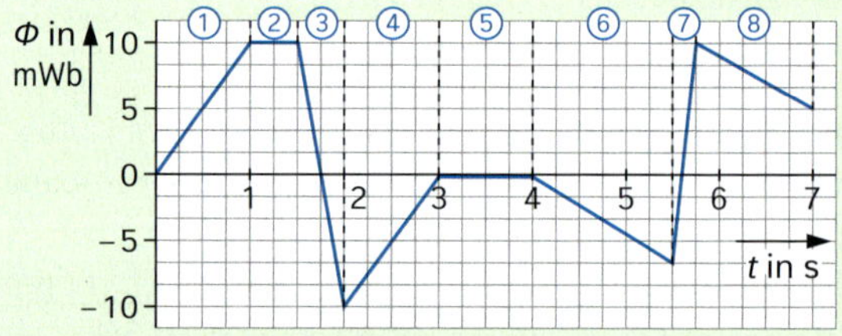

Abb. 1: Verlauf des magnetischen Flusses

5. A conductor is moved through a magnetic field with the magnetic flux $\Phi = 125$ mWb with a speed $v = 8$ m/s. The magnetic poles are 3.8 cm wide. The effective conductor length is 17 cm. Calculate the induced voltage.

6. In einem Generator beträgt die magnetische Flussdichte an den Polen $B = 1{,}285$ T. Die 30 Windungen der Induktionswicklung mit der wirksamen Länge von 52 cm werden mit der Geschwindigkeit $v = 20{,}45$ m/s bewegt. Wie groß ist die induzierte Spannung?

7. In einer Spule mit $N = 750$ Windungen werden durch Flussänderungen unterschiedlich große Spannungen induziert. Der zeitliche Verlauf ist in dem Diagramm der Abb. 2 dargestellt.

a) Berechnen Sie die Flussänderungen für die Zeitabschnitte ① bis ⑧.

b) Zeichnen Sie in einem Diagramm den Zeitverlauf des magnetischen Flusses.

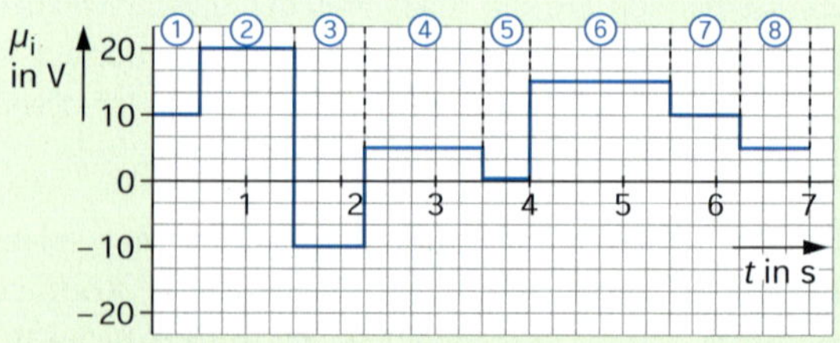

Abb. 2: Verlauf der Induktionsspannung

4.8 Induktivität

Die Induktivität L ist eine bauteilbezogene Größe der Spule. Sie wird durch die Windungszahl und den magnetischen Widerstand R_m festgelegt.

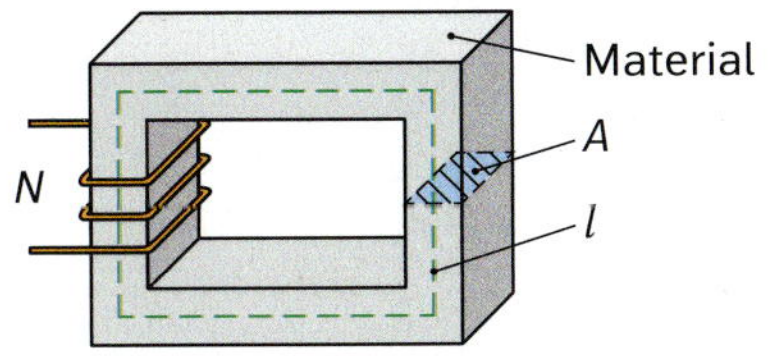

$$L = \frac{N^2}{R_m}$$

$$L = \frac{\mu_0 \cdot \mu_r \cdot A \cdot N^2}{l_m}$$

Induktivität einer stromdurchflossenen Spule:

$$L = \frac{N \cdot \Phi}{I}$$

L: Induktivität $[L] = 1\,\frac{Vs}{A} = 1$ H (Henry)

R_m: magn. Widerstand $[R_m] = \frac{A}{Vs}$

I: Spulenstrom $[I] = A$

N: Windungszahl

μ_0: magn. Feldkonstante $\mu_0 = 1{,}257 \cdot 10^{-6}\,\frac{Vs}{Am}$

Beispiel

Eine Spule mit $N = 500$ wird mit einem Eisenkern aus Dynamoblech ($\mu_r = 3600$) versehen. Berechnen Sie die Induktivität L, wenn die Querschnittsfläche des Kerns $A = 7{,}2$ cm² und die mittlere Feldlinienlänge $l_m = 38{,}5$ cm betragen.

Geg.: $N = 500$; $A = 7{,}2\ \text{cm}^2$; $l_m = 38{,}5$ cm;
$\mu_r = 3600$; $\mu_0 = 1{,}257 \cdot 10^{-6}\,\frac{Vs}{Am}$

Ges.: L

$$L = \frac{\mu_0 \cdot \mu_r \cdot A \cdot N^2}{l_m}$$

$$L = \frac{1{,}257 \cdot 10^{-6}\ \text{Vs} \cdot 3600 \cdot 7{,}2\ \text{cm}^2 \cdot 500^2}{\text{A} \cdot \text{m} \cdot 38{,}5\ \text{cm}}$$

$$L = \frac{1{,}257\ \text{Vs} \cdot 3600 \cdot 7{,}2\ \text{cm}^2 \cdot 250000}{10^6 \cdot \text{A} \cdot 100\ \text{cm} \cdot 38{,}5\ \text{cm}}$$

$$\underline{\underline{L = 2{,}12\ \text{H}}}$$

Aufgaben

1. Wie groß ist die Induktivität einer Spule mit $N = 54$ Windungen und einem magnetischen Widerstand $R_m = 43{,}5 \cdot 10^3$ A/Vs?

2. Wie viele Windungen sind nötig, um eine Spule mit einer Induktivität von $L = 5$ H bei einem magnetischen Widerstand von $R_m = 3125$ A/Vs herzustellen?

3. Die Luftspule aus Abb. 1 besitzt $N = 20$ Windungen. Der Innendurchmesser einer Windung beträgt $d = 2$ cm. Die mittlere Länge der Feldlinien beträgt $l_m = 24$ cm. Für den Spulenträger gilt $\mu_r = 1$. Berechnen Sie die Induktivität der Spule.

Abb. 1: Luftspule

4. Wie groß ist die Induktivität einer Spule, wenn 270 Windungen von einer Stromstärke $I = 2{,}3$ A durchflossen werden und ein magnetischer Fluss von $\Phi = 26$ mWb erzeugt wird?

5. Eine Entstörspule des Frequenzumrichters (Abb. 2) soll eine Induktivität von $L = 60$ mH besitzen. Der magnetische Widerstand beträgt $R_m = 11{,}25 \cdot 10^3$ A/Vs. Wie viele Windungen sind notwendig?

Abb. 2: Entstörspulen eines Frequenzumrichters

6. The inductivity of a motor winding is $L = 8$ H. The number of windings is $N = 480$. What is the reluctance?

7. Für ein Labor soll eine Spule mit einstellbaren Induktivitäten hergestellt werden. Der magnetische Widerstand bleibt unverändert. Berechnen Sie die fehlenden Angaben in der Tabelle.

	a)	b)	c)	d)	e)
N	200				
R_m in $\frac{A}{Vs}$					
L in H	0,25	0,5	1	1,5	2

8. Wie groß ist der magnetische Fluss im Eisenkern einer Spule ($L = 850$ mH), wenn die 230 Windungen von einer Stromstärke $I = 275$ mA durchflossen werden?

4.9 Schaltungen von Induktivitäten

Reihenschaltung von Induktivitäten:

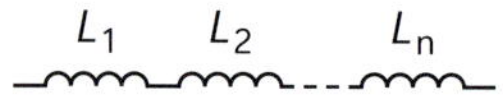

$$L_g = L_1 + L_2 + ... + L_n$$

Parallelschaltung von Induktivitäten:

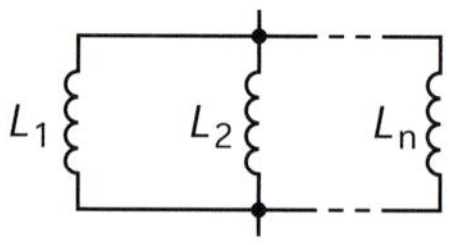

$$\frac{1}{L_g} = \frac{1}{L_1} + \frac{1}{L_2} + ... + \frac{1}{L_n}$$

Für zwei parallele Induktivitäten gilt: $L_g = \frac{L_1 \cdot L_2}{L_1 + L_2}$

Beispiel

Durch zwei parallel geschaltete Spulen soll eine Gesamtinduktivität $L_g = 0{,}07$ H entstehen. Berechnen Sie die Induktivität L_2, wenn $L_1 = 0{,}12$ H beträgt.

Geg.: $L_1 = 0{,}12$ H; $L_g = 0{,}07$ H

Ges.: L_2

$$\frac{1}{L_g} = \frac{1}{L_1} + \frac{1}{L_2}; \quad \frac{1}{L_2} = \frac{1}{L_g} - \frac{1}{L_1}$$

$$\frac{1}{L_2} = \frac{1}{70\text{ mH}} - \frac{1}{120\text{ mH}}$$

$$\frac{1}{L_2} = \frac{50}{8400\text{ mH}}$$

$$\underline{\underline{L_2 = 168\text{ mH}}}$$

Aufgaben

1. Zwei Spulen $L_1 = 33$ mH und $L_2 = 52$ mH sind in Reihe geschaltet. Berechnen Sie die Gesamtinduktivität.

2. Berechnen Sie für die Reihen- bzw. Parallelschaltung zweier Spulen die fehlenden Größen.

Reihenschaltung	a)	b)	c)	d)
L_1 in H	1,05	0,087		2,09
L_2 in H	0,067		0,045	
L_g in H		0,123	0,23	3,27

Parallelschaltung	a)	b)	c)	d)
L_1 in H	3,27	$(L_1 = L_2)$	0,87	1,05
L_2 in H	2,09	$(L_2 = L_1)$	0,123	
L_g in H		0,06		0,045

3. Die Induktivität einer Spule soll durch eine Reihenschaltung von Windungen von $L = 510$ mH auf $L_2 = 700$ mH erhöht werden. Das Kernmaterial hat den magnetischen Widerstand $R_m = 8{,}33 \cdot 10^3$ A/Vs.

Berechnen Sie a) N_1 und b) die Differenz der Windungen.

4. What is the total inductance L_g of three inductances connected in parallel: $L_1 = 0.16$ H, $L_2 = 50$ mH and $L_3 = 0.065$ H?

5. Drei Spulen sind als Gruppe entsprechend der Abb. 1 geschaltet. Durch die veränderbare Induktivität L_3 soll die Gesamtinduktivität zwischen 5 mH und 8 mH einstellbar sein. Berechnen Sie den Einstellbereich von L_3.

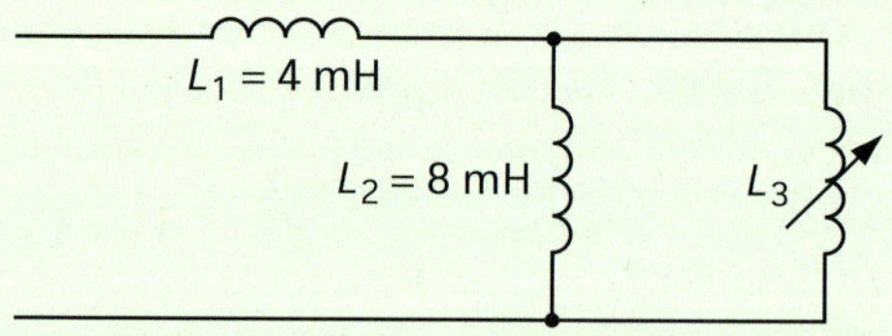

Abb. 1: Gruppenschaltung von Induktivitäten

6. Zwei Spulen befinden sich auf einem Eisenkern. Die Induktivitäten betragen $L_1 = 1{,}3$ H und $L_2 = 0{,}8$ H. Berechnen Sie die Gesamtinduktivität L_g der beiden in Reihe geschalteten Spulen.

7. Zwei Spulen mit $N_1 = 1500$ und $N_2 = 500$ werden auf einen Eisenkern geschoben und von gleicher Stromstärke durchflossen. Der Eisenkern mit $\mu_r = 2300$ besitzt bei einer Querschnittsfläche $A = 2{,}25\text{ cm}^2$ den mittleren Umfang von 46 cm.

Berechnen Sie a) L_1, b) L_2 und c) L_g.

8. Drei Spulen mit einer Induktivität von je 1 H sollen zu unterschiedlichen Gruppenschaltungen kombiniert werden.

a) Skizzieren Sie alle Spulenkombinationen, die unterschiedliche Gesamtinduktivitäten bewirken.

b) Wie groß ist die Gesamtinduktion für die jeweilige Schaltung?

9. Bestimmen Sie für die Schaltung in Abb. 2 die unbekannte Induktivität L_4, wenn $L_g = 1$ H beträgt.

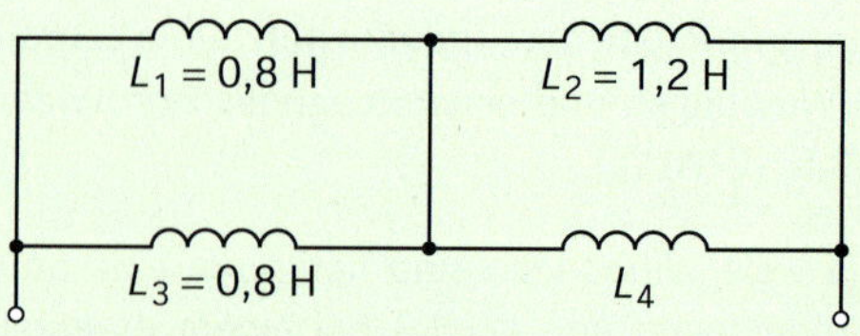

Abb. 2: Schaltung mit Induktivitäten

4.10 Schaltvorgänge bei Induktivitäten

Einschaltvorgang

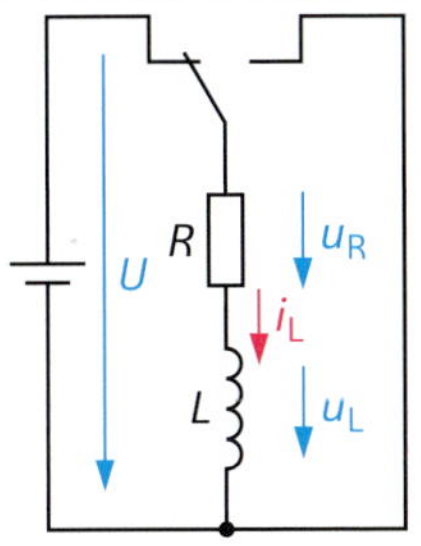

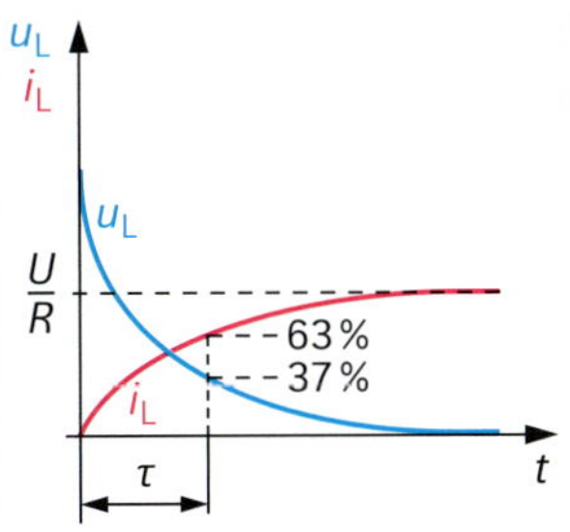

$$u_L = U \cdot e^{-\frac{t}{\tau}}$$

$$i_L = I_{max} \cdot (1 - e^{-\frac{t}{\tau}})$$

Beim Einschaltvorgang beträgt nach der Zeit $t = \tau$ die Stromstärke 63 % des Maximalstroms. Die Spannung ist dabei auf 37 % zurückgegangen.

Nach 5 τ ist der Induktionsvorgang abgeschlossen.

Ausschaltvorgang

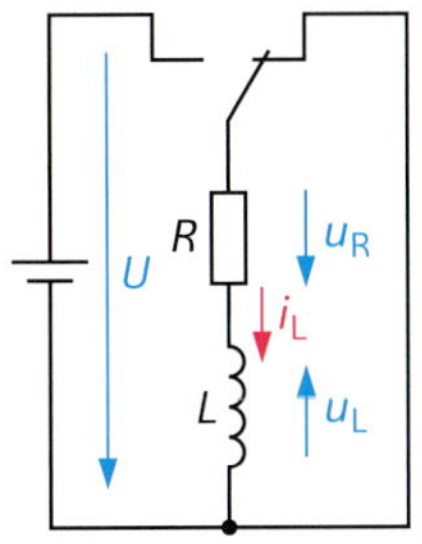

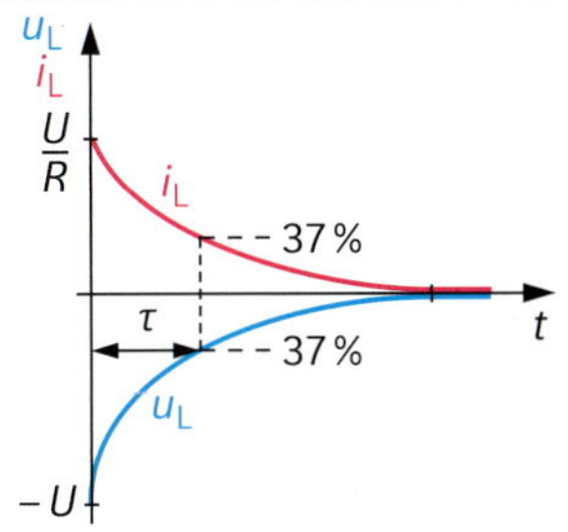

$$u_L = -U_{max} \cdot e^{-\frac{t}{\tau}}$$

$$i_L = I_{max} \cdot e^{-\frac{t}{\tau}}$$

Beim Ausschaltvorgang betragen nach $t = \tau$ die Stromstärke und Spannung noch 37 % der Maximalwerte.

$$\tau = \frac{L}{R}$$

$$U_{max} = R \cdot I_{max}$$

u_L:	Spannung über der Induktivität	$[u_L] = \text{V}$	R:	Widerstand	$[R] = \Omega$
U:	Spannung für den Beginn der Induktion	$[U] = \text{V}$	L:	Induktivität	$[L] = \text{H}$
i_L:	Spulenstromstärke	$[i_L] = \text{A}$	τ:	Zeitkonstante (Tau)	$[\tau] = \text{s}$
e:	Eulersche Zahl (Basis der Exponentialfunktion)	e = 2,71828			

Beispiel

Eine Spule mit $L = 1$ H wird an eine Gleichspannung $U = 24$ V angeschlossen. Der Widerstand für den Einschaltvorgang beträgt $R_1 = 500\ \Omega$. Das magnetische Feld wird beim Abschalten über einen Widerstand $R_2 = 2\ \text{k}\Omega$ abgebaut.

a) Berechnen Sie die maximale Stromstärke für den Einschaltvorgang.

b) Wie lange dauert der Vorgang bis zum vollständigen Aufbau des Magnetfeldes?

c) Wie groß ist die Spulenspannung 1 ms nach Beginn des Ausschaltvorgangs?

Geg.: $U = 24$ V; $L = 1$ H; $R_1 = 500\ \Omega$; $R_2 = 2\ \text{k}\Omega$; $t_2 = 1$ ms

Ges.: a) I_{max} (Zuschalten); b) t_E; c) u_L bei t_2

a) $I_{max} = \frac{U}{R_1}$

$I_{max} = \frac{24\ \text{V}}{500\ \Omega}$

$\underline{\underline{I_{max} = 48\ \text{mA}}}$

b) $t_E \approx 5 \cdot \tau_E$

$t_E \approx 5 \cdot \frac{L}{R_1}$

$t_E \approx 5 \cdot \frac{1\ \text{H}}{500\ \Omega}$

$\underline{\underline{t_E \approx 10\ \text{ms}}}$

c) $U_{max} = R_2 \cdot I_{max}$

$U_{max} = 2\ \text{k}\Omega \cdot 48\ \text{mA}$

$\underline{U_{max} = 96\ \text{V}}$

$u_L = -U_{max} \cdot e^{-R_2 \frac{t_2}{L}}$

$u_L = -96\ \text{V} \cdot e^{-2\ \text{k}\Omega \cdot \frac{1\ \text{ms}}{1\ \text{H}}}$

$\underline{\underline{u_L = -13\ \text{V}}}$

Aufgaben

1. Eine Spule mit den Induktivität $L = 250$ mH wird über einen Widerstand $R = 750\ \Omega$ an eine Gleichspannungsquelle $U = 50$ V angeschlossen. Der Abbau des Magnetfeldes wird über denselben Widerstand realisiert. Berechnen Sie für den Ein- und den Ausschaltvorgang

a) die Zeitkonstante,

b) die maximale Spannung,

c) die maximale Stromstärke und

d) die Stromstärke, 3 ms nach Anschluss der Spule an die Spannungsquelle.

2. Wie lange dauert der Magnetfeld-Aufbau einer Spule mit einer Induktivität $L = 30$ mH, wenn sie über einen Widerstand $R = 3{,}5\ \text{k}\Omega$ an eine Spannung $U = 12$ V angeschlossen wird?

3. Zur Erzeugung hoher Induktionsspannungen wird eine Spule mit $N = 15000$ und einem magnetischen Widerstand $R_m = 1{,}25 \cdot 10^8$ A/Vs in Reihe mit einem Widerstand $R_1 = 22\ \Omega$ an eine Spannung $U = 9$ V angeschlossen.

a) Wie groß ist die Induktivität der Spule?

b) Wie groß ist die maximale Stromstärke?

c) Welchen Wert muss der Widerstand für den Ausschaltvorgang besitzen, wenn eine Spannung von 500 V entstehen soll?

4. Die Induktionsspannung beim Abschalten einer Spule soll das 20-fache der angelegten Spannung $U = 1{,}5$ V betragen. Der Begrenzungswiderstand für den Einschaltvorgang beträgt $R = 56\ \Omega$. Die Spule hat eine Induktivität $L = 12$ mH.

a) Nach welcher Zeit ist das Magnetfeld vollständig aufgebaut?

b) Wie groß muss der Begrenzungswiderstand für den Ausschaltvorgang sein?

5. What is the maximum value of a resistor connected in series to a coil $L = 340$ mH, to ensure that the magnetic field vanishes within 50 ms?

6. Die Batterie der Schaltung in Abb. 1 liefert eine Spannung von 9 V.

a) Berechnen Sie die Zeiten für den vollständigen Auf- und Abbau des magnetischen Feldes der Spule.

b) Welche Stromstärke fließt 15 ms nach Beginn des Feldaufbaus?

c) Das magnetische Feld wird abgebaut. Berechnen Sie die Stromstärke durch R_2 nach 20 ms.

d) Nach welcher Zeit ist die Spannung an R_2 auf 4 V abgesunken?

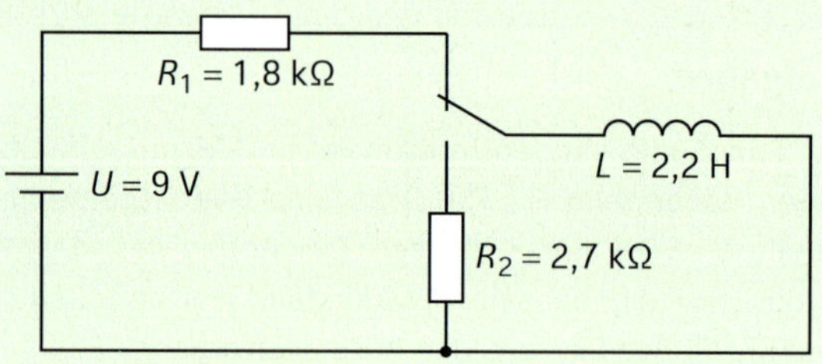

Abb. 1: Testschaltung

7. Eine Spule mit der Induktivität $L = 158$ mH wird in Reihe mit einem 82-kΩ-Widerstand an eine Gleichspannungsquelle mit $U = 6$ V angeschlossen. Das vollständig aufgebaute Magnetfeld wird anschließend für zwei Sekunden über einen Widerstand von $R = 520$ kΩ teilweise abgebaut. Wie lange dauert es, um das magnetische Feld wieder in der ursprünglichen Stärke aufzubauen?

8. In einer Spule mit $L = 3{,}2$ H ist 25 ms nach dem Anschluss an eine 12-V-Spannungsquelle das magnetische Feld vollständig aufgebaut.

a) Berechnen Sie die Zeitkonstante τ.

b) Wie groß ist der Begrenzungswiderstand?

c) Wie groß ist die Stromstärke nach 25 ms?

d) Berechnen Sie die Spulenspannung nach 10 ms.

e) Welchen Wert hat die Spannung über dem Begrenzungswiderstand nach 5 ms?

9. Gegeben ist die Schaltung in Abb. 2. Berechnen Sie

a) die Zeitkonstante τ_E für den Einschaltvorgang,

b) die Maximalstromstärke,

c) die Spannung u_L, 10 ms nach dem Zuschalten,

d) die maximale Spannung beim Ausschaltvorgang und

e) die Spannung u_{R2}, 10 ms nach dem Abschalten.

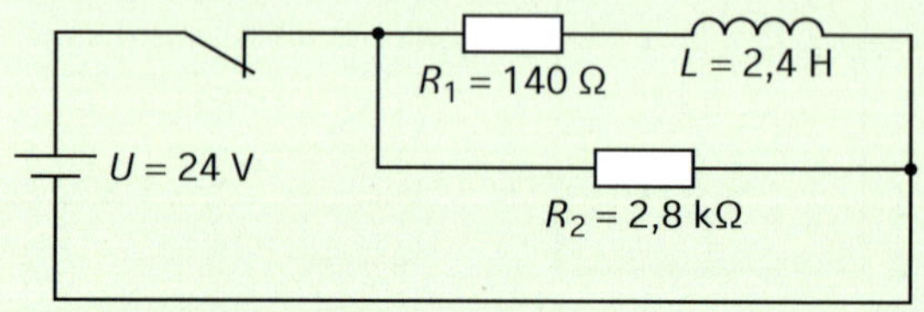

Abb. 2: Laborschaltung

10. Mit einem Funkeninduktor (Abb. 3) sollen hohe Spannungen erzeugt werden. Das Gerät ist an eine Spannungsquelle $U = 12$ V angeschlossen und besitzt eine Stromaufnahme von $I = 2$ A. Die Durchschlagfeldstärke für Luft beträgt $E = 3 \cdot 10^6$ V/m. Die Induktivität des Gerätes wird mit $L = 5{,}5$ H festgelegt.

a) Berechnen Sie die nötige Durchschlagspannung für einen Elektrodenabstand von 5 cm.

b) Wie groß ist der Eingangswiderstand des Gerätes?

c) Welche Zeit wird benötigt, um das magnetische Feld in voller Höhe auszubilden?

d) Welchen Widerstandswert muss die Funkenstrecke mindestens besitzen?

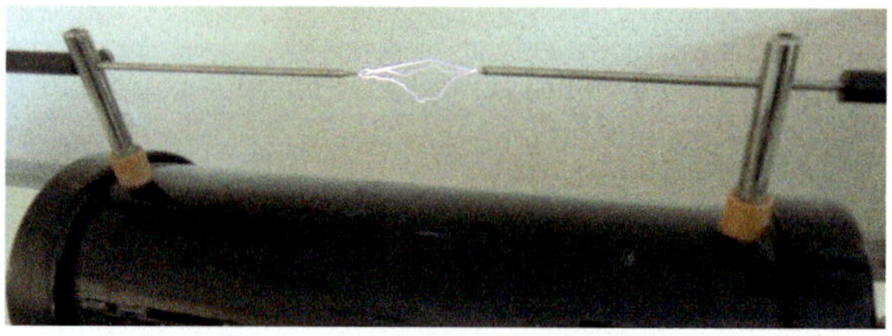

Abb. 3: Funkeninduktor

11. Berechnen Sie alle Maximalwerte der Selbstinduktionsspannungen $u_{L\,max}$ beim Umschalten des Schalters S2 in der Schaltung von Abb. 4. Das Magnetfeld wird durch den Anschluss der verschiedenen Spannungsquellen über den Schalter S1 in den Stellungen 1 ... 3 aufgebaut.

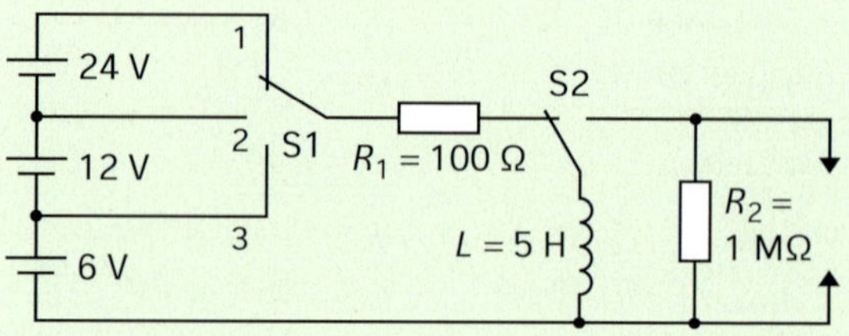

Abb. 4: Induktionsanordnung mit umschaltbaren Spannungen

5 Informationstechnik

5.1 Zahlensysteme

5.1.1 Aufbau von Zahlen

In der Informationstechnik werden verschiedene Zahlensysteme zur Darstellung von Zahlenwerten verwendet.

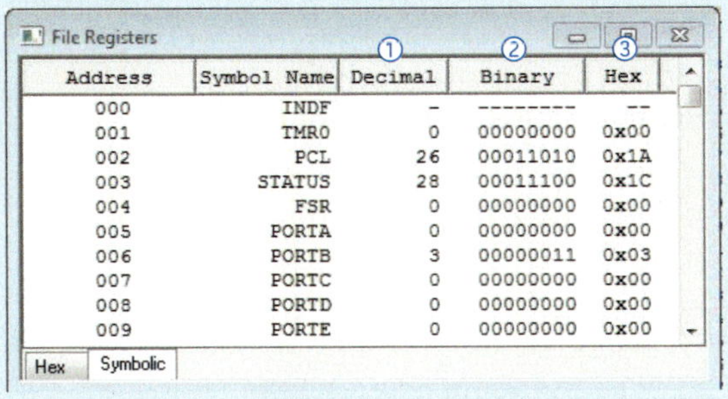

Die Anzahl der verfügbaren Ziffern wird als Basis bezeichnet. Die drei gebräuchlichsten Zahlensysteme sind Dezimal- ①, Dual- ② und Hexadezimalzahlensysteme ③.

Dezimalzahlensystem

Das Dezimalzahlensystem umfasst die Ziffern 0 bis 9. Die Basis ist 10.

Zeichenvorrat	Basis	Kennzeichnung
0, 1, 2, 3, 4, 5, 6, 7, 8, 9	10	Index 10 oder D (dezimal)

Beispiel: $528{,}15_{10}$

Beispiel	5	2	8 ,	1	5
Stelle	3.	2.	1.	1.	2.
Wertigkeit	10^2	10^1	10^0	10^{-1}	10^{-2}
Potenzwert	$5 \cdot 10^2$	$2 \cdot 10^1$	$8 \cdot 10^0$	$1 \cdot 10^{-1}$	$5 \cdot 10^{-2}$

Dualzahlensystem

Das Dualzahlensystem umfasst die Ziffern 0 und 1. Die Basis ist 2.

Zeichenvorrat	Basis	Kennzeichnung
0, 1	2	Index 2 oder B (binär)

Beispiel: $101{,}11_2$

Beispiel	1	0	1 ,	1	1
Stelle	3.	2.	1.	1.	2.
Wertigkeit	2^2	2^1	2^0	2^{-1}	2^{-2}
Potenzwert	$1 \cdot 2^2$	$0 \cdot 2^1$	$1 \cdot 2^0$	$1 \cdot 2^{-1}$	$1 \cdot 2^{-2}$

Hexadezimalzahlensystem

Das Hexadezimalzahlensystem umfasst die Ziffern 0 bis 9 und zusätzlich noch A, B, C, D, E und F. Die Basis ist 16.

Zeichenvorrat	Basis	Kennzeichnung
0, 1, 2, 3, 4, 5, 6, 7, 8, 9 A, B, C, D, E, F	16	Index 16 oder H (hexadezimal)

Beispiel: $FEA{,}91_{16}$

Beispiel	F	E	A ,	9	1
Stelle	3.	2.	1.	1.	2.
Wertigkeit	16^2	16^1	16^0	16^{-1}	16^{-2}
Potenzwert	$15 \cdot 16^2$	$14 \cdot 16^1$	$10 \cdot 16^0$	$9 \cdot 16^{-1}$	$1 \cdot 16^{-2}$

Vergleich der drei Zahlensysteme

Dezimal	Dual	Hexadezimal	Dezimal	Dual	Hexadezimal
0	0000	0	8	1000	8
1	0001	1	9	1001	9
2	0010	2	10	1010	A
3	0011	3	11	1011	B
4	0100	4	12	1100	C
5	0101	5	13	1101	D
6	0110	6	14	1110	E
7	0111	7	15	1111	F

Aufgaben

1. A number system has only the digits 0 and 1. Which number system is it?

2. Welche Wertigkeit besitzt die dritte Ziffer links vom Komma in einem Zahlensystem mit einem Zeichenvorrat von sechzehn Ziffern?

3. Welche Wertigkeit hat die vierte Nachkommastelle eines dualen Zahlensystems?

4. Die dritte Nachkommastelle einer Zahl hat die Ziffer C. Berechnen Sie a) den Stellenwert und b) den Potenzwert.

5. Abb. 5 zeigt die Ressourcen eines PC. Welchen Potenzwert hat die Ziffer B in der letzten Zeile?

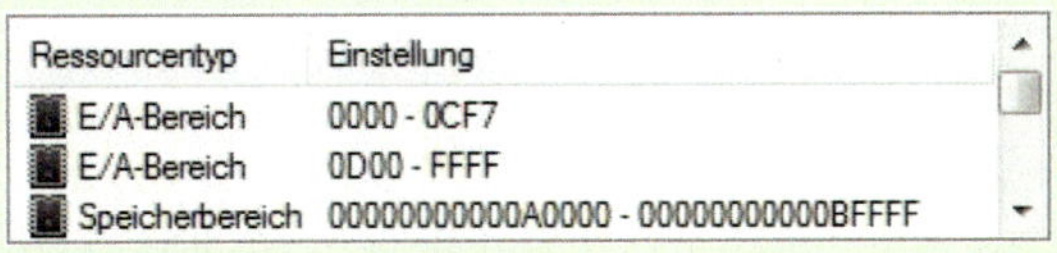

Abb. 5: Ressourceneinstellungen

5.1.2 Umwandlung von Zahlen

1. Dezimalzahl in Dualzahl

Beispiel: 25_D

$25 : 2 = 12$ Rest 1
$12 : 2 = 6$ Rest 0
$6 : 2 = 3$ Rest 0
$3 : 2 = 1$ Rest 1
$1 : 2 = 0$ Rest 1

Leserichtung ↑

$25_D = 11001_B$

2. Dezimalzahl in Hexadezimalzahl

Beispiel: 7770_D

$7770 : 16 = 485$ Rest A
$485 : 16 = 30$ Rest 5
$30 : 16 = 1$ Rest E
$1 : 16 = 0$ Rest 1

Leserichtung ↑

$7770_D = 1E5A_H$

3. Dualzahl in Dezimalzahl

Beispiel: 10110_B

$10110_B = 1 \cdot 2^4 + 0 \cdot 2^3 + 1 \cdot 2^2 + 1 \cdot 2^1 + 0 \cdot 2^0{}_D$

$10110_B = 16 + 0 + 4 + 2 + 0_D$

$10110_B = 22_D$

4. Hexadezimalzahl in Dezimalzahl

Beispiel: $AC45_H$

$AC45_H = 10 \cdot 16^3 + 12 \cdot 16^2 + 4 \cdot 16^1 + 5 \cdot 16^0{}_D$

$AC45_H = 40960 + 3072 + 64 + 5_D$

$AC45_H = 44101_D$

5. Dualzahl in Hexadezimalzahl

1. Dualzahl von rechts nach links in Vierergruppen einteilen.
2. Jeder Vierergruppe wird eine Hexadezimalstelle zugeordnet.

$\underbrace{1011}_{B}\ \underbrace{1001}_{9}\ \underbrace{1111}_{F}$ $\quad 1011\ 1001\ 1111_B = B9F_H$

6. Hexadezimalzahl in Dualzahl

Jeder Hexadezimalstelle wird die entsprechende Dualzahl als Vierergruppe zugeordnet.

$\underbrace{0011}_{3}\ \underbrace{1101}_{D}$ $\quad 3D_H = 111101_B$

Beispiel

Berechnen Sie die Summe $A3_H + 1101_B$, indem Sie beide Summanden in Dezimalzahlen umwandeln.

$A3_H = 10 \cdot 16^1 + 3 \cdot 16^0$

$A3_H = 160 + 3$

$A3_H = 163$

$1101_B = 1 \cdot 2^3 + 1 \cdot 2^2 + 0 \cdot 2^1 + 1 \cdot 2^0$

$1101_B = 8 + 4 + 1$

$1101_B = 13$

$163 + 13 = 176$

Aufgaben

1. Wandeln Sie die Dualzahlen in Dezimalzahlen um.

a) 1100 b) 1111 c) 101101
d) 11110000 e) 11000011 f) 10101011
g) 11001100 h) 1111111 i) 10101010

2. Wandeln Sie die Hexadezimalzahlen in Dezimalzahlen um.

a) A1 b) 2F c) 101 d) 3DE
e) 1011 f) 20BF g) ACDC h) 4231E

3. Wandeln Sie die Dualzahlen in Hexadezimalzahlen um.

a) 1000 b) 1010 c) 111
d) 1101 e) 10010011 f) 11100011
g) 11111000 h) 1010101 i) 1110101011

4. Convert the hexadecimal numbers to binary numbers.

a) A3 b) 12 c) 55 d) B9
e) 120 f) FE3 g) C921 h) 1111
i) ABCD j) 5221 k) 459AE l) 2BEC

5. Formen Sie die Dezimalzahlen in Dualzahlen um.

a) 8 b) 34 c) 255
d) 123 e) 500 f) 1023
g) 2151 h) 64000 i) 65530

6. Wandeln Sie die Dezimalzahlen in Hexadezimalzahlen um.

a) 12 b) 101 c) 940 d) 2825
e) 500 f) 999 g) 2221 h) 10000
i) 6700 j) 43981 k) 60000 l) 61596

7. Berechnen Sie x.

$5500_D = 2BC_H + 100110001_B + x + DAC_H$

5.1.3 Rechnen mit Dualzahlen

Addition und Subtraktion

Werden bei der Addition von Dualzahlen zwei Einsen addiert, so wird an der entsprechenden Stelle eine Null und ein Übertrag in die nächste Stelle geschrieben.

Bei der Subtraktion wird entsprechend eine Eins von der nächst höheren Stelle entliehen.

Addition

$0 + 0 = 0$
$0 + 1 = 1$
$1 + 0 = 1$
$1 + 1 = 10$

```
  110
+ 1100
   1
------
 10010
```

Subtraktion

$0 - 0 = 0$
$10 - 1 = 1$
$1 - 0 = 1$
$1 - 1 = 0$

```
  10110
-  1100
   1
-------
   1010
```

Multiplikation und Division

Multiplikation

$0 \cdot 0 = 0$
$0 \cdot 1 = 0$
$1 \cdot 0 = 0$
$1 \cdot 1 = 1$

Division

$0 : 0 =$ undefiniert
$0 : 1 = 0$
$1 : 0 =$ undefiniert
$1 : 1 = 1$

Beispiel

Berechnen Sie
a) die Summe der Dualzahlen 11010 und 1001,
b) die Differenz der Dualzahlen 11010 und 1101,
c) das Produkt von 1011 und 101 und
d) den Quotient aus 101101 : 101.

a)
```
  11010
+  1001
   1
-------
  10011
```

b)
```
  11011
-  1101
  111
-------
   1110
```

c)
```
 1011 · 101
-----------
     101100
+      0000
+      1011
-----------
     110111
```

d)
```
101101 : 101 = 1001
-101
 01
 -0
  10
  -0
  101
 -101
    0
```

Aufgaben

1. Berechnen Sie die Summen folgender Dualzahlen.
a) 101 + 10
b) 1011 + 1001
c) 1001 + 111
d) 1111 + 10001
e) 1101 + 1111
f) 101101 + 1110011

2. Berechnen Sie die Summen.
a) 110101 + 1010 + 11000
b) 11001 + 1101 + 10010
c) 101,001 + 10111,01 + 110,101

3. Zwei Sensoren codieren die Dezimalwerte 100 und 52 binär. Ein Mikrocontroller addiert nun diese beiden binären Werte. Zur Kontrolle des Vorgangs sollen Sie die beiden Werte ebenfalls binär darstellen und anschließend binär addieren.

4. Calculate the differences.
a) 110 – 10
b) 1101 – 11
c) 1011 – 1001
d) 101101 – 10111
e) 1011 – 101 – 10
f) 11001 – 10 – 1001

5. Berechnen Sie:
a) 1100 + 101 – 11
b) 11010 + 10011 – 11001
c) 1111 + 101 – 110
d) 110 – 1111 + 1101

6. Berechnen Sie die Differenzen der Zählerwerte eines Mikrocontrollers (Abb. 1).
a) zaehler1 und zaehler2
b) zaehler2 und zaehler3

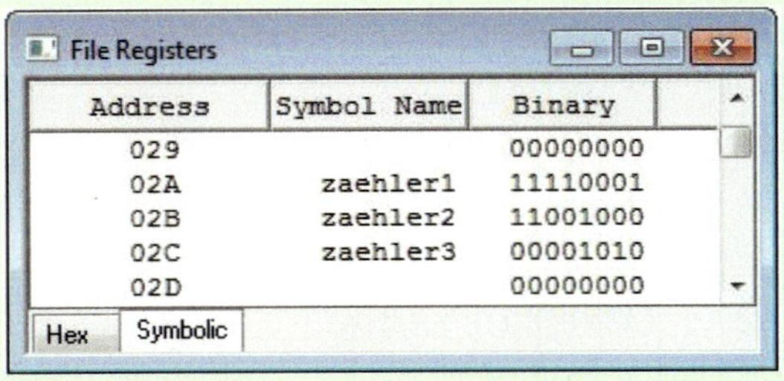

Address	Symbol Name	Binary
029		00000000
02A	zaehler1	11110001
02B	zaehler2	11001000
02C	zaehler3	00001010
02D		00000000

Abb. 1: Zählerwerte

7. Berechnen Sie die Produkte.
a) 110 · 10
b) 1101 · 11
c) 1011 · 101
d) 1111 · 110
e) 110011 · 1001
f) 10101 · 1101

8. Berechnen Sie die Quotienten.
a) 1100 : 10
b) 1100 : 100
c) 1101 : 1101
d) 101010 : 111
e) 1000000 : 110
f) 11011 : 10

5.2 Logikschaltungen

5.2.1 Logische Grundfunktionen

Funktion	Gatter	Funktionsgleichung	Funktionstabelle/ Wahrheitstabelle	Zeitablaufdiagramm
UND (AND) Konjunktion:	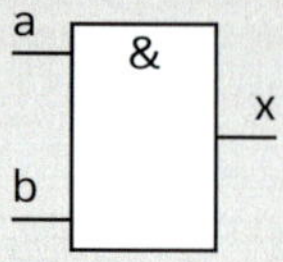	$x = a \wedge b$ bzw. $x = a \cdot b$ $x = ab$	b a x 0 0 0 0 1 0 1 0 0 1 1 1	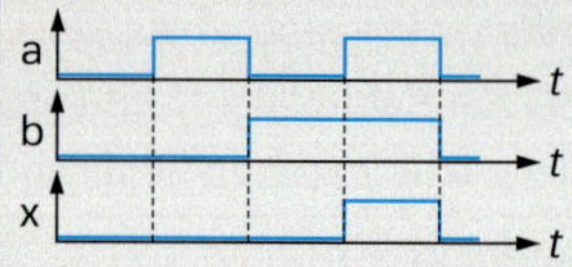
ODER (OR) Disjunktion:	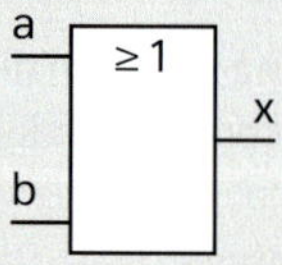	$x = a \vee b$ bzw. $x = a + b$	b a x 0 0 0 0 1 1 1 0 1 1 1 1	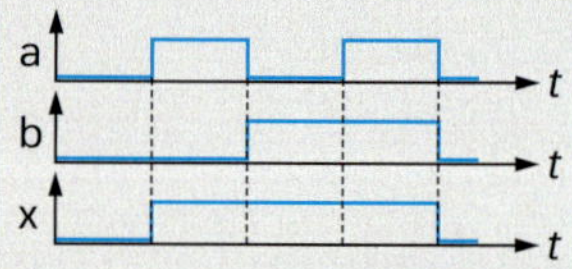
NICHT (NOT) Negation:	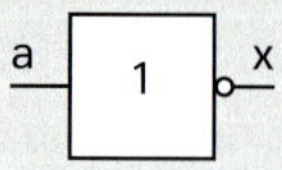	$x = \overline{a}$	a x 0 1 1 0	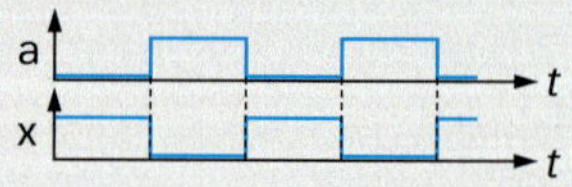

In der Schaltalgebra werden binäre Signale mithilfe von logischen Funktionen verknüpft. Zu den logischen Grundfunktionen gehören die UND-, ODER- und NICHT-Verknüpfung. Bei der Kombination verschiedener Gatter ist darauf zu achten, dass **UND vor ODER** gilt. Dies ist vergleichbar mit der Rechenregel Punktrechnung vor Strichrechnung. Soll eine ODER-Verknüpfung vor einer UND-Verknüpfung ausgeführt werden, so ist dies innerhalb der Funktionsgleichung mittels Klammersetzung zu kennzeichnen, z. B. $x = (a \vee b) \wedge c$.

Beispiel

Gegeben ist die nebenstehende Schaltung aus logischen Gattern.

a) Stellen Sie die Funktionstabelle auf.

b) Wie lautet die Funktionsgleichung?

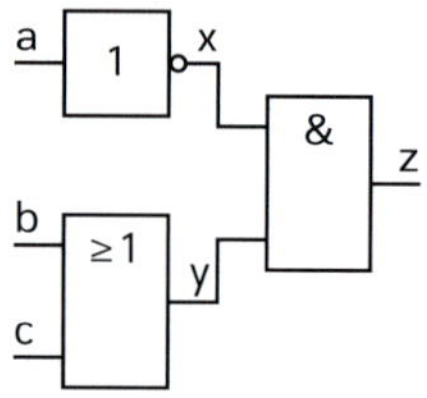

a)

c	b	a	x	y	z
0	0	0	1	0	0
0	0	1	0	0	0
0	1	0	1	1	1
0	1	1	0	1	0
1	0	0	1	1	1
1	0	1	0	1	0
1	1	0	1	1	1
1	1	1	0	1	0

b) $z = \overline{a} \wedge (b \vee c)$

Aufgaben

1. Gegeben ist die Funktionsgleichung $x = a \wedge b \wedge c$.

a) Zeichnen Sie die logische Schaltung.

b) Erstellen Sie die Funktionstabelle.

2. An OR element with four inputs is given.

a) Draw the element.

b) Determine the function equation.

3. Erstellen Sie für die in Abb. 1 dargestellten logischen Schaltungen die Wahrheitstabellen und Funktionsgleichungen.

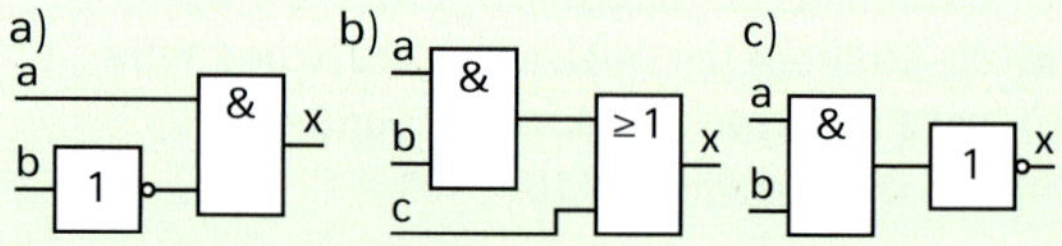

Abb. 1: Logische Schaltungen

4. Ermitteln Sie für die nebenstehende Lampenschaltung (Abb. 2)

a) die äquivalente Funktionsgleichung,

b) die Wahrheitstabelle und

c) die logische Schaltung.

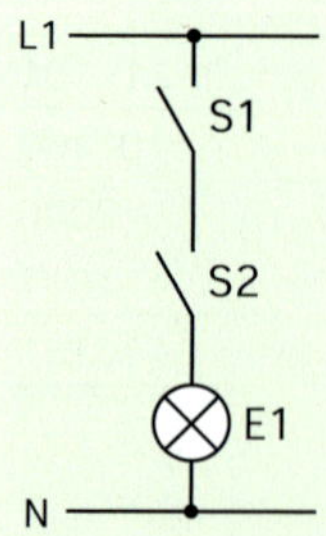

Abb. 2: Lampenschaltung

5. Eine logische Schaltung soll am Ausgang immer dann eine logische 1 liefern, wenn die beiden Eingangssignale gleich 0 sind. Wie lautet die Funktionsgleichung?

6. Erstellen Sie für die nebenstehende Lampenschaltung
a) die äquivalente Funktionsgleichung,
b) die Wahrheitstabelle und
c) die logische Schaltung

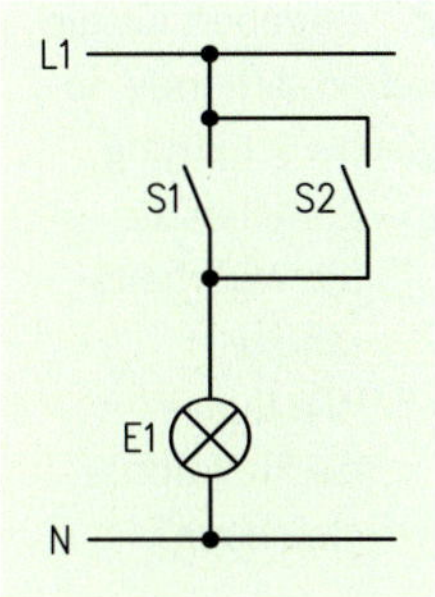

7. Erstellen Sie für die nebenstehende Lampenschaltung
a) die äquivalente Funktionsgleichung,
b) die Wahrheitstabelle und
c) die logische Schaltung

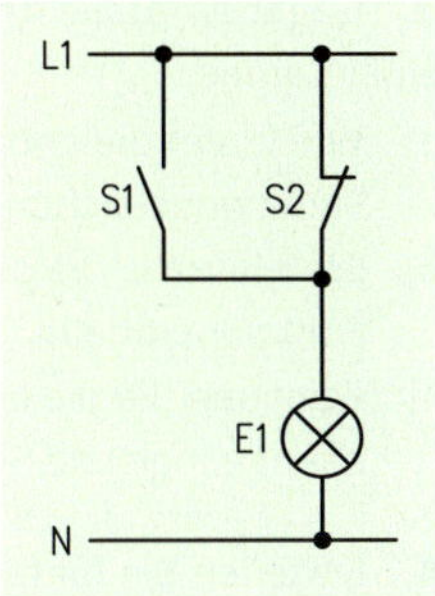

8. Zeichnen Sie zu den Zeitablaufdiagrammen die logischen Schaltungen.

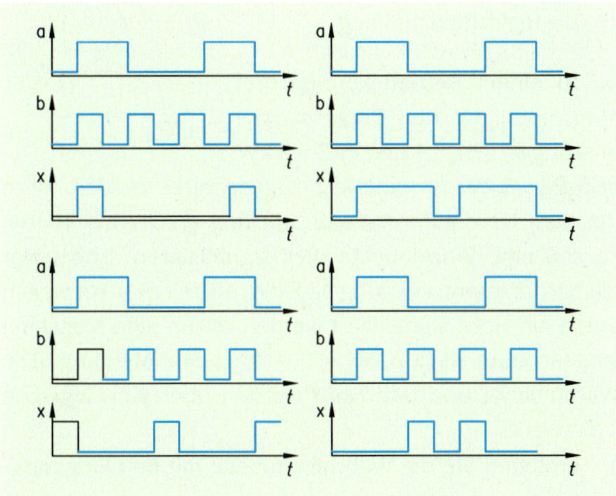

9. Erstellen sie für die gegebenen Funktionsgleichungen die Wahrheitstabellen.

a) $x = a \wedge b \wedge c$
b) $x = a \wedge b \wedge \overline{c}$
c) $x = a \vee \overline{b}$
d) $x = (a \wedge b) \vee (a \wedge \overline{b})$
e) $x = (a \vee b) \wedge c$
f) $x = a \vee b \wedge c$
g) $x = \overline{a \wedge b}$

10. Zeichnen Sie für die gegebenen Funktionsgleichungen die logische Schaltung.

a) $x = a \vee b \vee c \vee d$
b) $x = (a \wedge b) \vee (c \wedge b)$
c) $x = \overline{a} \wedge \overline{b}$
d) $x = \overline{a \vee b}$
e) $x = \overline{a \wedge b} \vee \overline{c}$
f) $x = (a \vee b) \wedge c$
g) $x = a \vee b \wedge c$

11. In einem Schaltplan findet sich die nebenstehende logische Schaltung. Erstellen Sie für diese Schaltung
a) die Funktionsgleichung und
b) die Funktionstabelle.

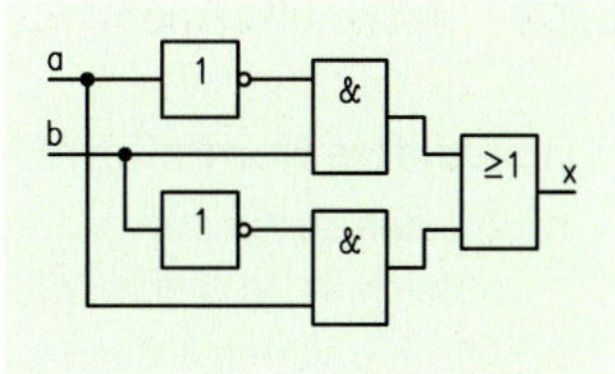

12. Erstellen Sie für die nebenstehende Wahrheitstabelle
a) die Funktionsgleichung und
b) die logische Schaltung.

b	a	x
0	0	0
0	1	0
1	0	1
1	1	0

13. Erstellen Sie für die nebenstehende Wahrheitstabelle
a) die Funktionsgleichung und
b) die logische Schaltung.

b	a	x
0	0	1
0	1	0
1	0	1
1	1	1

14. Berechnen Sie das Ergebnis der folgenden logischen Funktionen. Als Ergebnis sind möglich 1, 0, a oder $\overline{a}$.

a) $a \wedge 1$ b) $a \wedge 0$ c) $a \wedge a$ d) $a \wedge \overline{a}$
e) $a \vee 1$ f) $a \vee 0$ g) $a \vee a$ h) $a \vee \overline{a}$

15. Die nebenstehende logische Schaltung ist zu analysieren. Stellen Sie hierfür
a) die Funktionsgleichung und
b) die Funktionstabelle auf.
c) Vereinfachen Sie mithilfe der Funktionstabelle die Schaltung.

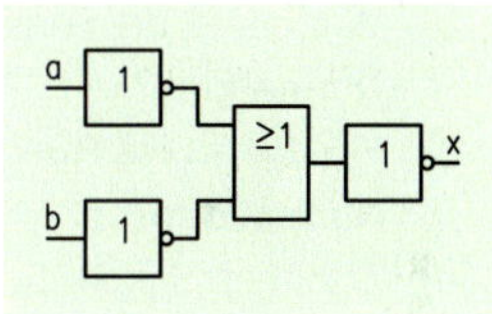

16. Die nebenstehende logische Schaltung ist zu analysieren. Stellen Sie hierfür
a) die Funktionsgleichung und
b) die Funktionstabelle auf.
c) Vereinfachen Sie mithilfe der Funktionstabelle die Schaltung.

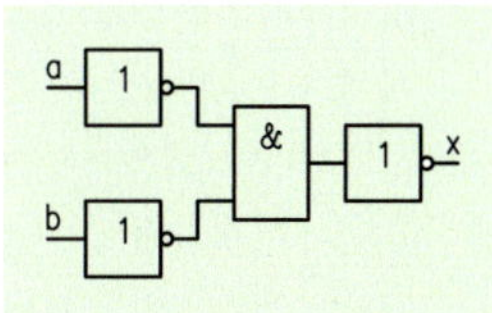

17. Die beiden Schaltungen in der folgenden Abbildung sind zu vergleichen. Erstellen Sie hierzu die Funktionsgleichungen und Funktionstabellen.

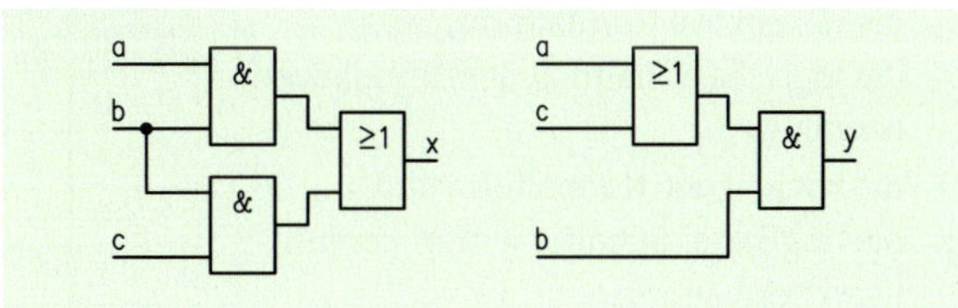

5.2.2 Normalformen

Disjunktive Normalform (DNF)

1. In allen Zeilen mit $x = 1$ werden die Eingangsvariablen mit UND verknüpft ①.
2. Ist eine Variable 0, so wird diese negiert.
3. Alle so entstandenen UND-Verknüpfungen werden mit ODER verbunden ②.

b	a	x	
0	0	0	
0	1	1	→ $(a \wedge \overline{b})$
1	0	0	①
1	1	1	→ $(a \wedge b)$

$x = (a \wedge \overline{b}) \vee (a \wedge b)$ ②

Konjunktive Normalform (KNF)

1. In allen Zeilen mit $x = 0$ werden die Eingangsvariablen mit ODER verknüpft ③.
2. Ist eine Variable 1, so wird diese negiert.
3. Alle so entstandenen ODER-Verknüpfungen werden mit UND verbunden ④.

b	a	x	
0	0	0	→ $(a \vee b)$
0	1	1	③
1	0	0	→ $(a \vee \overline{b})$
1	1	1	

$x = (a \vee b) \wedge (a \vee \overline{b})$ ④

Beispiel

Eine logische Schaltung soll die beiden Eingangsvariablen *a* und *b* miteinander vergleichen. Sind die Signale der beiden Eingangssignale unterschiedlich, so wird der Ausgang gleich 1.

a) Erstellen Sie die Wahrheitstabelle.
b) Wie lautet die Funktionsgleichung in disjunktiver Normalform?
c) Wie lautet die Funktionsgleichung in konjunktiver Normalform?
d) Zeichnen Sie die Schaltung der disjunktiven Normalform.

a)

b	a	x
0	0	0
0	1	1
1	0	1
1	1	0

b) $x = (a \wedge \overline{b}) \vee (\overline{a} \wedge b)$

c) $x = (a \vee b) \wedge (\overline{a} \vee \overline{b})$

d)

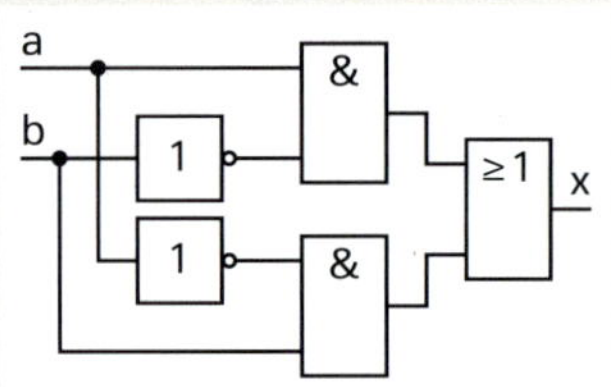

Aufgaben

1. Gegeben ist die nebenstehende Funktionstabelle. Erstellen Sie

a) die disjunktive Normalform,
b) die logische Schaltung der disjunktiven Normalform,
c) die konjunktive Normalform und
d) die logische Schaltung der konjunktiven Normalform.

b	a	x
0	0	1
0	1	0
1	0	0
1	1	1

2. Gegeben ist die nebenstehende logische Schaltung.

a) Erstellen Sie die Wahrheitstabelle.
b) Wie lautet die Funktionsgleichung?

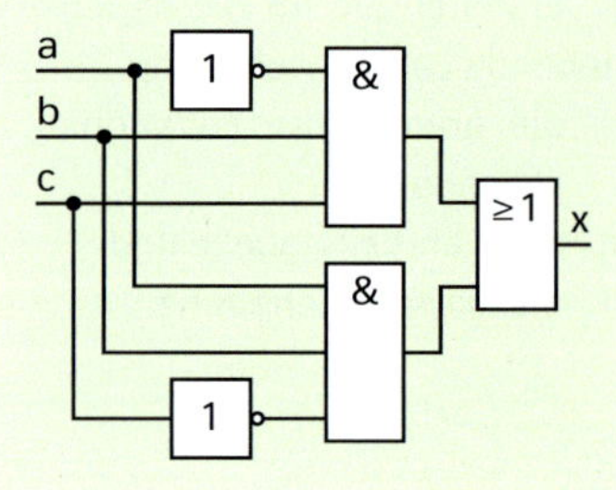

3. Gegeben ist die Ansteuerung einer Lampe.

a) Wie lautet die entsprechende Funktionsgleichung?
b) Erstellen Sie die passende Funktionstabelle.
c) Zeichnen Sie die entsprechende logische Schaltung.

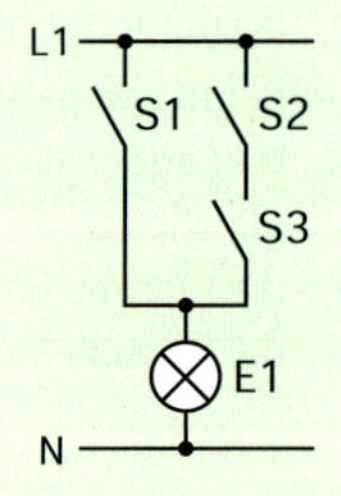

4. Erstellen Sie für folgende Schützansteuerung

a) die Funktionsgleichung
b) die Funktionstabelle und
c) die logische Schaltung.

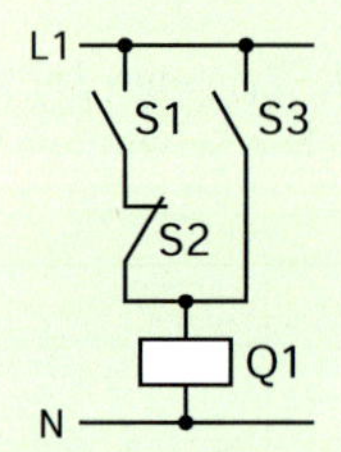

5. In einem Betrieb können drei Maschinen mit den Bemessungsleistungen P1 = 4 kW, P2 = 5 kW und P3 = 8 kW an ein Netz zugeschaltet werden. Wird die dem Netz entnommene Leistung größer als 10 kW, so soll eine Warnleuchte dies signalisieren. Übersteigt die entnommene Leistung 12,5 kW, so soll dies zusätzlich durch ein Horn signalisiert werden. Wenn eine Maschine eingeschaltet ist (z. B. M1 = 1), erfolgt eine Meldung. (Die Warnleuchte und das Horn werden über eine logische 1 aktiviert.)

a) Erstellen Sie die Wahrheitstabelle mit den Eingangsgrößen M1–M3.
b) Stellen Sie die Funktionsgleichungen auf.
c) Zeichnen Sie die logischen Schaltungen.

6. In einem Kraftwerk sind vier Kühlpumpen gleichzeitig im Betrieb. Jede der Pumpen wird durch einen Sensor überwacht, der einen Ausfall über eine logische 0 signalisiert. Fällt z. B. die Pumpe 2 aus, so meldet der Sensor 2 eine logische 0 (S2 = 0). Beim Ausfall von mindestens einer Pumpe soll eine Warnleuchte angesteuert werden (W = 1). Beim Ausfall von zwei und mehr Pumpen soll ein Horn die Störung signalisieren (H = 1).

a) Erstellen Sie die Funktionstabelle mit den Eingangsgrößen S1–S4 und den Ausgangsgrößen W und H.
b) Stellen Sie die Funktionsgleichungen für W und H auf.
c) Zeichnen Sie die logischen Schaltungen.

7. Aus einer verloren gegangen Funktionstabelle liegt die Funktionsgleichung $x = (a \vee b) \wedge (a \vee \overline{b}) \wedge (\overline{a} \vee \overline{b})$ vor.

a) Um welche Normalform handelt es sich?

b) Rekonstruieren Sie die Funktionstabelle.

c) Erstellen Sie eine neue Funktionsgleichung für eine Schaltung mit weniger Gattern.

8. Gegeben ist die nebenstehende logische Schaltung.

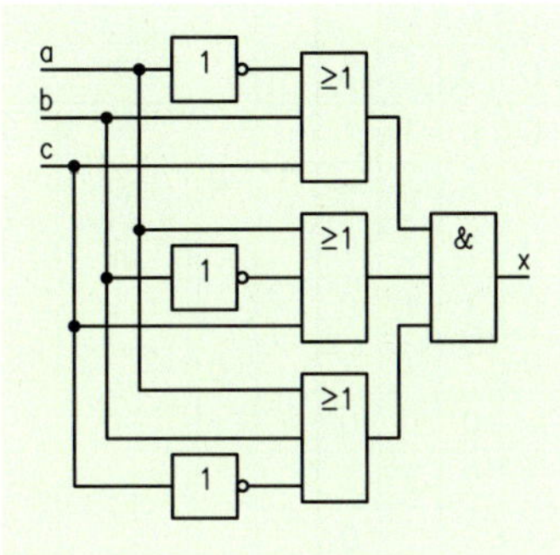

a) Mithilfe welcher Normalform wurde die Schaltung entwickelt?

b) Erstellen Sie die Funktionsgleichung.

c) Erstellen Sie die Wahrheitstabelle.

9. Für die nebenstehende Funktionstabelle ist eine Schaltung mit möglichst wenigen logischen Gattern zu realisieren.

a) Welche Normalform ist zu wählen?

b) Erstellen Sie die Funktionsgleichung.

c) Zeichnen Sie die Schaltung.

c	b	a	x
0	0	0	0
0	0	1	1
0	1	0	1
0	1	1	0
1	0	0	1
1	0	1	0
1	1	0	0
1	1	1	0

10. Für die nebenstehende Wahrheitstabelle ist eine Schaltung mit möglichst wenigen logischen Gattern zu realisieren.

a) Welche Normalform ist zu wählen?

b) Erstellen Sie die Funktionsgleichung.

c) Zeichnen Sie die Schaltung.

c	b	a	x
0	0	0	1
0	0	1	1
0	1	0	1
0	1	1	0
1	0	0	0
1	0	1	0
1	1	0	1
1	1	1	1

11. Zwei Sensoren in einem Tank dienen dazu, den Füllstand zu kontrollieren. Der Sensor B1 ist 10 cm und Sensor B2 ist 90 cm über dem Tankboden angebracht. Eine rote Meldeleuchte P1 zeigt an, wenn der Flüssigkeitsstand unter- oder oberhalb der beiden Sensoren liegt. Mit einer grünen Meldeleuchte P2 wird angezeigt, dass der Flüssigkeitsspiegel zwischen den beiden Sensoren liegt. Erstellen Sie

a) die Funktionstabellen für die beiden Meldeleuchten P1 und P2,

b) die Funktionsgleichungen für P1 und P2 in disjunktiver Normalform.

12. Ein Druckbehälter wird von drei digitalen Drucksensoren überwacht. Meldet mehr als ein Sensor einen zu hohen Druck, so wird die Warnleuchte P1 aktiviert. Die Wartungsleuchte P2 meldet, wenn die Sensoren unterschiedliche Werte anzeigen. Erstellen Sie

a) die Wahrheitstabelle für die Warnleuchte P1,

b) die Wahrheitstabelle für die Wartungsleuchte P2,

c) die Funktionsgleichung für P1 und

d) die Funktionsgleichung für P2.

13. Für die Befüllung eines Beckens stehen zwei Pumpen (Q1 und Q2) zur Verfügung. Mit dem Schalter S1 wird das Befüllen eingeschaltet. Der Füllstand wird durch zwei Sensoren überwacht. Bei einem Füllstand unterhalb von B1 laufen beide Pumpen. Liegt der Füllstand zwischen B1 und B2, so läuft nur noch Pumpe 2. Wird die maximale Füllhöhe erreicht, so sind beide Pumpen abgeschaltet.

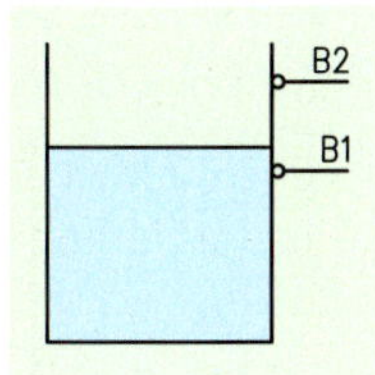

a) Erstellen Sie die Wahrheitstabelle mit den Eingängen S1, B1, B2 und den Ausgängen Q1 und Q2.

b) Erstellen Sie die Funktionsgleichungen in disjunktiver Normalform.

14. Zwei Dualzahlen A und B sind zu addieren. Für die Addition der beiden niederwertigsten Stellen a0 und b0, soll die Schaltung HA aus logischen Gattern entwickelt werden.

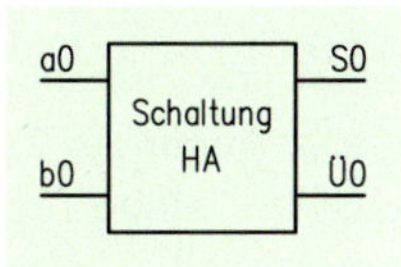

a) Erstellen Sie die beiden Wahrheitstabellen für die Ausgänge S0 (Summe) und Ü0 (Übertrag).

b) Erstellen Sie die Funktionsgleichungen in der disjunktiven Normalform.

c) Zeichen Sie die Gesamtschaltung mit den beiden Ein- und Ausgängen.

15. Die Schaltung aus der vorhergehenden Aufgabe ist um den Block FA zu erweitern. Sehen Sie hierzu die nebenstehende Abbildung. Der Block FA hat die Aufgabe, die nächsten Dualziffern der beiden Dualzahlen A und B sowie den Übertrag Ü0 zu addieren. Der Ausgang S1 ist hierbei der Summenausgang und Ü1 der Ausgang für den Übertrag.

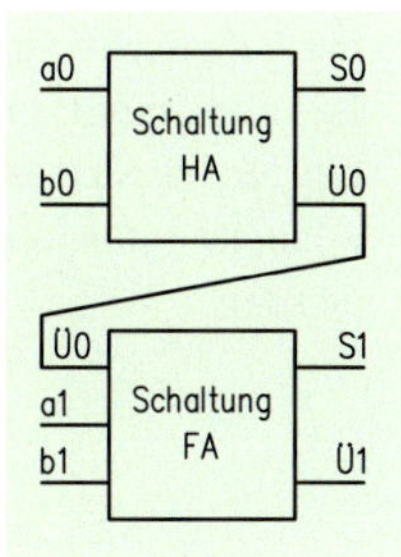

a) Erstellen Sie die Wahrheitstabellen für die Ausgänge S1 und Ü1.

b) Erstellen Sie die Funktionsgleichungen in der disjunktiven Normalform.

c) Zeichen Sie die Gesamtschaltung mit den beiden Ein- und Ausgängen.

5.2.3 KV-Diagramm

Das Karnaugh-Veitch-Diagramm dient der Vereinfachung von Funktionsgleichungen bzw. logischen Schaltungen. Das KV-Diagramm hat für jede Zeile aus der Funktionstabelle ein Feld.

Nr.	b	a	x
00	0	0	
01	0	1	
02	1	0	
03	1	1	

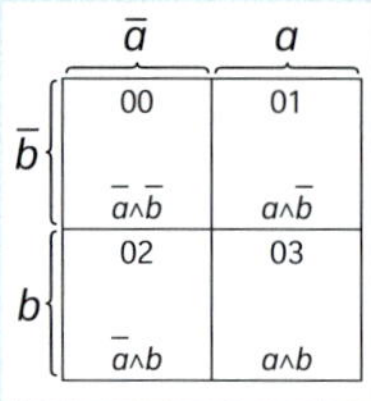

Nr.	c	b	a	x
00	0	0	0	
01	0	0	1	
02	0	1	0	
03	0	1	1	
04	1	0	0	
05	1	0	1	
06	1	1	0	
07	1	1	1	

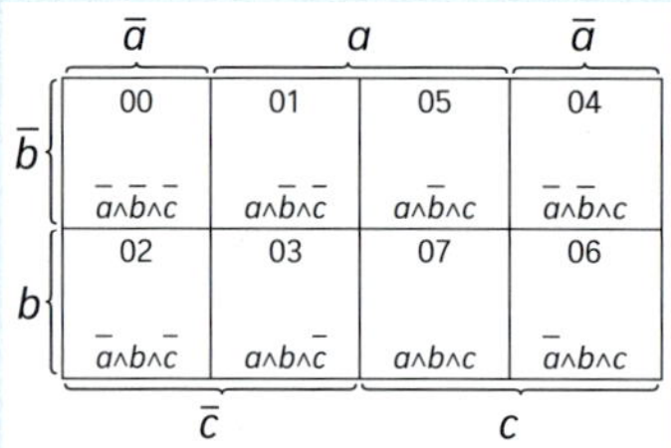

Nr.	d	c	b	a	x
00	0	0	0	0	
01	0	0	0	1	
02	0	0	1	0	
03	0	0	1	1	
04	0	1	0	0	
05	0	1	0	1	
06	0	1	1	0	
07	0	1	1	1	
08	1	0	0	0	
09	1	0	0	1	
10	1	0	1	0	
11	1	0	1	1	
12	1	1	0	0	
13	1	1	0	1	
14	1	1	1	0	
15	1	1	1	1	

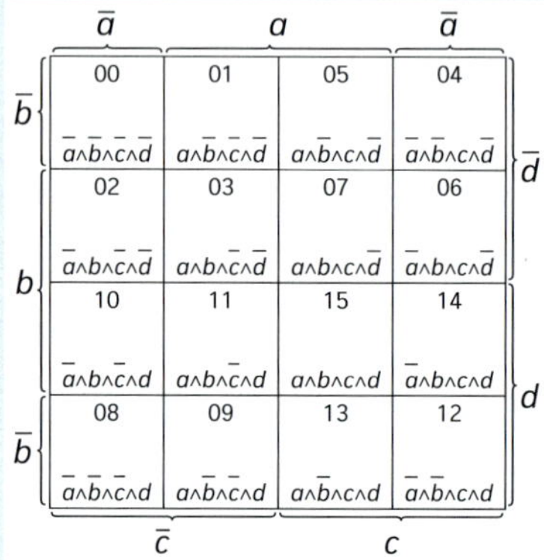

Der Wert der Ausgangsvariable wird für jede Zeile in das dazugehörige Kästchen eingetragen. Anschließend werden benachbarte Felder mit Einsen zusammengefasst. Es können jeweils immer nur 2, 4, 8, usw. Kästchen zusammengefasst werden. Einzelne Felder mit Einsen können auch mehrfach genutzt werden. Zusammenfassungen sind auch über die Außenseiten und Ecken möglich. Ist der Inhalt eines Feldes beliebig (dc: don't care), so kann es bei Zusammenfassungen mitverwendet werden.

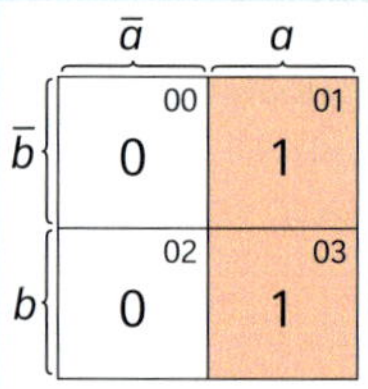

$x = a$

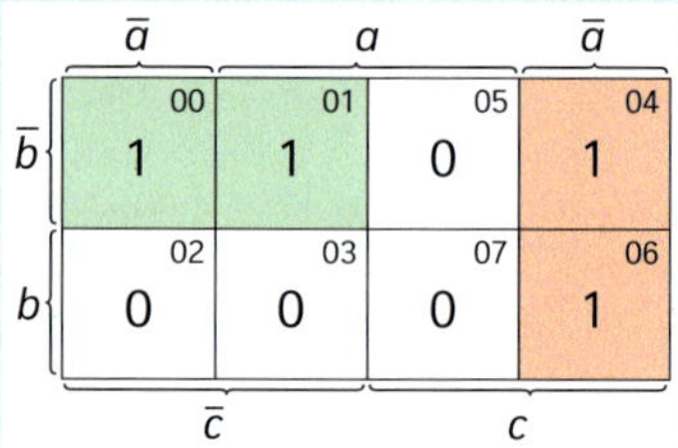

$x = (\bar{a} \wedge c) \vee (\bar{b} \wedge \bar{c})$

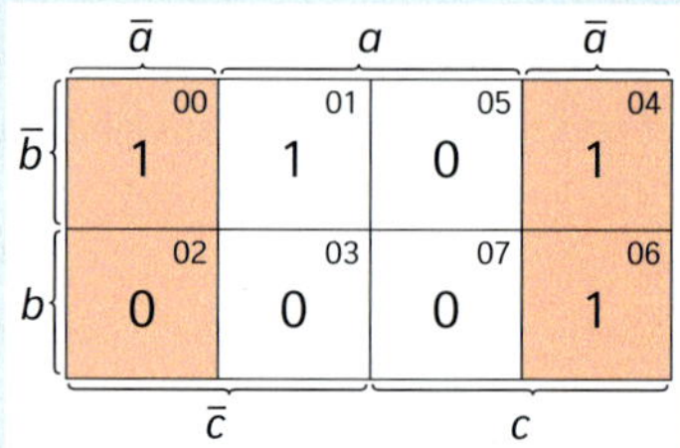

$x = \bar{a}$

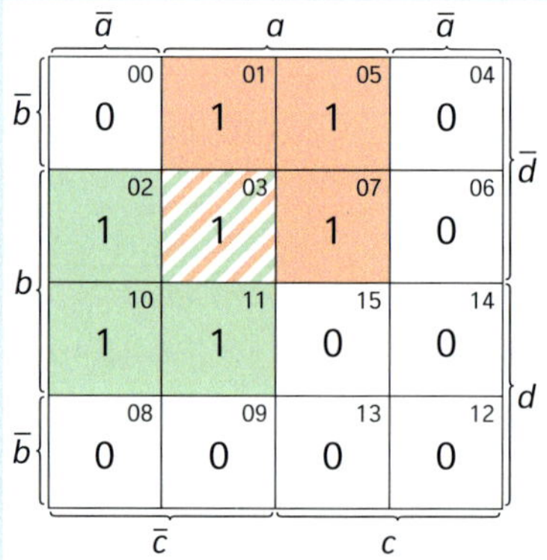

$x = (a \wedge \bar{d}) \vee (b \wedge \bar{c})$

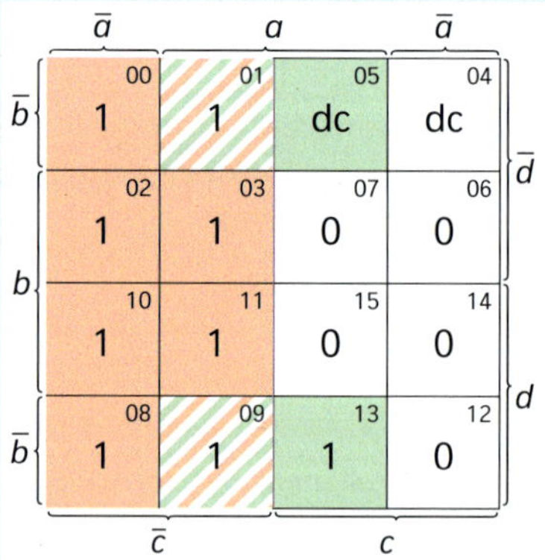

$x = \bar{c} \vee (a \wedge \bar{b})$

Beispiel

Stellen Sie mithilfe eines KV-Diagramms die Funktionsgleichung für die Wahrheitstabelle auf.

Nr.	c	b	a	x
00	0	0	0	0
01	0	0	1	1
02	0	1	0	0
03	0	1	1	1
04	1	0	0	1
05	1	0	1	0
06	1	1	0	0
07	1	1	1	1

Werte übertragen

	$\bar{a}$	a	a	$\bar{a}$
$\bar{b}$	00: 0	01: 1	05: 0	04: 1
b	02: 0	03: 1	07: 1	06: 0
	$\bar{c}$	$\bar{c}$	c	c

Zusammenfassen

	$\bar{a}$	a	a	$\bar{a}$
$\bar{b}$	00: 0	01: 1	05: 0	04: 1
b	02: 0	03: 1	07: 1	06: 0
	$\bar{c}$	$\bar{c}$	c	c

$x = (a \wedge \bar{c}) \vee (a \wedge b) \vee (\bar{a} \wedge \bar{b} \wedge c)$

Funktionsgleichung aufstellen

1. Erstellen Sie für die KV-Diagramme die Funktionsgleichungen und die logischen Schaltungen.

a)

	$\bar{a}$	a
$\bar{b}$	0	0
b	1	1

b)

	$\bar{a}$	a
$\bar{b}$	1	0
b	1	0

c)

	$\bar{a}$	a
$\bar{b}$	0	1
b	1	1

d)

	$\bar{a}$	a
$\bar{b}$	1	1
b	1	0

2. Geben Sie für die KV-Diagramme die Funktionsgleichungen und die logischen Schaltungen an.

a)

	$\bar{a}$	a	a	$\bar{a}$
$\bar{b}$	1	1	1	0
b	1	1	1	0
	$\bar{c}$	$\bar{c}$	c	c

b)

	$\bar{a}$	a	a	$\bar{a}$
$\bar{b}$	0	1	1	1
b	0	1	0	0
	$\bar{c}$	$\bar{c}$	c	c

c)

	$\bar{a}$	a	a	$\bar{a}$
$\bar{b}$	1	1	1	1
b	1	0	0	1
	$\bar{c}$	$\bar{c}$	c	c

d)

	$\bar{a}$	a	a	$\bar{a}$
$\bar{b}$	0	1	1	0
b	1	0	0	1
	$\bar{c}$	$\bar{c}$	c	c

3. Erstellen Sie für die KV-Diagramme die Funktionsgleichungen und die logischen Schaltungen.

a)

	$\bar{a}$	a	a	$\bar{a}$	
$\bar{b}$	0	0	0	1	$\bar{d}$
b	1	1	0	1	$\bar{d}$
b	1	1	0	1	d
$\bar{b}$	0	0	0	1	d
	$\bar{c}$	$\bar{c}$	c	c	

b)

	$\bar{a}$	a	a	$\bar{a}$	
$\bar{b}$	1	1	1	1	$\bar{d}$
b	0	1	1	0	$\bar{d}$
b	0	1	1	0	d
$\bar{b}$	0	1	1	0	d
	$\bar{c}$	$\bar{c}$	c	c	

c)

	$\bar{a}$	a	a	$\bar{a}$	
$\bar{b}$	0	1	1	0	$\bar{d}$
b	1	0	0	1	$\bar{d}$
b	1	0	0	1	d
$\bar{b}$	0	1	1	0	d
	$\bar{c}$	$\bar{c}$	c	c	

d)

	$\bar{a}$	a	a	$\bar{a}$	
$\bar{b}$	1	1	0	1	$\bar{d}$
b	0	1	1	0	$\bar{d}$
b	0	1	0	0	d
$\bar{b}$	1	1	0	1	d
	$\bar{c}$	$\bar{c}$	c	c	

4. Erstellen Sie die Funktionsgleichungen mithilfe eines KV-Diagrammes.

a)

c	b	a	x
0	0	0	1
0	0	1	0
0	1	0	1
0	1	1	0
1	0	0	1
1	0	1	0
1	1	0	1
1	1	1	0

b)

c	b	a	x
0	0	0	0
0	0	1	1
0	1	0	0
0	1	1	0
1	0	0	1
1	0	1	1
1	1	0	0
1	1	1	0

c)

c	b	a	x
0	0	0	0
0	0	1	1
0	1	0	0
0	1	1	1
1	0	0	1
1	0	1	1
1	1	0	1
1	1	1	1

5. Eine Sicherheitstür wird mit drei Sensoren überwacht. Wenn zwei oder mehr Sensoren eine logische 1 senden, dann meldet dies eine Warnleuchte.

a) Erstellen Sie die Funktionstabelle.

b) Stellen Sie mithilfe des KV-Diagrammes die Funktionsgleichung auf.

c) Zeichnen Sie die Schaltung.

6. Eine digitale Schaltung überwacht drei Sensoren. Wenn die Sensoren unterschiedliche Werte anzeigen, dann wird dies gemeldet.

a) Stellen Sie die Wahrheitstabelle auf.

b) Erstellen Sie mithilfe des KV-Diagrammes die vereinfachte Funktionsgleichung auf.

7. In einem Tank wird der Füllstand mit vier Sensoren in unterschiedlichen Höhen festgestellt. Um eine Fehlfunktion der Sensoren zu erkennen, meldet eine Warnlampe praktisch nicht mögliche Eingangskombinationen. Stellen Sie die Funktionstabelle und die Funktionsgleichung auf.

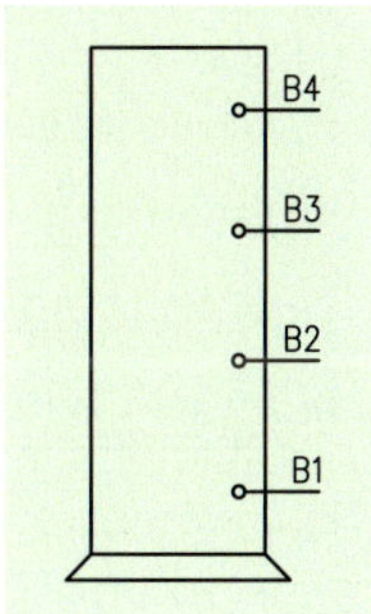

5.2.4 Rechenregeln

Kommutativgesetz (Vertauschungsgesetz)

Innerhalb einer UND- bzw. ODER-Verknüpfung dürfen die Eingangsvariablen vertauscht werden.

$$x = a \wedge b = b \wedge a$$
$$x = a \vee b = b \vee a$$

Assoziativgesetz (Verbindungsgesetz)

Innerhalb einer UND- bzw. ODER-Verknüpfung können die Eingangsvariablen durch Klammersetzung verbunden werden.

$$x = a \wedge b \wedge c = a \wedge (b \wedge c) = (a \wedge b) \wedge c$$
$$x = a \vee b \vee c = a \vee (b \vee c) = (a \vee b) \vee c$$

Distributivgesetz (Verteilungsgesetz)

Dieses Gesetz ermöglicht die Umformung und Auflösung von Funktionsgleichungen.

$$x = (a \wedge b) \vee (a \wedge c) \qquad x = a \wedge (b \vee c)$$
$$x = (a \vee b) \wedge (a \vee c) \qquad x = a \vee (b \wedge c)$$

Kürzungsregeln

$x = a \wedge 0 \rightarrow x = 0$	$x = a \vee 0 \rightarrow x = a$
$x = a \wedge 1 \rightarrow x = a$	$x = a \vee 1 \rightarrow x = 1$
$x = a \wedge a \rightarrow x = a$	$x = a \vee a \rightarrow x = a$
$x = a \wedge \overline{a} \rightarrow x = 0$	$x = a \vee \overline{a} \rightarrow x = 1$

Beispiel

Gegeben ist die Funktionsgleichung $x = (\overline{a} \wedge b \wedge c) \vee (\overline{a} \wedge \overline{b} \wedge c)$.

a) Verbinden Sie durch Anwendung des Kommutativ- und Assoziativgesetzes $\overline{a} \wedge c$.

b) Klammern Sie durch das Distributivgesetz $\overline{a} \wedge c$ aus.

c) Kürzen Sie die Gleichung so weit wie möglich.

a) $x = (\overline{a} \wedge c \wedge b) \vee (\overline{a} \wedge c \wedge \overline{b})$

$\underline{\underline{x = ((\overline{a} \wedge c) \wedge b) \vee ((\overline{a} \wedge c) \wedge \overline{b})}}$

b) $\underline{\underline{x = (\overline{a} \wedge c) \wedge (b \vee \overline{b})}}$

c) $x = (\overline{a} \wedge c) \wedge 1$

$\underline{\underline{x = \overline{a} \wedge c}}$

Aufgaben

1. Berechnen Sie x.

a) $x = a \vee 1$ b) $x = b \wedge 0 c)$ c) $x = S1 \vee \overline{S1}$

d) $x = c \wedge \overline{c}$ e) $x = a \vee b \vee 1$ f) $x = a \wedge \overline{a} \vee 1$

g) $x = a \wedge 1$ h) $x = (z \vee \overline{z}) \wedge 0$ i) $x = S \vee \overline{S} \wedge 0$

2. Kürzen Sie die Gleichungen so weit wie möglich.

a) $x = a \vee b \vee 0 \vee b$ b) $x = a \wedge b \wedge 1 \wedge \overline{a}$

c) $x = a \vee 1 \wedge 0$ d) $x = b \vee (\overline{b} \wedge 0)$

e) $x = (a \wedge b) \vee (a \wedge b)$ f) $x = (a \vee c) \wedge (\overline{a} \vee a)$

g) $x = (b \wedge a) \vee \overline{a}$ h) $x = (a \vee c) \wedge (a \vee \overline{c})$

3. Gegeben ist folgende Schaltung.

a) Erstellen Sie die Funktionsgleichung.

b) Vereinfachen Sie diese Gleichung.

c) Zeichnen Sie die Schaltung der verkürzten Form.

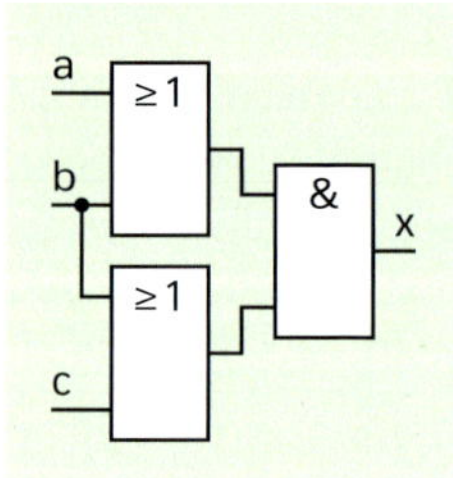

4. The function equation $x = (a \wedge b) \vee \overline{a}$ is given.

a) Draw the logic function.

b) Write the truth table.

c) Simplify the function equation.

d) Draw the new logic function.

5. Es liegt die nebenstehende Wahrheitstabelle vor.

a) Erstellen Sie die Funktionsgleichung in konjunktiver Normalform.

b) Zeichnen Sie die Schaltung.

c) Vereinfachen Sie die Gleichung mithilfe des Distributivgesetzes.

d) Zeichnen Sie die logische Schaltung der vereinfachten Form.

c	b	a	x
0	0	0	1
0	0	1	1
0	1	0	1
0	1	1	1
1	0	0	1
1	0	1	1
1	1	0	0
1	1	1	0

6. In den technischen Unterlagen eines Gerätes finden Sie folgenden Schaltplan.

a) Erstellen Sie die Funktionsgleichung und die Funktionstabelle.

b) Vereinfachen Sie die Funktionsgleichung mithilfe des Distributivgesetzes und der Kürzungsregeln.

c) Zeichnen Sie die vereinfachte Schaltung.

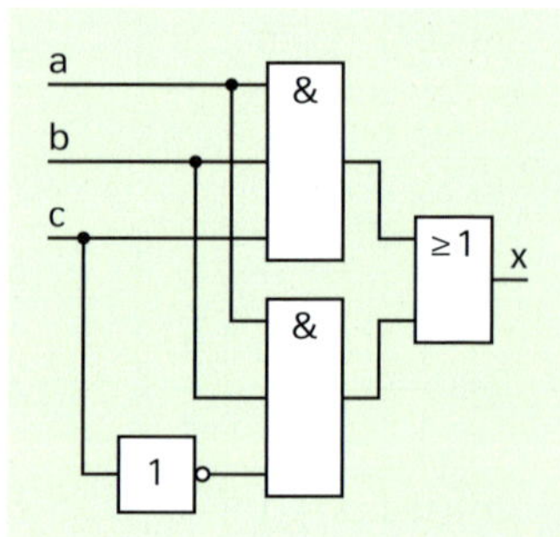

5.2.5 NAND- und NOR-Funktionen

NAND (NOT AND)

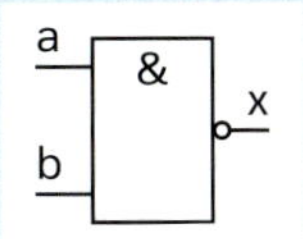

$x = \overline{a \wedge b}$

b	a	x
0	0	1
0	1	1
1	0	1
1	1	0

NOR (NOT OR)

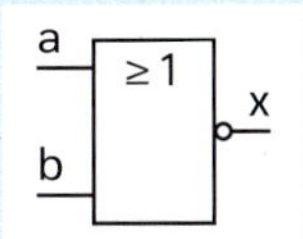

$x = \overline{a \vee b}$

b	a	x
0	0	1
0	1	0
1	0	0
1	1	0

Der durchgezogene Negationsstrich bindet den Term wie eine Klammer.

De Morgansche Gesetze

Durch die Trennung des Negationsstriches über einer UND-Verknüpfung wird aus der UND- eine ODER-Verknüpfung.

$x = \overline{a \wedge b}$ $x = \overline{a} \vee \overline{b}$

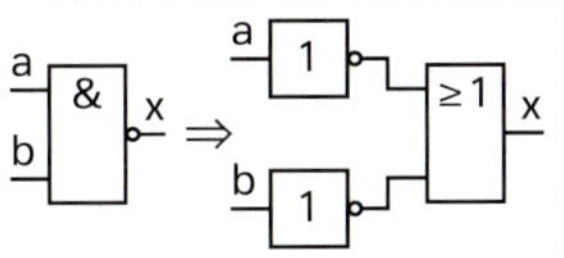

Durch eine Trennung des Negationsstriches über einer ODER-Verknüpfung wird aus der ODER- eine UND-Verknüpfung.

$x = \overline{a \vee b}$ $x = \overline{a} \wedge \overline{b}$

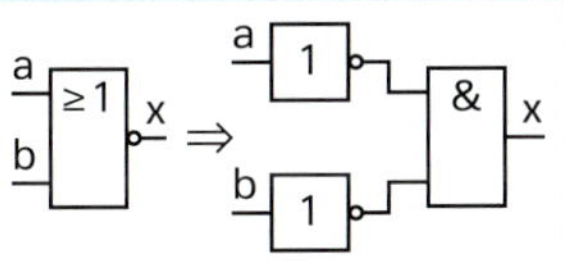

Beispiel

Stellen Sie für die nebenstehende Schaltung aus NOR-Gattern die Funktionsgleichung auf und vereinfachen Sie diese mithilfe der De Morganschen Gesetze.

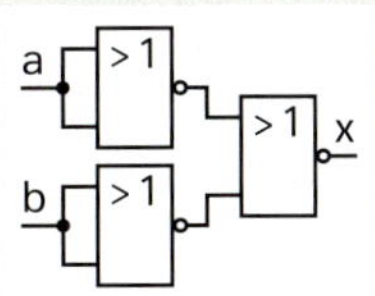

$x = \overline{\overline{(a \vee a)} \vee \overline{(b \vee b)}}$ $x = \overline{\overline{a} \vee \overline{b}}$

$x = \overline{(\overline{a} \wedge \overline{a}) \vee (\overline{b} \wedge \overline{b})}$ $x = \overline{\overline{a}} \wedge \overline{\overline{b}}$

$\underline{\underline{x = a \wedge b}}$

Aufgaben

1. Erstellen Sie für die Funktionsgleichung $x = \overline{a \vee b \vee c}$ a) die Wahrheitstabelle und b) die Schaltung.

2. Draw the logic functions of the following equations.

a) $x = \overline{a \wedge b \wedge c}$ b) $x = \overline{\overline{a} \vee b}$

c) $x = E1 \vee \overline{E2 \vee E3}$ d) $x = \overline{\overline{a \wedge b} \wedge \overline{c \wedge d}}$

3. Stellen Sie die Funktionsgleichungen der Schaltungen aus Abb. 1 auf.

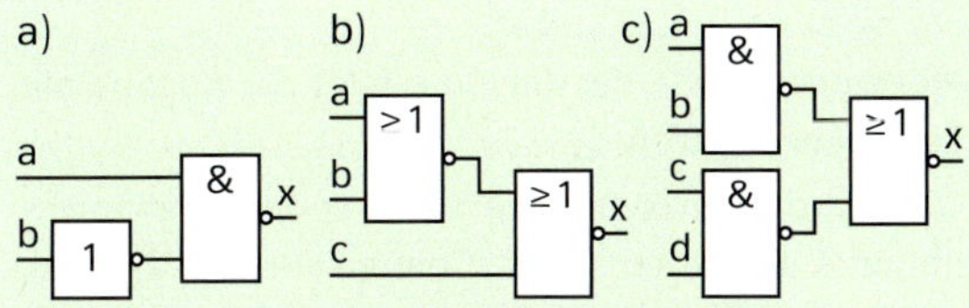

Abb. 1: Schaltungen mit NAND- und NOR-Gattern

4. Gegeben ist die folgende Schaltung.

a) Erstellen Sie die Funktionstabelle.

b) Wie lautet die Funktionsgleichung?

c) Vereinfachen Sie die Funktionsgleichung.

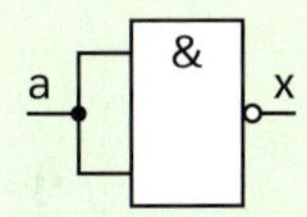

5. Vereinfachen Sie die Funktionsgleichungen so weit wie möglich.

a) $x = \overline{a \wedge \overline{b}}$ b) $x = \overline{a \wedge \overline{b} \wedge \overline{c}}$

c) $x = \overline{\overline{S1} \vee \overline{S2}}$ d) $x = a \wedge \overline{\overline{a} \vee b}$

e) $A = E1 \wedge \overline{E2 \wedge E1}$ f) $x = \overline{(a \vee b)} \vee \overline{(\overline{a} \vee b)}$

6. Die folgende Schaltung ist zu analysieren.

a) Wie lautet die Funktionsgleichung?

b) Stellen Sie die Wahrheitstabelle auf.

c) Vereinfachen Sie die Funktionsgleichung mithilfe der De Morganschen Gesetze.

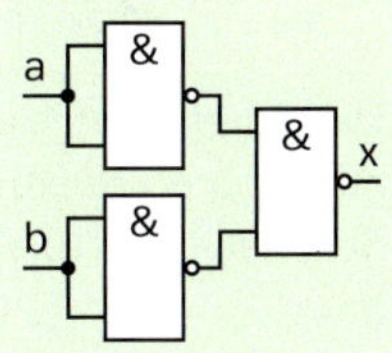

7. Wie kann in einer logischen Schaltung ein NOT-Gatter durch a) ein NOR-Gatter oder b) ein NAND-Gatter ersetzt werden?

8. Eine logische Schaltung soll zwei Eingangsvariablen miteinander vergleichen. Sind die Variablen gleich, so wird eine logische 1 ausgegeben.

a) Erstellen Sie die Wahrheitstabelle.

b) Wie lautet die Funktionsgleichung in disjunktiver Normalform?

c) Realisieren Sie die Schaltung ausschließlich mit NAND-Gattern.

5.3 Speicherkapazitäten

Speicherkapazitäten und Datenübertragungsraten werden in Bit oder Byte angegeben. Hierbei ist ein Bit die kleinste Speichereinheit. Ein Byte setzt sich aus acht Bit zusammen.

1 Byte = 8 Bit (1 B = 8 b)

Wegen der Größe der Zahlen erfolgt die Angabe mit Einheitenvorsätzen.

Obwohl die Binärvorsätze ein Standard der International Electrotechnical Commission (IEC) sind, werden häufig die Dezimalvorsätze verwendet.

Dezimalvorsätze

Symbol	Name	Faktor	Beispiel
k	Kilo	10^3	1 kB = 1000 Bytes
M	Mega	10^6	1 MB = $1 \cdot 10^6$ Bytes
G	Giga	10^9	1 GB = $1 \cdot 10^9$ Bytes
T	Tera	10^{12}	1 TB = $1 \cdot 10^{12}$ Bytes
P	Peta	10^{15}	1 PB = $1 \cdot 10^{15}$ Bytes

Binärvorsätze

Symbol	Name	Faktor	Beispiel
Ki	Kibi	2^{10}	1 KiB = 1024 Bytes
Mi	Mebi	2^{20}	1 MiB = $1 \cdot 2^{20}$ Bytes
Gi	Gibi	2^{30}	1 GiB = $1 \cdot 2^{30}$ Bytes
Ti	Tebi	2^{40}	1 TiB = $1 \cdot 2^{40}$ Bytes
Pi	Pebi	2^{50}	1 PiB = $1 \cdot 2^{50}$ Bytes

Die Übertragungsrate gibt die übertragene Datenmenge pro Zeiteinheit an. Sie wird häufig in Bit pro Sekunde (bit/s; b/s; bps = bits per second) angegeben.

Beispiel

Ein PC zeigt bei den Eigenschaften einer Festplatte eine Speicherkapazität von 500 000 000 000 Bytes an. Geben Sie die Speicherkapazität mit einem geeigneten a) Binärvorsatz und b) Dezimalvorsatz an.

a) $500\,000\,000\,000 \text{ B} = \frac{500\,000\,000\,000 \text{ GiB}}{2^{30}} = \underline{\underline{465{,}661 \text{ GiB}}}$

b) $500\,000\,000\,000 \text{ B} = \frac{500\,000\,000\,000 \text{ GB}}{10^9} = \underline{\underline{500 \text{ GB}}}$

Aufgaben

1. Der nichtflüchtige Datenspeicher eines Mikrocontrollers umfasst 2048 Bit. Wie vielen Bytes entspricht dies?

2. A microcontroller has a 368 bytes RAM. How many bits does the RAM contain?

3. Die Register einer Speicherbank sind jeweils ein Byte groß. Die Register sind von 100_H bis $17F_H$ durchnummeriert. Geben Sie die Größe der Speicherbank a) in Byte und b) in Bit an.

4. Rechnen Sie folgende Speicherkapazitäten in Werte mit Binärvorsätzen um.

a) 32 kB b) 1 GB c) 1,44 MB
d) 512 MB e) 2 TB f) 5 PB

5. Rechnen Sie in Werte mit Dezimalvorsätzen um.

a) 7,45 GiB b) 61 MiB c) 698,5 GiB
d) 3,64 TiB e) 62,5 KiB f) 4,44 PiB

6. Ein USB-Speicherstick hat laut Hersteller eine Speicherkapazität von 32 GB. Ein PC zeigt die Kapazität mit Binärvorsätzen an. Berechnen Sie die angezeigte Speicherkapazität.

7. Ein USB-Speicherstick mit 64 GB kann mit einer Geschwindigkeit von 30 MByte pro Sekunde gelesen und mit 18 MByte pro Sekunde beschrieben werden.

a) Berechnen Sie, wie lange es dauert, eine Datei mit 500 MB auf dem Stick zu sichern.
b) Wie lange dauert es, alle Daten vom Stick zu lesen, wenn er zu 90 % belegt ist?
c) Wie lange dauert eine Datensicherung mit 50 GiB Datenvolumen?

8. Ein Nutzer lädt ein Datenpaket von 120 MB aus einem Onlinespeicher auf seinen PC. Der Ladevorgang dauert 2 Minuten und 40 Sekunden.

a) Berechnen Sie die Downloadrate in bps.
b) Wie lange dauert der Upload dieses Paketes mit 1,2 kbps?

9. Die Übertragungsrate einer WLAN-Verbindung ist mit 54 MBit pro Sekunde angegeben. Der tatsächliche Nutzdatendurchsatz liegt bei ca. 50 % der Übertragungsrate. Berechnen Sie, wie viele Byte Nutzdaten pro Sekunde übertragen werden können.

10. Fast Ethernet hat eine Bruttoübertragungsrate von 100 MBit pro Sekunde. Die Nettoübertragungsrate (Nutzdatenübertragungsrate) beträgt 94 % der Bruttoübertragungsrate. Wie lange dauert es, eine Datei mit 750 MB zu übertragen?

6 Grundlagen der Wechselstromtechnik

6.1 Kennwerte sinusförmiger Wechselgrößen

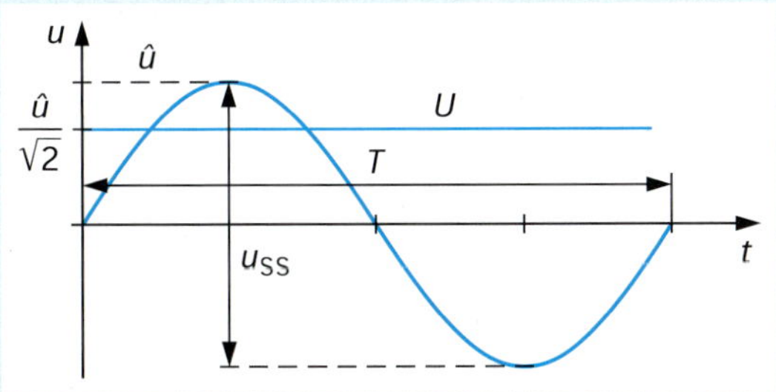

Der Verlauf sinusförmiger Wechselgrößen wiederholt sich periodisch. Je kürzer die Periodendauer ist, desto höher ist die Frequenz der Wechselgröße.

Der Effektivwert einer sinusförmigen Wechselgröße ist um den Faktor $\sqrt{2}$ niedriger als der Scheitelwert.

$$f = \frac{1}{T}$$

$$u_{SS} = 2 \cdot \hat{u}$$

$$i_{SS} = 2 \cdot \hat{i}$$

$$U = \frac{\hat{u}}{\sqrt{2}}$$

$$I = \frac{\hat{i}}{\sqrt{2}}$$

f:	Frequenz	$[f] = \frac{1}{s}$
T:	Periodendauer	$[T] = s$
u_{SS}, i_{SS}:	Spitze-Spitze-Wert	$[u_{SS}] = V$; $[i_{SS}] = A$
$\hat{u}$, $\hat{i}$:	Scheitelwert, Amplitude	$[\hat{u}] = V$; $[\hat{i}] = A$
U, I:	Effektivwert der Wechselgröße, auch U_{eff}, I_{eff}	$[U] = V$; $[I] = A$

Beispiel

Eine sinusförmige Wechselspannung mit dem Scheitelwert $\hat{u} = 34$ V besitzt eine Frequenz $f = 120$ Hz. Berechnen Sie

a) den Effektivwert U,

b) den Spitze-Spitze-Wert u_{SS} und

c) die Periodendauer T.

Geg.: $\hat{u} = 34$ V; $f = 120$ Hz

Ges.: a) U; b) u_{SS}; c) T

a) $U = \frac{\hat{u}}{\sqrt{2}}$, $U = \frac{34\ V}{\sqrt{2}}$, $\underline{\underline{U = 24\ V}}$

b) $u_{SS} = 2 \cdot \hat{u}$, $u_{SS} = 2 \cdot 34\ V$, $\underline{\underline{u_{SS} = 68\ V}}$

c) $T = \frac{1}{f}$, $T = \frac{1}{120\ Hz}$, $\underline{\underline{T = 8{,}3\ ms}}$

Aufgaben

1. Berechnen Sie für das europäische (230 V/50 Hz) und das amerikanische (120 V/60 Hz) Stromnetz

a) den Scheitelwert und

b) die Periodendauer der Spannung.

2. Berechnen Sie die Periodendauern folgender Frequenzen:

a) 1 Hz	b) 100 Hz	c) $16\frac{2}{3}$ Hz
d) 333 Hz	e) 22 kHz	f) 625 kHz
g) 1 MHz	h) 4,7 MHz	i) 1 GHz

3. Calculate the amplitude of the following root-mean-square values:

a) 1 mV	b) 33 mA	c) 50 mA
d) 3,5 V	e) 16 A	f) 325 kV

4. Ein Kondensator ist für eine maximale Spannung von 63 V ausgelegt. Ist es zulässig, den Kondensator an einer sinusförmigen Wechselspannung mit $U = 42$ V zu betreiben?

5. Ein PC-Oszillogramm (Abb. 1) zeigt den Verlauf der Spannung und des Stroms an einem ohmschen Widerstand. Folgende Einstellungen wurden vorgenommen:
Spannung U (vertikal, blau): 1 V pro Teilung,
Stromstärke I (vertikal, rot): 100 mA pro Teilung,
Zeit t (horizontal): 5 ms pro Teilung.

a) Welche Periodendauer besitzen Spannung und Strom?

b) Berechnen Sie die Frequenz.

c) Wie hoch sind die Amplituden der Spannung und der Stromstärke?

d) Geben Sie die Effektivwerte der beiden Größen an.

e) Welche Leistung wird am Widerstand effektiv umgesetzt?

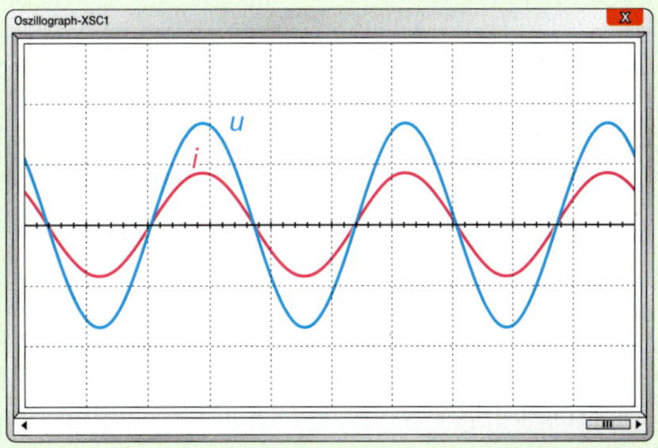

Abb. 1: PC-Oszillogramm

6. An einem ohmschen Widerstand wird eine Effektivleistung $P = 120$ mW umgesetzt.

a) Berechnen Sie den Scheitelwert der Spannung, wenn der Scheitelwert der Stromstärke 48 mA beträgt.

b) Welchen Wert besitzt der Widerstand?

6.2 Kreisfrequenz und Momentanwert sinusförmiger Wechselgrößen

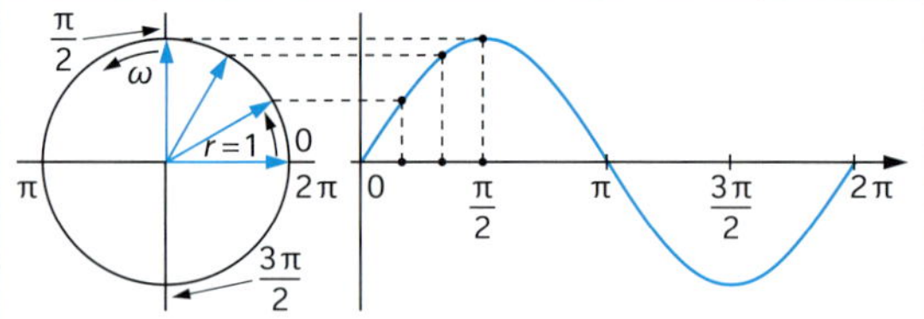

Ein Zeiger, der mit der Frequenz f rotiert, besitzt die Winkelgeschwindigkeit ω. Im Einheitskreis ($r = 1$) entspricht eine Umdrehung dem Wert $2\,\pi$. Durch die Rotation entsteht im Liniendiagramm eine Sinuskurve.

$$\omega = 2 \cdot \pi \cdot f \qquad \omega = \frac{2 \cdot \pi}{T}$$

ω: Winkelgeschwindigkeit, auch Kreisfrequenz (Omega) $[\omega] = \frac{1}{s}$

f: Frequenz $[f] = \text{Hz}$

T: Periodendauer $[T] = \text{s}$

$T_i \mathrel{\widehat{=}} 360°_{deg} \mathrel{\widehat{=}} 2\,\pi_{rad}$

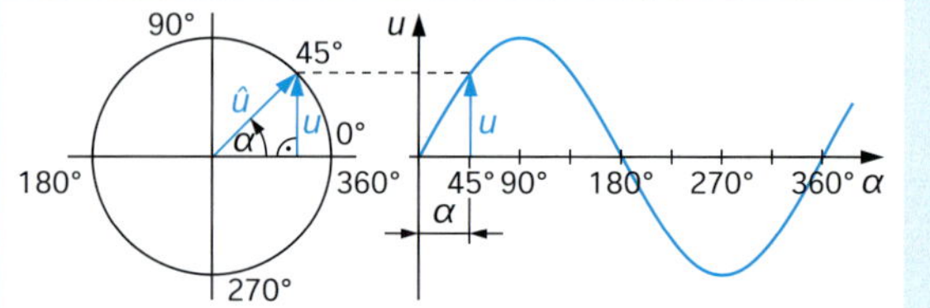

Der Momentanwert u bzw. i einer Wechselspannung ergibt sich aus der Höhe des Zeigers zum jeweiligen Zeitpunkt.

$$u = \hat{u} \cdot \sin \alpha \qquad u = \hat{u} \cdot \sin(\omega \cdot t) \qquad t = \frac{\alpha}{360° \cdot f}$$

$$i = \hat{i} \cdot \sin \alpha \qquad i = \hat{i} \cdot \sin(\omega \cdot t)$$

u, i: Momentanwert, Augenblickswert

$\hat{u}, \hat{i}$: Scheitelwert, Amplitude

α: Phasenwinkel (Alpha)

t: Zeit ab dem ersten Nulldurchgang bei $\alpha = 0°$

Beispiel

Ein sinusförmiger Wechselstrom mit dem Scheitelwert $\hat{i} = 120$ mA hat eine Frequenz von 200 Hz. Berechnen Sie

a) den Momentanwert i bei $\alpha = 60°$,

b) die Kreisfrequenz ω und

c) den Zeitpunkt t bei $\alpha = 60°$.

Geg.: $\hat{i} = 120$ mA; $f = 200$ Hz; $\alpha = 60°$

Ges.: a) i; b) ω; c) t

a) $i = \hat{i} \cdot \sin \alpha$

$i = 120\text{ mA} \cdot \sin 60°$

$\underline{\underline{i = 104\text{ mA}}}$

b) $\omega = 2 \cdot \pi \cdot f$

$\omega = 2 \cdot \pi \cdot 200\text{ Hz}$

$\underline{\underline{\omega = 1257\,\frac{1}{s}}}$

c) $t = \frac{\alpha}{360° \cdot f}$

$t = \frac{60°}{360° \cdot 200\text{ Hz}}$

$\underline{\underline{t = 833\text{ µs}}}$

Aufgaben

1. Berechnen Sie die Momentanwerte einer Wechselspannung mit der Amplitude $\hat{u} = 15$ V von 0° bis 360° in 15°-Schritten. Zeichnen Sie den Verlauf in ein Diagramm (Maßstab: 5 V ≙ 1 cm, 45° ≙ 1 cm).

2. Eine Wechselgröße besitzt die Frequenz $f = 50$ Hz. Wie hoch sind a) die Winkelgeschwindigkeit ω und b) die Periodendauer T?

3. Wie hoch sind bei einer Spannung mit $\hat{u} = 28{,}3$ kV und $T = 16{,}67$ ms a) u bei 245°, b) f und c) ω?

4. Wie hoch ist der Scheitelwert einer Wechselspannung, die bei $\alpha = 18°$ einen Wert von 37,08 V aufweist?

5. Welchen Momentanwert besitzt eine 50-Hz-Wechselspannung mit dem Effektivwert $U = 230$ V zum Zeitpunkt $t = 16$ ms nach dem ersten Nulldurchgang?

6. Ein Wechselstrom mit der Amplitude $\hat{i} = 540$ mA besitzt die Frequenz $f = 2$ kHz.

a) Berechnen Sie ω.

b) Wie lange dauert es, bis der Strom den Wert $i = 300$ mA erreicht hat?

c) Wie groß ist der Phasenwinkel α in diesem Moment?

7. Eine Phasenanschnittsteuerung (Abb. 1) soll eine Wechselspannung bei einer Höhe von 65 % des Maximalwertes vor bzw. nach dem Scheitelpunkt durchschalten. Bestimmen Sie die Zündwinkel α_1 und α_2.

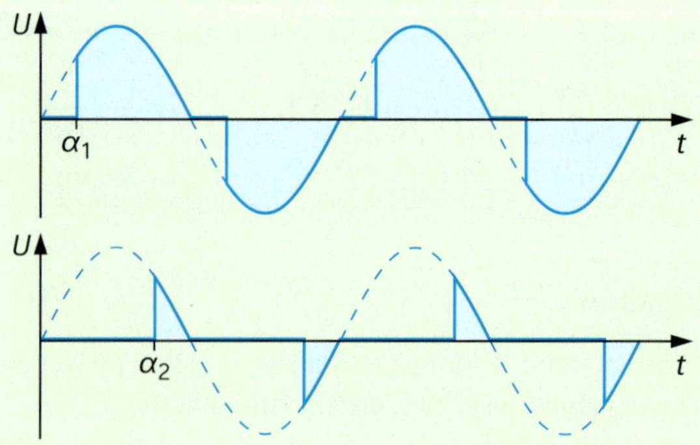

Abb. 1: Signalverlauf einer Phasenanschnittsteuerung

6.3 Addition sinusförmiger Wechselgrößen gleicher Frequenz

Addiert man sinusförmige Wechselgrößen mit gleicher Frequenz, entsteht wieder eine Sinusform mit der gleichen Frequenz.
Sind die zu addierenden Signale zueinander verschoben, so können zwar die Momentanwerte, nicht aber die Effektivwerte arithmetisch addiert werden.

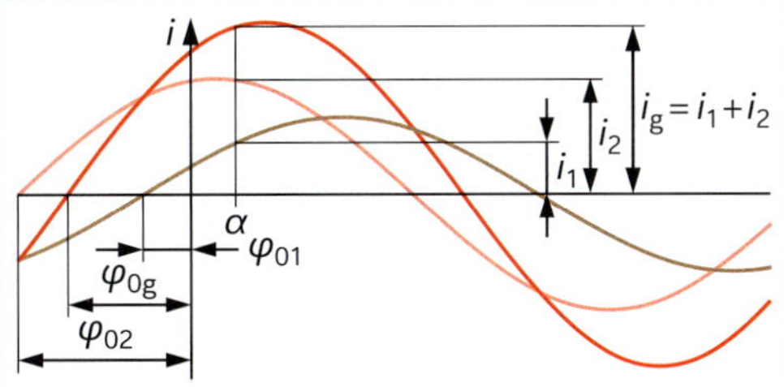

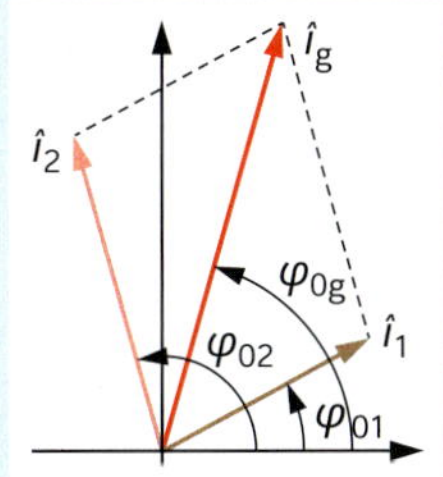

Zu addierende Sinusgrößen:
$i_1 = \hat{i}_1 \cdot \sin(\alpha + \varphi_{01})$
$i_1 = \hat{i}_1 \cdot \sin(\omega t + \varphi_{01})$
$i_2 = \hat{i}_2 \cdot \sin(\alpha + \varphi_{02})$
$i_2 = \hat{i}_2 \cdot \sin(\omega t + \varphi_{02})$

Resultierende Größe:
$i_g = \hat{i}_g \cdot \sin(\omega t + \varphi_{0g})$
$i_g = i_1 + i_2$
$I_g = \frac{\hat{i}_g}{\sqrt{2}}$

Amplitude und Phasenwinkel:
$\hat{i}_g = \sqrt{\hat{i}_1^2 + \hat{i}_2^2 + 2 \cdot \hat{i}_1 \cdot \hat{i}_2 \cdot \cos(\varphi_{02} - \varphi_{01})}$
$\varphi_{0g} = \arctan \frac{\hat{i}_1 \cdot \sin\varphi_{01} + \hat{i}_2 \cdot \sin\varphi_{02}}{\hat{i}_1 \cdot \cos\varphi_{01} + \hat{i}_2 \cdot \cos\varphi_{02}}$

Beispiel

Die gleichfrequenten Ströme i_1 ($\hat{i}_1 = 2{,}4$ A; $\varphi_{01} = 45°$) und i_2 ($\hat{i}_2 = 1{,}8$ A; $\varphi_{02} = 75°$) fließen in einem Knotenpunkt zusammen.
a) Wie hoch ist der Momentanwert i_g des resultierenden Stroms zum Zeitpunkt $t = 0$? Ermitteln Sie b) die Amplitude $\hat{i}_g$, c) den Effektivwert I_g und d) den Phasenwinkel φ_{0g}.

Geg.: $\hat{i}_1 = 2{,}4$ A; $\varphi_{01} = 45°$; $\hat{i}_2 = 1{,}8$ A; $\varphi_{02} = 75°$
Ges.: a) i_g; b) $\hat{i}_g$; c) I_g; d) φ_{0g}

a) $i_1 = \hat{i}_1 \cdot \sin(\omega t + \varphi_{01})$
$i_1 = 2{,}4\ \text{A} \cdot \sin(\omega \cdot 0 + 45°)$ $\qquad$ i_2 wie i_1
$\underline{i_1 = 1{,}70\ \text{A}}$ $\qquad$ $\underline{i_2 = 1{,}74\ \text{A}}$
$i_g = i_1 + i_2$
$i_g = 1{,}70\ \text{A} + 1{,}74\ \text{A}$ $\qquad$ $\underline{\underline{i_g = 3{,}44\ \text{A}}}$

b) $\hat{i}_g = \sqrt{\hat{i}_1^2 + \hat{i}_2^2 + 2 \cdot \hat{i}_1 \cdot \hat{i}_2 \cdot \cos(\varphi_{02} - \varphi_{01})}$
$\hat{i}_g = \sqrt{(2{,}4\ \text{A})^2 + (1{,}8\ \text{A})^2 + 2 \cdot 2{,}4\ \text{A} \cdot 1{,}8\ \text{A} \cdot \cos(75° - 45°)}$
$\hat{i}_g = \sqrt{5{,}76\ \text{A}^2 + 3{,}24\ \text{A}^2 + 8{,}64\ \text{A}^2 \cdot \cos(30°)}$
$\hat{i}_g = \sqrt{16{,}48\ \text{A}^2}$; $\qquad$ $\underline{\underline{\hat{i}_g = 4{,}06\ \text{A}}}$

c) $I_g = \frac{\hat{i}_g}{\sqrt{2}}$; $\qquad$ $I_g = \frac{4{,}06\ \text{A}}{\sqrt{2}}$; $\qquad$ $\underline{\underline{I_g = 2{,}87\ \text{A}}}$

b) $\varphi_{0g} = \arctan \frac{\hat{i}_1 \cdot \sin\varphi_{01} + \hat{i}_2 \cdot \sin\varphi_{02}}{\hat{i}_1 \cdot \cos\varphi_{01} + \hat{i}_2 \cdot \cos\varphi_{02}}$
$\varphi_{0g} = \arctan \frac{2{,}4\ \text{A} \cdot \sin 45° + 1{,}8\ \text{A} \cdot \sin 75°}{2{,}4\ \text{A} \cdot \cos 45° + 1{,}8\ \text{A} \cdot \cos 75°}$
$\varphi_{0g} = \arctan \frac{1{,}70\ \text{A} + 1{,}74\ \text{A}}{1{,}70\ \text{A} + 0{,}47\ \text{A}}$
$\underline{\underline{\varphi_{0g} = 57{,}8°}}$

Aufgaben

1. Berechnen Sie die Amplitude der Spannung, die sich aus den folgenden Einzelspannungen zusammensetzt: $\hat{u}_1 = 15$ V mit $\varphi_{01} = 134°$; $\hat{u}_2 = 25$ V mit $\varphi_{02} = 165°$

2. Welchen Phasenwinkel besitzt ein sinusförmiger Wechselstrom, der sich aus der Summe der Ströme $\hat{i}_1 = 320$ mA, $\varphi_{01} = 25°$ und $\hat{i}_2 = 600$ mA, $\varphi_{02} = 40°$ ergibt?

3. Die Spannungen u_1 mit $\hat{u}_1 = 53$ mV und $\varphi_{01} = -18°$ und u_2 mit $\hat{u}_2 = 148$ mV überlagern sich zur Spannung u_g. Beide Signale besitzen die gleiche Frequenz. Die Phasenverschiebung φ_{02} beträgt 12°. Berechnen Sie den Momentanwert aller Spannungen zum Zeitpunkt $t = 0$.

4. Zwei Signale werden mithilfe eines Oszilloskops gemessen (Abb. 2).
a) Ermitteln Sie die Amplituden der Signale sowie die Phasenverschiebung zwischen den Signalen.
b) Berechnen Sie Amplitude und Phasenlage des resultierenden Signals

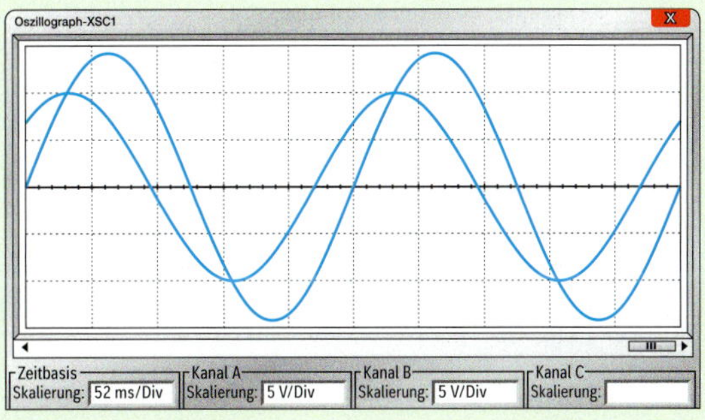

Abb. 2: Oszillogramm

5. Zwei Spannungen mit den Werten $\hat{u}_1 = 300$ mV mit $\varphi_1 = \pi/3$ und $\hat{u}_2 = 450$ mV mit $\varphi_2 = \pi/6$ werden überlagert. Sie besitzen die gleiche Frequenz. Berechnen Sie
a) den Scheitelwert und
b) den Phasenwinkel des resultierenden Signals u_g.

6. Die gleichfrequenten Signale u_1 ($\hat{u}_1 = 12$ V, $\varphi_{01} = 76°$) und u_2 ($\hat{u}_2 = 15$ V, $\varphi_{02} = -36°$) werden addiert. Berechnen Sie
a) den Momentanwert u_g bei $t = 0$ s
b) die Amplitude $\hat{u}_g$,
c) den Effektivwert U_g und
d) den Phasenwinkel φ_{0g}.

7. Berechnen Sie die Momentanwerte der Teilspannungen u_1 ($\hat{u}_1 = 5$ V, $\varphi_{01} = 20°$), u_2 ($\hat{u}_2 = 7$ V, $\varphi_{02} = 65°$) und der Summenspannung u_g in 45°-Schritten von 0° bis 360°. Legen Sie dazu eine Tabelle an. Konstruieren Sie die Liniendiagramme aller drei Spannungen (Maßstab: 1 cm ≙ 2 V, 1 cm ≙ 45°).

8. Welchen Effektivwert besitzt eine Spannung, die sich aus den Teilspannungen $U_1 = 24$ V und $U_2 = 22$ V zusammensetzt, wenn deren Phasen um folgende Winkel zueinander verschoben sind?
a) 0°; b) 15°; c) 30°; d) 60°; e) π/2; f) π

9. Welche Phasenlage besitzt ein sinusförmiges Signal, das sich aus zwei einzelnen Signalen mit der gleichen Amplitude und den Phasenwinkeln $\varphi_{01} = 19°$ und $\varphi_{02} = 29°$ zusammensetzt?

10. Zwei sinusförmige Spannungen (Abb. 1) mit gleicher Frequenz werden überlagert.
a) Berechnen Sie die Phasenlage und
b) die Amplitude der Spannung, die sich aus der Addition der beiden Spannungen ergibt.
c) Zeichnen Sie das Zeigerdiagramm zu den Spannungen (Maßstab: 1 V ≙ 1 cm).
d) Ermitteln Sie die resultierende Spannung mithilfe des Zeigerdiagramms grafisch.

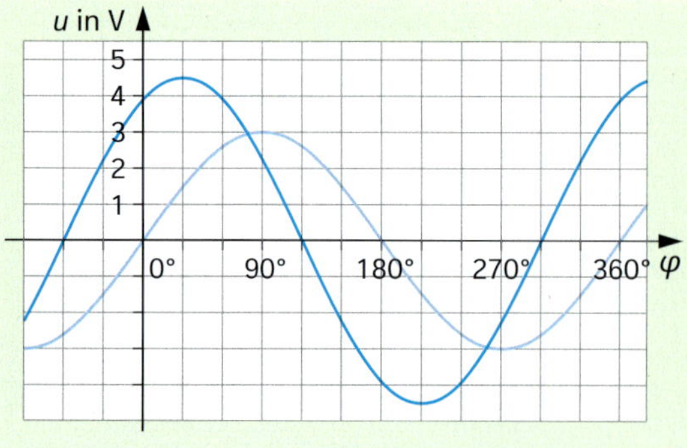

Abb. 1: Überlagerte Spannungen im Liniendiagramm

11. Die beiden Ströme $i_1 = 1{,}5\ \text{A} \cdot \sin(\alpha - 35°)$ und $i_2 = 1{,}5\ \text{A} \cdot \sin(\alpha - 120°)$ fließen zu einem Gesamtstrom i_g zusammen. Erstellen Sie ein Zeigerdiagramm aus i_1 und i_2 und ermitteln Sie daraus Amplitude und Phasenlage von i_g.

12. Addieren Sie die drei Ströme gleicher Frequenz aus dem Zeigerdiagramm in Abb. 2. Welche Werte besitzen
a) die Amplitude und
b) der Phasenwinkel der Gesamtstromstärke?

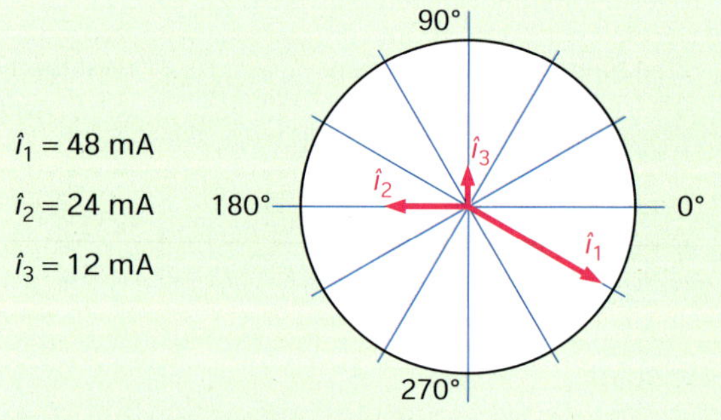

Abb. 2: Ströme im Zeigerdiagramm

13. Zwei identische Wechselspannungsquellen mit den Ausgangswerten $\hat{u} = 42$ V und $f = 50$ Hz werden in Reihe geschaltet. Sie sind nicht synchronisiert, sodass zwischen den beiden Spannungen eine Phasenverschiebung von $\varphi = 39°$ auftritt.
a) Berechnen Sie die Amplitude der Gesamtspannung.
b) Wie groß sind die Effektivwerte der Einzelspannungen und der Gesamtspannung?
c) Welchen Effektivwert hätte die Gesamtspannung bei synchronisierten Spannungen?

14. Im Knotenpunkt einer Schaltung fließen drei Ströme gleicher Frequenz zusammen (Abb. 3). Berechnen Sie
a) den Scheitelwert $\hat{i}_g$
b) den Phasenwinkel φ_{0g} und
c) den Effektivwert I_g für die resultierende Stromstärke.
d) Zeichnen Sie das Zeigerdiagramm mit allen Teilströmen und dem Gesamtstrom (Maßstab: 1 cm ≙ 100 mA).

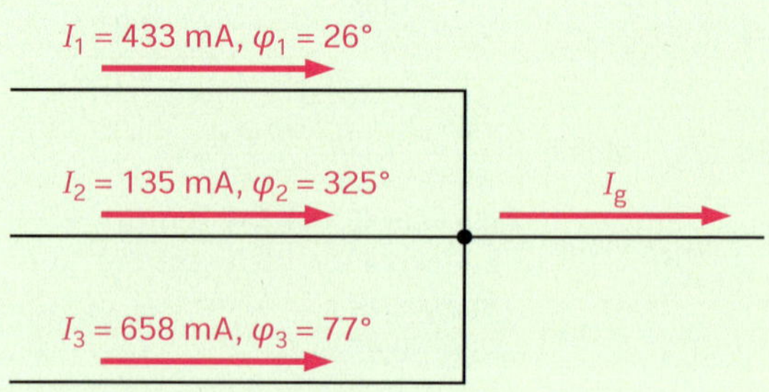

Abb. 3: Ströme an einem Knotenpunkt

6.4 Analyse nichtsinusförmiger Wechselgrößen

Jede nichtsinusförmige Wechselgröße kann als Überlagerung sinusförmiger Größen dargestellt werden (Fourier-Analyse). Die Grundschwingung besitzt dabei die Frequenz der Gesamtgröße, die Oberschwingungen ein ganzzahliges Vielfaches davon.

Nichtsinusförmige Spannung: (hier: angedeutete Rechteckform)

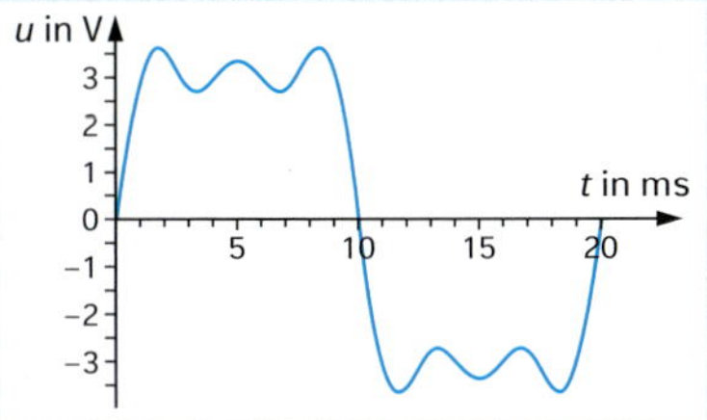

Enthaltene sinusförmige Spannungen:

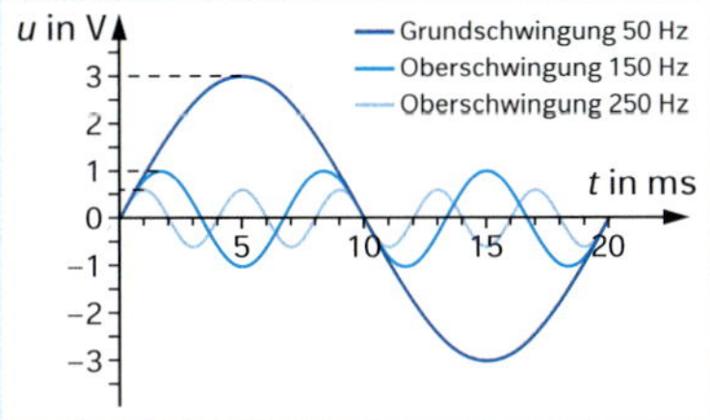

Frequenzspektrum der enthaltenen Spannungen:

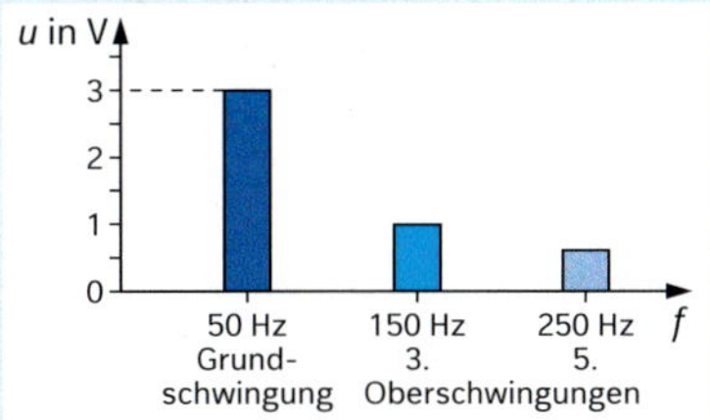

Die Summe aller Momentanwerte ergibt den Momentanwert der Gesamtgröße. Als Verzerrungsgrad oder Klirrfaktor *THD* (Total Harmonic Distortion) wird das Verhältnis der Oberschwingungen zur Grundschwingung bezeichnet.

$$u = u_1 + u_2 + u_3 + \ldots$$

$$THD = \frac{\sqrt{\hat{u}_2^2 + \hat{u}_3^2 + \hat{u}_4^2 + \ldots}}{\hat{u}_1} \cdot 100\,\%$$

$$THD = \frac{\sqrt{U_2^2 + U_3^2 + U_4^2 + \ldots}}{U_1} \cdot 100\,\%$$

THD: Gesamtklirrfaktor $[THD] = \%$

Beispiel

Analysieren Sie das oben abgebildete angedeutete Rechtecksignal: a) Berechnen Sie den Momentanwert der Gesamtspannung zum Zeitpunkt t = 6 ms. b) Welchen Gesamtklirrfaktor besitzt das Signal?

Geg.: $\hat{u}_1 = 3\text{ V}$; $\hat{u}_3 = 1\text{ V}$; $\hat{u}_5 = 0{,}6\text{ V}$

$f_1 = 50\text{ Hz}$; $f_3 = 150\text{ Hz}$; $f_5 = 250\text{ Hz}$

Ges.: a) u bei $t = 6\text{ ms}$; b) *THD*

a) Berechnung der Momentanwerte der einzelnen Teilspannungen:

$$u_1 = \hat{u}_1 \cdot \sin(2 \cdot \pi \cdot f_1 \cdot t)$$
$$u_1 = 3\text{ V} \cdot \sin(2 \cdot \pi \cdot 50\text{ Hz} \cdot 6\text{ ms})$$
$$\underline{u_1 = 2{,}85\text{ V}}$$

Analog: $\underline{u_3 = -0{,}59\text{ V}}$; $\underline{u_5 = 0\text{ V}}$

$$u = u_1 + u_2 + u_3$$
$$u = 2{,}85\text{ V} + (-0{,}59\text{ V}) + 0\text{ V}$$
$$\underline{\underline{u = 2{,}26\text{ V}}}$$

b) $THD = \frac{\sqrt{\hat{u}_3^2 + \hat{u}_5^2}}{\hat{u}_1} \cdot 100\,\%$;

$THD = \frac{\sqrt{(1\text{ V})^2 + (0{,}6\text{ V})^2}}{3\text{ V}} \cdot 100\,\%$; $\underline{\underline{THD = 38{,}9\,\%}}$

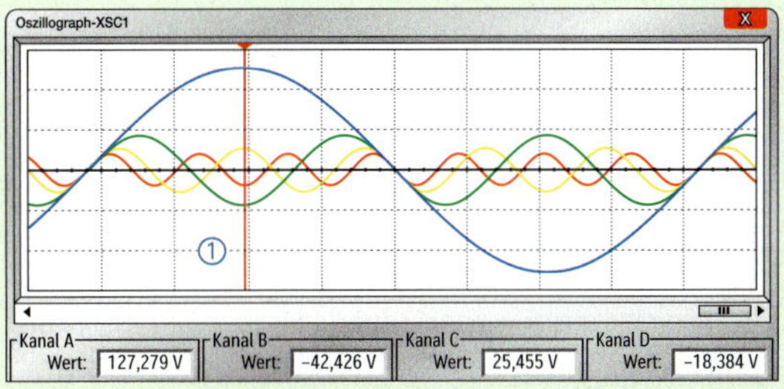

Abb. 4: Sinusförmige Bestandteile einer Rechteckspannung

Aufgaben

1. Berechnen Sie für die Rechteckspannung in Abb. 4
a) den Momentanwert u der Gesamtspannung an der eingestellten Zeitmarke ① und
b) den Gesamtklirrfaktor *THD*.

2. Die Analyse einer Sägezahnspannung ergibt eine Grundschwingung mit $U_1 = 3{,}6\text{ V}$, und $f_1 = 1\text{ kHz}$, sowie eine 2. Oberschwingung mit $U_2 = 1/2 \cdot U_1$ und einer 3. Oberschwingung mit $U_3 = 1/3 \cdot U_1$. Berechnen Sie den Gesamtklirrfaktor.

3. Ein Dreiecksignal (Abb. 5) wird analysiert. Berechnen Sie
a) den Momentanwert des Signals bei t = 4 ms und
b) den Gesamtklirrfaktor.

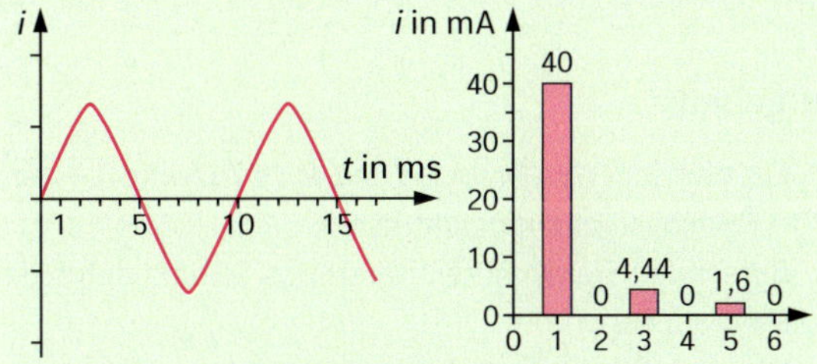

Abb. 5: Dreieckschwingung mit Frequenzspektrum

6.5 Ideale Wechselstromwiderstände

6.5.1 Ohmscher Widerstand

An einem reinen Wirkwiderstand verhält sich der Strom direkt proportional zur angelegten Wechselspannung.

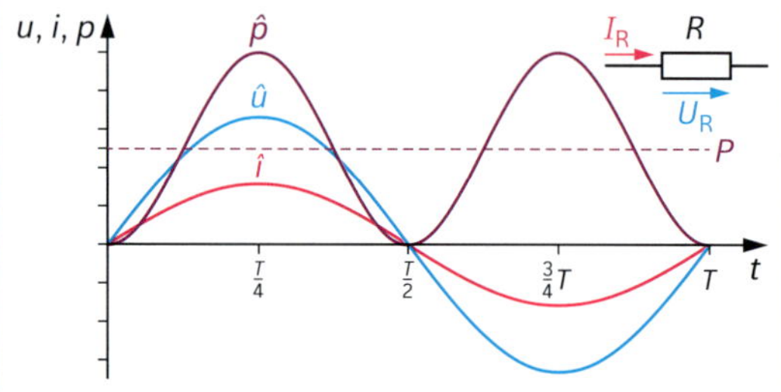

Effektivwert: $R = \frac{U_R}{I_R}$

Momentanwerte: $R = \frac{u_R}{i_R}$

Spitzenwert: $R = \frac{\hat{u}_R}{\hat{\imath}_R}$

Die Phasenverschiebung zwischen Spannung und Strom beträgt 0°, es herrscht Phasengleichheit.

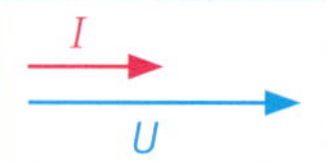

Es wird reine Wirkleistung umgesetzt:

$P = U_R \cdot I_R$ $\qquad P = \frac{\hat{u}_R \cdot \hat{\imath}_R}{2}$

Beispiel

Ein Widerstand $R = 680\ \Omega$ liegt an einer sinusförmigen Wechselspannung mit $U = 50$ V.

a) Berechnen Sie die Stromstärke I_R.

b) Welchen Scheitelwert $\hat{\imath}_R$ besitzt der Strom?

c) Berechnen Sie die umgesetzte Wirkleistung P.

Geg.: $R = 680\ \Omega$; $U_R = 50$ V;

Ges.: a) I_R; b) $\hat{\imath}_R$; c) P

a)
$R = \frac{U_R}{I_R}$
$I_R = \frac{U_R}{R}$
$I_R = \frac{50\ \text{V}}{680\ \Omega}$
$\underline{\underline{I_R = 73{,}5\ \text{mA}}}$

b)
$\hat{\imath}_R = \sqrt{2} \cdot I_R$
$\hat{\imath}_R = \sqrt{2} \cdot 73{,}5\ \text{mA}$
$\underline{\underline{\hat{\imath}_R = 104\ \text{mA}}}$

c)
$P = U_R \cdot I_R$
$P = 50\ \text{V} \cdot 73{,}5\ \text{mA}$
$\underline{\underline{P = 3{,}68\ \text{W}}}$

Aufgaben

1. Ein ohmscher Verbraucher mit $R = 47\ \Omega$ wird an einer 230-V-Wechselspannung betrieben.

a) Berechnen Sie den Effektivwert des Stroms durch den Verbraucher.

b) Welchen Scheitelwert $\hat{\imath}_R$ besitzt der Wechselstrom?

c) Berechnen Sie die umgesetzte Wirkleistung P.

2. Ein Wasserkocher setzt bei 230 V eine Leistung von 2000 W um. Berechnen Sie a) den Scheitelwert des Stroms und b) den Betriebswiderstand des Kochers.

3. An ohmic load with the rated values of 230 V and 350 W is to be tested. Which resistance must be measurable if the device is fully functioning?

4. Die Bemessungsleistung eines 1-kΩ-Kohleschichtwiderstandes beträgt ¼ W. Wie hoch darf der Effektivwert einer angelegten Wechselspannung höchstens sein, damit der Widerstand nicht überlastet wird?

5. Ein 330-Ω-Widerstand liegt an einer Wechselspannung $U = 12$ V.

a) Berechnen Sie die Momentanwerte von Spannung, Strom und Leistung im Bereich von 0° bis 360° in 15°-Schritten. Erstellen Sie dazu eine Tabelle.

b) Zeichnen Sie aus den Ergebnissen das Liniendiagramm der drei Größen.

6. Ermitteln Sie aus dem Liniendiagramm aus Abb. 1 folgende Größen:

a) die Effektivwerte von Spannung und Strom,

b) den Wert des Widerstands und

c) die umgesetzte Wirkleistung.

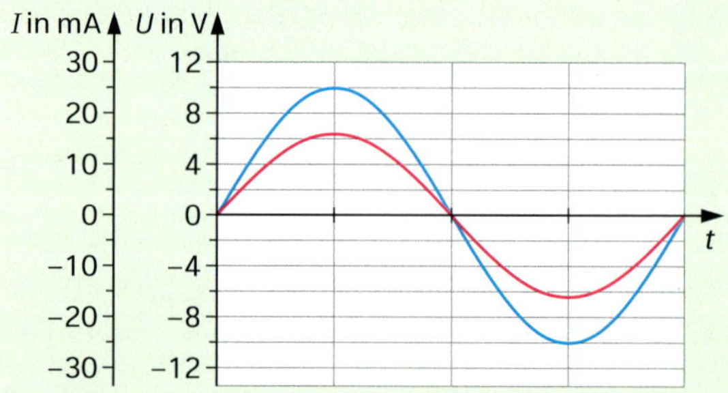

Abb. 1: Liniendiagramm

7. Berechnen Sie mithilfe des Diagramms aus Abb. 3 die Momentanwerte der Leistung P zu den Zeitpunkten a) 0, b) T/4, c) T/2 sowie d) ¾ T.

8. Um mit einem Oszilloskop die Stromstärke in einer Schaltung zu ermitteln, wird die Spannung über einen Shuntwiderstand gemessen und dann umgerechnet.

a) Welcher Effektivstrom fließt, wenn das Messgerät an einem 5-Ω-Widerstand eine Spitzenspannung von 4,8 V anzeigt?

b) Mit welcher Spitzenspannung ist bei der Messbereichsauswahl zu rechnen, wenn ein Strom der Stärke 238 mA durch den 5-Ω-Shunt gemessen werden soll?

6.5.2 Kapazitiver Blindwiderstand

Ein verlustfreier Kondensator besitzt im Wechselstromkreis einen von der Kreisfrequenz ω und der Kapazität C abhängigen Blindwiderstand X_C.

$$X_C = \frac{1}{\omega \cdot C}$$

$$\omega = 2 \cdot \pi \cdot f$$

Der Strom eilt der Wechselspannung um 90° voraus.

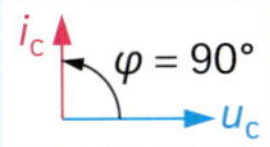

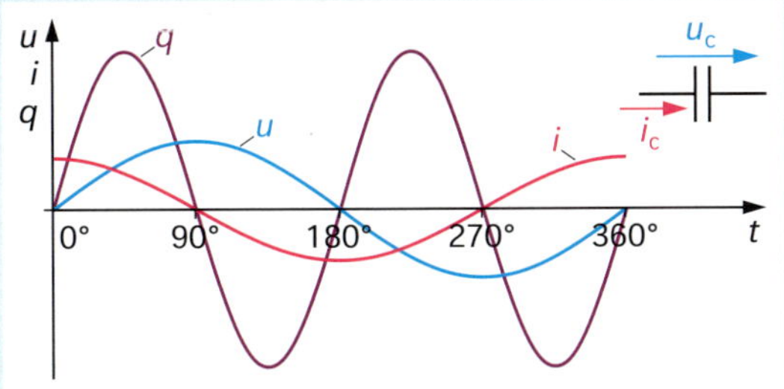

An einer reinen Kapazität wird nur Blindleistung Q_C, jedoch keine Wirkleistung umgesetzt.

$$X_C = \frac{U_C}{I_C} \qquad Q_C = U_C \cdot I_C$$

X_C:	kapazitiver Blindwiderstand	$[X_C] = \Omega$
ω:	Kreisfrequenz	$[\omega] = 1/\text{s}$
C:	Kapazität des Kondensators	$[C] = 1\,\text{F} = 1\,\text{As/V}$
f:	Frequenz der Wechselspannung	$[f] = \text{Hz}$
U_C:	kapazitive Blindspannung	$[U_C] = \text{V}$
I_C:	kapazitiver Blindstrom	$[I_C] = \text{A}$
Q_C:	kapazitive Blindleistung	$[Q_C] = \text{var}$

Beispiel

Ein verlustfreier Kondensator mit einer Kapazität von 68 µF wird an eine Spannung mit 24 V und 100 Hz angeschlossen. Berechnen Sie a) den kapazitiven Blindwiderstand X_C, b) den kapazitiven Blindstrom I_C sowie c) die umgesetzte Blindleistung Q_C.

Geg.: $C = 68\,\mu\text{F}$; $U_C = 24\,\text{V}$; $f = 100\,\text{Hz}$

Ges.: a) X_C; b) I_C; c) Q_C

a) $\omega = 2 \cdot \pi \cdot f$; $\omega = 2 \cdot \pi \cdot 100\,\text{Hz}$;

$\omega = 628{,}3\,\frac{1}{\text{s}}$

$X_C = \frac{1}{\omega \cdot C}$; $X_C = \frac{1}{628{,}3\,\frac{1}{\text{s}} \cdot 86 \cdot 10^{-6}\,\text{F}}$;

$X_C = 23{,}4\,\Omega$

b) $I_C = \frac{U_C}{X_C}$; $I_C = \frac{24\,\text{V}}{23{,}4\,\Omega}$;

$I_C = 1{,}03\,\text{A}$

c) $Q_C = U_C \cdot I_C$; $Q_C = 24\,\text{V} \cdot 1{,}03\,\text{A}$;

$Q_C = 24{,}7\,\text{var}$

Aufgaben

1. An eine Spannung von 230 V/50 Hz wird ein Kondensator mit $C = 47\,\mu\text{F}$ angeschlossen. Berechnen Sie a) den kapazitiven Blindwiderstand X_C, b) den kapazitiven Blindstrom I_C und c) die kapazitive Blindleistung Q_C.

2. Ein verlustfreier Kondensator mit der Kapazität $C = 220\,\mu\text{F}$ liegt an einer Wechselspannung $U = 120\,\text{V}$ mit der Frequenz $f = 60\,\text{Hz}$. Berechnen Sie a) den kapazitiven Blindwiderstand X_C, b) den kapazitiven Blindstrom I_C und c) die kapazitive Blindleistung Q_C.

3. A reactive power of 782 var is measured at a capacitor within the European electricity grid. Calculate the capacity of this capacitor.

4. Ein Abstimmkondensator ist auf $C_1 = 100\,\text{pF}$ eingestellt. Die Frequenz der angelegten Spannung soll von 14,6 kHz auf 58,4 kHz verändert werden. Auf welchen neuen Wert C_2 muss der Kondensator eingestellt werden, damit X_C gleich bleibt?

5. Ein idealer 22-pF-Kondensator wird an einen Frequenzgenerator mit 8 V und 1 kHz angeschlossen. a) Berechnen Sie die kapazitive Blindleistung. b) Auf welchen Wert verändert sich die Blindleistung, wenn bei ansonsten gleichen Bedingungen die Frequenz verdoppelt oder c) verzehnfacht wird?

6. Das Liniendiagramm in Abb. 2 zeigt den Verlauf des Stroms und der Spannung an einem Kondensator. Bestimmen Sie a) die Frequenz und b) den Effektivwert der Versorgungsspannung, c) den Effektivwert der Stromstärke, d) den kapazitiven Blindwiderstand, e) die kapazitive Blindleistung, sowie f) die Kapazität des Kondensators.

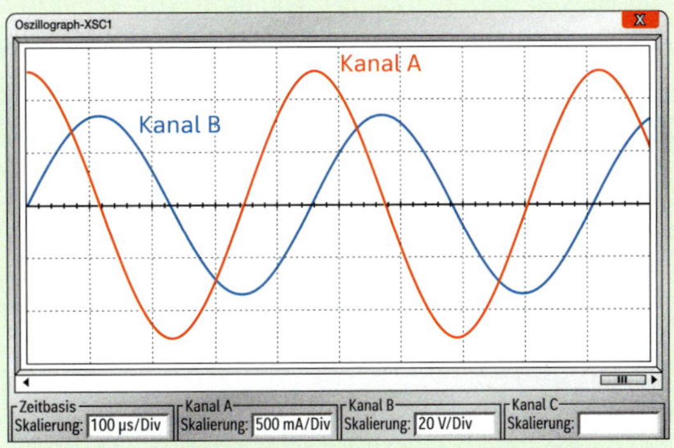

Abb. 2: Messung an einem verlustfreien Kondensator

7. Zwei Kondensatoren mit $C_1 = C_2 = 47\,\mu\text{F}$ werden in Reihe an eine Spannung mit 5 V/333 Hz angelegt. Berechnen Sie a) $X_{C\text{ges}}$ der Schaltung, b) I_C und c) Q_{C1}.

6.5.3 Induktiver Blindwiderstand

Eine verlustfreie Spule besitzt im Wechselstromkreis einen induktiven Blindwiderstand X_L. Sein Wert ist von der Frequenz f und der Induktivität L abhängig.

$$X_L = \omega \cdot L$$

$$X_L = 2 \cdot \pi \cdot f \cdot L$$

Der Strom eilt der Wechselspannung um genau 90° nach.

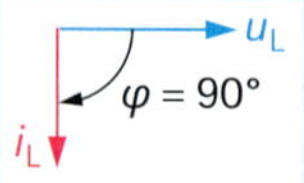

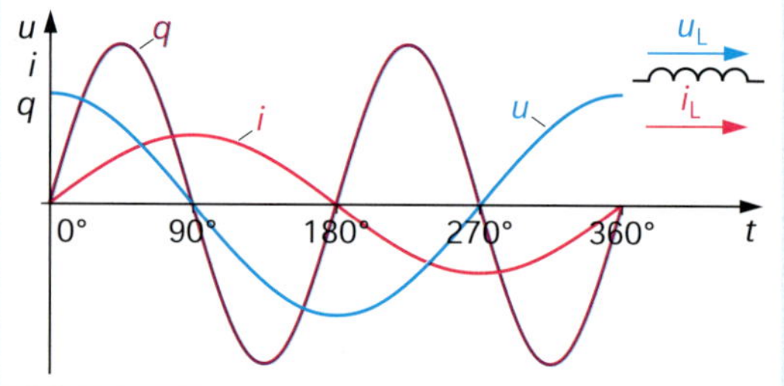

An einer verlustfreien Induktivität wird nur induktive Blindleistung Q_L umgesetzt.

$$X_L = \frac{U_L}{I_L} \qquad Q_L = U_L \cdot I_L$$

X_L: induktiver Blindwiderstand $[X_L] = \Omega$
ω: Kreisfrequenz $[\omega] = 1/\text{s}$
L: Induktivität der Spule $[L] = 1\,\text{H} = 1\,\text{Vs/A}$
U_L: induktive Blindspannung $[U_L] = \text{V}$
I_L: induktiver Blindstrom $[I_L] = \text{A}$
Q_L: induktive Blindleistung $[Q_L] = \text{var}$

Beispiel

An eine Spannungsquelle mit $U = 60$ V und $f = 50$ Hz wird eine verlustfreie Spule angeschlossen. Ihre Induktivität beträgt 120 mH. Wie groß sind a) der induktive Blindwiderstand X_L, b) der Blindstrom I_L und c) die Blindleistung Q_L an der Spule?

Geg.: $L = 120$ mH; $U_L = 60$ V; $f = 50$ Hz
Ges.: a) X_L; b) I_L; c) Q_L

a) $\omega = 2 \cdot \pi \cdot f$; $\omega = 2 \cdot \pi \cdot 50\,\text{Hz}$;
$\underline{\omega = 314\,\frac{1}{\text{s}}}$
$X_L = \omega \cdot L$; $X_L = 314\,\frac{1}{\text{s}} \cdot 120 \cdot 10^{-3}\,\text{H}$;
$\underline{\underline{X_L = 37{,}7\,\Omega}}$

b) $I_L = \frac{U_L}{X_L}$; $I_L = \frac{60\,\text{V}}{37{,}7\,\Omega}$;
$\underline{I_L = 1{,}59\,\text{A}}$

c) $Q_L = U_L \cdot I_L$; $Q_L = 60\,\text{V} \cdot 1{,}59\,\text{A}$;
$\underline{\underline{Q_L = 95{,}4\,\text{var}}}$

Aufgaben

1. An einer Wechselspannung $U = 120$ V mit der Frequenz $f = 60$ Hz liegt eine verlustfreie Spule mit $L = 1{,}1$ H. Berechnen Sie a) den induktiven Blindwiderstand X_L, b) den induktiven Blindstrom I_L und c) die induktive Blindleistung Q_L. c) Zeichnen Sie das Zeigerdiagramm (Maßstab 1 cm ≙ 20 V, 1 cm ≙ 100 mA).

2. An inductor of 400 mH is connected to a voltage of 230 V/50 Hz. Calculate a) the inductive reactance X_L, b) the inductive reactive current I_L and c) the inductive reactive power Q_L.

3. Eine ideale Spule mit $L = 160$ mH wird an verschiedene Wechselspannungen angeschlossen. Berechnen Sie die fehlenden Größen:

	X_L	f	U_L	I_L	Q_L
a)		3 kHz	24 V		
b)	1,3 kΩ			224 mA	
c)	100 Ω				1,2 var
d)		9,4 MHz	9,6 V		

4. Eine Spule wird bei einer Blindleistung $Q_L = 75{,}6$ var von einem Strom $I_L = 1{,}8$ A durchflossen. Die Frequenz beträgt 300 Hz. Wie groß sind a) die Blindspannung U_L und b) die Induktivität L der Spule?

5. Die Frequenz eines 4,2-V-Spannungssignals schwankt zwischen 1,8 kHz und 2,1 kHz. Welchen Wert kann der Blindstrom an einer Induktivität $L = 360$ mH maximal annehmen?

6. Berechnen Sie für die induktive Spannungsteilerschaltung (Abb. 1) bei geöffnetem Schalter S1

a) den Gesamtstrom I_L,
b) die Teilspannung U_{L2} und
c) die Blindleistungsaufnahme Q_L der Schaltung.
d) Welchen Wert besitzt die Gesamtblindleistung bei betätigtem Schalter?

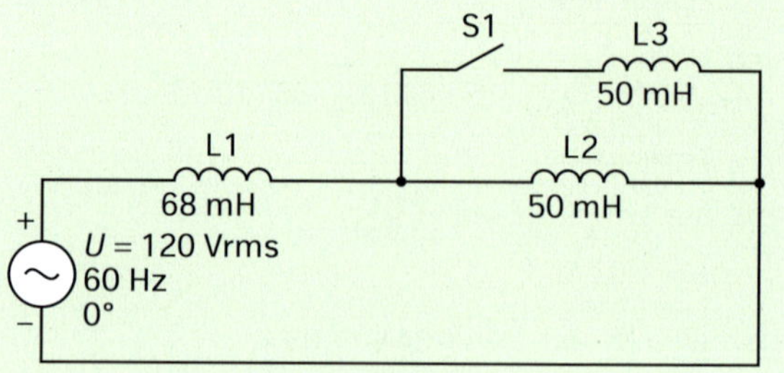

Abb. 1: Induktiver Spannungsteiler

6.6 Reihenschaltung ungleichartiger Lasten

6.6.1 Induktiver Blindwiderstand und Wirkwiderstand in Reihe (reale Spule)

Der Gesamtwiderstand einer Kombination aus Wirk- und Blindwiderstand wird als Scheinwiderstand oder Impedanz Z bezeichnet.

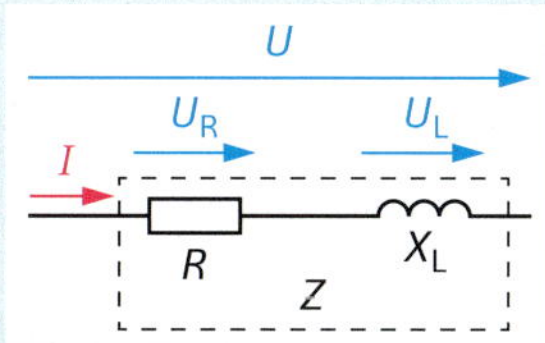

Die Stromstärke ist in jedem Teilwiderstand gleich groß. Teilspannungen, -widerstände und -leistungen addieren sich geometrisch zur Gesamtspannung.
Reale Spulen können als Reihenschaltung von R und X_L betrachtet werden.

Spannungsdreieck:	Widerstandsdreieck:	Leistungsdreieck:
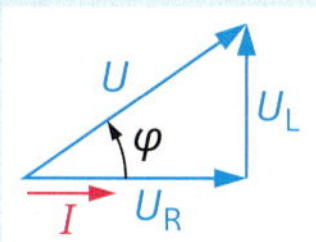	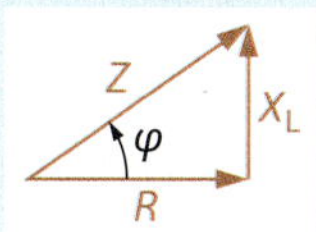	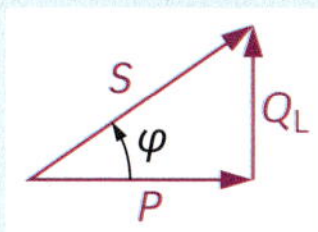
$U = \sqrt{U_R^2 + U_L^2}$	$Z = \sqrt{R^2 + X_L^2}$	$S = \sqrt{P^2 + Q_L^2}$
$U_R = U \cdot \cos\varphi$ $U_L = U \cdot \sin\varphi$ $U_L = U_R \cdot \tan\varphi$	$R = Z \cdot \cos\varphi$ $X_L = Z \cdot \sin\varphi$ $X_L = R \cdot \tan\varphi$	$S = U \cdot I$ $P = S \cdot \cos\varphi$ $Q_L = S \cdot \sin\varphi$ $Q_L = R \cdot \tan\varphi$

$$I = \frac{U}{Z} = \frac{U_R}{R} = \frac{U_L}{X_L}$$

Z:	Scheinwiderstand, Impedanz	$[Z] = \Omega$
S:	Scheinleistung	$[S] = \text{VA}$
P:	Wirkleistung	$[P] = \text{W}$
Q_L:	induktive Blindleistung	$[Q_L] = \text{var}$
φ:	Phasenverschiebungswinkel	
$\cos\varphi$:	(Wirk-) Leistungsfaktor	

Beispiel

Eine reale Spule mit $R = 19\ \Omega$ und $X_L = 34\ \Omega$ liegt an einer Wechselspannung $U = 6$ V. Berechnen Sie a) den Scheinwiderstand Z, b) den Leistungsfaktor $\cos\varphi$, c) die Scheinleistung S und d) die Wirkleistung P.

Geg.: $R = 19\ \Omega$; $X_L = 34\ \Omega$; $U = 6$ V
Ges.: a) Z; b) $\cos\varphi$; c) S; d) P

a) $Z = \sqrt{R^2 + X_L^2}$; $Z = \sqrt{(19\ \Omega)^2 + (34\ \Omega)^2}$; $\underline{\underline{Z = 38{,}9\ \Omega}}$

b) $\cos\varphi = \frac{R}{Z}$; $\cos\varphi = \frac{19\ \Omega}{38{,}9\ \Omega}$; $\underline{\underline{\cos\varphi = 0{,}49}}$

c) $I = \frac{U}{Z}$; $I = \frac{6\ \text{V}}{38{,}9\ \Omega}$; $\underline{I = 154\ \text{mA}}$

$S = U \cdot I$; $S = 6\ \text{V} \cdot 154\ \text{mA}$; $\underline{\underline{S = 924\ \text{mVA}}}$

d) $P = S \cdot \cos\varphi$; $P = 924\ \text{mVA} \cdot 0{,}49$; $\underline{\underline{P = 453\ \text{mV}}}$

Aufgaben

1. Welchen Scheinwiderstand besitzt eine Reihenschaltung aus einem Wirkwiderstand mit $R = 220\ \Omega$ und einer idealen Spule mit $L = 60$ mH bei einer Frequenz von:
a) 10 Hz, b) 800 Hz, c) 6 kHz, d) 0,4 MHz

2. Eine reale Spule mit $R = 1{,}4\ \Omega$ und $X_L = 6{,}7\ \Omega$ wird an einer Wechselspannung $U = 12$ V betrieben. Berechnen Sie a) den Scheinwiderstand Z, b) den Leistungsfaktor $\cos\varphi$, c) die Scheinleistung S und d) die Wirkleistung P.

3. The partial voltages across a loudspeaker's coil are $U_R = 3.8$ V and $U_L = 2.9$ V. Determine the total voltage U and the phase angle φ a) mathematically and b) graphically (scale: 500 mV ≙ 1 cm).

4. Eine R-X_L-Reihenschaltung liegt an 230 V/50 Hz. Die Stromstärke beträgt 460 mA und der Phasenwinkel 35°. Wie groß sind a) die Scheinleistung, b) die Wirkleistung und c) die induktive Blindleistung der Schaltung?

5. Eine Lampe mit einer Leistung von 40 W und einer Betriebsspannung von 115 V liegt mit einer (idealen) Vorschaltdrossel in Reihe an 230 V/50 Hz. Welche Induktivität muss die Drosselspule aufweisen?

6. Das Oszillogramm in Abb. 2 zeigt die Teilspannungen einer R-X_L-Reihenschaltung. Ermitteln Sie a) die Effektivwerte der Teilspannungen, b) die Frequenz, c) die angelegte Gesamtspannung sowie d) den Phasenverschiebungswinkel.

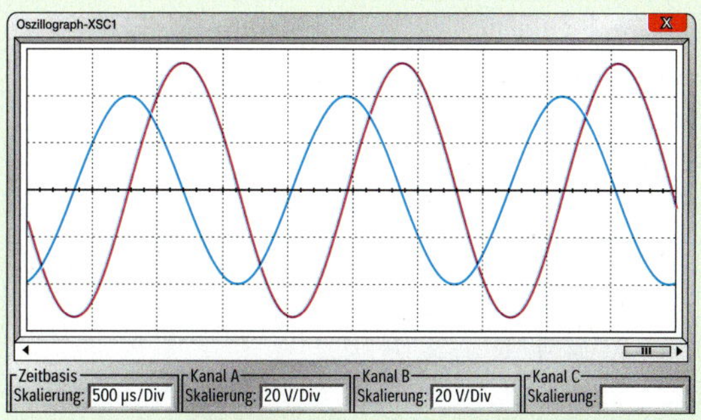

Abb. 2: Oszillogramm einer R-X_L-Reihenschaltung

7. Eine Relaisspule wird an einer Gleichspannung mit 12 V von einem Strom der Stärke 3,4 A durchflossen. Wird die Spule an eine 1-kHz-Wechselspannung mit 12 V angeschlossen, beträgt die Stromstärke 280 mA. Wie groß sind a) der Wirkwiderstand, b) der induktive Blindwiderstand und c) die Induktivität der Relaisspule?

8. Auf dem Staubsauger einer Mauerfräse befindet sich das Typenschild mit den in Abb. 1 gezeigten technischen Daten. Wählen Sie für die folgenden Berechnungen die in Europa üblichen elektrischen Größen. Ermitteln Sie

a) die induktive Blindleistung,
b) die Scheinleistung,
c) die Stromstärke in der Zuleitung,
d) den Scheinwiderstand des Gerätes,
e) den Kupferwiderstand der Motorwicklung und
f) den induktiven Blindwiderstand des Motors.

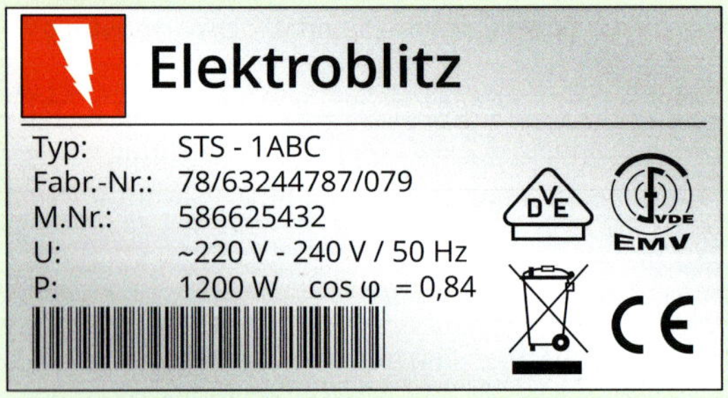

Abb. 1: Staubsauger einer Mauerfräse

9. In einem Laborversuch wird das Verhalten von Widerständen und Spulen an Wechselspannung (Abb. 2). Über einen Frequenzgenerator wird eine Spannung mit den Werten $U = 15$ V und $f = 10$ kHz eingespeist. Berechnen Sie

a) den induktiven Blindwiderstand X_L,
b) die Impedanz Z,
c) die Stromstärke I,
d) die Wirkspannung U_R,
e) die Blindspannung U_L,
f) den Phasenverschiebungswinkel φ,
g) die induktive Blindleistung Q_L und
h) die Wirkleistung P.

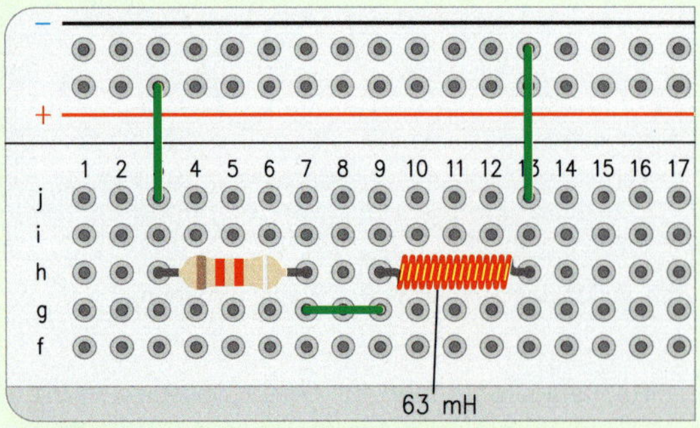

Abb. 2: Steckplatine mit *R*-*L*-Reihenschaltung

10. Ein Frequenzgenerator mit dem Frequenzbereich 1 Hz–10 kHz darf bei einer maximalen Ausgangsspannung $U_{eff} = 3$ V mit höchstens 2 VA belastet werden. Für den Versuch stehen ein Wirkwiderstand $R = 933$ mΩ und eine Induktivität $L = 0{,}18$ mH zur Verfügung. Geben Sie den Frequenzbereich an, in dem die Bauteile betrieben werden können.

11. In einer Waschmaschine wird die Drehzahl des Wäschetrommelmotors über die Frequenz gesteuert. Die Bemessungsdaten auf dem Typenschild (Abb. 3) gelten für den 50-Hz-Betrieb. Ermitteln Sie

a) die Bemessungsstromstärke,
b) die Scheinleistung,
c) den Scheinwiderstand,
d) den Wirkwiderstand,
e) den induktiven Blindwiderstand und
f) die Induktivität der Motorwicklung bei Bemessungsbetrieb.
g) Welche Stromstärke nimmt der Motor bei 5 Hz auf, wenn keine Spannungsregelung erfolgt?

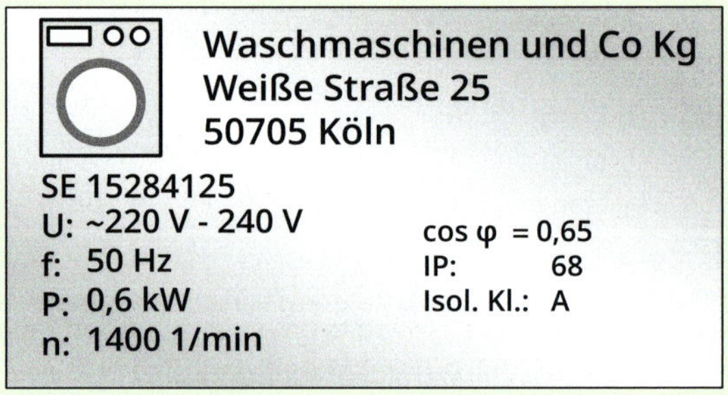

Abb. 3: Typenschild Waschmaschinenmotor

12. Eine Längsinduktivität wird in einem 120 V/60 Hz Netz als Spannungsteiler vor einen 470-Ω-Wirkwiderstand mit einer Maximalleistung von 10 W eingebaut. Um das Bauteil nicht zu überlasten, wird die Leistung des Widerstandes auf 8 W reduziert. Berechnen Sie

a) die Leistung ohne Spule,
b) die Wirkspannung mit Spule,
c) die Blindspannung,
d) die Stromstärke,
e) die Impedanz der Schaltung,
f) den induktiven Blindwiderstand,
g) die Induktivität und
h) den Wirkleistungsfaktor.

6.6.2 Kapazitiver Blindwiderstand und Wirkwiderstand in Reihe

Die Impedanz Z einer Reihenschaltung aus Wirkwiderstand R und kapazitivem Blindwiderstand X_C ergibt sich aus der geometrischen Summe der beiden Teilwiderstände. Die Spannungen und Leistungen werden ebenfalls geometrisch zur Gesamtgröße addiert.

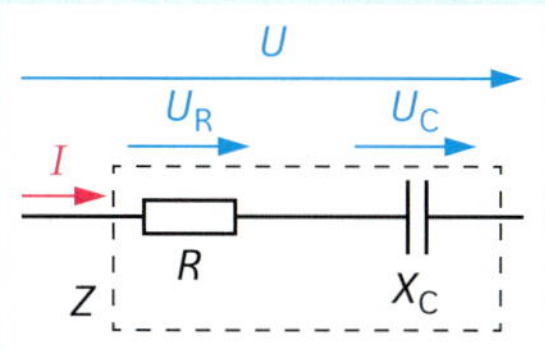

Spannungsdreieck: | Widerstandsdreieck: | Leistungsdreieck:

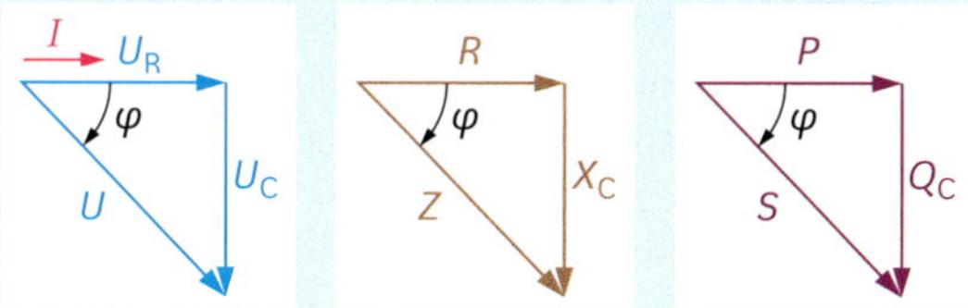

$U = \sqrt{U_R^2 + U_C^2}$ | $Z = \sqrt{R^2 + X_C^2}$ | $S = \sqrt{P^2 + Q_C^2}$

$U_R = U \cdot \cos\varphi$
$U_C = U \cdot \sin\varphi$

$R = Z \cdot \cos\varphi$
$X_C = Z \cdot \sin\varphi$

$S = U \cdot I$
$P = S \cdot \cos\varphi$
$Q_C = S \cdot \sin\varphi$

$$I = \frac{U}{Z} = \frac{U_R}{R} = \frac{U_C}{X_C}$$

Z:	Scheinwiderstand, Impedanz	$[Z] = \Omega$
S:	Scheinleistung	$[S] = \text{VA}$
P:	Wirkleistung	$[P] = \text{W}$
Q_C:	kapazitive Blindleistung	$[Q_C] = \text{var}$
φ:	Phasenverschiebungswinkel	
$\cos\varphi$:	(Wirk-)Leistungsfaktor	

Beispiel

Ein Widerstand und ein Kondensator liegen in Reihe an einer Wechselspannung. Es werden folgende Werte gemessen: $I = 320$ mA, $U_R = 7{,}8$ V und $U_C = 6{,}6$ V. Berechnen Sie a) die Gesamtspannung U, b) den Leistungsfaktor $\cos\varphi$ und c) den Blindwiderstand X_C.

Geg.: $R = 19\ \Omega$; $X_L = 34\ \Omega$; $U = 6$ V
Ges.: a) Z; b) $\cos\varphi$; c) S; d) P

a) $U = \sqrt{U_R^2 + U_C^2}$; $U = \sqrt{(7{,}8\ \text{V})^2 + (6{,}6\ \text{V})^2}$;
$\underline{\underline{U = 10{,}2\ \text{V}}}$

b) $\cos\varphi = \frac{U_R}{U}$; $\cos\varphi = \frac{7{,}8\ \text{V}}{10{,}2\ \text{V}}$;
$\underline{\underline{\cos\varphi = 0{,}76}}$

c) $I = \frac{U_C}{X_C}$; $X_C = \frac{U_C}{I}$;
$X_C = \frac{6{,}6\ \text{V}}{320\ \text{mA}}$; $\underline{\underline{X_C = 20{,}6\ \Omega}}$

Aufgaben

1. Welche Impedanz Z besitzt eine Reihenschaltung aus $R = 330\ \Omega$ und $X_C = 246\ \Omega$?

2. Ein Widerstand und ein Kondensator liegen in Reihe an einer Wechselspannung. Es werden folgende Werte gemessen: $I = 620$ mA, $U_C = 13$ V und $U_R = 9{,}8$ V. Wie groß sind
a) die Gesamtspannung U,
b) der Leistungsfaktor $\cos\varphi$,
c) der Blindwiderstand X_C und
d) die Scheinleistung S?

3. Die Schaltung in Abb. 4 liegt an einer Versorgungsspannung $U = 12$ V mit $f = 1$ kHz.
a) Berechnen Sie X_C.
b) Wie hoch sind die Teilspannungen an den Bauteilen?
c) Welche Leistung muss das Versorgungsnetzteil liefern?

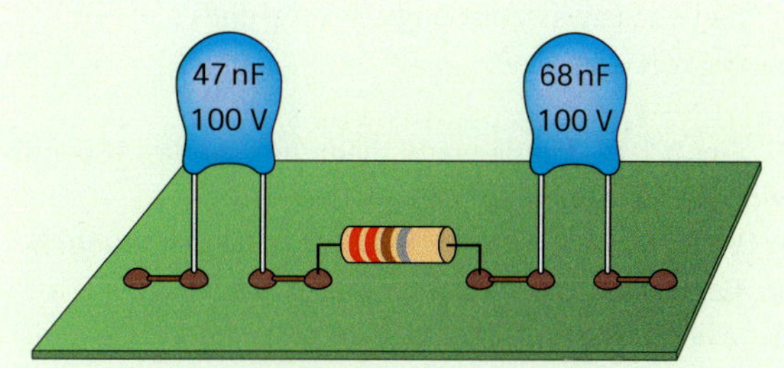

Abb. 4: Schaltung auf Platine

4. The apparent power of an R-C-series connection is 180 VA at an alternating voltage with 230 V/50 Hz. The phases are shifted by 16°. Calculate
a) the current,
b) the partial voltages,
c) the partial resistances and
d) the capacity of the capacitor.

5. Mithilfe eines Tiefpasses (Abb. 5) werden aus einem Mischsignal die niederfrequenten Bestandteile abgegriffen. Welchen Wert hat die Ausgangsspannung U_2 bei einer Frequenz der Eingangsspannung U_1 von
a) 10 Hz, b) 100 Hz, c) 1 kHz und d) 10 kHz?

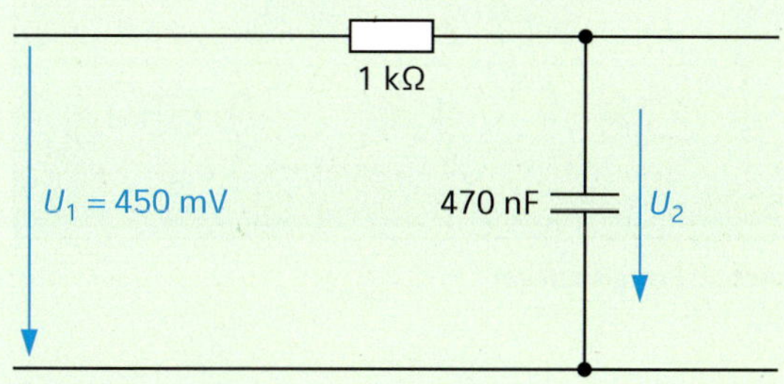

Abb. 5: R-C-Tiefpass

6. Eine Reihenschaltung aus einem 100-Ω-Widerstand und einem 22-μF-Kondensator ist an einem Frequenzgenerator angeschlossen. Auf welche Frequenz muss die Versorgungsspannung eingestellt werden, damit der Phasenverschiebungswinkel $\varphi = \pi/3$ beträgt?

7. Ein Kondensator (Abb. 1) liegt mit einem Widerstand in Reihe an einer Wechselspannung mit $U = 24$ V/$f = 1$ kHz. Es fließt ein Strom der Stärke $I = 400$ mA. Ermitteln Sie

a) den Scheinwiderstand Z,
b) den kapazitiven Blindwiderstand X_C,
c) den Wirkwiderstand R,
d) den Wirkleistungsfaktor $\cos \varphi$,
e) den Phasenverschiebungswinkel φ und
f) die Wirkleistung P.

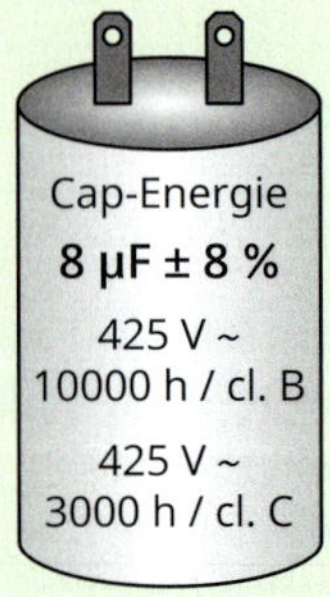

Abb. 1: Kondensator

8. Ein 8,2-μF-Kondensator liegt mit einem 180-mΩ-Widerstand in Reihe an 500 mV/15 MHz.

a) Welchen Scheinwiderstand besitzt die Schaltung?
b) Geben Sie die Stromstärke an.
c) Wie groß ist die Spannung am Widerstand?
d) An welcher Spannung liegt der Kondensator?
e) Welcher Phasenverschiebungswinkel tritt auf?

9. Ein Energiemonitor (Abb. 2) zeigt die elektrischen Werte einer Reihenschaltung an einer 50-Hz-Wechselspannung. Bestimmen Sie mithilfe der gegebenen Werte

a) die Impedanz,
b) den kapazitiven Blindwiderstand,
c) die Kapazität,
d) die Blindspannung,
e) die Wirkspannung und
f) die Wirkleistung.

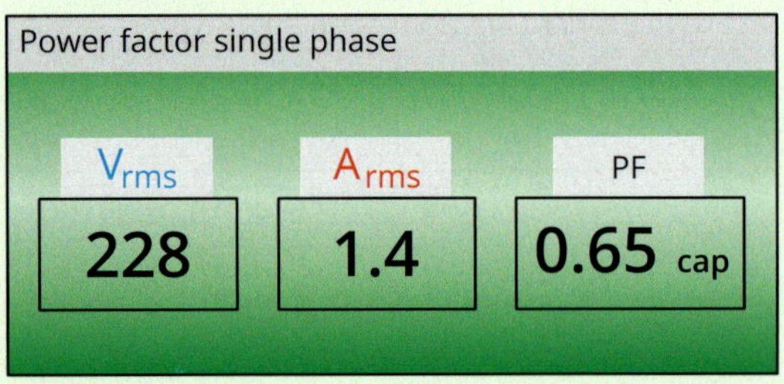

Abb. 2: Energiemonitor

10. Eine RC-Reihenschaltung mit einem 162-mΩ-Widerstand soll so dimensioniert werden, dass die Impedanz 300 mΩ bei einer Frequenz von 20 kHz nicht übersteigt. Die Spannung beträgt 0,1 V. Bestimmen Sie

a) den kapazitiven Blindwiderstand,
b) die Kapazität nach E12-Reihe,
c) den Stromfluss durch die Schaltung,
d) den Leistungsfaktor und
e) die Spannungen an den Bauteilen.

11. Bei Installationsleitungen und Kabeln entstehen zwischen den parallelen Adern Kapazitätsbeläge, die insbesondere zwischen den korrespondierenden Adern bei Wechselschaltungen zu kapazitiven Kopplungen führen können. Hierdurch kann auch bei ausgeschalteter Leuchte eine Phantomspannung (Abb. 3) an dem Leuchtmittel entstehen, die zu einem schwachen Leuchten von LEDs im ausgeschalteten Zustand führen kann. In einer Wohnung wird an einer Leuchte die alte Lampe gegen eine Retrofit-LED mit $P = 4$ W getauscht. Die Leitungslänge des NYM-J 5 x 1,5 mm² beträgt 15 m. Die LED wird als reiner Wirkwiderstand betrachtet. Berechnen Sie

a) den kapazitiven Blindwiderstand der Leitung,
b) den Wirkwiderstand der LED,
c) die Stromstärke bei Schalter AUS und
d) die Phantomspannung an der LED.

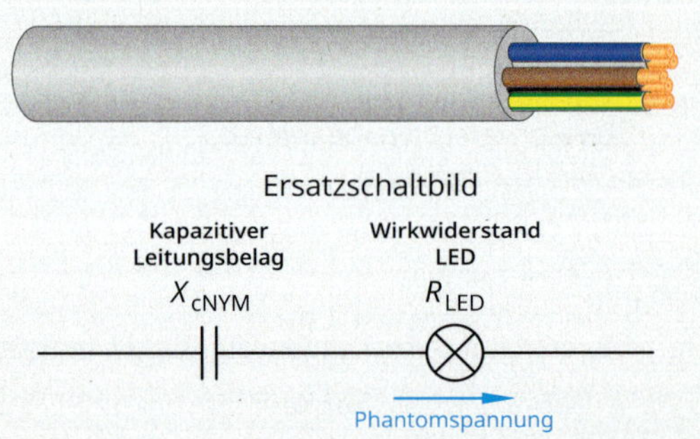

KABEL-AG

Artikel-Nr.	Aderzahl und mm² je Leiter	Kupferzahl kg/km	Leitungsbelag pF/m
1600 80	1 G 16	154	-
1600 81	3 G 1,5	43	6
1600 82	4 G 1,5	58	7
1600 83	5 G 1,5	72	8

Abb. 3: Ersatzschaltbild kapazitive Kopplung

6.6.3 Wirkwiderstand, kapazitiver und induktiver Blindwiderstand in Reihe

In einer Reihenschaltung aus Wirkwiderstand R, kapazitivem Blindwiderstand X_C und induktivem Blindwiderstand X_L heben sich die Blindanteile zum Teil gegenseitig auf.

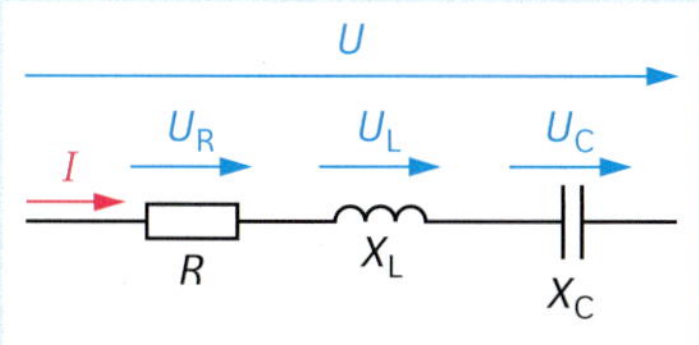

Spannungsdreieck:	Widerstandsdreieck:	Leistungsdreieck:
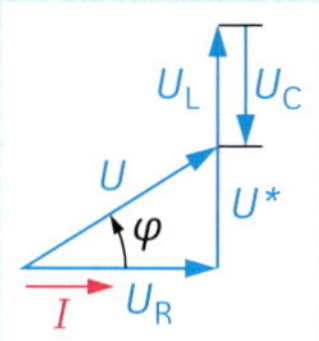	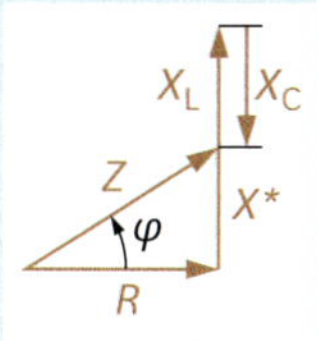	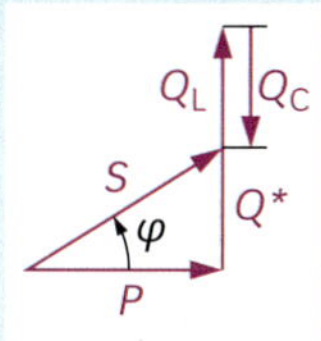
$U^* = U_L - U_C$	$X^* = X_L - X_C$	$Q^* = Q_L - Q_C$
$U = \sqrt{U_R^2 + U^{*2}}$	$Z = \sqrt{R^2 + X^{*2}}$	$S = \sqrt{P^2 + Q^{*2}}$
$U_R = U \cdot \cos\varphi$ $U^* = U \cdot \sin\varphi$	$R = Z \cdot \cos\varphi$ $X^* = Z \cdot \sin\varphi$	$S = U \cdot I$ $P = S \cdot \cos\varphi$ $Q^* = S \cdot \sin\varphi$

$$I = \frac{U}{Z} = \frac{U_R}{R} = \frac{U^*}{X^*}$$

U^*: resultierende Blindspannung $[U^*] = \text{V}$
X^*: resultierender Blindwiderstand $[X^*] = \Omega$
Q^*: resultierende Blindleistung $[Q^*] = \text{var}$

Beispiel

Ein Strom $I = 860$ mA fließt durch eine Reihenschaltung aus einem Widerstand $R = 220\ \Omega$, einer Induktivität mit $X_L = 86\ \Omega$ und einer Kapazität mit $X_C = 34\ \Omega$. Berechnen Sie a) den Scheinwiderstand, b) den Leistungsfaktor und c) die resultierende Blindleistung.

Geg.: $I = 860$ mA; $R = 220\ \Omega$; $X_L = 86\ \Omega$; $X_L = 34\ \Omega$
Ges.: a) Z; b) $\cos\varphi$; c) Q^*

a) $X^* = X_L - X_C$
$X^* = 86\ \Omega - 34\ \Omega$
$\underline{X^* = 52\ \Omega}$

$Z = \sqrt{R^2 + X^{*2}}$
$Z = \sqrt{(220\ \Omega)^2 + (52\ \Omega)^2}$
$\underline{\underline{Z = 226\ \Omega}}$

b) $\cos\varphi = \frac{R}{Z}$
$\cos\varphi = \frac{220\ \Omega}{226\ \Omega};$ $\underline{\underline{\cos\varphi = 0{,}97}}$

c) $U^* = I \cdot X^*$
$U^* = 860\ \text{mA} \cdot 52\ \Omega$
$\underline{U^* = 44{,}7\ \text{V}}$

$Q^* = U^* \cdot I$
$Q^* = 44{,}7\ \text{V} \cdot 860\ \text{mA}$
$\underline{\underline{Q^* = 38{,}4\ \text{var}}}$

Aufgaben

1. In einer Reihenschaltung von Widerstand, Induktivität und Kapazität treten folgende Spannungen auf:
$U_R = 181$ V, $U_L = 69$ V und $U_C = 23$ V.
Berechnen Sie a) die resultierende Blindspannung U^*, b) die Gesamtspannung U und c) den Leistungsfaktor cos φ.

2. Eine reale Spule und eine Kapazität liegen in Reihe an einer Wechselspannung (Abb. 4). Ermitteln Sie die fehlenden Größen U und φ.

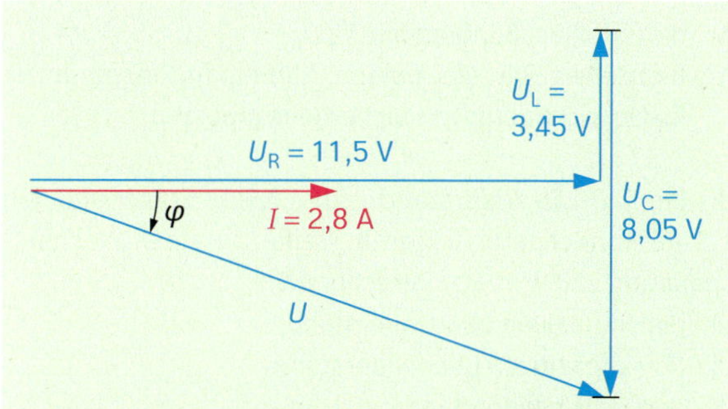

Abb. 4: Spannungsdreieck einer *R-L-C*-Reihenschaltung

3. At a voltage source with 400 V/50 Hz, $R = 2.2$ kΩ, $L = 1.6$ H and $C = 380$ µF are connected in series. How strong is the active power P of the circuit?

4. Ermitteln Sie mithilfe des Spannungsdreiecks aus Abb. 1: a) die Widerstände R, X_L, X_C, Z und b) die Leistungen P, Q^*, S.

5. Eine Reihenschaltung in einer Frequenzweiche mit $C = 8{,}1$ µF, $R = 33\ \Omega$ und $L = 1{,}8$ H liegt an einer Spannung von 115 V mit 60 Hz. Berechnen Sie φ.

6. Von einer *R-L-C*-Reihenschaltung sind folgende Größen bekannt: $U = 500$ V; $R = 47\ \Omega$; $L = 0{,}14$ H; $X_L = 1{,}3$ kΩ; $\varphi = 0°$. Berechnen Sie: a) f; b) X_C; c) C; d) Z; e) P

7. Ein 230-V-Kondensatormotor mit zwei gleichartigen Wicklungen besitzt einen Betriebskondensator $C_B = 60$ µF. Bei einer Prüfspannung von 12 V DC fließt ein Strom der Stärke 4,1 A in den Eingang U_1. An 12 V/50 Hz beträgt die Stromstärke 0,18 A.

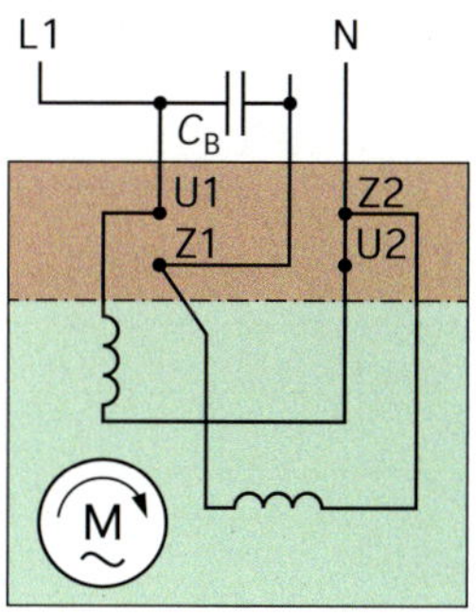

a) Welche Induktivität besitzen die Wicklungen?

b) Bestimmen Sie die resultierende Impedanz in dem Strang, in dem C_B liegt.

8. In einer Niederspannungsanlage mit der Bemessungsspannung $U = 230$ V und der Frequenz $f = 50$ Hz befindet sich eine Reihenschaltung aus $R = 96\ \Omega$, $C = 14\ \mu F$ und $L = 0{,}50$ H. Der Folienkondensator ist für Wechselspannungen von bis zu 400 V geeignet. Ermitteln Sie

a) den Scheinwiderstand Z,
b) die Stromstärke I,
c) den Leistungsfaktor $\cos \varphi$,
d) die Wirkleistung P,
e) die kapazitive Blindleistung Q_C,
f) die induktive Blindleistung Q_L,
g) die kapazitive Blindspannung U_C und
h) die induktive Blindspannung U_L.
i) Beurteilen Sie die beiden Blindspannungen unter Berücksichtigung von Sicherheitsaspekten.

9. Ein 2,2-kΩ-Widerstand, eine 3,9-H-Spule und ein 1,2-µF-Kondensator liegen in Reihe an einer Wechselspannung 230 V/50 Hz. Berechnen Sie

a) den induktiven Blindwiderstand,
b) den kapazitiven Blindwiderstand,
c) den Scheinwiderstand,
d) die Stromstärke,
e) den Leistungsfaktor,
f) die Spannung am Widerstand,
g) die induktive Blindspannung und
h) den Spannungsfall am Kondensator.

10. Für die Reihenschaltung aus Abb. 1 müssen einige Werte bestimmt werden.

a) Berechnen Sie die Spannung am Kondensator.
b) Wie groß ist der Scheinwiderstand?
c) Geben Sie die beiden möglichen Widerstandswerte der Spule an.
d) Welche Phasenverschiebung hat die Schaltung?
e) Welche Blindleistung muss die Spannungsquelle liefern?
f) Zeichnen Sie die Widerstandsdreiecke in phasenrichtiger Lage (50 Ω ≙ 1 cm).

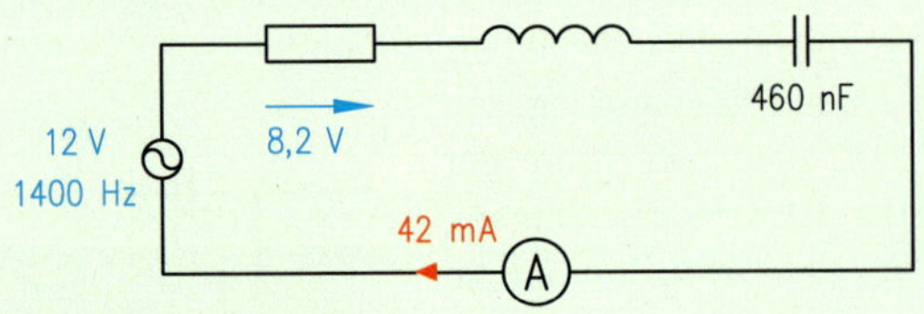

Abb. 1: RLC-Schaltung

11. Mit einem Energiemonitor werden an einem 230-V-Verbraucher die Werte $P = 430$ W, $\cos \varphi = 0{,}94$ kapazitiv und $Q_L = 125$ var gemessen. Die Frequenz beträgt 50 Hz. Geben Sie

a) die kapazitive Blindleistung,
b) die Stromstärke,
c) den Scheinwiderstand und
d) den induktiven Blindwiderstand an.

12. In einer elektrischen Anlage mit der Bemessungsspannung 230 V/50 Hz wird eine Reihenschaltung aus Wirkwiderstand, Kapazität und Induktivität betrieben. Bei Messungen wurde ein Strom der Stärke 8,2 A gemessen. Der Phasenwinkel zwischen Spannung und Strom beträgt 37°. Die Blindleistung des Kondensators liegt bei 0,82 kvar. Die Leistung der Schaltung ist induktiv. Bestimmen Sie die Induktivität der Spule.

13. Eine Reihenschaltung aus einem 200-Ω-Wirkwiderstand und einer 160-µH-Induktivität wird mit einem Kondensator erweitert, sodass der Leistungsfaktor 0,95 induktiv beträgt. Die Bauteile liegen an 5 V/150 kHz. Berechnen Sie ohne Kondensator

a) die Stromstärke und
b) die Blindleistung.

Für die weiteren Berechnungen wird der Kondensator berücksichtigt. Ermitteln Sie

c) die Kapazität des Kondensators,
d) die Stromstärke,
e) alle Teilspannungen,
f) die Wirkleistung,
g) die resultierende Blindleistung und
h) die Scheinleistung.

14. Abb. 2 zeigt die Impedanz einer RLC-Reihenschaltung in Abhängigkeit von der Frequenz. Die Schaltung besteht aus einem 1-kΩ-Widerstand und einer 9-mH-Spule. Wie groß ist die Kapazität des Kondensators?

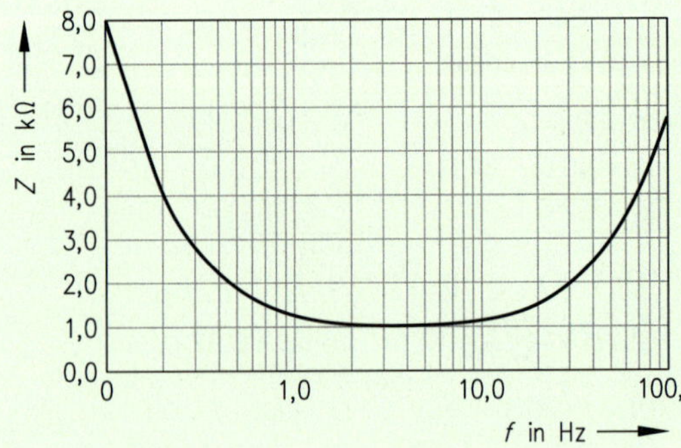

Abb. 2: Impedanzverlauf einer RLC-Reihenschaltung

6.6.4 Induktiver Blindwiderstand und Wirkwiderstand in Parallelschaltung

In einer Parallelschaltung aus Wirkwiderstand R und kapazitivem Blindwiderstand X_L liegt an jedem Bauteil die Spannung U an. Die Teilstromstärken addieren sich geometrisch zu einer Gesamtstromstärke I.

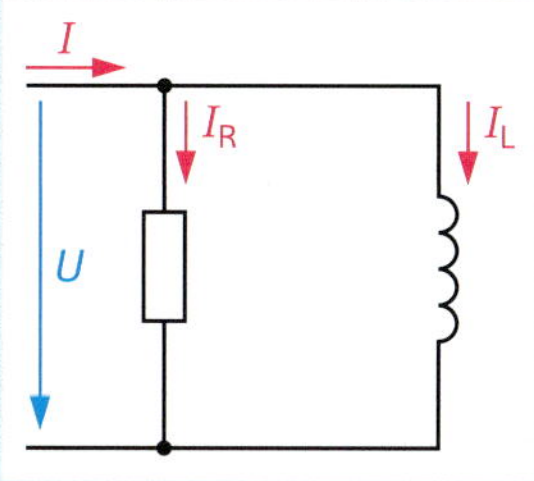

Z:	Scheinwiderstand, Impedanz	$[Z] = \Omega$
X_L:	induktiver Blindwiderstand	$[XL] = \Omega$
Y:	Scheinleitwert	$[Y] = S$
G:	Wirkleitwert	$[G] = S$
B_L:	induktiver Blindleitwert	$[B_L] = S$
$\cos \varphi$:	(Wirk-) Leistungsfaktor	
φ:	Phasenverschiebungswinkel	
S:	Scheinleistung	$[S] = VA$
Q_L:	induktive Blindleistung	$[Q_L] = var$

Stromdreieck:

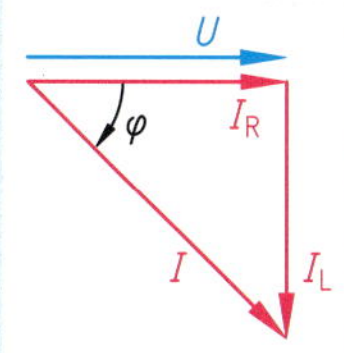

Leitwertdreieck:

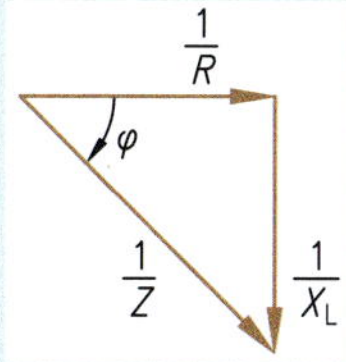

Leistungsdreieck:

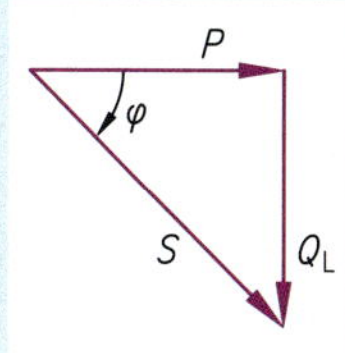

Stromdreieck	Leitwertdreieck	Leistungsdreieck
$I = \sqrt{I_R^2 + I_L^2}$	$\frac{1}{Z} = \sqrt{\frac{1}{R^2} + \frac{1}{X_L^2}}$	$S = \sqrt{P^2 + Q_L^2}$
$I_R = I \cdot \cos \varphi$	$Z = R \cdot \cos \varphi$	$S = U \cdot I$
$I_L = I \cdot \sin \varphi$	$Z = X_L \cdot \cos \varphi$	$P = S \cdot \cos \varphi$
$I = \frac{U}{Z}$		$Q_L = S \cdot \sin \varphi$
$I_R = \frac{U}{R}$	$Y = \frac{1}{Z}$; $G = \frac{1}{R}$	$B_L = \frac{1}{X_L}$
$I_L = \frac{U}{X_L}$	$Y = \sqrt{G^2 + B_L^2}$	

Beispiel

Eine 350-mH-Spule liegt mit einem 180-Ω-Widerstand an einer Spannung $U = 12{,}0$ V. Die Frequenz beträgt $f = 50$ Hz. Berechnen Sie a) den induktiven Blindwiderstand X_L der Spule, b) die Impedanz Z der Schaltung, c) den Leistungsfaktor $\cos \varphi$ und d) die Scheinleistung S.

Geg.: $L = 350\ \mu F$; $R = 180\ \Omega$; $U = 12$ V; $f = 50$ Hz
Ges.: a) X_L; b) Z; c) $\cos \varphi$; d) S

a) $X_L = 2 \cdot \pi \cdot f \cdot L$ $\quad X_L = 2 \cdot \pi \cdot 50\ \text{Hz} \cdot 0{,}350\ \text{H}$

$\underline{\underline{X_L = 110\ \Omega}}$

b) $\frac{1}{Z} = \sqrt{\frac{1}{R^2} + \frac{1}{X_L^2}}$; $\quad \frac{1}{Z} = \sqrt{\left(\frac{1}{180\ \Omega}\right)^2 + \left(\frac{1}{110\ \Omega}\right)^2}$;

$\frac{1}{Z} = 10{,}7\ \text{mS}$ $\quad \underline{\underline{Z = 93{,}9\ \Omega}}$

c) $\cos \varphi = \frac{Z}{R}$ $\quad \cos \varphi = \frac{93{,}9\ \Omega}{180\ \Omega}$

$\underline{\underline{\cos \varphi = 0{,}522}}$

d) $I = \frac{U}{Z}$ $\quad I = \frac{12{,}0\ \Omega}{93{,}9\ \Omega}$

$\underline{I = 0{,}128\ \text{A}}$

$S = U \cdot I$ $\quad S = 12{,}0\ \text{V} \cdot 0{,}128\ \text{A}$

$\underline{\underline{S = 1{,}53\ \text{VA}}}$

Aufgaben

1. Ein 147-kΩ-Widerstand wird mit einer Spule parallelgeschaltet, sodass die Phasenverschiebung einen Winkel φ von 35° hat. Zeichnen Sie das Leitwertdreieck und ermitteln Sie alle Werte durch Messung (1 µS ≙ 1 cm).

2. Eine Induktivität $L = 715$ mH und ein ohmscher Widerstand $R = 8{,}66$ kΩ liegen parallel an einer Spannung $U = 3{,}5$ V/$f = 1{,}0$ kHz. Ermitteln Sie

a) den induktiven Blindwiderstand X_L,
b) den Scheinwiderstand Z,
c) den Leistungsfaktor cos φ und
d) die Scheinleistung S.

3. In der Zuleitung zu einer Parallelschaltung mit induktiven Verhalten fließt ein Strom der Stärke $I = 730$ mA. Der Phasenverschiebungswinkel beträgt $\varphi = 65°$. Zeichnen Sie das Stromdreieck der Schaltung und ermitteln Sie alle Stromstärken zeichnerisch. (1 cm ≙ 100 mA).

4. On a circuit board, constructed for North America (120 V, 60 Hz), is a parallel connection of an inductor and a resistor. The PCB's nominal current is $I = 1.8$ A. The resistor's value is $R = 270\ \Omega$. Calculate

a) the impedance Z,
b) the inductance L,
c) the power factor $\cos \varphi$,
d) the reactive current I_L and
e) the power P.

5. Auf einer Experimentierplatine (Abb. 1) befinden sich die abgebildeten Bauteile. Die Schaltung wird nicht an der Bemessungsspannung betrieben, sondern liegt an $U = 8$ V/$f = 5$ kHz.

a) Bestimmen Sie den Scheinleitwert
b) und die Impedanz Z.
c) Kann die Schaltung ohne Überlastung an dieser Spannungsquelle betrieben werden?
d) Wie groß ist der Phasenverschiebungswinkel?
e) Geben Sie die Schein-, Wirk- und Blindleistung an.

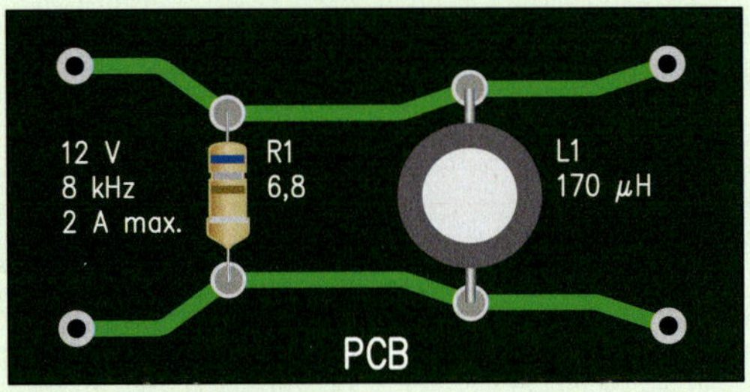

Abb. 1: Experimentierplatine

6. In einer Parallelschaltung mit unbekannter Induktivität, messen Sie die Stromstärke der Spule, um die elektrischen Werte zu bestimmen. Die Versorgungsspannung beträgt 2,0 V bei einer Frequenz von 1,2 kHz. Der Wirkwiderstand hat einen Wert von 0,91 kΩ. Bei der Messung des Blindstromes mit einem Multimeter erhalten Sie den Messwert $I_L = 4{,}8$ mA. Berechnen Sie

a) den induktiven Blindwiderstand,
b) den Scheinleitwert,
c) die Gesamtstromstärke,
d) die Stromstärke durch den Widerstand,
e) die Phasenverschiebung und
f) die Wirkleistung.

7. Für eine parallele Anwendung mit der Frequenz $f = 864$ MHz wird eine SMD-Induktivität gesucht. Der Wirkleistungsfaktor muss unter 0,3 liegen. Die Schaltung hat einen ohmschen Widerstand $R = 1{,}6$ MΩ und die Eingangsspannung beträgt $U = 1{,}0$ V.

a) Ermitteln Sie eine geeignete Induktivität aus der E24-Reihe.
b) Welche Impedanz besitzt die Schaltung mit dieser Induktivität?
c) Berechnen Sie die Stromstärken I, I_L und I_R.

8. In einer Anlagensteuerung wird eine Meldeleuchte über ein elektromagnetisches Hilfsschütz (Abb. 2) betätigt. Die Meldeleuchte hat eine Leistung von $P = 5{,}0$ W. Geben Sie die folgenden Werte an:

a) Scheinleistung,
b) Leistungsfaktor,
c) Gesamtstromstärke,
d) Blindstromstärke,
e) Wirkstromstärke,
f) Induktivität der Schützspule.

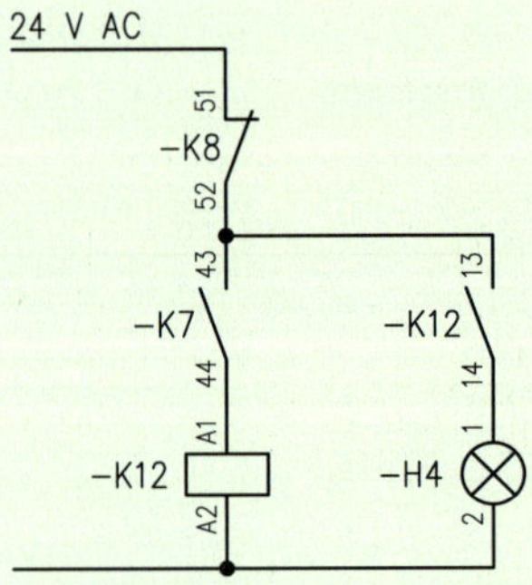

Datenblattauszug Hilfsschütz

Leistungsaufnahme AC bei 50 Hz [Halten]

Blindleistung 4,0 var

Wirkleistung Schützspule wird vernachlässigt

Abb. 2: Schützschaltung

9. Abbildung 3 stellt das Ergebnis einer Messung mit einer Netzstromzange dar. Ermitteln Sie

a) die Scheinleistung,
b) die Wirkleistung,
c) die induktive Blindleistung,
d) den Wirkleistungsfaktor und
e) die Induktivität.
f) Welchen Wert muss eine weitere parallele Spule haben, um den Leistungsfaktor auf 0,4 zu senken?

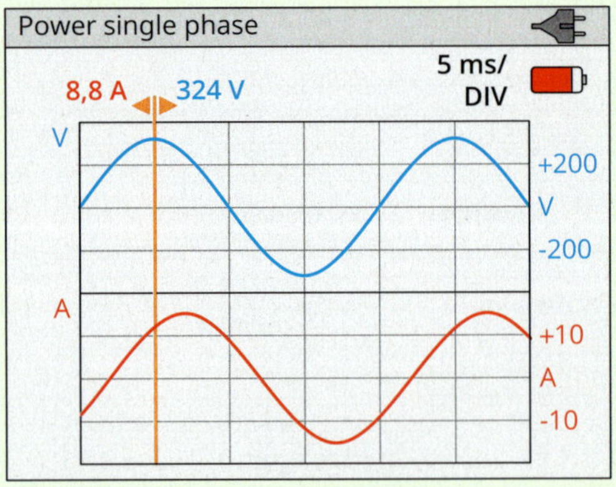

Abb. 3: Messung mit einer Netzstromzange

6.6.5 Kapazitiver Blindwiderstand und Wirkwiderstand in Parallelschaltung

In einer Parallelschaltung aus Wirkwiderstand R und kapazitivem Blindwiderstand X_C liegt an jedem Bauteil die Spannung U an. Die Teilstromstärken addieren sich geometrisch zu einer Gesamtstromstärke I.

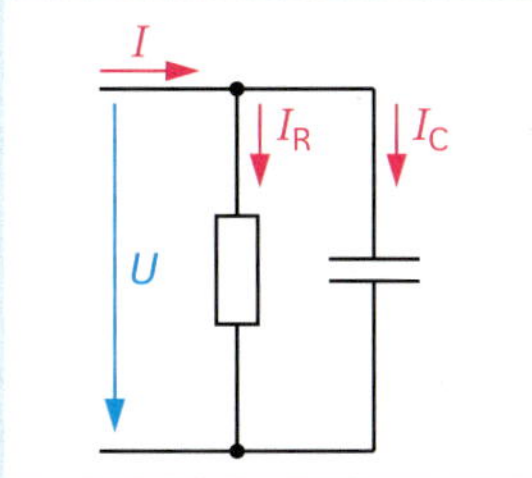

Z:	Scheinwiderstand, Impedanz	$[Z] = \Omega$
X_C:	kapazitiver Blindwiderstand	$[X_C] = \Omega$
Y:	Scheinleitwert	$[Y] = S$
G:	Wirkleitwert	$[G] = S$
B_C:	kapazitiver Blindleitwert	$[B_C] = S$
$\cos\varphi$:	(Wirk-) Leistungsfaktor	
φ:	Phasenverschiebungswinkel	
S:	Scheinleistung	$[S] = VA$
Q_C:	kapazitive Blindleistung	$[Q_C] = var$

Stromdreieck:

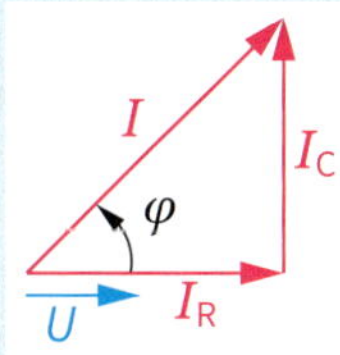

Leitwertdreieck:

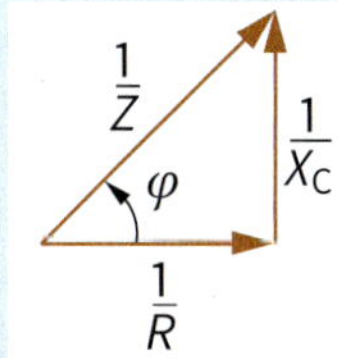

Leistungsdreieck:

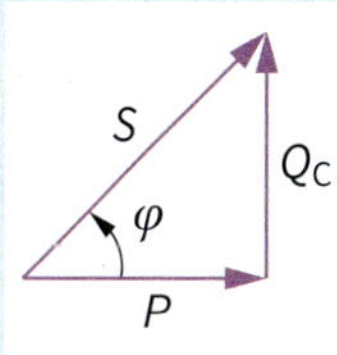

Stromdreieck	Leitwertdreieck	Leistungsdreieck
$I = \sqrt{I_R^2 + I_C^2}$	$\frac{1}{Z} = \sqrt{\frac{1}{R^2} + \frac{1}{X_C^2}}$	$S = \sqrt{P^2 + Q_C^2}$
$I_R = I \cdot \cos\varphi$	$Z = R \cdot \cos\varphi$	$S = U \cdot I$
$I_C = I \cdot \sin\varphi$	$Z = X_C \cdot \cos\varphi$	$P = S \cdot \cos\varphi$
$I = \frac{U}{Z}$		$Q_C = S \cdot \sin\varphi$
$I_R = \frac{U}{R}$	$Y = \frac{1}{Z}$ $G = \frac{1}{R}$	$B_C = \frac{1}{X_C}$
$I_C = \frac{U}{X_C}$	$Y = \sqrt{G^2 + B_C^2}$	

Beispiel

Ein Kondensator mit der Kapazität $C = 47\ \mu F$ liegt mit einem parallel geschalteten ohmschen Widerstand $R = 90\ \Omega$ an einer Spannung $U = 10\ V/f = 50\ Hz$. Berechnen Sie a) die Impedanz Z, b) die Stromstärke I_C im Kondensator, c) den Phasenverschiebungswinkel φ und d) die Wirkleistung P.

Geg.: $C = 470\ \mu F$; $R = 90\ \Omega$; $U = 10\ V$; $f = 50\ Hz$
Ges.: a) Z; b) I_C; c) $\cos\varphi$; d) P

a) $X_C = \frac{1}{2 \cdot \pi \cdot f \cdot C}$ $X_C = \frac{1}{2 \cdot \pi \cdot 50\ Hz \cdot 47 \cdot 10^{-6}\ \mu F}$

$\underline{X_C = 68\ \Omega}$

$\frac{1}{Z} = \sqrt{\frac{1}{R^2} + \frac{1}{X_C^2}}$; $\frac{1}{Z} = \sqrt{\left(\frac{1}{90\ \Omega}\right)^2 + \left(\frac{1}{68\ \Omega}\right)^2}$;

$\frac{1}{Z} = 0{,}018\ S$ $\underline{\underline{Z = 54\ \Omega}}$

b) $I_C = \frac{U}{X_C}$ $I_C = \frac{10\ V}{68\ \Omega}$

$\underline{\underline{I_C = 0{,}15\ A}}$

c) $\cos\varphi = \frac{Z}{R}$ $\cos\varphi = \frac{54\ \Omega}{90\ \Omega}$

$\cos\varphi = 0{,}60$ $\underline{\underline{\cos\varphi = 53°}}$

d) $P = \frac{U^2}{R}$ $P = \frac{(10\ V)^2}{90\ \Omega}$

$\underline{\underline{P = 1{,}1\ W}}$

Aufgaben

1. In einer Parallelschaltung aus Kondensator und Widerstand fließt ein Strom der Stärke $I = 650\ mA$ mit einem Wirkstromanteil von $I_R = 300\ mA$. Zeichnen Sie das Stromdreieck in richtiger Phasenlage und beschriften Sie das Dreieck mit den fehlenden elektrischen Größen (1 cm ≙ 100 mA).

2. Ein Kondensator liegt parallel zu einem 180-Ω-Wirkwiderstand. Der Phasenverschiebungswinkel beträgt 42°.
a) Zeichnen Sie das Leitwertdreieck der Schaltung.
b) Geben Sie die Impedanz Z an.

3. An electronic LED driver (power supply) with a nominal power of $P = 25\ W$ contains a parallel connected capacitor $C = 1{,}27\ \mu F$. The lamp is constructed to be used in the European grid (230 V/50 Hz). Calculate
a) the active current I_R,
b) the power factor $\cos\varphi$ and
c) the apparent power S.

4. Eine Parallelschaltung aus einem 680-nF-Kondensator und einem 160-Ω-Wirkwiderstand liegen an der Spannung $U = 12\ V/f = 500\ Hz$. Bestimmen Sie
a) den kapazitiven Blindwiderstand X_C,
b) die Impedanz Z,
c) den Wirkleistungsfaktor $\cos\varphi$,
d) die Stromstärke I,
e) die Blindstromstärke I_C und
f) den Wirkstrom I_R.

5. Ein 240-nF-Kondensator wird mit einem 8,2-kΩ-Widerstand parallel an 3,0 V/50 Hz betrieben. Berechnen Sie

a) die Impedanz Z,
b) die Stromstärke I,
c) den Leistungsfaktor $\cos \varphi$,
d) die kapazitive Blindstromstärke I_C,
e) die Blindleistung Q_C und
f) die Scheinleistung S.

6. In einer Versuchsschaltung (Abb. 1) sind nur die abgebildeten Werte und die Frequenz $f = 20$ kHz bekannt. Vor dem Aufbau sind die fehlenden Größen zu berechnen. Wie groß sind

a) die Blindstromstärke I_C,
b) die Stromstärke I,
c) der Leistungsfaktor $\cos \varphi$,
d) die Wirkleistung P,
e) die Blindleistung Q_C und
f) die Scheinleistung S?

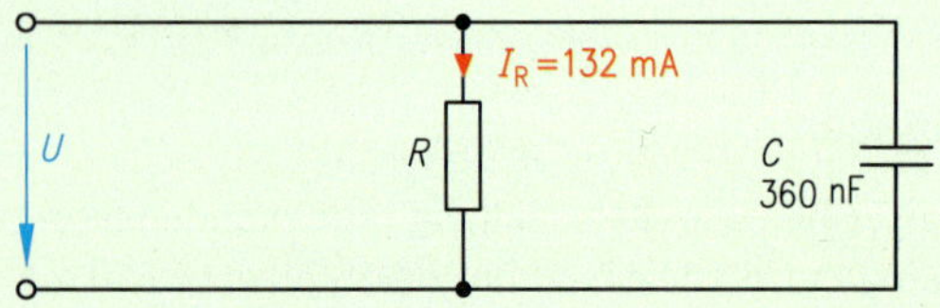

Abb. 1: *R-C*-Parallelschaltung

7. Ein Folienkondensator (Abb. 2) wird an einem Funktionsgenerator mit einer sinusförmigen Spannung $U = 6{,}0$ V und einer Frequenz $f = 100$ kHz betrieben. Der Kondensator soll zusammen mit einem ohmschen Widerstand in Parallelschaltung angeschlossen werden. Die beiden Bauteile müssen so dimensioniert werden, dass ein Leistungsfaktor $\cos \varphi = 0{,}35$ erreicht wird. Berechnen Sie

a) den kapazitiven Blindwiderstand Xc des Kondensators,
b) den Wirkwiderstand R,
c) die Impedanz Z der Versuchsschaltung,
d) den kapazitiven Blindstrom I_C,
e) den Wirkstrom I_R,
f) die Gesamtstromstärke I,
g) die Scheinleistung S und
h) die kapazitive Blindleistung Q_C.

Abb. 2: Folienkondensator

8. Ein Audioverstärker (Abb. 3) hat eine Bemessungsleistung von 350 W. Als Eingangsfilter gegen hochfrequente Störspannungen von 4,0 kHz wird ein Kondensator parallelgeschaltet. Der kapazitive Blindwiderstand soll für die Störungsspannung 5 Ω betragen. Berechnen Sie

a) die benötigte Kapazität des Kondensators,
b) den Scheinwiderstand der Schaltung im Regelbetrieb,
c) den Leistungsfaktor im Regelbetrieb und
d) die Scheinleistung.
e) Welche Stromstärke fließt bei Netzfrequenz über den Kondensator?

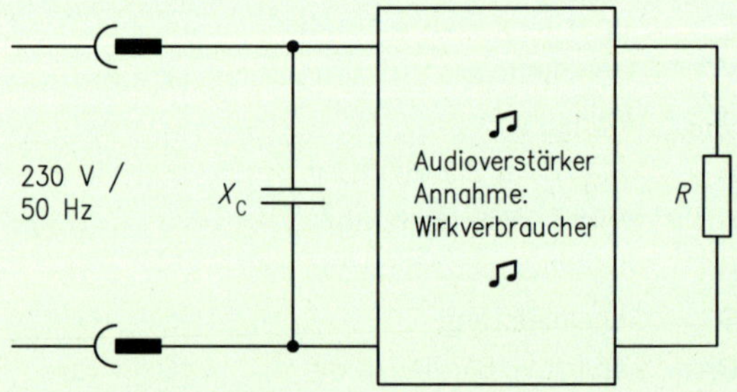

Abb. 3: Entstörkondensator

9. Ein Netzanalysegerät zeigt die in Abb. 4 dargestellten Werte an einer Parallelschaltung an. Berechnen Sie

a) den Phasenveschiebungswinkel,
b) die Wirkleistung,
c) die Blindleistung,
d) den Blindstrom,
e) die Impedanz und
f) den kapazitiven Blindwiderstand.
g) Welchen Wert muss ein weiterer paralleler Kondensator besitzen, damit der Leistungsfaktor 0,6 beträgt?

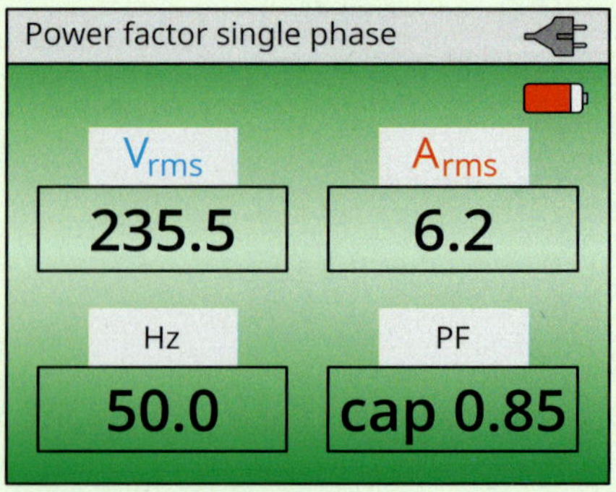

Abb. 4: Display Netzanalysegerät

6.6.6 Wirkwiderstand, kapazitiver und induktiver Blindwiderstand in Parallelschaltung

In einer Parallelschaltung aus Wirkwiderstand R, kapazitivem Blindwiderstand X_C und induktivem Blindwiderstand X_L ist die Spannung U an jedem Bauteil gleich. Die Blindströme der Spule und des Kondensators wirken einander entgegen.

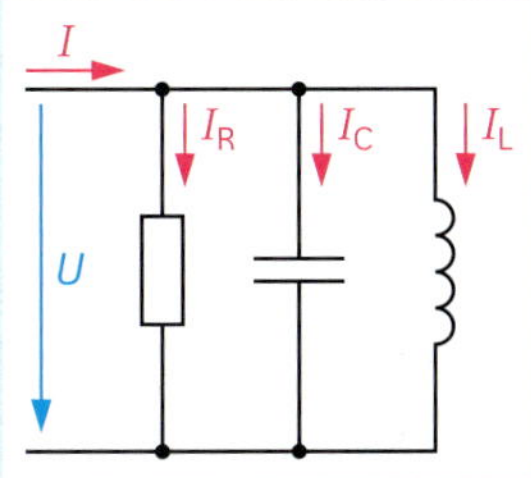

Stromdreieck: Leitwertdreieck: Leistungsdreieck:

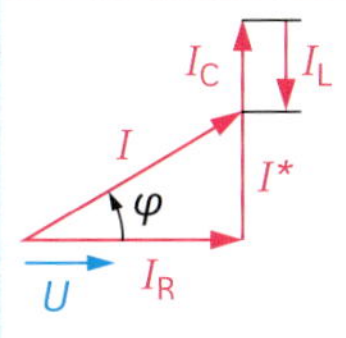

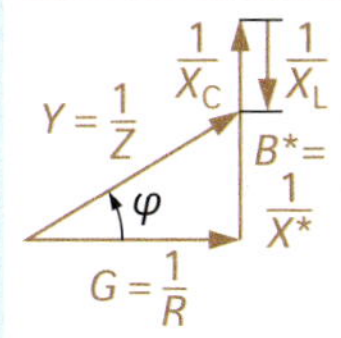

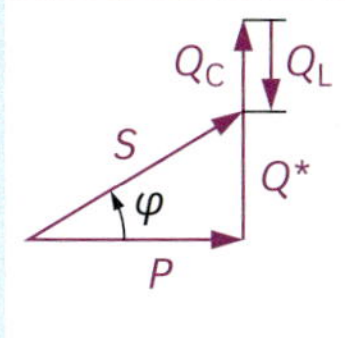

Stromdreieck	Leitwertdreieck	Leistungsdreieck
$I^* = I_C - I_L$	$Y=\frac{1}{Z}$ $G=\frac{1}{R}$ $B^*=\frac{1}{X^*}$	$Q^* = Q_C - Q_L$
$I=\sqrt{I_R^2+I^{*2}}$	$\frac{1}{X^*}=\frac{1}{X_C}-\frac{1}{X_L}$	$S=\sqrt{P^2+Q^{*2}}$
$I=\frac{U}{Z}$	$\frac{1}{Z}=\sqrt{\left(\frac{1}{R}\right)^2+\left(\frac{1}{X^*}\right)^2}$	$S=U\cdot I$
$I_R=I\cdot\cos\varphi$		$P=S\cdot\cos\varphi$
$I^*=I\cdot\sin\varphi$	$Y=\sqrt{G^2+B^{*2}}$	$Q^*=S\cdot\sin\varphi$

Y:	Scheinleitwert	$[Y]$ = S
G:	Wirkleitwert	$[G]$ = S
B^*:	Blindleitwert	$[B^*]$ = S
Q^*:	resultierende Blindleistung	$[Q^*]$ = var
I^*:	resultierender Blindstrom	$[I^*]$ = A

Beispiel

Eine Parallelschaltung aus einem Widerstand $R = 470\ \Omega$, einer Spule mit $X_L = 766\ \Omega$ und einem Kondensator mit $X_C = 284\ \Omega$ liegt an einer Spannung $U = 24$ V. Berechnen Sie a) den Scheinwiderstand Z, b) den Wirkleistungsfaktor cos φ und c) die Scheinleistung S der Schaltung.

Geg.: $U = 24$ V; $R = 470\ \Omega$; $X_L = 766\ \Omega$; $X_C = 284\ \Omega$
Ges.: a) Z; b) cos φ; c) S

a) $\frac{1}{X^*}=\frac{1}{X_C}-\frac{1}{X_L}$; $\frac{1}{X^*}=\frac{1}{284\ \Omega}-\frac{1}{766\ \Omega}$; $\frac{1}{X^*}=2{,}21$ mS;
$\underline{X^* = 451\ \Omega}$

$\frac{1}{Z}=\sqrt{\left(\frac{1}{R}\right)^2+\left(\frac{1}{X^*}\right)^2}$; $\frac{1}{Z}=\sqrt{\left(\frac{1}{470\ \Omega}\right)^2+\left(\frac{1}{451\ \Omega}\right)^2}$;

$\underline{\underline{Z = 325\ \Omega}}$

b) $\cos\varphi=\frac{\frac{1}{R}}{\frac{1}{Z}}$; $\cos\varphi=\frac{Z}{R}$; $\cos\varphi=\frac{325\ \Omega}{470\ \Omega}$; $\underline{\underline{\cos\varphi=0{,}69}}$

c) $I=U/Z$; $I=\frac{24\ \text{V}}{325\ \Omega}$; $\underline{I=73{,}8\ \text{mA}}$

$S=U\cdot I$; $S=24\ \text{V}\cdot 73{,}8\ \text{mA}$; $\underline{\underline{S=1{,}77\ \text{VA}}}$

Aufgaben

1. Eine Spule mit der Induktivität $L = 220$ mH wird parallel zu einem Widerstand von 56 Ω angeschlossen. Die Schaltung wird über 12 V/50 Hz betrieben. Berechnen Sie
a) den Gesamtwiderstand Z der Schaltung,
b) den Gesamtstrom I sowie
c) die Teilströme I_R und I_L durch die einzelnen Bauteile.
d) Zeichnen Sie das Stromdreieck dieser Schaltung (Maßstab: 0,1 A ≙ 2 cm).

2. Eine Parallelschaltung aus einem Wirkwiderstand $R = 2{,}2$ kΩ, einem kapazitivem Blindwiderstand $X_C = 5$ kΩ und einem induktiven Blindwiderstand $X_L = 10$ kΩ ist an eine Spannung $U = 5$ V angeschlossen.
Bestimmen Sie
a) den resultierenden Blindleitwert B^*,
b) den Scheinleitwert Y,
c) den Scheinwiderstand Z,
d) den Wirkleistungsfaktor cos φ,
e) die Stromstärke I_R durch den Wirkwiderstand,
f) die Stromstärke I_C durch den Kondensator,
g) die Stromstärke I_L durch die Spule sowie
h) den Gesamtstrom I.
i) Zeichnen Sie das Stromdreieck für diese Schaltung (Maßstab: 1 mA ≙ 2 cm).

3. A three-branch parallel circuit with $R = 130\ \Omega$, $X_C = 90\ \Omega$ and $X_L = 45\ \Omega$ is connected to $U = 24$ V. Determine a) the reactive current I^*, and b) the apparent current I. c) Draw the current triangle (scale: 100 mA ≙ 1 cm).

4. Eine Spannungsquelle ($U = 120$ V/60 Hz) versorgt eine Wirklast mit 1,4 kW. Parallel dazu sind ein induktiver Blindwiderstand $X_L = 12\ \Omega$ und ein kapazitiver Blindwiderstand $X_C = 24\ \Omega$ geschaltet.
Berechnen Sie
a) die kapazitive Blindleistung Q_C,
b) die induktive Blindleistung Q_L,
c) die resultierende Blindleistung Q^*,
d) die Scheinleistung S der Schaltung und
e) den Wirkleistungsfaktor cos φ.
f) Zeichnen Sie das Leistungsdreieck der Schaltung (Maßstab: 200 VA = 1 cm).

5. Gegeben ist die Parallelschaltung in Abb. 1.

a) Bestimmen Sie die Leitwerte aller Bauteile sowie den resultierenden Blindleiwert B^*.

b) Zeichnen Sie das Leitwertdreieck (Maßstab: 10 mS ≙ 1 cm).

c) Berechnen Sie die Ströme I_R; I_C; I_L; I^* und I.

d) Berechnen Sie die Wirkleistung P sowie die resultierende Blindleistung Q^*.

e) Bestimmen Sie den Wert der Scheinleistung S mit Hilfe des Leistungsdreiecks (Maßstab: 20 VA ≙ 1 cm).

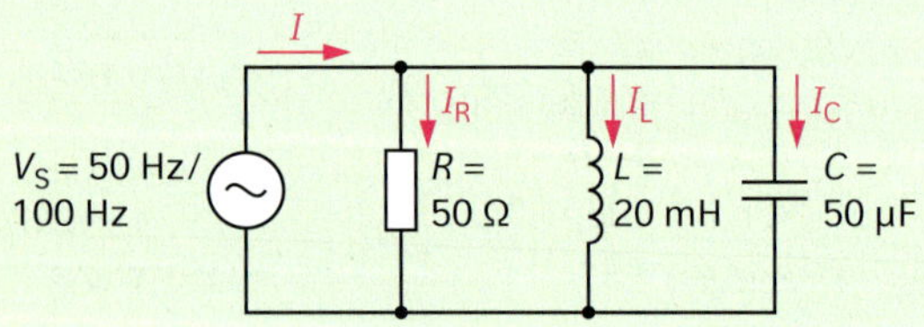

Abb. 1: *R-L-C*-Parallelschaltung

6. Zu einem Wirkwiderstand $R = 82\ \Omega$ wird eine Kapazität parallel geschaltet. Bei Anschluss an $U = 50$ V mit $f = 200$ Hz fließt ein Strom der Stärke 1,6 A. Berechnen Sie die Kapazität des Kondensators.

7. In Abb. 2 sind die Stromdreiecke zweier *R-L-C*-Parallelschaltungen abgebildet. Bestimmen Sie mithilfe der beiden Diagramme die Größen a) I^*, b) I und c) φ. d) Berechnen Sie die Widerstandswerte sowie die Leitwerte der drei Bauelemente. e) Zeichnen Sie die Leitwertdreiecke dieser beiden Schaltungen (Maßstab: 0,2 S ≙ 1 cm).

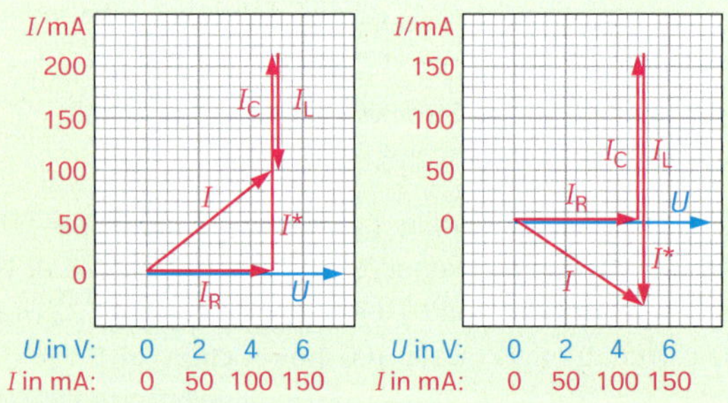

Abb. 2: Stromdreiecke von *R-L-C*-Parallelschaltungen

8. Berechnen Sie für die in Abb. 2 dargestellten Diagramme a) die Wirkleistung, b) die kapazitive Blindleistung, c) die induktive Blindleistung, d) die resultierende Blindleistung und e) die Scheinleistung. f) Zeichnen Sie die beiden Leistungsdreiecke (Maßstab: 20 VA ≙ 1 cm).

9. Eine Parallelschaltung aus $C = 20\ \mu$F und $L = 350$ mH wird über einen Frequenzgenerator gespeist. Für welche Frequenz haben die beiden Leitwerte den gleichen Wert (Resonanzfall)?

10. Eine Parallelschaltung aus $R = 220\ \Omega$, $L = 0{,}11$ H und einer Kapazität C wird an $U = 60$ V/50 Hz betrieben. Bei dieser Frequenz befindet sich die Schaltung in Resonanz ($X_L = X_C$).

a) Berechnen Sie den Wert der Kapazität C.

b) Um welchen Faktor ist der Blindstrom, der zwischen L und C pendelt, größer als der Gesamtstrom der Schaltung?

11. Ein ohmscher Widerstand liegt parallel zu einer Kapazität ($C_1 = 10\ \mu$F) und einer Induktivität ($L_1 = 400$ mH). Die Schaltung ist an 230 V/50 Hz angeschlossen und nimmt einen Strom der Stärke 1,3 A auf.

a) Berechnen Sie den Wert des ohmschen Widerstands.

b) Die Schaltung wird nun um einen Kondensator $C_2 = 47\ \mu$F sowie eine Spule $L_2 = 200$ mH parallel erweitert. Berechnen Sie den sich daraufhin einstellenden Wert des Gesamtstroms.

c) Zeichnen Sie das Leitwertdreieck für diese Schaltung. Wählen Sie hierfür einen geeigneten Maßstab.

12. Der Funktionsgenerator aus Abb. 3 gibt eine sinusförmige Spannung $U = 3$ V aus. Berechnen Sie die Ströme in der Zuleitung für die Frequenzwerte
a) 100 Hz, b) 1 kHz und c) 10 kHz.

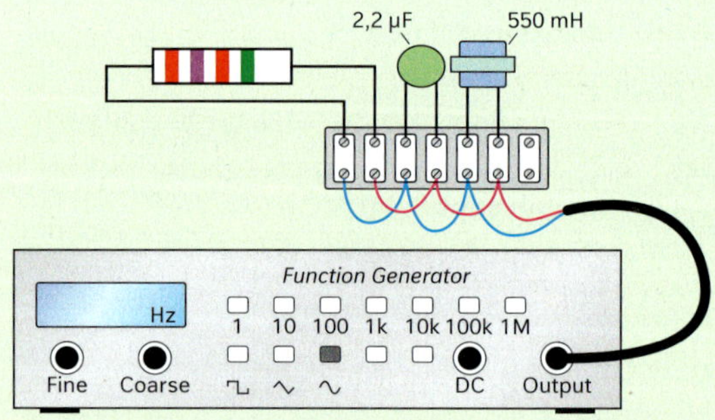

Abb. 3: Funktionsgenerator

13. An einer *R-L-C*-Parallelschaltung (Abb. 4) werden folgende Messwerte erfasst: $P = 26$ W, $Q^* = 14$ var, $I_L = 1{,}49$ A. Berechnen Sie a) S, b) I_C, c) I^*, d) I, e) Q_C, f) Q_L, g) R und h) L.

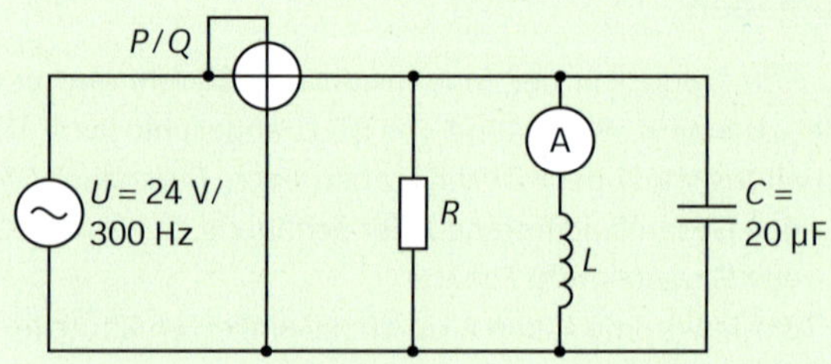

Abb. 4: *R-L-C*-Parallelschaltung

6.7 Leistungen im Wechselstromkreis

Die gesamte Leistung eines Wechselstromkreises wird als Scheinleistung bezeichnet. Sie setzt sich aus Wirkleistungs- und Blindleistungsanteilen zusammen. Induktive und kapazitive Bestandteile wirken einander entgegen.

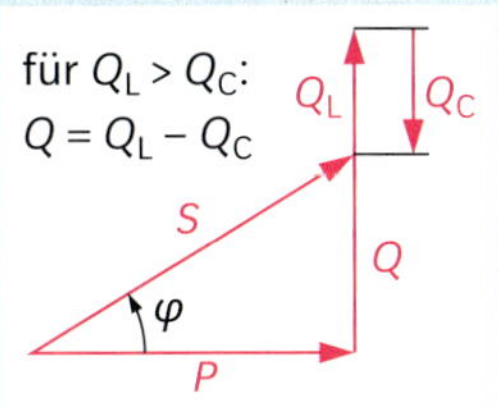

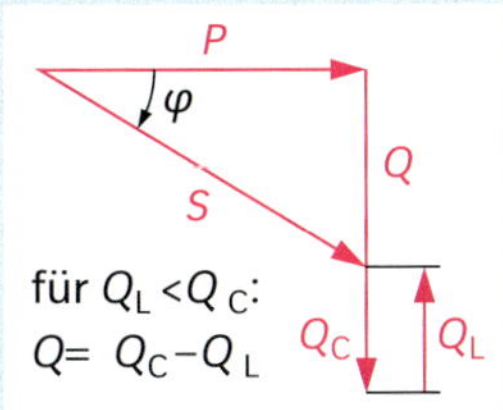

$S = \sqrt{P^2 + Q^2}$	$P = \sqrt{S^2 - Q^2}$	$Q = \sqrt{S^2 - P^2}$
$S = U \cdot I$	$P = S \cdot \cos\varphi$	$Q = S \cdot \sin\varphi$

Beispiel

Die Wirkleistung einer Schaltung an Wechselspannung ($U = 24$ V, $f = 200$ Hz) beträgt $P = 12$ W, die Blindleistungen liegen bei $Q_L = 27$ var und $Q_C = 21$ var. Welche Werte besitzen a) die Scheinleistung S, b) die Stromstärke I und c) der Phasenverschiebungswinkel φ? d) Zeichnen Sie das dazugehörige Zeigerdiagramm (Maßstab: 5 VA ≙ 1 cm).

Geg.: $U = 24$ V; $f = 200$ Hz; $P = 12$ W; $Q_L = 27$ var
$Q_C = 21$ var

Ges.: a) S; b) I; c) φ; d) Zeigerdiagramm

a) $Q = Q_L - Q_C$
$Q = 27\text{ var} - 21\text{ var}$
$\underline{Q = 6\text{ var}}$
$S = \sqrt{P^2 + Q^2}$
$S = \sqrt{(12\text{ W})^2 + (6\text{ var})^2}$
$\underline{\underline{S = 13{,}4\text{ VA}}}$

b) $I = \frac{S}{U}$; $I = \frac{13{,}4\text{ VA}}{24\text{ V}}$
$\underline{\underline{I = 0{,}56\text{ A}}}$

c) $\cos\varphi = \frac{P}{S}$; $\cos\varphi = \frac{12\text{ W}}{13{,}4\text{ VA}}$
$\cos\varphi = 0{,}896 \rightarrow \underline{\underline{\varphi = 26°}}$

d)

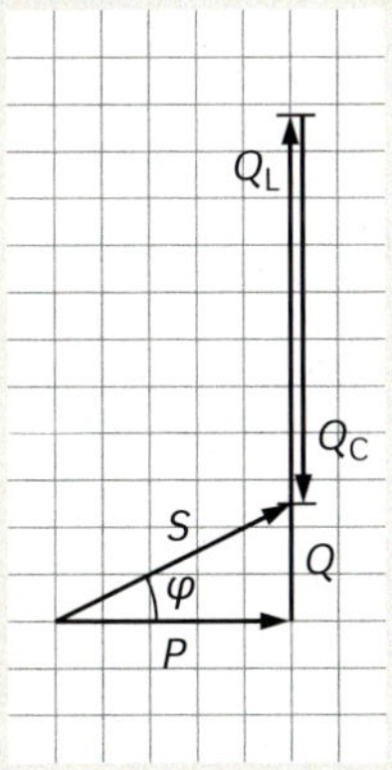

Aufgaben

1. Von einer Wechselstromschaltung sind folgende Größen bekannt: Spannung $U = 230$ V/50 Hz, Wirkleistung $P = 440$ W, kapazitive Blindleistung $Q_C = 580$ var und induktive Blindleistung $Q_L = 320$ var. Berechnen Sie a) die Scheinleistung S, b) die Stromstärke I und c) den Phasenwinkel φ. d) Überprüfen Sie Ihre Ergebnisse zeichnerisch (Maßstab: 1 cm ≙ 50 VA).

2. Ein ohmscher Widerstand $R = 220\ \Omega$, ein Kondensator $C = 6{,}3\ \mu$F und eine Spule $L = 180$ mH liegen parallel an einer Spannung $U = 12$ V/100 Hz. Wie groß sind
a) die Wirkleistung P, b) die gesamte Blindleistung Q und c) die Scheinleistung S? Berechnen Sie zudem d) den Phasenverschiebungswinkel φ und e) die Gesamtstromstärke I.

3. Berechnen Sie für die nebenstehende Schaltung folgende Werte: a) die Stromstärke I, b) die Wirkleistung P, c) die Gesamtblindleistung Q, d) die Scheinleistung S und e) den Phasenwinkel φ.

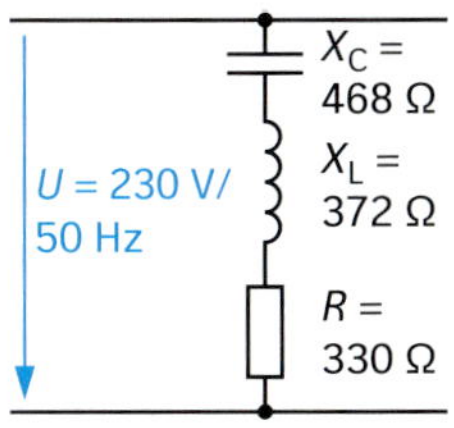

4. Calculate the following six values for the circuit on the right: a) the active power P, b) the capacitive reactive power Q_C, c) the inductive reactive power Q_L, d) the total reactive power Q, e) the apparent power S and f) the phase angle φ.

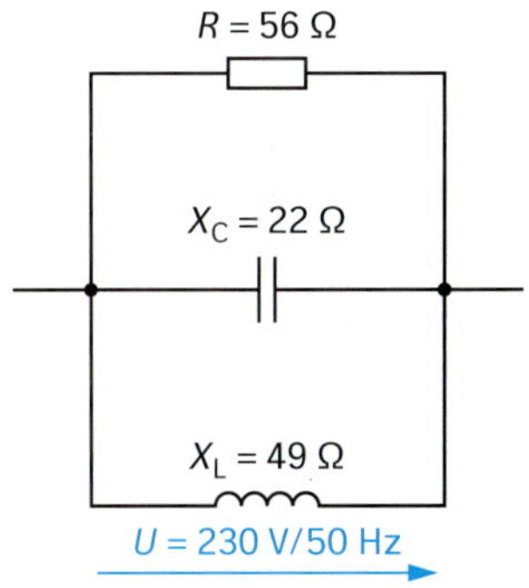

5. An einem Festspannungsnetzteil (42 V/100 Hz) liegt eine Schaltung mit ohmschen, induktiven und kapazitiven Lasten (Abb. 5). Die Kapazität beträgt 36 µF. Ermitteln Sie rechnerisch a) die Gesamtstromstärke, b) den Phasenverschiebungswinkel, c) die kapazitive Blindleistung sowie d) die induktive Blindleistung.

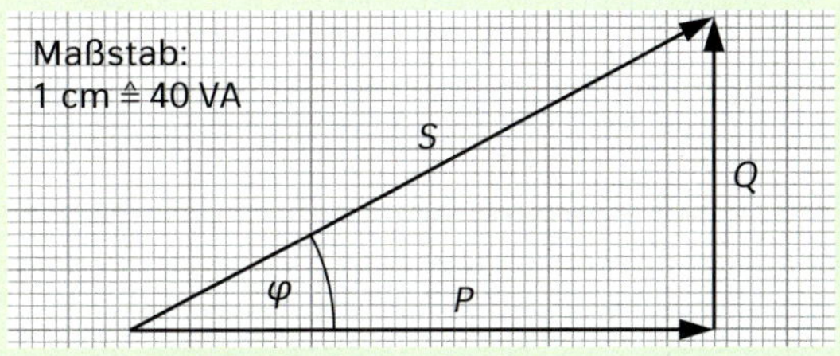

Abb. 5: Leistungsdreieck

6. Eine reale Spule ($L = 220$ mH; $R = 13\ \Omega$) liegt mit einem Kondensator $C = 4{,}7\ \mu$F in Reihe an einer Wechselspannung mit $f = 500$ Hz. Die Stromstärke beträgt 620 mA. Berechnen Sie

a) die Scheinleistung und
b) den Phasenverschiebungswinkel.

7. Ein Universalmotor wird im Wechselstromnetz betrieben. Ermitteln Sie mithilfe der Angaben auf dem Leistungsschild in Abb. 1: a) *S* und b) *Q*.

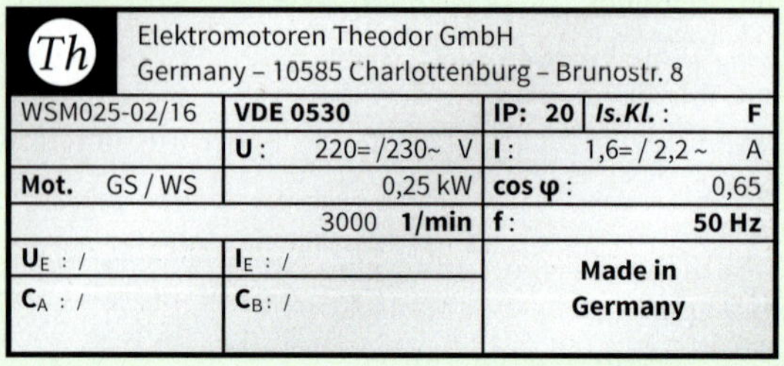

Abb. 1: Leistungsschild eines Universalmotors

8. Im Rahmen einer Netzanalyse zeigt ein Smart-Meter den in Abb. 2 dargestellten Spannungs- und Stromverlauf. Ermitteln Sie a) die Scheinleistung, b) den Phasenverschiebungswinkel und c) die Wirkleistung. d) Zeichnen Sie das Leistungsdreieck (Maßstab: 1 cm ≙ 200 VA).

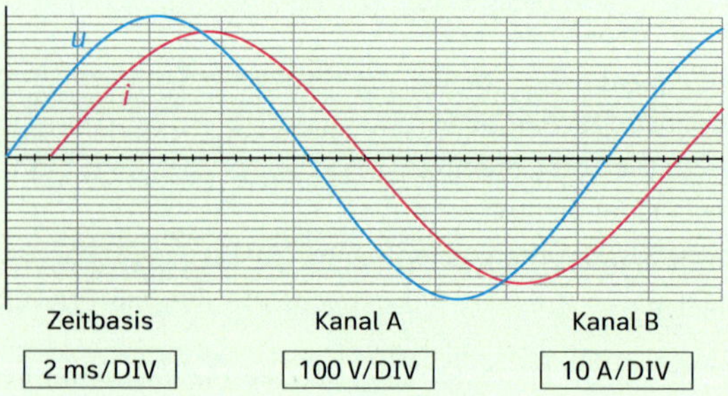

Abb. 2: Netzanalyse

9. An einer unbekannten Schaltung (Abb. 3) wird mithilfe eines Wattmeters die Leistung $P = 14{,}4$ W gemessen. Das Amperemeter zeigt den Strom $I = 244$ mA an.
Wie hoch sind
a) die Scheinleistung und
b) die Blindleistung?
c) Geben Sie den Phasenverschiebungswinkel an.

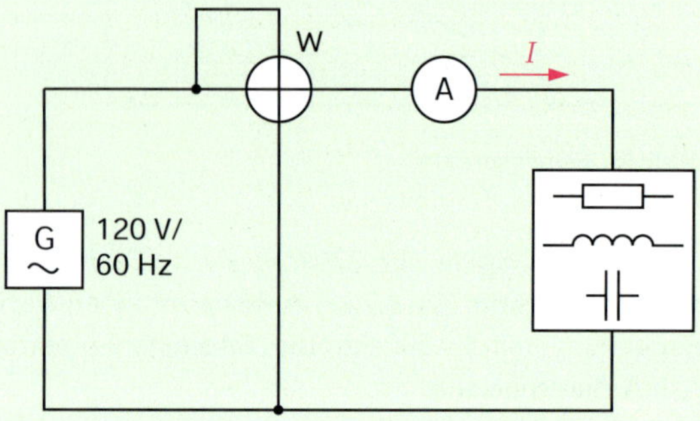

Abb. 3: Leistungsmessung an unbekannter Schaltung

10. Eine Reihenschaltung aus einem Wirkwiderstand mit 470 Ω, einer Induktivität mit 33 mH und einer unbekannten Kapazität liegen an einer Spannung von 5 V. Bei einer Frequenz von 2 kHz stellt sich der Resonanzfall ($X_L = X_C$) ein. Berechnen Sie a) die Kapazität *C*, b) die Blindleistungen Q_L, Q_C und *Q*, c) die Schein- sowie d) die Wirkleistung.

11. Eine *R*-*L*-*C*-Reihenschaltung (Abb. 4) wird von einer Spannungsquelle mit veränderbarer Frequenz versorgt.
a) Vervollständigen Sie die Tabelle:

f/Hz	150	200	250	300	350
Q/mvar					
P/mW					
S/mVA					
cos *φ*					

b) Zeichnen Sie das *S*-*f*-Diagramm zur Darstellung der Abhängigkeit der Scheinleistung von der Frequenz (Maßstab: 1 cm ≙ 1 VA).

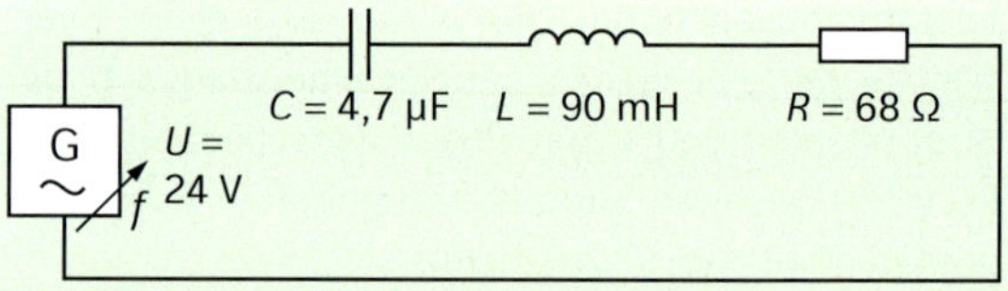

Abb. 4: Reihenschaltung an Frequenzgenerator

12. Eine Drehstromfreileitung (110 kV/50 Hz) mit einer Länge von 120 km überträgt eine symmetrisch verteilte Leistung von 130 MVA von Punkt A nach Punkt B. Die aufgeführten Betriebsdaten (Abb. 5) geben die Werte eines einzelnen Strom führenden Leiters pro Kilometer an. Die Umgebungstemperatur beträgt 20 °C.
a) Welche Stromstärke fließt in den Leitern?
b) Berechnen Sie die Wirkleistungsverluste *P*.
c) Welche kapazitiven und induktiven Beläge X_C und X_L besitzt die Leitung?
d) Geben Sie die Blindleistungsverluste *Q* an.
e) Berechnen Sie die prozentualen Scheinleistungsverluste der Übertragung.

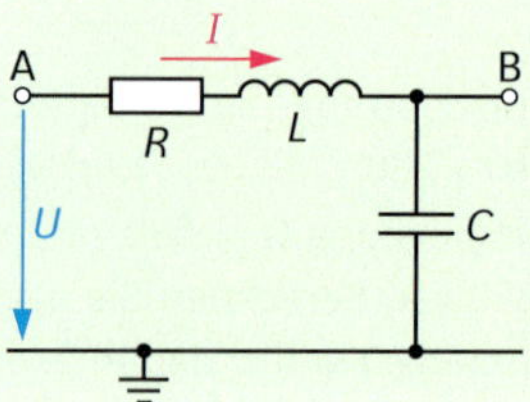

Parameter	Freileitung Al/St 265/35
R'_{20}	109 mΩ/km
R'_{40}	118 mΩ/km
X'	0,381 Ω/km
C'	9,4 nF/km

Abb. 5: Ersatzschaltbild und Betriebsdaten einer Freileitung

6.8 Drehstrom

6.8.1 Sternschaltung

6.8.1.1 Symmetrische Belastung

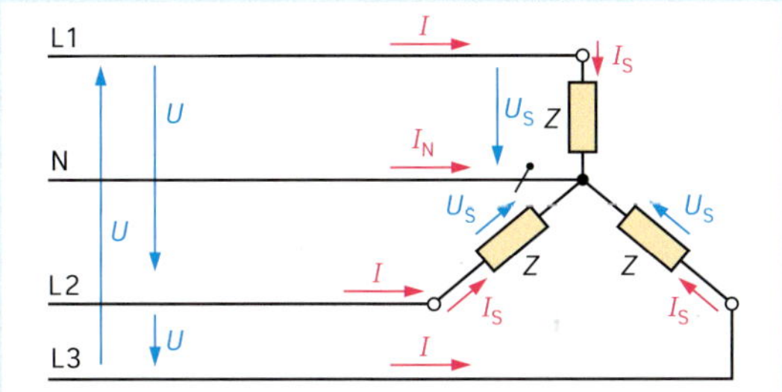

In einer symmetrisch belasteten Sternschaltung fließen in allen Zuleitungen (Außenleitern) und allen Verbrauchern (Strängen) gleich große Ströme. Im Neutralleiter (Mittelpunktleiter) fließt kein Strom.

$I = I_S$ $\qquad$ $I_N = 0\ \text{A}$

Die Spannung an einem Strang ist um den Verkettungsfaktor $\sqrt{3}$ niedriger als die Leiterspannung.

$U = \sqrt{3} \cdot U_S$

Die Gesamtleistung eines Drehstromverbrauchers errechnet sich aus der Summe der einzelnen Strangleistungen.

$S = 3 \cdot U_S \cdot I_S$ $\qquad$ $P = \sqrt{3} \cdot U \cdot I \cdot \cos\varphi$

$S = \sqrt{3} \cdot U \cdot I$ $\qquad$ $Q = \sqrt{3} \cdot U \cdot I \cdot \sin\varphi$

I:	Stromstärke im Außenleiter	$[I]$ = A
I_S:	Stromstärke im Strang	$[I_S]$ = A
I_N:	Stromstärke im Neutralleiter	$[I_N]$ = A
U:	Außenleiterspannung	$[U]$ = V
U_S:	Strangspannung	$[U_S]$ = V

Beispiel

Drei gleich große ohmsche Widerstände ($R = 120\ \Omega$, $\cos\varphi = 1$) liegen in Sternschaltung an einem 400-V-Drehstromnetz. Berechnen Sie a) die Strangspannung, b) den Strangstrom, c) den Leiterstrom sowie d) die Gesamtwirkleistung der Schaltung.

Geg.: $R = 120\ \Omega$; $\cos\varphi = 1$; $U = 400\ \text{V}$

Ges.: a) U_S; b) I_S; c) I; d) P

a) $U_S = \frac{U}{\sqrt{3}}$; $\quad U_S = \frac{400\ \text{V}}{\sqrt{3}}$; $\quad \underline{\underline{U_S = 231\ \text{V}}}$

b) $I_S = \frac{U_S}{R}$; $\quad I_S = \frac{231\ \text{V}}{120\ \Omega}$; $\quad \underline{\underline{I_S = 1{,}92\ \text{A}}}$

c) $I = I_S$ $\quad \underline{\underline{I = 1{,}92\ \text{A}}}$

d) $P = \sqrt{3} \cdot U \cdot I \cdot \cos\varphi$

$P = \sqrt{3} \cdot 400\ \text{V} \cdot 1{,}92\ \text{A} \cdot 1$; $\quad \underline{\underline{P = 1{,}33\ \text{kW}}}$

Aufgaben

1. Eine Sternschaltung aus drei gleich großen ohmschen Widerständen mit $R = 470\ \Omega$ liegt an einem 690-V-Drehstromnetz. Berechnen Sie a) die Strangspannung, b) den Strangstrom, c) den Leiterstrom sowie d) die Gesamtwirkleistung der Schaltung.

2. Im europäischen Drehstromnetz beträgt die Außenleiterspannung 400 V. Berechnen Sie für drei 1,1-kΩ-Widerstände in Sternschaltung
a) die Spannung an den Widerständen,
b) die Stromstärke in den Widerständen,
c) die Stromstärke in der Zuleitung und
d) die Leistung der Gesamtschaltung.

3. Ein Heizgerät nimmt im Sternbetrieb an 400 V eine Wirkleistung von 3,3 kW auf.
a) Wie groß ist die Leistung eines Stranges?
b) Wie hoch ist die Stromstärke in den Strängen?
c) Welchen Widerstand besitzt ein Heizstrang?

4. In einem Drehstromnetz mit 400 V wird an einer Sternschaltung in allen Außenleitern ein Strom der Stärke 8,8 A gemessen. Berechnen Sie die Strangwiderstände.

5. The power output of an electric cooker in star connection is 9 kW at 400 V. Calculate a) the line current and b) the phase element resistances.

6. Das Versorgungsnetz einer Industrieanlage arbeitet mit einer Außenleiterspannung von 15 kV. Welche Strangspannung besitzt eine Sternschaltung in diesem Netz?

7. Drei ideale Kondensatoren werden in Sternschaltung an 400 V betrieben. In den Zuleitungen fließt ein Strom der Stärke 2,8 A. Berechnen Sie
a) die Gesamtblindleistung und
b) den Blindwiderstand der Kondensatoren.

8. An den Strängen eines symmetrischen Verbrauchers in Sternschaltung werden folgende Werte gemessen: $U_S = 400\ \text{V}$, $I_S = 24\ \text{A}$, $\cos\varphi = 0{,}88$. Berechnen Sie
a) die Gesamtscheinleistung S,
b) die Gesamtwirkleistung P und
c) die Gesamtblindleistung Q des Verbrauchers.

9. Ein Drehstromnetz mit 400 V wird von einem ohmschen Verbraucher in Sternschaltung mit einer Leistung von 26 kW symmetrisch belastet. Ermitteln Sie rechnerisch:
a) die Strangleistung
b) die Stromstärke in den Strängen
c) die Strangwiderstände

10. In der Schaltung in Abb. 1 sind drei identische Spulen verbaut. Ihr Leistungsfaktor beträgt 0,67.

a) Welche Spannung liegt zwischen V1 und V2?
b) Berechnen Sie den Blindwiderstand einer Spule.
c) Welche Induktivität besitzen die Spulen?
d) Welche Gesamtscheinleistung wird umgesetzt?
e) Wie groß ist die Wirkleistung der gesamten Schaltung?

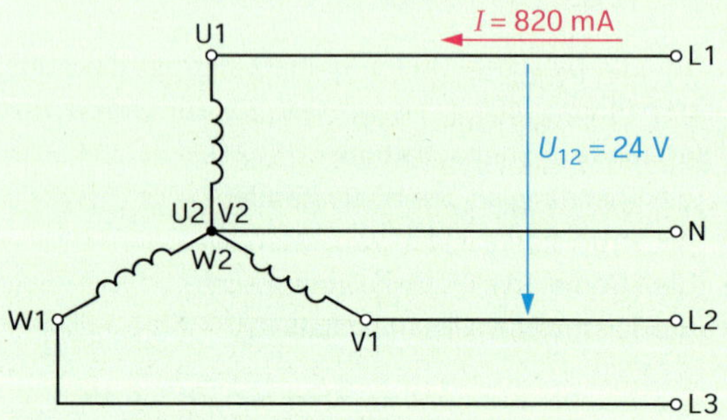

Abb. 1: Spulen in Sternschaltung

11. Die Pumpe einer geplanten Brunnenanlage wird über einen Drehstrommotor angetrieben. Dieser nimmt in Sternschaltung die Leistung $S = 28$ kVA aus dem 400-V-Netz auf. Um die Zuleitung zu dimensionieren, muss die Stromstärke im Außenleiter bestimmt werden.

12. Drei identische ideale Spulen werden im Labor sternförmig an eine Drehstromversorgung mit $U = 38$ V und $f = 50$ Hz angeschlossen. Es fließt ein Leiterstrom der Stärke $I = 1{,}68$ A. Berechnen Sie

a) die Strangreaktanz X_L sowie
b) die Induktivität L der verwendeten Spulen.

13. Eine Sternschaltung aus Kondensatoren der Kapazität $C = 63$ µF wird am europäischen Drehstromnetz betrieben. Wie hoch sind

a) die Stromstärke in den Strängen und
b) die Stromstärke in den Außenleitern?

14. An einem 690-V-Drehstromnetz wird ein Drehstrommotor mit einer mechanischen Leistung von 22 kW, einem Wirkungsgrad von 0,92 und einem Leistungsfaktor von 0,83 in Sternschaltung betrieben. Berechnen Sie a) die aufgenommene Wirkleistung, b) die Scheinleistung, c) die Außenleiterströme, d) die Strangspannung und e) die Scheinwiderstände der Strangwicklungen.

15. Abb. 2 zeigt die Spannungsverläufe einer Sternschaltung.
Bestimmen Sie

a) den Effektivwert der Wechselspannungen,
b) die Periodendauer,

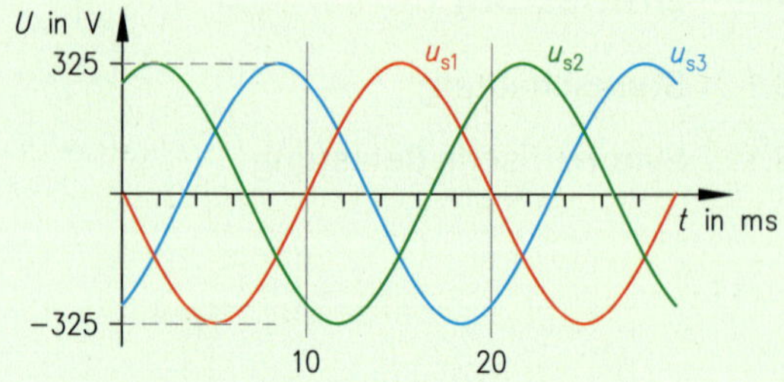

Abb. 2: Spannungsverläufe einer Sternschaltung

c) die Frequenz der einzelnen Spannungen, sowie
d) die Phasenverschiebung zwischen u_{s1} und u_{s2}.

16. Ein Drehstrommotor mit dem Leistungsschild aus Abb. 3 wird im deutschen Drehstromnetz betrieben.

a) Welche Scheinleistung nimmt der Motor aus dem Netz auf?
b) Wie hoch sind die Ströme in den Motorsträngen?
c) Welche Impedanz weisen die Stränge auf?
d) Berechnen Sie die gesamte aufgenommene Wirkleistung und
e) die Wirkleistung pro Strang.

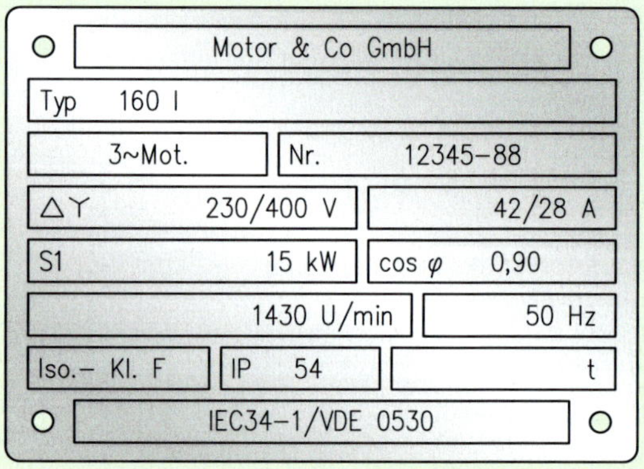

Abb. 3: Leistungsschild eines Drehstrommotors

17. Ein polumschaltbarer Motor wird in Dahlanderschaltung als Doppelstern (Abb. 4) betrieben. Bei einer Außenleiterspannung von 400 V beträgt die aufgenommene Stromstärke 9,1 A.
Berechnen Sie für einen Einzelstrang:

a) die Spannung,
b) die Stromstärke, sowie
c) die Scheinleistung.

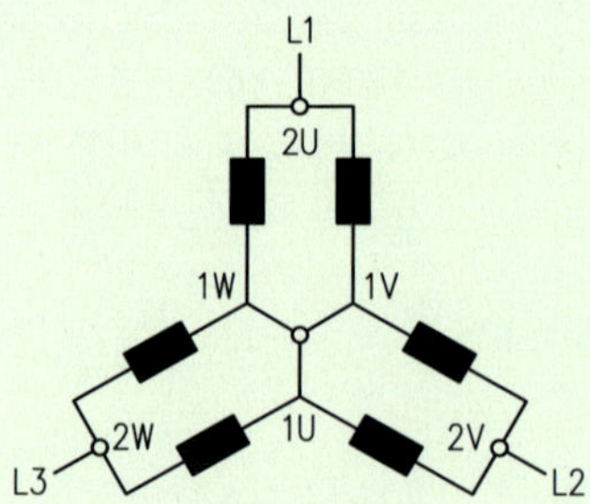

Abb. 4: Dahlanderschaltung Doppelstern

6.8.1.2 Unsymmetrische Belastung

Sind die Verbraucher in den Strängen einer Sternschaltung unterschiedlich groß, fließt im Neutralleiter (auch Mittelpunktleiter) ein Strom I_N. Bei gleichartiger Belastung gilt:

$$I_N = \sqrt{0{,}75 \cdot (I_2 - I_3)^2 + (I_1 - 0{,}5 \cdot I_2 - 0{,}5 \cdot I_3)^2}$$

Im Zeigerdiagramm lässt sich der Neutralleiterstrom durch grafische Addition der Strangströme ermitteln.

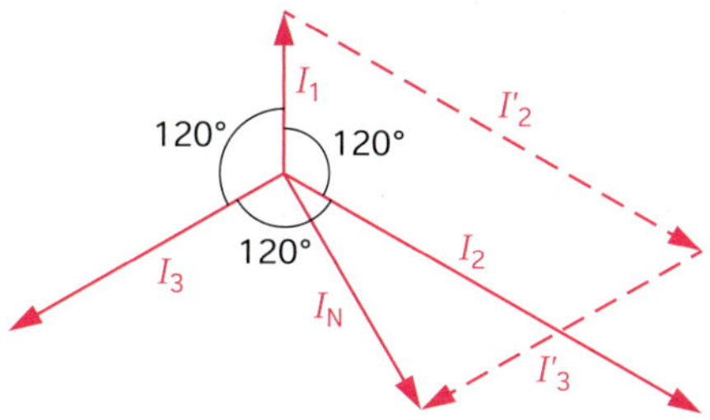

Die Gesamtleistung ergibt sich aus der Summe der Strangleistungen.

$$S = S_1 + S_2 + S_3$$

Beispiel

Die Stromstärken in den Strängen einer Sternschaltung betragen: $I_1 = 35$ mA, $I_2 = 20$ mA, $I_3 = 40$ mA. Ermitteln Sie die Stromstärke im Neutralleiter

a) rechnerisch und

b) grafisch (Maßstab: 1 cm ≙ 10 mA).

Geg.: $I_1 = 35$ mA; $I_2 = 20$ mA; $I_3 = 40$ mA
Ges.: I_N

a) $I_N = \sqrt{0{,}75 \cdot (I_2 - I_3)^2 + (I_1 - 0{,}5 \cdot I_2 - 0{,}5 \cdot I_3)^2}$

$I_N = \sqrt{0{,}75 \cdot (20\text{ mA} - 40\text{ mA})^2 + (35\text{ mA} - 0{,}5 \cdot 20\text{ mA} - 0{,}5 \cdot 40\text{ mA})^2}$

$\underline{\underline{I_N = 18{,}0\text{ mA}}}$

b)

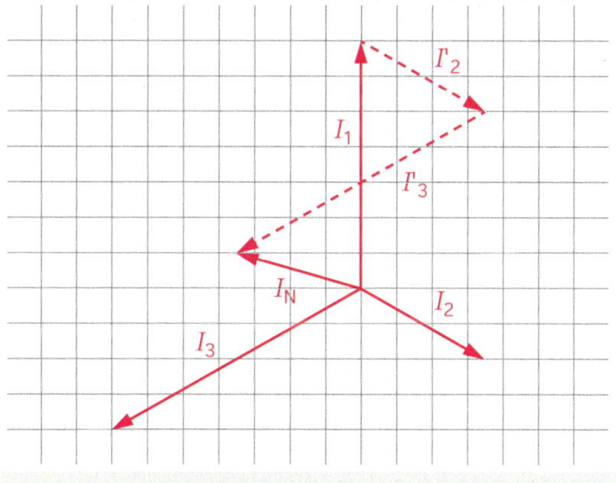

Aufgaben

1. In den Strängen einer Sternschaltung fließen die Ströme: $I_1 = 9$ A, $I_2 = 6{,}4$ A, $I_3 = 4{,}5$ A. Bestimmen Sie die Stromstärke im Neutralleiter a) rechnerisch und b) grafisch (Maßstab 1 cm ≙ 1 A).

2. Eine Sternschaltung aus den Widerständen $R_1 = 38\ \Omega$, $R_2 = 44\ \Omega$ und $R_3 = 56\ \Omega$ liegt an einem 400-V-Drehstromnetz. Berechnen Sie

a) die Strangströme I_1, I_2 und I_3,

b) die Stärke des Neutralleiterstroms I_N,

c) die Strangleistungen P_1, P_2, P_3 und

d) die Gesamtleistung P.

3. Drei Spulen ($L_1 = 0{,}8$ H, $L_2 = 2{,}2$ H, $L_3 = 1{,}5$ H) liegen in Sternschaltung an einer Dreiphasenwechselspannung mit $U = 48$ V und $f = 120$ Hz. Wie groß sind a) die Ströme in den Strängen und b) der Strom im Neutralleiter?

4. The total active power P of a star circuit within the 400 V grid ist 2.75 kW, the partial powers P_1 and P_2 are 0.96 kW each. a) How big is the partial power P_3? b) Which current flows in the neutral conductor?

5. Die Sternschaltung in Abb. 5 besteht aus drei unterschiedlich großen Kondensatoren. Berechnen Sie

a) die Blindwiderstände und

b) die Ströme in den Strängen.

c) Welche Stromstärke fließt im Neutralleiter?

d) Bestimmen Sie die in der gesamten Schaltung auftretende Blindleistung.

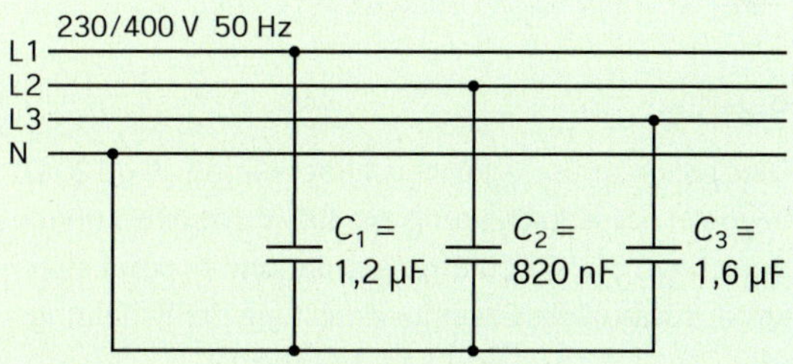

Abb. 5: Schaltung mit Kondensatoren

6. Die Beleuchtungsanlage einer kleinen Theaterbühne besteht aus sechs 230-V-Fresnel-Spots mit je 1000 W Leistung. Sie sind gleichmäßig in einer Sternschaltung an das Drehstromnetz angeschlossen. Jeder Spot ist einzeln schaltbar. a) Zeichnen Sie die Schaltung. b) Wie groß ist der Strom in den Außenleitern bei voller Beleuchtung? c) Es werden zwei beliebige Spots ausgeschaltet. Welche zwei möglichen Werte kann der Neutralleiterstrom dadurch annehmen? d) Wie groß kann der Neutralleiterstrom in der Anlage bei beliebiger Beleuchtung maximal sein?

6.8.2 Dreieckschaltung

6.8.2.1 Symmetrische Belastung

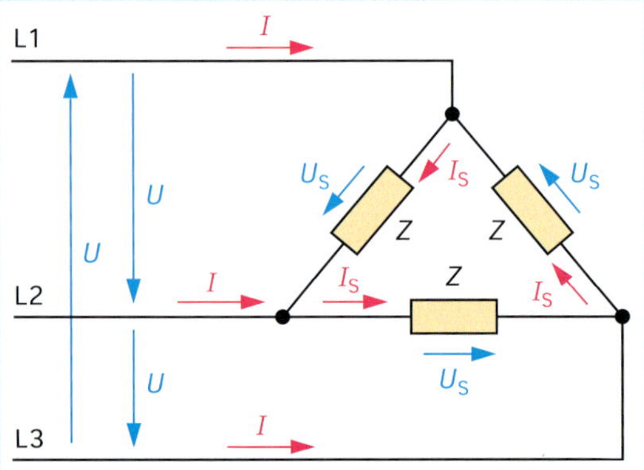

Die Ströme in den Zuleitungen einer symmetrisch belasteten Dreieckschaltung sind um den Verkettungsfaktor $\sqrt{3}$ größer als die Ströme in den Strängen.
Die Strangspannungen und die Leiterspannungen sind gleich groß.

$$I = \sqrt{3} \cdot I_S \qquad U_S = U$$

Die Gesamtleistung der Schaltung ergibt sich aus der Summe der einzelnen Strangleistungen.

$$S = 3 \cdot U_S \cdot I_S \qquad P = \sqrt{3} \cdot U \cdot I \cdot \cos\varphi$$

$$S = \sqrt{3} \cdot U \cdot I \qquad Q = \sqrt{3} \cdot U \cdot I \cdot \sin\varphi$$

I: Stromstärke im Außenleiter $[I] = \text{A}$
I_S: Stromstärke im Strang $[I_S] = \text{A}$
U: Außenleiterspannung $[U] = \text{V}$
U_S: Strangspannung $[U_S] = \text{V}$

Beispiel

Drei gleich große ohmsche Widerstände ($R = 120\ \Omega$) liegen in Dreieckschaltung am 400-V-Drehstromnetz. Berechnen Sie a) den Strangstrom und b) den Leiterstrom sowie c) die Gesamtwirkleistung der Schaltung.

Geg.: $R = 120\ \Omega$; $\cos\varphi = 1$; $U = 400\ \text{V}$
Ges.: a) I_S; b) I; c) P

a) $I_S = \frac{U_S}{R}$; $I_S = \frac{400\ \text{V}}{120\ \Omega}$; $\underline{\underline{I_S = 3{,}33\ \text{A}}}$

b) $I = \sqrt{3} \cdot I_S$; $I = \sqrt{3} \cdot 3{,}33\ \text{A}$; $\underline{\underline{I = 5{,}77\ \text{A}}}$

c) $P = \sqrt{3} \cdot U \cdot I \cdot \cos\varphi$
$P = \sqrt{3} \cdot 400\ \text{V} \cdot 5{,}77\ \text{A} \cdot 1$; $\underline{\underline{P = 4{,}0\ \text{kW}}}$

Aufgaben

1. Die Leistung eines Heizstabes beträgt am 400-V-Netz im Dreiecksbetrieb 9 kW. Berechnen Sie a) die Strangwiderstände und b) die Stromstärke in den Zuleitungen.

2. Ein Gebläse wird in Dreieckschaltung am 400-V-Drehstromnetz betrieben. Wie hoch ist die Impedanz Z eines Strangs bei einer Stromstärke $I = 2{,}4$ A in der Zuleitung?

3. Ein ohmscher Drehstromverbraucher nimmt bei einer Außenleiterspannung von 400 V in Dreieckschaltung eine Wirkleistung von 3,8 kW auf. Ermitteln Sie
a) die Stromstärke in den Strängen und
b) den Widerstand eines einzelnen Strangs.

4. A symmetrical delta connection with the phase-element resistance $R = 210\ \Omega$ is connected to a 400 V three-phase power system. Calculate a) the phase-element voltage, b) the phase-element current, c) the line current and d) the total active power of the circuit.

5. Die aufgenommene Leistung eines Drehstromverbrauchers in Dreieckschaltung an 690 V beträgt 67 kVA.
a) Wie groß ist die Strangleistung S_S?
b) Welchen Wert besitzt der Scheinwiderstand Z eines Stranges?
c) Berechnen Sie die Stromstärke I_S in einem Strang und
d) die Stromstärke I in den Zuleitungen.

6. Eine symmetrisch belastete Dreieckschaltung mit den Strangwiderständen $R = 560\ \Omega$ wird an einem 690-V-Netz betrieben. Berechnen Sie a) die Strangspannung U_S,
b) den Strangstrom I_S, c) den Außenleiterstrom I,
d) die Gesamtwirkleistung der Schaltung.

7. In allen drei Zuleitungen zu einer Widerstandsschaltung (Abb. 1) wird eine Stromstärke von 8,4 A gemessen. Die Netzspannung beträgt 400 V.
a) Welche Spannung ist zwischen den Messpunkten A und B zu messen?
b) Wie groß ist die Stromstärke durch die Widerstände?
c) Welchen Wert besitzen die Widerstände?

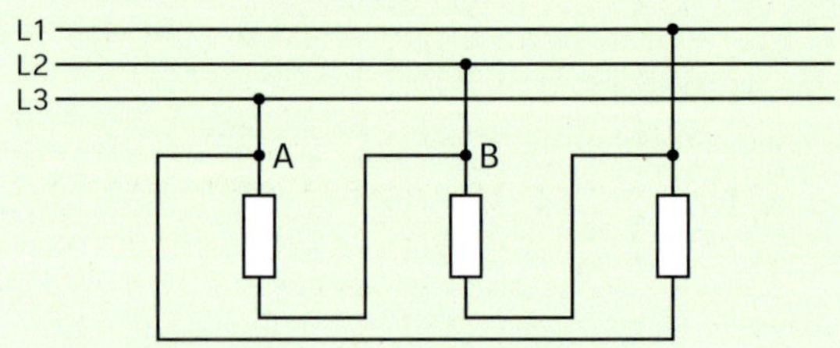

Abb. 1: Widerstände am Drehstromnetz

8. Eine Dreieckschaltung aus idealen Spulen der Induktivität $L = 180$ mH wird am europäischen Drehstromnetz betrieben. Wie hoch sind
a) die Stromstärke in den Strängen und
b) die Stromstärke in den Außenleitern?

9. Abb. 2 zeigt die Spannungsverläufe einer Dreieckschaltung. Bestimmen Sie:
a) den Effektivwert der Wechselspannungen
b) die Periodendauer sowie
c) die Frequenz der einzelnen Spannungen
d) die Phasenverschiebung zwischen u_1 und u_2.

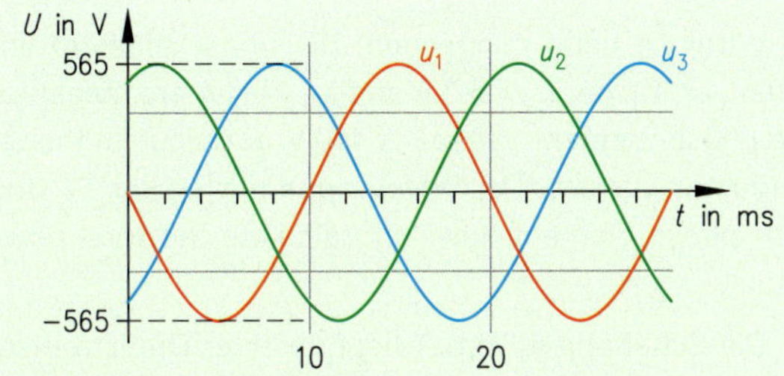

Abb. 2: Spannungsverläufe einer Dreieckschaltung

10. Berechnen Sie für drei 1,1-kΩ-Widerstände, die in Dreieckschaltung an einem Labornetz mit $U = 38$ V betrieben werden
a) die Spannung an den Widerständen,
b) die Stromstärke in den Widerständen,
c) die Stromstärke in der Zuleitung sowie
d) die Leistung der Gesamtschaltung.

11. In der Zuleitung eines symmetrischen Verbrauchers in Dreieckschaltung werden die folgenden Werte gemessen: $U = 400$ V, $I = 12$ A, $\cos \varphi = 0{,}79$. Berechnen Sie
a) die Gesamtscheinleistung S,
b) die Gesamtwirkleistung P und
c) die Gesamtblindleistung Q des Verbrauchers.

12. Berechnen Sie für einen Aufzugsmotor mit dem Leistungsschild aus Abb. 3 folgende Werte:
a) die aus dem Netz aufgenommene Scheinleistung,
b) die Strangströme,
c) die Strangimpedanzen,
d) die aufgenommene Wirkleistung,
e) die Wirkleistung pro Strang.

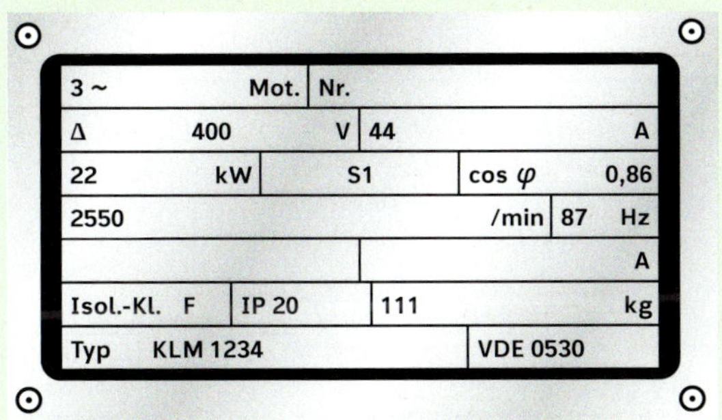

3 ~	Mot.	Nr.			
Δ	400	V	44		A
22	kW	S1	cos φ		0,86
2550		/min	87		Hz
					A
Isol.-Kl. F	IP 20	111			kg
Typ KLM 1234		VDE 0530			

Abb. 3: Leistungsschild eines Aufzugmotors

13. In einer Anlage zur Einzelkompensation der Blindleistung eines Drehstrommotors sind drei baugleiche Kondensatoren mit 33,2 µF in Dreieck geschaltet. Die Netzspannung beträgt 400 V und die Netzfrequenz 50 Hz. Welche kapazitive Blindleistung erzeugen
a) ein einzelner Kondensator und
b) die gesamte Gruppe?

14. Drei gleiche Kompensationskondensatoren liegen in Dreieckschaltung an 400 V/50 Hz. In den Außenleitern fließt bei einem Wirkleistungsfaktor von 0,14 ein Strom der Stärke 19 A. Berechnen Sie
a) die Blindleistung der Schaltung,
b) die ohmsche Verlustleistung der Schaltung und
c) die Kapazität der Kondensatoren.

15. Auf dem Leistungsschild eines alten elektrischen Warmwasserspeichers stehen folgende Angaben: $U = 380$ V, $P_\Delta = 12$ kW. Der Speicher wird jedoch am modernen 400-V-Drehstromnetz betrieben.
a) Welche Stromstärke fließt durch die Heizstränge?
b) Auf welchen Wert hat sich die Leistung des Geräts an der höheren Spannung verändert?

16. Ein Drehstrom-Asynchronmotor mit einer mechanischen Leistung von 160 kW wird in Dreieckschaltung an 400 V betrieben. Sein Wirkungsgrad beträgt 94,9 %, der Wirkleistungsfaktor 0,89. Berechnen Sie
a) die aufgenommene Leistung des Motors,
b) die Stromstärke in den Zuleitungen und
c) die Stärke der Strangströme.

17. Ein Drehstromtransformator der Schaltgruppe Dyn5 (Abb. 4) wird oberspannungsseitig an 20 kV betrieben. Auf der Unterspannungsseite wird eine Leistung von 624 kVA symmetrisch entnommen. Sein Wirkungsgrad beträgt 0,96. Bestimmen Sie für rechnerisch:
a) die aus dem Stromnetz aufgenommene Leistung,
b) die Stromstärke in den Primärwicklungen,
c) die Stromstärke in den Zuleitungen,
d) den Leistungsfaktor, wenn die vom Transformator aufgenommene Wirkleistung oberspannungsseitig 527 kW beträgt und
e) die aufgenommene Blindleistung.

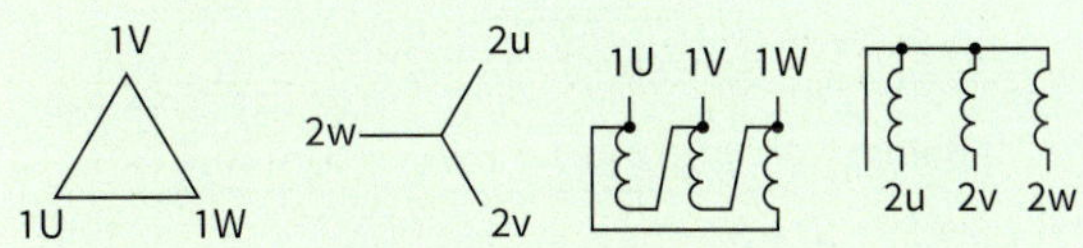

Abb. 4: Schema der Schaltgruppe Dyn5

6.8.2.2 Unsymmetrische Belastung

In einer Dreieckschaltung mit verschieden großen Strangwiderständen lassen sich die Außenleiterströme durch geometrische Addition der zugehörigen Strangströme berechnen.

$$I_1 = \sqrt{I_{S1}^2 + I_{S2}^2 + I_{S1} \cdot I_{S2}}$$

$$I_2 = \sqrt{I_{S2}^2 + I_{S3}^2 + I_{S2} \cdot I_{S3}}$$

$$I_3 = \sqrt{I_{S3}^2 + I_{S1}^2 + I_{S3} \cdot I_{S1}}$$

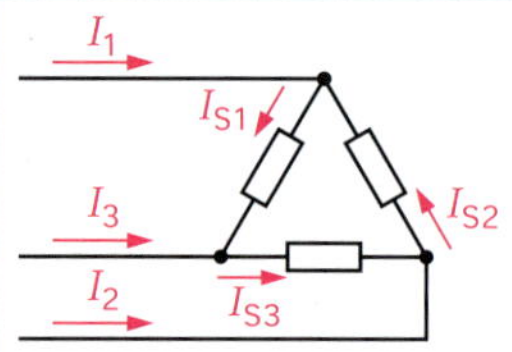

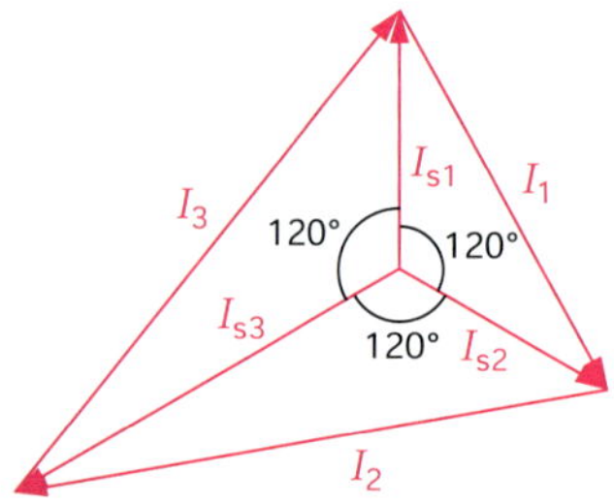

Die Gesamtleistung ergibt sich aus der Summe der Strangleistungen.

$$S = S_1 + S_2 + S_3$$

Beispiel

In den Strängen einer Dreieckschaltung liegen die Widerstände $Z_1 = 26\ \Omega$, $Z_2 = 14\ \Omega$ und $Z_3 = 18\ \Omega$. Die Leiterspannung beträgt 690 V. Berechnen Sie

a) die Größe der Strangströme und
b) die Stromstärken in den Außenleitern.
c) Wie groß ist die Gesamtleistung der Schaltung?

Geg.: $Z_1 = 26\ \Omega$; $Z_2 = 14\ \Omega$; $Z_3 = 18\ \Omega$; $U = 690$ V
Ges.: a) I_{S1}; I_{S2}; I_{S3}; b) I_1; I_2; I_3; c) S

a) $I_{S1} = \frac{U}{Z_1}$; $I_{S1} = \frac{690\ \text{V}}{26\ \Omega}$; $\underline{\underline{I_{S1} = 26{,}5\ \text{A}}}$

analog: $\underline{\underline{I_{S2} = 31{,}4\ \text{A}}}$; $\underline{\underline{I_{S3} = 38{,}3\ \text{A}}}$

b) $I_1 = \sqrt{I_{S1}^2 + I_{S2}^2 + I_{S1} \cdot I_{S2}}$

$I_1 = \sqrt{(26{,}5\ \text{A})^2 + (31{,}4\ \text{A})^2 + 26{,}5\ \text{A} \cdot 31{,}4\ \text{A}}$

$\underline{\underline{I_1 = 50{,}2\ \text{A}}}$

analog: $\underline{\underline{I_2 = 60{,}5\ \text{A}}}$; $\underline{\underline{I_3 = 56{,}4\ \text{A}}}$

c) $S_1 = U \cdot I_{S1}$; $S_1 = 690\ \text{V} \cdot 26{,}5\ \text{A}$; $\underline{\underline{S_1 = 18{,}3\ \text{kVA}}}$

analog: $\underline{\underline{S_2 = 21{,}7\ \text{kVA}}}$; $\underline{\underline{S_2 = 26{,}4\ \text{kVA}}}$

$S = S_1 + S_2 + S_3$

$S = 18{,}3\ \text{kVA} + 21{,}7\ \text{kVA} + 26{,}4\ \text{kVA}$

$\underline{\underline{S = 66{,}4\ \text{kVA}}}$

Aufgaben

1. Die ohmschen Widerstände $R_1 = 160\ \Omega$, $R_2 = 68\ \Omega$ und $R_3 = 330\ \Omega$ liegen in Dreieckschaltung an einem Labornetz mit einer Leiterspannung von 40 V. Berechnen Sie a) die Größe der Strangströme und b) die Stromstärken in den Außenleitern. c) Wie groß ist die Gesamtleistung der Schaltung?

2. Within a delta connection, the phase-element currents $I_{S1} = 12.4$ A, $I_{S2} = 6.3$ A and $I_{S3} = 5.4$ A are measured. The phase-element voltage is 400 V. a) Calculate the line conductor currents. b) Which apparent power S_S does each phase element have? c) Calculate the total power output.

3. Die Schaltung in Abb. 1 liegt an einer Drehstromversorgung mit $U = 400$ V. Berechnen Sie a) die Ströme in den Strängen, b) die Leiterströme und c) die Gesamtwirkleistung der Schaltung.

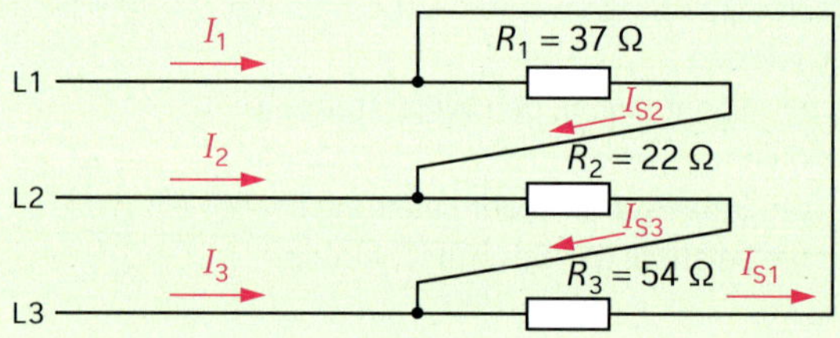

Abb. 1: Widerstände im Drehstromnetz

4. Ein Drehstrommotor nimmt im Dreiecksbetrieb am 400-V-Netz eine Leistung von $S = 2{,}1$ kVA auf.

a) Wie hoch sind die Leiterströme?
b) Durch einen Drahtbruch fällt eine Wicklung vollständig aus. Welche Ströme fließen nun in den Zuleitungen?
c) Welche Leistung S_F nimmt der defekte Motor auf?

5. Berechnen Sie I_1, I_2 und I_3 in der Schaltung in Abb. 2

a) bei unbetätigtem Taster S_1 und $R_P = 0\ \Omega$,
b) bei unbetätigtem Taster S_1 und $R_P = 33\ \Omega$,
c) bei betätigtem Taster S_1 und $R_P = 33\ \Omega$ und
d) bei betätigtem Taster S_1 und $R_P = 66\ \Omega$.

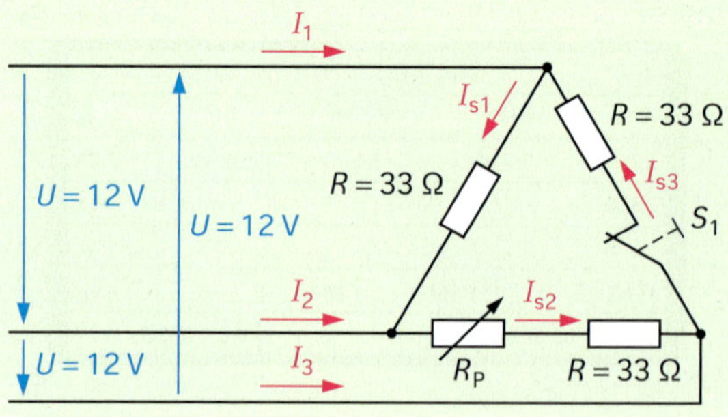

Abb. 2: Unsymmetrisch belastete Dreieckschaltung

6.8.3 Leistungen im Fehlerfall

Beim Ausfall von Zuleitungen oder Strängen durch Unterbrechungen verändern sich die Leistungen in der Stern- und Dreieckschaltung. Für symmetrische Verbraucher können die Leistungen im Fehlerfall berechnet werden.

Störungen (Auswahl):

Stern:

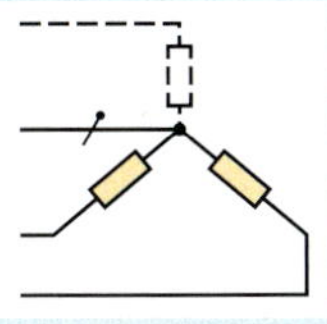

$S_f = \frac{2}{3} \cdot S$

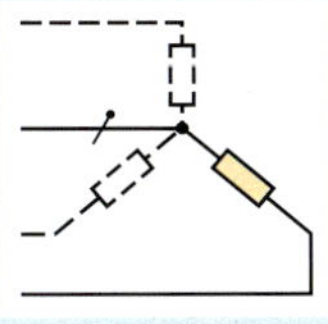

$S_f = \frac{1}{3} \cdot S$

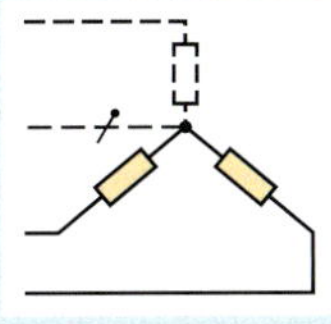

$S_f = \frac{1}{2} \cdot S$

Dreieck:

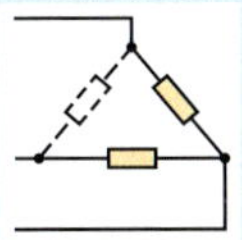

$S_f = \frac{2}{3} \cdot S$

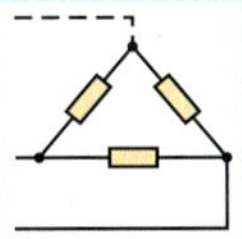

$S_f = \frac{1}{2} \cdot S$

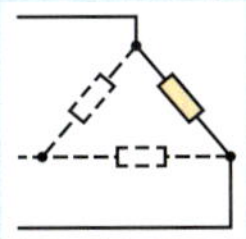

$S_f = \frac{1}{3} \cdot S$

$S_f = \frac{1}{6} \cdot S$

S: Leistung ohne Fehler $[S]$ = VA

S_f: Leistung im Fehlerfall $[S_f]$ = VA

Beispiel

Ein Drehstromverbraucher besitzt laut Typenschild die Leistungen $S_Y = 2{,}2$ kVA und $S_\Delta = 6{,}6$ kVA. Eine der Wicklungen wird durch einen Drahtbruch unterbrochen. Berechnen Sie die Scheinleistung des Verbrauchers für den Fehlerfall a) im Sternbetrieb ohne angeschlossenen Neutralleiter und b) im Dreiecksbetrieb.

Geg.: $S_Y = 2{,}2$ kVA; $S_\Delta = 6{,}6$ kVA

Ges.: a) S_{fY}; b) $S_{f\Delta}$

a) $S_{fY} = \frac{1}{2} \cdot S_Y$

$S_{fY} = \frac{1}{2} \cdot 2{,}2\text{ kVA}$

$\underline{\underline{S_{fY} = 1{,}1\text{ kVA}}}$

b) $S_{f\Delta} = \frac{2}{3} \cdot S_\Delta$

$S_{f\Delta} = \frac{2}{3} \cdot 6{,}6\text{ kVA}$

$\underline{\underline{S_{f\Delta} = 4{,}4\text{ kVA}}}$

Aufgaben

1. Durch eine Unterbrechung der Phase L1 in der Zuleitung zu einer Tischkreissäge (Drehstromasynchronmotor, $P_\Delta = 5{,}5$ kW, $P_Y = 1{,}83$ kW, $\cos\varphi = 0{,}89$, kein Neutralleiter angeschlossen) verringert sich deren aufgenommene Leistung. Wie groß sind

a) die Scheinleistungen im Sternbetrieb S_{fY} und

b) im Dreiecksbetrieb $S_{f\Delta}$?

2. A 400 V three-phase motor ($I_\Delta = 2.8$ A, $I_Y = 1.6$ A) only absorbs 1.07 A in the star operation although the supply voltage can be measured at the terminals. a) Which malfunction has probably occured? b) Which apparent power is to be expected in this situation when switching to delta operation?

3. Ein Klimagerät ($S_Y = 1{,}89$ kVA, Neutralleiter angeschlossen) ist mit drei einpoligen LS-Schaltern abgesichert. Berechnen Sie die Scheinleistungen des Geräts, wenn a) ein einzelner und b) zwei LS-Schalter ausgelöst werden.

4. Eine symmetrische Dreieckschaltung (Abb. 3) wird an einem Labornetzteil betrieben. a) Wie groß ist die umgesetzte Leistung? b) S_1 wird betätigt. Auf welchen Wert verändert sich die Leistung? c) Welcher Taster muss zusätzlich betätigt werden, damit die Leistung auf den Wert $P = 11{,}5$ W absinkt?

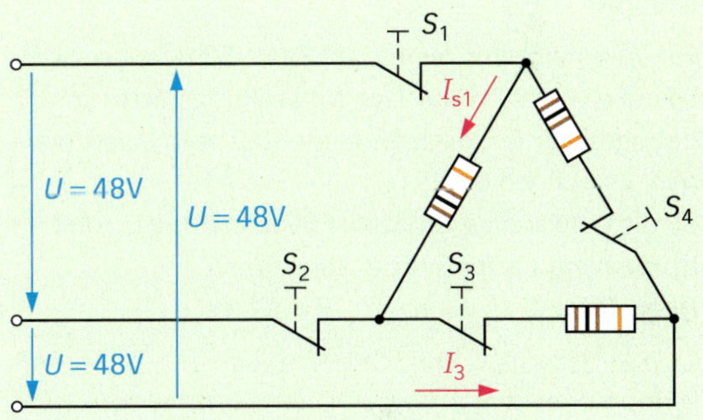

Abb. 3: Dreieckschaltung zur Fehlersimulation

5. Berechnen Sie die Stromstärken I_{S1} und I_3 in der Schaltung in Abb. 1

a) bei unbetätigten Tastern,

b) bei Betätigung von S_1 und

c) bei gleichzeitiger Betätigung von S_2 und S_3.

6. Ein Drehstromverbraucher ($\cos\varphi = 0{,}87$) liegt in Sternschaltung am europäischen Drehstromnetz. In den Zuleitungen fließt ein Strom der Stärke 18 A, bis durch einen Drahtbruch eine der Phasen unterbrochen wird. Berechnen Sie für den Fehlerfall die Scheinleistung des Verbrauchers a) bei fehlendem Neutralleiter und b) für den Fall, dass ein Neutralleiter angeschlossen ist.

7. Messungen an drei gleichen in Dreieck geschalteten Spulen im 400-V-Netz haben ergeben, dass anstelle der erwarteten Leistung von 600 VA nur 100 VA umgesetzt werden. a) Zeichnen Sie das Ersatzschaltbild der Fehlerschaltung. b) Ermitteln Sie den Widerstand X_L eines Stranges.

6.9 Blindleistungskompensation

6.9.1 Kompensation im Einphasenwechselstromnetz

Durch den Einsatz von überwiegend induktiven Verbrauchern wie Motoren oder Transformatoren entsteht im Stromnetz ein hoher Anteil an induktiver Blindleistung. Um das Stromnetz zu entlasten, kann durch Hinzuschalten von Kondensatoren ein Teil dieser Blindleistung kompensiert werden.

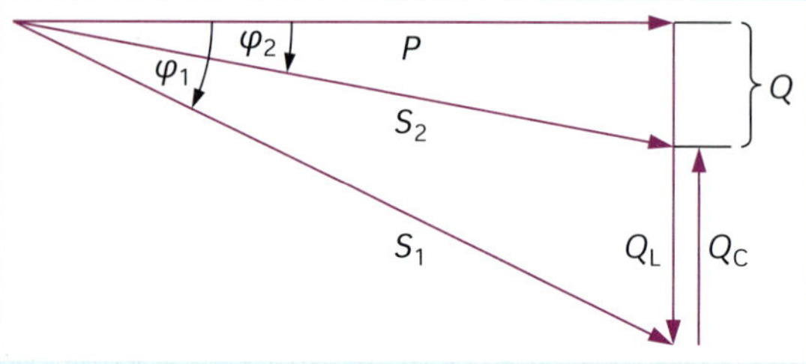

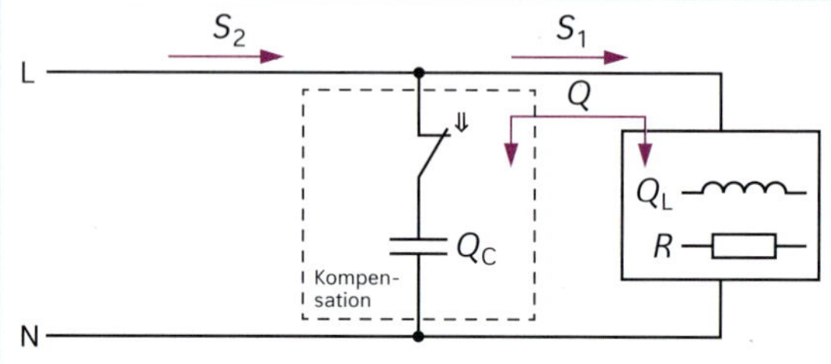

$Q_C = P \cdot (\tan\varphi_1 - \tan\varphi_2)$ $C = \frac{Q_C}{2 \cdot \pi \cdot f \cdot U^2}$ $Q = Q_L - Q_C$

φ_1: Phasenverschiebungswinkel ohne Kompensation
φ_2: Phasenverschiebungswinkel mit Kompensation

Beispiel

Ein Transformator nimmt an 230 V/50 Hz eine Wirkleistung $P = 300$ W auf. Der Wirkleistungsfaktor $\cos\varphi_1$ beträgt 0,75. Er soll auf $\cos\varphi_2 = 0{,}9$ verbessert werden. Berechnen Sie

a) die notwendige kapazitive Blindleistung Q_C und
b) die hierfür erforderliche Kapazität C

Geg.: $U = 230$ V; $f = 50$ Hz; $P = 300$ W;
$\cos\varphi_1 = 0{,}75$; $\cos\varphi_2 = 0{,}9$

Ges.: a) Q_C; b) C

a) $\cos\varphi_1 = 0{,}75 \rightarrow \underline{\varphi_1 = 41{,}4°}$
$\cos\varphi_2 = 0{,}9 \rightarrow \underline{\varphi_2 = 25{,}8°}$
$Q_C = P \cdot (\tan\varphi_1 - \tan\varphi_2)$
$Q_C = 300\ \text{W} \cdot (\tan 41{,}4° - \tan 25{,}8°)$
$Q_C = 300\ \text{W} \cdot (0{,}882 - 0{,}484)$
$\underline{\underline{Q_C = 119\ \text{var}}}$

b) $C = \frac{Q_C}{2 \cdot \pi \cdot f \cdot U^2}$
$C = \frac{119\ \text{var}}{2 \cdot \pi \cdot 50\ \text{Hz} \cdot (230\ \text{V})^2}$; $\underline{\underline{C = 7{,}16\ \mu\text{F}}}$

Aufgaben

1. In einem Anlagenteil (230 V/50 Hz) mit $P = 2{,}8$ kW beträgt der Wirkleistungsfaktor $\cos\varphi_1 = 0{,}81$. Durch Kompensation wird er auf $\cos\varphi_2 = 0{,}92$ erhöht. a) Wie hoch ist die erzeugte kapazitive Blindleistung Q_C? b) Welche Kapazität C besitzt der Kompensationskondensator?

2. Ein 0,5-kW-Universalmotor nimmt an 230 V/50 Hz einen Strom der Stärke 3,7 A auf. Sein Wirkleistungsfaktor beträgt 0,66. Berechnen Sie die Kapazität, die benötigt wird, um den Wirkleistungsfaktor auf 0,95 zu verbessern.

3. Eine Leuchte mit einer Leuchtstofflampe L58W/21 nimmt zusammen mit dem verbauten KVG an 230 V eine Leistung $P = 69$ W auf. Die Stromstärke in der Zuleitung beträgt 670 mA.

a) Berechnen Sie die Scheinleistung S_1,
b) die induktive Blindleistung Q_L sowie
c) den Wirkleistungsfaktor $\cos\varphi_1$.
d) Zeichnen Sie das Leistungsdreieck (1cm ≙ 10 W).
e) Ermitteln Sie aus der Zeichnung die benötigte kapazitive Blindleistung, damit sich ein Wirkleistungsfaktor $\cos\varphi_2 = 0{,}9$ einstellt.
f) Mit welcher Kapazität kann das erreicht werden?

4. Calculate – for the European single-phase alternating current grid – a) what capacity a capacitor must have to counterbalance a reactive power of 1 kvar and b) which reactive power can be counterbalanced by using a 1 mF capacitor.

5. Ein Schweißautomat nimmt an 230 V/50 Hz eine Leistung von 4 kVA auf. Der Wirkleistungsfaktor soll von 0,73 auf 0,9 verbessert werden. a) Wie hoch ist die Stromaufnahme in unkompensiertem Zustand? b) Berechnen Sie die zu kompensierende Blindleistung und c) die benötigte Kapazität. d) Wie hoch ist die Stromaufnahme nach der Kompensation?

6. Ein Hersteller möchte ein Netzteil (115 V/60 Hz, 400 W) mit dem amerikanischen Effizienz-Label „80Plus" versehen. Dieses verlangt für Elektrogeräte in seiner höchsten Klasse neben anderen Forderungen einen Leistungsfaktor von 0,95. Welchen Kompensationskondensator muss dem Netzteil zum Erreichen des Kriteriums hinzugefügt werden, wenn es in unkompensiertem Zustand bei einer Stromaufnahme von 4,6 A einen Wirkungsgrad von 0,91 aufweist?

6.9.2 Kompensation im Drehstromnetz

Im Drehstromnetz kann ein vorhandener Blindstrom durch Kompensation reduziert werden. Dafür werden Kondensatoren zugeschaltet, in der Regel in Dreieckschaltung. Die Gesamtkapazität der Kompensationsschaltung setzt sich aus den Kapazitäten der drei Strangkondensatoren zusammen.

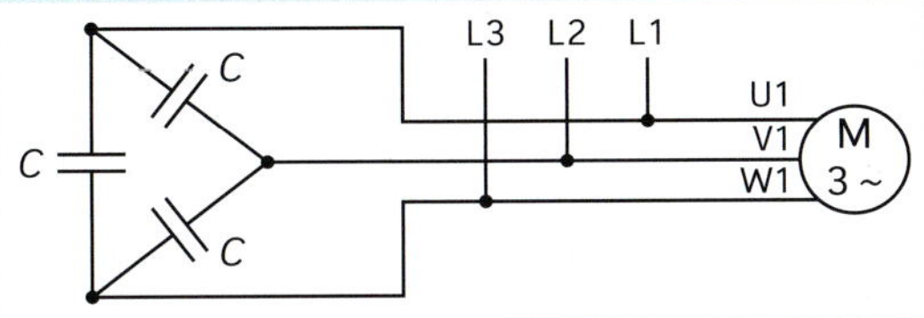

$Q_{C,3\sim} = P \cdot (\tan \varphi_1 - \tan \varphi_2)$

$C = \dfrac{Q_{C,3\sim}}{3 \cdot 2 \cdot \pi \cdot f \cdot U^2}$

$Q_{C,3\sim}$: Drehstrom-Blindleistung $[Q_{C,3\sim}]$ = var
C: Kapazität eines Strangkondensators $[C]$ = F

Beispiel

Eine Drehstromanlage besitzt an 400 V/50 Hz eine Wirkleistung von $P = 2{,}6$ kW. Der Wirkleistungsfaktor soll von $\cos \varphi_1 = 0{,}78$ auf $\cos \varphi_2 = 0{,}92$ verbessert werden.

a) Welche Blindleistung $Q_{C,3\sim}$ ist dazu notwendig?
b) Berechnen Sie die Kapazität C der drei benötigten Kondensatoren.

Geg.: $U = 400$ V; $f = 50$ Hz; $P = 2{,}6$ kW; $\cos \varphi_1 = 0{,}78$; $\cos \varphi_2 = 0{,}92$

Ges.: a) $Q_{C,3\sim}$; b) C

a) $\cos \varphi_1 = 0{,}78 \rightarrow \underline{\varphi_1 = 38{,}7°}$
$\cos \varphi_2 = 0{,}92 \rightarrow \underline{\varphi_2 = 23{,}1°}$
$Q_{C,3\sim} = P \cdot (\tan \varphi_1 - \tan \varphi_2)$
$Q_{C,3\sim} = 2{,}6\ \text{kW} \cdot (\tan 38{,}7° - \tan 23{,}1°)$
$Q_{C,3\sim} = 2{,}6\ \text{kW} \cdot (0{,}801 - 0{,}427)$
$\underline{\underline{Q_{C,3\sim} = 972\ \text{var}}}$

b) $C = \dfrac{Q_C}{3 \cdot 2 \cdot \pi \cdot f \cdot U^2}$

$C = \dfrac{972\ \text{var}}{3 \cdot 2 \cdot \pi \cdot 50\ \text{Hz} \cdot (400\ \text{V})^2}$; $\underline{\underline{C = 6{,}45\ \mu\text{F}}}$

Aufgaben

1. Die Wirkleistung eines Drehstrommotors an 400 V/50 Hz beträgt 55 kW. Durch Kompensation soll der Wirkleistungsfaktor von $\cos \varphi_1 = 0{,}81$ auf den Wert $\cos \varphi_2 = 0{,}9$ angehoben werden. Berechnen Sie
a) die notwendige Blindleistung $Q_{C,3\sim}$ und
b) die benötigte Kapazität C.

2. A compensated three-phase system has $P = 15$ kW, $Q = 11$ kvar, $Q_{C,3} = 9$ kvar. Calculate the phase difference angles φ_1 and φ_2 graphically (scale: 1 cm ≙ 1 kW = 1 kVA = 1 kvar).

3. Berechnen Sie für das europäische Dreiphasenwechselstromnetz, a) welche Kapazität zur Kompensation einer Blindleistung von 1 kvar notwendig ist und b) welche Blindleistung mithilfe eines Kondensators mit $C = 1$ mF kompensiert werden kann.

4. Eine Plasma-Schweißanlage mit den Anschlusswerten $U = 400$ V/50 Hz, $I = 26$ A und $\cos \varphi_2 = 0{,}9$ wird ab Werk mit eingebauter Kompensation ausgeliefert. Der Leistungsfaktor des verbauten Schweißbrenners beträgt 0,85 (unkompensiert). Welche Kapazität besitzen die verbauten Kompensationskondensatoren?

5. Zum Einschmelzen von Stahlschrott wird in einer Gießerei ein 20-kV-Lichtbogenofen mit einer Anschlussleistung von 0,7 MVA und einer Wirkleistung von 0,56 MW verwendet. a) Welchen Wirkleistungsfaktor besitzt der Ofen? b) Die Energieversorgung soll über einen 630-kVA-Transformator erfolgen. Mit welcher Kompensationskapazität lässt sich das realisieren?

6. Bei der Zentralkompensation überwacht ein Regler die Blindleistungsaufnahme einer Anlage und schaltet dreiphasige Kondensatorpakete bedarfsweise dazu (Abb. 1). Berechnen Sie für die Anlage in Abb. 1 den Wirkleistungsfaktor, wenn alle Verbraucher in Betrieb sind und der Regler maximal kompensiert.

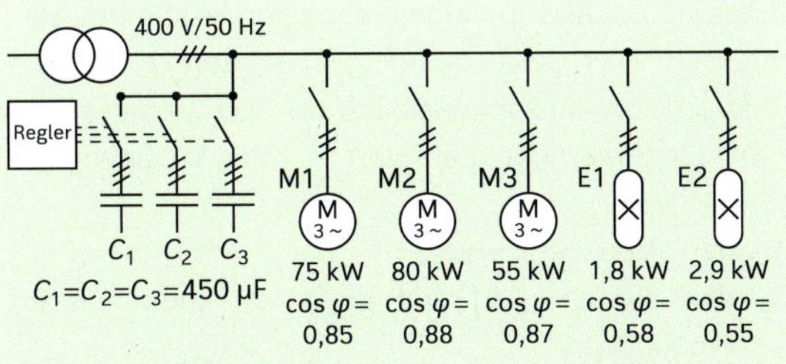

Abb. 1: Zentralkompensation

7. Die Produktionsanlage eines Unternehmens nimmt im Durchschnitt eine Leistung von 660 kVA aus dem Versorgungsnetz auf. Durch Kompensation wird der Wirkleistungsfaktor von 0,78 auf 0,91 verbessert. Der Blindarbeitstarif des Energieversorgers bei Unterschreiten von $\cos \varphi = 0{,}90$ beträgt $T = 1{,}02$ ct/kvarh. Berechnen Sie, welchen Betrag das Unternehmen durch die Verwendung der Kompensationsanlage jährlich einspart.

7 Elektrische Messtechnik

7.1 Fehler bei der Analogmessung

Beim Messen elektrischer Größen entstehen Fehler. Die Exaktheit analoger Messgeräte wird durch die Genauigkeitsklasse *GK* angegeben.

Der relative Messfehler ist im hinteren Drittel des Messbereichs am geringsten.

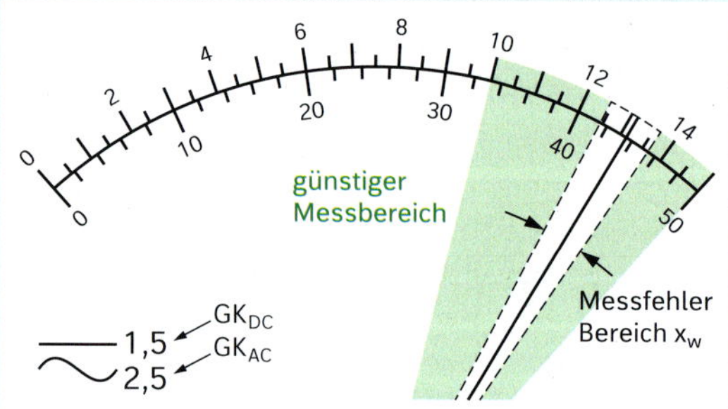

$$F = \frac{GK}{100} \cdot MBEW$$ $$x_w = x_a \pm F$$ $$f = \frac{F}{x_w}$$

F: absoluter Fehler
GK: Genauigkeitsklasse
MBEW: Messbereichsendwert
f: relativer Fehler
x_a: angezeigter Messwert
x_w: wahre Werte

Beispiel

In einer elektrischen Anlage wird die Spannung eines Endstromkreises mit einem analogen Multimeter gemessen. Das Gerät besitzt die Genauigkeitsklasse 2,5 und der Messbereich ist auf 500 V eingestellt. Auf der Skala wird der Wert $x_a = 226$ V abgelesen. Geben Sie

a) den absoluten Fehler *F*,
b) den kleinst- und den größtmöglichen wahren Wert x_w und
c) den maximalen relativen Fehler an.

Geg.: $GK = 2{,}5$; $MBEW = 500$ V; $x_a = 226$ V
Ges.: a) $F = 0{,}78$; b) $x_{w\,min}$; $x_{w\,max}$; c) f

a) $F = \frac{GK}{100} \cdot MBEW$; $F = \frac{2{,}5}{100} \cdot 500$ V;
$F = 12{,}5$ V

b) $x_w = x_a \pm F$; $x_w = 226\text{ V} \pm 12{,}5$ V;
$x_{w\,min} = 213{,}5$ V $x_{w\,max} = 238{,}5$ V

c) $f = \frac{F}{x_w}$; $f = \frac{12{,}5\text{ V}}{213{,}5\text{ V}}$;
$f = 0{,}059$; $f \mathrel{\hat{=}} 5{,}9\,\%$

Aufgaben

1. In einem Steuerstromkreis wird die Spannung mit einem analogen Messgerät der Genauigkeitsklasse 2,5 gemessen. Der angezeigte Wert beträgt 24 V und der Messbereich ist auf 50 VDC eingestellt. Berechnen Sie a) den absoluten Fehler *F*, b) die wahren Werte $x_{w\,min}$ und $x_{w\,max}$ sowie c) den maximalen relativen Fehler *f*.

2. An analogue multimeter is used to measure the current of an American washing machine. The multimeter's accuracy is 2.5 and it displays a current of $x_a = 17.5$ A. The measuring range is switched on $MBEW = 25$ A. Calculate a) the absolute error *F*, b) the correct values $x_{w\,min}$ and $x_{w\,max}$ as well as c) the maximum relative error *f*.

3. Die Stromstärke einer 12-V-LED-Leiste wird nacheinander in zwei Messbereichen gemessen (Abb. 1). Bestimmen Sie für beide Bereiche a) die angezeigten Messwerte x_a, b) die absoluten Fehler *F* und c) die maximalen relativen Fehler *f*. d) Beurteilen Sie das Ergebnis.

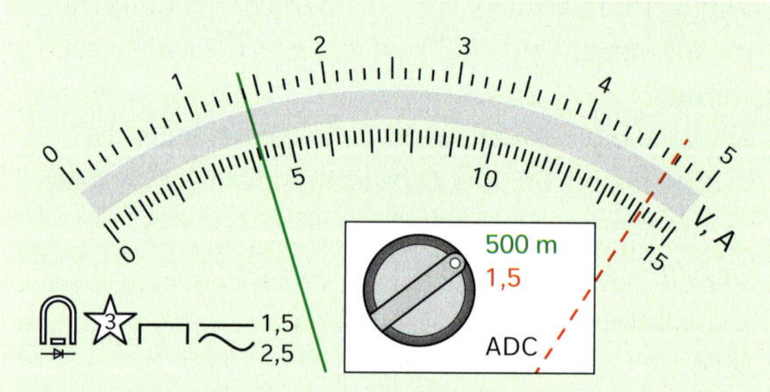

Abb. 1: Analoge Messung einer LED-Leiste

4. Bei einem Gebäudeleitsystem wird die Stromaufnahme gemessen (Abb. 2). Der Messbereich ist auf 15 mA DC eingestellt. Ermitteln Sie a) den Messwert, b) den absoluten Fehler und c) den maximalen relativen Fehler.

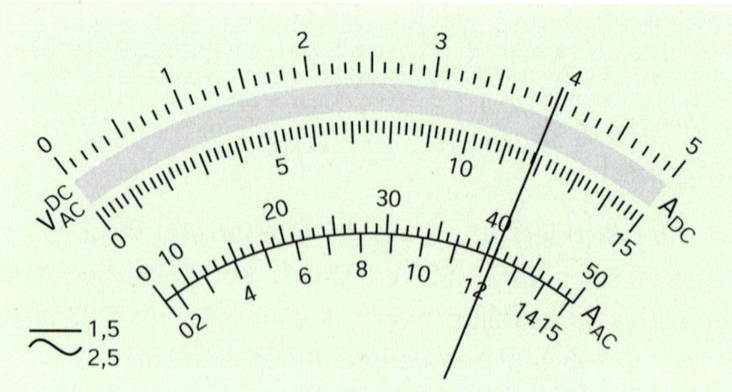

Abb. 2: Stromaufnahme eines Gebäudeleitsystems

7.2 Fehler bei der Digitalmessung

Digitale Messgeräte stellen ein analoges elektrisches Messsignal digital dar. Hierbei entstehen neben den toleranzabhängigen Fehlern Quantisierungsfehler.

z. B.: ± 1 % v.MW. + 5 Digits

Ein Digit entspricht der Auflösung des Messbereiches. Ein Messgerät mit 2000 Digits im Messbereich von 0 bis 199 V kann Spannungen mit der Schrittweite 0,1 V messen ($\frac{200\text{ V}}{2000} = 0{,}1\text{ V}$).

Die maximale Anzahl von Digits wird Counts genannt.

$$F = \frac{GK \cdot x_a}{100\,\%} + n_D \cdot x_D \qquad x_w = x_a \pm F \qquad x_D = \frac{MB}{Counts}$$

F:	absoluter Fehler	x_w:	wahre Werte
GK:	Genauigkeitsklasse	x_a:	angezeigter Wert
MB:	Messbereich	n_D:	Anzahl der Digits
x_D:	Wert eines Digits/Auflösung		
Counts:	maximale Anzeige der Digits		

Beispiel

Ein digitales Messgerät mit $3\frac{5}{6}$ Stellen (Maximalwert = 5999 = 6000 Counts) hat im Datenblatt die Fehlerangabe ±1 % + 5 Digits. Das Display zeigt im Messbereich bis 600 V den Wert 231.6 an. Berechnen Sie

a) den Wert eines Digits x_D,
b) den absoluten Fehler *F*,
c) den minimalen und den maximalen wahren Wert.

Geg.: $GK = \pm 1\,\%$; $x_a = 231{,}6$ V; $MB = 600$ V; $n_D = 5$
Ges.: a) x_D; b) *F*; c) $x_{w\,min}$; $x_{w\,max}$

a) $x_D = \frac{MB}{Counts}$; $\quad x_D = \frac{600\text{ V}}{6000}$;
$\underline{\underline{x_D = 100\text{ mV}}}$

b) $F = \frac{GK \cdot x_a}{100\,\%} + n_D \cdot x_D$; $\quad F = \frac{1 \cdot 231{,}6\text{ V}}{100\,\%} + 5 \cdot 0{,}1\text{ V}$;
$\underline{\underline{F = 2{,}8\text{ V}}}$

c) $x_{w\,min} = x_a - F$; $\quad x_{w\,min} = 231{,}6\text{ V} - 2{,}8\text{ V}$;
$\underline{\underline{x_{w\,min} = 228{,}8\text{ V}}}$

$x_{w\,max} = x_a + F$; $\quad x_{w\,max} = 231{,}6\text{ V} + 2{,}8\text{ V}$;
$\underline{\underline{x_{w\,max} = 234{,}4\text{ V}}}$

Aufgaben

1. Ein Digitalmultimeter (Abb. 3) mit einer Auflösung von 6000 Digits misst die Versorgungsspannung eines Automatisierungsstromkreises. Im Handbuch finden Sie die Angabe 0,5 % v. M. + 5 Digits im Messbereich bis 60 V. Ermitteln Sie

a) den Wert eines Digits x_D,
b) den absoluten Fehler *F*,
c) den minimal und den maximal möglichen wahren Wert.

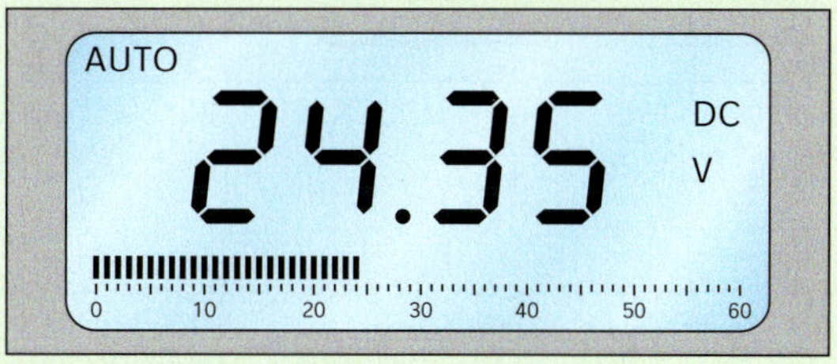

Abb. 3: Anzeige eines Digitalmultimeters

2. A company manufactures electrical devices. To check these devices, a digital multimeter with 2000 counts and an accuracy of ± 2 % + 3 digits is used. The voltage range is switched on 200 V and the display shows the value of 118.6 V. Determine a) the resolution x_D b) the absolute error *F*, c) the true values $x_{w\,min}$ and $x_{w\,max}$.

3. In einem Schaltschrank wird ein digitales Einbaustrommessgerät mit 3½-Stellen (2000 Counts) verwendet. Es können Stromstärken bis zu 20 A gemessen werden. Die Genauigkeit beträgt ± 5 % + 5 Digits.

a) Welchen Wert x_D besitzt ein Digit?
b) Welchen Wert nimmt der absolute Fehler *F* bei 15 A an?
c) In welchem Wertebereich kann der wahre Messwert liegen?

4. Für den Erwerb neuer digitaler Messgeräte stehen zwei Modelle zur Auswahl:

	Modell 1	Modell 2
Messbereich	600 V	1000 V
Counts	6000	2000
Auflösung	0,1 V	0,5 V
Genauigkeit	±0,5 + 5 Digits	±0,5 + 5 Digits

Vergleichen Sie die beiden Geräte hinsichtlich

a) des absoluten Fehlers für 230 V und
b) der wahren Werte.

7.3 Messen mit dem Oszilloskop

Oszilloskope sind in der Lage, zeitabhängige Spannungen zu messen und diese grafisch als Linienbild darzustellen.

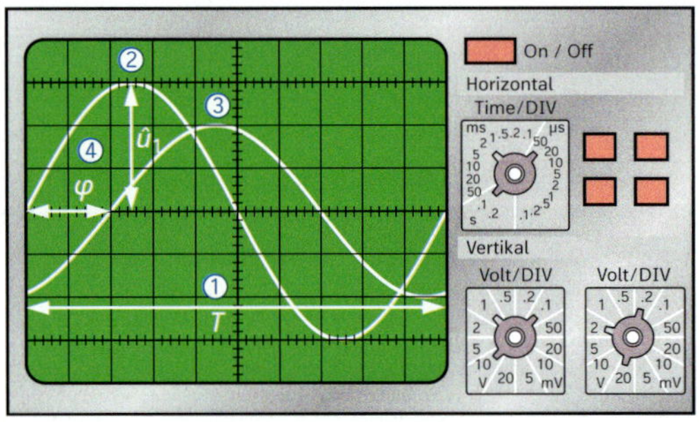

$\hat{u} = k_y \cdot n_{DIV}$ $t = k_x \cdot n_{DIV}$ $\varphi = k_x \cdot n_{DIV} \cdot \frac{360°}{T}$

k_x:	X-Ablenkkoeffizient (Zeitachse)	$[k_x]$	= s/DIV
k_y:	Y-Ablenkkoeffizient (Spannungsachse)	$[k_y]$	= V/DIV
$\hat{u}$:	Spitzenwert der Spannung	$[\hat{u}]$	= V
t:	Zeitdauer	$[t]$	= s
φ:	Phasenverschiebungswinkel		
n_{DIV}:	Anzahl der Divisions/Skalenteile	$[n_{DIV}]$	= DIV

Beispiel

Mit einem Oszilloskop wird die oben abgebildete Spannung gemessen. Die vertikale Achse von Kanal 1 ist auf 1 V/DIV, Kanal 2 ist auf 2 V/DIV eingestellt. Für die Zeitachse wurde die Einstellung 2 ms/DIV gewählt. Ermitteln Sie

a) die Periodendauer T,
b) die Frequenz f,
c) die Amplituden $\hat{u}_1$ und $\hat{u}_2$ und
d) den Phasenverschiebungswinkel φ.

Geg.: $k_x = 2$ ms/DIV; $k_{y1} = 1$ V/DIV; $k_{y2} = 2$ V/DIV
Ges.: a) T; b) f; c) $\hat{u}_1$; $\hat{u}_2$; d) φ

a) $T = k_x \cdot n_{DIV}$ ①
$T = 2\,\frac{\text{ms}}{\text{DIV}} \cdot 10\,\text{DIV}$
$\underline{\underline{T = 20\,\text{ms}}}$

b) $f = \frac{1}{T}$
$f = \frac{1}{0{,}02\,\text{s}}$
$\underline{\underline{f = 50\,\text{Hz}}}$

c) $\hat{u}_1 = k_{y1} \cdot n_{DIV}$ ②
$\hat{u}_1 = 1\,\frac{\text{V}}{\text{DIV}} \cdot 3\,\text{DIV}$
$\underline{\underline{\hat{u}_1 = 3\,\text{V}}}$

$\hat{u}_2 = k_{y2} \cdot n_{DIV}$ ③
$\hat{u}_2 = 2\,\frac{\text{V}}{\text{DIV}} \cdot 2\,\text{DIV}$
$\underline{\underline{\hat{u}_2 = 4\,\text{V}}}$

d) $\varphi = k_x \cdot n_{DIV} \cdot \frac{360°}{T}$; ④ $\varphi = 2\,\frac{\text{ms}}{\text{DIV}} \cdot 2\,\text{DIV} \cdot \frac{360°}{20\,\text{ms}}$;
$\underline{\underline{\varphi = 72°}}$

Aufgaben

1. Mit einem Mehrkanal-Oszilloskop werden zwei Teilwechselspannungen einer Reihenschaltung gemessen (Abb. 1). Bestimmen Sie

a) die Periodendauer T,
b) die Frequenz f,
c) die Spannungsspitzenwerte $\hat{u}_1$ und $\hat{u}_2$,
d) die Zeitdauer t bis zum ersten Spitzenwert und
e) die Spitze-Spitze-Spannung $\hat{u}_{1ss}$.

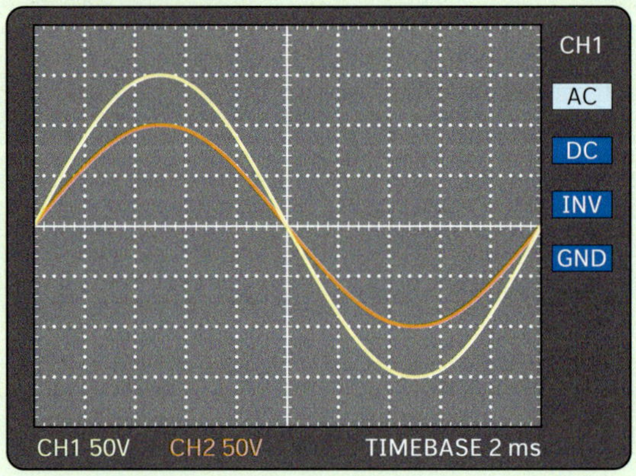

Abb. 1: Oszillogramm einer Reihenschaltung

2. In einer Leuchtstoffleuchte mit VVG werden die Netz- und die induktive Blindspannung mit einem Mehrkanaloszilloskop gemessen (Abb. 2). Ermitteln Sie

a) die Periodendauer T,
b) die Frequenz f,
c) die Spannungsspitzenwerte $\hat{u}_1$ und $\hat{u}_2$,
d) die Effektivwerte der Spannungen U_1 und U_2 sowie
e) den Phasenverschiebungswinkel φ.

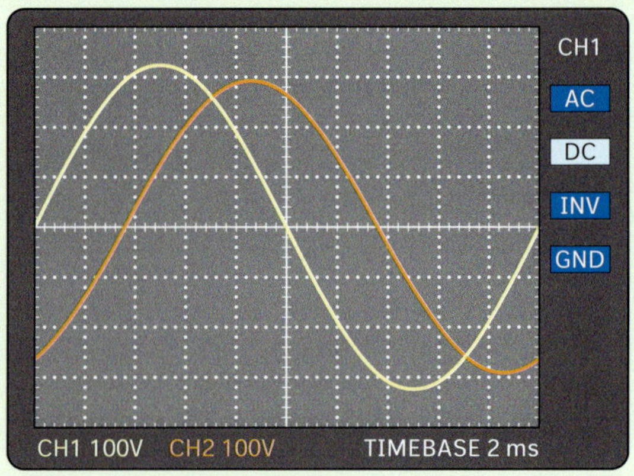

Abb. 2: Spannungen in einer Leuchtstoffleuchte

3. A resistor and a capacitor are connected in series. The oscilloscope (Fig. 3) shows the voltages. Determine a) the period T, b) the frequency f, c) the peak values of the voltages $\hat{u}_1$ and $\hat{u}_2$, d) the r.m.s. values of the voltages U_1 and U_2 and e) the phase difference φ.

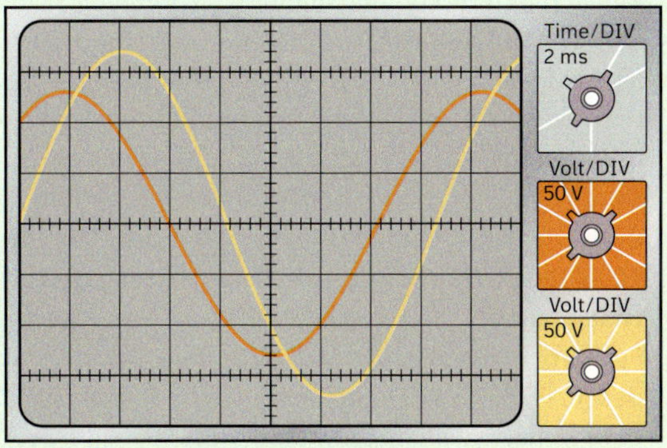

Fig. 3: Series connection of a resistor and a capacitor

4. Mit einem tragbaren Oszilloskop wird die Ausgangsspannung eines Brückengleichrichters B2U gemessen. Abb. 4 zeigt das Display des Messgerätes. Lesen Sie die erforderlichen Werte ab und berechnen Sie a) die Frequenz f und b) den Amplitudenwert der Spannung $\hat{u}$.

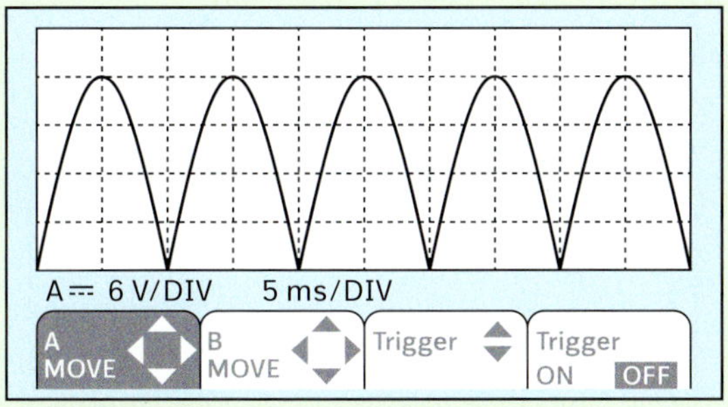

Abb. 4: Ausgangsspannung Brückengleichrichter

5. Bei einem Schaltnetzteil wird die Ausgangsspannung des Transistors gemessen (Abb. 5). Geben Sie a) die Frequenz f und b) den Spitzenwert der Spannung $\hat{u}$ an.

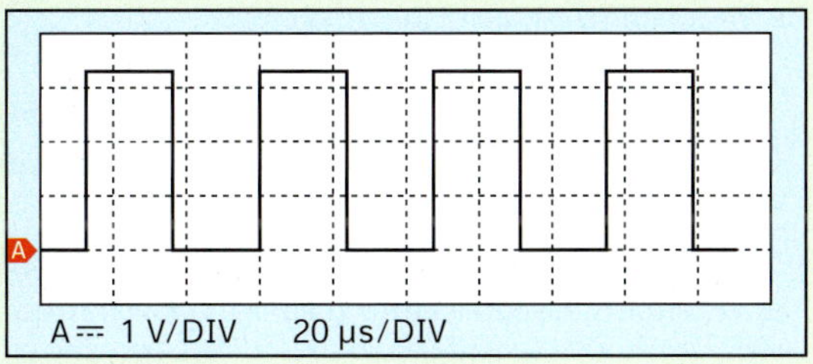

Abb. 5: Ausgangsspannung Transistor

6. Bei einer Messübung wird die Ladekurve eines Kondensators an DC aufgezeichnet (Abb. 6). Kanal A stellt die Spannung und Kanal B die Stromstärke indirekt über einen Widerstand $R = 250\ \Omega$ dar. Bestimmen Sie

a) den Wert der Versorgungsspannung (CH A),
b) die Ladezeit des Kondensators (T) und
c) die Stromstärke zu Beginn des Ladevorgangs.

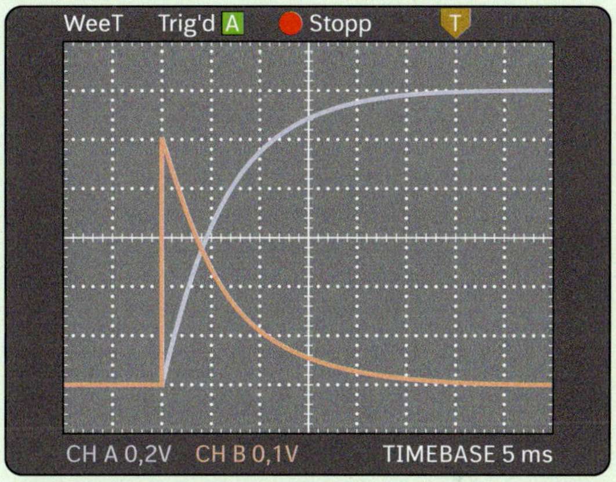

Abb. 6: Ladekurve Kondensator

7. Frequenzumrichter ohne Netzfilter erzeugen Oberwellen. Abb. 7 stellt den idealen Kurvenverlauf der Grundschwingung (CH1), der beiden Oberschwingungen (CH2 und CH3) und der daraus resultierenden Gesamtsignalform (CH4) in einer Simulationsschaltung dar.

a) Welche Frequenzen besitzen die vier Signalformen?
b) Wie groß sind die Spannungsspitzenwerte der jeweiligen Signale?
c) Berechnen Sie den Spannungseffektivwert von Kanal 1.
d) Welche Zeitdifferenz liegt zwischen den negativen und positiven Spitzenwerten der Schwingung von Kanal 4?

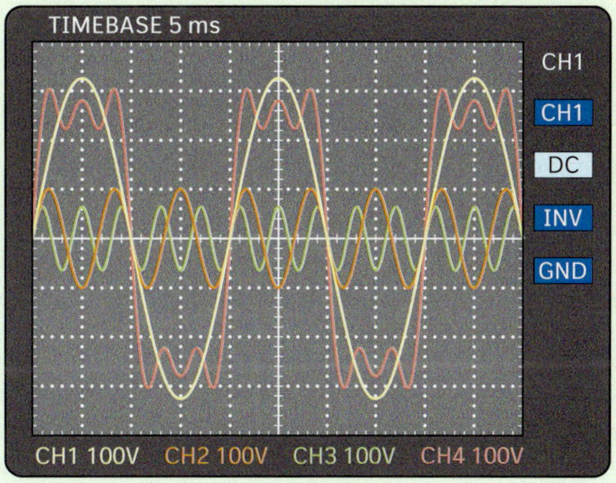

Abb. 7: Spannungsoberschwingungen

7.4 Messbereichserweiterung

7.4.1 Spannungsmessgerät

Durch umschaltbare Vorwiderstände können die Messbereiche von Spannungsmessgeräten erweitert werden.

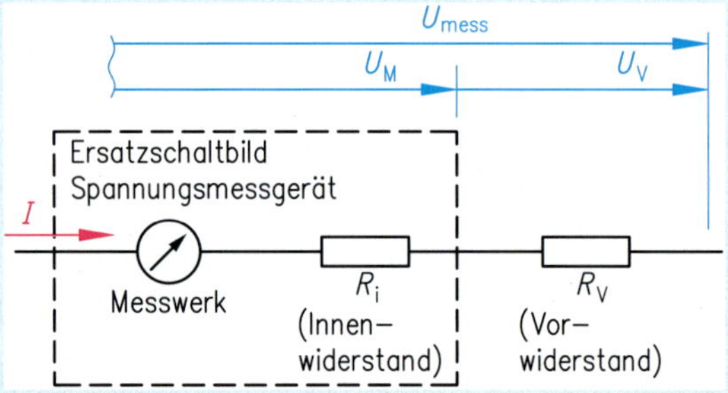

$R_V = \frac{U_{mess} - U_M}{I}$ $\quad R_V = (n-1) \cdot R_i$ $\quad n = \frac{U_{mess}}{U_M}$

R_i: Innenwiderstand, Messwerkwiderstand
R_V: zuschaltbarer Vorwiderstand
U_M: maximale Spannung des Messwerks, kleinster Messbereich
n: Faktor der Messbereichserweiterung
U_{mess}: zu messende Spannung

Beispiel

Ein Spannungsmessgerät kann mit $R_i = 0{,}5\ \text{M}\Omega$ Spannungen bis 50 V messen. Der Messbereich soll auf 250 V erweitert werden.

a) Berechnen Sie den Faktor n für die Messbereichserweiterung.

b) Wie groß ist der erforderliche Widerstand R_V?

Geg.: $R_i = 0{,}5\ \text{m}\Omega$ Ges.: a) n
$U_M = 50\ \text{V}$ b) R_V
$U_{mess} = 250\ \text{V}$

a) $n = \frac{U_{mess}}{U_M}$; $\quad n = \frac{250\ \text{V}}{50\ \text{V}}$; $\quad n = 5$

b) $R_V = (n-1) \cdot R_i$
$R_V = (5-1) \cdot 0{,}5\ \text{M}\Omega$; $\quad \underline{\underline{R_V = 2\ \text{M}\Omega}}$

Aufgaben

1. Ein Messgerät soll eine 10-fach höhere Spannung messen können. Der Innenwiderstand $R_i = 1\ \text{M}\Omega$ wird deshalb durch einen Vorwiderstand erhöht. Welcher Wert muss für R_V gewählt werden?

2. Ein Spannungsmesser hat bei einem 1-V-Messbereich einen Messwerkwiderstand von $R_i = 30\ \text{k}\Omega$. Durch einen Mehrbereichsschalter können vier weitere Messbereiche: a) 10 V, b) 100 V, c) 250 V und d) 500 V gewählt werden. Berechnen Sie die entsprechenden Vorwiderstände.

3. Die maximale Strombelastung eines Drehspulmessgerätes beträgt $I = 0{,}037$ mA. Das Messwerk ist für eine Spannung $U = 5$ V ausgelegt.

a) Wie groß ist der Messwerkwiderstand?

b) Zur Temperaturkompensation wird dem Messwerk ein Konstantandraht-Widerstand in Reihe geschaltet. Dieser besitzt den halben Widerstandswert des Spulenwiderstands. Wie groß ist der Gesamt-Innenwiderwiderstand?

c) Durch zuschaltbare Widerstände (Schaltung in Abb. 1) sollen Spannungsmessungen bis 10 V sowie 100 V möglich sein. Wie groß sind die jeweiligen Vorwiderstände?

d) Für den 100-V-Messbereich soll der Vorwiderstand des 10-V-Bereiches mitgenutzt werden (Abb. 2). Wie groß ist der Erweiterungswiderstand?

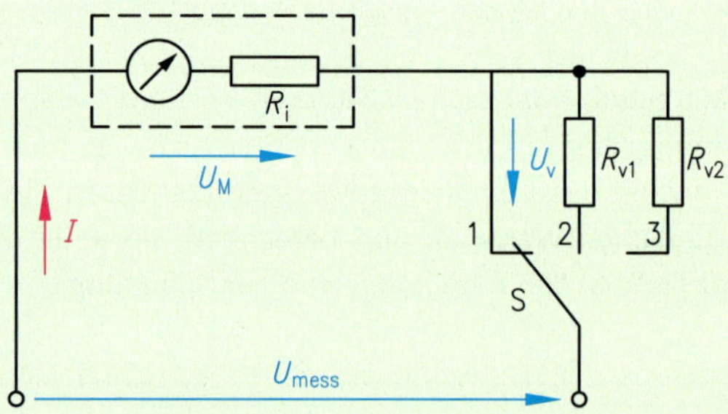

Abb. 1: Grundprinzip Messbereichserweiterung

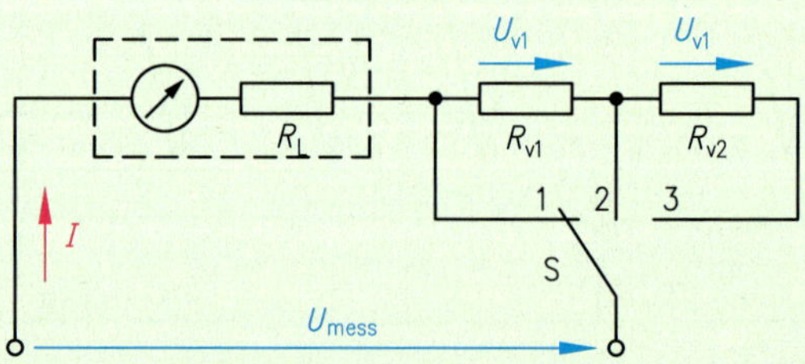

Abb. 2: Praktizierte Messbereichserweiterung

4. An einem Mehrbereichs-Spannungsmesser (Abb. 1) sollen durch einen Umschalter verschiedene Messbereiche eingestellt werden. Das Drehspulmesswerk besitzt einen Innenwiderstand von 300 kΩ und ist für eine maximale Stromstärke $I = 0{,}018$ mA ausgelegt.

a) Berechnen Sie die Messwerkspannung und legen Sie den kleinsten praktikablen Spannungsmessbereich fest.

b) Wie groß sind die Faktoren der Messbereichserweiterungen für die Messbereiche: 50 V und 250 V?

c) Berechnen Sie die notwendigen Vorwiderstände für die erweiterten Messbereiche nach der Schaltung in Abb. 6.

d) Entsprechend der Schaltung in Abb. 7 werden einzelne Vorwiderstände für andere Messbereiche mit genutzt. Welche Werte müssen R_{V2} und R_{V3} besitzen?

7.4.2 Strommessgerät

Durch zuschaltbare Parallelwiderstände kann der Messbereich eines Strommessgerätes erweitert werden.

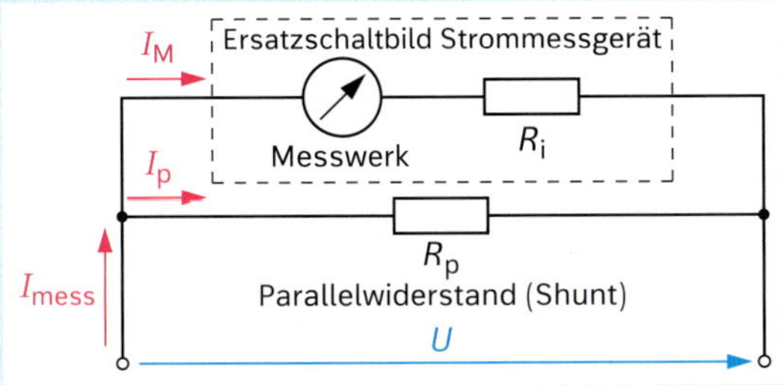

$$R_P = \frac{U}{I_{mess} - I_M} \qquad R_P = \frac{R_i}{n-1} \qquad n = \frac{I_{mess}}{I_M}$$

R_i: Innenwiderstand, Messwerkwiderstand
R_P: Parallelwiderstand (Shunt)
I_M: maximaler Strom des Messwerks, kleinster Messbereich
n: Faktor der Messbereichserweiterung
I_{mess}: zu messender Strom

Beispiel

Ein Strommessgerät hat bei 2 V und 50 mA den vollen Zeigerausschlag. Berechnen Sie den Widerstand R_P für eine Messbereichserweiterung mit $n = 100$.

Geg.: $I_M = 50$ mA; $U = 2$ V; $n = 100$
Ges.: R_P

$R_i = \frac{U}{I_M}$; $R_i = \frac{2\text{ V}}{50\text{ mA}}$; $R_i = 40\ \Omega$

$R_P = \frac{R_i}{n-1}$; $R_P = \frac{40\ \Omega}{100-1}$; $\underline{\underline{R_P = 0{,}404\ \Omega}}$

Aufgaben

1. Ein Strommessgerät mit $R_i = 50\ \Omega$ hat bei einer Spannung von 4 V die Anzeigegrenze erreicht. Es soll jedoch eine Stromstärke bis 2,5 A gemessen werden.
Berechnen Sie: a) n, b) I_M und c) R_P.

2. Ein Drehspulmesswerk hat bei einem Innenwiderstand $R_i = 15\ \Omega$ eine maximal zulässige Stromstärke von 30 mA. Berechnen Sie die Parallelwiderstände, wenn folgende Messbereiche gewählt werden können:
a) 50 mA, b) 100 mA, c) 250 mA, d) 500 mA und e) 1 A.

3. Ein Strommessgerät mit $R_i = 200\ \Omega$ hat bei einer Messwerkstromstärke $I_M = 5$ mA Vollausschlag.
Berechnen Sie den Widerstandwert des Shunts, wenn Ströme bis 1 A gemessen werden sollen.

4. Die kleinsten Messbereiche eines Universalmessgerätes betragen 0,5 mA und 1 V.
a) Wie groß ist der Innenwiderstand des Messwerkes?
b) Durch zuschaltbare Widerstände sollen weitere Stromstärkemessungen in den Bereichen 10 mA und 1 A möglich sein (Abb. 3). Wie groß sind die jeweiligen Parallelwiderstände?

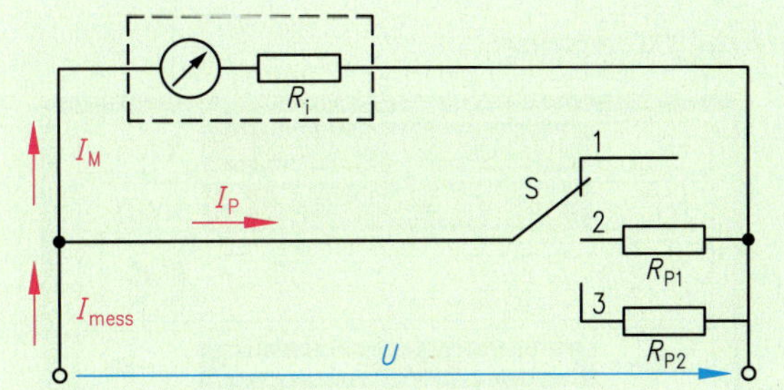

Abb. 3: Prinzip Messbereichserweiterung

5. Für das Messwerk in der Schaltung (Abb. 4) sind festgelegt: 5 V, 300 Ω. Die Parallelwiderstände werden mit $R_{P1} = 0{,}08\ \Omega$, $P_{P2} = 0{,}12\ \Omega$ und $R_{P3} = 0{,}6\ \Omega$ angegeben.
a) Wie groß ist der Messbereich bei Schalterstellung 3?
b) Welcher Messbereichs-Erweiterungsfaktor ist bei der Schalterstellung 1 eingestellt?

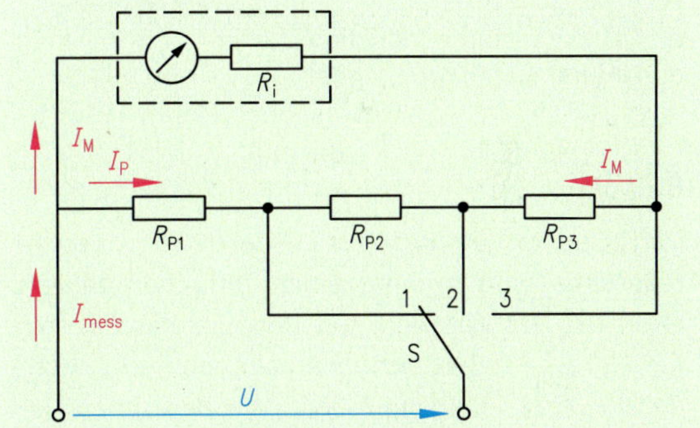

Abb. 4: Technische Lösung (Ayrton-Shunt)

6. Für Strommessungen an elektrischen Maschinen in einem Prüffeld soll der Messbereich erweitert werden. Die Messwerksspule ist bei einer Spannung von 5 V für $I_M = 2{,}5$ mA ausgelegt.
a) Berechnen Sie den Messwerkwiderstand.
b) Es ist mit Belastungsstromstärken bis 15 A zu rechnen. Dabei soll ein Überlastungsbereich von 20 % berücksichtigt werden. Wie groß ist der Messbereichs-Erweiterungsfaktor?
c) Der Shunt wird wegen der Kühlung außerhalb des Messgerätes angeschossen. Mit welcher Verlustleistung ist am Nebenwiderstand zu rechnen, wenn am Motor eine Stromstärke von 12,7 A auftritt?

7.5 Messen von Leistung und Arbeit

Die Leistungsmessung

Die elektrische Wirkleistung kann durch das Messen von Spannung und Stromstärke ermittelt werden.

$$P = U \cdot I$$

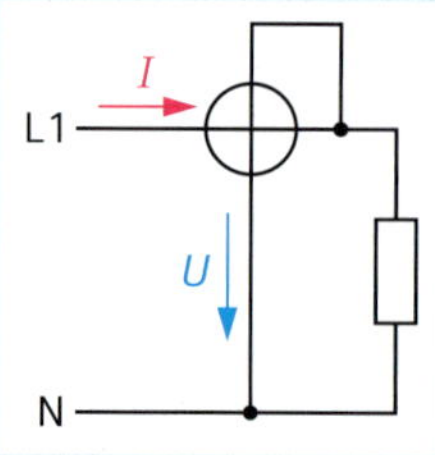

Arbeitsmessung

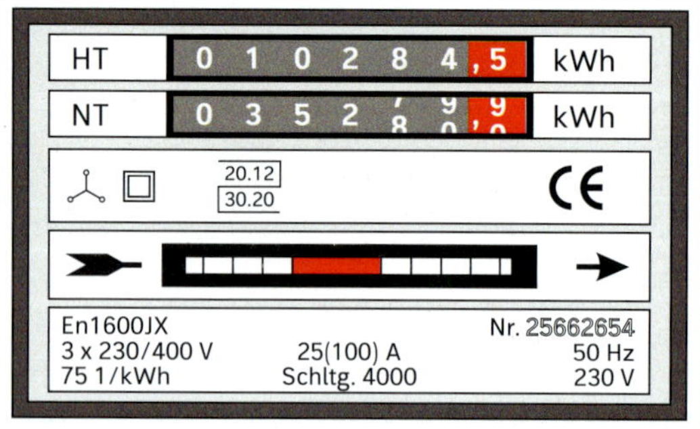

Die elektrische Arbeit entspricht dem Produkt aus Leistung und Zeit.

$$W = U \cdot I \cdot t \qquad W = P \cdot t \qquad P = \frac{n}{c_z}$$

P: Wirkleistung	$[P] = \text{W}$
W: elektrische Arbeit	$[W] = \text{Ws}$
c_z: Zählerkonstante Induktionszähler	$[c_z] = 1/\text{kWh}$
n: Umdrehungen pro Stunde	$[n] = 1/\text{h}$

Beispiel

Die Leistungsaufnahme einer elektrischen Leuchtengruppe wird mithilfe eines Induktionszählers ermittelt. Das Zählwerk mit der Zählerkonstanten $c_z = 150\,\frac{1}{\text{kWh}}$ ändert sich innerhalb von sechs Stunden von 7528,4 kWh auf 7538,0 kWh. Berechnen Sie

a) die elektrische Arbeit W,
b) die elektrische Leistung P,
c) die Umdrehungszahl n pro Stunde und
d) die Umdrehungszahl n_m der Messung.

Geg.: $U = 230$ V; $c_z = 150$ U/kWh
Ges.: a) W; b) P; c) n; d) n_m

a) $W = W_2 - W_1$ $\quad W = (7538{,}0 - 7528{,}4)$ kWh
$\underline{\underline{W = 9{,}6\text{ kWh}}}$

b) $P = \frac{W}{T}$; $\quad P = \frac{9{,}6\text{ kWh}}{6\text{ h}}$; $\quad \underline{\underline{P = 1{,}6\text{ kW}}}$

c) $n = c_z \cdot P$; $\quad n = 150\text{ kWh}^{-1} \cdot 1{,}6\text{ kW}$;
$\underline{\underline{n = 240\text{ h}^{-1}}}$

d) $n_m = n \cdot t$; $\quad n_m = 240\text{ h}^{-1} \cdot 6\text{ h}$; $\quad \underline{\underline{n_m = 1440}}$

Aufgaben

1. Das Zählwerk eines Induktionszählers für eine Wohneinheit steht auf 5627,2 kWh. 24 Stunden später zeigt das Messgerät einen Wert von 5637,5 kWh an. Die Zählerkonstante beträgt $c_z = 75\,\frac{1}{\text{kWh}}$. Geben Sie

a) die elektrische Arbeit W,
b) die durchschnittlich aufgenommene Leistung P,
c) die Umdrehungszahl n pro Stunde und
d) die Umdrehungszahl n_m der Messzeitraumes an.

2. The consumption of a refrigerator is measured with an electricity meter. The counter shows, that 0.5 kWh are needed within 24 hours. The disc has made 38 turns. Calculate a) the power P, b) the revolutions constant c_z and c) the work W for one year.

3. Leistung und Arbeit einer älteren Espressomaschine mit fehlendem Typenschild sollen über eine Strom-Spannungsmessung ermittelt werden. Die Messung ergibt, dass das Betriebsmittel an einer Spannung $U = 226$ V einen Strom der Stärke $I = 9{,}5$ A aufnimmt. Die Zählerkonstante des Zählers beträgt 75 1/kWh.

a) Wie groß ist die elektrische Leistung P?
b) Ermitteln Sie die Arbeit W in einer Stunde.
c) Wie viele Umdrehungen vollführt die Zählerscheibe eines Induktionszählers in zwei Stunden?

4. Für ein Einfamilienhaus soll der elektrische Jahresverbrauch geschätzt werden. Hierfür wird der Zählerstand nach einer durchschnittlichen Woche abgelesen und die Werte auf ein Jahr hochgerechnet. Das Zählwerk ist nach einer Woche um 72,8 kWh gestiegen. Der Arbeitspreis einer Kilowattstunde liegt bei 26,5 ct netto.

a) Überschlagen Sie den Jahresverbrauch der Familie in Kilowattstunden.
b) Ermitteln Sie die voraussichtlichen Jahreskosten inklusive 19 % Mehrwertsteuer in Euro.

5. In einer elektrischen Anlage bestehen Zweifel an der Messgenauigkeit eines Induktionszählers. Mithilfe eines geeichten Leistungsmessgerätes wird die Leistung eines Verbrauchers gemessen und mit den Werten des Zählers verglichen. Die Leistung beträgt $P = 8{,}7$ kW. Die Zählerkonstante ist mit $c_z = 150\,\frac{1}{\text{kWh}}$ angegeben und die Scheibe dreht sich in zwei Minuten genau 45-mal.

a) Welche Arbeit wird in den zwei Minuten umgesetzt?
b) Wie viele Umdrehungen müsste der Zähler aufgrund der Angaben machen?
c) Welcher Bruttobetrag wurde bei einem Jahresverbrauch von 3500 kWh pro Jahr und 27,7 ct/kWh netto zu viel berechnet?

7.6 Messen über Messwandler

Beispiel

Mit Messwandlern werden große Ströme und Spannungen heruntertransformiert, um sie einfacher messen zu können.

Spannungswandler:

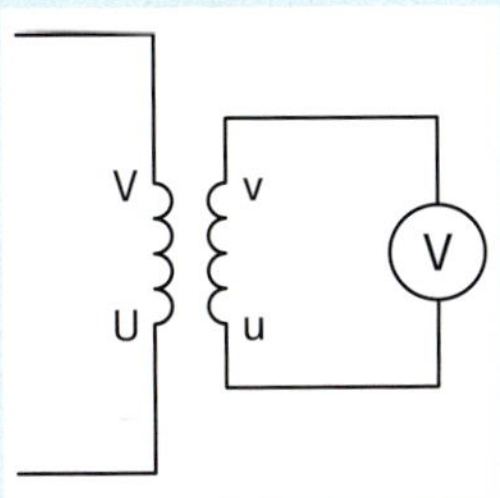

$$ü = \frac{U_1}{U_2}$$

Stromwandler:

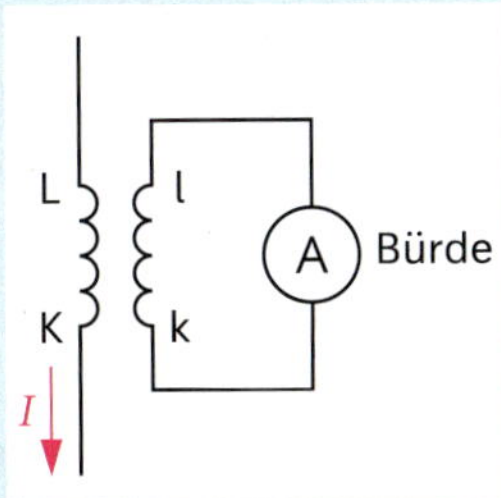

$$ü = \frac{I_1}{I_2}$$

ü: Übersetzungsverhältnis Primär- zu Sekundärseite

Beispiel

In einem Einkaufszentrum mit Mittelspannungseinspeisung werden Spannungs- und Stromwandler eingesetzt, um die elektrischen Größen hochspannungsseitig messen zu können. Am Spannungswandler mit dem Übersetzungsverhältnis $ü = 200$ liegt sekundärseitig die Spannung $U_2 = 97{,}5$ V an. Der Sekundärstrom durch den Stromwandler ($ü = 80$) beträgt $I_2 = 0{,}45$ A. Berechnen Sie

a) die Primärspannung U_1 und

b) die Stromstärke I_1.

Geg.: $ü_u = 200$; $U_2 = 97{,}5$ V; $ü_I = 80$; $I_2 = 0{,}45$ A

Ges.: a) U_1; b) I_1

a) $ü_u = \frac{U_1}{U_2}$

$U_1 = ü_u \cdot U_2$

$U_1 = 200 \cdot 97{,}5$ V

$\underline{\underline{U_1 = 19{,}5 \text{ kV}}}$

b) $ü_I = \frac{I_1}{I_2}$

$I_1 = ü_I \cdot I_2$

$I_1 = 80 \cdot 0{,}45$ A

$\underline{\underline{I_1 = 36 \text{ A}}}$

Aufgaben

1. Im Schaltschrankbau werden Niederspannungsstromwandler zum Anschluss an Einbaumessgeräte verwendet. Die Herstellerangabe für den Bemessungsbetrieb lauten 50 A/1 A. Im Betrieb fließt ein Primärstrom der Stärke $I_1 = 42$ A. Berechnen Sie

a) das Übersetzungsverhältnis *ü* und

b) die Sekundärstromstärke I_2.

2. A current transformer for low voltage converts the primary current in a switchboard cabinet. The nominal ratio is 250 A/1 A. An ammeter shows that a current of $I_2 = 0.8$ A flows. What is the primary current I_1?

3. Abb. 1 zeigt das Leistungsschild eines Stromwandlers. Das Gerät wird eingesetzt, um Ströme von bis zu 68 A primärseitig zu messen. Welche Stromstärke fließt bei diesem Wert durch den Messstromkreis?

Hersteller		
Current Transformer		
DIN VDE 0414		
I_{1N} / I_{2N}	75 / 1 A	
50 ... 60 Hz	2,5 VA	Class 3

Abb. 1: Leistungsschild eines Stromwandlers

4. In einer Einphasenmittelspannungsanlage mit der Nennspannung U_n = 15 kV werden Spannungswandler eingesetzt, die im Bemessungsbetrieb die Spannung um das Verhältnis *ü* = 150 herabsetzen. Im Betrieb kann die Nennspannung um bis zu 10 % unterschritten werden. Welche Spannung U_2 liegt mindestens am Messkreis an?

5. Ein Durchsteckstromwandler (Abb. 2) zur direkten Montage auf Stromschienen muss für eine Messaufgabe ausgewählt werden. Der Primärstromkreis wird mit $I_N = 63$ A abgesichert. Zur Auswahl stehen folgende Modelle:

Modell	1	2	3	4
I_{1N}/I_{2N}	50 A/5 A	60 A/5 A	75 A/5 A	100 A/5 A
I_{Dauer}	$1{,}2 \cdot I_1$			

a) Wählen Sie das kleinstmögliche Modell aus.

b) Wie groß ist die maximal messbare Dauerstromstärke I_2 im Messkreis?

Abb. 2: Stromwandler für Stromschienen

8 Elektronik

8.1 Diode im Gleichstromkreis

Bei Betrieb in Durchlassrichtung wird die Diode niederohmig, wenn die Durchlassspannung den Wert der Schleusenspannung überschreitet.

Zur Strombegrenzung wird der Diode ein Widerstand R in Reihe geschaltet.

Bei einem Betrieb in Sperrrichtung ist die Diode hochohmig.

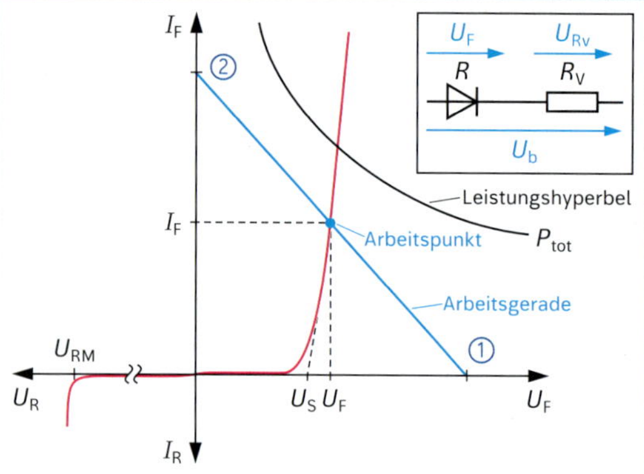

$$R_F = \frac{U_F}{I_F}$$

$$R_R = \frac{U_R}{I_R}$$

$$P_{VF} = U_F \cdot I_F$$

$$P_{VR} = U_R \cdot I_R$$

$$P_V \leq P_{tot}$$

Konstruktion der Arbeitsgeraden:

1. Punkt ① bei $I = 0$ und Betriebsspannung (U_b) einzeichnen.
2. Punkt ② bei $U = 0$ und $I = \frac{U_b}{R_V}$ einzeichnen.
3. Verbinden der Punkte ① und ②.

Der Schnittpunkt von Diodenkennlinie und Arbeitsgeraden entspricht dem Arbeitspunkt der Reihenschaltung von Diode und Widerstand.

P_V: Verlustleistung
P_{tot}: maximale Verlustleistung
R_F: Widerstand in Durchlassrichtung
R_R: Widerstand in Sperrrichtung
R_V: Vorwiderstand
U_F: Durchlassspannung
U_S: Schwellenspannung, Schleusenspannung
U_R: Sperrspannung
U_{RM}: maximale Sperrspannung
U_b: Betriebsspannung
I_R: Sperrstrom
I_F: Durchlassstrom

Beispiel

Zur Strombegrenzung wird der Diode mit der dargestellten Kennlinie ein 62-Ω-Widerstand in Reihe zugeschaltet. Die Betriebsspannung beträgt 5 V.
Ermitteln Sie
a) die Spannung an der Diode,
b) die Stromstärke durch die Diode und
c) die Verlustleistung der Diode.

Geg.: $R_V = 62\ \Omega$; $U_b = 5\ \text{V}$
Ges.: a) U_F; b) I_F; c) P_V

a) Arbeitsgerade konstruieren
1. Punkt ① bei $I = 0$ und $U_b = 5\ \text{V}$ einzeichnen.
2. Punkt ② ermitteln und einzeichnen.
$I = \frac{U_b}{R_V}$; $I = \frac{5\ \text{V}}{62\ \Omega}$; $\underline{I = 81\ \text{mA}}$
3. Punkte ① und ② verbinden.
$\underline{\underline{U_F = 1{,}2\ \text{V}}}$ (abgelesen)

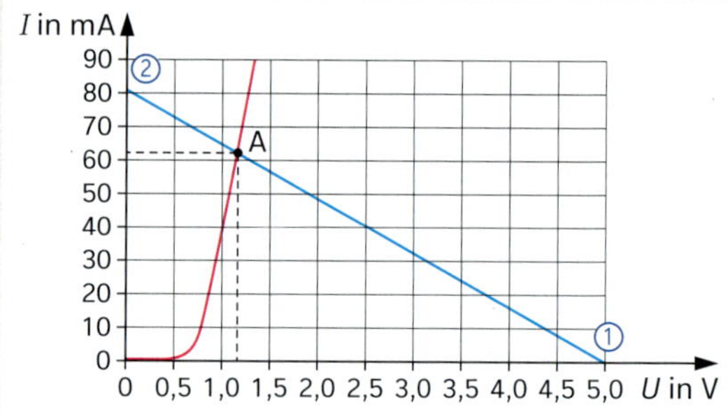

b) $\underline{\underline{I_F = 62\ \text{mA}}}$ (abgelesen)
c) $P_{VF} = U_F \cdot I_F$; $P_{VF} = 1{,}2\ \text{V} \cdot 62\ \text{mA}$; $\underline{\underline{P_{VF} = 74\ \text{mW}}}$

Aufgaben

1. Durch die Diode 1N4004 fließt bei einer Durchlassspannung von 0,9 V ein Strom der Stärke 600 mA. Berechnen Sie a) den Widerstand in Durchlassrichtung sowie b) die Verlustleistung der Diode.

2. At a reverse voltage of 300 V, a reverse current of 15 µA flows through the diode 1N4004. Calculate a) the resistance in the reverse direction and b) the power loss of the diode.

3. Ein Widerstand und eine Leuchtdiode sind in Reihe geschaltet. Bei einer Betriebsspannung von 24 V wird die Schaltung von einem Strom der Stärke 18,6 mA durchflossen. An der Diode liegt eine Spannung von 1,7 V. Ermitteln Sie a) die Verlustleistung der Diode sowie b) den Wert des Vorwiderstands.

4. Die Diode 1N4004 wird in Durchlassrichtung an einer Spannung von 9 V betrieben. Der Arbeitspunkt der Diode soll bei 1 V/800 mA liegen. Berechnen Sie

a) die Verlustleistung der Diode,
b) die Spannung am Vorwiderstand,
c) den Wert des Vorwiderstandes und
d) die Verlustleistung des Vorwiderstandes.

5. Die Diode BAS116 (Abb. 1) wird mit einem $R_V = 20\ \Omega$ in Reihe geschaltet. An der Diode wird eine Spannung von 1,1 V gemessen.

a) Ermitteln Sie den Widerstand der Diode.
b) An welcher Betriebsspannung wird die Schaltung betrieben?
c) Für welche Leistung muss der Vorwiderstand mindestens ausgelegt sein?
d) P_{tot} der Diode beträgt 250 mW. Prüfen Sie, ob die Verlustleistung im zulässigen Bereich liegt.

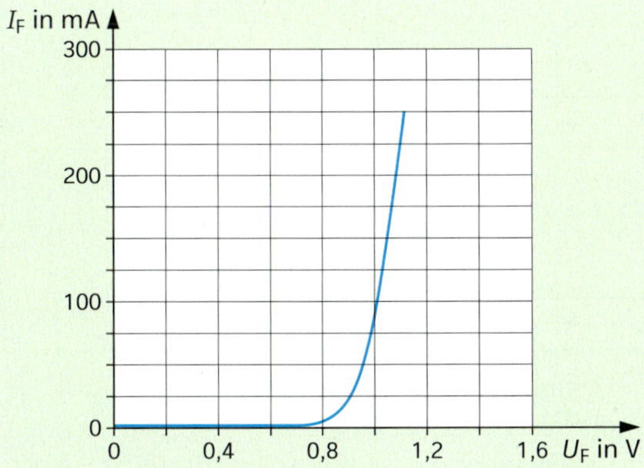

Abb. 1: Durchlasskennlinie BAS116

6. Die Diode BAS116 (Abb. 1) liegt mit einem ohmschen Verbraucher in Reihe. Bei einer Betriebsspannung von 7,2 V beträgt die Stromstärke 150 mA. Berechnen Sie

a) den Widerstandswert des Verbrauchers und
b) die Leistung des Verbrauchers.

7. Die Diode BAS116 (Abb. 1) wird mit einem 6-Ω-Widerstand an einer Betriebsspannung von 1,4 V betrieben. Ermitteln Sie zeichnerisch die Diodenspannung und den Diodenstrom in Durchlassrichtung.

8. In einem Auto wird eine rote LED (Abb. 2) zu Signalisierungszwecken eingesetzt. Sie wird hierbei an das Kfz-Stromnetz $U = 12$ V angeschlossen. Die Stromstärke durch die Diode soll hierbei maximal 25 mA betragen.

a) Ermitteln Sie für den Vorwiderstand den Widerstandswert und dessen Verlustleistung.
b) Die maximal zulässige Verlustleistung der LED beträgt 60 mW. Prüfen Sie, ob dies durch die Schaltung gewährleistet ist.

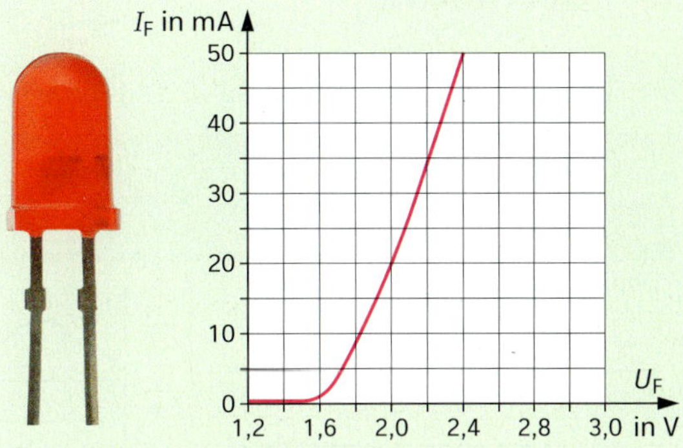

Abb. 2: Durchlasskennlinie LED rot

9. Vier rote Leuchtdioden (Abb. 2) und ein Widerstand sind in Reihe geschaltet. Die Schaltung liegt an einer Betriebsspannung von 9 V. Der Arbeitspunkt ist so einzustellen, dass durch die LEDs ein Strom der Stärke 15 mA fließt. Berechnen Sie a) den Widerstandswert und b) die Verlustleistung des Widerstandes.

10. Ermitteln Sie für die Schottky-Diode BAT760 (Abb. 3)

a) den Widerstand in Durchlassrichtung bei $I_F = 40$ mA und
b) den Widerstand in Sperrrichtung bei $U_R = 10$ V.

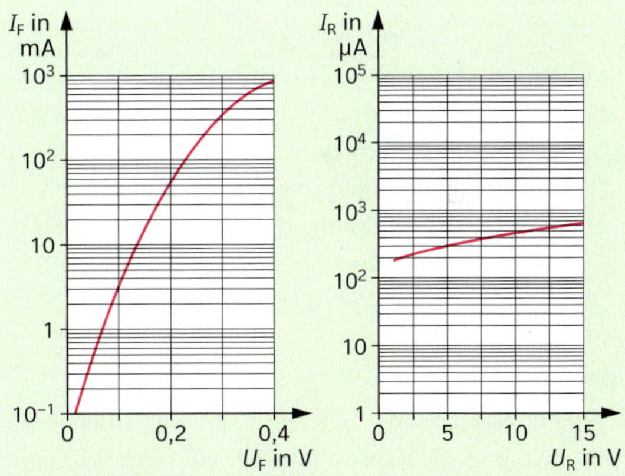

Abb. 3: Schottky-Diode BAT760

11. Eine rote Leuchtdiode (Abb. 2) soll mit einem Vorwiderstand an einer Spannung von 12 V betrieben werden. Die Stromstärke soll 20 mA betragen. Da die LED mit maximal 5 V in Sperrrichtung belastet werden darf, soll sie durch eine zusätzliche Diode BAS116 (Abb. 1) vor Verpolungsschäden geschützt werden.

a) Zeichnen Sie die Schaltung.
b) Bestimmen Sie den Wert des Vorwiderstands.
c) Welcher Vorwiderstandswert ist notwendig, wenn anstatt der Diode BAS116 die Diode BAT760 verwendet wird?

8.2 Gleichrichter

Mithilfe einer Gleichrichterschaltung wird aus einer Wechselspannung eine pulsende Gleichspannung erzeugt.

Schaltung	Spannungsverlauf	Schaltungs- und Ventilkennwerte $\frac{U_{di}}{U_{v0}}$	$\frac{U_{im}}{U_{di}}$	$\frac{I_v}{I_d}$	$\frac{I_F}{I_d}$	$\frac{S_{Li}}{U_{di} \cdot I_d}$
Einpuls-Mittelpunktschaltung **M1U** 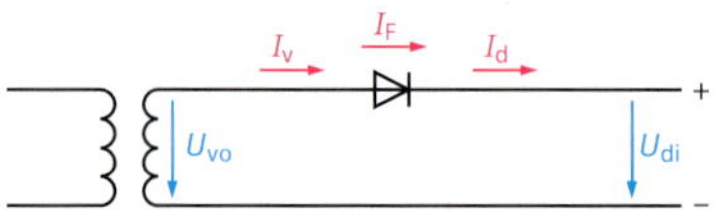	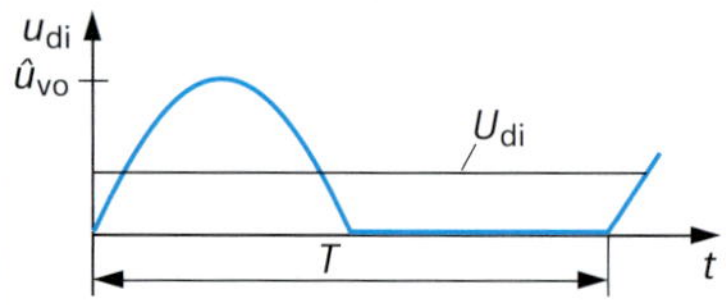	0,45	3,14	1,57	1,0	3,49
Zweipuls-Brückenschaltung **B2U** 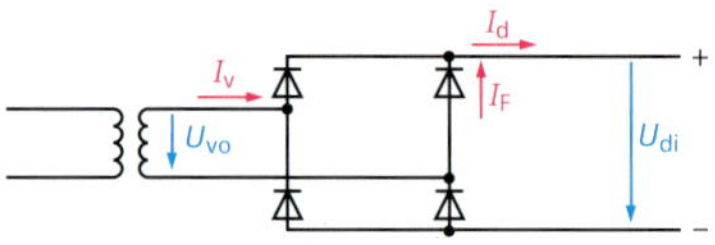	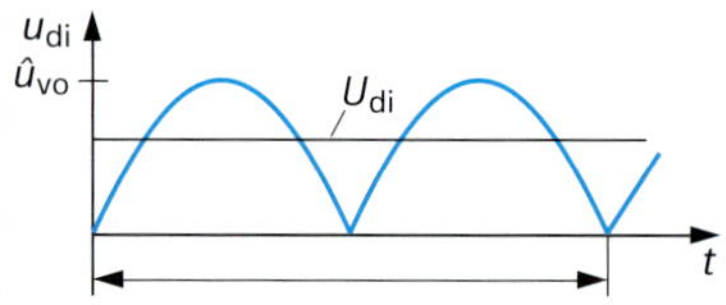	0,90	1,57	1,11	0,50	1,23
Dreipuls-Mittelpunktschaltung **M3U** 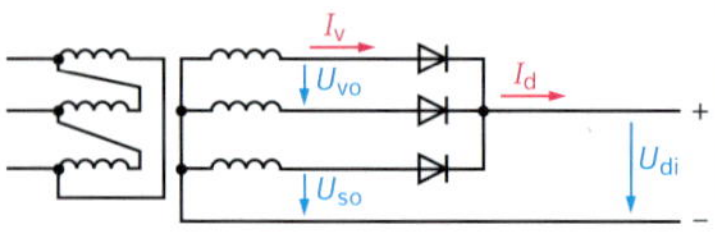	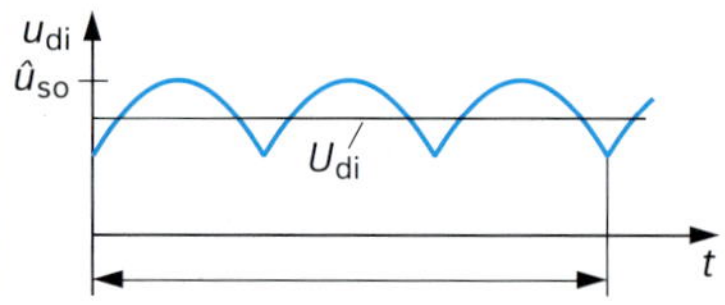	0,675	2,09	0,588	0,333	1,23
Sechspuls-Brückenschaltung **B6U** 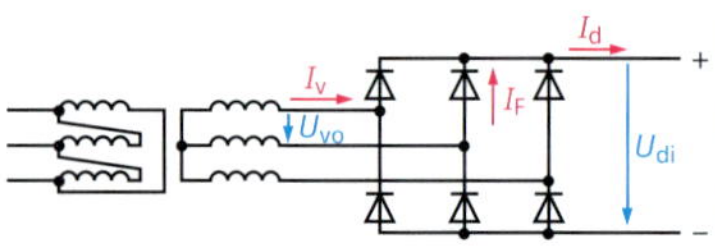	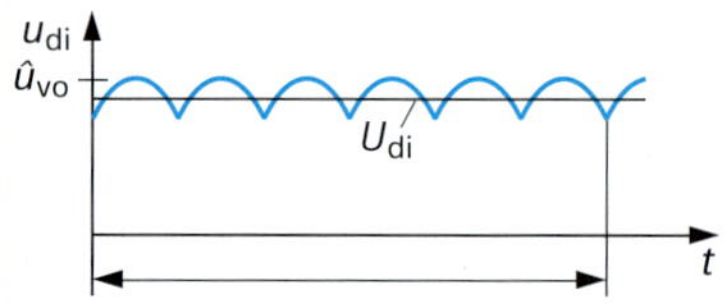	1,35	1,05	0,820	0,333	1,06

U_{di}: ideale Gleichspannung $[U_{di}] = V$
U_{v0}: Eingangsspannung des Gleichrichters (Effektivwert) $[U_{v0}] = V$
U_{im}: Scheitelsperrspannung der Dioden $[U_{im}] = V$
U_1: Eingangsspannung $[U_1] = V$
I_v: Eingangsstrom des Gleichrichters $[I_v] = A$
I_d: effektiver Gleichstrom $[I_d] = A$
I_F: Diodenstrom $[I_F] = A$
S_{Li}: ideale primärseitige Scheinleistung des Transformators $[S_{Li}] = VA$

Beispiel

Für ein elektrisches Spielzeug ist ein Gleichrichter mit Zweipuls-Brückenschaltung zu dimensionieren. Der Gleichrichter soll mithilfe der Netzspannung 230 V/50 Hz eine 9-V-Gleichspannung erzeugen. Die Stärke des Gleichstroms beträgt maximal 2 A.

a) Berechnen Sie die notwendige Eingangsspannung der Gleichrichterschaltung.
b) Wie groß ist die Eingangsstromstärke des Gleichrichters?
c) Mit welcher Leistung wird der Transformator der Gleichrichterschaltung maximal belastet?
d) Für welche Sperrspannung müssen die Dioden des Gleichrichters ausgelegt sein?

Geg.: $U_1 = 230\,V$; $U_{di} = 9\,V$; $I_d = 2\,A$
Ges.: a) U_{v0}; b) I_v; c) S_{Li}; d) U_{im}

a) $\frac{U_{di}}{U_{v0}} = 0{,}9$ aus Tabelle

$U_{v0} = \frac{U_{di}}{0{,}9}$; $U_{v0} = \frac{9\,V}{0{,}9}$; $\underline{\underline{U_{v0} = 10\,V}}$

b) $\frac{I_v}{I_d} = 1{,}11$ aus Tabelle

$I_v = I_d \cdot 1{,}11$; $I_v = 2\,A \cdot 1{,}11$; $\underline{\underline{I_v = 2{,}22\,A}}$

c) $\frac{S_{Li}}{U_{di} \cdot I_d} = 1{,}23$ aus Tabelle

$S_{Li} = 1{,}23 \cdot U_{di} \cdot I_d$; $S_{Li} = 1{,}23 \cdot 9V \cdot 2\,A$

$\underline{\underline{S_{Li} = 22{,}14\,VA}}$

d) $\frac{U_{im}}{U_{di}} = 1{,}57$ aus Tabelle

$U_{im} = 1{,}57 \cdot U_{di}$; $U_{im} = 1{,}57 \cdot 9\,V$; $\underline{\underline{U_{im} = 14{,}1\,V}}$

1. Am Eingang einer Einpuls-Mittelpunktschaltung liegt eine 230-V-Wechselspannung an. Berechnen Sie die ideale Gleichspannung.

2. Die Wechselspannung $U_1 = 110$ V wird von einer Zweipuls-Brückenschaltung gleichgerichtet. Berechnen Sie die ideale Gleich- und die Scheitelsperrspannung.

3. Eine B2U-Gleichrichterschaltung gibt bei einer Gleichspannung von 42 V einen Gleichstrom der Stärke 2,6 A ab. Berechnen Sie die ideale primärseitige Scheinleistung des Transformators.

4. A B6U-rectifier circuit with a direct voltage $U_{di} = 220$ V emits a current of 8.8 A to an ohmic load. Calculate

a) the output current I_v of the transformer,

b) the voltage U_{v0} at the transformer,

c) the crest inverse voltages of the diodes and

d) the diode current.

5. Mithilfe eines Transformators und eines Gleichrichters in B2U-Schaltung wird eine 24-V-Gleichrichterschaltung realisiert. Der Gleichstrom beträgt 6 A.

a) Für welche Sperrspannung müssen die Gleichrichterdioden ausgelegt sein?

b) Welche Spannung muss vom Transformator zur Verfügung gestellt werden?

c) Wie hoch ist der sekundärseitige Ausgangsstrom des Transformators?

6. In einer B2U-Gleichrichterschaltung werden Dioden des Typs 1N4004 aus Abb. 1 verwendet. Ermitteln Sie für den Gleichrichter a) die maximal mögliche ideale Gleichspannung, b) die maximale Eingangsspannung und c) die mindestens erforderliche Ausgangsleistung des Transformators.

Maximum ratings	
Type Typ	Repetitive peak reverse voltage Periodische Spitzensperrspannung V_{RRM} [V]
IN 4001	50
IN 4002	100
IN 4003	200
IN 4004	400
IN 4005	600
IN 4006	800
IN 4007	1000
Nominal current; Nennstrom; $I_F = 1$ A	

Abb. 1: Diodenkennwerte

7. Die sekundärseitige Ausgangsspannung eines Drehstromtransformators $U_{v0} = 400$ V wird mithilfe einer Dreipuls-Mittelpunktschaltung gleichgerichtet. Berechnen Sie

a) die ideale Gleichspannung und

b) die Scheitelsperrspannung der Dioden.

8. Für eine Gleichrichterschaltung steht ein Transformator mit einem Übersetzungsverhältnis $ü = 19$ zur Verfügung. Die Bemessungsleistung ist mit 18 VA angegeben. Berechnen Sie die ideale Gleichspannung und den maximal zulässigen Gleichstrom I_d für die

a) Einpuls-Mittelpunktschaltung,

b) die Zweipuls-Brückenschaltung.

9. Ein Teststand zur Überprüfung eines Kfz-Bordnetzes benötigt eine Gleichspannungsversorgung von 48 V. Dieses soll mithilfe eines Wechselstromtransformators und einer B2U-Gleichrichterschaltung realisiert werden.

a) Welches Übersetzungsverhältnis muss der Transformator haben, wenn er an 230 V/50 Hz betrieben wird?

b) Welche der Dioden aus der Tabelle in Abb. 1 können für die Gleichrichterschaltung verwendet werden?

c) Wie hoch ist bei der Verwendung der Dioden aus der Tabelle in Abb. 1 der maximal zulässige Gleichstrom?

d) Welche Bemessungsleistung muss für diesen Fall der Transformator haben?

10. Die 400-V-Leiterspannung eines Drehstromtransformators der Schaltgruppe Dyn5 wird über eine M3U-Schaltung gleichgerichtet. Die Stärke des Leiterstroms beträgt bei ohmscher Belastung 2,5 A.

a) Wie groß ist die ideale Ausgangsspannung des Gleichrichters?

b) Wie hoch ist der Gleichstrom?

c) Welche Leistung gibt der Drehstromtransformator ab?

d) Wie hoch ist die abgegebene Gleichstromleistung?

11. Ein Gleichstrommotor wird über eine B6U-Gleichrichterschaltung betrieben. Der Motor nimmt bei einer Nennspannung von 220 V einen Strom der Stärke 12,5 A auf.

a) Berechnen Sie die sekundärseitige Spannung am Transformator.

b) Mit welcher Stromstärke werden die Halbleiterdioden belastet?

c) Wie hoch ist die Sperrspannung an den Dioden?

d) Für welche Leistung muss der Transformator dimensioniert sein?

8.3 Glättung

Die pulsierende Gleichspannung eines Gleichrichters kann durch einen Kondensator geglättet werden. Die Spannung besitzt eine Restwelligkeit, die auch als Brummspannung bezeichnet wird.

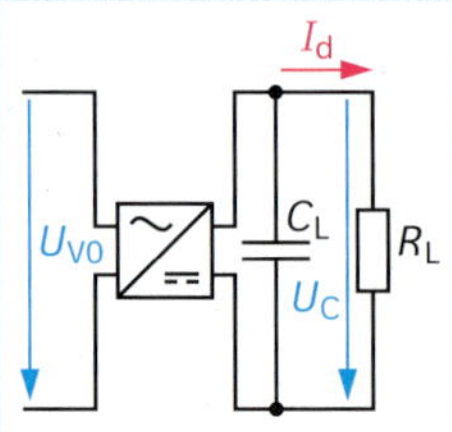

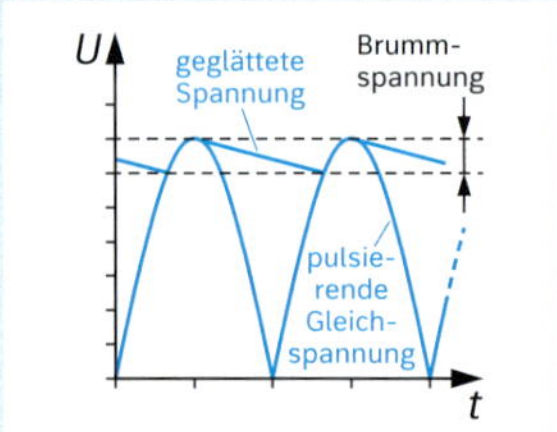

$$C_L = \frac{k \cdot I_d}{p \cdot f \cdot U_W} \qquad w_U = \frac{U_W}{U_{di}}$$

C_L:	Ladekondensator	$[C_L] = F$
I_d:	Gleichstrom	$[I_d] = A$
p:	Pulszahl pro Periode	
f:	Netzfrequenz	$[f] = Hz$
U_W:	Brummspannung	$[U_W] = V$
U_{di}:	ideale Gleichspannung	$[U_{di}] = V$
w_U:	Spannungswelligkeit	
k:	Schaltungsfaktor Einpulsschaltung: k = 0,25 Zweipulsschaltung: k = 0,2	

Beispiel

Ein Brückengleichrichter wandelt eine Wechselspannung (230 V/50 Hz) in eine Gleichspannung um. Als Glättungskondensator wird ein 470-µF-Elektrolytkondensator verwendet. Durch den Lastwiderstand fließt ein Strom der Stärke $I_d = 300$ mA. Berechnen Sie a) die Brummspannung U_W und b) die Spannungswelligkeit w_U. c) Welche Kapazität C_L wird mindestens benötigt, wenn die Brummspannung kleiner als 1 V werden soll?

Geg.: $p = 2$; $k = 0{,}2$; $f = 50$ Hz; $U_{d0} = 230$ V;
$C_L = 470$ µF; $I_d = 300$ mA

Ges.: a) U_W; b) w_U; c) C_L

a) $U_W = \frac{k \cdot I_d}{p \cdot f \cdot C_L}$; $\quad U_W = \frac{0{,}2 \cdot 300\text{ mA}}{2 \cdot 50\text{ Hz} \cdot 470\text{ µF}}$

$\underline{\underline{U_W = 1{,}28\text{ V}}}$

b) $U_{di} = U_{V0} \cdot 0{,}9$ (siehe Kap. Gleichrichter)

$U_{di} = 230\text{ V} \cdot 0{,}9 \quad \underline{U_{di} = 207\text{ V}}$

$w_U = \frac{U_W}{U_{di}}$; $\quad w_U = \frac{1{,}28\text{ V}}{207\text{ V}}$; $\quad \underline{\underline{w_U = 0{,}006}}$

c) $C_L = \frac{k \cdot I_d}{p \cdot f \cdot U_W}$; $\quad C_L = \frac{0{,}2 \cdot 300\text{ mA}}{2 \cdot 50\text{ Hz} \cdot 1\text{ V}}$

$C_L = 600$ µF; $\quad \underline{\underline{C_L \geq 600\text{ µF}}}$

Aufgaben

1. In einer Versuchsschaltung wird eine Wechselspannung (12 V/50 Hz) mithilfe einer Einpuls-Mittelpunktschaltung gleichgerichtet. Der Laststrom beträgt 250 mA. Berechnen Sie die Brummspannung bei der Verwendung eines 2200-µF-Kondensators.

2. Eine Wechselspannung (230 V/50 Hz) wird mithilfe einer B2U-Schaltung gleichgerichtet. Der Gleichstrom hat eine Stärke von 50 mA.

a) Welchen Wert besitzt die ideale Gleichspannung?

b) Welche Kapazität muss ein Ladekondensator mindestens haben, damit die Brummspannung kleiner als 2 V ist?

3. Gegeben ist die nebenstehende Gleichrichterschaltung.

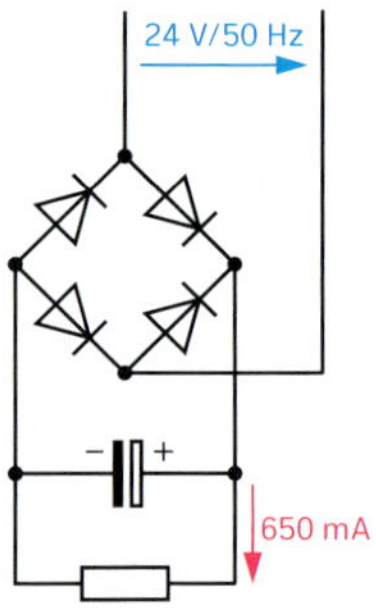

a) Die Brummspannung soll kleiner als 1 V werden. Welche Kapazität ist dafür mindestens notwendig?

b) Mit welchem Kondensator aus der E12-Reihe lässt sich dies am besten umsetzen?

c) Berechnen Sie die damit entstandene Brummspannung.

d) Berechnen Sie die Spannungswelligkeit.

4. Eine B2U-Schaltung mit einem Glättungskondensator von 330 µF richtet eine Spannung von 120 V/60 Hz gleich. Berechnen Sie die Spannungswelligkeit bei einem Laststrom von 500 mA.

5. Für einen Gleichrichterprototyp wurde der in Abb. 1 dargestellte Entwurf erstellt. Die Stärke des Laststroms wird mit 125 mA angenommen. Die Spannungswelligkeit soll den Wert 0,05 nicht übersteigen.

a) Bestimmen Sie die Werte für die Kapazität und die Spannung des Kondensators.

b) Welcher Kondensator aus der E12-Reihe ist zu wählen?

c) Bis zu welcher Laststromstärke wird die geforderte Spannungswelligkeit eingehalten?

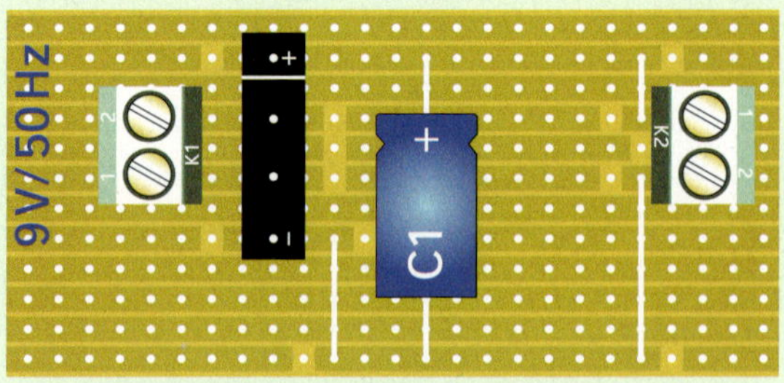

Abb. 1: Gleichrichterentwurf auf Streifenrasterplatine

8.4 Spannungsstabilisierung

8.4.1 Z-Diode

Z-Dioden werden in Sperrrichtung betrieben. Überschreitet U_Z die Sperrspannung der Diode, wird diese niederohmig.

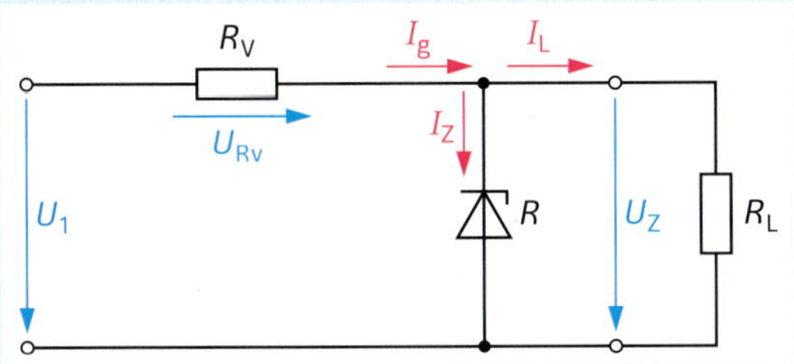

Bei der Dimensionierung des Vorwiderstandes ist der minimale und maximale Diodensperrstrom zu berücksichtigen.

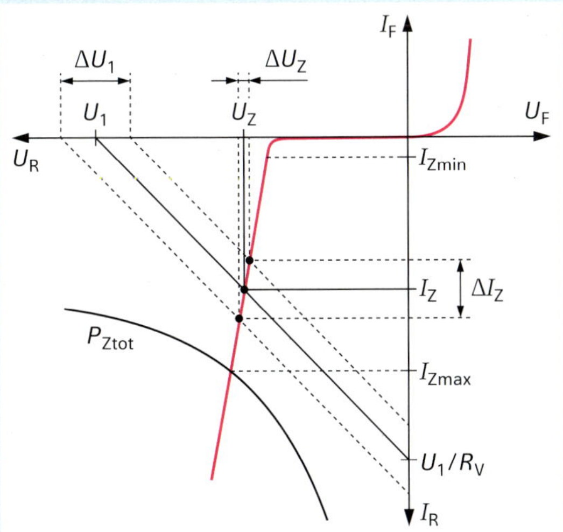

$$R_v = \frac{U_1 - U_Z}{I_L + I_Z} \qquad R_{v\,min} = \frac{U_{1\,max} - U_Z}{I_{L\,min} + I_{Z\,max}} \qquad R_{v\,max} = \frac{U_{1\,min} - U_Z}{I_{L\,max} + I_{Z\,min}}$$

$$P_{Zv} = U_Z \cdot I_Z \qquad P_{Ztot} = U_Z \cdot I_{Z\,max}$$

P_{Zv}: Verlustleistung $[P_{Zv}]$ = W
P_{Ztot}: maximale Verlustleistung $[P_{Ztot}]$ = W
R_v: Vorwiderstand $[R_v]$ = Ω
$R_{v\,max}$: maximaler Vorwiderstand $[R_{v\,max}]$ = Ω
$R_{v\,min}$: minimaler Vorwiderstand $[R_{v\,min}]$ = Ω
U_Z: Sperrspannung der Diode $[U_Z]$ = V
U_1: Eingangsspannung $[U_1]$ = V
$U_{1\,max}$: maximale Eingangsspannung $[U_{1\,max}]$ = V
$U_{1\,min}$: minimale Eingangsspannung $[U_{1\,min}]$ = V
I_Z: Sperrstrom $[I_Z]$ = A
$I_{Z\,max}$: maximaler Sperrstrom $[I_{Z\,max}]$ = A
$I_{Z\,min}$: minimaler Sperrstrom $[I_{Z\,min}]$ = A
I_L: Laststrom $[I_L]$ = A
$I_{L\,max}$: maximaler Laststrom $[I_{L\,max}]$ = A
$I_{L\,min}$: minimaler Laststrom $[I_{L\,min}]$ = A

Beispiel

Mithilfe der Z-Diode BZX 97 C5V1 ($U_Z = 5{,}1$ V) soll eine zwischen 7 V und 8 V schwankende Eingangsspannung stabilisiert werden. Der Laststrom variiert zwischen 20 mA und 40 mA. Laut Datenblatt beträgt die maximale Verlustleistung der Diode 0,5 W. Die minimale Stromstärke für I_Z ist mit 5 mA angegeben. Berechnen Sie

a) die maximale Stromstärke in Sperrrichtung,
b) den minimalen Wert des Vorwiderstandes und
c) den maximalen Wert des Vorwiderstandes.

Geg.: $U_Z = 5{,}1$ V; $U_1 = 7$ V ... 8 V; $I_L = 20$ mA ... 40 mA; $P_{tot} = 0{,}5$ W; $I_{Z\,min} = 5$ mA

Ges.: a) $I_{Z\,max}$; b) $R_{v\,min}$; c) $R_{v\,max}$

a) $I_{Z\,max} = \frac{P_{tot}}{U_Z}$; $I_{Z\,max} = \frac{0{,}5\text{ W}}{5{,}1\text{ V}}$; $\underline{\underline{I_{Z\,max} = 98\text{ mA}}}$

b) $R_{v\,min} = \frac{U_{1\,max} - U_Z}{I_{L\,min} + I_{Z\,max}}$

$R_{v\,min} = \frac{8\text{ V} - 5{,}1\text{ V}}{20\text{ mA} + 98\text{ mA}}$

$\underline{\underline{R_{v\,min} = 24{,}6\ \Omega}}$

c) $R_{v\,max} = \frac{U_{1\,min} - U_Z}{I_{L\,max} + I_{Z\,min}}$

$R_{v\,max} = \frac{7\text{ V} - 5{,}1\text{ V}}{40\text{ mA} + 5\text{ mA}}$

$\underline{\underline{R_{v\,max} = 42{,}2\ \Omega}}$

Aufgaben

1. Die Z-Diode BZX 97 C 6V2 wird in Reihe mit einem 68-Ω-Widerstand betrieben. Die Versorgungsspannung beträgt 9 V. Berechnen Sie die Sperrstromstärke I_Z.

Typ	U_Z (V) bei $I_Z = 5$ mA	P_{Ztot} (W)
BZX 97/C 3V3	3,3	0,5
BZX 97/C 5V1	5,1	0,5
BZX 97/C 6V2	6,2	0,5
BZX 97/C 8V2	8,2	0,5
BZX 97/C 12	12	0,5

Abb. 2: Z-Dioden der Baureihe BZX 97

2. Zur Strombegrenzung wird ein 330-Ω-Widerstand zur Diode BZX 97 C 12 (Abb. 2) in Reihe geschaltet. Die Versorgungsspannung schwankt im Bereich von 15 V – 18 V.

a) Zwischen welchen Werten liegt der Sperrstrom I_Z?
b) Berechnen Sie die größtmögliche Verlustleistung der Diode.
c) Wie groß darf der Vorwiderstandswert maximal sein, wenn der Diodenstrom 5 mA nicht unterschreiten soll?
d) Welchen Wert muss der Vorwiderstand mindestens haben?

3. Die Z-Diode BZX 97 C 5V1 aus Abb. 1 wird in Reihe mit einem Widerstand an einer schwankenden Versorgungsspannung betrieben (Abb. 1). Berechnen Sie

a) den maximal zulässigen Strom $I_{Z\,max}$,
b) den minimal zulässigen Widerstand R_V bei $U_1 = 9$ V
c) den maximal zulässigen Widerstand R_V bei $U_1 = 6{,}8$ V, wenn eine Stromstärke von 5 mA nicht unterschritten werden soll,
d) die minimale und maximale Stromstärke I_Z, wenn als R_v ein 180-Ω-Widerstand verwendet wird und
e) die maximale Leistung am Widerstand R_v.

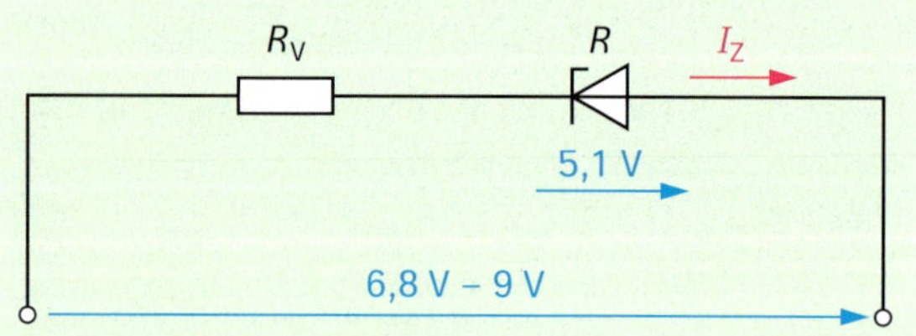

Abb. 1: Spannungsstabilisierung

4. A sensor circuit requires an operating voltage of 8 V. Only a supply voltage of 12 V is available. The voltage is reduced with the aid of the Z diode BZX 97 C 8V2 and the series resistor $R_v = 82$ Ω.
Calculate

a) the voltage at the series resistor,
b) the current I_Z,
c) the power output at the Z diode and
d) the power output at R_v when the sensor circuit is switched off.

5. Einem Verbraucher wird mithilfe der Z-Diode BZX 97 C 3V3 eine Versorgungsspannung von 3,3 V zur Verfügung gestellt. Die Stromstärke I_Z beträgt hierbei 5 mA. Bei dieser Spannung nimmt der Verbraucher konstant 25 mA auf. Die Versorgungsspannung kann zwischen 3,6 V und 4,5 V schwanken. Berechnen Sie

a) die maximal zulässige Stromstärke $I_{Z\,max}$,
b) den minimalen Wert des Vorwiderstandes und
c) den maximalen Wert des Vorwiderstandes.

6. Ein Verbraucher wird parallel zu einer BZX 97 C 8V2 geschaltet. Die Versorgungsspannung beträgt konstant 12 V. Je nach Belastung schwankt die Laststromstärke I_L zwischen 25 mA und 65 mA.

a) Zeichnen Sie die Schaltung mit dem notwendigen Vorwiderstand.
b) Wählen Sie für den Vorwiderstand einen passenden Widerstandswert aus der E12-Reihe aus.
c) Berechnen Sie die maximal auftretende Leistung am Vorwiderstand und der Z-Diode.

7. In einer Schaltung zur Spannungsstabilisierung sind die Z-Diode BZX 79 C 3V3 (Abb. 2) und ein Vorwiderstand $R_v = 68$ Ω in Reihe geschaltet. Im unbelasteten Zustand schwankt die Stromstärke zwischen 10 mA und 33 mA.

a) In welchem Bereich schwankt die Spannung U_Z?
b) Berechnen Sie den maximalen Wert von U_1.
c) Welchen minimalen Wert besitzt U_1?

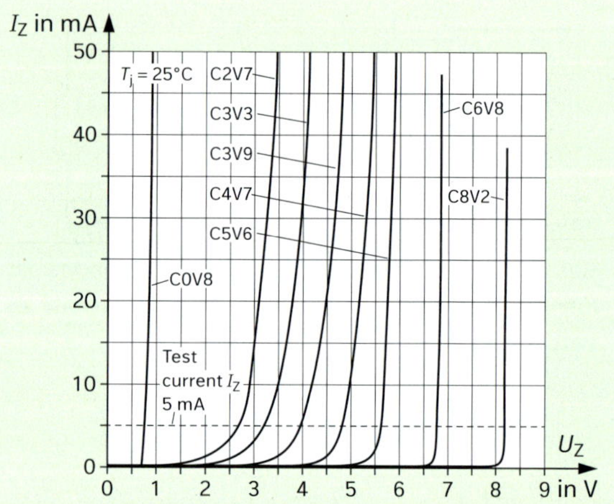

Abb. 2: BZX 79-Kennlinien

8. Mithilfe der Z-Diode BZX 85 C 8V2 wird die Spannungsstabilisierung für einen Verbraucher realisiert. Dieser Verbraucher nimmt eine Stromstärke von 1 mA bis 30 mA auf. Zusätzlich ist damit zu rechnen, dass die Eingangsspannung zwischen 11,5 V und 12,5 V schwankt. Der Arbeitsbereich der Z-Diode soll zwischen 10 mA und 100 mA liegen.

a) In welchem Bereich darf der Wert von R_v liegen?
b) Welche Werte aus der E12-Reihe kommen infrage?

9. Ein batteriebetriebenes Gerät benötigt für einen internen Controller eine stabilisierte Spannung. Dies wird mithilfe der Z-Diode BZX 79 C 4V7 realisiert. Der Widerstandswert des Controllers schwankt zwischen 1 kΩ und 10 kΩ. Die Spannungsversorgung wird entweder über sechs Batterien (1,5 V) oder sechs Akkus (1,2 V) realisiert. Die Z-Diode soll im Bereich von 10 mA bis 50 mA arbeiten.

a) Zwischen welchen Werten schwankt die Spannung der Z-Diode beim angegebenen Arbeitsbereich? Nehmen Sie für die folgenden Rechnungen den Mittelwert dieses Spannungsbereiches.
b) Ermitteln Sie den minimalen und maximalen Wert des Vorwiderstandes.
c) Welche Werte aus der E12-Reihe sind zulässig?
d) Welche maximale Verlustleistung tritt an einem Vorwiderstand von 100 Ω auf?

8.4.2 Spannungsregler

Spannungsregler stabilisieren eine schwankende Eingangsspannung auf eine nahezu konstante Ausgangsspannung. Hierbei erzeugt der Regler eine konstante Spannung zwischen dem Referenzspannungsanschluss und dem Ausgang.

Festspannungsregler

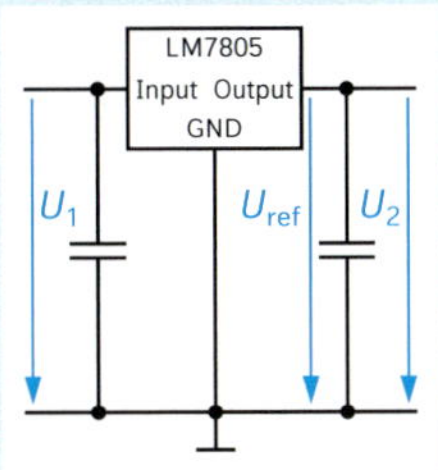

$U_2 = U_{ref}$

Variabler Regler

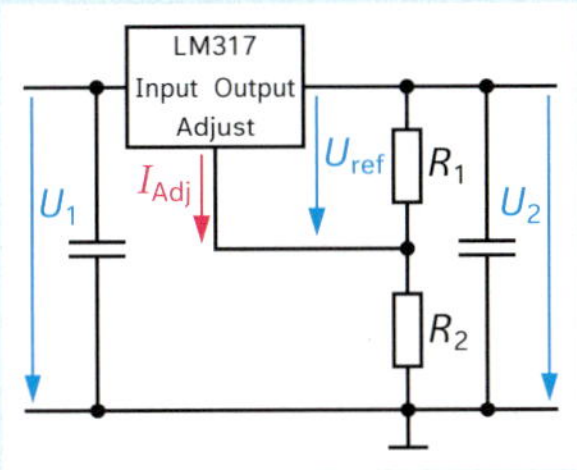

$U_2 = U_{ref} + U_{R2}$

$$U_2 = U_{ref} \cdot \left(1 + \frac{R_2}{R_1}\right) + (I_{Adj} \cdot R_2)$$

Die Eingangsspannung U_1 muss immer größer als die Ausgangsspannung U_2 sein.

Beispiel

Eine schwankende Eingangsspannung U_1 soll mithilfe des Spannungsreglers LM317 stabilisiert werden. Der Spannungswert schwankt hierbei zwischen 11,5 V und 12,5 V. Der ausgangsseitige Spannungsteiler hat die Widerstandswerte $R_1 = 240\ \Omega$ und $R_2 = 720\ \Omega$. Die Referenzspannung des LM317 ist 1,25 V und die Stromstärke aus dem Referenzspannungsanschluss beträgt 50 µA.

a) Berechnen Sie die Ausgangsspannung.

b) Auf welchen Wert ist R_2 zu ändern, damit sich die Ausgangsspannung auf 6,5 V erhöht?

Geg.: $U_1 = 11{,}5\ \text{V} \ldots 12{,}5\ \text{V}$; $U_{ref} = 1{,}25\ \text{V}$;
$I_{Adj} = 50\ \mu\text{A}$; $R_1 = 240\ \Omega$; $R_2 = 720\ \Omega$

Ges.: a) U_2; b) R_2

a) $$U_2 = U_{ref} \cdot \left(1 + \frac{R_2}{R_1}\right) + (I_{Adj} \cdot R_2)$$

$$U_2 = 1{,}25\ \text{V} \cdot \left(1 + \frac{720\ \Omega}{240\ \Omega}\right) + (50\ \mu\text{A} \cdot 720\ \Omega)$$

$$U_2 = 5\ \text{V} + 36\ \text{mV}$$

$$\underline{\underline{U_2 = 5{,}036\ \text{V}}}$$

b) $$R_2 = \left(\frac{U_2}{U_{ref}} - 1\right) \cdot R_1 \qquad (I_{Adj} \cdot R_2) \text{ vernachlässigt}$$

$$R_2 = \left(\frac{6{,}5\ \text{V}}{1{,}25\ \text{V}} - 1\right) \cdot 240\ \Omega \qquad \underline{\underline{R_2 = 1008\ \Omega}}$$

Aufgaben

1. Ein Festspannungsregler erzeugt eine Ausgangsspannung von 6 V. Die Eingangsspannung beträgt 15 V. Der Regler wird mit $R_L = 51\ \Omega$ belastet. Berechnen Sie

a) den Laststrom,

b) die Spannung über den Festspannungsregler und

c) die Verlustleistung des Reglers.

2. Bei den Festspannungsreglern der Reihe LM78XX steht XX für den Spannungswert zwischen den beiden Anschlüssen Output und GND. Berechnen Sie für die Schaltung aus Abb. 3 die Stromstärke durch den Lastwiderstand bei der Verwendung eines a) LM7805 und eines b) LM7809.

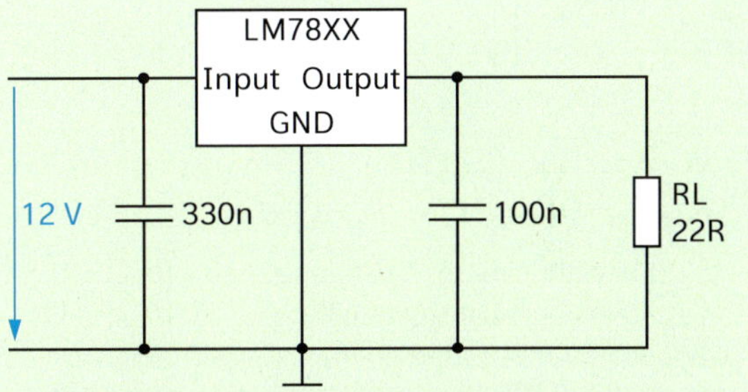

Abb. 3: Festspannungsregler mit LM78XX

3. Welche Verlustleistung tritt am Spannungsregler in Abb. 1 auf, wenn ein LM7808 eingesetzt wird und die Eingangsspannung um ±1 V schwankt?

4. Der in Abb. 4 dargestellte einstellbare Spannungsregler versorgt eine Last $R_L = 120\ \Omega$ und wird mit einer Eingangsspannung von 15 V betrieben. Der Strom I_{Adj} ist so gering, dass er vernachlässigt werden kann.

a) Berechnen Sie den einstellbaren Spannungsbereich der Ausgangsspannung.

b) Welche maximale Verlustleistung tritt am LM317 auf?

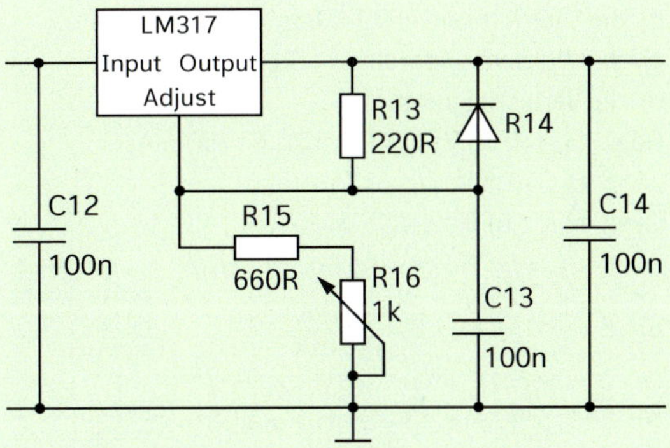

Abb. 4: Einstellbarer Spannungsregler mit LM317

8.5 Bipolarer Transistor

8.5.1 Kennwerte

Aufgrund der Reihenfolge der Halbleiterschichten unterscheidet man NPN- und PNP-Transistoren. Ein Transistor besitzt die Anschlüsse Basis (B), Kollektor (C) und Emitter (E). Der Basisanschluss dient der Steuerung der Kollektor-Emitter-Strecke.

NPN-Transistor

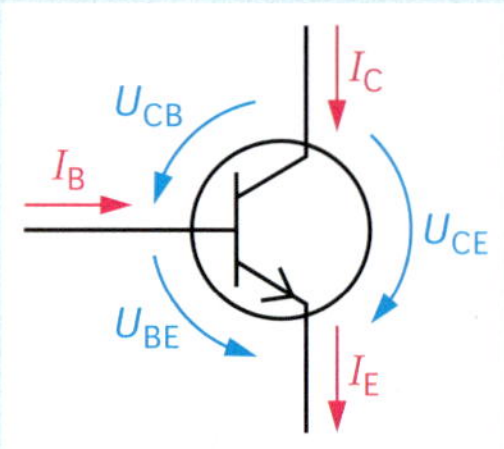

PNP-Transistor

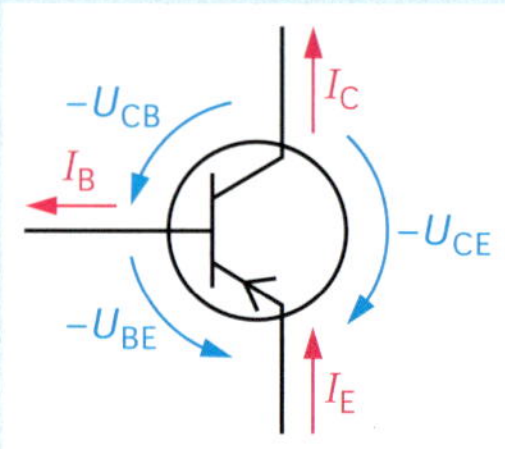

$U_{CE} = U_{CB} + U_{BE}$ $\quad I_E = I_C + I_B$ $\quad B = \frac{I_C}{I_B}$

$P_V = U_{CE} \cdot I_C + U_{BE} \cdot I_B$ $\quad P_V \approx I_C \cdot U_{CE}$

U_{CE}:	Kollektor-Emitter-Spannung	$[U_{CE}] = \text{V}$
U_{CB}:	Kollektor-Basis-Spannung	$[U_{CB}] = \text{V}$
U_{BE}:	Basis-Emitter-Spannung	$[U_{BE}] = \text{V}$
I_B:	Basisstrom	$[I_B] = \text{A}$
I_C:	Kollektorstrom	$[I_C] = \text{A}$
I_E:	Emitterstrom	$[I_E] = \text{A}$
B:	Gleichstromverstärkung	
P_V:	Verlustleistung	$[P_V] = \text{W}$

Beispiel

In einer Schaltung wird der NPN-Transistor BC337 eingesetzt. Bei einer Basis-Emitter-Spannung von 0,75 V und einem Basisstrom von 0,2 mA stellt sich ein Kollektorstrom von 50 mA ein. Die Kollektor-Emitter-Spannung beträgt 1,5 V. Die Basis des Transistors ist über einen Vorwiderstand an 12 V angeschlossen. Berechnen Sie

a) den Emitterstrom,
b) die Gleichstromverstärkung,
c) den Basisvorwiderstand und
d) die Verlustleistung.

Geg.: $U_{BE} = 0{,}75\,\text{V}$; $I_B = 0{,}2\,\text{mA}$; $I_C = 50\,\text{mA}$; $U_{CE} = 1{,}5\,\text{V}$; $U_B = 12\,\text{V}$

Ges.: a) I_E; b) B; c) R_B; d) P_V

a) $I_E = I_C + I_B$; $\quad I_E = 50\,\text{mA} + 0{,}2\,\text{mA}$; $\quad \underline{\underline{I_E = 50{,}2\,\text{mA}}}$

b) $B = \frac{I_C}{I_B}$; $\quad B = \frac{50\,\text{mA}}{0{,}2\,\text{mA}}$; $\quad \underline{\underline{B = 250}}$

c) $R_B = \frac{U_B - U_{BE}}{I_B}$; $\quad R_B = \frac{12\,\text{V} - 0{,}75\,\text{V}}{0{,}2\,\text{mA}}$; $\quad \underline{\underline{R_B = 56{,}25\,\text{k}\Omega}}$

d) $P_V \approx I_C \cdot U_{CE}$; $\quad P_V \approx 50\,\text{mA} \cdot 1{,}5\,\text{V}$; $\quad \underline{\underline{P_V \approx 75\,\text{mW}}}$

Aufgaben

1. Aus der Basis eines Transistors fließen 150 µA. Der Emitterstrom beträgt hierbei 37,5 mA.

a) Um welchen Transistortypen handelt es sich?
b) Berechnen Sie die Stärke des Kollektorstroms.

2. Bei einem Basisstrom von 0,8 mA stellt sich bei einer Kollektor-Emitter-Spannung von 1,2 V ein Kollektorstrom von 190 mA ein. Berechnen Sie

a) den Emitterstrom,
b) die Gleichstromverstärkung und
c) die Verlustleistung.

3. Ein NPN-Transistor mit einer maximalen Verlustleistung von 500 mW soll als elektronischer Schalter eingesetzt werden. Wie hoch darf der Kollektorstrom bei einer Kollektor-Emitter-Spannung von 1,3 V maximal sein?

4. At a base current of 0.2 mA, the transistor BC546 has a collector current of 50 mA. The maximum power loss at an ambient temperature of 25 °C is stated as 625 mW.

a) Calculate the DC amplification factor.
b) How high is the maximum value permitted for the collector-emitter-voltage?

5. An der Kollektor-Emitter-Strecke des Transistors BC548 wird bei einem Basisstrom von 0,5 mA eine Spannung von 0,8 V gemessen. Die Gleichstromverstärkung beträgt hierbei 140. Berechnen Sie

a) den Emitterstrom und
b) die Verlustleistung.

6. Bei Messungen an dem PNP-Transistor BC328 werden folgende Daten ermittelt: $U_{CE} = -1\,\text{V}$; $I_C = 300\,\text{mA}$; $U_{BE} = -1{,}2\,\text{V}$. Laut Datenblatt besitzt der Transistor bei diesen elektrischen Werten eine Stromverstärkung von 200. Berechnen Sie

a) die Kollektor-Basis-Spannung,
b) den Basisstrom und
c) die gesamte Verlustleistung des Transistors bei dieser Messung.

7. Der Transistor in der nebenstehenden Schaltung besitzt eine Gleichstromverstärkung von 190. Berechnen Sie

a) den Emitterstrom,
b) die Verlustleistung,
c) den Widerstand R_C und
d) den Widerstand R_B.

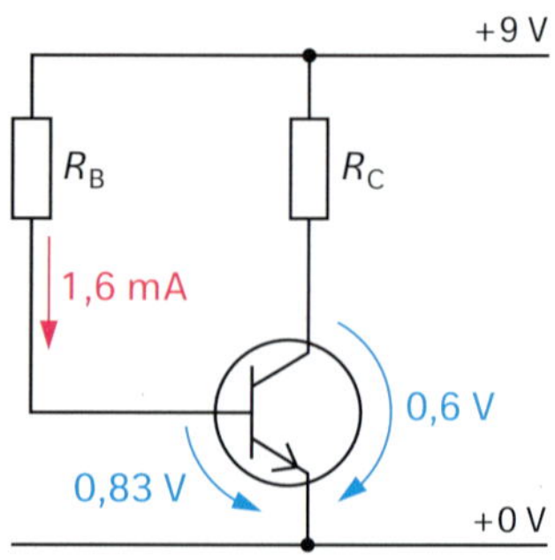

8.5.2 Kennlinien

Die Zusammenhänge der elektrischen Größen an einem Transistor werden mittels Kennlinien dargestellt.
In Datenblättern sind diese Kennlinien meist getrennt aufgeführt.
Das Vierquadranten-Kennlinienfeld stellt den Zusammenhang der Kennlinien dar.

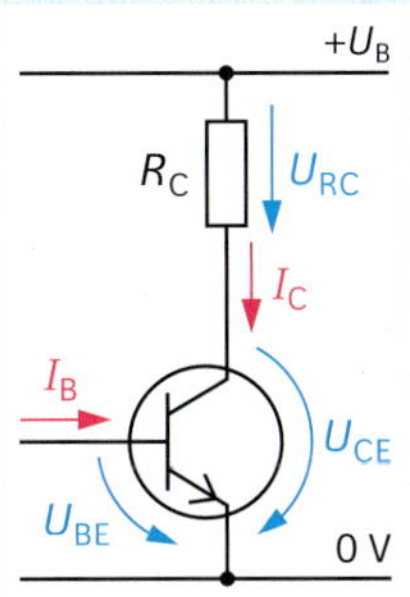

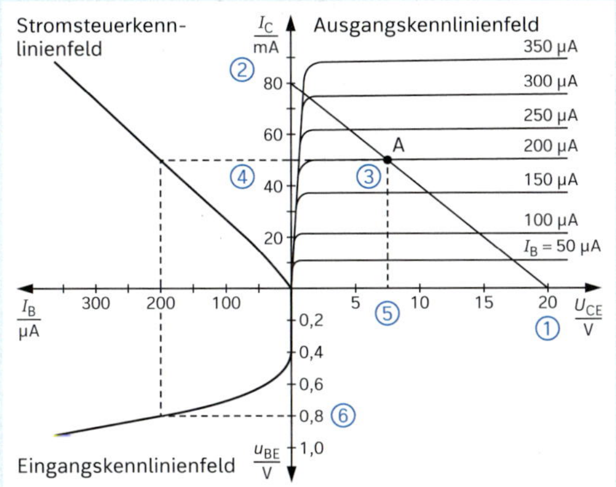

Beispiel

In einem Verstärker wird der Transistor mit den obigen Kennlinien eingesetzt. Der Kollektor ist über einen 250-Ω-Widerstand an die Betriebsspannung $U_B = 20$ V angeschlossen. Der Transistor wird mit einem Basisstrom von 0,2 mA angesteuert. Ermitteln Sie

a) den Arbeitspunkt,
b) den Kollektorstrom,
c) die Kollektor-Emitter-Spannung,
d) die Spannung am Widerstand R_C und
e) die Basis-Emitter-Spannung.

Geg.: $U_B = 20$ V; $R_C = 250\ \Omega$; $I_B = 0{,}2$ mA;
Ges.: a) AP; b) I_C; c) U_{CE}; d) U_{RC}; e) U_{BE}

a) Anfangspunkte der Arbeitsgeraden bestimmen:
$U_{CE} = U_B$; $\underline{\underline{U_{CE} = 20\text{ V}}}$ ①
$I_C = \frac{U_B}{R_C}$; $I_C = \frac{20\text{ V}}{250\ \Omega}$; $\underline{\underline{I_C = 80\text{ mA}}}$ ②
Anfangspunkte verbinden; Arbeitspunkt ist Schnittpunkt mit Kennlinie $I_B = 200$ µA ③

b) Aus dem Ausgangskennlinienfeld: $\underline{\underline{I_C = 50\text{ mA}}}$ ④

c) Aus dem Ausgangskennlinienfeld: $\underline{\underline{U_{CE} = 7{,}5\text{ V}}}$ ⑤

d) $U_{RC} = U_B - U_{CE}$; $U_{RC} = 20\text{ V} - 7{,}5\text{ V}$; $\underline{\underline{U_{RC} = 12{,}5\text{ V}}}$

e) Aus dem Eingangskennlinienfeld: $\underline{\underline{U_{BE} = 0{,}8\text{ V}}}$ ⑥

Aufgaben

1. Ein Verstärker mit dem Transistor BC338 und $R_C = 300\ \Omega$ liegt an einer Betriebsspannung von 15 V. Die Stromstärke des Basisstromes ist 0,15 mA. Ermitteln Sie

a) mithilfe des Vierquadranten-Kennlinienfeldes (➡ Anhang S. 268) den Arbeitspunkt,
b) den Kollektorstrom und die Kollektor-Emitter-Spannung,
c) die Basis-Emitter-Spannung,
d) die Spannung am Widerstand R_C und
e) die Stromverstärkung.

2. In einem Verstärker ist der Kollektor des Transistors BC338 über einen 150-Ω-Widerstand an 12 V angeschlossen. Der Emitter liegt an Masse. Der Basisstrom ist auf 0,25 mA eingestellt (➡ Anhang S. 269).

a) Ermitteln Sie die Anfangspunkte der Arbeitsgeraden.
b) Welche Werte haben der Kollektorstrom und die Kollektor-Emitter-Spannung?
c) Welche Verlustleistung tritt am Transistor auf?

3. Ein Transistor BC338 wird mit einem Basisstrom von 2 mA angesteuert. Der Kollektorstrom beträgt 350 mA. Ermitteln Sie

a) die Kollektor-Emitter-Spannung (➡ Anhang S. 269),
b) die Stromverstärkung und
c) die Verlustleistung.

4. Bestimmen Sie mithilfe des Datenblattes des Transistors BC338 (➡ Anhang S. 269)

a) den Kollektorstrom und
b) den Basisstrom.
c) Berechnen Sie den Kollektorwiderstand R_C,
d) den Basiswiderstand R_B und
e) die Verlustleistung P_V.

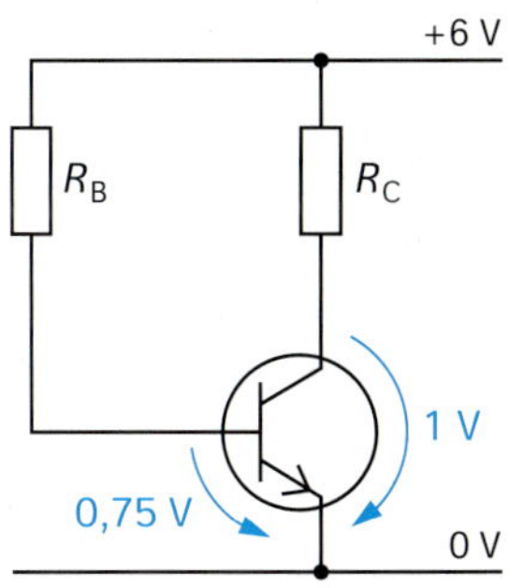

5. Mithilfe der nebenstehenden Schaltung steuert eine TTL-Spannung von 5 V einen 24-V-Stromkreis an.

a) Berechnen Sie den Kollektorstrom.
b) Welchen Wert besitzt der Basisstrom (➡ Anhang S. 269)?
c) Ermitteln Sie die Basis-Emitter-Spannung (➡ Anhang S. 269).
d) Berechnen Sie den Widerstand R_B.
e) Wie hoch ist die Verlustleistung des Transistors?

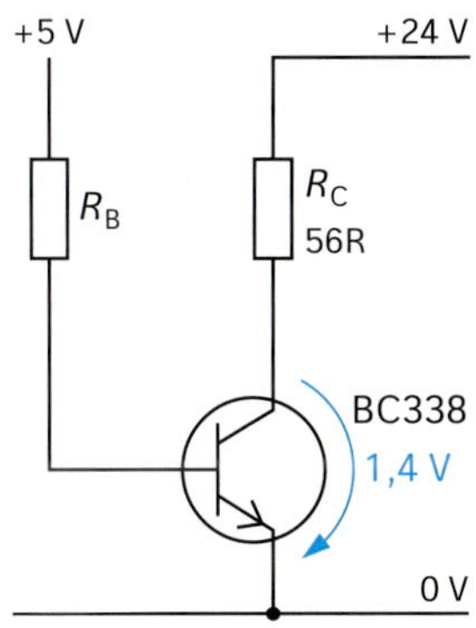

8.5.3 Transistor als Schalter

Transistoren können elektrische Verbraucher mit kleinen und mittleren Lasten schalten.
Ein Transistor, der als Schalter eingesetzt wird, ist entweder hochohmig (AP1 ≙ Aus) oder niederohmig (AP2 ≙ Ein).

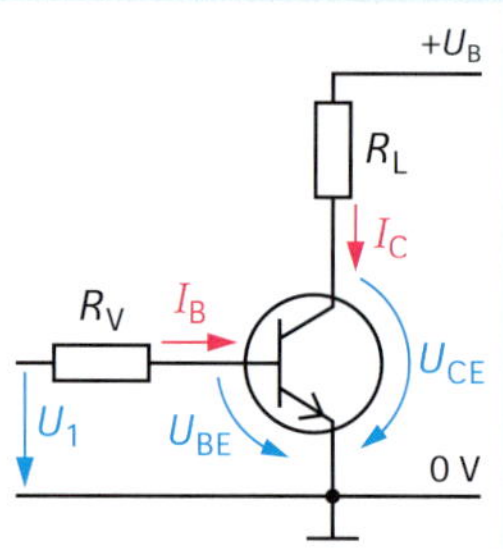

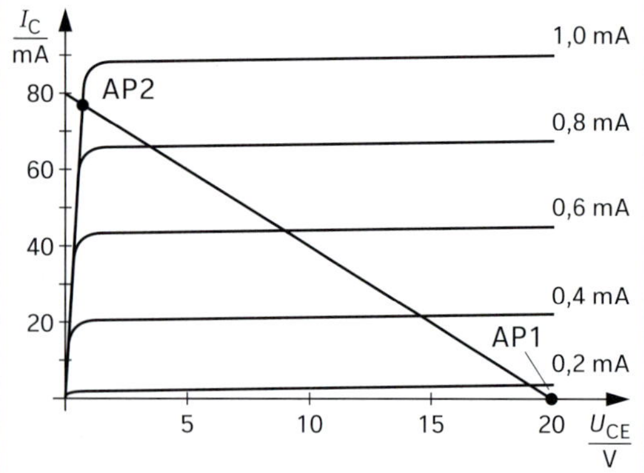

$$I_C = \frac{U_B - U_{CEsat}}{R_L} \qquad R_V = \frac{U_1 - U_{BEsat}}{I_B} \qquad ü = \frac{I_B}{I_{Bsat}}$$

U_B:	Betriebsspannung	$[U_B]$	= V
U_{CEsat}:	C-E-Sättigungsspannung	$[U_{CEsat}]$	= V
U_{BEsat}:	B-E-Sättigungsspannung	$[U_{BEsat}]$	= V
I_C:	Kollektorstrom	$[I_C]$	= A
I_B:	Basisstrom	$[I_B]$	= A
I_{Bsat}:	Sättigungsbasisstrom	$[I_{Bsat}]$	= A
$ü$:	Übersteuerungsfaktor		
R_L:	Lastwiderstand	$[R_L]$	= Ω
R_V:	Basisvorwiderstand	$[R_V]$	= Ω

Beispiel

Mithilfe des Transistors BC338 wird ein Verbraucher geschaltet. Die zu schaltende Betriebsspannung beträgt 12 V. Der Transistor soll mit einem Übersteuerungsfaktor von 2 betrieben werden. Bei $U_{BEsat} = 0{,}85$ V und $I_{Bsat} = 2{,}4$ mA besitzt der Transistor eine Sättigungsspannung $U_{CEsat} = 0{,}3$ V. Die Eingangsspannung U_1 beträgt 5 V. Ermitteln Sie den notwendigen Vorwiderstand.

Geg.: $U_1 = 5$ V; $U_B = 12$ V; $I_C = 0{,}3$ A; $I_{Bsat} = 2{,}4$ mA; $U_{BEsat} = 0{,}85$ V; $ü = 2$

Ges.: R_V

a) $I_B = ü \cdot I_{Bsat}$; $\quad I_B = 2 \cdot 2{,}4$ mA; $\quad \underline{I_B = 4{,}8\text{ mA}}$

$R_V = \frac{U_1 - U_{BEsat}}{I_B}$; $\quad R_V = \frac{5\text{ V} - 0{,}85\text{ V}}{4{,}8\text{ mA}}$; $\quad \underline{\underline{R_V = 865\ \Omega}}$

Aufgaben

1. Eine Glühlampe (12 V/167 mA) wird mithilfe des Transistors BC338 geschaltet. Die Betriebsspannung beträgt 12 V und die Ansteuerspannung 5 V. Mit den Werten $U_{BE} = 0{,}8$ V; $I_B = 1$ mA und $U_{CE} = 0{,}2$ V befindet sich der Transistor im Sättigungszustand. Er soll mit einem Übersteuerungsfaktor von $ü = 3$ betrieben werden. Berechnen Sie
a) den notwendigen Wert des Vorwiderstandes R_V und
b) die Spannung U_L an der Glühlampe.

2. Ermitteln Sie für die nebenstehende Transistorschaltung mit einem BC338 (➡ Anhang S. 269)
a) den Basisstrom,
b) die Spannung U_{CE} und
c) die Verlustleistung des Transistors.

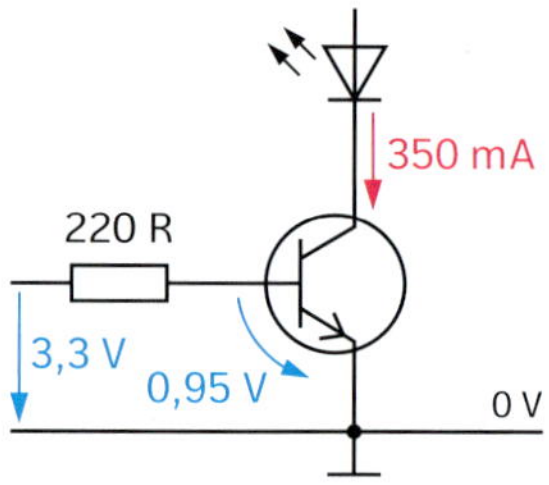

3. Ein Mikrocontroller schaltet mithilfe des Transistors 2N2222 und des in Abb. 1 dargestellten Printrelais einen 230-V-Verbraucher. Das Relais hat einen Spulenwiderstand von 110 Ω. Bei einem Basisstrom von 15 mA stellen sich die Sättigungsspannungen $U_{CEsat} = 0{,}4$ V und $U_{BEsat} = 1{,}3$ V ein. Der Transistor soll mit einem Übersteuerungsfaktor von 2 betrieben werden.
a) Welchen Wert hat die Spannung an der Relaisspule?
b) Welchen Wert hat die Kollektorstromstärke?
c) Berechnen Sie die Emitterstromstärke.
d) Welcher Widerstand aus der E12-Reihe ist als Vorwiderstand zu verwenden?
e) Welche Verlustleistung tritt am Transistor auf?

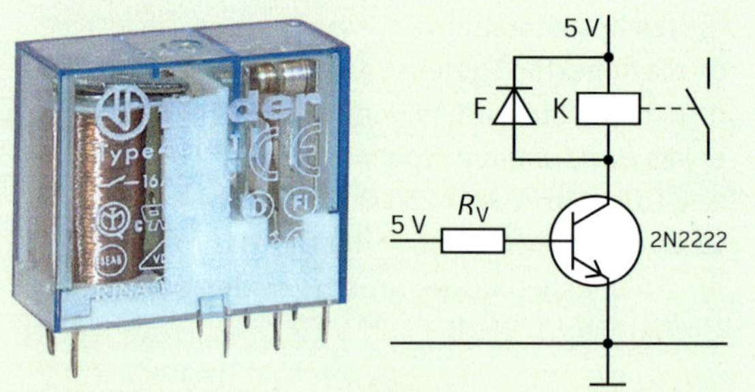

Abb. 1: Schalten über Transistor und Relais

4. Ein 33-Ω-Lastwiderstand wird mithilfe des Transistors BC338 geschaltet. Bei einem Laststrom von 450 mA fällt über die Kollektor-Emitter-Strecke eine Spannung von 0,4 V ab. Ermitteln Sie a) die Basis-Emitter-Spannung, b) die Basisstromstärke und c) die geschaltete Betriebsspannung (➡ Anhang S. 269).

8.5.4 Arbeitspunkteinstellung

8.5.4.1 Basisvorwiderstand

Eine Möglichkeit zur Arbeitspunkteinstellung ist die Verwendung eines Basisvorwiderstandes.

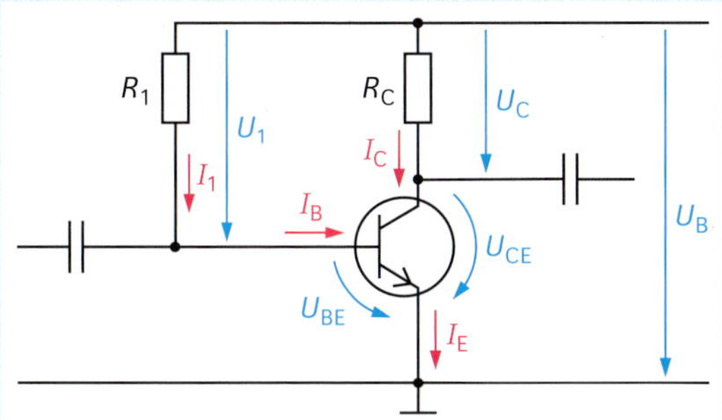

$U_1 = U_B - U_{BE}$ $\qquad$ $R_1 = \frac{U_1}{I_B}$

U_1:	Spannung am Basisvorwiderstand	$[U_1]$ = V
U_B:	Betriebsspannung	$[U_B]$ = V
U_{BE}:	Basis-Emitter-Spannung	$[U_{BE}]$ = V
R_1:	Basisvorwiderstand	$[R_1]$ = Ω
I_B:	Basisstrom	$[I_B]$ = A

Beispiel

Der Arbeitspunkt einer Emitterschaltung soll durch einen Basisvorwiderstand eingestellt werden. Die Transistorschaltung liegt an einer Betriebsspannung von 15 V und der Kollektorwiderstand hat einen Widerstandswert von 75 Ω. Der Arbeitspunkt soll bei $U_{BE} = 0{,}75$ V und $I_B = 0{,}4$ mA liegen. In diesem Fall entspricht die Kollektor-Emitter-Spannung der halben Betriebsspannung. Ermitteln Sie a) den Basisvorwiderstand und b) den Stromverstärkungsfaktor.

Geg.: $U_B = 15$ V; $R_C = 75\ \Omega$; $U_{BE} = 0{,}75$ V; $I_B = 0{,}4$ mA; $U_{CE} = 7{,}5$ V

Ges.: a) R_1; b) B

a) $U_1 = U_B - U_{BE}$; $U_1 = 15\text{ V} - 0{,}75\text{ V}$; $\underline{U_1 = 14{,}25\text{ V}}$

$R_1 = \frac{U_1}{I_B}$; $R_1 = \frac{14{,}25\text{ V}}{0{,}4\text{ mA}}$; $\underline{\underline{R_1 = 35{,}6\text{ k}\Omega}}$

b) $U_C = U_B - U_{CE}$; $U_C = 15\text{ V} - 7{,}5\text{ V}$; $\underline{U_C = 7{,}5\text{ V}}$

$I_C = \frac{U_C}{R_C}$; $I_C = \frac{7{,}5\text{ V}}{75\ \Omega}$; $\underline{I_C = 100\text{ mA}}$

$B = \frac{I_C}{I_B}$; $B = \frac{100\text{ mA}}{0{,}4\text{ mA}}$; $\underline{\underline{B = 250}}$

Aufgaben

1. Eine Emitterschaltung wird an einer Betriebsspannung von 12 V betrieben. Der Arbeitspunkt wird eingangsseitig mit $U_{BE} = 0{,}68$ V und $I_B = 0{,}2$ mA eingestellt. Berechnen Sie den Basisvorwiderstand.

2. Bei einem Basisstrom von 150 µA und einer Basis-Emitter-Spannung von 0,7 V beträgt die Kollektor-Emitter-Spannung 8 V. Die Schaltung wird an 12 V betrieben. Berechnen Sie
a) den Basisvorwiderstand,
b) den Kollektorwiderstand.
c) die Änderung der am Kollektorwiderstand, wenn der Basisstrom auf 200 µA erhöht wird?

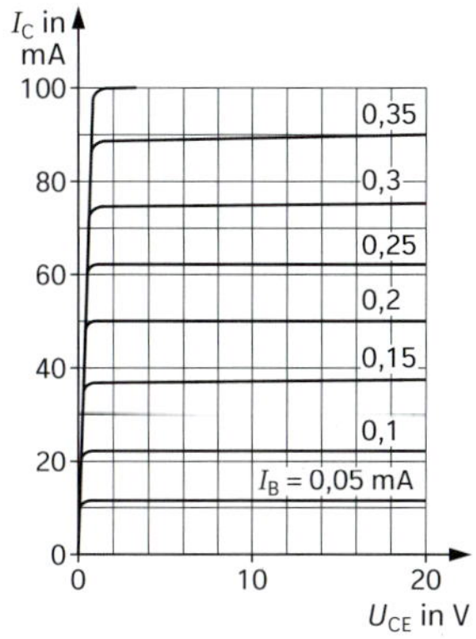

3. Berechnen Sie für die Transistorschaltung in Abb. 2
a) den Wert des Kollektorwiderstands,
b) den Basisstrom,
c) den Basisvorwiderstand,
d) die Gleichstromverstärkung und
e) die Verlustleistung des Transistors.

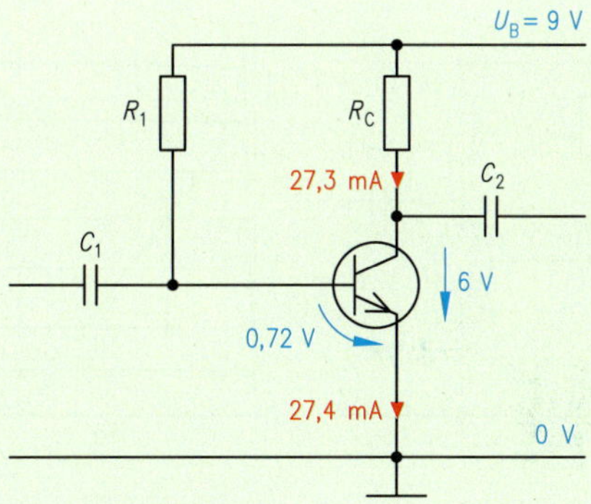

Abb. 2: Transistorschaltung

4. Bei einer Betriebsspannung von $U_B = 12$ V fließt durch den Basisvorwiderstand $R_1 = 56$ kΩ eine Stromstärke $I_1 = 200$ µA. Hierdurch hat der Transistor ausgangsseitig eine Kollektor-Emitter-Spannung $U_{CE} = 4$ V und einen Kollektorstrom von $I_C = 47$ mA. Berechnen Sie
e) die Basis-Emitter-Spannung U_{BE},
a) die Spannung U_C über den Kollektorwiderstand,
b) den Widerstandswert von R_C,
c) den Emitterstrom I_E und
d) die Gleichstromverstärkung B.

5. Der Transistor BC546 wird in Emitterschaltung an 6 V betrieben. Bei einer Basis-Emitter-Spannung von 0,65 V stellt sich eine Kollektor-Emitter-Spannung von 2 V und ein Kollektorstrom von 50 mA ein. Der Transistor hat einen Stromverstärkungsfaktor von 250. Berechnen Sie
a) den Kollektorwiderstand und
b) den Basisvorwiderstand.

6. Ein Transistor mit einer Gleichstromverstärkung von 230 wird an einer 9-V-Spannungsquelle betrieben. Durch den Kollektorwiderstand $R_C = 86\ \Omega$ fließt hierbei ein Strom der Stärke 11,6 mA. Die Basis-Emitter-Spannung beträgt 0,68 V. Berechnen Sie

a) die Kollektor-Emitter-Spannung,
b) den Basisstrom,
c) den Basisvorwiderstand und
d) die Verlustleistung des Transistors.

7. Die Transistorschaltung in Abb. 1 soll so dimensioniert werden, dass die dargestellte Arbeitsgerade und der Arbeitspunkt erreicht werden. Die Basis-Emitter-Spannung im Arbeitspunkt beträgt 0,72 V. Ermitteln Sie

a) die Höhe der Betriebsspannung,
b) die Spannung U_{CE},
c) die Kollektorstromstärke,
d) den Widerstandswert von R_{15},
e) die Basisstromstärke und
f) den Widerstandswert von R_{14}.

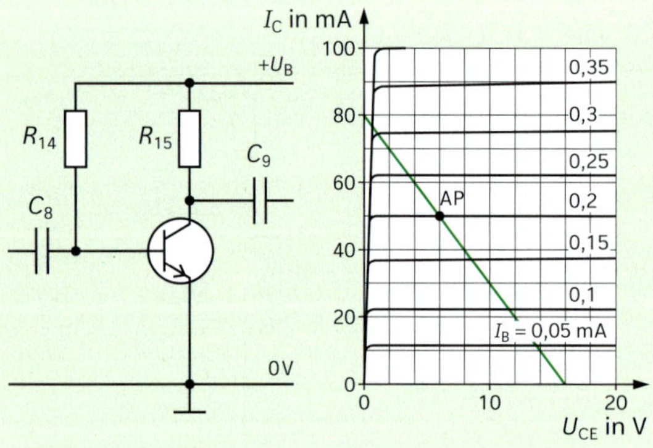

Abb. 1: Schaltungsdimensionierung

8. Bei einer Versorgungsspannung von 6 V wird eine Kollektorstromstärke von 400 mA und eine Kollektor-Emitter-Spannung von 3 V gemessen. Der Transistor besitzt eine Gleichstromverstärkung von 800. Berechnen und ermitteln Sie

a) den Kollektorwiderstand,
b) den Basisstrom,
c) die Basis-Emitter-Spannung und
d) den Basisvorwiderstand.

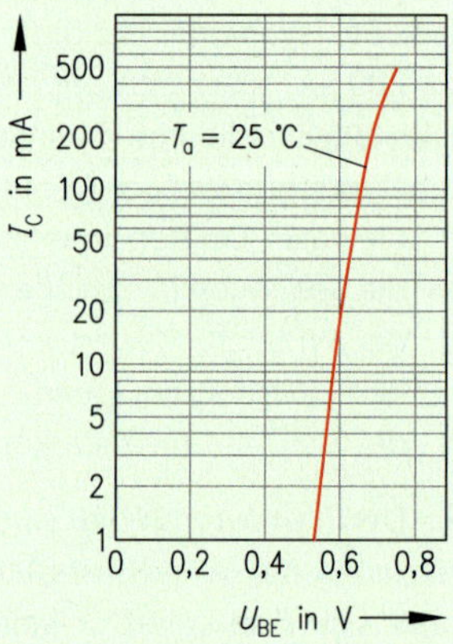

Abb. 2: Transistorkennlinie

9. Abbildung 3 zeigt das Ausgangskennlinienfeld mit bereits eingetragener Arbeitsgerade. Bei einem Basisvorwiderstand mit einem Wert von 75 kΩ beträgt die Basis – Emitter – Spannung 0,75 V. Ermitteln Sie

a) die Höhe der Betriebsspannung,
b) die Basisstromstärke,
c) die Kollektorstromstärke,
d) die Kollektor – Emitter – Spannung,
e) den Wert des Kollektorwiderstandes,
f) die Emitterstromstärke und
g) die Gleichstromverstärkung.

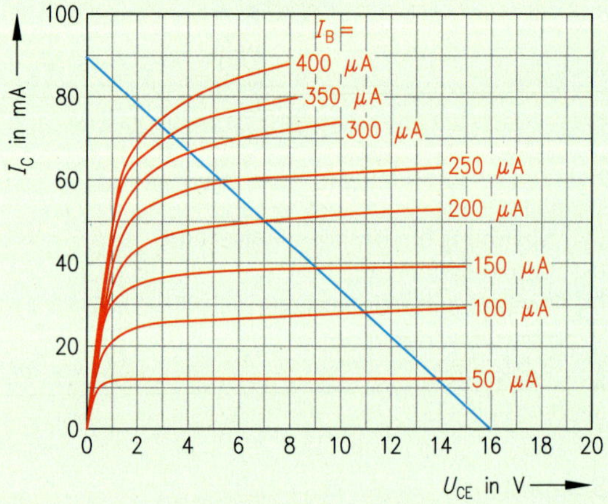

Abb. 3: Transistorkennlinie mit Arbeitsgerade

10. Der Transistor BC338 wird in Emitterschaltung an 5 V betrieben. Bei einer Kollektor-Emitter-Spannung von 1,4 V fließen 250 mA in den Kollektor. Berechnen und ermitteln Sie mithilfe der Kennlinien in Abb. 4

a) den Kollektorwiderstand,
b) den Basisstrom,
c) die Basis-Emitter-Spannung,
d) den Basisvorwiderstand
e) die Gleichstromverstärkung und
f) die Verlustleistung des Transistors.

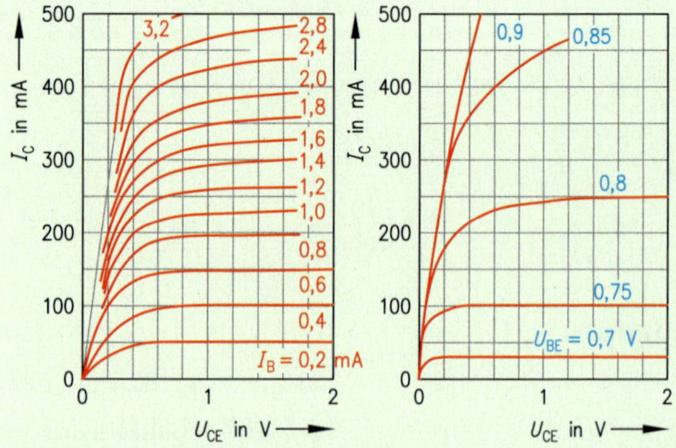

Abb. 4: Transistorkennlinien BC338

8.5.4.2 Basisspannungsteiler

Die Lage des Arbeitspunktes auf der Arbeitsgeraden eines Transistors kann mit einem Basisspannungsteiler aus R_1 und R_2 eingestellt werden.

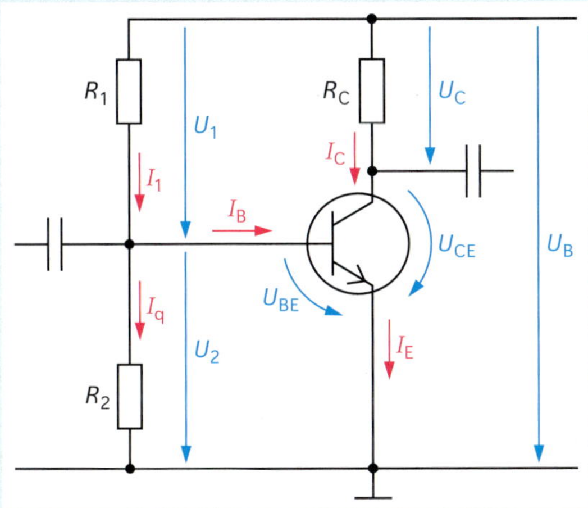

$I_B = I_1 - I_q$	$R_1 = \frac{U_1}{I_q + I_B}$	$U_1 = U_B - U_{BE}$
$q = \frac{I_q}{I_B}$	$R_2 = \frac{U_2}{I_q}$	$U_2 = U_{BE}$

I_q: Querstrom $[I_q] = A$
I_1: Strom durch R_1 $[I_1] = A$
q: Querstromverhältnis
R_1, R_2: Basisspannungsteilerwiderstände $[R_1, R_2] = \Omega$

Beispiel

Der Arbeitspunkt einer Transistorschaltung soll durch eine Basis-Emitterspannung von $U_{BE} = 0{,}75$ V und einem Basisstrom von $I_B = 0{,}15$ mA eingestellt werden. Die Versorgungsspannung beträgt $U_B = 15$ V. Ermitteln Sie für ein Querstromverhältnis von $q = 5$ die Basisspannungsteilerwiderstände a) R_2 und b) R_1.

Geg.: $U_{BE} = 0{,}75$ V; $U_B = 15$ V; $I_B = 0{,}15$ mA; $q = 5$
Ges.: a) R_2; b) R_1

a) $U_2 = U_{BE}$; $\quad U_2 = 0{,}75$ V

$I_q = q \cdot I_B$; $\quad I_q = 5 \cdot 0{,}15$ mA $\quad \underline{I_q = 0{,}75 \text{ mA}}$

$R_2 = \frac{U_2}{I_q}$; $\quad R_2 = \frac{0{,}75 \text{ V}}{0{,}75 \text{ mA}}$; $\quad \underline{\underline{R_2 = 1000\ \Omega}}$

b) $U_1 = U_B - U_{BE}$; $\quad U_1 = 15 \text{ V} - 0{,}75$ V; $\quad \underline{U_1 = 14{,}25 \text{ V}}$

$R_1 = \frac{U_1}{I_q + I_B}$; $\quad R_1 = \frac{14{,}25 \text{ V}}{0{,}75 \text{ mA} + 0{,}15 \text{ mA}}$;

$\underline{\underline{R_1 = 15{,}8 \text{ k}\Omega}}$

Aufgaben

1. In einer Transistorschaltung wurden die folgenden Stromstärken ermittelt: $I_B = 15$ µA, $I_C = 3{,}75$ mA und $I_1 = 0{,}165$ mA. Berechnen Sie
a) das Querstromverhältnis q und
b) die Stromverstärkung B.

2. Der Basisspannungsteiler einer Transistorschaltung hat die Werte $R_1 = 4{,}7$ kΩ und $R_2 = 520$ Ω. Hierbei stellt sich eine Basisstromstärke von $I_B = 250$ µA ein. Das Querstromverhältnis beträgt $q = 6$. Berechnen Sie
a) den Querstrom I_q,
b) die Stromstärke durch R_1,
c) die Basis-Emitter-Spannung U_{BE} und
d) die Betriebsspannung U_B.

3. Bei einer Transistorschaltung an einer Versorgungsspannung von 12 V wird über eine Basis-Emitter-Spannung von 0,8 V und einem Basisstrom von 1,2 mA der Arbeitspunkt eingestellt. Das Querstromverhältnis beträgt $q = 7$. Berechnen Sie
a) die Stromstärken I_q und I_1,
b) den Widerstandswert R_2 und
c) den Widerstandswert R_1.

4. Der in der nebenstehenden Schaltung verwendete Transistor hat eine Stromverstärkung von $B = 330$. Das Querstromverhältnis wird mit 10 vorgegeben. Berechnen Sie

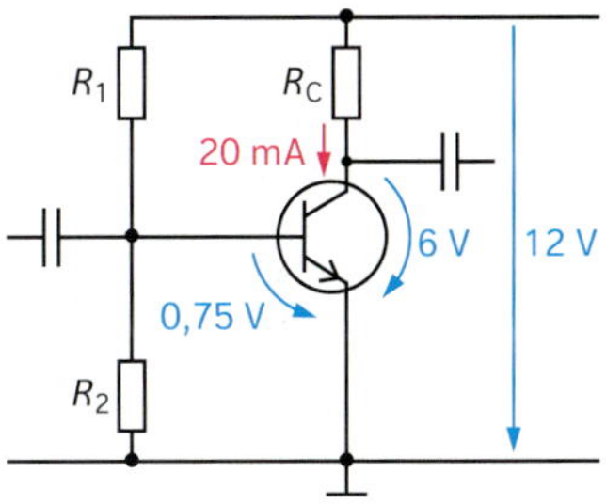

a) die Basisstromstärke,
b) die Stromstärke des Querstromes,
c) die Widerstandswerte der Widerstände R_1 und R_2 und
d) den Widerstandswert des Kollektorwiderstandes R_C.

5. An einer Transistorschaltung mit Basisspannungsteiler sind die folgenden Stromstärken und Spannungen bekannt: $I_C = 41$ mA, $I_B = 200$ µA, $U_{CE} = 4$ V und $U_{BE} = 0{,}75$ V. Die Schaltung wird von einer 12-V-Spannungsquelle versorgt. Berechnen Sie für ein Querstromverhältnis von $q = 5$
a) die Querstromstärke I_q,
b) die Emitterstromstärke I_E;
c) den Kollektorwiderstand R_C,
d) die Widerstandswerte R_1 und R_2 des Basisspannungsteilers,
e) den Gleichstromverstärkungsfaktor und
f) die Verlustleistung des Transistors.

6. Berechnen Sie
a) den Querstrom,
b) den Strom durch R_{25},
c) den Basisstrom,
d) das Querstromverhältnis,
e) die Stromverstärkung,
f) den Kollektorwiderstand und
g) die Verlustleistung des Transistors.

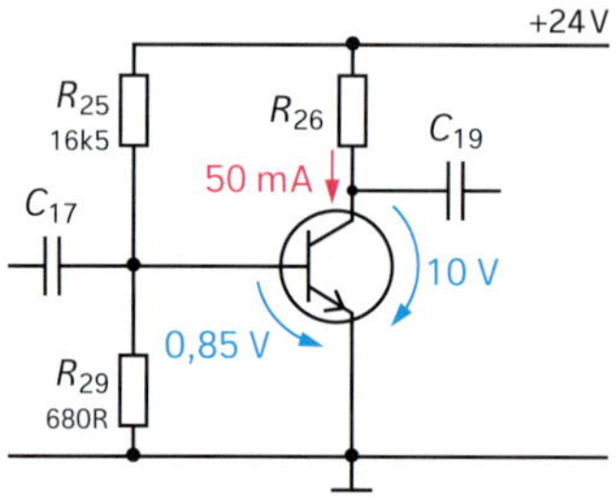

7. Abbildung 1 zeigt das Ausgangskennlinienfeld mit bereits eingetragener Arbeitsgerade und dem Arbeitspunkt. Das Querstromverhältnis der Schaltung beträgt $q = 7$ und die Basis-Emitter-Spannung hat einen Wert von $U_{BE} = 0{,}75$ V. Ermitteln Sie
a) die Betriebsspannung,
b) die Kollektor-Emitter-Spannung,
c) die Kollektorstromstärke,
d) den Kollektorwiderstand,
e) die Gleichstromverstärkung
f) die Querstromstärke,
g) die Widerstände R_1 und R_2 des Basisspannungsteilers.

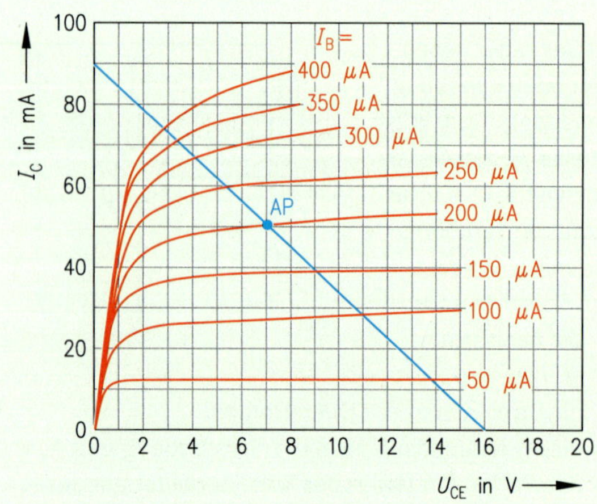

Abb. 1: Ausgangskennlinienfeld mit Arbeitsgerade

8. Der Transistor besitzt einen Gleichstromverstärkungsfaktor von 125. Das Querstromverhältnis beträgt $q = 10$. Berechnen Sie
a) die Kollektorstromstärke,
b) die Basisstromstärke und
c) den eingestellten Widerstandswert von R_2.

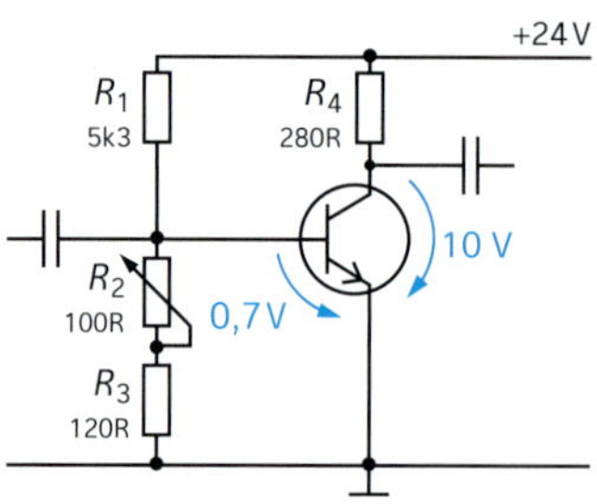

9. Der in der Schaltung eingesetzte Transistor hat eine Gleichstromverstärkung von $B = 240$. Der Basisspannungsteiler ist so zu dimensionieren, dass ein Querstromverhältnis von $q = 8$ besteht. Berechnen Sie
a) die Kollektorstromstärke,
b) die Basisstromstärke,
c) den Widerstandswert von R_7 und
d) den Widerstandswert von R_5.

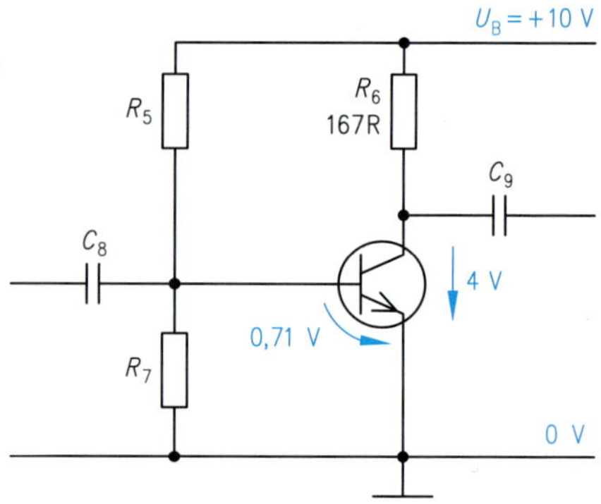

10. Der Transistor BC338 wird mit einem Basisspannungsteiler an einer Betriebsspannung von 6 V betrieben. Bei einem Basisstrom von 0,4 mA ergibt sich eine Kollektor-Emitter-Spannung von 1,0 V. Berechnen und ermitteln Sie mithilfe der Kennlinien in Abb. 2.
a) die Kollektorstromstärke,
b) den Kollektorwiderstand,
c) die Basis-Emitter-Spannung,
d) die Widerstandswerte des Basisspannungsteiler bei einem Querstromverhältnis von $q = 5$,
e) die Emitterstromstärke und
f) die Verlustleistung des Transistors.

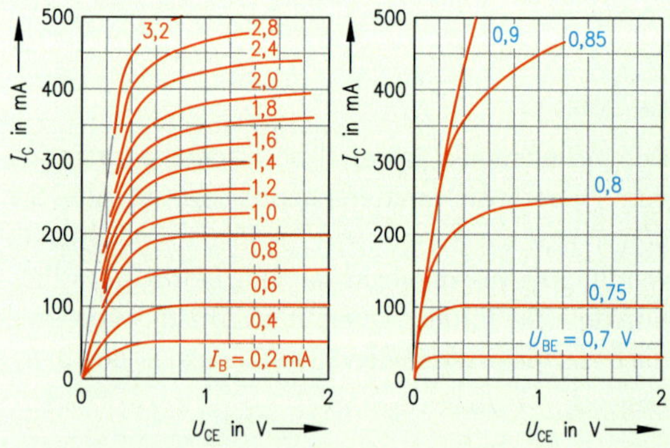

Abb. 2: Transistorkennlinien BC338;

11. Der Transistor BC338 wird in der Schaltung verwendet. Die Spannung über R_4 wurde mit 7,2 V gemessen. Berechnen Sie die Widerstandswerte von R_3 und R_5 unter Verwendung der Kennlinien in Abb. 2. Das Querstromverhältnis soll $q = 6$ betragen.

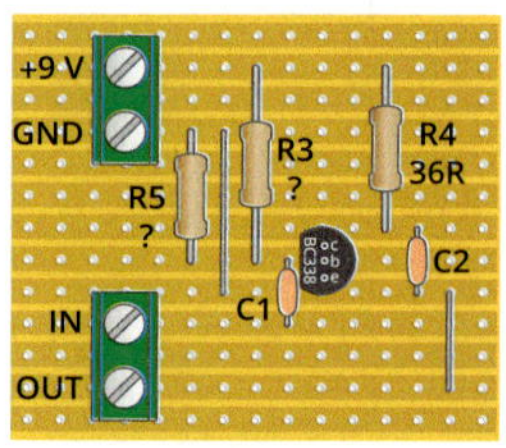

Abb. 3: Schaltung auf Streifenrasterplatine

8.5.5 Arbeitspunktstabilisierung

Temperaturänderungen führen zu einer Verschiebung des Arbeitspunktes. Diese Verschiebung lässt sich durch einen Widerstand R_E im Emitterkreis verringern. Diese Maßnahme wird als Stromgegenkopplung bezeichnet.

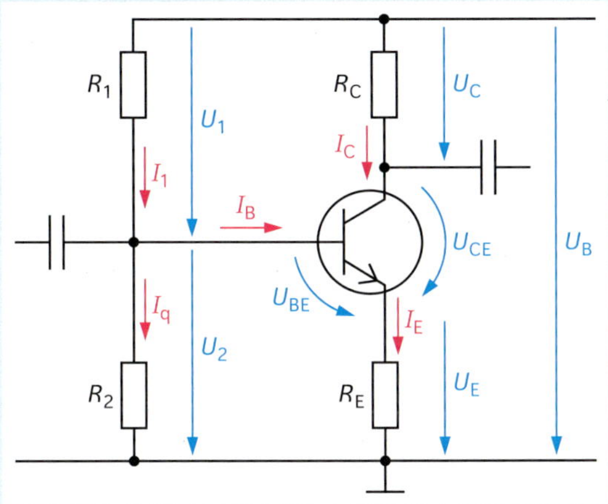

$U_E = U_B - U_C - U_{CE}$ $\qquad$ $U_E = U_2 - U_{BE}$

Beispiel

In der oben abgebildeten Verstärkerschaltung werden bei einer Versorgungsspannung von 15 V die folgenden Werte gemessen: $U_{BE} = 0{,}69$ V, $U_{CE} = 7{,}1$ V, $I_B = 23$ µA, $I_C = 7{,}12$ mA. Der Basisspannungsteiler besteht aus $R_1 = 91$ kΩ und $R_2 = 18$ kΩ. Der Kollektorwiderstand hat einen Wert von 910 Ω. Berechnen Sie

a) die Gleichstromverstärkung B,

b) den Gegenkopplungswiderstand R_E und

c) das Querstromverhältnis q.

Geg.: $U_B = 15$ V; $U_{BE} = 0{,}69$ V; $U_{CE} = 7{,}1$ V; $I_B = 23$ µA; $I_C = 7{,}12$ mA; $R_1 = 91$ kΩ; $R_2 = 18$ kΩ; $R_C = 910$ Ω

Ges.: a) B; b) R_E; c) q

a) $B = \frac{I_C}{I_B}$; $\quad B = \frac{7{,}12\ \text{mA}}{23\ \mu\text{A}}$; $\quad \underline{\underline{B = 310}}$

b) $I_E = I_C + I_B$; $\quad I_E = 7{,}12\ \text{mA} + 23\ \mu\text{A}$; $\quad \underline{I_E = 7{,}143\ \text{mA}}$

$U_C = R_C \cdot I_C$; $\quad U_C = 910\ \Omega \cdot 7{,}12\ \text{mA}$; $\quad \underline{U_C = 6{,}48\ \text{V}}$

$U_E = U_B - U_C - U_{CE}$; $\quad U_E = 15\ \text{V} - 6{,}48\ \text{V} - 7{,}1\ \text{V}$;

$\underline{U_E = 1{,}42\ \text{V}}$

$R_E = \frac{U_E}{I_E}$; $\quad R_E = \frac{1{,}42\ \text{V}}{7{,}143\ \text{mA}}$; $\quad \underline{\underline{R_E = 199\ \Omega}}$

c) $U_2 = U_{BE} + U_E$; $\quad U_2 = 0{,}69\ \text{V} + 1{,}42\ \text{V}$; $\quad \underline{U_2 = 2{,}11\ \text{V}}$

$I_q = \frac{U_2}{R_2}$; $\quad I_q = \frac{2{,}11\ \text{V}}{18\ \text{k}\Omega}$; $\quad \underline{I_q = 117\ \mu\text{A}}$

$q = \frac{I_q}{I_B}$; $\quad q = \frac{117\ \mu\text{A}}{23\ \mu\text{A}}$; $\quad \underline{\underline{q = 5{,}1}}$

Aufgaben

1. Bei einer Transistorschaltung sind folgende Werte bekannt: $U_B = 9$ V, $U_C = 3{,}5$ V, $U_{CE} = 4$ V, $I_B = 0{,}46$ mA und $B = 150$. Berechnen Sie

a) die Spannung U_E über dem Widerstand R_E,

b) den Kollektorstrom I_C,

c) den Emitterstrom I_E,

d) den Kollektorwiderstand R_C und

e) den Gegenkopplungswiderstand R_E.

2. Berechnen Sie für die nebenstehende Schaltung die folgenden Werte:

a) den Widerstand R_C,

b) den Widerstand R_E,

c) die Gleichstromverstärkung B,

d) das Querstromverhältnis q,

e) die Spannungen U_1 und U_2 sowie

f) die Widerstandswerte von R_1 und R_2.

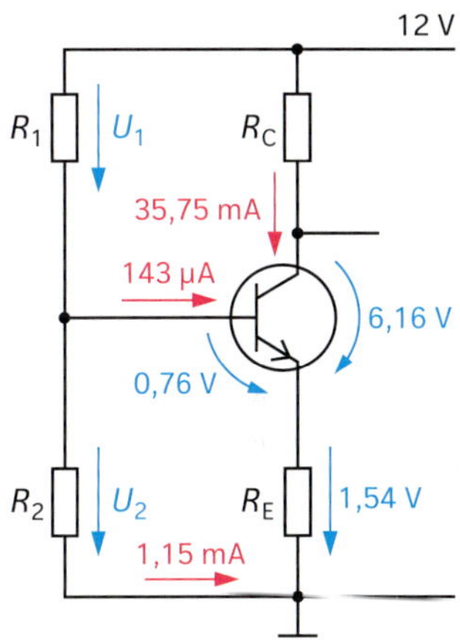

3. A stabilised common emitter amplifier is powered by a supply voltage of 15 V. The transistor has a current gain factor of 200. The operating point is set to $U_{BE} = 0.82$ V, $I_B = 1.75$ mA and $U_{CE} = 6$ V. The voltage across the collector resistor is 7 V.

a) Draw the circuits and fill in all the values.

b) Calculate the collector current.

c) Which values do the collector resistance and the emitter resistance have?

d) Calculate the resistance of the voltage divider at a current ratio of $q = 5$.

4. Die Betriebsspannung einer Verstärkerschaltung beträgt 12 V. Bei einem Basisstrom von 320 µA liegt am Kollektorwiderstand eine Spannung von 6 V an. Für diesen Arbeitspunkt ergeben sich aus dem Datenblatt eine Basis-Emitter-Spannung von 0,74 V und eine Kollektor-Emitter-Spannung von 4,8 V. Der Gleichstromverstärkungsfaktor ist mit 250 angegeben.

Berechnen Sie

a) die Stromstärke durch den Kollektor,

b) den Kollektorwiderstand,

c) den Wert des Emitterwiderstandes und

d) die Werte des Basisspannungsteilers bei einem Querstromverhältnis von $q = 7{,}4$.

5. Ermitteln Sie für den Verstärker aus Abb. 1 mithilfe der Ausgangskennlinie

a) den Kollektorstrom,

b) die Spannungen U_{CE}, U_{R15}, U_{R17}, U_{R16},

c) das Querstromverhältnis und

d) den Widerstand R_{14}.

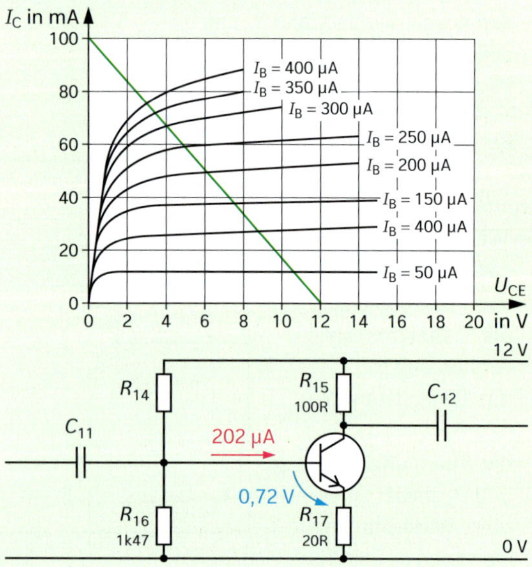

Abb. 1: Transistorschaltung mit BC546B und Kennlinie

6. Die in Abb. 2 dargestellte Schaltung soll mit einem Querstromverhältnis von 7 betrieben werden. Die fehlenden Widerstände des NF-Verstärkers mit dem Transistor BC337 (➡ Anhang S. 262) sollen berechnet werden. Ermitteln Sie

a) die Basisstromstärke,

b) die Werte der Widerstände R28 und R27,

c) für R24 einen passenden Widerstandswert aus der E12-Reihe.

d) Auf welchen Widerstandswert ist R25 einzustellen?

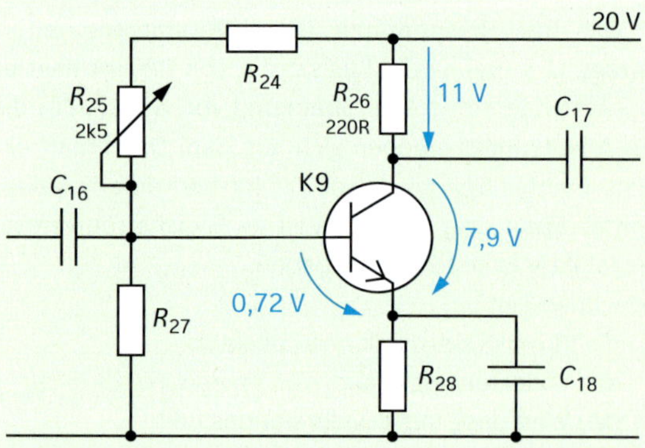

Abb. 2: NF-Verstärker mit BC337

7. Mit dem Transistor BC546B wurde die nebenstehende Verstärkerschaltung aufgebaut. Bei einer Basis-Emitter-Spannung von 0,77 V fließt in die Basis ein Strom der Stärke 153 µA. Hierbei wird eine Kollektor-Emitter-Spannung von 6 V gemessen. Berechnen Sie mithilfe des Ausgangskennlinienfeldes aus Abb. 1

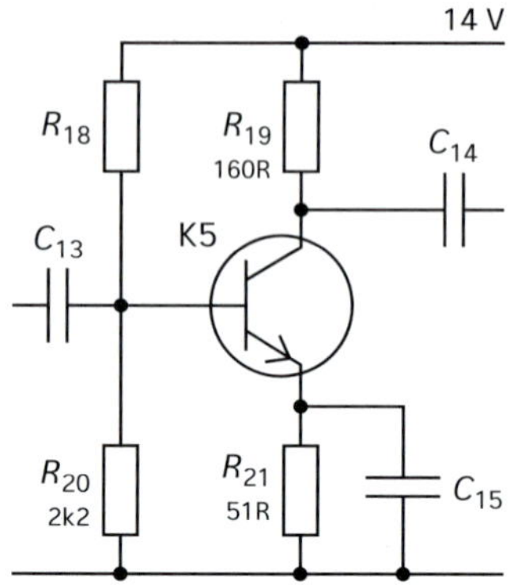

a) die Gleichstromverstärkung,

b) die Spannungen an R_{19} und R_{21},

c) das Querstromverhältnis und

d) den Widerstand R_{18}.

e) Welcher Widerstandswert aus der E24-Reihe ist für R_{18} zu verwenden?

f) Welche Verlustleistung tritt am Transistor auf?

8. Eine Stabilisierungsschaltung (Abb. 3) arbeitet mit dem Transistor BC338-16 bei einem Gleichstromverstärkungsfaktor von 160. Im Spannungsteiler wird die Z-Diode BZX85B6V8 eingesetzt. Das Querstromverhältnis beträgt 22. Bei einer Basis-Emitter-Spannung von 0,75 V und einem Basisstrom von 0,625 mA stellt sich eine Kollektor-Emitter-Spannung von 1 V ein. Berechnen Sie

a) die Widerstände R_1 und R_3 und

b) die Verlustleistungen an der Z-Diode und am Transistor.

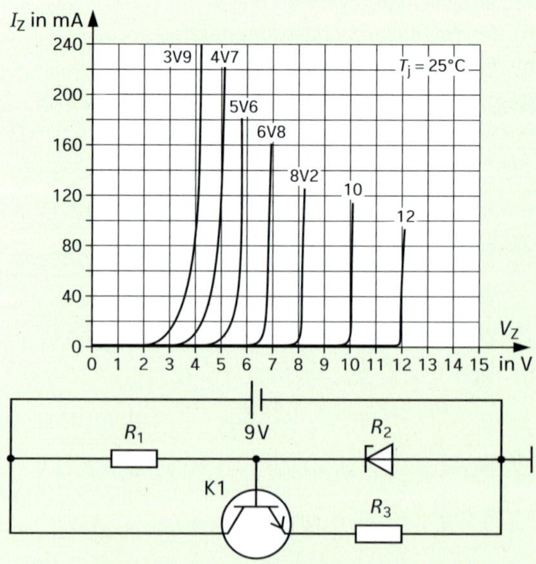

Abb. 3: Stabilisierungsschaltung und Diodenkennlinie

8.6 Feldeffekttransistoren

Ein Feldeffekttransistor (FET) besitzt die Anschlüsse Gate (G), Drain (D) und Source (S). Der Gateanschluss dient der Steuerung der Drain-Source-Strecke.
Man unterscheidet zwischen selbstleitenden (JFET) und selbstsperrenden (MOSFET) Feldeffekttransistoren.

JFET (N-Kanal)

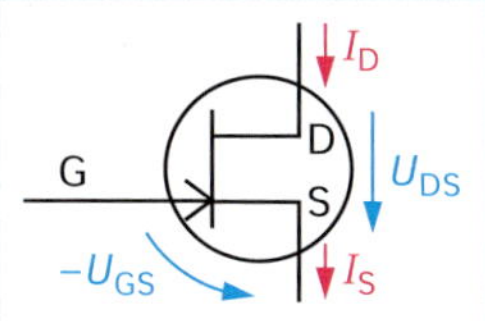

JFET (P-Kanal)

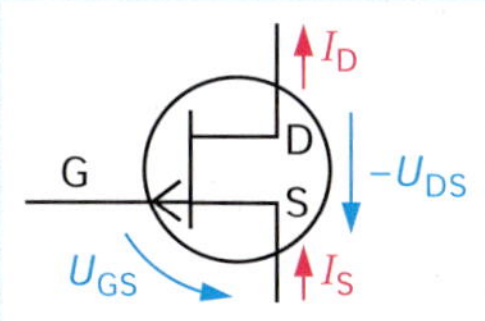

MOSFET (N-Kanal)

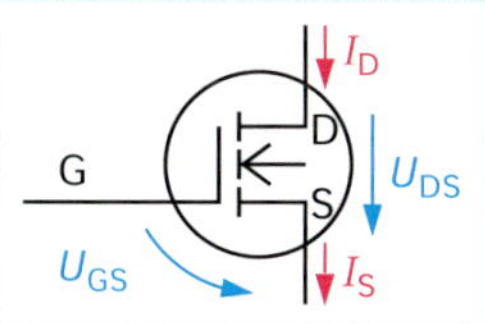

MOSFET (P-Kanal)

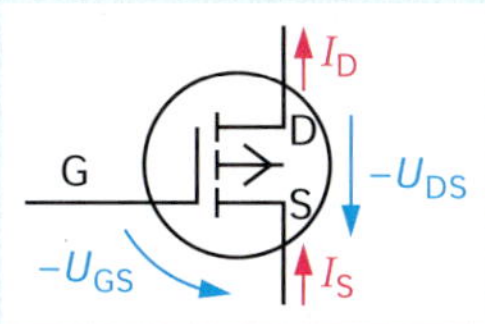

$$R_{GS} = \frac{U_{GS}}{I_{GSS}} \qquad R_{DS} = \frac{U_{DS}}{I_D} \qquad P_V = U_{DS} \cdot I_D$$

R_{DS}:	Drain-Source-Widerstand	$[R_{DS}] = \Omega$
R_{GS}:	Gate-Source-Widerstand	$[R_{GS}] = \Omega$
U_{DS}:	Drain-Source-Spannung	$[U_{DS}] = V$
U_{GS}:	Gate-Source-Spannung	$[U_{GS}] = V$
I_D:	Drainstrom	$[I_D] = A$
I_{GSS}:	Gate-Source-Reststrom	$[I_{GSS}] = A$
P_V:	Verlustleistung	$[P_V] = W$

Beispiel

Die Ausgangspannung U_{DS} an einem N-Kanal JFET BFR30 beträgt 4,5 V. Der Drainstrom hat hierbei eine Stärke von 2,4 mA. Berechnen Sie a) den Drain-Source-Widerstand R_{DS} und b) die Verlustleistung P_V.

Geg.: $U_{DS} = 4{,}5\,V$; $I_D = 2{,}4\,mA$

Ges.: a) R_{DS}; b) P_V

a) $R_{DS} = \frac{U_{DS}}{I_D}$; $R_{DS} = \frac{4{,}5\,V}{2{,}4\,mA}$; $\underline{\underline{R_{DS} = 1875\,\Omega}}$

b) $P_V = U_{DS} \cdot I_D$; $P_V = 4{,}5\,V \cdot 2{,}4\,mA$; $\underline{\underline{P_V = 10{,}8\,mW}}$

Aufgaben

1. Der N-Kanal JFET BF245B hat laut Datenblatt bei einer Gate-Source-Spannung von −20 V einen Gate-Source-Reststrom von 6 mA bis 15 mA. Berechnen Sie den Wertebereich des Gate-Source-Widerstandes.

2. Ein P-Kanal-MOSFET wird mit einer Gate-Source-Spannung von −6 V angesteuert. Bei einer Last von 4,72 Ω stellt sich ausgangsseitig eine Drain-Source-Spannung von 1 V und ein Drain-Source-Strom von 13,5 A ein. Berechnen Sie
a) die Verlustleistung über die Drain-Source-Strecke und
b) den Ausgangswiderstand des MOSFET.

3. According to the data sheet, the n-channel field-effect transistor BFR31 has a maximum gate-source current of −0.2 A. The measurement conditions are stated as $V_{DS} = 0\,V$ and $V_{GS} = -10\,V$. Calculate the corresponding gate-source resistance.

4. Eine Last soll mithilfe des N-Kanal MOSFET IRF730A (Abb. 4) geschaltet werden. Es ist von einem Laststrom $I_D = 200\,mA$ auszugehen. Die Steuerspannung beträgt 5 V. Berechnen Sie
a) die Ausgangsspannung,
b) den Ausgangswiderstand und
c) die Verlustleistung.

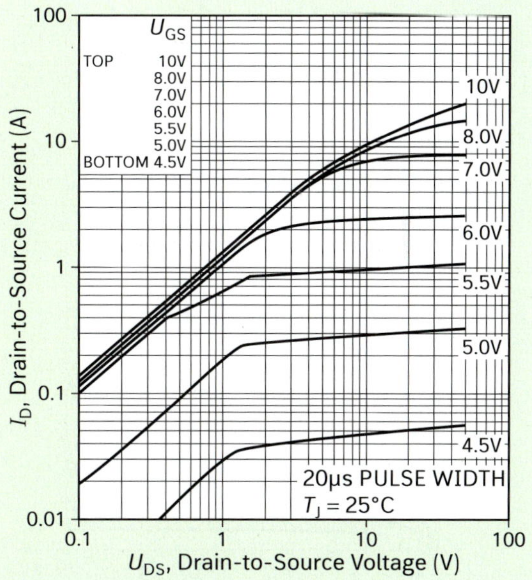

Abb. 4: Ausgangskennlinien IRF730A

5. Ein Verbraucher wird mithilfe des MOSFET IRF730A ein- und ausgeschaltet. Der Schaltvorgang erfolgt über die Steuerspannungen 0 V und 6 V. Die Drain-Source-Spannung soll im durchgesteuerten Zustand 5 V nicht übersteigen. Berechnen Sie mithilfe von Abb. 1
a) den maximal zulässigen Verbraucherstrom,
b) den maximalen Ausgangswiderstand und
c) die maximale Verlustleistung.

6. Auf einer Platine wird mithilfe des N-Kanal-Feldeffekttransistors BFR30 (Abb. 1) ein Stromkreis mit einer Betriebsspannung von 5 V gesteuert. Ermitteln Sie

a) die Gate-Source-Spannung für $I_D = 0$ mA,

b) den maximal möglichen Drainstrom,

c) den Widerstand R_{DS} bei einer Gate-Source-Spannung von − 1,5 V und einer Drainstromstärke von 1 mA, sowie

d) die Verlustleistung des Transistors bei $U_{GS} = 0$ V und $U_{DS} = 1$ V.

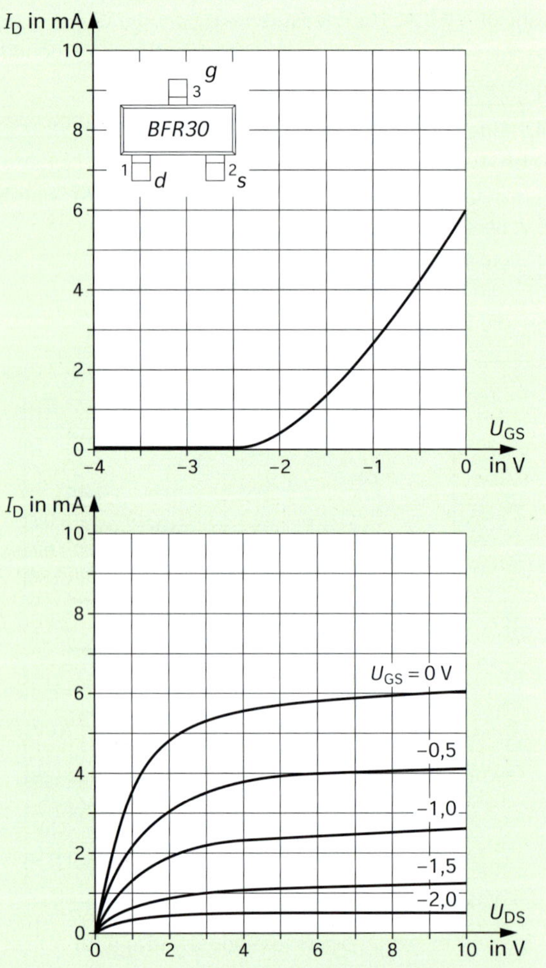

Abb. 1: Ein- und Ausgangskennlinien BFR30

7. Der Transistor BFR30 (Abb. 2) wird zum Schalten einer Leuchtdiode verwendet. Die Stromstärke durch die Leuchtdiode beträgt bei maximaler Durchsteuerung des Transistors 5 mA. Ermitteln Sie jeweils für den durchgesteuerten Zustand

a) die Spannung U_{GS},

b) den Drain-Source-Widerstand und

c) die Verlustleistung.

8. Ein Verbraucher wird mit dem MOSFET IRF5210 (Abb. 2) geschaltet. Die Steuerspannung zum Schalten beträgt − 5 V. Es fließt ein Laststrom der Stärke 5 A.

a) Wie groß ist der Widerstand R_{DS}?

b) Welche Verlustleistung fällt am Transistor an?

c) Auf welchen Betrag steigt die Verlustleistung, wenn sich der Laststrom um 1 A erhöht?

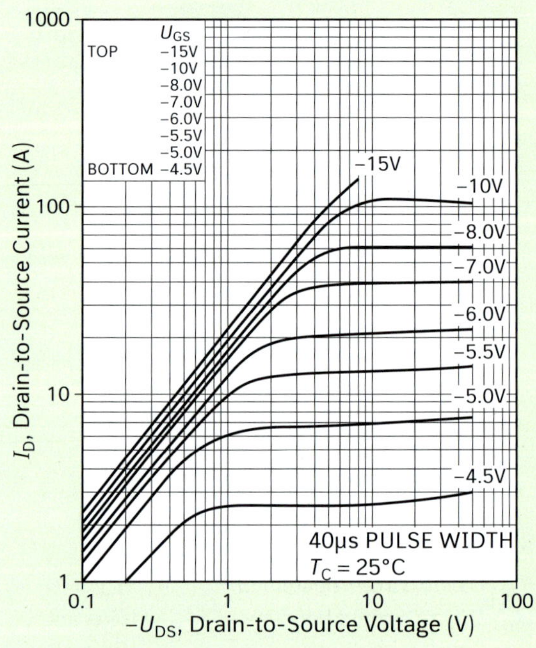

Abb. 2: Ausgangskennlinien IRF5210

9. Ein Gleichstrommotor hat lastabhängig eine schwankende Stromaufnahme zwischen 3 A und 10 A. Der Motor wird mit dem IRF5210 geschaltet.

a) Welche Steuerspannung ist mindestens notwendig, um den Motor unter diesen Bedingungen zu schalten?

b) In welchem Bereich schwankt die Verlustleistung bei der gewählten Steuerspannung?

c) Wie groß ist der kleinste bzw. größte Drain-Source-Widerstand bei durchgeschaltetem Transistor?

10. Ein Laststromkreis wird mit dem IRF5210 geschaltet. Im Normalbetrieb fließt bei einer Steuerspannung von − 6 V ein Strom der Stärke 5 A. Durch eine Lasterhöhung bei unveränderter Steuerspannung steigt der Strom auf den vierfachen Wert an.

a) Berechnen Sie die Auswirkungen der Überlast auf die Verlustleistung und den Drain-Source Widerstand.

b) Wegen der Lasterhöhung wird die Steuerspannung um 2 V verringert. Wie wirkt sich diese Maßnahme auf die Verlustleistung aus?

8.7 IGBT

Bipolartransistoren mit isolierter Gate-Elektrode (IGBT) zeichnen sich durch eine nahezu leistungslose Ansteuerung aus.
IGBTs besitzen die Anschlüsse Gate (G), Kollektor (C) und Emitter (E). Der Gateanschluss dient der Steuerung der Kollektor-Emitter-Strecke.
IGBTs sind normalsperrend und werden als N-Kanal und P-Kanal produziert.

N-Kanal

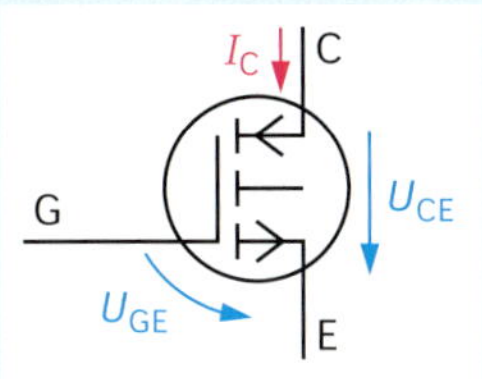

P-Kanal

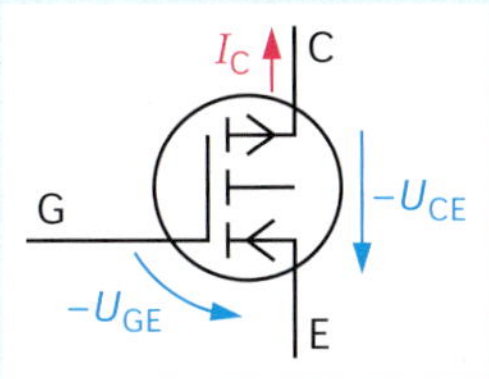

$$R_{GE} = \frac{U_{GE}}{I_{GES}} \qquad R_{CE} = \frac{U_{CE}}{I_C} \qquad P_V = U_{CE} \cdot I_C$$

R_{CE}:	Kollektor-Emitter-Widerstand	$[R_{CE}] = \Omega$
R_{GE}:	Gate-Emitter-Widerstand	$[R_{GE}] = \Omega$
U_{CE}:	Kollektor-Emitter-Spannung	$[U_{CE}] = V$
U_{GE}:	Gate-Emitter-Spannung	$[U_{GE}] = V$
I_C:	Kollektorstrom	$[I_C] = A$
I_{GES}:	Gate-Emitter-Reststrom	$[I_{GES}] = A$
P_V:	Verlustleistung	$[P_V] = W$

Beispiel

Der IGBT IGW75N60T (Ausgangskennlinie Abb. 2) schaltet einen Verbraucher an einer Betriebsspannung von 200 V. Bei einer Gate-Emitter-Spannung von 9 V fließt im Ausgangskreis ein Strom der Stärke 45 A. Ermitteln Sie a) die Verlustleistung des IGBT und b) den Widerstandswert der Kollektor-Emitter-Strecke.

Geg.: $U_B = 200\,V$; $U_{GE} = 9\,V$; $I_C = 45\,A$

Ges.: a) P_V; b) R_{CE}

a) $U_{CE} = 1{,}4\,V$ (aus Kennlinie Abb. 2)

$P_V = U_{CE} \cdot I_C$; $P_V = 1{,}4\,V \cdot 45\,A$; $\underline{\underline{P_V = 63\,W}}$

b) $R_{CE} = \frac{U_{CE}}{I_C}$; $R_{CE} = \frac{1{,}4\,V}{45\,A}$; $\underline{\underline{R_{CE} = 31\,m\Omega}}$

Aufgaben

1. Laut Datenblatt hat der IGBT IGW75N60T bei einer Steuerspannung von 20 V einen maximalen Gate-Emitter-Reststrom von 100 nA. Welchen Wert hat der Gate-Emitter-Widerstand?

2. Der IGBT IRGP4066 (Abb. 3) hat die Aufgabe, einen Laststrom der Stärke 100 A zu schalten. Ermitteln Sie die Verlustleistungen für die Steuerspannungen
a) 10 V, b) 12 V und c) 18 V.

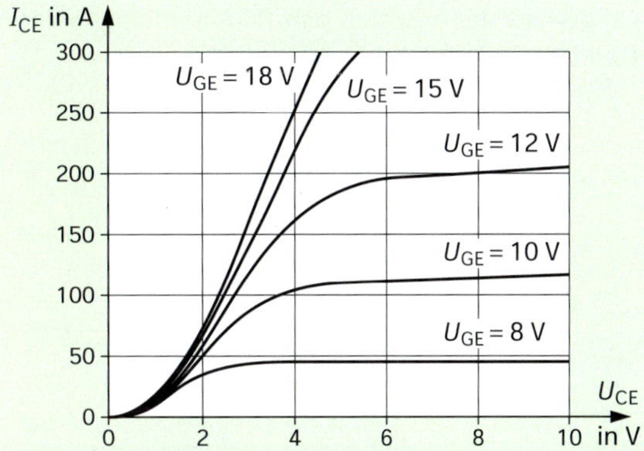

Abb. 3: Ausgangskennlinien IRGP4066

3. Bei einer Steuerspannung $U_{GE} = 11\,V$ fließt im Ausgangskreis eines I_{GBT} ein Kollektorstrom $I_C = 40\,A$. Berechnen Sie mithilfe der Kennlinie aus Abb. 1

a) den Kollektor-Emitter-Widerstand und
b) die Verlustleistung des I_{GBT}.
c) Um welchen I_{GBT}-Typen handelt es sich?

4. An IGBT (insulated-gate bipolar transistor) with the characteristic curve as seen in Fig. 4 is powered by a control voltage of 20 V. At this, a voltage of 1.3 V arises in the output circuit. Calculate

a) the power loss and
b) the resistance of the output circuit.

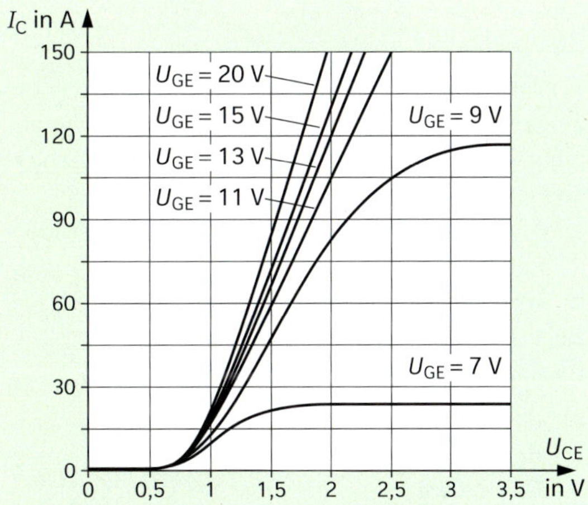

Fig. 4: Initial characteristic curves IGW75N60T

8.8 Operationsverstärker

8.8.1 Invertierender Operationsverstärker

Die Ausgangsspannung U_2 des invertierenden Operationsverstärkers ist gegenphasig zur Eingangsspannung U_1. Die Verstärkung V_u wird durch den Eingangswiderstand R_1 und den Rückkopplungswiderstand R_2 bestimmt.

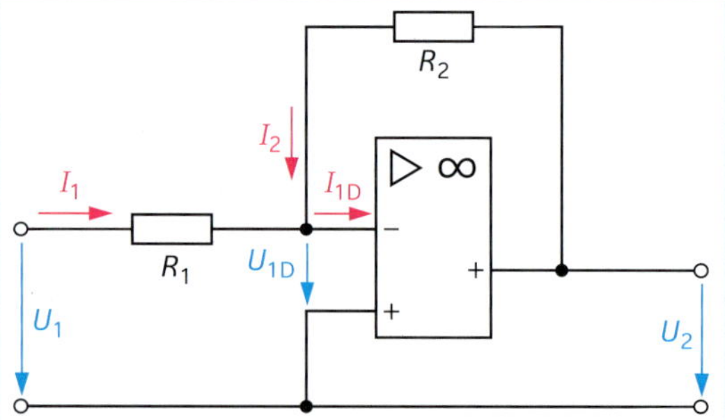

Nimmt man als Vereinfachung an, dass $I_{1D} = 0$ A und $U_{1D} = 0$ V ist, dann folgt:

$$\frac{U_A}{U_E} = \frac{I_2 \cdot R_2}{I_1 \cdot R_1} \quad \text{mit } I_2 = -I_1 \quad \frac{U_A}{U_E} = -\frac{R_2}{R_1}$$

$$V_u = \frac{U_A}{U_E} \qquad V_u = -\frac{R_2}{R_1}$$

U_E: Eingangsspannung	$[U_E] = \text{V}$
U_A: Ausgangsspannung	$[U_A] = \text{V}$
I_1: Eingangsstrom	$[I_1] = \text{A}$
I_2: Rückkopplungsstrom	$[I_2] = \text{A}$
R_1: Eingangswiderstand	$[R_1] = \Omega$
R_2: Rückkopplungswiderstand	$[R_2] = \Omega$
V_u: Spannungsverstärkungsfaktor	

Beispiel

Ein invertierender Operationsverstärker mit einem Eingangswiderstand von 2,2 kΩ hat einen Spannungsverstärkungsfaktor von 100. Die Eingangsspannung beträgt 50 mV.

a) Welchen Wert hat der Rückkopplungswiderstand R_2?

b) Berechnen Sie die Ausgangsspannung.

Geg.: $R_1 = 2{,}2\ \text{k}\Omega$; $V_u = 100$; $U_E = 50\ \text{mV}$

Ges.: a) R_2; b) U_A

a) $R_2 = V_u \cdot R_1$

$R_2 = 100 \cdot 2{,}2\ \text{k}\Omega$

$\underline{\underline{R_2 = 220\ \text{k}\Omega}}$

b) $U_A = -\frac{R_2}{R_1} \cdot U_E$

$U_A = -\frac{220\ \text{k}\Omega}{2{,}2\ \text{k}\Omega} \cdot 50\ \text{mV}$

$\underline{\underline{U_A = -5\ \text{V}}}$

Aufgaben

1. Ein invertierender OPV hat einen Eingangswiderstand von 1 kΩ und einen Rückkopplungswiderstand von 12 kΩ. Am Eingang liegt eine Spannung von 150 mV an. Berechnen Sie

a) den Spannungsverstärkungsfaktor und

b) die Ausgangsspannung.

2. An inverting operational amplifier has a voltage amplification factor of −50. How high is the input resistance when the feedback resistor value is 47 kΩ?

3. Bei einer Eingangsspannung von −0,5 V hat ein invertierender Operationsverstärker eine Ausgangsspannung von 10 V. Berechnen Sie den Wert des Rückkoppelwiderstandes, wenn der Eingangswiderstand einen Wert von 300 Ω hat.

4. Eine Verstärkerstufe, die mit einem invertierenden OPV arbeitet, nimmt bei einer Eingangsspannung von 100 mV einen Eingangsstrom der Stärke 56 µA. auf. Der Rückkopplungswiderstand hat einen Wert von 47 kΩ. Berechnen Sie

a) den Eingangswiderstand und

b) die Ausgangsspannung.

5. Bei einer Eingangsstromstärke von 0,96 mA beträgt die Ausgangsspannung eines invertierenden OPV 10 V. Die Schaltung hat einen Verstärkungsfaktor von −4. Berechnen Sie die beiden Widerstände R_1 und R_2.

6. Der invertierende Verstärker aus Abb. 1 soll das Eingangssignal um den Faktor 500 verstärken.

a) Berechnen Sie den erforderlichen Widerstandswert für R_2.

b) Welcher Widerstand ist aus der E12-Reihe zu wählen, wenn der gegebene Verstärkungsfaktor mindestens erreicht werden muss?

c) Berechnen Sie die Ausgangsspannung bei einer Eingangsspannung von 12 mV.

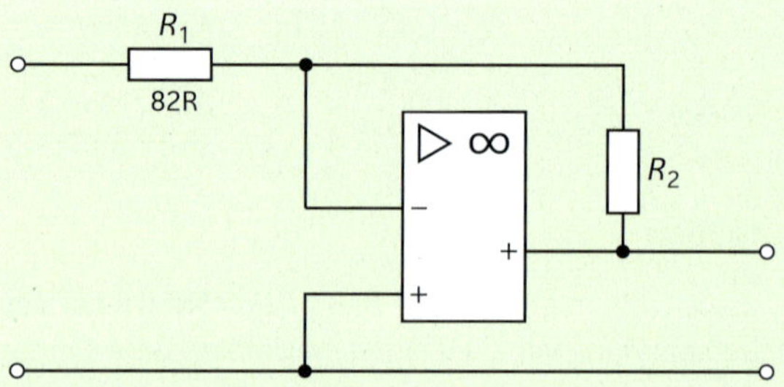

Abb. 1: Invertierender OPV

7. Eine Verstärkerschaltung soll, wie in Abb. 2 dargestellt, die Spannung U_E verstärken. Als Wert für den Rückkoppelwiderstand wurden bereits 180 kΩ festgelegt.

a) Welcher Widerstand aus der E24-Reihe ist als Eingangswiderstand verwendet worden?

b) Es stehen nur Widerstände aus der E12-Reihe zur Verfügung. Welcher Widerstandswert ist zu wählen, wenn die Ausgangsspannung 6 V nicht übersteigen darf?

c) Berechnen Sie für diesen Fall den Spannungsverstärkungsfaktor.

d) Berechnen Sie den Strom durch den Rückkoppelwiderstand.

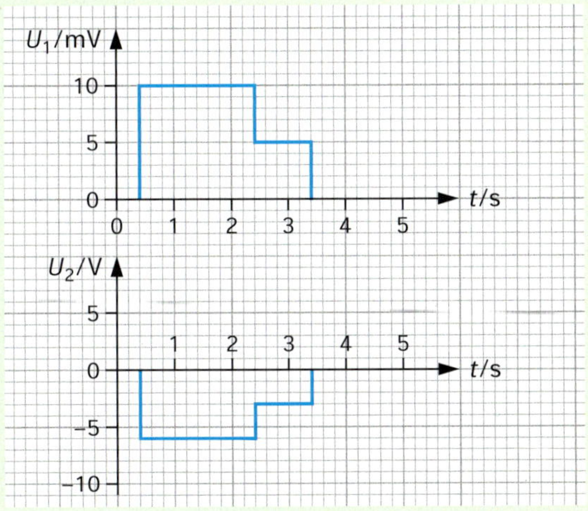

Abb. 2: Ein- und Ausgangsspannung invertierender OPV

8. Auf einem Schulungsboard befindet sich ein invertierender Verstärker, wie in Abb. 3 dargestellt. Die Werte der Widerstände sind $R_1 = 12$ kΩ, $R_2 = 10$ kΩ und $R_3 = 250$ kΩ. Am Eingang liegt eine Spannung von −500 mV an.

a) In welchem Bereich lässt sich der Verstärkungsfaktor einstellen?

b) Berechnen Sie die minimale und maximale Ausgangsspannung.

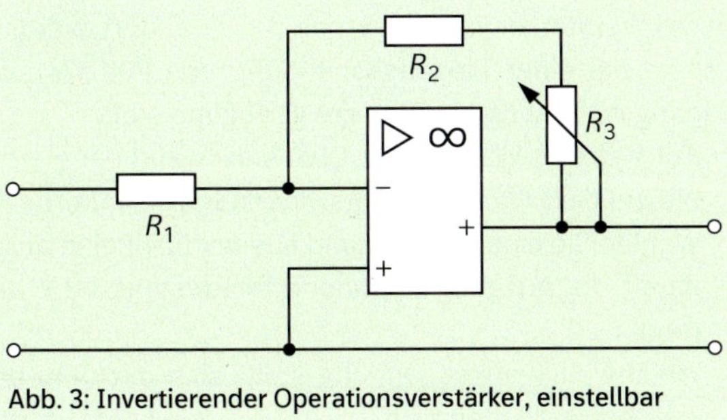

Abb. 3: Invertierender Operationsverstärker, einstellbar

9. Eine Sägezahnspannung mit einem Scheitelwert von 5 mV soll mithilfe eines invertierenden Operationsverstärkers verstärkt werden. Die Amplitude der Ausgangsspannung soll 12 V betragen. Zudem soll die Eingangsstromstärke maximal 2,5 μA betragen.

a) Berechnen Sie den Spannungsverstärkungsfaktor.

b) Ermitteln Sie die Widerstandswerte für R_1 und R_2.

10. Eine sinusförmige Spannung wird mithilfe des Operationsverstärkers LM741 verstärkt. Abb. 4 zeigt den Aufbau der Schaltung. Die Spannung besitzt einen Effektivwert von 120 mV und eine Frequenz von 100 Hz. Berechnen Sie

a) den Spannungsverstärkungsfaktor,

b) den Effektivwert der Ausgangsspannung und

c) den maximal möglichen Ausgangsspannungswert. Berücksichtigen Sie hierbei die Toleranzen der eingesetzten Widerstände aus der E12-Reihe.

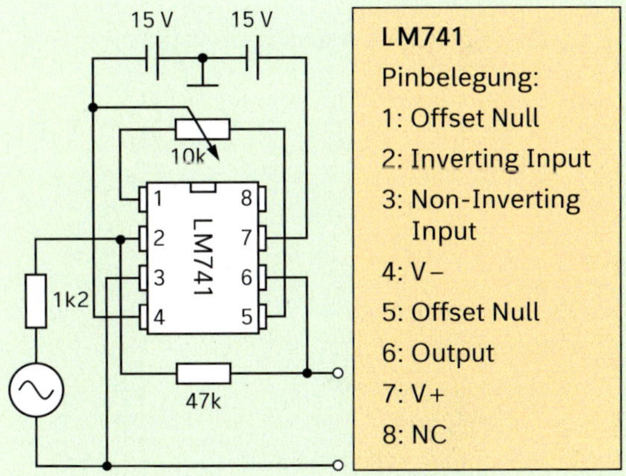

Abb. 4: Schaltplan invertierender Verstärker

11. Am Eingang eines zweistufigen Vorverstärkers (Abb. 5) liegt eine Spannung von 6 mV an.

a) Berechnen Sie den Wert der Ausgangsspannung.

b) Wie groß ist der Eingangsstrom der Schaltung?

c) Welchen Wert besitzt die Stromstärke durch den Widerstand R_3?

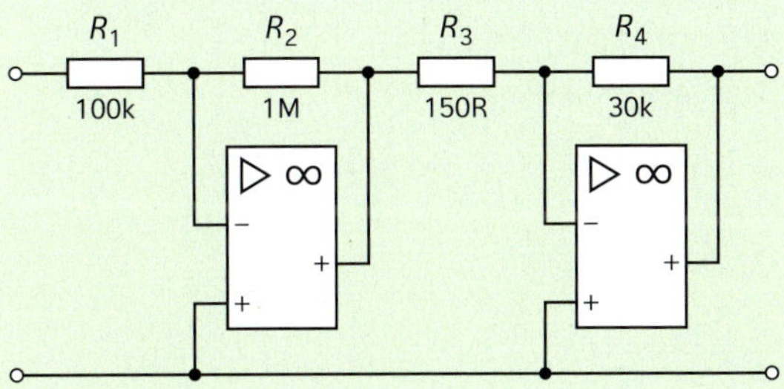

Abb. 5: Zweistufiger Verstärker

8.8.2 Nichtinvertierender Operationsverstärker

Die Ausgangsspannung U_A des nichtinvertierenden Operationsverstärkers ist mit der Eingangsspannung U_E phasengleich. Die Verstärkung V_u wird mithilfe des Querwiderstands R_1 und des Rückkoppelwiderstands R_2 festgelegt.

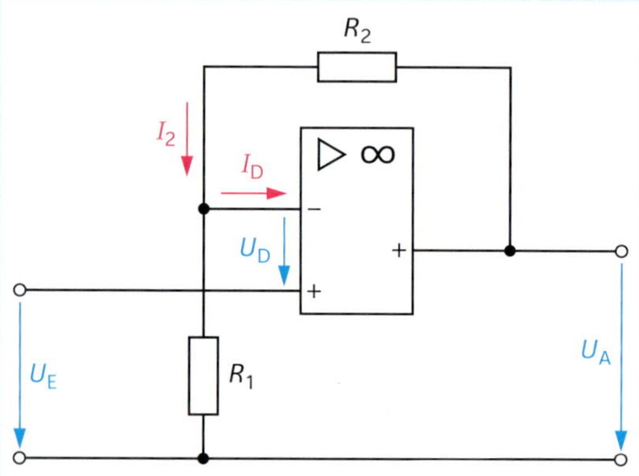

In der Praxis gilt: $I_D = 0$ A und $U_D = 0$ V.

$$\frac{U_A}{U_E} = \frac{I_2 \cdot (R_1 + R_2)}{I_2 \cdot R_1} \qquad \frac{U_A}{U_E} = \frac{R_1 + R_2}{R_1} \qquad \frac{U_A}{U_E} = 1 + \frac{R_2}{R_1}$$

$$V_u = \frac{U_A}{U_E} \qquad V_u = 1 + \frac{R_2}{R_1}$$

U_E: Eingangsspannung	$[U_E] = V$
U_A: Ausgangsspannung	$[U_A] = V$
I_2: Rückkopplungsstrom	$[I_2] = A$
R_1: Querwiderstand	$[R_1] = \Omega$
R_2: Rückkopplungswiderstand	$[R_2] = \Omega$
V_u: Spannungsverstärkungsfaktor	

Beispiel

Ein nichtinvertierender Operationsverstärker mit einem Rückkopplungswiderstand von 15 kΩ und einem Querwiderstand von 220 Ω liefert an seinem Ausgang eine Spannung von 12,4 V.

a) Wie groß ist der Spannungsverstärkungsfaktor?
b) Welchen Wert hat die Eingangsspannung?

Geg.: $R_1 = 220\ \Omega$; $R_2 = 15\ k\Omega$; $U_A = 12{,}4$ V
Ges.: a) V_u; b) U_E

a) $V_u = 1 + \frac{R_2}{R_1}$

$V_u = 1 + \frac{15\ k\Omega}{220\ \Omega}$

$\underline{\underline{V_u = 69{,}2}}$

b) $U_E = \frac{U_A}{1 + \left(\frac{R_2}{R_1}\right)}$

$U_E = \frac{12{,}4\ V}{1 + \left(\frac{15\ k\Omega}{220\ \Omega}\right)}$

$\underline{\underline{U_E = 0{,}18\ V}}$

Aufgaben

1. In einer Versuchsschaltung wird bei einem Rückkoppelwiderstand von 100 kΩ ein Querwiderstand mit 330 Ω eingesetzt. Berechnen Sie den Verstärkungsfaktor.

2. Ein nichtinvertierender Verstärker hat einen Spannungsverstärkungsfaktor von $V_u = 23$. Der Wert des Querwiderstands beträgt 15 kΩ. Welchen Wert besitzt der Rückkopplungswiderstand?

3. The input voltage of a non-inverting amplifier is 25 mV. Calculate the output voltage with $R_1 = 200\ \Omega$ and $R_2 = 68\ k\Omega$.

4. Ein sinusförmiges Spannungssignal mit einer Amplitude von 50 mV wird über einen nichtinvertierenden OPV verstärkt. Die Ausgangsspannung soll bei einem 68-kΩ-Rückkoppelwiderstand eine Amplitude von 10 V besitzen. Berechnen Sie
a) den Spannungsverstärkungsfaktor,
b) den Wert des Querwiderstandes und
c) die Stromstärke durch den Querwiderstand.

5. Durch den Rückkopplungswiderstand des nichtinvertierenden Verstärkers aus Abb. 1 fließt ein sinusförmiger Wechselstrom mit der Amplitude 67 µA. Berechnen Sie
a) den Spannungsverstärkungsfaktor,
b) die Amplitude der Eingangsspannung und
c) die Amplitude der Ausgangsspannung.

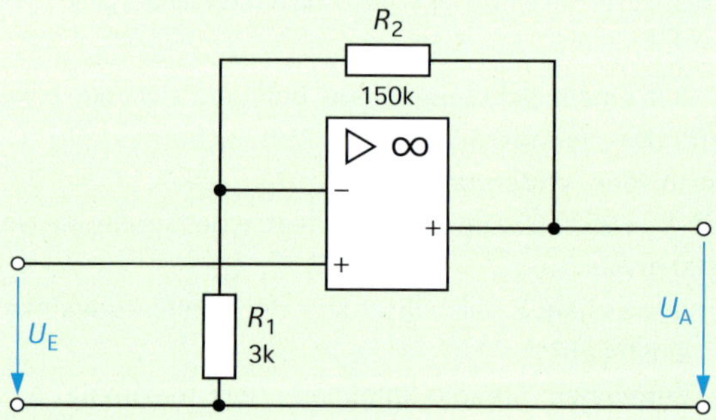

Abb. 1: Nichtinvertierender Verstärker

6. Der Verstärker in Abb. 5 soll so verändert werden, dass er bei einer Eingangsspannung von 200 mV eine Ausgangsspannung von 12 V zur Verfügung stellt.
a) Auf welchen Wert ist der Querwiderstand bei gleichbleibendem Rückkopplungswiderstand zu ändern?
b) Wählen Sie einen Widerstand aus der E24 Reihe aus, damit die Ausgangsspannung mindestens 12 V beträgt.
c) Welche Ausgangsspannung stellt sich mit dem gewählten Widerstand ein?

7. In einem Schaltplan findet sich die in Abb. 2 dargestellte Verstärkerschaltung. Berechnen Sie

a) den Verstärkungsfaktor der Schaltung sowie
b) die Eingangsspannung und die Ausgangsspannung der Schaltung.

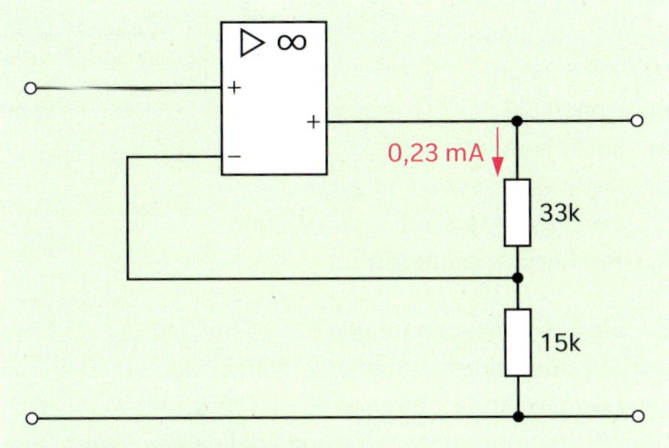

Abb. 2: OP-Verstärkerschaltung

8. Eine Verstärkerschaltung soll, wie in Abb. 3 dargestellt, die Spannung U_E verstärken. Als Wert für den Querwiderstand wurden bereits 160 Ω festgelegt.

a) Welcher Widerstandswert aus der E24-Reihe ist für den Rückkopplungswiderstand zu wählen?
b) Es stehen nur Widerstände aus der E12-Reihe zur Verfügung. Welcher Wert ist zu wählen, damit die dargestellte Ausgangsspannung mindestens erreicht wird?
c) Wie groß ist in diesem Fall der Spannungsverstärkungsfaktor?
d) Welcher Strom fließt bei maximaler Ausgangsspannung durch den Querwiderstand?

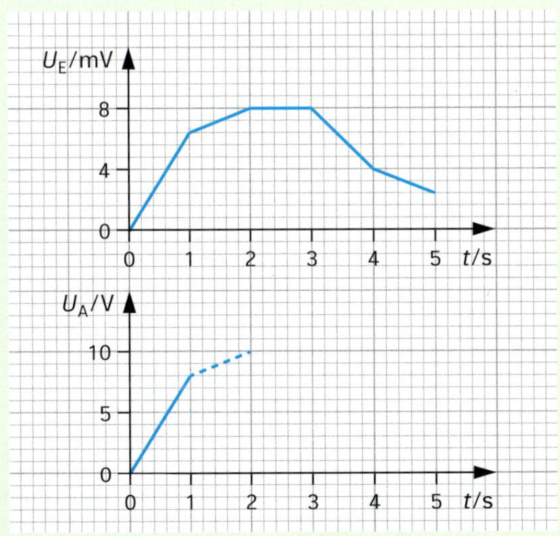

Abb. 3: Ein- und Ausgangsspannung eines OPV

9. Eine sinusförmige Spannung wird mithilfe des OPV LM741 verstärkt (Abb. 4). Die Eingangsspannung besitzt einen Effektivwert von 7 mV bei einer Frequenz von 100 Hz.

a) Berechnen Sie den Spannungsverstärkungsfaktor.
b) Berechnen Sie den Effektivwert der Ausgangsspannung.
c) Der Verstärkungsfaktor soll maximiert werden. Hierbei soll die Ausgangsspannung 12 V nicht übersteigen. Durch welchen Widerstand der Reihe E12 ist der Rückkopplungswiderstand zu ersetzen?

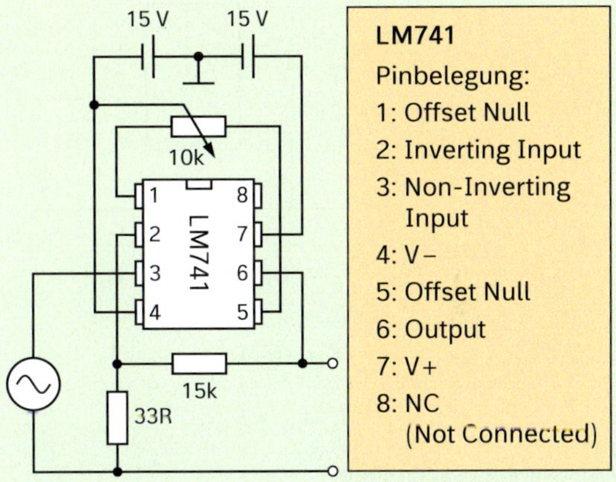

Abb. 4: Schaltplan nichtinvertierender OPVs

10. Der OPV aus Abb. 5 verstärkt eine sinusförmige Spannung mit einem Effektivwert von 50 mV.

a) Ermitteln Sie, in welchem Bereich der Verstärkungsfaktor eingestellt werden kann.
b) Berechnen Sie die maximale Spannung am Ausgang.
c) Der Verstärkungsfaktor ist durch einen neuen Querwiderstand zu maximieren. Die Ausgangsspannung soll hierbei einen Wert von 12 V nicht übersteigen. Durch welchen Widerstand der E12-Reihe ist der Querwiderstand zu ersetzen?
d) Berechnen Sie den neuen Bereich des Verstärkungsfaktors.

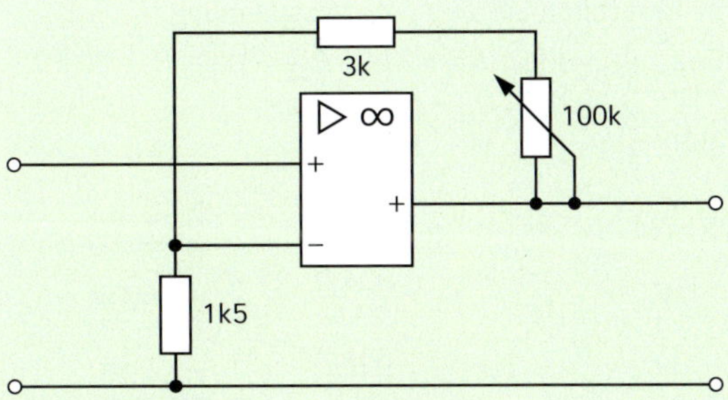

Abb. 5: Einstellbarer nichtinvertierender OPV

8.8.3 Summierverstärker

Ein Summierverstärker addiert mehrere Eingangsspannungen zu einer gemeinsamen Ausgangsspannung. Die Verstärkungsfaktoren für die einzelnen Eingangsspannungen sind einstellbar.

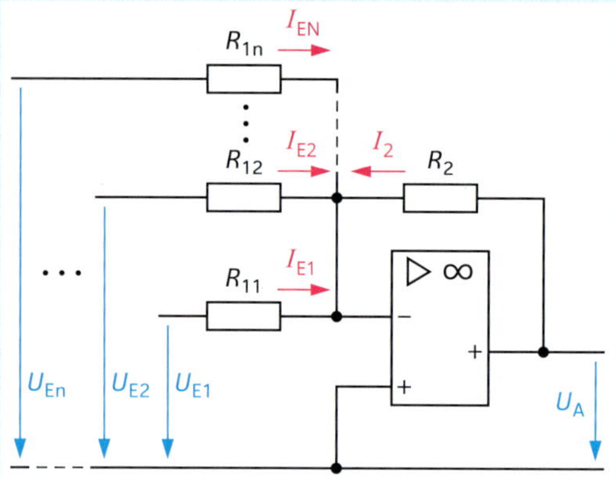

$$-U_A = \frac{R_2}{R_{11}} \cdot U_{E1} + \frac{R_2}{R_{12}} \cdot U_{E2} + ... + \frac{R_2}{R_{1n}} \cdot U_{En}$$

$$-U_A = V_{U1} \cdot U_{E1} + V_{U2} \cdot U_{E2} + ... + V_{Un} \cdot U_{En}$$

$$I_2 + I_{E1} + I_{E2} + ... + I_{En} = 0$$

U_E: Eingangsspannungen	$[U_E] = V$
U_A: Ausgangsspannung	$[U_A] = V$
I_E: Eingangsströme	$[I_E] = A$
I_2: Rückkopplungsstrom	$[I_2] = A$
R_1: Eingangswiderstände	$[R_1] = \Omega$
R_2: Rückkopplungswiderstand	$[R_2] = \Omega$
V_u: Spannungsverstärkungsfaktoren	

Beispiel

An den Eingängen des abgebildeten Summierverstärkers werden drei identische Eingangsspannungen zu je 0,2 V angelegt.

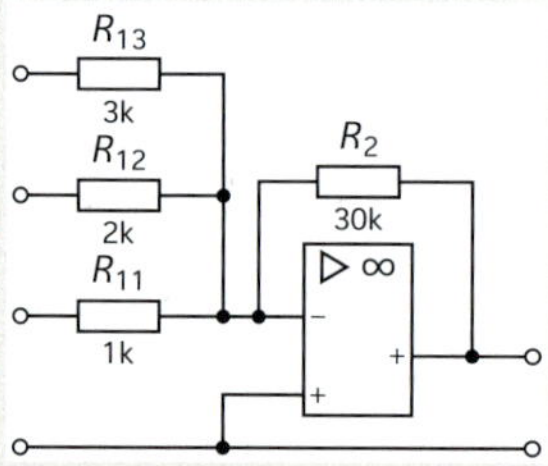

a) Ermitteln Sie alle Verstärkungsfaktoren.
b) Berechnen Sie die Ausgangsspannung.

Geg.: $R_{11} = 1\ k\Omega$; $R_{12} = 2\ k\Omega$; $R_{13} = 3\ k\Omega$; $R_2 = 30\ k\Omega$;
$U_{E1} = U_{E2} = U_{E3} = 0{,}2\ V$

Ges.: a) V_{U1}; V_{U2}; V_{U3}; b) U_A

a) $V_{U1} = \frac{R_2}{R_{11}}$; $V_{U1} = \frac{30\ k\Omega}{1\ k\Omega}$; $\underline{\underline{V_{U1} = 30}}$

$V_{U2} = \frac{R_2}{R_{12}}$; $V_{U2} = \frac{30\ k\Omega}{2\ k\Omega}$; $\underline{\underline{V_{U2} = 15}}$

$V_{U3} = \frac{R_2}{R_{13}}$; $V_{U3} = \frac{30\ k\Omega}{3\ k\Omega}$; $\underline{\underline{V_{U3} = 10}}$

b) $-U_A = V_{U1} \cdot U_{E1} + V_{U2} \cdot U_{E2} + V_{U3} \cdot U_{E3}$

$-U_A = 30 \cdot 0{,}2\ V + 15 \cdot 0{,}2\ V + 10 \cdot 0{,}2\ V = \underline{\underline{11\ V}}$

Aufgaben

1. An den Eingängen des Summierverstärkters liegen die Spannungen $U_{E1} = 0{,}5$ V, $U_{E2} = 10$ mV und $U_{E3} = 900$ µV an. Berechnen Sie

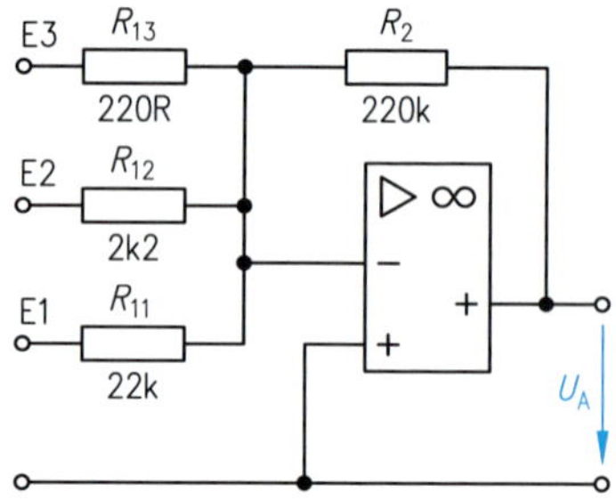

a) die Spannungsverstärkungsfaktoren V_{U1}, V_{U2}, V_{U3},
b) die Ausgangsspannung U_A,
c) die Eingangsströme I_{E1}, I_{E2}, I_{E3} und
d) den Rückkopplungsstrom I_2.

2. Die Eingangsspannungen $U_{E1} = 5$ mV und $U_{E2} = 0{,}1$ mV werden über einen Summierverstärker addiert. Die Eingangswiderstände betragen $R_{11} = 100\ \Omega$ und $R_{12} = 20\ \Omega$. Der Rückkopplungswiderstand hat einen Wert von $R_2 = 82\ k\Omega$. Berechnen Sie a) die beiden Verstärkungsfaktoren und b) die Ausgangsspannung.

3. Die Eingangsspannung U_{E1} wird mit $V_{U1} = 200$ und die Eingangsspannung U_{E2} mit $V_{U2} = 600$ verstärkt. Der Rückkopplungswiderstand besitzt einen Widerstandswert von $R_2 = 220\ k\Omega$. Berechnen Sie

a) die beiden Eingangswiderstände R_{11} und R_{12},
b) die Ausgangsspannung bei den Eingangspannungen $U_{E1} = 55$ mV und $U_{E2} = 12$ mV und
c) die Eingangsströme I_{E1} und I_{E2}.

4. A summing amplifier with the input resistance values of $R_{11} = 470\ \Omega$, $R_{12} = 150\ \Omega$ and a feedback resistor of $R_2 = 68\ k\Omega$ amplifies the two input voltages $U_{E1} = 25$ mV and $U_{E2} = 12$ mV. Calculate the output voltage U_A.

5. Die Ausgangsspannung der abgebildeten Schaltung beträgt −9,0 V. Berechnen Sie

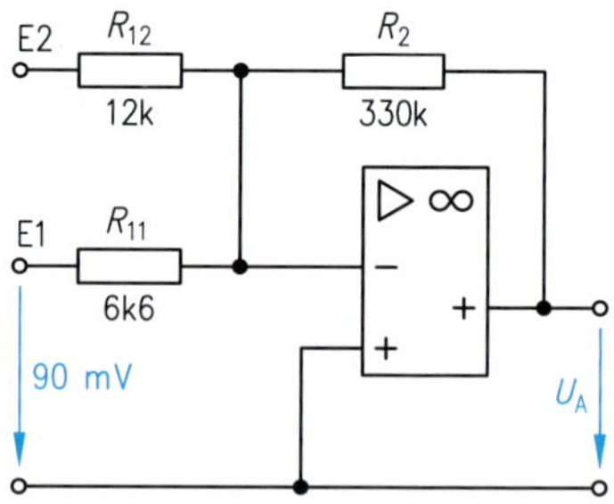

a) die Spannungsverstärkungsfaktoren,
b) die Eingangsspannung U_{E2},
c) den Rückkopplungsstrom und
d) die Stromstärken der beiden Eingangsströme.

6. Zwei Eingangsspannungen werden über einen Summierverstärker addiert. Die Eingangsspannungen sind mit den Verstärkungsfaktoren $V_{U1} = 1000$ und $V_{U2} = 5000$ gewichtet. Der Rückkopplungswiderstand beträgt 100 kΩ. Berechnen Sie die Eingangswiderstände.

7. Die Mischspannung am Ausgang eines Addierers beträgt −11,72 V. Der Rückkopplungswiderstand hat einen Wert von 10 kΩ. An den ersten Eingang mit einem Eingangswiderstand von 5,1 kΩ wird hierbei eine Spannung von 2,5 V gelegt. Welchen Wert besitzt die Spannung am zweiten Eingang, wenn dessen Eingangswiderstand 2,2 kΩ beträgt?

8. Der dargestellte Summierverstärker liefert bei den Eingangsspannungen $U_{E1} = 250$ mV und $U_{E2} = 450$ mV eine Ausgangsspannung von $U_A = -10{,}75$ V. Berechnen Sie

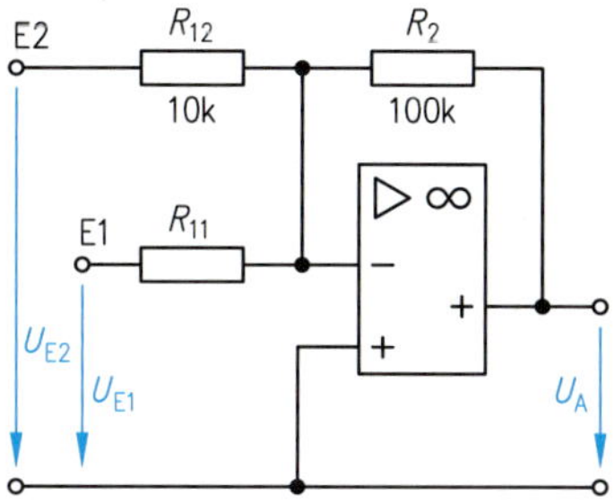

a) den Rückkopplungsstrom,
b) die beiden Eingangsströme,
c) den Eingangswiderstand R_{11} und
d) die Spannungsverstärkungsfaktoren.

9. In einer Messschaltung erzeugt ein Summierer bei $U_{E1} = 12$ mV und $U_{E2} = 50$ mV eine Ausgangsspannung von −3,477 V. Die Eingangswiderstände betragen $R_{11} = 2$ kΩ und $R_{12} = 5{,}1$ kΩ.

a) Berechnen Sie den Rückkopplungswiderstand.
b) Auf welchen Wert ändert sich die Ausgangsspannung, wenn die Eingangsspannung U_{E1} verdreifacht wird?

10. An den beiden Eingängen eines Summierverstärkers liegen jeweils 50 mV an. Die Stromstärke durch den Eingangswiderstand R_{11} beträgt 25 µA und durch den Eingangswiderstand R_{12} beträgt 5 µA. Die Ausgangsspannung hat einen Wert von −6,6 V. Berechnen Sie

a) die Werte der beiden Eingangswiderstände,
b) den Wert des Rückkopplungswiderstandes und
c) die beiden Spannungsverstärkungsfaktoren.

11. Mithilfe eines Summierverstärkers sollen zwei Spannungen zu je 2 mV addiert werden. Es ist für jeden der Eingänge ein Spannungsverstärkungsfaktor von 2000 gewünscht. Hierbei sollen die einzelnen Eingangsströme einen Wert von 10 µA nicht übersteigen. Berechnen Sie

a) die mindestens notwendigen Werte der Eingangswiderstände und
b) den Wert des Rückkopplungswiderstandes.
c) Wählen Sie für den Rückkopplungswiderstand einen Wert aus der E24-Reihe aus, der dem errechneten Wert am nächsten kommt. Welche Spannungsverstärkungsfaktoren werden hierdurch erreicht?

12. An den Eingängen des Summierverstärkers liegt jeweils eine Spannung von 50 mV. Berechnen Sie für die Verstärkerschaltung

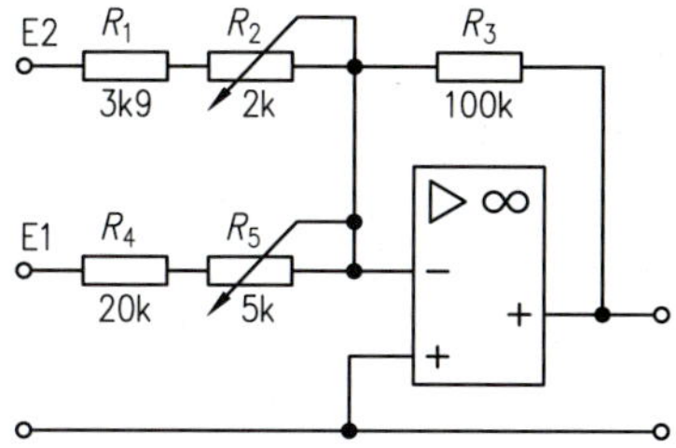

a) den einstellbaren Bereich von V_{U1},
b) den einstellbaren Bereich von V_{U2} und
c) die maximale und minimale Ausgangsspannung.

13. Die Spannung U_{E1} in Abbildung 1 ist eine Wechselspannung mit einer Amplitude von 12 mV. Sie wird mit dem Faktor 100 verstärkt. Über den zweiten Eingang kann der Wechselspannung ein Gleichspannungsanteil hinzugefügt werden. Der Gleichspannungsanteil beträgt ausgangsseitig dann ±6 V. Berechnen Sie

a) den Spannungsverstärkungsfaktor für den Gleichspannungseingang,
b) die Widerstandswerte von R_{20} und R_{19},
c) die maximale Stromstärke im Widerstand R_{19}.

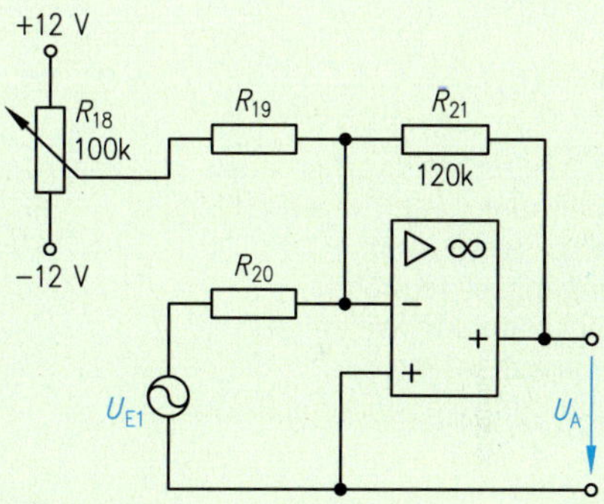

Abb. 1: DA-Wandler

14. Ein Mikrocontroller gibt 4 bit große Digitalwerte aus. Eine logische 1 hat den Pegel 5 V und eine logische Null entspricht 0 V. Über einen Summierverstärker mit vier Eingängen wird dieses Signal in einen Analogwert gewandelt (Abb. 2 DA-Wandler). Berechnen Sie die notwendigen Werte der Eingangswiderstände.

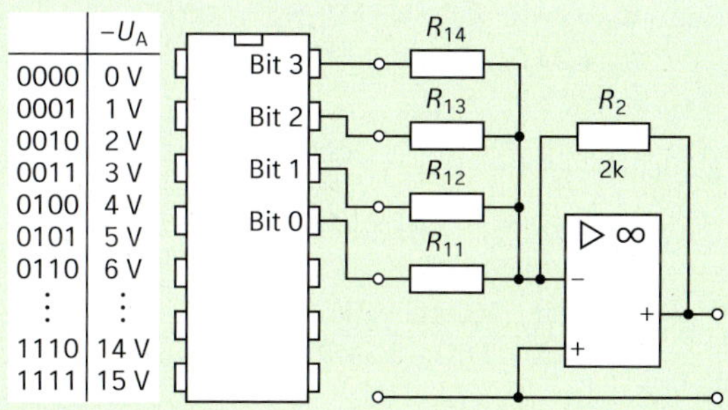

Abb. 2: DA-Wandler

8.8.4 Differenzverstärker

Ein Differenzverstärker erfasst den Spannungsunterschied zwischen zwei Spannungen an seinen Eingängen. Die Spannungsverstärkungsfaktoren der Eingänge können hierbei unterschiedlich sein.

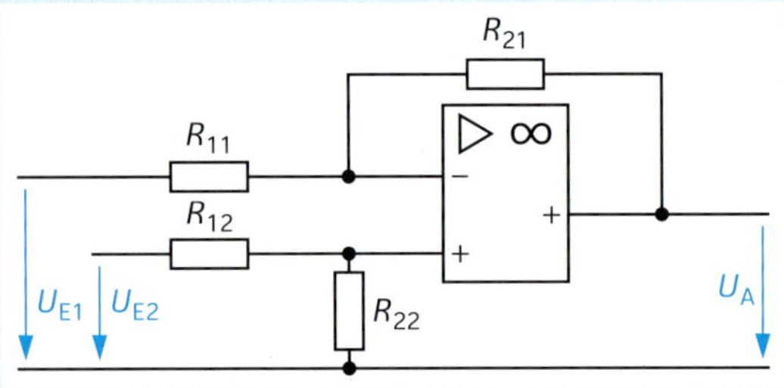

$$U_A = U_{E2} \cdot \frac{R_{22} \cdot (R_{21} + R_{11})}{R_{11} \cdot (R_{22} + R_{12})} - U_{E1} \cdot \frac{R_{21}}{R_{11}}$$

$$U_A = U_{E2} \cdot V_{U2} + U_{E1} \cdot V_{U1}$$

Mit $U_{E2} = 0$ V

$$U_A = -U_{E1} \cdot \frac{R_{21}}{R_{11}} \qquad U_A = U_{E1} \cdot V_{U1}$$

Mit $U_{E1} = 0$ V

$$U_A = U_{E2} \cdot \frac{R_{22} \cdot (R_{21} + R_{11})}{R_{11} \cdot (R_{22} + R_{12})} \qquad U_A = U_{E2} \cdot V_{U2}$$

U_{E1}:	Spannung am invertierendem Eingang	$[U_{E1}] = V$
U_{E2}:	Spannung am nichtinvert. Eingang	$[U_{E2}] = V$
U_A:	Ausgangsspannung	$[U_A] = V$
R_1:	Eingangswiderstände	$[R_1] = \Omega$
R_{21}:	Rückkopplungswiderstand	$[R_{21}] = \Omega$
R_{22}:	Querwiderstand	$[R_{22}] = \Omega$
V_u:	Spannungsverstärkungsfaktor	

Beispiel

An beiden Eingängen eines Differenzverstärkers liegt eine Spannung von 100 mV. Die Eingangswiderstände betragen $R_{11} = 2$ kΩ und $R_{12} = 8{,}2$ kΩ. Der Rückkopplungswiderstand ist $R_{21} = 100$ kΩ und der Querwiderstand $R_{22} = 2$ kΩ. Berechnen Sie

a) die Spannungsverstärkungsfaktoren und

b) die resultierende Ausgangsspannung.

Geg.: $R_{11} = 2\,\text{k}\Omega$; $R_{12} = 8{,}2\,\text{k}\Omega$; $R_{21} = 100\,\text{k}\Omega$; $R_{22} = 2\,\text{k}\Omega$; $U_{E1} = U_{E2} = 100\,\text{mV}$

Ges.: a) V_{U1}; V_{U2}; b) U_A

a) $V_{U1} = -\frac{R_{21}}{R_{11}}$; $V_{U1} = -\frac{100\,\text{k}\Omega}{2\,\text{k}\Omega}$; $\underline{\underline{V_{U1} = -50}}$

$V_{U2} = \frac{R_{22} \cdot (R_{21} + R_{11})}{R_{11} \cdot (R_{22} + R_{12})}$;

$V_{U2} = \frac{2\,\text{k}\Omega \cdot (100\,\text{k}\Omega + 2\,\text{k}\Omega)}{2\,\text{k}\Omega \cdot (2\,\text{k}\Omega + 8{,}2\,\text{k}\Omega)}$; $\underline{\underline{V_{U2} = 10}}$

b) $U_A = U_{E2} \cdot V_{U2} + U_{E1} \cdot V_{U1}$;

$U_A = 100\,\text{mV} \cdot 10 + 100\,\text{mV} \cdot (-50)$; $\underline{\underline{U_A = -4\text{V}}}$

Aufgaben

1. An den Eingängen des Differenzverstärkers aus Abb. 1 liegen die Spannungen $U_{E1} = 8$ mV und $U_{E2} = 2$ mV. Berechnen Sie a) die Verstärkungsfaktoren und b) die Ausgangsspannung.

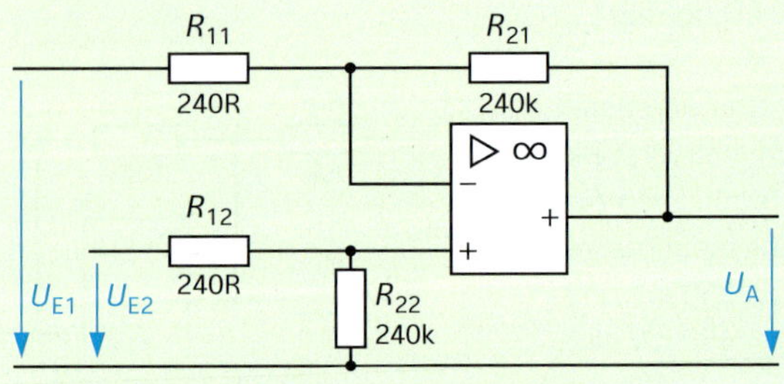

Abb. 1: Differenzverstärker

2. The mechanical stress of a steel construction is monitored by two strain gauges. Via a bridge circuit, a differential amplifier receives the two measurement voltages $U_{E1} = 4.55$ V and $U_{E2} = 4.50$ V. The resistance values of the differential amplifier are $R_{11} = 1$ kΩ, $R_{12} = 1$ kΩ, $R_{21} = 100$ kΩ and $R_{22} = 100$ kΩ. Calculate

a) the voltage gain factors and

b) the output voltage.

3. Ein Differenzverstärker mit den Eingangswiderständen $R_{11} = 1{,}5$ kΩ und $R_{12} = 1{,}5$ kΩ besitzt einen Querwiderstand von $R_{22} = 7{,}5$ kΩ und einen Rückkopplungswiderstand von $R_{21} = 7{,}5$ kΩ. Die Eingangsspannungen betragen $U_{E1} = -1$ V und $U_{E2} = 1$ V. Berechnen Sie

a) die Spannungsverstärkungsfaktoren V_{U1} und V_{U2},

b) die Ausgangsspannung U_A,

c) die Stromstärke I_{E2} durch den Widerstand R_{12}.

4. Der Differenzverstärker der Abb. 2 verstärkt die Spannungen der beiden Brückenzweige. Betrachten Sie hierbei die Brückenzweige als unbelastet. Berechnen Sie

a) die Verstärkungsfaktoren

b) die Spannungen der beiden Brückenzweige und

c) die Ausgangsspannung.

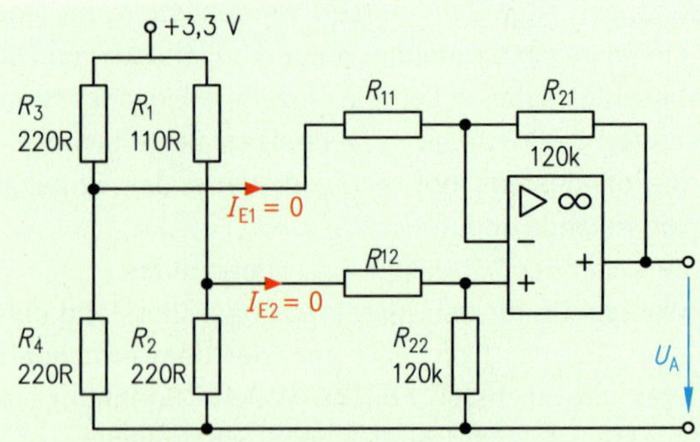

Abb. 2: Messbrücke mit Differenzverstärker

5. An den Eingängen der Schaltung aus Abb. 3 liegen die Spannungen $U_{E1} = 1$ V und $U_{E2} = 3$ V. Berechnen Sie

a) den Verstärkungsfaktor V_{U1},

b) den Verstärkungsfaktor V_{U2} und

c) die Ausgangsspannung U_A.

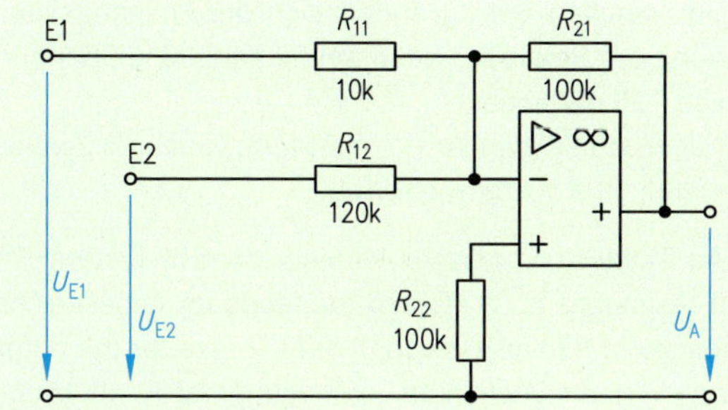

Abb. 3: Differenzverstärker

6. Abb. 4 zeigt eine Schaltung zur Temperaturerfassung. Der verwendete NTC hat bei 25 °C einen Widerstandswert von 10 kΩ, bei 0 °C einen Wert von 32,6 kΩ und bei 50 °C einen Wert von 3,6 kΩ. Berechnen Sie die Ausgangsspannung für alle drei Temperaturen.

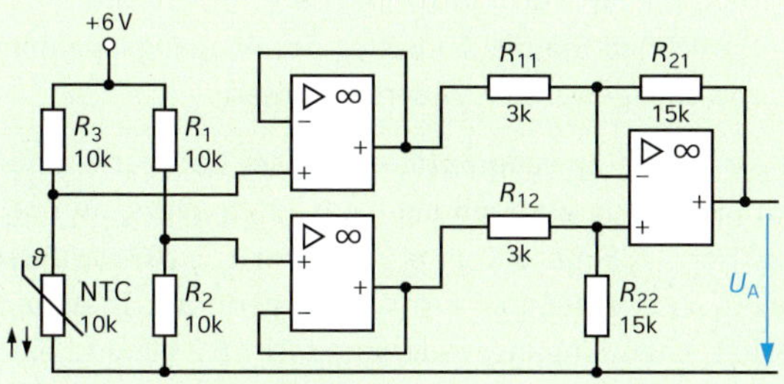

Abb. 4: Temperaturmessung

7. Der Differenzverstärker aus Abb. 5 soll bei den Eingangsspannungen $U_{E1} = 5$ mV und $U_{E2} = 50$ mV am Ausgang eine Spannung von $U_A = 0$ V haben. Der Verstärkungsfaktor $V_{U1} = -500$ wird vorgegeben. Berechnen Sie

a) den Widerstandswert für R_{30},

b) den einstellbaren Bereich der Verstärkung V_{U2},

c) den benötigten Spannungsverstärkungsfaktor V_{U2} und

d) den benötigten Eingangswiderstand am nicht invertierenden Eingang ($R_{32} + R_{33}$).

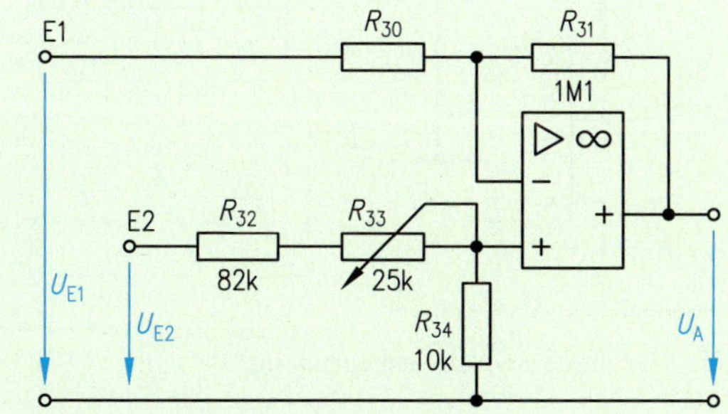

Abb. 5: Einstellbarer Differenzverstärker

8. Berechnen Sie für den dargestellten Differenzverstärker

a) die Ausgangsspannung U_A,

b) den Strom I_{E2},

c) die Spannung über R_{22},

d) die Spannung über R_{21},

e) die Spannung über R_{11}.

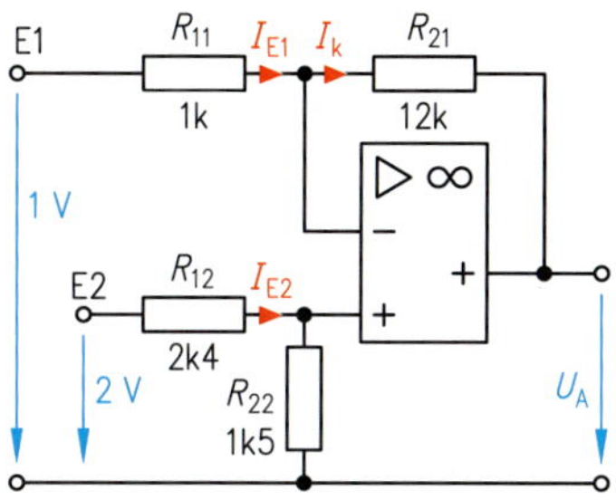

9. An einen Differenzverstärker werden die Spannungen $U_{E1} = 500$ mV und $U_{E2} = 700$ mV angelegt. Die resultierende Ausgangsspannung beträgt 3,16 V. Aus dem Schaltplan lassen sich nur noch die folgenden drei Widerstände ablesen: $R_{11} = 12$ kΩ, $R_{12} = 96$ kΩ, $R_{21} = 240$ kΩ.

a) Zeichnen Sie die Schaltung und tragen Sie die gegebenen Werte ein.

b) Bestimmen Sie den Spannungsverstärkungsfaktor V_{U1}.

c) Wie groß ist der Spannungsverstärkungsfaktor V_{U2}?

d) Berechnen Sie den Querwiderstand.

10. Das Diagramm (Abb. 6) zeigt die Spannungsverläufe an den Ein- und Ausgängen eines Differenzverstärkers. Der Widerstandswert des Rückkopplungswiderstandes beträgt 120 kΩ und der des Querwiderstandes 100 kΩ.

a) Ermitteln Sie mit Hilfe des Diagramms den Spannungsverstärkungsfaktor V_{U1}.

b) Berechnen Sie den Spannungsverstärkungsfaktor V_{U2}.

c) Welchen Wert hat der Eingangswiderstand am invertierenden Eingang?

d) Berechnen Sie den notwendigen Eingangswiderstand am nicht invertierenden Eingang.

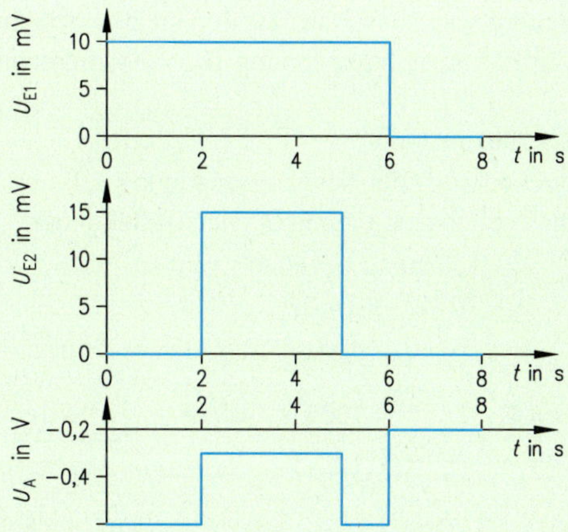

Abb. 6: Zeitdiagramm

8.8.5 Integrierer

Ein Integrierer verändert die Ausgangsspannung in Abhängigkeit zur Eingangsspannung über die Zeit. Die Änderungsgeschwindigkeit der Ausgangsspannung ist proportional zur Höhe der Eingangsspannung.

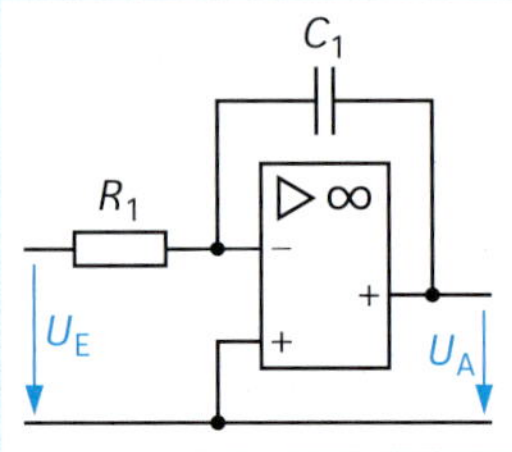

$$\Delta U_A = -U_E \cdot \Delta t \cdot \frac{1}{R_1 \cdot C_1}$$

$$\tau = R_1 \cdot C_1$$

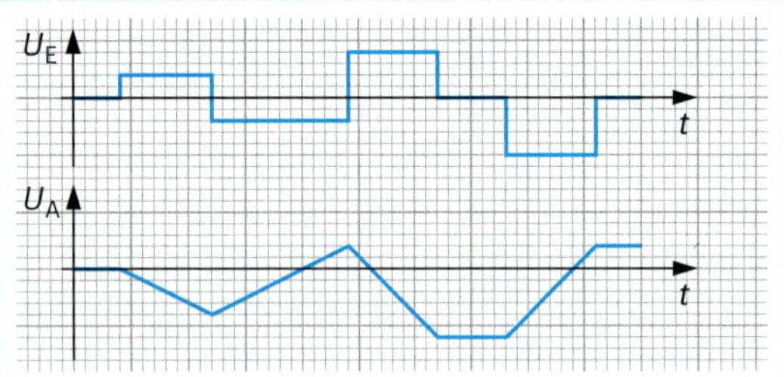

U_E:	Eingangsspannung	$[U_E] = \mathrm{V}$
ΔU_A:	Ausgangsspannungsänderung	$[\Delta U_A] = \mathrm{V}$
R_1:	Eingangswiderstand	$[R_1] = \Omega$
C_1:	Rückkopplungskondensator	$[C_1] = 1\,\frac{\mathrm{AS}}{\mathrm{V}} = 1\,\mathrm{F}$
Δt:	Zeitänderung	$[\Delta t] = \mathrm{s}$
τ:	Zeitkonstante	$[\tau] = \mathrm{s}$

Beispiel

An einem Integrierer mit einem Eingangswiderstand von 100 kΩ und einem Rückkopplungskondensator von 100 nF liegt 4 Sekunden lang eine Eingangsspannung von 20 mV an. Zu Beginn des Vorgangs beträgt die Ausgangspannung $U_{A1} = 2$ V. Berechnen Sie

a) die Zeitkonstante τ,

b) die Änderung der Ausgangsspannung ΔU_A und

c) die Ausgangsspannung U_{A2} nach 4 Sekunden.

Geg.: $R_1 = 100\,\mathrm{k\Omega}$; $C_1 = 100\,\mathrm{nF}$; $t = 4\,\mathrm{s}$;
$U_E = 20\,\mathrm{mV}$; $U_{A1} = 2\,\mathrm{V}$

Ges.: a) τ; b) ΔU_A; c) U_{A2}

a) $\tau = R_1 \cdot C_1$; $\tau = 100\,\mathrm{k\Omega} \cdot 100\,\mathrm{nF}$; $\underline{\underline{\tau = 10\,\mathrm{ms}}}$

b) $\Delta U_A = -U_E \cdot \Delta t \cdot \frac{1}{R_1 \cdot C_1}$;
$\Delta U_A = -20\,\mathrm{mV} \cdot 4\,\mathrm{s} \cdot \frac{1}{10\,\mathrm{ms}}$; $\underline{\underline{\Delta U_A = -8\,\mathrm{V}}}$

c) $U_{A2} = U_{A1} + \Delta U_A$;
$U_{A2} = 2\,\mathrm{V} + (-8\,\mathrm{V})$; $\underline{\underline{U_{A2} = -6\,\mathrm{V}}}$

Aufgaben

1. Eine Regelung arbeitet mit einem Integrierer. Der Eingangswiderstand hat einen Wert von 150 kΩ und die Kapazität des Rückkopplungskondensators beträgt 330 nF.

a) Berechnen Sie die Zeitkonstante.

b) Um welchen Betrag ändert sich die Ausgangsspannung pro Sekunde, wenn am Eingang eine Spannung von – 25 mV anliegt?

c) Auf welchen Wert ist C_1 zu ändern, wenn die Zeitkonstante 16,5 ms betragen soll?

2. An integrator operates within a control system. The input resistance is 39 kΩ and the feedback capacitor has a capacity of 820 nF. How long does it take for the output voltage to rise 4 V when an input voltage of 16 mV is connected?

3. In einem analogen Regelkreis soll bei einer Eingangsspannung von – 1 mV die Ausgangsspannung innerhalb von 4 ms um 2 V steigen. Der Kondensator des verwendeten Integrierers hat eine Kapazität von 220 pF.

a) Berechnen Sie den notwendigen Eingangswiderstand.

b) Wählen Sie einen Widerstand aus der E12-Reihe so, dass die Zeit von 4 ms nicht überschritten wird.

c) Berechnen Sie die Änderung der Ausgangsspannung mit dem gewählten Widerstandswert.

4. An einem Speicheroszilloskop wird beobachtet, dass sich die Ausgangsspannung eines Integrierers vom Zeitpunkt $t_1 = 188$ ms bis zum Zeitpunkt $t_2 = 203$ ms linear von $U_1 = -3$ V auf $U_2 = +4$ V verändert. Der Integrierer besitzt einen Eingangswiderstand $R_1 = 6{,}2$ kΩ und einen Rückkopplungskondensator $C_1 = 12$ nF. Berechnen Sie den Wert der Eingangsspannung für diesen Zeitraum.

5. Die Schaltung in Abb. 1 erzeugt aus einer Rechteckspannung ($f = 1$ kHz) eine Dreieckspannung. Ein- und Ausgangsspannung weisen jeweils eine Amplitude von 5 V auf. Der Kondensator des Integrierers besitzt eine Kapazität von 33 nF. Berechnen Sie den notwendigen Widerstandswert von R_1.

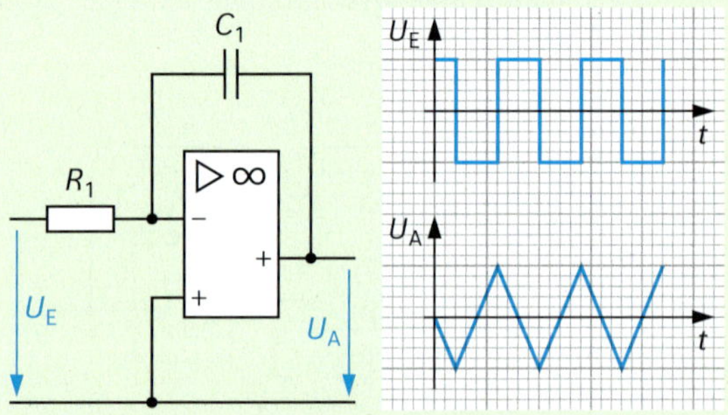

Abb. 1: Erzeugen einer Dreieckspannung

8.8.6 Differenzierer

Die Höhe der Ausgangsspannung eines Differenzierers ist proportional zur Änderungsgeschwindigkeit der Eingangsspannung.

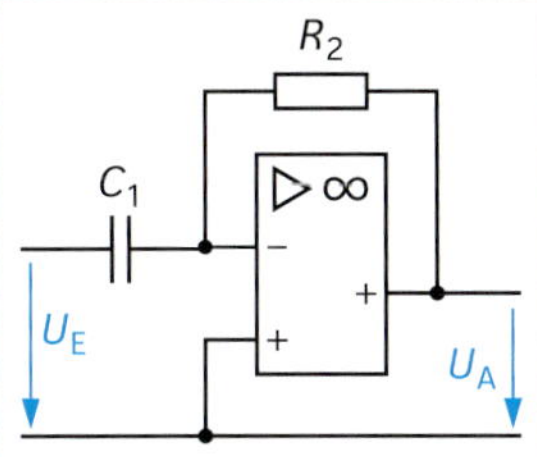

$$U_A = -\frac{\Delta U_E}{\Delta t} \cdot R_2 \cdot C_1$$

$$\tau = R_2 \cdot C_1$$

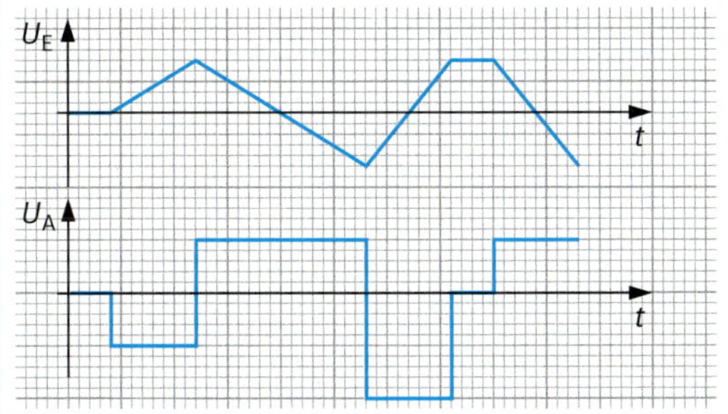

ΔU_E: Eingangsspannungsänderung $[\Delta U_E] = V$
ΔU_A: Ausgangsspannung $[\Delta U_A] = V$
R_2: Rückkopplungswiderstand $[R_2] = \Omega$
C_1: Eingangskondensator $[C_1] = 1\,F = 1\,\frac{As}{V}$
Δt: Zeitänderung $[\Delta t] = s$
τ: Zeitkonstante $[\tau] = s$

Beispiel

Die Eingangsspannung an einem Differenzierer ändert sich innerhalb von 25 ms von 2,5 V auf 7,2 V. Der Eingangskondensator hat eine Kapazität von 100 nF und der Widerstandswert des Rückkopplungswiderstandes beträgt 200 kΩ. Berechnen Sie

a) die Zeitkonstante τ,
b) die Änderung der Eingangsspannung ΔU_E und
c) die Ausgangsspannung U_A.

Geg.: $\Delta t = 20$ ms; $U_{E1} = 2{,}5$ V; $U_{E2} = 7{,}2$ V;
$C_1 = 100$ nF; $R_2 = 200$ kΩ

Ges.: a) τ; b) ΔU_E; c) U_A

a) $\tau = R_2 \cdot C_1$; $\tau = 200\,k\Omega \cdot 100\,nF$; $\underline{\underline{\tau = 20\,ms}}$

b) $\Delta U_E = U_{E2} - U_{E1}$;
$\Delta U_E = 7{,}2\,V - 2{,}5\,V$; $\underline{\underline{\Delta U_E = 4{,}7\,V}}$

c) $U_A = -\Delta U_E \cdot \frac{R_2 \cdot C_1}{\Delta t}$;
$U_A = -4{,}7\,V \cdot \frac{20\,ms}{25\,ms}$; $\underline{\underline{U_A = -3{,}8\,V}}$

Aufgaben

1. In einer Regelung arbeitet ein Differenzierer mit einer Eingangskapazität von 22 nF. Der Wert des Rückkopplungswiderstandes beträgt 33 kΩ. Die Eingangsspannung steigt innerhalb einer Millisekunde um 10 V an.

a) Berechnen Sie die Zeitkonstante.
b) Welche Spannung liegt am Differenziererausgang?

2. Ein Differenzierer soll bei einem Spannungsfall von 20 mV pro Millisekunde eine Ausgangsspannung von einem Volt zu erzeugen. Der Rückkopplungswiderstand hat einen Wert von 2,2 MΩ. Berechnen Sie die notwendige Kapazität des Eingangskondensators.

3. Abb. 2 zeigt einen Differenzierer und dessen Eingangsspannungsverlauf.

a) Berechnen Sie die Ausgangsspannungen zu den Zeitpunkten $t = 1$ ms, 2 ms, 3 ms und 4 ms.
b) Zeichnen Sie den Verlauf der Ausgangsspannung maßstabsgerecht.

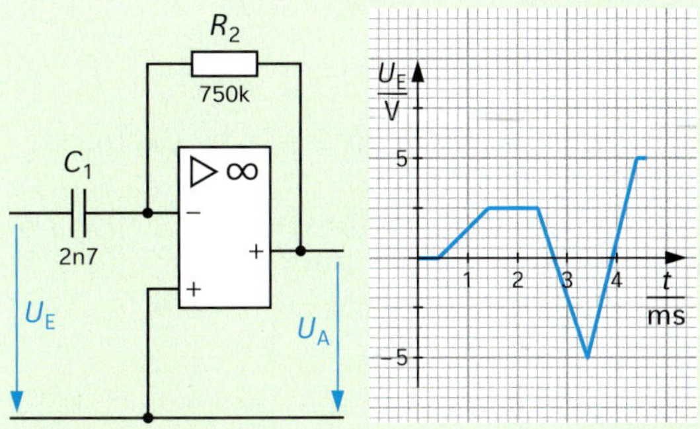

Abb. 2: Differenzierer

4. Aus einer Dreieckspannung mit einer Amplitude von ±4 V und einer Frequenz von 50 Hz soll eine Rechteckspannung gleicher Amplitude gewonnen werden. Es wird ein Differenzierer mit einer Eingangskapazität von $C_1 = 330$ nF verwendet.

a) Zeichnen Sie die Schaltung.
b) Berechnen Sie den Wert des Rückkopplungswiderstandes.

5. Die Eingangsspannung der nebenstehenden Schaltung steigt innerhalb von 140 ms linear von −50 mV auf +175 mV. In welchem Bereich ist der Wert der Ausgangsspannung einstellbar?

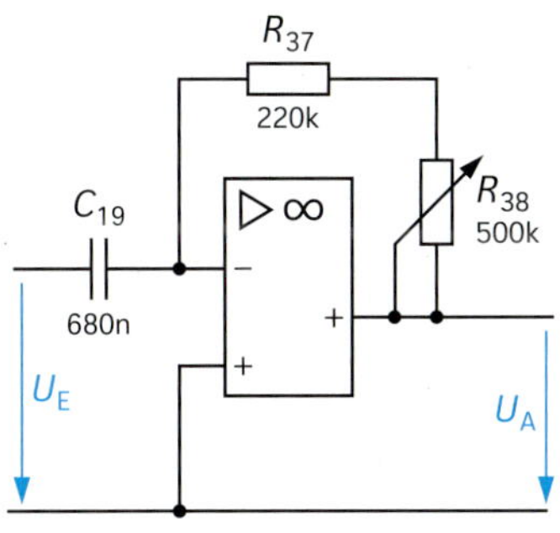

8.9 Leistungsventile

8.9.1 Wechselstromsteller

8.9.1.1 Phasenanschnittsteuerung

Der Stromfluss durch Betriebsmittel und damit deren Leistung werden durch Thyristor- und Triac-Steuerungen durch einen einstellbaren Zündwinkel α bestimmt.

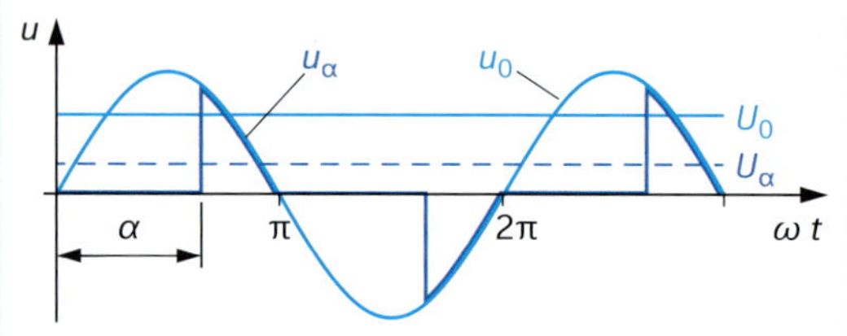

$$U_\alpha = U_0 \cdot \sqrt{1 - \frac{\alpha}{180°} + \frac{\sin 2\alpha}{2\,\pi}}$$

$$I_\alpha = I_0 \cdot \sqrt{1 - \frac{\alpha}{180°} + \frac{\sin 2\alpha}{2\,\pi}}$$

$$U_\alpha = R \cdot I_\alpha \qquad P_\alpha = U_\alpha \cdot I_\alpha \cdot \cos\varphi$$

I_0, U_0:	Effektivwert bei $\alpha = 0$	$[I_0] = \text{A}$, $[U_0] = \text{V}$
I_α, U_α:	Effektivwert bei $\alpha > 0$	$[I_\alpha] = \text{A}$, $[U_\alpha] = \text{V}$
P_α:	Wirkleistung am Betriebsmittel	$[P_\alpha] = \text{W}$
R:	Widerstand des Betriebsmittels	$[R] = \Omega$
α:	Zündwinkel, Phasenanschnittwinkel	

Beispiel

Die Heizung ($P = 1{,}4\ \text{kW}$) in einer Spritzgussanlage wird durch einen Triac gesteuert.

a) Berechnen Sie die Stromstärke I_0 bei $U_0 = 230\ \text{V}$.

b) Wie groß ist die Stromstärke I_α bei einem Phasenanschnittwinkel $\alpha = 60°$?

c) Welche Leistung P_α wird bei $\alpha = 60°$ umgewandelt?

Geg.: $P_0 = 1{,}4\ \text{kW}$; $U_0 = 230\ \text{V}$; $\alpha = 60°$

Ges.: a) I_0; b) I_α; c) P_α

a) $I_0 = \dfrac{P_0}{U_0}$; $\quad I_0 = \dfrac{1{,}4\ \text{kW}}{230\ \text{V}}$; $\quad \underline{\underline{I_0 = 6{,}1\ \text{A}}}$

b) $I_\alpha = I_0 \cdot \sqrt{1 - \dfrac{\alpha}{180°} + \dfrac{\sin 2\alpha}{2\,\pi}}$;

$I_\alpha = 6{,}1\ \text{A} \cdot \sqrt{1 - \dfrac{60°}{180°} + \dfrac{\sin(2 \cdot 60°)}{2\,\pi}}$; $\quad \underline{\underline{I_\alpha = 5{,}5\ \text{A}}}$

c) $U_\alpha = U_0 \cdot \sqrt{1 - \dfrac{\alpha}{180°} + \dfrac{\sin 2\alpha}{2\,\pi}}$;

$U_\alpha = 230\ \text{V} \cdot \sqrt{1 - \dfrac{60°}{180°} + \dfrac{\sin(2 \cdot 60°)}{2\,\pi}}$; $\quad \underline{\underline{U_\alpha = 206{,}3\ \text{V}}}$

$P_\alpha = I_\alpha \cdot U_\alpha$; $\quad P_\alpha = 5{,}5\ \text{A} \cdot 206{,}3\ \text{V}$; $\quad \underline{\underline{P_\alpha = 1134{,}7\ \text{W}}}$

Aufgaben

1. Der Zündwinkel eines Wechselstromstellers ist auf 120° eingestellt. Wie groß ist die Spannung U_α, wenn die Anschlussspannung 230 V beträgt?

2. The ignition angle of an AC power controller is set to 30°. The current thereby is 10.6 A. What is the current I_0?

3. Eine Wechselspannung $U = 42\ \text{V}/50\ \text{Hz}$ wird durch einen Triac gesteuert. Wie groß ist der Effektivwert der Spannung, wenn das Ventil jeweils 5 ms nach dem Spannungs-Nulldurchgang leitfähig wird?

4. Bei einem Zündwinkel $\alpha = 0°$ beträgt die Stromstärke des Betriebsmittels $I = 12{,}7\ \text{A}$. Welcher Effektivwert I_α stellt sich ein, wenn zwei antiparallel geschaltete Thyristoren bei $\alpha_1 = 150°$ und $\alpha_2 = 330°$ durchsteuern?

5. Das Liniendiagramm stellt den Spannungsverlauf einer Phasenanschnittsteuerung dar. Berechnen Sie die gesteuerte Spannung U_α.

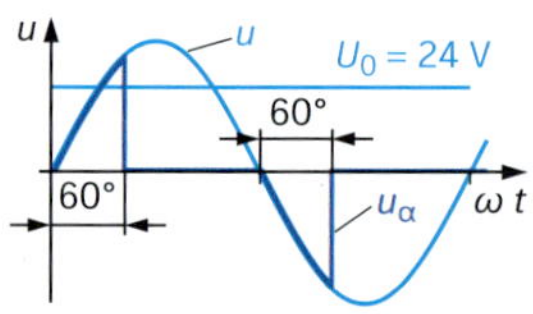

6. Ein Wechselstromsteller soll eine 850-W-Leistungsbaugruppe stufenlos ansteuern.

a) Berechnen Sie die Stromstärke I_0 bei $U_0 = 230\ \text{V}$.

b) Der Stellbereich wird durch die Zündwinkel $\alpha_A = 15°$ und $\alpha_E = 170°$ begrenzt. Zwischen welchen Werten ist der Effektivwert der Ausgangsspannung einstellbar?

c) Berechnen Sie die größte und die kleinste Leistung im Stellbereich.

d) Berechnen Sie die prozentuale Grenzleistung für den Stellbereich, bezogen auf die theoretische Leistung bei $\alpha = 0°$.

7. Eine Lampengruppe mit 230 V/250 W wird durch Phasenanschnitt angesteuert. In einem Winkel von 8° vor den Nulldurchgängen wird der Haltestrom des Thyristors unterschritten und das Ventil blockiert. Berechnen Sie die größtmögliche gesteuerte Leistung.

8. Die Heizung einer Kunststoffpresse (10 kW, 400 V) soll durch eine Phasenanschnittsteuerung mit reduzierbarer Leistung arbeiten.

a) Berechnen Sie die maximale Stromstärke.

b) Auf welchen Wert ist der Zündwinkel einzustellen, wenn die Heizung mit der Leistung $P_{\alpha 1} = 2{,}5\ \text{kW}$ arbeiten soll?

c) Welche Leistung $P_{\alpha 2}$ wird in der Heizung bei einem Zündwinkel von 160° umgesetzt?

d) Der Zündwinkel wird auf 45° eingestellt. Berechnen Sie die prozentuale Heizleistung, bezogen auf die Anschlussleistung.

8.9.1.2 Schwingungspaketsteuerungen

Die zum Verbraucher übertragene Leistung wird durch die Anzahl der Wechselspannungsschwingungen innerhalb einer Steuerperiode T_S bestimmt.

Bei Ganzwellensteuerungen wird eine festgelegte Anzahl von Vollschwingungen n_S am Verbraucher wirksam.

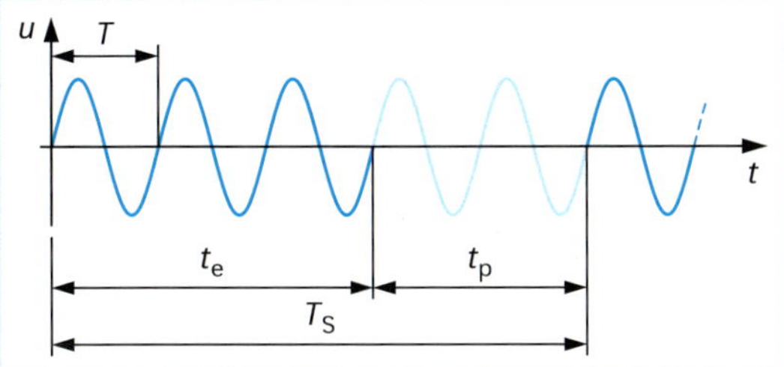

Mit Halbwellensteuerungen können neben Vollschwingungen auch halbe Schwingungen durchgeschaltet werden.

$$P = \frac{t_e}{T_S} \cdot P_{max}$$

$$n_S = \frac{T_S}{T} \qquad T_S = t_e + t_p$$

P:	gesteuerte Wirkleistung	$[P]$	= W
P_{max}:	maximale Wirkleistung	$[P_{max}]$	= W
T:	Periodendauer einer Schwingung	$[T]$	= s
T_S:	Steuerperiode	$[T_S]$	= s
t_e:	Durchschaltzeit der Leistungsventile	$[t_e]$	= s
t_p:	Pausenzeit	$[t_p]$	= s
n_e:	Schwingungen beim Durchschalten		
n_S:	Schwingungen in einer Steuerperiode T_S		

Beispiel

Eine Heizungssteuerung mit $P = 5$ kW, $f = 50$ Hz wird über neun Vollschwingungen innerhalb einer Steuerperiode $T_S = 0{,}26$ s gesteuert.

a) Wie viele Wechselspannungsschwingungen treten insgesamt in einer Steuerperiode auf?

b) Wie groß ist die mittlere Heizleistung in einer Steuerungsperiode?

Geg.: $P = 5$ kW; $f = 50$ Hz; $T_S = 260$ ms; $n_e = 9$

Ges.: a) T, n_S; b) P

a) $T = \frac{1}{f}$; $\quad T = \frac{1}{50\ \text{Hz}}$; $\quad \underline{T = 20\ \text{ms}}$

$n_S = \frac{T_S}{T}$; $\quad n_S = \frac{260\ \text{ms}}{20\ \text{ms}}$; $\quad \underline{\underline{n_S = 13}}$

b) $P = \frac{n_e}{n_S} \cdot P_{max}$; $\quad P = \frac{9}{13} \cdot 5$ kW; $\quad \underline{\underline{P = 3{,}46\ \text{kW}}}$

Aufgaben

1. An einer Schwingungspaketsteuerung wird die Steuerperiode mit $T_S = 180$ ms eingestellt. Das Betriebsmittel hat eine maximale Leistungsaufnahme von $P = 4{,}8$ kW. Berechnen Sie die mittlere Leistungsaufnahme, wenn der Leistungsschalter in jeder Periode für eine Zeitdauer $t_e = 70$ ms durchschaltet.

2. Die Leistung eines Betriebsmittels ($R = 56\ \Omega$, 230 V, 50 Hz) wird durch eine Halbwellensteuerung eingestellt. Während der Zeit $T_S = 1$ s schaltet die Steuerung für 37,5 Schwingungen durch.

a) Wie groß ist die Maximalleistung?

b) In welchem Zeitraum wird das Betriebsmittel in einer Steuerperiode mit Energie versorgt?

c) Wie groß ist die reduzierte Leistung?

3. Mit welcher Leistung wird ein Verbraucher mit 2 kW Nennleistung in dem Steuerprozess (Abb. 1) betrieben?

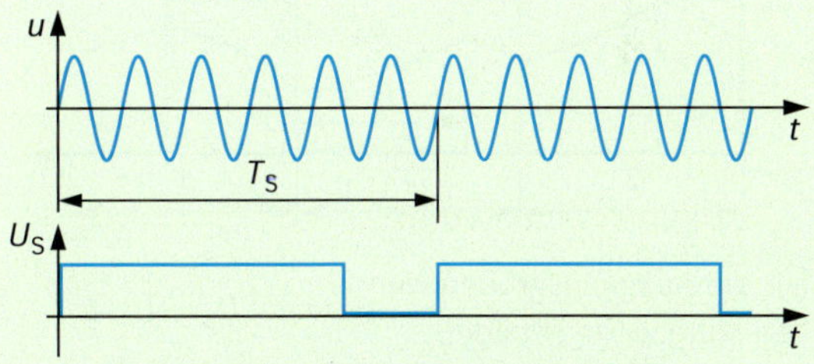

Abb. 1: Netzspannung *u* und Steuerspannung U_S

4. Eine Heizung mit $P = 2{,}2$ kW (230 V/50 Hz) wird durch eine Schwingungspaketsteuerung mit 75 % der Maximalleistung betrieben. Die Dauer einer Steuerperiode beträgt $T_S = 2$ s.

a) Wie groß ist die reduzierte Heizleistung?

b) Wie groß ist die Zahl der Schwingungen in einer Steuerperiode?

c) Berechnen Sie die Anzahl der durchgeschalteten Schwingungen für eine Heizleistung von 30 %.

d) Wie viele Heizstufen sind bei einer Ganzwellensteuerung möglich?

e) Berechnen Sie die Zahl der möglichen Schaltstufen bei einer Halbwellensteuerung.

5. Ein Aufzugmotor mit einer aufgenommenen Wirkleistung von $P = 2{,}7$ kW wird durch eine Schwingungspaketsteuerung geschaltet. Das Impuls-Pausen-Verhältnis beträgt 1,8 : 1.

a) Welche mittlere Leistung nimmt der Motor auf?

b) Wie lang ist eine Steuerperiode, wenn für einen ruhigen Motorlauf kleinste Lücken gefordert werden?

c) Wie viele Schwingungen sind am Motor während einer Steuerperiode wirksam?

8.9.2 Gleichstromstellung

Pulsfolgesteuerung

Bei der Pulsfolgesteuerung wird die Periodendauer T geändert. Die Einschaltdauer t_e bleibt gleich.

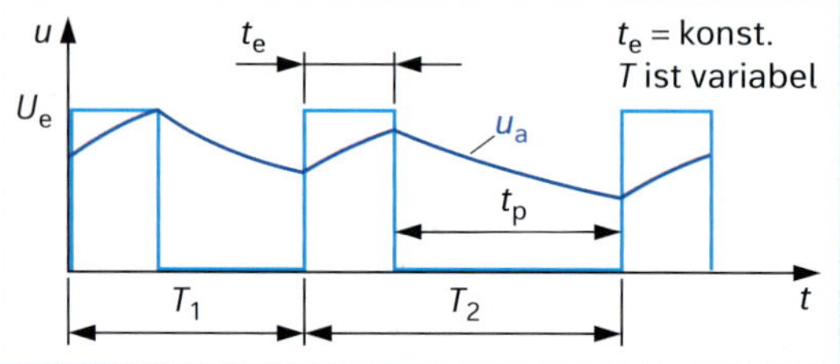

Pulsbreitensteuerung

Die Periodendauer T bleibt entsprechend der eingestellten Frequenz gleich. Das Verhältnis $t_e : t_p$ wird geändert.

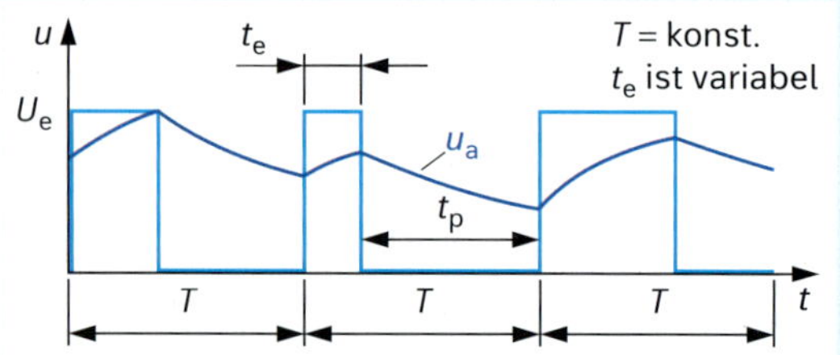

Für die Ausgangsgrößen werden Mittelwerte gebildet.

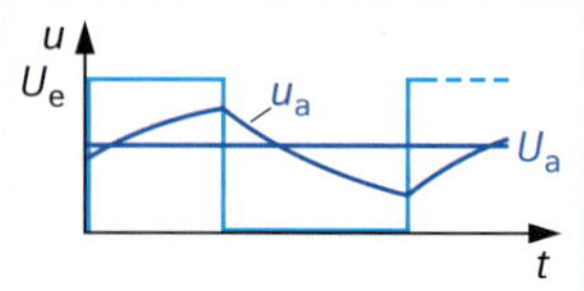

$$U_a = U_e \cdot \frac{t_e}{T}$$

$$P_a = P_e \cdot \frac{t_e}{T}$$

$$T = t_e + t_p$$

$$T = \frac{1}{f}$$

U_e: zugeführte Gleichspannung	$[U_e]$ = V
U_a: gestellte Gleichspannung	$[U_a]$ = V
P_e: maximal mögliche Wirkleistung	$[P_e]$ = W
P_a: gestellte Wirkleistung	$[P_a]$ = W
T: Periodendauer	$[T]$ = s
f: Taktfrequenz	$[f]$ = Hz
t_e: Einschaltdauer	$[t_e]$ = s
t_p: Pausendauer	$[t_p]$ = s

Beispiel

In einer Pulsbreitensteuerung wird die zugeführte Spannung $U_e = 200$ V mit $f = 12{,}82$ kHz getaktet. Die Pulsbreite beträgt $t_e = 44$ µs. Welchen Wert besitzt die Ausgangsspannung?

Geg.: $U_e = 200$ V; $t_e = 44$ µs; $f = 12{,}82$ kHz

Ges.: U_a

$T = \frac{1}{f}$; $\quad T = \frac{1}{12{,}82\ \text{kHz}}$; $\quad \underline{T = 78\ \mu\text{s}}$

$U_a = U_e \cdot \frac{t_e}{T}$; $\quad U_a = 200\ \text{V} \cdot \frac{44\ \mu\text{s}}{78\ \mu\text{s}}$; $\quad \underline{\underline{U_a = 112{,}8\ \text{V}}}$

Aufgaben

1. Die Periodendauer einer Pulsbreitensteuerung beträgt $T = 3$ ms. Welche Einschaltdauer t_e muss eingestellt werden, damit aus der angelegten Gleichspannung von $U_e = 320$ V eine Spannung von 100 V entsteht?

2. A pulse width modulation control emits a DC voltage of $U = 56$ V. The input DC voltage is $U_e = 400$ V and the switching frequency is $f = 15.2$ kHz. How long is the ON time?

3. Eine Pulsfolgesteuerung arbeitet mit einer Frequenz $f = 16$ kHz. In welchem Tastverhältnis $t_e : t_p$ muss die Taktung stehen, wenn bei einer zugeführten Gleichspannung $U_e = 200$ V eine Spannung $U_a = 63$ V erzeugt wird?

4. Bei einer Pulsfrequenz von 2,5 kHz und einer Pulsbreite $t_e = 182$ µs gibt ein Gleichstromsteller mit Pulsfolgesteuerung eine Spannung von $U_a = 100$ V ab. Wie groß ist die ungesteuerte Gleichspannung?

5. Ein Gleichstrommotor wird durch eine Pulsfolgesteuerung betrieben. Der Ankerwiderstand beträgt $R_A = 12{,}1\ \Omega$. Die Ankerspannung des Motors erreicht im ungesteuerten Betrieb $U = 400$ V. Der Gleichstromsteller ist auf die Taktfrequenz $f = 2{,}3$ kHz und $t_e = 84$ µs eingestellt.

a) Für welchen Ankerstrom muss der Motor ausgelegt sein?

b) Wie groß ist das Taktverhältnis $t_e : T$?

c) Wie groß ist die Ankerspannung bei den eingestellten Parametern des Gleichstromstellers?

d) Mit welcher Leistung arbeitet der gesteuerte Motor?

e) Welches Taktverhältnis ist an der Pulsfolgesteuerung eingestellt, wenn am Motor eine 1,63-fach höhere Leistung umgesetzt wird?

6. Ein Gleichstromsteller gibt im ungesteuerten Betrieb bei einer Spannung $U_e = 400$ V eine Leistung von 1,7 kW ab. Die voreingestellte Taktfrequenz beträgt 15,4 kHz.

a) Wie groß ist die Einschaltdauer bei einer abgegebenen Spannung $U_a = 125$ V?

b) Welche Leistung wird bei $t_e = 35$ µs übertragen?

7. Durch einen Motor mit einem Gesamtwiderstand von 12 Ω fließt im Bemessungsbetrieb ein Strom $I = 18{,}3$ A.

a) Wie groß ist die aufgenommene Leistung des Motors?

b) Berechnen Sie für den ungesteuerten Betrieb die Motorspannung.

c) Mit welcher Leistung wird der Motor betrieben, wenn der Spannungssteller im dargestellten Impulsverhältnis arbeitet?

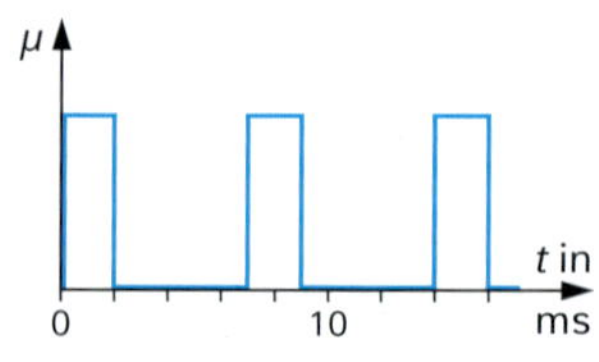

d) Berechnen Sie die Taktfrequenz des Stellers.

9 Automatisierungstechnik

9.1 Sensoren

9.1.1 Binäre Näherungsschalter

Schaltabstand

Binäre Näherungsschalter haben fertigungs- und temperaturbedingte Toleranzen.

Nennschaltabstand:	Idealwert
Realschaltabstand:	Fertigungsabweichung
Schaltpunktdrift:	Temperaturabweichung in %
Arbeitsschaltabstand:	sicherer Schaltabstand

Korrekturfaktoren

Die Schaltabstände der meisten induktiven und kapazitiven Näherungsschalter sind vom Material des Erfassungsobjekts abhängig. Hersteller geben die Korrekturfaktoren bezogen auf den Realschaltabstand an, z. B. Stahl (V2A) $k = 0{,}7$ von s_r.

$$s_a = k \cdot d \cdot s_{rmin}$$

s_n: Nennschaltabstand $[s_n] = \text{mm}$

s_r: Realschaltabstand $[s_r] = \text{mm}$

s_a: Arbeitsschaltabstand $[s_a] = \text{mm}$

k: Korrekturfaktor

d: Schaltpunktdrift

Beispiel

Ein induktiver Näherungsschalter wird eingesetzt, um Werkstücke aus V2A-Stahl zu erkennen. Der Nennschaltabstand beträgt $s_n = 8$ mm. Der Hersteller gibt an, dass der Realschaltabstand um ±10 % variieren kann. Die Schaltpunktdrift liegt bei ±10 %. Der Korrekturfaktor für das Werkstück beträgt 0,7. Für welchen Bereich kann das Erkennen des Werkstücks garantiert werden?

Geg.: $s_n = 8$ mm; $d = \pm 10\,\%$; $k = 0{,}7$

Ges.: s_r; s_a

$s_r = s_n \pm 10\,\%$; $s_r = 8\text{ mm} \pm 0{,}8\text{ mm}$

$\underline{\underline{s_{rmin} = 7{,}2\text{ mm}}}$ $\underline{\underline{s_{rmax} = 8{,}8\text{ mm}}}$

$s_a = k \cdot d \cdot s_{rmin}$; $s_a = 0{,}7 \cdot 0{,}9 \cdot 7{,}2\text{ mm}$; $\underline{\underline{s_a = 4{,}5\text{ mm}}}$

Aufgaben

1. Ein induktiver Näherungsschalter mit dem Nennschaltabstand $s_n = 12$ mm wird eingesetzt, um Stahlwerkstücke vom Typ V2A ($k = 0{,}7$) zu erkennen. Der Realschaltabstand und die Schaltpunktdrift variieren jeweils um 10 %. Berechnen Sie den Arbeitsschaltabstand des Sensors.

2. In einem Produktionsbetrieb für Elektrogeräte wird die Position von PVC-Gehäuseteilen mit einem kapazitiven Sensor (Abb. 1) erkannt. Der Nennschaltabstand wird mit $s_n = 15$ mm angegeben. Gemäß Herstellerdatenblatt müssen für den Realschaltabstand und die Schaltpunktdrift mit Abweichungen von bis zu 10 % gerechnet werden. Der Korrekturfaktor für PVC lautet $k = 0{,}2$.

a) In welchem Bereich liegt der Realschaltabstand s_r?

b) Welchen Arbeitsschaltabstand s_a besitzt der Sensor?

Abb. 1: Kapazitive Näherungsschalter

3. A brewery uses capacitive proximity switches with a sensing range of $s_n = 10$ mm to detect glass bottles. The real sensing range varies between ±10 % and the switch point drift is $d = \pm 15\,\%$. The correction factor of glass is $k = 0.4$. Calculate

a) the real sensing range s_r and

b) the operating distance s_a.

4. In einer industriellen Fertigung werden Werkstücke aus herkömmlichen Stahl, V2A, Messing, Aluminium und Kupfer verarbeitet. Zur Positionsbestimmung muss ein induktiver Näherungsschalter ausgewählt werden, der alle Materialien sicher erfassen kann. Konstruktionsbedingt darf ein Arbeitsschaltabstand von 3,4 mm zwischen Sensor und Werkstück nicht unterschritten werden. Zur Auswahl stehen drei Sensoren mit den Nennschaltabständen $s_1 = 8$ mm; $s_2 = 12$ mm und $s_3 = 15$ mm. Der Datenblattauszug (Abb. 2) zeigt die Toleranzwerte der drei Modelle. Ermitteln Sie den Sensor, der gerade noch für die Erfassungsaufgabe geeignet ist.

Realschaltabstand	−10 ... 10 % von s_n				
Schaltpunktdrift	−10 ... 10 % von s_r				
Korrekturfaktoren	Stahl	V2A	CuZn	Al	Cu
	1	0,7	0,5	0,4	0,3

Abb. 2: Auszug aus Datenblatt

9.1.2 Analoge Sensoren

0-10 V Sensoren wandeln eine Prozessgröße in eine definierte Spannung um. Manche Sensoren besitzen eine einstellbare Skalierung des Messbereichs.

Standardmessbereich

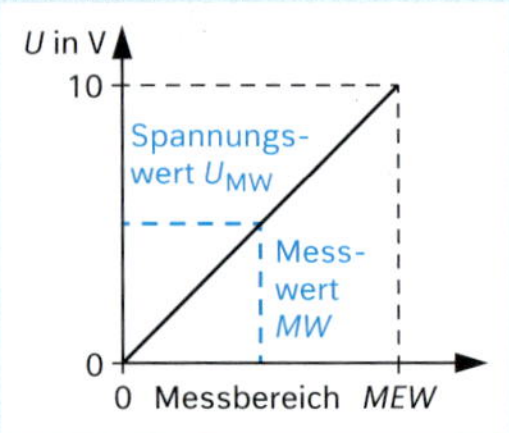

Messbereich skaliert

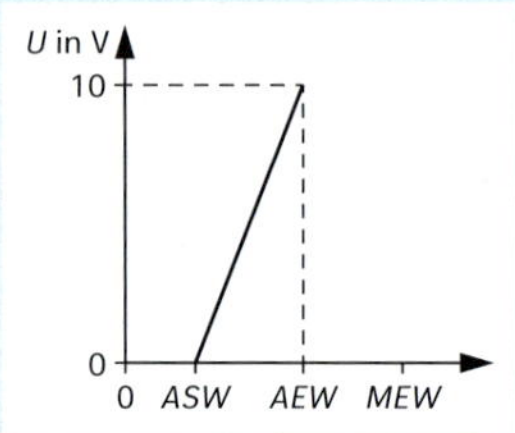

Standardmessbereich: $MW = \frac{MEW \cdot U_{MW}}{U_{MEW}}$

Skalierter Messbereich: $MW = \frac{(AEW - ASW) \cdot U_{MW}}{U_{MEW}} + ASW$

4-20 mA Sensoren erzeugen eine zur Messgröße proportionale Stromstärke. Der konstante Stromfluss von 4 mA in der Zuleitung ermöglicht eine Drahtbruchüberwachung.

Standardmessbereich

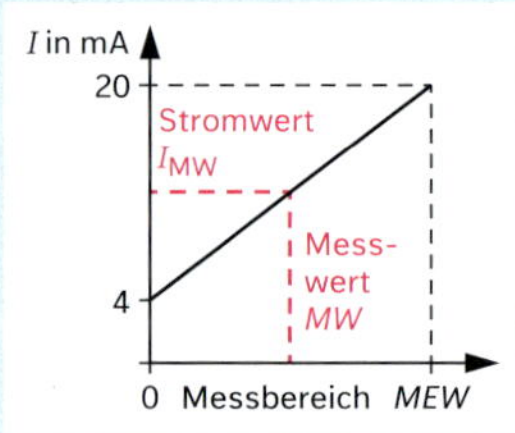

Messbereich skaliert

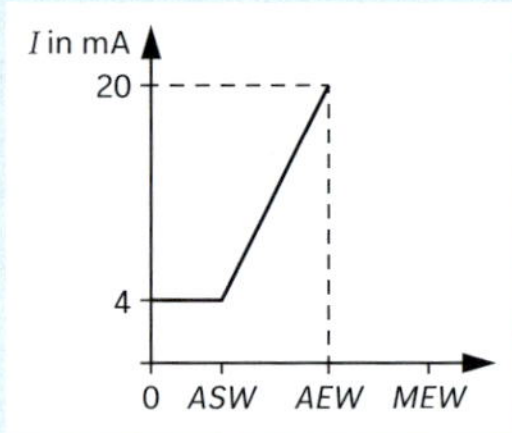

$$MW = \frac{(I_{MW} - 4\,\text{mA}) \cdot MEW}{\Delta I_{MB}}$$

$$MW = \frac{(AEW - ASW) \cdot (I_{MW} - 4\,\text{mA})}{\Delta I_{MB}} + ASW$$

U_{MW}:	Spannung bei Messwert	$[U_{MW}]$	= V
U_{MEW}:	Spannung Messendwert	$[U_{MEW}]$	= V
I_{MW}:	Stromstärke bei Messwert	$[I_{MW}]$	= mA
I_{MEW}:	Stromstärke Messendwert	$[I_{MEW}]$	= mA

MW: Messwert
MEW: Messendwert
ASW: Analogstartwert
AEW: Analogendwert
ΔI_{MB}: Messbereich ohne Überwachungsstromstärke

Beispiel

Ein 0-10 V Sensor erfasst den Betriebsdruck eines chemischen Prozesses. Der Sensor kann Drücke von 0 bis 5,5 bar erfassen. Nach dem Einschalten steigt die Sensorspannung von 0 V auf 4,4 V.

a) Wie groß ist der Messwert des Kesseldrucks?
b) Der Sensor wird auf die Werte *ASW* = 1 bar und *AEW* = 4,5 bar skaliert. Welche Spannung wird jetzt bei 2,4 bar ausgegeben?

Geg.: $MEW = 5{,}5$ bar; $U_{MEW} = 10$ V; $U_{MW} = 4{,}4$ V; $ASW = 1$ bar; $AEW = 4{,}5$ bar

Ges.: a) MW; b) U_{MW}

a) $MW = \frac{MEW \cdot U_{MW}}{U_{MEW}}$; $MW = \frac{5{,}5\,\text{bar} \cdot 4{,}4\,\text{V}}{10\,\text{V}}$

$\underline{\underline{MW = 2{,}4\,\text{bar}}}$

b) $MW = \frac{(AEW - ASW) \cdot U_{MW}}{U_{MEW}} + ASW$

$\frac{(AEW - ASW) \cdot U_{MW}}{U_{MEW}} = MW - ASW$

$U_{MW} = \frac{(MW - ASW) \cdot U_{EW}}{(AEW - ASW)}$

$U_{MW} = \frac{(2{,}4\,\text{bar} - 1\,\text{bar}) \cdot 10\,\text{V}}{(4{,}5\,\text{bar} - 1\,\text{bar})}$

$\underline{\underline{U_{MW} = 4\,\text{V bei } 2{,}4\,\text{bar}}}$

Aufgaben

1. Ein analoger Temperatursensor kann Werte zwischen −50 und +300 °C erfassen. Der Sensor ist in der Version 0 – 10 V vorhanden. Beim Erreichen des Temperatursollwertes liegt die Spannung bei $U_{MW} = 4{,}9$ V.

a) Welcher Temperatur entspricht diese Spannung?
b) Der Sensor wird auf den Wertebereich 10–160 °C skaliert. Welche Spannung erzeugt der Sollwert?

2. An analogue level sensor is used to measure the oil level in a storage container. Its measuring range is between 0 and 1200 mm. The average level is at 900 mm.

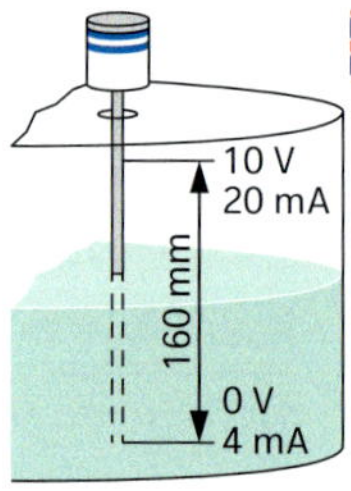

a) Which voltage does the sensor provide in the 0-10 V mode?
b) The sensor can be switched to the 4 – 20 mA mode. Which electrical current flows?

3. Ein Drucksensor kann Werte bis zu 22 bar messen und als analoges Signal im Bereich 4-20 mA ausgeben. Der durchschnittliche Betriebsdruck liegt bei 15,5 bar.

a) Berechnen Sie die durchschnittliche Stromstärke.
b) Welche Stromstärke fließt, wenn der Sensor auf 10 bis 18,5 bar skaliert wird?

9.2 Regelstrecken

9.2.1 Regelstrecken mit Ausgleich

Regelstrecken mit Ausgleich erreichen bei gleichbleibender Stellgröße y einen Endwert. Am Beispiel einer Heizung ist zu erkennen, dass sich ohne Änderung der Heizleistung und ohne Störeinflüsse nach einer bestimmten Zeit eine konstante Raumtemperatur einstellen wird. Die folgenden ausgewählten Strecken werden hinsichtlich ihres Zeitverhaltens unterschieden.

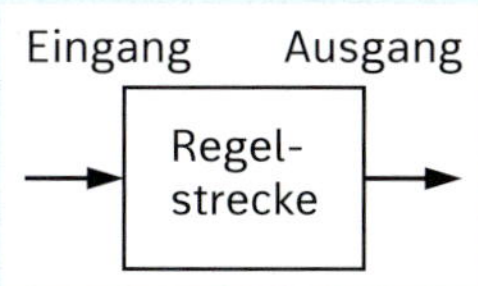

$$K_{PS} = \frac{\Delta x}{\Delta y}$$

PT_0-Strecke
ohne Zeitverzögerung

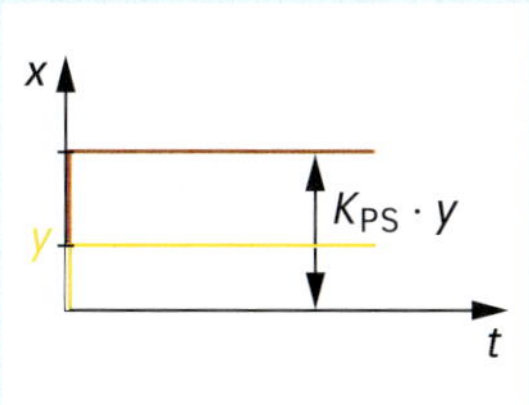

K_{PS}: Proportionalbeiwert
Δx: Regelgröße
Δy: Stellgröße

PT_T-Strecke
mit Totzeit

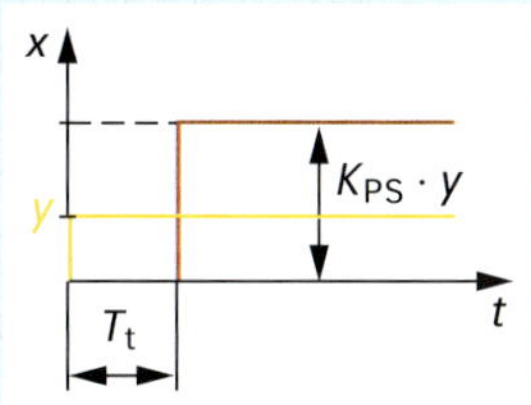

T_t: Totzeit $[T_t] = s$

PT_1-Strecke
mit Verzögerung durch zwei Zeitkonstanten

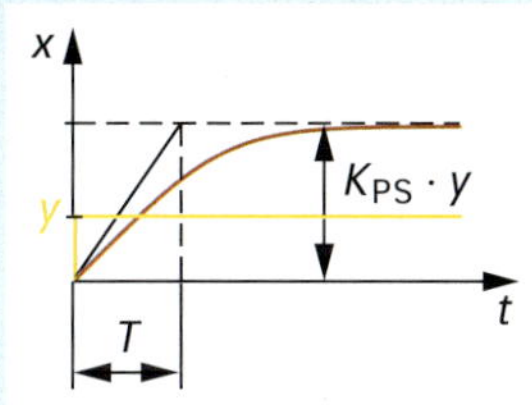

T_s: Zeitkonstante $[T_s] = s$

PT_2-Strecke
mit Verzögerung durch zwei Zeitkonstanten

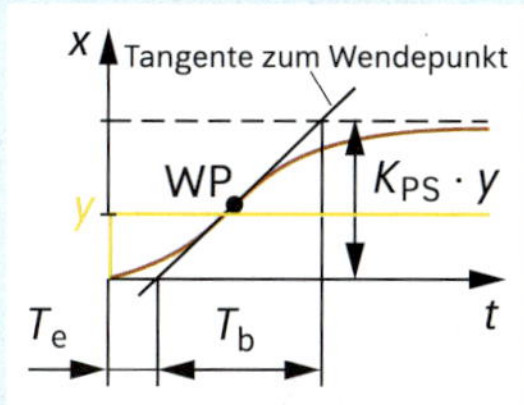

T_e: Verzugszeit $[T_u] = s$
T_b: Ausgleichszeit $[T_g] = s$

Beispiel

In einem Industriebetrieb wird die Temperatur eines Wasserbades elektrisch geregelt. Die elektrische Leistung der Heizung entspricht $\Delta y \mathrel{\hat{=}} 12$ kW. Die Abbildung zeigt den Aufheizvorgang der PT_1-Strecke bei Produktionsbeginn.

Ermitteln Sie
a) den Proportionalbeiwert K_{PS},
b) die Zeitkonstante T und
c) die benötigte Zeitdauer t_2 um 80 °C zu erreichen.

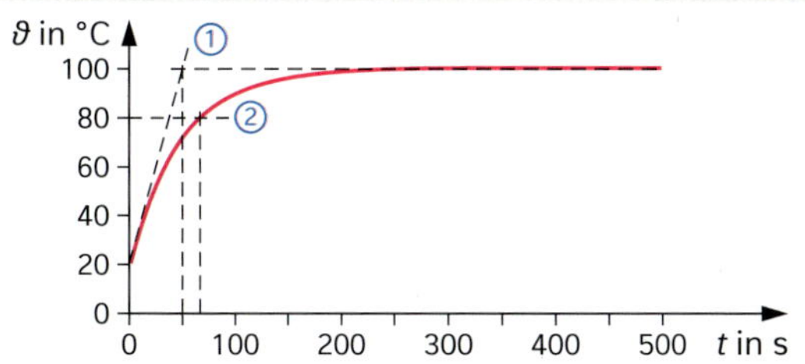

Geg.: $\Delta x \mathrel{\hat{=}} 80°$; $\Delta y \mathrel{\hat{=}} 12$ kW
Ges.: a) K_{PS}; b) T; c) t_2

a) $K_{PS} = \frac{\Delta x}{\Delta y}$

$K_{PS} = \frac{80\,°C}{12\,kW}$

$K_{PS} = 6{,}7\,\frac{°C}{kW}$

b) $T = 50$ s ①

c) $t_2 = 70$ s ②

Aufgaben

1. Die Granulatzufuhr einer Kunststoffpresse wird mithilfe eines elektrisch angesteuerten Schiebers (PT_0-Strecke) realisiert. Das Ventil wird mit einer Spannung von 0 V bis 10 V linear angesteuert. Der Durchfluss bei $y = 10$ V beträgt $x = 95$ l/min.

a) Berechnen Sie den Proportionalbeiwert K_{PS}.
b) Welche Menge fließt in 2 Minuten durch das Ventil, wenn die Spannung 7 V beträgt?

2. Die Beleuchtung eines Büroraums wird über einen KNX-Sensor (Abb. 1) mit Konstantlichtregelung und einen Dimmaktor mit Pulsweitenmodulation (x = 0-230 V) eingestellt. Eine Beleuchtungssoftware hat errechnet, dass der Lichtstrom des Raumes bei ungedimmter Beleuchtung $y = 175000$ lm betragen muss. Berechnen Sie den Proportionalbeiwert K_{PS} dieser PT_0-Strecke.

Abb. 1: KNX-Sensor mit Konstantlichtregelung

3. Bei der Herstellung von Spanplatten (Abb. 1) wird das Rohmaterial über ein drehzahlgeregeltes Förderband einer Rollenpresse zugeführt. Bei einer Bandgeschwindigkeit von $\Delta y = 0{,}22$ m/s werden Holzspäne mit einer Schichtdicke von $\Delta x = 5$ cm eingestreut.

a) Nach welcher Totzeit T_t erreicht das Rohprodukt den Sensor?

b) Welchen Proportionalbeiwert besitzt die Strecke?

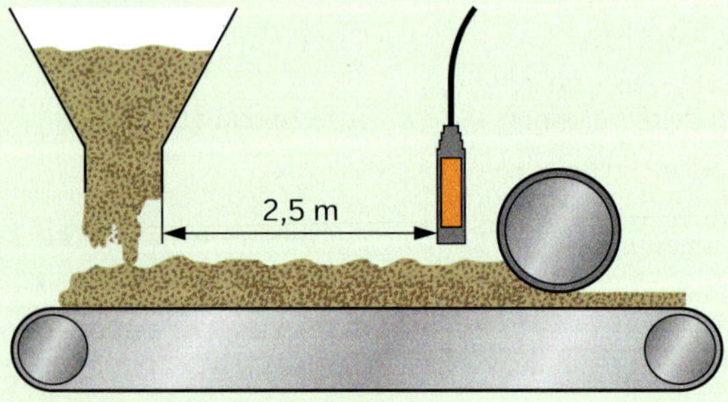

Abb. 1: Schema Spanplattenpresse

4. In einer Großkonditorei werden in einer Stunde 250 Kuchen über ein geregeltes Förderband mit einer Schokoladenglasur versehen. Die Kuchen werden vom Anfang des Bandes erfasst und 4 m bis zur Glasureinheit befördert. Das Fördergitter bewegt sich mit 0,11 m/s. Berechnen Sie a) die Totzeit T_t und b) den Proportionalbeiwert K_{PS} für eine Glasurzeit von 2 Sekunden.

5. In einem lebensmittelverarbeitenden Betrieb wird die Brühtemperatur eines Weißwurstkessels erfasst. Die Wärmeabgabe erfolgt direkt über das Heizelement (PT_1). Die Heizleistung beträgt 8,5 kW. Abb. 3 stellt den Regelstreckenverlauf dar.

a) Berechnen Sie den Proportionalbeiwert K_{PS}.

b) Ermitteln Sie aus Abb. 2 die Zeitverzögerung T_S.

c) Weißwürste platzen ab 90 °C. Nach welcher Zeitdauer sind die ersten Produkte unverkäuflich?

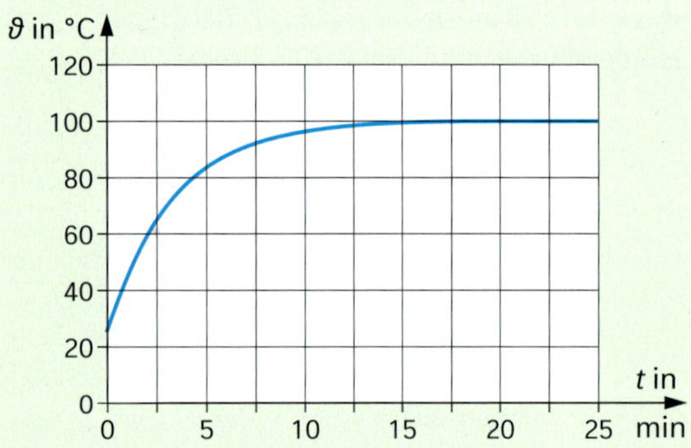

Abb. 2: Aufheizverhalten eines Weißwurstkessels

6. Bei einer Raumheizung wird die Sprungantwort der Regelstrecke ermittelt (Abb. 3). Die Raumtemperatur zu Beginn der Messung beträgt 16 °C. Das stufenlose Stellventil der Heizung wird hierfür vollständig (100 %) geöffnet.

a) Geben Sie die Verzugszeit T_e der PT_2-Strecke an.

b) Welche Ausgleichzeit T_b wurde ermittelt?

c) Berechnen Sie den Proportionalbeiwert K_{PS}.

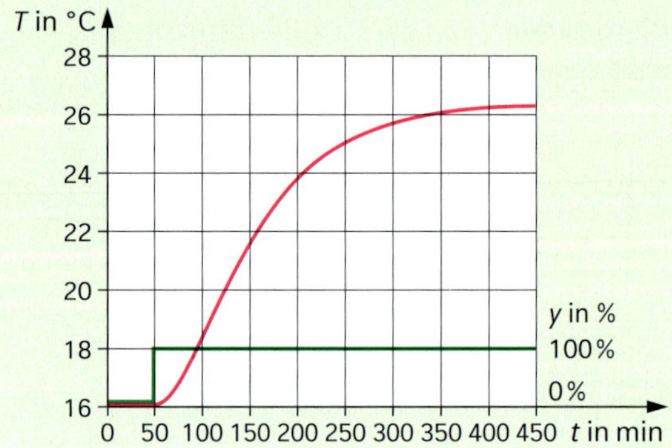

Abb. 3: Sprungantwort der Raumheizung

7. In einem Betrieb wird das Zeitverhalten einer Druckregelung untersucht und die Sprungantwort aufgezeichnet. Hierfür wird ein Druckkessel mit Ausgleichsbehälter und der Stellgröße von 8 bar betrieben. Bei dem Versuch stellt sich heraus, dass vereinfacht von einer PT_2-Strecke ausgegangen werden kann. Der Regelgrößenverlauf ist in Abb. 4 dargestellt. Ermitteln Sie

a) die Verzugszeit T_e und

b) die Ausgleichzeit T_b durch Ablesen.

c) Berechnen Sie den Proportionalbeiwert K_{PS}.

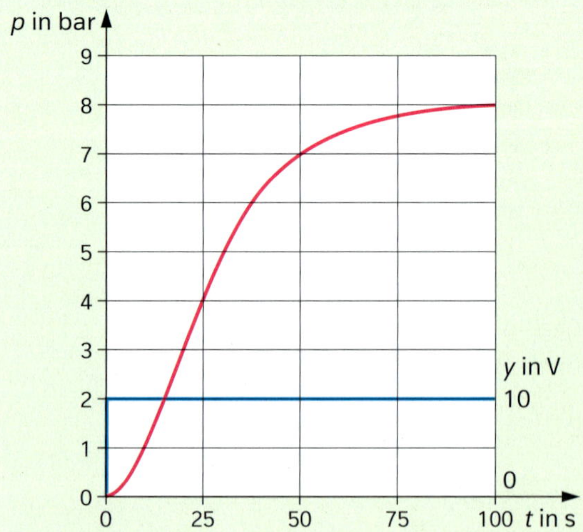

Abb. 4: Druckkessel

9.2.2 Regelstrecken ohne Ausgleich

Regelstrecken ohne Ausgleich nehmen keinen Beharrungszustand an. Wird z. B. ein offener Flüssigkeitsbehälter gefüllt, so erreicht der Füllstand ohne Regelung keinen Endwert, sondern der Behälter läuft über.

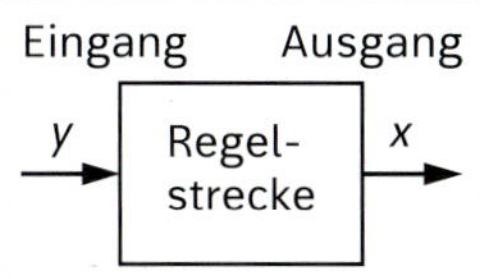

IT_0-Strecke

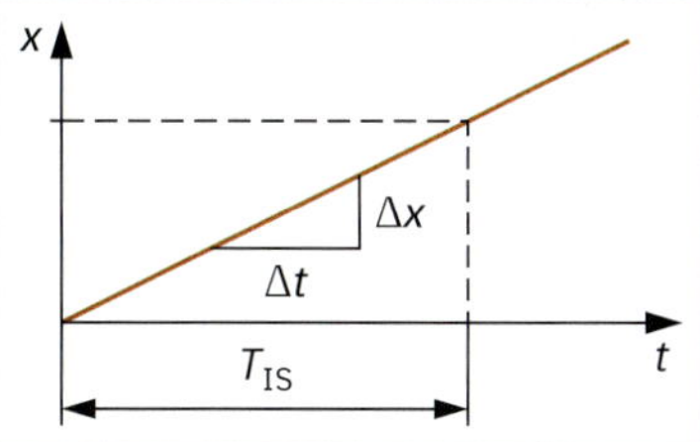

$$K_{IS} = v_x \cdot \frac{1}{y}$$

$$v_x = \frac{\Delta x}{\Delta t}$$

K_{IS}: Integrierbeiwert
v_x: Regelgrößengeschwindigkeit
y: Stellgröße
Δx: Regelgrößenänderung
Δt: Zeitdauer $[\Delta t] = s$
T_{IS}: Integrierzeit $[T_{IS}] = s$

Beispiel

Bei einer IT_0-Strecke wird das Zulaufventil vollständig geöffnet ($y = 2{,}3$ l/s). Die Abbildung stellt den Füllstand des Behälters nach Änderung der Stellgröße y dar. Ermitteln Sie

a) die Regelgrößengeschwindigkeit v_x und
b) den Integrierbeiwert K_{IS} für die Integrierzeit.

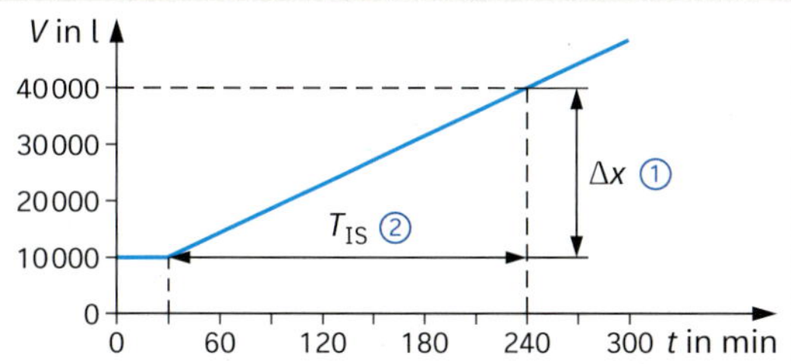

Geg.: $y = 2{,}3$ l/s; $T_{IS} = 210$ min
Ges.: a) Δx; b) K_{IS}

a) $\Delta x = 30000$ l ①
$\Delta t = 210$ min ②

$$v_x = \frac{\Delta x}{\Delta y}$$

$$v_x = \frac{30000\ \text{l}}{210\ \text{min}}$$

$$\underline{\underline{v_x = 143\ \text{l/min}}}$$

b) $K_{IS} = v_x \cdot \frac{1}{y}$

$$K_{IS} = 143\,\frac{\text{l}}{\text{min}} \cdot \frac{1}{2{,}3\ \text{l/s}}$$

$$K_{IS} = 143\,\frac{\text{l}}{\text{min}} \cdot \frac{1\ \text{min}}{2{,}3\ \text{l} \cdot 60}$$

$$\underline{\underline{K_{IS} = 1{,}04}}$$

Aufgaben

1. In einem Galvanikbad steigt der Füllstand bei einem Zulaufventilhub von $y = 4{,}5$ cm um $v_x = 1{,}5$ mm/s. Die Regelstrecke soll, ausgehend von einem leeren Behälter, bis zu einer Füllhöhe von $x = 1{,}2$ m betrachtet werden.

a) Wie groß ist die Integrierzeit T_{IS}?
b) Auf welchen Integrierbeiwert K_{IS} ist die Strecke eingestellt?

2. In a liquid container, the filling level increases by $\Delta x = 250$ cm in $\Delta t = 300$ s. The valve lift of the feed valve is $y = 2{,}4$ cm. Calculate

a) the variable velocity v_x and
b) the integral action coefficient K_{IS}.

3. Das dynamische Verhalten eines offenen Behälters wird untersucht (Abb.5). Im geregelten Betrieb soll der Behälter $x = 250$ kg beinhalten. Bauartbedingt befinden sich mindestens 25 kg des Füllstoffes im Behältnis. Aufgrund der bisherigen Erfahrungswerte wird der Integrierbeiwert auf $K_{IS} = 0{,}85$ festgelegt. Ermitteln Sie

a) die Zeitdauer Δt bis zum Erreichen der Vorgabe,
b) die Regelgrößenänderung Δx,
c) die Regelgrößengeschwindigkeit v_x und
d) die Stellgröße y.

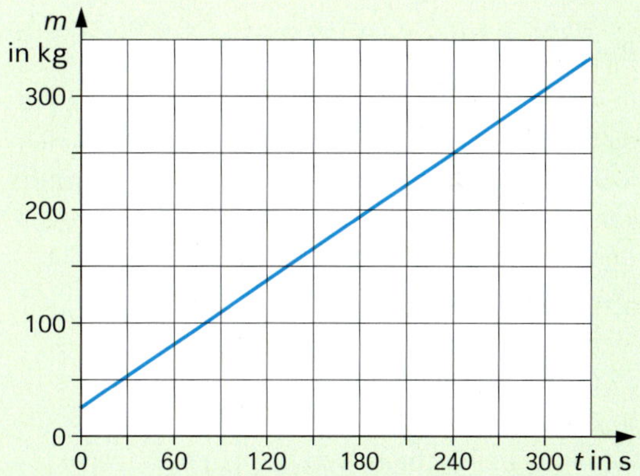

Abb. 5: Zeitverhalten Vorratsbehälter

4. Eine mobile Satellitenantenne wird mithilfe eines Motorantriebes automatisch auf die optimale Empfangsposition ausgerichtet. Da der Motor keine Drehrichtungsumkehr hat, ist eine Auslenkung über 360° möglich. Die Drehung von 35° bis 205° dauert 75 s und die Umdrehungsfrequenz des Antriebmotors liegt bei $y = 0{,}5\ s^{-1}$. Geben Sie

a) die Regelgrößengeschwindigkeit v_x und
b) den Integrierbeiwert K_{IS} an.
c) Wie groß ist der Integrierbeiwert, wenn die Stellgröße y_2 verdoppelt wird?

9.3 Stetige Regler

9.3.1 Proportional-Regler

P-Regler reagieren unmittelbar auf Änderungen im Regelkreis. Sie können die Regeldifferenz aber nicht vollständig ausgleichen.

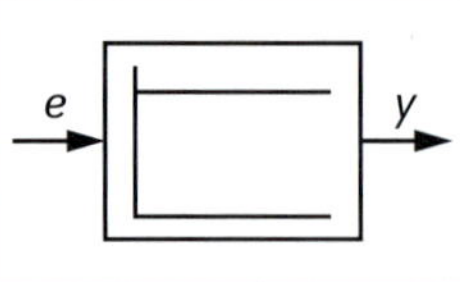

Sprungantwort

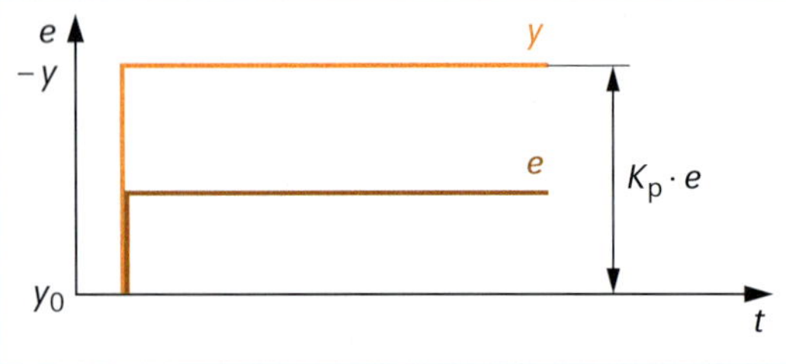

$K_p = \frac{y - y_0}{e}$

$e = w - r$

K_p: Proportionalbeiwert
e: Regeldifferenz
y: Stellgröße
y_0: Anfangswert der Stellgröße
w: Führungsgröße (Sollwert)
r: Rückführgröße

Beispiel

In einer Abfüllanlage wird der Durchfluss eines Produktionsschrittes über einen P-Regler und ein stufenloses (stetiges) Stellventil geregelt. Die Stellgröße y kann zwischen 10 % und 100 % verändert werden. Der Proportionalbeiwert ist auf $K_p = 2{,}4$ eingestellt.

a) Berechnen Sie die Stellgröße y für eine Regeldifferenz $e = 25\,\%$.
b) Das Diagramm zeigt den vereinfachten Verlauf der Regeldifferenz e. Skizzieren Sie den Stellgrößenverlauf y.

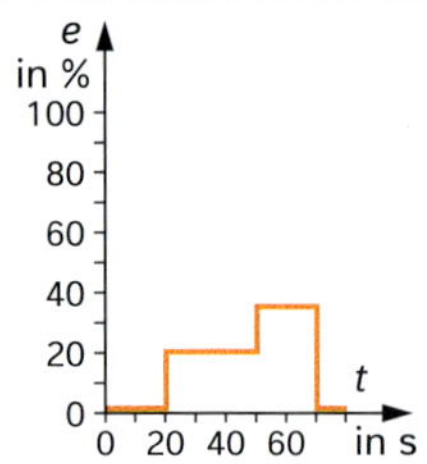

Geg.: $y_0 = 10\,\%$; $K_p = 2{,}4$; $e = 25\,\%$
Ges.: a) y; b) grafische Lösung

a) $K_p = \frac{y - y_0}{e}$

$y - y_0 = K_p \cdot e$

$y = K_p \cdot e + y_0$

$y = 2{,}4 \cdot 25\,\% + 10\,\%$

$\underline{\underline{y = 70\,\%}}$

b)

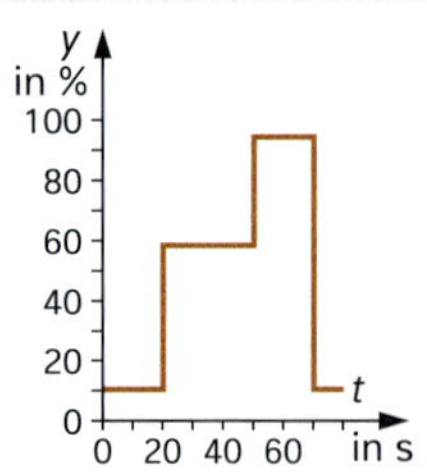

Aufgaben

1. In einem Betrieb für Pulverbeschichtungen wird die Gaszufuhr des Brennofens mit einem gestuften Stellventil reduziert. Der Proportionalbeiwert K_p ist auf 3,2 eingestellt. Das Ventil kann zwischen 0 % und 100 % justiert werden.

a) Berechnen Sie die Stellgrößen y_1 und y_2 für die Regeldifferenzen $e_1 = 31\,\%$ und $e_2 = 12\,\%$.
b) Zeichnen Sie den Stellgrößenverlauf y_3 auf Grundlage des Regeldifferenzverlaufes (Abb. 1).

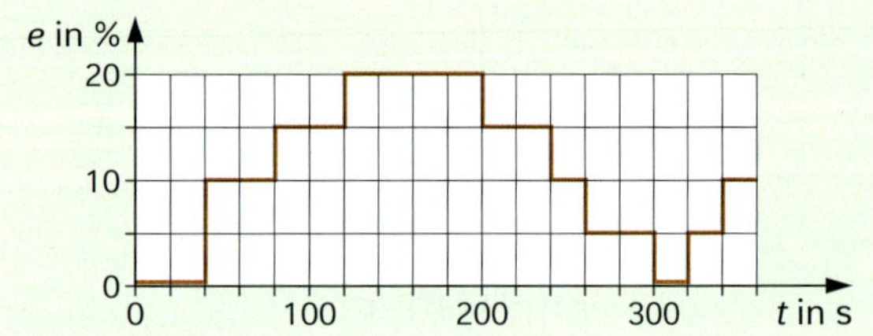

Abb. 1: Regeldifferenz der Gaszufuhr

2. A P-controller is used to regulate the flow into a fluid container. The proportional value is adjusted to $K_p = 4.6$. The manipulated value y can take the values within 10 % and 100 %. Calculate the manipulated value if the control difference e equals 7 %.

3. Das Raumthermostat einer Fußbodenheizung mit P-Regler ist auf die Führungsgröße $w = 21\,°C$ eingestellt und kann die Raumtemperatur im Bereich von ±4 Kelvin regeln. Die Raumtemperatur liegt momentan bei 18 °C.

a) Ermitteln Sie die Regeldifferenz e in Kelvin und in Prozent.
b) Auf welchen Proportionalbeiwert K_p muss der Regler eingestellt werden, wenn die Stellgröße y in diesem Fall 80 % betragen soll?
c) Berechnen Sie für die Regedifferenz $e = 1$ K die Stellgröße y in Prozent.

4. Mit einem P-Regler wird der Zulauf eines Flüssigkeitsbehälters stufenlos geregelt. Der Durchfluss des Ventils beträgt 4 l/s. Der Proportionalbeiwert ist 2,5 s^{-1}.

a) Welche Regeldifferenz liegt vor?
b) Skizzieren Sie den Verlauf der Stellgröße y in Abhängigkeit vom Füllstand (Maßstab: 10 s ≙ 2 cm; 1 l/s ≙ 1 cm).

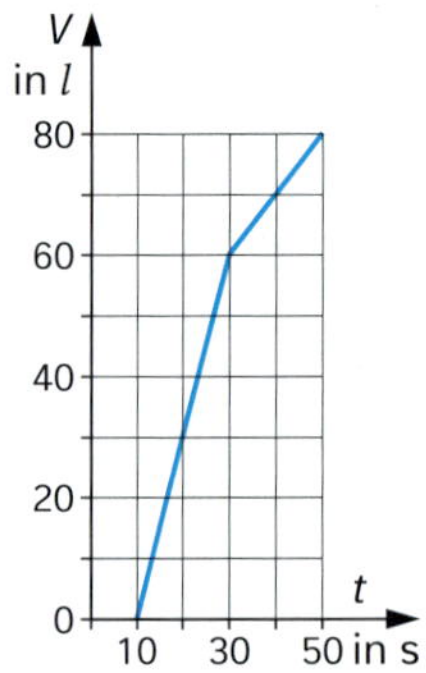

9.3.2 Integralregler

I-Regler können eine Regeldifferenz vollständig ausgleichen. Sie sind allerdings träger als P-Regler.

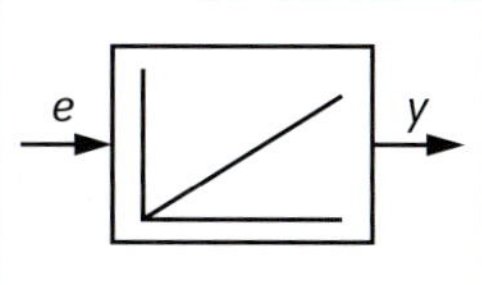

Sprungantwort

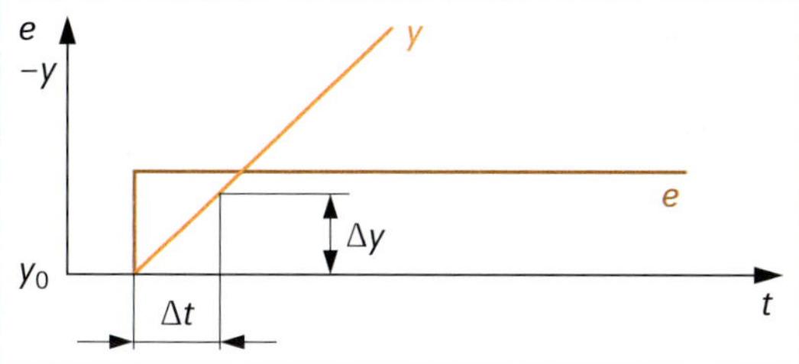

$$K_I = \frac{1}{e} \cdot \frac{\Delta y}{\Delta t}$$

$$e = w - r$$

K_I: Integrierbeiwert
e: Regeldifferenz
Δy: Stellgrößendifferenz
Δt: Zeitdauer
w: Führungsgröße (Sollwert)
r: Rückführgröße

Beispiel

Ein I-Regler für einen Flüssigkeitsbehälter wird untersucht. Die Führungsgröße ist auf $w = 150$ l eingestellt. Bei dem Versuchsaufbau wird ein Füllstand von $r = 90$ l simuliert. Das Zulaufventil wird über einen Stellmotor von geschlossen auf $y = 5$ l/min linear eingestellt.

a) Berechnen Sie die Regeldifferenz e.
b) Auf welchen Integrierbeiwert K_I muss der Regler eingestellt werden, damit das Ventil in 4 min vollständig geöffnet ist?
c) Skizzieren Sie den Reglerverlauf grafisch.

a) $e = w - r$; $e = 150\,\text{l} - 90\,\text{l}$; $\underline{\underline{e = 60\,\text{l}}}$

b) $K_I = \frac{1}{e} \cdot \frac{\Delta y}{\Delta t}$; $K_I = \frac{1}{60\,\text{l}} \cdot \frac{5\,\frac{\text{l}}{\text{min}}}{4\,\text{min}}$; $\underline{\underline{K_I = 0{,}021\,\frac{1}{s^2}}}$

c)

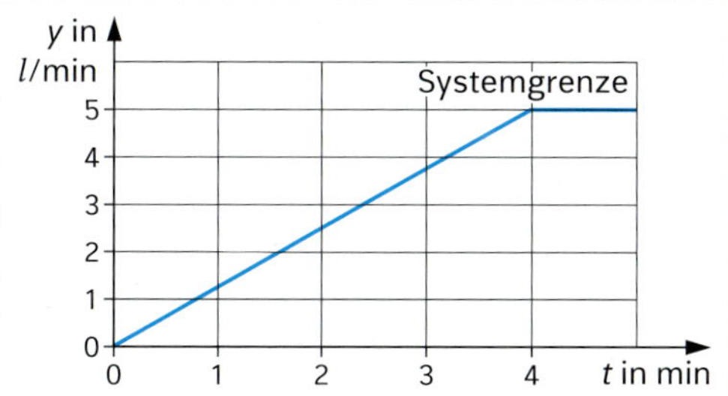

Aufgaben

1. Das Verhalten eines I-Reglers zum Regulieren des Durchflusses wird aufgezeichnet. Die Führungs- und Rückführgrößen betragen $w = 2400$ l und $r = 1200$ l. Die maximale Stellgröße des Stellventils liegt bei $y = 250$ l/min.

a) Bestimmen Sie die Regeldifferenz e.
b) Wie groß muss der Integrierbeiwert K_I sein, damit der maximale Durchfluss in 90 s gewährleistet ist?
c) Skizzieren Sie den Stellgrößenverlauf in einem Diagramm (Maßstab: 1 cm ≙ 50 l/min; 1 cm ≙ 10 s).

2. A pressure regulator counterbalances the control difference $e = 3.25$ bar with the aid of the valve lift of $\Delta y = 15$ mm. The actuator requires $\Delta t = 8.2$ s to open the valve. How big is the integral action coefficient K_I?

3. Ein Integralregler zur Spannungsregelung wird vor der Inbetriebnahme getestet. Hierzu wird dem Regler die Regeldifferenz e zugeführt (Abb. 2).

a) Bestimmen Sie die maximale Stellgröße.
b) Welchen Integrierbeiwert besitzt der Regler?

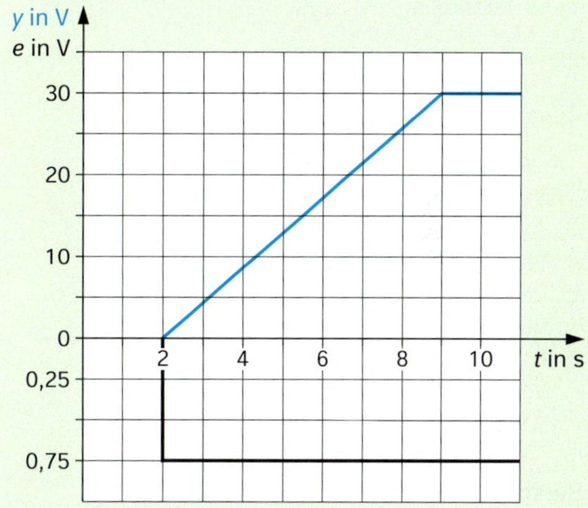

Abb. 2: Sprungantwort I-Regler

4. Ein I-Regler stellt die Lüfterdrehfrequenz einer Klimaanlage ein. Über den Messfühler PT 1000 mit einer Widerstandsänderung von 0,50 Ω/K wird die Temperatur erfasst. Die maximale Stellgröße beträgt 1465 Umdrehungen pro Minute, die Führungsgröße ist auf 1080 Ω eingestellt und der Integrierbeiwert beträgt $16\,\frac{1}{\text{min} \cdot \Omega \cdot \text{s}}$. Der momentane Widerstandswert des Sensors liegt bei 1082 Ω. Berechnen Sie

a) die Regeldifferenz und
b) die Zeitdauer, bei der die maximale Lüfterdrehfrequenz bei den gegebenen Größen erreicht ist.

9.3.3 PID-Regler (Universalregler)

Im Universalregler entsteht die Stellgröße y_{PID} durch die Addition aller drei Reglerstellgrößen.

Die Stellgröße des PID-Reglers wird durch die Reglerbeiwerte K_P, K_I und K_D bestimmt.

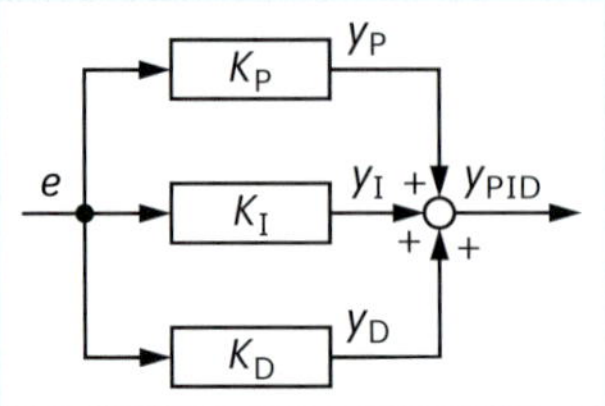

Wird ein P-Glied im Eingang wirksam, erfolgt die Einstellung des I-Anteiles durch die Nachstellzeit T_n. Der D-Anteil wird durch die Vorhaltzeit T_v eingestellt.

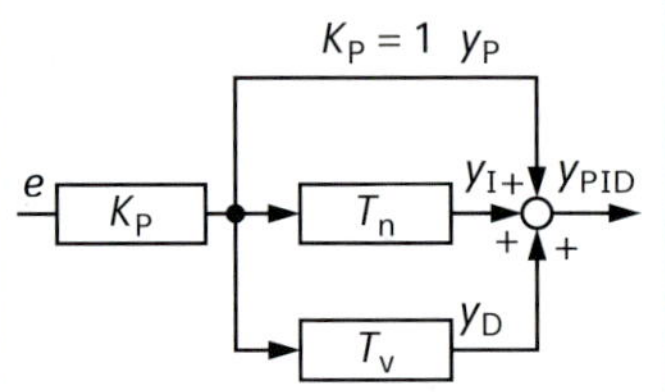

$$T_n = \frac{K_P}{K_I} \qquad T_v = \frac{K_D}{K_P}$$

In elektronischen Reglern werden die Reglereinstellungen durch die Werte der elektrischen Bauelemente bestimmt.

Elektronischer Kompaktregler

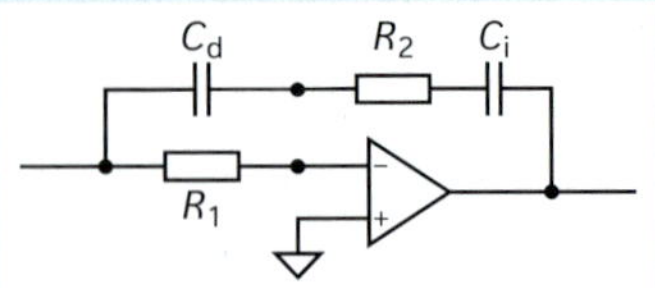

$$K_P = \frac{R_2}{R_1} \cdot \frac{C_d}{C_i}$$

$$K_P = \frac{1}{R_1 \cdot C_d}$$

$$K_P = R_2 \cdot C_d$$

y: Stellgröße
e: Regeldifferenz
K: Reglerbeiwert
T_n: Nachstellzeit $[T_n] = \text{s}$
T_v: Vorhaltzeit $[T_v] = \text{s}$

Beispiel

Der oben abgebildete elektronische PID-Regler soll durch die Beiwerte für ein günstiges Regelverhalten eingestellt werden. Die Nachstellzeit beträgt das Fünffache der Vorhaltzeit. Wie groß sind für $T_v = 270$ ms und einen Verstärkungsfaktor $K_P = 7{,}3$

a) der Integrierbeiwert und
b) der Differenzierbeiwert?

Geg.: $T_v = 270$ ms; $T_n = 5 \cdot T_v$; $K_P = 7{,}3$
Ges.: a) K_I; b) K_D

a) $T_n = \frac{K_P}{K_I}$; $K_I = \frac{K_P}{T_n}$; $K_I = \frac{7{,}3}{5 \cdot 270\ \text{ms}}$; $\underline{\underline{K_I = 5{,}4\ \text{s}^{-1}}}$

b) $T_v = \frac{K_D}{K_P}$; $K_D = T_v \cdot K_P$; $K_D = 270\ \text{ms} \cdot 7{,}3$; $\underline{\underline{K_D = 1{,}97\ \text{s}}}$

Aufgaben

1. Ein PID-Regler soll die Parameter $K_P = 4{,}2$, $T_n = 2{,}2$ s und $T_v = 0{,}8$ s besitzen. Die Einstellung erfolgt durch die Reglerbeiwerte. Wie groß sind K_I und K_D?

2. Für eine Regelkreisoptimierung wird der Proportionalbeiwert $K_P = 5$ durch eine Veränderung des Widerstandes R_2 auf $K_P = 7{,}5$ erhöht.
a) Wie groß sind die Veränderungen für K_I und K_D?
b) Berechnen Sie die Auswirkungen auf T_v und T_n.

3. Vor der Inbetriebnahme eines Regelkreises wird ein elektronischer Kompaktregler mit folgenden Parametern eingestellt: $K_P = 3{,}2$, $T_n = 4{,}6$ s und $T_v = 0{,}7$ s.
a) Wie groß sind K_I und K_D?
b) Für eine Optimierung des Regelverhaltens ist es notwendig, den Proportionalbeiwert durch eine Veränderung von R_2 auf das 1,8-fache zu erhöhen. Welche Werte erhalten damit die Reglerbeiwerte K_I und K_D?
c) Berechnen Sie die Vorhalt- und die Nachstellzeit nach der Veränderung.

4. Als Einstellmöglichkeit für die Reglerparameter werden die Widerstände $R_1 = 25$ kΩ und $R_2 = 15$ kΩ veränderbar ausgeführt. Die Kapazitäten sind mit jeweils $C = 4{,}7$ µF gleich groß.
a) Berechnen Sie K_P, K_I und K_D für die unveränderten Werte.
b) Wie groß sind K_P, K_I und K_D, wenn die Widerstände R_1 und R_2 nur noch 1/10 ihres ursprünglichen Wertes betragen?
c) Für ein günstiges Regelverhalten soll das Zeitverhältnis $T_n/T_v \approx 5$ betragen. Die Anpassung erfolgt durch den Widerstand R_2 mit 4 kΩ. Dimensionieren Sie K_P, T_n und T_v. Überprüfen Sie das Verhältnis.

5. Für eine Temperaturregelung wird ein Universalregler als PI-Regler eingesetzt. Der Proportionalitätsbeiwert des vorgesetzten P-Gliedes beträgt 3,8.
a) Skizzieren Sie die Reglerstruktur.
b) Bestimmen Sie T_n mithilfe des Diagramms in Abb. 1.
c) K_P ist auf 5,2 eingestellt. Wie groß ist C_i des I-Anteiles, wenn der Widerstand $R_1 = 24$ kΩ beträgt?

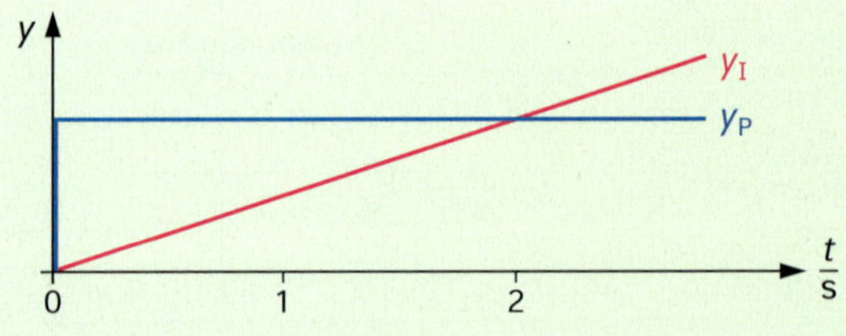

Abb. 1: Sprungantworten der P- und I-Anteile

9.4 Analog-Digital-Umsetzer

Analoge Signale, wie Audio- oder Videosignale, aber auch analoge Messwerte, können mithilfe von Analog-Digital-Umsetzern (ADU) in digitale Datenwerte umgewandelt werden. So können die Informationen elektronisch verarbeitet werden. ADUs werden auch A/D-Wandler genannt.

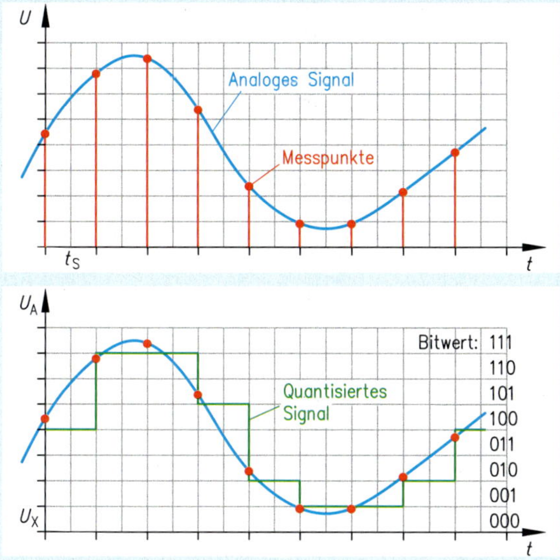

$$u_X = \frac{U_{Amax} - U_{Amin}}{n-1}$$

Abtastrate (Abtastfrequenz): Je höher die Abtastrate ist, desto häufiger misst der ADU den Momentanwert des zu messenden Signals.

$$f_s = \frac{1}{t_s}$$

f_s: Abtastrate $[f_s] = 1/s$
t_s: Abtastintervall $[t_s] = s$

Bittiefe (Samplingtiefe): Die Anzahl der Stufen, die beim Digitalisieren (Quantisieren) eines Analogsignals unterschieden werden, wird durch die Bittiefe bestimmt. Je höher die Bittiefe ist, desto feiner ist die Auflösung eines ADU.

$$n = 2^d$$

$$u_X = \frac{\Delta U_A}{n-1}$$

$$n_s = \frac{u_s}{u_x}$$

n: Anzahl unterscheidbarer Wertstufen, einschließlich dem Wert „0"
d: Bittiefe des ADU
u_X: Auflösung $[u_X] = V$
ΔU_A: Messbereich $[\Delta U_A] = V$
u_s: momentaner Messwert $[u_s] = V$
n_s: digitalisierter Messwert

Beispiel

Die Analogeingänge einer SPS werden über einen 12-Bit-ADU eingelesen. Erfasst wird ein Messbereich von 0 ... 10 V. Das Abtastintervall beträgt $t_s = 33$ ms. Berechnen Sie

a) die Abtastfrequenz f_s,
b) die Anzahl der unterscheidbaren Wertstufen
c) die Spannungsauflösung und
d) den digitalisierten Messwert bei einem analogen Momentanwert von $u_s = 7{,}7$ V

Geg.: $d = 12$; $\Delta U_A = 10$ V; $t_s = 33$ ms; $u_s = 7{,}7$ V
Ges.: a) f_s; b) n; c) u_x; c) n_s

a) $f_s = \frac{1}{t_s}$

$f_s = \frac{1}{33\,\text{ms}}$

$\underline{\underline{n = 30{,}3\,\text{Hz}}}$

b) $n = 2^d$

$n = 2^{12}$

$\underline{\underline{n = 4096}}$

c) $u_x = \frac{U_A}{n-1}$

$u_x = \frac{10\,\text{V}}{4096 - 1}$

$\underline{\underline{u_x = 2{,}44\,\text{mV}}}$

d) $n_s = \frac{u_s}{u_x}$

$n_s = \frac{7{,}7\,\text{V}}{2{,}44\,\text{mV}}$

$\underline{\underline{n_s = 3156}}$

Aufgaben

1. Berechnen Sie die Abtastrate f_s eines ADU, der im Abstand von $t_s = 454{,}5\,\mu$s Messwerte eines Analogsignals erfasst.

2. Ein A/D-Wandler mit einer Samplingtiefe von 15 Bit erfasst einen Spannungsbereich von 0 ... 12 V.

a) Wie viele Wertstufen n kann der Wandler unterscheiden?
b) Welche Auflösung u_X wird erreicht?

3. Eine Audio-CD speichert Musik in digitaler Form. Die Bittiefe bei einer Stereoaufnahme beträgt 2 x 16 Bit, die Abtastrate 44,1 kHz. Berechnen Sie pro Stereokanal

a) die Anzahl an Stufen pro Messwert und
b) das Abtastintervall.

4. Zur Messung der Raumluftqualität wird ein Gassensor eingesetzt, der einen CO_2-Gehalt der Luft zwischen 350 ... 3500 ppm erfassen kann. Der Messwert wird als Spannung im Bereich von 30 ... 50 mV an einen Microcontroller mit 8-Bit-A/D-Wandler übergeben.

a) Welchem momentanen Spannungswert und
b) welchem digitalisierten Wert entspricht die Messung eines CO_2-Gehalts von 1575 ppm?

5. Eine programmierbare Steuerung besitzt einen 12-Bit-ADU. Sie überwacht in einer Molkerei mithilfe eines am Analogeingang angeschlossenen Füllstandssensors den Inhalt eines 25-m³-Milchtanks. Der Sensor liefert bei vollem Tank eine Spannung $U_{Amax} = 10$ V, bei einem Restfüllstand von 0,5 m³ die Spannung $U_{Amin} = 0$ V. Welches Flüssigkeitsvolumen befindet sich im Tank, wenn die Steuerung einen digitalisierten Messwert von 2231 erhält?

10 Anlagen- und Gebäudetechnik

10.1 Leitungsberechnung

10.1.1 Strombelastbarkeit von Leitungen

Bei der Auswahl von Leitungen ist in Abhängigkeit von der Strombelastung I_r und den Verlegebedingungen ein Adermindestquerschnitt q_n festzulegen. Auszug aus der DIN VDE 0298-4.

q_n in mm² (Cu)	Verlegeart B2 3 stromführende Adern	
	I_r in A	I_n in A
1,5	16	16
2,5 ①	21 ③	20 ②
4 ④	29	25

Durch weitere Einflussfaktoren f kann sich für die Leitungsader möglicherweise die zulässige Strombelastbarkeit I_Z verändern.

$$I_Z = f_1 \cdot f_2 \cdot f_3 \cdot f_4 \cdot I_r$$

Die Werte der Einflussfaktoren sind der DIN VDE 0298-4 (➡ Anhang S. 270) zu entnehmen.

I_n: Bemessungsstromstärke der Überstrom-Schutzorgane

I_r: Belastungsstromstärke ohne Einflussfaktoren

I_Z: zulässige Strombelastbarkeit

Beispiel

Ein Drehstrom-Durchlauferhitzer mit der Stromstärke $I = 17{,}3$ A an $U = 400$ V. Die Leitungsführung erfolgt im Installationsrohr auf der Wand.

a) Ermitteln Sie den Leitermindestquerschnitt und die Bemessungsstromstärke der Sicherungen.

b) Für eine kostengünstige Installation soll die Anschlussleitung gemeinsam mit zwei weiteren Leitungen im Rohr verlegt werden. Die mittlere Umgebungstemperatur beträgt dabei 30 °C. Kann der gewählte Leiterquerschnitt genutzt werden?

Geg.: $I = 17{,}3$ A; $n = 3$; $\vartheta = 30$ °C;
Leitungszahl: 3; Verlegeart: B2

Ges.: a) q_{n1}, I_N; b) q_{n2}

a) Aus Tabelle: $q_{n1} = 2{,}5$ mm² ① $I_n = 20$ A ②

b) Erhöhte Umgebungstemperatur: $f_1 = 0{,}94$

Drei Leitungen im Rohr: $f_2 = 0{,}7$

Aus Tabelle: $I_r = 21$ A ③

$I_Z = f_1 \cdot f_2 \cdot f_3$
$I_Z = 0{,}94 \cdot 0{,}7 \cdot 21$ A
$I_Z = 13{,}8$ A

Die 2,5-mm²-Zuleitung ist nur bis 13,8 A belastbar. Es muss $q_{n2} = 4$ mm² gewählt werden. ④

Aufgaben

1. Ein Wechselstromkreis wird mit 20 A abgesichert. Ermitteln Sie den Adermindestquerschnitt bei einer Verlegung in wärmegedämmten Wänden.

2. A 5.5-kW-DC motor with $U = 220$ V is connected via a cable of the installation type C.

a) Calculate the current and

b) choose the minimum conductor cross-section from the table (➡ appendix p. 270).

3. Eine 16-A-Wechselstromsteckdose soll installiert werden. Die Zuleitung wird durch Abstandsschellen auf der Wand fixiert. Die mittlere Umgebungstemperatur beträgt 25 °C.

a) Ermitteln Sie den Adermindestquerschnitt.

b) Berechnen Sie bei Anschluss eines leistungselektronischen Verbrauchers mit 10 % Oberwellenanteil die zulässige Strombelastbarkeit.

4. Ein 400-V-Wechselstrommotor hat eine Nennstromstärke $I_n = 17$ A. Er wird durch eine im Installationsrohr verlegte Mantelleitung an eine Verteilung angeschlossen.

a) Ermitteln Sie den zulässigen Leitermindestquerschnitt bei 28 °C Umgebungstemperatur und

b) die Bemessungsstromstärke der Überstromschutzeinrichtung.

5. Eine 25-A-Steckdose ist durch eine fünfadrige Mantelleitung an eine Drehstromverteilung anzuschließen. Die Leitungsführung erfolgt gemeinsam mit acht weiteren Leitungen über Kabelpritschen (Abb. 1). Die Umgebungstemperatur beträgt im Durchschnitt 28 °C. Ermitteln Sie

a) die Bemessungsstromstärke I_n des Überstromschutzorgans,

b) den Adermindestquerschnitt q_n der Zuleitung ohne Einflussfaktoren (➡ Anhang S. 270) und

c) die reale zulässige Strombelastbarkeit I_Z.

d) Welcher Querschnitt q_n ist unter Beachtung von Einflussfaktoren auszuwählen?

Abb. 1: Kabelpritschen mit teilweiser Belegung

6. Die Zuleitung eines Baustromverteilers (Abb. 2) muss dimensioniert werden. Die Anschlussleistung beträgt 43 kVA. Als Zuleitung wird eine Gummischlauchleitung von Typ H07 RN verlegt. Da die Leitung zu lang ist, wird sie spiralförmig auf eine Trommel aufgewickelt. Bestimmen Sie

a) die Anschlussstromstärke,
b) den Bemessungsstrom der Sicherung und
c) den Leiterquerschnitt (Anhang ➡ S. 270).

Abb. 2: Baustromverteiler

7. Ein Firmengelände erneuert seine Parkplatzbeleuchtung mit 18 neuen Mastleuchten. Die Einspeisung der Leuchten erfolgt einphasig, über einen Außenverteiler mit dem Kabeltyp NYY-J im Schutzrohr. Eine LED-Leuchte hat die Bemessungsleistung $P = 57{,}4$ W. Ermitteln Sie

a) die Stromstärke der Leuchtengruppe,
b) einen geeigneten LS-Schalter (Charakteristik und Bemessungsstromstärke),
c) die Strombelastbarkeit der Leitung (Anhang ➡ S. 270) und
d) den erforderlichen Mindestquerschnitt.

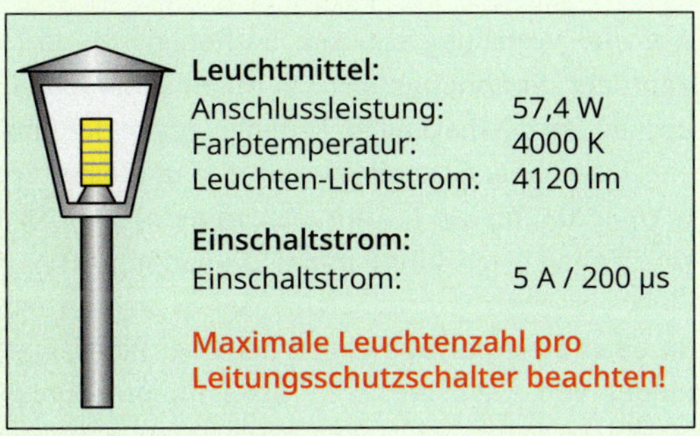

Abb. 3: Datenblatt Leuchte

8. Eine Fertigungsanlage wird mit 3 neuen drehzahlgeregelten Antrieben erweitert. Die Zuleitungen zu den Frequenzumrichtern mit Motormontage müssen dimensioniert werden. Obwohl EMV-Netzdrosseln eingesetzt werden, ist von einem Oberwellenanteil von 10 % auszugehen. In der gelochten Montagerinne befinden sich bereits 3 weitere Leitungen. Es ist von einem gleichzeitigen Betrieb auszugehen. Die dreiphasigen FU-Motorkombinationen ($\cos \varphi = 1$) besitzen die Wirkleistungen $P_1 = 0{,}75$ kW, $P_2 = 5{,}5$ kW, $P_3 = 22$ kW. Ermitteln Sie

a) Betriebsstromstärken,
b) Bemessungsstromstärken der Sicherungen und
c) die Mindestquerschnitte der Leitungen (Anhang ➡ S. 270).

9. In einem Mehrfamilienhaus versorgt die Niederspannungshauptverteilung (NSHV Abb. 4) mit integrierten Zählerplätzen 6 Wohneinheiten mit elektrischer Energie. Die Leitung zwischen HAK und Verteiler ist als N2XH-J ausgeführt und wird mithilfe von Schellen auf der Wand montiert. Die Abgangsleitungen zu den Wohnungen sind ebenfalls vom Typ N2XH-J und werden anfangs zusammen in einem Kabelkanal und später unter Putz verlegt. Die Wohnungszuleitungen müssen gemäß DIN 18015 und TABs für 63 A ausgelegt sein. Für die Strombelastbarkeit der Hauptleitung wird von einem Gleichzeitigkeitsfaktor von 0,3 ausgegangen. In dem Wohngebäude kann von einem Leistungsfaktor 1 ausgegangen werden.

a) Berechnen Sie die Anschlussleistungen des Gebäudes.
b) Ermitteln Sie die Verlegearten der Leitungen.
c) Welcher Querschnitt ist für die Hauptleitung notwendig? (Anhang ➡ S. 270).
d) Geben Sie die Querschnitte der Wohnungszuleitungen ohne Berücksichtigung von Korrekturfaktoren an.
e) Beurteilen Sie die Betriebsbedingungen der Leitung und korrigieren Sie gegebenenfalls die Strombelastbarkeit.

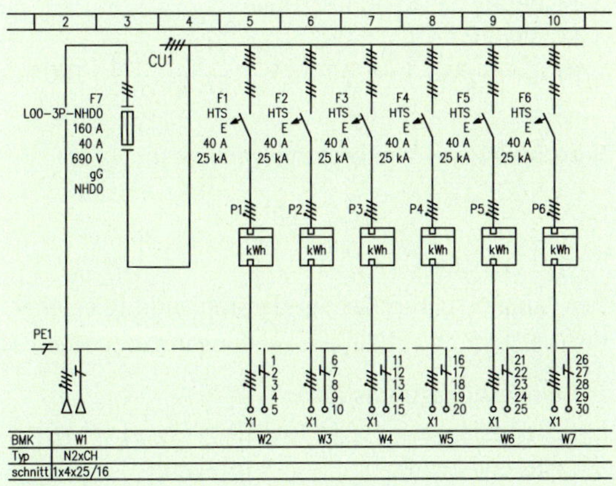

Abb. 4: Zählerplätze Mehrfamilienhaus

10.1.2 Spannungsfall auf Leitungen

Der Spannungsfall ΔU über der stromdurchflossenen Leitung darf festgelegte Grenzwerte nicht überschreiten. Für die Dimensionierung einer elektrischen Leitung ist bei fest angeschlossenen Betriebsmitteln die Stromstärke im Betriebszustand I_b oder bei Steckdosen die Bemessungsstromstärke I_n der angeschlossenen Überstrom-Schutzeinrichtung ausschlaggebend.

In der DIN 18015-1 wird der höchstzulässige Spannungsfall Δu in elektrischen Anlagen als Prozentangabe festgelegt. Dieser ist auf die anliegende Netzspannung U bezogen.

Zulässiger Spannungsfall

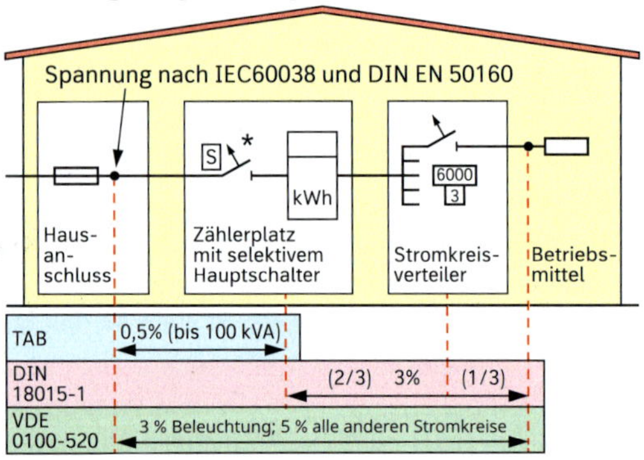

U: Netzspannung $[U] = \text{V}$
ΔU: Spannungsfall über der Leitung $[\Delta U] = \text{V}$
Δu: prozentualer Spannungsfall

10.1.2.1 Gleichstrom- und Wechselstromleitungen

Berechnung des Spannungsfalls:

$$\Delta U = \frac{2 \cdot l \cdot I \cdot \cos\varphi}{\varkappa \cdot q} \qquad \Delta u = \frac{2 \cdot l \cdot I \cdot \cos\varphi}{U \cdot \varkappa \cdot q} \cdot 100\,\%$$

Berechnung des Wirkleistungsverlustes:

$$P_V = \frac{2 \cdot l \cdot I^2}{\varkappa \cdot q}$$

Der Faktor 2 berücksichtigt den Hin- und Rückleiter. Bei Gleichstrom entfällt der Leistungsfaktor $\cos\varphi$.

I: Bemessungsstromstärke $[I] = \text{A}$
l: Leitungslänge $[l] = \text{m}$
q: Leiterquerschnitt $[q] = \text{mm}^2$
$\varkappa$: elektr. Leitfähigkeit (Kappa) $[\varkappa] = 1\,\frac{\text{MS}}{\text{m}} = 1\,\frac{\text{m}}{\text{mm}^2 \cdot \Omega}$

Beispiel

Ein Wechselstrommotor mit $I = 12{,}3$ A und dem Leistungsfaktor $\cos\varphi = 0{,}87$ wird über eine 37 m lange Kupferleitung mit $q = 1{,}5$ mm² an eine Spannung $U = 230$ V angeschlossen.

a) Berechnen Sie den prozentualen Spannungsfall.
b) Bewerten Sie Ihr Ergebnis entsprechend den Festlegungen nach der DIN 18015-1.

Geg.: $I = 12{,}3$ A; $\cos\varphi = 0{,}87$; $l = 37$ m; $q = 1{,}5$ mm²; $U = 230$ V; $\varkappa_{Cu} = 56\,\frac{\text{m}}{\Omega \cdot \text{mm}^2}$

Ges.: a) Δu; b) $\Delta u \leq 3\,\%$

a) $$\Delta u = \frac{2 \cdot l \cdot I \cdot \cos\varphi}{U \cdot \varkappa \cdot q} \cdot 100\,\%$$

$$\Delta u = \frac{2 \cdot 37\,\text{m} \cdot 12{,}3\,\text{A} \cdot 0{,}87 \cdot \Omega \cdot \text{mm}^2}{230\,\text{V} \cdot 56\,\text{m} \cdot 1{,}5\,\text{mm}^2} \cdot 100\,\%$$

$$\underline{\underline{\Delta u = 4{,}1\,\%}}$$

b) Der zulässige Spannungsfall von 3 % zwischen Übergabepunkt und dem Betriebsmittel wird überschritten. Der Querschnitt ist höher zu wählen.

Aufgaben

1. Eine 17 m lange Kupferleitung mit $q = 4$ mm² wird bei einer Spannung $U = 230$ V von $I = 27{,}3$ A durchflossen. Berechnen Sie den prozentualen Spannungsfall Δu.

2. Durch eine 13 m lange Leitung fließt bei einer Gleichspannung $U = 220$ V ein Strom der Stärke $I = 13{,}8$ A. Der Spannungsfall soll maximal 1 % betragen. Welcher Aderquerschnitt der Kupferleitung muss mindestens gewählt werden, damit die Forderung erfüllt wird?

3. In a copper cable with a length of 9.5 m and a conductor cross-section of $q = 2.5$ mm² flows a current of 16 A. Calculate the power loss when the voltage in the DC network is 110 V.

4. Von der Verteilung bis zum Betriebsmittel darf der prozentuale Spannungsfall 3 % nicht überschreiten. Berechnen Sie die maximalen Leitungslängen der Kupferleitungen bei einer Stromstärke $I = 16$ A und einer Spannung $U = 230$ V für die Leiterquerschnitte a) $q = 1{,}5$ mm²; b) $q = 2{,}5$ mm²; c) $q = 4$ mm² und d) $q = 6$ mm².

5. In einer Elektroanlage liegen bei einer eingespeisten Spannung von 232 V nur 229 V am Entnahmepunkt an. Die Stromstärke beträgt $I = 20$ A. Berechnen Sie

a) den prozentualen Spannungsfall über der 42 m langen Kupferleitung und
b) den Leiterquerschnitt.

6. In einem Einkaufszentrum wird eine Ladestation für E-Bikes installiert (Abb. 1). Die 16-A-Station ist durch eine 17 m lange, dreiadrige Leitung in der Verlegeart C angeschlossen. Die Umgebungstemperatur beträgt 20 °C.

a) Wählen Sie den erforderlichen Leitermindestquerschnitt aus.
b) Berechnen Sie den prozentualen Spannungsfall.
c) Welche Spannung liegt an der Ladestation an, wenn die Netzspannung 230 V beträgt?

Abb. 1: E-Bike-Ladestation

7. An eine Schutzkontaktsteckdose wird eine transportable Beleuchtungseinrichtung mit drei 500-W-Halogenstrahlern durch eine 50 m lange Leitung 3 x 1,5 mm² angeschlossen. Der Leiterwiderstand zwischen Hausanschlusskasten (HAK) und Steckdose beträgt 0,37 Ω. Berechnen Sie

a) die Bemessungsstromstärke und
b) den Leiterwiderstand der 50-m-Leitung.
c) Kann diese Leitung verwendet werden, wenn der Spannungsfall zwischen HAK und dem Betriebsmittel höchstens 4 % betragen soll?

8. Ein Wechselstromzähler in einer 230-V-Anlage befindet sich in einer Entfernung $l = 7{,}5$ m vom Hausanschluss.

a) Welcher prozentuale Spannungsfall ist hier zulässig?
b) Welche Stromstärke darf in dieser Hausanschlussleitung mit $q = 16$ mm² (Cu) höchstens fließen?

9. Von einer Verteilung aus wird eine dreiadrige Kupferleitung für eine Außenbeleuchtung verlegt (Abb. 2). Berechnen Sie

a) den Spannungsfall ΔU auf der Leitung,
b) den prozentualen Spannungsfall Δu,
c) den Leistungsverlust P_V auf der Leitung und
d) den prozentualen Leistungsverlust.
e) Prüfen Sie, ob der berechnete Spannungsverlust den Normen entspricht.
f) Vergleichen Sie die Ergebnisse von prozentualem Spannungsfall und prozentualem Leistungsverlust.

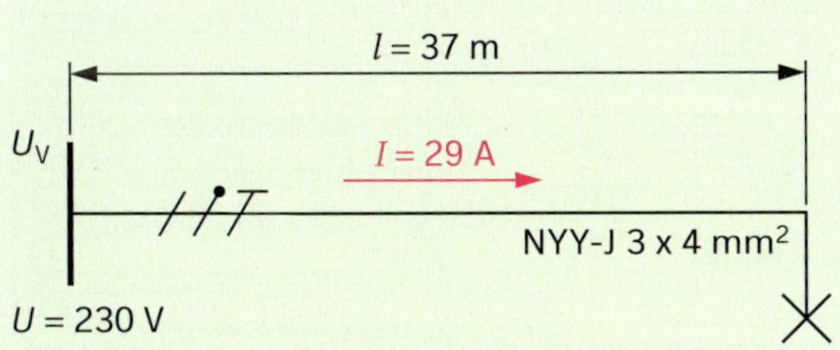

Abb. 2: Anschluss Außenbeleuchtung

10. Ein 6,7-kW-Gleichstrommotor mit einem Wirkungsgrad von 86 % soll über eine Zuleitung 3 x 2,5 mm² mit einer Spannung $U = 400$ V versorgt werden. Ein Spannungsfall von 3 % über der Leitung darf nicht überschritten werden. Berechnen Sie die maximale Leitungslänge.

11. Eine Gruppe von drei Leuchtstofflampen wird einphasig durch eine 12 m lange Leitung NYM-J 3 x 1,5 mm² an eine Spannung $U = 230$ V angeschlossen. Die Wirkleistung einer Lampe beträgt 38 W. Die VVGs haben eine Leistungsaufnahme von jeweils 2 W. Durch Einzelkompensation wird der Leistungsfaktor auf 0,96 verbessert. Berechnen Sie den prozentualen Spannungsfall auf der Leitung.

12. Für eine Anlagenerweiterung steht eine 12,4 m lange Kupferleitung NYM-J 3 x 2,5 mm² zur Verfügung. Die Bemessungsstromstärke der Leitungssicherung beträgt 20 A. Auf der Leitung darf der prozentuale Spannungsfall 3 % der Netzspannung $U = 230$ V nicht übersteigen. Überprüfen Sie, ob die geplante Leitung verwendet werden kann.

13. Mit einer Kupferleitung 3 x 2,5 mm² wird eine elektrische Heizung mit 2,7 kW fest angeschlossen. Die Spannung beträgt 230 V. Berechnen Sie

a) die Stromstärke für eine Gerätespannung von 230 V,
b) den Spannungsfall über der 8 m langen Leitung und
c) den prozentualen Spannungsverlust.
d) Welche Leistung wird in der Heizung tatsächlich umgesetzt?

14. Ein 3-kW-Wechselstrommotor mit einem Leistungsfaktor von $\cos\varphi = 0{,}85$ und dem Wirkungsgrad $\eta = 0{,}87$ wird über eine 27 m lange Kupfer-Mantelleitung an eine Spannung mit $U = 230$ V angeschlossen.

a) Berechnen Sie die Stromstärke im Betriebszustand.
b) Ermitteln Sie den Aderquerschnitt und die Bemessungsstromstärke der Überstrom-Schutzeinrichtung.
c) Wie groß ist der Spannungsfall über der Leitung?

15. Ein Gartenhaus soll durch eine 34 m lange Kupferleitung NYY-J an eine bestehende Verteilung angeschlossen werden. Es wird vorgeschlagen, in dem Gebäude eine Kleinverteilung zu installieren, deren Zuleitung mit einer 20-A-Sicherung geschützt wird.

a) Wählen Sie den Adermindestquerschnitt der Zuleitung aus, wenn die Leitung im Erdreich verlegt wird.
b) Wie hoch ist der Leitungswiderstand der Zuleitung?
c) Welche Stromstärke tritt auf, wenn bei einem Leistungsbezug von 1,85 kW am Abnahmepunkt im Gartenhaus 230 V anliegen?
d) Wie groß ist bei $I = 16$ A der Spannungsfall?

10.1.2.2 Unverzweigte Drehstromleitungen

Berechnung des Spannungsfalls:

$$\Delta U = \frac{\sqrt{3} \cdot l \cdot I \cdot \cos\varphi}{\varkappa \cdot q}$$

$$\Delta u = \frac{\sqrt{3} \cdot l \cdot I \cdot \cos\varphi}{U \cdot \varkappa \cdot q} \cdot 100\,\%$$

Berechnung des Wirkleistungsverlustes:

$$P_V = \frac{3 \cdot l \cdot I^2}{\varkappa \cdot q}$$

I: Bemessungsstromstärke $[I] = \text{A}$

l: Leitungslänge $[l] = \text{m}$

q: Leiterquerschnitt $[q] = \text{mm}^2$

$\varkappa$: elektr. Leitfähigkeit (Kappa) $[\varkappa] = 1\,\frac{\text{MS}}{\text{m}} = 1\,\frac{\text{m}}{\text{mm}^2 \cdot \Omega}$

Beispiel

Ein Drehstrommotor mit $I = 22$ A und dem Leistungsfaktor $\cos\varphi = 0{,}84$ wird über eine 37 m lange Kupferleitung an eine Spannung $U = 400$ V angeschlossen.

a) Wählen Sie den Adermindestquerschnitt der Zuleitung für die Verlegeart E aus.

b) Berechnen Sie den prozentualen Spannungsfall und stellen Sie fest, ob er die Forderung ≤ 4 % erfüllt.

Geg.: $I = 22$ A; $\cos\varphi = 0{,}84$; $l = 37$ m; $U = 400$ V; $\varkappa_{Cu} = 56\,\frac{\text{m}}{\Omega \cdot \text{mm}^2}$; Verlegeart: E

Ges.: a) q_n; b) $\Delta u \leq 4\,\%$

a) Auswahl (➡ Anhang S. 270)

$\underline{I_n = 25\text{ A}}$ $\underline{\underline{q_n = 2{,}5\text{ mm}^2}}$

b) $$\Delta u = \frac{\sqrt{3} \cdot l \cdot I \cdot \cos p}{U \cdot \varkappa \cdot q} \cdot 100\,\%$$

$$\Delta u = \frac{\sqrt{3} \cdot 37\text{ m} \cdot 22\text{ A} \cdot 0{,}84 \cdot \Omega \cdot \text{mm}^2}{400\text{ V} \cdot 56\text{ m} \cdot 2{,}5\text{ mm}^2} \cdot 100\,\%$$

$$\underline{\underline{\Delta u = 2{,}1\,\%}}$$

Der berechnete Spannungsfall ist kleiner 4 %.

Aufgaben

1. Eine 25 m lange Drehstromleitung mit einem Leiterquerschnitt $q = 50$ mm² wird bei einem $\cos\varphi = 0{,}79$ von einem Strom $I = 82$ A durchflossen. Berechnen Sie den Spannungsfall auf der Aluminiumleitung.

2. Ein Durchlauferhitzer ($P_\Delta = 15$ kW, $U = 400$ V) wird in Dreieckschaltung angeschlossen. Die 18 m lange Leitung wird im Isolierrohr an der Wand verlegt.

a) Berechnen Sie die Stromstärke in den Außenleitern.

b) Wählen Sie die Bemessungsstromstärke der Sicherungsorgane und den Adermindestquerschnitt aus.

c) Berechnen Sie den prozentualen Spannungsfall.

3. At the applied voltage of 400 V, a current of 16.7 A with a power factor of $\cos\varphi = 0.87$ flows through a three-phase copper cable with a cross-section of $q = 2.5$ mm² and a length of 19.5 m. Calculate the voltage drop via the cable.

4. In einer Anlage kann die Zuleitung für ein Drehstromgerät (400 V, $I_n = 19{,}2$ A, $\cos\varphi = 0{,}87$) auf unterschiedliche Art verlegt werden. Dabei verändern sich die Installationsbedingungen. In welcher der vier Varianten tritt der minimalste Spannungsfall auf?

	a)	b)	c)	d)
Verlegeart	A2	B2	B2	E
Leitungslänge in m	32	27	21	22
Anzahl mehradriger Leitungen im Kabelkanal	2	2	4	1
Umgebungstemperatur in °C	35	25	45	35

5. Eine 400-V-Unterverteilung wird über eine 24 m lange Drehstrom-Kupferleitung angeschlossen. Die Verlegung der Leitung erfolgt auf Abstandsschellen am Baukörper. Die Absicherung in der Hauptverteilung beträgt 35 A. Bei einem Leistungsfaktor $\cos\varphi = 1$ und der Umgebungstemperatur $\vartheta = 25\,°\text{C}$ darf der Spannungsfall höchstens 1 % betragen. Ermitteln Sie für die Höchstbelastung

a) den Adermindestquerschnitt (➡ Anhang S. 270),

b) den prozentualen Spannungsfall und

c) den Spannungsfall in V.

6. Wählen Sie für den Motor mit dem Leistungsschild in Abb. 1 eine geeignete, 34 m lange Zuleitung mit einem Spannungsfall ≤ 3 % für die Verlegeart E aus.

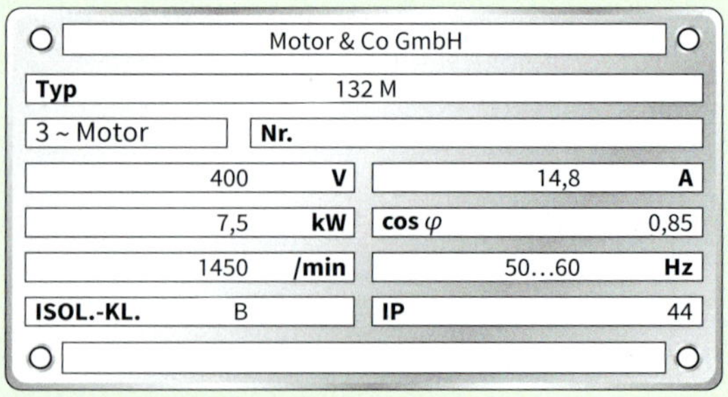

Abb. 1: Leistungsschild Drehstrommotor

7. An electric motor (9.6 kW/cos $\varphi = 0.86$) is connected to the North American grid with a nominal voltage of 277 V/480 V. The cable's gauge is AWG 12 (American wire gauge 12 equals 3.31 mm²) and the length is 21.5 m (Abb. 2). How large are

a) the percentual voltage drop,
b) the voltage drop and
c) the power loss?

Abb. 2: AWG 12 cable

8. Ein kleines Green-IT-Rechenzentrum wird mit einer USV-Anlage mit der Eingangsbemessungsleistung von 60 kVA im europäischen Netz ausgestattet. Der Hersteller gibt den Leistungsfaktor mit 0,9 an. Aus ökologischen Gründen soll der Spannungsfall den Wert von 1 % nicht überschreiten. Das Leitermaterial besteht aus Aluminium und die Länge beträgt 34 m.

a) Welcher Querschnitt muss gewählt werden, um die Bedingung einzuhalten?
b) Wie groß ist die Verlustleistung bei Nennbetrieb?

9. Bei einem Einfamilienhaus, setzt der VNB an der Grundstücksgrenze eine Anschlusssäule. Dadurch hat das Kabel vom Typ NYY-J bis zum Energiezähler eine Länge von 17 m. Der Anschluss ist gemäß der DIN 18015-1 für eine Strombelastbarkeit von 63 A und einem Mindestquerschnitt von 10 mm² auszulegen. Der maximale Spannungsfall von 0,5 % darf nach TAB nicht überschritten werden.

a) Können die Forderungen der TAB mit dem Mindestquerschnitt eingehalten werden?
b) Welcher Querschnitt muss verwendet werden?

10. Eine 16-A-CEE-Steckdose wird über eine 27 m lange NYM-J Leitung aus der NSUV mit elektrischer Energie versorgt. An die Steckverbindung werden Elektrogeräte mit einem Leistungsfaktor cos $\varphi \geq 0{,}95$ angeschlossen. Der Spannungsfall muss ≤ 3 % sein.

a) Berechnen Sie den Mindestquerschnitt der Leitung.
b) Welcher relative Spannungsfall tritt mit dem gewählten Querschnitt auf?
c) Mit welchen Leitungsverlusten muss der Betreiber rechnen?
d) Ist der Querschnitt bezüglich der Strombelastbarkeit bei Verlegung auf der Wand im Rohr ausreichend?

11. In einer Lagerhalle wird die Beleuchtungsanlage über 3-Phasen-Stromschienen (59 m) montiert. Es kommen 36 LED-Module (Abb. 3) mit der Bemessungsleistung 80 W zum Einsatz. Das Lichtbandsystem ist mit 2,5 mm² Kupferleitern vorverdrahtet. Berechnen Sie

a) den absoluten Spannungsfall,
b) den relativen Spannungsfall und
c) die Verlustleitung.

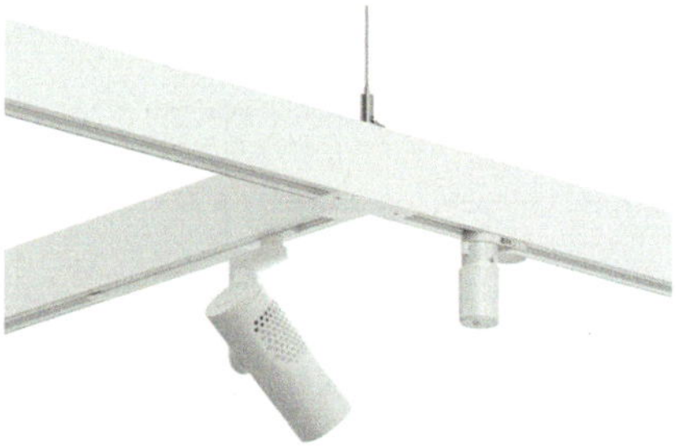

Abb. 3: ERCO Stromschienensystem für LED-Beleuchtung

12. Eine 22-kW-Wallbox zum Schnellladen von Elektroautos wird in einem Wohnhaus in Deutschland nachinstalliert. Der Kunde schlägt vor, eine halogenfreie Leitung vom Typ NHXMH-J 5 x 6 mm² zu verwenden und einen Spannungsfall von unter 1 % einzuhalten. Die Leitungslänge beträgt 27 m. Der Leistungsfaktor der Wallbox liegt laut Datenblatt bei annähernd 1. Die geschätzte tägliche Ladezeit beträgt 3 h und der Tarif liegt bei 33,8 ct/kWh. Ermitteln Sie

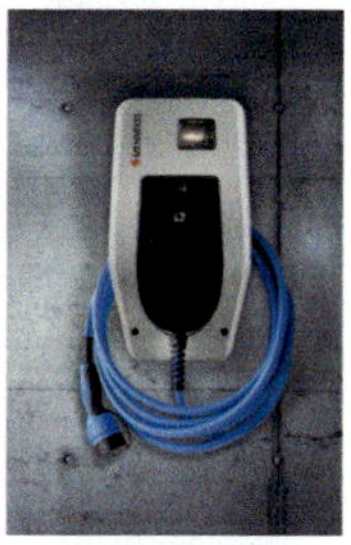

a) den absoluten Spannungsfall ΔU und
b) den prozentualen Spannungsfall Δu für die vorgeschlagene Leitung.
c) Welcher Querschnitt ist notwendig, um die Kundenanforderung bezüglich des Spannungsfalls einzuhalten?
d) Vergleichen Sie die Verlustleistung für beide Leitungstypen.
e) Berechnen Sie die Energiekosten der Verluste im Jahr und berechnen Sie Zeit, in der die erhöhten Leitungskosten (Abb. 4) eingespart werden.

NHXMH-J

Artikel-nummer	Aderzahl/ Querschnitt mm²	EUR / 100 m
430528	5 G 6	368,00
430529	5 G 10	510,00

Abb. 4: Leitungskosten

10.1.2.3 Verzweigte Leitungen

Bei einer Leitung mit Verzweigungen vermindert sich der Strom an jedem Abzweig um den Zweigstrom. Der Adermindestquerschnitt für den am stärksten belasteten Leitungsabschnitt gilt nach DIN VDE 0298 – 4 und DIN VDE 0100 – 430 für die gesamte Leitungslänge.

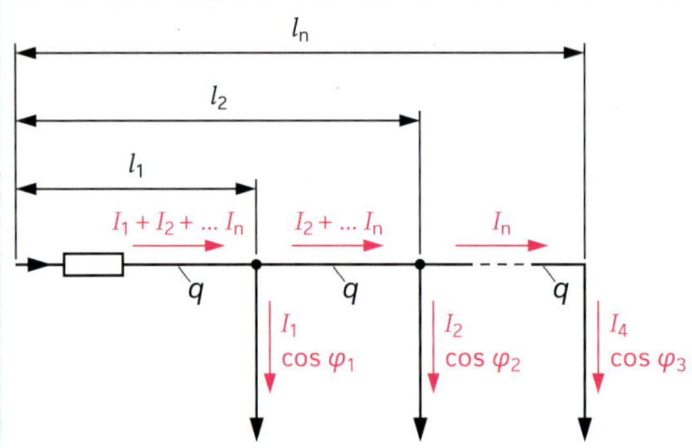

Die Ströme in der Zuleitung werden arithmetisch addiert. Bei unterschiedlichen Verbrauchern wird der mittlere Leistungsfaktor verwendet.

$$\cos\varphi_{m1} = \frac{I_1 \cdot \cos\varphi_1 + I_2 \cdot \cos\varphi_2 + \dots + I_n \cdot \cos\varphi_n}{I_1 + I_2 + \dots + I_n}$$

Berechnung des prozentualen Spannungsfalls bei

– Gleich- und Wechselstrom

$$\Delta u = \frac{2 \cdot 100\,\% \cdot \cos\varphi_m}{\varkappa \cdot q \cdot U} \cdot (I_1 \cdot l_1 + I_2 \cdot l_2 + \dots + I_n \cdot l_n)$$

– Drehstrom

$$\Delta u = \frac{\sqrt{3} \cdot 100\,\% \cdot \cos\varphi_m}{\varkappa \cdot q \cdot U} \cdot (I_1 \cdot l_1 + I_2 \cdot l_2 + \dots + I_n \cdot l_n)$$

Beispiel

Im Fertigungsbereich eines Betriebes sind drei Drehstrom-Motoren (M1, M2 und M3) über eine gemeinsame Energiezuführung $U = 400$ V angeschlossen und gleichzeitig in Betrieb. Berechnen Sie den Mindestquerschnitt einer Ader, wenn der Spannungsfall 0,5 % nicht überschreiten darf und legen Sie bei Bedarf den höheren Querschnitt fest.

Geg.: $U = 400$ V; $\varkappa_{Cu} = 56 \frac{m}{\Omega \cdot mm^2}$; $\Delta u = 0{,}5\,\%$;

M1: $I_1 = 6{,}1$ A; $\cos\varphi_1 = 0{,}82$; $l_1 = 12{,}3$ m

M2: $I_2 = 21{,}5$ A; $\cos\varphi_2 = 0{,}86$; $l_2 = 16{,}5$ m

M3: $I_3 = 21{,}5$ A; $\cos\varphi_3 = 0{,}9$; $l_3 = 19$ m

Ges.: q

Zwischenschritt: Berechnung von $\cos\varphi_m$

$$\cos\varphi_m = \frac{I_1 \cdot \cos\varphi_1 + I_2 \cdot \cos\varphi_2 + I_3 \cdot \cos\varphi_3}{I_1 + I_2 + I_3};\quad \cos\varphi_m = \frac{6{,}1\text{ A} \cdot 0{,}82 + 21{,}5\text{ A} \cdot 0{,}86 + 21{,}5\text{ A} \cdot 0{,}9}{6{,}1\text{ A} + 21{,}5\text{ A} + 21{,}5\text{ A}};\quad \underline{\cos\varphi_m = 0{,}87}$$

$$q = \frac{\sqrt{3} \cdot 100\,\% \cdot \cos\varphi_m}{\Delta u \cdot U \cdot \varkappa} \cdot (I_1 \cdot l_1 + I_2 \cdot l_2 + I_3 \cdot l_3);\; q = \frac{\sqrt{3} \cdot 100\,\% \cdot 0{,}87 \cdot \Omega \cdot mm^2}{0{,}5\,\% \cdot 400\text{ V} \cdot 56\text{ m}} \cdot (6{,}1\text{ A} \cdot 12{,}3\text{ m} + 21{,}5\text{ A} \cdot 16{,}5\text{ m} + 21{,}5\text{ A} \cdot 19\text{ m})$$

$\underline{\underline{q = 11{,}3\text{ mm}^2}}$ Es ist der Leiterquerschnitt $q = 16$ mm² zu wählen.

Aufgaben

1. Für einen Anlagenteil (Abb. 1) soll ein maximal zulässiger Spannungsverlust von 3 % eingehalten werden.

a) Berechnen Sie den mittleren Leistungsfaktor und

b) den Adermindestquerschnitt der Drehstromzuleitung.

2. Berechnen Sie für den Anlagenteil in Abb. 2 den Spannungsfall auf der Kupferleitung NYM-J 5 x 1,5

a) vor und

b) nach der Erweiterung.

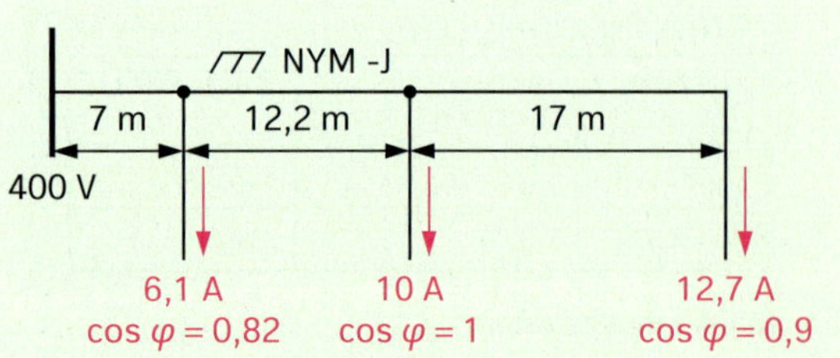

Abb. 1: Skizze Leitungsbelastung

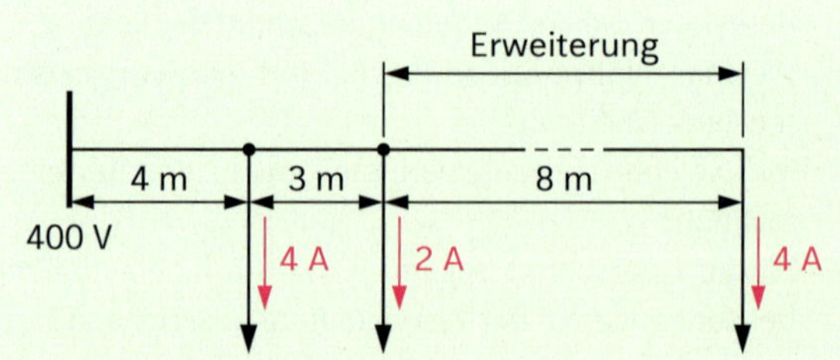

Abb. 2: Anlagenteil mit Erweiterung

3. Durch die Hauptleitung des in Abb. 3 dargestellten Anlagenteils sollen die angeschlossenen Geräte mit Wechselspannung $U = 230$ V versorgt werden. Berechnen Sie für den maximalen Spannungsfall von 2 %

a) den mittleren Leistungsfaktor und
b) den Adermindestquerschnitt.
c) Wählen Sie den geeigneten Querschnitt aus und berechnen Sie den tatsächlich auftretenden Spannungsfall.

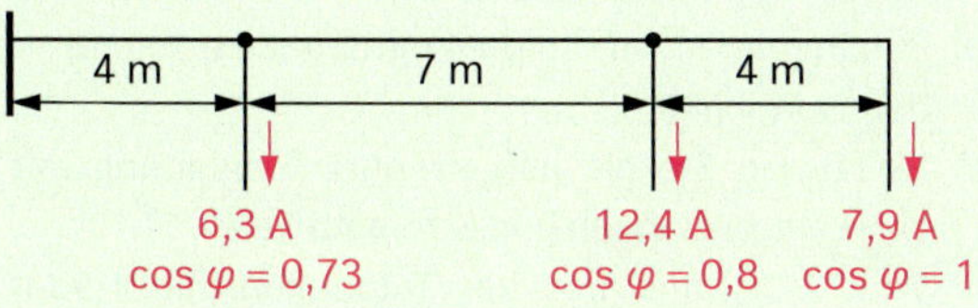

Abb. 3: Technische Angaben eines Anlagenteils

4. Check by calculation whether the permissible voltage drop of 3% of the main line (Fig. 4) can be maintained when loaded with all the electric equipment.

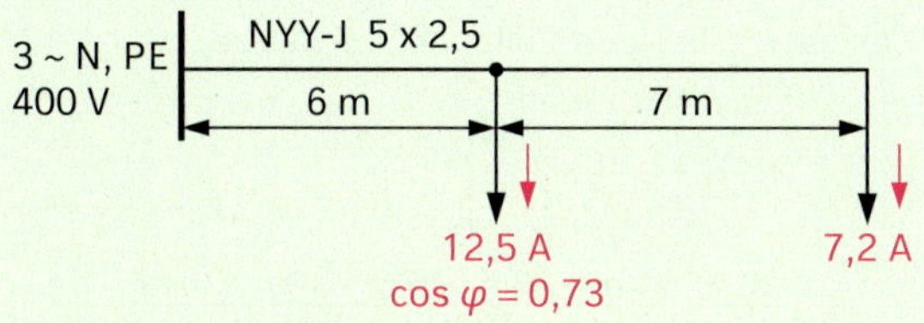

Fig. 4: Load of a main line

5. Für die Energieversorgung von vier Motoren ist eine geeignete Hauptleitung auszuwählen (Abb. 5).

a) Wie groß ist der mittlere Leistungsfaktor?
b) Berechnen Sie die Stromstärke im ersten Leitungsabschnitt.
c) Berechnen Sie für einen Spannungsfall von 3 % den zulässigen Adermindestquerschnitt der Hauptleitung.
d) Wählen Sie den geeigneten Leiterquerschnitt aus und berechnen Sie den tatsächlichen Spannungsfall.
e) Welcher Leiterquerschnitt ist zu wählen, wenn der Spannungsfall nur 1% der Nennspannung betragen soll?

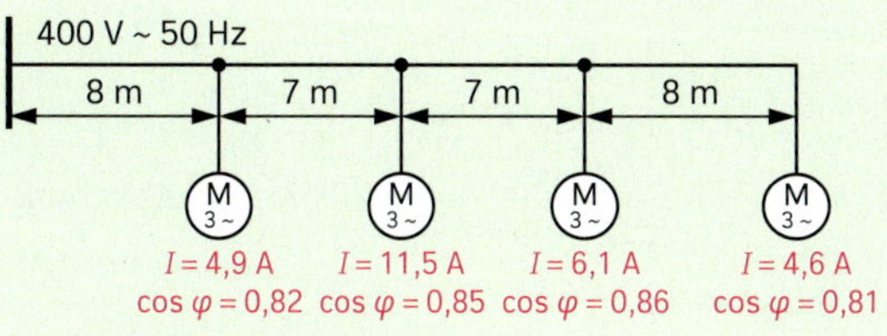

Abb. 5: Motorenanordnung

6. Die drei Motoren in Abb. 6 werden durch eine gemeinsame Leitung mit einer Spannung $U = 400$ V versorgt.

a) Berechnen Sie den Spannungsfall über jedem Leitungsabschnitt.
b) Wie groß ist der gesamte Spannungsfall?
c) Wie hoch ist die Spannung am dritten Betriebsmittel?

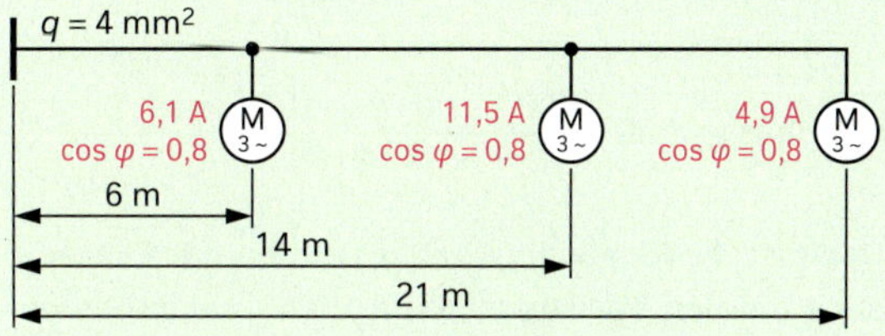

Abb. 6: Zuordnung von Motoren einer Anlage

7. Ein Stromschienensystem (Abb. 7) mit dem Aluminium-Leiterprofil 20 mm x 5 mm und einer Länge von 34 m wird bei einer Spannung $U = 400$ V von einem mittleren Dreiphasenstrom $I_m = 180$ A, $\cos \varphi = 0{,}87$ durchflossen. Eine Anlagenerweiterung mit zwei Abgängen $I_1 = 27{,}2$ A, $\cos \varphi_1 = 0{,}79$ und $I_2 = 18{,}7$ A, $\cos \varphi_2 = 0{,}82$ in den Abschnitten $l_1 = 12$ m sowie $l_2 = 0{,}6$ m verändert die Belastung. Berechnen Sie den Spannungsfall über der Gesamtleitung a) vor und b) nach der Erweiterung.

Abb. 7: Stromschienensystem mit Abgängen

8. Für die Energieversorgung einer Hallenbeleuchtung soll ein Stromschienensystem 1~, N, PE installiert werden. Die neun LED-Strahler mit jeweils 230 V/150 W werden in gleichmäßigen Abständen von 7 m angeschlossen. Die Einspeisung befindet sich 12 m von der ersten Leuchte entfernt. Der Spannungsfall darf 0,5 % über der Zuleitung und 1 % über der gesamten Schienenlänge nicht überschreiten.

a) Skizzieren Sie den Übersichtsschaltplan mit den Anschlusspunkten der Leuchten und tragen Sie die Entfernungen ein.
b) Berechnen Sie die Bemessungsstromstärke einer Leuchte.
c) Berechnen Sie den Mindestquerschnitt der Kupferzuleitung zwischen Verteilung und Schienensystem.
d) Welchen Querschnitt muss ein Aluminiumleiter des Schienensystems besitzen?

10.1.2.4 Ringleitungen

Die Berechnung und Auswahl einer Ringleitung erfolgt in gleicher Weise wie bei einer mehrfach belasteten Leitung mit nur einer Einspeisung.

Dreiphasig: $$\Delta u = \frac{\sqrt{3} \cdot 100\,\% \cdot \cos \varphi_m \cdot (I_n \cdot l_n + ...)}{\varkappa \cdot q \cdot U}$$

Einphasig: $$\Delta u = \frac{200\,\% \cdot \cos \varphi_m \cdot (I_n \cdot l_n + ...)}{\varkappa \cdot q \cdot U}$$

Dazu ist die Ringleitung gedanklich an der Einspeisung mit den Speisepunkten A und B aufzutrennen und die Segmentströme I_A oder I_B zu berechnen.

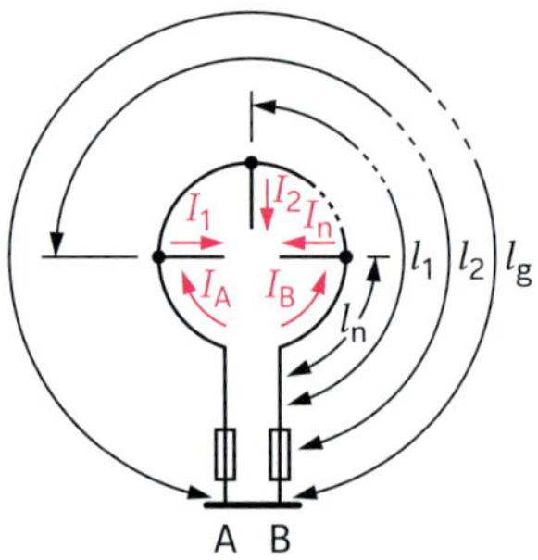

Berechnung des Segmentstroms I_A:

$$I_A = \frac{I_1 \cdot l_1 + I_2 \cdot l_2 + ... + I_n \cdot l_n}{l_g}$$

Berechnung des Segmentstroms I_B:

$$I_B = \frac{I_n \cdot (l_g - l_n) + I_2 \cdot (l_g - l_2) + I_1 \cdot (l_g - l_1)}{l_g}$$

Die zweite Auftrennung der Ringleitung erfolgt im Lastpunkt (Talpunkt). Es ist der Abzweig, zu dem die Talpunktströme I_{TA} und I_{TB} von den Speisepunkten aus hinfließen.

$$I_{TA} = I_A - I_1 - ... \qquad I_{TB} = I_B - I_n - ...$$

Zur weiteren Berechnung und Auswahl wird nur der Ringleitungsteil mit der höheren Strombelastung benötigt. Die Spannungsfälle über beiden Leitungssegmenten und die Leiterquerschnitte sind gleich groß.

I_A, I_B:	Segmentströme	$[I_A, I_B]$	= A
$I_1 ... I_n$:	Zweigströme	$[I_1 ... I_n]$	= A
I_{TA}, I_{TB}:	Talpunktströme	$[I_{TA}, I_{TB}]$	= A
$l_1 ... l_n$:	Abzweigentfernungen	$[l_1 ... l_n]$	= m
l_g:	Gesamtlänge der Ringleitung	$[l_g]$	= m

Beispiel

Eine Ringleitung (U = 230 V) soll installiert werden.

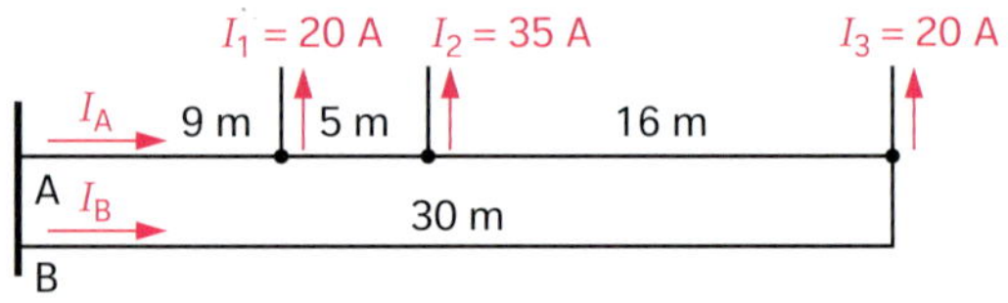

a) Berechnen Sie die vom Speisepunkt A ausgehende Segmentstromstärke I_A.

b) Bestimmen Sie die Talpunktstromstärke I_{TA} und den Lastpunkt.

c) Skizzieren Sie die aufgetrennte Ringleitung mit den Leitungslängen und Stromstärken.

d) Welche Stromstärke des Talpunktes fließt vom Speisepunkt B aus?

e) Wählen Sie den Adermindestquerschnitt der auf der Wand verlegten Kupferleitung aus.

f) Berechnen Sie, ob für die ausgewählte Leitung ein Spannungsfall $\Delta u \leq 3\,\%$ eingehalten wird.

Geg.: $I_1 = 20$ A; $I_2 = 35$ A; $I_3 = 10$ A; $U = 230$ V; $l_1 = 54$ m; $l_2 = 46$ m; $l_3 = 30$ m; $l_g = 60$ m; $\Delta u \leq 3\,\%$

Ges.: a) I_A; b) I_{TA} und Talpunkt; c) Skizze; d) I_{TB}; e) q; f) Δu

a) $$I_A = \frac{I_1 \cdot l_1 + I_2 \cdot l_2 + I_3 \cdot l_3}{l_g}$$

$$I_A = \frac{20\text{ A} \cdot 54\text{ m} + 35\text{ A} \cdot 46\text{ m} + 10\text{ A} \cdot 30\text{ m}}{60\text{ m}}$$

$$\underline{\underline{I_A = 50\text{ A}}}$$

b) $I_{TA} = I_A - I_1$; $I_{TA} = 50\text{ A} - 20\text{ A}$; $\underline{\underline{I_{TA} = 30\text{ A}}}$

Der Talpunkt ist der Abzweig 2.

c)

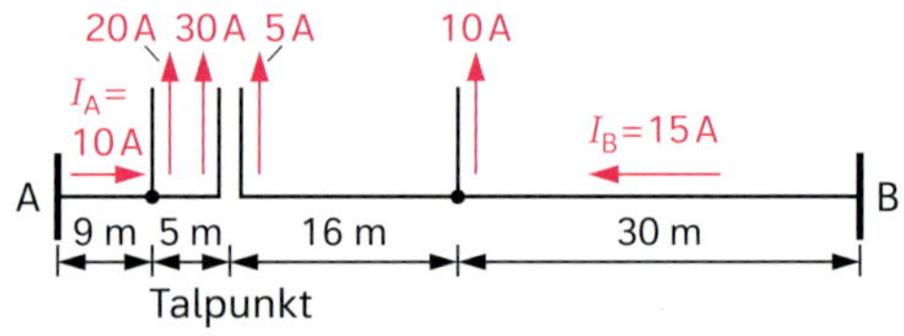

d) $I_{TB} = I_2 - I_{TA}$; $I_{TB} = 35\text{ A} - 30\text{ A}$; $\underline{\underline{I_{TB} = 5\text{ A}}}$

e) Leitungsauswahl für den mit 50 A am meisten belasteten Leitungsabschnitt (➡ Anhang S. 263) unter Beachtung der Verlegeart:

$$\underline{\underline{q = 10\text{ mm}^2}}$$

f) $$\Delta u = \frac{200\,\%}{\varkappa \cdot q \cdot U} \cdot (I_1 \cdot l_1 + I_{TA} \cdot l_2)$$

$$\Delta u = \frac{200\,\%}{56\,\frac{\text{m}}{\Omega \cdot \text{mm}^2} \cdot 10\text{ mm}^2 \cdot 230\text{ V}} \cdot (20\text{A} \cdot 9\text{m} + 30\text{A} \cdot 14\text{m})$$

$$\underline{\underline{\Delta u < 1\,\%}}$$

Ein Spannungsfall ≤ 3% wird eingehalten.

Aufgaben

1. Berechnen Sie für die Schaltung in Abb. 1 a) die Segmentströme I_A und I_B und b) den Lastpunkt.

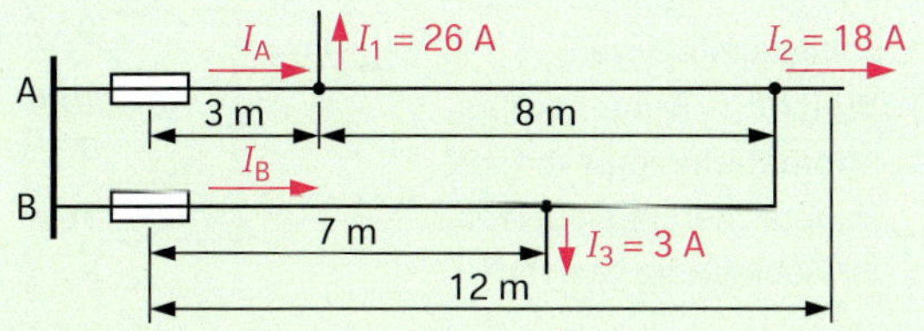

Abb. 1: Ringleitung

2. Für eine Erhöhung der Versorgungssicherheit wird die Zuleitung zu zwei Unterverteilungen in Abb. 2 als Ringleitung geplant.

a) Skizzieren Sie die Schaltung mit einer Auftrennung an den Speisepunkten und legen Sie alle Längen, vom Speisepunkt B beginnend, und alle Ströme fest.
b) Berechnen Sie den Segmentstrom I_A.
c) Wie hoch ist der anteilige Talpunktstrom über die beiden Leitungssegmente?
d) Welcher Leiterquerschnitt ist für die größte Strombelastung zu wählen?
e) Welcher Spannungsfall tritt zwischen Einspeisung und Talpunkt auf?

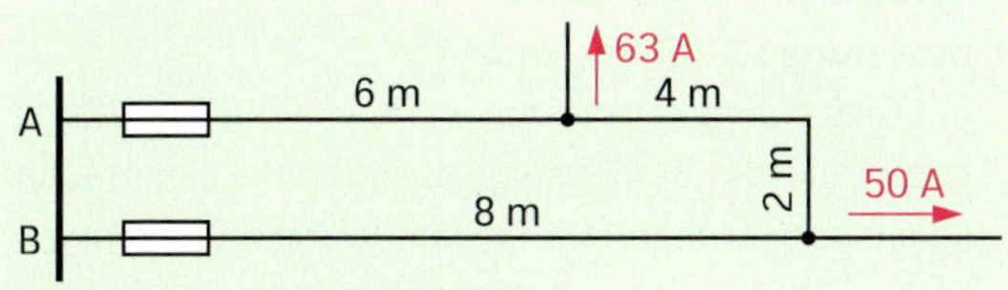

Abb. 2: Skizze Leitungsführung

3. Der Leiterquerschnitt der 400-V-Ringleitung in Abb. 3 beträgt 10 mm².

a) Berechnen Sie die Segmentströme I_A und I_B.
b) Ermitteln Sie den Lastpunkt.
c) Überprüfen Sie, ob für die größte Belastung der Querschnitt ausreichend dimensioniert wurde und passen Sie gegebenenfalls den Leiterquerschnitt an.
d) Berechnen Sie, ob für den aktuellen Leiterquerschnitt ein Spannungsfall von maximal 2 % bis zum Talpunkt eingehalten wird.

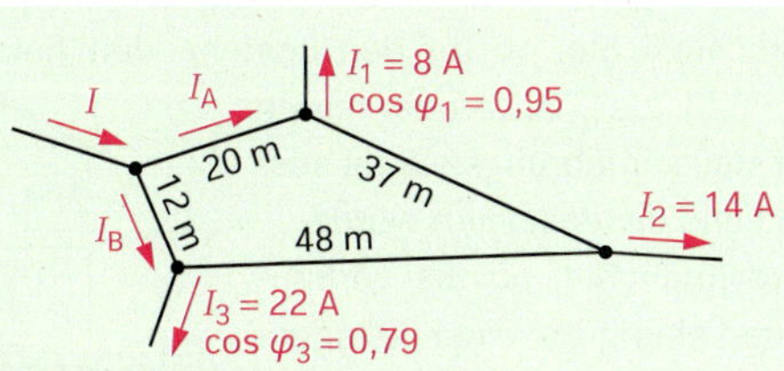

Abb. 3: Skizze Ringleitungsbelastung

4. Calculate for the ring mains

a) the segment currents,
b) the proportional valley point currents and
c) the voltage drop over a line segment.

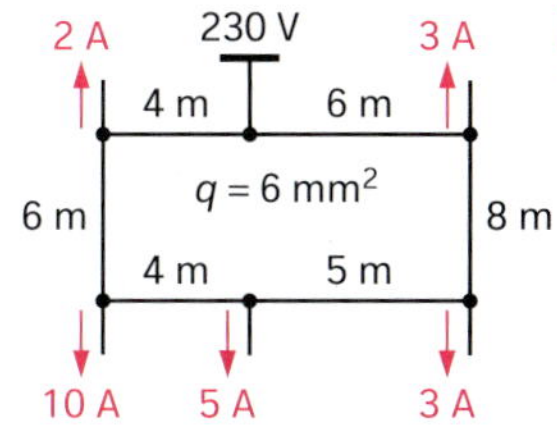

5. Für eine Hallenbeleuchtung in Abb. 4 wird die Energiezuführung zu den Leuchten über ein 400-V-Stromschienensystem als Ringleitung ausgeführt.

a) Jede der Leuchten mit einer Leistung P = 750 W wird dreiphasig an das Schienensystem angeschlossen. Berechnen Sie die Stromstärke einer Leuchte.
b) Legen Sie die Leitungsabschnitte mit den Lampenzuordnungen fest und berechnen Sie die Abschnittslängen.
c) Skizzieren Sie das Schienensystem in gestreckter Form mit einer Auftrennung an der Einspeisung und tragen Sie alle Stromstärken und Längen ein.
d) Berechnen Sie einen Segmentstrom und überprüfen Sie das Ergebnis mit einer Stromberechnung für die zweite Einspeisungsseite.
e) Ermitteln Sie den Talpunkt durch die anteiligen Lastpunktströme der beiden Speisepunkte.
f) Die mittlere Raumtemperatur im Bereich des Schienensystems beträgt 45 °C. Berechnen Sie den Querschnitt eines Aluminiumleiters, wenn der prozentuale Spannungsfall bis zum Talpunkt höchstens 1 % betragen soll.

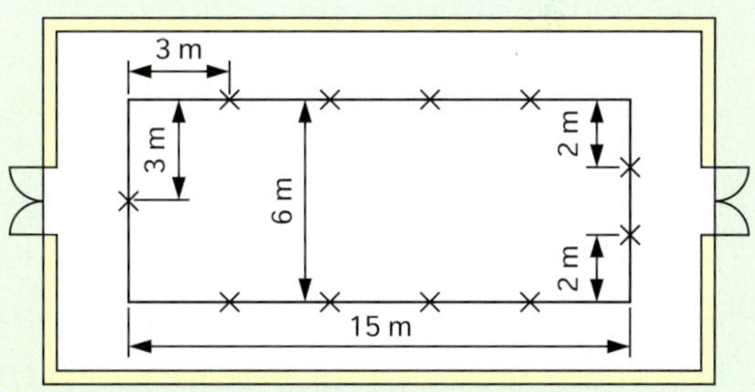

Abb. 4: Energiezuführung Hallenbeleuchtung

6. Berechnen Sie für die Ringleitung in Abb. 5 den Spannungsfall von einem Speisepunkt bis zum Talpunkt.

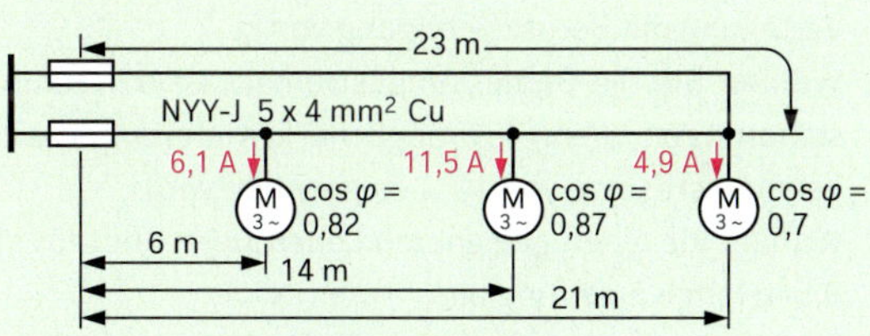

Abb. 5: Motoren mit Ringleitungsanschluss

10.1.2.5 Leitungsdimensionierung mit Gleichzeitigkeitsfaktoren

Bei der Projektierung von Elektroanlagen kann bei der Berechnung der Leistungsbilanz S_{max} der Gleichzeitigkeitsfaktor g berücksichtigt werden. Dieser gibt an, welcher Anteil der installierten Gesamtleistung S_i durchschnittlich genutzt wird.
Dabei gilt für Wohngebäude: $S = P$.

$$S_{max} = g \cdot S_i$$

$$\Delta u = g \cdot \frac{\sqrt{3} \cdot 100\,\% \cdot I \cdot l}{q \cdot U \cdot \varkappa}$$

S_i: Installierte Leistung der Anlage $[S_i]$ = VA
S_{max}: Tatsächlicher Leistungsbezug $[S_{max}]$ = VA
g: Gleichzeitigkeitsfaktor

Beispiel

In einem älteren Dreifamilienhaus wurde die gemeinsame Hauptleitung als Drehstromleitung 5 X 16 mm² Kupfer ausgeführt. Die drei Abnahmestellen befinden sich 12,7 m, 17,2 m bzw. 22,8 m vom Hausanschluss entfernt und sind mit jeweils 3 x 20 A abgesichert. Überprüfen Sie durch Rechnung, ob der maximal zulässige Spannungsfall von 0,5 % bei $g = 0{,}4$ eingehalten wird.

Geg.: $I_1 = 20\,\text{A}$; $I_2 = 20\,\text{A}$; $I_3 = 10\,\text{A}$; $U = 400\,\text{V}$;
$l_1 = 12{,}7\,\text{m}$; $l_2 = 17{,}2\,\text{m}$; $l_3 = 22{,}8\,\text{m}$; $\Delta u \leq 0{,}5\,\%$;
$g = 0{,}4$; $q = 16\,\text{mm}^2$; $\varkappa_{Cu} = 56\,\frac{\text{m}}{\Omega \cdot \text{mm}^2}$

Ges.: Δu

$$\Delta u = g \cdot \frac{\sqrt{3} \cdot 100\,\% \cdot I_n}{q \cdot U \cdot \varkappa} \cdot (l_1 + l_2 + l_3)$$

$$\Delta u = 0{,}4 \cdot \frac{\sqrt{3} \cdot 100\% \cdot 20\,\text{A}}{16\,\text{mm}^2 \cdot 400\,\text{V} \cdot 56\,\frac{\text{m}}{\Omega \cdot \text{mm}^2}} \cdot (12{,}7\text{m} + 17{,}2\text{m} + 22{,}8\text{m})$$

$\underline{\underline{\Delta u = 0{,}2\,\%}}$ Die Bedingung wird erfüllt.

Aufgaben

1. In einer Schmiede sollen Elektromotoren und Steckdosen an einer gemeinsamen Verteilung angeschlossen werden. Die Gesamtleistung aller Betriebsmittel wird mit $S = 120\,\text{kVA}$ angegeben. Der Gleichzeitigkeitsfaktor für Metall verarbeitende Betriebe beträgt $g = 0{,}25$.

a) Berechnen Sie die Stromstärke in der Zuleitung zur Verteilung mit Berücksichtigung von g.

b) Wählen Sie die Bemessungsstromstärke der Hauptsicherungen, wenn für mögliche Erweiterungen eine Leistungsreserve von 10 % vorgesehen wird.

c) Wählen Sie einen geeigneten Leiterquerschnitt für die 8,5 m lange Zuleitung aus.

d) Berechnen Sie, ob mit der gewählten Leitung ein Spannungsfall $\Delta u = 0{,}5\,\%$ unterschritten wird.

2. Vier Fertigungslinien werden an eine Drehstromverteilung mit $U = 400\,\text{V}$ angeschlossen.

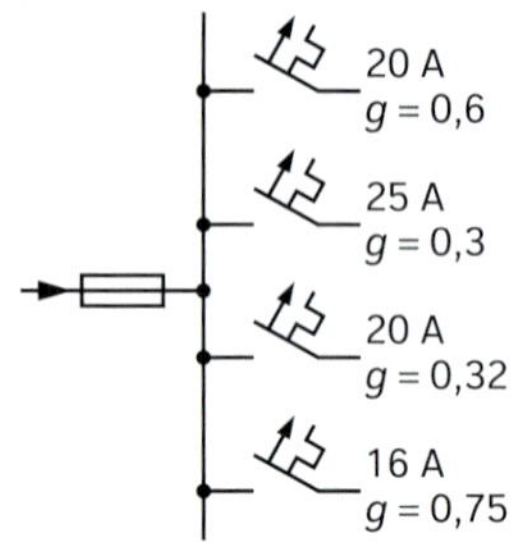

a) Berechnen Sie die Gesamtleistung ohne Gleichzeitigkeitsfaktoren.

b) Welche Bemessungsstromstärke müssen die Hauptsicherungen bei realer Auslastung besizen?

3. Der Eigentümer eines Zweifamilienhauses wünscht eine Erhöhung der Anschlussleistung für jede Wohneinheit von 13,8 kW auf die nächsthöheren Bemessungsstromstärken der Hauptsicherungen. Die beiden Abnahmestellen mit $g = 0{,}6$ sind an derselben dreiphasigen Hauptleitung mit 10 mm² Kupfer im Abstand von 12,5 m bzw. 16 m vom Hausanschluss entfernt. Ermitteln Sie durch Berechnung, ob die ursprüngliche Leitung weiter genutzt werden darf.

4. Die Hauptleitung für ein Lagerhaus mit vier Etagen soll für das TN-S-System 400 V/230 V ausgeführt werden. Für alle Lagerbereiche wurde $g = 0{,}35$ ermittelt.

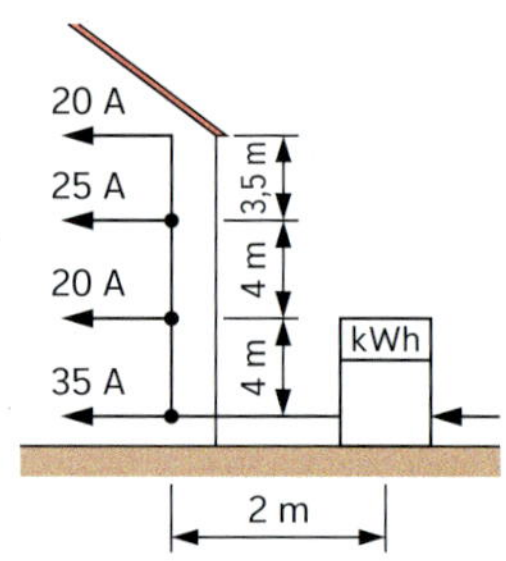

a) Berechnen Sie die Strombelastungen ohne und mit Gleichzeitigkeitsfaktor.

b) Legen Sie die Bemessungsstromstärke der Hausanschlusssicherungen für die tatsächliche Belastung fest.

c) Wählen Sie für die Steigleitung in der Verlegeart A2 einen geeigneten Leiterquerschnitt aus.

d) Überprüfen Sie durch Rechnung, ob ein Spannungsfall von maximal 1 % eingehalten wird.

5. In einem Siedlungshaus wird die Energiezuführung über eine 7 m lange Kupferleitung NYY-J 5 x 10 mm² realisiert. Die Absicherung der Abnehmeranlage erfolgt durch einen selektiven Hauptschalter 3 x 35 A. Durch den Ausbau einer Einliegerwohnung im 4 m entfernten Dachbereich wird eine Erweiterung des ungezählten Anlagenteils mit einer Absicherung 3 x 20 A notwendig. Es soll der gleiche Leitungstyp verwendet werden.

a) Berechnen Sie, ob für den bestehenden Anlageteil ($g = 0{,}5$) der Leiterquerschnitt der Hauseinführungsleitung ausreichend dimensioniert wurde.

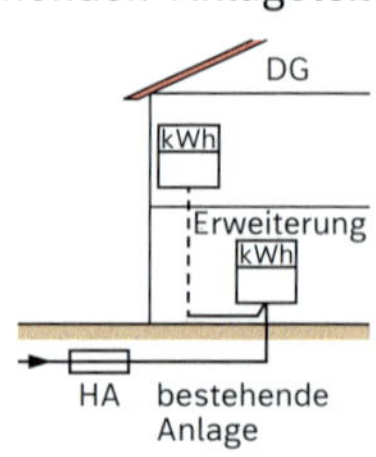

b) Berechnen Sie, ob die vorhandene Leitung bei einer Anlagenerweiterung weiter genutzt werden kann.

10.2 Selektivität in elektrischen Anlagen

Um im Kurzschlussfall den Ausfall der gesamten Anlage zu verhindern, werden Schutzeinrichtungen so ausgelegt, dass nur der fehlerbehaftete Anlagenteil abgeschaltet wird.

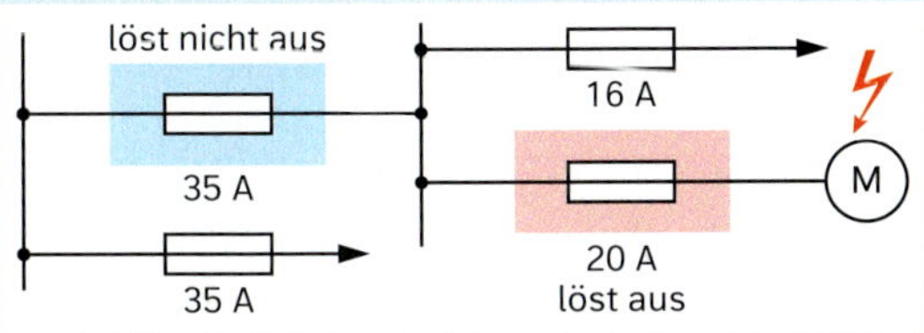

Gestaffelte Überstromschutzeinrichtungen müssen sich für das Erreichen einer Stromselektivität in ihren Bemessungsstromstärken um mindestens den Faktor $k = 1{,}6$ unterscheiden.

$$I_{nV} \geq k \cdot I_n$$

Die Auslösekennlinien der in Serie geschalteten Überstromschutzeinrichtungen dürfen sich dabei nicht berühren oder schneiden.

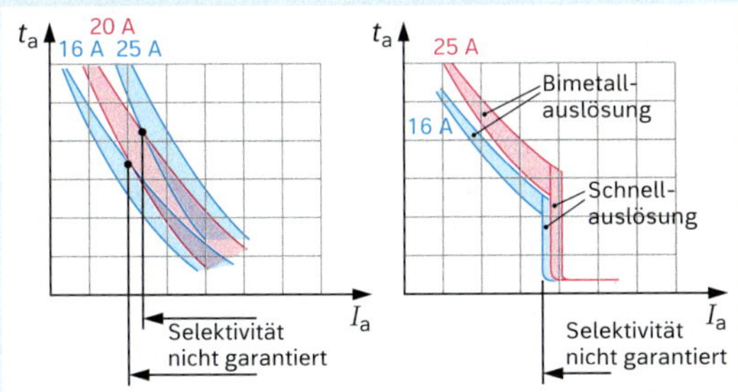

I_n: Bemessungsstromstärke Schutzorgan $[I_n]$ = A
I_{nV}: Bemessungsstromstärke des vorgeordneten Schutzorgans $[I_{nV}]$ = A
k: Bemessungsfaktor

Beispiel

Die Stromkreise in einer Verteilung sind mit 16-A-Leitungsschutzschaltern der Charakteristik B abgesichert.
Für welche Bemessungsstromstärke I_{nV} müssen die Überstromschutzeinrichtungen zur Absicherung der Verteilung mindestens ausgelegt sein, damit in einem Kurzschlussfall die Selektivitätsbedingung erfüllt wird?

Geg.: $I_n = 16$ A; $k = 1{,}6$ Ges.: I_{nV}

$I_{nV} \geq 1{,}6 \cdot I_n$; $I_{nV} \geq 1{,}6 \cdot 16$ A; $\underline{\underline{I_{nV} \geq 126 \text{ A}}}$

Die Bemessungsstromstärke der Sicherungen muss mindestens 32 A betragen.

Aufgaben

1. Die dreiphasige Zuleitung eines Elektro-Kleinverteilers mit sechs Stromkreisen soll durch Schmelzsicherungen abgesichert werden. Die vom Verteiler abgehenden Leitungen werden mit 10-A-Leitungsschutzschaltern der Charakteristik B geschützt. Ermitteln Sie die Mindeststromstärke der Schmelzsicherungen, wenn im Kurzschlussfall ein selektives Abschalten erfolgen soll.

2. In case of fault, a current $I_F = 51$ A flows through a 16-A-fuse and the upstream 25-A-group fuse. Use the tripping characteristic curves (➡ appendix p. 272) to calculate if a selective disconnection is ensured.

3. In einer Verteilung sind alle Stromkreise durch 16-A-DIAZED-Sicherungen geschützt.

a) Welche Bemessungsstromstärke muss eine Schmelzsicherung für die Absicherung der Verteilung mindestens aufweisen?

b) Stellen Sie mithilfe der Abschaltcharakteristiken (➡ Anhang S. 272) fest, ob in einem Fehlerfall mit $I_F = 73$ A in einem angeschlossenen Stromkreis eine selektive Abschaltung erfolgt.

4. In einer Drehstromverteilung werden die Wechselstromkreise symmetrisch auf die Phasen aufgeteilt. Sechs Stromkreise sind mit 10-A- und zwölf Abgänge mit 16-A-Leitungsschutzschaltern der Auslösecharakteristiken B oder C abgesichert. Der Gleichzeitigkeitsfaktor aller Stromkreise beträgt $g = 0{,}32$.

a) Bestimmen Sie den Typ und die Bemessungsstromstärke der Hauptsicherungen, damit im Kurzschlussfall ein selektives Abschalten erfolgt.

b) Ermitteln Sie durch Strom-Zeit-Diagramme (➡ Anhang S. 272) ob die ausgewählten Hauptsicherungen auslösen, wenn der Gleichzeitigkeitsfaktor $g = 0{,}43$ beträgt.

5. Eine 20-A-Schmelzsicherung wird mit einem 16-A-Leitungsschutzschalter in Reihe geschaltet. Ermitteln Sie, ob für einen Kurzschlussfall $I_K = 3{,}5 \cdot I_n$ eine Selektivität eingehalten wird. (➡ Anhang S. 272)

6. In einer Verteilung sind acht Stromkreise mit Leitungsschutzschaltern der Stromstärke 10 A abgesichert.

a) Welche Bemessungsstromstärke müsste die der Verteilung vorgeschaltete Sicherung besitzen, um im Kurzschlussfall eine Selektivität zu erreichen?

b) Ermitteln Sie, ob die von Ihnen ausgewählte Hauptsicherung anspricht, wenn alle abgehenden Stromkreise mit einem Gleichzeitigkeitsfaktor $g = 0{,}2$ belastet werden.

10.3 Schutzmaßnahmen

10.3.1 Schutzmaßnahmen im TN-System

Der Fehlerstrom I_F und damit die Abschaltzeit t_a werden durch die Netzschleifenimpedanz Z_S beeinflusst. Ein sicheres Auslösen wird dann garantiert, wenn der Fehlerstrom mindestens den Wert der Abschaltstromstärke I_a erreicht.

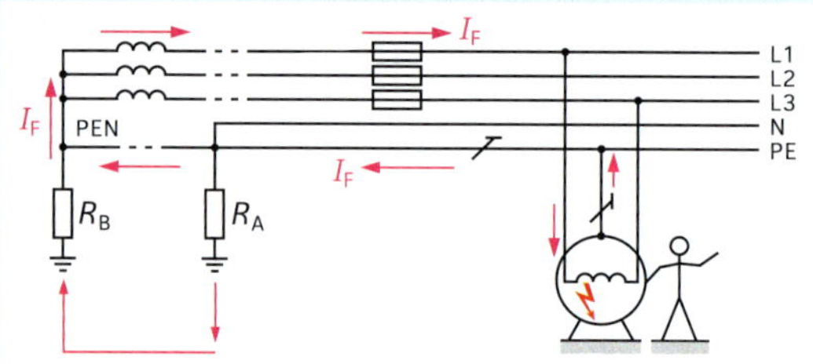

$$I_F = \frac{U_0}{Z_S} \qquad Z_S \leq \frac{U_0}{I_a} \qquad I_a \geq k \cdot I_n$$

Für das Abschaltverhalten des Leitungsschutzschalters wird eine Auslösecharakteristik k festgelegt.
(➡ Anhang S. 265)

U_0:	Nennspannung	$[U_0] = V$
I_F:	Fehlerstrom	$[I_F] = A$
I_a:	Abschaltstrom	$[I_a] = A$
I_n:	Bemessungsstrom des Schutzorgans	$[I_n] = A$
Z_S:	Netzschleifenimpedanz	$[Z_S] = \Omega$
t_a:	Abschaltzeit	$[t_a] = s$
k:	Auslösecharakteristik der Schutzschalter	

Beispiel

In einer Abnehmeranlage mit $U_0 = 230$ V wurde die Schleifenimpedanz $Z_S = 1{,}7\ \Omega$ gemessen.

a) Berechnen Sie die Stärke des Fehlerstroms I_F.
b) Ermitteln Sie für die 10-A-Schmelzsicherung unter Verwendung des Diagramms in Abb. 1, ob die geforderte Auslösezeit eingehalten wird.
c) Die Schmelzsicherung wird durch einen Leitungsschutzschalter der Charakteristik B ersetzt. Ermitteln Sie, ob dieser innerhalb der vorgeschriebenen Zeit $t_a = 0{,}4$ s auslöst.

Geg.: $U_0 = 230$ V; $Z_S = 1{,}7\ \Omega$; $I_n = 10$ A; $k = 5$
Ges.: a) I_F; b) t_a; c) I_a

a) $I_F = \frac{U_0}{Z_S}$; $I_F = \frac{230\ \text{V}}{1{,}7\ \Omega}$; $\underline{\underline{I_F = 135{,}3\ \text{A}}}$

b) Für die 10-A-Schmelzsicherung wurde in Abb. 1 eine maximale Auslösezeit kleiner 0,2 s ermittelt. Die Abschaltbedingung wird eingehalten.

c) $I_a = k \cdot In$; $I_a = 5 \cdot 10$ A; $\underline{\underline{I_a = 50\ \text{A}}}$

$I_F \gg I_a$ Die Abschaltbedingung ist erfüllt.

Aufgaben

1. In welcher Zeit löst eine 20-A-Schmelzsicherung (Abb. 1) im Fehlerfall aus, wenn $I_F = 200$ A beträgt?

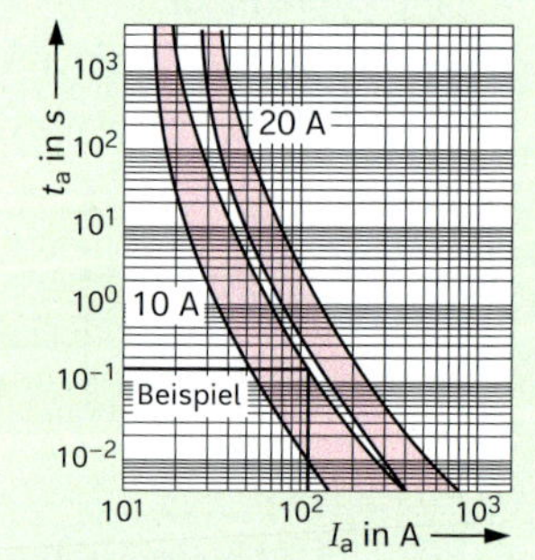

Abb. 1: Auslösekennlinien

2. Bei einem Körperschluss fließt durch eine 10-A-Sicherung ein Strom $I_F = 100$ A. Ermitteln Sie mithilfe der Kennlinie in Abb. 1 die minimale und die maximale Auslösezeit.

3. Die Wiederholungsprüfung in einer 230-V-Anlage wurde an einer Wechselstromsteckdose mit der Absicherung durch einen 16-A-Leitungsschutzschalter der Charakteristik B durchgeführt. Die gemessene Netzschleifenimpedanz beträgt $Z_S = 2{,}6\ \Omega$. Ermitteln Sie, ob der Schalter im Fehlerfall innerhalb von 0,4 s auslöst. (➡ Anhang S. 272)

4. An einer Schuko®-Steckdose wird eine Schleifenimpedanz $Z_S = 2{,}1\ \Omega$ gemessen. Der Stromkreis ist durch eine 16-A-Schmelzsicherung abgesichert.
a) Welchen Wert erreicht der Strom im Fehlerfall?
b) Wie groß ist die Auslösezeit der Sicherung (➡ Anhang S. 272)?

5. Ein Messgerät zeigt eine Netzschleifenimpedanz von 1,9 Ω bei $U = 230$ V an.
a) In welcher Zeit löst bei einem Körperschluss eine 16-A-Schmelzsicherung aus (➡ Anhang S. 272)?
b) Ermitteln Sie, ob durch eine Absicherung mit einem Leitungsschutzschalter B16 die Sicherheitsforderungen erfüllt werden.

6. What is the maximum permissible earth fault loop impedance making sure that a 20-A-fuse category gG triggers within
a) 0,1 s,
b) 0,2 s and
c) 0,4 s in case of fault?

7. Die an einer CEE-Steckdose gemessene Schleifenimpedanz beträgt 4,1 Ω. Die dreiphasige Absicherung erfolgt durch 25-A-Schmelzsicherungen. Ermitteln Sie, ob die maximal zulässige Abschaltzeit von 0,4 s im Fehlerfall unterschritten wird. (➡ Anhang S. 272)

8. Schuko®-Steckdosen sind für Bemessungsströme $I_N = 16$ A ausgelegt. Häufig werden für den Leitungsschutz LS-Schalter mit der Charakteristik B (➡ Anhang S. 272) verwendet. Ermitteln Sie

a) die Fehlerstromstärke, die mindestens fließen muss, um ein automatisches Abschalten innerhalb von 0,4 s sicherzustellen und

b) die maximal zulässige Schleifenimpedanz.

9. In einem TN-System werden die Beleuchtungsstromkreise eines gewerblich genutzten Gebäudes ohne RCDs nur über MCBs vom Typ C10 A (➡ Anhang S. 272) abgesichert. Die Stromkreise versorgen jeweils 12 LED-Leuchten (Abb. 2) mit einer erhöhten Einschaltstromstärke.

a) Welche Stromstärke muss bei einem Körperschluss mindestens fließen?

b) Welchen Wert darf die Schleifenimpedanz an der letzten Leuchte nicht überschreiten?

c) Berechnen Sie die Betriebsstromstärke an 230 V.

d) Ist dieser MCB für die Einschaltstromstärke geeignet?

RETINA-KILLER

Premium LED luminaires 5500-840

Anschlussleistung:	46 W
Farbtemperatur:	4000 k
Bemessungslichtstrom:	5500 lm
Lichtausbeute:	125 lm/W
LED-Lebensdauer:	L80 = 50 000 h
	L85 = 35 000 h
Einschaltstromstärke:	2,5 A / 100 µs
Farbwidergabeindex:	80

10. In einem Einkaufszentrum führt von der Niederspannungshauptverteilung (NSHV) ein Kabel vom Typ N2XCH 4 x 70 SM/35 zu einer Zwischenverteilung. Das Kabel wird abgangsseitig mit NH-Sicherungen (Kennlinie Schmelzsicherung ➡ Anhang S. 272) geschützt. Die Elektroleitung muss für eine Leistung von 9 kVA dimensioniert werden und die maximale Abschaltzeit liegt bei 5 s. Ermitteln Sie

a) die Bemessungsstromstärke I_N der NH-Sicherung,

b) die Abschaltstromstärke I_a des Schutzorgans,

c) die möglichen Abschaltzeiten t_{a1}, t_{a2} und

d) die maximal zulässige Schleifenimpedanz Z_S.

11. Auf einer Baustelle wird eine 50 Meter lange Verlängerungsleitung vom Typ H07RN-F 3G2,5 an einen Baustromverteiler (Abb. 2) angeschlossen. Die Messung der Schleifenimpedanz beim Errichten des Verteilers ergab einen Wert in Höhe von 0,8 Ω. Überprüfen Sie rechnerisch, ob die Abschaltkriterien für einen B 16 A Leitungsschutzschalter in einem TN-System eingehalten werden.

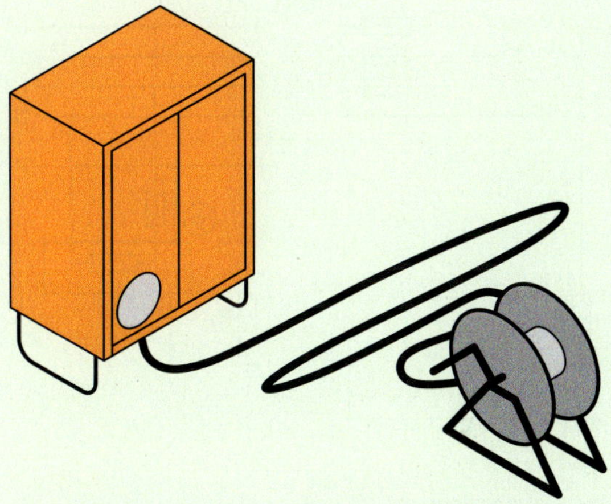

Abb. 2: Baustromverteiler mit Verlängerungsleitung

12. In einem Zählerschrank eines TN-Systems kommen selektive Hauptleitungsschalter E 63 A (Abb. 3) zum Einsatz. Die maximale Abschaltzeit $t_{a\,max}$ beträgt 5 s. eine Messung der Schleifenimpedanz ergab 0,25 Ω. Bestimmen Sie

a) die Fehlerstromstärke und

b) den tatsächlichen Abschaltzeitraum.

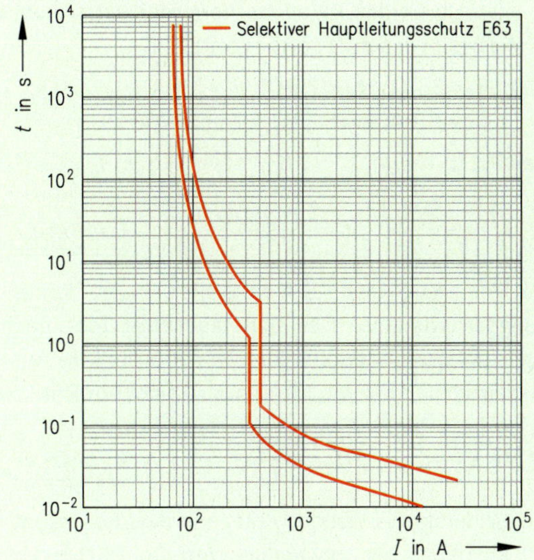

Abb. 3: Kennlinie selektiver Hauptleitungsschutz

10.3.2 Schutzmaßnahmen im TT-System

In einem TT-Netz fließt im Fehlerfall (Körperschluss) der Fehlerstrom I_F durch die betreffenden Netz- und Anlagenteile, den Anlagenerder und den Betriebserder.

$$I_F = \frac{U_0}{R_i + R_A + R_B}$$

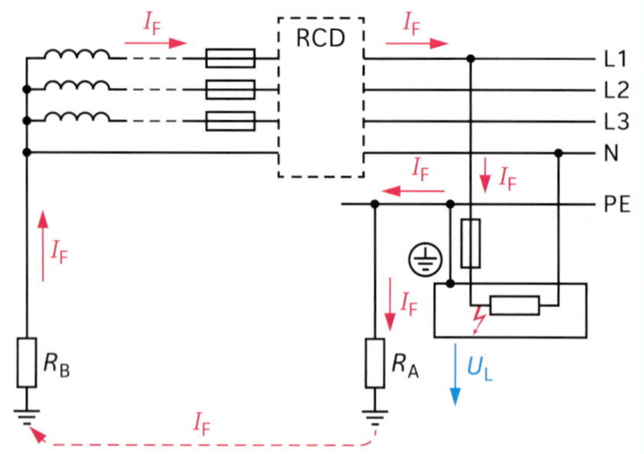

Als Berechnungsgrundlage für den Widerstand des Anlagenerders wird eine maximal zulässige Berührungsspannung $U_L = 50$ V festgelegt.

$$R_A \le \frac{U_L}{I_a}$$

Werden die für einen Fehlerfall geforderten Sicherheitswerte nicht erreicht, ist der Einsatz von RCD-Schutzschaltern notwendig.

$$R_A \le \frac{U_L}{I_{\Delta N}}$$

U_0:	Nennspannung	$[U_0]$ = V
U_L:	max. zulässige Berührungsspannung	$[U_L]$ = V
I_a:	Auslösestromstärke	$[I_a]$ = A
I_F:	Fehlerstromstärke	$[I_F]$ = A
$I_{\Delta N}$:	Bemessungs-Fehlerstrom des RCD	$[I_{\Delta N}]$ = A
R_A:	Widerstand des Anlagenerders	$[R_A]$ = Ω
R_B:	Widerstand des Betriebserders	$[R_B]$ = Ω
R_i:	Innenwiderstand des Netzes	$[R_i]$ = Ω

Beispiel

Eine Anlage ist durch einen 20-A-Leitungsschutzschalter und einen RCD ($I_n = 25$ A, $I_{\Delta N} = 0{,}1$ A) geschützt. Der Anlagenerder wird mit $R_A = 3{,}7\ \Omega$ ausgemessen. Der Widerstand von Netzwiderstand und Betriebserder betragen zusammen 2,6 Ω.

a) Berechnen Sie für $U_0 = 230$ V die Fehlerstromstärke und bewerten Sie, ob die für den LS-Schalter erforderliche Auslösestromstärke mit $k = 5$ erreicht wird.

b) Berechnen Sie den höchstmöglichen Widerstandswert des Anlagenerders, der ein sicheres Auslösen des RCD gewährleistet.

Geg.: $R_A = 3{,}7\ \Omega$; $R_{iB} = 2{,}6\ \Omega$; $U_L = 50$ V; $U_0 = 230$ V; $I_{\Delta N} = 0{,}1$ A; $k = 5$

Ges.: a) I_F; b) R_A

a) $I_F = \frac{U_0}{R_A + R_{iB}}$; $I_F = \frac{230\text{ V}}{3{,}7\ \Omega + 2{,}6\ \Omega}$; $\underline{\underline{I_F = 36{,}5\text{ A}}}$

Der Fehlerstrom ist 1,5-fach größer als die Bemessungsstromstärke. Der Schutzschalter löst nach einer unbestimmten Zeit aus. Die erforderliche Auslösestromstärke von $I_A = 100$ A wird nicht erreicht.

b) $R_A \le \frac{U_L}{I_{\Delta N}}$; $R_A \le \frac{50\text{ V}}{0{,}1\text{ A}}$; $\underline{\underline{R_A \le 500\ \Omega}}$

Der Widerstandswert des Anlagenerders ist wesentlich kleiner als der notwendige Wert. Der RCD löst im Fehlerfall sicher aus.

Aufgaben

1. Welche Fehlerstromstärke tritt bei einem Körperschluss in einem TT-Netz auf, wenn die maximal zulässige Berührungsspannung eingehalten wird und der Anlagenerder $R_A = 3{,}6\ \Omega$ beträgt?

2. Ein Anlageteil wird durch einen 16-A-Leitungsschutzschalter des B-Typs abgesichert. Der Netzinnenwiderstand wurde mit $R_i + R_B = 3{,}7\ \Omega$ ermittelt. Wie groß dürfte der Erderwiderstand höchstens sein, wenn in einem Fehlerfall der Schutzschalter innerhalb von 0,2 s auslösen soll?

3. In a simulated case of fault with a test voltage $U_P = 50$ V, a voltage $U = 31$ V and a current $I = 3.7$ A are measured at the consumer's earth electrode.

a) How big is the resistance R_A?

b) How big is the sum of all the other resistances within the test circuit?

4. In einem TT-Netz soll ein 20-A-Leitungsschutzschalter der Betriebsklasse C im Fehlerfall innerhalb von 0,2 s auslösen. Wie groß darf der Widerstand des Fehlerkreises höchstens sein?

5. Die Stromkreise in einer Anlage werden durch folgende Leitungsschutzschalter geschützt.

I_n	6 A	10 A	16 A	20 A	25 A	32 A

a) Berechnen Sie die Abschaltstromstärken für die Schalter mit der Abschaltcharakteristik C.

b) Mit welchen Maximalwerten der Erdungswiderstände R_A werden die Abschaltbedingungen noch erfüllt?

6. In einem Wohngebäude wird der Schutz durch automatisches Abschalten im Fehlerfall in den Stromkreisen mit RCCBs Typ A mit Bemessungsfehlerströmen $I_{\Delta N} = 0{,}03$ A realisiert. Um eine erhöhte Sicherheit zu gewährleisten, werden in den Bädern RCBOs mit $I_{\Delta N} = 0{,}01$ mA eingesetzt. Berechnen Sie die maximal zulässigen Erdungswiderstände und wählen Sie den benötigten Widerstand für das Gebäude aus.

7. Die Ladestationen für Elektrofahrzeuge in einer Garage werden mit RCCBs vom Typ B 40 A/0,03 A (allstromsensitiv, kurzzeitverzögert, Abb. 1) geschützt. Der größere Auslösestrom bei höheren Fehlerstromfrequenzen wird vernachlässigt.

a) Bestimmen Sie den zulässigen Erdungswiderstand und
b) überprüfen Sie, ob der Schalter die Abschaltzeit von 0,2 s bei der Bedingung $I_F = 5 \times I_{\Delta N}$ im TT-System einhält (➡ Anhang S. 273).

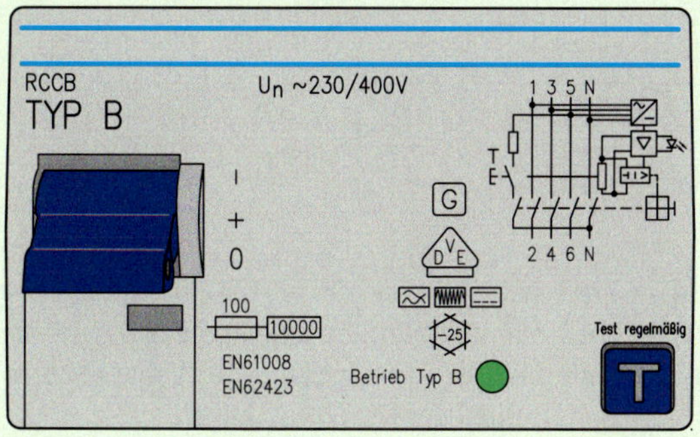

Abb. 1: RCCB Typ B, kurzzeitverzögert

8. Die Endstromkreise eines TT-Systems werden mit einem 30-mA-FI-Schutzschalter abgesichert (Abb. 2). Die Messung des Anlagenerders ergab einen Wert von 82 Ω.

a) Welche Berührungsspannung tritt im Falle eines Körperschlusses näherungsweise auf?
b) Welchen Wert darf der Erder maximal aufweisen?

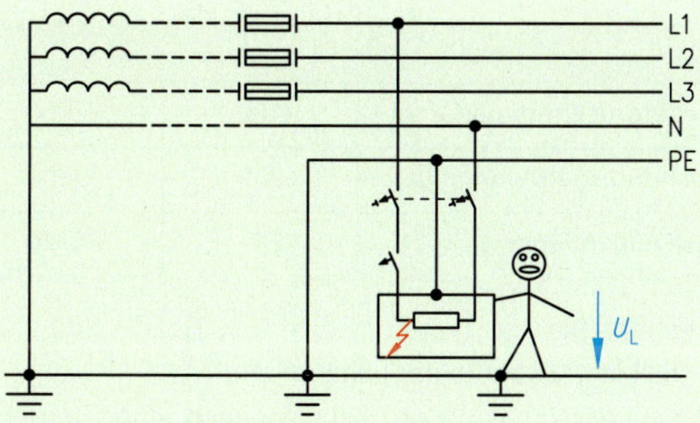

Abb. 2: Schematische Darstellung TT-System

9. In einer Elektroanlage mit gestaffelten Verteilungen wird, der in Abb. 3 gezeigte selektive FI-Schutzschalter, einem RCCB Typ A und zwei RCBOs vorgeschaltet. Alle Stromkreise sind über eine B-Charakteristik mit den Bemessungsströmen 16 A vor Überlast und Kurzschluss geschützt.

a) Berechnen Sie die gültigen Erdungswiderstände für alle RCDs.
b) Welchen Erderwiderstand muss die Anlage besitzen, damit die Anforderungen zum automatischen Abschalten aus der DIN VDE 0100-410 erfüllt werden?
c) Berechnen Sie den theoretischen Fehlerschleifenwiderstand, falls das Abschalten der Endstromkreise nur durch MCBs erfolgen würde.
d) Kann der selektive RCCB das Abschalten innerhalb von 1 s gewährleisten (➡ Anhang S. 273)?

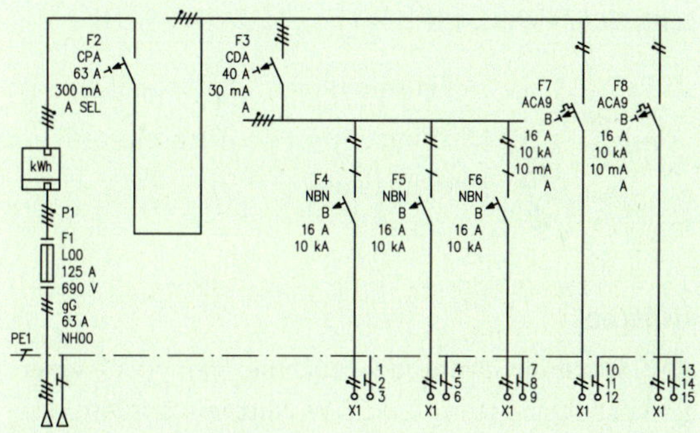

Abb. 3: Selektive RCDs

10. In einem Fertigungsbetrieb mit TT-System werden einphasige 4,2-kW-Frequenzumrichter mit Zwischenkreis eingesetzt ($\cos \varphi = 1$). Eine Messung des Anlagenerders ergab 3,7 Ω. Der Grundversorger gibt für den Anschluss eine Maximalwiderstand bis zum Übergabepunkt von 0,8 Ω an. Damit im Gebäude der Personenschutz auch bei fest angeschlossenen Geräten gewährleistet ist, sollen ausschließlich RCCBs mit einem Bemessungsfehlerstrom von 0,03 A verwendet werden. Die Frequenzumrichter erzeugen laut Datenblatt kapazitive Ableitströme über den PE von bis zu 250 mA für 10 ms.

a) Welchen MCB benötigen die Frequenzumrichter?
b) Welcher Leiterquerschnitt muss bei Verlegung im Kabelkanal ohne Korrekturfaktoren verwendet werden?
c) Wählen Sie einen geeigneten Fehlerstromschutzschalter aus (➡ Anhang S. 273)
d) Kann der gewählte LS-Schalter den Schutz durch Abschalten übernehmen ($t \leq 0{,}2$ s)?
e) Wie groß ist die Berührungsspannung im Fehlerfall?

10.4 Beleuchtungstechnik

10.4.1 Lichtstrom und Lichtausbeute

Lichtstrom

Der Lichtstrom ϕ bezeichnet die gesamte, in alle Richtungen abgestrahlte sichtbare Strahlung einer Lichtquelle.

Lichtausbeute

Die Lichtausbeute η kennzeichnet das Verhältnis von abgestrahltem Lichtstrom zur aufgenommenen Leistung einer Lichtquelle.

$$\eta = \frac{\phi}{P}$$

ϕ: Lichtstrom (Phi) $[\phi]$ = lm (Lumen)

P: Leistung $[P]$ = W

η: Lichtausbeute $[\eta] = \frac{\text{lm}}{\text{W}}$

Beispiel

Der Lichtstrom ϕ einer T5-Leuchtstofflampe mit einer Bemessungsleistung $P = 35$ W wird mit 3320 lm angegeben. Berechnen Sie die Lichtausbeute η der Lampe.

Geg.: $\phi = 3320$ lm; $P = 35$ W

Geg.: η

$$\eta = \frac{\phi}{P}; \quad \eta = \frac{3320\ \text{lm}}{35\ \text{W}}; \quad \underline{\underline{\eta = 95\ \frac{\text{lm}}{\text{W}}}}$$

Aufgaben

1. Im Datenblatt einer 28 W/865-Leuchtstofflampe wird der Bemessungslichtstrom ϕ mit 2400 lm angegeben. Bestimmen Sie die Lichtausbeute.

2. The datasheet of a T8 fluorescent tube states, that the luminous flux ϕ of the lamp is 2200 lm. The nominal power P is 40 W. Calculate the luminous efficiency η.

3. Der Hersteller einer Metallhalogendampflampe (Abb. 1) gibt eine Lampenbemessungsleistung von 71 W und eine Lichtausbeute von 99 lm/W an. Die Systemleistung der Leuchte beträgt 79 W. Ermitteln Sie

a) den abgegebenen Lichtstrom der Lampe,

b) die Verlustleistung des Vorschaltgerätes und

c) die Lichtausbeute der gesamten Leuchte.

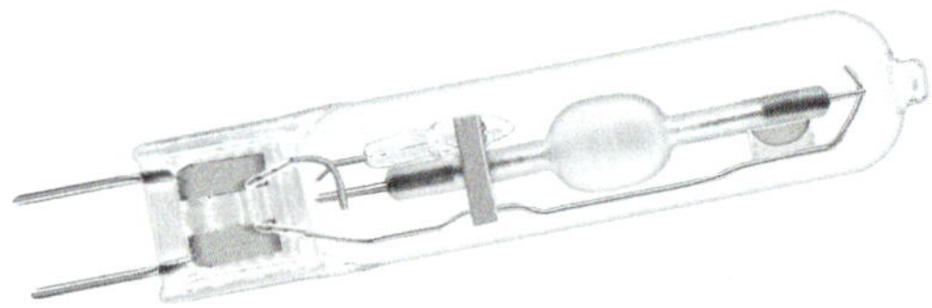

Abb. 1: Metallhalogendampflampe mit Keramikbrenner

4. Eine LED-Lampe 20 W/827 E27 strahlt im Bemessungsbetrieb einen Lichtstrom ϕ von 2452 lm ab. Geben Sie die Lichtausbeute des Leuchtmittels an.

5. Ein Büro soll eine energetisch effizientere Allgemeinbeleuchtung erhalten. Die Eignung dreier Leuchtmitteltypen soll geklärt werden. Bestimmen Sie rechnerisch das Leuchtmittel mit der höchsten Lichtausbeute. Zur Verfügung stehen die folgenden Produkte:

Lampentyp	P in W	ϕ in lm
Leuchtstofflampe T8	36	3300
Leuchtstofflampe T5	35	3320
LED-Röhre	18	2300

6. Eine Kompaktleuchtstofflampe (KLL) mit der Lichtfarbe warmweiß nimmt im Betrieb eine Bemessungsleistung von 16 W auf. Der Bemessungslichtstrom liegt bei 880 lm.

a) Welche Lichtausbeute hat die Lampe?

b) Um welchen Prozentsatz unterscheidet sich die Lichtausbeute der KLL gegenüber einer klassischen Glühlampe mit einer Bemessungsleistung von 60 W und einem Lichtstrom von 710 lm?

7. Der Außenbereich eines Betriebsgeländes soll mit einer neuen lichttechnischen Anlage ausgerüstet werden. Im Vorfeld soll eine Wirtschaftlichkeitsberechnung helfen, ein geeignetes Leuchtmittel auszuwählen. Im Auswahlverfahren befinden sich die folgenden Lampen:

Lampentyp	P in W	ϕ in lm
Niederdrucknatriumdampf	180	32000
Hochdrucknatriumdampf	250	33300
LED-Außenlampe	241	33720

Berechnen Sie

a) die Lichtausbeute der Lampen und

b) die Energiekosten pro Leuchte nach einer Betriebsdauer von 8000 h und einem Kilowattstundenpreis von 35 Cent bei einem vergleichbaren Lichtstrom.

10.4.2 Beleuchtungsstärke und Leuchten-Betriebswirkungsgrad

Beleuchtungsstärke

Für die gute Ausleuchtung einer Fläche ist es wichtig den Lichtstrom pro Fläche zu ermitteln. Zur objektiven Beurteilung der Beleuchtung wurde die Beleuchtungsstärke E eingeführt.

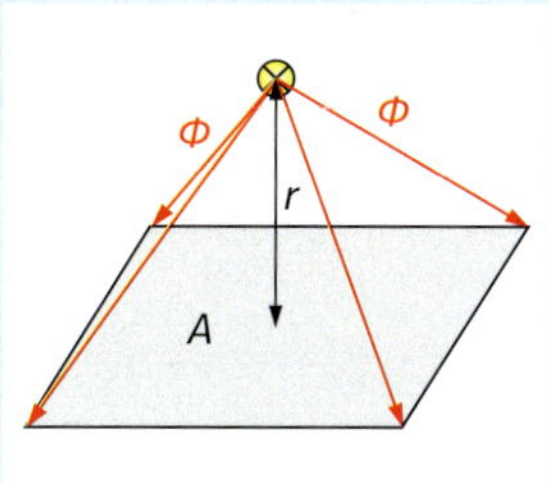

$$E = \frac{\Phi}{A}$$

E: Beleuchtungsstärke $[E]$ = lx (Lux)
Φ: Lichtstrom $[\Phi]$ = lm (Lumen)
A: Fläche $[A]$ = m²

Leuchten-Betriebswirkungsgrad

Der Leuchten-Betriebswirkungsgrad η_{LB} kennzeichnet die Effizienz einer Leuchte. Je weniger Licht durch die Leuchte verloren geht, desto höher ist der Betriebswirkungsgrad.

$$\eta_{LB} = \frac{\Phi_{Le}}{\Phi_{La}}$$

η_{LB}: Leuchten-Betriebswirkungsgrad
Φ_{Le}: Lichtstrom Leuchte
Φ_{La}: Lichtstrom Lampe

Beispiel

Eine LED-Lampe mit E27-Schraubsockel wird in eine Leuchte eingebaut, die einen 22-m²-Raum beleuchten soll. Die Lampe gibt einen Lichtstrom $\Phi_{La} = 420$ lm ab. Der Betriebswirkungsgrad der Leuchte beträgt 65 %.
Bestimmen Sie

a) den Lichtstrom Φ_{Le} der Leuchte und
b) die Beleuchtungsstärke E.

Geg.: $\Phi_{La} = 420$ lm; $\eta_{LB} = 0{,}65$; $A = 22$ m²
Ges.: a) Φ_{Le}; b) E

a) $\eta_{LB} = \frac{\Phi_{Le}}{\Phi_{La}}$; $\Phi_{Le} = \eta_{LB} \cdot \Phi_{La}$; $\Phi_{Le} = 0{,}65 \cdot 420$ lm

$\underline{\underline{\Phi_{Le} = 273 \text{ lm}}}$

b) $E = \frac{\Phi_{Le}}{A}$; $E = 273 \text{ lm}/22 \text{ m}^2$; $\underline{\underline{E = 12{,}4 \text{ lx}}}$

Aufgaben

1. Eine stoßfeste Gummihandleuchte wird zur Beleuchtung eines 2 m x 3 m großes Kellerabteils eingesetzt. Der Lichtstrom der Lampe beträgt 620 lm und der Leuchten-Betriebswirkungsgrad liegt bei 0,65. Berechnen Sie die Beleuchtungsstärke E.

2. Der Außenbereich eines Logistikbetriebes soll mit 35-W-Natriumdampf-Niederdrucklampen (SOX) auf das benötigte Beleuchtungsniveau gebracht werden. Die Leuchtmittel mit einer Lichtstromabgabe $\Phi_{La} = 4600$ lm sollen in Leuchten mit einem Leuchtenwirkungsgrad $\eta_{LB} = 0{,}80$ eingebaut werden. Der Arbeitsbereich des Betriebes beträgt 10 m x 50 m.

a) Bestimmen Sie die Beleuchtungsstärke E für eine Leuchte.

b) Wie viele Leuchten werden benötigt, um die in der DIN EN 12464-2 geforderten 30 lx einzuhalten?

3. Metal halide lamps are used to light up a gymnasium with $l = 26$ m and $b = 22$ m. How many lamps are needed if the luminous flux Φ_{La} of one lamp is 3325 lm, the illuminance $E = 300$ lx and the efficiency of the light is 75 %?

4. Der Büroraum aus Abb. 2 soll mit T5-Leuchtstofflampen 32 W/865 ausgestattet werden. Die Beleuchtungsstärke soll DIN EN 12464 entsprechen. Als Leuchte kommen einlampige Spiegelrasterleuchten mit einem Wirkungsgrad von 60 % zum Einsatz. Der Lichtstrom einer Lampe beträgt 2870 lm. Ermitteln Sie die Anzahl der mindestens benötigten Leuchten.

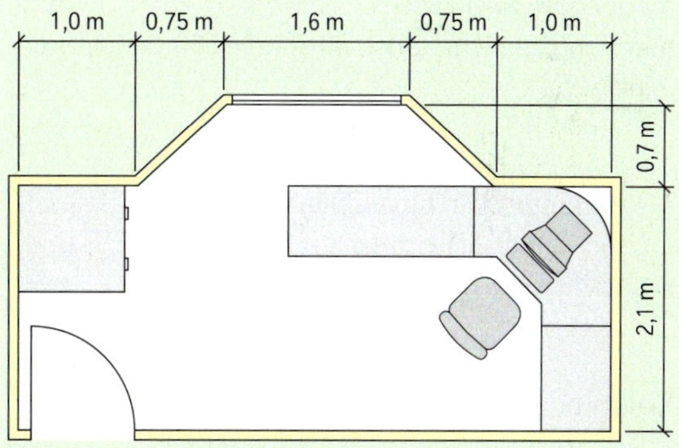

Abb. 2: Grundriss des auszuleuchtenden Büros

5. Die Endkontrolle eines produzierenden Betriebes soll beleuchtungstechnisch modernisiert werden, indem die 36 T8-Leuchtstofflampen mit KVG gegen LED-Leuchten getauscht werden sollen. Die Bemessungsleistung einer LED-Leuchte beträgt 39 W und der Bemessungslichtstrom liegt bei 4200 lm. Die Abmessungen des Raumes betragen 15 m x 12 m.

a) Wie viele LED-Leuchten werden benötigt um die geforderte Beleuchtungsstärke einzuhalten?

b) Wie viel Energie kann in 20000 h gespart werden, wenn die Systemleistung der bisherigen Leuchtmittel bei 71 W liegt?

10.4.3 Lichtstärke und Lichtstärkeverteilung

Lichtstärke

Die Lichtstärke I gibt den Lichtstrom einer Beleuchtungsquelle in Abhängigkeit vom Raumwinkel an. Bei gerichteten Lampen, wie z. B. Retrofit-LED-Leuchten, wird deswegen oft die Lichtstärke angegeben.

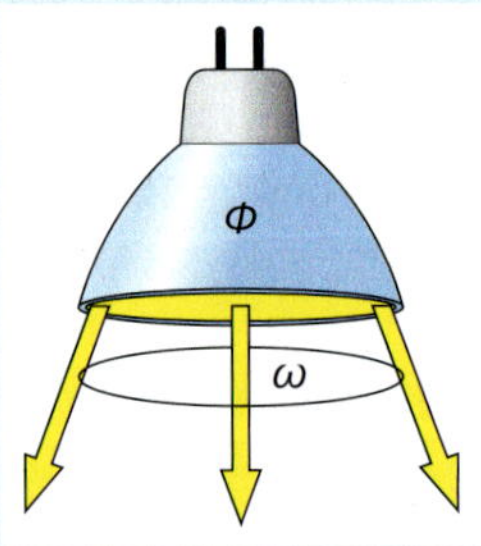

$$I = \frac{\Phi}{\omega}$$

I: Lichtstärke $[I]$ = cd (Candela)
Φ: Lichtstrom $[\Phi]$ = lm (Lumen)
ω: Raumwinkel

Lichtstärkeverteilungskurven

In den Datenblättern der Lampen- und Leuchtenhersteller finden sich Lichtverteilungskurven (LVK). Die Diagramme stellen die Lichtverteilung in Polarkoordinaten für ein oder zwei Ebenen dar. Die Lichtstärke wird auf 1000 Lumen normiert.

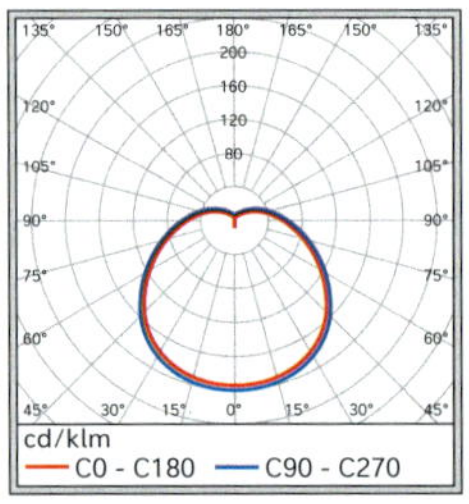

$$I_\alpha = I_{LVK} \cdot \frac{\Phi}{1000\ \text{lm}}$$

I_α: Lichtstärke im Abstrahlwinkel α $[I_\alpha]$ = cd
I_{LVK}: normierte Lichtstärke aus LVK $[I_{LVK}]$ = cd
Φ: Lichtstrom der Lampe $[\Phi]$ = lm

Beispiel

Eine LED-Lampe mit einem 36°-Reflektor (Abb. 1) gibt einen Lichtstrom $\Phi = 164$ lm ab. Die Bemessungslichtstärke I beträgt 330 cd. Berechnen Sie für die Längsachse (C0 – C180)

a) den Raumwinkel ω und
b) die abgegebene Lichtstärke bei 15°.

Geg.: $\Phi = 164$ lm; $I = 330$ cd; $I_{LVK} = 170\ \frac{\text{cd}}{\text{klm}}$; (abgelesen aus Abb. 1); α = 15°

Ges.: a) ω; b) I_α

a) $I = \frac{\Phi}{\omega}$; $\omega = \frac{\Phi}{I}$; $\omega = \frac{164\ \text{lm}}{330\ \text{cd}}$; $\underline{\underline{\omega = 0{,}50}}$

b) $I_\alpha = I_{LVK} \cdot \frac{\Phi}{1000\ \text{lm}}$; $I_\alpha = 1700\ \text{cd} \cdot \frac{164\ \text{lm}}{1000\ \text{lm}}$;

$\underline{\underline{I_\alpha = 279\ \text{cd}}}$

Aufgaben

1. Die Hochvolthalogenbeleuchtung in einem Bürogebäude wird auf die in Abb. 1 gezeigte LED-Technik umgerüstet. Die Bemessungslichtstärke beträgt 350 Candela und der Bemessungslichtstrom liegt bei 180 Lumen. Bestimmen Sie für beide Sichtachsen

a) den Raumwinkel ω und
b) die Lichtstärke I_α für 0° und für 15°.

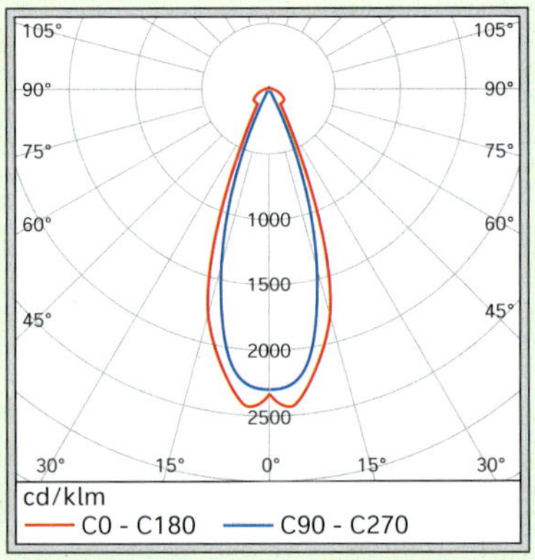

Abb. 1: LVK einer LED-Lampe

2. In der Planungsphase eines Beleuchtungsprojekts müssen lichttechnische Daten einer Leuchte (Abb. 2) ermittelt werden. Berechnen Sie die Lichtstärken für den Abstrahlwinkel $\alpha = 15°$. Der Lichtstrom Φ beträgt 4300 lm.

3. Eine asymmetrisch strahlende T5-Leuchte (Abb. 2) wird eingesetzt, um Bildschirmarbeitsplätze über die Wandflächen indirekt zu beleuchten. Der Beleuchtungskörper gibt bei einer Bemessungsleistung $P = 54$ W einen Lichtstrom $\Phi = 4300$ lm ab. Ermitteln Sie

a) die Lichtstärken im Abstrahlwinkel $\alpha = 30°$ für beide Sichtachsen und
b) die Lichtausbeute η.

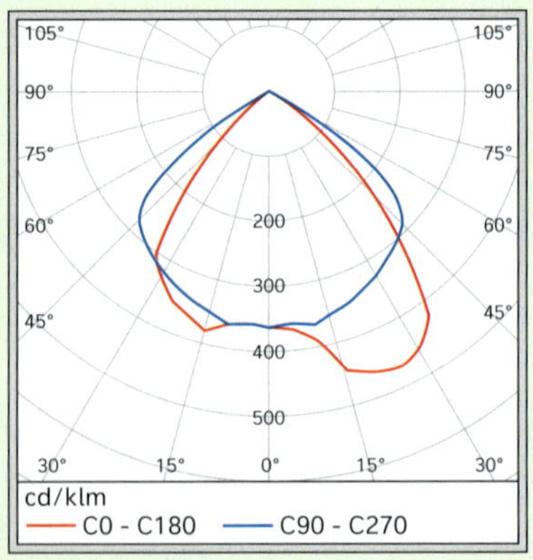

Abb. 2: LVK einer T5-Leuchte

10.4.4 Leuchtdichte und Reflexionsgrad

Leuchtdichte

Die Leuchtdichte L gibt den Helligkeitseindruck einer Lichtquelle oder einer beleuchteten Fläche an. Sie beschreibt die Lichtstärke bezogen auf die Flächeneinheit.

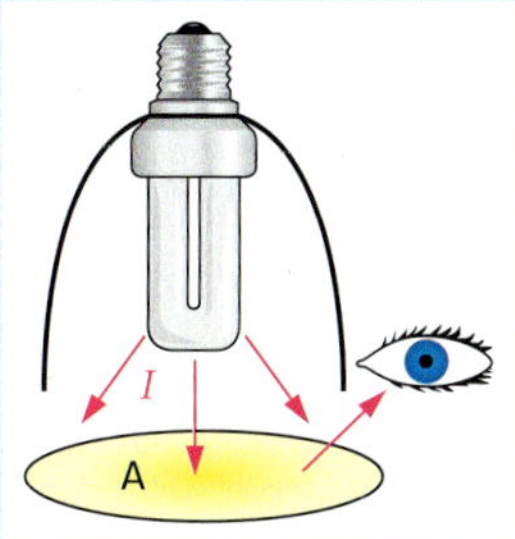

$$L = \frac{I}{A}$$

L: Leuchtdichte $[L] = \frac{\text{cd}}{\text{m}^2}$
I: Lichtstärke $[I] = \text{cd}$ (Candela)
A: Fläche $[A] = \text{m}^2$

Die Leuchtdichte einer diffus reflektierenden Oberfläche kann näherungsweise aus der Beleuchtungsstärke und dem Reflexionsgrad ermittelt werden.

$$L = \frac{\rho \cdot E}{\pi}$$

L: Leuchtdichte $[L] = \frac{\text{cd}}{\text{m}^2}$
E: Beleuchtungsstärke $[E] = \text{lx}$ (Lux)
ρ: Reflexionsgrad

Beispiel

Eine Halogenreflektorlampe hat eine Bemessungslichtstärke $I = 1000$ cd. Der Durchmesser der Lichtaustrittsscheibe beträgt 50,7 mm. Wie groß ist die Leuchtdichte der Halogenlampe am Lichtaustritt?

Geg.: $I = 1000$ cd; $A = 50{,}7$ mm

Ges.: L

$A = r^2 \cdot \pi$; $A = \left(\frac{50{,}7 \cdot 10^{-3}\,\text{m}}{2}\right)^2 \cdot \pi$; $\underline{A = 2{,}02 \cdot 10^{-3}\,\text{m}^2}$

$L = \frac{I}{A}$; $L = \frac{1000\,\text{cd}}{2{,}02 \cdot 10^{-3}\,\text{m}^2}$; $\underline{\underline{L = 495 \cdot 10^3\,\frac{\text{cd}}{\text{m}^2}}}$

Aufgaben

1. Eine LED-Reflektorlampe mit GU-4-Retrofit-Stecksockel besitzt die Bemessungslichtstärke $I = 350$ cd. Der Durchmesser der Strahlungsfläche beträgt 30,5 mm. Ermitteln Sie die Leuchtdichte der LED-Lampe am Lichtaustritt.

2. Um Reflexblendungen bei Bildschirmarbeitsplätzen zu vermeiden, darf eine Wandfläche von 3,5 m x 2,8 m mit maximal 1000 cd/m^2 angestrahlt werden. Die auf die Wandfläche einfallende Lichtstärke beträgt 9290 cd. Weisen Sie die Einhaltung der Vorgabe für EDV-Arbeitsplätze nach.

3. The luminous intensity of a 150-W-metal halide lamp is 11000 cd. The ball-shaped light surface has a radius of 15.2 mm. How big is the luminance of the lamp?

4. Im Rahmen des Planungsprozesses einer Beleuchtungsanlage soll die Leuchtdichte einer GU10-LED-Reflektorlampe ermittelt werden. Berechnen Sie den Wert mit den Datenblattangaben des Herstellers.

Bemessungsleistung	5,0 W
Ausstrahlungswinkel	36°
Lichtstärke	700 cd
Bemessungslichtstrom	250 lm
Durchmesser Leuchtfläche	28,3 mm

5. Zur CAE-Schaltplandokumentation wird ein 27-Zoll-Monitor erworben. Die Seitenlängen betragen 580 mm und 295 mm. Die Leuchtdichte liegt bei 350 cd/m^2. Ermitteln Sie die Lichtstärke des Monitors.

6. Die Beleuchtungsstärke einer Projektionsleinwand mit einem Reflexionsgrad von 1,0 wurde mithilfe eines Luxmeters bestimmt und beträgt 1870 Lux. Ermitteln Sie die Leuchtdichte.

7. Um die Exponate eines Museums in Szene zu setzen, soll die Beleuchtung modernisiert werden. Für eine möglichst farbechte Darstellung fordert der Auftraggeber eine Leuchtdichte von mindestens 50 cd/m^2. Die 15-W-LED-Leuchten haben eine Lichtstromabgabe von 1500 lm und der Raumwinkel beträgt 0,582. Berechnen Sie

a) die Lichtausbeute und
b) die Lichtstärke.
c) Wird die Leuchtdichtenvorgabe für das 2 m x 2 m große Gemälde (Abb. 3) eingehalten?

Abb. 3: LED-Beleuchtung im Museum (Dialux)

10.4.5 Bestimmung der Leuchtenzahl nach dem Wirkungsgradverfahren

Bei gewerblicher Gebäudenutzung sind oft Mindestbeleuchtungsstärken einzuhalten. Die Wirkungsgradmethode ermöglicht eine Berechnung der notwendigen Leuchtenzahl.

Raumindex

$$k = \frac{A}{(a+b)\cdot h}$$

Raumindex indirekt

$$k_i = 1{,}5 \cdot \frac{A}{(l+b)\cdot h_i}$$

Beleuchtungswirkungsgrad η_B

$$\eta_B = \eta_{LB} \cdot \eta_R$$

Leuchtenzahl n

$$n = \frac{\bar{E}\cdot A}{\phi_{LE}\cdot \eta_B \cdot MF}$$

k:	Raumindex	
A:	Fläche	$[A] = m^2$
a, b:	Länge, Breite	$[a, b] = m$
h:	Abstand Leuchte Arbeitsfläche	$[h] = m$
h_i:	Abstand Decke Arbeitsfläche	$[h_i] = m$
η_B:	Beleuchtungswirkungsgrad	
η_{LB}:	Leuchten-Betriebswirkungsgrad	
η_R:	Raumwirkungsgrad	
$\bar{E}$:	mittlere Beleuchtungsstärke	$[\bar{E}] = lx$
ϕ_{LE}:	Lichtstrom einer Leuchte	$[\phi_{LE}] = lm$
MF:	Wartungsfaktor (maintenance factor)	

Beispiel

Für ein Bürogebäude soll die Arbeitsplatzbeleuchtung dimensioniert werden. Die Raumabmessungen betragen 6,2 m x 4,8 m und die Leuchten werden in einer Höhe von 2,6 m montiert. Die Arbeitsebene liegt auf 0,80 m.

Der Lichtstromabgabe ϕ_{Le} der direkt tiefstrahlenden Leuchten liegt bei 5200 lm und der Leuchten-Betriebswirkungsgrad η_{LB} beträgt 0,90.

Für die Reflexionsfaktoren von Decke, Wänden und Fußboden wurden die Faktoren $\varrho_1 = 0{,}80$, $\varrho_2 = 0{,}50$ und $\varrho_3 = 0{,}30$ bestimmt.

Ermitteln Sie die Anzahl der einlampigen Leuchten, um die Anforderungen gemäß DIN EN 12464 für die Nutzebene einzuhalten.

Geg.: $a = 6{,}2$ m; $b = 4{,}8$ m; $h_{Le} = 2{,}6$ m; $h_{Ae} = 0{,}80$ m; $\eta_{LB} = 0{,}90$; $\phi_{Le} = 5200$ lm; $\varrho_1 = 0{,}80$; $\varrho_2 = 0{,}50$; $\varrho_3 = 0{,}30$

Ges.: n

1. Schritt: Raumindex

$$k = \frac{A}{(a+b)\cdot h}; \quad k = \frac{6{,}2\,m \cdot 4{,}8\,m}{(6{,}2\,m + 4{,}8\,m)\cdot(2{,}6\,m - 0{,}80\,m)};$$

$$\underline{\underline{k = 1{,}5}}$$

2. Schritt: Beleuchtungswirkungsgrad

$\eta_R = 0{,}89$

$\eta_B = \eta_R \cdot \eta_{LB}$

$\eta_B = 0{,}89 \cdot 0{,}90$

$\underline{\eta_B = 0{,}801}$

3. Schritt: Leuchtenzahl

$\bar{E} = 500$ lx $\quad MF = 0{,}8$

$$n = \frac{\bar{E}\cdot A}{\phi_{Le}\cdot \eta_B \cdot MF}$$

$$n = \frac{500\,lx \cdot 29{,}76\,m^2}{5200\,lm \cdot 0{,}801 \cdot 0{,}8}$$

$\underline{\underline{n = 4{,}5}}$ Es werden fünf Leuchten benötigt.

Aufgaben

1. Die Grundbeleuchtung einer Ausbildungswerkstatt soll modernisiert werden. Die vorhandenen direkt-tiefstrahlenden Leuchten werden jeweils mit 2 T5-Retrofit-LEDs mit vergleichbarer Lichtverteilung ausgerüstet. Der Lichtstrom der Nachrüst-LED-Lampen wird vom Hersteller mit $\phi_{Le} = 4300$ lm angegeben. Der Leuchten-Betriebswirkungsgrad liegt bei $\eta_{LB} = 0{,}71$. Die Grundfläche des Raumes beträgt 14,2 m x 6,5 m und die Leuchten werden bündig in 2,9 m Höhe montiert. Die Reflexionsfaktoren für Decke, Wände und Boden betragen $\varrho_1 = 0{,}8$, $\varrho_2 = 0{,}5$ und $\varrho_3 = 0{,}1$. Es muss von einem erhöhten Verschmutzungsgrad und einer Arbeitshöhe von 0,80 m ausgegangen werden. Bestimmen Sie die notwendige Leuchtenzahl für die Werkstatt.

2. Für den Neubau einer Sporthalle wird die Beleuchtung geplant. Zum Einsatz kommen ballwurfsichere LED-Leuchten (Abb. 1). Die Planungsvorgabe für die mittlere Beleuch-tungsstärke des Spielfeldes beträgt 750 lx. Die Länge der Halle ist 45 m, die Breite hat 27 m und die Höhe liegt bei 8 m. Die Decken- und die Wandoberflächen bestehen aus Ahornpaneelen und die Grundfarbe des Bodens ist hellgrau. Die Leuchten werden 2 m unterhalb der Decke montiert. Es ist ein geeigneter Wartungsfaktor zu wählen. Wie viele Leuchten werden benötigt?

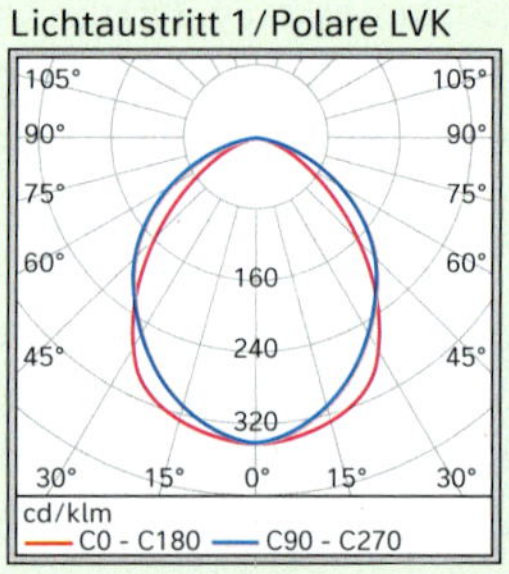

Datenblatt

Ballwurfsichere Einbau- oder Hängeleuchte
180 Watt

ϕ Leuchte: 17 200 lm

η_{LB}: 100 %

Abb. 1: Datenblattauszug Hängeleuchte

3. In dem in Abb. 2 dargestellten Raum wird die Endmontage von Elektronikkomponenten durchgeführt. Die mittlere Beleuchtungsstärke soll 1000 lx betragen. Bei der Projektierung wurde von einer normalen Verschmutzung sowie den Reflexionsfaktoren für Decke ($\varrho_1 = 0{,}8$), Wände ($\varrho_2 = 0{,}3$) und Boden ($\varrho_3 = 0{,}1$) ausgegangen. Der Hersteller gibt für seine Leuchten (4 x T5 mit je 54 W) den Gesamtlichtstrom $\Phi_{\text{Le}} = 17800$ lm und den Wirkungsgrad $\eta_{\text{LB}} = 0{,}94$ an. Die Lichtabgabe erfolgt indirekt hochstrahlend. Eine Messung der Beleuchtungsstärke nach zwei Jahren hat ergeben, dass der vereinbarte Wert knapp unterschritten wird, da der Wartungsfaktor zu gering angesetzt wurde.

a) Ermitteln Sie einen geeigneten Wartungsfaktor.

b) Skizzieren Sie die neue Leuchtenanordnung. Achten Sie auf eine symmetrische Aufteilung.

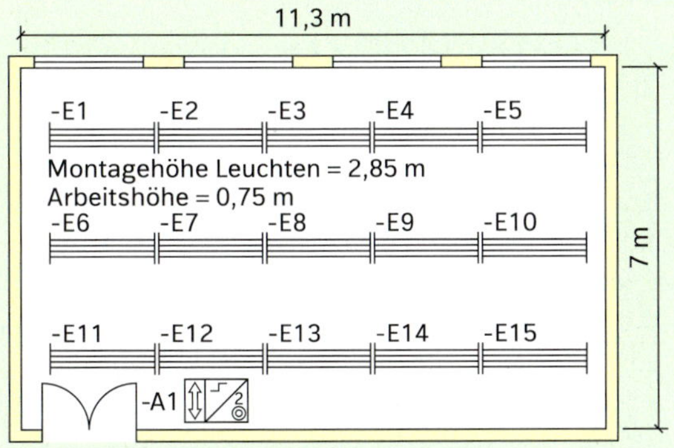

Abb. 2: Beleuchtung Endmontage

4. Die Beleuchtungseinrichtung eines Ärztehauses soll geplant werden. Die Grundbeleuchtung der Behandlungsräume wird durch um 50 cm abgehängte, symmetrisch montierte LED-Leuchten realisiert. Die Bemessungsdaten der Leuchten sind: $\Phi_{\text{Le}} = 1650$ lm; $\eta_{\text{LB}} = 1{,}0$; direkt-tiefstrahlend. Die Grundfläche der Untersuchungsbereiche ist 3 m x 5 m und die Raumhöhe beträgt 3,1 m. Die Oberflächenfarben sind in Abb. 3 angegeben. Gehen Sie von einem für den Nutzungszweck üblichen Wartungsfaktor und einer Arbeitshöhe von 0,80 m aus.

a) Berechnen Sie die erforderliche Leuchtenzahl für eine mittlere Beleuchtungsstärke von 300 lx.

b) Einige Fachärzte haben erhöhte Beleuchtungsanforderungen. Wie viele Leuchten sind für 500 lx nötig?

Decke	Wände	Fußboden
RAL 9010 reinweiß	RAL 9002 Grauweiß	RAL 9022 Perlhellgrau

Abb. 3: Farben der Raumoberflächen

5. Ein Bekleidungseinzelhändler wünscht für sein Beleuchtungskonzept eine Grundbeleuchtungsstärke von 100 lx Oberkante Fertigfußboden, damit seine Ausstellungstücke mit effektvoller Akzentbeleuchtung in Szene gesetzt werden können (Abb. 4). Das Geschäft hat die Innenabmessungen 8,1 m x 4,2 m x 3,6 m. Die Wandleuchten, mit einem Lichtstrom von je 3300 lm und einem Wirkungsgrad von 80 %, sollen auf einer Höhe von 2,4 m montiert werden und einen indirekten Lichtaustritt nach oben ermöglichen. Aus Platzgründen können maximal 14 Leuchten verwendet werden. Der Auftraggeber möchte die Decke schwarz spritzen lassen, die Betonwände unbehandelt belassen und einen möglichst dunklen Fußboden verlegen.

a) Berechnen Sie die mittlere Beleuchtungsstärke mit den Wandleuchten und beurteilen Sie das Ergebnis.

b) Welche Maßnahmen können getroffen werden, um die Beleuchtungssituation zu verbessern?

Abb. 4: Indirekte Beleuchtung im Einzelhandel (Dialux)

6. Die Beleuchtungsanlage einer Montagelinie (h = 0,8 m) wird mit $\bar{E} = 750$ lx geplant. Neben den beleuchtungsrelevanten Rahmenbedingungen soll auch eine energetische Betrachtung erfolgen. Für den 14 m x 8,3 x 3,4 m (l x b x h) großen Raum stehen T8-Leuchtstofflampen mit EVG und LED-Leuchten zur Verfügung. Es ist von einer erhöhten Verschmutzung auszugehen, der Lichtaustritt erfolgt direkt-tiefstrahlend und die Reflexionsfaktoren der neuen Anlage betragen $\varrho_1 = 0{,}8$, $\varrho_2 = 0{,}5$ und $\varrho_3 = 0{,}1$.

	Leuchtstofflampe	LED-Lampe
P	60 W	28 W
Φ_{Le}	5200 lm	3800 lm
η_{LB}	0,65	1,0

Berechnen Sie für beide Systeme

a) die erforderlichen Leuchtenzahlen und

b) die spezifischen Leistungsanschlusswerte in W/m^2.

7. Ein Klassenzimmer einer Berufsschule mit den Abmessungen 8,2 m x 5,7 m x 3,8 m wird auf deckenbündige LED-Leuchten umgerüstet. Bisher waren 15 Langfeldleuchten mit einer Bemessungsleistung von 64 W verbaut. Die neue Anlage wird mit tiefstrahlenden 25-W-Anbau-LEDs (3200 lm, $\eta_{LB} = 1$) betrieben. Die Reflexionsfaktoren sind 80/50/30 und es ist von einer normalen Wartung auszugehen. Die gemittelte tägliche Nutzungsdauer beträgt 5,83 Stunden. Eine Kilowattstunde kostet 32,9 Cent brutto und der Listenpreis einer Leuchte ist 354 €.

a) Wie viele Leuchten müssen installiert werden, um eine mittlere Beleuchtungsstärke von 500 lx zu erreichen?

b) Nach wie vielen Jahren amortisiert sich die Umrüstung der Beleuchtungsanlage?

8. Die Beleuchtungsanlage einer Intensivstation (Abb. 1) wird aus Energiespargründen auf tiefstrahlende Rastereinbau-LED-Leuchten umgerüstet. Die Station erhält außerdem einen neuen Farbanstrich und einen neuen hellgrauen Fußboden. Die Decke besteht aus einer Rasterdecke (0,625 m x 0,625 m Rastergröße), bei der die Tragekonstruktion nicht verändert werden soll. Die Bestandsrauchmelder sind bei der Projektierung ebenfalls zu berücksichtigen. Die Raumhöhe beträgt 3,2 m. Die neuen Leuchten geben einen Lichtstrom von 4000 lm bei einer Leistung von 27 W ab. Der Hersteller gibt den Leuchtenbetriebswirkungsgrad mit 100 % an. Für die Reflexions- und Wartungsfaktoren sind krankenhausübliche Werte zu verwenden. Die Beleuchtungsstärke für Intensivstationen beträgt 1000 lx und die Nutzebene liegt auf 0,8 m. Nachts (12 Stunden) wird die Beleuchtung auf 10 % der Bemessungsleistung gedimmt.

a) Berechnen Sie die notwendige Leuchtenzahl.

b) Wie viele Rastereinbauleuchten werden benötigt?

c) Berechnen Sie die jährlichen Betriebskosten inkl. Steuer bei einem Arbeitspreis von 29,2 ct/kWh netto.

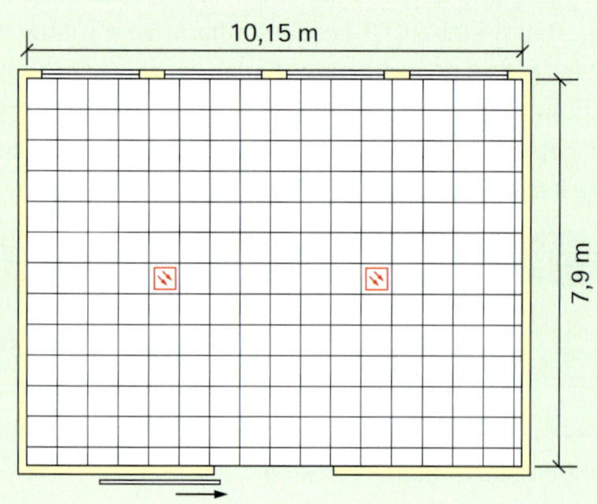

Abb. 1: Rasterdecke einer Intensivstation

9. In einem Hotel wird der Raum für das Frühstücksbuffet mit neuen Leuchten ausgestattet. Die Lichtberechnung erfolgte mittels Software (Abb. 2). Bei den Raumparametern wurden die Normwerte für Buffets verwendet. Der Kunde hat sich für direkt strahlende, stark gerichtete Leuchten entschieden. Der angegebene Lichtstrom wird komplett in den Raum abgestrahlt. Die Tabelle zeigt einen Auszug der ermittelten Parameter:

Artikelnummer	546254	Anzahl	30
Anschlussleistung	19,3 W	$\bar{E}$ Mittel	328 lx
Lichtstrom	2219 lm	$\bar{E}$ Soll	300 lx
Raumhöhe	3,2 m	Nutzebene	0,8 m
Wartungsfaktor	0,80	ρ	80/50/10

Überprüfen Sie die Ergebnisse mit der Wirkungsgradmethode.

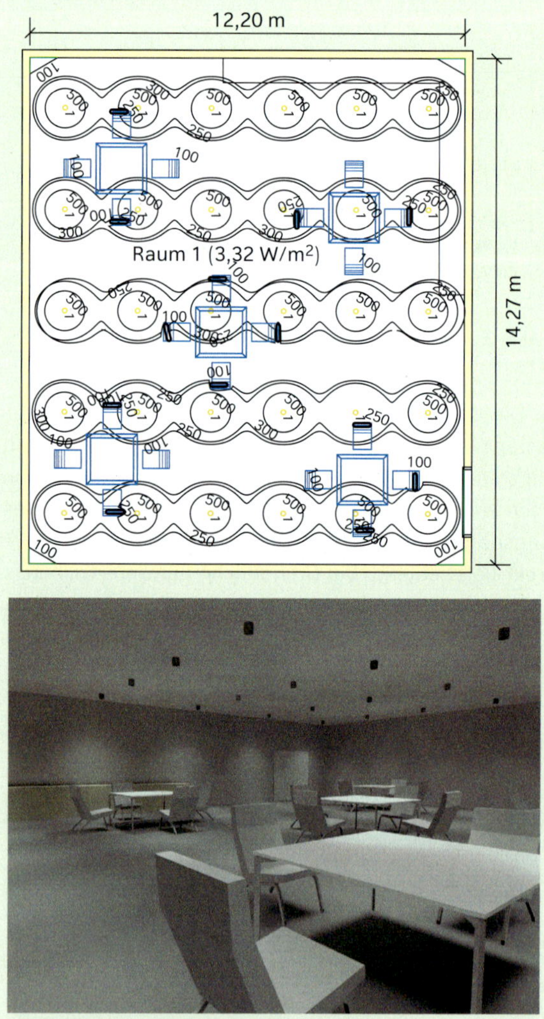

Abb. 2: Berechnungsergebnisse Software

10.4.6 Direkte Blendung (UGR-Verfahren)

Beleuchtungsanlagen in Arbeitsstätten dürfen nicht übermäßig blenden. In der Europäischen Norm EN 12464 werden Maximalwerte publiziert. Das UGR-Tabellenverfahren (Unified Glare Rating) erlaubt ein Abschätzen der direkten Blendwirkung einer Beleuchtungsanlage.

Vorgehensweise:

① Ermitteln des Abstandes H zwischen Leuchte und Augenhöhe

Person sitzend

$H = h - p - 1{,}2\ \mathrm{m}$

Person stehend

$H = h - p - 1{,}7\ \mathrm{m}$

② Bestimmung des Vielfachen von H zur Raumgeometrie

$X = \frac{l}{H}$ $Y = \frac{b}{H}$

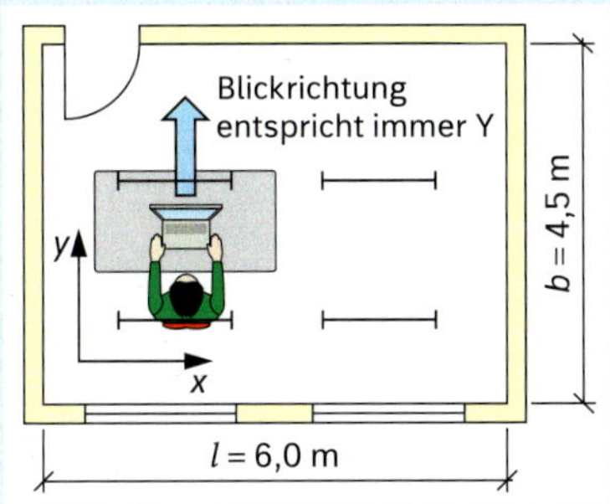

③ Ablesen des UGR-Wertes aus dem Diagramm

Blendungsbewertung nach UGR						
Decke ϱ_1		70	70	50	50	30
Wände ϱ_2		50	30	50	30	20
Boden ϱ_3		20	20	20	20	20
Raumgröße X	Y	Blickrichtung quer zur Lampenachse				
4H	2H	17,6	18,5	17,8	18,7	18,9
	3H	17,4	18,2	17,7	18,5	18,7
	4H	17,4	18,1	17,7	18,4	18,6

Beispiel

Für einen 6 m x 4 m großen Büroraum ist die direkte Blendung der Deckenbeleuchtung zu bestimmen. Die Leuchten sind deckenbündig in 2,7 m Höhe montiert. Die Reflexionsfaktoren sind 70, 30 und 20. Berechnen Sie den UGR-Wert für eine sitzende Tätigkeit quer zu den Lampenachsen.

Geg.: $l = 6$ m; $b = 4$ m; $h = 2{,}8$ m; $\varrho_1 = 0{,}7$; $\varrho_2 = 0{,}5$; $\varrho_3 = 0{,}2$

Ges.: UGR-Wert

① $H = h - p - 1{,}2\ \mathrm{m}$; $H = 2{,}7\ \mathrm{m} - 1{,}2\ \mathrm{m}$; $\underline{H = 1{,}5\ \mathrm{m}}$

② $X = \frac{l}{H}$; $X = \frac{6\ \mathrm{m}}{1{,}5\ \mathrm{m}}$; $\underline{X = 4\ \mathrm{H}}$

$Y = \frac{b}{H}$; $Y = \frac{4{,}5\ \mathrm{m}}{1{,}5\ \mathrm{m}}$; $\underline{Y = 3\ \mathrm{H}}$

③ UGR-Wert aus Tabelle: $\underline{\underline{18{,}2}}$

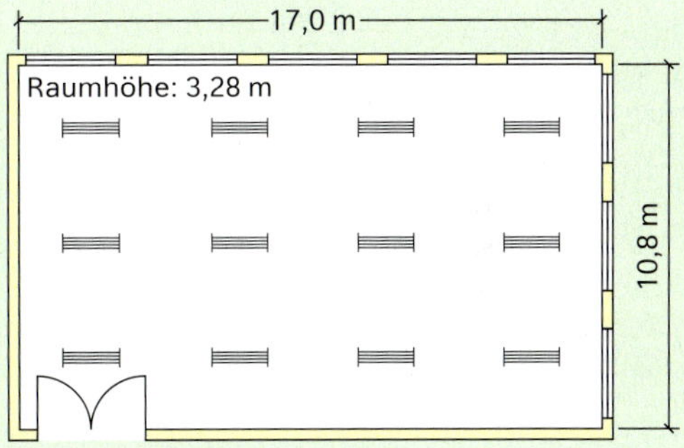

Abb. 1: Großraumbüro

Aufgaben

1. In einem Großraumbüro (Abb. 1) klagen Mitarbeiter über Blendung durch die Deckenleuchten. Aus diesem Grund ist der UGR-Wert zu ermitteln. Bewertungsgrundlage sind die Anforderungen für Bildschirmarbeitsplätze. Die Reflexionsfaktoren des Raumes betragen 70, 50 und 20. Ermitteln Sie den UGR-Wert (➡ Anhang S. 274) für sitzende und stehende Arbeitsplätze

a) quer zur Lampenachse und

b) längs zur Lampenachse.

2. The UGR-Value of a hotel reception has to be calculated. The room's dimensions are $l = 9.5$ m and $b = 5.1$ m. The mounting height of the LED-lamps (➡ appendix p. 274) is 2.5 m. The light reflectance values are 50, 30 and 20. Determine the glare value crosswise to the workplace and give a mounting recommendation.

3. In einem Fertigungsbetrieb wird die Beleuchtungsanlage der Entwicklungsabteilung neu gestaltet. In der Abteilung werden auch Produktzeichnungen angefertigt, sodass als Sehaufgabe „Technisches Zeichnen" angenommen werden muss. Die Raumabmessungen betragen 8 m x 12 m x 3 m. Decke, Wände und Fußboden sind in hellen Farbtönen gehalten. a) Ermitteln Sie die UGR-Werte für alle möglichen Sitzpositionen und b) wählen Sie eine geeignete Leuchte (➡ Anhang S. 274) aus.

10.5 Blitzschutzanlagen

Trennungsabstand

Bei einem Blitzschlag kann auch bei vorhandener Blitzschutzanlage (LPS) ein Überschlag in metallene Installations- und Gebäudeteile erfolgen. Die DIN EN 62305-3 fordert deshalb die Einhaltung von Trennungsabständen zwischen äußerem Blitzschutz und leitfähigen baulichen Anlagenteilen.

$$s = k_i \frac{k_c}{k_m} \cdot l$$

s: Trennungsabstand [s] = m
k_i: Induktionsfaktor
k_c: Stromaufteilungskoeffizient
k_m: Materialfaktor
l: Länge Berechnungspunkt zur Erdungsanlage [l] = m

Induktionsfaktor k_i

Der Induktionsfaktor k_i hängt von der LPS-Schutzklasse ab und kann aus einer Tabelle entnommen werden.

LPS-Schutzklasse	k_i
I	0,08
II	0,06
III und IV	0,04

Stromaufteilungskoeffizient k_c

Der Stromaufteilungskoeffizient k_c berücksichtigt die Blitzstromaufteilung über die Gebäudeableitungen.

Anzahl der Ableitungen	k_c (vereinfachter Ansatz)
1	1
2	0,66
3 und mehr	0,44

Materialfaktor k_m

Die materialabhängigen Isolationseigenschaften werden mit dem Materialfaktor k_m berücksichtigt.
Bei einer Mauerwerkskonstruktion aus verschiedenen Materialien muss der Faktor berechnet werden.

$$k_{m\,gesamt} = \frac{d_1 \cdot k_{m1} + d_2 \cdot k_{m2} + ... + d_n \cdot k_{mn}}{d_g}$$

d, d_g: Material-, Gesamtdicke [d] = m
k_m: Materialfaktor

Material	k_m
Luft	1
Feststoff	0,5

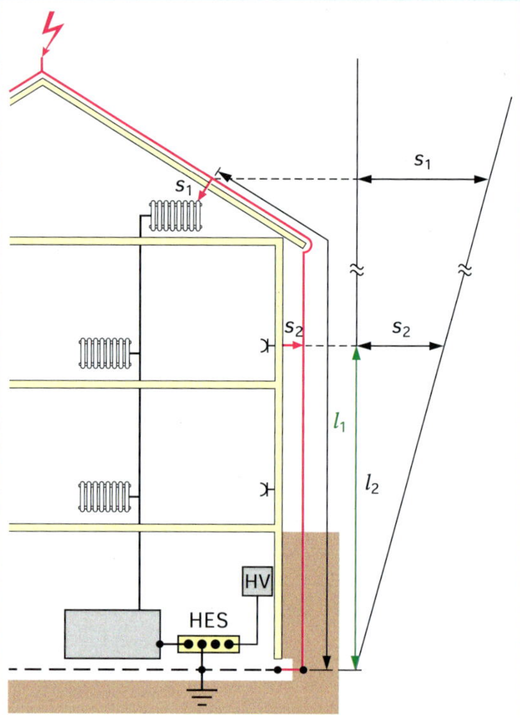

Beispiel

Ein Einfamilienhaus wird durch eine Blitzschutzanlage der Klasse II geschützt. Der Trennungsabstand ab Dachtraufe muss ermittelt werden. Die Strecke der zwei Ableitungen zur Äquipotenzialfläche der Erdungsanlage beträgt 5,5 m. Die Ziegelmauer hat eine Stärke von 30 cm.

a) Überprüfen Sie die einzuhaltende Distanz der Ableitung zu metallenen Installationen.
b) Die Ableitung wird mit Glasfaserdistanzstücken ($k_m = 0{,}7$) von 10 cm Länge befestigt. Berechnen Sie den neuen Trennungsabstand.

Geg.: $l = 8{,}5$ m; $d_1 = 0{,}3$ m; $d_2 = 0{,}1$ m; $k_{m1} = 0{,}5$; $k_{m2} = 0{,}7$

Ges.: s_1; s_2

a) $s_1 = k_i \frac{k_c}{k_m} \cdot l$; $s_1 = 0{,}06 \cdot \frac{0{,}66}{0{,}5} \cdot 5{,}5\,m$; $\underline{\underline{s_1 = 0{,}44\,m}}$

b) $k_{m\,gesamt} = \frac{d_1 \cdot k_{m1} + d_2 \cdot k_{m2}}{d_g}$

$k_{m\,gesamt} = \frac{0{,}3\,m \cdot 0{,}5 + 0{,}1\,m \cdot 0{,}7}{0{,}4\,m}$

$\underline{k_{m\,gesamt} = 0{,}55}$

$s_2 = k_i \frac{k_c}{k_m} \cdot l$; $s_2 = 0{,}06 \cdot \frac{0{,}66}{0{,}55} \cdot 5{,}5\,m$; $\underline{\underline{s_2 = 0{,}40\,m}}$

Aufgaben

1. Die Trennungsabstände eines mehrstöckigen Bürogebäudes werden berechnet. Als Projektierungsgrundlage wird die LPS-Schutzklasse IV vorausgesetzt. Der Wandaufbau im Bereich der vier Ableitungen besteht aus 40 cm Beton. Die Ableitungen haben von der Dachkante bis zum Erdboden eine Länge von 25 m. Ermitteln Sie den Trennungsabstand *s*.

2. Der Wandaufbau eines Bauwerkes (Abb. 1) besteht aus 25 cm Beton und einer Klinkeraußenwand von 20 cm. Dazwischen befindet sich ein 5 cm dickes Luftpolster. Die Blitzschutzanlage wurde nach den Vorgaben der Klasse II errichtet und verfügt über sechs Ableitungen. Die Längen der Ableitungen bis zur wirksamen Erdungsfläche betragen 16,5 m. Wie groß ist der Trennungsabstand *s*?

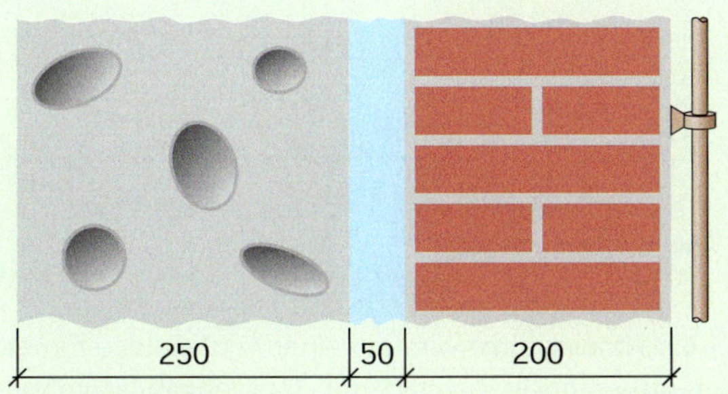

Abb. 1: Wandaufbau

3. Die Kalksandsteinfassade eines Reihenhauses (SK II) ist mit Isoliermaterial verkleidet. Die Wärmedämmung wurde mit leitfähigen Stahlnägeln befestigt und somit in regelmäßigen Abständen durchlöchert (Abb. 2). Die zwei Ableitungen sind mit GFK-Haltern ($d = 50$ mm; $k_m = 0{,}7$) montiert. Die Distanz vom Gefährdungsbereich bis zum Erdpotenzial beträgt 5,1 m. Berechnen und beurteilen Sie

a) den Trennungsabstand s_1 und

b) den Trennungsabstand s_2 bei verklebter Dämmung ohne Stahlstifte.

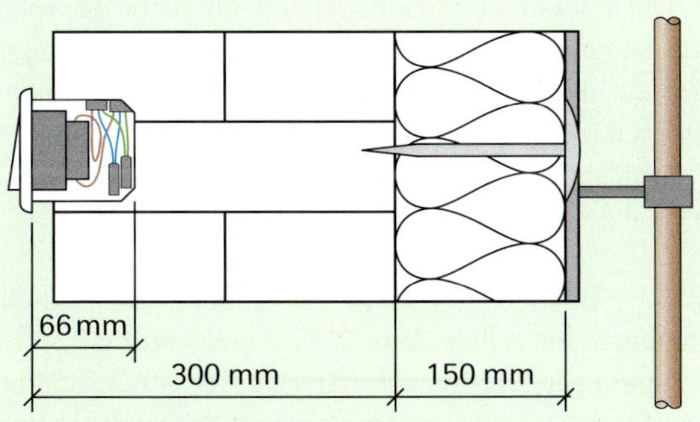

Abb. 2: Wandaufbau Reihenhaus

4. The outer wall of a thermally-insulated wood house (LPS-protection class IV) consists of 220 mm outer wall and of 70 mm insulating material. An air buffer of 30 mm thickness is created by rear ventilation. The distance between the two lightning conductors and the reference ground is 7.4 m. Calculate the maximum separation distance of the lightning protection system.

5. Auf einem Bürogebäude wird eine Photovoltaikanlage mithilfe einer getrennten Fangeinrichtung vor direktem Blitzschlag geschützt. Ein Überschlag von der Konstruktion auf die Solarzellen kann sowohl von der Fangstange als auch über die Dachoberfläche erfolgen (Abb. 3). Das Bauwerk verfügt über vier Ableitungen. Die Blitzschutzanlage wurde für die Schutzklasse IV ausgelegt. Bestimmen Sie den erforderlichen Trennungsabstand für beide Gefährdungssituationen und bewerten Sie Ihr Ergebnis.

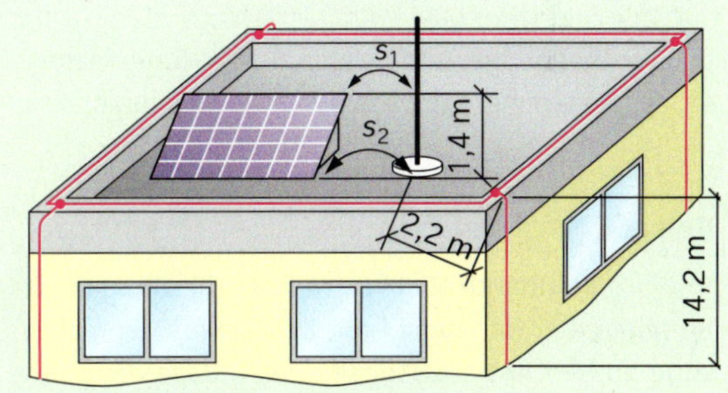

Abb. 3: Getrennter Blitzschutz

6. Das Satteldach eines Einfamilienhauses ist mit einer Blitzschutzeinrichtung SK III versehen (Abb. 4). Der bisherige Dachboden soll ausgebaut und als Wohnraum genutzt werden. Hierbei wird ein Teil der Elektroinstallation im Bereich des Dachfirstes verlegt. Das rechteckige Gebäude verfügt über eine Ableitung an jeder Gebäudeseite. Die Strecke von der Regentraufe zur wirksamen Erderfläche beträgt 6,3 m.

a) Ermitteln Sie den Trennungsabstand des Dachfirsten.

b) Beurteilen Sie das Gefährdungspotenzial.

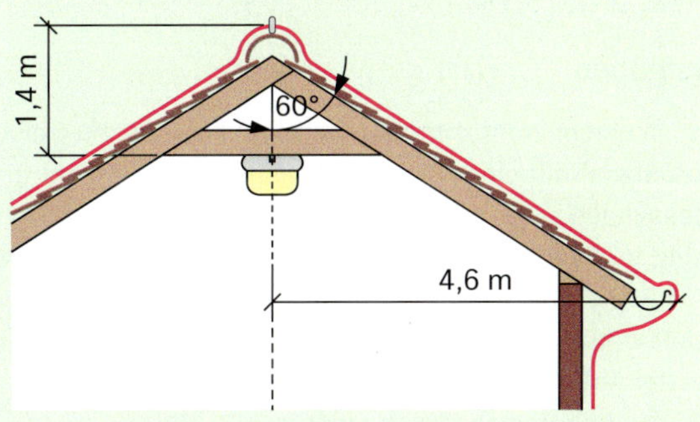

Abb. 4: Fangeinrichtung auf einem Satteldach

10.6 Antennentechnik

10.6.1 Dämpfungs- und Verstärkungsfaktoren

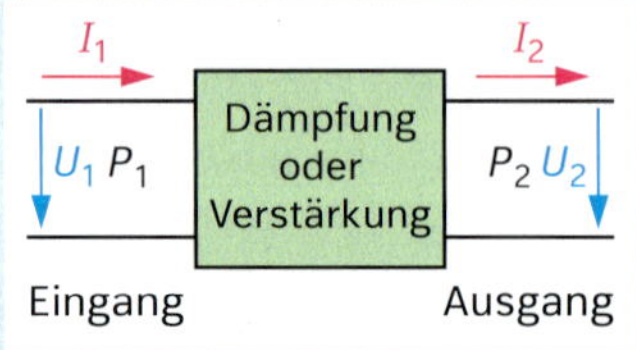

Elektrische Signalübertragungen sind nicht verlustfrei und müssen häufig verstärkt werden. Das Verhältnis der elektrischen Ein- zu den Ausgangsgrößen wird mit Dämpfungs- und Verstärkungsfaktoren beschrieben.

$$D_U = \frac{U_1}{U_2} \qquad D_P = \frac{P_1}{P_2}$$

$$T_U = \frac{U_2}{U_1} \qquad T_P = \frac{P_2}{P_1}$$

D_U, D_P: Spannungs- und Leistungsdämpfungsfaktor
T_U, T_P: Spannungs- und Leistungsverstärkungsfaktor

Beispiel

In einer Breitbandkabelanlage (DVB-C) übergibt der Netzbetreiber das Signal mit $U_1 = 2{,}8$ mV. Eine Messung an den Anschlussdosen zeigt, dass die Spannung auf $U_2 = 430\ \mu$V gedämpft wird und die Leistung $P_2 = 0{,}14$ mW beträgt. Der Leistungsdämpfungsfaktor liegt bei $D_P = 12$. Berechnen Sie

a) den Spannungsdämpfungsfaktor D_U und
b) die Leistung P_1.

Geg.: $U_1 = 2{,}8$ mV; $U_2 = 0{,}43$ mV; $P_2 = 0{,}14$ mW;
$D_P = 0{,}12$

Ges.: a) D_U; b) P_1

a) $D_U = \frac{U_1}{U_2}$; $D_U = \frac{2{,}8\text{ mV}}{0{,}43\text{ mV}}$; $\underline{\underline{D_U = 6{,}5}}$

b) $D_P = \frac{P_1}{P_2}$; $P_1 = D_P \cdot P_2$; $P_1 = 12 \cdot 0{,}14$ mW;
$\underline{\underline{P_1 = 1{,}7\text{ mW}}}$

Aufgaben

1. In einem Wohnkomplex speist ein Kabelnetzbetreiber das Signal mit einer Eingangsspannung $U_1 = 2{,}4$ mV ein. Messungen in der Anlage haben ergeben, dass eine Wohnung im Obergeschoss die schwächste Signalspannung $U_2 = 300\ \mu$V besitzt. Die Leistung an dieser Anschlussstelle beträgt $P_2 = 0{,}52$ mW. Der Leistungsdämpfungsfaktor der Anlage liegt bei $D_P = 64$. Berechnen Sie

a) den Spannungsdämpfungsfaktor D_U und
b) die Leistung P_1.

2. Eine Spannungsmessung am Ausgang eines LNCs ergibt eine Spannung $U_2 = 2{,}1$ mV. Das Speisesystem verstärkt die Spannung intern um den Faktor $T_U = 316$. Berechnen Sie die Spannung U_1 vor dem Verstärker.

3. Eine DVB-T-Antenne (Abb. 5) liefert die Leistung P_1. Das Signal wird direkt in einen Verstärker eingespeist und verstärkt. Der Leistungsdämpfungsfaktor der 75-Ω-Antennenleitung beträgt 21. Bestimmen Sie

a) den Leistungsübertragungsfaktor T_P des Verstärkers,
b) die Leistung an der Gerätedose und
c) den Leistungsverstärkungsfaktor der gesamten Anlage von der Antenne bis zur Gerätedose.

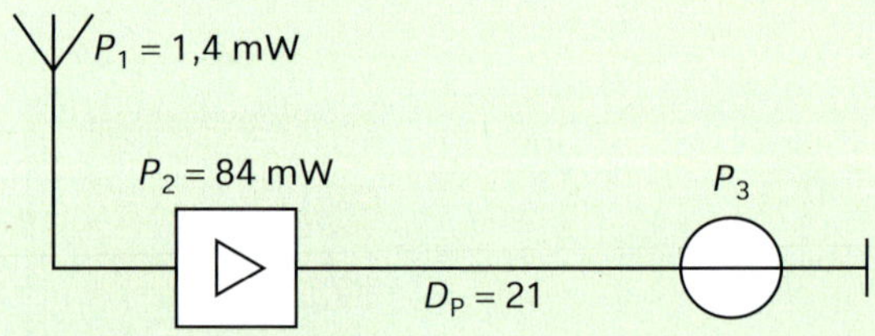

Abb. 5: Antennenanlage

4. Ein Fitnessstudio wird mit einer Audioanlage für leise Hintergrundmusik ausgestattet. Das Eingangssignal mit den elektrischen Werten $U_1 = 7{,}2$ mV und $I_1 = 1{,}8$ mA wird auf eine Spannung $U_2 = 226$ mV verstärkt. Der Leistungsverstärkungsfaktor T_P beträgt 240. Wie groß sind a) der Spannungsverstärkungsfaktor T_U, b) die Leistung P_1 und c) die Leistung P_2?

5. The voltage of a terrestrial aerial $U_1 = 850\ \mu$V is amplified to $U_2 = 35.7$ mV. This signal is fed in a coaxial cable with a loss factor of 34. Calculate

a) the voltage gain factor T_U of the amplifier,
b) the voltage U_3 after the cable and
c) the antenna system's total gain factor T_U.

6. Der Rückkanal eines Kabelmodems für VDSL speist eine Spannung $U_1 = 126$ mV in das Gebäudeverteilungsnetz ein. Bis zum Übergabepunkt des Kabelbetreibers verliert das Signal 20 %.

a) Welchen Wert hat die Spannung am Übergabepunkt?
b) Wie groß ist der Spannungsdämpfungsfaktor?

7. Die Spannung an der Antennendose einer Satellitenanlage soll mindestens 562 µV und maximal 3,2 mV betragen. Die Hausanlage hat einen Spannungsdämpfungsfaktor $D_U = 17$. Zwischen welchen Spannungswerten darf das Einspeisesignal liegen?

10.6.2 Dämpfungs- und Verstärkungsmaße

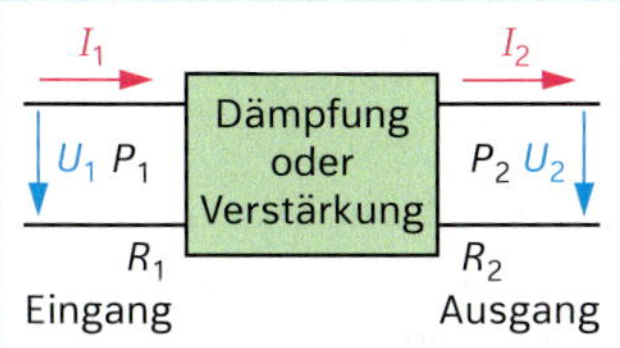

Beim Dämpfungs- und Verstärkungsmaß handelt es sich um das logarithmische Verhältnis zweier Größen einer Übertragungsstrecke. Die Werte werden in Dezibel (dB) angegeben.

Dämpfungs- und Verstärkungsmaße können einfach addiert und subtrahiert werden.

Dämpfungsmaße	Verstärkungsmaße
$a_{du} = 20 \cdot \lg \frac{U_1}{U_2}\,\text{dB}$	$a_{vu} = 20 \cdot \lg \frac{U_2}{U_1}\,\text{dB}$
$a_{dp} = 10 \cdot \lg \frac{P_1}{P_2}\,\text{dB}$	$a_{vp} = 10 \cdot \lg \frac{P_2}{P_1}\,\text{dB}$

$$a_{ges} = a_1 + a_2 + \ldots + a_n$$

a_{du}: Spannungsdämpfungsmaß
a_{vu}: Spannungsverstärkungsmaß
a_{dp}: Leistungsdämpfungsmaß
a_{vp}: Leistungsverstärkungsmaß
a_{ges}: Gesamtdämpfungs- und Verstärkungsmaß

Beispiel

Das analoge Videosignal einer Türsprechstelle wird mit $U_1 = 40$ mV in eine Koaxialleitung eingespeist und auf $U_2 = 850$ µV gedämpft. Mithilfe eines Verstärkers wird das Signal U_2 um $a_{vu} = 35$ dB angehoben. Ermitteln Sie

a) das Dämpfungsmaß a_{du} der Koaxialleitung,
b) das Gesamtdämpfungs- oder Verstärkungsmaß und
c) die Spannung U_3 nach dem Verstärker.

Geg.: $U_1 = 40{,}0$ mV; $U_2 = 850$ µV; $a_{vu} = 35{,}0$ dB
Ges.: a) a_{du}; b) a_{ges}; c) U_3

a) $a_{du} = 20 \cdot \lg \frac{U_1}{U_2}\,\text{db}$;

$a_{du} = 20 \cdot \lg \frac{40\,\text{mV}}{0{,}85\,\text{mV}}\,\text{dB}$; $\underline{\underline{a_{du} = 33{,}5\,\text{dB}}}$

b) $a_{ges} = a_{vu} - a_{du}$;

$a_{ges} = 35{,}0\,\text{dB} - 33{,}5\,\text{dB}$; $\underline{\underline{a_{ges} = 1{,}5\,\text{dB}}}$

c) $a_{uv} = 20 \cdot \lg \frac{U_3}{U_2}\,\text{db}$ $\qquad U_3 = U_2 \cdot 10^{\frac{a_{uv}}{20}}$

$\frac{a_{uv}}{20} = \lg \frac{U_3}{U_2}$ $\qquad U_3 = 0{,}85\,\text{mV} \cdot 10^{\frac{35}{20}}$

$10^{\frac{a_{uv}}{20}} = \frac{U_3}{U_2}$ $\qquad \underline{\underline{U_3 = 47{,}8\,\text{mV}}}$

Aufgaben

1. Die Spannung U_1 einer Antenne für DAB+ beträgt 2,5 mV. Ein Verstärker erhöht das Signal auf $U_2 = 50$ mV. Wie groß ist das Spannungsverstärkungsmaß?

2. Der Spannungsverstärkungsfaktor eines Breitbandkabelverstärkers beträgt $T_u = 46$. Berechnen Sie das Spannungsverstärkungsmaß a_{vu}.

3. In einem Hotel wird das Multimediaangebot über Hochfrequenzleitungen auf die Gästezimmer verteilt und mit einer Leistung $P_1 = 215$ mW eingespeist. Im Zimmer mit der längsten Zuleitung wird eine Leistung $P_2 = 14$ mW gemessen. Welchen Wert hat das Leistungsdämpfungsmaß a_{dp}?

4. The voltage $U_1 = 750$ µV of an aerial system is amplified to $U_2 = 60$ mV. The coaxial cable loses 22.2 dB of the signal and the TV socket causes a 2 dB decrease. Calculate

a) the gain ratio a_{u1} of the amplifier,
b) the damping ratio of the whole system and
c) the voltage U_3 after the socket.

5. Die DVB-T-Anlage eines Einfamilienhauses (Abb. 1) besteht aus einer Linie, die einen Fernsehempfang für drei Zimmer ermöglicht. Die Durchgangsdosen haben eine Durchgangsdämpfung von $a_{du1} = 2{,}4$ dB und eine Anschlussdämpfung von $a_{du2} = 10$ dB.

a) Wie groß ist das Gesamtdämpfungsmaß der Anlage?
b) Welche Spannung steht an der letzten Dose zur Verfügung?

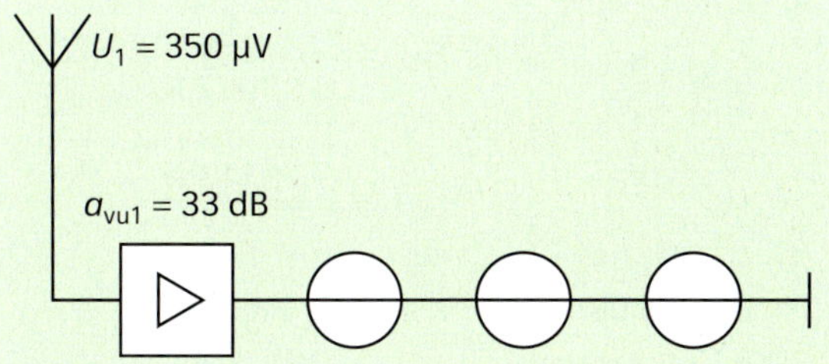

Abb. 1: Wohngebäude

6. Ein Satelliten-Breitbandverstärker reduziert laut Herstellerangabe den Rauschabstand um das Rauschmaß $a_{u2} = 4{,}5$ dB. Das Dämpfungsmaß von Nutzsignal zu Rauschspannung beträgt vor dem Verstärker $a_{u1} = 58$ dB. Die Ausgangsspannung des Verstärkers liegt bei $U_1 = 30$ mV. Berechnen Sie die Rauschspannung U_R nach dem Verstärker.

10.6.3 Spannungspegel

Als Spannungspegel wird das logarithmische Spannungsverhältnis zu einer Bezugsspannung bezeichnet. In der Antennentechnik beträgt die Bezugsspannung meist $U_0 = 1\ \mu V$.

$$L_u = 20 \cdot \lg \frac{U}{U_0}$$

L_u: Spannungspegel $[L_u]$ = dBµV
U: Spannung $[U]$ = V
U_0: Bezugsspannung $[U_0]$ = 1 µV

Spannungspegel, Dämpfungs- und Verstärkungsmaße können einfach addiert und subtrahiert werden.

$$a_{uv} = a_{ges} + L_{umin} - L_v$$

a_{uv}: Mindestverstärkungsmaß
a_{ges}: Gesamtdämpfungsmaß
L_{umin}: Mindestpegel Antennendose
L_v: Pegel vor Verstärkung

Beispiel

In einem mit DVB-C-Sternstruktur versorgtem Wohngebäude ist der Übergabepegel $L_v = 68$ dBµV. Der Mindestpegel für die 256 QAM modulierten Kanäle liegt bei $L_{umin} = 54$ dBµV. Die Leitungsdämpfung beträgt $a_L = 18$ dB. Die Anschlussdämpfung der Antennendose wird mit $a_A = 2{,}4$ dB angegeben. Berechnen Sie

a) den Spannungswert U des Übergabepegels L_v und
b) das Mindestverstärkungsmaß a_{uv}.

Geg.: $L_{umin} = 54$ dBµV; $L_V = 68$ dBµV
$a_L = 18$ dB; $a_A = 2{,}4$ dB
Ges.: a) U; b) a_{uv}

a) $L_u = 20 \cdot \lg \frac{U}{U_0}$ $\qquad U = U_0 \cdot 10^{\frac{L_u}{20}}$

$\lg \frac{U}{U_0} = \frac{L_u}{20}$ $\qquad U = 1\ \mu V \cdot 10^{\frac{68}{20}}$

$\frac{U}{U_0} = 10^{\frac{L_u}{20}}$ $\qquad \underline{\underline{U = 2{,}51\ \text{mV}}}$

b) $a_{uv} = a_L + a_A + L_{umin} - L_v$

$a_{uv} = 18\ \text{dB} + 2{,}4\ \text{dB} + 54\ \text{dBµV} - 68\ \text{dBµV}$

$a_{uv} = 6{,}4$ dB

Aufgaben

1. Die Ausgangsspannung einer terrestrischen Empfangsanlage $U_1 = 3{,}6\ \mu V$ wird um $a = 25$ dB verstärkt. Berechnen Sie

a) den Spannungspegel L_{u1},
b) den Pegel L_{u2} nach der Verstärkung und
c) die Spannung U_2.

2. Ein LNB speist die Zwischenfrequenz über eine Koaxialleitung in die Hausverteilung ein. Die Ausgangsspannung des LNB beträgt $U = 2{,}17$ mV. Berechnen Sie den Spannungspegel L_u in dBµV.

3. The damping ratio of a coaxial cable is 29.7 dB per 100 m. The voltage level of a TV socket is $L_u = 63.2$ dBµV and the cable's length is 22.5 m. Calculate

a) the voltage U at the socket,
b) the damping ratio according to the cable's length and
c) the input voltage of the cable.

4. In einem Wohnviertel erfolgt der Satellitenempfang zentral und die Signale werden optisch mit LWL (Abb. 2) in die Gebäude geleitet, bevor die Signale elektrisch über sternförmige Koaxialleitungen verteilt werden. Der Ausgangspegel des Umsetzers beträgt $L_{u1} = 71$ dBµV. Die Signaldämpfungen der Koaxialleitungen und der Satellitendosen sind zu berücksichtigen (➡ Anhang S. 275). Die Leitungslängen zu den Wohnungen liegen zwischen 10 m und 52 m.

a) Ermitteln Sie den kleinsten und den größten Spannungspegel der Anlage für 800 MHz und 2150 MHz.
b) Welchen Spannungswerten entsprechen die Pegel?

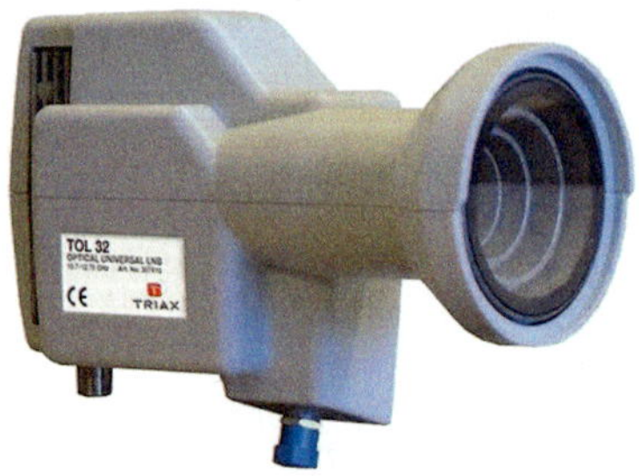

Abb. 2: Optischer LNB

5. Eine DVB-C-Gemeinschaftsanlage wird auf Einhaltung der Pegelwerte (➡ Anhang S. 275) überprüft. Abb. 3 stellt die beiden Extremkonfigurationen dar.

a) Welches Mindestverstärkungsmaß muss für die Frequenz $f = 800$ MHz berücksichtigt werden?
b) Wird der Maximalwert an der pegelstärksten Dose überschritten?

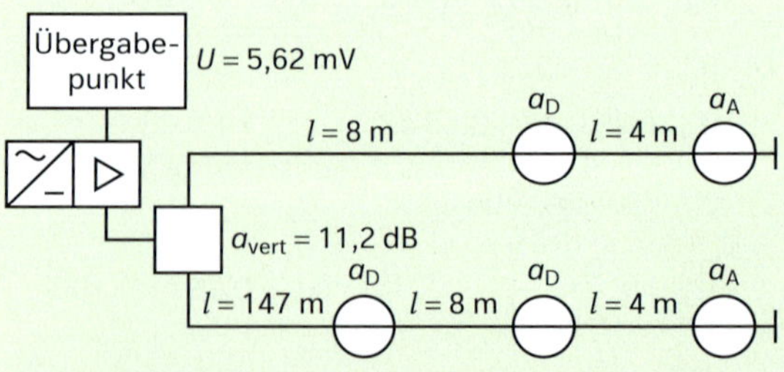

Abb. 3: DVB-C Gemeinschaftsanlage

10.6.4 Biegemoment einer Antennenanlage

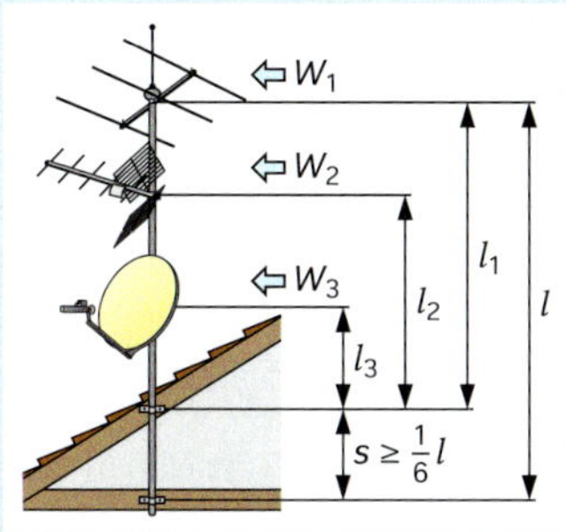

Antennenanlagen bieten dem Wind eine erhöhte Angriffsfläche. Aus diesem Grund muss das Gesamtbiegemoment der Anlage ermittelt werden. Bei Anlagenmasten mit einer Länge bis zu 6 m beträgt das maximale gutachtenfreie Biegemoment 1650 Nm.

$$M_b = W_1 \cdot l_1 + W_2 \cdot l_2 + ... + W_n \cdot l_n$$

$$s \ge \frac{1}{6} \cdot l$$

M_b:	Gesamtbiegemoment	$[M_b]$ = Nm
W:	Windlast der Antenne	$[W]$ = N
l_n:	Länge zum Einspannpunkt	$[l_n]$ = m
l:	Gesamtmastlänge	$[l]$ = m
s:	Mindesteinspannlänge	$[s]$ = m

Beispiel

Ein Einfamilienhaus wird mit einer Antennenanlage ausgestattet. Geplant ist die Montage einer Satellitenschüssel $W_3 = 570$ N, einer DVB-T-Antenne $W_2 = 34$ N und einer Rundfunkantenne $W_1 = 28$ N. Für das Standrohr mit der Länge $l = 3$ m gibt der Hersteller ein maximales Biegemoment $M_{Mast} = 1150$ Nm an. Der Satellitenempfänger muss 50 cm oberhalb des Einspannpunktes montiert werden. Die weiteren Antennen sind symmetrisch auf den Mast aufzuteilen. Berechnen Sie

a) die Mindesteinspannlänge s,

b) die Antennenmontagelängen l_1, l_2 und

c) das Gesamtbiegemoment M_b.

Geg.: $W_1 = 28$ N; $W_2 = 34$ N; $W_3 = 570$ N; $l_3 = 0{,}5$ m; $l = 3$ m; $M = 1150$ Nm

Ges.: a) s; b) l_1, l_2; c) M_b

a) $s \ge \frac{1}{6} \cdot l$; $\quad s \ge \frac{1}{6} \cdot 3$ m; $\quad \underline{\underline{s \ge 0{,}5\text{ m}}}$

b) $l_1 = l - s$; $\quad l_1 = 3\text{ m} - 0{,}5\text{ m}$; $\quad \underline{\underline{l_1 = 2{,}5\text{ m}}}$

$l_2 = \frac{1}{2}(l_1 - l_3) + l_3$;

$l_2 = \frac{1}{2}(2{,}5\text{ m} - 0{,}5\text{ m}) + 0{,}5\text{ m}$; $\quad \underline{\underline{l_2 = 1{,}5\text{ m}}}$

c) $M_b = W_1 \cdot l_1 + W_2 \cdot l_2 + W_3 \cdot l_3$

$M_b = 28\text{ N} \cdot 2{,}5\text{ m} + 34\text{ N} \cdot 1{,}5\text{ m} + 570\text{ N} \cdot 0{,}5\text{ m}$

$\underline{\underline{M_b = 406\text{ Nm}}}$

Das maximale Biegemoment wird nicht erreicht.

Aufgaben

1. Beim Neubau von Reihenhäusern werden die Empfangsanlagen an einem gemeinsamen Mast auf dem Dach montiert. Die Windlasten der Antennen sind $W_1 = 28$ N (UKW), $W_2 = 34$ N (Band III), $W_3 = 96$ N (Band IV/V) und $W_4 = 736$ N (Parabolantenne). Die Länge des Anlagenmasts beträgt $l = 3$ m. Das maximale Biegemoment wird mit $M_{Mast} = 1150$ Nm angegeben. Die Länge von der oberen Einspannstelle zum untersten Antennenmontagepunkt muss mindestens 0,7 m betragen.

a) Bestimmen Sie die Mindesteinspannlänge s.

b) Orden Sie die Antennen technisch sinnvoll auf dem Mast an.

c) Überprüfen Sie, ob das Biegemoment M_b bei symmetrischer Anordnung überschritten wird.

2. Auf dem Dach eines Einfamilienhauses wird eine Antennenanlage mit UKW- und Satellitenempfang installiert. Die Hersteller geben für die Antennen die Windlasten $W_{Sat} = 535$ N und $W_{UKW} = 76$ N an. Die Mastlänge beträgt $l = 1{,}5$ m, die Entfernung vom Einspannpunkt zum Montagepunkt der Satellitenantenne ist $l_{Sat} = 0{,}35$ m. Die UKW-Antenne wird an der Mastspitze befestigt. Berechnen Sie die Mindesteinspannlänge s und das Gesamtbiegemoment M_b.

3. Die Antennenanlage eines Mehrfamilienhauses wird um eine Offset-Parabolantenne erweitert, welche mittig zwischen Einspannstelle und der VHF-Antenne montiert werden soll. Die Dachfläche befindet sich in 22 m Höhe. Der Hersteller der Parabolantenne gibt für Montagehöhen ≥ 20 m einen erhöhten Staudruck von $W_4 = 1110$ N an. Das Mastrohr hat eine eigene Windlastaufnahme $M_5 = 30$ Nm. Überprüfen Sie, ob das statikgutachtenfreie Biegemoment $M_b = 1650$ N überschritten wird.

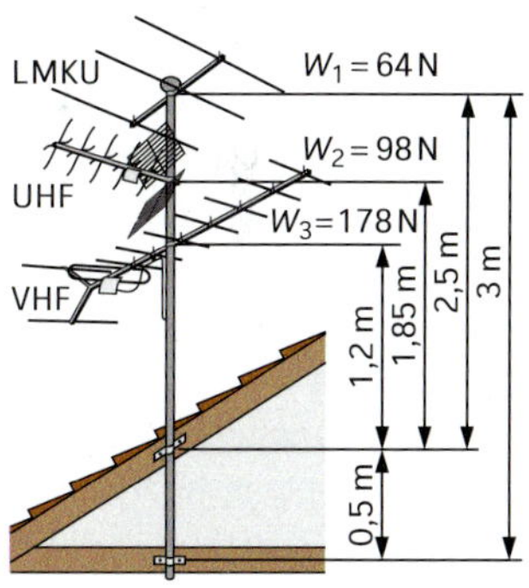

4. Ein Einfamilienhaus wird mit einer 90-cm-Parabol- und einer DAB+-Antenne ausgerüstet. Da das Gebäude ungünstig in einer Talsenke steht, wird ein 6-m-Mastrohr mit einem maximalen Biegemoment $M_{Mast} = 1950$ Nm (Statikgutachten liegt vor) und einer eigenen Windlastaufnahme $M_1 = 40$ Nm installiert. Die Windlasten der Satelliten- und DAB+-Antenne betragen $W_2 = 730$ N, $W_3 = 40$ N. Die Rundfunkantenne wird 5 cm unterhalb der Mastspitze montiert. Berechnen Sie den höchsten zulässigen Montagepunkt der SAT-Antenne.

10.7 Netzwerktechnik

10.7.1 Dämpfungs- und Verstärkungsmaß

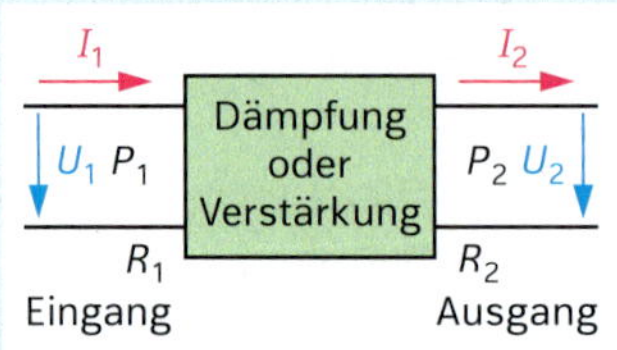

Dämpfungs- und Verstärkungsmaß sind das logarithmische Verhältnis zweier Größen auf Übertragungsstrecken. Die Werte werden in Dezibel (dB) angegeben. Dämpfungs- und Verstärkungsmaße können einfach addiert und subtrahiert werden.

Dämpfungsmaße	Verstärkungsmaße
$a_{du} = 20 \cdot \lg \frac{U_1}{U_2}\,\text{dB}$	$a_{vu} = 20 \cdot \lg \frac{U_2}{U_1}\,\text{dB}$
$a_{dp} = 10 \cdot \lg \frac{P_1}{P_2}\,\text{dB}$	$a_{vp} = 10 \cdot \lg \frac{P_2}{P_1}\,\text{dB}$

$$a_{ges} = a_1 + a_2 + \ldots + a_n$$

a_{du}: Spannungsdämpfungsmaß
a_{vu}: Spannungsverstärkungsmaß
a_{dp}: Leistungsdämpfungsmaß
a_{vp}: Leistungsverstärkungsmaß
a_{ges}: Gesamtdämpfungs- und Verstärkungsmaß

Beispiel

Ein Steuergerät ist über eine $l = 12{,}5$ m lange Datenleitung mit einem Switch verbunden. Diese Industrial-Ethernet-Leitung besitzt laut Datenblatt eine Dämpfung von $a = 9{,}4$ dB/100 m. Das Steuergerät verwendet zur Datenübertragung ein Signal mit einer Spannung von $U_1 = 1$ V. Ermitteln Sie

a) die Dämpfung a_{du} der Datenleitung und
b) die Empfangsspannung U_2.

Geg.: $U_1 = 1{,}0\,\text{V}$; $a = \frac{9{,}4\,\text{dB}}{100\,\text{m}}$; $l = 12{,}5\,\text{m}$
Ges.: a) a_{du}; b) U_2

a) $a_{du} = a \cdot l$;

$$a_{du} = 9{,}4\,\frac{\text{dB}}{100\,\text{m}} \cdot 12{,}5\,\text{m}; \qquad \underline{\underline{a_{du} = 1{,}175\,\text{dB}}}$$

b) $a_{du} = 20 \cdot \lg \frac{U_1}{U_2}\,\text{dB}$

$$\frac{a_{du}}{20} = \lg \frac{U_1}{U_2}; \qquad 10^{\frac{a_{du}}{20}} = \frac{U_1}{U_2}$$

$$U_2 = \frac{U_1}{10^{\frac{a_{du}}{20}}}; \qquad U_2 = \frac{1{,}0\,\text{V}}{10^{\frac{1{,}175}{20}}}; \qquad \underline{\underline{U_2 = 0{,}873\,\text{V}}}$$

Aufgaben

1. Bei einer Gigabit-Datenverbindung wird eine Signalspannung von $U_1 = 0{,}5$ V verwendet. Die Spannung beim Empfänger beträgt nur noch $U_2 = 0{,}125$ V. Berechnen Sie das Spannungsdämpfungsmaß a_{du}.

2. A transmitter modul sends a 1 mW signal. The power at the receiver is 0,25 mW. Calculate the attenuation factor a_{dp}.

3. Das Lichtwellenleitermodul eines Switches sendet mit einer Leistung von $P_1 = 0{,}11$ mW. Beim Empfänger kommt noch eine Leistung von $P_2 = 0{,}055$ mW an. Wie groß ist das Leistungsdämpfungsmaß a_{dp}?

4. Am Empfänger wird eine Empfangsspannung von $U_2 = 0{,}4$ V gemessen. Wie hoch ist die Sendespannung U_1, wenn die Übertragungsstrecke ein Dämpfungsmaß von $a_{du} = 8$ dB besitzt?

5. Für die datentechnische Verbindung zweier Gebäude auf einem Werksgelände wird ein Single-Mode-Lichtwellenleiter eingesetzt. Die Verbindung hat hierbei eine Gesamtdämpfung von $a_{dp} = 1{,}5$ dB. Berechnen Sie die Empfangsleistung P_2, wenn das Sendemodul mit einer Leistung von $P_1 = 1$ mW in den LWL einspeist.

6. Für die Verbindung zweier Standorte wird ein Monomode-Lichtwellenleiter mit einer Dämpfung von $a = 0{,}3$ dB/km verwendet. Das Sendemodul kann mit einer maximalen Leistung von 2,5 mW senden. Das Empfangsmodul benötigt eine Mindestempfangsleistung von $P_2 = 10$ µW. Ermitteln Sie die maximal zulässige Länge l des Lichtwellenleiters.

7. Zur Verbindung zweier Firmengebäude wird ein leistungsstarker Transceiver eingesetzt. Der Lichtwellenleiter, der die Gebäude verbindet, hat eine Dämpfung von 4 dB. Um die Empfangsleistung zu drosseln, wird noch ein Dämpfungsglied mit 12 dB vor den Empfänger gesetzt. Die Sendeleistung P_1 des Transceivers kann zwischen 1 mW und 2,5 mW eingestellt werden. Berechnen Sie

a) die Gesamtdämpfung der Übertragungsstrecke,
b) die minimale Empfangsleistung P_{2min} und
c) die maximale Empfangsleistung P_{2max}.

8. Vom Netzwerkschrank bis zur Netzwerkdose am PC-Arbeitsplatz wird eine S/FTP-Datenleitung der Kategorie 7a verlegt. Die Länge der Leitung beträgt 70 Meter. Die Übertragung arbeitet mit Signalspannungen von 1 V bis –1 V. Ermitteln Sie

a) die Leitungsdämpfung für $f = 31{,}25$ MHz,
b) die Signalspannungen am Empfänger für $f = 31{,}25$ MHz,
c) die Signalspannungen am Empfänger für $f = 62{,}5$ MHz.

f (MHz)	Dämpfung (dB/100 m)
1	1,7
4	3,2
10	5
16	6,3
20	7
31,25	8,9
62,5	13
100	16,2
155	21,2

10.7.2 Leistungspegel

Als Leistungspegel wird das logarithmische Verhältnis eines Leistungswertes zu einer Bezugsleistung bezeichnet. In der Netzwerktechnik beträgt die Bezugsleistung $P_0 = 1$ mW.

$$L_P = 10 \cdot \lg \frac{P}{P_0}$$

Leistungspegel, Dämpfungs- und Verstärkungsmaße können einfach addiert und subtrahiert werden.

$$L_{P2} = L_{P1} + a_{vp} - a_{dp}$$

L_P: Leistungspegel $[L_P]$ = dBm
P: Leistung $[P]$ = W
P_0: Bezugsleistung $[P_0]$ = 1 mW
a_{vp}: Leistungsverstärkungsmaß
a_{dp}: Leistungsdämpfungsmaß

Beispiel

In einen Monomode-Lichtwellenleiter wird ein Signal mit dem Leistungspegel $P_1 = 2$ mW eingespeist. Die Leitungsdämpfung des LWL beträgt $a_{dp1} = 12$ dB. Zusätzlich befindet sich noch ein Dämpfungsglied von $a_{dp2} = 5$ dB vor dem Empfängereingang. Berechnen Sie

a) den Sendepegel L_{P1},
b) den Empfangspegel L_{P2} und
c) die Empfangsleistung P_2.

Geg.: $P_1 = 2$ mW; $a_{dp1} = 7$ dB; $a_{dp2} = 5$ dB
Ges.: a) L_{P1}; b) L_{P2}; b) P_2

a) $L_{P1} = 10 \cdot \lg \frac{P_1}{P_0}$; $L_{P1} = 10 \cdot \lg \frac{2\text{ mW}}{1\text{ mW}}$; $\underline{\underline{L_{P1} = 3\text{ dBm}}}$

b) $L_{P2} = L_{P1} - a_{dp1} - a_{dp2}$

$L_{P2} = 3\text{ dBm} - 7\text{ dB} - 5\text{ dB}$; $\underline{\underline{L_{P2} = -9\text{ dBm}}}$

b) $L_{P2} = 10 \cdot \lg \frac{P_2}{P_0}$; $P_2 = 10^{\frac{L_{P2}}{10}} \cdot P_0$

$\frac{L_{P2}}{10} = \lg \frac{P_2}{P_0}$; $P_2 = 10^{\frac{-9}{10}} \cdot 1\text{ mW}$

$10^{\frac{L_{P2}}{10}} = \frac{P_2}{P_0}$; $\underline{\underline{P_2 = 0{,}126\text{ mW}}}$

Aufgaben

1. Ein Transceiver sendet mit einer Leistung $P_1 = 0{,}5$ mW. Welchem Leistungspegel L_{P1} entspricht dies?

2. Laut Datenblatt benötigt ein Lichtwellenleiterübertragungsmodul einen Mindestempfangspegel von $L_{P2} = -14$ dBm. Welchem absoluten Leistungswert P_2 entspricht dies?

3. The level of a switch is 3 dBm. Calculate the absolute value of the transmitter modul.

4. Das Sendemodul eines Switches überträgt ein Datensignal mit einer Sendeleistung von $P_1 = 2$ mW. Auf der Lichtwellenleiterübertragungsstrecke wird dieses Signal um $a_{dp} = 12$ dB gedämpft. Berechnen Sie

a) den Leistungspegel L_{P1} des gesendeten Signals,
b) den Empfangspegel L_{P2} und
c) die Empfangsleistung P_2.

5. Ein WLAN-Router sendet bei $f = 2{,}4$ GHz mit maximal $L_{P1} = 20$ dBm und bei $f = 5{,}25$ GHz mit maximal $L_{P2} = 23$ dBm. Berechne den Leistungsunterschied in Watt zwischen diesen beiden Sendepegeln.

6. Der Laser eines LWL-Übertragungsmodul hat eine Leistung von 2,5 mW. Der Lichtwellenleiter besitzt eine Dämpfung von 15 dB. Zudem befinden sich auf der Übertragungsstrecke noch mehrere optische Steckverbinder, die zusammen eine Dämpfung von 1,2 dB besitzen. Ermitteln Sie

a) den Empfangspegel L_{P2} und
b) die Empfangsleistung P_2.

7. Der Transceiver aus Abb. 1 wird sende- und empfangsseitig bei einer LWL-Übertragungsstecke eingesetzt. Aus den technischen Unterlagen geht hervor, dass er eine Sendeleistung von $L_{P1} = 5$ dBm und eine Empfängerempfindlichkeit von $L_{P2min} = -23$ dBm hat. Auf der Übertragungsstrecke befinden sich neben dem LWL noch 4 optische Steckverbinder. Pro optischen Steckverbinder ist mit einer typischen Dämpfung von 0,2 dB zu rechnen. Zusätzlich befindet sich in der Übertragungsstrecke ein optischer Verstärker mit $a_{vp} = 12$ dB. Der eingesetzte Monomode-LWL besitzt eine Dämpfung von 0,6 dB pro km. Ermitteln Sie

a) die maximal zulässige Länge des Lichtwellenleiters,
b) den Empfangspegel bei einer Streckenlänge von $l = 50$ km und
c) die absolute Empfangsleistung P_2.

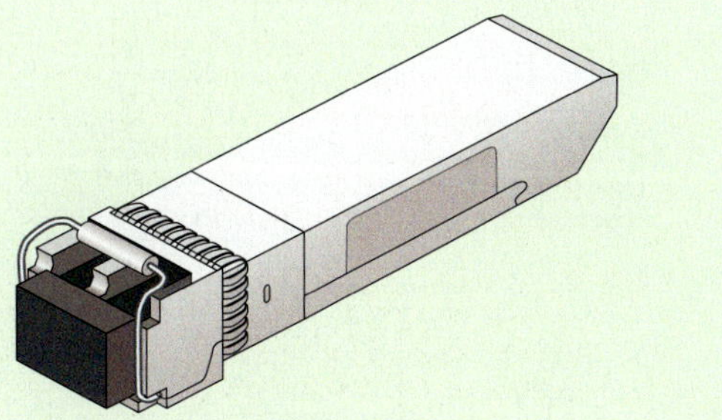

Abb. 1: SFP+ Transceiver Modul

11 Elektrische Maschinen

11.1 Transformatoren

11.1.1 Übersetzungsverhältnisse

Spannungsübersetzung

Bei einem verlustlosen Transformator bestimmt das Verhältnis der Windungszahlen von Primärwicklung N_1 und Sekundärwicklung N_2 das Verhältnis der Primärspannung U_1 zur Sekundärspannung U_2.

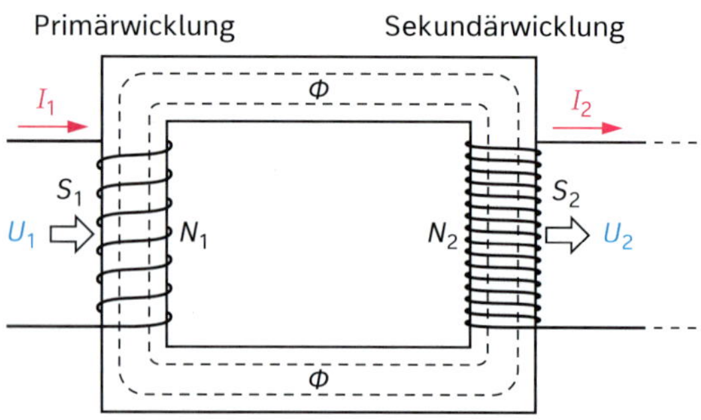

$$\frac{N_1}{N_2} = \frac{U_1}{U_2} \qquad ü = \frac{U_1}{U_2} \qquad ü = \frac{N_1}{N_2}$$

Stromübersetzung

Beim verlustfreien Transformator entspricht die aufgenommene Scheinleistung S_1 der abgegebenen Scheinleistung S_2. Die Ströme verhalten sich umgekehrt zu den Spannungen.

$$S_1 = S_2$$

$$U_1 \cdot I_1 = U_2 \cdot I_2$$

$$\frac{U_1}{U_2} = \frac{I_2}{I_1} \qquad ü = \frac{I_2}{I_1}$$

N_1:	Windungszahl Primärwicklung	
N_2:	Windunsgzahl Sekundärwicklung	
U_1:	Primärspannung (Eingangsspannung)	$[U_1] = \mathrm{V}$
U_2:	Sekundärspannung (Ausgangsspannung)	$[U_2] = \mathrm{V}$
$ü$:	Übersetzungsverhältnis	
I_1:	Strom in der Primärwicklung	$[I_1] = \mathrm{A}$
I_2:	Strom in der Sekundärwicklung	$[I_2] = \mathrm{A}$
S_1:	aufgenommene Scheinleistung	$[S_1] = \mathrm{VA}$
S_2:	abgegebene Scheinleistung (Bemessungsleistung)	$[S_2] = \mathrm{VA}$

Beispiel

Ein Einphasentransformator mit einer Bemessungsleistung von $S = 600\ \mathrm{VA}$ und einer Nennausgangsspannung von $U_2 = 48\ \mathrm{V}$ besitzt ein Übersetzungsverhältnis $ü = 4{,}8$ und eine Primärwindungszahl von $N_1 = 350$.

Berechnen Sie

a) die Nenneingangsspannung U_1,
b) die Windungszahl N_2 der Sekundärwicklung und
c) den Strom I_1 in der Primärwicklung bei Nennbelastung.

Geg.: $N_1 = 350$; $ü = 4{,}8$; $U_2 = 48\ \mathrm{V}$; $S = 600\ \mathrm{VA}$

Ges.: a) U_1; b) N_2; c) I_1

a) $ü = \frac{U_1}{U_2}$

$U_1 = ü \cdot U_2$

$U_1 = 4{,}8 \cdot 48\ \mathrm{V}$

$\underline{\underline{U_1 = 230\ \mathrm{V}}}$

b) $ü = \frac{N_1}{N_2}$

$N_2 = \frac{N_1}{ü}$

$N_2 = \frac{350}{4{,}8}$

$\underline{\underline{N_2 = 73}}$

c) $I_2 = \frac{S}{U_2}$

$I_2 = \frac{600\ \mathrm{VA}}{48\ \mathrm{V}}$

$\underline{I_2 = 12{,}5\ \mathrm{A}}$

$I_1 = \frac{I_2}{ü}$

$I_1 = \frac{12{,}5\ \mathrm{A}}{4{,}8}$

$\underline{\underline{I_1 = 2{,}6\ \mathrm{A}}}$

Aufgaben

1. Ein Steckernetzteil mit den Bemessungswerten 230 V/24 V besitzt sekundärseitig 30 Windungen. Berechnen Sie

a) das Übersetzungsverhältnis des Transformators und
b) die Windungszahl der Primärwicklung.

2. Ein idealer Einphasentransformator mit einer Bauleistung von 120 VA und einer Nennausgangsspannung von 9,2 V besitzt ein Übersetzungsverhältnis $ü = 25$ sowie eine Primärwindungszahl von 600. Berechnen Sie für den Nennbetrieb

a) die Nenneingangsspannung U_1,
b) die Windungszahl N_2 der Sekundärwicklung,
c) den Strom I_2 in der Sekundärwicklung und
d) den Strom I_1 in der Primärwicklung.

3. Ein Transformator setzt eine Spannung von 230 V auf 9 V herunter. Dabei liefert er ausgangsseitig einen Strom der Stärke 2,3 A. Berechnen Sie

a) die Stromstärke I_1 in der Primärwicklung und
b) die vom Transformator übertragene Scheinleistung S_1.

4. An ideal single-phase transformer has 120 turns on the primary winding and 600 turns on the secondary winding. Determine the voltage induced in the secondary winding, if the primary winding is connected to 110 V.

5. Ein Kleintransformator besitzt ein Übersetzungsverhältnis $ü = 20$ und eine Ausgangsspannung $U_2 = 6$ V. Er wird mit einem Widerstand $R_L = 20\ \Omega$ belastet.
Berechnen Sie
a) die Stromstärke in der Sekundärwicklung,
b) die Eingangsspannung des Transformators,
c) die Stromstärke in der Primärwicklung und
d) die vom Transformator übertragene Scheinleistung.

6. Ein Transformator besitzt primärseitig 150 Windungen und sekundärseitig 550 Windungen. Er wird an 230 V angeschlossen und mit einen Widerstand von 479 Ω belastet. Berechnen Sie
a) die Sekundärspannung,
b) die Ströme in der Primär- und Sekundärwicklung sowie
c) die aufgenommene Scheinleistung des Transformators.

7. Ein 12-V-Beleuchtungssystem besteht aus fünf Leuchtmitteln mit einer Leistung von je 10 Watt. Es ist über einen Transformator an das 230-V-Netz angeschlossen. Berechnen Sie
a) das Übersetzungsverhältnis,
b) die Stromstärke im Sekundärstromkreis,
c) die Stromstärke in der Primärwicklung und
d) die Windungszahlen von Primär- und Sekundärwicklung, wenn der Transformator 7,3 Windungen pro Volt besitzt.

8. Ein Transformator mit einem Übersetzungsverhältnis $ü = 1$ besitzt primär- und sekundärseitig Anzapfungen, die gleichmäßig über die jeweiligen Wicklungen verteilt sind. Für Messzwecke werden unterschiedliche Schaltungsvarianten verwendet. Bestimmen Sie die fehlenden Werte in der nachfolgenden Tabelle:

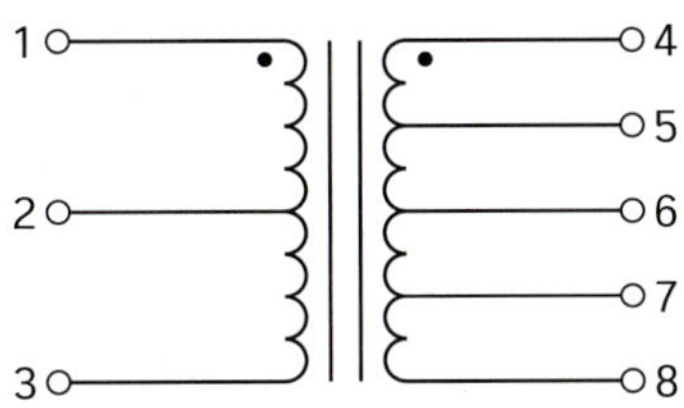

	Anschlüsse	Spannung	Anschlüsse	Spannung
a)	1–3	230 V	4–5	
b)	1–2	500 V	4–8	
c)	1–2	110 V	4–7	
d)	2–3		6–7	30 V
e)	1–3	230 V		172,5 V

9. In an English manufacturer's description you find the following circuit diagram (Fig. 1). Calculate the load resistance R_L.

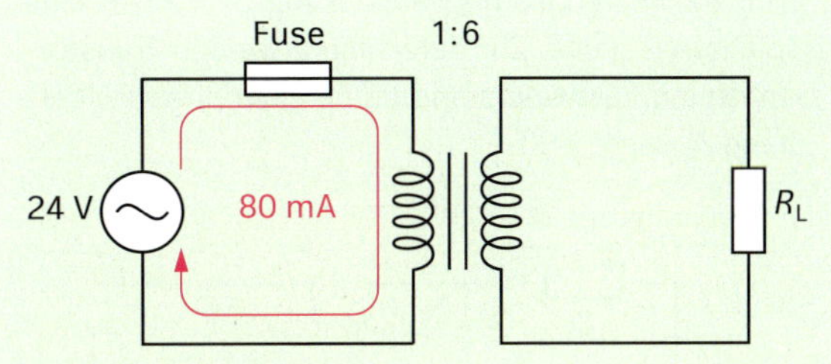

Fig. 1: Circuit diagram

10. Vier Transformatorspulen mit den Windungszahlen $N_{11} = N_{12} = 1000$ und $N_{21} = N_{22} = 500$ werden entsprechend Abb. 2 zusammengeschaltet. Die Eingangsspannung U_1 beträgt 200 V. Die Schaltung wird mit $R_L = 50\ \Omega$ belastet. Berechnen Sie
a) die Größen U_2, I_2 und I_1 wenn die zwei Sekundärwicklungen in Reihe geschaltet sind (Abb. 2a),
b) die Größen U_2, I_2 und I_1 wenn die zwei Sekundärwicklungen parallel geschaltet sind (Abb. 2b) und
c) die Ströme durch die Wicklungen N_{21} und N_{22} für beide Schaltungsvarianten.

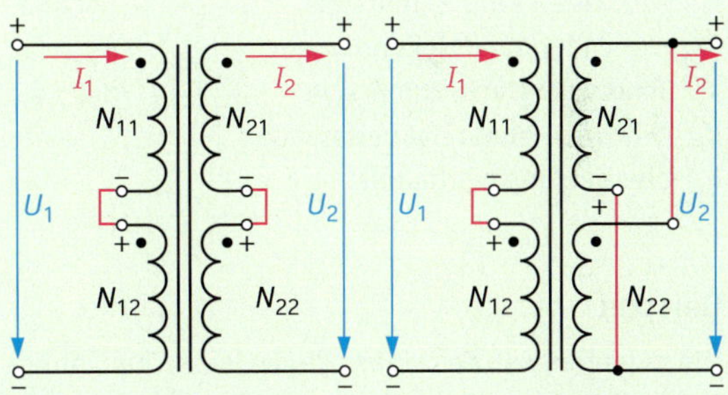

Abb. 2a: Reihenschaltung **Abb. 2b: Parallelschaltung**

11. Ein Durchsteckstromwandler besitzt 80 Sekundärwindungen. Der Messstrom beträgt 2,56 A. Der Endwert des Amperemeters beträgt 5 A.

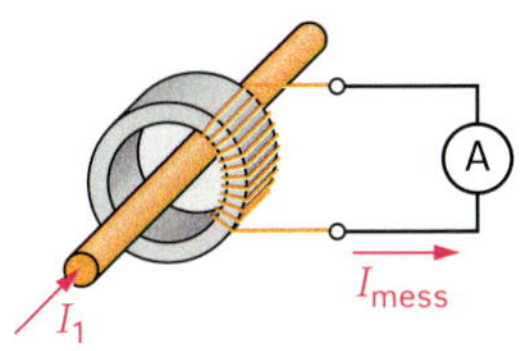

a) Weisen Sie nach, dass die Stromstärke im Messkreis mithilfe der folgenden Formel bestimmt werden kann:
$$I_{mess} = \frac{1}{N_2} \cdot I_1$$
b) Berechnen Sie die Stromstärke I_1.
c) In welchem Bereich liegt der Wert des Stroms I_1, wenn für das Strommessgerät eine Toleranz von 2 % vom Endwert angegeben wird?

Widerstandsübersetzung

Transformatoren übersetzen einen Widerstandswert von der Ausgangsseite zur Eingangsseite. Dies ermöglicht die Leistungsanpassung $Z_1 = R_i$ an eine Spannungsquelle. Zur Berechnung werden Transformator und Lastwiderstand durch einen Ersatzwiderstand Z_1 dargestellt.

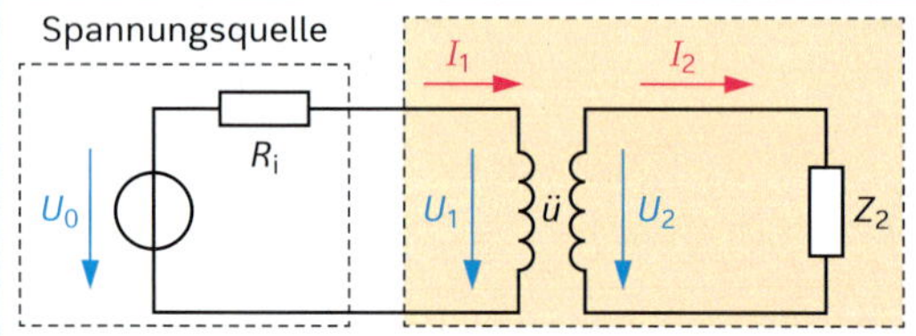

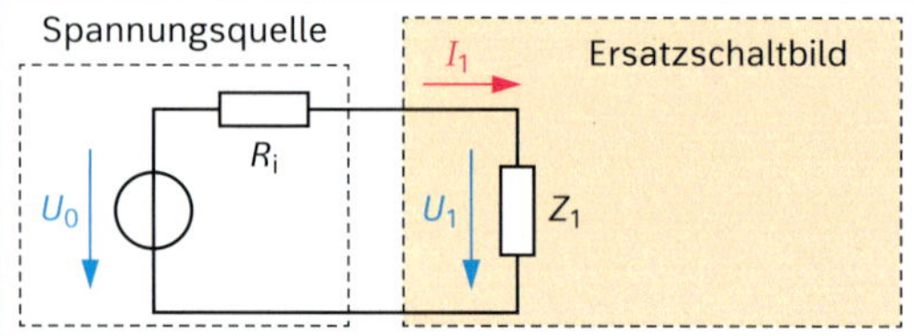

$$\frac{N_1}{N_2} = \sqrt{\frac{Z_1}{Z_2}} \qquad \frac{N_1}{N_2} = \sqrt{\frac{R_1}{R_2}} \qquad \frac{N_1}{N_2} = \sqrt{\frac{X_1}{X_2}} \qquad Z_1 = ü^2 \cdot Z_2$$

Z_1: Scheinwiderstand Primärseite	$[Z_1] = \Omega$
Z_2: Scheinwiderstand Sekundärseite	$[Z_2] = \Omega$
R_1: Wirkwiderstand Primärseite	$[R_1] = \Omega$
R_2: Wirkwiderstand Sekundärseite	$[R_2] = \Omega$
X_1: Blindwiderstand Primärseite	$[X_1] = \Omega$
X_2: Blindwiderstand Sekundärseite	$[X_2] = \Omega$
$ü$: Übersetzungsverhältnis	

Beispiel

Die Ausgangsstufe eines Verstärkers hat einen Innenwiderstand $R_i = 100\ \Omega$. Mithilfe eines Übertragers ($N_2 = 1000$) wird der Lastwiderstand $Z_2 = 4\ \Omega$ an den Verstärker angepasst. Welche Primärwindungszahl besitzt der Übertrager?

Geg.: $R_i = 100\ \Omega \rightarrow Z_1 = 100\ \Omega$; $Z_2 = 4\ \Omega$; $N_2 = 1000$

Ges.: N_1

$$\frac{N_1}{N_2} = \sqrt{\frac{Z_1}{Z_2}}; \qquad N_1 = N_2 \cdot \sqrt{\frac{Z_1}{Z_2}};$$

$$N_1 = 1000 \cdot \sqrt{\frac{100\ \Omega}{4\ \Omega}}; \qquad \underline{\underline{N_1 = 5000 \text{ Windungen}}}$$

Aufgaben

1. Ein Lastwiderstand $R_L = 6\ \Omega$ soll mithilfe eines Übertragers ($N_2 = 600$) an die Ausgangsstufe eines Verstärkers (Innenwiderstand $R_i = 16\ \Omega$) angepasst werden. Berechnen Sie die Primärwindungszahl des Übertragers.

2. Ein Verstärker (Abb. 3) soll mithilfe eines Übertragers einen Lautsprecher ansteuern. Bestimmen Sie das Übersetzungsverhältnis des Übertragers, damit die maximale Leistung an den Lautsprecher abgegeben wird.

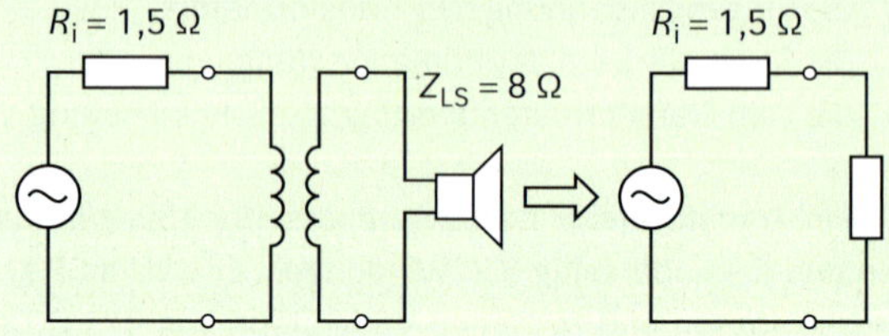

Abb. 3: Leistungsanpassung

3. Ein Lastwiderstand R_L ist über einen Transformator an eine ideale Spannungsquelle ($R_i = 0\ \Omega$) angeschlossen. Berechnen Sie die Stromstärke in der Primärwicklung für folgende Übersetzungsverhältnisse:

a) $ü = 1:4$
b) $ü = 12:1$

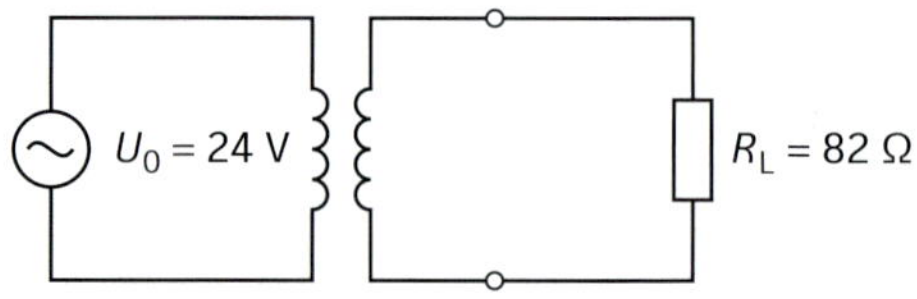

4. A load resistance is connected through a transformer to an amplifier with an internal resistance of 0.2 Ω. The turns ratio of the transformer is 1 to 9. Determine the optimum value of the load resistance for maximum power transfer.

5. Eine ideale Spule wird mithilfe eines Übertragers ($ü = 20$) an ein Netzgerät angeschlossen. Dieses liefert eine Spannung von 30 V/200 Hz. Der Innenwiderstand des Netzgerätes wird vernachlässigt. Berechnen Sie die Induktivität L der Spule, wenn im Primärkreis ein Strom der Stärke 260 mA fließt.

6. Ein Einphasentransformator (230 V/500 V) ist primärseitig an eine 230-V-Spannungsversorgung angeschlossen, deren Innenwiderstand $R_i = 10\ \Omega$ beträgt. Er wird sekundärseitig mit einem Widerstand $R_2 = 470\ \Omega$ belastet. Berechnen Sie

a) die im Sekundärkreis umgesetzte Leistung und
b) die Quellenspannung U_0.
c) Welche Last muss sekundärseitig angeschlossen werden, damit die maximale Leistung übertragen wird?

7. Ein Transformator mit den Windungszahlen $N_1 = 1200$ und $N_2 = 700$ wird mit einer Reihenschaltung aus Kondensator $C_2 = 2{,}2\ \mu F$ und Widerstand $R_2 = 560\ \Omega$ belastet. Die Eingangsspannung des Transformators beträgt 6 V/50 Hz. Berechnen Sie a) die Stromstärken in der Primär- und Sekundärwicklung und b) die übersetzten Widerstandswerte R_1 und X_1.

11.1.2 Transformatorenhauptgleichung

Die Transformatorenhauptgleichung stellt den mathematischen Zusammenhang zwischen dem magnetischen Fluss ϕ und der induzierten Spannung U_0 in einer Transformatorspule mit der Windungszahl N her. Sie gilt alleine für sinusförmige Spannungen.

$$U_0 = 4{,}44 \cdot f \cdot N \cdot \hat{\phi} \qquad \hat{\phi} = \hat{B} \cdot A_{mag}$$

Der magnetisch wirksame Eisenquerschnitt A_{mag} ist wegen der Isolierung der Eisenflächen kleiner als der geometrische Kernquerschnitt A_{geo}. Der Eisenfüllfaktor η_{Fe} gibt das Verhältnis von A_{mag} zu A_{geo} an.

$$\eta_{Fe} = \frac{A_{mag}}{A_{geo}}$$

U_0: Leerlaufspannung (Effektivwert) $[U_0] = V$
f: Frequenz von ϕ und U $[f] = Hz$
N: Windungszahl
η_{Fe}: Eisenfüllfaktor
A_{mag}: magnetischer Kernquerschnitt $[A_{mag}] = m^2$
A_{geo}: geometrischer Kernquerschnitt $[A_{geo}] = m^2$
$\hat{\phi}$: magn. Fluss (Scheitelwert) $[\hat{\phi}] = 1\ Wb = 1\ Tm^2$
$\hat{B}$: magnetische Flussdichte (Scheitelwert) $[\hat{B}] = 1\ T = 1\ \frac{Vs}{m^2}$

Beispiel

Ein Einphasentransformator hat 600 Primärwindungen und 1400 Sekundärwindungen. Die Primärseite ist an 230 V/50 Hz angeschlossen. Der geometrische Kernquerschnitt beträgt 10 cm x 5 cm und der Eisenfüllfaktor $\eta_{Fe} = 0{,}92$. Berechnen Sie

a) den magnetischen Kernquerschnitt A_{mag},
b) den Scheitelwert der magn. Flussdichte $\hat{B}$ und
c) die Spannung U_2, die an der Sekundärwicklung abgegriffen werden kann.

Geg.: $N_1 = 600$; $N_2 = 1400$; $U_1 = 230\ V$; $f = 50\ Hz$; $A_{geo} = 10\ cm \times 5{,}0\ cm$; $\eta_{Fe} = 0{,}92$

Ges.: a) A_{mag}; b) $\hat{B}$; c) U_2

a) $A_{mag} = \eta_{Fe} \cdot A_{geo}$; $A_{mag} = 0{,}92 \cdot 0{,}1\ m \cdot 0{,}05\ m$;
$\underline{\underline{A_{mag} = 0{,}0046\ m^2}}$

b) $\hat{\phi} = \frac{U_1}{4{,}44 \cdot f \cdot N_1}$ $\quad \hat{B} = \frac{\hat{\phi}}{A_{mag}}$; $\hat{B} = \frac{0{,}0017\ Wb}{0{,}0046\ m^2}$

$\hat{\phi} = \frac{230\ V}{4{,}44 \cdot 50\ Hz \cdot 600}$ $\quad \hat{B} = \frac{0{,}0017\ T \cdot m^2}{0{,}0046\ m^2}$

$\underline{\hat{\phi} = 1{,}7\ mWb}$ $\quad \underline{\underline{\hat{B} = 0{,}38\ T}}$

c) $U_2 = 4{,}44 \cdot f \cdot N_2 \cdot \hat{\phi}$
$U_2 = 4{,}44 \cdot 50\ Hz \cdot 1400 \cdot 0{,}0017\ Wb$
$\underline{\underline{U_2 = 528\ V}}$

Aufgaben

1. Ein Einphasentransformator besitzt 550 Primärwindungen und 1200 Sekundärwindungen. Der magnetische Kernquerschnitt beträgt 850 mm². Der Transformator wird an eine Spannungsquelle mit 230 V/50 Hz angeschlossen. Berechnen Sie

a) die magnetische Flussdichte $\hat{B}$ im Eisenkern und
b) die in der Sekundärwicklung induzierte Spannung.

2. Der geometrische Kernquerschnitt eines 50-Hz-Einphasentransformators mit den Werten 500 V/100 V beträgt 12 cm². Der Hersteller gibt einen Eisenfüllfaktor von 0,88 an. Der Scheitelwert der magnetischen Flussdichte wird mit 1,1 T angenommen. Bestimmen Sie die Windungszahlen der Primär- und Sekundärwicklung.

3. Mit dem Spulenkörper aus Abb. 1 soll ein Transformator hergestellt werden. Bei einer Eingangsspannung von 110 V/60 Hz sind lt. Hersteller 600 Windungen notwendig.

a) Welches EI-Blech (➡ Anhang S. 276) eignet sich hierfür?
b) Berechnen Sie den magnetischen Eisenquerschnitt für einen Eisenfüllfaktor von 0,8.
c) Wie groß ist der Scheitelwert der magnetische Flussdichte?
d) Welche Ausgangsspannung ergibt sich bei einer Sekundärwindungszahl von 131?

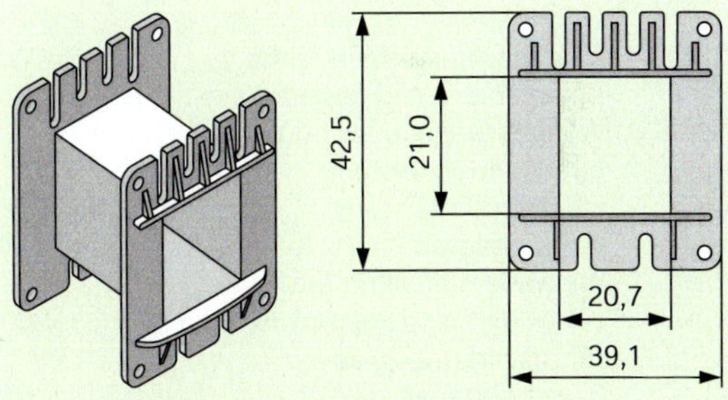

Abb. 1: Spulenkörper (Maße in mm)

4. Ein Ringkerntransformator mit Kern nach Abb. 2 und einem Eisenfüllfaktor von 0,82 soll eine Spannung von 60 V/50 Hz auf 12 V transformieren. Berechnen Sie die Windungszahlen, damit die magnetische Flussdichte von 80 mT nicht überschritten wird.

A	B	C
96	52	38

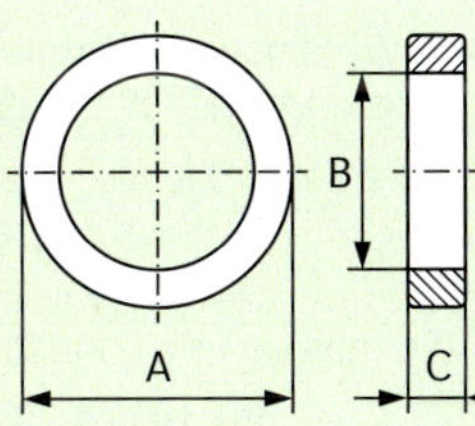

Abb. 2: Ringkern (Maße in mm)

11.1.3 Wirkungsgrad von Transformatoren

Beim Betrieb eines realen Transformators treten Kupferverluste P_{VCu} und Eisenverluste P_{VFe} auf. Dadurch verringert sich der Wirkungsgrad im Vergleich zu einem idealen Transformator.

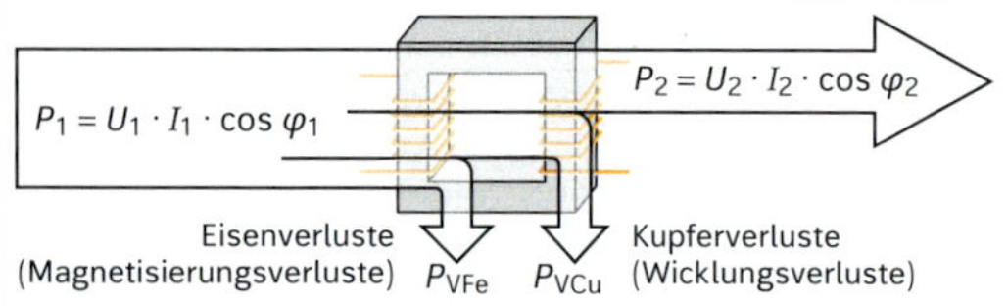

$$\eta = \frac{P_2}{P_1} = \frac{P_2}{P_2 + P_{VCu} + P_{VFe}}$$

Kupferverluste sind lastabhängig und lassen sich mithilfe der ohmschen Wicklungswiderstände R_1 und R_2 berechnen.

$$P_{VCu} = R_1 \cdot I_1^2 + R_2 \cdot I_2^2$$

Jahreswirkungsgrad η_J

Der Jahreswirkungsgrad η_J stellt das Verhältnis der abgegebenen Arbeit W_2 zur aufgenommenen Arbeit W_1 dar. Hierbei wird die Einschaltdauer t_E und die Belastungsdauer t_B eines Transformators berücksichtigt.

$$\eta_J = \frac{W_2}{W_1} = \frac{P_2 \cdot t_B}{P_2 \cdot t_B + P_{VCu} \cdot t_B + P_{VFe} \cdot t_E}$$

P_1:	aufgenommene Wirkleistung	$[P_1]$	= W
P_2:	abgegebene Wirkleistung	$[P_2]$	= W
$\cos\varphi_{1/2}$:	Wirkleistungsfaktor primär/sekundär		
P_{VCu}:	Kupferverlustleistung	$[P_{VCu}]$	= W
P_{VFe}:	Eisenverlustleistung	$[P_{VFe}]$	= W
η:	Wirkungsgrad		
R_1:	Wirkwiderstand Primärwicklung	$[R_1]$	= Ω
R_2:	Wirkwiderstand Sekundärwicklung	$[R_2]$	= Ω
η_J:	Jahreswirkungsgrad		
t_E:	Einschaltdauer	$[t_E]$	= h
t_B:	Belastungsdauer	$[t_B]$	= h
W_1:	aufgenommene Arbeit	$[W_1]$	= J
W_2:	abgegebene Arbeit	$[W_2]$	= J

Beispiel

Ein 36-kVA-Transformator nimmt im Kurzschlussversuch 900 W und im Leerlauf 450 W auf. Berechnen Sie den Wirkungsgrad η des Transformators für einen Wirkleistungsfaktor $\cos\varphi_2 = 0{,}8$.

Geg.: $S = 36$ kVA; $P_{VCu} = 900$ W; $P_{VFe} = 450$ W; $\cos\varphi_2 = 0{,}8$

Ges.: η

$$\eta = \frac{S_2 \cdot \cos\varphi_2}{S_2 \cdot \cos\varphi_2 + P_{VCu} + P_{VFe}}$$

$$\eta = \frac{36 \cdot 10^3\,\text{VA} \cdot 0{,}8}{36 \cdot 10^3\,\text{VA} \cdot 0{,}8 + 900\,\text{W} + 450\,\text{W}}; \quad \underline{\underline{\eta = 0{,}96}}$$

Aufgaben

1. Ein 4-kVA-Einphasentransformator besitzt laut Hersteller eine Eisenverlustleistung von $P_{VFe} = 60$ W und eine Kupferverlustleistung von $P_{VCu} = 200$ W. Berechnen Sie den Wirkungsgrad des Transformators bei Nennlast. Gehen Sie von einem Wirkleistungsfaktor $\cos\varphi_2 = 1$ aus.

2. Ein Kleintransformator mit einem Wirkungsgrad $\eta = 85\,\%$ nimmt bei Belastung primärseitig die Wirkleistung $P_1 = 70$ W auf. Die dabei entstehenden Kupferverluste betragen $P_{VCu} = 7{,}9$ W. Berechnen Sie die Eisenverluste des Transformators.

3. Connected to terminal $U_1 = 110$ V, a transformer absorbs the current $I_1 = 4.6$ A at $\cos\varphi_1 = 0.83$. The values on the secondary side are $U_2 = 48$ V, $I_2 = 9.2$ A and $\cos\varphi_2 = 0.79$. Calculate the efficiency and the total losses of this transformer.

4. Bei der Prüfung eines 160-VA-Transformators wird dieser mit unterschiedlichen ohmschen Widerständen belastet. Bei konstanter Eingangsspannung ergeben sich folgende Messwerte:

Messung	P_1 in W	U_2 in V	I_2 in A
1	78	23,1	3,0
2	150	22,3	5,7

Berechnen Sie für beide Messungen den Wirkungsgrad des Transformators und begründen Sie, warum sich dieser Wert für unterschiedliche Betriebsfälle verändert.

5. Ein Experimentiertransformator ($U_1 = 230$ V) besitzt die Wicklungswiderstände $R_1 = 0{,}3\ \Omega$ und $R_2 = 4\ \text{m}\Omega$. Bei Belastung gibt dieser bei einer Ausgangsspannung von 3,6 V einen Strom der Stärke 95 A ab. Hierbei nimmt der Transformator bei $\cos\varphi_1 = 0{,}95$ eine Leistung von 364 W auf. Der Wirkleistungsfaktor im Ausgangskreis beträgt 0,8. Berechnen Sie die Kupfer- und Eisenverluste für diesen Betriebszustand.

6. Ein Transformator mit nachfolgendem Leistungsschild ist ganzjährig in Betrieb und wird durchschnittlich 4800 Stunden voll belastet. Die Eisenverluste betragen 1,1 kW, die Kupferverluste 3,1 kW. Das Netz hat einen mittleren Wirkleistungsfaktor von 0,89.

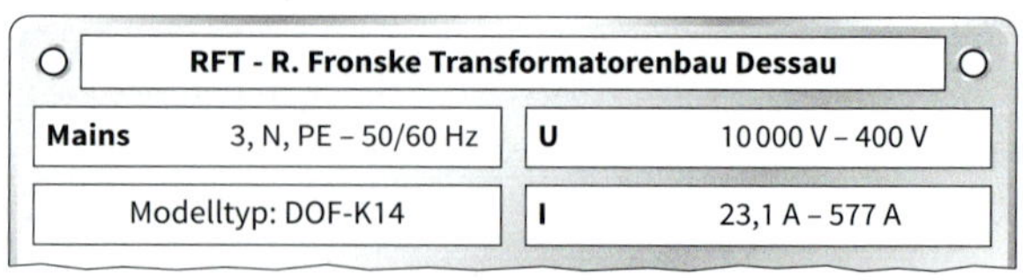

a) Berechnen Sie den Wirkungsgrad und
b) den Jahreswirkungsgrad des Transformators.

11.1.4 Kurzschlussspannung und Kurzschlussstrom

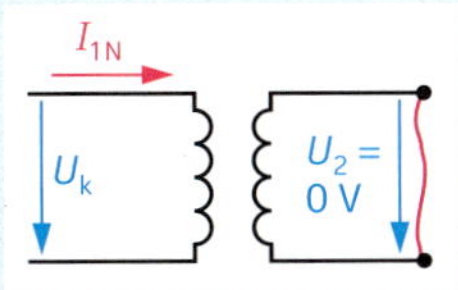

Im Kurzschlussversuch wird primärseitig die Kurzschlussspannung U_k angelegt. Diese bewirkt, dass in der Primärwicklung der Nennstrom I_{1N} fließt. Meist wird die relative Kurzschlussspannung u_k (in %), bezogen auf die Nennspannung U_{1N}, angegeben.

$$u_k = \frac{U_k \cdot 100\,\%}{U_{1N}}$$

Im Augenblick des Kurzschlusses fließt der Stoßkurzschlussstrom I_S. Dieser pendelt sich nach einigen Halbwellen auf den Dauerkurzschlussstrom I_{kd} ein.

$$I_S = 2{,}55 \cdot I_{kd} \qquad I_{kd} = \frac{I_{1N} \cdot 100\,\%}{u_k}$$

U_k: Kurzschlussspannung $[U_k]$ = V
U_{1N}: Nennspannung primärseitig $[U_{1N}]$ = V
u_k: relative Kurzschlussspannung $[u_k]$ = %
I_{1N}: Nennstrom primärseitig $[I_{1N}]$ = A
I_{kd}: Dauerkurzschlussstrom primärseitig $[I_{kd}]$ = A
I_S: Stoßkurzschlussstrom primärseitig $[I_S]$ = A

Beispiel

Ein Einphasentransformator hat die Nennspannung 230 V/24 V. Im Kurzschlussfall fließt bei einer Primärspannung von 20 V der primärseitige Nennstrom $I_{1N} = 1{,}2$ A.

Berechnen Sie
a) die relative Kurzschlussspannung u_k und
b) den Dauerkurzschlussstrom I_{kd}.

Geg.: $U_1 = 230$ V; $U_2 = 24$ V; $U_k = 20$ V; $I_{1N} = 1{,}2$ A
Ges.: a) u_k; b) I_{kd}

a) $u_k = \frac{U_k \cdot 100\,\%}{U_{1Nenn}}$ b) $I_{kd} = \frac{I_{1N} \cdot 100\,\%}{u_k}$

$u_k = \frac{20\text{ V} \cdot 100\,\%}{230\text{ V}}$ $I_{kd} = \frac{1{,}2\text{ A} \cdot 100\,\%}{8{,}7\,\%}$

$\underline{\underline{u_k = 8{,}7\,\%}}$ $\underline{\underline{I_{kd} = 138\text{ A}}}$

Aufgaben

1. Ein Einphasentransformator (110 V/6 V) besitzt eine Kurzschlussspannung $U_k = 15$ V und einen primärseitigen Nennstrom von $I_{1N} = 0{,}8$ A. Berechnen Sie
a) die relative Kurzschlussspannung u_k und
b) den Dauerkurzschlussstrom I_{kd} für einen möglichen Kurzschlussfall im Nennbetrieb.

2. Bei einem Transformator soll das Kurzschlussverhalten messtechnisch untersucht werden. Der Hersteller gibt folgende Werte an: $U_1 = 600$ V; $U_2 = 230$ V; $u_k = 3{,}5$ %; $I_1 = 8{,}3$ A; $I_2 = 21{,}6$ A. Berechnen Sie
a) die Kurzschlussspannung U_k,
b) den Dauerkurzschlussstrom I_{kd} sowie
c) den Stoßkurzschlussstrom I_S des Transformators.

3. Die Angabe zum Dauerkurzschlussstrom auf dem Leistungsschild eines Drehstromtransformators ist unleserlich geworden. a) Berechnen Sie diesen Kennwert mithilfe der gegebenen Werte. b) Welchen Wert besitzt im Fehlerfall der Stoßkurzschlussstrom?

Transformatorenbau-Union		
Bem.-Leistung kVA		400
Bemessungsspannung V		
1	10400	400
2	10000	
3	9600	
Bem. Strom	23,1	577
Kurzschl. Spg.	4,2	%
Dauerkurzschlussstrom	[illegible]	kA

4. Ein Schweißtransformator für 230-V-Netzspannung liefert bei einer Spannung von 20 V einen Schweißstrom der Stärke 85 A. a) Bestimmen Sie die relative Kurzschlussspannung, wenn im Zündaugenblick ein Stoßkurzschlussstrom der Stärke 275 A fließt. b) Welchen Wert besitzt die Kurzschlussspannung des Schweißtransformators?

5. A transformer (0.4 kV/110 V) has a rated primary current $I_1 = 38$ A indicated by the ammeter (Fig. 1). The voltmeter reading gives 82 V. Calculate the steady-state short circuit current of the transformer.

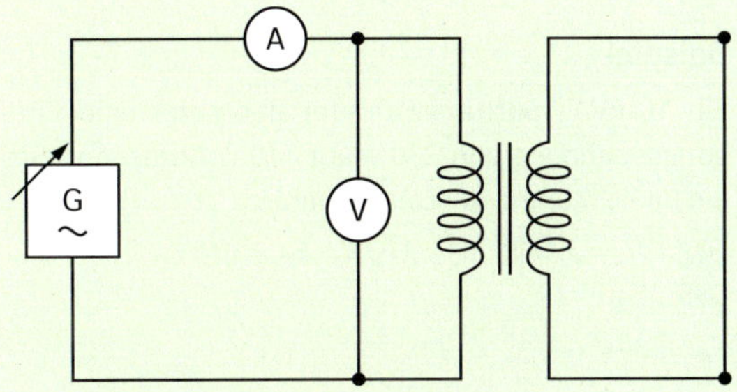

Fig. 1: Short circuit test – connection diagram

6. Ein Netztransformator ($u_k = 8$ %), ein Spielzeugtransformator ($u_k = 25$ %) und ein Experimentiertransformator ($u_k = 70$ %) besitzen jeweils die folgenden Nenngrößen: $U_{1N} = 230$ V, $U_{2N} = 24$ V, $I_{1N} = 1{,}3$ A, $I_{2N} = 12{,}4$ A.
Berechnen Sie für alle drei Transformatoren
a) die Kurzschlussspannungen U_k sowie
b) die Dauerkurzschlussströme I_{kd}.
c) Interpretieren Sie diese Ergebnisse.

11.1.5 Spartransformator

Ein Spartransformator (Autotransformator) besteht aus nur einer Spule. Diese unterteilt sich in eine Reihenwicklung N_1 und eine Parallelwicklung N_2. Die Bauleistung S_B bestimmt die benötigte Baugröße des Transformators. Die Durchgangsleistung S_D entspricht der Bemessungsleistung des Transformators.

$$ü \approx \frac{U_1}{U_2} \approx \frac{N_1}{N_2} \approx \frac{I_2}{I_1}$$

$$S_D = U_2 \cdot I_2$$

$$S_1 = U_1 \cdot I_1$$

$$\eta = \frac{S_D \cdot \cos \rho_2}{S_1 \cdot \cos \rho_1}$$

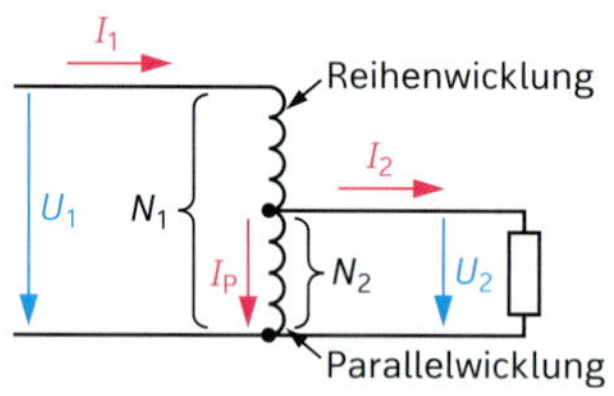

Für $U_1 > U_2$:

$$S_B = S_D \cdot (1 - \frac{U_2}{U_1})$$

$$I_P = I_1 - I_2$$

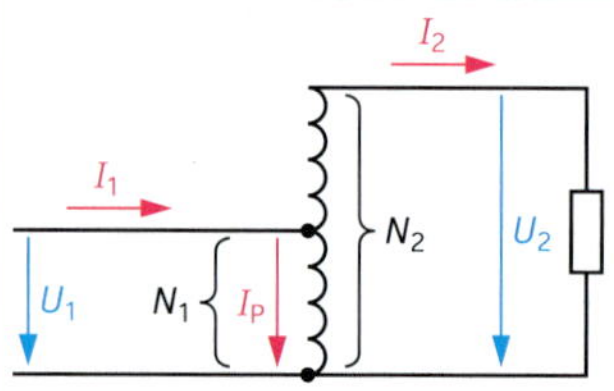

Für $U_1 < U_2$:

$$S_B = S_D \cdot (1 - \frac{U_1}{U_2})$$

$$I_P = I_1 - I_2$$

S_D: Durchgangsleistung (Bemessungsleistung) $[S_D]$ = VA
S_B: Bauleistung des Transformators $[S_B]$ = VA
N_1: Wicklungszahl der Reihenwicklung
N_2: Wicklungszahl der Parallelwicklung
I_P: Stromstärke in der Parallelwicklung $[I_P]$ = A

Beispiel

Ein 10-kVA-Spartransformator übersetzt eine Eingangsspannung von 230 V auf 110 V. Berechnen Sie die Bauleistung des Transformators.

Geg.: $U_1 = 230$ V; $U_2 = 110$ V; $S_D = 10$ kVA
Ges.: S_B

$$S_B = S_D \cdot (1 - \frac{U_2}{U_1})$$

$$S_B = 10 \cdot 10^3 \text{ VA} \cdot (1 - \frac{110\text{ V}}{230\text{ V}}); \quad \underline{\underline{S_B = 5{,}22 \text{ kVA}}}$$

Aufgaben

1. Die Eingangsspannung U_1 eines Spartransformators wird von 115 V auf eine Spannung $U_2 = 230$ V transformiert. Die Durchgangsleistung S_D beträgt 1,0 kVA. Berechnen Sie

a) die Bauleistung S_B des Transformators und
b) die sekundärseitige Stromstärke I_2.

2. An autotransformer has $N_1 = 1250$ windings. Calculate the number of windings when the transformer a) transforms a voltage from 230 V into 400 V, and when it b) transforms a voltage from 230 V to 180 V.

3. Ein Spartransformator mit der Durchgangsleistung $S_D = 660$ VA besitzt die Windungszahlen $N_1 = 450$ und $N_2 = 380$. Er wird an $U_1 = 230$ V angeschlossen. Berechnen Sie

a) die Ausgangsspannung U_2,
b) die Ausgangsstromstärke I_2 sowie
c) die Bauleistung S_B des Transformators.

4. Ein Transformator T_1 mit getrennten Wicklungen für 230 V/100 V besitzt den Kernblechschnitt M102a (Abb. 2). Dieser soll durch einen Spartransformator ersetzt werden.

a) Berechnen Sie die Durchgangsleistung des Spartransformators, wenn dessen Bauleistung der Bemessungsleistung des Transformators T_1 entsprechen soll.
b) Welcher Kernblechschnitt ist für einen Spartransformator mit der Bemessungsleistung von T_1 ausreichend?

Kernblechschnitte und Bemessungswerte für Kleintransformatoren (nach DIN 40302)

Kernblechschnitt	M65	M75	M85a	M102a	M102b
Bemessungsleistung S in VA	31,1	65	87	154	218

Abb. 2: Kernblechschnitte

5. Die Durchgangsleistung eines Spartransformators für 230 V/115 V beträgt 780 VA. Der Wirkungsgrad wird mit 89 % angegeben. Berechnen Sie für $\cos \varphi_1 = \cos \varphi_2$

a) die Ausgangsstromstärke I_2,
b) die Bauleistung S_B,
c) die Eingangsleistung S_1,
d) die Eingangsstromstärke I_1 sowie
e) die Stromstärke I_P in der Parallelwicklung.

6. Ein Spartransformator 230 V/500 V besitzt einen Wirkungsgrad $\eta = 0{,}92$ und eine Bauleistung $S_B = 1{,}5$ kVA. Für die Leistungsfaktoren wird $\cos \varphi_1 = \cos \varphi_2$ angenommen. Berechnen Sie die Stromstärke in der Parallelwicklung.

7. Für eine Produktreihe von Spartransformatoren gelten folgende Nenndaten: $U_1 = 230$ V, $I_1 = 19{,}6$ A, $S_D = 3{,}4$ kVA, $S_B = 1{,}2$ kVA. Im Betriebsfall betragen $\cos \varphi_1 = 0{,}92$ und $\cos \varphi_2 = 0{,}86$. Berechnen Sie

a) die Ausgangsspannung U_2 für den Fall, dass $U_2 < U_1$ ist und
b) den Wirkungsgrad des Spartransformators.

11.1.6 Drehstromtransformator

Die Wandlung von Dreiphasen-Wechselstrom mit Drehstromtransformatoren ist abhängig von der Schaltung der Ober- und Unterspannungswicklungen. Für die Leiterspannungen gelten folgende Zusammenhänge:

Schaltgruppe	Übersetzungsverhältnis
Yy0, Yy6, Dd0, Dd6	$\frac{U_1}{U_2} = \frac{N_1}{N_2}$
Dy5, Dy11	$\frac{U_1}{U_2} = \frac{N_1}{N_2 \cdot \sqrt{3}}$
Yd5, Yd11	$\frac{U_1}{U_2} = \frac{N_1 \cdot \sqrt{3}}{N_2}$
Yz5, Yz11	$\frac{U_1}{U_2} = \frac{2 \cdot N_1}{N_2 \cdot \sqrt{3}}$

U_1: Leiterspannungen der Eingangsseite $[U_1] = \text{V}$
U_2: Leiterspannungen der Ausgangsseite $[U_2] = \text{V}$
N_1: Windungszahl der Eingangswicklung
N_2: Windungszahl der Ausgangswicklung

Beispiel

Ein Drehstromtransformator der Schaltgruppe Dy11 besitzt die folgenden Bemessungswerte: 10 kV/400 V, $S_N = 55$ kVA. Berechnen Sie

a) das Übersetzungsverhältnis $ü$ und

b) die Leiterstromstärke I_{L2} in der Ausgangswicklung.

Geg.: $S_N = 55$ kVA; $U_1 = 10$ kV; $U_2 = 400$ V

Ges.: a) $ü$; b) I_{L2}

a) $ü = \frac{N_1}{N_2}$

$ü = \frac{U_1 \cdot \sqrt{3}}{U_2}$

$ü = \frac{10 \cdot 10^3\,\text{V} \cdot \sqrt{3}}{400\,\text{V}}$

$\underline{\underline{ü = 43}}$

b) $S_N = U_2 \cdot I_{L2} \cdot \sqrt{3}$

$I_{L2} = \frac{S_N}{U_2 \cdot \sqrt{3}}$

$I_{L2} = \frac{55 \cdot 10^3\,\text{VA}}{400\,\text{V} \cdot \sqrt{3}}$

$\underline{\underline{I_{L2} = 79{,}4\,\text{A}}}$

Aufgaben

1. Bei einem Drehstromtransformator für Schulungszwecke lassen sich unterschiedliche Schaltgruppen einstellen. Die Eingangswicklung besitzt 1200 Windungen und die Ausgangswicklung hat 400 Windungen. Die Eingangsspannung beträgt 400 V. a) Zeichnen Sie die Schaltung für die Schaltgruppen Dy5, Yd11, Yz5 und b) berechnen Sie die jeweiligen Ausgangsspannungen.

2. Ein Drehstromtransformator 20 kV/0,4 kV mit der Schaltgruppe Dy5 besitzt auf der Oberspannungsseite 2350 Windungen. Berechnen Sie die Windungszahl N_2 der Unterspannungsseite.

3. Ein Drehstromtransformator mit der Bemessungsleistung $S_N = 80$ MVA wird in Yd5-Schaltung betrieben. Dieser transformiert die Eingangsspannung $U_1 = 6{,}0$ kV auf die Ausgangsspannung $U_2 = 220$ kV. Berechnen Sie

a) das Übersetzungsverhältnis $ü$ und

b) die Leiterstromstärke I_{L2} in der Ausgangswicklung.

c) Wie verändern sich beide Größen, wenn der Transformator in Dy-Schaltung betrieben wird?

4. A three-phase transformer has a delta connected primary and a star connected secondary winding with 580 windings. The line voltages are 3300 V and 400 V respectively. Determine the number of windings of the primary winding.

5. Um ortsabhängige Spannungsschwankungen an der Eingangsseite auszugleichen, besitzt ein Verteilungstransformator (Abb. 1) auf der Oberspannungsseite Windungen mit drei Anzapfungen. Die Windungszahl der Sekundärwicklungen beträgt 80 Windungen. Berechnen Sie

a) die Windungszahl für alle drei Anzapfungen und

b) die Leiterstromstärke der Ausgangsseite.

Allmannsberger-Transformatoren					
Typ		Baujahr	1999	VDE	0532
Nennleistung [kVA]	160	Isol.-Kl.	B	Frequenz [Hz]	50
Nennspannung I [V]	20800			Betrieb [-]	
Nennspannung II [V]	20000		400 V	Schaltgruppe [-]	Yd11
Nennspannung III [V]	19200			Reihe [-]	20
Nennstrom [A]	4,62	[redacted]		Isolierungsklasse [-]	
Kurzschlussspannung [%]	4,1			Kurzschlussstrom [kA]	

Abb. 1: Leistungsschild

6. Ein Hersteller gibt für eine Baureihe von Drehstromtransformatoren folgende Kennwerte an:

Schaltgruppe:	Dy5	**Nennspannungen:**	22 kV/400 V
Wirkungsgrad:	97 %	**Nennleistung:**	250 kVA

Der Transformator ($N_1 = 11431$ und $N_2 = 240$) ist voll belastet. Das Niederspannungsnetz ist auf $\cos \varphi = 0{,}95$ kompensiert. Eingangsseitig wird ein Wirkleistungsfaktor von 0,85 angenommen.

a) Überprüfen Sie die Angabe der Schaltgruppe und korrigieren Sie diese gegebenenfalls.

b) Berechnen Sie die aufgenommene Scheinleistung des Transformators und

c) die Leiterstromstärken der Ober- und Unterspannungsseite.

11.2 Antriebstechnik

11.2.1 Drehmoment und Leistung

Ein Motor mit dem Drehmoment M erzeugt an einer Welle mit dem Radius r eine Kraft F.

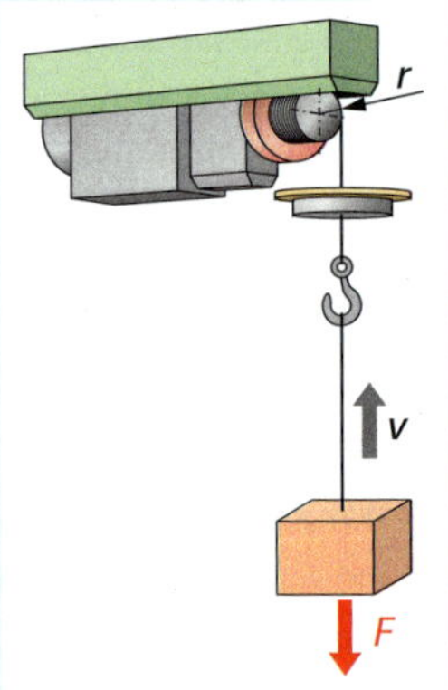

$$F = \frac{M}{r}$$

Die Bemessungsleistung P_{ab} eines Motors muss so gewählt werden, dass dessen Drehmoment größer ist als das vorhandene Lastmoment.

$$P_{ab} = 2 \cdot \pi \cdot n \cdot M$$

$$P_{ab} = \frac{n \cdot M}{9549} \quad \text{mit } n \text{ in } \frac{1}{\text{min}} \text{ und } P \text{ in kW}$$

Bei einer Rotation mit der Winkelgeschwindigkeit ω ergibt sich an der Motorwelle die Umfangsgeschwindigkeit v.

$$v = 2 \cdot \pi \cdot n \cdot r \qquad v = \omega \cdot r$$

$$\omega = 2 \cdot \pi \cdot n \qquad P_{ab} = F \cdot v$$

F:	Kraft	$[F] = \text{N}$
M:	Drehmoment	$[M] = \text{Nm}$
r:	Radius	$[r] = \text{m}$
v:	Umfangsgeschwindigkeit	$[v] = \text{m/s}$
P_{ab}:	abgegebene Motorleistung	$[P_{ab}] = \text{W}$
n:	Drehfrequenz	$[n] = \text{s}^{-1}$
ω:	Winkelgeschwindigkeit	$[\omega] = \text{s}^{-1}$

Beispiel

Ein Motor treibt eine Winde ($r = 3$ cm) mit einer Drehfrequenz $n = 120 \text{ min}^{-1}$ an. Um eine Last anzuheben, ist ein Drehmoment von 35 Nm notwendig. Berechnen Sie

a) die Umfangsgeschwindigkeit der Winde und
b) die notwendige Leistung des Motors.

Geg.: $M = 35 \text{ Nm}$; $n = 120 \text{ min}^{-1} = 2{,}0 \text{ s}^{-1}$; $r = 0{,}03 \text{ m}$

Ges.: a) v; b) P_{ab}

a) $v = 2 \cdot \pi \cdot n \cdot r$; $\quad v = 2 \cdot \pi \cdot 2{,}0 \text{ s}^{-1} \cdot 0{,}03 \text{ m}$;
$\underline{\underline{v = 0{,}38 \frac{\text{m}}{\text{s}}}}$

b) $P_{ab} = 2 \cdot \pi \cdot n \cdot M$; $\quad P_{ab} = 2 \cdot \pi \cdot 2{,}0 \text{ s}^{-1} \cdot 35 \text{ Nm}$;
$\underline{\underline{P_{ab} = 440 \text{ W}}}$

Aufgaben

1. Welches Drehmoment besitzt ein Drehstrommotor mit einer Bemessungsleistung von 47 kW bei einer Drehzahl von 970 min^{-1}?

2. Calculate the torque of a squirrel-cage motor with the nameplate in Fig. 2.

TT **Till-Thies Electrical Machines** Richmond, Arizona 34229							
MODEL	36 B-14Z	**HP**	10	**KW**	7.5	**VOLTS**	230
RPM	3450	**HZ**	60	**AMP**	28.4		
MAX.AMB	35°						
PAT.NO. 1234567	CONTINOUS DUTY	MADE IN U.S.A.					

Fig. 2: Nameplate

3. Das maximale Drehmoment eines Motors beträgt 160 Nm. An der Motorwelle ist eine Antriebsscheibe mit einem Durchmesser von 80 cm befestigt. Berechnen Sie die Kraft, die notwendig ist, um im Notfall den Motor mechanisch anhalten zu können.

4. Ein zweipoliger hochdynamischer Asynchronmotor wird über einen Frequenzumrichter betrieben. Dadurch wird bis zur Bemessungsdrehfrequenz von $3000 \frac{1}{\text{min}}$ ein konstantes Bemessungsdrehmoment von 379 Nm erreicht. Erstellen Sie a) die M-n-Kennlinie des Motors (Maßstab: $500 \frac{1}{\text{min}} \mathrel{\hat{=}} 1 \text{ cm}$, $100 \text{ Nm} \mathrel{\hat{=}} 1 \text{ cm}$) und b) die P_{ab}-n-Kennlinie des Motors (Maßstab: $500 \frac{1}{\text{min}} \mathrel{\hat{=}} 1 \text{ cm}$, $20 \text{ kW} \mathrel{\hat{=}} 1 \text{ cm}$).

5. In der Instandsetzungsabteilung eines Betriebes wird zum Schärfen von Schneidwerkzeugen eine Doppelschleifmaschine (Abb. 3) mit dem Wirkungsgrad $\eta = 0{,}7$ verwendet.

a) Welches Drehmoment wird vom Motor erzeugt?
b) Berechnen Sie die Umfangsgeschwindigkeit an den Scheibenrändern.

Technische Daten:
Nennaufnahmeleistung: 750 W
Leerlaufdrehzahl: 2980 min^{-1}
Schleifscheiben (Ø x Dicke x Bohrung): 200 x 25 x 32 mm
Gewicht: 17,8 kg

Abb. 3: Doppelschleifmaschine

6. Ein Asynchronmotor mit einer Drehfrequenz von 575 min^{-1} treibt über eine Riemenscheibe ($r = 8$ cm) eine Werkzeugmaschine an. Die Last erzeugt eine Gegenkraft von 130 N. Berechnen Sie
a) das notwendige Drehmoment zum Antrieb der Scheibe,
b) deren Umfamgsgeschwindigkeit und
c) die abgegebene Leistung des Antriebsmotors.

7. Mithilfe einer elektrischen Seilwinde (Abb. 1) mit dem Radius $r = 15$ cm soll eine Güterlore horizontal bewegt werden. Dazu ist eine Kraft von 1200 N notwendig. Die Last soll mit 1,2 m/s bewegt werden. Der Antrieb der Seilwinde erfolgt über einen drehzahlgesteuerten Motor. Berechnen Sie unter Vernachlässigung der Verluste
a) das Drehmoment M der Seilwinde,
b) die Drehfrequenz n der Seilwinde und
c) die Motorleistung in kW.

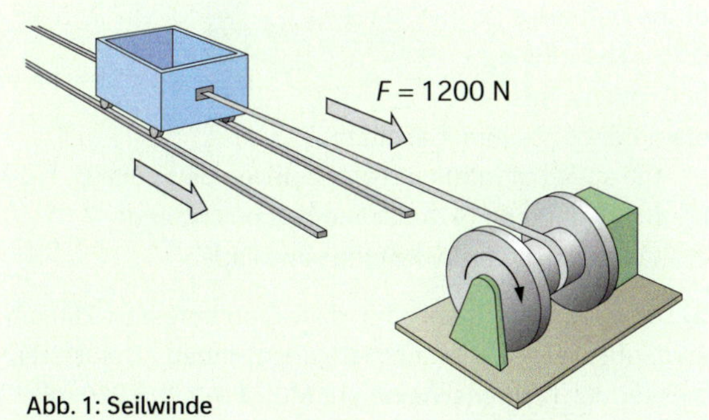

Abb. 1: Seilwinde

8. Zum Antrieb einer tragbaren Arbeitswinde mit einem Gesamtwirkungsgrad $\eta_{ges} = 75\,\%$ wird ein 12-V-Gleichstrommotor verwendet. Beim Anheben der vom Hersteller angegebenen maximal zulässigen Last stellt sich eine Stromaufnahme von 41,9 A ein. Dabei bewegt sich das Seil mit 20 cm pro Sekunde. Die Seiltrommel hat einen Durchmesser von 80 mm. Berechnen Sie
a) die Drehfrequenz,
b) die von der Seilwinde abgegebene Leistung,
c) das Drehmoment und
d) die maximale Hubkraft.

9. Ein Bohrschrauber mit einer Leistungsaufnahme von 0,6 kW besitzt laut Hersteller einen Wirkungsgrad von 78 %. Im Bemessungsbetrieb beträgt die Drehfrequenz $215 \frac{1}{min}$.
a) Berechnen Sie das erzeugte Drehmoment.
b) Welche Schnittgeschwindigkeit ergibt sich für einen Bohrer mit 10 mm Durchmesser?

10. Für den Betrieb eines Förderbandes soll ein geeigneter Trommelmotor (Abb. 2) ausgewählt werden. Laut Betreiber muss das Förderband eine Maximalkraft von 4000 N aufbringen können. Die Bewegung des Bandes und der Umlenkrollen erfordert weitere 500 N. Die Bandgeschwindigkeit soll 0,4 m/s betragen. a) Berechnen Sie die Bemessungsleistung, die der Motor mindestens aufbringen muss. b) Wie groß ist hierbei das Drehmoment an der Trommel?

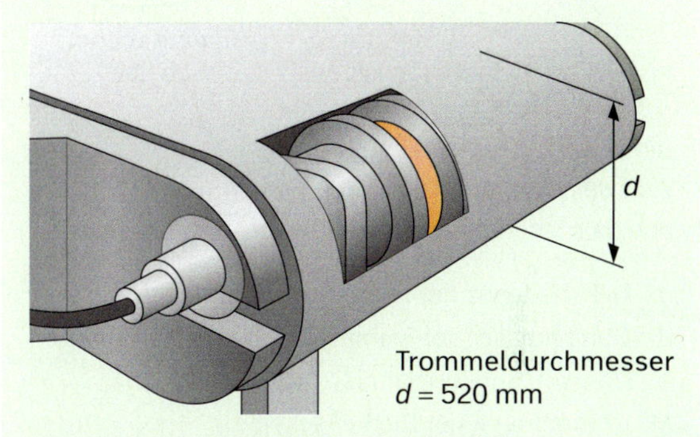

Abb. 2: Trommelmotor als Förderbandantrieb

11. Der umrichtergesteuerte Motor ($\eta = 0{,}83$) eines Säulenschwenkkrans (Abb. 3) hebt über eine Seiltrommel Werkstücke mit einer maximalen Gewichtskraft von 3,5 kN. Berechnen Sie
a) das notwendige Drehmoment an der Seiltrommel,
b) die Drehfrequenz der Seiltrommel,
c) die notwendige Bemessungsleistung sowie
d) die Leistungsaufnahme des Antriebsmotors.

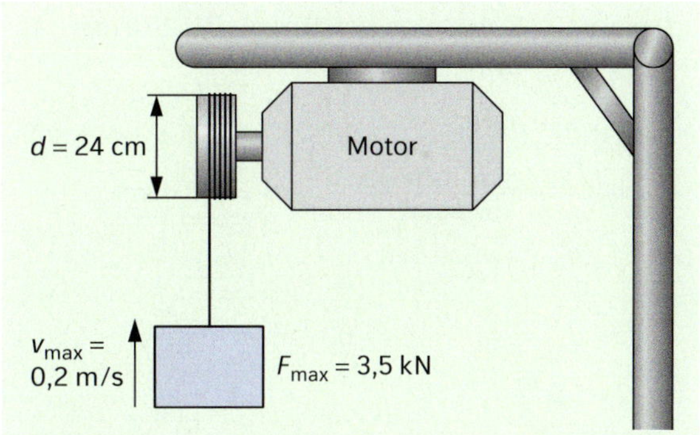

Abb. 3: Säulenschwenkkran

11.2.2 Riementrieb

Riementriebe dienen zur Übertragung von Drehfrequenzen und Drehmomenten zwischen zwei oder mehreren Achsen.

$$i = \frac{d_2}{d_1} = \frac{n_1}{n_2}$$

$$d_1 \cdot n_1 = d_2 \cdot n_2$$

$$v = d \cdot \pi \cdot n$$

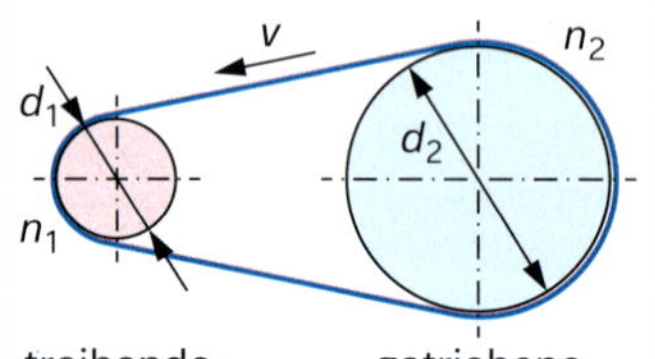

Bei einem idealen Riementrieb ergibt sich das Verhältnis der Drehmomente aus dem Übersetzungsverhältnis.

$$i = \frac{M_2}{M_1}$$

n:	Drehfrequenz der Riemenscheibe	$[n] = \text{min}^{-1}$
d:	Durchmesser der Riemenscheibe	$[d] = \text{m}$
i:	Übersetzungsverhältnis	
M:	Drehmoment der Riemenscheibe	$[M] = \text{Nm}$
v:	Geschwindigkeit des Riemens	$[v] = \text{ms}^{-1}$

Beispiel

Die Riemenscheibe an einer Motorwelle ($n_1 = 940\ \text{min}^{-1}$) hat den Durchmesser $d_1 = 120$ mm. Über einen Keilriemen wird eine Riemenscheibe mit dem Durchmesser $d_2 = 570$ mm angetrieben. Berechnen Sie

a) die Drehfrequenz n_2 der getriebenen Scheibe,
b) das Übersetzungsverhältnis i und
c) die Geschwindigkeit v des Riemens.

Geg.: $n_1 = 940\ \text{min}^{-1}$; $d_1 = 120$ mm; $d_2 = 570$ mm
Ges.: a) n_2; b) i; c) v

a) $d_1 \cdot n_1 = d_2 \cdot n_2$; $\quad n_2 = \frac{d_1 \cdot n_1}{d_2}$;

$n_2 = \frac{120\ \text{mm} \cdot 940\ \text{min}^{-1}}{570\ \text{mm}}$; $\quad \underline{\underline{n_2 = 198\ \text{min}^{-1}}}$

b) $i = \frac{d_2}{d_1}$; $\quad i = \frac{570\ \text{mm}}{120\ \text{mm}}$; $\quad \underline{\underline{i = 4{,}75}}$

c) $v = d_1 \cdot \pi \cdot n_1$; $\quad v = 0{,}12\ \text{m} \cdot \pi \cdot 15{,}7\ \text{s}^{-1}$;

$\underline{\underline{v = 5{,}9\ \frac{\text{m}}{\text{s}}}}$

Aufgaben

1. Die Motorriemenscheibe eines Antriebs ($d_1 = 70$ mm) dreht sich mit $n_1 = 3500\ \text{min}^{-1}$. Die getriebene Scheibe hat einen Durchmesser $d_2 = 150$ mm. Berechnen Sie

a) die Drehfrequenz n_2 der getriebenen Scheibe und
b) die Geschwindigkeit v des Riemens.

2. Berechnen Sie für den nebenstehenden Riementrieb die Größen a) d_2, b) i und c) v.

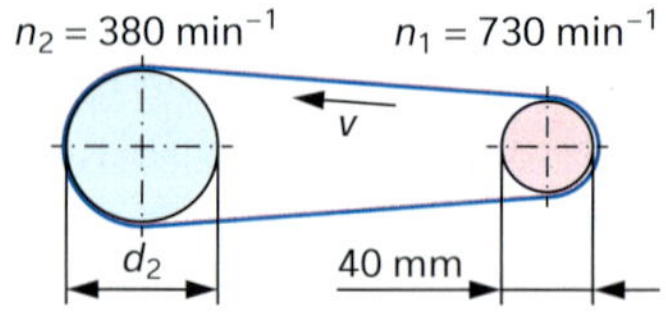

3. Ein Riementrieb wird über einen Synchronmotor mit der Drehfrequenz $3000\ \text{min}^{-1}$ angetrieben. Die getriebene Scheibe hat einen Durchmesser von $d_2 = 250$ mm. Das Übersetzungsverhältnis beträgt 2,8. Berechnen Sie

a) den Durchmesser der Motorriemenscheibe und
b) die Drehfrequenz der getriebenen Scheibe.

4. A saw blade of a circular saw with the diameter 280 mm is being driven by an electrical motor with the speed of rotation of $1700\ \text{min}^{-1}$ via a belt drive. The transmission ratio of the belt drive is 0.75. The driving belt pulley has a diameter of 220 mm. Calculate

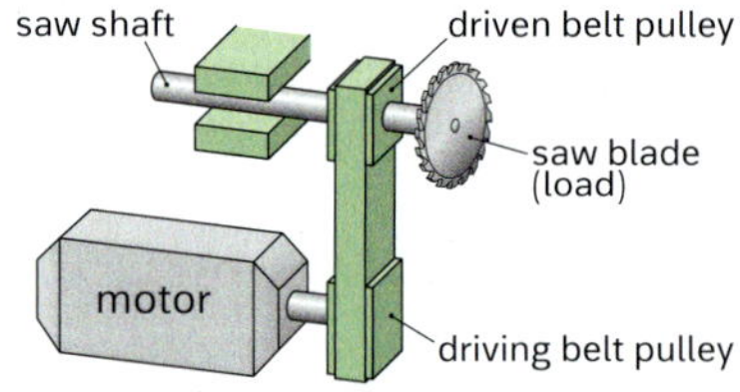

a) the speed of rotation n of the driven belt pulley,
b) the diameter d of the driven belt pulley, and
c) the cutting velocity v of the saw blade.

5. Eine Schleifscheibe mit dem Durchmesser 280 mm wird über einen Riementrieb angetrieben. Der Durchmesser der Riemenscheibe am Motor ($n_{\text{Motor}} = 960\ \text{min}^{-1}$) beträgt 85 mm. Die Schleifscheibe soll mit einer Umfangsgeschwindigkeit von $10\ \text{ms}^{-1}$ betrieben werden. Berechnen Sie den Durchmesser der Riemenscheibe an der Schleifscheibe.

6. Mithilfe einer Ständerbohrmaschine soll ein Loch mit dem Durchmesser 16 mm in Aluminium gebohrt werden. Es wird eine Schnittgeschwindigkeit $v_C = 50$ m/min empfohlen. Zur Einstellung der Schnittgeschwindigkeit dient ein dreistufiger Riementrieb. Folgende Riemenscheibendurchmesser werden vom Hersteller angegeben:

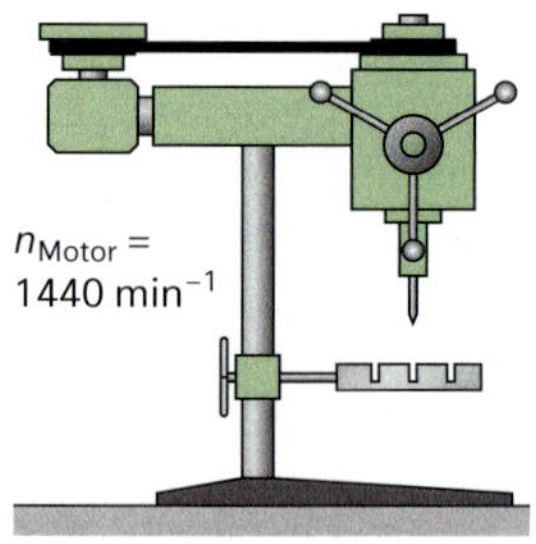

Motorriemenscheibe d_1	Spindelriemenscheibe d_2
70 mm	58 mm
50 mm	78 mm
40 mm	102 mm

Berechnen Sie a) die drei möglichen Umdrehungsfrequenzen der Maschine und b) entscheiden Sie, welche Kombination für die Bohrung am besten geeignet ist.

11.2.3 Zahnradtrieb, Schneckentrieb

Beim Zahnradtrieb und beim Schneckentrieb werden Drehzahlen und Drehmomente durch ineinandergreifende Zahnräder übersetzt. Die Zähnezahlen der Zahnräder bestimmen das Übersetzungsverhältnis.

Schneckentrieb

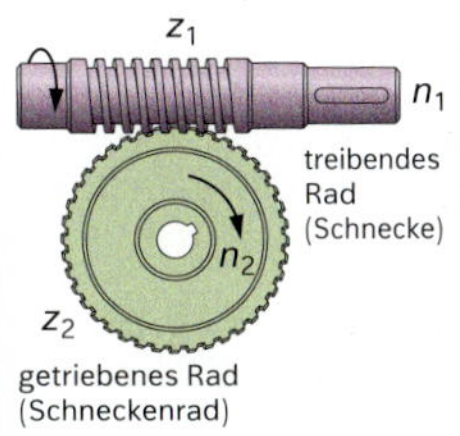

Zahnradtrieb

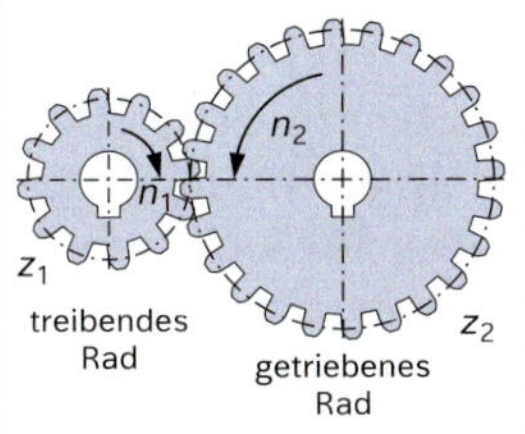

Beim Schneckentrieb gibt die Kenngröße z_1 die Gangzahl der Schnecke an. Schneckentriebe ermöglichen große Übersetzungsverhältnisse.

$$i = \frac{z_2}{z_1} = \frac{n_1}{n_2} = \frac{M_2}{M_1}$$

$$z_1 \cdot n_1 = z_2 \cdot n_2$$

z: Zähnezahl des Zahnrads/Gangzahl der Schnecke
n: Drehfrequenz $[n] = \text{min}^{-1}$
M: Drehmoment $[M] = \text{Nm}$
i: Übersetzungsverhältnis

Beispiel

Ein Zahnrad an einer Motorwelle ($n_1 = 720\ \text{min}^{-1}$) treibt ein Rad mit 80 Zähnen an. Dieses dreht mit einer Frequenz von $300\ \text{min}^{-1}$. Berechnen Sie

a) die Zähnezahl z_1 des treibenden Zahnrads und
b) das Übersetzungsverhältnis i.

Geg.: $n_1 = 720\ \text{min}^{-1}$; $z_2 = 80$; $n_2 = 300\ \text{min}^{-1}$
Ges.: a) z_1; b) i

a) $z_1 \cdot n_1 = z_2 \cdot n_2$; $z_1 = \frac{z_2 \cdot n_2}{n_1}$;

$z_1 = \frac{80 \cdot 300\ \text{min}^{-1}}{720\ \text{min}^{-1}}$; $\underline{\underline{z_1 = 33}}$

b) $i = \frac{n_1}{n_2}$; $i = \frac{720\ \text{min}^{-1}}{300\ \text{min}^{-1}}$; $\underline{\underline{i = 2{,}4}}$

Aufgaben

1. Ein Motor dreht ein Zahnrad ($z_1 = 57$) mit drei unterschiedlichen Drehfrequenzen $n_1 = 960\ \text{min}^{-1}/1440\ \text{min}^{-1}/2910\ \text{min}^{-1}$. Das angetriebene Rad hat eine Zähnezahl $z_2 = 200$. Berechnen Sie für alle Motordrehfrequenzen

a) die Drehfrequenz n_2 des getriebenen Zahnrads und
b) das Übersetzungsverhältnis i.

2. A 65 tooth gear drives a gear with 36 teeth. The driven gear is turning at 100 rpm. Calculate a) the gear ratio i and b) the speed of rotation n_1 of the drive gear.

3. Der Stellantrieb in einer Trinkwasseraufbereitungsanlage wird über einen Motor mit Flachgetriebe (Abb. 1) gesteuert. Der Motor hat eine Drehfrequenz von $725\ \text{min}^{-1}$. Das Getriebe besitzt ein Übersetzungsverhältnis $i = 4{,}5$. Das treibende Zahnrad hat 16 Zähne und überträgt ein Drehmoment von 38 Nm. Berechnen Sie für das getriebene Rad

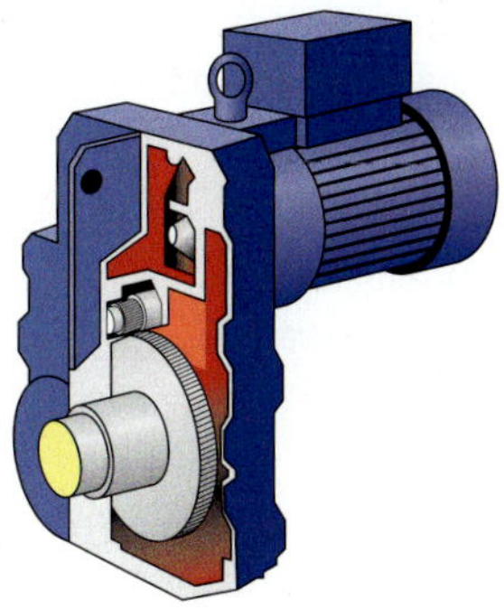

Abb. 1: Flachgetriebe

a) die Zähnezahl z_2,
b) die Drehfrequenz n_2 und c) das Drehmoment M_2.

4. Ein Hubtisch wird über einen Getriebemotor mit Schneckentrieb bewegt. Die Welle am Schneckenrad ($z_2 = 75$) darf sich maximal mit $25\ \text{min}^{-1}$ drehen. Die Schnecke ist zweigängig ($z_1 = 2$). Berechnen Sie die Drehfrequenz des Antriebsmotors..

5. Der Antrieb der Drehspindel einer Werkzeugmaschine erfolgt über einen Zahnradtrieb mit angeschlossenem zweigängigem Schneckentrieb (Abb. 2). Das angetriebene Zahnrad dreht mit $n_1 = 1430\ \text{min}^{-1}$. Berechnen Sie a) z_2, b) n_2, c) z_4 und d) n_4.

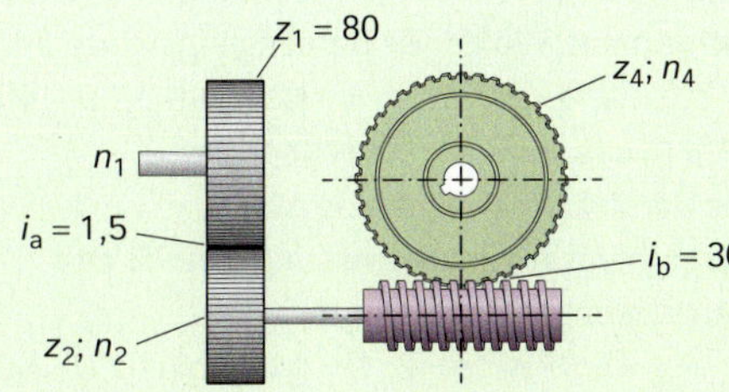

Abb. 2: Achsantrieb

6. Zum Antrieb eines Förderbands ist ein Drehmoment von 1200 Nm notwendig. Hierfür ist ein geeigneter Antriebsmotor auszuwählen. Der Durchmesser der Antriebstrommel beträgt 25 cm. Die Bandgeschwindigkeit darf 0,8 m/s nicht überschreiten. Über einen Zahnradtrieb soll der Antriebsmotor an das Förderband angepasst werden. Das Zahnrad auf der Motorwelle besitzt 8 Zähne und greift in ein Zahnrad mit 120 Zähnen. Bestimmen Sie die Drehfrequenz und das erforderliche Drehmoment des Antriebsmotors.

11.3 Drehstrommaschinen

11.3.1 Drehstromasynchronmotor

Bei einem Drehstromasynchronmotor ist die Läuferdrehfrequenz n geringer als die Drehfelddrehfrequenz n_f. Die Differenz dieser beiden Drehfrequenzen bezeichnet man als Schlupfdrehfrequenz n_s.

Drehfelddrehfrequenz: $n_f = \frac{f}{p}$

Schlupf: $n_s = n_f - n$ $\quad s_\% = \frac{n_f - n}{n_f} \cdot 100\,\%$

Wirkungsgrad: $\eta = \frac{P_{ab}}{P_{zu}}$ $\quad P_{ab} = 2\,\pi \cdot n \cdot M$ $\quad P_{zu} = \sqrt{3} \cdot U \cdot I \cdot \cos\varphi$

n_f:	Drehfelddrehfrequenz	$[n_f]$	$= s^{-1}$
n:	Drehfrequenz des Motors	$[n]$	$= s^{-1}$
n_s:	Schlupfdrehfrequenz	$[n_s]$	$= s^{-1}$
f:	Netzfrequenz	$[f]$	= Hz
$s_\%$:	Schlupf in %		
p:	Polpaarzahl der Motorwicklung		
P_{ab}:	abgegebene (mechanische) Leistung	$[P_{ab}]$	= W
P_{zu}:	aufgenommene Wirkleistung	$[P_{zu}]$	= W
M:	Drehmoment an der Welle	$[M]$	= Nm
U:	Netzspannung	$[U]$	= V
I:	Leiterstrom in der Zuleitung	$[I]$	= A

Beispiel

Ein Hersteller gibt für einen vierpoligen Drehstromasynchronmotor folgende Bemessungswerte an: $P_{ab} = 5{,}5$ kW, $f = 50$ Hz, $n = 1425\ \text{min}^{-1}$, $U = 400$ V, $I = 11{,}8$ A, $\cos\varphi = 0{,}77$. Berechnen Sie

a) die Drehfelddrehfrequenz in min^{-1},

b) den Schlupf in % im Bemessungsbetrieb und

c) den Wirkungsgrad des Motors.

Geg.: $P_{ab} = 5{,}5$ kW; $p = 2$; $n = 1425\ \text{min}^{-1}$; $U = 400$ V; $I = 11{,}8$ A; $\cos\varphi = 0{,}77$

Ges.: a) n_f; b) $s_\%$; c) η

a) $n_f = \frac{f}{p} \cdot 60$ s/min; $\quad n_f = \frac{50\ s^{-1}}{2} \cdot 60\ \frac{s}{min}$;

$\underline{\underline{n_f = 1500\ \text{min}^{-1}}}$

b) $s_\% = \frac{n_f - n}{n_f} \cdot 100\,\%$;

$s_\% = \frac{1500\ \text{min}^{-1} - 1425\ \text{min}^{-1}}{1500\ \text{min}^{-1}} \cdot 100\,\%$; $\quad \underline{\underline{s_\% = 5\,\%}}$

c) $P_{zu} = \sqrt{3} \cdot U \cdot I \cdot \cos\varphi$;

$P_{zu} = \sqrt{3} \cdot 400\ \text{V} \cdot 11{,}8\ \text{A} \cdot 0{,}77$; $\quad \underline{\underline{P_{zu} = 6{,}3\ \text{kW}}}$

$\eta = \frac{P_{ab}}{P_{zu}}$; $\quad \eta = \frac{5{,}5\ \text{kW}}{6{,}3\ \text{kW}}$; $\quad \underline{\underline{\eta = 0{,}87}}$

Aufgaben

1. Ein zweipoliger Drehstromasynchronmotor mit der Bemessungsdrehfrequenz $n = 2850\ \text{min}^{-1}$ wird am 50-Hz-Drehstromnetz betrieben. Berechnen Sie

a) die Drehfelddrehfrequenz n_f sowie

b) den Schlupf $s_\%$.

2. Berechnen Sie für die Netzfrequenzen $f = 50$ Hz und $f = 60$ Hz die Werte für die Drehfelddrehfrequenzen n_f. und ergänzen Sie die nachfolgende Tabelle.

	$f = 50$ Hz		$f = 60$ Hz	
p	1/s	1/min	1/s	1/min
1				3600
2		1500		
3				
4	12,5			

3. Ein vierpoliger Drehstromasynchronmotor mit den Bemessungsgrößen $n = 1410\ \text{min}^{-1}$, $\cos\varphi = 0{,}88$, $U = 400$ V und $I = 1{,}6$ A ist an das 50-Hz-Drehstromnetz angeschlossen. Berechnen Sie

a) die Schlupfdrehfrequenz,

b) den Schlupf in Prozent und

c) die aufgenommene Leistung im Bemessungsbetrieb.

4. A three-phase asynchronous motor for 60 Hz with 8 poles is connected to a 400 V power supply. Calculate

a) the synchronous speed of rotation n_f in s^{-1} and in min^{-1} and

b) the rated speed of rotation, if the slip equals 5 %.

5. Der Schlupf eines sechspoligen Kurzschlussläufermotors beträgt 4,6 %. Berechnen Sie

a) die Bemessungsdrehfrequenz des Motors bei Anschluss an 50 Hz und

b) die Schlupfdrehfrequenz.

6. Bei Wartungsarbeiten werden für einen zweipoligen Asynchronmotor folgende Werte im Prüfprotokoll festgehalten: Anschlussspannung $U = 400$ V/50 Hz, $n = 2650\ \text{min}^{-1}$, Leiterstrom $I = 9{,}6$ A, Drehmoment $M = 18{,}5$ Nm, $\cos\varphi = 0{,}83$.
Berechnen Sie

a) die abgegebene mechanische Leistung des Motors,

b) dessen aufgenommene elektrische Wirkleistung,

c) den Wirkungsgrad des Motors und

d) den Schlupf in % für diesen Belastungsfall.

e) Wie hoch ist die Drehfrequenz, wenn sich aufgrund einer Laständerung ein Schlupf von 5,5 % einstellt?

7. Der vierpolige Motor eines Spindelantriebs besitzt folgendes Leistungsschild:

Motorenwerke Anton Liebl		
3 ~ **Mot.**	**Nr.**	
Δ 400 **V**	22,7 **A**	
11 **kW**	**S1**	**cos φ** 0,8
1440 **/min**	50 **Hz**	
Isol.-Kl. B	**IP** 44	**t**

Berechnen Sie
a) die Drehfelddrehfrequenz,
b) den Schlupf in %,
c) die zugeführte Wirkleistung,
d) den Wirkungsgrad des Motors und
e) das Drehmoment an der Welle.

8. Ein Drehstromasynchronmotor besitzt laut Hersteller folgende Bemessungswerte: $U = 690$ V/400 V, $f = 50$ Hz, $I = 11{,}2$ A/18,5 A, $n = 2890$ min^{-1}, cos $\varphi = 0{,}89$, $\eta = 86{,}3$ %. Das Verhältnis von Anzugsmoment zu Bemessungsmoment beträgt 2,4. Der Motor wird an ein 400-V-Drehstromnetz angeschlossen.
a) In welcher Schaltung (Y oder Δ) muss der Motor an das Drehstromnetz angeschlossen werden, um die volle Leistung abzugeben?
b) Bestimmen Sie die Polzahl des Motors.
c) Berechnen Sie die vom Motor aufgenommene Leistung.
d) Welches Drehmoment kann im Bemessungsbetrieb an der Welle abgegriffen werden?
e) Wie groß ist das Anzugsmoment?

9. Bestimmen Sie für den sechspoligen Motor K21R 112M6 (➡ Anhang S. 277)
a) den Einschaltstrom I_A sowie
b) die Werte des Anzugsmoments M_A, und des Kippmoments M_K.
c) Die Drehfrequenz bei Belastung mit M_K beträgt 70 % von n_f. Berechnen Sie für diesen Belastungsfall die abgegebene Leistung P_K.

10. Für ein Förderband ist ein geeigneter vierpoliger Antriebsmotor auszuwählen. Das Drehmoment im Dauerbetrieb darf 62 Nm nicht unterschreiten.
a) Wählen Sie einen geeigneten Motor aus. (➡ Anhang S. 277)
b) Berechnen Sie das Anzugsmoment M_A und die Stromstärke I_A im Einschaltaugenblick.
c) Entscheiden Sie, ob der Motor nach den Technischen Anschlussbedingungen (TAB) direkt eingeschaltet werden darf.

11. The brochure of a motor manufacturer offers the following information:

Motortype	Three-phase squirrel cage motor
P_{out}	3 kW
V_r / circuit of the stator winding / f_r	400 V / Delta / 50 Hz
I_r	8.1 A
n_r	720 min^{-1}
cos φ	0.7

Installation advice: For this motor the locked rotor current (starting current) I_A equals 4 times the rated current when connected direct-on-line.
Calculate
a) the number of pairs of poles p,
b) the slip s in %,
c) the total input active power P_{in},
d) the efficiency η,
e) the nominal torque M_r and
f) the locked rotor current (starting current) I_A.

12. Der zweipolige Antriebsmotor einer Poliermaschine ist defekt und muss ausgetauscht werden. In den Maschinenunterlagen stehen für den defekten Motor die Kennlinien für Motorstrom und Drehmoment (Abb. 1) zur Verfügung. Es ist ein minimales Drehmoment von 24 Nm erforderlich.
a) Bestimmen Sie den passenden Motortyp mithilfe der Herstellerunterlagen. (➡ Anhang S. 277)
b) Berechnen Sie den Anlaufstrom.
c) Berechnen Sie das Einschaltmoment sowie das Kippmoment.
d) Ermitteln Sie den Wert des Motorstroms, wenn der Motor mit dem Kippmoment belastet wird.
e) Bestimmen Sie die Drehfrequenz des Motors bei einer Belastung mit doppeltem Bemessungsdrehmoment.

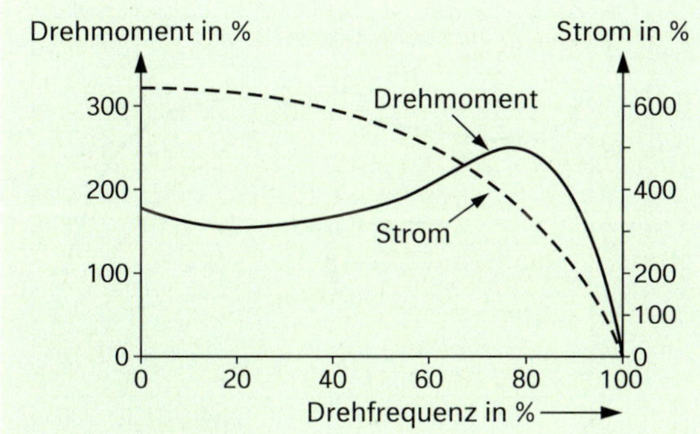

Abb. 1: Motorkennlinien

13. Der Motor eines alten Getreideelevators (Abb. 2) ist über einen Stern-Dreieck-Schalter am 400-V-Drehstromnetz angeschlossen.

a) Bestimmen Sie die Polzahl der Maschine.
b) Welchen Wirkungsgrad besitzt der Motor?
c) Berechnen Sie für den Betrieb an 400 V die Stromstärken im Dreieck- sowie im Sternbetrieb.
d) Welche Leistung wird am 400-V-Netz umgesetzt?
e) Ermitteln Sie die Änderung des Drehmoments, die durch den Betrieb an der erhöhten Spannung entsteht.

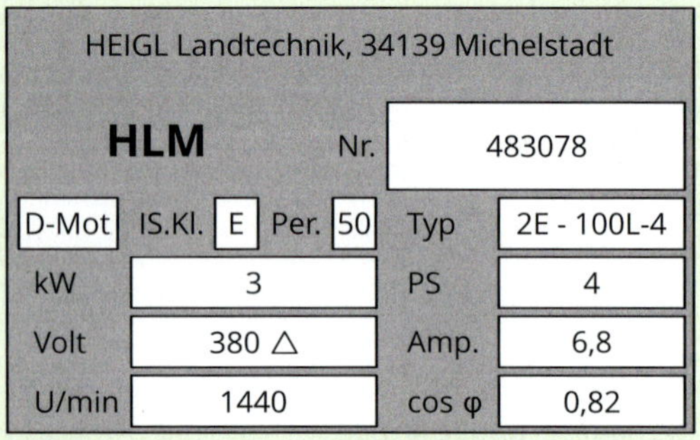

Abb. 2: Leistungsschild einer alten Landmaschine

14. An einem Motorprüfstand wurden Messungen von Stromstärke und Drehmoment eines Drehstromasynchronmotors im Stern- und Dreieckbetrieb erfasst (Abb. 3). Die Bemessungsdrehfrequenz des Motors ist mit 2800 1/min angegeben. Ermitteln Sie

a) die Bemessungsstromstärke,
b) das Bemessungsdrehmoment,
c) die Bemessungsleistung,
d) den prozentualen Schlupf am Kippmoment und
e) das Verhältnis zwischen den Anlaufströmen im Dreieck- und im Sternbetrieb.
f) Bei welcher Drehfrequenz kann beim Hochfahren über Stern-Dreieck-Anlassen frühestens auf Dreieck umgeschaltet werden, wenn die Stromstärke 7 A nicht überschreiten darf?

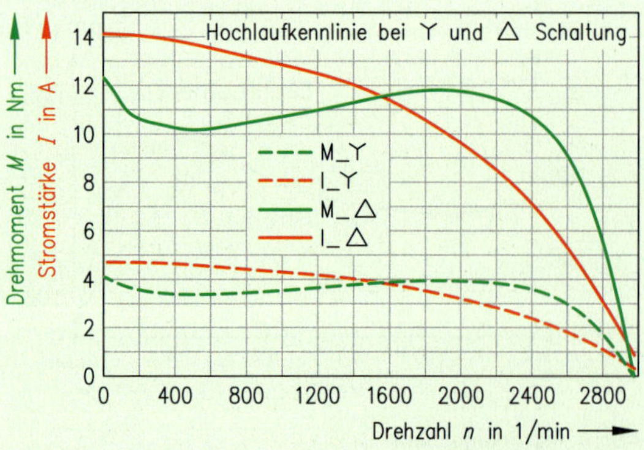

Abb. 3: Ergebnis einer Messung des Drehmoments

15. Zum Betrieb eines Getrieberührwerks (Abb. 4) wird ein 400-V-Drehstromasynchronmotor des Typs K21R 90 L6 (➡ Anhang S. 277) verwendet. Der Rührstab dreht sich mit 80 1/min.

a) Berechnen Sie die aufgenommene Wirkleistung.
b) Ermitteln Sie das Übersetzungsverhältnis des Getriebes.
c) Der Wirkungsgrad des Getriebes beträgt 0,87. Welche Leistung wird an den Rührstab übertragen?
d) Geben Sie den Gesamtwirkungsgrad des Systems an.
e) Berechnen Sie das Drehmoment des Rührers.

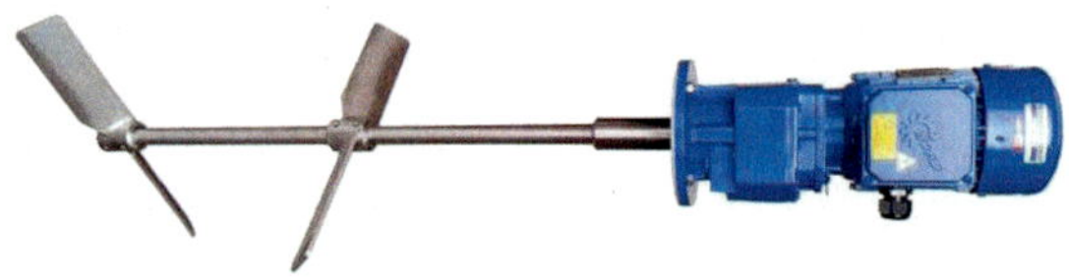

Abb. 4: Getrieberührwerk

16. Ein Motor des Typs K21R 132 SX2 (➡ Anhang S. 277) wird über eine Steuerung in Stern- oder Dreieckschaltung betrieben. Nach einem Drahtbruch im Hauptstromkreis (Abb. 5) verändern sich die Leistungsdaten des Motors.

a) Berechnen Sie für den Normalbetrieb die Bemessungsstromstärke des Motors in Dreieckschaltung und
b) die mechanische Wirkleistung des Motors in Sternschaltung.
c) Welche mechanische Leistung liefert der Motor nach dem Drahtbruchfehler im Stern- und
d) im Dreieckbetrieb?
e) Geben Sie das Drehmoment im Fehlerfall für den Dreieckbetrieb an.

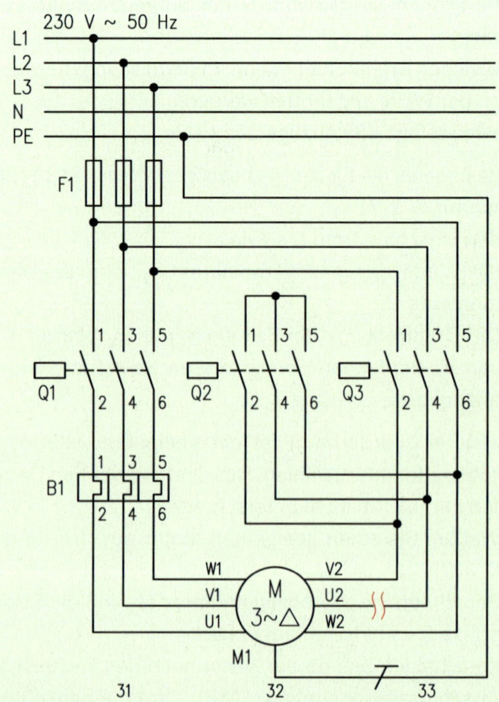

Abb. 5: Hauptstromkreis mit Drahtbruchfehler

11.3.2 Synchronmotor

Bei Synchronmotoren erzeugen die Ständerwicklungen ein rotierendes Magnetfeld. Dieses ist mit dem Erregerfeld des Läufers magnetisch gekoppelt. Der Läufer dreht sich mit der synchronen Drehzahl n_S und eilt dem Ständerfeld um den mechanischen Lastwinkel (Polradwinkel) ϑ nach. Dieser Winkel wächst mit zunehmender Belastung. Ein zweipoliger Motor besitzt bei $\vartheta = 90°$ das max. Drehmoment (sog. Kippmoment). Wird dieser Winkel überschritten, bleibt der Motor stehen.

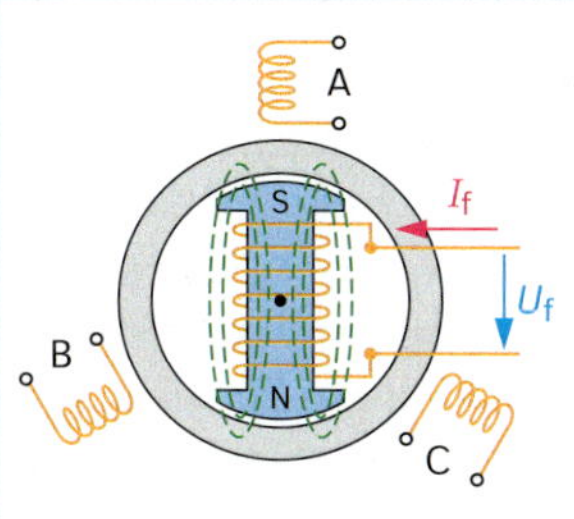

$F = B \cdot l \cdot I_f \cdot N_L$

$P_{zu} = \sqrt{3} \cdot U \cdot I \cdot \cos\varphi$

$M = 2 \cdot r \cdot F \cdot \sin(p \cdot \vartheta)$

$P_{ab} = 2 \cdot \pi \cdot n_s \cdot M$

$P_f = U_f \cdot I_f$

$n_s = \frac{f}{p}$

$\eta = \frac{P_{ab}}{P_{zu} + P_f}$

p: Polpaar des Läufers
n_s: Läuferdrehfrequenz (synchron) $[n_s] = \frac{1}{s}$
M: Drehmoment der Motorwelle $[M] = Nm$
F: Kraft auf den Läufer $[F] = N$
ϑ: mech. Lastwinkel (Polradwinkel)
B: magnetische Flussdichte $[B] = T$
l: wirksame Leiterlänge (Läuferwicklung) $[l] = m$
r: Läuferradius $[r] = m$
N_L: Windungszahl der Läuferwicklung
P_f: elektr. Leistung des Erregerfeldes $[P_f] = W$
I_f: Erregerstrom (Läuferstrom) $[I_f] = A$
U_f: Erregerspannung (Läuferspannung) $[U_f] = V$

Beispiel

Die Abmessungen des Läufers eines zweipoligen Synchronmotors sind $d = 400$ mm und $l = 800$ mm. Die Läuferwicklung besitzt 250 Windungen und wird von einem Erregerstrom der Stärke $I_f = 4{,}5$ A durchflossen. Die Flussdichte beträgt $B = 0{,}65$ T. Berechnen Sie für einen Lastwinkel von $\vartheta = 30°$ a) die Kraft F auf die Läuferwicklung und b) das erzeugte Drehmoment M des Motors.

Geg.: $d = 400$ mm; $l = 800$ mm; $N_L = 250$; $I_f = 4{,}5$ A
Ges.: a) F; b) M

a) $F = B \cdot l \cdot I_f \cdot N_L$; $F = 0{,}68\,T \cdot 0{,}8\,m \cdot 4{,}5\,A \cdot 250$;
$\underline{\underline{F = 612\,N}}$

b) $M = 2 \cdot r \cdot F \cdot \sin\vartheta$; $M = 2 \cdot 0{,}2\,m \cdot 612\,N \cdot \sin 30°$;
$\underline{\underline{M = 122\,Nm}}$

Aufgaben

1. Der Läufer ($r = 160$ mm) eines zweipoligen Synchronmotors eilt dem synchronen Drehfeld um den Lastwinkel $\vartheta = 60°$ nach. Auf den Läufer wirkt die Kraft $F = 450$ N. Berechnen Sie das Drehmoment M der Motorwelle.

2. A 3-phase-synchronous motor provides a torque $M = 160$ Nm. The motor turns with a speed of rotation of 1800 1/min. Calculate the output power of the motor.

3. Die Ständerwicklung eines achtpoligen Synchronmotors für $U = 6600$ V/50 Hz nimmt aus dem Netz einen Strom der Stärke $I = 220$ A auf. Hierbei beträgt der Leistungsfaktor $\cos\varphi = 0{,}93$. An der Motorwelle wird ein Drehmoment $M = 27$ kNm erzeugt. Die Erregerleistung beträgt $P_f = 25$ kW. Berechnen Sie
a) die synchrone Drehzahl n_s,
b) die zugeführte elektrische Leistung P_{zu} in der Ständerwicklung,
c) die mechanische Leistung P_{ab} sowie
d) den Wirkungsgrad η des Motors.

4. Ein zweipoliger 10-kW-Synchronmotor wird an 400 V/50 Hz bei einem Wirkleistungsfaktor $\cos\varphi = 0{,}84$ von einen Strom der Stärke 20 A durchflossen. Die Läuferwicklung ($N_L = 396$, $l = 285$ mm, $d = 160$ mm) nimmt bei einem Strom von 4 A eine Leistung von 800 W auf. Die magnetische Flussdichte im Luftspalt beträgt 0,88 T. Berechnen Sie
a) die synchrone Drehzahl,
b) den Wirkungsgrad,
c) die Kraft auf den Läufer sowie
d) das Drehmoment für $\vartheta = 45°$ und $\vartheta = 90°$.
e) Welcher Lastwinkel stellt sich im Bemessungsbetrieb ein?

5. Ein Synchronmotor mit dem Leistungsschild aus Abb. 1 besitzt folgende Baugrößen: $N_L = 150$, $r = 205$ mm, $l = 255$ mm. Im Luftspalt zwischen Ständer und Läufer herrscht eine Flussdichte von 1,2 T. Berechnen Sie a) den Wirkungsgrad des Motors, b) die Kraft auf den Läufer und c) den Lastwinkel im Bemessungsbetrieb.

JF	**JF – Motorenwerke Dessau**		
Synchronmotor	**IP** 55	38 kg	**Th.ol.** 155 (F/B)
Mot. 3~	IEC/EN 60034-1	181449/0001 F	IM B5
U: 400 V	**I**: 14,3 A	**cos φ**: 0,95	
n: 1500 **r.p.m.**	**P**: 9,0 kW	**f**: 50 Hz	
U_{err}: 120 V	**M**: 57 Nm	**Made in Germany**	
I_{err}: 6,8 A			

Abb. 1: Leistungsschild eines Synchronmotors

11.3.3 Synchrongenerator

Bei Synchrongeneratoren erzeugt die Läuferwicklung ein rotierendes Erregerfeld. Dieses induziert in der Ständerwicklung eine Spannung U mit der Frequenz f.

$$P_{zu} = 2 \cdot \pi \cdot n_s \cdot M$$

$$f = n_S \cdot p$$

$$P_f = U_f \cdot I_f$$

$$\eta = \frac{P_{ab}}{P_{zu} + P_f}$$

$$P_{ab} = \sqrt{3} \cdot U \cdot I \cdot \cos\varphi$$

$$U_{0Str} = 2 \cdot B \cdot l \cdot v \cdot N_S$$

$$v = 2 \cdot \pi \cdot r \cdot n_S$$

P_{ab}:	abgegebene Leistung (elektrisch)	$[P_{ab}]$	= W
P_{zu}:	zugeführte Leistung (mechanisch)	$[P_{zu}]$	= W
U_{0Str}:	induz. Strangspannung im Leerlauf	$[U_{0Str}]$	= V
l:	wirksame Leiterlänge	$[l]$	= m
r:	Läuferradius	$[r]$	= m
v:	Umfangsgeschwindigkeit des Läufers	$[v]$	$= \frac{m}{s}$
N_S:	Windungszahl einer Ständerwicklung		
I_f:	Erregerstrom (Läuferstrom)	$[I_f]$	= A
U_f:	Erregerspannung (Läuferspannung)	$[U_f]$	= V
P_f:	Erregerleistung	$[P_f]$	= W

Beispiel

Die Abmessungen des Läufers eines 24-poligen Synchrongenerators sind $d = 400$ mm und $l = 800$ mm. Er erzeugt im Ständer eine Flussdichte von 0,68 T. Die drei in Stern geschalteten Ständerwicklungen besitzen je 400 Windungen. Die Frequenz der Ausgangsspannung beträgt 50 Hz. Berechnen Sie

a) die Drehfrequenz n_s des Läufers und

b) die Leerlaufstrangspannung U_{0Str} im Leerlauf.

Geg.: $d = 400$ mm; $l = 800$ mm; $B = 0{,}68$ T; $N_S = 400$; $f = 50$ Hz

Ges.: a) n_S; b) U_{0Str}

a) $f = n_S \cdot p$; $n_S = \frac{f}{p}$; $n_S = \frac{50\ \text{Hz}}{12}$; $\underline{\underline{n_S = 4{,}2\ \frac{1}{s}}}$

b) $v = 2 \cdot \pi \cdot r \cdot n_S$; $v = 2 \cdot \pi \cdot 0{,}2\ \text{m} \cdot 4{,}2\ \frac{1}{s}$; $\underline{v = 5{,}3\ \frac{m}{s}}$

$U_{0Str} = 2 \cdot B \cdot l \cdot v \cdot N_S$;

$U_{0Str} = 2 \cdot 0{,}68\ \text{T} \cdot 0{,}8\ \text{m} \cdot 5{,}3\ \frac{m}{s} \cdot 400$; $\underline{\underline{U_{0Str} = 2{,}3\ \text{kV}}}$

Aufgaben

1. Ein 6-poliger Synchrongenerator liefert eine Spannung von 400 V/50 Hz. Er wird mit 3,8 kW bei $\cos\varphi = 0{,}78$ belastet. Berechnen Sie a) die Drehfrequenz n_s des Läufers sowie b) den Strom I.

2. A synchronous generator is turning at 200 rev/min. The induced voltage has a frequency of 60 Hz. How many poles does the rotor have?

3. Ein 30-poliger Synchrongenerator liefert eine Spannung mit der Frequenz 50 Hz. Pro Strang besitzt die Ständerwicklung 225 Windungen und ist in Stern geschaltet. Der Läufer ist 120 cm lang und hat einen Durchmesser von 150 cm. Im Luftspalt beträgt die magnetische Flussdichte 1,02 T. Berechnen Sie

a) die synchrone Drehzahl n_s,

b) die Umfangsgeschwindigkeit v des Läufers,

c) die Strangspannung U_{0Str} im Leerlauf und

d) die entsprechende Leiterspannung U_{0L}.

4. Ein Turbogenerator besitzt die folgenden Bemessungswerte: $S_{ab} = 1{,}1$ MVA, $r = 0{,}6$ m $n_s = 1500$ 1/min, $U = 6$ kV/50 Hz, $\eta = 96\,\%$. Die zugeführte Erregerleistung $P_f = 35$ kW ermöglicht einen Betrieb mit $\cos\varphi = 1$. Berechnen Sie a) p, b) v, c) P_{ab}, d) I, e) P_{zu} und f) M.

5. Abb. 2 zeigt das vereinfachte Ersatzschaltbild eines in Dreieck geschalteten vierpoligen Drehstrom-Synchrongenerators. Dieser ist bei einem Wirkleistungsfaktor $\cos\varphi = 1$ mit 28 A belastet. Ermitteln Sie

a) die induzierte Strangspannung U_{0Str} rechnerisch und grafisch (Maßstab: 10 A ≙ 1 cm; 100 V ≙ 1 cm) und

b) U_{0Str} grafisch, wenn sich aufgrund einer Laständerung ein $\cos\varphi = 0{,}866$ einstellt.

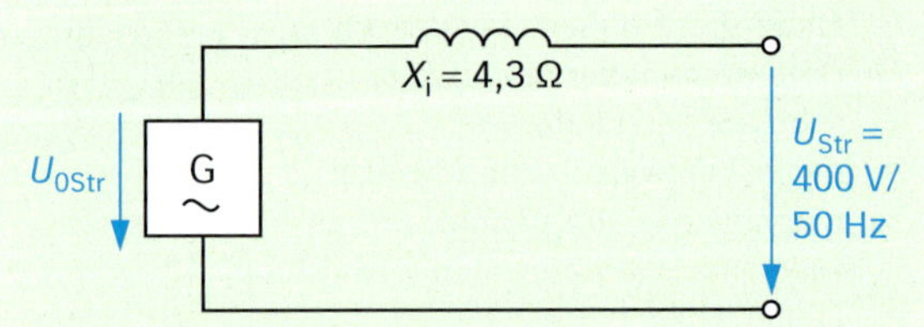

Abb. 2: Ersatzschaltbild eines Synchrongenerators

6. Der fremderregte sechspolige Synchrongenerator einer Windkraftanlage (Abb. 3) erzeugt eine Spannung von 3000 V mit einer Frequenz von 50 Hz und einem Wirkleistungsfaktor von 0,95. Dabei liefert er einen Strom der Stärke 154 A. Die Verlustleistung der Maschine beträgt 71 kW. Bestimmen Sie das für den Antrieb der Welle notwendige Drehmoment.

Abb. 3: Synchrongenerator einer Windkraftanlage

11.4 Gleichstrommaschinen

11.4.1 Fremderregter Gleichstrommotor

Bei fremderregten Gleichstrommotoren wird das Erregerfeld entweder über eine separate Wicklung oder einen Dauermagneten erzeugt. Im Einschaltaugenblick ist keine Gegenspannung U_i vorhanden. Um den Einschaltstrom zu begrenzen, wird während der Anlaufphase ein Anlasswiderstand R_V verwendet.

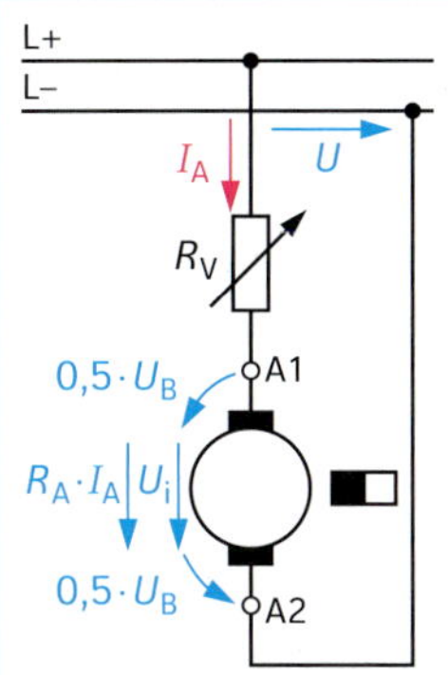

DC-Motor mit Permanenterregung

Einschaltaugenblick:

$$R_V = \frac{U - U_B}{I_2} - R_A$$

Mit Wendepol- u. Kompensationswicklung:

$$R_V = \frac{U - U_B}{I_2} - R_A - R_{WP} - R_K$$

Betriebsfall:

$$U = U_i + U_B + I_A \cdot R_A$$

Mit Wendepol- u. Kompensationswicklung:

$$U = U_i + U_B + I_A \cdot (R_A + R_{WP} + R_K)$$

U:	Betriebsspannung	$[U]$	= V
U_i:	induzierte Gegenspannung	$[U_i]$	= V
U_B:	Bürstenspannung	$[U_B]$	= V
I_A:	Ankerstrom	$[I_A]$	= A
I_2:	Einschaltstrom	$[I_2]$	= A
R_A:	Widerstand der Ankerwicklung	$[R_A]$	= Ω
R_V:	Anlasswiderstand	$[R_V]$	= Ω
R_{WP}:	Widerstand Wendepolwicklung	$[R_{WP}]$	= Ω
R_K:	Widerstand Kompensationswicklung	$[R_K]$	= Ω

Beispiel

Die Bemessungsdaten eines fremderregten Gleichstrommotors lauten: $U = 10{,}5$ V, $I_A = 1{,}1$ A, $R_A = 1{,}2\ \Omega$. Im Einschaltmoment fließt eine Stromstärke von 4,2 A. Je Bürste wird ein Spannungsfall von 0,4 V angenommen. Berechnen Sie a) den benötigten Anlasswiderstand R_V und b) die induzierte Gegenspannung U_i im Bemessungsbetrieb.

Geg.: $U = 10{,}5$ V; $I_A = 1{,}1$ A; $R_A = 1{,}2\ \Omega$; $I_2 = 4{,}2$ A
$U_B = 0{,}8$ V

Ges.: a) R_V; b) U_i

a) $R_V = \frac{U - U_B}{I_2} - R_A$; $\quad R_V = \frac{10{,}5\ \text{V} - 0{,}8\ \text{V}}{4{,}2\ \text{A}} - 1{,}2\ \Omega$;

$\underline{\underline{R_V = 1{,}1\ \Omega}}$

b) $U = U_i + U_B + I_A \cdot R_A$; $\quad U_i = U - U_B - I_A \cdot R_A$;

$U_i = 10{,}5\ \text{V} - 0{,}8\ \text{V} - 1{,}1\ \text{A} \cdot 1{,}2\ \Omega$; $\quad \underline{\underline{U_i = 8{,}38\ \text{V}}}$

Aufgaben

1. Der Hersteller eines fremderregten Gleichstrommotors ($U = 220$ V, $I_A = 2{,}8$ A, $R_A = 1{,}4\ \Omega$, $U_B = 1{,}2$ V) gibt als maximalen Einschaltstrom das 2,5-fache des Bemessungsstroms an. Berechnen Sie

a) den benötigten Vorwiderstand R_V und

b) die induzierte Gegenspannung U_i, wenn der Motor im Bemessungsbetrieb läuft.

2. Ein fremderregter Gleichstrommotor besitzt folgende Bemessungsdaten: $U = 100$ V, $I_A = 2{,}0$ A, $R_A = 2{,}4\ \Omega$. Der Motor wird über einen Anlasswiderstand $R_V = 4{,}0\ \Omega$ betrieben. Die Bürstenspannung U_B wird mit insgesamt 2 V angenommen. Wie groß sind

a) die Anlassstromstärke I_2 und

b) U_i im Bemessungsbetrieb.

3. Auf dem Motor eines ausländischen Herstellers befindet sich nachfolgendes Leistungsschild. Die Anlassstromstärke soll das 1,8-fache der Nennstromstärke nicht überschreiten. Die Bürstenspannung U_B wird mit 2 · 0,75 V angenommen. Der Widerstandswert der Ankerwicklung beträgt 2,5 Ω. Berechnen Sie

a) den Wert des notwendigen Vorwiderstands und

b) den Wirkungsgrad des Motors.

Typ	DC-11	**IEC**	1234
	12,8 kW		1500 r/min
Arm.:	490 V	**Arm.:**	30,5 A
Exc.:	300 V	**Exc.:**	2,23 A

4. Im Rahmen einer Motorprüfung soll sowohl der Ankerwiderstand als auch die induzierte Gegenspannung bestimmt werden. Hierzu wurden folgende Messwerte ermittelt: $U = 200$ V, $I_2 = 25{,}0$ A, $I_A = 10{,}1$ A. Die Einschaltstromstärke wurde mit einem Anlasswiderstand $R_V = 5{,}3\ \Omega$ begrenzt. Je Bürste wird ein Spannungsfall von 0,7 V angenommen. Berechnen Sie

a) den Ankerwiderstand des Motors,

b) die Einschaltstromstärke ohne Anlasswiderstand und

c) die induzierte Gegenspannung, wenn der Motor im Bemessungsbetrieb läuft.

5. Der elektrische Antennenantrieb eines Autos wird über einen fremderregten Gleichstrommotor mit folgenden Kenndaten betrieben: $U = 12$ V, $I_A = 14$ A, $R_A = 150$ mΩ. Bei der Bemessungsdrehfrequenz von $n = 1200\ \text{min}^{-1}$ wird eine Gegenspannung von 9,4 V erzeugt. Die Bürstenspannung U_B wird mit 0,5 V angenommen. Die mechanischen Verluste betragen 30 W. Berechnen Sie

a) den Wirkungsgrad des Motors und

b) das an der Motorwelle abgegebene Drehmoment im Bemessungsbetrieb.

11.4.2 Gleichstrom-Reihenschlussmotor (Universalmotor)

Bei Gleichstrom-Reihenschlussmotoren wird das Erregerfeld über eine in Reihe zum Anker geschaltete Erregerwicklung erzeugt. Um den Einschaltstrom zu begrenzen, wird während der Anlaufphase häufig ein Anlasswiderstand R_V verwendet.

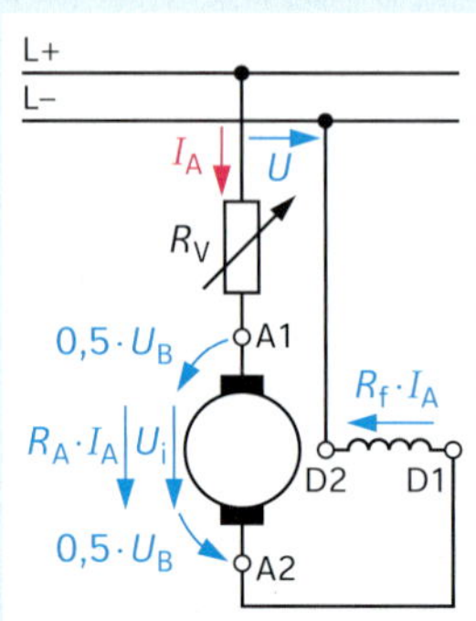

DC-Motor mit Reihenschlusswicklung

Einschaltaugenblick:

$$R_V = \frac{U - U_B}{I_2} - R_A - R_f$$

Mit Wendepol- u. Kompensationswicklung:

$$R_V = \frac{U - U_B}{I_2} - R_A - R_f - R_{WP} - R_K$$

Betriebsfall:

$$U = U_i + U_B + I_A \cdot (R_A + R_f)$$

Mit Wendepol- u. Kompensationswicklung:

$$U = U_i + U_B + I_A \cdot (R_A + R_f + R_{WP} + R_K)$$

I_f: Erregerstrom $[I_f] = \text{A}$

R_f: Widerstand der Erregerwicklung $[R_f] = \Omega$

Beispiel

Ein Gleichstrom-Reihenschlussmotor mit den Bemessungsdaten $R_A = 1{,}2\ \Omega$, $R_f = 0{,}6\ \Omega$ und $I_A = 14$ A wird an 220 V betrieben. Der Spannungsfall an den Bürsten beträgt 1,4 V. Der maximale Einschaltstrom darf 2,5 x I_A nicht überschreiten. Berechnen Sie

a) die induzierte Gegenspannung U_i bei Bemessungsbetrieb und

b) den Anlasswiderstand R_V.

Geg.: $U = 220$ V; $I_A = 14$ A; $R_A = 1{,}2\ \Omega$; $I_2 = 2{,}5 \cdot 14$ A; $R_f = 0{,}6\ \Omega$; $U_B = 1{,}4$ V

Ges.: a) U_i; b) R_V

a) $U = U_i + U_B + I_A \cdot (R_A + R_f)$; $U_i = U - U_B - I_A \cdot (R_A + R_f)$;
$U_i = 220\text{ V} - 1{,}4\text{ V} - 14\text{ A} \cdot 1{,}8\ \Omega$; $\underline{\underline{U_i = 193\text{ V}}}$

b) $R_V = \dfrac{U - U_B}{I_2} - R_A - R_f$; $R_V = \dfrac{220\text{ V} - 1{,}4\text{ V}}{35\text{ A}} - 1{,}8\ \Omega$;
$\underline{\underline{R_V = 4{,}4\ \Omega}}$

Aufgaben

1. Dem Datenblatt eines Reihenschlussmotors sind folgende Werte zu entnehmen: $U = 220$ V, $I_A = 14{,}8$ A, $R_A = 1{,}3\ \Omega$ und $R_f = 1{,}1\ \Omega$. U_B wird vernachlässigt.

a) Welche Werte ergeben sich für den Spannungsfall an der Erreger- und der Ankerwicklung?

b) Berechnen Sie die induzierte Gegenspannung U_i.

2. Ein Reihenschlussmotor mit den Bemessungsdaten $U = 220$ V, $I_A = 30{,}8$ A, $R_A = 1{,}6\Omega$ und $R_f = 800$ mΩ wird im Rahmen von Wartungsarbeiten untersucht. Bei der Inbetriebnahme wird der Anlaufstrom auf das Zweifache des Bemessungsstroms begrenzt. Der Spannungsfall an den Bürsten kann vernachlässigt werden.
Berechnen Sie

a) den Anlasswiderstand R_V,

b) die Einschaltstromstärke I_2 ohne Anlasswiderstand und

c) die induzierte Gegenspannung U_i im Bemessungsbetrieb.

3. A DC-series-motor is connected to a 480 V DC power supply. The power output of the motor is 10 kW at 1180 rev/min. The efficiency of the motor is 91 % and the counter voltage U_i equals 420 V. Calculate a) the current I_A, b) the resistance of the armature-field-path and c) the torque of the motor.

4. In der Herstellerbeschreibung eines Reihenschlussmotors werden neben dem Schaltbild noch folgende Angaben gemacht:
$R_A = 1{,}2\ \Omega$, $R_f = 0{,}8\ \Omega$
$R_{WP} = 0{,}2\ \Omega$, $R_K = 0{,}2\ \Omega$
$I_A = 22$ A, $U = 110$ V

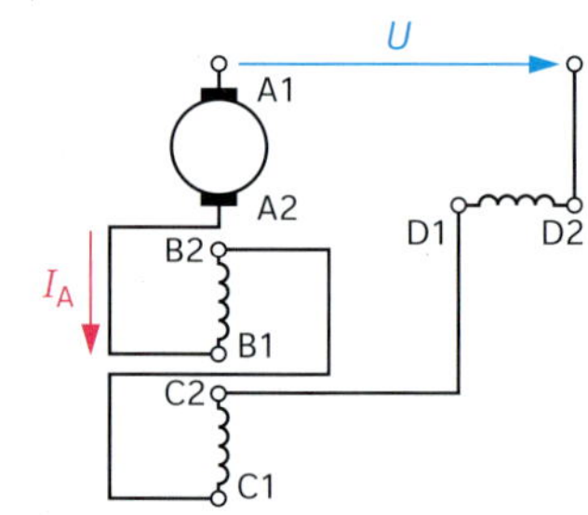

Die Bürstenspannung kann vernachlässigt werden.
Berechnen Sie

a) den Einschaltstrom I_2,

b) den Wert für R_V, damit $I_2 = 1{,}5 \cdot I_A$ entspricht und

c) die induzierte Gegenspannung U_i.

5. Das Datenblatt eines Reihenschlussmotors liefert folgende Motordaten: $U = 500$ V, $\eta = 0{,}8$. Bei der Bemessungsdrehfrequenz von $n = 900\text{ min}^{-1}$ erzeugt dieser ein Drehmoment von 18 Nm und eine induzierte Gegenspannung von 460 V. Die Bürstenspannung U_B wird mit 2 V angenommen, die mechanischen Verluste betragen 260 W. Berechnen Sie den Widerstandswert des Ankerwicklungs-Feldwicklungs-Kreises sowie die elektrischen Verluste des Motors.

6. Ein Reihenschlussmotor mit einer Drehfrequenz von 820 min^{-1} nimmt an einer Spannung von 220 V einen Strom der Stärke 32,2 A auf. Der Widerstandswert für die Anker- und Feldwicklung beträgt 1,2 Ω. Die Widerstände der Wendepolwicklung und der Kompensationswicklung werden mit je 0,2 Ω angegeben. Für den Spannungsfall an den Bürsten werden 1,2 V angenommen. Die Eisen- und Reibungsverluste betragen 0,45 kW. Berechnen Sie

a) die induzierte Gegenspannung,

b) den Wirkungsgrad des Motors und

c) das Drehmoment an der Motorwelle.

11.4.3 Gleichstrom-Nebenschlussmotor

Bei Gleichstrom-Nebenschlussmotoren wird das Erregerfeld über eine parallel zum Anker geschaltete Erregerwicklung erzeugt. Um den Einschaltstrom I_2 während der Anlaufphase zu begrenzen, wird häufig ein Anlasswiderstand R_V verwendet.

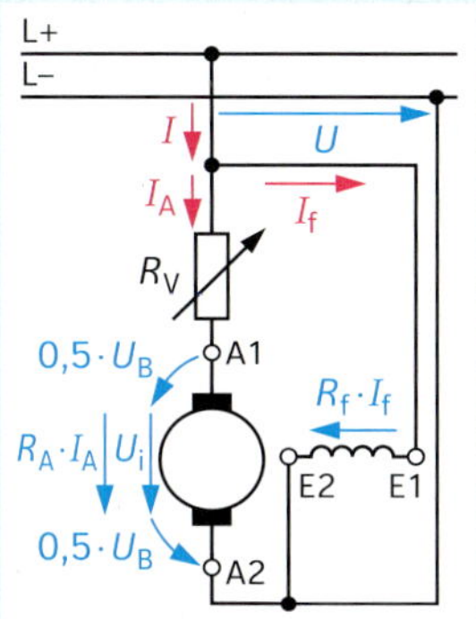

DC-Motor mit Nebenschlusswicklung

Einschaltaugenblick:

$$R_V = \frac{U - U_B}{I_2 - I_f} - R_A$$

Mit Wendepol- und Kompensationswicklung:

$$R_V = \frac{U - U_B}{I_2 - I_f} - R_A - R_{WP} - R_K$$

Betriebsfall:

$$I = I_A + I_f \qquad U = R_f \cdot I_f \qquad U = U_i + U_B + I_A \cdot R_A$$

Mit Wendepol- und Kompensationswicklung:

$$U = U_i + U_B + I_A \cdot (R_A + R_{WP} + R_K)$$

I_f: Erregerstrom $[I_f] = A$
R_f: Widerstand der Erregerwicklung $[R_f] = \Omega$
I_2: Einschaltstrom $[I_2] = A$

Beispiel

Ein Hersteller von Gleichstrom-Nebenschlussmotoren gibt für eine Motorserie folgende Bemessungsdaten an: $U = 220$ V; $R_A = 1{,}6\ \Omega$; $R_f = 1{,}2$ kΩ und $I = 9{,}3$ A.
Der Spannungsfall an den Bürsten beträgt 1,2 V. Der maximale Einschaltstrom I_2 darf $2{,}0 \cdot I$ nicht überschreiten. Berechnen Sie

a) die induzierte Gegenspannung U_i bei Bemessungs betrieb und
b) den Anlasswiderstand R_V.

Geg.: $U = 220$ V; $I = 9{,}3$ A; $R_A = 1{,}6\ \Omega$; $I_2 = 2{,}0 \cdot 9{,}3$ A; $R_f = 1{,}2$ kΩ; $U_B = 1{,}2$ V

Ges.: a) U_i; b) R_V

a) $I_f = \frac{U}{R_F}$; $\quad I_f = \frac{220\ \text{V}}{1200\ \Omega}$; $\quad \underline{I_f = 0{,}18\ \text{A}}$

$I_A = I - I_f$; $\quad I_A = 9{,}3\ \text{A} - 0{,}18\ \text{A}$; $\quad \underline{I_A = 9{,}1\ \text{A}}$

$U = U_i + U_B + I_A \cdot R_A$; $\quad U_i = U - U_B - I_A \cdot R_A$;

$U_i = 220\ \text{V} - 1{,}2\ \text{V} - 9{,}1\ \text{A} \cdot 1{,}6\ \Omega$; $\quad \underline{\underline{U_i = 204\ \text{V}}}$

b) $R_V = \frac{U - U_B}{I_2 - I_f} - R_A$; $\quad R_V = \frac{220\ \text{V} - 1{,}2\ \text{V}}{2 \cdot 9{,}3\ \text{A} - 0{,}18\ \text{A}} - 1{,}6\ \Omega$;

$\underline{\underline{R_V = 10{,}3\ \Omega}}$

Aufgaben

1. Ein Nebenschlussmotor besitzt laut Datenblatt folgende Bemessungsgrößen: $U = 440$ V, $R_A = 1{,}5\ \Omega$, $R_f = 1{,}6$ kΩ, $R_{WP} = 0{,}5\ \Omega$, $R_k = 0{,}7\ \Omega$, $I = 18{,}3$ A. Der Einschaltstrom darf das 1,5-fache des Bemessungsstroms nicht überschreiten. Der Spannungsfall je Bürste beträgt 1 V. Berechnen Sie

a) den Anlasswiderstand R_v und
b) die induzierte Gegenspannung U_i im Bemessungsbetrieb.

2. Die Bemessungsdaten eines Nebenschlussmotors betragen $P = 112$ kW, $U = 1{,}5$ kV, $I = 92$ A und $I_f = 6{,}3$ A. Im Betrieb wird eine Gegenspannung von 1,3 kV induziert. Der Spannungsfall an den Bürsten beträgt zusammen 3,8 V. Berechnen Sie

a) die Widerstandswerte der Erregerwicklung,
b) den Widerstandswert der Ankerwicklung und
c) den Wirkungsgrad des Motors.

3. Ein Motor amerikanischer Herkunft mit $R_f = 6{,}7\ \Omega$ besitzt das Leistungsschild nach Abb. 1. Im Rahmen der Instandsetzung sind folgende Motordaten unter Vernachlässigung von U_B rechnerisch zu ermitteln:
a) R_f, b) I, c) η, d) M_N, e) I_2 und f) U_i.

Lincoln Gouba – Electrical Machines Company					
HP	37	**RPM**	2000	**Volts**	500
ARM AMPS	67			**Wound**	shunt
FLD AMPS	1,46			**MAX AMBIENT**	40 °C

Abb. 1: Leistungsschild

4. Für den Antrieb einer Werkzeugmaschine wird ein Nebenschlussmotor mit einem Anlasswiderstand $R_V = 5{,}2\ \Omega$ an $U = 220$ V verwendet. Dadurch wird der Einschaltstrom $I_2 = 34$ A auf den zweifachen Wert des Bemessungsstroms begrenzt. Der Widerstandswert der Erregerwicklung beträgt 870 Ω. Der Spannungsfall an beiden Bürsten wird mit 2 V angenommen. Ermitteln Sie
a) R_A, b) U_i und c) I_2 ohne Vorwiderstand.

5. Ein 1,1-kW-Gleichstrom-Nebenschlussmotor nimmt im Bemessungsbetrieb bei Anschluss an 220 V eine Leistung von 1,4 kW auf. Hierbei wird eine Gegenspannung von 190 V induziert. Die Erregerwicklung ($R_f = 780\ \Omega$) erzeugt eine Leistung von 180 W. Durch einen Vorwiderstand wird der Strom im Einschaltaugenblick auf das 2,5-fache des Bemessungsstroms begrenzt. Der Spannungsfall an beiden Bürsten beträgt 2 V. Berechnen Sie

a) den Wert des Vorwiderstands und
b) die mechanischen Verluste des Motors.

11.4.4 Gleichstromgenerator

Mithilfe eines Erregerfelds wird in einem rotierenden Anker eines Gleichstromgenerators eine Wechselspannung induziert. Ein Kommutator wandelt die erzeugte Wechselspannung in eine pulsierende Gleichspannung um.

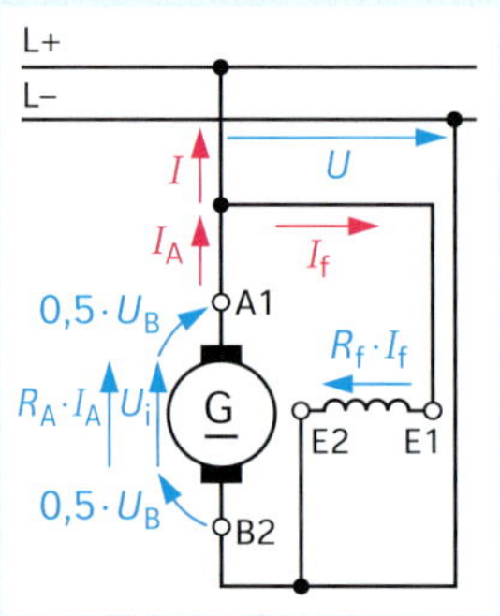

DC-Motor mit Nebenschlusswicklung

$$U = U_i - U_B - I_A \cdot R_A$$

Fremderregung:

$$I = I_A$$

Nebenschlusserregung:

$$I = I_A - I_f \qquad U = I_f \cdot R_f$$

U:	Klemmenspannung des Generators	$[U] = \text{V}$
I:	Generatorstrom	$[I] = \text{A}$
U_i:	induzierte Spannung	$[U_i] = \text{V}$
U_B:	Bürstenspannung	$[U_B] = \text{V}$
I_A:	Ankerstrom	$[I_A] = \text{A}$
I_f:	Erregerstrom	$[I_f] = \text{A}$
R_A:	Widerstand der Ankerwicklung	$[R_A] = \Omega$
R_f:	Widerstand der Erregerwicklung	$[R_f] = \Omega$

Beispiel

Ein vierpoliger DC-Nebenschlussgenerator induziert in der Ankerwicklung ($R_A = 0{,}13\ \Omega$) eine Spannung $U_i = 226$ V. Dabei fließt ein Strom der Stärke 25 A durch den Anker. Der Widerstand der Nebenschlusswicklung wird vom Hersteller mit $R_f = 150\ \Omega$ angegeben. Der Spannungsfall U_B an den Bürsten beträgt insgesamt 2 V. Berechnen Sie a) die Klemmenspannung U und b) den Erregerstrom I_f.

Geg.: $U_i = 226$ V; $I_A = 25$ A; $R_A = 0{,}13\ \Omega$; $R_F = 150\ \Omega$; $U_B = 2$ V

Ges.: a) U; b) I_f

a) $U = U_i - U_B - I_A \cdot R_A$;

$U = 226\ \text{V} - 2\ \text{V} - 25\ \text{A} \cdot 0{,}13\ \Omega$; $\underline{\underline{U = 221\ \text{V}}}$

b) $U = I_f \cdot R_f$; $I_f = \dfrac{U}{R_f}$; $I_f = \dfrac{221\ \text{V}}{150\ \text{A}}$; $\underline{\underline{I_f = 1{,}47\ \text{A}}}$

Aufgaben

1. Die induzierte Spannung in der Ankerwicklung eines fremderregten Gleichstromgenerators beträgt 240 V. Der Ankerkreis besitzt einen Widerstand $R_A = 0{,}5\ \Omega$. An den beiden Bürsten fällt eine Spannung von insgesamt 2 V ab. Der Generator liefert einen Strom der Stärke $I = 20$ A. Bestimmen Sie die Klemmenspannung U des Generators.

2. Die Bemessungsspannung eines Gleichstrom-Nebenschlussgenerators beträgt $U = 200$ V. Er besitzt einen Ankerkreiswiderstand von $0{,}02\ \Omega$, der im Bemessungsbetrieb von $I_A = 400$ A durchflossen wird. Die Erregerwicklung hat einen Widerstandswert von $120\ \Omega$. Der Spannungsfall je Bürste beträgt 1,5 V. Berechnen Sie für den Bemessungsbetrieb a) die induzierte Spannung U_i und b) den Erregerstrom I_f.

3. A 9.5-kW-load is connected to a d.c. shunt generator with a terminal voltage of $U_T = 250$ V. The total armature current I_a equals 40 A. Calculate the value of the shunt field resistor.

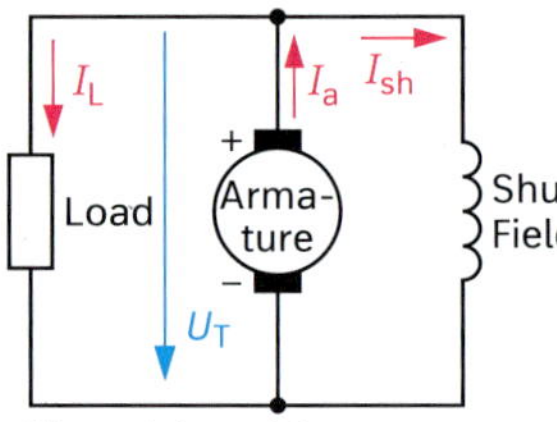

Shunt Wound Generator

4. Ein Nebenschlussgenerator liefert bei einer Klemmenspannung von 500 V im Bemessungsbetrieb einen Strom der Stärke 50 A. Der Ankerkreiswiderstand einschließlich Bürstenübergangswiderstand beträgt $1{,}9\ \Omega$. Die Erregerwicklung hat einen Widerstand von $680\ \Omega$. Berechnen Sie für den Bemessungsbetrieb

a) den Strom in der Erregerwicklung und
b) die induzierte Spannung im Anker.
c) Welchen Wert besitzt die Leerlaufspannung des Generators?

5. Nach der Instandsetzung eines fremderregten DC-Generators wird im Prüffeld dessen Klemmenspannung in Abhängigkeit vom Laststrom überprüft. Folgende Werte werden hierbei erfasst:

I in A	0	10	20	40	60	80
U in V	415	411	406	394	380	362

Der Widerstandswert der Feldwicklung beträgt $100\ \Omega$. Der Spannungsfall an den Kohlebürsten wird vernachlässigt.

a) Zeichnen Sie die Belastungskennlinien $U(I)$ des Generators (x-Achse: 1 cm ≙ 10 A, y-Achse: 1 cm ≙ 50 V).
b) Wie groß ist die Leerlaufspannung?
c) Welchen Widerstandswert besitzt die neu gewickelte Ankerspule?

6. Ein Nebenschlussgenerator mit einem Feldwiderstand von $70\ \Omega$ liefert bei einer Klemmenspannung von 120 V eine Ausgangsleistung von 60 kW. Die induzierte Spannung in der Ankerwicklung beträgt 135 V. Der Spannungsfall an beiden Bürsten wird mit 2 V angenommen. Berechnen Sie a) den Strom durch die Erregerwicklung und b) den Ankerkreiswiderstand. c) Welchen Wert besitzt die induzierte Spannung, wenn der Generator eine Ausgangsleistung von 20 kW bei einer Klemmenspannung von 150 V liefert?

11.5 Weitere Maschinenarten

11.5.1 Schrittmotor

Ein Schrittmotor ist ein elektronisch angesteuerter Gleichstrommotor mit permanent erregtem Rotor. Je nach Anzahl der Polpaare p und der Strangzahl m ändert er seine Lage schrittweise um den Winkel α.

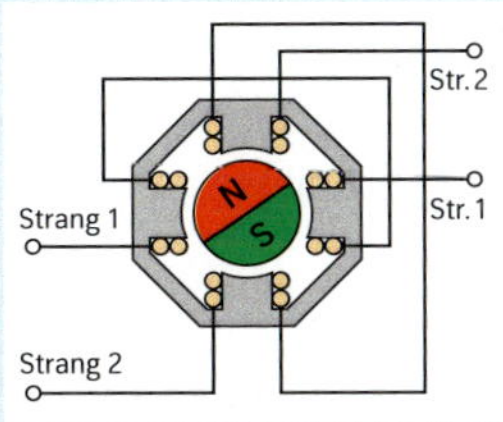

$$\alpha = \frac{360°}{z} \qquad n = \frac{f}{z}$$

Vollschrittbetrieb: $z = 2 \cdot p \cdot m$

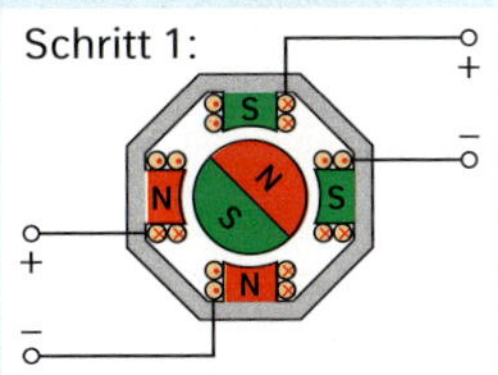

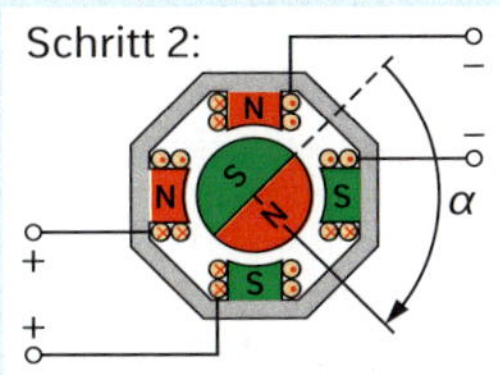

Halbschrittbetrieb: $z = 2 \cdot 2 \cdot p \cdot m$

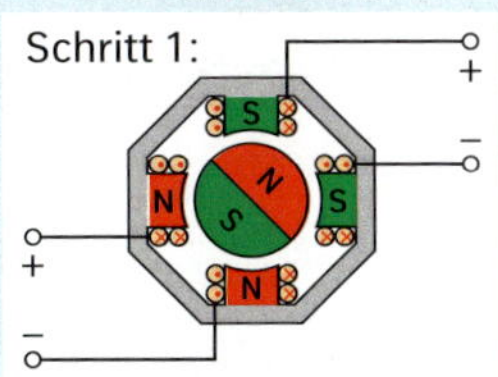

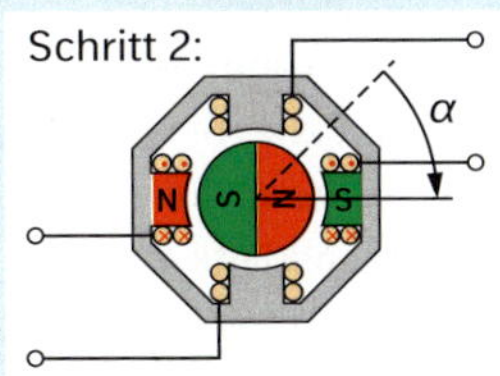

Mikroschrittbetrieb: $z = 2 \cdot d \cdot p \cdot m$

Der Vollschritt kann zusätzlich elektronisch verringert werden (z. B. divide-by-10).

z: Anzahl der Schritte pro Umdrehung
p: Polpaarzahl des Läufers
m: Strangzahl, Phasenzahl
d: Mikroschritt-Divisor
α: Schrittwinkel, Auflösung
n: Umdrehungsfrequenz $[n] = 1/\text{min}$
f: Impulsfrequenz $[f] = \text{Hz}$

Beispiel

Der oben abgebildete Schrittmotor wird mit $f = 200$ Hz im Vollschrittbetrieb angesteuert. Bestimmen Sie a) die Anzahl z der Schritte, b) den Schrittwinkel α sowie c) die Umdrehungsfrequenz n.

Geg.: $f = 200$ Hz; aus Darstellung: $p = 1$; $m = 2$

Ges.: a) z; b) α; c) n

a) $z = 2 \cdot p \cdot m$; $z = 2 \cdot 1 \cdot 2$; $\underline{\underline{z = 4}}$

b) $\alpha = \frac{360°}{z}$; $\alpha = \frac{360°}{4}$; $\underline{\underline{\alpha = 90°}}$

c) $n = \frac{f}{z}$; $n = \frac{200\ \text{Hz}}{4} \cdot 60 \frac{\text{s}}{\text{min}}$; $\underline{\underline{n = 3000 \frac{1}{\text{min}}}}$

Aufgaben

1. Ein zweiphasiger Schrittmotor mit 50 Polpaaren wird durch eine Treiberstufe im Halbschrittbetrieb mit $f = 1$ kHz angesteuert a) Welchen Schrittwinkel α besitzt der Motor? b) Mit welcher Drehfrequenz rotiert der Anker?

2. A three-phase step motor with the resolution $\alpha = 2{,}4°$ is regulated with $f = 200$ Hz in full-step operation.
a) Calculate the number of steps z of the motor.
b) How many pole pairs p does the rotor have?
c) What is the rotation frequency n of the rotor?

3. An einer CNC-Fräsmaschine wird der Messtaster zur Werkzeugbruchkontrolle mit einem hochauflösenden 5-Phasen-Schrittmotor im Mikroschrittbetrieb mit $d = 25$ positioniert. Sein Läufer besitzt 100 Polpaare. Ermitteln Sie den Schrittwinkel α.

4. Im Datenblatt eines zweisträngigen Schrittmotors, der für die Positionierung des Druckkopfes eines 3-D-Druckers eingesetzt wird, ist die Auflösung im Vollschrittbetrieb mit $\alpha = 3{,}6°$ angegeben. Die Impulsfrequenz beträgt bis zu 40 Hz. a) Berechnen Sie die Schrittzahl z pro Umdrehung. b) Mit welcher Drehfrequenz n rotiert der Läufer? c) Berechnen Sie die maximale Geschwindigkeit der Positioniereinheit, wenn sich der Druckkopf pro vollständiger Läuferumdrehung um 12 mm bewegt.

5. An den Anschlüssen einer Schrittmotorsteuerung wird das Impulsbild in Abb. 1 ausgegeben. Der angetriebene Motor rotiert mit einer Auflösung von 0,9°. a) Entscheiden Sie, um welche Betriebsart es sich handelt. b) Berechnen Sie die Umdrehungsfrequenz der Welle.

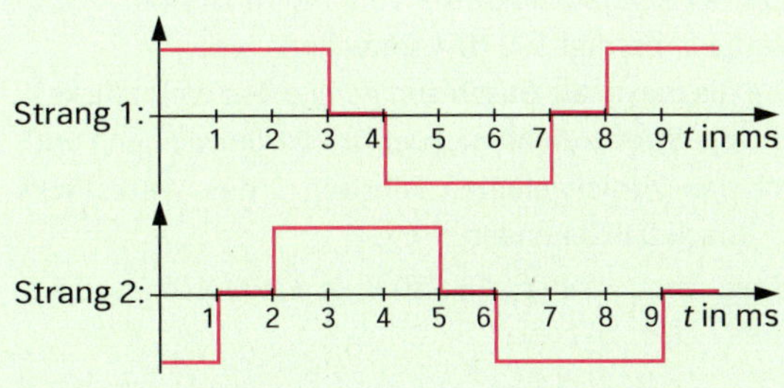

Abb. 1: Impulsdiagramm einer Schrittmotoransteuerung

6. Der Antrieb einer Quarzuhr erfolgt durch einen einphasigen zweipoligen Schrittmotor (Lavetmotor). An seiner Welle ist ein Zahnrad mit 10 Zähnen befestigt. Der Sekundenzeiger wird über ein 600-zähniges Zahnrad angetrieben. Berechnen Sie die zum Antrieb des Motors notwendige Impulsfrequenz, um die Uhrzeit präzise anzuzeigen.

11.5.2 Linearmotor

Ein Linearmotor erzeugt ein geradliniges Wanderfeld, dessen Geschwindigkeit v_s von der Polteilung τ_P und der Frequenz f abhängig ist. Die Kraftwirkung F des Motors hängt von der Stromstärke durch die Wicklung ab.

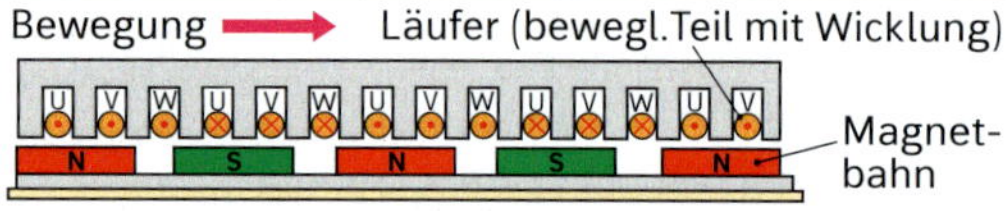

$v_s = 3 \cdot \tau_p \cdot f$ $F = k_F \cdot I$ $F = m_{ges} \cdot a$

Die Bewegung des Läufers wird durch die allgemeinen Bewegungsgleichungen beschrieben.

$s = \frac{1}{2} \cdot a \cdot t^2 + v_0 \cdot t$ $s = v \cdot t$ $v = a \cdot t$ $a = \frac{\Delta v}{\Delta t}$

v_s:	synchrone Wanderfeldgeschwindigkeit	$[v_s]$ = m/s
τ_P:	Polteilung	$[\tau_P]$ = m
F:	Kraft	$[F]$ = N
m_{ges}:	Masse (Läufer + Werkstück)	$[m_{ges}]$ = kg
k_F:	Kraftkonstante	$[k_F]$ = N/A
I:	Stromstärke in der Motorwicklung	$[I]$ = A
a:	Beschleunigung	$[a]$ = m/s²
s:	Wegstrecke	$[s]$ = m
v:	Geschwindigkeit	$[v]$ = m/s
t:	Zeit	$[t]$ = s

Beispiel

Ein Werkstück der Masse $m = 15$ kg wird aus der Ruhelage mithilfe eines Linearmotors beschleunigt. Der Läufer besitzt die Masse $m_L = 5$ kg. Der Motor hat eine Vorschubkraft F von 130 N. Die Kraftkonstante k_F beträgt 100 N/A. Berechnen Sie

a) die maximale Beschleunigung a des Werkstücks,
b) die Stromaufnahme I der Drehstromwicklung und
c) den zurückgelegten Fahrweg s des Werkstücks nach 0,6 Sekunden.

Geg.: $m_{ges} = 20$ kg; $F = 130$ N; $k_F = 400$ N/A; $t = 0{,}6$ s
Ges.: a) a; b) I; c) s

a) $F = m_{ges} \cdot a$

$a = \frac{F}{m_{ges}}$

$a = \frac{130\ \text{N}}{20\ \text{kg}}$

$\underline{\underline{a = 6{,}5\ \frac{\text{m}}{\text{s}^2}}}$

b) $F = k_F \cdot I$

$I = \frac{F}{k_F}$

$I = \frac{130\ \text{N}}{100\ \frac{\text{N}}{\text{A}}}$

$\underline{\underline{I = 1{,}3\ \text{A}}}$

c) $s = \frac{1}{2} \cdot a \cdot t^2$; $s = \frac{1}{2} \cdot 6{,}5\ \frac{\text{m}}{\text{s}^2} \cdot (0{,}6\ \text{s})^2$; $\underline{\underline{s = 1{,}17\ \text{m}}}$

Aufgaben

1. Ein Synchron-Linearmotor besitzt das Leistungsschild aus Abb. 2. Er transportiert im Bemessungsbetrieb Baugruppen mit einer Masse $m = 6{,}0$ kg. Berechnen Sie

a) die Kraftkonstante k_F des Motors,
b) die Beschleunigung a im Bemessungsbetrieb und
c) die Polteilung τ_P.

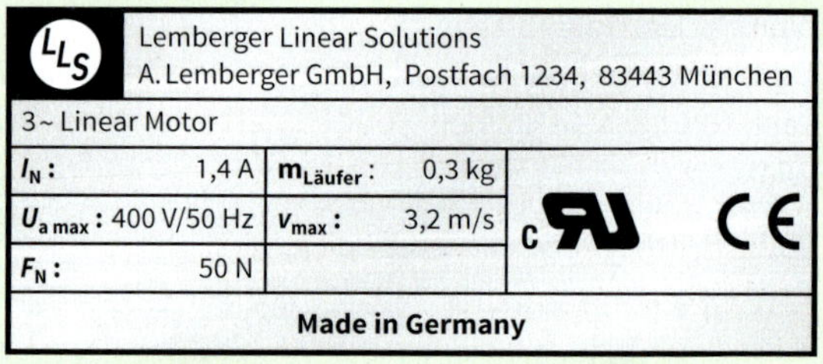

Abb. 2: Leistungsschild eines Linearmotors

2. The linear motor of a magnetic levitation train has a pole pitch $\tau_P = 51.6$ cm. Calculate the required motor frequency f when the train runs at 430 km/h.

3. Ein Linearmotor liefert bei $I_N = 1{,}7$ A das Nennmoment $F_N = 24$ N.

a) Berechnen Sie die Kraftkonstante k_F.
b) Welche Kraft liefert der Motor, wenn er bei Wasserkühlung (WK) einen Strom von 4,6 A aufnimmt?
c) Kurzzeitig kann der Motor eine Spitzenkraft F_P von 210 N ausüben. Wie groß ist hierbei die aufgenommene Stromstärke?

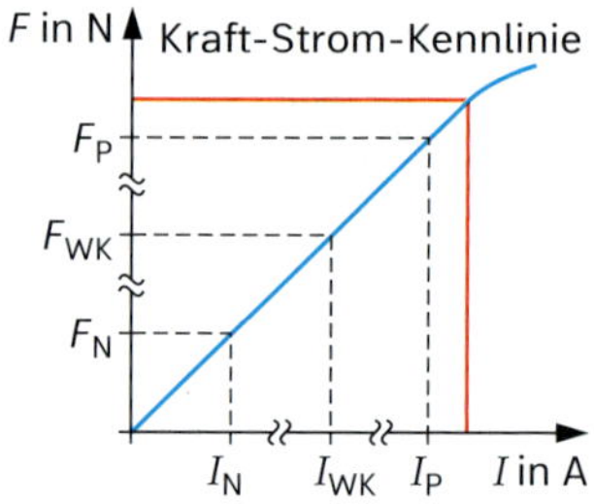

4. Der Verfahrweg eines Linearmotors wird mithilfe eines v-t-Diagramms (Abb. 3) dargestellt. Bestimmen Sie a) die Werte der Beschleunigungen für die Zeitintervalle 0,2 s – 0,4 s und 0,7 s – 0,8 s, b) die zurückgelegte Wegstrecke im Zeitintervall 0,4 s – 0,7 s und c) die zurückgelegte Gesamtstrecke. d) Wie hoch ist die Durchschnittsgeschwindigkeit für den gesamten Fahrweg?

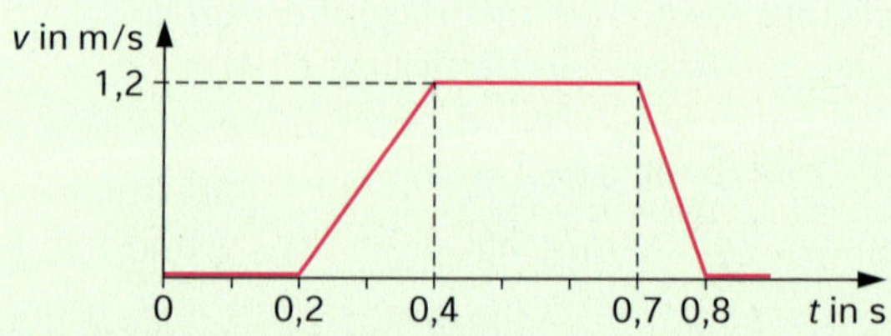

Abb. 3: Verfahrweg

11.5.3 Wechselstrommotoren

Kondensatormotor

Mithilfe eines Betriebskondensators C_B wird über eine Hilfswicklung im Ständer ein Drehfeld erzeugt. Um ein erhöhtes Anlaufmoment zu erhalten, wird beim Start des Motors ein Anlaufkondensator C_A zugeschaltet.

$$C_B = \frac{Q_{CB}}{2 \cdot \pi \cdot f \cdot U^2}$$

$$C_A = 3 \cdot C_B$$

Richtwert für Q_{CB}:
1,35 kvar pro 1 kW Bemessungsleistung des Motors

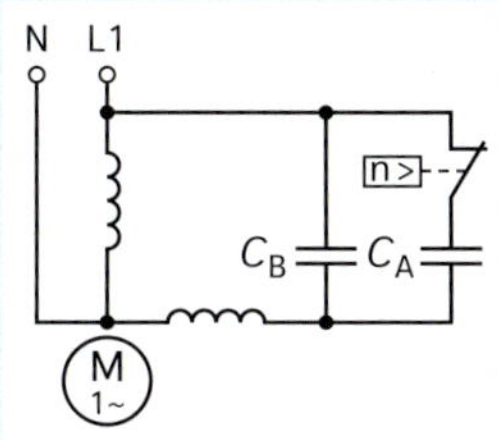

C_A: Kapazität des Anlaufkondensators $[C_A]$ = F
C_B: Kapazität des Betriebskondensators $[C_B]$ = F
Q_{CB}: Blindleistung des Betriebskondens. $[Q_{CB}]$ = var
U: Bemessungsspannung des Motors $[U]$ = V
P: Bemessungsleistung des Motors $[P]$ = W

Beispiel

Ein Kondensatormotor besitzt folgende Bemessungswerte: $P = 1{,}65$ kW, $f = 50$ Hz und $U = 230$ V. Berechnen Sie den Wert des Betriebskondensators.

Geg.: $P = 1{,}65$ kW; $f = 50$ Hz; $U = 230$ V
Ges.: C_B

nach Richtwert:

$Q_{CB} = 1{,}35$ kvar/kW $\cdot$ 1,65 kW; $Q_{CB} = 2{,}23$ kvar

$$C_B = \frac{Q_{CB}}{2 \cdot \pi \cdot f \cdot U^2}; \quad C_B = \frac{2{,}23 \cdot 10^3 \text{ var}}{2 \cdot \pi \cdot 50\ 1/\text{s} \cdot (230\ \text{V})^2}$$

$C_B = 134\ \mu$F

Aufgaben

1. Ein 0,75-kW-Kondensatormotor wird an 230 V/50 Hz betrieben. Berechnen Sie den Wert des Anlaufkondensators C_A.

2. Ein Kompressor wird an 230 V/50 Hz über einen vierpoligen 2,2-kW-Kondensatormotor angetrieben. Der Wirkleistungsfaktor cos φ liegt bei 0,72 und der Wirkungsgrad η bei 0,68.
Berechnen Sie
a) die Kapazität des Betriebskondensators C_B,
b) die Kapazität des Anlaufkondensators C_A,
c) die aufgenommene Leistung P_{zu} sowie
d) die aufgenommene Stromstärke I.

3. A capacitor motor with the power $P = 0.85$ kW is connected to the voltage $U = 230$ V and $f = 50$ Hz. The efficiency of the motor is $\eta = 0.62$ and the power factor is cos $\varphi = 0.85$. Calculate
a) the capacity C_B of the running capacitor,
b) the capacity C_A of the starting capacitor and
c) the current I of the motor.

4. Das Anlaufverhalten eines Wechselstromotors ohne Betriebs- und Anlaufkondensator soll verbessert werden. Die Leistung des Motors beträgt 1,7 kW und er ist für den Einsatz in einem 230 V/50 Hz-Netz konzipiert. Bestimmen oder berechnen Sie
a) die benötigte Blindleistung,
b) die Kapazitäten des Anlauf- und
c) des Betriebskondensators.

5. An einem Kondensatormotor (Abb. 1) lässt sich der Wert der Bemessungsleistung nicht mehr erkennen. Bestimmen Sie diese Kenngröße mithilfe der Angabe zum Betriebskondensator.

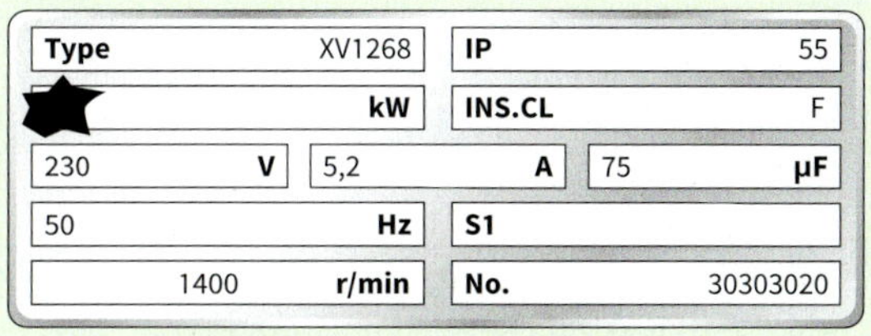

Abb. 1: Leistungsschild eines Kondensatormotors

6. An einem Kondensatormotor wird im europäischen Verbundnetz die Stromstärke $I = 3{,}2$ A gemessen. Der Wirkungsgrad des Motors wird mit 65 % und der Leistungsfaktor mit 0,82 angegeben. Ermitteln Sie
a) die elektrische Leistung,
b) die Bemessungsleistung des Motors,
c) die Kapazitäten des Anlauf- und
d) des Betriebskondensators.

7. Der Auszug eines Datenblatts für einen Kondensatormotor zeigt folgende Werte:

P_N in kW	f_N in Hz	η in %	cos φ	I_N in A	M_N in Nm	M_A/M_N	I_A/I_N	C_A in µF	C_B in µF
0,12	50	51	0,95	1,08	0,41	1,4	4,3	16	6

Berechnen Sie a) P_{zu}, b) n_N, c) M_A, d) I_A und e) U_N. f) Prüfen Sie durch Rechnung, ob der Hersteller den vorgegebenen Richtwert für Q_{CB} von 1,35 kvar pro kW Motorleistung einhält.

Drehstrom-Asynchronmotor an AC (Steinmetzschaltung)

Zur Erzeugung eines Drehfelds wird eine Phase der Drehstromwicklung über einen Kondensator C_B betrieben. Um das Anlaufmoment zu erhöhen, wird ein Anlaufkondensator C_A verwendet.

$$C_B = \frac{2 \cdot P}{\sqrt{3} \cdot 2 \cdot \pi \cdot f \cdot U^2}$$

$$C_A = 2 \cdot C_B$$

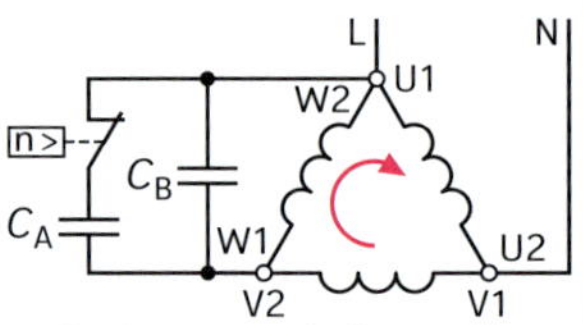

Steinmetzschaltung für Rechtslauf

Beispiel

Ein 1,1-kW-Drehstrommotor wird mithilfe einer Steinmetzschaltung am 230-V-Netz betrieben. Berechnen Sie den Wert des Betriebskondensators.

Geg.: $P = 1{,}1\ \text{kW}$; $U = 230\ \text{V}$

Ges.: C_B

$$C_B = \frac{2 \cdot P}{\sqrt{3} \cdot 2 \cdot \pi \cdot f \cdot U^2}$$

$$C_B = \frac{2 \cdot 1{,}1\ \text{kW}}{\sqrt{3} \cdot 2 \cdot \pi \cdot 50\ \text{Hz} \cdot (230\ \text{V})^2}; \quad \underline{\underline{C_B = 76{,}5\ \mu\text{F}}}$$

Aufgaben

1. Ein 2,5-kW-Drehstrom-Asynchronmotor wird an 230 V/50 Hz betrieben. Berechnen Sie die Kapazitätswerte a) des Betriebskondensators C_B und b) des Anlasskondensators C_A.

2. Choose a running-capacitor for a 0.56-kW-single-phase induction motor. The motor is connected to a 110 V/60 Hz-power supply.

3. Ein Drehstromkompressor mit einer Bemessungsleitung von 0,8 kW wird für einen Campingurlaub in Europa auf einen Wechselstrombetrieb in Steinmetzschaltung umgerüstet. Bestimmen Sie

a) die Kapazität des Betriebskondensators und

b) die Kapazität des Anlaufkondensators.

4. Ein exportorientiertes Elektromaschinenunternehmen produziert Drehstrommotoren für das japanische Netz. Die Wechselspannung in Japan beträgt $U = 100\ \text{V}$ und die Frequenz liegt bei $f = 50$ oder 60 Hz. Ein Kunde benötigt für beide Frequenzen die folgenden Berechnungen.

a) Welche Kapazitäten benötigen die Anlauf- und Betriebskondensatoren?

b) Wählen Sie aus der E12-Reihe passende Kondensatoren für beide Frequenzen.

5. Der in Abb. 2 dargestellte Motor wird an einer 230-V-Wechselspannung betrieben. Um das, im Vergleich zum Bemessungsbetrieb reduzierte Anlaufdrehmoment zu erhöhen, werden ein Betriebs- und ein Anlaufkondensator verwendet. Die Leistung des Motors in Steinmetzschaltung beträgt ca. 80 % der Bemessungsleistung.

a) Berechnen Sie die Kapazität des Betriebskondensators.

b) Welche Kapazität muss der Anlaufkondensator besitzen?

c) Ermitteln Sie die elektrische Leistung des Motors im Steinmetzbetrieb.

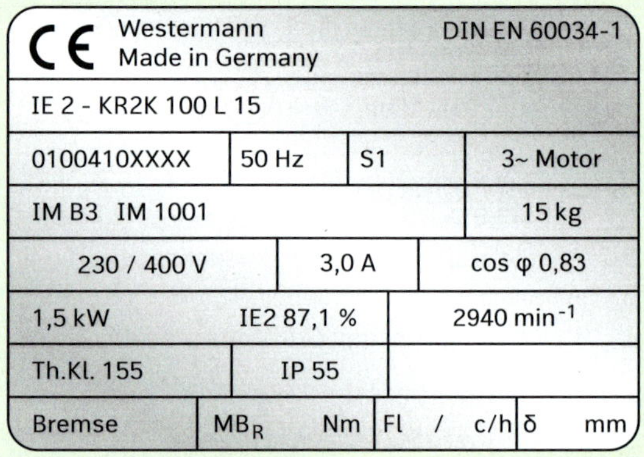

Abb. 2: Leistungsschild Asynchronmaschine

6. Die Funktionsprüfung eines Drehstrom-Asynchronmotors an Einphasen-Wechselspannung ergibt die in Abb. 3 dargestellte M-n-Kennlinie. Die Prüfung erfolgte mithilfe einer Steinmetzschaltung an $U = 230\ \text{V}/50\ \text{Hz}$. Hierbei fließt bei $\cos \varphi = 0{,}9$ ein Strom der Stärke 1,12 A. Die Kapazität des Anlaufkondensators beträgt 22 µF.

a) Bestimmen Sie das Anlaufmoment des Motors mit und ohne Anlaufkondensator.

b) Bei welcher Drehfrequenz wird der Anlaufkondensator abgeschaltet?

c) Bestimmen Sie die Bemessungsleistung und den Wirkungsgrad des Motors.

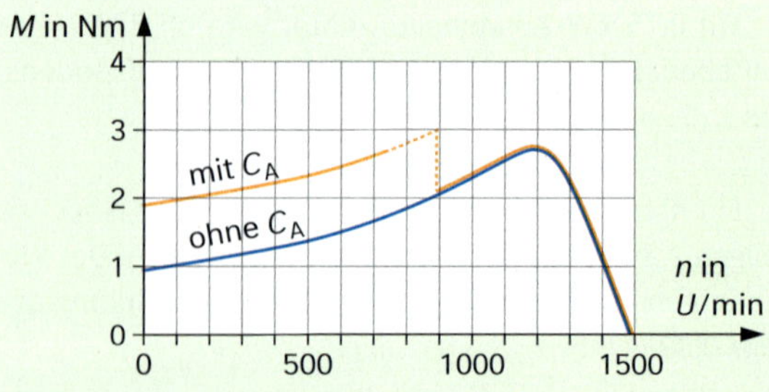

Abb. 3: Drehmoment-Drehfrequenz-Kennlinie

Universalmotor

Der Aufbau des Universalmotors entspricht dem Prinzip eines Gleichstrom-Reihenschlussmotors. An Wechselspannung ergibt sich eine Phasenverschiebung zwischen den ohmschen und induktiven Anteilen des Motorstromkreises.

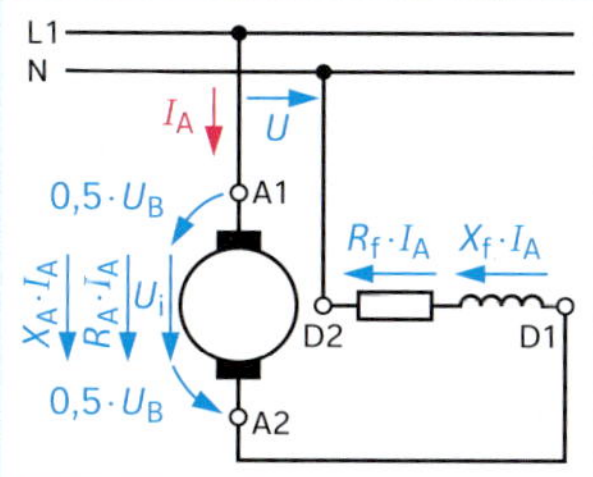

$$U^2 = [I_A \cdot (R_A + R_f) + U_i + U_B]^2 + [I_A \cdot (X_A + X_f)]^2$$

$$P_{mech} = 2 \cdot \pi \cdot n \cdot M$$

I_A:	Ankerstrom	$[I_A] = A$
R_A:	Widerstand der Ankerwicklung	$[R_A] = \Omega$
R_f:	Widerstand der Feldwicklung	$[R_f] = \Omega$
U_i:	induzierte Gegenspannung	$[U_i] = V$
U_B:	Bürstenspannung	$[U_B] = V$
X_A:	induktiver Anteil der Ankerwicklung	$[X_A] = \Omega$
X_f:	induktiver Anteil der Feldwicklung	$[X_f] = \Omega$
M:	Drehmoment	$[M] = Nm$
n:	Drehfrequenz des Motors	$[n] = s^{-1}$

Beispiel

In einem Universalmotor fließt ein Ankerstrom von 0,9 A. Die Ankerwicklung hat die Werte $R_A = 13\ \Omega$ und $X_A = 40\ \Omega$, die Werte der Feldwicklung betragen $R_f = 18\ \Omega$ und $X_f = 48\ \Omega$. Die induzierte Gegenspannung U_i beträgt 189 V. Bürstenspannungen werden vernachlässigt. Welchen Wert besitzt die angelegte Spannung U?

Geg.: $I_A = 0{,}9$ A; $R_A = 13\ \Omega$; $X_A = 40\ \Omega$; $R_f = 18\ \Omega$; $X_f = 48\ \Omega$; $U_i = 189$ V

Ges.: U

$$U^2 = [I_A \cdot (R_A + R_f) + U_i + U_B]^2 + [I_A \cdot (X_A + X_f)]^2$$

$$U = \sqrt{[I_A \cdot (R_A + R_f) + U_i + U_B]^2 + [I_A \cdot (X_A + X_f)]^2}$$

$$U = \sqrt{[0{,}9\ \text{A} \cdot (13\ \Omega + 18\ \Omega) + 189\ \text{V}]^2 + [0{,}9 \cdot (40\ \Omega + 48\ \Omega)]^2}$$

$$\underline{\underline{U = 230\ \text{V}}}$$

Aufgaben

1. Der Ankerstrom eines Universalmotors beträgt 1,2 A. Die Ankerwicklung besitzt die Werte $R_A = 11\ \Omega$ und $L_A = 0{,}11$ H, die Feldwicklung hat die Werte $R_f = 14\ \Omega$ und $L_f = 0{,}19$ H. Die induzierte Gegenspannung beträgt $U_i = 170$ V. An jeder Bürste liegt eine Spannung von 1 V. Bestimmen Sie den Wert der angelegten 50-Hz-Spannung.

2. Im Rahmen der Wicklungsprüfung eines Universalmotors wurde bei 6 V DC ein Widerstandswert von 37 Ω gemessen. Bei Anschluss an 230 V/50 Hz fließt ein Strom von 0,8 A. Laut Hersteller beträgt U_i im Bemessungsbetrieb 188 V. Der Spannungsfall an beiden Bürsten wird mit 3 V angenommen. Berechnen Sie den gesamten induktiven Blindwiderstand der Anker- und der Feldwicklung.

3. A universal motor takes 0.62 ampere when connected to a 110 V/60 Hz-AC-source. The resistance and inductance measured at the terminals of the machine are 25 Ω and 0.12 H. Calculate the back-EMF U_i. Neglect the voltage drop of the brushes.

4. Ein Universalmotor wird bei $M = 0{,}5$ Nm, $\cos \varphi = 0{,}87$ und $\eta = 0{,}62$ betrieben. Dabei fließt der Strom $I_A = 1{,}64$ A. Laut Hersteller betragen die Widerstände $R_A + R_f = 25\ \Omega$ und $X_A + X_f = 39\ \Omega$.
Berechnen Sie a) die Versorgungsspannung des Motors und b) die induzierte Gegenspannung U_i ($U_B = 0$ V)

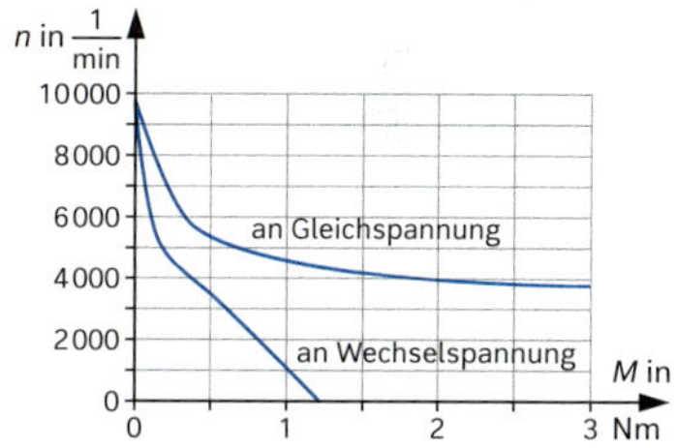

5. Abbildung 1 zeigt das Betriebsverhalten eines Reihenschlussmotors an einer konstanten Wechselspannung. Für den Einsatz müssen einige Betriebsdaten ermittelt werden. ($U_B = 0$ V)

a) Mit welcher Drehzahl läuft der Motor bei einer Belastung von 300 mNm?

b) Berechnen Sie die Eingangsspannung.

c) Wie groß ist der Wirkungsgrad des Antriebs?

d) Welchen Wirkwiderstand ($R_A + R_f$) hat der Motor?

e) Berechnen Sie den induktiven Anteil der Wicklungen.

f) Geben Sie die induzierte Gegenspannung an.

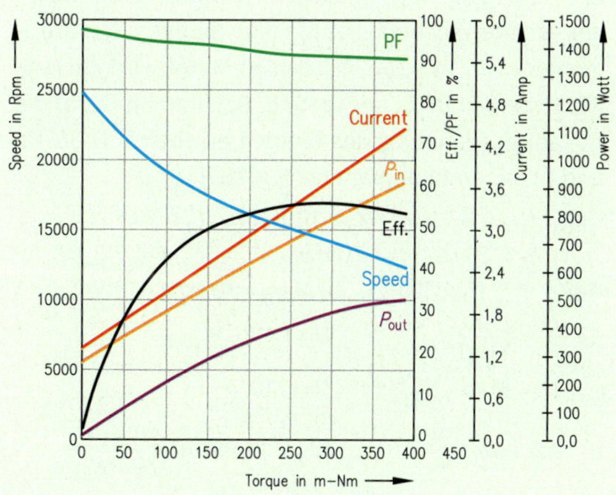

Abb. 1: Betriebsverhalten Universalmotor

11.6 Frequenzumrichter

Frequenzumrichter werden zur Drehfrequenzsteuerung von Motoren verwendet. Sie erzeugen ein Drehfeld mit veränderbarer Frequenz f.

$$n_f = \frac{f}{p}$$

Grundstellbereich:

Um die Stromstärke konstant zu halten, steuert der Umrichter bis zur Bemessungsfrequenz des Motors die Ausgangsspannung U im konstanten Verhältnis zur Ausgangsfrequenz. Um die ohmschen Verluste im niedrigen Frequenzbereich auszugleichen, wird oft eine Spannungsanhebung (Boost) vorgenommen.

$$\frac{U}{f} = \text{const.}$$

$$M = \text{const.}$$

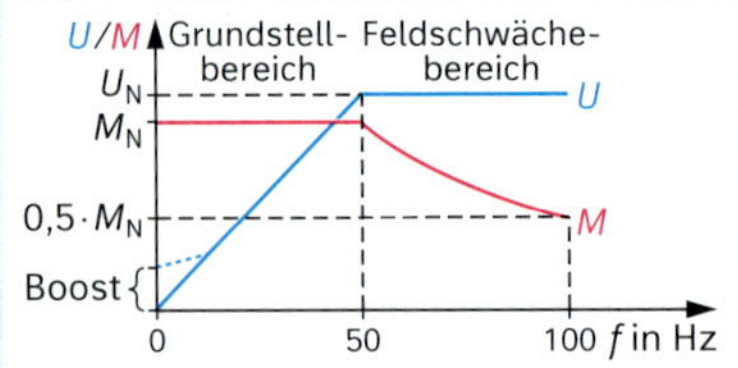

Feldschwächebereich:

Oberhalb der Bemessungsfrequenz bleibt die Ausgangsspannung des Umrichters konstant. Das Ausgangsdrehmoment verringert sich indirekt proportional zur Ausgangsfrequenz des Umrichters.

$$U = \text{const.} \qquad M_f = M_N \cdot \frac{f_N}{f}$$

M_N:	Bemessungsdrehmoment	$[M_N]$ = Nm
M_f:	frequenzabhängiges Drehmoment	$[M_f]$ = Nm
f_N:	Bemessungsfrequenz des Motors	$[f_N]$ = Hz
f:	Ausgangsfrequenz des Umrichters	$[f]$ = Hz
n_f:	frequenzabhängige Drehfrequenz	$[n_f]$ = $\frac{1}{s}$
p:	Polpaarzahl des Motors	

Beispiel

Ein vierpoliger Asynchronmotor wird an 400 V/50 Hz angeschlossen und erzeugt ein Bemessungsdrehmoment von 14,9 Nm. Für diesen Motor wird ein U/f-Wert von 8 Volt/Hz angegeben. Bestimmen Sie a) die Ausgangsspannung des Umrichters bei f_1 = 30 Hz und b) das Drehmoment bei f_2 = 70 Hz.

Geg.: $U/f = 8$ V/Hz; $M_n = 14{,}9$ Nm; $f_N = 50$ Hz; $f_1 = 30$ Hz; $f_2 = 70$ Hz

Ges.: a) $U\,(f_1 = 30\text{ Hz})$; b) $M\,(f_2 = 70\text{ Hz})$

a) $\frac{U}{f_1} = 8\,\frac{\text{V}}{\text{Hz}}$; $U = f_1 \cdot 8\,\frac{\text{V}}{\text{Hz}}$;

$U = 30\text{ Hz} \cdot 8\,\frac{\text{V}}{\text{Hz}}$; $\underline{\underline{U = 240\text{ V}}}$

b) $M_{f2} = M_N \cdot \frac{f_N}{f_2}$; $M_{f2} = 14{,}9\text{ Nm} \cdot \frac{50\text{ Hz}}{70\text{ Hz}}$;

$\underline{\underline{M_{f2} = 10{,}6\text{ Nm}}}$

Aufgaben

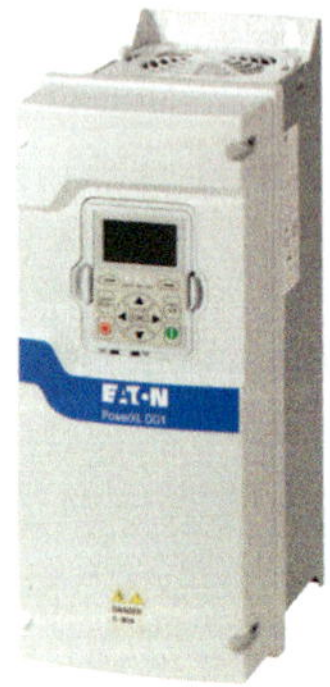

1. Ein sechspoliger Asynchronmotor wird mithilfe eines Umrichters an 400 V/50 Hz betrieben. Im Bemessungsbetrieb erzeugt er ein Drehmoment von 40 Nm. Bestimmen Sie für die Frequenzen f_1 = 10 Hz, f_2 = 30 Hz, f_3 = 50 Hz, f_4 = 70 Hz und f_5 = 90 Hz

a) den U/f-Wert des Motors,

b) die Ausgangsspannung des Umrichters,

c) die Drehfrequenz in $\frac{1}{\text{min}}$ und

d) das Drehmoment des Motors.

e) Zeichnen Sie die Kennlinien $U(f)$ und $M(f)$. Hierbei ist der Boost zu vernachlässigen (x-Achse: 1 cm = 10 Hz, y-Achse: 1 cm = 50 V/10 Nm).

2. The drive motor (P = 55 kW, I = 98 A, f_N = 60 Hz, p = 4) of a conveyor belt is powered via a frequency converter. Calculate a) the torque and b) the rotation frequency of the motor when the output frequency of the converter is 60 Hz.

3. Im 87-Hz-Modus kann die Eingangsspannung für Motoren, die für 230 V im Dreiecksbetrieb ausgelegt sind, bis auf 400 V erhöht werden (Abb. 2) Bestimmen Sie für diesen Fall a) den U/f-Wert sowie b) die Drehfrequenz eines vierpoligen Motors bei 87 Hz.

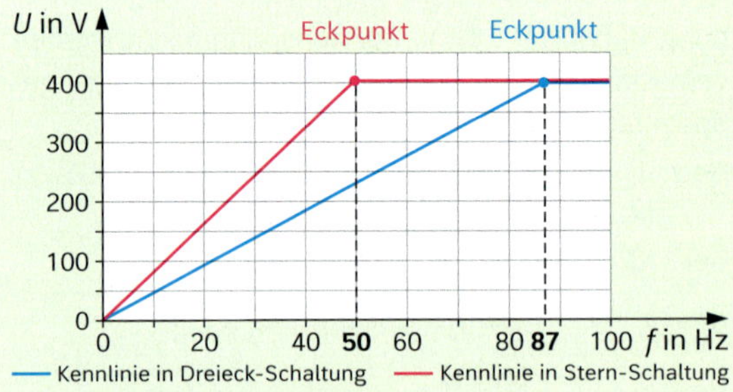

Abb. 2: U/f-Kennlinie für den 87-Hz-Modus

4. Das Drehmoment eines zweipoligen Asynchronmotors (400 V⅄/50 Hz/2,6 A), der über einen Umrichter an einer Frequenz von 70 Hz betrieben wird, beträgt 3,5 Nm. Der Motor besitzt pro Strang einen ohmschen Widerstand von 7 Ω. Berechnen Sie

a) die Motordrehfrequenzen für f = 70 Hz und

b) das Bemessungsdrehmoment.

c) Wie hoch muss die Boostspannung im Einschaltaugenblick gewählt werden, damit der Spannungsfall an den Wicklungswiderständen kompensiert wird?

12 Betriebliches Umfeld

12.1 Instandhaltung

Verfügbarkeit

In Produktionsanlagen ist die Verfügbarkeit eine wichtige Kenngröße. Sie gibt das Verhältnis von Einsatz- zu Betriebszeit in Prozent an. Die Einsatzzeit ist die tatsächlich genutzte Betriebszeit.

$$V = \frac{t_B - t_A}{t_B} \cdot 100\,\% \qquad t_E = t_B - t_A$$

V: Verfügbarkeit
t_B: geplante Betriebszeit $[t_B] = s$
t_A: Ausfallzeit $[t_A] = s$
t_E: Einsatzzeit $[t_E] = s$

Beispiel

Eine Produktionsanlage im 16-Stunden-Schichtbetrieb wird an sechs Tagen pro Woche betrieben. Die Standzeiten der Maschine liegen im Durchschnitt bei 22 Minuten pro Arbeitstag.

a) Berechnen Sie die Jahresausfallzeit in Stunden.
b) Welche Jahreseinsatzzeit in Stunden ergibt sich für ein Jahr?
c) Wie groß ist die Verfügbarkeit innerhalb eines Kalenderjahres?

Geg.: $t_{B\,Woche} = 96$ h; $t_{B\,Tag} = 22$ min
Ges.: a) $t_{A\,Jahr}$; b) $t_{E\,Jahr}$; c) V

a) $t_{A\,Jahr} = t_A \cdot h_{Jahr}$; $\quad t_{A\,Jahr} = \frac{22}{60}\,\text{h} \cdot 6 \cdot 52$;
$\underline{\underline{t_{A\,Jahr} = 114{,}4\,\text{h}}}$

b) $t_{E\,Jahr} = t_{B\,Jahr} - t_{A\,Jahr}$
$t_{E\,Jahr} = 52 \cdot 6 \cdot 16\,\text{h} - 114{,}4\,\text{h}$
$\underline{\underline{t_{E\,Jahr} = 4877{,}6\,\text{h}}}$

c) $V = \frac{t_B - t_A}{t_B} \cdot 100\,\%$
$V = \frac{960\,\text{min} - 22\,\text{min}}{960\,\text{min}} \cdot 100\,\%$
$\underline{\underline{V = 98\,\%}}$

Aufgaben

1. In einem Betrieb mit Zweischichtbetrieb (16 h) und einer Fünftagewoche wird die monatliche Verfügbarkeit einer Metallstanze erfasst. Die durchschnittlichen Standzeiten aufgrund von Loswechsel, Instandhaltung und Störungen betrugen 1,2 Stunden pro Tag. Die Schichtarbeitszeit beträgt acht Stunden. Berechnen Sie die Verfügbarkeit.

2. An electrical appliances manufacturer produces 16 hours a day and 5 days a week. The table below shows the shortfall in production of a week. Calculate the week's availability V.

Monday	Tuesday	Wednesday	Thursday	Friday
12 min.	32 min.	3 min.	8 min.	19 min.

3. Ein Automobilzulieferer fordert für seine Industrieroboter eine Verfügbarkeit V von mindestens 99,8 %. Durch flexible Arbeitszeitmodelle erreicht der Betrieb eine tägliche Produktionszeit von 20 Stunden. Die Fertigung steht an 80 Tagen pro Kalenderjahr still.

a) Ermitteln Sie die maximale Ausfallzeit eines Kalenderjahres in Stunden.
b) Wie groß ist die Einsatzzeit der Roboter in Stunden?

4. Abb. 1 stellt die Produktionszeit und die Stückzahlen einer Woche dar. Ein Arbeitstag hat 16 h. Berechnen Sie

a) die Verfügbarkeit V der Woche,
b) die Einsatzzeit t_E und
c) die durchschnittliche Tagesstückzahl.

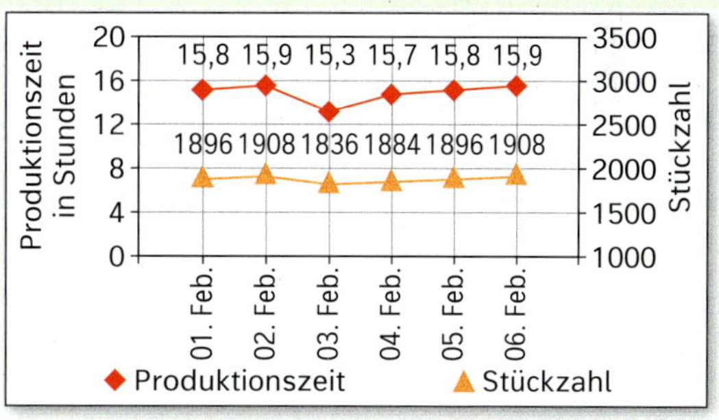

Abb. 1: Produktionszeit und Stückzahlen

5. Bestimmen Sie die Verfügbarkeit V und die Einsatzzeit t_E für das erste Halbjahr aus Abb. 2.

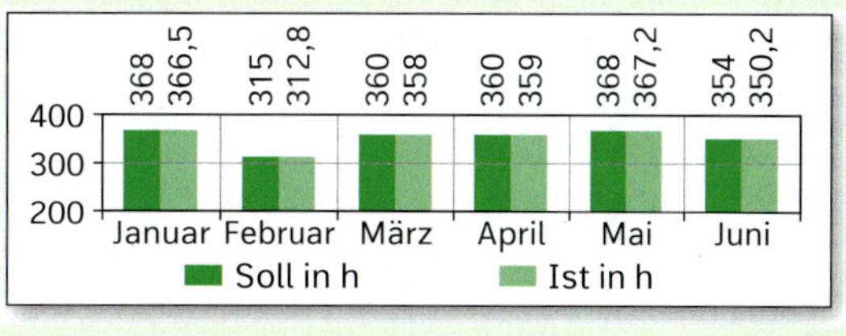

Abb. 2: Halbjahresverfügbarkeit

12.2 Qualitätssicherung

Qualitätsregelkarte ($\bar{x}$/R-Karte)

Qualitätsregelkarte	☒ $\bar{x}$ ☒ R			Teil: **Schmelzblech** Arbeitsgang: **Stanzen**			
x_1	3,50	3,55	3,50	3,55	3,50	3,55	3,50	3,45
x_2	3,40	3,50	3,45	3,50	3,40	3,60	3,45	3,40
x_3	3,45	3,55	3,45	3,55	3,45	3,60	3,45	3,40
x_4	3,55	3,55	3,50	3,55	3,40	3,55	3,50	3,40
x_5	3,60	3,45	3,60	3,60	3,50	3,60	3,50	3,40
$\bar{x}$	3,50	3,52	3,50	3,55	3,45	3,48	3,48	3,41
R	0,20	0,10	0,15	0,20	0,10	0,05	0,05	0,05

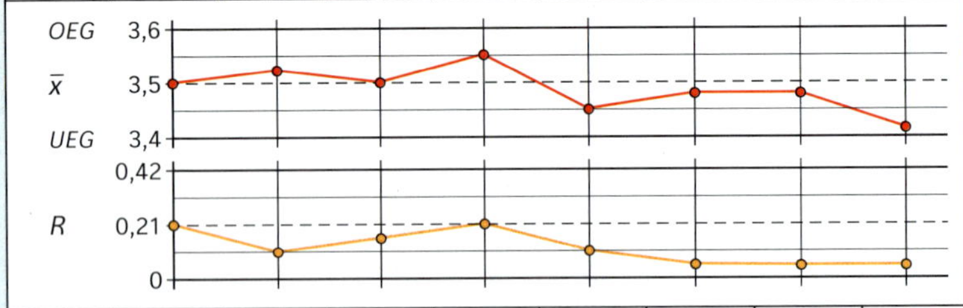

Zeit	6:30	7:32	8:29	9:30	10:31	11:25	12:28	14:01
Name	We	We	We	We	We	Kr	Kr	Kr

Datum:	**01.02.2021**
Blatt-Nr.:	**1**
Sollwert:	**3,5 mm**
OTG/*UTG*:	**3,65/3,35 mm**
Maßeinheit:	**1/100 mm**
Prüfintervall:	**60 min**
Anzahl pro Stichprobe:	**5**

Eingriffsgrenzen	$\bar{x}$	R
OEG:	3,6	0,42
UEG:	3,4	–
Mittelwert:	3,5	0,21

Datum: 1.2.21

geprüft von: Knb.

In der industriellen Produktion werden zum Erfassen der Produktionstoleranzen oft Qualitätsregelkarten eingesetzt. In festgelegten Zeitabständen werden mehrere Stichproben gemessen, die Mittelwerte $\bar{x}$ und die Spannweite R in die Karte eingetragen und grafisch ausgewertet.

$$\bar{x} = \frac{x_1 + x_2 + ... + x_n}{n}$$

$$R = x_{max} - x_{min}$$

$$OEG_{\bar{x}} = \bar{\bar{x}} + A_2 \cdot \bar{R}$$

$$UEG_{\bar{x}} = \bar{\bar{x}} - A_2 \cdot \bar{R}$$

$$OEG_R = D_4 \cdot \bar{R}$$

$$UEG_R = D_3 \cdot \bar{R}$$

x: Messwerte einer Stichprobe
$\bar{x}$: Mittelwert der Stichprobe
$\bar{\bar{x}}$: Mittelwert aller bisherigen Stichprobenmesswerte
R: Spannweite
$\bar{R}$: Mittelwert der Spannweiten
OTG: obere Toleranzgrenze
UTG: untere Toleranzgrenze
OEG: obere Eingriffsgrenze
UEG: untere Eingriffsgrenze
A; *D*: Faktoren zur Berechnung der Eingriffsgrenzen

Faktoren zur Berechnung der Eingriffsgrenzen (Auszug nach Steinbeis TQU Ulm)

n (Messwerte)	A_2	D_3	D_4
4	0,729 ①	–	2,282
5	0,577	–	2,114
6	0,483	–	2,004
7	0,419	0,076	1,924
8	0,373	0,136	1,864

Beispiel

In einer Produktionsmaschine für Schutzkontaktsteckdosen werden die Rohlinge für die Schutzleiterkontakte mit einer Breite von 3 mm ausgestanzt. Die Toleranzgrenzen liegen bei ±0,20 mm. Die folgenden Messwerte wurden ermittelt: x_1 = 3,12 mm; x_2 = 2,95 mm; x_3 = 2,92 mm und x_4 = 3,05 mm. Berechnen Sie

a) den Mittelwert $\bar{x}$,
b) die Spannweite R und
c) die Eingriffsgrenzen $OEG_{\bar{x}}$ und $UEG_{\bar{x}}$.

Geg.: $x_1 = 3{,}12$ mm; $x_2 = 2{,}95$ mm; $x_3 = 2{,}92$ mm; $x_4 = 3{,}05$ mm; $A_2 = 0{,}729$ ①

Ges.: a) $\bar{x}$; b) R; c) $OEG_{\bar{x}}$; $UEG_{\bar{x}}$

a) $\bar{x} = \frac{x_1 + x_2 + x_3 + x_4}{4}$

$\bar{x} = \frac{(3{,}12 + 2{,}95 + 2{,}92 + 3{,}05)\text{ mm}}{4}$

$\underline{\underline{\bar{x} = 3{,}01\text{ mm}}}$

b) $R = x_{max} - x_{min}$

$R = 3{,}12\text{ mm} - 2{,}92\text{ mm}$

$\underline{\underline{R = 0{,}2\text{ mm}}}$

c) $OEG_{\bar{x}} = \bar{\bar{x}} + A_2 \cdot \bar{R}$ $\bar{R} \triangleq R$ (nur eine Stichprobe)

$OEG_{\bar{x}} = 3{,}01\text{ mm} + 0{,}729 \cdot 0{,}2$

$\underline{\underline{OEG_{\bar{x}} = 3{,}16\text{ mm}}}$ $\underline{\underline{UEG_{\bar{x}} = 2{,}86\text{ mm}}}$

Aufgaben

1. In einem Betrieb werden Schalterwippen im Spritzgussverfahren hergestellt. Die quadratischen Universalwippen haben eine Seitenlänge von 60 ± 0,1 mm. Bei der letzten Stichprobe wurden die Werkstücke mit den folgenden Maßen entnommen: $x_1 = 60{,}05$; $x_2 = 60{,}02$; $x_3 = 59{,}99$ und $x_4 = 60{,}09$. Berechnen Sie a) den Mittelwert $\overline{x}$ und b) die Spannweite R.

2. Die Produktion von 100-kΩ-Widerständen aus der E24-Reihe wird mit Qualitätsregelkarten kontrolliert. Bei einer Karte wurde allerdings vergessen, die obere und die untere Toleranzgrenze einzutragen. Abb. 1 zeigt einen Auszug aus den Aufzeichnungen. Berechnen Sie

a) die obere und die untere Toleranzgrenze und
b) die fehlenden Größen aus der Regelkarte.

Zeit	7.00	8.00	9.00	10.00	11.00	12.00
x_1	101	99	98	96	101	102
x_2	99	98	97	97	104	100
x_3	98	95	95	95	100	101
x_4	97	97	96	96	102	100
x_5	98	96	96	95	102	99
$\overline{x}$						
R						

Abb. 1: Messwerte von E24-Widerständen

3. In einer Fertigung für NH-Sicherungen werden die Toleranzen der Schmelzstellen mithilfe einer Qualitätsregelkarte überprüft. Die für das Auslöseverhalten relevante Strecke a hat eine Toleranzgrenze von ±0,2 mm. Die folgenden Werte wurden gemessen:

x_1	x_2	x_3	x_4	x_5	x_6	x_7	x_8
2,19	1,91	2,02	2,15	2,17	1,82	1,87	2,02

Ermitteln Sie

a) den Mittelwert $\overline{x}$ aller Messwerte,
b) die Spannweite R,
c) die Eingriffsgrenzen von $\overline{x}$ und
d) die Eingriffsgrenzen von R.

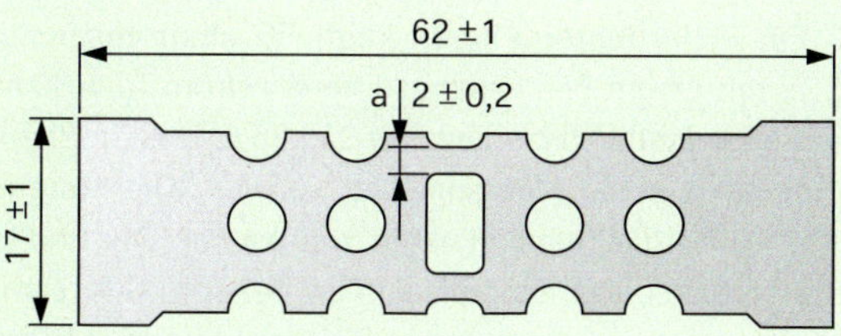

Abb. 2: NH-Sicherungsschmelzblech

4. A company produces wires for North America. The American Wire Gauge (AWG) 5 equals the cross sectional area of 16.75 mm². The measured values (mm²) of the last control sample are $x_1 = 16.70$; $x_2 = 16.69$; $x_3 = 16.79$; $x_4 = 16.81$ and $x_5 = 16.84$. Calculate a) the average value $\overline{x}$ and b) the range R.

5. Zur Qualitätssicherung werden Halbleiterdioden elektrisch gemessen und mittels einer Qualitätsregelkarte ausgewertet (Abb. 3). Bei jeder Stichprobe werden sieben Prüfmuster entnommen. Ermitteln Sie mithilfe der Kennlinien

a) die Eingriffsgrenzen von $\overline{x}$ und
b) die Eingriffsgrenzen von R.

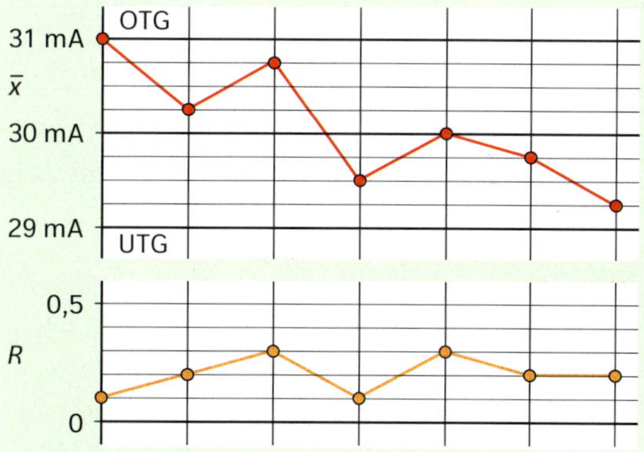

Abb. 3: $\overline{x}$/R-Kennlinien

6. Rekonstruieren Sie die unleserlichen Mittelwerte $\overline{x}$ und Spannweiten R.

x_1	3,5	3,55	3,5	3,55	3,5
x_2	3,4	3,5	3,45	3,5	3,4
x_3	3,45	3,55	3,45	3,55	3,45
x_4	3,55	3,55	3,5	3,55	3,4
x_5	3,6	3,45	3,6	[illegible]	3,5
$\overline{x}$	[illegible]	3,52	[illegible]	[illegible]	[illegible]
R	[illegible]	0,1	[illegible]	[illegible]	[illegible]

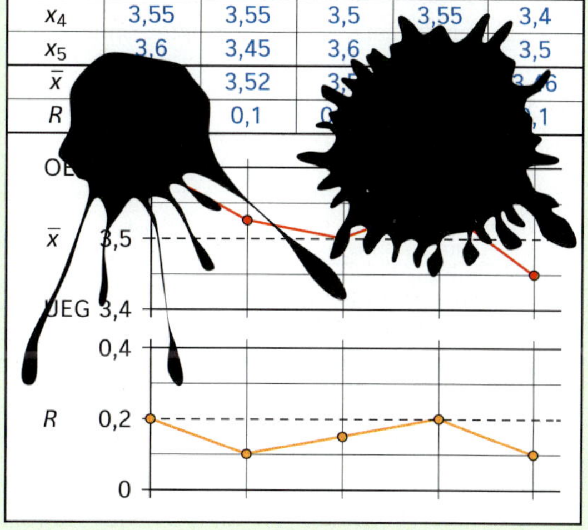

Abb. 4: Verschmutzte Qualitätsregelkarte

12.3 Kalkulation

12.3.1 Stundenverrechnungssatz und Materialverkaufspreis

Der Stundenverrechnungssatz eines Betriebes und der Materialverkaufspreis sind für die Abrechnung von Regiearbeiten sowie für pauschal verrechnete Leistungen von großer Bedeutung.

Berechnung des Stundensatzes	Berechnung des Materialverkaufspreises
Stundenlohn der Mitarbeiter + Lohnnebenkosten und unproduktive bezahlte Arbeitszeit (z. B. Sozial-, Unfallversicherungen, Urlaub, Feiertage usw.)	Einkaufspreis des Materials + Direkte Materialeinzelkosten (z. B. Transport, Einkaufskosten usw.)
= **Selbstkosten** + Betriebliche Gemeinkosten (z. B. Verwaltungs-, Gebäude-, Fahrzeug-, Maschinen- und Werkzeugkosten usw.)	= **Materialselbstkosten** + Materialgemeinkosten (z. B. Lagerkosten, Zinsen für Kreditkäufe usw.)
= **Vollkosten** + Gewinn	= **Vollkosten** + Gewinn
= **Stundenverrechnungssatz netto**	= **Materialverkaufspreis netto**

Häufig werden die Kosten mit prozentualen Aufschlägen, bezogen auf den Stundenlohn, versehen.

Beispiel

Die Gesellen eines Elektrobetriebes erhalten einen Stundenlohn von 16,27 €. Die Lohnzusatzkosten betragen 97 %. Für die betrieblichen Gemeinkosten werden 88 % veranschlagt. Jede verrechnete Mitarbeiterstunde soll einen Gewinn in Höhe von 6,3 % erwirtschaften. Der Einkaufspreis für Material liegt bei 80,00 €, die Materialeinzelkosten bei 2 %, die Materialgemeinkosten bei 18 % und der Gewinn bei 11 %. Berechnen Sie a) den Stundenverrechnungssatz und b) den Materialverkaufspreis inklusive der Umsatzsteuer in Höhe von 19 %.

Geg.: Stundenlohn = 13,27 €; Lohnnebenkosten = 97 %; Gemeinkosten = 88 %; Gewinn = 6,3 %

Ges.: a) Stundensatz; b) Materialverkaufspreis

a)

		%	€
	Stundenlohn	100	16,27
+	Lohnzusatzkosten	97	15,78
=	**Selbstkosten**	**197**	**32,05**
+	Gemeinkosten	88	28,20
=	**Vollkosten**	**285**	**60,25**
+	Gewinn	6,3	3,80
=	Verrechnungssatz netto		64.05
+	Umsatzsteuer	19	12,17
=	**Verrechnungssatz brutto**		**76,22**

b)

		%	€
	Einkaufspreis des Materials	100	80,00
+	Direkte Materialeinzelkosten	2	1,60
=	**Materialselbstkosten**	**102**	**81,60**
+	Materialgemeinkosten	18	14,69
=	**Vollkosten**	**120**	**96,29**
+	Gewinn	11	10,59
=	Materialpreis netto		106,88
+	Umsatzsteuer	19	20,31
=	**Materialverkaufspreis**	**130**	**127,19**

Aufgaben

1. Der Steuerberater eines kleinen Unternehmens hat die prozentualen Aufschläge auf den Stundenlohn ermittelt und gibt einen Vollkostenzuschlag von 185,2 % auf den Stundenlohn in Höhe von 23,56 € an. Der Gewinn beträgt 7,8 %. Berechnen Sie den Stundensatz.

2. Ein Handwerksbetrieb führt eine Neukalkulation seines Stundenverrechnungssatzes durch. Der durchschnittliche Stundenlohn aller Mitarbeiter beträgt 19,46 €. Die Buchhaltung des letzten Jahres weist die folgenden Positionen aus:
Lohnzusatzkosten: 92,4 %
Betriebliche Gemeinkosten: 35,8 %
Der Betrieb möchte über die Arbeitszeit einen Gewinn in Höhe von 8,2 % erwirtschaften. Welchen Betrag muss die Firma inklusive Steuer in Rechnung stellen?

3. An electrical contractor recalculates the hourly cost rate. The employees' wages are £ 11.48 per hour. The company's wage costs are 85.4 % and the firm's general costs are 65.8 %. The profit is 9.6 %. Calculate the hourly rate charged by the contractor including the tax of 20 %.

4. Ein Elektrounternehmen kauft 50 allstromsensitive RCDs mit einem Bemessungsdifferenzstrom $I_{\Delta N}$ = 30 mA. Der Einkaufsstückpreis liegt bei 369,96 €. Der Großhändler gewährt einen Mengenrabatt von 4 %. Die Materialselbst- und die Gemeinkosten werden mit 2 % und mit 15 % veranschlagt. Es soll ein Gewinn von 13 % erwirtschaftet werden. Berechnen Sie den Kundenendpreis eines FI-Schutzschalters.

12.3.2 Rechnungsstellung

Rechnungen für Regiearbeiten weisen das Material und die Arbeitszeit getrennt aus. Der Rechnungsbetrag besteht aus der Summe der Einzelpositionen. Berechnungsgrundlage sind der Stundenverrechnungssatz und der Materialverkaufspreis.

Pos.	Menge	ME	Beschreibung	EP	GP
1	2	St.	Wechselschalter	5,34	10,68
2	15	m	NYM-J 3 x 1,5²	1,36	20,40
3	1,2	Std.	Stundenlohn	52,00	62,40
				Nettosumme	93,48
				Umsatzsteuer 19 %	17,76
				Rechnungsbetrag in Euro	111,24

Beispiel

Für den Einbau einer Küche mussten drei Steckdosen verlegt werden. Der Elektrogeselle benötigte hierfür 3,4 Stunden und installierte 4,5 m Mantelleitung, drei Gerätedosen und drei Schutzkontaktsteckdosen. Das Kleinmaterial wird pauschal mit 5,00 € verrechnet. Der Nettostundenverrechnungssatz beträgt 62,00 €. Die Verkaufspreise für das Material sind:

Meterpreis NYM-J 3 x 2,5 mm² 0,62 €
Gerätedose 0,08 €
Schutzkontaktsteckdose 3,89 €

Erstellen Sie die Rechnung in Tabellenform.

Geg.: $t = 3{,}4$ h; $l_{NYM} = 4{,}5$ m; $P_{Klein} = 5{,}00$ €;
$P_{Stunde} = 62{,}00$ €; $P_{NYM} = 0{,}62$ €;
$P_{Dose} = 0{,}08$ €; $P_{Schutz} = 3{,}89$ €

Ges.: Rechnung

Pos.	Menge	ME	Beschreibung	EP	GP
1	4,5	m	Leitung	0,62 €	2,79 €
2	3	St.	Gerätedose	0,08 €	0,24 €
3	3	St.	Steckdose	3,89 €	11,67 €
4	1	St.	Kleinmaterial	5,00 €	5,00 €
5	3,4	Std.	Stundenlohn	62,00 €	210,80 €
				Nettosumme	230,50 €
				Umsatzsteuer 19 %	43,80 €
				Rechnungsbetrag	274,30 €

Aufgaben

1. Bei einem Kundenauftrag wurde ein Elektroherd angeschlossen. Die Arbeitszeit betrug inklusive Anfahrt eine Dreiviertelstunde. Ermitteln Sie den Rechnungsbetrag bei einem Stundenverrechnungssatz von 48,50 €.

2. Ein Wäschetrockner kostet im Einkauf 523,16 €. Der Preisaufschlag beträgt 30 %. Lieferung und Anschluss werden nicht nach tatsächlichem Zeitaufwand, sondern mit einer Pauschale in Höhe von 40,00 € netto verrechnet. Wie lautet der Rechnungspreis inklusive Steuer?

3. An electrical contractor installed 8 fluorescent lamps (➡ appendix p. 278) for a customer. The mounting time was 2.2 hours. An employee costs the company £ 22.71. The surcharges for the hourly rate and sold articles are 27.5 % and 30.45 %. Calculate the invoice including the tax of 20 %.

4. Die Rechnung für einen abgeschlossenen Auftrag wird gestellt. Es wurden ein FI-Schutzschalter, vier Leitungsschutzschalter und ein Stromstoßrelais eingebaut. Die Arbeitszeit betrug 2,2 Stunden. Die Selbstkosten pro Mitarbeiterstunde belaufen sich auf 36,60 € und der Zuschlag beträgt 18,12 %. Auf die Artikel ist ein Aufschlag von 31,25 % zu wählen. (➡ Anhang S. 278)

a) Wie groß ist der Stundenverrechnungssatz?
b) Geben Sie die Verkaufspreise der Artikel vor Steuer an.
c) Erstellen Sie die Rechnung in Tabellenform.

5. Ein Elektrobetrieb hat die Neuinstallation einer Küche gemäß den Anforderungen des Küchenbauers übernommen. Abb. 1 zeigt den Installationsplan der durchgeführten Arbeiten. Es wurden die folgenden NYM-J-Leitungen verlegt: 35 m 3 x 1,5 mm², 75 m 3 x 2,5 mm² und 12 m 5 x 2,5 mm². Die Arbeitszeit betrug 27 Stunden. Die Mitarbeiterselbstkosten liegen bei 31,40 €. Es ist ein Stundenaufschlag von 19,25 % und ein Materialaufschlag von 30,7 % zu wählen (➡ Anhang S. 278). Erstellen Sie eine tabellarische Rechnung inklusive Umsatzsteuer.

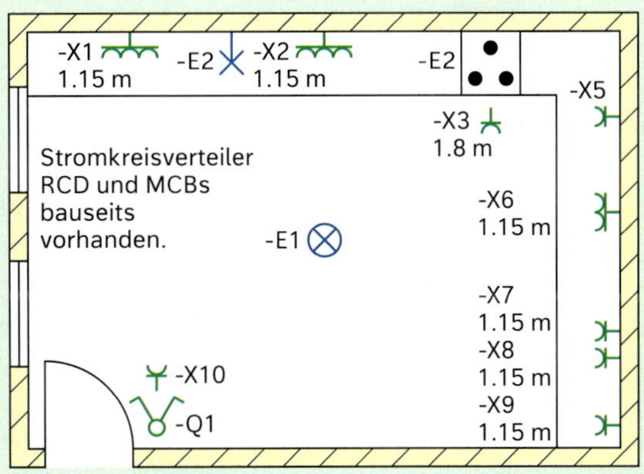

Abb. 1: Neuinstallation Küche

12.3.3 Angebotserstellung

Vor der Vergabe von Aufträgen werden häufig Leistungsangebote erstellt. Bei großen Projekten werden Leistungsverzeichnisse erstellt, die als Angebotsgrundlage dienen.
Bei einem Angebot werden Leistungspositionen erstellt, die eine Mischkalkulation aus Arbeitszeit und Material sind.

Pos.	Menge	ME	Beschreibung	Einzelpreis	Gesamtpreis
1	20,00	m	NYM-J 3 x 1,5 mm² UP + Schlitzarbeiten PVC-Mantelleitung, nach DIN VDE 0250, in Teillängen liefern und mit notwendigem Befestigungsmaterial uP verlegen als: NYM-J 3x 1,5 mm² mit Mauerschlitz Cu 43	3,79 €	75,80 €

Der Zentralverband des Elektrohandwerkes (ZVEH) veröffentlicht quartalsweise aktuelle Kalkulationshilfen (KFE) mit Leistungspositionsdaten inklusive Kalkulationspreisen.

Beispiel

Im Wohnzimmer soll die TV-Anschluss- und eine Steckdose versetzt werden, um die Leitungen zur Fernseherwandhalterung unter Putz verlegen zu können. Außerdem ist die Verlegung eines Leerrohres für Audio/Videoübertragung geplant. Erstellen Sie ein Angebot für folgende Leistungen (➡ Anhang S. 279):

1,5 m NYM-J + Schlitzarbeiten
1,5 m Koaxialleitung + Schlitzarbeiten
1,5 m FBY-EL 25 Elektroinstallationsrohr + Schlitz
4 Schalterabzweig- oder Gerätedosen
1 UP Steckdose
1 UP Antennendose

Pos.	Menge	ME	Beschreibung	Einzelpreis	Gesamtpreis
1	**Leitungen und Installationsrohr**				
1.1	1,5	m	NYM-J 3 x 1,5 mm² UP + Schlitzarbeiten	3,79 €	5,29 €
1.2	1,5	m	Koaxialleitung 75 Ω UP + Schlitzarbeiten	3,09 €	4,64 €
1.3	1,5	m	FBY-EL32 uP mit Wandschlitz in Ziegelmauerwerk	7,91 €	11,87 €
2	**Installationsgeräte**				
2.1	4	St.	UP-Geräte- oder Abzweigdose mit Herstellern der Wandöffnung und Klemmarbeiten	10,55 €	42,20 €
2.2	1	St.	Koaxialleitung 75 Ω UP + Schlitzarbeiten	8,14 €	8,14 €
2.3	1	St.	FBY-EL32 uP mit Wandschlitz in Ziegelmauerwerk	17,04 €	17,04 €
	Nettobetrag				**89,18 €**
	Umsatzsteuer			19 %	16,94 €
	Bruttobetrag				**106,12 €**

Aufgaben

1. Vor der Neuvermietung einer Büroeinheit soll die alte Grundbeleuchtung gegen LED-Langfeldleuchten getauscht werden. Es ist außerdem geplant, die bestehenden Taster und einen Teil der Niederspannungsleitungen auszuwechseln. Insgesamt werden 40 Langfeldleuchten, 12 Taster und 25 m dreiadrige Mantelleitung benötigt. Die Kabelkanäle für die Leitungen sind vorhanden. Erstellen Sie ein tabellarisches Angebot mit ausgewiesener Umsatzsteuer in Höhe von 19 %.

2. It is planned to refurbish an apartment in a Spanish holiday resort. The following items will be needed:
14 m NYM 3 x 1.5 mm²
75 m NYM 3 x 2.5 mm²
18 m NYM 5 x 1.5 mm²
50 m cable grooves (30 x 30 mm) with a wall chaser
23 sockets
5 one-way-switches
4 two-way-switches
Estimate the costs of the job in euros. The value added tax (VAT) in Spain is 21 %.

3. Für die Installation eines Stromkreisverteilers (Abb. 1) soll ein Angebot abgegeben werden. Es handelt sich um einen dreireihigen Kleinverteiler mit 36 Teilungseinheiten in Unterputzmontage. Fertigen Sie ein Angebot für die Niederspannungsverteilung (➡ Anhang S. 278). Die Zuleitung vom Zähler wird vernachlässigt.

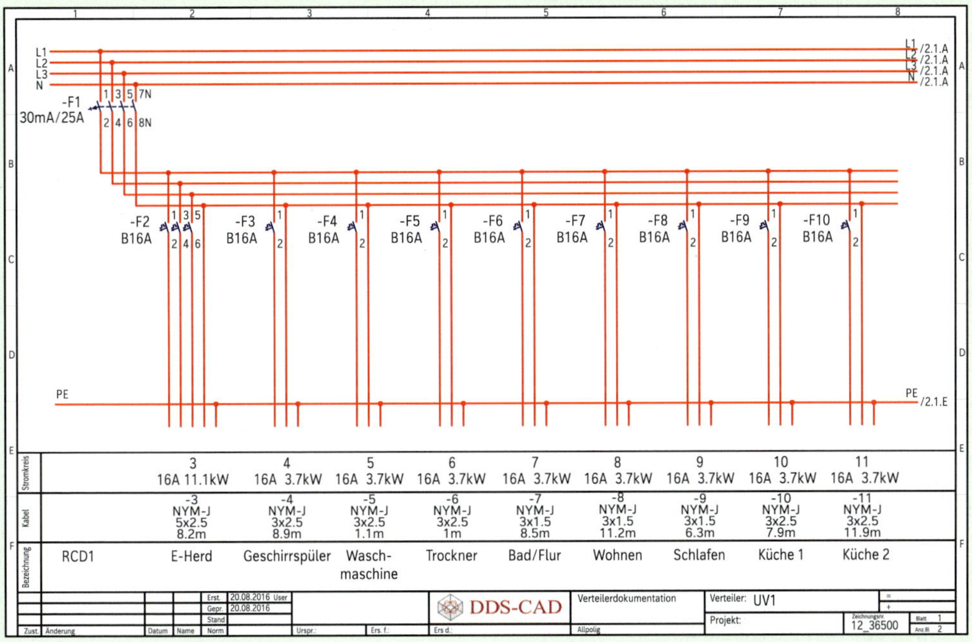

Abb. 1: Niederspannungsverteilung

4. Abb. 2 zeigt den Installationsplan eines Tagungsraumes. Die Raumhöhen (OKFF zu UKD) betragen 3 m. Schalter befinden sich auf 1,05 m. Die Einbaukanalsteckdosen werden auf 0,6 m montiert. Die Leitungsverlegung erfolgt im Kabelkanal und auf der Rohdecke. Es ist nur die Niederspannungstechnik ohne Stromkreisverteiler zu projektieren.

a) Ermitteln Sie die erforderlichen Betriebsmittel und überschlagen Sie die Leitungslängen.

b) Erstellen Sie ein tabellarisches Angebot mit den Leistungspositionen. (➡ Anhang S. 280)

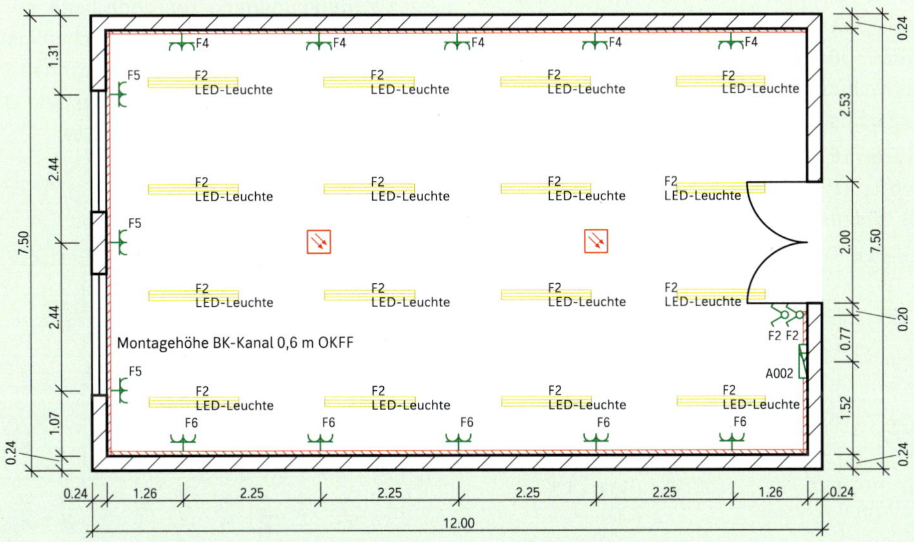

Abb. 2: Installationsplan

12.4 Lagerhaltung

12.4.1 Lagerkennziffern

Mithilfe von Lagerkennziffern wird die Wirtschaftlichkeit einer Lagerhaltung beschrieben, bewertet und optimiert.

Durchschnittlicher Lagerbestand

$$ØLB = \frac{AB + EB}{2}$$

ØLB: durchschnittlicher Lagerbestand
AB: Anfangsbestand
EB: Endbestand

Lagerumschlaghäufigkeit

beschreibt die durchschnittliche Lagerzeit.

$$LUH = \frac{MV}{ØLB}$$

LUH: Lagerumschlaghäufigkeit
MV: Materialverbrauch/Jahr

Lagerzinssatz

gibt die Kosten in Prozent an, die durch das Lager verursacht werden.

$$LZS = \frac{MZS}{LUH}$$

LZS: Lagerzinssatz
MZS: Marktzinssatz

Lagerzinsen

geben die Zinskosten in Euro an.

$$LZ = \frac{ØLB \cdot EP \cdot LZS}{100}$$

LZ: Lagerzinsen
EP: Einstandspreis

Beispiel

Ein Schaltschrankhersteller ermittelt seine Lagerkennzahlen. Zu Jahresbeginn betrug der Bestand 4520 Teile. Am Jahresende waren 4150 Teile auf Lager. Der Materialverbrauch lag bei 26010. Der Marktzinssatz ist 6 % und der durchschnittliche Einstandspreis pro Teil belief sich auf 150,00 €. Berechnen Sie a) den durchschnittlichen Lagerbestand, b) die Lagerumschlaghäufigkeit, c) den Lagerzinssatz und d) die Lagerzinsen.

Geg.: $AB = 4520$; $EB = 4150$; $MV = 26010$; $MZS = 6\,\%$; $EP = 150\,€$

Ges.: a) $ØLB$; b) LUH; c) LZS; d) LZ

a) $ØLB = \frac{AB + EB}{2}$; $ØLB = \frac{4520 + 4150}{2}$;
$\underline{\underline{ØLB = 4335}}$

b) $LUH = \frac{MV}{ØLB}$; $LUH = \frac{26010}{4335}$; $\underline{\underline{LUH = 6}}$

c) $LZS = \frac{MZS}{LUH}$; $LZS = \frac{6\,\%}{6}$; $\underline{\underline{LZS = 1\,\%}}$

d) $LZ = \frac{ØLB \cdot EP \cdot LZS}{100}$; $LZ = \frac{4335 \cdot 150\,€ \cdot 1\,\%}{100}$;
$\underline{\underline{LZ = 6502{,}50\,€}}$

Aufgaben

1. In einem kunststoffverarbeitenden Betrieb werden die Lagerkennziffern für das Kunststoffgranulat bestimmt. Der Anfangsbestand betrug 564 Lagereinheiten und momentan sind 475 Einheiten eingelagert. Der Gesamtbedarf pro Jahr liegt bei 15 896 Einheiten. Berechnen Sie

a) den durchschnittlichen Lagerbestand *ØLB* und
b) die Lagerumschlaghäufigkeit *LUH*.

2. An English car manufacturer introduces the German apprenticeship system. In order to provide enough cable for training purposes, the warehouse stock is checked. At the beginning, they stored 625 metres, while now 328 meters are in stock. 1865 metres cable were needed. Determine a) the average inventory *ØLB* and b) the inventory turnover ratio *LUH*.

3. Eine mittelständische Anlagenbaufirma verfügt über ein Kleinteilelager. Der Lagerbestand zu Jahresanfang lag bei 25 745 Teilen. Zum Jahresabschluss beinhaltet das Inventar 28 543 Teile. Der Jahresbedarf liegt bei 2 823 470 Stück. Der Marktzinssatz beträgt 5,84 % und der mittlere Einstandspreis liegt bei 1,46 €. Ermitteln Sie a) den durchschnittlichen Lagerbestand *ØLB*, b) die Lagerumschlaghäufigkeit *LUH*, c) den Lagerzinssatz *LZS* und d) die Lagerzinsen *LZ*.

4. Die jährlichen Kennziffern für die Lagerhaltung speicherprogrammierbarer Steuerungen (SPS) werden ermittelt. Abb. 3 zeigt den Lagerbestand und somit auch den Materialverbrauch über das gesamte Kalenderjahr. Der für die Berechnungen zugrunde liegende Marktzinssatz liegt bei 7,24 %. Der durchschnittliche Einstandspreis der Steuerungen beträgt 587,24 €. Berechnen Sie

a) den durchschnittlichen Lagerbestand *ØLB*,
b) die Lagerumschlaghäufigkeit *LUH*,
c) den Lagerzinssatz *LZS* und
d) die Lagerzinsen *LZ*.

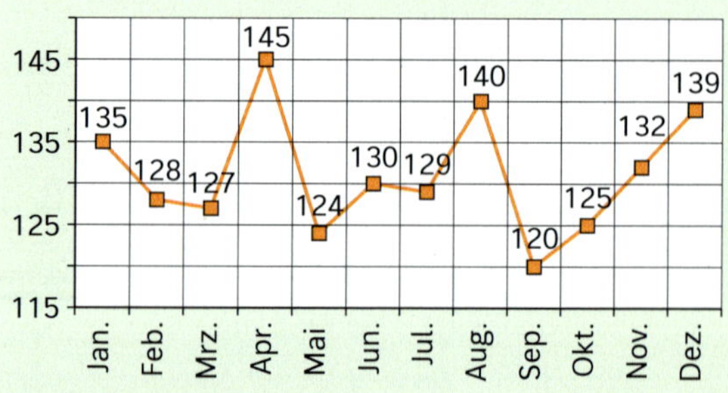

Abb. 3: Lagerbestand SPS

12.4.2 Optimale Bestellmenge

Große Bestellmengen senken häufig die Bestellkosten und ermöglichen das Aushandeln höherer Rabatte. Allerdings bindet eine umfangreiche Lagerhaltung Betriebskapital und verursacht höhere Lagerkosten. Die optimale Bestellmenge ist die Menge, bei der die Gesamtkosten am niedrigsten sind.

1. Bestimmung über Tabelle

Anzahl der Bestellungen n_B	Bestellmenge (Stück) n_{Teile}	Bestellkosten *BK*	Lagerkosten *LK*	Gesamtkosten *GK*
1	600	40 €	300 €	340 €
2	300	80 €	150 €	230 €
① **3**	**200**	**120 €**	**100 €**	**220 €**
4	150	160 €	75 €	235 €
5	120	200 €	60 €	260 €
10	60	400 €	30 €	430 €

Da aus einem Lager produktionsbedingt kontinuierlich Teile entnommen werden, werden die Lagerkosten in der Tabelle halbiert (Mittelwert).

$$LK = \frac{1}{2} \cdot EP \cdot LHS$$

2. Ermittlung durch Diagramme

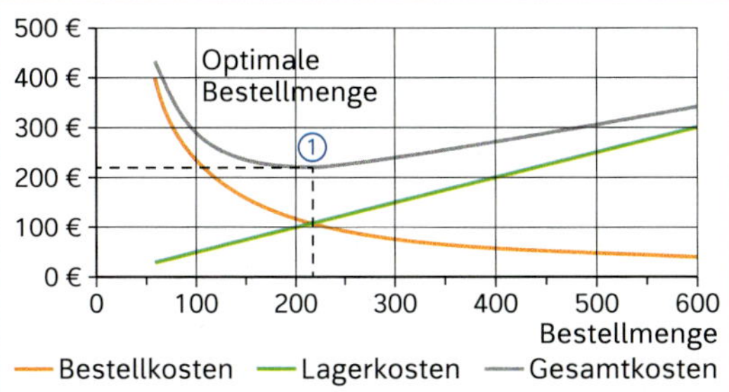

3. Näherungsweise Berechnung mit Formel

$$L_{opt} = \sqrt{\frac{2 \cdot JB \cdot BK}{EP \cdot LHS}}$$

n_{opt}: optimale Bestellmenge
JB: Jahresbedarf
BK: Bestellkosten $[BK] = €$
EP: Einstandspreis $[EP] = €$
LHS: Lagerhaltungssatz in Prozent
LK: Lagerkosten $[LK] = €$
n_B: Anzahl der Bestellungen
n_{Teile}: Teile pro Bestellung

Beispiel

Ein Unternehmen benötigt pro Jahr 1200 Einbauvoltmeter mit einem Einstandspreis von 15 €. Jede Bestellung verursacht Kosten in Höhe von 50 €. Der Lagerhaltungssatz liegt bei 10 %. Ermitteln Sie die optimale Bestellmenge a) tabellarisch und b) mithilfe der Formel.

Geg.: $JB = 1200$; $EP = 15\,€$; $BK = 50\,€$;
$LHS = 10\,\% = 0{,}1$

Ges.: n_{opt}

a) $BK_{ges} = n_B \cdot BK$; $\quad LK = \frac{1}{2} \cdot n_{Teile} \cdot EP \cdot LHS$

$BK_{ges} = 1 \cdot 50\,€$; $\quad LK = \frac{1}{2} \cdot 1200 \cdot 15\,€ \cdot 0{,}1$

$\underline{\underline{BK_{ges} = 50\,€}}$; $\quad \underline{\underline{LK = 900\,€}}$

$GK = BK + LK$;

$GK = 50\,€ + 900\,€$; $\quad \underline{\underline{GK = 950\,€}}$

Die weiteren Werte werden analog berechnet:

n_B	n_{Teile}	*BK*	*LK*	*GK*
1	1200	50 €	900 €	950 €
2	600	100 €	450 €	550 €
4	**300**	**200 €**	**225 €**	**425 €**
5	240	250 €	180 €	430 €

b) $n_{opt} = \sqrt{\frac{2 \cdot JB \cdot BK}{EP \cdot LHS}}$; $\quad n_{opt} = \sqrt{\frac{2 \cdot 1200 \cdot 50\,€}{15\,€ \cdot 0{,}1}}$;

$\underline{\underline{n_{opt} = 282 \approx 300}}$

Aufgaben

1. Ein Aufzugbauer benötigt für seine frequenzumrichtergesteuerten Antriebe pro Jahr 300 RCDs Typ B mit einem Einstandspreis von 375,00 €. Der Lagerhaltungssatz beträgt 2 % und die Bestellkosten werden mit 60,00 € veranschlagt. Ermitteln Sie die optimale Bestellmenge

a) mithilfe einer Tabelle und
b) unter Verwendung der Formel.

2. The economic order quantity of miniature circuit breakers (MCB) is determined. The price of one MCB is 1.12 € and each order costs 40 €. The inventory holding costs are 15 %. 8500 MCBs are needed annually. a) Calculate the values and b) draw a table.

3. In einer Firma werden jährlich 150 000 Reihenklemmen benötigt. Eine Verpackungseinheit zu 100 Stück kostet 15,20 €. Der Lagerhaltungssatz beträgt 10 % und der Bestellvorgang verursacht Kosten in Höhe von 40 €. Ermitteln Sie die optimale Bestellmenge a) mithilfe eines Diagramms und b) rechnerisch.

13 Komplexe Aufgaben

13.1 Einsparungen durch Kompensation

Eine mittelständische Schokoladenmanufaktur möchte ihre Energiekosten senken. Als gewerblicher Abnehmer wird dem Unternehmen vom Energieversorger zusätzlich zur Wirkleistung auch die gelieferte Blindleistung in Rechnung gestellt. Zudem erhöht sich die Stromrechnung auch um einen jährlich zu entrichtenden Leistungspreis, der sich nach der Spitzenlast des vergangenen Jahres richtet. Eine Anlage zur Blindleistungskompensation ist geplant.

elektrische Verbraucher nach Kategorie	Leistung im Jahresdurchschnitt	Wirkleistungsfaktor $\cos\varphi$
Heizelemente	122 kW	0,99
Antriebe	86 kW	0,69
Sonstige (Beleuchtung, IT, ...)	16 kW	0,9

Energiekosten	Tarife
Wirkleistung	6,9 ct/kWh
Blindleistung	1,8 ct/kvarh
Leistungspreis	128 € pro 1 kVA Spitzenlast
Drittkosten für Netz, Abgaben, ...	1521,29 € monatl.

Aufgabe I: Energiekosten

Kapitel 2.14 und Kapitel 6.7

1. Wie hoch sind a) die Schein- und b) die Blindleistungen in den einzelnen Bereichen durchschnittlich?

($S_H = 123{,}2$ kVA; $S_A = 124{,}6$ kVA; $S_S = 17{,}8$ kVA; $Q_H = 17{,}4$ kvar; $Q_A = 90{,}2$ kvar; $Q_S = 7{,}8$ kvar)

2. Berechnen Sie die jährlichen Kosten für a) die bezogene Wirkenergie und b) die bezogene Blindenergie der einzelnen Verbrauchskategorien.

($K_{HW} = 73741{,}68$ €; $K_{AW} = 51981{,}84$ €; $K_{SW} = 9671{,}04$ €; $K_{HB} = 2743{,}63$ €; $K_{AB} = 14222{,}74$ €; $K_{SB} = 1229{,}90$ €)

3. Durch die unterschiedlichen Einschaltzeiten der Heizanlagen im Produktionsprozess entstehen mehrmals pro Jahr kurzzeitige Spitzenlasten von 305 kVA. Daraus berechnet das Energieversorgungsunternehmen den jährlichen Leistungspreis. Berechnen Sie den zu entrichtenden Betrag. ($K_L = 39\,040$ €)

4. Berechnen Sie die jährlichen Gesamtkosten für die elektrische Energie des Betriebes, bestehend aus den Kosten für Wirkleistung und Blindleistung, dem Leistungspreis und den Drittkosten. ($K = 210\,886{,}31$ €)

Aufgabe II: Kompensation

Kapitel 6.9

1. Eine Anlage zur Blindleistungskompensation soll helfen, die hohen Kosten zu senken. Verbessert sich der Wirkleistungsfaktor der Antriebe auf $\cos\varphi = 0{,}9$, wird die bezogene Blindleistung nicht mehr in Rechnung gestellt. Welche kapazitive Blindleistung muss dafür installiert werden? ($Q_C = 48{,}6$ kvar)

2. Es wird eine Kompensationsanlage mit bis zu 52 kvar Kapazitivleistung ausgewählt. Berechnen Sie a) die durchschnittliche Scheinleistung und b) den durchschnittlichen Wirkleistungsfaktor der Antriebe nach der Kompensation. ($S_{neu} = 94{,}1$ kVA; $\cos\varphi_{neu} = 0{,}914$)

3. Durch die Kompensation sinkt auch die gesamte Scheinleistung in den Spitzenlastzeiten. Berechnen Sie a) die Spitzenlast und b) den zu entrichtenden Leistungspreis nach der Installation der Kompensationsanlage.

($S_{max\_neu} = 274{,}5$ kVA; $K_{L\_neu} = 35136$ €)

4. Berechnen Sie die jährlichen Gesamtkosten nach der Inbetriebnahme der Anlage zur Blindleistungskompensation. ($K_{neu} = 188\,786{,}04$ €)

5. Welche jährlichen Einsparungen kann die Manufaktur dadurch erzielen? ($\Delta K = 22\,100{,}27$ €)

13.2 Installation einer Pumpanlage

Eine Kleingartenanlage befindet sich in einem ehemaligen Flussbett ohne natürlichen Ablauf. Bei starken Niederschlägen kommt es zu Überflutungen, die durch Drainagemaßnahmen gemindert werden sollen. Die Drainagerohre enden in einem Pumpensumpf. Füllt sich der Sumpf, setzt der Pumpbetrieb ein. Das Grundwasser wird in einen Abflussgraben oberhalb der Senke geleitet.
Die Förderleistung der Pumpe, die Motorauswahl und der Motoranschluss einschließlich der erforderlichen Sicherheitsstandards sind zu projektieren.

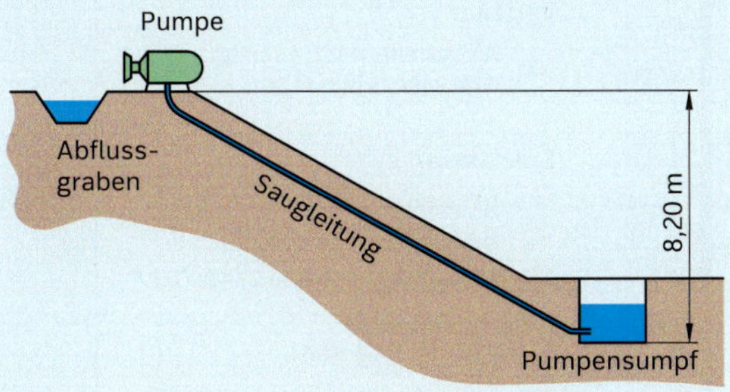

Aufgabe I: Ermittlung der Fördermenge

Kapitel 1.16 und Kapitel 1.18

1. Der Innendurchmesser der Betonringe des Pumpensumpfes beträgt 1,80 m. Die Pumpe soll bei einer Wasserhöhe von 0,60 m zu arbeiten beginnen. Berechnen Sie für diesen Füllstand das Volumen in Litern. (V = 1530 l)

2. Die Dichte von Wasser beträgt $\rho = 1$ kg/dm^3 .Wie groß ist die Masse des Wassers vor dem Abpumpen? (m =1530 kg)

3. Es wird nach einem Starkregen von einem Wasserzulauf von 120 l/min durch die Drainage in das leere Becken ausgegangen. Nach welcher Zeit setzt der Pumpbetrieb ein? (t = 13 min)

Aufgabe II: Ermittlung der Pumpleistung

Kapitel 1.22

1. Die Pumpe soll das Vierfache Volumen des Zulaufs fördern. Berechnen Sie die Fördermenge pro 1 s. (V = 8 l)

2. Die Förderhöhe zwischen dem Boden des Pumpensumpfes und der Oberkante des Abflussgrabens beträgt 8,20 m. Berechnen Sie die Hubarbeit für die in einer Sekunde geförderten Wassermenge. (W = 644 Nm)

2. Wie lange würde es dauern, bis der Pumpensumpf ohne weiteren Zulauf leergesaugt ist? (t = 2,3 min)

Aufgabe III: Motorauswahl

Kapitel 1.22, 2.15, 11.3.1, Anhang S. 277

1. Mit dem Pumpenwirkungsgrad von $\eta = 0{,}57$ werden neben den Verlusten in der Pumpe auch die Strömungsverluste in der Saugleitung berücksichtigt. Wie groß ist die erforderliche Antriebsleistung? (P_{zu} = 1130 W)

2. Die Pumpe soll durch einen Drehstromasynchronmotor in Dreieckschaltung angetrieben werden. Dabei ist eine Motorauslastung von mindestens 85 % anzustreben. Berechnen Sie die notwendige mechanisch abgegebene Leistung und wählen Sie einen geeigneten Motor aus!

(PB 0,55 KW)

Aufgabe IV: Antriebsoptimierung

Kapitel 6.9.2, 11.3.1, Anhang S. 277

1. Der Motor mit der niedrigsten Synchrondrehzahl soll ausgewählt werden. Berechnen Sie den Gesamtwirkungsgrad der Pumpanlage. ($\eta = 0{,}4$)

2. Mit dem Anlauf des Motors setzt sofort der Pumpbetrieb ohne erhöhte mechanische Belastung ein. Wie groß ist die Anlaufstromstärke? (I_A = 18 A)

3. Überprüfen Sie durch eine Berechnung, wie groß die Reduzierung des Leiterstromstärke ist, wenn die Blindleistung des Motors vor Ort voll kompensiert würde.

(I = 2,85 A)

Aufgabe V: Berechnung der Anschlussleitung und Auswahl der Schutzeinrichtung

Kapitel 10.1, Anhänge S. 272

1. Der Motor wird durch eine 125 m lange Mantelleitung mit Energie versorgt. Die Verlegung erfolgt im Erdreich. Dabei soll der Spannungsfall über der Leitung 1 % nicht überschreiten. Wählen Sie eine geeignete Leitung und die erforderliche Absicherung aus!

(q = 4 mm^2, I_n = 20 A)

2. Es werden die Schutzmaßnahmen für ein TN-System angewendet. Die Netzschleifenimpedanz am Motor beträgt Z_s = 1,7 Ω. Ist die Abschaltbedingung für einen möglichen Fehlerfall erfüllt? (t_V = 0,04 s)

3. Um den Motor optimal abzusichern, wird ein Motorschutzschalter installiert. Wählen Sie den Schalter mit dem geeigneten Stellbereich aus. (MS 2,5 bis 4 A)

13.3 Installation eines Büros

In einem Elektrobetrieb wird das Büro der Geschäftsleitungsassistenz erneuert. Die Leitungsverlegung für die Steckdosen erfolgt im Kabelkanal. Die Leuchtenleitungen werden in der Wand unter Putz und in der Decke im Elektroinstallationsrohr verlegt. Der Versorgungsnetzbetreiber hat das das Gebäude als TN-System ausgewiesen. Die Abschaltbedingungen gemäß DIN VDE 0100-410 sind einzuhalten.

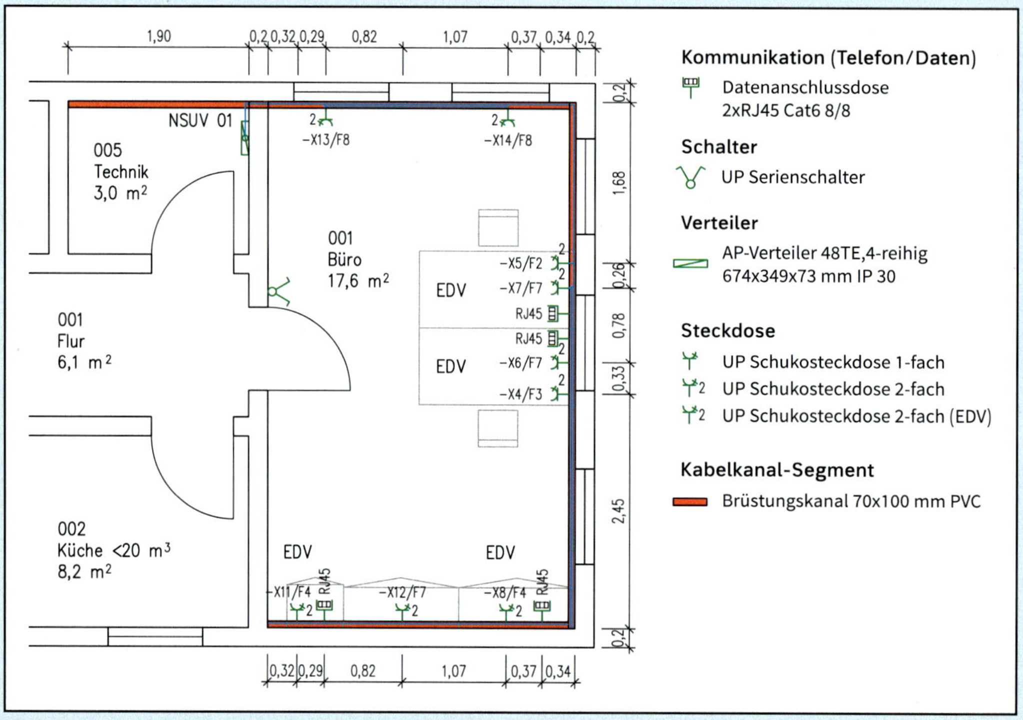

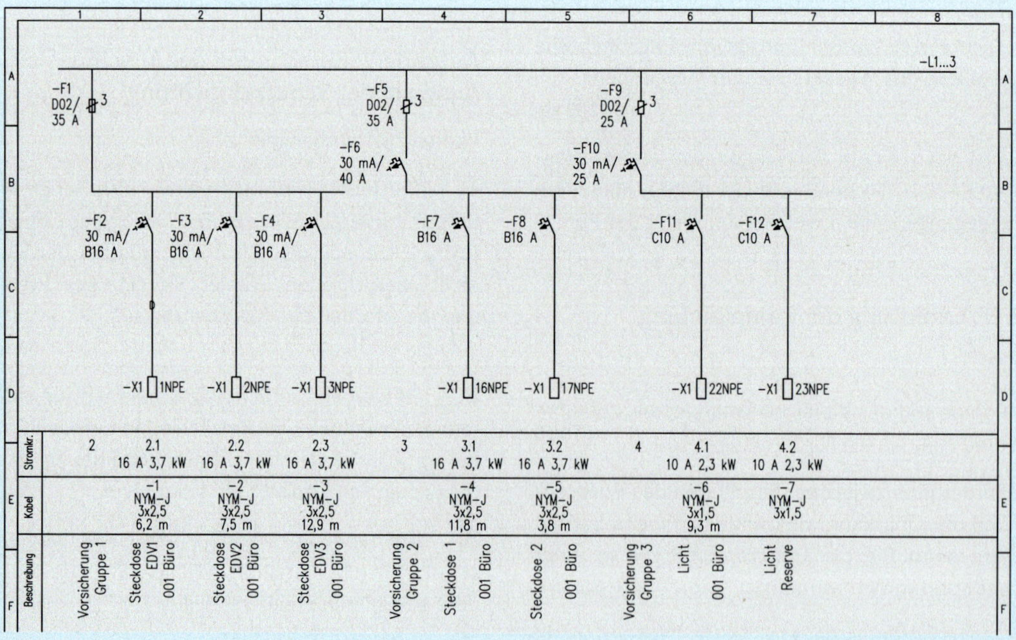

Der Unterverteiler des Büros versorgt die abgebildeten Stromkreise mit elektrischer Energie. Als Schutzorgane werden Neozed, MCBs, RCBOs und RCCBs verwendet.

Die folgenden Gleichzeitigkeitsfaktoren sind zu berücksichtigen.

Stromkreis	
Steckdosen allgemein	30 %
Steckdosen EDV	20 %
Beleuchtung	10 %

Aufgabe I: Leitungsdimensionierung

Kapitel 10.1.1 und Kapitel 10.1.2.1

1. Geben Sie die Verlegearten aller Stromkreise an.

2. Bestimmen Sie die Strombelastbarkeit der Steckdosenleitungen unter Berücksichtigung notwendiger Korrekturfaktoren und geben Sie die gewählten Querschnitte, ohne den Einfluss von Gleichzeitigkeitsfaktoren, an. (I_z = 19,2 A; q = 4 mm²)

3. Überprüfen Sie exemplarisch bei einem aussagekräftigen Stromkreis, ob der Spannungsfall nach DIN 18015 eingehalten wird. (Δ_u = 0,8 %)

4. Skizzieren Sie eine alternative Projektierung des Stromkreisverteilers ohne Anwendung von RCBOs und diskutieren Sie Vor- und Nachteile.

Aufgabe II: Schutzmaßnahmen

Kapitel 10.3

1. Die Schleifenimpedanz im Stromkreisverteiler beträgt 0,7 Ω. Überprüfen Sie rechnerisch, ob die Abschaltbedingungen für TN-Systeme nach der DIN VDE 0100-410 mit den Überstromschutzorganen eingehalten werden.

2. Die Steckdosenstromkreise werden zusätzlich durch RCCBs und RCBOs geschützt. Ermitteln Sie die Abschaltzeit, falls ein Fehlerstrom in Höhe des 6-fachen Bemessungsdifferenzstromes fließt (➡ S. 266). (t_a = 50 ms)

Aufgabe III: Selektivität

Kapitel 10

1. Beschreiben Sie die Maßnahme Selektivität bei Überstromschutzorganen.

2. Welche Bemessungsstromstärke ist bei den Sicherungen -F1 und -F9 mindestens notwendig, um ein selektives Abschalten zu gewährleisten?

Aufgabe IV: Gleichzeitigkeit

Kapitel 10.4.5

1. Erläutern Sie den Begriff Gleichzeitigkeit und stellen Sie Beispiele aus Ihrem Berufsfeld dar.

2. Berechnen Sie die Stromstärken der jeweiligen Stromkreise unter Berücksichtigung der Gleichzeitigkeitsfaktoren. (I_1 = 4,8 A; I_2 = 1,0 A; I_3 = 3,2 A)

3. Mit welcher Leistung muss jetzt in den Stromkreisen gerechnet werden? ($P_{1,2,3}$ = 1,1; 0,23; 0,74 kW)

4. Bestimmen Sie die Strombelastbarkeit der Stromkreise aus Aufgabe 1.2 mit Gleichzeitigkeitsfaktoren.

5. Überprüfen Sie den Spannungsfall aus Aufgabe 1.3.

Aufgabe V: Beleuchtungsberechnung

Kapitel 10.4.5

1. Berechnen Sie den Raumindex des Büros 001. Die Raumhöhe beträgt 2,8 m. Für alle Größen sind branchenübliche Annahmen zu treffen. (k = 1,0)

2. Ermitteln Sie den Raumwirkungsgrad. Die Leuchten sind direkt tiefstrahlende LED-Leuchten. (η_R = 0,73)

3. Bestimmen Sie die notwendige Leuchtenzahl um die Vorgaben der Arbeitsstättenverordnung zu erfüllen. Der Lichtstrom der LEDs beträgt 3600 lm bei einem Leuchtenwirkungsgrad von 100 %. (n = 6)

4. Welche Energie in kWh nimmt das Büro im Jahr auf, wenn mit einer mittleren Leuchtdauer von 6 Stunden pro Werktag (230 Tage) gerechnet wird? Die Leistung einer Leuchte beträgt 26,5 W. (W = 219 kWh)

5. Welche Kosten verursacht die Beleuchtungsanlage im Jahr bei einem Preis von 0,35 € netto pro kWh? (K = 91,21 €)

Aufgabe VI: Kalkulation

Kapitel 12.3

1. Ermitteln Sie die Länge des Kabelkanals. (l = 15 m)

2. Wie viel Meter Mantelleitung wird für die Steckdosenstromkreise benötigt? (l = 45 m)

3. Erstellen Sie ein Kostenangebot mit Leistungspositionen (➡ S. 272) für die Montage des Kabelkanals, dem Einziehen der Mantelleitungen und der Installation der Steckdosen für die Stromkreise 2 und 3.

13.4 Steuerung Reaktionsbehälter

In einem Betrieb soll die Steuerung eines Reaktionsbehälters geplant werden. Die in den Tank gepumpte Flüssigkeit wird erhitzt und anschließend wieder abgepumpt.

Aus Sicherheitsgründen sind die Druck- und Füllstandsensoren mehrfach vorhanden.

Die Sensoren B1 und B2 überwachen den Füllstand im Tank. Die Sensoren B3, B4 und B5 melden, wenn der Druck im Tank den kritischen Wert übersteigt.

Der digitale Temperatursensor B7 signalisiert, dass die gewünschte Endtemperatur erreicht ist.

Das Befüllen der Anlage wird mit dem Schalter S1 erreicht. Mit dem Schalter S2 wird der Tank entleert.

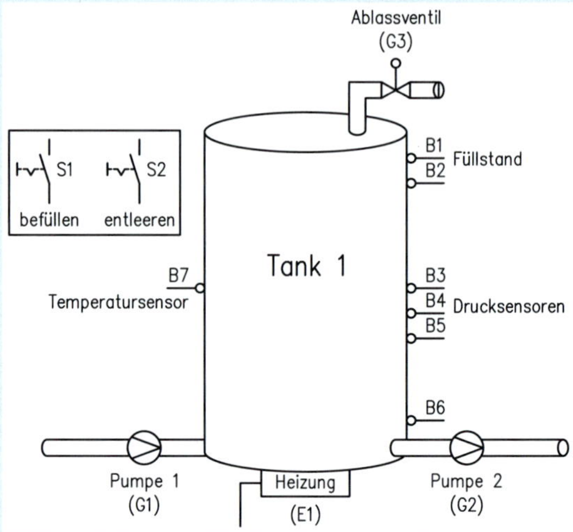

Aufgabe I: Tank befüllen

Kapitel 1.16, Kapitel 5.2.1 und Kapitel 5.2.5

1. Der Tank besitzt einen Durchmesser von 2,5 m. Die Füllstandsensoren sitzen in einer Höhe von 2,2 m. Pumpe 1 hat einen Pumpleistung von 200 l pro Minute. Berechnen Sie die zur Befüllung benötigte Zeit.

($t = 49$ Minuten 5 Sekunden)

2. Bei betätigtem Schalter S1 und unbetätigtem Schalter S2 wird der Tank befüllt, bis einer der beiden Sensoren B1 oder B2 den Flüssigkeitsstand meldet. Erstellen Sie die Funktionsgleichung.

($G1 = S1 \wedge \overline{S2} \wedge \overline{B1} \wedge \overline{B2}$)

3. Die digitale Schaltung für G1 wird mithilfe von NOR-Gattern umgesetzt. Stellen Sie die Funktionsgleichung um und zeichnen Sie die entsprechende Schaltung.

($G1 = \overline{\overline{S1} \wedge S2 \wedge B1 \wedge B2}$)

Aufgabe II: Entleeren des Tanks

Kapitel 5.2.1 und Kapitel 5.2.5

1. Die Pumpe G2 entleert den Tank, wenn S2 betätigt und S1 unbetätigt sind und B6 noch Flüssigkeit meldet. Entwerfen Sie eine Schaltung mit ausschließlich NOR-Gattern.

(Funktionsgl. zur Schaltung: ($G2 = \overline{\overline{S2} \vee S1 \vee \overline{B6}}$)

Aufgabe III: Tankinhalt erwärmen

Kapitel 5.2.3 und Kapitel 5.2.5

1. Wenn einer der beiden Füllstandsensoren aktiviert ist und die Endtemperatur nicht erreicht ist, erwärmt die Heizung E1 die Flüssigkeit im Tank. Erstellen Sie die vereinfachte Funktionsgleichung für E1.

($E1 = B1 \wedge \overline{B7} \vee B2 \wedge \overline{B7}$)

2. Die digitale Schaltung für die Heizung wird mit Hilfe von NAND-Bausteinen realisiert. Entwickeln Sie die Schaltung.

(Funktionsgl. zur Schaltung: $E1 = \overline{\overline{B1 \wedge \overline{B7}} \wedge \overline{B2 \wedge \overline{B7}}}$)

Aufgabe IV: Drucküberwachung

Kapitel 5.2.3 und Kapitel 5.2.5

1. Melden mehr als einer der drei Drucksensoren einen Überdruck, so wird über das Ablassventil G3 der Tankinnendruck reduziert. Erstellen Sie die vereinfachte Funktionsgleichung für G3.

($G3 = B3 \wedge B4 \vee B3 \wedge B5 \vee B4 \wedge B5$)

2. Die digitale Schaltung für das Ablassventil wird mit Hilfe von NAND-Bausteinen realisiert. Entwickeln Sie die Schaltung.

(Funktionsgl. zur Schaltung: ($G3 = \overline{\overline{B3 \wedge B4} \vee \overline{B3 \wedge B5} \vee \overline{B4 \wedge B5}}$)

13.5 Wandlaufkran

Die Werkhalle eines metallverarbeitenden Betriebs ist mit einem Wandlaufkran ausgestattet. Folgende Angaben sind bekannt. Aus Gründen der Vereinfachung wird das Eigengewicht der Vorrichtung sowie die Verluste und Wirkungsgrade bei der Bearbeitung der Aufgaben vernachlässigt.

maximale Tragfähigkeit	5 t
maximale Ausladung	12 m
Hakenweg (Hubhöhe)	9 m
Hubgeschwindigkeiten Haupthub Feinhub	 8 m/min 1,3 m/min

Aufgabe I: Kräfte und Hebel

Kapitel 1.20 und Kapitel 1.21

1. Ein Mitarbeiter hebt mithilfe des Krans einen Behälter mit Späneabfällen an. Die Hubwaage zeigt eine Masse von 1862 kg an. Welche Hubkraft FG ist dazu notwendig? (Erdbeschleunigung $g = 9{,}81\ m/s^2$) ($F_G = 18{,}27$ kN)

2. Der Mitarbeiter bewegt den angehobenen Spänebehälter von der äußersten Position des Auslegers über eine Strecke von 8 m in Richtung Wand. Berechnen Sie das Hebelmoment, das auf die Tragkonstruktion wirkt, a) zu Beginn und b) nach dem Bewegen der Last.

($M_{12m} = 219{,}2$ kNm; $M_{4m} = 73{,}1$ kNm)

3. Welche maximale Kraft F_2 kann beim Bewegen des Spänebehälters durch das Kransystem (Abb. 1) auf die Wandlaufschiene wirken, wenn der vertikale Hebelarm eine Länge $l_2 = 2{,}2$ m besitzt? ($F_2 = 99{,}63$ kN)

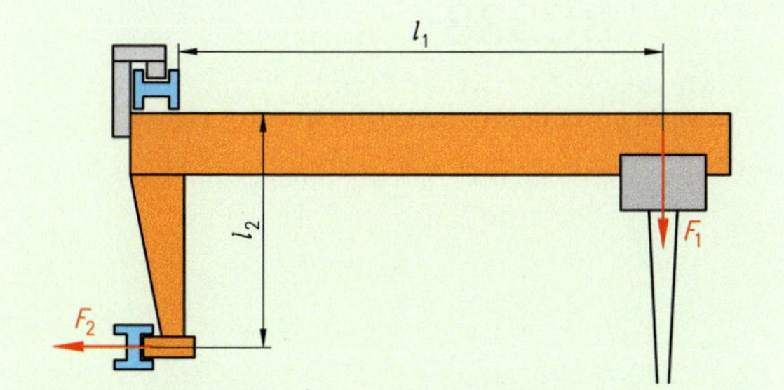

Abb. 1: Hebelkräfte und -längen am Kransystem

Aufgabe II: Hubarbeit und Leistung

Kapitel 1.22 und Kapitel 1.18

1. Um den Späneabfall in einen Container zu kippen, muss der Behälter um 2,50 m angehoben werden. Welche Hubarbeit muss vom Seilzug hierfür verrichtet werden?

($W_G = 45{,}67$ kJ)

2. Wie lange braucht der Kran zum Erreichen dieser Höhe a) in Haupthubgeschwindigkeit und b) in Feinhubgeschwindigkeit? Geben Sie das Ergebnis in Sekunden an. ($t_H = 18{,}75$ s; $t_F = 115{,}4$ s)

3. Welche mechanische Leistung ist für diese Aufgabe a) bei Haupthubgeschwindigkeit und b) bei Feinhubgeschwindigkeit nötig? ($P_H = 2{,}44$ kW; $P_F = 395{,}7$ W)

Aufgabe III: Antriebstechnik

Kapitel 11.2.1 und Kapitel 11.2.3

1. Durch die Aufhängung des Kranhakens im Flaschenzug mit vier tragenden Seilen reduziert sich die benötigte Hubkraft auf ein Viertel, während die Seillänge das Vierfache der Hubhöhe beträgt. Die Seiltrommel besitzt einen Durchmesser $d = 25$ cm. Berechnen Sie die Drehfrequenz der Trommel bei Haupthubgeschwindigkeit.

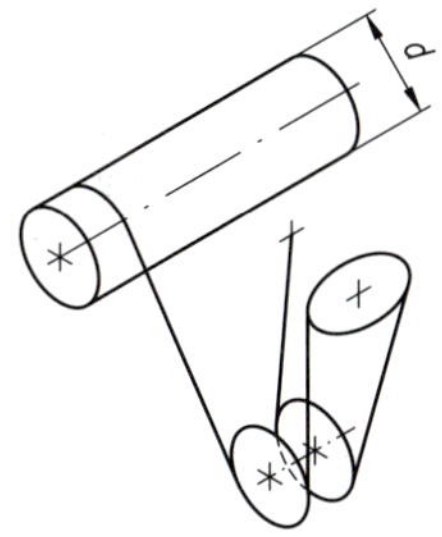

($n = 40{,}76$ 1/min)

2. Die Bemessungsdrehfrequenz des Hebemotors beträgt 2760 1/min. Ein Zahnradgetriebe verbindet den Hebemotor mit der Seiltrommel, auf der das Drahtseil auf- und abgewickelt wird. Ermitteln Sie das Übersetzungsverhältnis des Getriebes.

(L.: $i = 67{,}7$)

3. Welches Drehmoment gibt der Hubmotor beim Anheben des Spänebehälters in Haupthubgeschwindigkeit ab? ($M = 8{,}4$ Nm)

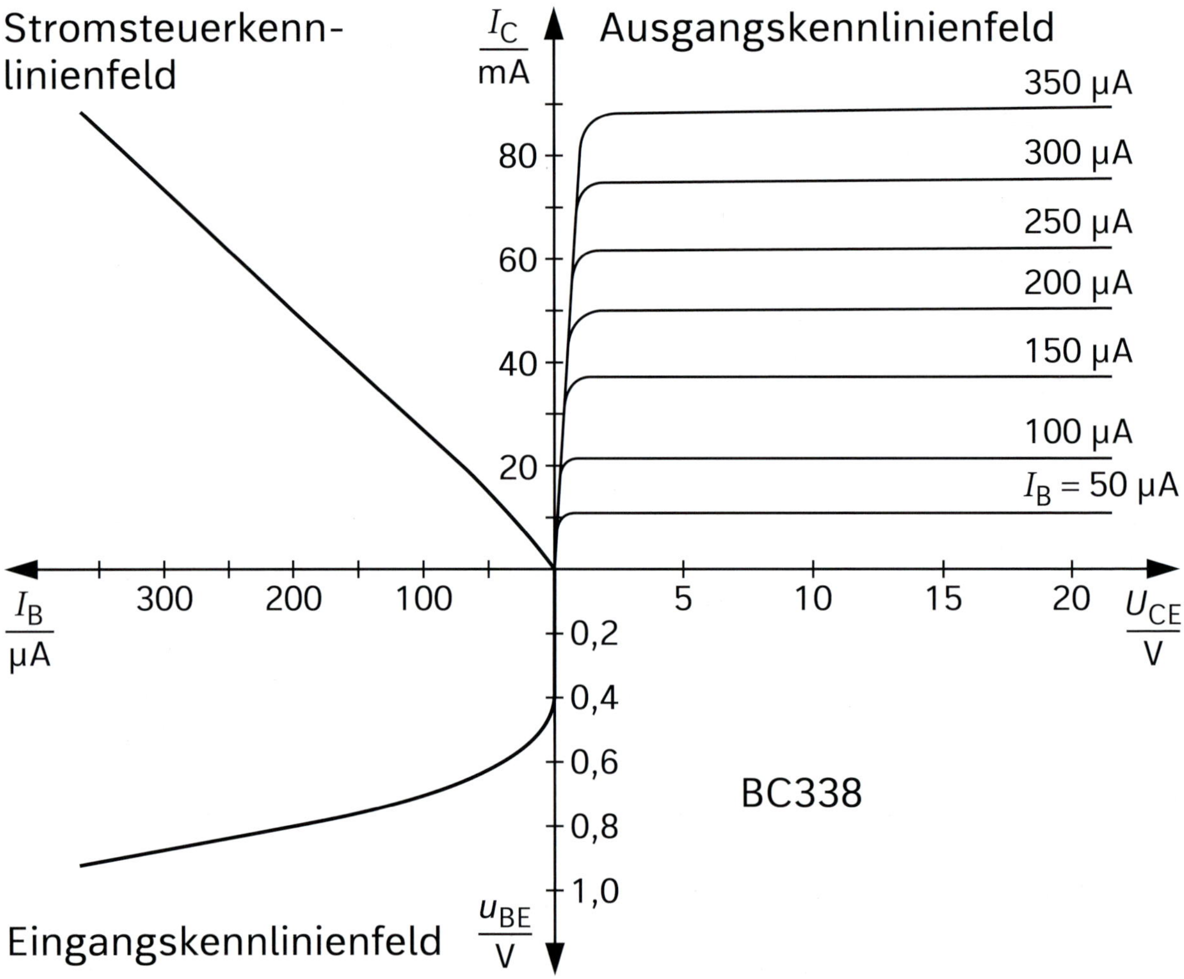
Stromsteuerkenn-
linienfeld
$\frac{I_C}{mA}$
Ausgangskennlinienfeld
350 µA
300 µA
250 µA
200 µA
150 µA
100 µA
I_B = 50 µA
80
60
40
20
$\frac{I_B}{\mu A}$
300
200
100
5
10
15
20
$\frac{U_{CE}}{V}$
0,2
0,4
0,6
0,8
1,0
BC338
Eingangskennlinienfeld
$\frac{u_{BE}}{V}$

Datenblatt BC337/BC338

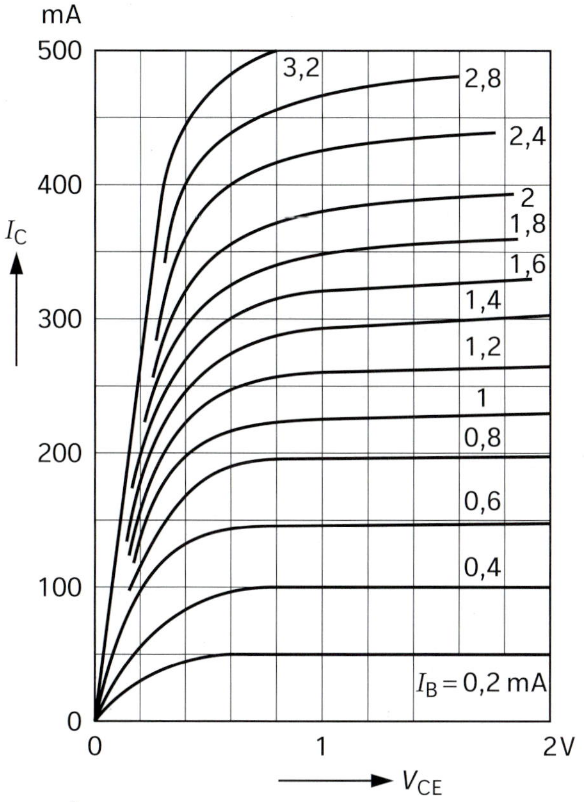

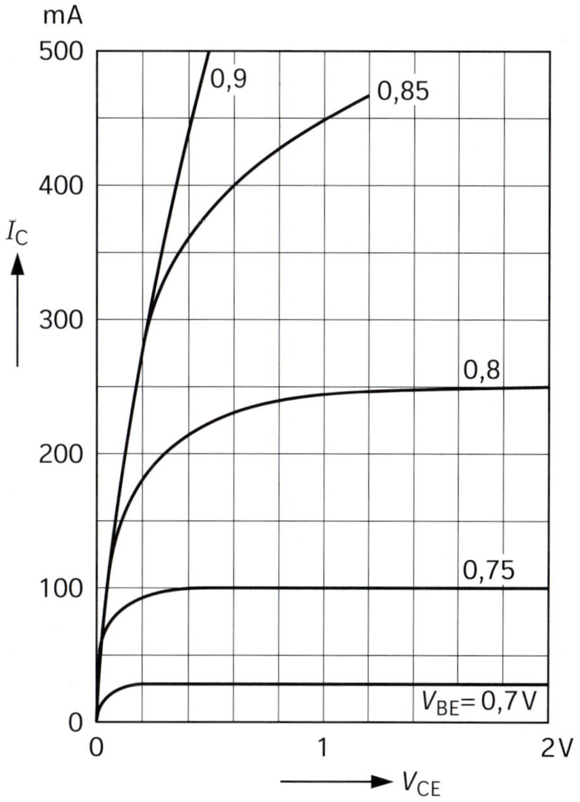

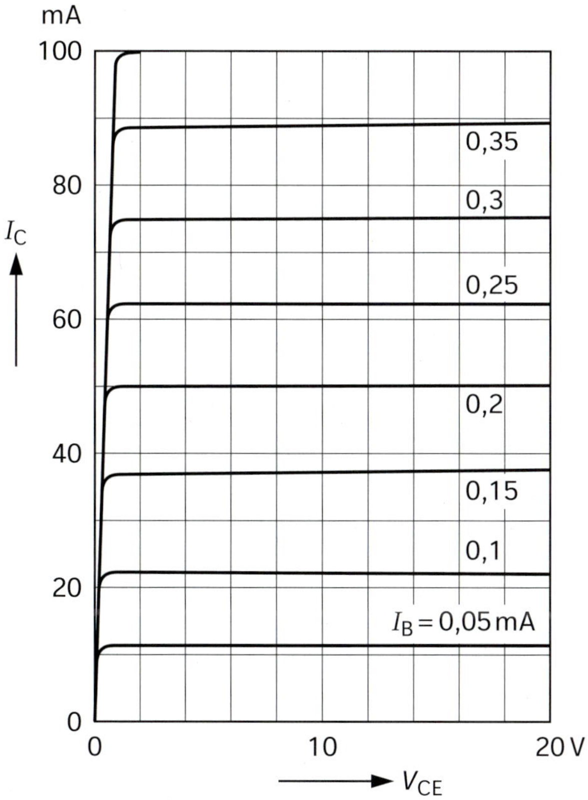

Verlegearten und Strombelastbarkeit von Kabeln und Leitungen für feste Verlegung in Gebäuden (DIN-VDE 0298-4: 2013-06)

Referenz Verlegeart	A1	A2	B1	B2	C	D	E
	in wärmegedämmten Wänden im Elektro-Installationsrohr		im Elektro-Installationsrohr auf Wand		Verlegung auf und in Wand	Verlegung in Erde	Verlegung in Luft
	Aderleitungen	Mehradrige Kabel und Mantelleitungen	Aderleitungen	Mehradrige Kabel und Mantelleitungen	Kabel und Mantelleitungen Abstand zur Wand ≤ 0,3 · *d*	Mehradrige Kabel im Elektro-Installationsrohr oder Kabelschacht im Erdboden	Mehradrige Kabel und Mantelleitungen Abstand zur Wand ≥ 0,3 · *d*
Verlegung	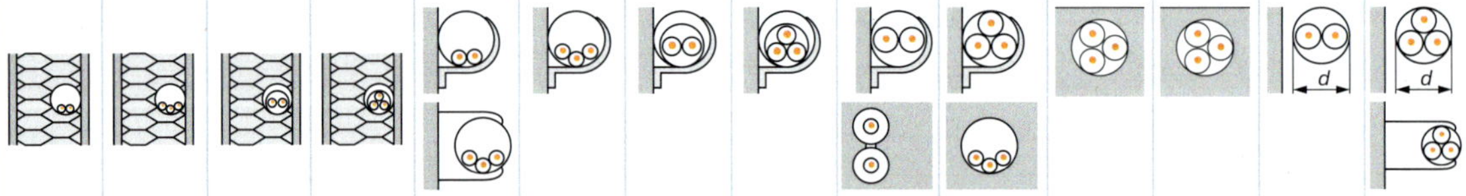						

Zulässige Strombelastbarkeit I_r der Leitung in A (Umgebungstemperatur 25 °C)

q_n in mm² (Cu)	A1		A2		B1		B2		C		E	
	belastete Adern											
	2	3	2	3	2	3	2	3	2	3	2	3
	I_r	I_r	I_r	I_r	I_r	I_r	I_r	I_r	I_r	I_r	I_r	I_r
1,5	16,5	14,5	16,5	14,0	18,5	16,5	17,5	16	21	18,5	23	19,5
2,5	21	19,0	19,5	18,5	25	22	24	21	29	25	32	27
4	28	25	27	24	34	30	32	29	38	34	42	36
4	–	–	–	–	–	–	–	–	–	35[1]	–	–
6	36	33	34	31	43	38	40	36	49	43	54	46
10	49	45	46	41	60	53	55	49	67	60	74	64
10	–	–	–	–	–	–	–	50	–	63[1]	–	–
16	65	59	60	55	81	72	73	66	90	81	100	85
25	85	77	80	72	107	94	95	85	119	102	126	107
35	105	94	98	88	133	117	118	105	146	126	157	134
50	126	114	117	105	160	142	141	125	178	153	191	162
70	160	144	147	133	204	181	178	158	226	195	246	208

[1] Gilt nicht für die Verlegung auf einer Holzwand

Zulässige Strombelastbarkeit I_r der Leitung in A (Umgebungstemperatur 30 °C)

q_n in mm² (Cu)	A1		A2		B1		B2		C		D		E	
	belastete Adern													
	2	3	2	3	2	3	2	3	2	3	2	3	2	3
	I_r	I_r	I_r	I_r	I_r	I_r	I_r	I_r	I_r	I_r	I_r	I_r	I_r	I_r
1,5	15,5	13,5	15,5	13	17,5	15,5	16,5	15	19,5	17,5	25	21	22	18,5
2,5	19,5	18	18,5	17,5	24	21	23	20	27	24	33	28	30	25
4	26	24	25	23	32	28	30	27	36	32	43	36	40	34
6	34	31	32	29	41	36	38	34	46	41	53	44	51	43
10	46	42	43	39	57	50	52	46	63	57	71	58	70	60
16	61	56	57	52	76	68	69	62	85	76	91	75	94	80
25	80	73	75	68	101	89	90	80	112	96	116	96	119	101
35	99	89	92	83	125	110	111	99	138	119	139	115	148	126
50	119	108	110	99	151	134	133	118	168	144	164	135	180	153
70	151	136	139	125	192	171	168	149	213	184	203	167	232	196

Werte der Einflussfaktoren

Faktor f_1 (bei einer von 30 °C abweichenden Umgebungstemperatur) [1]						
ϑ in °C	10	15	20	25	30	35
f_1	1,22	1,17	1,12	1,06	1,0	0,94
ϑ in °C	40	45	50	55	60	65
f_1	0,87	0,79	0,71	,61	0,50	0,35

Zulässige bzw. empfohlene Betriebstemperatur am Leiter 70 °C.

[1] Bei einer veränderten Umgebungstemperatur müssen für die Berechnung der Strombelastbarkeit die Stromstärkenwerte für 30 °C zugrunde gelegt werden.

Faktor f_2 (gehäufte Leitungsverlegung)						
Verlegung	Anzahl der mehradrigen Leitungen					
	1	2	3	4	6	9
gebündelt im Elektroinstallationsrohr/-kanal	1,0	0,8	0,7	0,65	0,57	0,5
Einlagig direkt auf der Wand oder dem Fußboden	1,0	0,85	0,79	0,75	0,72	0,7
in gelochter Kabelwanne	1,0	0,88	0,82	0,79	0,76	0,73
auf einer Kabelpritsche	1,0	0,87	0,82	0,8	0,79	0,78

Faktor f_3 (Verlegung vieladrig belasteter Leitungen)								
belastete Adern	2	3	5	7	10	14	19	24
f_3	1,0	1,0	0,75	0,65	0,55	0,5	0,45	0,4

Faktor f_4 (Auswirkung von Oberschwingungen) [2]						
Wirkleistungsanteil der Geräte mit Oberschwingungen zur Gesamtwirkleistung in Prozent	0 % … 10 %	11 % … 22 %	23 % … 30 %	31 % … 34 %	35 % … 38 %	39 % … 41 %
f_4	1,00	0,86	0,70	0,67	0,61	0,56

[2] Durch den Einfluss von Oberschwingungen kann die Stromstärke im Neutralleiter über der Stromstärke in den Außenleitern liegen. Für diesen Fall ist der Außenleiterstrom zur Bestimmung des Bemessungsquerschnitts maßgeblich.

Faktor f_5 (Umrechnungsfaktoren für aufgewickelte Leitungen)					
Anzahl der Lagen auf der Spule	1	2	3	4	5
Umrechnungsfaktoren	0,80	0,61	0,49	0,42	0,38

Anmerkung: Für spiralige Aufwicklung gilt der Umrechnungsfaktor 0,80.

Zeit-Strom-Bereiche für Leitungsschutz-Sicherungen der Betriebsklasse gG

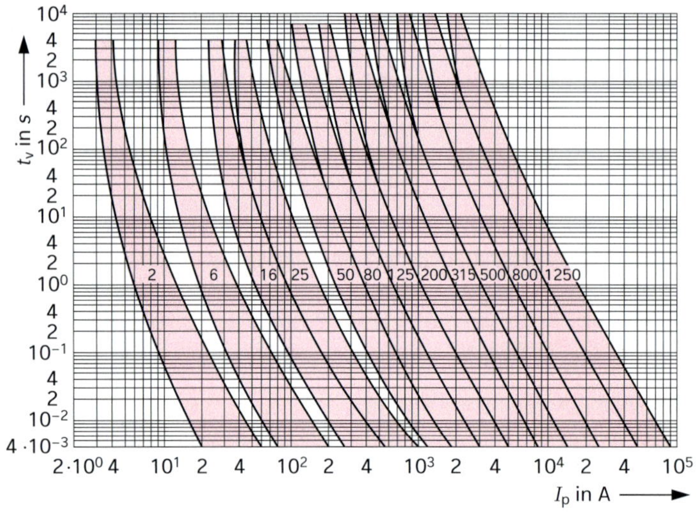

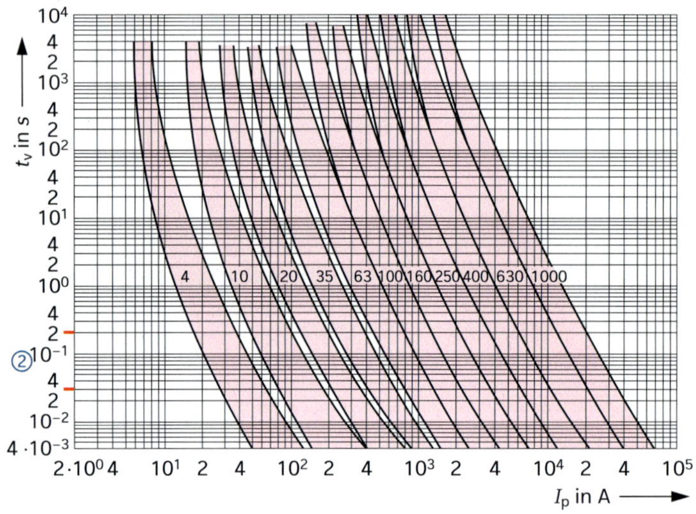

Begriffe:

- **Zeiten**
  t_v[1]: Schmelzzeit; t_{vs}: kleinste Zeit; t_{va}: größte Zeit (Auslösezeit)
- I_p Stromstärke im Fehlerfall (unbeeinflusste – prospektive – Kurzschlussstromstärke)

[1] dem Schaltvermögen nach mögliche (virtuelle) Zeiten

Kennlinien LS-Schalter

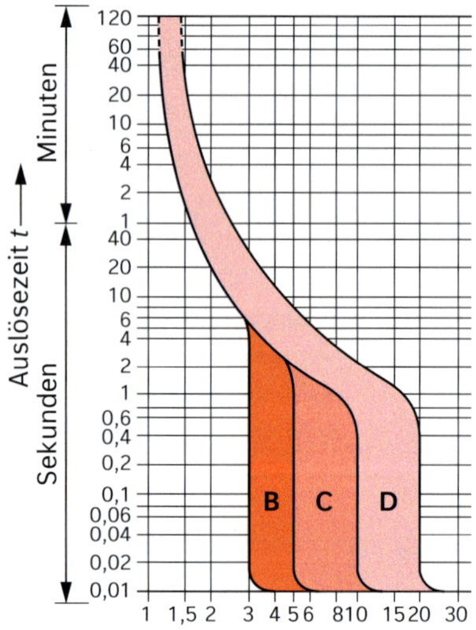

0,1 ... 0,16 A
0,16 ... 0,25 A
0,25 ... 0,40 A
0,4 ... 0,63 A
0,63 ... 1,0 A
1,0 ... 1,6 A
1,6 ... 2,5 A
2,5 ... 4,0 A
4,0 ... 6,3 A
6,3 ... 9,0 A
9,0 ... 12,5 A
12,5 ... 16,0 A
16,0 ... 20,0 A
20,0 ... 25,0 A

Auslösebedingungen

Bedingungen:

1. $I_b \leq I_n \leq I_z$ 2. $I_2 \leq 1{,}45 \cdot I_z$

Nach der 2. Bedingung ist I_2 die Stromstärke, bei der spätestens nach einer Stunde der LS-Schalter abschalten muss. Sie darf maximal das 1,45-fache der maximalen Strombelastbarkeit der Leitung bzw. des Kabels betragen.

I_b: Betriebsstromstärke des Stromkreises
I_z: Zulässige Belastbarkeit der Leitung
I_n: Bemessungsstromstärke der Überstrom-Schutzeinrichtung
I_2: Ansprechstromstärke der Überstrom-Schutzeinrichtung (großer Prüfstrom)

Abschaltzeiten und Nichtauslösezeiten von RCCB

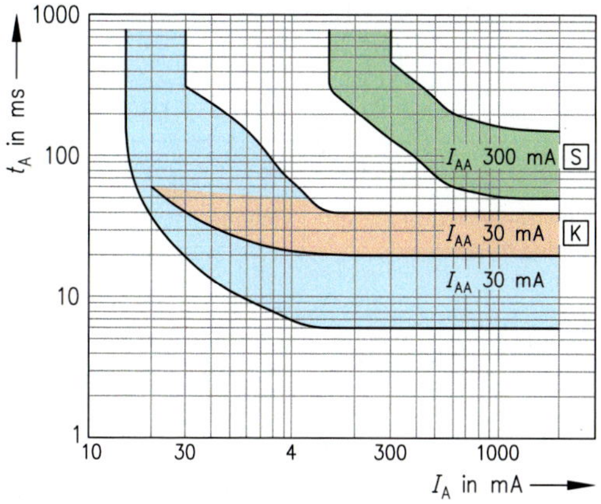

Abschaltzeit t_A in Abhängigkeit des Auslösestroms I_Δ

Fehlerstromform	Ausführung	Bemessungs-fehlerstrom	$1 \times I_{\Delta n}$	$2 \times I_{\Delta n}$	$5 \times I_{\Delta n}$	500 A	
Wechselfehler-strom	allgemein	< 0,03 A	0,3 s	0,15 s	0,04 s	0,04 s	
		0,03 A	0,3 s	0,15 s	0,04 s	0,04 s	max. Abschaltzeit
		> 0,03 A	0,5 s	0,15 s	0,04 s	0,04 s	
	selektiv	> 0,03 A	0,3 s	0,2 s	0,15 s	0,15 s	min. Nichtauslösezeit
			0,13 s	0,06 s	0,05 s	0,04 s	

Multipliziert mit dem Faktor 1,4 gelten diese Werte auch für pulsierende Gleichfehlerströme und für Fehlerströme mit Mischfrequenzen.

Fehlerstromform	Ausführung	Bemessungs-fehlerstrom	$2 \times I_{\Delta n}$	$4 \times I_{\Delta n}$	$10 \times I_{\Delta n}$	500 A	
glatter Gleich-fehlerstrom	allgemein	jeder Wert	0,3 s	0,15 s	0,04 s	0,04 s	max. Abschaltzeit
	selektiv	> 0,03 A	0,5 s	0,20 s	0,15 s	0,15 s	
			0,13 s	0,06 s	0,05 s	0,05 s	min. Nichtauslösezeit

UGR Diagramm (Leuchte Aufgabe 1)

Blendungsbewertung nach UGR											
Decke		70	70	50	50	30	70	70	50	50	30
Wände		50	30	50	30	30	50	30	50	30	30
Boden		20	20	20	20	20	20	20	20	20	20
Raumgröße X	Y	Blickrichtung quer zur Lampenachse					Blickrichtung längs zur Lampenachse				
2H	2H	17.5	18.4	17.7	18.6	18.8	17.6	18.5	17.8	18.7	18.9
	3H	17.3	18.1	17.6	18.4	18.6	17.4	18.2	17.7	18.5	18.7
	4H	17.3	18.0	17.6	18.3	18.5	17.4	18.1	17.7	18.4	18.6
	6H	17.2	17.9	17.5	18.2	18.5	17.3	18.0	17.6	18.3	18.5
	8H	17.2	17.8	17.5	18.1	18.4	17.2	17.9	17.6	18.2	18.5
	12H	17.1	17.7	17.5	18.1	18.4	17.2	17.8	17.6	18.1	18.5
4H	2H	17.3	18.1	17.6	18.3	18.6	17.4	18.1	17.7	18.4	18.7
	3H	17.2	17.8	17.5	18.1	18.4	17.3	17.9	17.6	18.2	18.5
	4H	17.1	17.7	17.5	18.0	18.3	17.2	17.7	17.6	18.1	18.4
	6H	17.0	17.5	17.5	17.9	18.3	17.1	17.6	17.5	17.9	18.3
	8H	17.0	17.4	17.4	17.8	18.2	17.1	17.5	17.5	17.9	18.3
	12H	17.0	17.3	17.4	17.7	18.2	17.0	17.4	17.5	17.8	18.2
8H	4H	17.0	17.4	17.4	17.8	18.2	17.1	17.5	17.5	17.9	18.3
	6H	16.9	17.3	17.4	17.7	18.1	17.0	17.3	17.4	17.7	18.2
	8H	16.9	17.2	17.4	17.6	18.1	17.0	17.2	17.4	17.7	18.2
	12H	16.8	17.1	17.3	17.6	18.1	16.9	17.2	17.4	17.6	18.1
12H	4H	17.0	17.3	17.4	17.7	18.2	17.0	17.4	17.5	17.8	18.2
	6H	16.9	17.2	17.3	17.6	18.1	16.9	17.2	17.4	17.7	18.2
	8H	16.8	17.1	17.3	17.5	18.0	16.9	17.2	17.4	17.6	18.1

UGR diagram lamp task 3

Glare evaluation according to UGR											
Ceiling		70	70	50	50	30	70	70	50	50	30
Walls		50	30	50	30	30	50	30	50	30	30
Floor		20	20	20	20	20	20	20	20	20	20
Room size X	Y	Viewing direction at right angles to lamp axis					Viewing direction parallel to lamp axis				
2H	2H	23.9	24.6	24.2	24.8	25.0	6.5	7.2	6.8	7.4	7.6
	3H	23.9	24.5	24.2	24.8	25.0	7.2	7.8	7.5	8.1	8.3
	4H	23.9	24.5	24.2	24.7	25.0	7.4	8.0	7.7	8.3	8.5
	6H	23.8	24.4	24.2	24.7	24.9	7.5	8.0	7.8	8.3	8.6
	8H	23.8	24.3	24.2	24.6	24.9	7.5	8.0	7.8	8.3	8.6
	12H	23.8	24.3	24.1	24.6	24.9	7.5	8.0	7.8	8.3	8.6
4H	2H	23.7	24.3	24.0	24.6	24.8	7.3	7.9	7.6	8.1	8.4
	3H	23.7	24.2	24.0	24.5	24.8	8.0	8.5	8.4	8.8	9.1
	4H	23.7	24.1	24.1	24.4	24.8	8.3	8.7	8.7	9.0	9.4
	6H	23.7	24.0	24.1	24.4	24.7	8.4	8.8	8.8	9.1	9.5
	8H	23.6	23.9	24.0	24.3	24.7	8.4	8.7	8.8	9.1	9.5
	12H	23.6	23.9	24.0	24.3	24.7	8.4	8.6	8.8	9.0	9.5
8H	4H	23.6	23.9	24.0	24.3	24.7	8.5	8.8	8.9	9.2	9.6
	6H	23.5	23.8	24.0	24.2	24.6	8.6	8.9	9.1	9.3	9.7
	8H	23.5	23.7	24.0	24.1	24.6	8.6	8.8	9.1	9.3	9.7
	12H	23.5	23.6	23.9	24.1	24.6	8.6	8.8	9.1	9.2	9.7
12H	4H	23.5	23.8	24.0	24.2	24.6	8.5	8.8	8.9	9.2	9.6
	6H	23.5	23.7	24.0	24.1	24.6	8.6	8.8	9.1	9.3	9.8
	8H	23.5	23.6	23.9	24.1	24.6	8.6	8.8	9.1	9.3	9.8

Sehaufgabe, Tätigkeit	UGR
Technisches Zeichnen	16
CAD Arbeitsplatz	19
Verkehrszonen, Kopieren	19
Schreiben, Lesen, Datenverarbeitung	19
Konferenz- und Besprechungsräume	19
Empfang	22
Archiv	25

Dämpfung einer Koaxialleitung

Dämpfung (bei 20 °C)		
5 MHz	dB/100 m	1,9
50 MHz	dB/100 m	4,5
100 MHz	dB/100 m	6,5
200 MHz	dB/100 m	8,5
400 MHz	dB/100 m	13,0
800 MHz	dB/100 m	17,5
1000 MHz	dB/100 m	20,0
1600 MHz	dB/100 m	26,0
2150 MHz	dB/100 m	31,0

<table>
<tr><th colspan="8">SAT-Dose</th></tr>
<tr><td rowspan="3">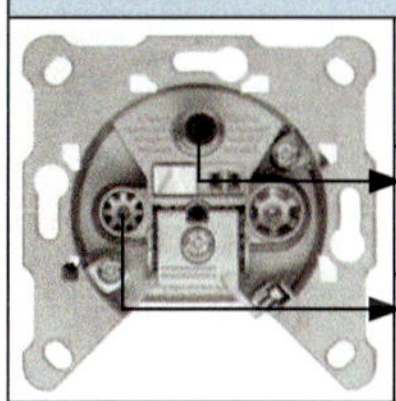</td><td>Anschluss-daten</td><td>MHz</td><td>5 75</td><td>470</td><td>862</td><td>950 2150</td><td>2400</td></tr>
<tr><td>Anschluss SAT</td><td>dB</td><td></td><td colspan="2"></td><td colspan="2">2 (DC 24 V/0,5 A)</td></tr>
<tr><td>Anschluss TV</td><td>dB</td><td>1,5</td><td colspan="2">1,5</td><td colspan="2"></td></tr>
</table>

<table>
<tr><th colspan="9">BK-Dose</th></tr>
<tr><td rowspan="3">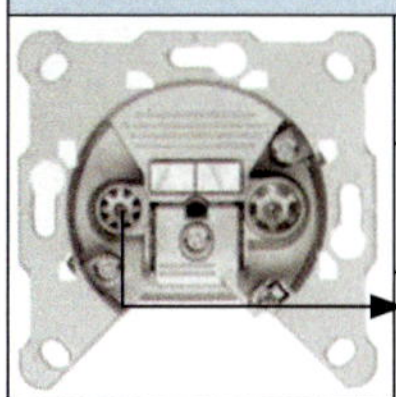</td><td>Anschluss-daten</td><td>MHz</td><td>5 47</td><td>65</td><td>67 108</td><td>118</td><td>470 862</td><td>1000</td></tr>
<tr><td>Durchgang</td><td>dB</td><td colspan="6">2,2</td></tr>
<tr><td>Anschluss TV</td><td>dB</td><td colspan="2">8</td><td></td><td colspan="3">8</td></tr>
</table>

Nutzsignalpegel an Steckdosen

System	Modulation	Pegel in dBµV	
		minimal	maximal
UKW Mono	FM	40	70
UKW Stereo	FM	50	70
DVB-C	64/128/256 QAM	47	77
DVB-C	QPSK	47	77
TV (SAT-ZF) 950 MHz – 2150 MHz	FM	47	77
TV 47 MHz – 862 MHz	AM	60	80
Internet Downstream[1)]		50	67
Internet Upstream[1)]		90	107
[1)] Empfehlung, nicht genormt, abhängig vom System			

EI../2-Bleche geteilt, steckbare Ausführung / EI../2-laminations, interlocking design

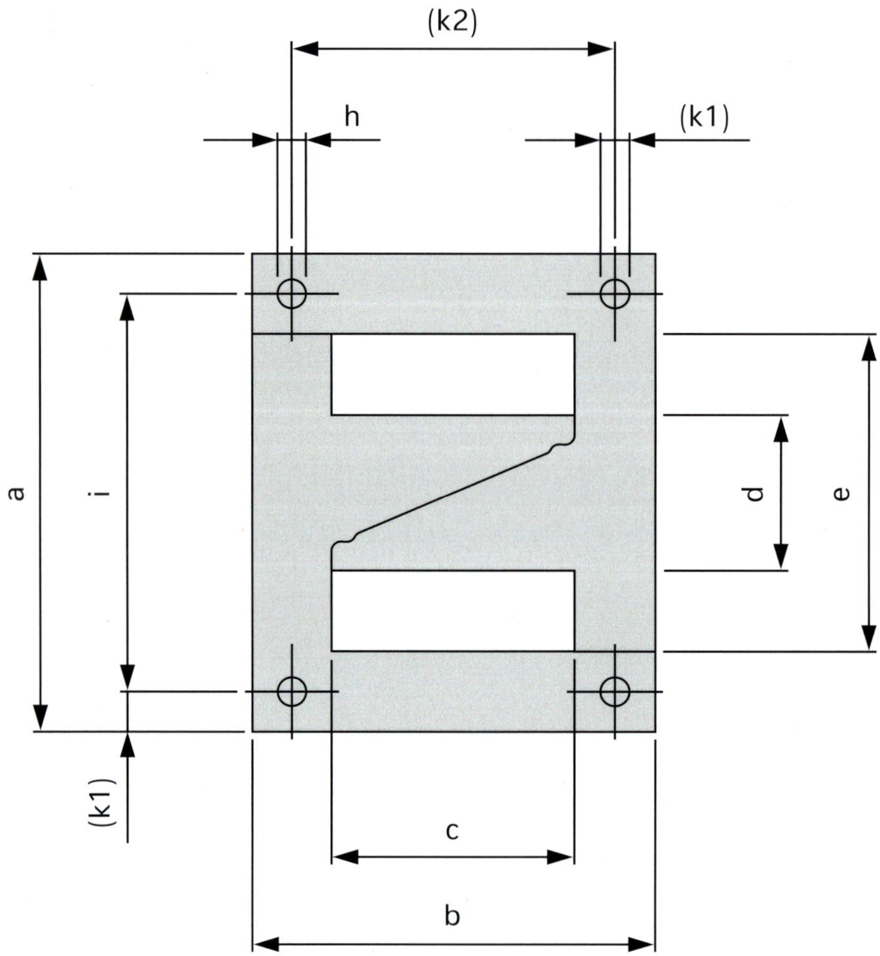

Abmessungen / Dimensions								
Typ	a	b	c	d	e	i	k_1	k_2
EI 19-11,5/2	19	11,5	6,7	4,6	14,2	–	–	–
EI 19-15,7/2	19	15,7	11	4,6	14,4	–	–	–
EI 30/2	30	25	15	10	20	–	–	–
EI 35/2	35	29,3	17,6	11,6	23,3	–	–	–
EI 38/2	38,4	32	19,2	12,8	25,6	–	–	–
EI 42/2	42	35	21	14	28	35	3,5	28
EI 48/2	48	40	24	16	32	40	4	32
EI 54/2	54	45	27	18	36	45	4,5	36
EI 60/2	60	50	30	20	40	50	5	40
EI 66/2	66	55	33	22	44	55	5,5	44
EI 78/2	78	65	39	26	52	65	6,5	52

Datenblatt: Drehstromasynchronmotoren

Drehstrommotoren mit Käfigläufer

mit Oberflächenkühlung, Betriebsart S1, Dauerbetrieb
Wärmeklasse F, Schutzart IP 55

P_B	Bemessungsleistung	M_A	Anlaufdrehmoment
n_B	Bemessungsdrehfrequenz	M_B	Bemessungsdrehmoment
η_B	Wirkungsgrad	M_K	Kippmoment
$\cos\varphi_B$	Leistungsfaktor	J	Trägheitsmoment
I_B	Bemessungsstrom	m	Masse
I_A	Anlaufstrom		

Motorauswahldaten mit EU-Wirkungsgradklassifizierung

Typ	P_B kW	n_B min^{-1}	η_B	$\cos\varphi_B$ –	I_B 400 V A	I_A/I_B	M_A/M_B	M_K/M_B	J kgm^2	m kg
Synchrondrehzahl 3000 min^{-1} – 2-polige Ausführung										
K21R 56 K2	0,09	2865	70,0	0,74	0,25	4,9	2,3	2,8	0,00013	4,4
K21R 56 G2	0,12	2830	70,3	0,77	0,32	4,5	2,1	2,3	0,00013	4,5
K21R 63 K2	0,18	2790	67,1	0,76	0,50	4,1	1,9	2,2	0,00013	4,9
K21R 63 G2	0,25	2800	68,1	0,72	0,74	4,2	2,2	2,4	0,00015	5,2
K21R 71 K2	0,37	2780	71,5	0,79	0,94	4,4	2,1	2,3	0,00025	6,7
K21R 71 G2	0,55	2815	74,3	0,81	1,38	5,1	2,3	2,6	0,00032	7,6
K21R 80 K2	0,75	2825	77,5	0,81	1,72	5,9	2,4	2,4	0,00057	10,7
K21R 80 G2	1,1	2835	77,8	0,80	2,55	6,0	2,4	2,6	0,00072	11,5
K21R 90 S2	1,5	2850	80,4	0,80	3,35	7,0	2,5	2,8	0,00132	16,0
K21R 90 L2	2,2	2850	82,0	0,85	4,55	7,5	2,8	2,9	0,0017	19,0
K21R 100 L2	3,0	2865	83,4	0,84	6,15	7,0	2,4	2,8	0,00275	25,0
K21R 112 M2	4,0	2900	84,4	0,81	8,4	7,0	2,2	2,9	0,0045	32
K21R 132 S2 T	5,5	2890	86,3	0,84	11	7,5	2,4	3,0	0,0055	40
K21R 132 SX2	7,5	2900	87,0	0,86	14,8	6,6	1,8	2,5	0,0110	57
K21R 160 M2	11,0	2900	88,5	0,90	20	7,0	2,4	3,0	0,0258	81
K21R 160 MX2	15,0	2930	89,4	0,90	27	7,1	2,2	2,9	0,0575	118
K21R 160 L2	18,5	2920	90,5	0,92	32	7,2	2,1	2,8	0,0675	134
K21R 180 M2	22	2935	91,8	0,92	37,5	6,8	1,7	2,6	0,105	165

Typ	P_B kW	n_B min^{-1}	η_B	$\cos\varphi_B$ –	I_B 400 V A	I_A/I_B	M_A/M_B	M_K/M_B	J kgm^2	m kg
Synchrondrehzahl 1500 min^{-1} – 4-polige Ausführung										
K21R 56 K4	0,06	1410	60,5	0,60	0,24	3,1	2,3	2,7	0,00019	4,3
K21R 56 G4	0,09	1375	62,0	0,68	0,31	3,2	1,9	2,2	0,00019	4,4
K21R 63 K4	0,12	1370	57,5	0,68	0,44	3,2	1,9	2,2	0,00019	4,8
K21R 63 G4	0,18	1360	61,0	0,66	0,65	3,3	2,0	2,3	0,00024	5,2
K21R 71 K4	0,25	1385	64,6	0,72	0,78	3,6	1,8	2,1	0,00040	6,8
K21R 71 G4	0,37	1370	67,8	0,74	1,06	3,8	2,0	2,2	0,00050	7,8
K21R 80 K4	0,55	1400	71,5	0,69	1,60	4,1	2,1	2,3	0,00087	10,6
K21R 80 G4	0,75	1400	73,5	0,70	2,10	4,6	2,2	2,3	0,00107	11,7
K21R 90 S4	1,1	1410	76,6	0,79	2,62	5,5	2,3	2,5	0,00207	15,5
K21R 90 L4	1,5	1400	78,8	0,81	3,40	5,5	2,5	2,6	0,00260	18,0
K21R 100 L4	2,2	1410	81,0	0,76	5,15	6,0	3,0	3,1	0,00400	23.5
K21R 100 LX4	3,0	1430	82,6	0,79	6,70	6,5	2,3	2,8	0,00725	30
K21R 112 M4	4,0	1435	84,2	0,78	8,80	6,9	2,6	3,2	0,00900	37
K21R 132 S4 T	5,5	1425	85,7	0,77	11,8	6,3	2,5	2,9	0,01100	47
K21R 132 M4	7,5	1450	87,0	0,84	15	6,0	2,0	2,9	0,0280	70
K21R 160 M4	11,0	1450	88,4	0,85	21	6,8	2,2	3,3	0,0350	92
K21R 160 L4	15,0	1465	89,4	0,86	28	7,3	2,5	3,0	0,0780	120
K21R 180 M4	18,5	1460	90,0	0,86	34,5	6,8	2,5	2,9	0,0900	136
K21R 180 L4	22	1465	90,5	0,84	42	6,5	2,0	2,6	0,1380	170

Typ	P_B kW	n_B min^{-1}	η_B	$\cos\varphi_B$ –	I_B 400 V A	I_A/I_B	M_A/M_B	M_K/M_B	J kgm^2	m kg
Synchrondrehzahl 1000 min^{-1} – 6-polige Ausführung										
K21R 63 K6	0,09	895	50,5	0,56	0,46	2,5	2,0	2,4	0,00024	4,9
K21R 63 G6	0,12	880	52,0	0,56	0,59	2,5	2,0	2,3	0,00027	5,7
K21R 71 K6	0,18	925	58,0	0,51	0,88	2,8	1,6	2,1	0,00045	7,4
K21R 71 G6	0,25	915	60,0	0,55	1,10	2,9	2,0	2,2	0,00060	8,3
K21R 80 K6	0,37	915	66,0	0,66	1,22	3,4	2,0	2,0	0,00130	11,0
K21R 80 G6	0,55	915	68,0	0,67	1,73	3,7	2,2	2,4	0,00175	12,5
K21R 90 S6	0,75	935	70,0	0,64	2,43	4,5	2,4	2,4	0,00325	16,0
K21R 90 L6	1,1	935	73,0	0,69	3,15	4,6	2,2	2,4	0,00425	19,0
K21R 100 L6	1,5	945	76,4	0,73	3,90	4,6	2,1	2,4	0,00625	24,0
K21R 112 M6	2,2	950	79,8	0,74	5,35	5,3	2,2	2,7	0,01225	33,5
K21R 132 S6	3,0	955	78,5	0,82	6,7	5,7	1,8	2,7	0,0180	46
K21R 132 M6	4,0	955	80,0	0,80	9	6,0	2,2	3,1	0,0230	53
K21R 132 MX6	5,5	955	83,0	0,83	11,5	5,0	1,8	2,3	0,0430	70
K21R 160 M6	7,5	960	85,0	0,82	15,5	5,5	2,0	2,5	0,0530	86
K21R 160 L6	11,0	965	85,2	0,86	21,5	5,0	2,0	2,3	0,1130	114
K21R 180 L6	15,0	965	86,0	0,83	30,5	6,0	2,4	2,7	0,1450	136
K21R 200 L6	18,5	970	88,1	0,87	35	5,5	2,0	2,4	0,2280	175
K21R 200 LX6	22	970	88,8	0,87	41	6,2	2,2	2,6	0,2680	200

Rechnungsstellung

Text	Nettoeinkaufspreis
NYM-J 3x1,5 Mantelleitung	0,51 €
NYM-J 3x2,5 Mantelleitung	0,81 €
NYM-J 5x1,5 Mantelleitung	0,79 €
NYM-J 5x2,5 Mantelleitung	1,31 €
Isolierstoffschalterdose mit Befestigungsschrauben	0,16 €
UP-Serienschalter weiß/reinweiß	12,56 €
UP-Schukosteckdose weiß/reinweiß	4,23 €
UP-Geräteverbindungsdose	0,22 €
LS-Schalter 1-pol. Klasse 3/6000, IN=16A/B	3,42 €
FI-Schalter (RCCB/A) 4-pol.25A IFN=30mA	40,03 €
FI-Schalter (RCCB/A) 4-pol.40A IFN=30mA	33,57 €
REG-Stromstoß-Schalter 16A 230V 1S	8,39 €
Ab-Spiegelrasterl.Zumtobel MIRAL2 2x54W 42178288+2LS54/840	110,98 € £ 96,64

Pos.	Menge	ME	Kurztext	Langtext	Einzelpreis
01.01.12	1	m	NYM3x1,5einziehen	PVC-Mantelleitung in Teillängen liefern und in Elektroinstallationskanäle einlegen oder in Leerrohre einziehen	4,58 €
01.01.13	1	m	NYM3x2,5einziehen	PVC-Mantelleitung in Teillängen liefern und in Elektroinstallationskanäle einlegen oder in Leerrohre einziehen	6,41 €
01.01.30	1	m	NYM5x1,5einziehen	PVC-Mantelleitung in Teillängen liefern und in Elektroinstallationskanäle einlegen oder in Leerrohre einziehen	2,50 €
01.02.12	1	m	NYM3x1,5abg.Decke	PVC-Mantelleitung in Teillängen liefern und in abgehängter Decke mit systemgebundenem Zubehör verlegen als: NYM-J 3x1,5 mm² Cu 43	5,62 €
01.05.12	1	m	NYM3x1,5UP	PVC-Mantelleitung in Teillängen liefern und UP mit notwendigem Befestigungsmaterial in vorhandenen Mauerschlitz verlegen als: NYM-J 3x1,5 mm² Cu 43	4,72 €
01.05.13	1	m	NYM3x2,5UP	PVC-Mantelleitung in Teillängen liefern und UP mit notwendigem Befestigungsmaterial in vorhandenen Mauerschlitz verlegen als: NYM-J 3x2,5 mm² Cu 72	6,51 €
01.05.30	1	m	NYM5x1,5UP	PVC-Mantelleitung, n. DIN VDE 0250-204, in Teillängen liefern und UP mit notwendigem Befestigungsmaterial in vorhandenen Mauerschlitz verlegen als: NYM-J 5x1,5 mm² Cu 72	5,36 €
02.33.01	1	m	PVCBRKanal70100	PVC-Brüstungskanal ca. 70x100 mm Farbe: weiß, reinweiß, lichtgrau, liefern und montieren	36,71 €
02.34.01	1	St	BRFormstück70100	Formstück, in Material und Farbe passend zu Brüstungskanal liefern und montieren als: Innen-, Außeneck, Flachwinkel oder T-Stück für PVC/BR-Kanal 70x100 mm	31,37 €
02.37.01	1	St	G4000Steckdose2fach	Kanalsteckdose, berührungsgeschützt. Mit zum Brüstungskanal passende Kanalblende liefern und im Brüstungskanal einbauen als: Doppelsteckdose.	26,55 €
03.04.01	1	St	Gerätedose60x46	UP-Geräte- oder Abzweigdose liefern und Wandöffnung herstellen. Mit geeignetem Bindemittel setzen, gegen Eindringen von Mörtel sichern und nach den Verputzarbeiten öffnen und reinigen.	7,16 €
04.01.05	1	St	UPSerienschalter	UP-Serienschalter weiß/reinweiß liefern und montieren	16,81€
04.01.06	1	St	UPUniversalschalter	UP-Universalschalter weiß/reinweiß liefern und montieren	10,88 €
04.01.12	1	St	UPTasterneutral	UP-Taster mit neutralem Symbol weiß/reinweiß lief. + mont.	13,65 €
04.01.31	1	St	UPSteckdose	UP-Schukosteckdose weiß/reinweiß liefern und montieren	10,70 €
05.04.03	1	St	UPVerteiler3x12TE/80	Unterputz-Kleinverteiler 3x12TE/80 in Mauerwerk einbauen	156,64 €
05.09.90	1	St	REGAbdeckstreifen	REG-Abdeckstreifen S35S liefern und einsetzen	3,60 €
05.20.09	1	St	FISchalter4p25/0,030	FI-Schalter /RCCB/A) 4-pol. 25 A IFN =3 0 mA liefern und einbauen	77,53 €
05.32.23	1	St	Stromkreisverz.DINA4	Stromkreisverzeichnis laminiert DIN A4 herstellen und in Verteilung befestigen	39,64 €
05.80.04	1	St	LSSchalt1x16Aallpol	LS-Schalter 1-pol., Kl 3/6000 16 A/B liefern, einbauen und allpolig anschließen	11,69 €
05.80.14	1	St	LSSchalt3x16Ballpol	LS-Schalter 3-pol., Kl 3/6000 16 A/B liefern, einbauen und allpolig anschließen	40,31 €
08.11.87	1	St	AbLSMildLicht42x49EV	Direkt/Indirekt-LS-Aufbau-Deckenleuchte, Konzept „Mildes Licht", liefern und montieren als: AbLS-Leuchte T5 „Mildes Licht IV" 2x49W/ECG	402,35 €
08.12.80	1	St	LEDAnbauleuchte	LED-Anbauleuchte, Raster Aluminium, BAP65, 4000K 4900lm 40W liefern und montieren	453,33 €
08.65.78	1	St	LSLampeT549W/827	LS-Lampe T5(16 mm) 49W/840 coolwhite HO liefern und in Leuchte einsetzen	2,98 €
09.13.86	1	St	RauchmelderEyslux	AP-Rauchmelder EYSLUX Protctor liefern und montieren	77,19 €
12.01.19	1	m	WSchlitzDiamant30x30	Wandschlitz in Kalksandstein 30x30 mm mit Diamantfräswerkzeug herstellen	3,09 €

Quelle: gekürzter Auszug aus der Kalkulationshilfe für die elektro- und informationstechnischen Handwerke (KFE). Herausgeber ist der Zentralverband der Deutschen Elektro- und Informationstechnischen Handwerke (ZVEH).

Symbole

A

B

C

D

E

Q

R

S

T

Z

Bildquellenverzeichnis

|ABUS Kransysteme GmbH, Gummersbach: 267.1, 267.4. |Alamy Stock Photo (RMB), Abingdon/Oxfordshire: EyeEm 262.1; Siedler, Stephan 8.2, 10.3, 11.3, 12.1, 14.2, 15.3, 17.3, 18.7, 20.2, 21.1, 22.1, 23.1, 24.3, 26.1, 28.1, 29.3, 31.1, 32.1, 33.4, 34.2, 35.4, 36.2, 38.2, 39.1, 40.3, 41.2, 42.1, 43.3, 44.2, 45.3, 46.3, 47.3, 49.2, 51.3, 53.1, 55.3, 57.1, 59.1, 62.1, 64.3, 67.1, 70.1, 72.2, 74.2, 75.2, 76.2, 77.1, 78.3, 79.2, 80.2, 84.2, 85.2, 87.3, 91.3, 92.2, 94.3, 96.4, 97.4, 98.3, 100.2, 101.2, 102.1, 103.1, 104.7, 110.2, 111.1, 112.1, 113.2, 118.1, 119.3, 120.2, 121.2, 123.6, 125.6, 127.5, 131.5, 133.5, 135.2, 137.2, 138.2, 140.2, 141.1, 142.3, 144.2, 145.3, 147.1, 150.3, 151.1, 152.3, 155.1, 158.3, 160.3, 167.3, 169.1, 171.4, 172.2, 174.2, 176.3, 178.3, 180.2, 182.1, 184.2, 185.3, 186.6, 189.2, 190.4, 191.3, 194.2, 196.2, 198.1, 199.1, 201.3, 203.2, 205.2, 206.3, 208.2, 210.3, 211.2, 213.1, 217.4, 219.1, 220.3, 221.2, 222.1, 224.1, 225.1, 226.2, 227.1, 228.5, 230.2, 231.3, 232.1, 233.1, 234.2, 236.3, 237.1, 238.2, 239.1, 241.2, 242.3, 244.2, 246.2, 247.2, 248.3, 249.1, 250.3, 251.2, 252.3, 253.1, 255.1, 256.1, 257.1, 258.1, 260.1, 261.2. |Di Gaspare, Michele (Bild und Technik Agentur für technische Grafik und Visualisierung), Bergheim: 27.4, 28.4, 30.1, 32.2, 39.3, 40.2, 48.2, 56.2, 56.4, 71.1, 73.3, 77.5, 78.4, 80.1, 82.2, 82.3, 105.1, 105.2, 105.3, 105.4, 105.5, 105.6, 105.7, 107.1, 107.2, 107.3, 107.4, 109.1, 119.4, 120.4, 122.1, 122.2, 122.3, 122.4, 124.1, 124.2, 124.3, 126.1, 126.2, 127.1, 127.2, 127.3, 127.4, 128.1, 128.2, 128.3, 129.1, 130.1, 130.2, 130.3, 133.2, 134.2, 136.1, 136.3, 136.4, 139.1, 143.2, 148.1, 148.2, 148.3, 149.2, 149.3, 150.2, 151.2, 151.3, 156.4, 163.3, 164.1, 164.3, 164.4, 166.2, 166.3, 166.4, 166.6, 176.1, 176.2, 176.5, 177.1, 177.2, 177.3, 178.4, 179.1, 179.2, 179.4, 179.5, 187.2, 187.3, 187.4, 187.5, 190.5, 190.7, 193.1, 193.2, 195.2, 195.3, 196.1, 199.2, 199.5, 206.2, 207.1, 207.2, 207.3, 208.1, 209.1, 209.2, 209.3, 215.1, 217.2, 218.1, 230.3, 234.1, 240.2, 240.3, 240.4, 246.3, 250.2, 251.4, 255.4, 259.1, 259.2, 263.1, 264.1, 264.2, 266.1, 267.2, 267.3, 272.3, 273.1. |Druwe & Polastri, Cremlingen/Weddel: 145.1. |Dzieia, Michael Dr., Darmstadt: 162.4. |Eaton Industries GmbH, Bonn: 73.2, 252.1. |fotolia.com, New York: Fotoschlick 153.2. |hager.de, Blieskastel: 76.1, 187.7. |Kroll, Sebastian, Regensburg: 11.1, 34.5, 76.3, 76.4, 128.4, 130.4, 213.3, 215.2, 216.2. |Lankes, Volker, Cham: 17.4, 32.4, 36.3, 39.2, 41.3, 44.1, 44.3, 46.1, 48.1. |LEDVANCE GmbH, Garching: Abbildungen von Leuchtmitteln mit freundlicher Genehmigung der LEDVANCE GmbH, Garching bei München 210.1. |Lithos, Wolfenbüttel: 8.1, 9.1, 10.1, 10.2, 10.4, 11.2, 12.2, 13.1, 13.2, 13.3, 13.4, 13.5, 14.1, 14.3, 14.4, 15.1, 15.2, 15.4, 15.5, 16.1, 16.2, 16.3, 16.4, 16.5, 17.1, 17.2, 17.5, 17.6, 18.1, 18.2, 18.3, 18.4, 18.5, 18.6, 19.1, 19.2, 19.3, 19.4, 20.1, 21.2, 21.3, 23.2, 24.1, 24.4, 25.1, 25.2, 25.3, 25.4, 26.2, 26.3, 26.4, 27.1, 27.2, 27.3, 29.1, 31.2, 31.3, 31.4, 32.3, 33.1, 33.2, 33.3, 33.5, 33.6, 34.1, 34.3, 34.4, 34.6, 35.1, 35.2, 35.3, 36.1, 37.1, 37.2, 37.3, 38.1, 38.3, 38.4, 41.1, 42.2, 43.1, 43.2, 44.4, 45.1, 45.2, 45.4, 46.2, 47.1, 48.3, 49.1, 50.1, 50.2, 50.3, 50.4, 50.5, 50.6, 51.1, 51.2, 51.4, 51.5, 51.6, 52.1, 52.2, 52.3, 53.2, 53.3, 54.1, 54.3, 55.1, 55.2, 55.4, 56.1, 56.3, 57.2, 57.3, 58.1, 59.2, 59.3, 59.4, 60.1, 60.2, 60.3, 60.4, 60.5, 61.1, 61.2, 61.3, 61.4, 62.2, 62.3, 62.4, 62.5, 63.1, 63.2, 63.3, 63.4, 64.1, 64.2, 65.2, 65.3, 65.4, 65.5, 66.1, 66.2, 66.3, 66.4, 67.2, 67.3, 67.4, 67.5, 67.6, 68.1, 69.1, 69.2, 69.3, 72.1, 73.1, 74.1, 75.1, 77.2, 77.3, 77.4, 78.1, 78.2, 79.1, 81.1, 81.2, 81.3, 82.1, 84.1, 85.1, 86.1, 87.1, 87.2, 87.4, 88.1, 88.2, 88.3, 88.4, 89.1, 89.2, 89.3, 89.4, 89.5, 90.1, 90.2, 91.1, 91.4, 92.1, 92.3, 93.1, 93.2, 93.3, 94.1, 94.2, 95.2, 96.1, 96.2, 96.3, 96.5, 97.1, 98.1, 98.2, 98.4, 98.5, 99.1, 99.2, 99.3, 99.4, 100.1, 100.3, 100.5, 104.1, 104.2, 104.3, 104.4, 104.5, 104.6, 104.8, 104.9, 104.10, 106.1, 106.2, 106.3, 106.4, 106.5, 106.6, 110.1, 110.3, 111.2, 111.3, 111.4, 111.5, 111.6, 111.7, 111.8, 111.9, 113.1, 113.3, 114.1, 114.2, 114.3, 115.1, 115.2, 115.3, 116.1, 116.2, 116.3, 117.1, 117.2, 117.3, 117.4, 117.5, 118.2, 118.3, 119.1, 119.2, 120.1, 120.3, 121.1, 121.3, 121.4, 121.5, 121.6, 123.1, 123.2,

123.3, 123.4, 123.5, 123.7, 125.1, 125.2, 125.3, 125.4, 125.5, 125.7, 129.2, 129.3, 129.4, 131.1, 131.2, 131.3, 131.4, 132.1, 132.2, 132.3, 132.4, 133.1, 133.3, 133.4, 133.6, 133.7, 134.1, 134.3, 134.4, 134.5, 135.1, 136.2, 137.1, 137.3, 137.4, 138.1, 138.3, 139.2, 139.3, 139.4, 139.5, 139.6, 140.1, 140.3, 140.4, 140.5, 141.2, 141.3, 141.4, 141.5, 141.6, 141.7, 141.8, 141.9, 142.1, 142.2, 143.1, 144.1, 144.3, 144.4, 145.2, 146.1, 146.2, 146.3, 147.2, 147.3, 147.4, 147.5, 147.6, 149.1, 150.1, 151.4, 152.1, 152.2, 153.1, 153.3, 153.4, 154.1, 154.2, 154.3, 154.4, 154.5, 154.6, 154.7, 154.8, 156.1, 156.2, 156.3, 157.1, 157.2, 157.3, 158.1, 158.2, 159.1, 159.2, 159.3, 159.4, 160.1, 160.2, 160.4, 161.1, 161.2, 161.3, 161.4, 162.1, 162.2, 162.3, 162.5, 163.1, 163.2, 164.2, 165.1, 165.2, 166.1, 166.5, 167.1, 167.2, 168.1, 168.2, 168.3, 168.4, 169.2, 169.3, 169.4, 169.5, 169.6, 170.1, 170.2, 171.1, 171.2, 171.3, 171.5, 172.1, 172.3, 173.1, 173.2, 173.3, 173.4, 174.1, 174.3, 175.1, 175.2, 175.3, 175.4, 176.4, 177.4, 178.1, 178.2, 179.3, 180.1, 180.3, 180.4, 181.1, 181.2, 181.3, 181.4, 182.2, 182.3, 183.1, 183.2, 184.1, 184.3, 184.4, 184.5, 185.4, 186.1, 186.2, 186.3, 186.4, 186.5, 187.1, 187.6, 188.1, 188.2, 188.3, 188.4, 189.1, 189.3, 189.4, 189.5, 190.1, 190.2, 190.3, 190.6, 191.1, 191.2, 191.4, 191.5, 192.1, 192.2, 192.3, 192.4, 194.1, 197.2, 198.2, 200.1, 200.2, 200.3, 201.1, 201.2, 201.4, 201.6, 202.1, 202.2, 202.3, 203.1, 203.3, 203.4, 203.5, 203.6, 203.7, 204.1, 204.2, 204.3, 205.1, 205.3, 206.1, 210.2, 211.1, 211.3, 212.1, 212.2, 212.3, 212.4, 213.2, 214.1, 216.1, 216.3, 217.1, 217.3, 219.2, 219.3, 219.4, 219.5, 220.1, 220.2, 221.1, 221.3, 222.3, 223.1, 223.2, 224.2, 225.2, 226.1, 227.2, 227.3, 227.4, 227.5, 227.6, 228.1, 228.2, 228.3, 228.4, 229.1, 229.2, 230.1, 231.1, 231.2, 231.4, 232.2, 232.3, 233.2, 233.3, 234.3, 235.1, 235.2, 235.3, 236.1, 236.2, 236.4, 236.5, 237.2, 237.3, 237.4, 237.5, 239.2, 239.3, 239.4, 241.1, 241.3, 242.1, 243.1, 243.2, 244.1, 244.3, 245.1, 245.2, 246.1, 247.1, 247.3, [illegible] 247.6, 247.7, 248.1, 248.2, 248.4, 248.5, 249.2, 249.3, 250.1, 250.4, 251.1, 251.3, 252.2, [illegible] 253.2, 253.3, 254.1, 255.2, 255.3, 255.5, 257.2, 260.2, 261.1, 268.1, 269.1, 270.1, 270.2, 270.3, 270.4, 270.5, 270.6, 270.7, 270.8, 270.9, 270.10, 270.11, 270.12, 270.13, 270.14, 272.1, 272.2, 275.1, 275.2, 276.1. |Mauer Antriebstechnik GmbH, Hamburg: 238.1. |MBS AG, Sulzbach-Laufen: 151.5. |MENNEKES Elektrotechnik GmbH & Co. KG, Kirchhundem: 71.2, 199.4. |Metabowerke GmbH, Nürtingen: 234.4. |Pepperl+Fuchs SE, Mannheim: 185.1, 185.2. |PHYWE Systeme GmbH & Co. KG, Göttingen: 40.1. |Robert Bosch GmbH, Reutlingen: 71.3. |Schwarzer Rührtechnik GmbH, Delmenhorst: 240.1. |Siemens AG, München: 207.4. |Simon, Ullrich, Dresden: 24.2, 24.5, 26.5, 28.2, 28.3, 29.2, 30.2, 47.2, 54.2, 57.4, 65.1, 95.1, 97.2, 97.3, 100.4. |Steidele-Stromverteiler GmbH, Friedberg: 195.1. |stock.adobe.com, Dublin: peach_fotolia Titel. |Teutoburger Energie Netzwerk eG (TEN eG), Hagen a.T.W.: 197.1. |TRIAX GmbH, Pliezhausen: 222.2. |Ulrich, Simon, Dresden: 194.3, 201.5. |VEM GmbH, Dresden: 242.2. |Walter, Christoph, Pommern: 91.2, 101.1, 101.3, 103.2. |© ERCO GmbH, www.erco.com, Lüdenscheid: 199.3.